ANÁLISE DE DADOS CATEGORIZADOS

A Lei de Direito Autoral (Lei n°. 9.610 de 19/2/98)
no Título VII, Capítulo II diz:

— *Das sanções civis*:

Art. 102 O titular cuja obra seja fraudulentamente reproduzida, divulgada ou de qualquer forma utilizada, poderá requerer a apreensão dos exemplares reproduzidos ou a suspensão da divulgação, sem prejuízo da indenização cabível.

Art. 103 Quem editar obra literária, artística ou científica sem autorização do titular perderá para este os exemplares que se apreenderem e pagar-lhe-á o preço dos que tiver vendido.

Parágrafo único. Não se conhecendo o número de exemplares que constituem a edição fraudulenta, pagará o transgressor o valor de três mil exemplares, além dos apreendidos.

Art. 104 Quem vender, expuser à venda, ocultar, adquirir, distribuir, tiver em depósito ou utilizar obra ou fonograma reproduzidos com fraude, com a finalidade de vender, obter ganho, vantagem, proveito, lucro direto ou indireto, para si ou para outrem, será solidariamente responsável com o contrafator, nos termos dos artigos precedentes, respondendo como contrafatores o importador e o distribuidor em caso de reprodução no exterior.

CARLOS DANIEL PAULINO
JULIO DA MOTTA SINGER

ANÁLISE DE DADOS CATEGORIZADOS

EDITORA EDGARD BLÜCHER
www.blucher.com.br

© **2006** *Carlos Daniel Paulino*
Julio da Motta Singer

1ª edição - 2006

É proibida a reprodução total ou parcial
por quaisquer meios
sem autorização escrita da editora

EDITORA EDGARD BLÜCHER LTDA.
Rua Pedroso Alvarenga, 1245 - cj. 22
04531-012 – São Paulo, SP – Brasil
Fax: (0xx11)3079-2707
Tel.: (0xx11)3078-5366
e-mail: editora@blucher.com.br
site: www.blucher.com.br

Impresso no Brasil   *Printed in Brazil*

ISBN 85-212-0392-6

FICHA CATALOGRÁFICA

Paulino, Carlos Daniel
    Análise de dados categorizados / Carlos Daniel Paulino,
Julio da Motta Singer. – São Paulo: Edgard Blücher, 2006.

Bibliografia
ISBN 85-212-0392-6

1. Estatística 2. Matemática 3. Probabilidades I. Título.

06-5116   CDD-519.5

Índices para catálogo sistemático:
1. Estatística: Matemática 519.5
2. Probabilidades e estatística: Matemática 519.5

Conteúdo

Prefácio		ix

I Introdução e Modelação Probabilística — 1

1	**Introdução**	**3**
	1.1 Noções preliminares sobre dados categorizados e exemplos	3
	1.2 Notação	14
	1.3 Exercícios	15
2	**Modelos probabilísticos**	**19**
	2.1 Processos de amostragem	19
	2.2 Relação probabilística entre os esquemas amostrais básicos	26
	2.3 Modelos hipergeométricos	32
	2.4 Notas de Capítulo	35
	2.5 Exercícios	36

II Modelação Estrutural — 43

3	**Modelos estruturais lineares**	**45**
	3.1 Introdução	45
	3.2 Modelos de simetria	46
	3.3 Modelos de homogeneidade marginal	48
	3.4 Modelo linear geral	50
	3.5 Notas de Capítulo	52
	3.6 Exercícios	55

CONTEÚDO

4 Modelos log-lineares para tabelas sem variáveis explicativas 59

4.1 Reparametrização log-linear do modelo probabilístico 60

    4.1.1 Formulação sobreparametrizada do modelo saturado e sua identificação 60

    4.1.2 Interpretação dos parâmetros log-lineares 64

    4.1.3 Formulação log-linear com incorporação da restrição natural . . 67

    4.1.4 Modelos log-lineares reduzidos 68

4.2 Modelos log-lineares para tabelas bidimensionais 70

    4.2.1 Modelos para diferentes padrões de associação 70

    4.2.2 Modelos de simetria 72

4.3 Modelos log-lineares para tabelas tridimensionais 74

    4.3.1 O modelo log-linear saturado 74

    4.3.2 Interpretação dos parâmetros log-lineares 76

    4.3.3 Modelos com diferentes padrões de associação 78

4.4 Modelos log-lineares para tabelas tetradimensionais e de dimensão superior 82

4.5 Identidade entre associações parciais e associações marginais 86

4.6 Modelos para variáveis ordinais 89

    4.6.1 Tabelas bidimensionais 89

    4.6.2 Tabelas tridimensionais 92

4.7 Notas de Capítulo 95

4.8 Exercícios 98

5 Modelos log-lineares para tabelas com variáveis explicativas 113

5.1 As várias formulações log-lineares 113

5.2 Tabelas bidimensionais 117

5.3 Tabelas tridimensionais 122

    5.3.1 Tabelas com um factor 122

    5.3.2 Tabelas com dois factores 126

5.4 Tabelas tetradimensionais 133

    5.4.1 Tabelas com um factor 134

    5.4.2 Tabelas com dois factores 136

    5.4.3 Tabelas com três factores 139

5.5 Notas de Capítulo 141

5.6 Exercícios 142

6 Modelos funcionais lineares — 147

6.1 Modelos log-lineares generalizados 147

    6.1.1 Outros modelos log-lineares ordinários 148

    6.1.2 Modelos log-lineares não ordinários 159

6.2 Outros modelos funcionais lineares 161

    6.2.1 Modelos lineares nos logitos de razões continuadas 162

    6.2.2 Modelos lineares nos logitos cumulativos 164

    6.2.3 Modelos de concordância 168

6.3 Modelos lineares generalizados 170

    6.3.1 Definição 171

    6.3.2 Alternativas ao modelo de regressão logística 174

6.4 Notas de Capítulo 178

6.5 Exercícios 183

III Análise inferencial — 193

7 A metodologia de máxima verosimilhança — 195

7.1 Estimação paramétrica 195

7.2 Testes de ajustamento dos modelos 198

7.3 Testes condicionais de hipóteses redutoras de modelos 204

7.4 Resultados assintóticos 208

7.5 Notas de Capítulo 220

7.6 Exercícios 223

8 Análise de modelos lineares — 227

8.1 Modelos de simetria 227

8.2 Modelos de homogeneidade marginal 230

8.3 Modelo linear geral 234

8.4 Notas de Capítulo 237

8.5 Exercícios 239

9 Análise de modelos log-lineares — 247

9.1 Descrição genérica da análise em tabelas sem variáveis explicativas . . 248

    9.1.1 Estatísticas suficientes e estimação paramétrica 248

    9.1.2 Ajustamento e redução de modelos 253

    9.1.3 Caso do cenário poissoniano 256

9.2 Modelos log-lineares bidimensionais 259

    9.2.1 Modelo de independência e análise de associação entre variáveis nominais 259

    9.2.2 Modelos de simetria 263

    9.2.3 Modelos ordinais 268

9.3 Modelos log-lineares multidimensionais 272

    9.3.1 Modelos hierárquicos tridimensionais 272

    9.3.2 Modelos de simetria 277

    9.3.3 Modelos ordinais 279

    9.3.4 Modelos hierárquicos tetradimensionais 282

9.4 Métodos iterativos de estimação log-linear 290

    9.4.1 Método de Newton-Raphson 290

    9.4.2 Método do ajustamento proporcional iterativo 291

9.5 Análise log-linear em tabelas com variáveis explicativas 294

    9.5.1 Estimação e ajustamento 296

    9.5.2 Aplicações com a formulação log-linear generalizada 301

    9.5.3 Comparação com o cenário Multinomial 310

9.6 Selecção de modelos log-lineares 315

    9.6.1 Tácticas de selecção preliminar 315

    9.6.2 Métodos "stepwise" 318

    9.6.3 Avaliação dos modelos seleccionados 323

9.7 Notas de Capítulo 328

9.8 Exercícios 329

10 Análise de modelos funcionais lineares   347

10.1 Modelos log-lineares generalizados 347

10.2 Outros modelos funcionais lineares 352

    10.2.1 Modelos lineares nos logitos de razões continuadas 352

    10.2.2 Modelos lineares nos logitos cumulativos 355

10.3 Modelos de concordância 359

10.4 Modelos lineares generalizados 360

10.5 Exercícios 367

11 Metodologia de Mínimos Quadrados Generalizados   371

11.1 Descrição geral da metodologia 372

11.2 Aplicação à análise de modelos lineares 381

CONTEÚDO

11.3 Aplicação à análise de modelos log-lineares 386

11.4 Aplicação à análise de modelos funcionais lineares 392

11.5 Detalhes técnicos 402

    11.5.1 Distribuição assintótica do estimador MQG e da estatística de Wald 402

    11.5.2 Equivalência entre duas estatísticas para teste de ajustamento de modelos estruturais 404

    11.5.3 Utilização do método Delta para obtenção de distribuições assintóticas 405

    11.5.4 Relação entre as metodologias de MQG e MQN 407

11.6 Notas de Capítulo 409

11.7 Exercícios 410

IV Tópicos especiais   415

12 Análise de dados categorizados longitudinais   417

12.1 Introdução 417

12.2 Análise por meio de mínimos quadrados generalizados 424

12.3 Análise por meio de máxima verosimilhança e de equações de estimação generalizadas 433

12.4 Nota de Capítulo 445

12.5 Exercícios 446

13 Análise de dados incompletos   449

13.1 Descrição do problema 449

13.2 Modelação 451

13.3 Análise por máxima verosimilhança sob omissão aleatória 456

13.4 Concretização a modelos lineares e log-lineares 459

13.5 Análise por mínimos quadrados generalizados sob omissão completamente aleatória 462

    13.5.1 Metodologia dos mínimos quadrados generalizados em uma fase 463

    13.5.2 Metodologia dos mínimos quadrados generalizados em duas fases 464

13.6 Aplicações 466

13.7 Notas de Capítulo 478

13.8 Exercícios 481

CONTEÚDO

14 Métodos de Inferência Condicional — 493

14.1 Introdução à inferência condicional exacta e assintótica 494

14.2 Testes de simetria 497

    14.2.1 Tabelas 2×2 497

    14.2.2 Extensões a tabelas maiores 498

14.3 Inferências sobre associação em tabelas 2×2 500

14.4 Testes de independência em tabelas $I \times J$ 506

14.5 Testes de modelos log-lineares em tabelas tridimensionais 511

    14.5.1 Inferências exactas sobre associação em tabelas $I \times 2 \times 2$ . . . 512

    14.5.2 Testes exactos de ajustamento em tabelas $I \times J \times K$ 518

14.6 Comparação de I tabelas 2×2 por métodos condicionais assintóticos . 520

    14.6.1 Inferências sobre homogeneidade das RPC parciais 521

    14.6.2 Testes de independência condicional 525

14.7 Aplicação ao quadro de modelos de aleatorização e extensão a tabelas $I \times J \times K$ 527

14.8 Notas de Capítulo 534

14.9 Exercícios 537

V Apêndices — 549

A Conceitos e resultados de Álgebra Linear — 551

A.1 Alguns resultados sobre espaços vectoriais 551

A.2 Algumas breves noções sobre matrizes 555

A.3 Sistemas de equações lineares 562

A.4 Projecções de subespaços 564

A.5 Formas quadráticas 567

A.6 Alguns resultados envolvendo diferenciação matricial 570

A.7 Exercícios 573

B Conceitos e resultados de Teoria Assintótica — 583

B.1 Ordens de magnitude de sequências estocásticas 583

B.2 Modos de convergência estocástica e Leis dos Grandes Números 586

B.3 Teorema Limite Central e aplicações 593

B.4 Exercícios 595

C Meios Computacionais — 597

Bibliografia	**599**
Índice de autores	**619**
Índice	**625**

Prefácio

Esta obra sobre Análise de Dados Categorizados visa em termos globais apresentar essa área estatística de enorme relevância e repercussão em variadíssimos campos de aplicação de uma forma sistemática e rigorosa, sendo pela sua envergadura a primeira obra do género em língua portuguesa dedicada a tal temática.

Embora a maioria dos assuntos cobertos possa, na sua essência, ser encontrada em vários textos publicados em outros idiomas, a forma estruturada com que se procurou organizá-lo é, aparentemente, *sui generis*. Na primeira parte, intitulada Introdução e Modelação Probabilística, motiva-se o leitor com uma série de exemplos envolvendo dados categorizados oriundos de diferentes campos, realçando as questões substantivas dos estudos em que se inserem e os esquemas de recolha de dados adoptados. Muitos desses problemas reportam-se a dados reais analisados no Centro de Estatística Aplicada do Instituto de Matemática e Estatística da Universidade de São Paulo e no Departamento de Matemática do Instituto Superior Técnico (Universidade Técnica de Lisboa) e outros foram extraídos de literatura variada. Apresentam-se então fundamentadamente os principais cenários probabilísticos usados para a ulterior análise dos dados de forma consistente com o respectivo processo gerador e os objectivos do estudo.

Na segunda parte (Modelação Estrutural) descrevem-se estruturas embutidas nos parâmetros dos modelos probabilísticos capazes de quantificar as principais questões de interesse que surgem nos problemas da área em análise, operando a sua subdivisão em modelos estruturais estritamente lineares, log-lineares e funcionais lineares. A terceira parte (Análise Inferencial) dedica-se à descrição detalhada das metodologias de máxima verosimilhança e de mínimos quadrados generalizados na sua aplicação ao traçado de inferências, baseadas em tais modelos estatísticos, sobre as populações (reais ou conceptuais) de onde os dados foram obtidos através de algum processo de amostragem. A quarta parte (Tópicos Especiais) debruça-se sobre temas muito pouco (ou quase nunca) divulgados em livros de texto de Dados Categorizados, especificamente, Dados Longitudinais, Dados com Observações Omissas e Métodos de Inferência Condicional. Finalmente, na quinta parte (Apêndices) introduz-se material de base sobre Álgebra Linear e Teoria Assintótica, visando tornar o livro o

PREFÁCIO

mais auto-suficiente possível para uma plena compreensão do seu conteúdo, embora para tal se considere altamente conveniente um contacto prévio dos leitores com tais tópicos em cursos apropriados. A significativa omissão de um capítulo sobre análise bayesiana de dados categorizados conta-se ser devidamente compensada numa edição futura. Nesse ínterim, os leitores podem recorrer por exemplo ao embrião lançado em Paulino, Amaral Turkman & Murteira (2003).

Tentando não exagerar nos aspectos teóricos, procurou-se desenvolver o texto de uma forma tecnicamente rigorosa sem deixar de lado nem os aspectos interpretativos nem os computacionais. É com esse espírito que se entremeou o discurso com demonstrações dos resultados metodológicos e com exemplos de sua aplicação. Não se olvidou também de fornecer ao leitor meios concretos para reprodução das análises aqui propostas por meio da disponibilização em páginas da Internet dos códigos de programas usados. Nesse contexto, optou-se por escrevê-los na linguagem R, à qual o acesso é gratuito. A utilização de uma linguagem computacional com ampla difusão internacional e na qual as casas decimais são separadas por pontos em vez de vírgulas é uma das razões pelas quais se preferiu essa prática no texto.

A ortografia e a morfossintaxe do português europeu foram adoptadas em função da intenção original de publicar o livro em Portugal; decidiu-se mantê-las, apesar da mudança de planos, para evitar um árduo trabalho de revisão, que fatalmente introduziria incoerências. Acredita-se que as diferenças não trarão prejuízos aos leitores brasileiros e que, além disso, poderão servir para atrair a sua atenção para a beleza da diversidade na unidade do idioma português.

Devido à sua estrutura *sui generis*, este livro pode servir como uma boa fonte de referência para cursos de pós-graduação e cursos dos últimos anos da graduação, se para estes últimos se omitirem alguns dos detalhes técnicos. Como se identificam claramente os aspectos de delineamento, modelação e de inferência, o estatístico (ou o praticante de Estatística) pode planear sempre as análises de uma maneira sistematicamente esclarecida e esclarecedora. Naturalmente que tal implica pagar um preço no uso do livro como material didáctico, pois é impraticável cobrir todos os modelos estruturais da segunda parte antes de dar as ferramentas essenciais para a análise concreta de dados. Nesse sentido, a nossa sugestão aos professores é que alternem um capítulo da segunda parte com o capítulo correspondente da terceira, após traçarem uma breve panorâmica de uma análise completa de dados baseada em alguns dos vários tipos de exemplos e introduzirem os principais conceitos e instrumentos metodológicos.

Não se poderia deixar de agradecer aos alunos e colegas que ao longo dos últimos anos objectivamente colaboraram com o projecto de elaboração e ensaio deste livro, assistindo às aulas ministradas pelos autores, estudando as versões anteriores do texto, apresentando sugestões para o seu aperfeiçoamento, ou mesmo ajudando na digitação e composição do manuscrito. Em particular, deve-se mencionar a dedicação do Antonio Carlos Pedroso de Lima e do Frederico Zanqueta Poleto, sempre dispostos a ajudar desinteressadamente, bem como os contributos de Giováni Silva, Esmeralda Dias e Paulo Soares. Deseja-se ainda expressar gratidão aos seguintes órgãos de fomento à investigação científica, pelo apoio financeiro concedido em diversas ocasiões, sem o qual este projecto não se poderia ter concretizado: FCT (ex-JNICT), Fundação Calouste Gulbenkian e Centro de Matemática e Aplicações do Instituto Superior Técnico (Uni-

PREFÁCIO

versidade Técnica de Lisboa) em Portugal e CNPq, FAPESP, EMBRAPA e Instituto de Matemática e Estatística (Universidade de São Paulo) no Brasil. Deixam-se registados agradecimentos antecipados a todos aqueles que contribuirem para melhorar o resultado deste trabalho ao explicitarem as suas críticas, comentários e sugestões. Os erros e imprecisões que eventualmente permanecem no actual texto são de exclusiva responsabilidade dos autores. Não se pode terminar sem mencionar a confiança que os directores da editora Edgard Blücher depositaram neste trabalho.

Lisboa e São Paulo, Outubro de 2006

Carlos Daniel Paulino

dpaulino@math.ist.utl.pt

Julio da Motta Singer

jmsinger@ime.usp.br

Parte I

Introdução e Modelação Probabilística

Capítulo 1

Introdução

1.1 Noções preliminares sobre dados categorizados e exemplos

Este livro debruça-se sobre métodos que foram desenvolvidos para análise de dados discretos relativos a uma ou, mais frequentemente, duas ou mais variáveis definidas qualitativamente através de um número finito de valores designados por níveis ou categorias. Daí as designações de **variáveis categorizadas** e de **dados categorizados**. Consoante o número de categorias for 2, 3 ou maior que 3, as variáveis se dizem dicotómicas (ou binárias), tricotómicas ou politómicas, respectivamente.

A **Análise de Dados Categorizados** é assim uma parte integrante da Análise Multivariada, que visa evidenciar e interpretar a informação relevante que está contida em dados discretos provenientes de contagens de eventos ou de unidades (pessoas, lugares, objectos) possuindo certas características ou atributos definidos pela combinação das categorias de duas ou mais variáveis de interesse (ou apenas categorias de uma variável). A análise de dados discretos univariados (*e.g.*, gerados dos modelos binomial, hipergeométrico, binomial negativo, Poisson), descrita na larga maioria dos textos de Estatística e de Inferência Estatística, surge como uma particularização dos métodos multivariados que serão aqui abordados.

A importância desta área da Estatística está relacionada com o facto de o seu objecto surgir frequentemente nos mais variados domínios científicos (Agronomia, Ciências Biomédicas, Biologia, Genética, Psicologia, Ciências da Educação, Economia, Ciências Sociais e Políticas, etc). Descrevem-se em seguida algumas situações práticas onde os métodos considerados neste texto poderão ser utilizados.

Exemplo 1.1 (*Problema dos acidentes de viação*): Durante 18 semanas de 1961 contaram-se os acidentes de viação registados na Suécia avaliando-se o tipo de estrada e o facto de haver ou não um limite de velocidade de 90 km/h no dia em que ocorreram. Pretendia-se saber, nomeadamente, se a imposição do limite de velocidade influenciava a ocorrência de acidentes de um modo diferente consoante o tipo de estrada. Os números observados estão apresentados na Tabela 1.1.

Tabela 1.1: Número de acidentes de viação ocorridos na Suécia durante 18 semanas de 1961 (Rasch 1973).

		Tipo de estrada	
		Auto-estrada	Outras estradas
Limite de	Sim	8	42
velocidade	Não	57	106

Exemplo 1.2 (*Problema do risco de cárie dentária*): Da população de crianças de 11-13 anos de uma escola pública seleccionaram-se 97 crianças, cada uma das quais foi submetida a dois métodos de averiguação de susceptibilidade à cárie dentária: um método convencional, de custos elevados, que consiste na contagem de bactérias do tipo Lactobacillus na saliva (com base na qual se opera a classificação nas categorias de baixo, médio e alto risco) e um método simplificado que se baseia na averiguação da cor resultante da reação da saliva com a Resarzurina (consoante a coloração obtida, cada elemento é classificado como sendo de baixo, médio ou alto risco). Este estudo destinava-se a avaliar, em particular, a eficácia do método simplificado relativamente ao método convencional. Os resultados observados estão indicados na Tabela 1.2.

Tabela 1.2: Frequências observadas de 97 crianças de 11-13 anos de uma escola pública (André, Neves & Tseng 1990).

		Risco de cárie segundo o método convencional		
		Baixo	Médio	Alto
Risco de cárie	Baixo	11	5	0
segundo o	Médio	14	34	7
método simplificado	Alto	2	13	11

Exemplo 1.3 (*Problema do peso de recém-nascidos*): Na Faculdade de Medicina de Ribeirão Preto (Estado de São Paulo) seleccionaram-se 8135 fichas hospitalares referentes a nascimentos ocorridos num certo período de tempo. Cada nascimento foi classificado segundo três critérios cujas relações interessava averiguar: classe social (em 5 níveis), decrescentemente ordenada da mais favorecida para a mais desfavorecida, e hábito de fumar (em 2 níveis) da parturiente e peso do recém-nascido (em 3 níveis). As frequências observadas estão dispostas na Tabela 1.3.

1. INTRODUÇÃO

Tabela 1.3: Classificação de 8135 nascimentos ocorridos num hospital universitário em certo período.

	Peso do recém-nascido					
	< 2.5 kg		2.5 − 3.0 kg		> 3.0 kg	
	Hábito de fumo		Hábito de fumo		Hábito de fumo	
Classe social	Sim	Não	Sim	Não	Sim	Não
A	2	5	11	24	31	95
B	3	11	32	57	91	238
C	15	25	58	105	134	445
D	130	231	362	694	695	2485
E	94	105	225	339	340	1053

Exemplo 1.4 (*Problema dos temas de grafiteiros*): Em 1993 foram inspeccionados 28 sanitários masculinos e 28 femininos situados em escolas da área metropolitana de São Paulo, metade deles em escolas secundárias e a outra metade em seis escolas do campus principal da Universidade de São Paulo. A inspecção dos sanitários amostrados visou recolher, após sua individualização, as inscrições verbais e/ou gráficas (*graffiti*) neles existentes e que foram depois classificadas de acordo com a temática envolvida. A Tabela 1.4 é uma condensação da tabela de frequências considerada na fonte original.

Atendendo a que na privacidade de um sanitário, onde fica garantido o anonimato, as ideias podem ser expressas sem censura e que, como consequência, as inscrições podem reflectir preocupações sociais, políticas, sexuais, etc., de quem as faz, o estudo em questão visava indagar eventuais diferenças de género e de nível educacional face à incidência temática naquele tipo de inscrições.

Tabela 1.4: Número de *graffiti* em sanitários escolares de ambos os sexos segundo o tema aludido (Otta, Santana, Lafraia, Lennenberg, Teixeira & Vallochi 1996).

Tema das inscrições verbais e/ou gráficas	Universidade		Escola secundária	
	Masc	Fem	Masc	Fem
Desporto	3	0	173	3
Insulto	28	14	69	34
Político	39	24	19	3
Escolar	19	25	28	47
Romântico	1	30	1	90
Sexual	75	94	45	36
Outro	79	69	165	136

Exemplo 1.5 (*Problema do uso de fio dental*): Num estudo odontopediátrico envolvendo uma escola da rede pública do município de São Paulo foram seleccionadas 60 crianças de ambos os sexos, divididas igualmente pelas faixas etárias de 5-8 anos e de 9-12 anos, e cada uma delas foi classificada segundo as seguintes variáveis:

i) **Frequência de uso do fio dental**, nas categorias "nunca usa ou usa raramente" e "usa regular ou frequentemente", denotadas abreviadamente por "insuficiente" e "boa";

ii) **Capacidade motora**, traduzida na maior ou menor habilidade no uso do fio dental, com as categorias "não consegue usar ou consegue usar, embora incorrectamente, nos dentes anteriores (incisivos e caninos)" e "consegue usar correctamente pelo menos nos dentes anteriores", descritas abreviadamente por "inábil" e "razoável".

Este estudo visava verificar se a faixa etária influenciava a frequência e a habilidade no uso do fio dental para ambos os sexos. As frequências observadas estão resumidas na Tabela 1.5.

Tabela 1.5: Frequências observadas de 120 crianças de uma escola municipal de São Paulo (Singer & Herdeiro 1990).

Sexo	Faixa etária	Frequência	Habilidade	
			Inábil	Razoável
M	5-8	insuficiente	19	5
M	5-8	boa	4	2
M	9-12	insuficiente	5	8
M	9-12	boa	0	17
F	5-8	insuficiente	11	6
F	5-8	boa	7	6
F	9-12	insuficiente	2	5
F	9-12	boa	1	22

Estes exemplos revelam que as categorias podem corresponder a variáveis genuinamente **qualitativas** (*e.g.*, tipo de estrada, temas de *graffiti*, sexo e habilidade no uso de fio dental) e/ou **quantitativas** de tipo discreto (hábito de fumar – entendido como o número de cigarros fumados –, número de bactérias do tipo Lactobacillus na saliva) ou contínuo (peso do recém-nascido, idade). No caso das variáveis quantitativas, os seus valores foram discretizados ou agrupados num pequeno número de intervalos de variação.

Sob um outro ponto de vista, as variáveis podem ser **ordinais** ou **nominais** consoante exista ou não uma relação de ordem entre as respectivas categorias. Especificando com os exemplos anteriores, o limite de velocidade, o sexo e o tema de *graffiti* são variáveis nominais, enquanto o grupo de risco à cárie, a classe social da parturiente e a habilidade no uso do fio dental são variáveis ordinais.

Nesses exemplos, os dados são apresentados em tabelas em que se indica o número de eventos ou de unidades possuindo cada atributo. Estas tabelas de frequência, vulgarmente denominadas **tabelas de contingência**, correspondem à forma mais usual de síntese dos resultados observados para cada evento ou unidade investigada. Esta condensação é obtida a partir de uma forma bruta dos dados descrita por uma matriz cujas linhas identificam cada evento ocorrido ou cada unidade inspeccionada e cujas

1. INTRODUÇÃO

colunas indicam a categoria de interesse de cada variável em estudo. Muitas vezes, esta matriz apresenta colunas adicionais ou modificadas identificando características das unidades amostrais irrelevantes para o problema e os níveis originais das variáveis por discretizar ou agrupar de acordo com os fins pretendidos. Por exemplo, a Tabela 1.5 resultou da matriz de dados individuais indicada na Tabela 1.6, onde a variável "frequência no uso de fio dental" recebeu o código 1 se a criança o utilizava de forma regular e 2 em caso contrário e a variável "habilidade no uso do fio dental" recebeu o código 1 se o uso era incorrecto em todos os dentes, 2 se o uso era correcto apenas nos dentes anteriores (incisivos e caninos) e 3 se o uso era correcto em todos os dentes.

Tabela 1.6: Dados individuais de 120 crianças de uma escola pública de São Paulo.

Criança	Sexo	Idade	F. etária	Frequência	Habilidade
1	M	6	5-8	1	1
2	M	6	5-8	2	1
3	M	6	5-8	2	2
.	.	.	.	.	.
.	.	.	.	.	.
.	.	.	.	.	.
120	F	11	9-12	1	3

A **dimensão** de uma tabela de contingência é determinada pelo número de variáveis intervenientes e o respectivo número de celas pelo produto do número de categorias de cada uma das variáveis. Este produto, com um número de factores igual ao número de variáveis, define a configuração de cada tabela. Assim, os dados dos Exemplos 1.1 e 1.2 estão condensados em tabelas bidimensionais do tipo 2×2 (ou 2^2) e 3×3 (ou 3^2), respectivamente. Elas dizem-se ainda **quadradas** pelo facto de os números de linhas e de colunas serem iguais. As Tabela 1.3 e 1.4 são tridimensionais do tipo $5 \times 2 \times 3$ e 7×2^2 respectivamente, enquanto a Tabela 1.5 é tetradimensional com a configuração 2^4.

Uma outra característica de interesse na distinção das variáveis categorizadas é o papel que elas desempenham no processo experimental ou observacional gerador da tabela e na explicação da situação em estudo. As variáveis que descrevem a livre resposta de cada unidade amostral e que, por isso, são sujeitas a modelação probabilística coerente com o esquema de obtenção dos dados, são denominadas **variáveis respostas**. Em contrapartida, as variáveis que são consideradas fixas, quer pelo próprio delineamento amostral quer por condicionamento motivado pela acção causal que lhe é atribuída no contexto dos dados, são denominadas **variáveis explicativas** ou **factores**. As combinações dos seus níveis identificam grupos (habitualmente designados por **estratos**) em que o conjunto dos elementos da população em estudo é particionado, ou pelo próprio processo de amostragem ou pelo papel explicativo ou preditivo da variabilidade das variáveis respostas que lhes pode ser atribuído (sendo então considerados como definidores de subpopulações apropriadas).

A classificação de uma variável como variável resposta ou variável explicativa depende do esquema de amostragem e dos objectivos de análise. Para concretização,

8 · 1.1 NOÇÕES SOBRE DADOS CATEGORIZADOS E EXEMPLOS

diz-se que, por força do esquema amostral, o Exemplo 1.4 envolve dois factores (local e sexo dos utentes dos sanitários) e uma variável resposta (tema dos *graffiti*) enquanto que o Exemplo 1.2 é caracterizado por duas variáveis respostas. Esta última situação é idêntica à do Exemplo 1.3 em termos do modo simétrico como a descrição feita do delineamento trata as três variáveis (respostas). Contudo, parece natural aqui que a análise vise indagar o efeito da classe social e do hábito de fumo da parturiente no peso do recém-nascido. Sendo assim, as duas primeiras variáveis serão encaradas como variáveis explicativas.

De acordo com a definição apresentada acima, a designação de variável resposta encontra-se justificada pelo facto de ela indicar o resultado do processo observacional ou experimental em questão. Para uma concretização adicional, considere-se o problema, com enorme relevância na área epidemiológica, de averiguar uma hipotética relação causa-efeito entre o tipo de exposição a factores de risco e uma dada doença. Por exemplo, entre uma diversidade de relacionamentos sexuais e a contracção de SIDA (*AIDS*).

Nos chamados **estudos prospectivos** (estudos *follow-up* ou *cohort*), a investigação é delineada de modo a partir-se do conhecimento do tipo (ou grau) de exposição aos factores de risco de todos os elementos amostrais, que são então seguidos ao longo do tempo para observação da ocorrência ou não da doença. Neste tipo de estudo existe concordância entre os objectivos da análise e o delineamento amostral quanto ao papel (assimétrico) das variáveis. No entanto, para assegurar com rapidez e baixo custo a obtenção de um número significativo de elementos amostrais portadores da doença, considera-se frequentemente um delineamento que consiste em fixar a frequência dos portadores ou não da doença (variável indicadora do efeito) e então determinar o tipo de exposição ao risco [nível da(s) variável(is) julgada(s) causal(is)] de cada elemento amostral.

Neste tipo de estudo parte-se, assim, do efeito (o "presente") para a(s) causa(s) hipotéticas(s) (o "passado"), o que justifica a designação de **estudos retrospectivos**, em claro contraste com o delineamento prospectivo em que se passa do "passado" ("presente") para o "presente" ("futuro"). Outra designação bastante frequente é a de estudos **caso-controlo**, motivada por se conhecer, à partida, a presença dos casos ou não (controlos) da doença (efeito) na amostra escolhida. Observe-se que os objectivos do estudo continuam a centrar-se na distribuição condicional da variável efeito dada(s) a(s) causa(s), para o que se afigura crucial, neste caso, o conhecimento da prevalência do efeito. Sendo assim, a variável resposta, em termos dos objectivos da análise, continua a ser a mesma da dos estudos prospectivos. Contudo, em termos de delineamento, a sua distribuição marginal é fixa, o que constitui o traço singular dos estudos retrospectivos[1].

Em termos desta classificação dicotómica (resposta versus factor), as tabelas de contingência são definidas ou unicamente por variáveis respostas ou por uma mistura de ambos os tipos. Neste sentido, qualquer tabela de contingência pode ser descrita num formato bidimensional tal como se indica na Tabela 1.7.

As subpopulações são indexadas pela combinação dos níveis das variáveis explica-

---

[1]Para uma apreciação detalhada destes dois tipos de estudos (e suas variantes) e respectivas vantagens e limitações, consulte-se, *e.g.*, Breslow & Day (1980, 1987).

1. INTRODUÇÃO

tivas e as categorias de resposta pela combinação dos níveis das variáveis respostas. A última coluna da tabela refere-se aos totais de cada linha, *i.e.*,

$$N_q = n_{q\cdot} = \sum_{m=1}^{r} n_{qm},$$

para $q = 1, \ldots, s$, com n_{qm} representando a frequência associada à cela correspondente à q-ésima linha e m-ésima coluna. O símbolo "." em qualquer quantidade indexada representa uma soma sobre o(s) índice(s) que substitui e define um esquema notacional abundantemente aplicado neste e em outros textos. Desde já alerta-se para o facto de não se fazer, por motivos de simplicidade, distinção notacional entre frequências observáveis (variáveis aleatórias) e frequências observadas (valores observados dessas variáveis). A diferenciação de significado tornar-se-á clara a partir do contexto.

Tabela 1.7: Forma bidimensional de uma tabela de contingência genérica

Subpopulação	Categorias de resposta						Total
	1	2	...	m	...	r	
1	n_{11}	n_{12}	...	n_{1m}	...	n_{1r}	$n_{1\cdot}$
2	n_{21}	n_{22}	...	n_{2m}	...	n_{2r}	$n_{2\cdot}$
.	.	.				.	
.	.	.				.	
.	.	.				.	
q	n_{q1}	n_{q2}	...	n_{qm}	...	n_{qr}	$n_{q\cdot}$
.	.	.				.	
.	.	.				.	
.	.	.				.	
s	n_{s1}	n_{s2}	...	n_{sm}	...	n_{sr}	$n_{s\cdot}$
Total							N

Como exemplificação deste formato, considerem-se as tabelas de dupla entrada com ambas as dimensões definidas por variáveis respostas, para as quais $s = 1$ e $r = $ número de linhas $\times$ número de colunas. Neste caso, as frequências $\{n_{1m}\}$ costumam ser denotadas simplificadamente por $\{n_{ij}\}$, omitindo o índice $s = 1$ e desdobrando m num índice duplo em que i indica o número da linha e j o número da coluna.

Um esquema notacional idêntico será adoptado para tabelas de dimensão superior a 2 envolvendo apenas variáveis respostas (*e.g.*, $\{n_{ijk}\}$ designará o conjunto das frequências de uma tabela tridimensional desse tipo). Como outro exemplo, a Tabela 1.5 corresponde, na óptica do delineamento amostral usado, à Tabela 1.7 com as subpopulações definidas por 4 $(= 2 \times 2)$ níveis do par sexo/faixa etária e as categorias de resposta identificando os 4 $(= 2 \times 2)$ níveis conjuntos da frequência e habilidade no uso do fio dental.

Normalmente, os dados obtidos experimental ou observacionalmente são considerados como uma **amostra formal ou informal**, extraída segundo algum processo de uma **populaçao, real** ou **conceptual**, mais vasta. Por exemplo, os dados de Exemplo 1.1 podem ser vistos como resultantes de um processo observacional da população (conceptual) de acidentes ocorridos ou com ocorrência potencial na Suécia durante o ano de 1961. De acordo com a descrição do Exemplo 1.2, os respectivos dados constituem o resultado de um processo de investigação experimental envolvendo uma amostra extraída da população de crianças de 11-13 anos de uma dada escola pública.

Nesse quadro interpretativo, os objectivos da análise de dados categorizados residem no traçado de inferências relativas a questões que se prendem, global e sinteticamente, com relações estruturais (concretizadas nos capítulos 3, 4 e 5) que possam existir entre as variáveis intervenientes. Estes objectivos inferenciais pressupõem geralmente a adopção de um modelo probabilístico consistente com o processo de amostragem (no sentido pleno ou não do termo) e os propósitos analíticos. As conclusões extraídas são então condicionadas à validade de tais suposições distribucionais.

A população a que atrás aludiu-se nem sempre é (e geralmente não é) claramente especificada, o que deixa margem para o enquadramento da amostra em várias populações de amplitude variável. Recorrendo aos exemplos acima citados, as populações objectivo então definidas poderão ser ampliadas de modo a abrangerem, nomeadamente qualquer ano (Exemplo 1.1) ou qualquer escola pública do mesmo município ou região geográfica (Exemplo 1.2). Naturalmente que a extensão das conclusões, supostamente válidas numa população mais homogénea, para uma população objectivo mais abrangente depende do facto de a ligação probabilística entre a amostra e a população não ser alterada com tal expansão.

De uma forma geral, a abordagem dos problemas considerados neste texto envolve os seguintes passos:

i) definição das questões de interesse;

ii) especificação do delineamento amostral;

iii) escolha de um modelo probabilístico que se afigure adequado (pelo menos, na base do senso comum ...);

iv) tradução das questões de interesse em termos dos parâmetros do modelo probabilístico adoptado, ou seja, especificação de **modelos estruturais**;

v) ajuste dos modelos especificados através de alguma metodologia estatística (*e.g.*, metodologia de máxima verosimilhança ou metodologia de mínimos quadrados generalizados);

vi) comparação do(s) modelo(s) ajustado(s) com outros modelos alternativos;

vii) conversão das conclusões em termos das questões originais.

Esta descrição das várias fases de resolução dos problemas típicos de dados categorizados explica a opção pela estrutura que molda este texto. As partes centrais em que ele se subdivide dedicam-se sequencialmente à modelação probabilística, modelação estrutural e realização de inferências.

1. INTRODUÇÃO   11

Termina-se esta secção introdutória com uma exposição de novos exemplos de dados categorizados ilustrando problemas inseridos nos mais diversos domínios científicos:

Exemplo 1.6 (*Problema dos defeitos de fibras têxteis*): Quatrocentas e trinta e uma amostras de 100 g de fibras têxteis produzidas por máquinas de dois fabricantes, A e B, foram inspeccionadas em termos do número registado de defeitos de cada um de dois tipos ("botões" e "rolhas"). Os resultados estão expressos na Tabela 1.8.

Tabela 1.8: Frequências do número de defeitos de dois tipos em fibras têxteis (Ho & Singer 1997).

Fabricante das máquinas	Número de botões	Número de rolhas		
		0	1	≥ 2
	0	28	40	68
A	1	5	21	49
	≥ 2	1	4	15
	0	31	70	69
B	1	5	12	10
	≥ 2	0	1	2

Os defeitos em causa resultam da presença de entrelaçamento em grupos de fibras maiores e de fácil separação (rolhas) ou menores e de difícil separação (botões). O interesse nestes dados centra-se na avaliação da intensidade e da homogeneidade da associação entre as frequências dos dois tipos de defeitos para os dois fabricantes.

Exemplo 1.7 (*Problema do grupo sanguíneo ABO*): Um sistema genético com r alelos em um locus ocorrendo com probabilidades $\beta_i, i = 1 \ldots, r$ diz-se em equilíbrio de Hardy-Weinberg se as $(r+1) r/2$ probabilidades genotípicas $\pi_{ij}, i \leq j$, são dadas por:

$$\pi_{ij} = \beta_i \beta_j \left[I\left(\{i = j\}\right) + 2 I\left(\{i < j\}\right) \right]$$

onde $I(C)$ é a função indicadora do conjunto C. No caso do sistema de grupo sanguíneo *ABO* (3 alelos e 6 genótipos), o alelo O é recessivo e os restantes são codominantes entre si, o que implica que haja apenas quatro fenótipos, designados por $O(\equiv OO)$, $A(\equiv AA+AO)$, $B(\equiv BB+BO)$ e $AB(\equiv BA)$. Como consequência, as probabilidades fenotípicas em situação de equilíbrio são definidas por

$$\theta_O = \beta_O^2, \quad \theta_A = \beta_A^2 + 2\,\beta_A\,\beta_O, \quad \theta_B = \beta_B^2 + 2\,\beta_B\,\beta_O, \quad \theta_{AB} = 2\,\beta_A\,\beta_B,$$

em que, por conveniência, os índices 1, 2 e 3 são substituídos por A, B e O respectivamente.

Os dados da Tabela 1.9 representam as distribuições observadas de grupos (fenotípicos) de sangue em 3 amostras de populações de Londres, uma de controlos e as outras de pacientes com úlcera, estomacal num caso e duodenal no outro. Uma questão de interesse é saber se o sistema *ABO* de cada uma das populações amostradas está em equilíbrio de Hardy-Weinberg. Também relevante é a questão de saber se cada tipo de úlcera tem maior tendência de ocorrer no grupo O.

Tabela 1.9: Distribuição observada dos grupos sanguíneos em 3 amostras de londrinos (Elandt-Johnson 1971, p. 420).

Amostra	Grupo sanguíneo				Total
	O	A	B	AB	
Controlo	4578	4219	890	313	10000
Úlcera estomacal	181	96	18	5	300
Úlcera duodenal	298	214	39	13	564

Exemplo 1.8 (*Problema dos casos de SIDA*): De um estudo envolvendo os casos de SIDA ("AIDS") notificados em Portugal até 31/01/95 extrairam-se os dados registados na Tabela 1.10, relativos à classificação dos pacientes de SIDA de acordo com o sexo, a variante da doença manifestada no momento do diagnóstico e o tempo de sobrevivência desde esse momento. O tempo de vida (em anos) foi categorizado nos quatro níveis indicados na tabela. Devido às inúmeras variantes da manifestação da SIDA, a variável indicadora correspondente foi categorizada segundo critérios epidemiológicos em Pneumonia, pela bactéria *Pneumocystis carinni* (PPC), Tuberculose extrapulmonar (TUB), Candidíase (CAN), Toxoplasmose (TOX), Sarcoma de Kaposi (KAP) – todas encaradas como ocorrendo isoladamente –, PPC associada a outras infecções e TUB associada a outras infecções que não PPC. Todas as outras manifestações foram englobadas na categoria "Outras". Pretendia-se estudar as relações de associação eventualmente existentes entre estas variáveis.

Tabela 1.10: Número de pacientes com SIDA.

Sexo	Doença	Tempo de sobrevivência			
		<1	$[1,2)$	$[2,3)$	≥ 3
Masc.	Pneumonia	93	27	13	92
	Candidíase	48	5	4	55
	Tuberculose	86	26	13	225
	Toxoplasmose	37	6	3	37
	Tub. assoc.	105	51	27	90
	Pneum. assoc.	92	25	11	38
	Sarc. Kaposi	77	33	13	61
	Outras	181	35	11	101
Fem.	Pneumonia	16	5	1	19
	Candidíase	9	2	1	14
	Tuberculose	10	4	2	46
	Toxoplasmose	8	1	0	7
	Tub. assoc.	9	1	1	10
	Pneum. assoc.	4	3	0	9
	Sarc. Kaposi	0	1	1	1
	Outras	32	5	4	22

Exemplo 1.9 (*Problema do tamanho da ninhada*): Os dados da Tabela 1.11 reportam-se a um estudo de fertilidade de ovelhas de vários rebanhos identificados

1. INTRODUÇÃO

pela raça e pela quinta onde eram criadas, cuja influência no tamanho da ninhada se pretende averiguar.

Tabela 1.11: Número de ovelhas (Mead, Curnow & Hasted 2002).

		Número de borregos por ninhada				
Quinta	Raça	0	1	2	≥ 3	Total
	A	10	21	96	23	150
1	B	4	6	28	8	46
	C	9	7	58	7	81
	A	8	19	44	1	72
2	B	5	17	56	1	79
	C	1	5	20	2	28
	A	22	95	103	4	224
3	B	18	49	62	0	129
	C	4	12	16	2	34

Exemplo 1.10 (*Problema da distribuição espacial de árvores*): Em ordem a detectar a eventual existência de interacção positiva (atracção) ou negativa (repulsão) entre três tipos de árvores (carvalhos, nogueiras e bordos), uma dada zona florestal foi dividida em 576 áreas de tamanho e forma fixos (os chamados *quadrats*) e registou-se para cada uma delas a ocorrência ou não de cada tipo de árvore. Os resultados obtidos estão descritos na Tabela 1.12.

Tabela 1.12: Distribuição espacial da ocorrência de três tipos de árvore (Upton & Fingleton 1985, Cap. 3)

		Bordo	
Carvalho	Nogueira	Presente	Ausente
Presente	Presente	84	177
Presente	Ausente	91	86
Ausente	Presente	32	61
Ausente	Ausente	30	15

Exemplo 1.11 (*Problema da fobia em alcoólatras*): De um estudo realizado no Hospital das Clínicas da Faculdade de Medicina da Universidade de São Paulo sobre a relação entre a dependência do álcool e a manifestação de vários tipos de comportamento anómalo (fobias) em 97 alcoólatras, seleccionaram-se três variáveis indicando, respectivamente, a situação profissional nas categorias "sem trabalho" (desempregado ou aposentado) e "com trabalho" (registado ou não, o consumo diário ou não de álcool e a manifestação ou não de algum tipo de fobia. Com base nos dados a seguir mencionados, pretende-se averiguar quais as relações existentes entre as três variáveis

binárias (omitiram-se 4 indivíduos sem manifestação de fobia, sendo 2 classificados em cada nível do uso diário, pelo facto de a classificação segundo a situação profissional não ter sido registada).

Tabela 1.13: Frequências observadas de pacientes alcoólatras (Paula, Ballas, Barreto & Huai 1989).

	Fobia			
	Sim		Não	
	Uso diário de álcool		Uso diário de álcool	
Situação profissional	Sim	Não	Sim	Não
Sem trabalho	10	6	24	12
Com trabalho	13	4	17	7

Exemplo 1.12 (*Problema do melanoma*): Num estudo epidemiológico envolvendo a população norte-americana de homens brancos entre 1969-1971 contou-se o número de novos casos de melanoma (tipo de tumor cancerígeno na pele) classificados pela região norte ou sul do país e pela faixa etária (em 6 níveis) do indivíduo atingido. A Tabela 1.14 regista os resultados obtidos assim como uma estimativa do tamanho de cada uma das populações expostas ao risco (entre parênteses). Uma das questões de interesse neste problema é saber se a razão das taxas de incidência dessa doença por unidade de exposição entre as duas regiões (*i.e.*, o risco relativo) varia com o grupo etário.

Tabela 1.14: Número de novos casos de melanoma (e estimativa das populações expostas ao risco) (Gail 1978).

Faixa Etária	Região			
	Norte		Sul	
< 35	61	(2880262)	64	(1074246)
35-44	76	(564535)	75	(220407)
45-54	98	(592983)	68	(198119)
55-64	104	(450740)	63	(134084)
65-74	63	(270908)	45	(70708)
≥ 75	80	(161850)	27	(34233)

1.2 Notação

Emprega-se no livro uma notação matricial, dada a facilidade que confere à exposição, quer da organização tabular dos dados, quer da definição dos modelos, quer da metodologia de análise. Embora essa notação seja repetidamente explicitada ao longo do texto, apresenta-se aqui um resumo com o objectivo de facilitar sua assimilação pelos leitores menos acostumados com este tipo de representação.

1. INTRODUÇÃO

Vectores e matrizes são representados por símbolos grafados em **negrito**. Em particular

- $\mathbf{a} = (a_1, \ldots, a_n)'$ denota um vector (coluna) de dimensão $n \times 1$ com elementos $a_1, \ldots, a_n$; o símbolo " $'$ " no expoente de $\mathbf{a}$ denota a operação de transposição;

- $\mathbf{A}$ denota uma matriz de dimensão $s \times r$ com elementos (ordenados lexicograficamente) $a_{11}, \ldots, a_{1r}, a_{21}, \ldots, a_{2r}, \ldots, a_{s1}, \ldots, a_{sr}$, *i.e.*,

$$\mathbf{A} = \begin{pmatrix} a_{11} & \cdots & a_{1r} \\ a_{21} & \cdots & a_{2r} \\ \vdots & \ddots & \vdots \\ a_{s1} & \cdots & a_{sr} \end{pmatrix};$$

- $\mathbf{1}_p$ denota um vector de dimensão $p \times 1$ com todos os elementos iguais a 1;

- $\mathbf{I}_n$ denota a matriz identidade de dimensão n; para evitar confusão com a matriz de informação de Fisher correspondente a uma amostra de tamanho N de uma distribuição indexada por um vector de parâmetros $\boldsymbol{\theta}$, esta será denotada $\mathbf{I}_N(\boldsymbol{\theta})$;

- $\mathbf{D_a}$ ou $diag(a_1, \ldots, a_n)$ denotam uma matriz diagonal com os elementos do vector $\mathbf{a}$ dispostos ao longo da diagonal principal;

- $\exp(\mathbf{a})$ e $\ln(\mathbf{a})$ denotam, respectivamente vectores cujos elementos são $\exp(a_i)$ e $\ln(a_i)$, $i = 1, \ldots, n$.

1.3 Exercícios

1.1: Nos Exemplos 1.6 - 1.12 classifique as variáveis intervenientes quanto à dicotomia resposta/explicativa (em termos de delineamento e dos objectivos analíticos) e quanto à escala de medida.

1.2: O objecto deste texto circunscreve-se a variáveis categorizadas e a modelos estatísticos usados para explicação da relação entre elas. Num dos cenários contemplados, coexistem variáveis respostas e variáveis explicativas. Suponha agora que neste contexto, a(s) variável(is) resposta(s) era(m) do tipo contínuo. Que tipos de modelos estatísticos poderão ser apropriados se as variáveis explicativas forem:

a) todas categorizadas;

b) todas contínuas;

c) mistas, no sentido de algumas serem variáveis categorizadas e outras serem variáveis contínuas.

1.3: Os dados apresentados na Tabela 1.15 são provenientes de um estudo sobre endometriose realizado na Faculdade de Medicina da Universidade de São Paulo. A endometriose caracteriza-se pela localização ectópica do tecido endometrial e é uma das principais causas de infertilidade. Entre os seus sintomas destacam-se a Dismenorréia (dor na menstruação, classificada como N = não tem, L = leve, M = moderada, I = intensa) e Dispareunia (dor na relação sexual, classificada como N = não tem, P = tem, na penetração, PRO = tem, numa posição profunda, 2 = tem em ambas as posições. As participantes do estudo foram classificadas segundo um critério de gravidade da doença (AFSr), cujos valores variam de 0 (= não tem) a 4 (= muito grave). Para detalhes, o leitor pode consultar (Abrão, Podgaec, Martorelli Filho, Ramos, Pinotti & Oliveira 1997). Classifique as variáveis envolvidas segundo os critérios apresentados nesta secção, identificando possíveis problemas com o conjunto de dados e construa uma tabela de contingência que reflita a correspondente distribuição conjunta.

1.4: Na Tabela 1.16 encontram-se dados oriundos de um estudo realizado na Faculdade de Odontologia da Universidade de São Paulo em que cada um de três avaliadores (A, B e C) classificou 72 molares selados com diferentes materiais segundo o nível de microinfiltração numa escala que varia de 0 (= sem microinfiltração) até 4 (= com microinfiltração intensa). Detalhes sobre o estudo podem ser encontrados em (Witzel, Grande & Singer 2000) e uma análise baseada em técnicas não paramétricas, em (Singer, Poleto & Rosa 2004). Identifique as variáveis relevantes para comparar os diferentes materiais segundo a distribuição de microinfiltrações e construa uma tabela de contingência apropriada para essa finalidade.

Tabela 1.15: Dados de pacientes de um estudo sobre endometriose.

Grupo	Paciente	Abortos	Dismenorréia	Dispareunia	AFSr
Controlo	1	0	L	N	0
Controlo	2	1	N	P	0
Controlo	3	0	N	N	0
Controlo	4	0	L	N	0
Controlo	5	1	N	N	0
Controlo	6	0	L	N	0
Controlo	7	1	N	N	0
Controlo	8	4	N	N	0
Controlo	9	1	N	N	0
Controlo	10	1	N	N	0
Controlo	11	3	N	N	0
Controlo	12	0	N	N	0
Controlo	13	0	L	N	0
Controlo	14	0	M	P	0
Controlo	15	0	N	N	0
Doente	1	0	M	P	1
Doente	2	0	M	N	1
Doente	3	0	I	PRO	1
Doente	4	0	L	N	1
Doente	5	1	M	N	1
Doente	6	4	I	2	1
Doente	7	0	S/	N	1
Doente	8	0	M	2	1
Doente	9	0	M	.	1
Doente	10	0	L	N	2
Doente	11	2	M	2	2
Doente	12	0	I	PRO	2
Doente	13	0	I	PRO	2
Doente	14	1	I	PRO	2
Doente	15	0	M	N	2
Doente	16	1	M	P	2
Doente	17	0	I	PRO	2
Doente	18	1	I	PRO	2
Doente	19	1	I	PRO	2
Doente	20	1	I	PRO	2
Doente	21	0	I	N	3
Doente	22	0	L	PRO	3
Doente	23	1	M	PRO	3
Doente	24	0	I	N	3
Doente	25	0	M	.	3
Doente	26	0	I	N	3
Doente	27	0	M	2	3
Doente	28	0	I	PRO	3
Doente	29	0	M	PRO	3
Doente	30	0	I	N	3
Doente	31	0	I	2	4
Doente	32	1	I	PRO	4
Doente	33	0	M	N	4
Doente	34	0	I	PRO	4

Tabela 1.16: Dados de pacientes de um estudo sobre microinfiltração em selantes.

Material	A	B	C	Material	A	B	C
Allbond	0	2	0	Optibond	1	2	2
Allbond	2	2	2	Optibond	0	1	1
Allbond	2	2	2	Optibond	0	0	0
Allbond	0	2	1	Optibond	1	1	1
Allbond	2	2	1	Optibond	0	0	1
Allbond	4	4	2	Optibond	1	1	1
Allbond	0	2	1	Optibond	0	2	0
Allbond	1	1	1	Optibond	1	1	1
Allbond	2	2	2	Optibond	0	0	1
Allbond	1	2	2	Optibond	1	0	1
Allbond	1	0	3	Optibond	1	1	1
Allbond	2	1	2	Optibond	0	1	1
Allbond	1	2	0	Scotchbond	0	0	3
Allbond	2	2	1	Scotchbond	3	4	3
Allbond	2	2	1	Scotchbond	2	2	1
Allbond	3	3	3	Scotchbond	3	4	3
Allbond	0	3	0	Scotchbond	1	2	1
Allbond	3	1	1	Scotchbond	2	0	1
Allbond	1	2	2	Scotchbond	3	3	2
Allbond	3	3	2	Scotchbond	3	3	3
Allbond	1	0	1	Scotchbond	2	4	2
Allbond	3	3	2	Scotchbond	3	3	2
Allbond	3	3	1	Scotchbond	0	0	0
Allbond	2	2	2	Scotchbond	2	3	1
Optibond	0	2	0	Scotchbond	1	2	2
Optibond	0	0	0	Scotchbond	2	2	3
Optibond	1	1	1	Scotchbond	1	1	1
Optibond	0	0	0	Scotchbond	0	0	1
Optibond	0	0	1	Scotchbond	3	3	0
Optibond	1	3	1	Scotchbond	1	3	1
Optibond	0	1	1	Scotchbond	3	2	1
Optibond	3	3	4	Scotchbond	3	4	4
Optibond	1	2	1	Scotchbond	4	3	1
Optibond	0	0	1	Scotchbond	3	2	3
Optibond	2	2	1	Scotchbond	1	1	1
Optibond	0	2	1	Scotchbond	3	3	3

Capítulo 2

Modelos probabilísticos

Neste capítulo descrevem-se os modelos probabilísticos usualmente assumidos para explicar a ocorrência dos dados obtidos (de acordo com algum esquema amostral), na base dos quais são traçadas as inferências de interesse. Destacam-se ainda as inter-relações existentes entre eles dada a sua relevância para a formulação dos objectivos analíticos e explicação de certos resultados inferenciais, mencionados em capítulos posteriores.

2.1 Processos de amostragem

A escolha de um determinado modelo probabilístico depende não só do delineamento amostral mas também dos objectivos de análise. Se, por um lado, existem esquemas amostrais incompatíveis com os fins analíticos pretendidos, por outro, certos propósitos inferenciais podem ser atingidos através de vários tipos de delineamento. Para ilustrar estas afirmações, suponha que se pretende realizar uma sondagem numa determinada região a fim de se ter uma ideia da força eleitoral de um determinado candidato presidencial nesse meio. Em particular, pretende-se saber se a atitude de apoio ao candidato está ou não relacionada com a faixa etária da população dessa região. Para isso decide-se abordar os transeuntes inquirindo se apoiam ou não o referido candidato e se a sua idade é ou não inferior a 40 anos.

Sejam X_1 (X_{1k}) e X_2 (X_{2k}) as variáveis indicadoras (para o elemento k), respectivamente, do apoio ($X_1 = 1$) ou não ($X_1 = 2$) ao candidato e da idade do inquirido categorizada em "menos de 40 anos" ($X_2 = 1$) e "pelo menos 40 anos" ($X_2 = 2$). As frequências observáveis $\{n_{ij}\}$ (note-se que n_{ij} é o número de elementos para os quais $X_1 = i$ e $X_2 = j$, $i, j = 1, 2$) podem ser assim dispostas numa tabela bidimensional 2^2. Seja $\mathbf{n} = (n_{11}, n_{12}, n_{21}, n_{22})'$ o vector dessas frequências ordenadas lexicograficamente (*i.e.*, com o último índice a variar mais rapidamente do que os restantes, neste caso, o primeiro). Apresentam-se a seguir três estratégias de amostragem.

Estratégia I. Uma estratégia possível para tal sondagem é tentar entrevistar tantas pessoas quanto possível, por exemplo, em 4 horas. Os resultados observados poderão ser algo como o que se expõe na Tabela 2.1a.

Tabela 2.1a: Frequências hipotéticas dos resultados de entrevistas realizadas num período de tempo fixo.

Opinião	Faixa etária		Total
	< 40	≥ 40	
Favorável	43	25	
Desfavorável	41	70	
Total			179

Para a definição de um modelo apropriado para **n** considerem-se as seguintes suposições sobre o número de transeuntes com menos de 40 anos favoráveis ao candidato que passa no sítio em que se vai colher a amostra:

i) num determinado intervalo de tempo, o número desses transeuntes é independente do número de transeuntes com as mesmas características que passa em qualquer outro intervalo de tempo disjunto daquele;

ii) a distribuição daquele número de transeuntes só depende do comprimento do intervalo de tempo considerado e não do seu instante inicial;

iii) a probabilidade de passagem de um daqueles transeuntes num intervalo de tempo suficientemente pequeno (um segundo, por exemplo) é aproximadamente proporcional ao comprimento do intervalo, com constante de proporcionalidade λ_{11};

iv) a probabilidade de que dois ou mais daqueles transeuntes passem simultaneamente num intervalo de tempo suficientemente pequeno é desprezável.

Essas suposições permitem demonstrar (ver Cinlar (1975), por exemplo) que o número n_{11} de apoiantes com menos de 40 anos que passa num intervalo de tempo de comprimento $m = 14400s$ $(= 4 \times 3600s)$ tem uma distribuição de Poisson com média $\mu_{11} = m\lambda_{11}$.

Aplicando o mesmo argumento aos outros n_{ij} e admitindo a independência entre todas essas variáveis aleatórias (suposição que, neste caso, pode gerar alguma controvérsia), chega-se ao modelo, habitualmente denominado **Produto de distribuições de Poisson**, cuja função de probabilidade é

$$f\left(\mathbf{n} \mid \boldsymbol{\mu}\right) = \prod_{i=1}^{2} \prod_{j=1}^{2} \frac{e^{-\mu_{ij}} \mu_{ij}^{n_{ij}}}{n_{ij}!} \ , \tag{2.1}$$

para $n_{ij} \in I\!N_o$ $i, j = 1, 2$ onde $\boldsymbol{\mu} = (\mu_{11}, \mu_{12}, \mu_{21}, \mu_{22})'$ com $\mu_{ij} \in I\!R^+, i, j = 1, 2$.

Sob este modelo probabilístico, a questão que se pretende averiguar poderá ser intuitivamente definida nos seguintes termos: dizer que a atitude de apoio não está relacionada com a faixa etária significa que, numa linguagem de médias, a proporção

2. MODELOS PROBABILÍSTICOS

de apoiantes entre os indivíduos mais jovens é a mesma que existe entre as pessoas menos jovens; ou seja,

$$H_I : \frac{\mu_{11}}{\mu_{\cdot 1}} = \frac{\mu_{12}}{\mu_{\cdot 2}} \left(= \frac{\mu_{1\cdot}}{\mu_{\cdot\cdot}} \right) \tag{2.2}$$

onde, $\mu_{\cdot j} = \sum_i \mu_{ij}$, $\mu_{i\cdot} = \sum_j \mu_{ij}$ e $\mu_{\cdot\cdot} = \sum_{i,j} \mu_{ij}$. Note-se que esta hipótese é equivalentemente expressável por

$$H_I : \mu_{ij} = \frac{\mu_{i\cdot} \times \mu_{\cdot j}}{\mu_{\cdot\cdot}} , \tag{2.3}$$

para $i, j = 1, 2$ evidenciando uma forma multiplicativa nas médias (geradora de uma factorização correspondente do núcleo distribucional). Este traço pode ser aproveitado para rotular H_I de hipótese de **multiplicatividade** (das médias).

Estratégia II. Um delineamento alternativo (e, em geral, mais frequente) consiste em fixar antecipadamente o número N de pessoas a entrevistar e seleccioná-las de um modo aleatório – note-se que, na Estratégia I, $N = \sum_{i,j} n_{ij}$ é uma variável aleatória com distribuição poissoniana de parâmetro $\mu_{\cdot\cdot}$. Por exemplo, fixando $N = 200$, poder-se-ão obter dados como os da Tabela 2.1b.

Tabela 2.1b: Frequências hipotéticas dos resultados do número fixado de entrevistas

Opinião	Faixa etária	
	< 40	≥ 40
Favorável	50	26
Desfavorável	48	76
Total		200

Designe-se por θ_{ij} a probabilidade (positiva) de um indivíduo apresentar a característica (i, j), considerada constante para todo o indivíduo da população em estudo, i.e., $\theta_{ij} = P(X_{1k} = i, X_{2k} = j)$, $k = 1, \ldots, N$. Seja $\boldsymbol{\theta} = (\theta_{11}, \theta_{12}, \theta_{21}, \theta_{22})'$ tal que $\mathbf{1}'\boldsymbol{\theta} = \sum_{i,j} \theta_{ij} = 1$.

Associe-se ao indivíduo k da amostra seleccionada o vector $\mathbf{W}_k$ (com componentes W_{kij} ordenadas lexicograficamente) definido de tal forma que $W_{kij} = 1$ e $W_{ki'j'} = 0$, $i' \neq i$ ou $j' \neq j$, se para tal indivíduo se tem $X_{1k} = i$ e $X_{2k} = j$. Isto significa que $\mathbf{W}_k$ é um vector aleatório cujos valores possíveis são os elementos da base canónica de $\mathbb{R}^4$,

$$\{(1,0,0,0), (0,1,0,0), (0,0,1,0), (0,0,0,1)\}.$$

Deste modo, os vectores $\mathbf{W}_k$, $k = 1, \ldots, N$ são identicamente distribuídos segundo a distribuição de Bernoulli (trivariada) de parâmetro $\boldsymbol{\theta}$. Assumindo adicionalmente que esses vectores bernoullianos são independentes, segue-se que o vector das frequências observáveis $\mathbf{n} = \sum_{k=1}^{N} \mathbf{W}_k$ apresenta a distribuição **Multinomial** $M_3(N, \boldsymbol{\theta})$, com função de probabilidade

$$f(\mathbf{n} \mid N, \boldsymbol{\theta}) = N\,! \prod_{i,j=1}^{2} \frac{\theta_{ij}^{n_{ij}}}{n_{ij}\,!}, \tag{2.4}$$

com $\mathbf{1'n} = N$, $\mathbf{1'\theta} = 1$. Este modelo probabilístico está assim fundamentado na suposição de que as observações bivariadas (X_{1k}, X_{2k}), $k = 1, \ldots, N$ são independentes e identicamente distribuídas com distribuição conjunta $P(X_1 = i, X_2 = j) = \theta_{ij} > 0$, $i, j = 1, 2$. É isto que se pretende afirmar quando se refere que as N unidades são escolhidas por um processo conceptualmente equivalente a uma amostragem aleatória simples de uma população considerada suficientemente grande.

Dado que $\boldsymbol{\theta}$ define a função de probabilidade conjunta do par discreto (X_1, X_2), e como neste caso a ausência de relação entre X_1 e X_2, em termos probabilísticos, significa independência mútua, a hipótese de interesse pode ser traduzida, no contexto deste modelo, por

$$H_{II} : \theta_{ij} = \theta_{i\cdot} \times \theta_{\cdot j} , \tag{2.5}$$

para $i, j = 1, 2$, onde $\{\theta_{i\cdot}\}$ e $\{\theta_{\cdot j}\}$ representam as probabilidades marginais de X_1 e X_2, respectivamente. Daí a designação usual de hipótese de **independência** para H_{II}.

Estratégia III. A sondagem em causa pode ainda ser planeada fixando-se antecipadamente o número N_j de indivíduos de cada faixa etária. Um motivo possível para este delineamento é evitar que na amostra surjam demasiadamente poucos indivíduos com menos ou com mais de 40 anos. Fixando, por exemplo $N_1 = N_2 = 100$, poder-se-ão obter dados tais como aqueles dispostos na Tabela 2.1c.

Tabela 2.1c: Frequências hipotéticas dos resultados do número de entrevistas fixado para cada faixa etária.

	Faixa etária		
Opinião	< 40	≥ 40	Total
Favorável	54	30	
Desfavorável	46	70	
Total	100	100	200

Note-se que, enquanto na Estratégia II só o total geral da tabela é fixo, aqui, os totais marginais das colunas também são fixos. A variável fixa, X_2, serve apenas para indicar as subpopulações donde são tomadas as observações de X_1.

Seja $\theta_{i(j)}$ a probabilidade de qualquer indivíduo ser classificado na categoria i de X_1 dado que pertence ao nível j de X_2, i.e.,

$$\theta_{i(j)} = P(X_{1k} = i \mid X_{2k} = j) ,$$

para $k = 1, \ldots, N, j = 1, 2$. Então $\sum_{i=1}^{2} \theta_{i(j)} = 1$, $j = 1, 2$. A repetição de um argumento idêntico ao usado na Estratégia II permite afirmar que

$$n_{1j} \mid \{N_j, \theta_{1(j)}\} \sim Bi\left(N_j, \theta_{1(j)}\right) ,$$

para $j = 1, 2$. Estas duas distribuições são consideradas independentes pelo facto de se admitir que as duas amostras são colhidas independentemente. Obtém-se então para

2. MODELOS PROBABILÍSTICOS

a distribuição de **n** o modelo **Produto de Multinomiais** (note-se que a Binomial é a Multinomial univariada), descrito pela função de probabilidade

$$f\left(\mathbf{n} \mid \mathbf{N}, \boldsymbol{\pi}\right) = \prod_{j=1}^{2} \left\{ N_j \ ! \ \prod_{i=1}^{2} \frac{\theta_{i(j)}^{n_{ij}}}{n_{ij}\ !} \right\} \tag{2.6}$$

onde $\mathbf{N} = (N_1, N_2)'$ e $\boldsymbol{\pi} = (\boldsymbol{\pi}_1', \boldsymbol{\pi}_2')'$, com $\boldsymbol{\pi}_j = (\theta_{1(j)}, \theta_{2(j)})', j = 1, 2$.

Este delineamento corresponde a um **processo de amostragem estratificada** em que para cada estrato (definido neste exemplo pelo nível de X_2) se colhe, independentemente, uma amostra aleatória simples no sentido que foi mencionado na descrição da Estratégia II. Este processo pode ser assim caracterizado pelas suposições de que os pares de observações (X_{1k}, X_{2k}), $k = 1, \dots, N_1 + N_2$ são independentes e que as observações X_{1k}, $k = 1, \dots, N_j$ são condicionalmente (dado $X_2 = j$) identicamente distribuídas com probabilidades $\theta_{i(j)}$, $i, j = 1, 2$.

No contexto deste modelo probabilístico, afirmar que X_1 e X_2 não estão relacionadas significa dizer que a probabilidade de qualquer categoria de X_1 é a mesma, quer para um indivíduo com menos de 40 anos, quer para aquele com idade pelo menos igual a 40 anos. Ou seja, a hipótese de interesse é definida por

$$H_{III} \ : \ \theta_{1(1)} = \theta_{1(2)}. \tag{2.7}$$

Note-se que a relação $\theta_{2(1)} = \theta_{2(2)}$ está implicitamente embutida em H_{III} em virtude das **restrições naturais** do modelo ($\mathbf{1}'\boldsymbol{\pi}_j = 1$, $j = 1, 2$). Como esta hipótese traduz a igualdade dos parâmetros distribucionais, ela é vulgarmente apelidada de hipótese de **homogeneidade**.

Estes três tipos de delineamento são os mais comumente adoptados na explicação da geração das tabelas de contingência. A sua descrição, feita no contexto de um exemplo bastante simples, deixa patente a distinção entre **variáveis respostas** e **variáveis explicativas**. Nos delineamentos I e II a classificação das unidades surge na sequência das entrevistas aleatoriamente realizadas, pelo que ambas as variáveis são consideradas respostas. Em contrapartida, no delineamento III a faixa etária actua como variável explicativa pelo facto de ter servido para delimitar, por estratificação, as entrevistas a realizar com o propósito de obter respostas sobre a atitude de apoio. Como resultado, não faz sentido usar este delineamento quando se deseja considerar todas as variáveis como resposta e analisar a estrutura probabilística destas por meio de parâmetros inexpressáveis através desse delineamento. No entanto, qualquer dos três delineamentos é compatível com a averiguação de questões interpretáveis à luz da consideração de uma variável como explicativa (H_{III}); este tópico será discutido com mais detalhes na Secção 2.2.

Note-se que, enquanto no delineamento II as variáveis têm sempre a mesma natureza (respostas), o delineamento I pode, num contexto mais vasto, englobar situações onde algumas das variáveis são factores, no sentido em que definem domínios observacionais que interessa comparar de algum modo. Neste caso, os **totais marginais** para as subpopulações consideradas são aleatórios e não fixos, como no delineamento de tipo III. Como ilustração, basta ampliar o exemplo em estudo no sentido da aplicação do delineamento I a várias (*e.g., s*) regiões de interesse. A nova variável, indicadora das regiões pesquisadas, actua como definidora de s subpopulações a comparar. A tabela observada, neste caso, tem o figurino da Tabela 1.7 com s linhas e $r = 4$ colunas, sendo estas definidas pelo cruzamento das duas categorias de cada variável resposta, mas com os totais $\{n_{q.}\}$ aleatórios.

A aplicação de cada um destes delineamentos e das suposições inerentes no cenário genérico da Tabela 1.7 conduz aos três modelos probabilísticos mais comuns para o vector das frequências $\mathbf{n} = (\mathbf{n}_1', \ldots, \mathbf{n}_s')'$, com $\mathbf{n}_q = (n_{q1}, \ldots, n_{qr})'$, $q = 1, \ldots, s$ e que são:

i) **Modelo Produto de distribuições de Poisson**

$$f(\mathbf{n} \mid \boldsymbol{\mu}) = \prod_{q=1}^{s} \prod_{m=1}^{r} \frac{e^{-\mu_{qm}} \mu_{qm}^{n_{qm}}}{n_{qm}!} \tag{2.8}$$

em que $\boldsymbol{\mu} = (\boldsymbol{\mu}_1', \ldots, \boldsymbol{\mu}_s')'$, $\boldsymbol{\mu}_q = (\mu_{q1}, \ldots, \mu_{qr})'$, $\mu_{qm} > 0$, para $q = 1, \ldots, s$, $m = 1, \ldots, r$.

ii) **Modelo Multinomial**

$$f(\mathbf{n} \mid N, \boldsymbol{\theta}) = N! \prod_{m=1}^{r} \frac{\theta_m^{n_m}}{n_m!}, \tag{2.9}$$

com $\mathbf{n} = (n_1, \ldots, n_r)'$, $\mathbf{1}'\mathbf{n} = N$, onde $\boldsymbol{\theta} = (\theta_1, \ldots, \theta_r)'$, $\mathbf{1}'\boldsymbol{\theta} = 1$ e $\theta_m > 0$, $m = 1, \ldots, r$.

iii) **Modelo Produto de distribuições Multinomiais**

$$f(\mathbf{n} \mid \mathbf{n}_{*.}, \boldsymbol{\pi}) = \prod_{q=1}^{s} \left\{ n_{q.}! \prod_{m=1}^{r} \frac{\theta_{(q)m}^{n_{qm}}}{n_{qm}!} \right\} \tag{2.10}$$

com $\mathbf{n}_{*.} = (n_{1.}, \ldots, n_{s.})'$, $\boldsymbol{\pi} = (\boldsymbol{\pi}_1', \ldots, \boldsymbol{\pi}_s')'$, $\boldsymbol{\pi}_q = (\theta_{(q)1}, \ldots, \theta_{(q)r})'$, $\mathbf{1}'\boldsymbol{\pi}_q = 1$, $q = 1, \ldots, s$. [1]

Note-se que o modelo Multinomial está ligado à tabela com $s = 1$, pelo que o índice subpopulacional foi omitido na sua categorização. O mesmo será feito para o primeiro modelo quando houver apenas um único domínio observacional, como acontece vulgarmente. As r categorias de resposta para qualquer modelo correspondem ao cruzamento dos níveis de uma ou mais variáveis categorizadas pelo que, neste último caso, o índice m é múltiplo com multiplicidade dada pela dimensão da subtabela correspondente a qualquer subpopulação. Sob essa representação, numa tabela com duas variáveis respostas, os índices $i (= 1, \ldots, I)$ e $j (= 1, \ldots, J)$ correspondentes são substituídos por um único índice $m (= 1, \ldots, IJ)$.

O modelo Produto de distribuições de Poisson baseia-se na suposição de que as frequências em cada cela são geradas por processos poissonianos independentes. Estes

---

[1] Note-se que os parênteses no índice dos símbolos $\theta_{(q)m}$ delimitam o nível da variável ou combinação de variáveis definidoras das subpopulações.

2. MODELOS PROBABILÍSTICOS

processos visam descrever a ocorrência aleatória de um dado evento, geralmente raro, classificado segundo certas características, em algumas unidades de exposição, *e.g.*, N_{qm} (períodos de tempo, tamanhos de populações em risco, áreas geográficas, volumes de materiais, etc.). Embora menos frequente do que os outros dois, este modelo afigura-se bastante natural quando o interesse se centra na comparação das diversas taxas de ocorrência μ_{qm}/N_{qm} (baseadas em medidas de exposição eventualmente diferentes, conhecidas ou consideradas como tal) de um evento surgindo aleatória e independentemente. É o que acontece com o Exemplo 1.12, no qual $s = 1, r = 2 \times 6$ e as unidades de exposição $N_m \equiv N_{ij}$ definem tamanhos pré-especificados de populações expostas ao risco de contracção de melanoma. Em casos como este (de estudos epidemiológicos, de sobrevivência, etc.), onde as medidas de exposição são de algum modo especificadas, os dados são por vezes interpretados de forma que as variáveis originais são consideradas como definidoras de estratos e subpopulações (no caso, idade e zona de residência), e a resposta é obtida com a introdução de uma variável binária adicional indicadora de ocorrência ou não do evento de interesse.

O modelo Multinomial apoia-se no argumento de que as classificações segundo os vários critérios são operadas numa amostra aleatória simples conceptualmente representativa de uma população correspondente suficientemente grande. Com uma definição cuidadosa de populações subjacentes de modo a afigurar-se razoável o carácter de independência e identidade distribucional dos vectores respostas observados, os dados dos Exemplos 1.2, 1.3, 1.8 e 1.10 poderão ser descritos adequadamente por este modelo.

O modelo Produto de Multinomiais tem implícito que as unidades classificadas foram obtidas por um processo conceptualmente equivalente a uma amostragem aleatória simples estratificada de subpopulações correspondentes com dimensão suficientemente grande. Com as mesmas preocupações nas delimitações subpopulacionais referidas acima, este modelo poderá ser um gerador apropriado dos dados dos Exemplos 1.4, 1.5, 1.7 e 1.9.

Naturalmente que nem todas as tabelas de contingência são necessariamente geradas por um desses modelos amostrais. Como uma primeira exemplificação considere-se uma tabela registando os resultados de pesquisas eleitorais efectuadas por três institutos de sondagem distintos. Estes dados poderão ser interpretados como resultantes da classificação de três amostras relativas a subpopulações conceptuais definidas pelos universos das pessoas consideradas sondáveis por cada instituto na altura da pesquisa. Para além da plausível sobreposição destes universos, é indubitável, mormente para grandes amostras de populações moderadas, que a possibilidade efectiva de haver unidades amostrais comuns, com a decorrente identidade de respostas, leva a que as amostras não possam ser consideradas independentes. Por outro lado, nem sempre a amostragem realizada pode ser caracterizada como aleatória simples. Por conseguinte, a adopção do modelo Produto de Multinomiais, ainda que encarado como aproximado, pode conduzir a resultados enganadores.

Em outras situações, como na análise de dados definidos espacialmente, o modelo baseado em processos de Poisson pode não se afigurar adequado. A existência, por exemplo, de algum tipo de correlação entre áreas contíguas (em particular, de autocorrelação espacial positiva) colide com a hipótese de independência entre as contagens por área e pode invalidar os resultados obtidos pela análise padrão.

26   2.2 RELAÇÃO PROBABILÍSTICA ENTRE OS ESQUEMAS AMOSTRAIS BÁSICOS

Além disso, o uso de delineamentos amostrais complexos, envolvendo estágios múltiplos de estratificação e/ou de agrupamento, em variadíssimos casos, especialmente em inquéritos amostrais de larga escala, coloca a necessidade premente de escolher modelos probabilísticos mais sofisticados. Os Exercícios 2.9 e 2.10 exemplificam alguns deles e nas Notas deste capítulo enumeram-se alguns trabalhos que descrevem métodos desenvolvidos para a análise deste tipo de dados.

Outras situações existem nas quais nenhum tipo de amostragem aleatória é efectivamente usado na selecção das unidades disponíveis ou para as quais não é fácil vislumbrar um modelo razoável para o mecanismo gerador de dados. Por exemplo, em certos estudos epidemiológicos procura-se indagar se existe ou não uma relação entre duas variáveis binárias, onde uma delas indica a ocorrência (caso) ou não (controlo) de alguma característica de interesse perante um determinado conjunto de indivíduos à disposição (*e.g.*, esta última variável pode indicar a administração de uma droga ou de um placebo e a outra a verificação ou não do efeito pretendido). Frequentemente, a experiência é delineada seleccionando um determinado número de unidades experimentais para cada tratamento e verificando o resultado da variável adicional (os denominados **estudos prospectivos**). A ausência de uma selecção aleatória da amostra e a dificuldade de definir convincentemente alguma população subjacente (recorde-se o que foi afirmado sobre a interpretação dos dados no final da Secção 1.1) levam muitos investigadores a resolver o problema mediante uma base probabilística criada pelo dispositivo conceptual de atribuição das unidades às condições experimentais por **aleatorização**, conforme se descreve detalhadamente na Secção 2.3.

Contudo, em certos casos, a característica indicada pela variável explicativa não pode ser atribuída às unidades arbitrariamente, como acontece com o sexo, por exemplo. No cenário pintado acima onde a amostra é simultaneamente população, este facto implica que não haja qualquer base estocástica para responder à questão de a diferença nas proporções observadas ser significativa ou apenas acidental. Apesar da sua importância em estudos observacionais, o tratamento desta situação sai fora dos limites probabilísticos deste texto. Em caso de interesse veja-se, *e.g.*, Finch (1979) e Freedman & Lane (1983a, 1983b).

2.2   Relação probabilística entre os esquemas amostrais básicos

Os três tipos de delineamento detalhados na secção anterior são os mais frequentes quando se pretendem realizar inferências para populações estendidas. Os correspondentes modelos probababilísticos foram derivados com base nas características dos respectivos esquemas de amostragem e em suposições adicionais sobre o modo de ocorrência das respostas. No entanto, tais modelos estão intimamente associados entre si. Para o evidenciar, mire-se agora o exemplo da secção anterior que tem sido objecto de ilustração, e considere-se o modelo (2.1). É fácil constatar que a função de probabilidade do modelo Produto de distribuições de Poisson admite as seguintes factorizações:

2. MODELOS PROBABILÍSTICOS

$$f\left(\mathbf{n} \mid \boldsymbol{\mu}\right) = \frac{e^{-\mu_{..}} \mu_{..}^{n_{..}}}{n_{..}!} \times n_{..}! \prod_{i,j=1}^{2} \frac{(\mu_{ij}/\mu_{..})^{n_{ij}}}{n_{ij}!} \tag{2.11}$$

$$= \frac{e^{-\mu_{..}} \mu_{..}^{n_{..}}}{n_{..}!} \times n_{..}! \prod_{j=1}^{2} \frac{(\mu_{.j}/\mu_{..})^{n_{.j}}}{n_{.j}!} \times \prod_{j=1}^{2} \left\{ n_{.j}! \prod_{i=1}^{2} \frac{(\mu_{ij}/\mu_{.j})^{n_{ij}}}{n_{ij}!} \right\} \tag{2.12}$$

$$= \prod_{j=1}^{2} \left\{ \frac{e^{-\mu_{.j}} \mu_{.j}^{n_{.j}}}{n_{.j}!} \right\} \times \prod_{j=1}^{2} \left\{ n_{.j}! \prod_{i=1}^{2} \frac{(\mu_{ij}/\mu_{.j})^{n_{ij}}}{n_{ij}!} \right\} \tag{2.13}$$

Analisem-se separadamente esses casos.

Factorização 1: A expressão (2.11) mostra que a distribuição (2.1) se decompõe num produto de 2 factores. O primeiro apresenta uma forma poissoniana com parâmetro $\mu_{..} = \sum_{i,j} \mu_{ij}$, correspondendo à distribuição de $n_{..} = \mathbf{1}'\mathbf{n}$, e o segundo uma forma Multinomial de parâmetros $n_{..}$ e $\boldsymbol{\mu}/\mu_{..}$, definidora da distribuição condicional de $\mathbf{n}$ dado $n_{..}$. Verifica-se, assim, que o modelo Multinomial apropriado para a Estratégia II corresponde a este segundo factor com a reparametrização $n_{..} = N$ e $\boldsymbol{\mu}/\mu_{..} = \boldsymbol{\theta}$, podendo, pois, ser encarado como resultado do modelo (2.1) por condicionamento na soma das frequências. Deste modo, o modelo (2.1) é também apropriado para base das inferências sobre a distribuição conjunta das duas variáveis respostas.

Este resultado permite definir a amostragem poissoniana múltipla em questão através da observação de um simples processo de Poisson de média $\mu_{..}$ governando o número total de ocorrências $n_{..}$ e do correspondente número de vectores (X_{1k}, X_{2k}) considerados, condicionalmente a $n_{..}$, independentes e identicamente distribuídos com probabilidades conjuntas $\{\mu_{ij}/\mu_{..}\}$.

Note-se agora que $\left(\mu_{..}, \boldsymbol{\theta}'\right)'$ é uma transformação bijectiva de $\boldsymbol{\mu}$, com espaço paramétrico $\mathbb{R}^{+} \times S_3$, onde S_3 é o subconjunto de $(0,1)^4$ definido por $\{\boldsymbol{\theta} : \mathbf{1}'\boldsymbol{\theta} = 1\}$. Em termos desta reparametrização, a expressão (2.11) apresenta as seguintes características:

- O primeiro factor não depende de $\boldsymbol{\theta}$ para cada valor de $\mu_{..}$, implicando que a estatística $n_{..}$ não contém informação sobre $\boldsymbol{\theta}$;

- O segundo factor não depende de $\mu_{..}$ para cada valor de $\boldsymbol{\theta}$, o que significa que $n_{..}$ concentra em si toda a informação relevante sobre $\mu_{..}$.

Estes dois traços em conjunto legitimam a irrelevância do primeiro factor de (2.11) quando $\mu_{..}$ é considerado um parâmetro desprovido de interesse face aos objectivos de análise (o chamado **parâmetro perturbador**, parâmetro incómodo ou *nuisance parameter*). Para uma clarificação adicional deste argumento veja-se a Nota de Capítulo 2.2.

Mais concretamente, se o interesse se circunscrever a funções de $\boldsymbol{\mu}$ expressáveis unicamente em termos de $\boldsymbol{\theta}$, o primeiro factor pode ser desprezado, o que significa

2.2 RELAÇÃO PROBABILÍSTICA ENTRE OS ESQUEMAS AMOSTRAIS BÁSICOS

que o modelo Produto de distribuições de Poisson pode ser abandonado em favor do modelo Multinomial $M_{sr-1}(N, \boldsymbol{\theta})$. É o que se passa com a hipótese de multiplicatividade H_I em (2.3), que com a reparametrização $\boldsymbol{\theta} = \boldsymbol{\mu}/\mu_{..}$, se torna equivalente a H_{II} definida por (2.5).

Factorização 2: A factorização (2.12) resulta claramente de (2.11) através do particionamento do factor multinomial de parâmetros $\boldsymbol{\theta} = \boldsymbol{\mu}/\mu_{..}$ num factor binomial expresso parametricamente em termos de $\boldsymbol{\theta}_{.*} = (\theta_{.1}, \theta_{.2})'$, com $\theta_{.j} = \sum_{i=1}^{2} \theta_{ij} = \mu_{.j}/\mu_{..}, j = 1, 2$, e num factor concernente a um produto de duas binomiais com parâmetros $\boldsymbol{\pi}_j = (\theta_{1(j)}, \theta_{2(j)})'$, onde $\theta_{i(j)} = \theta_{ij}/\theta_{.j} = \mu_{ij}/\mu_{.j}, i, j = 1, 2$. Para a interpretação destes factores, relembre-se que a distribuição $M_3(n_{..}, \boldsymbol{\theta})$ de $\mathbf{n} \mid \{n_{..}, \boldsymbol{\theta}\}$ é caracterizada pela função geradora de momentos

$$
\begin{aligned}
M_{\mathbf{n}}(\mathbf{t}) = \quad & E_{\mathbf{n}}\left(e^{\mathbf{t}'\mathbf{n}}\right) = E_{\mathbf{n}}\left(\prod_{i,j} e^{t_{ij} n_{ij}}\right) \\
= \quad & \left(\theta_{11} e^{t_{11}} + \theta_{12} e^{t_{12}} + \theta_{21} e^{t_{21}} + \theta_{22}\right)^{n_{..}}
\end{aligned}
\tag{2.14}
$$

em que $\mathbf{t} = (t_{11}, t_{12}, t_{21}, t_{22})'$ com $t_{22} = 0$. Sendo $\mathbf{n}_{.*} = (n_{.1}, n_{.2})'$, a função geradora de momentos da distribuição condicional de $\mathbf{n}_{.*}$ dado $n_{..}$ no ponto $\mathbf{u} = (u_1\, u_2)'$ com $u_2 = 0$ é

$$
M_{\mathbf{n}_{.*}}(\mathbf{u}) \equiv E_{\mathbf{n}_{.*}}\left(e^{\sum_{j=1}^{2} u_j n_{.j}}\right) = E_{\mathbf{n}}\left(e^{\sum_j u_j \sum_i n_{ij}}\right) = M_{\mathbf{n}}(\mathbf{t})
$$

onde $\mathbf{t} = (u_1, 0, u_1, 0)'$, ou seja

$$
M_{\mathbf{n}_{.*}}(\mathbf{u}) = \left[(\theta_{11} + \theta_{21}) e^{u_1} + (\theta_{12} + \theta_{22})\right]^{n_{..}}.
$$

Isto evidencia que a referida distribuição é $Bi(n_{..}, \theta_{.1})$, correspondendo, pois, ao segundo factor de (2.12). Consequentemente, o factor adicional desta factorização representa a distribuição condicional de $\mathbf{n}$ dado $\mathbf{n}_{.*}$, que tem a forma do modelo (2.6) associado à Estratégia III. Deste modo, este modelo pode ser visto como resultante do modelo definido em (2.4) por condicionamento nos totais marginais das colunas, com a reparametrização $n_{.j} = N_j$ e $\theta_{ij}/\theta_{.j} = \theta_{i(j)}$, $i, j = 1, 2$. Como consequência, o modelo (2.4) pode ser usado como suporte das inferências sobre a distribuição da variável resposta (neste caso, a variável associada às linhas) condicionada na outra variável, tomada como explicativa.

O uso de uma argumentação análoga à que foi feita anteriormente conduz a que só o terceiro factor de (2.12) seja relevante para inferências sobre funções paramétricas de $\boldsymbol{\theta}$ apenas dependentes dos parâmetros $\{\theta_{i(j)}\}$. O segundo factor de (2.12) pode então ser desprezado pelo facto de não fornecer qualquer informação sobre tais funções de interesse. É o que acontece com a hipótese traduzida indistintamente por H_{II} ou H_I, já que, com as reparametrizações referidas, ela se reduz a H_{III} definida em (2.7). Neste ponto fica patente como H_I, H_{II} e H_{III} não são mais do que formulações equivalentes da mesma hipótese de ausência de relação entre as duas variáveis em questão. Da formulação H_{II} definida em (2.5), vê-se facilmente (Exercício 2.1) que esta hipótese ainda se pode exprimir por

$$
\Delta \equiv \frac{\theta_{11}/\theta_{21}}{\theta_{12}/\theta_{22}} \equiv \frac{\theta_{11}\theta_{22}}{\theta_{12}\theta_{21}} = 1.
\tag{2.15}
$$

2. MODELOS PROBABILÍSTICOS

Como θ_{1j}/θ_{2j} é a chance (*odds*) de um indivíduo na faixa etária j, $j = 1, 2$, manifestar uma atitude de apoio (versus de não apoio) ao candidato, o parâmetro Δ (com valores em $\mathbb{R}^+$) é vulgarmente denominado de **razão das chances** (*odds ratio*), ou ainda, de **razão dos produtos cruzados** (*cross-product ratio*). Os valores de Δ em $(0, 1) \cup (1, +\infty)$ medem assim o afastamento da relação de independência entre as duas variáveis binárias, no sentido de uma dependência (ou associação) dita positiva se $\Delta > 1$ ou de uma dependência (ou associação) dita negativa se $\Delta < 1$. O Exercício 2.1b) clarifica estes conceitos de associação positiva e negativa através do conceito de **risco relativo**, $\phi = \theta_{1(1)}/\theta_{1(2)}$, e define por outras formas o conceito de independência. Este conceito será ainda formulado de outro modo no Capítulo 4.

Factorização 3: A factorização (2.13) revela que o modelo (2.1) é particionado num produto de distribuições de Poisson independentes, caracterizando a distribuição conjunta (não condicional em $n_{..}$) de $\mathbf{n}_{.*}$, e no modelo Produto de distribuições Binomiais, condicionado em $\mathbf{n}_{.*}$, já familiar pela sua ocorrência na factorização (2.12).

Novamente o argumento da condicionalidade leva às conclusões de aplicabilidade do modelo (2.1) para inferências sobre $\{\theta_{i(j)} = \mu_{ij}/\mu_{.j}\}$ e de possibilidade, para tais propósitos, como no caso de H_I (veja-se (2.2)), da sua redução ao modelo (2.6). Tais conclusões poderiam, aliás, ser extraídas da própria análise da segunda factorização.

Este argumento que permitiu, nomeadamente, visualizar as relações entre os três modelos amostrais básicos no quadro de uma tabela 2×2 pode facilmente ser estendido para qualquer tabela. Assim, o modelo (2.9) pode ser visto como resultante do modelo (2.8) com $s = 1$ por condicionamento em $\mathbf{1}'\mathbf{n} = N$, onde $\boldsymbol{\theta} = \boldsymbol{\mu}/\mu_{..}$ e $\mu_{..} = \mathbf{1}'\boldsymbol{\mu}$. Por partição do conjunto das r categorias em s subconjuntos de cardinalidade comum $r^* < r$, com frequências (probabilidades) associadas $n_{qm}(\theta_{qm})$, $m = 1, \ldots, r^*$, $q = 1, \ldots, s$, e por condicionamento de (2.9) em $\mathbf{n}_{.*} = (n_{1.}, \ldots, n_{q.}, \ldots, n_{s.})'$, obtém-se o modelo (2.10) com $\theta_{(q)m} = \theta_{qm}/\theta_{q.}$, $m = 1, \ldots, r^*$ e $q = 1, \ldots, s$.

Estas relações permitem compreender como as inferências de interesse se podem apoiar em dois ou mais modelos amostrais desde que dirigidas a hipóteses expressáveis equivalentemente em termos dos correspondentes parâmetros. Para uma simples ilustração considere-se a tabela 2^3 do Exemplo 1.11, onde X_1, X_2 e X_3 designam, respectivamente, a situação profissional, o consumo diário de álcool e a manifestação de fobia em cada alcoólatra. Admita-se que o vector $\mathbf{n}$ das frequências n_{ijk} de elementos com $X_1 = i, X_2 = j$ e $X_3 = k$ seja adequadamente modelado pela família Multinomial de distribuições $M_7(N, \boldsymbol{\theta})$, onde $N = 97$ e $\boldsymbol{\theta}$ é o vector correspondente das probabilidades $\theta_{ijk} = P(X_1 = i, X_2 = j, X_3 = k) > 0$. É fácil constatar que a função de probabilidade de $\mathbf{n}$ admite, nomeadamente, as seguintes factorizações:

$$N! \prod_{i,j,k} \frac{\theta_{ijk}^{n_{ijk}}}{n_{ijk}!} = N! \prod_{i=1}^{2} \frac{\theta_{i..}^{n_{i..}}}{n_{i..}!} \times \prod_{i=1}^{2} \left\{ n_{i..}! \prod_{j,k} \left[\left(\frac{\theta_{ijk}}{\theta_{i..}} \right)^{n_{ijk}} \Big/ n_{ijk}! \right] \right\} \tag{2.16}$$

$$= N! \prod_{i,j} \frac{\theta_{ij.}^{n_{ij.}}}{n_{ij.}!} \times \prod_{i,j} \left\{ n_{ij.}! \prod_{k=1}^{2} \left[\left(\frac{\theta_{ijk}}{\theta_{ij.}} \right)^{n_{ijk}} \Big/ n_{ijk}! \right] \right\}. \tag{2.17}$$

30   2.2 RELAÇÃO PROBABILÍSTICA ENTRE OS ESQUEMAS AMOSTRAIS BÁSICOS

Definam-se os vectores $\mathbf{n}_{*..} = (n_{i..}, i = 1, 2)'$, $\mathbf{n}_{(i)} = (n_{ijk}, j, k = 1, 2)'$, $i = 1, 2$, $\mathbf{n}_{**.} = (n_{ij.}, i, j = 1, 2)'$, $\mathbf{n}_{(ij)} = (n_{ijk}, k = 1, 2)'$, $i, j = 1, 2$ e represente-se por $\boldsymbol{\theta}_{*..}$, $\boldsymbol{\theta}_{(i)}$ $(i = 1, 2)$, $\boldsymbol{\theta}_{**.}$ e $\boldsymbol{\theta}_{(ij)}$ $(i, j = 1, 2)$ os correspondentes vectores de probabilidades associadas.

A expressão (2.16) indica o particionamento da distribuição $M_7(N, \boldsymbol{\theta})$ na distribuição $M_1(N, \boldsymbol{\theta}_{*..})$ das frequências marginais de X_1 e no produto das distribuições condicionais $M_3(n_{i..}, \boldsymbol{\pi}_{(i)})$ de $\mathbf{n}_{(i)}$ dado $n_{i..}$, $i = 1, 2$ em que $\boldsymbol{\pi}_{(i)} = \boldsymbol{\theta}_{(i)}/\theta_{i..} \equiv (\theta_{(i)jk}, j, k = 1, 2)$.

Analogamente, (2.17) define a decomposição do mesmo modelo na distribuição $M_3(N, \boldsymbol{\theta}_{**.})$ do vector $n_{**.}$ das frequências marginais do par (X_1, X_2) e no produto das distribuições condicionais $M_1(n_{ij.}, \boldsymbol{\pi}_{(ij)})$ de $\mathbf{n}_{(ij)}$ dado $n_{ij.}$, $i, j = 1, 2$, onde $\boldsymbol{\pi}_{(ij)} = \boldsymbol{\theta}_{(ij)}/\theta_{ij.} \equiv (\theta_{(ij)k}, k = 1, 2)$.

Considerando, então, algumas das hipóteses relevantes para este problema, comece-se pela hipótese de **independência completa** ou **mútua** das três variáveis, expressa geralmente por

$$H_I : \theta_{ijk} = \theta_{i..} \times \theta_{.j.} \times \theta_{..k}, \tag{2.18}$$

para $i, j, k = 1, 2$. Como H_I é equivalente a

$$\theta_{(i)jk} = a_j \times b_k, \quad \sum_j a_j = \sum_k b_k = 1, \tag{2.19}$$

para $j, k, i = 1, 2$, segue-se que o modelo condicional na factorização (2.16) é igualmente apropriado para suporte inferencial sobre H_I. Já o modelo condicional em (2.17) – bem como qualquer modelo condicionado em outro conjunto de totais marginais bivariados – é inadequado para tal propósito já que o factor multinomial adicional é relevante para a definição cabal de H_I.

Suponha-se agora que o interesse está em averiguar a hipótese mais fraca de a presença de fobia no alcoólatra ser independente conjuntamente da situação profissional e do consumo diário de álcool, *i.e.*,

$$H_{IP} : \theta_{ijk} = \theta_{ij.} \times \theta_{..k}, \tag{2.20}$$

para $i, j, k = 1, 2$. Note-se que esta hipótese dita de **independência parcial** entre X_3 e (X_1, X_2), difere de H_I no ponto em que X_1 e X_2 podem ser agora dependentes. Ora H_{IP} corresponde, quer a

$$\theta_{ij(k)} \equiv \theta_{ijk}/\theta_{..k} = a_{ij}, \tag{2.21}$$

para $i, j, k = 1, 2$, quer a

$$\theta_{(ij)k} = a_k, \tag{2.22}$$

para $k, i, j = 1, 2$ evidenciando que H_{IP} é equivalente a assumir a homogeneidade das duas distribuições Multinomiais condicionais das frequências de (X_1, X_2) nos níveis de X_3 ou das 2×2 distribuições condicionais dos $\mathbf{n}_{(ij)}$. Assim, a averiguação da validade desta hipótese pode assentar também em cada um dos modelos Produto de Multinomiais para $\{\mathbf{n}_{(k)}\}$ dado $\{n_{..k}\}$ ou para $\{\mathbf{n}_{(ij)}\}$ dado $\{n_{ij.}\}$. Já a parte ignorada

2. MODELOS PROBABILÍSTICOS

(primeiro factor) em (2.17) se afigura de uma relevância exclusiva para a hipótese de independência marginal entre X_1 e X_2.

Considere-se agora que o interesse se concentra na hipótese ainda mais fraca de **independência condicional** entre a presença de fobia e o consumo diário de álcool para cada tipo de situação profissional do alcoólatra, *i.e.*,

$$
\begin{aligned}
H_{IC} : \theta_{ijk} &= \theta_{i\cdot\cdot} \times \frac{\theta_{ij\cdot}}{\theta_{i\cdot\cdot}} \times \frac{\theta_{i\cdot k}}{\theta_{i\cdot\cdot}} \\[2mm]
&= \frac{\theta_{ij\cdot} \times \theta_{i\cdot k}}{\theta_{i\cdot\cdot}},
\end{aligned}
\tag{2.23}
$$

para $j, k, i = 1, 2$. Note-se que esta hipótese difere de H_{IP} no aspecto em que X_3 pode ser agora dependente de X_1. É fácil verificar que H_{IC} equivale tanto a

$$
\theta_{(i)jk} = \theta_{(i)j\cdot} \times \theta_{(i)\cdot k},
\tag{2.24}
$$

para $j, k, i = 1, 2$ como a

$$
\theta_{(ij)k} = a_{ik},
\tag{2.25}
$$

para $k, i, j = 1, 2$. A expressão (2.24) reflecte que X_2 e X_3 são independentes para cada nível de X_1 enquanto que (2.25) indica que as 2×2 subpopulações definidas pela combinação dos níveis de X_1 e X_2 são homogéneas aos pares no sentido em que $\theta_{(i1)k} = \theta_{(i2)k}, k, i = 1, 2$. Como consequência, os modelos Produto de Multinomiais correspondentes a tomar como variáveis explicativas, respectivamente, X_1 e (X_1, X_2), são igualmente adequados para suporte das inferências sobre H_{IC} (idem para a fixação das margens relativas a (X_1, X_3)). É óbvio que a fixação dos totais marginais bivariados de (X_2, X_3) já é incompatível com tal propósito.

Como H_{IC} traduz que X_2 e X_3 são condicionalmente independentes em cada nível de X_1, segue-se que ela pode ser equivalentemente traduzida por

$$
H_{IC} : \Delta^{A(i)} = \frac{\theta_{i11}\,\theta_{i22}}{\theta_{i12}\,\theta_{i21}} = 1,
\tag{2.26}
$$

para $i = 1, 2$, onde $\Delta^{A(i)}$ é a já referida razão dos produtos cruzados da subtabela 2^2 relativa ao nível $X_1 = i$. Relaxando esta condição de independência de modo a reter apenas a homogeneidade da relação de dependência entre X_2 e X_3 para todos os níveis de X_1, entendendo-se esta relação como medida pelos $\Delta^{A(i)}$, $i = 1, 2$, fica definida uma nova hipótese

$$
H_{NI} : \Delta^{A(1)} = \Delta^{A(2)}.
\tag{2.27}
$$

Note-se que, pela definição dos $\Delta^{A(i)}$, H_{NI} é equivalente a

$$
\frac{\theta_{111}\theta_{122}\theta_{212}\theta_{221}}{\theta_{112}\theta_{121}\theta_{211}\theta_{222}} = 1
\tag{2.28}
$$

formulação esta que denota a igualdade dos restantes dois pares de razões de produtos cruzados, $\Delta^{B(j)}$ e $\Delta^{C(k)}$. Esta hipótese materializa assim a ideia de que a razão dos produtos cruzados correspondente a qualquer par de variáveis não depende do nível da terceira variável. Esta observação, aliada ao facto de que

$$\Delta^{A(i)} = \frac{\theta_{(i)11}\theta_{(i)22}}{\theta_{(i)12}\theta_{(i)21}} = \frac{\theta_{(i1)1}/\theta_{(i1)2}}{\theta_{(i2)1}/\theta_{(i2)2}} \qquad (2.29)$$

(note-se que $\sum_k \theta_{(ij)k} = 1, i, j = 1, 2$), permite compreender que as inferências sobre H_{NI} são compatíveis não só com os modelos condicionais definidos em (2.16) e (2.17), mas também com todos os modelos Produto de Multinomiais associados com a fixação dos restantes totais marginais uni ou bivariados.

Desnecessário será dizer que todas as hipóteses atrás consideradas sobre os parâmetros do modelo Multinomial são também compatíveis com o modelo Produto de distribuições de Poisson.

2.3 Modelos hipergeométricos

É interessante notar que ainda se podem obter novas factorizações de (2.12) e (2.13) levando a um modelo associado à tabela com ambas as margens consideradas fixas. Com efeito, usando por comodidade $\theta_{i(j)} = \mu_{ij}/\mu_{\cdot j}, i, j = 1, 2 \; (\sum_i \theta_{i(j)} = 1, \; j = 1, 2.)$, o factor

$$f\left(n_{11}, n_{12} \mid \mathbf{n}_{\cdot *}, \{\theta_{i(j)}\}\right)$$

referido com a forma de (2.6) pode exprimir-se, atendendo a que $n_{11} + n_{12} = n_{1\cdot}$, por

$$\prod_{j=1,2} \left\{ \binom{n_{\cdot j}}{n_{1j}} \theta_{1(j)}^{n_{1j}} \theta_{2(j)}^{n_{\cdot j}-n_{1j}} \right\} =$$

$$= \binom{n_{\cdot 1}}{n_{11}} \binom{n_{\cdot 2}}{n_{1\cdot} - n_{11}} \left(\frac{\theta_{1(1)}}{\theta_{2(1)}} \Big/ \frac{\theta_{1(2)}}{\theta_{2(2)}} \right)^{n_{11}} \left(\frac{\theta_{1(2)}}{\theta_{2(2)}} \right)^{n_{1\cdot}} \theta_{2(2)}^{n_{\cdot 2}} \theta_{2(1)}^{n_{\cdot 1}}$$

$$= \left[\binom{n_{\cdot 1}}{n_{11}} \binom{n_{\cdot 2}}{n_{1\cdot} - n_{11}} \Delta^{n_{11}} \right] \phi^{n_{1\cdot}} \left(1 + \phi\right)^{-n_{\cdot 2}} \left(1 + \Delta\phi\right)^{-n_{\cdot 1}} \qquad (2.30)$$

em que $\Delta = [\theta_{1(1)}\theta_{2(2)}]/[\theta_{1(2)}\theta_{2(1)}]$ e $\phi = \theta_{1(2)}/\theta_{2(2)}$ definem conjuntamente uma transformação biunívoca de $(\theta_{1(1)}, \theta_{1(2)}) \in (0,1)^2$ sobre $(\mathbb{R}^+)^2$ – note-se que $\theta_{2(1)} = 1 - \theta_{1(1)}$ e $\theta_{2(2)} = 1 - \theta_{1(2)}$. Normalizando o primeiro factor (entre parênteses rectos) de modo a convertê-lo numa função de probabilidade e observando que

$$t_1 \equiv max\left(0, n_{1\cdot} - n_{\cdot 2}\right) \leq n_{11} \leq min\left(n_{\cdot 1}, n_{1\cdot}\right) \equiv t_2$$

obtém-se

$$f\left(n_{11}, n_{12} \mid \mathbf{n}_{\cdot *}, \Delta, \phi\right) = \left\{ \frac{\binom{n_{\cdot 1}}{n_{11}} \binom{n_{\cdot 2}}{n_{1\cdot} - n_{11}} \Delta^{n_{11}}}{\sum\limits_{u=t_1}^{t_2} \binom{n_{\cdot 1}}{u} \binom{n_{\cdot 2}}{n_{1\cdot} - u} \Delta^u} \right\}$$

$$\times \left[\sum\limits_{u=t_1}^{t_2} \binom{n_{\cdot 1}}{u} \binom{n_{\cdot 2}}{n_{1\cdot} - u} \Delta^u \right]$$

$$\times \quad \phi^{n_{1\cdot}} \left(1 + \phi\right)^{-n_{\cdot 2}} \left(1 + \Delta\phi\right)^{-n_{\cdot 1}} \qquad (2.31)$$

2. MODELOS PROBABILÍSTICOS

Condicionalmente a $\mathbf{n}_{.*}$, o primeiro factor (entre chavetas) define a distribuição condicional de n_{11} dado $n_{1.}$ enquanto que o factor adicional representa a distribuição da soma $n_{1.}$ das duas Binomiais independentes.

Atendendo a que a hipótese de homogeneidade se pode exprimir equivalente e exclusivamente em termos de Δ (veja-se (2.15)), fica patente que esta factorização não apresenta as características das anteriores no que diz respeito ao parâmetro de interesse. Note-se, todavia, que o primeiro factor indica que a estatística $n_{1.}$ é suficiente com respeito a qualquer subfamília do modelo Produto de Binomiais correspondente a um Δ fixo, e portanto, indexada por ϕ. Em particular, $n_{1.}$ é suficiente para o valor comum de $\theta_{1(1)}$ e $\theta_{1(2)}$ sob homogeneidade ($\Delta = 1$), i.e., $\gamma = \phi / (1 + \phi)$, como facilmente se depreende do primeiro membro de (2.30) pelo critério de factorização. Nestas condições, a distribuição condicional de n_{11} (por vezes apelidada de **distribuição Hipergeométrica não central**) fica liberta de qualquer parâmetro desconhecido, convertendo-se na conhecida **distribuição Hipergeométrica**, enquanto que a distribuição marginal (dado $\mathbf{n}_{.*}$) de $n_{1.}$ se particulariza na esperada distribuição Binomial. Ou seja, (2.31), sob H_{III} definida em (2.7), converte-se em

$$f(n_{11}, n_{12} \mid \mathbf{n}_{.*}, \gamma) = \frac{\binom{n_{.1}}{n_{11}} \binom{n_{.2}}{n_{1.} - n_{11}}}{\binom{N}{n_{1.}}} \times \binom{N}{n_{1.}} \gamma^{n_{1.}} (1 - \gamma)^{N - n_{1.}}. \tag{2.32}$$

A fixação de ambas as margens da tabela provocada pelo condicionamento em $\mathbf{n}_{.*}$ e $n_{1.}$ leva a que qualquer uma, e.g., n_{11}, das quatro frequências determine as restantes. Nesse contexto, a distribuição de n_{11} sob homogeneidade corresponde à distribuição do número de elementos de um dado tipo numa amostra aleatória de tamanho $n_{1.}$ obtida sem reposição de uma população finita de tamanho N com $n_{.1}$ elementos daquele tipo.

A aplicação deste argumento de condicionamento em tabelas de dimensão superior, sob hipóteses apropriadas, conduz a uma generalização do modelo hipergeométrico univariado (vide Exercício 2.7). Por exemplo, no contexto da tabela que se tem vindo a analisar, se X_2 passar a ser politómica (com $s > 2$ níveis), o modelo condicional sob homogeneidade das s subpopulações será definido pela **distribuição Hipergeométrica multivariada**

$$f(\{n_{1j}, j = 1, \ldots, s\} \mid \{n_{.j}, j = 1, \ldots, s\}, n_{1.}) = \frac{\prod_{j=1}^{s} \binom{n_{.j}}{n_{1j}}}{\binom{N}{n_{1.}}}. \tag{2.33}$$

Pela forma de (2.30) ou (2.31), o uso da distribuição condicional de n_{11} dado $n_{1.}$ para efeitos inferenciais sobre a hipótese que se tem vindo a referir sob diversas formulações, não pode ser visto cabalmente à luz de argumentos de condicionalidade, já que o termo ignorado contém informação sobre Δ. Este é um dos factores que tem levado a uma enorme polémica em torno da razão de ser deste modelo hipergeométrico para propósitos inferenciais sobre Δ. O leitor interessado encontrará referenciado na

Nota de Capítulo 2.3 um conjunto de trabalhos elucidativo das diferentes atitudes existentes.

A argumentação acima mostrou que o modelo hipergeométrico pode ser obtido por condicionamento apropriado de qualquer dos três modelos probabilísticos citados que visam descrever o mecanismo aleatório de geração de dados. Contudo, em muitos estudos experimentais e observacionais, é difícil assegurar ou justificar devidamente que as unidades sob estudo constituam uma amostra aleatória de alguma população. Elas poderão constituir, antes, a única amostra disponível no momento (pacientes internados no hospital na ocasião, pessoas que se oferecem voluntariamente para estudos de vários tipos) ou o único conjunto ao qual se pretendem dirigir os objectivos experimentais.

Como exemplificação, considere-se o problema de comparar dois tratamentos (níveis de uma variável X_2) perante a presença de N unidades através da observação de alguma variável resposta binária X_1 pertinente. Admita-se que a experiência é planeada de modo que as N unidades são divididas em dois grupos de tamanhos $n_{.j}, j = 1, 2$, sendo as $n_{.j}$ unidades submetidas ao tratamento j. Na falta de uma selecção aleatória de facto das N unidades, a questão de saber se há ou não diferença entre os tratamentos costuma ser tratada numa base probabilística criada pela atribuição aleatória das unidades aos dois grupos (tratamentos). A identidade dos tratamentos (hipótese H_o) significa que o sucesso ou insucesso em qualquer unidade é independente do tratamento que lhe é ministrado, ou seja, que a resposta observada em qualquer unidade é a mesma qualquer que seja o tratamento aplicado a cada uma das unidades. Esta característica de a variável resposta se distribuir aleatoriamente entre os dois grupos sob a hipótese nula implica, em particular, que o número total de sucessos, $e.g.$, $n_1.$, nesse quadro, é o mesmo quaisquer que sejam as unidades que são atribuídas, supostamente de forma aleatória, a cada tratamento, ou por outras palavras, qualquer que seja a atribuição entre todas as $\binom{N}{n_1.}$ atribuições possíveis supostamente equiprováveis.

Neste sentido, ao designar o número de sucessos no primeiro tratamento (entre os $n_{.1}$ disponíveis) que poderá ser obtido em cada atribuição aleatória, n_{11} tem sob a hipótese nula (número total de sucessos, $n_1.$, fixo) a distribuição Hipergeométrica

$$f(n_{11} \mid \mathbf{n}_{.*}, H_o) = \frac{\binom{n_{.1}}{n_{11}} \binom{n_{.2}}{n_1. - n_{11}}}{\binom{N}{n_1.}} \tag{2.34}$$

idêntica à referida em (2.32). No entanto, o modelo hipergeométrico aqui não está associado a qualquer tipo de amostragem aleatória. Os dados observáveis são um subconjunto aleatório das respostas que seriam obtidas se cada tratamento fosse aplicado a cada uma das N unidades fixadas. Trata-se, antes, de um **modelo de aleatorização** criado pelo dispositivo de atribuição aleatória das unidades aos tratamentos sob identidade destes. As duas margens da tabela são aqui fixas sob a hipótese nula e não por qualquer raciocínio de condicionamento a partir de algum modelo probabilístico. Os resultados inferenciais restringem-se, pois, à **população finita** das unidades sob estudo – característica das denominadas **inferências baseadas no delineamento** –, ao invés de serem estendidos a alguma população externa mais

2. MODELOS PROBABILÍSTICOS   35

ampla que as unidades possam representar conceptualmente, como acontece com as
inferências baseadas em modelos[2].

Deve-se referir também que este raciocínio de interpretação dos dados observados
não goza de aceitação pacífica. As posições expressas em Kempthorne (1977), Basu
(1980) e na discussão que se segue a este, por exemplo, ilustram bem a controvérsia
existente.

2.4 Notas de Capítulo

2.1: Os problemas com dados categorizados definidos espacialmente suscitam frequentemente a adopção de modelos probabilísticos mais complicados e/ou de métodos
específicos de análise. Os livros de Upton & Fingleton (1985, 1989), entre outros – em
especial, os capítulos 4 (vol. 1) e 7 (vol. 2) – permitem obter uma visão panorâmica
desses novos procedimentos. A análise de dados obtidos através de esquemas amostrais complexos, por vezes enquadrados em populações consideradas finitas, tem sido
objecto de atenção recente na literatura. Referências apropriadas de trabalhos neste
cenário incluem Kish & Frankel (1974), Nathan (1975), Koch, Freeman Jr. & Freeman (1975), Freeman Jr., Freeman, Brock & Koch (1976), Cohen (1976), Altham
(1976), Shuster & Doening (1976), Fay (1979), Brier (1980), Fellegi (1980), Holt,
Scott & Ewings (1980), Rao & Scott (1981), Bedrick (1983), Rao & Scott (1984),
Koch, Imrey, Singer, Atkinson & Stokes (1985), Fay (1985), Thomas & Rao (1987),
Rosner (1989) e Donald & Donner (1987, 1990).

2.2: Seja $\mathbf{x}$ um vector de observações cuja distribuição está indexada pelo parâmetro
(γ, ϕ), cujo espaço paramétrico é o produto cartesiano dos conjuntos de valores admissíveis para γ (considerado como o parâmetro de interesse) e para ϕ. Suponha-se
que a sua distribuição de probabilidades, $f(\mathbf{x} \mid \gamma, \phi)$, se factoriza do seguinte modo:

$$f(\mathbf{x} \mid \gamma, \phi) = h(\mathbf{t} \mid \phi) g(\mathbf{x} \mid \mathbf{t}; \gamma)$$

em que h define a distribuição marginal da estatística $\mathbf{T}$ e g a distribuição condicional
de $\mathbf{x}$ dado $\mathbf{T} = \mathbf{t}$. O facto de h só depender de ϕ traduz que a estatística $\mathbf{T}$ é **ancilar
específica** para o parâmetro de interesse, γ (*i.e.*, ancilar para γ para cada valor de
ϕ). O facto de g só depender de γ reflecte que $\mathbf{T}$ é **suficiente específica** para o
parâmetro perturbador ϕ (*i.e.*, suficiente para ϕ para cada valor de γ). Estas duas
características em conjunto permitem definir $\mathbf{T}$ como uma estatística **ancilar parcial**
para γ (ou alternativamente, **suficiente parcial** para ϕ). Neste cenário, **o princípio
da condicionalidade generalizada** advoga que os dados que resultam do modelo
$\{f(\mathbf{x} \mid \gamma, \phi)\}$ devem ser analisados com base no modelo condicional ao valor observado
da estatística ancilar parcial para γ. Este princípio confere um fundamento lógico ao
processo de eliminação do parâmetro perturbador ϕ pelo facto de esta, conseguida pela
restrição ao modelo $\{g(\cdot \mid \cdot, \gamma)\}$, não incorrer em perda de informação relevante sobre
o parâmetro de interesse. Mais detalhes sobre esta questão podem ser encontradas
no interessante artigo de Basu (1977).

---

[2]Para mais detalhes sobre estes dois tipos de inferências, veja-se Koch & Gillings (1983).

2.3: A análise de tabelas 2×2 (ou qualquer outra tabela bidimensional) com um total marginal fixo através do condicionamento no outro total marginal (*i.e.*, do modelo Hipergeométrico) tem a particularidade de se defrontar apenas com o parâmetro de interesse, a razão das chances. Este traço é devido à suficiência específica para o parâmetro perturbador desse total marginal fixado por condicionamento. Contudo, esta estatística não é ancilar específica para a razão das chances no sentido usual que tem este conceito[3]. Este e outros aspectos têm gerado uma acesa controvérsia na comunidade estatística em torno do uso de procedimentos inferenciais baseados nesse condicionamento (e que se expõem no Capítulo 13). Um fiel retrato do *statu quo* a este respeito pode ser conseguido através da leitura dos artigos de Berkson (1978a, 1978b) e das reacções decorrentes de Barnard (1979), Basu (1979), Corsten & de Kroon (1979) e Kempthorne (1979), bem como de Upton (1982), Yates (1984), Haber (1989), Lloyd (1988) e Agresti (1992).

2.5 Exercícios

2.1: Numa tabela 2^2 gerada por cada um dos três modelos considerados na Secção 2.1, mostre que:

a) a hipótese definida indistintamente por H_I, H_{II} e H_{III} ainda pode ser equivalentemente expressa pelas relações

$$\frac{\mu_{11}\,\mu_{22}}{\mu_{12}\,\mu_{21}} = \frac{\theta_{11}\,\theta_{22}}{\theta_{12}\,\theta_{21}} = \frac{\theta_{1(1)}\,\theta_{2(2)}}{\theta_{1(2)}\,\theta_{2(1)}} = \frac{\theta_{(1)1}\,\theta_{(2)2}}{\theta_{(1)2}\,\theta_{(2)1}} = 1$$

onde $\theta_{i(j)} = \theta_{ij}/\theta_{\cdot j}$, $\theta_{(i)j} = \theta_{ij}/\theta_{i\cdot}$, $i, j = 1, 2$, e os outros símbolos têm o significado indicado no texto.

b) as variáveis X_1 e X_2 definidoras das tabelas estão positivamente associadas se e somente se

$$P[X_1 = 1 \mid X_2 = 1] > P[X_1 = 1 \mid X_2 = 2]$$

que, por sua vez, é equivalente a

$$P[X_1 = 2 \mid X_2 = 1] < P[X_1 = 2 \mid X_2 = 2]$$

e negativamente associadas se e somente se as relações anteriores se verificam com o sinal de desigualdade trocado. (Nota: obtêm-se relações equivalentes trocando as posições de X_1 e X_2).

c) Mostre que se as probabilidades de sucesso ($X_1 = 1$) forem bastante diminutas em cada uma das colunas (a chamada hipótese de sucesso raro), pouca diferença há entre a razão das chances e o risco relativo. Que implicações práticas tem este resultado na avaliação do risco relativo em estudos retroprojectivos (ligados às distribuições condicionais de X_2 dado X_1)?

---

[3]Embora o seja noutro sentido, como mostra Barndorff-Nielsen (1973).

2. MODELOS PROBABILÍSTICOS

2.2: A família exponencial k-paramétrica é uma família de distribuições cuja função de probabilidade (ou função densidade) se pode exprimir na forma

$$f(\mathbf{x} \mid \boldsymbol{\phi}) = h(\mathbf{x}) c(\boldsymbol{\phi}) \exp\left[\sum_{i=1}^{k} Q_i(\boldsymbol{\phi}) T_i(\mathbf{x})\right]$$

onde $h(\cdot)$ e $\{T_i(\cdot)\}$ são funções reais dos dados $\mathbf{x}$ e $c(\cdot)$ e $\{Q_i(\cdot)\}$ são funções reais do parâmetro $\boldsymbol{\phi} = (\phi_1, \ldots, \phi_k)' \in \mathbb{R}^k$, definindo $\mathbf{Q}(\boldsymbol{\phi}) = (Q_1(\boldsymbol{\phi}), \ldots, Q_k(\boldsymbol{\phi}))'$ o chamado **parâmetro natural** da família.

Considere no cenário da Tabela 1.7 os modelos (2.8), (2.9) e (2.10).

a) Mostre que a função de probabilidade de qualquer deles se pode exprimir na forma exponencial

$$f(\mathbf{n} \mid \boldsymbol{\mu}) = h(\mathbf{n}) c(\boldsymbol{\mu}) \exp\left[\mathbf{n}' \mathbf{Q}(\boldsymbol{\mu})\right]$$

onde $\boldsymbol{\mu}$ é o vector das médias (positivas) de todas as celas.

b) Mostre que, com a inclusão das restrições naturais, o modelo (2.10) tem parâmetro natural de dimensão $s(r-1)$ dado por

$$\left\{\ln\left[\mu_{qm} \bigg/ \left(n_{q\cdot} - \sum_{m=1}^{r-1} \mu_{qm}\right)\right], m = 1, \ldots, r-1; q = 1, \ldots, s\right\}$$

onde $\{\mu_{qm} = n_{q\cdot} \theta_{(q)m}\}$.

2.3: Seja $\mathbf{n} = (n_1, \ldots, n_c)'$ um vector aleatório tal que $n_i, 1 \leq i \leq c$ são variáveis aleatórias independentes com distribuição Poi(λ_i). Considere a partição dos c índices em s conjuntos denotados por $C_k = \{j_{k-1} + 1, \ldots, j_k\}$, $k = 1, \ldots, s$ com $j_o = 0$ e $j_s = c$.

a) Determine a função geradora de momentos da distribuição de $\mathbf{n}$ e, com base nela, mostre que o vector média e a matriz de covariâncias de $\mathbf{n}$ são dados, respectivamente, por

$$E(\mathbf{n} \mid \boldsymbol{\lambda}) = \boldsymbol{\lambda} \equiv (\lambda_1, \ldots, \lambda_c)'$$

$$Var(\mathbf{n} \mid \boldsymbol{\lambda}) = \boldsymbol{D}_{\boldsymbol{\lambda}}$$

onde $\boldsymbol{D}_{\boldsymbol{\lambda}}$ representa a matriz diagonal com os elementos de $\boldsymbol{\lambda}$ na diagonal principal.

b) Mostre que $\mathbf{N} = (N_1, \ldots, N_s)'$, onde $N_k = \sum_{i \in C_k} n_i$, $k = 1, \ldots, s$ é um produto de distribuições de Poisson com médias $\{\mu_k = \sum_{i \in C_k} \lambda_i\}$.

c) Mostre que a distribuição condicional de $\mathbf{n}$ dado $\mathbf{N}$ é o produto das Multinomiais $M(N_k, \boldsymbol{\pi}_k)$, com $\boldsymbol{\pi}_k = \boldsymbol{\lambda}^{(k)}/\mu_k$ e $\boldsymbol{\lambda}^{(k)} = (\lambda_i, i \in C_k)'$, $k = 1, \ldots, s$.

2.5 EXERCÍCIOS

2.4: Seja $\mathbf{n} = (n_1, \ldots, n_c)' \sim M_{c-1}(n_{..}, \boldsymbol{\theta})$, com $n_{..} = \mathbf{1}_c'\mathbf{n}$ e $\boldsymbol{\theta} = (\theta_1, \ldots, \theta_c)'$, $\mathbf{1}_c'\boldsymbol{\theta} = 1$. Considerando a mesma partição de $\{1, \ldots, c\}$ e o mesmo vector $\mathbf{N}$ definidos no Exercício 2.3:

a) Sendo $M_\mathbf{n}(\mathbf{t})$, com $\mathbf{t} = (t_1, \ldots, t_{c-1}, 0)'$, a função geradora de momentos da distribuição de $\mathbf{n}$, mostre que

$$M_\mathbf{n}(\mathbf{t}) = \left(\sum_{j=1}^{c-1} \theta_j e^{t_j} + \theta_c \right)^{n_{..}}$$

e que o vector média e a matriz de covariâncias de $\mathbf{n}$ são definidos por

$$E(\mathbf{n} \mid n_{..}, \boldsymbol{\theta}) \quad = \quad n_{..}\boldsymbol{\theta}$$

$$Var(\mathbf{n} \mid n_{..}, \boldsymbol{\theta}) \quad = \quad n_{..}\left(\boldsymbol{D}_{\boldsymbol{\theta}} - \boldsymbol{\theta\theta}'\right)$$

b) Mostre que $\mathbf{N} \sim M_{s-1}(n_{..}, \boldsymbol{\alpha})$, onde $\boldsymbol{\alpha} = (\alpha_1, \ldots, \alpha_s)'$ com $\alpha_k = \sum_{i \in C_k} \theta_i$, $k = 1, \ldots, s$.

c) Mostre que a distribuição condicional de $\mathbf{n}$ dado $\mathbf{N}$ é o produto das s distribuições Multinomiais $M(N_k, \boldsymbol{\theta}^{(k)}/\alpha_k)$, onde $\boldsymbol{\theta}^{(k)} = (\theta_i, i \in C_k)'$, $k = 1, \ldots, s$.

d) Concretize os resultados de b) e c) se c é o número de celas de uma tabela $s \times r$ e a partição for tal que C_k é o conjunto das celas da linha k, $k = 1, \ldots, s$.

2.5: Considere uma população finita de tamanho N que é subdividida em r subconjuntos de acordo com um certo atributo. Seja N_j o número de elementos no j-ésimo subconjunto, $j = 1, \ldots, r$, $\sum_{j=1}^{r} N_j = N$. Suponha que uma amostra aleatória simples (sem reposição) de tamanho n é extraída dessa população e designe por n_j o número de elementos amostrais que pertencem ao j-ésimo subconjunto, $j = 1, \ldots, r$.

a) Demonstre que $\mathbf{n} = (n_1, \ldots, n_r)'$ tem a distribuição Hipergeométrica multivariada de função de probabilidade

$$f(\mathbf{n} \mid n, \{N_j\}) = \frac{\prod_{j=1}^{r} \binom{N_j}{n_j}}{\binom{N}{n}}$$

b) Determine o limite dessa função de probabilidade quando N e $\{N_j\}$ tendem para $+\infty$ à mesma velocidade. Quais as implicações práticas deste resultado ?

c) Se, adicionalmente, $n \to \infty$, qual a distribuição limite de $\mathbf{n}$?

*2.6: No contexto do problema anterior, considere-se agora que s amostras aleatórias simples de tamanho $n_1^*, \ldots, n_s^*$ são extraídas sucessivamente da população em causa.

2. MODELOS PROBABILÍSTICOS

Seja n_{ij} o número de elementos da i-ésima amostra que pertencem ao j-ésimo subconjunto populacional, $i = 1, \ldots, s$; $j = 1, \ldots, r$. Mostre que $\mathbf{n} = (\mathbf{n}'_1, \ldots, \mathbf{n}'_s)'$, com $\mathbf{n}_i = (n_{i1}, \ldots, n_{ir})'$, é um produto de distribuições Hipergeométricas multivariadas (dependentes) com função probabilidade dada por

$$f(\mathbf{n} \mid \{n_i^*\}, \{N_j\}) = \frac{\prod\limits_{j=1}^{r} \binom{N_j}{\mathbf{m}_j}}{\binom{N}{\mathbf{n}^*}}$$

onde $\mathbf{m}_j = (\mathbf{n}_{1j}, \ldots, \mathbf{n}_{sj})'$, $j = 1, \ldots, r$, $\mathbf{n}^* = (n_1^*, \ldots, n_s^*)'$ e

$$\binom{a}{\mathbf{b}} = a! \Bigg/ \left[\prod_{i=1}^{s} b_i! \left(a - \sum_{i=1}^{s} b_i \right)! \right]$$

para $a \in I\!\!N$ e $\mathbf{b} = (b_1, \ldots, b_s)' \in I\!\!N_o^s$.

2.7: Seja $\mathbf{n} = (n_{ij})$ o vector das frequências observáveis de uma tabela de contingência $s \times r$ em que $\mathbf{n}_{(i)} \equiv (n_{i1}, \ldots, n_{ir})'$, $1 \leq i \leq s$ têm distribuições $M_{r-1}(n_{i\cdot}, \boldsymbol{\pi}_{(i)})$ independentes onde $\mathbf{n}_{*\cdot} = (n_{1\cdot}, \ldots, n_{s\cdot})'$, $\{n_{i\cdot} = \mathbf{1}'_r \mathbf{n}_{(i)}\}$ é fixo e $\boldsymbol{\pi}_{(i)} = (\theta_{(i)j}, j = 1 \ldots r)'$, $\mathbf{1}'_r \boldsymbol{\pi}_{(i)} = 1, i = 1, \ldots, s$. Suponha que $\boldsymbol{\pi}_{(i)} = \boldsymbol{\beta} \equiv (\beta_1, \ldots, \beta_r)', i = 1, \ldots, s$ onde $\mathbf{1}'_r \boldsymbol{\beta} = 1$.

a) Mostre que $\mathbf{n}_{*\cdot} = (n_{\cdot 1}, \ldots, n_{\cdot r})'$, onde $\{n_{\cdot j} = \sum_{i=1}^{s} n_{ij}\}$ tem (dados os parâmetros) uma distribuição $M_{r-1}(n_{\cdot\cdot}, \boldsymbol{\beta})$, onde $n_{\cdot\cdot} = \sum_{i=1}^{s} n_{i\cdot}$.

b) Mostre que a distribuição condicional de $\mathbf{n}$ dado $\mathbf{n}_{\cdot *}$ é caracterizada pela função de probabilidade

$$f(\mathbf{n} \mid \mathbf{n}_{*\cdot}, \mathbf{n}_{\cdot *}) = \frac{\prod\limits_{j=1}^{r} \left[n_{\cdot j}! \Bigg/ \prod\limits_{i=1}^{s} n_{ij}! \right]}{n_{\cdot\cdot}! \Bigg/ \prod\limits_{i=1}^{s} n_{i\cdot}!}$$

e interprete este resultado à luz da situação descrita no exercício anterior.

c) Era previsível que o resultado distribucional anterior não dependesse de $\boldsymbol{\beta}$? Justifique.

* d) Usando o Teorema de Lehmann-Scheffé, prove que os estimadores de máxima verosimilhança das frequências esperadas sob o modelo são os estimadores centrados de variância uniformemente mínima.

2.8: Considere os vectores de frequências definidos no problema anterior com diferença de que, agora, $\mathbf{n} \mid (N, \boldsymbol{\theta}) \sim M(N, \boldsymbol{\theta})$, onde $N \equiv n_{\cdot\cdot}$ e $\boldsymbol{\theta} = (\theta_{ij})$, com $\sum_{i,j} \theta_{ij} = 1$. Suponha ainda que $\theta_{ij} = \theta_{i\cdot} \times \theta_{\cdot j}$, $i = 1, \ldots, s$, $j = 1, \ldots, r$.

a) Prove que $(\mathbf{n}'_{*.}, \mathbf{n}'_{.*})'$ é uma estatística suficiente completa para $(\boldsymbol{\theta}'_{*.}, \boldsymbol{\theta}'_{.*})'$, onde $\boldsymbol{\theta}_{*.} = (\theta_{1.}, \ldots, \theta_{s.})'$ e $\boldsymbol{\theta}_{.*} = (\theta_{.1}, \ldots, \theta_{.r})'$ e determine a sua distribuição conjunta (dados os parâmetros).

b) Mostre que a distribuição condicional de $\mathbf{n}$ dado $(\mathbf{n}'_{*.}, \mathbf{n}'_{.*})'$ é a mesma do exercício anterior.

c) Prove que os estimadores MV das frequências esperadas sob este modelo coincidem com os do Exercício 2.7.

*2.9: Considere o seguinte esquema de amostragem:

i) seleccionam-se aleatoriamente m conglomerados com tamanho comum considerado suficientemente grande;

ii) de cada conglomerado extrai-se aleatoriamente uma amostra aleatória simples de tamanho n_o, e seja $\mathbf{n}_{(i)} = (n_{(i)1}, \ldots, n_{(i)r})'$ o vector de contagens observadas em cada uma das r categorias no conglomerado i, $i = 1, \ldots, m$, onde $\sum_{j=1}^{r} n_{(i)j} = n_o, i = 1, \ldots, m$.

Admitindo que $\mathbf{n}_{(i)} \mid (n_o, \boldsymbol{\pi}_{(i)}) \sim M_{r-1}(n_o, \boldsymbol{\pi}_{(i)})$, independentemente para todo i, e que os vectores $\boldsymbol{\pi}_{(i)} = (\pi_{(i)j}, j = 1, \ldots, r)'$, $\mathbf{1}'_r \boldsymbol{\pi}_{(i)} = 1, 1 \le i \le m$ são independentes e identicamente distribuídos com distribuição comum Dirichlet de parâmetro $\nu\boldsymbol{\alpha}$, onde $\nu > 0$ e

$$\boldsymbol{\alpha} = (\alpha_1, \ldots, \alpha_r)' \in \mathcal{S}_r = \{(u_1, \ldots, u_r) : u_i > 0, \sum_{1}^{r} u_i = 1\},$$

i.e., com a função densidade

$$f(\boldsymbol{\pi}_{(i)} \mid \nu, \boldsymbol{\alpha}) = \Gamma(\nu) \prod_{j=1}^{r} \frac{\left[\pi_{(i)j}\right]^{\nu\alpha_j - 1}}{\Gamma(\nu\alpha_j)}, \quad \boldsymbol{\pi}_{(i)} \in \mathcal{S}_r$$

onde $\Gamma(\cdot)$ é a função gama,

a) Mostre que $\mathbf{n}_{(i)}, 1 \le i \le m$ são independentemente distribuídos com distribuição comum Dirichlet-Multinomial de parâmetros n_o e $\nu\boldsymbol{\alpha}$, definida pela função de probabilidade

$$f(\mathbf{n}_{(i)} \mid n_o, \nu, \boldsymbol{\alpha}) = \binom{n_o}{\mathbf{n}_{(i)}} \frac{\Gamma(\nu)}{\Gamma(n_o + \nu)} \prod_{j=1}^{r} \frac{\Gamma(n_{(i)j} + \nu\alpha_j)}{\Gamma(\nu\alpha_j)}$$

b) Prove que

$$E\left[\mathbf{n}_{(i)}\right] = n_o \boldsymbol{\alpha}$$

$$Var\left[\mathbf{n}_{(i)}\right] = \frac{n_o + \nu}{1 + \nu}\mathbf{V}$$

onde $\mathbf{V} = n_o(\mathbf{D}_{\boldsymbol{\alpha}} - \boldsymbol{\alpha}\boldsymbol{\alpha}')$, é a matriz de covariâncias de uma distribuição $M(n_o, \boldsymbol{\alpha})$.

2. MODELOS PROBABILÍSTICOS   41

c) Que reflecte o modelo em a), em termos dos primeiros momentos, relativamente ao modelo em que $\mathbf{n}_{(i)} \mid (n_o, \boldsymbol{\alpha})$, $1 \le i \le m$ são independentes com distribuição comum $M(n_o, \boldsymbol{\alpha})$?

∗2.10: Considere-se uma população de conglomerados onde cada conglomerado i é uma subpopulação finita com $N_{(i)}$ elementos, dos quais $N_{(i)j}$ têm a categoria j de acordo com algum critério de classificação, $j = 1, \ldots, r$.

Seleccionam-se aleatoriamente m conglomerados e de cada conglomerado i obtido, extrai-se independentemente uma amostra aleatória simples (sem reposição) de tamanho m_i. Seja $\mathbf{n}_{(i)} = (n_{(i)1}, \ldots, n_{(i)r})'$ o vector das frequências observadas em cada uma das categorias. Admita ainda que os vectores $\mathbf{M}_{(i)} = (N_{(i)1}, \ldots, N_{(i)r})'$, $1 \le i \le m$ são independentes com distribuição Dirichlet-Multinomial de parâmetros $N_{(i)}$ e $\nu\boldsymbol{\alpha}$, onde ν e $\boldsymbol{\alpha}$ têm o significado referido no exercício anterior.

a) Mostre que

$$f(\mathbf{n}_{(i)} \mid \mathbf{M}_{(i)}, m_i) = \prod_{j=1}^{r} \binom{N_{(i)j}}{n_{(i)j}} \Big/ \binom{N_{(i)}}{m_i},$$

para $i = 1, \ldots, m$.

b) Demonstre que a distribuição não condicional em $\{\mathbf{M}_{(i)}\}$ dos $\mathbf{n}_{(i)}$ é Dirichlet-Multinomial com parâmetros m_i e $\nu\boldsymbol{\alpha}$, $1 \le i \le m$ e com os seguintes momentos:

$$E\left[\mathbf{n}_{(i)}\right] = m_i\,\boldsymbol{\alpha}$$

$$Var\left[\mathbf{n}_{(i)}\right] = \frac{m_i + \nu}{1 + \nu}\,m_i\,(\mathbf{D}\boldsymbol{\alpha} - \boldsymbol{\alpha}\boldsymbol{\alpha}').$$

Parte II

Modelação Estrutural

Capítulo 3

Modelos estruturais lineares

3.1 Introdução

No capítulo anterior foi dada já uma ideia de algumas questões que são consideradas relevantes na análise de dados categorizados, através de exemplos concretos. De uma forma geral, as questões de interesse estão relacionadas com uma redução do número de parâmetros do modelo probabilístico adoptado, exprimindo, pois, uma simplificação da estrutura paramétrica do modelo. Daí o nome de **modelos estruturais** para a expressão matemática dessas questões.

Convém observar, desde já, que a esses modelos estruturais devem ser associadas as restrições (naturais) eventualmente impostas pelo delineamento amostral, como sucede com o modelo Produto de Multinomiais (e, em particular, com o modelo Multinomial). Para a sua explicitação, considere-se que o conjunto das c celas da tabela esteja particionado em s subconjuntos C_q, $q = 1, \ldots s$, em cada um dos quais a soma das probabilidades das celas correspondentes é 1. Esta partição pode ser definida pela matriz $\mathbf{D} = (\mathbf{d}_1, \ldots, \mathbf{d}_s)$, onde cada vector $\mathbf{d}_q$, $q = 1, \ldots, s$ de dimensão igual a c, indica as celas de C_q da seguinte forma: as suas componentes são 1 ou 0 consoante as celas correspondentes pertencem ou não a C_q. Note-se que, por definição, as colunas de $\mathbf{D}$ são ortogonais e, por conseguinte, o subespaço $\mathcal{M}(\mathbf{D})$ gerado por elas é um subespaço s-dimensional de $I\!R^c$.

Sendo $\boldsymbol{\pi} = (\boldsymbol{\pi}_1', \ldots, \boldsymbol{\pi}_s')'$, onde $\boldsymbol{\pi}_q$ é o vector das probabilidades associado às celas de C_q, $q = 1, \ldots, s$, as restrições naturais ficam expressas por

$$\mathbf{D}'\boldsymbol{\pi} \equiv (\mathbf{d}_1'\boldsymbol{\pi}, \ldots, \mathbf{d}_s'\boldsymbol{\pi})' = \mathbf{1}_s. \tag{3.1}$$

A parametrização alternativa do modelo probabilístico em questão em termos do vector $\boldsymbol{\mu} = (\boldsymbol{\mu}_1', \ldots, \boldsymbol{\mu}_s')'$, onde $\boldsymbol{\mu}_q = N_q \boldsymbol{\pi}_q$, com N_q, $q = 1, \ldots, s$, denotando o total dos elementos pertencentes às celas de C_q, conduz a que as restrições naturais passem a ser expressas por

$$\mathbf{D}'\boldsymbol{\mu} = (N_1, \ldots, N_s)' \equiv \mathbf{N}. \tag{3.2}$$

O conjunto dos valores de $\boldsymbol{\mu}$ é então $\{\boldsymbol{\mu} \in I\!R_+^c : \mathbf{D}'\boldsymbol{\mu} = \mathbf{N}\}$.

Para a tabela no formato bidimensional $s \times r$ descrito na Secção 1.1, $C_q = \{(q,1), \ldots, (q,r)\}$, $q = 1, \ldots, s$. Com a ordenação lexicográfica das celas, tem-se então que $\mathbf{D}$ é a matriz diagonal em blocos, com os s blocos diagonais iguais a $\mathbf{1}_r$, *i.e.*,

$$\mathbf{D} = \begin{pmatrix} \mathbf{1}_r & \mathbf{0} & \cdots & \mathbf{0} \\ \mathbf{0} & \mathbf{1}_r & \cdots & \mathbf{0} \\ \vdots & \vdots & & \vdots \\ \mathbf{0} & \mathbf{0} & \cdots & \mathbf{1}_r \end{pmatrix} = \mathbf{I}_s \otimes \mathbf{1}_r. \tag{3.3}$$

Os modelos estruturais mais frequentes na análise de dados categorizados, cujo estudo é o objecto da Parte II deste livro, têm a particularidade de serem lineares em certas funções do parâmetro indexante do modelo probabilístico correspondente. O estudo desses modelos é iniciado neste capítulo com a descrição dos principais modelos estritamente lineares, *i.e.*, de modelos em que a estrutura linear é aplicada a funções paramétricas lineares. Entre estes destacam-se modelos apropriados para tabelas em que duas ou mais variáveis têm o mesmo número de categorias, traduzindo padrões de simetria para probabilidades de celas (os modelos de simetria, na Secção 3.2) ou padrões de homogeneidade para probabilidades marginais (os modelos de homogeneidade marginal, na Secção 3.3). Nos capítulos seguintes estudar-se-ão vários modelos log-lineares (*i.e.*, lineares no logaritmo dos parâmetros) além de outros modelos funcionais lineares.

3.2 Modelos de simetria

Em muitas situações, a tabela é definida pela mesma variável categorizada, medida ou observada em contextos (ou segundo técnicas) diferentes, pelo que as margens têm todas o mesmo número de celas, *e.g.*, I. No caso bidimensional tem-se então uma tabela quadrada I^2. Exemplos concretos deste caso incluem a avaliação da perda de acuidade visual nos dois olhos, a aprovação/reprovação em duas disciplinas, ou o resultado de duas pesquisas eleitorais efectuadas em períodos distintos.

Por conveniência de ilustração foque-se de momento uma tabela I^2 gerada pelo modelo Multinomial $M_{I^2-1}(N, \boldsymbol{\theta})$, onde $\boldsymbol{\theta}$ é o vector $\{\theta_{ij}\}$ satisfazendo $\sum_{i,j} \theta_{ij} = 1$. Pode acontecer que uma das questões de interesse tenha a ver com o carácter simétrico da matriz formada pelas probabilidades das celas, *i.e.*, com as relações (em número de $I(I-1)/2$)

$$H_S : \theta_{ji} = \theta_{ij}, \tag{3.4}$$

para $i < j$. Pelo significado que encerra, este modelo estrutural é chamado **modelo de simetria**. É fácil ver que (3.4) corresponde a

$$H_S : \boldsymbol{\theta} = \mathbf{X}\,\boldsymbol{\beta} \tag{3.5}$$

onde $\boldsymbol{\beta}$ é o vector cujos $p = I + I(I-1)/2$ elementos são os θ_{ij}'s, $i \leq j$, e $\mathbf{X}$ é a matriz $I^2 \times p$ de 0's e 1's relacionando todos os θ_{ij}'s com os elementos de $\boldsymbol{\beta}$. Esta última formulação evidencia que o modelo de simetria é um modelo linear, sendo (3.4) a sua contrapartida em termos de restrições. Note-se ainda que a restrição natural

3. MODELOS ESTRUTURAIS LINEARES

sobre $\boldsymbol{\theta}$ deve ser acoplada a (3.5) através da forma $\mathbf{a}'\boldsymbol{\beta} = 1$, onde $\mathbf{a} = (a_{ij})$ é o vector $p \times 1$ de elementos $a_{ij} = 1$, se $i = j$, e $a_{ij} = 2$, se $i < j$.

Exemplo 3.1 (*Problema da intenção de voto*): Este exemplo é parte de um conjunto de dados tomado de Goodman (1962) e descreve as intenções de voto (voto nos partidos A e B ou indecisão) de 445 pessoas registadas em duas entrevistas espaçadas de um mês.

Tabela 3.1: Intenções de voto em duas sondagens

		2ª Sondagem		
		A	B	I
	A	192	1	5
1ª Sondagem	B	2	146	5
	I	11	12	71

Sob a validade do modelo Multinomial para a descrição das frequências observáveis, a hipótese de simetria traduz aqui que as probabilidades de mudança na intenção de voto são iguais nos dois sentidos. Numa forma condensada e com a ordenação lexicográfica das celas, ela é expressável por

$$H_S : \mathbf{C}\,\boldsymbol{\theta} = \mathbf{0}_{(3)}$$

com

$$\mathbf{C} = \begin{pmatrix} 0 & -1 & 0 & 1 & 0 & 0 & 0 & 0 & 0 \\ 0 & 0 & -1 & 0 & 0 & 0 & 1 & 0 & 0 \\ 0 & 0 & 0 & 0 & 0 & -1 & 0 & 1 & 0 \end{pmatrix}.$$

Esta formulação em termos de restrições é equivalente (veja-se a Proposição A.7) ao modelo linear (3.5), onde $\boldsymbol{\beta}$ denota o vector $\boldsymbol{\theta}$ sem os elementos θ_{21}, θ_{31} e θ_{32} (por exemplo) e a matriz $\mathbf{X}$ geradora do subespaço hexadimensional de $I\!\!R^9$ a que pertence $\boldsymbol{\theta}$ (o espaço nulo de $\mathbf{C}$) é tal que

$$\mathbf{X}' = \begin{pmatrix} 1 & 0 & 0 & 0 & 0 & 0 & 0 & 0 & 0 \\ 0 & 1 & 0 & 1 & 0 & 0 & 0 & 0 & 0 \\ 0 & 0 & 1 & 0 & 0 & 0 & 1 & 0 & 0 \\ 0 & 0 & 0 & 0 & 1 & 0 & 0 & 0 & 0 \\ 0 & 0 & 0 & 0 & 0 & 1 & 0 & 1 & 0 \\ 0 & 0 & 0 & 0 & 0 & 0 & 0 & 0 & 1 \end{pmatrix}$$

satisfazendo $\mathbf{C}\,\mathbf{X} = \mathbf{0}_{(3,6)}$. Se a restrição natural é incorporada na distribuição Multinomial através, por exemplo, da expressão de θ_{33} em função dos demais parâmetros, o modelo de simetria deve ser redefinido retirando da formulação (3.5) a última linha de $\boldsymbol{\theta}$, $\boldsymbol{\beta}$ e $\mathbf{X}$, bem como a última coluna de $\mathbf{X}$. ∎

O modelo de simetria para tabelas bidimensionais pode ser directamente aplicado em tabelas de dimensão superior a 2, desde que se considerem apenas duas variáveis respostas (com o mesmo número de categorias), por imperativo seja do efectivo delineamento amostral, seja de um argumento de condicionamento. Por exemplo, numa tabela tridimensional $I^2 \times K$ as relações

$$H_{SP} : \theta_{jik} = \theta_{ijk}, \tag{3.6}$$

para $i < j$, $k = 1, \ldots, K$ definem o modelo de **simetria condicional** das variáveis indexadas por i e j para cada nível da variável indexada por k.

Fora desse condicionalismo, o conceito de simetria pode ser generalizado de várias maneiras para tabelas tridimensionais ou de dimensão superior. Considerando para efeitos de ilustração uma tabela I^3, pode-se definir o modelo traduzindo a simetria de todas as três distribuições marginais bivariadas, que poderá ser apelidado de **modelo de simetria marginal** (H_{SM}). Naturalmente que este modelo é definido por equações do tipo (3.4) envolvendo todos os três tipos de probabilidades marginais bivariadas.

Um modelo mais restritivo que H_{SM} é aquele que traduz a igualdade das probabilidades conjuntas sob todas as permutações dos índices das celas, *i.e.*,

$$H_{SC} : \theta_{ijk} = \theta_{ikj} = \theta_{jik} = \theta_{jki} = \theta_{kji} = \theta_{kij}, \tag{3.7}$$

para $i, j, k = 1, \ldots, I$. Bishop, Fienberg & Holland (1975, p. 300) rotulam este modelo de **simetria completa**. Note-se que este modelo implica o modelo de simetria marginal. A concretização do modelo de simetria completa para a tabela 2^3 é definida por

$$H_{SC} : \begin{cases} \theta_{112} = \theta_{121} = \theta_{211} \\ \theta_{122} = \theta_{212} = \theta_{221} \end{cases} \tag{3.8}$$

que pode ser equivalentemente expressa na forma (3.5) com

$$\boldsymbol{\beta} = (\theta_{111}, \theta_{112}, \theta_{122}, \theta_{222})' \quad \text{e} \quad \mathbf{X'} = \begin{pmatrix} 1 & 0 & 0 & 0 & 0 & 0 & 0 & 0 \\ 0 & 1 & 1 & 0 & 1 & 0 & 0 & 0 \\ 0 & 0 & 0 & 1 & 0 & 1 & 1 & 0 \\ 0 & 0 & 0 & 0 & 0 & 0 & 0 & 1 \end{pmatrix}.$$

3.3 Modelos de homogeneidade marginal

Uma outra questão de interesse que pode surgir no contexto que se tem vindo a considerar prende-se com a homogeneidade das distribuições marginais da mesma dimensão, sejam uni ou multivariadas. Daí o nome de **modelo de homogeneidade marginal** para a expressão formal desta questão. Em tabelas I^2 tal modelo exprime-se habitualmente por

$$H_{HM} : \theta_{\cdot i} = \theta_{i \cdot}, \tag{3.9}$$

para $i = 1, \ldots, I$. É fácil constatar que o modelo (3.9) é mais fraco do que o modelo de simetria no sentido de que é uma consequência deste. A não ser que I=2, caso em que H_{HM} e H_S definem o mesmo modelo, as distribuições Multinomiais marginais podem ser homogéneas sem que haja simetria nas probabilidades conjuntas. A formulação

3. MODELOS ESTRUTURAIS LINEARES
49

(3.9) contém uma equação redundante pelo facto de $\sum_i \theta_{\cdot i} = \sum_i \theta_{i \cdot} = 1$ e corresponde em termos de restrições a

$$H_{HM} : \mathbf{C}\boldsymbol{\theta} = \mathbf{0}_{(I-1)} \tag{3.10}$$

onde $\mathbf{C}$ é uma matriz $(I-1) \times I^2$ de contrastes (i.e., os elementos de cada uma das linhas somam 0) com característica máxima. Numa linguagem de espaços vectoriais (veja-se a Secção A.1 do Apêndice), (3.10) indica que $\boldsymbol{\theta}$ pertence ao espaço nulo de $\mathbf{C}$ ($\mathcal{N}(\mathbf{C})$), um subespaço de dimensão $p = I^2 - (I-1)$ de $I\!\!R^{I^2}$ gerado por uma matriz $\mathbf{X}$, $I^2 \times p$ de característica máxima, tal que $\mathbf{C}\,\mathbf{X} = \mathbf{0}_{(I-1,p)}$. Assim, (3.10) equivale a

$$H_{HM} : \boldsymbol{\theta} \in \mathcal{M}(\mathbf{X}) \tag{3.11}$$

onde $\mathcal{M}(\mathbf{X})$ denota o espaço imagem de $\mathbf{X}$, formulação que evidencia o carácter linear de mais este modelo. Para este tipo de modelos (e de suas extensões para dimensões superiores) a formulação mais simples e frequente é (3.10). A sua expressão de tipo (3.11) pode ser determinada de uma forma unificada, independentemente do número de celas da tabela e da sua dimensão Lipsitz, Laird & Harrington (1990a).

Exemplo 3.2 (*Problema do risco de cárie dentária*): Tome-se o Exemplo 1.2 relativo à determinação do grau de risco à cárie dentária por dois métodos e considere-se a hipótese de a distribuição do grau de risco ser a mesma para os dois métodos em análise. Esta hipótese é expressável por (3.10) e (3.11) tomando, por exemplo

$$\mathbf{C} = \begin{pmatrix} 0 & 1 & 1 & -1 & 0 & 0 & -1 & 0 & 0 \\ 0 & -1 & 0 & 1 & 0 & 1 & 0 & -1 & 0 \end{pmatrix}$$

e

$$\mathbf{X}' = \begin{pmatrix} 1 & 0 & 0 & 0 & 0 & 0 & 0 & 0 & 0 \\ 0 & 1 & -1 & 0 & 0 & 1 & 0 & 0 & 0 \\ 0 & 0 & 1 & 1 & 0 & -1 & 0 & 0 & 0 \\ 0 & 0 & 0 & 0 & 1 & 0 & 0 & 0 & 0 \\ 0 & 0 & 1 & 0 & 0 & 0 & 1 & 0 & 0 \\ 0 & 0 & 0 & 0 & 0 & 1 & 0 & 1 & 0 \\ 0 & 0 & 0 & 0 & 0 & 0 & 0 & 0 & 1 \end{pmatrix}$$

onde $\mathbf{X}$ está associada ao parâmetro $\boldsymbol{\beta} = (\theta_{11}, \theta_{12}, \theta_{21}, \theta_{22}, \theta_{31}, \theta_{32}, \theta_{33})'$ – o que significa que as restrições (3.10) foram expressas em termos de θ_{13} e θ_{23}.

Tal como no exemplo anterior, a introdução no modelo Multinomial da restrição natural na forma de uma equação para θ_{33} implica que a expressão da estrutura de homogeneidade marginal deve ser redefinida retirando a última coluna das matrizes $\mathbf{C}$ e $\mathbf{X}$, bem como a última linha de $\boldsymbol{\theta}$, $\boldsymbol{\beta}$ e $\mathbf{X}$. ∎

A extensão desta estrutura a tabelas de dimensão superior a 2 dá origem naturalmente a vários modelos de homogeneidade marginal. Ilustrando com a tabela I^3,

$$H_{HM1} : \theta_{i \cdot \cdot} = \theta_{\cdot i \cdot} = \theta_{\cdot \cdot i}, \tag{3.12}$$

para $i = 1, \ldots, I$ define o modelo de homogeneidade marginal relativo às margens univariadas, enquanto que

$$H_{HM2} : \theta_{ij \cdot} = \theta_{i \cdot j} = \theta_{\cdot ij}, \tag{3.13}$$

para $i, j = 1, \ldots, I$ traduz o modelo de homogeneidade marginal referente às margens bivariadas. É óbvio que estes dois modelos são lineares e que H_{HM1} contém H_{HM2} que, por sua vez, engloba o modelo de simetria completa (3.7). Note-se, contudo, que (3.12) não implica (3.13) que, por sua vez, não implica (3.7). Deve ainda observar-se que (3.12) e (3.13) estão numa forma sobreparametrizada em virtude da restrição natural $\sum_{i,j,k} \theta_{ijk} = 1$. Veja-se o Exercício 3.1 para o número de restrições linearmente independentes definidoras destes modelos.

Como foi referido para o caso de simetria, talvez a extensão mais directa deste conceito de homogeneidade a tabelas $I^2 \times K$ seja definida pelo modelo de homogeneidade marginal condicional a cada nível da terceira variável, *i.e.*,

$$H_{HMP} : \theta_{i \cdot k} = \theta_{\cdot ik}, \tag{3.14}$$

para $i = 1, \ldots, I; k = 1, \ldots, K$. Este modelo é coerente com uma amostragem, quer Multinomial, quer produto de Multinomiais com os totais das camadas (níveis da terceira variável) fixos. Para generalização dos modelos de homogeneidade marginal e de simetria a tabelas multidimensionais veja-se a Nota de Capítulo 3.1.

3.4 Modelo linear geral

Nas estruturas de simetria e de homogeneidade marginal, a linearidade é definida no próprio parâmetro indexante do modelo probabilístico. Casos há, nos quais a relevância está numa estrutura linear para funções lineares desse parâmetro. Uma ilustração possível é fornecida no contexto do Exemplo 1.9 nos termos que se passa a descrever.

Exemplo 3.3 (*Problema do tamanho da ninhada*): Admita-se que as frequências da Tabela 1.11 podem ser descritas por um Produto de Multinomiais, $M_3(n_{ij\cdot}, \boldsymbol{\pi}_{(ij)})$, independentes, uma para cada amostra de ovelhas relativa a cada par (i, j) da quinta e raça a que estão associadas. A comparação das subpopulações determinadas pela combinação dos níveis das variáveis definidoras de quinta e raça poderá ser feita sensatamente em termos do tamanho médio da ninhada. A definição desta quantidade neste caso levanta alguns problemas, já que a última categoria da variável tomada como resposta resultou da fusão das categorias representadas pelos inteiros ≥ 3. Desbloquear-se-á a questão admitindo que o *score* atribuído a essa categoria é 3, com a justificativa de que partos com mais de três borregos são raros.

Sendo $\boldsymbol{\pi}_{(ij)} = (\theta_{(ij)k}, k = 0, 1, 2, 3)'$, $\sum_k \theta_{(ij)k} = 1$, o tamanho médio da ninhada para a subpopulação (i, j) é dado por $\mathbf{a}' \boldsymbol{\pi}_{(ij)}$, onde $\mathbf{a} = (0, 1, 2, 3)'$. Definido $\boldsymbol{\pi}$ como o vector composto dos $\boldsymbol{\pi}_{(ij)}$, $i, j = 1, 2, 3$, onde as categorias A,B e C da raça foram identificadas por 1, 2 e 3, respectivamente, a função vectorial de interesse é então $\mathbf{F}(\boldsymbol{\pi}) \equiv (F_{ij}) = \mathbf{A}\boldsymbol{\pi}$, onde $\mathbf{A} = \mathbf{I}_9 \otimes \mathbf{a}'$.

O modelo que traduz uma acção aditiva das duas variáveis explicativas (ou seja, a ausência de interacção) no tamanho médio da ninhada pode ser definido por

$$H_{NI} : \begin{cases} F_{12} - F_{11} = F_{22} - F_{21} = F_{32} - F_{31} \\ F_{13} - F_{11} = F_{23} - F_{21} = F_{33} - F_{31} \end{cases} \tag{3.15}$$

3. MODELOS ESTRUTURAIS LINEARES

o que, numa forma condensada, pode ser escrito como

$$H_{NI} : \mathbf{C}\,\mathbf{A}\,\boldsymbol{\pi} = \mathbf{0}_{(4)} \tag{3.16}$$

com

$$\mathbf{C} = \begin{pmatrix} -1 & 1 & 0 & 1 & -1 & 0 & 0 & 0 & 0 \\ -1 & 1 & 0 & 0 & 0 & 0 & 1 & -1 & 0 \\ -1 & 0 & 1 & 1 & 0 & -1 & 0 & 0 & 0 \\ -1 & 0 & 1 & 0 & 0 & 0 & 1 & 0 & -1 \end{pmatrix}.$$

Este modelo, indicando que $\mathbf{A}\boldsymbol{\pi}$ pertence ao subespaço pentadimensional $\mathcal{N}(\mathbf{C})$ de $\mathbb{R}^9$, equivale à formulação em equações livres

$$H_{NI} : \mathbf{A}\,\boldsymbol{\pi} = \mathbf{X}\,\boldsymbol{\beta} \tag{3.17}$$

onde

$$\mathbf{X}' = \begin{pmatrix} 1 & 1 & 1 & 1 & 1 & 1 & 1 & 1 & 1 \\ 0 & 1 & 0 & 0 & 1 & 0 & 0 & 1 & 0 \\ 0 & 0 & 1 & 0 & 0 & 1 & 0 & 0 & 1 \\ 0 & 0 & 0 & 1 & 1 & 1 & 0 & 0 & 0 \\ 0 & 0 & 0 & 0 & 0 & 0 & 1 & 1 & 1 \end{pmatrix}.$$

Esta formulação está parametrizada por um vector $\boldsymbol{\beta} = (\beta_0,\ \alpha_1,\ \alpha_2,\ \gamma_1,\ \gamma_2)'$, cujas componentes têm o seguinte significado:

β_0 é o valor da função de interesse, *i.e.*, o tamanho médio da ninhada para qualquer ovelha da quinta 1 e raça A (valor de referência);

α_1 (respectivamente α_2) é a variação (acréscimo ou decréscimo) desse valor para qualquer ovelha da mesma quinta e raça B (respectivamente C);

γ_1 (respectivamente γ_2) é a variação do mesmo valor para qualquer ovelha da quinta 2 (respectivamente 3) e raça A.

Pelo facto de todas as funções de interesse serem parametrizadas em termos de efeitos diferenciais relativamente ao termo $F_{11} = \beta_0$, diz-se que a formulação linear (3.17) traduz a **parametrização da cela de referência** (no caso, a cela indicativa da subpopulação (1,1) em termos do tamanho médio da ninhada). Veja-se Exercício 3.5a) para outra parametrização equivalente. ∎

Todos os modelos atrás considerados são particularizações de um modelo estrutural que pode ser formulado genericamente num cenário probabilístico geral por

$$\mathbf{A}\boldsymbol{\pi} = \mathbf{X}\,\boldsymbol{\beta} \tag{3.18}$$

onde $\boldsymbol{\pi}$ é o vector $c \times 1$ dos parâmetros do modelo probabilístico (no contexto geral da tabela $s \times r$ do Capítulo 1, $c = sr$), $\mathbf{A}$ é uma matriz $u \times c$ com característica $r(\mathbf{A}) = u \leq c$ e $\mathbf{X}$ é a matriz $u \times p$ especificadora do modelo com característica $r(\mathbf{X}) = p \leq u$. A expressão (3.18) é a formulação geral do modelo estrutural estritamente linear que, em termos de restrições, é equivalente a

$$\mathbf{C}\,\mathbf{A}\,\boldsymbol{\pi} = \mathbf{0}_{(u-p)} \tag{3.19}$$

onde $\mathbf{C}$ é uma matriz $(u - p) \times u$ de característica máxima, com linhas ortogonais às colunas de $\mathbf{X}$.

Deve observar-se que esta estrutura não está adstrita aos modelos Multinomial e Produto de Multinomiais, como se poderia levar a pensar pelos exemplos escolhidos. Ela é perfeitamente aplicável ao modelo Produto de distribuições de Poisson, caso em que $\boldsymbol{\pi}$ deve ser encarado como o vector das médias ou das taxas médias por unidade de exposição.

No caso dos modelos Multinomiais supracitados, as formulações (3.18) e (3.19) devem ser complementadas com as restrições naturais sobre $\boldsymbol{\pi}$, que tanto pode designar o vector das probabilidades – como foi considerado anteriormente –, como o vector das médias.

A este respeito convém acrescentar que nenhuma das u equações estruturais (3.18) é considerada função linear (e portanto, dedutível) das restrições naturais (3.1). Por outras palavras, na definição do modelo (3.18) está implícito que as linhas de $\mathbf{A}$ são linearmente independentes das colunas da matriz $\mathbf{D}$ definidora das restrições naturais, *i.e.*,

$$r([\mathbf{A}', \mathbf{D}]) = r(\mathbf{A}) + s \qquad (3.20)$$

A junção de (3.1) a (3.18) e (3.19) conduz então a

$$\mathbf{G}\boldsymbol{\pi} = \boldsymbol{\alpha} \qquad (3.21)$$

em que $\mathbf{G} = (\mathbf{A}', \mathbf{D})'$ e $\boldsymbol{\alpha} = [(\mathbf{X}\boldsymbol{\beta})', \mathbf{1}'_s]'$, e a

$$\mathbf{B}\boldsymbol{\pi} = \mathbf{a} \qquad (3.22)$$

em que $\mathbf{B} = [(\mathbf{C}\mathbf{A})', \mathbf{D}]'$ e $\mathbf{a} = (\mathbf{0}'_{(u-p)}, \mathbf{1}'_s)'$. A matriz $\mathbf{B}$ definidora das $u - p + s$ restrições globais tem (por (3.20)) característica igual ao seu número de linhas (Exercício 3.3).

3.5 Notas de Capítulo

3.1: Como foi observado no início da Secção 3.2, em muitos estudos os dados resultam da avaliação de cada unidade segundo uma ou mais variáveis categorizadas em diversos, *e.g.*, T, contextos. Esses dados são então denominados dados de medidas repetidas ou, quando os contextos se referem a instantes de tempo, dados longitudinais (veja-se para detalhes, o Capítulo 12).

Para efeitos de extensão a tabelas multidimensionais de modelos referidos nas Secções 3.2 e 3.3, supõe-se descrita pelo modelo Multinomial a tabela de I^T frequências, em que I é o número total de categorias da(s) variável(is) categorizada(s) em cada contexto. Uma cela genérica da tabela, representando um possível perfil multivariado de resposta, será denotada por $\mathbf{i} = (i_t, t = 1, \dots, T)$, onde i_t designa a categoria de resposta no t-ésimo contexto, e a respectiva probabilidade (frequência esperada) por $\theta_{\mathbf{i}}$ ($\mu_{\mathbf{i}}$).

O conjunto de probabilidades marginais de classificação no contexto t é $\{\phi_h(t), h = 1, \dots, I\}$, onde

$$\{\phi_h(t) = \sum_* \theta_{i_1 .. h .. i_T}\}$$

3. MODELOS ESTRUTURAIS LINEARES

com o índice h na posição t e $\sum_*$ designando o somatório estendido a todo o $i_q = 1, \ldots, I, q \neq t$. Analogamente, a probabilidade marginal m-variada $(m \in \{1, \ldots, T\})$ das categorias de resposta h_j nos contextos t_j, $j = 1, \ldots, m$, será denotada por $\phi_{h_1, \ldots, h_m}(t_1, \ldots, t_m)$.

Neste quadro, o **modelo de simetria completa** pode ser definido por

$$H_{SC} : \theta_{\mathbf{i}} = \theta_{p(\mathbf{i})} \tag{3.23}$$

para qualquer permutação, $p(\mathbf{i})$, de $\mathbf{i}$ e todo o $\mathbf{i}$. Note-se que esta definição reduz-se a (3.4) e (3.7) quando $T = 2$ e $T = 3$, respectivamente.

O **modelo de homogeneidade marginal** (univariado) corresponde a

$$H_{HM} : \phi_h(1) = \phi_h(2) = \cdots = \phi_h(T) \tag{3.24}$$

para $h = 1, \ldots, I$. Em tabelas de dupla e tripla entrada, este modelo particulariza-se em (3.9) e (3.12), respectivamente.

Considere-se agora o modelo linear satisfazendo as condições

$$
\begin{aligned}
H_{SM^m} : \quad & \phi_{h_1, \ldots, h_m}(t_1, \ldots, t_m) \text{ é constante para} \\
& \text{todas as permutações de } (h_1, \ldots, h_m) \\
& \text{e combinações de m contextos}
\end{aligned} \tag{3.25}
$$

para todo o m-uplo $(h_1, \ldots, h_m)$, a que se atribui a designação de **modelo de simetria marginal de ordem** m. Tomando $m = T$ e $m = 1$ obtêm-se, respectivamente, (3.23) e (3.24) como casos especiais deste modelo. É fácil concluir também que o caso $m = 2$ corresponde à junção dos modelos de simetria marginal (H_{SM}) e de homogeneidade das margens bivariadas (H_{HM2}) em (3.13).

Estes modelos têm ainda interesse em situações de diferente delineamento. Em vez da classificação repetida em T contextos de N unidades, a tabela I^T pode resultar da classificação de N sequências de T elementos emparelhados (pares se $T = 2$, ternos se $T = 3$, etc.). É o que acontece, por exemplo, com as chamadas tabelas de mobilidade social (ocupacional, residencial, etc.) relativas ao *statu* (profissão, residência, etc.) de cada um dos dois elementos de vários pares (pai, filho). Em qualquer das situações, as T amostras obtidas são consideradas dependentes por motivos lógicos.

3.2: O modelo linear geral (3.21) pode ser definido explicitamente em termos de $\boldsymbol{\pi}$, atendendo a que para cada $\boldsymbol{\alpha}$ ele representa um sistema de funções lineares em $\boldsymbol{\pi}$. Para o efeito, recorde-se o conteúdo do Apêndice A e, em particular, da Secção A.3. A característica da matriz $\mathbf{G}$ com dimensão $(u + s) \times c$ é igual ao seu número de linhas. Uma inversa generalizada de $\mathbf{G}$ é então dada pela inversa à direita $\mathbf{G}^- = \mathbf{G}'(\mathbf{G}\mathbf{G}')^{-1}$.

Consequentemente, a solução geral de (3.21) é expressa por

$$\boldsymbol{\pi} = \mathbf{G}^- \boldsymbol{\alpha} + \boldsymbol{\gamma} \tag{3.26}$$

em que $\boldsymbol{\gamma}$ é qualquer vector do espaço nulo, $\mathcal{N}(\mathbf{G})$, de $\mathbf{G}$ (em particular, $\boldsymbol{\gamma} = (\mathbf{I}_c - \mathbf{G}^-\mathbf{G})\mathbf{z}$ para $\mathbf{z} \in \mathbb{R}^c$ arbitrário) – veja-se a Proposição A.21. Pela forma particionada de $\mathbf{G}$, tem-se

$$\mathbf{G}\mathbf{G}' = \begin{pmatrix} \mathbf{A}\mathbf{A}' & \mathbf{A}\mathbf{D} \\ \mathbf{D}'\mathbf{A}' & \mathbf{D}'\mathbf{D} \end{pmatrix} \tag{3.27}$$

em que $\mathbf{AA}'$ e $\mathbf{D'D}$ são matrizes não singulares, obtendo-se então pelo resultado descrito na Secção A.2

$$(\mathbf{GG}')^{-1} = \begin{pmatrix} \mathbf{U}_{11} & \mathbf{U}_{12} \\ \mathbf{U}_{21} & \mathbf{U}_{22} \end{pmatrix} \tag{3.28}$$

em que

$$\begin{aligned} \mathbf{U}_{11} &= \{\mathbf{A}[\mathbf{I}_c - \mathbf{D}(\mathbf{D'D})^{-1}\mathbf{D}']\mathbf{A}'\}^{-1} \\ \mathbf{U}_{22} &= \{\mathbf{D}'[\mathbf{I}_c - \mathbf{A}'(\mathbf{AA}')^{-1}\mathbf{A}]\mathbf{D}\}^{-1} \\ \mathbf{U}_{12} &= -(\mathbf{AA}')^{-1}\mathbf{ADU}_{22} \\ \mathbf{U}_{21} &= -(\mathbf{D'D})^{-1}\mathbf{D'A'U}_{11} \end{aligned}$$

Note-se que a matriz $\mathbf{P} = \mathbf{I}_c - \mathbf{D}(\mathbf{D'D})^{-1}\mathbf{D}'$ é simétrica e idempotente (ela define o projector ortogonal de $I\!\!R^c$ sobre o complemento ortogonal de $\mathcal{M}(\mathbf{D})$), e assim

$$\mathbf{U}_{11} = (\mathbf{EE}')^{-1} \tag{3.29}$$

em que $\mathbf{E}' = \mathbf{PA}'$ ($\mathbf{E}'$ traduz a projecção ortogonal sobre $\mathcal{N}(\mathbf{D}')$ de $\mathbf{A}'$, $i.e.$, dos vectores linha de $\mathbf{A}$) – recorde-se a Proposição A.24. Obtém-se então

$$\begin{aligned} \mathbf{G}^- &= [(\mathbf{A}' - \mathbf{D}(\mathbf{D'D})^{-1}\mathbf{D'A'})\mathbf{U}_{11} \ , \ \ \mathbf{F}] \\ &= [\mathbf{E}'(\mathbf{EE}')^{-1} \ , \ \ \mathbf{F}] \end{aligned} \tag{3.30}$$

em que $\mathbf{F} = (\mathbf{D} - \mathbf{A}'(\mathbf{AA}')^{-1}\mathbf{AD})\mathbf{U}_{22}$; logo

$$\boldsymbol{\pi} = \mathbf{E}'(\mathbf{EE}')^{-1}\mathbf{X}\boldsymbol{\beta} + (\mathbf{F}\mathbf{1}_s + \boldsymbol{\gamma}) = \mathbf{E}'(\mathbf{EE}')^{-1}\mathbf{X}\boldsymbol{\beta} + \boldsymbol{\delta} \tag{3.31}$$

3.3: A expressão (3.31) traduz uma infinidade de valores de $\boldsymbol{\pi}$ (quando $u + s < c$) compatíveis com $\mathbf{G}\boldsymbol{\pi} = \boldsymbol{\alpha}$, devido à indeterminação do sistema. Uma alternativa a essa derivação de uma expressão para $\boldsymbol{\pi}$ é obtida ampliando o modelo (3.21) com $d = c - (u + s)$ equações suficientes para o tornar determinado. Isto é conseguido pela adição a (3.21) de

$$\mathbf{A}_0\boldsymbol{\pi} = \boldsymbol{\beta}_0 \tag{3.32}$$

onde $\mathbf{A}_0$ é uma matriz $d \times c$ de característica máxima (posto completo) cujas linhas são ortogonais às linhas de $\mathbf{G}$. Por outras palavras, $\mathbf{A}'_0$ é uma base do complemento ortogonal de $\mathcal{M}(\mathbf{G}')$, de modo que $\mathbf{A}_0\mathbf{G}' = \mathbf{0}$. Nestas condições, o modelo ampliado, com as restrições naturais embutidas, fica definido por

$$\mathbf{G}_0\boldsymbol{\pi} = \boldsymbol{\alpha}_0 \tag{3.33}$$

onde $\mathbf{G}_0 = (\mathbf{A}', \mathbf{D}, \mathbf{A}'_0)'$ e $\boldsymbol{\alpha}_0 = ((\mathbf{X}\boldsymbol{\beta})', \mathbf{1}'_s, \boldsymbol{\beta}'_0)'$. Como $\mathbf{G}_0$ é quadrada e não singular, (3.33) equivale a

$$\boldsymbol{\pi} = \mathbf{G}_0^{-1}\boldsymbol{\alpha}_0 \tag{3.34}$$

Observe-se que, por definição, qualquer das submatrizes de $\mathbf{G}_0$ admite inversas à direita. Tomem-se então como inversas à direita de $\mathbf{A}$, $\mathbf{D}'$ e $\mathbf{A}_0$, respectivamente

$$\mathbf{G}_1 = \mathbf{A}'(\mathbf{AA}')^{-1} \ , \ \ \mathbf{G}_2 = \mathbf{D}(\mathbf{D'D})^{-1} \ , \ \ \mathbf{G}_3 = \mathbf{A}'_0(\mathbf{A}_0\mathbf{A}'_0)^{-1}$$

3. MODELOS ESTRUTURAIS LINEARES 55

pelo que $\mathbf{AG}_1 = \mathbf{I}_u$, $\mathbf{D}'\mathbf{G}_2 = \mathbf{I}_s$ e $\mathbf{A}_0\mathbf{G}_3 = \mathbf{I}_d$. Além disso, pela forma de $\mathbf{A}_0$, as matrizes $\mathbf{AG}_3$, $\mathbf{D}'\mathbf{G}_3$, $\mathbf{A}_0\mathbf{G}_1$ e $\mathbf{A}_0\mathbf{G}_2$ são todas nulas. Isto não é suficiente para garantir que a matriz $\mathbf{H}_0 = (\mathbf{G}_1, \mathbf{G}_2, \mathbf{G}_3)$ seja a inversa de $\mathbf{G}_0$, em virtude de as matrizes $\mathbf{AG}_2$ e $\mathbf{D}'\mathbf{G}_1$ poderem não ser nulas. No caso especial em que as linhas de $\mathbf{A}$ são ortogonais às colunas de $\mathbf{D}$, já é possível verificar que a inversa de $\mathbf{G}_0$ é definida explicitamente por $\mathbf{H}_0$. Com efeito, as matrizes $\mathbf{AG}_2$ e $\mathbf{D}'\mathbf{G}_1$ passam a ser necessariamente nulas, o que implica que $\mathbf{G}_0\mathbf{H}_0 = \mathbf{I}_c$. Por outro lado,

$$\mathbf{H}_0\mathbf{G}_0 = \mathbf{G}_1\mathbf{A} + \mathbf{G}_2\mathbf{D}' + \mathbf{G}_3\mathbf{A}_0 \equiv \mathbf{P}_1 + \mathbf{P}_2 + \mathbf{P}_3$$

onde as matrizes $\mathbf{P}_i$, $i = 1,2,3$, traduzem os projectores ortogonais de $I\!\!R^c$ sobre os subespaços $\mathcal{M}(\mathbf{A}')$, $\mathcal{M}(\mathbf{D})$ e $\mathcal{M}(\mathbf{A}_0')$, de dimensões u, s e d, respectivamente (recorde-se a Proposição A.24). Esta expressão traduz que $I\!\!R^c$ (note-se que $\mathbf{H}_0\mathbf{G}_0$ é necessariamente uma matriz base de $I\!\!R^c$) é a soma destes três subespaços cujas dimensões somam c, ou seja, que $I\!\!R^c$ é a soma directa de $\mathcal{M}(\mathbf{A}')$, $\mathcal{M}(\mathbf{D})$ e $\mathcal{M}(\mathbf{A}_0')$. Como

$$\mathcal{M}(\mathbf{A}') \oplus \mathcal{M}(\mathbf{D}) = \mathcal{M}(\mathbf{G}') = \mathcal{M}(\mathbf{A}_0')^\perp$$

e $\mathbf{P}_3 = \mathbf{G}_3\mathbf{A}_0$ é o projector ortogonal de $I\!\!R^c$ sobre $\mathcal{M}(\mathbf{A}_0')$, segue-se que o projector ortogonal sobre $\mathcal{M}(\mathbf{G}')$ é dado por $\mathbf{I}_c - \mathbf{P}_3$ (Proposição A.24).

Como o projector ortogonal sobre $\mathcal{M}(\mathbf{G}')$ é definido por $\mathbf{G}'(\mathbf{GG}')^{-1}\mathbf{G}$, e que, neste caso especial, $\mathbf{GG}'$ é diagonal em blocos (as submatrizes $\mathbf{AD}$ e $\mathbf{D}'\mathbf{A}'$ em (3.27) são nulas) conclui-se que

$$
\begin{aligned}
\mathbf{I}_c - \mathbf{P}_3 &\equiv \mathbf{G}'(\mathbf{GG}')^{-1}\mathbf{G} = \mathbf{A}'(\mathbf{AA}')^{-1}\mathbf{A} + \mathbf{D}(\mathbf{D}'\mathbf{D})^{-1}\mathbf{D}' \\
&= \mathbf{P}_1 + \mathbf{P}_2
\end{aligned}
$$

ou seja, que $\mathbf{H}_0\mathbf{G}_0 = \mathbf{I}_c$, como se pretendia. Por conseguinte, o modelo ampliado (3.33) é equivalente a

$$
\begin{aligned}
\boldsymbol{\pi} &= (\mathbf{G}_1 \ \ \mathbf{G}_2 \ \ \mathbf{G}_3)\boldsymbol{\alpha}_0 \\
&= \mathbf{A}'(\mathbf{AA}')^{-1}\mathbf{X}\boldsymbol{\beta} + \mathbf{D}(\mathbf{D}'\mathbf{D})^{-1}\mathbf{1}_s + \mathbf{A}_0'(\mathbf{A}_0\mathbf{A}_0')^{-1}\boldsymbol{\beta}_0.
\end{aligned}
\tag{3.35}
$$

No caso particular em que $c = sr$ e $\mathbf{D} = \mathbf{I}_s \otimes \mathbf{1}_r$, tem-se $\mathbf{D}'\mathbf{D} = r\mathbf{I}_s$ e $\mathbf{D}(\mathbf{D}'\mathbf{D})^{-1}\mathbf{1}_s = r^{-1}(\mathbf{1}_s \otimes \mathbf{1}_r) = r^{-1}\mathbf{1}_{sr}$.

É fácil verificar que o modelo ampliado (3.35) implica o modelo linear geral (3.21). Para maiores detalhes sobre o uso desta estratégia de ampliação do modelo linear geral, veja-se Koch, Landis, Freeman, Freeman & Lehnen (1977) e Koch, Amara, Davis & Gillings (1982). O Exercício 3.5 ilustra a sua aplicação ao Exemplo 3.3. Exemplos adicionais podem ser encontrados em Koch et al. (1985).

3.6 Exercícios

3.1: Considere uma tabela cúbica I^3 gerada pelo modelo Multinomial de probabilidades θ_{ijk}, $\sum_{i,j,k} \theta_{ijk} = 1$. Verifique o número g indicado de restrições linearmente independentes definidoras dos modelos lineares seguintes:

a) Modelo de simetria marginal $(H_{SM}) : g = 3I(I-1)/2$;

b) Modelo de simetria completa $(H_{SC}) : g = I^3 - \begin{pmatrix} I+2 \\ 3 \end{pmatrix}$.

   (Sugestão: Mostre que as probabilidades não fixadas são em número de $I + I(I-1) + I(I-1)(I-2)/6$ correspondentes, por esta ordem, às celas com $i = j = k$, com dois índices iguais e distintos do $3^{\underline{o}}$ e com $i \neq j \neq k$);

c) Modelo de homogeneidade marginal de primeira ordem $(H_{HM1}) : g = 2(I-1)$;

d) Modelo de homogeneidade marginal de segunda ordem $(H_{HM2}) : g = 2I(I-1)$;

   (Sugestão : Note que H_{HM2} equivale ao subconjunto de relações (3.13) relativas a $i, j = 1, \ldots, I-1$, acrescido de H_{HM1});

e) Modelo de simetria marginal de segunda ordem, *i.e.*, $H_{HM2} + H_{SM} : g = (I-1)(5I-2)/2$.

3.2: Considere o Exemplo 1.10 onde as frequências de presença ou ausência em cada *quadrat* de três tipos de árvores (carvalhos, nogueiras e bordos) são supostamente geradas pelo modelo Multinomial de parâmetros $N = 576$ e $\boldsymbol{\theta} = (\theta_{ijk}, i, j, k = 1, 2)$, onde o índice 1 indica "presença" (os elementos de $\boldsymbol{\theta}$ estão ordenados lexicograficamente).

a) Identifique, interpretando-o, o modelo linear $\boldsymbol{\theta} = \mathbf{X}\boldsymbol{\beta}$, onde

$$\boldsymbol{\beta} = (\theta_{111}, \theta_{122}, \theta_{211}, \theta_{212}, \theta_{221}, \theta_{222})'$$

$$\mathbf{X} = \begin{pmatrix} 1 & 0 & 0 & \vdots & \mathbf{0}'_5 \\ 0 & -1 & -1 & \vdots & \\ 0 & 1 & 1 & \vdots & \\ 0 & 0 & 1 & \vdots & \mathbf{I}_5 \\ 0 & 1 & 0 & \vdots & \\ 0 & 0 & 0 & \vdots & \end{pmatrix}'$$

b) Defina, em termos de restrições e de equações lineares, o modelo que exprima conjuntamente que :

   – A probabilidade de presença em cada *quadrat* é a mesma para cada tipo de árvore;

   – A probabilidade de presença em cada *quadrat* de cada dois tipos de árvores é a mesma para os três pares possíveis.

3.3: Considere o modelo linear geral $\mathbf{A}\boldsymbol{\pi} = \mathbf{X}\boldsymbol{\beta}$, definido em (3.18) e (3.20).

3. MODELOS ESTRUTURAIS LINEARES

a) Mostre que os parâmetros desse modelo linear podem ser definidos por $\beta = (\mathbf{X'X})^{-1}\mathbf{X'A\pi}$.

b) Prove que a característica de $\mathbf{B}$ em (3.22) é igual ao seu número de linhas. (Sugestão: use Proposição A.11.)

*c) Prove que o modelo (3.19) é equivalente a qualquer das formulações:

π pertence ao subespaço de $I\!\!R^c$ gerado:

- por uma matriz $\mathbf{W}$ de dimensão $c \times [c - (u - p)]$ base do complemento ortogonal de $\mathcal{M}(\mathbf{A'C'})$;

- pela matriz quadrada $\mathbf{Q} = \mathbf{I}_c - \mathbf{A'C'}(\mathbf{CAA'C'})^{-1}\mathbf{CA}$, de característica $c - u + p$. (Sugestão: use as Proposições A.7 e A.24).

d) Verifique os resultados a), b) e c) para o modelo de simetria numa tabela 2×2.

3.4: Considere o modelo linear geral (3.21) (satisfazendo (3.20)) na sua formulação (3.31) derivada na Nota de Capítulo 3.2.

a) Mostre que a matriz $c \times s$ $\mathbf{F}$ se pode exprimir por $\mathbf{F} = \mathbf{H'}(\mathbf{HH'})^{-1}$, onde $\mathbf{H}$ é a projecção ortogonal de $\mathbf{D}$ em $\mathcal{N}(\mathbf{A})$.

b) Mostre que no caso especial em que $\mathbf{AD} = \mathbf{0}$, a expressão (3.31) converte-se em

$$\pi = \mathbf{A'}(\mathbf{AA'})^{-1}\mathbf{X}\beta + \mathbf{D}(\mathbf{D'D})^{-1}\mathbf{1}_s + \gamma$$

em que γ é tal que $\mathbf{G}\gamma = \mathbf{0}$.

(Sugestão: use as propriedades dos projectores ortogonais envolvidos).

c) Verifique que a formulação (3.31) implica, de facto, (3.21).

3.5: Considere o modelo linear (3.17) apresentado no Exemplo 3.3.

a) Defina alternativamente este modelo escolhendo uma outra matriz base do subespaço a que pertence $\mathbf{A\pi}$.

b) Concretize a formulação (3.31) para este modelo.

c) Explicite condições que a matriz $\mathbf{A}_0$ em (3.32) deve satisfazer para que o modelo (3.17), acrescido de (3.32) e das restrições naturais, corresponda a uma formulação única para π, e mostre que a matriz

$$\mathbf{A}_0 = \mathbf{I}_9 \otimes \begin{pmatrix} 0 & 1 & -2 & 1 \\ 1 & -2 & 1 & 0 \end{pmatrix}$$

satisfaz essas condições.

d) Mostre que o modelo ampliado (sem as restrições naturais) que assegura as restrições estruturais originais (expressas em (3.15)) tem a forma

$$\left[\mathbf{I}_9 \otimes \begin{pmatrix} 0 & 1 & 2 & 3 \\ 0 & 1 & -2 & 1 \\ 1 & -2 & 1 & 0 \end{pmatrix} \right] \boldsymbol{\pi}$$

$$= \left[\mathbf{X} \otimes \begin{pmatrix} 1 \\ 0 \\ 0 \end{pmatrix} , \ \mathbf{I}_9 \otimes \begin{pmatrix} 0 & 0 \\ 1 & 0 \\ 0 & 1 \end{pmatrix} \right] \begin{pmatrix} \boldsymbol{\beta} \\ \boldsymbol{\beta}_0 \end{pmatrix}$$

em que $\boldsymbol{\beta}_0$ é o vector dos 18 parâmetros identificadores das funções lineares adicionais de $\boldsymbol{\pi}$ definidas pela matriz $\mathbf{A}_0$ em b).

Capítulo 4

Modelos log-lineares para tabelas sem variáveis explicativas

Muitas das hipóteses de relevância para a análise de dados categorizados envolvem relações multiplicativas entre os parâmetros dos modelos probabilísticos usualmente adoptados. Este é o caso das hipóteses de multiplicatividade (2.3) e de independência (2.5) descritas no Capítulo 2 no contexto dos modelos Produto de distribuições de Poisson e Multinomial. Tendo por base a maior facilidade no tratamento matemático de estruturas lineares em oposição às estruturas não lineares, a linearização dos modelos mencionados acima dão margem aos chamados modelos log-lineares que são o objecto deste capítulo. Mais especificamente, trata-se aqui de modelos com estrutura linear no logaritmo das médias ou das probabilidades das celas de tabelas de contingência envolvendo apenas variáveis respostas com o intuito de descrever padrões de associação entre elas. Deixa-se para o Capítulo 5 o tratamento de modelos com este tipo de estrutura apropriados para tabelas envolvendo alguma variável explicativa.

A Secção 4.1 introduz a formulação log-linear do modelo probabilístico sob diversas reparametrizações e o decorrente significado dos parâmetros log-lineares. As Secções 4.2 - 4.4 descrevem detalhadamente a estrutura e o significado de diversos modelos log-lineares apropriados para tabelas de dimensão dois, três, quatro ou superior, definidas unicamente por variáveis respostas. Estas estruturas, construídas à semelhança dos modelos de Análise de Variância, incluem os modelos especiais tradutores de diferentes tipos de independência probabilística. Neste contexto, retoma-se o modelo de simetria explicitando o seu enquadramento log-linear. Na Secção 4.5 discute-se a questão da identidade entre associação marginal e a correspondente associação parcial quando controlada por variáveis adicionais. Na Secção 4.6 a ordinalidade de algumas variáveis é explorada através de novos modelos log-lineares estruturados de forma análoga à dos modelos de Análise de Regressão e/ou de Análise de Covariância.

4.1 Reparametrização log-linear do modelo probabilístico

Qualquer das três distribuições básicas consideradas no Capítulo 2 para modelação probabilística de tabelas de contingência insere-se dentro da família exponencial multiparamétrica. O respectivo parâmetro vectorial natural, sem inclusão das eventuais restrições existentes, é definido em termos do logaritmo neperiano dos parâmetros escalares originais que, por motivos de unificação, podem ser tomados como as médias das celas (vide Exercício 2.2). É óbvio que qualquer desses modelos pode ser expresso através de reparametrizações equivalentes. Para uma tabela genérica com c celas de médias $\mu_i > 0, i = 1, \ldots, c$, organizadas no vector $\boldsymbol{\mu}$, pode-se adoptar, por exemplo, a parametrização alternativa

$$\ln \boldsymbol{\mu} \equiv (\ln \mu_1, \ldots, \ln \mu_c)' = \mathbf{X}^* \boldsymbol{\beta}^* \tag{4.1}$$

entendida do seguinte modo:

- O símbolo $\ln$ denota o operador logaritmo (natural) vectorial que, quando aplicado a um vector de componentes positivas, o transforma num vector da mesma dimensão, com componentes dadas pelo logaritmo das componentes do vector original;

- $\mathbf{X}^*$ é uma matriz $c \times p$ de característica $r(\mathbf{X}^*) = c \leq p$, cujo espaço imagem $(\mathcal{M}(\mathbf{X}^*))$ é um subespaço isomorfo do espaço que contém os valores possíveis de $\ln \boldsymbol{\mu}$ ($\mathbb{R}^c$); ou seja, entre $\mathcal{M}(\mathbf{X}^*)$ e $\mathbb{R}^c$ existe uma transformação linear bijectiva de modo que eles são algebricamente indistinguíveis.

Pela sua forma, a parametrização (4.1) define um modelo linear no logaritmo vectorial de $\boldsymbol{\mu}$, pelo que é um exemplo de um modelo log-linear. Neste caso, é habitualmente designado por **modelo log-linear saturado**, já que a sua estrutura não envolve qualquer redução paramétrica.

4.1.1 Formulação sobreparametrizada do modelo saturado e sua identificação

Quando $p > c$, a formulação (4.1) encerra uma sobreparametrização geradora de falta de **identificabilidade** (vide Nota de Capítulo 4.1) no modelo estatístico indexado por $\boldsymbol{\beta}^*$. Com efeito, a dependência linear entre as p colunas de $\mathbf{X}^*$ implica que o sistema homogéneo $\mathbf{X}^* (\boldsymbol{\beta}_1^* - \boldsymbol{\beta}_2^*) = \mathbf{0}$ tenha pelo menos uma solução não trivial (*i.e.*, $\boldsymbol{\beta}_1^* \neq \boldsymbol{\beta}_2^*$). Por outras palavras, $\mathbf{X}^*$ é uma transformação linear de $\mathbb{R}^p$ em $\mathbb{R}^c$ não injectiva e, como tal, permite que haja diferentes valores de $\boldsymbol{\beta}^*$ correspondentes ao mesmo valor de $\ln \boldsymbol{\mu}$, e assim, à mesma distribuição.

Com intuitos clarificadores da representação (4.1), prenda-se a atenção numa tabela 2^2 de médias $\mu_{ij} > 0$, $i, j = 1, 2$ e considere-se a reparametrização

$$\ln \mu_{ij} = u + u_i^A + u_j^B + u_{ij}^{AB} , \tag{4.2}$$

4. MODELOS LOG-LINEARES SEM VARIÁVEIS EXPLICATIVAS

para $i, j = 1, 2$. Neste caso, $c = 4$ e $p = 9$. Como a notação usada para os termos do segundo membro de (4.2) vai ser exaustivamente repetida ao longo do texto, torna-se conveniente clarificar desde já o seu significado. Os índices superiores (quando existem) dos parâmetros indicam a que variável(is) eles se reportam, com a convenção de que A se refere sempre à primeira variável (X_1), definidora das linhas, B à segunda variável (X_2), e assim sucessivamente. O índice duplo AB significa que os parâmetros que o contêm estão relacionados com ambas as variáveis (X_1 e X_2). Os índices inferiores indicam as categorias das variáveis a que os parâmetros estão ligados. Estes índices serão omitidos quando se pretende referir ao conjunto de todos os parâmetros de um dado tipo. Assim, u^A (respectivamente u^{AB}), e.g., designará todos os elementos do conjunto $\{u_i^A, i = 1, 2\}$ (respectivamente, $\{u_{ij}^{AB}, i, j = 1, 2\}$).

A expressão (4.2) está na forma de (4.1), sendo $\boldsymbol{\beta}^*$ o vector cujos elementos são os nove parâmetros u, u^A, u^B e u^{AB} e $\mathbf{X}^*$ a matriz de especificação associada, com colunas

$$\mathbf{c}_1 = (1,\ 1,\ 1,\ 1)',\quad \mathbf{c}_2 = (1,\ 1,\ 0,\ 0)',\quad \mathbf{c}_3 = (0,\ 0,\ 1,\ 1)',$$

$$\mathbf{c}_4 = (1,\ 0,\ 1,\ 0)',\quad \mathbf{c}_5 = (0,\ 1,\ 0,\ 1)',\quad \mathbf{c}_6 = (1,\ 0,\ 0,\ 0)',$$

$$\mathbf{c}_7 = (0,\ 1,\ 0,\ 0)',\quad \mathbf{c}_8 = (0,\ 0,\ 1,\ 0)',\quad \mathbf{c}_9 = (0,\ 0,\ 0,\ 1)'.$$

Como $r(\mathbf{X}^*) = 4$, (4.2) define o modelo log-linear saturado numa forma inidentificável e, por conseguinte, inconveniente. A identificação deste modelo consegue-se através da selecção de uma nova matriz de especificação, e.g., $\mathbf{Z}_s$, que seja base de $\mathbb{R}^4$, havendo obviamente várias escolhas possíveis. Por exemplo, seleccionando $\mathbf{c}_k$, $k = 6, 7, 8, 9$ para colunas de $\mathbf{Z}_s$, obtém-se a formulação

$$\ln \boldsymbol{\mu} = \mathbf{Z_s}\,\boldsymbol{\alpha_s} \equiv \boldsymbol{\alpha_s} \tag{4.3}$$

traduzindo a parametrização original dos logaritmos das médias das celas, i.e., o vector paramétrico é denotado por

$$\boldsymbol{\alpha}_s = (u_{11}^{AB}, u_{12}^{AB}, u_{21}^{AB}, u_{22}^{AB})'\ .$$

com u_{ij}^{AB} representando $ln\mu_{ij}$. Se $\mathbf{Z}_s$ for construída à custa de $\mathbf{c}_1, \mathbf{c}_3, \mathbf{c}_5$ e $\mathbf{c}_9$, obtém-se o modelo

$$\ln \boldsymbol{\mu} = \begin{pmatrix} 1 & 0 & 0 & 0 \\ 1 & 0 & 1 & 0 \\ 1 & 1 & 0 & 0 \\ 1 & 1 & 1 & 1 \end{pmatrix} \boldsymbol{\alpha}_s \tag{4.4}$$

onde o vector de parâmetros é denotado por

$$\boldsymbol{\alpha}_s = (u, u_2^A, u_2^B, u_{22}^{AB})',$$

traduzindo a denominada **parametrização da cela de referência** (no caso, a cela (1,1)). A primeira componente de $\boldsymbol{\alpha}_s$ corresponde ao valor de $\ln \mu_{11}$, tal como em (4.3). Porém, a sua segunda (respectivamente terceira) componente corresponde à variação deste valor de referência devido à mudança para a segunda linha (respectivamente segunda coluna), i.e., $u_2^A = ln(\mu_{21}/\mu_{11})$. A quarta componente de $\boldsymbol{\alpha}_s$ em

(4.4) é a diferença entre as variações dos logaritmos das médias quando se passa da primeira para segunda coluna para uma unidade da segunda linha versus primeira linha, *i.e.*, $u_{22}^{AB} = ln(\mu_{22}/\mu_{21}) - ln(\mu_{12}/\mu_{11})$.

Como um último exemplo da escolha de $\mathbf{Z}_s$, tomem-se como suas colunas $\mathbf{c}_1$, $\mathbf{c}_2$–$\mathbf{c}_3$, $\mathbf{c}_4$–$\mathbf{c}_5$ e $\mathbf{c}_6$–$\mathbf{c}_7$–$\mathbf{c}_8$+$\mathbf{c}_9$, que são claramente independentes linearmente. Obtém-se então o modelo

$$\ln \mu = \begin{pmatrix} 1 & 1 & 1 & 1 \\ 1 & 1 & -1 & -1 \\ 1 & -1 & 1 & -1 \\ 1 & -1 & -1 & 1 \end{pmatrix} \alpha_s \tag{4.5}$$

onde o vector paramétrico é comummente denotado por

$$\alpha_s = (u, u_1^A, u_1^B, u_{11}^{AB})',$$

que corresponde à formulação identificável do modelo log-linear saturado mais frequente na literatura estatística (a chamada **parametrização de desvios de médias**), como se clarificará na Subsecção 4.1.2.

A escolha de $\mathbf{Z}_s$ em (4.3), (4.4) e (4.5) pode ser vista à luz da táctica mais usual de identificação de um modelo e que consiste na imposição de restrições aos parâmetros originais. Se estas forem definidas por equações lineares, o intento de eliminação da falta de identificabilidade da formulação (4.1) no caso em discussão, só pode ser logrado com a imposição de cinco restrições linearmente independentes a β^*, *e.g.*, $\mathbf{H}\beta^* = \mathbf{0}$, onde $\mathbf{H}$ é uma matriz 5×9 de característica máxima. Além disso, as linhas de $\mathbf{H}$ têm necessariamente de ser linearmente independentes das linhas de $\mathbf{X}^*$, *i.e.*, $\mathcal{M}(\mathbf{H}') \cap \mathcal{M}(\mathbf{X}^{*'}) = \{\mathbf{0}\}$[1].

É fácil verificar que os requisitos supramencionados são preenchidos por qualquer dos seguintes conjuntos de restrições, que levam, respectivamente, a (4.3), (4.4) e (4.5):

$$a) \quad u = u_i^A = u_j^B = 0 \ , \quad i, j = 1, 2 \ ;$$

$$b) \quad u_i^A = u_j^B = u_{ij}^{AB} = 0 \ , \quad i = 1 \text{ ou } j = 1 \ ; \tag{4.6}$$

$$c) \quad \begin{cases} \displaystyle\sum_i u_i^A = \sum_j u_j^B = 0 \\ \displaystyle\sum_i u_{ij}^{AB} = \sum_j u_{ij}^{AB} = 0, \ i, j = 1, 2. \end{cases}$$

Estas últimas são as restrições largamente adoptadas na literatura. A sua incorporação a (4.2) – note-se que uma das quatro últimas restrições de (4.6c) é redundante – e a selecção de u_1^A, u_1^B e u_{11}^{AB} como os parâmetros linearmente independentes conduzem a

$$\ln \mu = (\mathbf{1}_4, \ \mathbf{X}_s) \begin{pmatrix} u \\ \beta_s \end{pmatrix} \tag{4.7}$$

---

[1]Esta última condição significa, por outras palavras, que a função $\mathbf{H}\beta^*$ é inidentificável. Veja-se a Nota de Capítulo 4.1 para a justificação destas afirmações.

4. MODELOS LOG-LINEARES SEM VARIÁVEIS EXPLICATIVAS

em que
$$\boldsymbol{\beta}_s = \left(u_1^A, \ u_1^B, \ u_{11}^{AB}\right)'$$
e $\mathbf{X}_s$ é a submatriz de $\mathbf{Z}_s$ em (4.5) formada pelas três últimas colunas.

A formulação (4.7) do modelo saturado tem a particularidade de as colunas da submatriz associada aos parâmetros log-lineares indexados ($\boldsymbol{\beta}_s$) serem vectores de contrastes mutuamente ortogonais. Esta característica permite definir os elementos de $\boldsymbol{\beta}_s$ como contrastes lineares dos elementos de $\ln\boldsymbol{\mu}$. Com efeito, como $\mathbf{X}_s'(\mathbf{1}_4, \ \mathbf{X}_s) = (\mathbf{0}_{(3)}, \ 4\,\mathbf{I}_3)$, segue-se de (4.7) que

$$\boldsymbol{\beta}_s = \frac{1}{4}\,\mathbf{X}_s'\ln\boldsymbol{\mu} \ . \tag{4.8}$$

A estrutura da reparametrização indicada em (4.2) ou (4.7) é formalmente análoga àquela usada em ANOVA para dois factores cruzados e é prontamente aplicável a qualquer tabela, como se detalhará nas secções seguintes.

Para a tabela genérica de c celas, o modelo log-linear saturado na versão identificável pode ser expresso em geral por

$$\ln\boldsymbol{\mu} = \mathbf{Z}_s\,\boldsymbol{\alpha}_s \tag{4.9}$$

onde $\mathbf{Z}_s$ é uma matriz quadrada de ordem c, não singular, cujos elementos podem ser quaisquer valores reais (e não apenas 0, 1 ou -1).

Como se detalhará nas Secções 4.2 e 4.3, qualquer modelo log-linear padrão tem a forma (4.9), onde a matriz de especificação, $e.g.$, $\mathbf{Z}$, tem $p \leq c$ colunas consideradas linearmente independentes.

No modelo Produto de distribuições de Poisson, onde $\boldsymbol{\mu} \in I\!\!R_+^c$ não está vinculado a restrições adicionais, a estrutura log-linear não significa mais do que dizer que $\ln\boldsymbol{\mu}$ é um vector de um subespaço p-dimensional de $I\!\!R^c$ ($\mathcal{M}(\mathbf{Z})$). Deve-se desde já acrescentar que neste contexto probabilístico a estrutura log-linear é, por vezes, aplicada às taxas esperadas, sendo equivalente a um modelo acima para as médias se e só se as contagens em todas as celas se reportam à mesma base de avaliação (períodos de tempo de exposição, tamanhos de populações em risco, etc.).

No modelo Produto de Multinomiais, $\boldsymbol{\mu}$ está sujeito às restrições (naturais) $\mathbf{D}'\boldsymbol{\mu} = \mathbf{N} \equiv (N_1, \ldots, N_s)'$, explicadas na Secção 3.1, onde $\mathbf{D} = (\mathbf{d}_1, \ldots, \mathbf{d}_s)$ é a matriz indicadora da partição das c celas em tantas partes quantas as distribuições componentes do modelo, sendo cada parte constituída pelas celas referentes a cada Multinomial.

No Capítulo 2 descreveu-se a relação entre estes dois modelos estatísticos para o vector de frequências $\mathbf{n}$ tal que $\mathbf{D}'\mathbf{n} = \mathbf{N}$. Denotando, momentaneamente, o vector média do modelo Produto de Multinomiais por $\boldsymbol{\nu} = (\boldsymbol{\nu}_1', \ldots, \boldsymbol{\nu}_s')'$, e particionando correspondentemente o vector média do modelo Produto de distribuições de Poisson, $\boldsymbol{\mu} = (\boldsymbol{\mu}_1', \ldots, \boldsymbol{\mu}_s')'$, tem-se

$$\boldsymbol{\nu}_j = \frac{N_j}{\mathbf{d}_j'\boldsymbol{\mu}}\boldsymbol{\mu}_j \ ,$$

para $j = 1, \ldots, s$ o que implica

$$\ln\boldsymbol{\nu} = \ln\boldsymbol{\mu} + \sum_{j=1}^{s}[\ln(N_j/\mathbf{d}_j'\boldsymbol{\mu})]\,\mathbf{d}_j \ .$$

Esta relação permite evidenciar que, sendo $\mathcal{V}$ um dado subespaço de $I\!\!R^c$, $\ln \boldsymbol{\nu} \in \mathcal{V}$ se e somente se $\ln \boldsymbol{\mu} \in \mathcal{V}$, desde que $\mathcal{M}(\mathbf{D}) \subset \mathcal{V}$. Deste modo, a suposição de o subespaço s-dimensional $\mathcal{M}(\mathbf{D})$ estar incluído no modelo log-linear $\mathcal{M}(\mathbf{Z})$, no cenário Produto de distribuições de Poisson, permite manter a aplicabilidade dessa estrutura no cenário Produto de Multinomiais. A diferença está em que a gama de valores possíveis para $\ln \boldsymbol{\nu}$ sob $\mathcal{M}(\mathbf{Z})$ é um subconjunto restrito de $\mathcal{M}(\mathbf{Z})$ que já não configura um subespaço de $I\!\!R^c$. Esta característica da classe de modelos log-lineares que incluem $\mathcal{M}(\mathbf{D})$ tem ainda uma série de implicações convenientes que a seu tempo serão realçadas.

Observe-se que tal classe de modelos $\mathcal{M}(\mathbf{Z})$ pode ser redefinida equivalentemente à custa de uma outra matriz que inclui explicitamente as colunas de $\mathbf{D}$. No contexto do modelo Produto de Multinomiais, a inclusão de $\mathbf{D}$ na matriz de especificação de um modelo log-linear não significa mais do que considerar um parâmetro para cada restrição. Isto permite, em particular, embutir directamente as restrições naturais na formulação log-linear, como se verá em breve.

Por estes motivos, considera-se frequentemente o próprio modelo log-linear saturado (note-se que este modelo contém necessariamente $\mathcal{M}(\mathbf{D})$) definido através de (4.9), com o particionamento $\boldsymbol{\alpha}_s = \left(\mathbf{u}', \boldsymbol{\beta}'_s\right)'$ e $\mathbf{Z}_s = (\mathbf{D}, \mathbf{X}_s)$, onde $\mathbf{X}_s$ é uma matriz $c \times (c - s)$ de característica $r\left(\mathbf{X}_s\right)$ máxima tal que $r\left(\mathbf{Z}_s\right) = s + r\left(\mathbf{X}_s\right) = c$. Esta formulação abrange os modelos Multinomial e Produto de distribuições de Poisson, considerando $\mathbf{D} = \mathbf{1}_c$ e $s = 1$.

O tipo de reparametrização mais frequente é aquele em que as colunas de $\mathbf{X}_s$ são vectores de contrastes, à guisa de (4.7). A coluna referente a qualquer parâmetro de $\boldsymbol{\beta}_s$ é ortogonal a todas as colunas relativas aos parâmetros de tipo distinto daquele. No caso particular de haver apenas um parâmetro linearmente independente de cada tipo (como na tabela 2^2), todas as colunas são mutuamente ortogonais. Com esta estrutura, o vector de parâmetros log-lineares relevantes é expressável por

$$\boldsymbol{\beta}_s = \left(\mathbf{X}'_s \mathbf{X}_s\right)^{-1} \mathbf{X}'_s \ln \boldsymbol{\mu} \tag{4.10}$$

revelando que cada um dos seus elementos é um **contraste** (combinação linear cujos coeficientes somam zero) dos logaritmos das médias das celas cujos coeficientes em valor absoluto são definidos pelas linhas de $\left(\mathbf{X}'_s \mathbf{X}_s\right)^{-1}$.

4.1.2 Interpretação dos parâmetros log-lineares

Os parâmetros log-lineares vinculados às restrições de identificabilidade podem ter uma interpretação formalmente idêntica à dos parâmetros dos modelos de Análise de Variância. Para o ilustrar, considere-se uma tabela $I \times J$ de médias $\mu_{ij} > 0, i =$

4. MODELOS LOG-LINEARES SEM VARIÁVEIS EXPLICATIVAS 65

$1, \ldots, I, j = 1, \ldots, J$. Por construção, pode-se escrever para toda a cela (i,j)

$$
\ln \mu_{ij} = \frac{1}{IJ} \sum_{k,l} \ln \mu_{kl} + \left(\frac{1}{J} \sum_{l} \ln \mu_{il} - \frac{1}{IJ} \sum_{k,l} \ln \mu_{kl} \right)
$$

$$
+ \left(\frac{1}{I} \sum_{k} \ln \mu_{kj} - \frac{1}{IJ} \sum_{k,l} \ln \mu_{kl} \right)
$$

$$
+ \left(\ln \mu_{ij} - \frac{1}{I} \sum_{k} \ln \mu_{kj} - \frac{1}{J} \sum_{l} \ln \mu_{il} + \frac{1}{IJ} \sum_{k,l} \ln \mu_{kl} \right)
$$

$$
\equiv u + u_i^A + u_j^B + u_{ij}^{AB} \tag{4.11}
$$

com a seguinte identificação:

- u simboliza a média dos IJ logaritmos das médias das celas;

- u_i^A (respectivamente u_j^B) representa o desvio entre a média dos logaritmos das médias das celas da linha i (respectivamente coluna j) e a média geral u;

- u_{ij}^{AB} traduz a diferença entre $\ln \mu_{ij}$ e $u + u_i^A + u_j^B$.

Esta definição dos parâmetros log-lineares acarreta a verificação imediata das restrições de identificabilidade do tipo de (4.6c) e torna compreensível a semelhança terminológica com os parâmetros do modelo ANOVA dupla saturado. Assim, u é designado por **média geral** enquanto que u^A (respectivamente u^B) representa os **efeitos principais** dos níveis de X_1 (respectivamente X_2) – o número de parâmetros u^A (respectivamente u^B) linearmente independentes é de $I-1$ (respectivamente $J-1$). Os termos restantes, u^{AB}, que englobam $IJ - (I + J - 1) = (I - 1)(J - 1)$ parâmetros linearmente independentes, são identificados como **interacções** (de primeira ordem) entre os níveis de X_1 e X_2.

Observe-se que a formulação (4.11), com a incorporação das restrições acima referidas, pode continuar a ser expressa por componentes através da definição de variáveis "mudas". Com efeito, sejam x_{ik}^A, $k = 1, \ldots, I - 1$ (respectivamente, x_{jl}^B, $l = 1, \ldots, J - 1$) as variáveis definidas de modo que $x_{ik}^A = 1$ se $i = k$, $x_{ik}^A = -1$ se $i = I$ e $x_{ik}^A = 0$, para $i \neq k, I$ (analogamente para $\{x_{jl}^B\}$). Então (4.11) equivale a

$$
\ln \mu_{ij} = u + \sum_{k=1}^{I-1} u_k^A x_{ik}^A + \sum_{l=1}^{J-1} u_l^B x_{jl}^B + \sum_{k=1}^{I-1} \sum_{l=1}^{J-1} u_{kl}^{AB} x_{ik}^A x_{jl}^B. \tag{4.12}
$$

Esta formulação, em jeito de modelo de regressão com variáveis qualitativas, é uma **representação por componentes** da formulação matricial (4.9) do modelo log-linear saturado, deixando bem explícitas as colunas da matriz especificadora. Por exemplo, quando $I = J = 2$, esta representação corresponde a (4.5). Observe-se como as colunas associadas a cada u_{kl}^{AB} se explicitam como o produto dos elementos associados às colunas u_k^A e u_l^B.

A identidade de terminologia supramencionada pode acarretar confusão quanto ao significado real que tais parâmetros encerram. Na verdade, basta pensar que as celas das tabelas de frequências em ANOVA são determinadas por factores, enquanto que as tabelas de contingência são definidas por, pelo menos, uma variável resposta. Assim, em ANOVA, o termo interacção define um efeito na única resposta, atribuível a combinações dos níveis das demais variáveis, para além do que é explicável pela acção aditiva dessas variáveis tomadas individualmente. A existência de interacção significa então que o efeito de algum factor na resposta depende dos níveis de outros factores.

Em tabelas de contingência, o significado do termo interacção depende, nomeadamente, do número de respostas e de factores. Quando geradas pelo modelo Multinomial, o termo interacção corresponde a alguma forma de associação (dependência) entre as variáveis. Por exemplo, em tabelas de dupla entrada, a ausência de interacção significa pura e simplesmente independência probabilística entre as duas variáveis respostas, como se verá na secção seguinte. Este resultado, porém, é já evidente no caso de uma tabela 2^2, pois atendendo a (4.7), decorre de (4.8) que

$$u_{11}^{AB} \equiv -u_{12}^{AB} \equiv -u_{21}^{AB} \equiv u_{22}^{AB} = \tfrac{1}{4} \left(1, \ -1, \ -1, \ 1\right) \ln \boldsymbol{\mu}$$
$$= \tfrac{1}{4} \ln \left[\mu_{11} \, \mu_{22} \, / (\mu_{12} \, \mu_{21})\right] \equiv \tfrac{1}{4} \ln \Delta.$$
(4.13)

Isto é, ao ser proporcional ao logaritmo da razão de produtos cruzados Δ, u_{11}^{AB} é nulo se e somente se $\Delta = 1$, condição esta que, como foi visto no Capítulo 2, define a independência entre as duas variáveis binárias. Se $u_{11}^{AB} > 0$ (respectivamente $u_{11}^{AB} < 0$), ou equivalentemente, $\Delta > 1$ (respectivamente $\Delta < 1$), diz-se que há associação positiva (respectivamente negativa) entre as variáveis - recorde-se o Exercício 2.1.

O conceito de interacção, ou de ausência de interacção, em tabelas de contingência multidimensionais tem sido frequentemente usado no sentido de dependência (ausência de dependência) de alguma medida de associação entre várias respostas para com os níveis de outras respostas ou factores. No caso especial onde todas as variáveis à excepção de uma, são consideradas explicativas, o termo interacção encerra um significado idêntico àquele que tem em ANOVA. Esta questão, elucidativamente analisada em Bhapkar & Koch (1968a, 1968b), por exemplo, será abordada sucessivamente nas secções que se seguem.

A formulação (4.11) do modelo log-linear saturado, com os respectivos parâmetros satisfazendo as restrições de soma nula, usuais em ANOVA, não é, obviamente, a única possível. Como referido anteriormente, pode-se, por exemplo, adoptar uma estrutura log-linear que traduza uma parametrização em termos de uma cela de referência. Neste sentido, pode-se considerar para uma tabela $I \times J$ o modelo

$$\ln \mu_{ij} = u + u_i^A + u_j^B + u_{ij}^{AB},$$
(4.14)

para $i = 1, \ldots, I$, $j = 1, \ldots, J$ cujos parâmetros são definidos por

$$\begin{aligned}
u &= \ln \mu_{IJ} \\
u_i^A &= \ln \mu_{iJ} - u, \\
u_j^B &= \ln \mu_{Ij} - u, \\
u_{ij}^{AB} &= \ln \mu_{ij} - \left(u + u_i^A + u_j^B\right) \\
&= \ln \left[\mu_{ij}\mu_{IJ} \, / (\mu_{Ij}\mu_{iJ})\right],
\end{aligned}$$

4. MODELOS LOG-LINEARES SEM VARIÁVEIS EXPLICATIVAS 67

para $i = 1, \ldots, I$, $j = 1, \ldots, J$. Esta formulação equivalente, onde (I, J) é a cela de referência, encerra restrições diferentes $(u_I^A = u_J^B = u_{Ij}^{AB} = u_{iJ}^{AB} = 0,\ i = 1, \ldots, I,\ j = 1, \ldots, J)$ e, na sequência, interpretações diferentes para os seus parâmetros. Observese, por exemplo, como u_{ij}^{AB} traduz o logaritmo da razão das chances definida com referência à última linha e coluna. Isto é distinto da expressão de u_{ij}^{AB} em (4.11) quando I ou J são superiores a 2, como se mostrará na Secção 4.2. O modelo (4.4) é um caso particular desta formulação, relativo à cela de referência (1,1) numa tabela 2^2.

Com esta parametrização, a formulação (4.14) com as correspondentes restrições embutidas pode ser também expressa por (4.12), à maneira de um modelo factorial completo (saturado) de ANOVA dupla balanceada. A diferença está na definição das variáveis artificiais, que passam, agora, a ser indicadoras de cada categoria (à excepção da última) de cada variável, *i.e.*, $x_{ik}^A = 1$ se $i = k$ e $x_{ik}^A = 0$ se $i \neq k$, e analogamente para as variáveis x_{jl}^B.

A possibilidade de opção por várias formulações alternativas é concretizada nos próprios pacotes (*packages*) estatísticos que permitem uma análise dos modelos loglineares.

4.1.3 Formulação log-linear com incorporação da restrição natural

A formulação identificável (que é a que doravante será utilizada com omissão desse qualificativo) do modelo log-linear saturado para a tabela genérica de c celas, dada por (4.9), não significa necessariamente que o espaço paramétrico de $\ln \boldsymbol{\mu}$ seja o subespaço gerado por $\mathbf{Z}_s$, $\mathcal{M}(\mathbf{Z}_s)$. Isto depende de existirem ou não restrições naturais sobre $\boldsymbol{\mu}$, como já foi mencionado anteriormente. Por exemplo, se a tabela é gerada pelo modelo $M_{c-1}(N, \boldsymbol{\theta})$, com $\boldsymbol{\theta} = \boldsymbol{\mu}/N$, o facto de $\mathbf{1}_c'\boldsymbol{\mu} = N$ leva a que o termo u (média geral) em $\boldsymbol{\alpha}_s$ não possa variar arbitrariamente. Com efeito, com o particionamento então aludido, (4.9) equivale a

$$\boldsymbol{\mu} = e^u \exp\left(\mathbf{X}_s \boldsymbol{\beta}_s\right) \tag{4.15}$$

onde $\exp$ denota o operador exponencial vectorial, ou seja, $\exp(\mathbf{a}) = \left(e^{a_1}, \ldots, e^{a_c}\right)'$, quando $\mathbf{a} = (a_1, \ldots, a_c)'$. Impondo a restrição natural a $\boldsymbol{\mu}$, resulta

$$u = \ln N - \ln\left[\mathbf{1}_c' \exp\left(\mathbf{X}_s \boldsymbol{\beta}_s\right)\right] \tag{4.16}$$

pelo que (4.15) converte-se em

$$\boldsymbol{\mu} = N \exp\left(\mathbf{X}_s \boldsymbol{\beta}_s\right) / \left[\mathbf{1}_c' \exp\left(\mathbf{X}_s \boldsymbol{\beta}_s\right)\right]. \tag{4.17}$$

Note-se que a parametrização em termos de $\boldsymbol{\theta} = \boldsymbol{\mu}/N$ só afecta o termo não indexado, que passa de u para $\lambda = u - \ln N$. Deste modo, o modelo log-linear saturado para o vector $\boldsymbol{\theta}$ das probabilidades é

$$\ln \boldsymbol{\theta} = (\mathbf{1}_c,\ \mathbf{X}_s) \begin{pmatrix} \lambda \\ \boldsymbol{\beta}_s \end{pmatrix} \tag{4.18}$$

que, uma vez acoplado à restrição $\mathbf{1_c}'\boldsymbol{\theta} = 1$, se transforma em

$$\boldsymbol{\theta} = \exp\left(\mathbf{X}_s\,\boldsymbol{\beta}_s\right)/\left[\mathbf{1}'_c\exp\left(\mathbf{X}_s\,\boldsymbol{\beta}_s\right)\right]. \tag{4.19}$$

Nestas expressões, $\mathbf{X}_s$ é uma matriz $c \times (c-1)$ de característica máxima tal que $r\left[(\mathbf{1}_c,\,\mathbf{X}_s)\right] = 1 + r\left(\mathbf{X}_s\right) = c$. Quando as colunas de $\mathbf{X}_s$ são vectores de contrastes, como acontece frequentemente, o vector paramétrico associado é expressável por (4.10), ou equivalentemente, por

$$\boldsymbol{\beta}_s = \left(\mathbf{X}'_s\,\mathbf{X}_s\right)^{-1}\mathbf{X}'_s\,\ln\boldsymbol{\theta}. \tag{4.20}$$

No caso de a tabela ser gerada pelo modelo Produto de Multinomiais, o modelo log-linear saturado é a combinação dos correspondentes modelos para todas as Multinomiais, pelo que a incorporação das restrições naturais se processa da mesma forma. Ter-se-á oportunidade de esclarecer melhor este aspecto no Capítulo 5.

4.1.4   Modelos log-lineares reduzidos

A eliminação de termos do modelo log-linear saturado, como sucede em Análise de Variância, ou sua estruturação simplificada, à maneira da Análise de Regressão, conduzem a modelos log-lineares ditos **reduzidos** ou **não saturados**. Para uma tabela bidimensional $I \times J$, os modelos

$$M_1 : \ln\mu_{ij} = u + u_i^A + u_j^B$$

$$M_2 : \ln\mu_{ij} = u + u_j^B$$

$$M_3 : \ln\mu_{ij} = u + u_j^B + u_{ij}^{AB} \tag{4.21}$$

$$M_4 : \ln\mu_{ij} = u + u_i^A + u_j^B + \gamma\{i-(I+1)/2\}\{j-(J+1)/2\}$$

para $i = 1,\ldots,I, j = 1,\ldots,J$ onde

$$\sum_i u_i^A = \sum_j u_j^B = \sum_i u_{ij}^{AB} = \sum_j u_{ij}^{AB} = 0$$

constituem exemplos de modelos log-lineares reduzidos com um número de parâmetros relevantes livres dado, respectivamente, por $I + J - 2$, $J - 1$, $I(J-1)$ e $I + J - 1$ no caso particular em que a distribuição subjacente é Multinomial.

Para a tabela genérica de c celas a formulação geral de um modelo log-linear reduzido é

$$\ln\boldsymbol{\mu} = \mathbf{Z}\,\boldsymbol{\alpha} \tag{4.22}$$

onde $\boldsymbol{\alpha} \in \mathbb{R}^p$, $p < c$ e $\mathbf{Z}$ é uma matriz $c \times p$ de constantes reais com característica máxima.

Como foi referido na secção anterior, a formulação (4.22) no quadro do modelo Multinomial é entendida no sentido de $\boldsymbol{\alpha} = (u,\,\boldsymbol{\beta}\,')'$ e $\mathbf{Z} = (\mathbf{1}_c,\,\mathbf{X})$, onde $\mathbf{X}$ é uma

4. MODELOS LOG-LINEARES SEM VARIÁVEIS EXPLICATIVAS 69

matriz $c \times (p-1)$ de característica $p-1$ tal que $r(\mathbf{Z}) = p$. Assim, (4.22) corresponde a

$$\ln \boldsymbol{\mu} = \mathbf{1}_c\, u + \mathbf{X}\,\boldsymbol{\beta} \tag{4.23}$$

explicitando que $\mathcal{M}(\mathbf{Z})$ é a soma directa de $\mathcal{M}(\mathbf{1}_c)$ com $\mathcal{M}(\mathbf{X})$.

No modelo Produto de distribuições de Poisson, a estrutura log-linear reduzida genérica é definida por (4.22), ainda que frequentemente se considere uma subclasse definida por (4.23), nomeadamente pelos motivos aduzidos na secção anterior.

Existe uma classe especial de modelos log-lineares associada a uma forma particular da submatriz $\mathbf{X}$ em (4.23). Antes de a definir em geral, retorne-se aos modelos ilustrativos de (4.21). As diferenças formais entre eles são basicamente de dois tipos. Por um lado, M_1, M_2 e M_3 são modelos de tipo ANOVA, para os quais $\mathbf{X}$ é formada por elementos com valor 0, 1 ou -1. O modelo M_4 tem uma estrutura mista de tipo ANOVA e de tipo Análise de Regressão, à semelhança dos modelos de Análise de Covariância. A coluna de $\mathbf{X}$ referente ao parâmetro γ não tem assim a estrutura das colunas correspondentes aos parâmetros de tipo ANOVA. Por outro lado, o conjunto formado por M_1 e M_2 tem a particularidade de revelar uma estrutura formal idêntica à de um modelo factorial completo de ANOVA (envolvendo o termo de primeira ordem para as duas variáveis no caso de M_1, ou apenas o da variável associada às colunas, no caso de M_2). Esta característica, que leva a denominar os modelos M_1 e M_2 de **modelos hierárquicos**, já não é partilhada pelos restantes. De facto, o modelo M_3 inclui o termo de segunda ordem (está-se usando aqui a terminologia ANOVA no sentido em que o número de ordem se refere ao número de variáveis), sem estar acompanhado do termo de primeira ordem relativo à variável associada às linhas. Deste modo, as colunas de $\mathbf{X}$ referentes a u^{AB} não se podem obter à custa de colunas relativas aos correspondentes termos de primeira ordem – recorde-se a formulação (4.12). Este modelo tem, pois, uma estrutura similar à de um modelo de ANOVA não hierárquico. Este aspecto também ocorre com o modelo M_4, ainda que por razões diferentes. A estruturação de u^{AB} à maneira de Regressão faz com que a coluna associada ao parâmetro substituto não seja também dedutível das colunas dos termos de primeira ordem, ainda que estes estejam incluídos no modelo.

Regressando a (4.23), a definição geral da subclasse de modelos log-lineares hierárquicos para as tabelas em questão é a seguinte:

Definição 4.1: O modelo $\ln \boldsymbol{\mu} = \mathbf{1}_c u + \mathbf{X}\boldsymbol{\beta}$ diz-se **hierárquico** se as colunas de $\mathbf{X}$ se podem particionar em grupos, onde as colunas de cada grupo definem um modelo factorial completo para $\ln \boldsymbol{\mu}$ baseado num subconjunto de variáveis. Caso contrário, o modelo log-linear diz-se **não hierárquico**.

A estrutura (4.23) define um modelo log-linear não hierárquico quando $\mathbf{X}$ representa um modelo de tipo ANOVA não hierárquico ou um modelo de tipo Regressão. Os modelos log-lineares hierárquicos resultam da formulação ANOVA do modelo saturado quando o processo de eliminação de termos for executado de forma que o anulamento de um parâmetro correspondente a qualquer grupo de t variáveis implicar o anulamento de todos os parâmetros de ordem superior ligados a esse grupo de variáveis. Eles constituem, pois, uma subclasse de modelos log-lineares de tipo ANOVA caracterizada pelo facto de, relativamente a qualquer parâmetro correspondente a qualquer grupo de t variáveis neles incluído, conterem todos os parâmetros de ordem inferior associados a qualquer subgrupo dessas t variáveis.

Esta classe especial de modelos log-lineares tem a vantagem de usufruir frequentemente uma maior simplicidade interpretativa e analítica. A maioria dos modelos log-lineares analisados neste capítulo são hierárquicos, embora lide-se por vezes, como na Subsecção 4.2.4, com modelos não hierárquicos.

Atendendo à enorme variedade de modelos log-lineares para tabelas multidimensionais, existem modelos que são casos particulares de outros no sentido em que estes se reduzem àqueles por remoção de termos. Diz-se então que os primeiros estão **encaixados** (*nested*, na literatura anglo-saxónica) nos segundos. Formalizando:

Definição 4.2: Dados dois modelos log-lineares M_1 e M_2, diz-se que M_1 está **encaixado** em M_2 se os parâmetros de M_1 são um subconjunto dos parâmetros de M_2.

Exemplificando com os modelos em (4.21), M_2 está encaixado em qualquer dos restantes, e M_1 está encaixado em M_4. Qualquer deles está naturalmente encaixado no modelo log-linear saturado.

4.2 Modelos log-lineares para tabelas bidimensionais

Esta secção será confinada a tabelas $I \times J$ (no formato da tabela genérica do Capítulo 1, $s = 1$ e $r = IJ$) sob modelação Multinomial de parâmetros N (conhecido) e $\boldsymbol{\theta}$. O caso do modelo Produto de distribuições de Poisson suscita um tratamento, em termos de médias não vinculadas a qualquer restrição natural, essencialmente idêntico, como também acontece em tabelas de dimensão superior, desde que se inclua a coluna $\mathbf{1}_r$ nas matrizes de especificação dos modelos log-lineares correspondentes.

4.2.1 Modelos para diferentes padrões de associação

Na estrutura saturada definida em (4.11) existem, como foi visto, $(I-1)(J-1)$ interacções linearmente independentes. Considerar-se-á então o modelo log-linear reduzido resultante do anulamento de todas essas interacções (o modelo M_1 em (4.21)), *i.e.*, em termos de $\boldsymbol{\theta}$

$$\ln \theta_{ij} = \lambda + u_i^A + u_j^B, \tag{4.24}$$

para $i = 1, \ldots, I$, $j = 1, \ldots, J$ com $\sum_i u_i^A = \sum_j u_j^B = 0$. Numa forma compacta, (4.24) é expresso por

$$\ln \boldsymbol{\theta} = (\mathbf{1}_c, \mathbf{X}) \begin{pmatrix} \lambda \\ \boldsymbol{\beta} \end{pmatrix} \tag{4.25}$$

onde $c = IJ$, $\boldsymbol{\beta}$ é o vector de $p = I+J-2$ efeitos principais linearmente independentes e $\mathbf{X}$ é a matriz $c \times p$ de especificação associada. Esta matriz é obtida da matriz de

4. MODELOS LOG-LINEARES SEM VARIÁVEIS EXPLICATIVAS 71

especificação do modelo log-linear saturado, $\mathbf{X}_s$, por remoção das colunas relativas às interacções u_{ij}^{AB} linearmente independentes.

Da expressão (4.20) ou, talvez mais directamente, da definição construtiva dos parâmetros log-lineares patente em (4.11), é possível determinar as expressões explícitas de cada parâmetro log-linear indexado como um contraste linear dos elementos de $\ln\boldsymbol{\theta}$. Tais expressões podem ser rearranjadas de modo a evidenciar que cada elemento de $\boldsymbol{\beta}$ é uma função de razões de produtos cruzados (correspondentes a subtabelas rearranjadas no caso dos efeitos principais). Considere-se para esse propósito o parâmetro u_{ij}^{AB} e denote-se por Δ_{ik}^{jl} a razão de produtos cruzados (RPC) formada pelas quatro celas das linhas i (fixa) e $k \neq i$ e colunas j(fixa) e $l \neq j$, i.e., $\Delta_{ik}^{jl} = [\theta_{ij}\theta_{kl}/(\theta_{kj}\theta_{il})]$. Como pela estrutura saturada,

$$\ln\Delta_{ik}^{jl} = \ln(\theta_{ij}/\theta_{kj}) - \ln(\theta_{il}/\theta_{kl}) = (u_{ij}^{AB} - u_{kj}^{AB}) - (u_{il}^{AB} - u_{kl}^{AB})$$

segue-se que

$$\sum_{k\neq i}\sum_{l\neq j}\ln\Delta_{ik}^{jl} = \sum_{k\neq i} J\left(u_{ij}^{AB} - u_{kj}^{AB}\right) = IJu_{ij}^{AB}$$

donde

$$u_{ij}^{AB} = \frac{1}{IJ}\ln\left[\prod_{k\neq i}\prod_{l\neq j}\Delta_{ik}^{jl}\right], \tag{4.26}$$

para $i = 1,\ldots,I$, $j = 1,\ldots,J$. Por exemplo, para uma tabela $2 \times J$ os parâmetros $u_{1j}^{AB}, j = 1,\ldots,J-1$, tomados como as interacções linearmente independentes, são tais que

$$u_{1j}^{AB} = \frac{1}{2J}\ln[\prod_{l\neq j}\Delta_{12}^{jl}],$$

$j = 1,\ldots,J-1$. Concretizando ainda mais para o caso de $J = 3$, ter-se-á

$$u_{11}^{AB} = \tfrac{1}{6}\ln[\Delta_{12}^{12}\,\Delta_{12}^{13}]$$

$$u_{12}^{AB} = \tfrac{1}{6}\ln[\Delta_{12}^{21}\,\Delta_{12}^{23}].$$

Tomando $\{\Delta_{12}^{13}, \Delta_{12}^{23}\}$ como o conjunto de RPC não redundantes, vem

$$u_{11}^{AB} = \tfrac{1}{6}\ln\left[\left(\Delta_{12}^{13}\right)^2/\Delta_{12}^{23}\right]$$

$$u_{12}^{AB} = \tfrac{1}{6}\ln\left[\left(\Delta_{12}^{23}\right)^2/\Delta_{12}^{13}\right].$$

Numa tabela $I \times J$ há obviamente $\binom{I}{2}\binom{J}{2}$ RPC, que são todas identicamente iguais a 1 se e somente se houver independência (vide Exercício 4.1). Deste modo, fica patente por (4.26) que a ausência de interacção (dos termos u^{AB}) significa, pura e simplesmente, independência probabilística entre as duas variáveis respostas. Esta conclusão poderá, aliás, ser obtida de forma mais imediata mostrando que (4.24) é equivalente à formulação multiplicativa usual do modelo de independência. De facto, a formulação (4.24) equivale a

$$\theta_{ij} = \exp(\lambda + u_i^A)\exp(\lambda + u_j^B)/\exp(\lambda).$$

Atendendo a que, pela restrição natural sob (4.24),

$$\exp(\lambda) = [\sum_{i,j}\exp(u_i^A + u_j^B)]^{-1} ,$$

resulta para $i = 1,\dots,I, j = 1,\dots,J$,

$$\theta_{ij} = \{\exp(\lambda + u_i^A)\sum_j\exp(u_j^B)\}\{\exp(\lambda + u_j^B)\sum_i\exp(u_i^A)\} = \theta_{i.}\theta_{.j} .$$

A proposição recíproca tem demonstração imediata.

Uma vez clarificado o significado do primeiro modelo em (4.21), enfoquem-se agora alguns dos modelos restantes no quadro de uma tabela 2^2, por facilidade de exposição. O modelo M_4 será objecto de análise na Subsecção 4.2.4.

O modelo M_2 difere do modelo de independência pela ausência dos efeitos principais da variável associada às linhas. Trata-se assim de um modelo que não inclui uma das variáveis, podendo por isso rotular-se de modelo **não-abrangente** (*non-comprehensive*). É óbvio que a sua formulação implica que $\theta_{ij} = \theta_{.j}/2 ,i,j = 1,2$. Por outro lado, esta condição de θ_{ij} não depender de i, implica, atendendo às restrições sobre u^A e u^{AB}, que estes termos são nulos (Exercício 4.2). Deste modo, o modelo M_2 reflecte que as distribuições das frequências n_{ij} são idênticas para todo o i.

Como já foi mencionado, o modelo M_3 faz parte da classe de modelos log-lineares não hierárquicos, cuja interpretação é, em geral, complexa. O facto de que $u_1^A = -u_2^A = \frac{1}{4}\ln[\theta_{11}\,\theta_{12}\,/(\theta_{21}\,\theta_{22})]$ mostra que M_3 equivale à condição

$$\theta_{11}\,\theta_{12} = \theta_{21}\,\theta_{22}\,(= e^{2\lambda}).$$

Esta condição reflecte que a média dos logaritmos das probabilidades em cada linha é constante, ou seja, que a RPC é diferente de 1 e dada pelo quadrado da chance comum de a resposta estar na primeira linha versus segunda linha. Em tabelas $I \times J$, a definição dos elementos de u^A como efeitos principais mostra que M_3 pode ser traduzido pela condição de a média geométrica das probabilidades de qualquer linha ser igual à média geométrica das probabilidades de todas as celas (vide Exercício 4.2).

4.2.2 Modelos de simetria

Todos os modelos log-lineares reduzidos considerados até aqui têm a particularidade de corresponderem a simplificações do modelo saturado obtidas por eliminação de parâmetros deste. No entanto, a simplificação estrutural não passa necessariamente por tal processo de eliminação. Basta que ao parâmetro $\boldsymbol{\beta}_s$ do modelo saturado sejam impostas quaisquer restrições que diminuam a sua dimensionalidade, conforme reflecte a formulação (4.22) ou (4.23).

4. MODELOS LOG-LINEARES SEM VARIÁVEIS EXPLICATIVAS 73

Para ilustração de um modelo log-linear reduzido que não resulte do anulamento de algum elemento de $\boldsymbol{\beta}_s$, considerar-se-á uma tabela I^2. Na Secção 3.2 apresentou-se o **modelo de simetria** formulado através de uma estrutura linear, expressa por (3.5). Este modelo, porém, pode ter também uma formulação log-linear. Com efeito, tomando o modelo log-linear saturado com as usuais restrições de identificabilidade, imponham-se as condições $u_i^A = u_i^B \, (= u_i)$ e $u_{ij}^{AB} = u_{ji}^{AB}$, $i, j = 1, \ldots, I$. Obtém-se então o modelo log-linear reduzido

$$\begin{cases} \ln \theta_{ij} & = & \lambda + u_i + u_j + u_{ij}^{AB}, \\ \\ u_{ij}^{AB} & = & u_{ji}^{AB} \end{cases} \qquad (4.27)$$

para $i, j = 1, \ldots, I$ com

$$\sum_i u_i = \sum_i u_{ij}^{AB} = 0$$

e $p = 1 + (I - 1) + [I + I(I - 1)/2 - I] = I + I(I - 1)/2$ parâmetros log-lineares linearmente independentes.

Uma formulação compacta de (4.27) para $I = 3$ é

$$\ln \boldsymbol{\theta} = (\mathbf{1}_9, \; \mathbf{X}) \begin{pmatrix} \lambda \\ \boldsymbol{\beta} \end{pmatrix}$$

com $\boldsymbol{\beta} = \left(u_1, \; u_2, \; u_{11}^{AB}, \; u_{12}^{AB}, \; u_{22}^{AB} \right)'$ e

$$\mathbf{X}' = \begin{pmatrix} 2 & 1 & 0 & 1 & 0 & -1 & 0 & -1 & -2 \\ 0 & 1 & -1 & 1 & 2 & 0 & -1 & 0 & -2 \\ 1 & 0 & -1 & 0 & 0 & 0 & -1 & 0 & 1 \\ 0 & 1 & -1 & 1 & 0 & -1 & -1 & -1 & 2 \\ 0 & 0 & 0 & 0 & 1 & -1 & 0 & -1 & 1 \end{pmatrix}.$$

Note-se como esta formulação é do tipo (4.23), onde as colunas de $\mathbf{X}$ são vectores de contrastes.

Constata-se imediatamente que (4.27) implica as restrições $\theta_{ji} = \theta_{ij}$, $i < j$. Por outro lado, não é difícil provar a implicação recíproca (Exercício 4.4). Consequentemente, (4.27) é uma formulação log-linear do modelo de simetria. Com esta formulação também se afigura fácil provar que a simetria implica homogeneidade marginal.

Considere-se agora o modelo menos restritivo obtido de (4.27) relaxando as restrições $\{u_i^A = u_i^B\}$, i.e.,

$$\begin{cases} \ln \theta_{ij} & = & \lambda + u_i^A + u_j^B + u_{ij}^{AB} \\ \\ u_{ij}^{AB} & = & u_{ji}^{AB} \end{cases} \qquad (4.28)$$

para $i, j = 1, \ldots, I$ com $\sum_i u_i^A = \sum_j u_j^B = \sum_i u_{ij}^{AB} = 0$. Este modelo que aparece na literatura geralmente com o cognome de **quási-simetria**, traduz a simetria das RPC em termos das linhas versus colunas sem homogeneidade das distribuições marginais (vide Exercício 4.4). A junção da estrutura de homogeneidade marginal a (4.28) implica a relação

$$e^{u_i^A - u_i^B} = \sum_j e^{u_j^A + u_{ij}^{AB}} / \sum_j e^{u_j^B + u_{ij}^{AB}}$$

da qual se obtém $u_i^A = u_i^B$, $i = 1, \ldots, I$ (Exercício 4.4). Por conseguinte, sob a validade da estrutura log-linear de quási-simetria, pode afirmar-se que os modelos de simetria e de homogeneidade marginal são equivalentes.

O processo de log-linearização do modelo de simetria e de definição do modelo de quási-simetria pode ser facilmente estendido a tabelas tridimensionais, após familiarização com a formulação log-linear da estrutura destas que será descrita em seguida. Nos Exercícios 4.18 e 4.19 considera-se a formulação log-linear do modelo de simetria completa (3.7) e definem-se dois modelos de quási-simetria cuja ponte de ligação com os modelos de simetria completa é estabelecida pelos modelos estritamente lineares de homogeneidade marginal (3.12) e (3.13), com este último acrescido da condição de simetria marginal. Para mais detalhes, veja-se Bishop et al. (1975, Sec. 8.3) e Bhapkar (1979).

4.3 Modelos log-lineares para tabelas tridimensionais

A consideração de tabelas de tripla entrada conduz já a uma maior diversidade de modelos log-lineares reduzidos traduzindo diferentes padrões de associação entre as variáveis. Antes da sua descrição é conveniente ganhar-se familiaridade com a estrutura log-linear saturada, objectivo a que se propõem as próximas subsecções.

4.3.1 O modelo log-linear saturado

A extensão óbvia do modelo log-linear saturado bidimensional para uma tabela $I \times J \times K$, sob o modelo Multinomial de parâmetros N (conhecido) e $\boldsymbol{\theta} = (\theta_{ijk})$, é definida por

$$\ln \theta_{ijk} = \lambda + u_i^A + u_j^B + u_k^C + u_{ij}^{AB} + u_{ik}^{AC} + u_{jk}^{BC} + u_{ijk}^{ABC} \tag{4.29}$$

para $i = 1, \ldots, I, j = 1, \ldots, J, k = 1, \ldots K$, com as seguintes restrições de identificabilidade:

$$\sum_i u_i^A = \sum_j u_j^B = \sum_k u_k^C = 0$$

$$\sum_i u_{ij}^{AB} = \sum_j u_{ij}^{AB} = \sum_i u_{ik}^{AC} = 0$$

$$\sum_k u_{ik}^{AC} = \sum_j u_{jk}^{BC} = \sum_k u_{jk}^{BC} = 0$$

$$\sum_i u_{ijk}^{ABC} = \sum_j u_{ijk}^{ABC} = \sum_k u_{ijk}^{ABC} = 0.$$

As restrições não redundantes são em número de

$$3 + [(I + J - 1) + (I + K - 1) + (J + K - 1)] + [JK + IK + IJ - J - K - I + 1],$$

4. MODELOS LOG-LINEARES SEM VARIÁVEIS EXPLICATIVAS 75

pelo que o número de parâmetros indexados (os elementos do vector $\boldsymbol{\beta}_s$) é dado por

$$(I + J + K - 3) \quad + \quad [(I-1)(J-1) + (I-1)(K-1) + (J-1)(K-1)]$$
$$+ \quad [(I-1)(J-1)(K-1)] = IJK - 1 \, ,$$

como não podia deixar de ser.

A formulação (4.29) pode ser, a título esclarecedor, derivada construtivamente a partir de subtabelas bidimensionais definidas pelas categorias de outra variável – as chamadas **tabelas parciais**. Considerar-se-ão, para o efeito, as K tabelas parciais de dimensão $I \times J$ definidas pela variável das camadas (rotulada indistintamente por X_3 ou por C). A k-ésima tabela parcial pode ser descrita, como foi visto na Secção 4.1, pelo modelo log-linear

$$\ln \theta_{ijk} = \lambda^{(k)} + u_i^{A(k)} + u_j^{B(k)} + u_{ij}^{AB(k)}, \tag{4.30}$$

para $i = 1, \ldots, I$, $j = 1, \ldots, J$, $k = 1, \ldots, K$ com as restrições de identificabilidade usuais. Os parâmetros log-lineares aparecem aqui munidos de um índice superior adicional para indicar a tabela parcial a que se reportam. Combinando estes K modelos através da consideração de médias dos correspondentes parâmetros, tomem-se

$$\begin{cases} \lambda & = \quad K^{-1} \sum_k \lambda^{(k)} \\[2mm] u_i^A & = \quad K^{-1} \sum_k u_i^{A(k)}; \qquad u_j^B = K^{-1} \sum_k u_j^{B(k)} \\[2mm] u_{ij}^{AB} & = \quad K^{-1} \sum_k u_{ij}^{AB(k)}. \end{cases} \tag{4.31}$$

As expressões (4.31) permitem traduzir a ideia de os termos λ, u^A, u^B e u^{AB} corresponderem, respectivamente, a uma média geral, efeitos principais da variável associada às linhas (X_1 ou A) e da variável associada às colunas (X_2 ou B) e interacções (de primeira ordem) entre estas duas variáveis. O termo $u^{AB} = \{u_{ij}^{AB}\}$, ao representar médias de interacções entre X_1 e X_2 nas tabelas parciais, é frequentemente designado por termo de **associação parcial** entre X_1 e X_2. Deve adiantar-se, desde já, que este termo, apesar da identidade notacional, não é necessariamente aquele que descreve a associação (interacção) na tabela marginal Multinomial de frequências $\{n_{ij.}\}$. De facto, como se verá posteriormente, a estrutura de associação das tabelas parciais pode ser distinta daquela que descreve a correspondente tabela marginal.

Considerando agora os desvios entre os parâmetros log-lineares de cada tabela parcial e as correspondentes médias em (4.31), definam-se

$$\begin{cases} u_k^C & = \quad \lambda^{(k)} - \lambda \\[2mm] u_{ik}^{AC} & = \quad u_i^{A(k)} - u_i^A \, ; \qquad u_{jk}^{BC} = u_j^{B(k)} - u_j^B \\[2mm] u_{ijk}^{ABC} & = \quad u_{ij}^{AB(k)} - u_{ij}^{AB}. \end{cases} \tag{4.32}$$

Tendo em conta (4.31) e (4.32), a expressão (4.30) não é mais do que a formulação (4.29) com as restrições associadas claramente satisfeitas.

Deve observar-se que a aplicação deste argumento a qualquer dos outros dois tipos de tabelas parciais dá origem à mesma formulação (4.29). Além disso, permite visualizar os outros termos relativos a duas variáveis, u^{AC} e u^{BC}, também como interacções médias de primeira ordem nas correspondentes tabelas parciais, à semelhança de u^{AB} em (4.31). De igual modo, o termo ligado às três variáveis, $u^{ABC} = \{u_{ijk}^{ABC}\}$, pode definir-se alternativamente através de desvios entre a interacção de primeira ordem em cada uma dessas outras tabelas parciais e a correspondente interacção média. Desta forma, cada elemento u^{ABC} é sempre um desvio entre uma interacção de primeira ordem em qualquer tabela parcial e a média de correspondentes interacções de primeira ordem relativa a todas as tabelas parciais do mesmo tipo. Daí a designação de **interacção de segunda ordem** para o termo u^{ABC}.

4.3.2 Interpretação dos parâmetros log-lineares

Tal como no caso bidimensional, cada um dos parâmetros indexados de (4.29) pode exprimir-se como um contraste linear dos elementos de $\ln\theta$. Basta, por exemplo, tomar em conta (4.31) e (4.32) e considerar os parâmetros de (4.30) à luz do que foi feito para o caso bidimensional (*e.g.*, vendo os parâmetros com algum índice inferior como desvios). Exemplificando:

u_i^A : desvio em relação à média geral λ da média dos $\ln\theta_{ijk}$ para i fixo

u_{ij}^{AB} : desvio em relação a $\lambda + u_i^A + u_j^B$ da média dos $\ln\theta_{ijk}$ para (i,j) fixo

u_{ijk}^{ABC} : desvio de $\ln\theta_{ijk}$ em relação à soma dos restantes parâmetros presentes no segundo membro de (4.29).

Estes contrastes correspondem igualmente a funções de RPC relativas a subtabelas 2^2, com celas eventualmente rearranjadas. Este modo de expressão dos parâmetros log-lineares indexados é relevante para a sua interpretação à luz das diferentes estruturas de associação possíveis entre três variáveis. Para ilustração considerar-se-á a tabela de tripla entrada mais simples $\left(2^3\right)$, de probabilidades $\theta_{ijk} > 0$ dispostas lexicograficamente no vector

$$\boldsymbol{\theta} = (\theta_{111},\, \theta_{112},\, \theta_{121},\, \theta_{122},\, \theta_{211},\, \theta_{212},\, \theta_{221},\, \theta_{222})' \ .$$

A forma compacta do modelo log-linear saturado, definida genericamente em (4.18), pode ser traduzida por

$$\ln\boldsymbol{\theta} = (\mathbf{1}_8, \mathbf{X}_s) \begin{pmatrix} \lambda \\ \boldsymbol{\beta}_s \end{pmatrix} \tag{4.33}$$

com

$$\boldsymbol{\beta}_s = (u_1^A, u_1^B, u_1^C, u_{11}^{AB}, u_{11}^{AC}, u_{11}^{BC}, u_{111}^{ABC})'$$

e

$$
\mathbf{X}_s = \begin{pmatrix}
1 & 1 & 1 & 1 & 1 & 1 & 1 \\
1 & 1 & -1 & 1 & -1 & -1 & -1 \\
1 & -1 & 1 & -1 & 1 & -1 & -1 \\
1 & -1 & -1 & -1 & -1 & 1 & 1 \\
-1 & 1 & 1 & -1 & -1 & 1 & -1 \\
-1 & 1 & -1 & -1 & 1 & -1 & 1 \\
-1 & -1 & 1 & 1 & -1 & -1 & 1 \\
-1 & -1 & -1 & 1 & 1 & 1 & -1
\end{pmatrix} .
$$

Pelo facto de as colunas da matriz $\mathbf{X}_s$ nesta tabela particular (há apenas um parâmetro indexado de cada tipo) serem vectores de contrastes mutuamente ortogonais, a expressão (4.20) corresponde a $\boldsymbol{\beta}_s = (1/8)\,\mathbf{X}_s'\,\ln\boldsymbol{\theta}$.

Em ordem a explicitar as expressões para os parâmetros que reflectem interacções, denotem-se as colunas ordenadas de $\mathbf{X}_s$ por $\mathbf{c}_m, m = 1, 2, \ldots, 7$ e os três tipos de **RPC parciais** (*i.e.*, as RPC correspondentes aos três tipos de tabelas parciais) por $\Delta^{C(k)}$, $\Delta^{B(j)}$, $\Delta^{A(i)}$, $i, j, k = 1, 2$. O símbolo $\Delta^{C(k)}$ representa a medida de associação (definida pela RPC) para a tabela parcial definida pelo nível k da variável C. Os outros símbolos têm um significado idêntico, pelo que

$$
\begin{aligned}
\Delta^{C(k)} &= \theta_{11k}\,\theta_{22k}/(\theta_{12k}\,\theta_{21k}), \quad k = 1, 2 \\[2mm]
\Delta^{B(j)} &= \theta_{1j1}\,\theta_{2j2}/(\theta_{1j2}\,\theta_{2j1}), \quad j = 1, 2 \\[2mm]
\Delta^{A(i)} &= \theta_{i11}\,\theta_{i22}/(\theta_{i12}\,\theta_{i21}), \quad i = 1, 2
\end{aligned} \tag{4.34}
$$

Deste modo, tem-se por exemplo,

$$
\begin{aligned}
u_{11}^{AB} &= \frac{1}{8}\mathbf{c}_4'\,\ln\boldsymbol{\theta} \\[2mm]
&= \frac{1}{8}[\ln\theta_{111} + \ln\theta_{112} - \ln\theta_{121} - \ln\theta_{122} - \ln\theta_{211} - \ln\theta_{212} + \ln\theta_{221} + \ln\theta_{222}] \\[2mm]
&= \frac{1}{8}\ln(\Delta^{C(1)}\Delta^{C(2)}).
\end{aligned}
$$

Analogamente, é fácil constatar também que

$$
\begin{aligned}
u_{11}^{AC} &= \frac{1}{8}\mathbf{c}_5'\,\ln\boldsymbol{\theta} = \frac{1}{8}\ln(\Delta^{B(1)}\Delta^{B(2)}) \\[3mm]
u_{11}^{BC} &= \frac{1}{8}\mathbf{c}_6'\,\ln\boldsymbol{\theta} = \frac{1}{8}\ln(\Delta^{A(1)}\Delta^{A(2)}) \\[3mm]
u_{111}^{ABC} &= \frac{1}{8}\mathbf{c}_7'\,\ln\boldsymbol{\theta} = \frac{1}{8}\ln\left[\theta_{111}\,\theta_{221}\,\theta_{122}\,\theta_{212}/(\theta_{121}\,\theta_{211}\,\theta_{112}\,\theta_{222})\right] \\[3mm]
&= \frac{1}{8}\ln(\Delta^{C(1)}/\Delta^{C(2)}) = \frac{1}{8}\ln(\Delta^{B(1)}/\Delta^{B(2)}) = \frac{1}{8}\ln(\Delta^{A(1)}/\Delta^{A(2)}).
\end{aligned}
$$

Fica assim patente como os parâmetros de associação parcial e de interacção de segunda ordem se exprimem através de funções de RPC correspondentes a subtabelas 2^2 condicionadas nos níveis da variável restante.

Tal como foi visto para o caso das tabelas bidimensionais, a interpretação dos parâmetros log-lineares está dependente da matriz $\mathbf{X}_s$ que lhes está associada ou, por outras palavras, das restrições de identificabilidade adoptadas. A título de exemplo, e usando a parametrização em termos da cela de referência (I, J, K), a formulação (4.29) é compatível com a seguinte definição dos parâmetros:

$$\lambda \quad = \quad \ln\theta_{IJK}; \quad u_i^A = \ln\left(\theta_{iJK}/\theta_{IJK}\right);$$

$$u_j^B \quad = \quad \ln\left(\theta_{IjK}/\theta_{IJK}\right); \quad u_k^C = \ln\left(\theta_{IJk}/\theta_{IJK}\right);$$

$$u_{ij}^{AB} \quad = \quad \ln\left[\theta_{ijK}\theta_{IJK}/(\theta_{IjK}\theta_{iJK})\right] \equiv \ln\Delta_{ij}^{C(K)};$$

$$u_{ik}^{AC} \quad = \quad \ln\left[\theta_{iJk}\theta_{IJK}/(\theta_{IJk}\theta_{iJK})\right] \equiv \ln\Delta_{ik}^{B(J)}; \qquad (4.35)$$

$$u_{jk}^{BC} \quad = \quad \ln\left[\theta_{Ijk}\theta_{IJK}/(\theta_{IjK}\theta_{IJk})\right] \equiv \ln\Delta_{jk}^{A(I)};$$

$$u_{ijk}^{ABC} \quad = \quad \ln\left(\Delta_{ij}^{C(k)}\Big/\Delta_{ij}^{C(K)}\right) \equiv \ln\left(\Delta_{ik}^{B(j)}\Big/\Delta_{ik}^{B(J)}\right)$$
$$\equiv \quad \ln\left(\Delta_{jk}^{A(i)}\Big/\Delta_{jk}^{A(I)}\right),$$

para $i = 1, \ldots, I, j = 1, \ldots, J, k = 1, \ldots, K$.

Esta definição mostra, por um lado, que os termos de duas variáveis são logaritmos de RPC correspondentes a tabelas parciais relativas ao último nível da terceira variável, e que o termo de três variáveis é o logaritmo de uma razão de RPC desse tipo. Por outro lado, esses novos parâmetros satisfazem as restrições

$$u_I^A = u_J^B = u_K^C = 0$$

$$u_{Ij}^{AB} = u_{iJ}^{AB} = u_{Ik}^{AC} = u_{iK}^{AC} = u_{Jk}^{BC} = u_{jK}^{BC} = 0 \qquad (4.36)$$

$$u_{ijK}^{ABC} = u_{iJk}^{ABC} = u_{Ijk}^{ABC} = 0$$

para $i = 1, \ldots, I, j = 1, \ldots, J, k = 1, \ldots, K$.

4.3.3 Modelos com diferentes padrões de associação

Com a interpretação dos parâmetros log-lineares apresentada, já existem condições de traduzir em termos log-lineares várias estruturas de associação possíveis numa tabela 2^3.

Na Secção 2.2 foram consideradas algumas dessas estruturas definidas multiplicativamente através de (2.18), (2.20), (2.23) e (2.28). A maior parte delas, mesmo quando aplicadas a qualquer tabela $I \times J \times K$, pode ser traduzida através do conceito de independência condicional. Note-se que as variáveis X_1 e X_2, *e.g.*, dizem-se **condicionalmente independentes** dado X_3 (e escreve-se $X_1 \amalg X_2 \mid X_3$ – o símbolo $\amalg$ denotará independência) se são condicionalmente independentes em cada nível de X_3, *i.e.*, para $i = 1, \ldots, I, \ j = 1, \ldots, J, \ k = 1, \ldots, K$,

$$P\left[X_1 = i, X_2 = j \mid X_3 = k\right] = P\left[X_1 = i \mid X_3 = k\right]P\left[X_2 = j \mid X_3 = k\right]. \qquad (4.37)$$

4. MODELOS LOG-LINEARES SEM VARIÁVEIS EXPLICATIVAS

O modelo de **independência completa**, $X_1 \amalg X_2 \amalg X_3$, por exemplo, é equivalente à condição de os três pares de variáveis serem condicionalmente independentes dada a variável restante (Exercício 4.6). No mesmo sentido, o modelo de independência entre o par (X_1, X_2) e X_3, $(X_1, X_2) \amalg X_3$ é equivalente ao par de condições $X_1 \amalg X_3 \mid X_2$ e $X_2 \amalg X_3 \mid X_1$.

Pelo que foi visto no caso bidimensional, a estrutura de independência condicional, $X_1 \amalg X_2 \mid X_3$, equivale à condição de todas as RPC parciais, para todo o nível k de X_3, serem identicamente iguais a 1. No caso de $I = J = K = 2$, tem-se então

$$X_1 \amalg X_2 \mid X_3 \Leftrightarrow \Delta^{C(1)} = \Delta^{C(2)} = 1.$$

Face a estas considerações, e em vista das expressões dos parâmetros log-lineares de (4.33) envolvendo pelo menos duas variáveis, em termos das RPC parciais, constata-se facilmente que qualquer dos quatro tipos de modelos traduzindo vários padrões de associação parcial pode ser expresso indiferentemente por

$$\mathbf{C} \ln \boldsymbol{\theta} = \mathbf{0} \tag{4.38}$$

ou

$$\ln \boldsymbol{\theta} = (\mathbf{1}_8, \ \mathbf{X}) \begin{pmatrix} \lambda \\ \beta \end{pmatrix} \tag{4.39}$$

onde $\mathbf{C}$ pode ser tomada como a transposta da submatriz de $\mathbf{X}_s$ formada pelas colunas definidoras dos elementos de $\boldsymbol{\beta}_s$ que não figuram no modelo, e $\mathbf{X}$ é a submatriz obtida de $\mathbf{X}_s$ por eliminação das colunas que são linhas de $\mathbf{C}$.

Explicitam-se, em seguida, essas formulações log-lineares em termos de restrições e de equações livres, com as contrapartidas multiplicativas usuais, para os quatro modelos para tabelas 2^3 referidos na Secção 2.2:

Modelo H_I : $X_1 \amalg X_2 \amalg X_3$ $[(A, B, C)]$

$$\theta_{ijk} = \theta_{i\cdot\cdot} \, \theta_{\cdot j\cdot} \, \theta_{\cdot\cdot k}, \ \forall \, i, j, k \ \Leftrightarrow$$

$$\theta_{ijk} = \theta_{ij\cdot} \cdot \theta_{i\cdot k} / \theta_{i\cdot\cdot} = \theta_{ij\cdot} \, \theta_{\cdot jk} / \theta_{\cdot j\cdot} = \theta_{i\cdot k} \, \theta_{\cdot jk} / \theta_{\cdot\cdot k} \, , \ \forall \, i, j, k \ \Leftrightarrow$$

$$u_{11}^{AB} = u_{11}^{AC} = u_{11}^{BC} = u_{111}^{ABC} = 0 \ \Leftrightarrow \ [\mathbf{c}_4, \mathbf{c}_5, \mathbf{c}_6, \mathbf{c}_7]' \ln \boldsymbol{\theta} = \mathbf{0} \ \Leftrightarrow$$

$$\ln \boldsymbol{\theta} = (\mathbf{1}_8, [\mathbf{c}_1, \mathbf{c}_2, \mathbf{c}_3]) \begin{pmatrix} \lambda \\ \beta \end{pmatrix}, \ \text{com } \boldsymbol{\beta} = (u_1^A, u_1^B, u_1^C)'.$$

Modelo H_{IP} : $(X_1, X_2) \amalg X_3$ $[(AB, C)]$

$$\theta_{ijk} = \theta_{ij\cdot} \, \theta_{\cdot\cdot k}, \ \forall \, i, j, k \ \Leftrightarrow \ \theta_{ijk} = \theta_{ij\cdot} \cdot \theta_{i\cdot k} / \theta_{i\cdot\cdot} = \theta_{ij\cdot} \, \theta_{\cdot jk} / \theta_{\cdot j\cdot}, \ \forall \, i, j, k \ \Leftrightarrow$$

$$u_{11}^{AC} = u_{11}^{BC} = u_{111}^{ABC} = 0 \ \Leftrightarrow \ [\mathbf{c}_5, \mathbf{c}_6, \mathbf{c}_7]' \ln \boldsymbol{\theta} = \mathbf{0} \ \Leftrightarrow$$

$$\ln \boldsymbol{\theta} = (\mathbf{1}_8, [\mathbf{c}_1, \mathbf{c}_2, \mathbf{c}_3, \mathbf{c}_4]) \begin{pmatrix} \lambda \\ \beta \end{pmatrix}, \ \text{com } \boldsymbol{\beta} = (u_1^A, u_1^B, u_1^C, u_{11}^{AB})'$$

Modelo $H_{IC} : X_2 \amalg X_3 \mid X_1 \quad [(AB, AC)]$

$$\theta_{ijk} = \theta_{ij\cdot}\,\theta_{i\cdot k}/\theta_{i\cdot\cdot}\,, \ \forall\, i,j,k \ \Leftrightarrow$$

$$u_{11}^{BC} = u_{111}^{ABC} = 0 \ \Leftrightarrow \ [\mathbf{c}_6, \mathbf{c}_7]'\ln\boldsymbol{\theta} = \mathbf{0} \ \Leftrightarrow$$

$$\ln\boldsymbol{\theta} = (\mathbf{1}_8, [\mathbf{c}_1, \mathbf{c}_2, \mathbf{c}_3, \mathbf{c}_4, \mathbf{c}_5]) \begin{pmatrix} \lambda \\ \boldsymbol{\beta} \end{pmatrix}, \ \text{com } \boldsymbol{\beta} = (u_1^A, u_1^B, u_1^C, u_{11}^{AB}, u_{11}^{AC})'$$

Modelo H_{NI} : Inexistência de interacção de segunda ordem $[(AB, AC, BC)]$

$$\Delta_{ij}^{C(k)} \equiv \theta_{ijk}\,\theta_{IJk}/(\theta_{iJk}\,\theta_{Ijk}), \ i = 1,\dots,I-1, \ j = 1,\dots,J-1,$$
$$\text{não depende de } k \ (k = 1,\dots,K) \ \Leftrightarrow$$

$$u_{111}^{ABC} = 0 \ \Leftrightarrow \ \mathbf{c}_7'\ln\boldsymbol{\theta} = 0 \ \Leftrightarrow$$

$$\ln\boldsymbol{\theta} = (\mathbf{1}_8, [\mathbf{c}_1, \mathbf{c}_2, \mathbf{c}_3, \mathbf{c}_4, \mathbf{c}_5, \mathbf{c}_6]) \begin{pmatrix} \lambda \\ \boldsymbol{\beta} \end{pmatrix}, \ \text{com } \boldsymbol{\beta} = (u_1^A, u_1^B, u_1^C, u_{11}^{AB}, u_{11}^{AC}, u_{11}^{BC})'.$$

A descrição destes quatro modelos merece os seguintes comentários:

a) **Notação abreviada**:
Entre parênteses rectos regista-se uma notação vulgarmente utilizada na literatura e que é conveniente para a designação abreviada de modelos log-lineares hierárquicos relativos a três ou mais dimensões. Tal notação resume-se a indicar para cada variável o termo de ordem mais elevada que está incluído no modelo, suposto hierárquico. Por exemplo, (AB, C) denota o modelo cujo termo de ordem mais elevada que se refere, quer a X_1, quer a X_2, é u^{AB} (o que pressupõe que os termos u^A e u^B também estejam incluídos), enquanto aquele ligado a X_3 é u^C. Desta forma, esta notação indica explicitamente quais as variáveis condicionalmente dependentes (as que surgem juntas) e implicitamente quais as variáveis condicionalmente independentes (as que não figuram juntas).

b) **Estrutura hierárquica**:
Cada um dos quatro modelos considerados acima é um modelo log-linear reduzido hierárquico. Considere-se, *e.g.*, o modelo (AB, AC). As colunas da matriz de especificação podem ser agrupadas em dois grupos, $\{\mathbf{c}_1, \mathbf{c}_2, \mathbf{c}_4\}$ e $\{\mathbf{c}_1, \mathbf{c}_3, \mathbf{c}_5\}$, cada um deles associado a uma estrutura completa de tipo ANOVA para um par de variáveis. Em conjunto, definem uma estrutura encaixada em três níveis quando se caminha de H_I para H_{NI}. Aliás, este aspecto é bem visível através da própria notação designativa referida na observação anterior.

c) **Não exaustividade**:
Naturalmente que este conjunto de quatro modelos reduzidos não esgota as estruturas de associação possíveis entre as três variáveis. Por um lado, há outros

dois modelos ligados à independência condicional de dois (respectivamente, um) dos pares de variáveis distintos de H_{IP} (respectivamente H_{IC}), cuja formulação se omite por ser óbvia. Por outro lado, para além dos modelos sem algum efeito principal, nos quais não se insistirá pela sua pouca relevância, há uma larga gama de modelos não hierárquicos. Como ilustração, e em contraponto com o modelo de independência, a estrutura caracterizada conjuntamente pela ausência dos parâmetros de associação parcial e presença da interacção de segunda ordem é um exemplo possível deste tipo de modelos. Numa tabela 2^3 tal estrutura traduz que, em qualquer tipo de tabela parcial, existe associação parcial que tem a mesma magnitude mas sinal contrário para os dois níveis da variável definidora da tabela.

d) **Extensão a maiores tabelas**:

Quando se passa da tabela 2^3 para a tabela mais geral $I \times J \times K$, a interpretação dos modelos referidos não sofre qualquer alteração. As suas formulações multiplicativas continuam naturalmente a ser dadas pelas expressões referidas. As diferenças residem nas formulações aditivas log-lineares no seguinte aspecto: como se depreende da construção do modelo saturado, alguns (eventualmente todos) tipos de termos log-lineares indexados englobam dois ou mais parâmetros linearmente independentes, à semelhança do que foi visto no caso bidimensional. Por exemplo, se $I, J > 2$ existem $(I-1)(J-1)$ parâmetros linearmente independentes de associação parcial entre X_1 e X_2 em virtude de haver o mesmo número de correspondentes interacções de primeira ordem linearmente independentes em cada tabela parcial definida pelos níveis de X_3. Estes parâmetros estão relacionados com todas as respectivas RPC parciais através de expressões que já não têm a simplicidade que se observou para o caso 2^3. A informação sobre a associação condicional entre X_1 e X_2 que estas contêm pode ser traduzida por vários subconjuntos de cardinalidade $K(I-1)(J-1)$, nomeadamente

$$\left\{ \Delta_{ij}^{C(k)} = \frac{\theta_{ijk}\,\theta_{IJk}}{\theta_{Ijk}\,\theta_{iJk}} \right\}, \tag{4.40}$$

para $i = 1, \ldots, I-1, j = 1, \ldots, J-1, k = 1, \ldots, K$ ou pelo conjunto de **RPC locais** (especialmente útil quando X_1 e X_2 são ordinais, como se verá na Subsecção 4.2.4),

$$\left\{ \psi_{ij}^{C(k)} = \frac{\theta_{ijk}\,\theta_{i+1,j+1,k}}{\theta_{i+1,jk}\,\theta_{i,j+1,k}} \right\} \tag{4.41}$$

para $1 \le i \le I-1, 1 \le j \le J-1, 1 \le k \le K$.

Qualquer dessas razões de chances é unitária quando e só quando X_1 e X_2 são condicionalmente independentes dado X_3, o que equivale ao anulamento dos termos u^{AB} e u^{ABC}. Tendo presentes estas considerações, é fácil exprimir aditivamente os vários modelos de (in)dependência condicional para cada tabela concreta. Por exemplo, a formulação log-linear em termos de restrições do modelo de associação parcial sem interacção de segunda ordem é $u^{ABC} = 0$. Esta noção de ausência de interacção de segunda ordem entre as três variáveis respostas traduz a identidade dos K conjuntos de RPC

$$\left\{ \Delta_{ij}^{C(k)}, \ i = 1, \ldots, I-1, \ j = 1, \ldots, J-1 \right\}$$

(e, bem entendido, dos dois tipos de conjuntos de RPC restantes). Esta condição de $\{\Delta_{ij}^{C(k)}, i \neq I, j \neq J\}$ serem funcionalmente independentes de k, pode ser expressa pelas relações

$$\Delta_{ij}^{C(k)}/\Delta_{ij}^{C(K)} = 1, \tag{4.42}$$

para $i = 1, \ldots, I-1$, $j = 1, \ldots, J-1$, $k = 1, \ldots, K$, o que deixa transparecer mais facilmente o anulamento dos termos u^{ABC} quando os parâmetros log-lineares têm a interpretação (4.35).

4.4 Modelos log-lineares para tabelas tetradimensionais e de dimensão superior

Como foi visto anteriormente, o modelo log-linear saturado para uma tabela tridimensional pode ser construído a partir dos correspondentes modelos para tabelas bidimensionais definidas pela fixação das categorias de qualquer uma das variáveis envolvidas. A construção do modelo log-linear saturado para uma tabela de dimensão $d > 3$ pode processar-se de um modo análogo com base em modelos para tabelas parciais de dimensão $d - 1$.

Para uma ilustração deste procedimento considerar-se-á o caso da tabela $I \times J \times K \times L$ de probabilidades $\{\theta_{ijkl}\}$, definida pelas variáveis respostas $X_i, i = 1, 2, 3, 4$. Designe-se o modelo log-linear para a tabela tridimensional definida pelo nível l ($l = 1, \ldots, L$) de X_4 por

$$\ln \theta_{ijkl} = \lambda^{(l)} + u_i^{A(l)} + u_j^{B(l)} + u_k^{C(l)} + u_{ij}^{AB(l)} + u_{ik}^{AC(l)} + u_{jk}^{BC(l)} + u_{ijk}^{ABC(l)}, \tag{4.43}$$

para $i = 1, \ldots, I$, $j = 1, \ldots, J$, $k = 1, \ldots, K$, $l = 1, \ldots, L$, onde os termos do segundo membro indexados inferiormente satisfazem as restrições de identificabilidade de soma nula usuais.

Tomando médias dos parâmetros log-lineares de (4.43) obtêm-se os termos do modelo tetradimensional que não envolvem a variável X_4, i.e., λ, u^A, u^B, u^C, u^{AC}, u^{BC} e u^{ABC}. Por exemplo

$$
\begin{aligned}
u_i^A &= L^{-1} \sum_{l=1}^{L} u_i^{A(l)} \\
u_{ij}^{AB} &= L^{-1} \sum_{l=1}^{L} u_{ij}^{AB(l)} \\
u_{ijk}^{ABC} &= L^{-1} \sum_{l=1}^{L} u_{ijk}^{ABC(l)}.
\end{aligned}
\tag{4.44}
$$

Os termos envolvendo X_4 são obtidos como desvios entre os termos de (4.43) e as

4. MODELOS LOG-LINEARES SEM VARIÁVEIS EXPLICATIVAS 83

correspondentes médias para as L tabelas parciais. Exemplificando,

$$
\begin{aligned}
u_l^D &= \lambda^{(l)} - \lambda \equiv \lambda^{(l)} - L^{-1} \sum_{l=1}^{L} \lambda^{(l)} \\[2mm]
u_{il}^{AD} &= u_i^{A(l)} - u_i^{A} \\[2mm]
u_{ijl}^{ABD} &= u_{ij}^{AB(l)} - u_{ij}^{AB} \\[2mm]
u_{ijkl}^{ABCD} &= u_{ijk}^{ABC(l)} - u_{ijk}^{ABC}.
\end{aligned}
\tag{4.45}
$$

Deste modo, (4.43) exprime-se por

$$
\begin{aligned}
\ln\theta_{ijkl} ={}& \lambda + u_i^A + u_j^B + u_k^C + u_l^D + u_{ij}^{AB} + u_{ik}^{AC} + u_{il}^{AD} + u_{jk}^{BC} + u_{jl}^{BD} + u_{kl}^{CD} \\[1mm]
& + u_{ijk}^{ABC} + u_{ijl}^{ABD} + u_{ikl}^{ACD} + u_{jkl}^{BCD} + u_{ijkl}^{ABCD},
\end{aligned}
\tag{4.46}
$$

para $i = 1, \ldots, I$, $j = 1, \ldots, J$, $k = 1, \ldots, K$, $l = 1, \ldots, L$, expressão esta que traduz a formulação (discriminada por componentes) do modelo log-linear saturado tetradimensional, cujos parâmetros satisfazem as restrições usuais de soma nula. O número total de parâmetros linearmente independentes é $IJKL - 1$, sendo o correspondente número de parâmetros do tipo u^{ABCD} igual a $(I-1)(J-1)(K-1)(L-1)$.

A repetição de um processo deste tipo a partir de um modelo (4.46) para cada nível de uma quinta variável conduz ao modelo log-linear saturado pentadimensional, e assim sucessivamente, para qualquer dimensão. Neste contexto o número de termos do modelo log-linear saturado d-dimensional é dado por 2^d, dos quais $\binom{d}{t}$ envolvem t variáveis, $t = 0, 1, \ldots, d$.

A formulação (4.46) pode ser indistintamente gerada por modelos do tipo (4.43) relativos a qualquer outro conjunto de tabelas parciais. Deste modo, pode-se encarar os seis termos com duas variáveis como médias de interacções de primeira ordem relativas às tabelas parciais definidas pelas categorias conjuntas das duas outras variáveis. Por exemplo, os termos u^{AB} representam os parâmetros de associação parcial para as subtabelas definidas pelos níveis de (X_3, X_4) – veja-se (4.44) e recorde-se (4.31).

No mesmo sentido, os quatro termos com três variáveis podem ser visualizados como médias das interacções de segunda ordem relativas a tabelas parciais associadas às categorias da variável restante, ou equivalentemente, como desvios entre médias dos parâmetros de associação parcial acima referidos. Por exemplo, tomando as interacções de primeira ordem entre X_1 e X_2 para as tabelas parciais relativas a níveis fixos de (X_3, X_4), $\{u_{ij}^{AB(kl)}\}$, cada parâmetro de u^{ABC} é o desvio entre a média dessas interacções sobre os níveis de X_4 ($L^{-1}\sum_l u_{ij}^{AB(kl)}$) e a respectiva média tomada sobre todos os níveis de (X_3, X_4) ($(KL^{-1})\sum_{k,l} u_{ij}^{AB(kl)}$) – basta aplicar (4.32) nos termos $u^{ABC(l)}$ em (4.44).

Finalmente, o termo com quatro variáveis reflecte os desvios entre as interacções de segunda ordem relativas às tabelas parciais fixadas pela variável restante e a sua média para todas essas tabelas. Como cada uma dessas interacções de segunda ordem

84   4.4 MODELOS PARA TABELAS TETRADIMENSIONAIS

é uma medida de associação entre três variáveis dentro de um dado nível da quarta variável, este termo traduz o efeito desta última variável naquela associação. Daí a designação de **interacção de terceira ordem** para o termo u^{ABCD}.

A expressão de u_{ijkl}^{ABCD} em termos de razões de RPC, *e.g.*,

$$\Delta_{ij}^{CD(kl)} = \frac{\theta_{ijkl}\,\theta_{IJkl}}{\theta_{Ijkl}\,\theta_{iJkl}},$$

para $1 \leq i \leq I-1, 1 \leq j \leq J-1$, mostra que a noção de ausência de interacção de terceira ordem equivale a dizer que

$$\Delta_{ij}^{CD(kl)} \Big/ \Delta_{ij}^{CD(Kl)} \tag{4.47}$$

é independente de l, $1 \leq i \leq I-1$, $1 \leq j \leq J-1$, $1 \leq k \leq K-1$ (vide Exercício 4.20). Por outras palavras, a medida de associação entre qualquer terno de variáveis dentro de um dado nível da variável restante, representada por uma razão de RPC do tipo indicado, não depende funcionalmente do nível desta variável.

A interpretação dos parâmetros do modelo log-linear saturado torna-se mais directa se a formulação (4.46) encerrar uma parametrização em termos de uma cela de referência. Por exemplo, identificando esta com a cela (I, J, K, L), os parâmetros de (4.46) têm uma definição concretizável em

$$
\begin{aligned}
u &= \ln\theta_{IJKL}; \\[1.5em]
u_i &= \ln\theta_{iJKL} - u, \\[1.5em]
u_{ij}^{AB} &= \ln\Delta_{ij}^{CD(KL)}, \\[1.5em]
u_{ijk}^{ABC} &= \ln\left[\Delta_{ij}^{CD(kL)} \Big/ \Delta_{ij}^{CD(KL)}\right], \\[1.5em]
u_{ijkl}^{ABCD} &= \ln\left[\left(\frac{\Delta_{ij}^{CD(kl)}}{\Delta_{ij}^{CD(Kl)}}\right) \Big/ \left(\frac{\Delta_{ij}^{CD(kL)}}{\Delta_{ij}^{CD(KL)}}\right)\right],
\end{aligned}
\tag{4.48}
$$

para $i = 1, \ldots, I$, $j = 1, \ldots, J$, $k = 1, \ldots, K$, $l = 1, \ldots, L$, implicando o anulamento dos parâmetros indexados pelo último nível de qualquer variável.

Estas expressões dos termos log-lineares nesta parametrização evidenciam mais facilmente o padrão de associação traduzido por modelos reduzidos, cujo número é grande. Mesmo considerando apenas os modelos tetradimensionais hierárquicos que incluem todos os efeitos principais, o seu número é de 113 (vide a sua enumeração em Bishop et al. (1975, p. 77), por exemplo).

O significado dos termos envolvendo pelo menos duas variáveis deixa antever que o conceito de independência condicional não pode ser expresso apenas pelo anulamento da interacção de terceira ordem e de interacções de segunda ordem. Ele exige ainda a ausência de algum termo envolvendo duas variáveis. Por exemplo o modelo hierárquico (ABC, ABD) – notação que deixa transparecer a ausência dos termos u^{ABCD}, u^{ACD}, u^{BCD} e u^{CD} – traduz a relação $X_3 \amalg X_4 \mid (X_1, X_2)$ pelo que pode ser

4. MODELOS LOG-LINEARES SEM VARIÁVEIS EXPLICATIVAS 85

equivalentemente definido por

$$\theta_{ijkl} = \frac{\theta_{ijk\cdot}\,\theta_{ij\cdot l}}{\theta_{ij\cdot\cdot}},$$

para $i = 1,\ldots,I$, $j = 1,\ldots,J$, $k = 1,\ldots,K$, $l = 1,\ldots,L$ (vide Exercício 4.20).

Em contrapartida, os seguintes modelos hierárquicos incluindo todas as interacções de primeira ordem, (AB,AC,AD,BC,BD,CD) e $(ABC,AD,\ BD,CD)$ traduzem ambos a dependência condicional de cada par de variáveis, dadas as restantes, com a característica adicional de a associação parcial entre X_4 (D) e qualquer outra variável ser a mesma em cada nível conjunto das outras duas (devido a $u^{ABD} = u^{ACD} = u^{BCD} = u^{ABCD} = 0$). A diferença entre eles radica na presença do termo u^{ABC} no segundo modelo, pelo que este reflecte ainda que em cada nível de X_4 a associação entre cada par das outras três variáveis depende da variável restante, contrariamente ao que se passa no primeiro modelo.

Estes dois modelos são exemplos de modelos hierárquicos que não podem ser definidos através de uma factorização de $\{\theta_{ijkl}\}$ em termos de probabilidades marginais, como acontece com o modelo (ABC,ABD) referido anteriormente.

Outros modelos hierárquicos susceptíveis de traduzirem relações de independência condicional (a independência não condicional é um caso particular daquela) incluem os seguintes exemplos:

$$
\begin{aligned}
(ABC,AD) \quad &\Leftrightarrow \quad (X_2,X_3)\amalg X_4\mid X_1 \\[4pt]
(ABC,D) \quad &\Leftrightarrow \quad (X_1,X_2,X_3)\amalg X_4 \\[4pt]
(AB,AC,AD) \quad &\Leftrightarrow \quad (X_2,X_3)\amalg X_4\mid X_1\cap X_2\amalg X_3\mid X_1 \\[4pt]
(AB,AC,BD) \quad &\Leftrightarrow \quad (X_1,X_3)\amalg X_4\mid X_2\cap X_2\amalg X_3\mid X_1 \\[4pt]
(AB,CD) \quad &\Leftrightarrow \quad (X_1,X_2)\amalg(X_3,X_4) \\[4pt]
(AB,AC,D) \quad &\Leftrightarrow \quad (X_1,X_2,X_3)\amalg X_4\cap X_2\amalg X_3\mid X_1 \\[4pt]
(AB,C,D) \quad &\Leftrightarrow \quad (X_1,X_2)\amalg X_3\amalg X_4 \\[4pt]
(A,B,C,D) \quad &\Leftrightarrow \quad X_1\amalg X_2\amalg X_3\amalg X_4
\end{aligned}
\tag{4.49}
$$

(vide Exercício 4.21 para a demonstração destas equivalências).

A exposição acima permite já constatar a imensidade de modelos reduzidos e a interpretação complicada de muitos deles, mesmo na classe dos modelos hierárquicos, aspectos tanto mais prementes quanto maior for a dimensão da tabela. A mesma relação de independência condicional é inclusive compatível com vários modelos. Por isso, quando o interesse se centra em certas questões envolvendo um subconjunto restrito de variáveis, torna-se importante tentar simplificar a análise, o que passa por averiguar se a tabela pode ser reduzida por marginalização nas variáveis de interesse. Esta questão é analisada a seguir na Subsecção 4.2.4.

4.5 Identidade entre associações parciais e associações marginais

Na construção do modelo saturado chamou-se a atenção de que os termos de associação parcial não são necessariamente aqueles que descrevem as interacções de primeira ordem na tabela marginal resultante da fusão de tabelas parciais correspondentes. A questão de saber em que condições se verifica tal identidade reveste-se de importância quando se pretende averiguar a independência (marginal) entre apenas duas variáveis. Este estudo pode ser feito simplificadamente através da correspondente tabela marginal, sem necessidade de analisar a tabela tridimensional, desde que nesta, as associações marginal e parcial correspondentes sejam as mesmas. Caso contrário, aquele estudo conduz a conclusões diversas, podendo mesmo ser opostas às obtidas da tabela tridimensional. Este facto está relacionado com o que na literatura é hoje frequentemente chamado **paradoxo de Simpson**, segundo o qual é possível coexistirem as seguintes relações entre três acontecimentos A, B e C:

$$P(A \mid B) \geq P(A \mid \overline{B})$$
$$P(A \mid B, C) \leq P(A \mid \overline{B}, C)$$
$$P(A \mid B, \overline{C}) \leq P(A \mid \overline{B}, \overline{C}).$$

Essa possibilidade é matematicamente compreensível se for levado em conta que a probabilidade em cada membro da primeira relação é uma média ponderada das probabilidades indicadas no mesmo membro das segunda e terceira relações. Mais concretamente, denotando $B(\overline{B})$ por $B_1(B_2)$, tem-se

$$P(A \mid B_j) = w_j P(A \mid B_j, C) + (1 - w_j) P(A \mid B_j, \overline{C})$$

onde $w_j = P(C \mid B_j)$ para $j = 1, 2$. Esta expressão deixa antever o papel crucial da magnitude dos w_j na ocorrência ou não de uma inversão na grandeza relativa das chances de A em B_1 e B_2, consoante se considera ou se ignora a ocorrência ou não de C.

Numa tabela 2^3 o referido paradoxo significa que duas das variáveis podem estar marginalmente associadas de forma positiva (ou negativa) e, simultaneamente, associadas de forma negativa (ou positiva) quando controladas pela variável restante que é, então, rotulada de **variável confundidora**. Como casos particulares, pode haver independência condicional com dependência marginal ou independência marginal com dependência condicional (Exercício 4.7). Basta que uma variável binária X_3 esteja marginalmente associada com cada uma das restantes para que seja violada pelo menos uma das condições $X_1 \amalg X_2$ e $X_1 \amalg X_2 \mid X_3$ (Exercício 4.8). A situação hipotética do Exercício 4.9 ilustra este facto. Exemplos reais ilustrativos deste paradoxo podem ver-se, *e.g.*, em Wagner (1982).

A situação em que a associação marginal positiva entre duas variáveis, que não pode ser explicada por quaisquer variáveis adicionais, *i.e.*, onde não há independência condicional dadas quaisquer outras variáveis, está ligada a uma certa noção de causalidade estatística, particularmente quando há um certo tipo de assimetria entre as duas variáveis em questão. Neste sentido, a relação de causa–efeito entre duas

4. MODELOS LOG-LINEARES SEM VARIÁVEIS EXPLICATIVAS 87

variáveis é espúria quando a associação marginal positiva entre elas é acompanhada da independência condicional dada alguma(s) variável(is)[2].

Considerar-se-á então, no quadro de uma tabela $I \times J \times K$, a questão de comparação entre os parâmetros u^{AB} de associação parcial entre X_1 e X_2 e os correspondentes parâmetros de associação marginal (as interacções de primeira ordem na tabela marginal $I \times J$). Como a informação que estes parâmetros contêm é equivalentemente traduzida pelas RPC $\{\Delta_{ij}^{C(k)}\}$ e $\{\Delta_{ij}^{C(\cdot)} \equiv \theta_{ij.}\,\theta_{IJ.}\,/(\theta_{Ij.}\,\theta_{iJ.})\}$, a questão pode ser encarada como a de determinação das condições que garantem a validade das relações

$$\Delta_{ij}^{C(k)} = \Delta_{ij}^{C(\cdot)}, \qquad (4.50)$$

para $i = 1, \ldots, I$, $j = 1, \ldots, J$, $k = 1, \ldots, K$. Quando (4.50) se verifica, a tabela diz-se **desmontável** (*collapsible*) em X_3.

É fácil constatar que as relações (4.50) são satisfeitas com a factorização $\theta_{ijk} = \theta_{ij.}\,\theta_{.jk}/\,\theta_{.j.}$, tradutora do modelo $X_1 \amalg X_3 \mid X_2$. O mesmo resultado é obtido se o modelo $X_2 \amalg X_3 \mid X_1$ for válido. Em suma, as associações parcial e marginal entre X_1 e X_2 são as mesmas se pelo menos uma dessas variáveis for condicionalmente independente (dada a outra) da variável X_3 definidora das tabelas parciais. Segue-se daqui que se as referidas associações diferirem, X_3 não é condicionalmente independente nem de X_1 (dado X_2) nem de X_2 (dado X_1). Os resultados deste tipo relativos aos três pares de variáveis podem ser englobados no seguinte enunciado:

Proposição 4.1: *O termo de associação parcial entre cada par de variáveis pode ser medido pela interacção de primeira ordem na tabela marginal obtida por eliminação da variável restante se esta for condicionalmente independente de pelo menos uma das variáveis daquele par.*

Por outras palavras, o termo log-linear relativo a um dado par de variáveis permanece inalterado com a marginalização da tabela operada por remoção da variável restante, se os termos que ligam esta a, pelo menos, uma variável daquele par são nulos.

O recurso a estas condições de desmontabilidade da tabela permite determinar o tipo da associação marginal que existe em muitos modelos atrás referidos. Por exemplo, no modelo de independência, $X_1 \amalg X_2 \amalg X_3$, todos os três pares de variáveis são marginalmente independentes. No modelo $(X_1, X_2) \amalg X_3$ (ou em qualquer outra versão do mesmo tipo) pode garantir-se a identidade entre todas as associações marginais e as respectivas associações parciais. Por conseguinte, neste modelo, X_3 é marginalmente independente quer de X_1 quer de X_2. No modelo $X_2 \amalg X_3 \mid X_1$ apenas se pode assegurar que as associações marginais entre X_1 e cada uma das outras variáveis são idênticas às respectivas associações parciais. Portanto, neste modelo X_2 e X_3 podem ser marginalmente dependentes ainda que sejam condicionalmente independentes.

As condições da Proposição 4.1 possibilitam ainda obter novas relações entre tais modelos, conforme é ilustrado pelo Exercício 4.10.

---

[2]Para uma discussão sobre o tópico da causalidade, veja-se Cox (1992) e as referências nele citadas.

4.6 MODELOS PARA VARIÁVEIS ORDINAIS

Deve sublinhar-se que as condições de desmontabilidade de uma tabela tridimensional atrás enunciadas são suficientes mas não necessárias, à excepção do caso em que a variável a eliminar é binária, como se refere na Nota de Capítulo 4.2. Ou seja, é perfeitamente possível que uma tabela seja desmontável, *e.g.*, em X_3 e que todos os três pares de variáveis sejam condicionalmente dependentes. Exemplos desta situação encontram-se em Whittemore (1978) e Shapiro (1982), entre outros. A este respeito, vejam-se ainda os Exercícios 4.15 e 4.16.

Finalmente deve-se acrescentar que uma eventual opção por medidas distintas de associação, como o risco relativo, suscita novos conceitos correspondentes de desmontabilidade e o decorrente estudo de condições suficientes e necessárias para eles, como se menciona na Nota de Capítulo 4.2 e se aflora no Exercício 4.17.

As condições de desmontabilidade para tabelas multidimensionais podem ser derivadas da Proposição 4.1, considerando as variáveis aglutinadas em três grupos mutuamente exclusivos, encarados como variáveis compostas. Desta forma, tem-se:

Proposição 4.2: *Se todos os termos ligando variáveis de um primeiro grupo com variáveis de um terceiro grupo são nulos, então os termos envolvendo variáveis do primeiro grupo (apenas ou do primeiro e segundo grupos) são imutáveis quando a tabela é desmontada sobre o terceiro grupo.*

De acordo com este resultado, uma variável que seja independente de todas as outras pode ser removida por soma nas suas categorias para efeitos de estudo da associação entre as restantes. Um exemplo concreto num cenário tetradimensional é formado pelo modelo (ABC, D) – o primeiro e terceiro grupos são definidos por $\{A, B, C\}$ e $\{D\}$, respectivamente, enquanto o segundo grupo é aqui o conjunto vazio.

Outra implicação deste resultado é que a verificação da sua condição suficiente exige o anulamento de alguns termos de primeira ordem. É o que se passa com o modelo tetradimensional (ABC, AD) do ponto de vista da identidade entre as associações marginal e parcial de X_1 e X_4 (considerem-se os primeiro, segundo e terceiro grupos definidos, respectivamente, por $\{D\}$, $\{A\}$ e $\{BC\}$). O facto de este modelo ser traduzido por

$$\theta_{ijkl} = \frac{\theta_{ijk\cdot}\, \theta_{i\cdot\cdot l}}{\theta_{i\cdot\cdot\cdot}},$$

para $i = 1, \ldots, I$, $j = 1, \ldots, J$, $k = 1, \ldots, K$, $l = 1, \ldots, L$, o que implica que $\theta_{ijkl}/\theta_{ijkL} = \theta_{i\cdot\cdot l}/\theta_{i\cdot\cdot L}$, $i = 1, \ldots, I$, $l = 1, \ldots, L$, permite confirmar que

$$\Delta_{il}^{BC(jk)} \equiv \frac{\theta_{ijkl}\, \theta_{IjkL}}{\theta_{ijkL}\, \theta_{Ijkl}} = \frac{\theta_{i\cdot\cdot l}\, \theta_{I\cdot\cdot L}}{\theta_{i\cdot\cdot L}\, \theta_{I\cdot\cdot l}},$$

para $i = 1, \ldots, I$, $j = 1, \ldots, J$, $k = 1, \ldots, K$, $l = 1, \ldots, L$, como era pretendido.

Contudo, para o mesmo objectivo, o modelo (AC, AD, BC, BD), com o mesmo número de interacções de primeira ordem que o modelo anterior, já não satisfaz a condição da Proposição 4.2. O cálculo de $\{\Delta_{il}^{BC(jk)}\}$ e das RPC marginais permite evidenciar a diferença entre as associações marginal e parcial relativas a X_1 e X_4 neste modelo.

4.6 Modelos para variáveis ordinais

Nos modelos log-lineares definidos até aqui, as categorias das variáveis são identificadas por meros rótulos que são atribuídos arbitrariamente quando as variáveis são nominais. No caso de variáveis ordinais as suas categorias estão naturalmente ordenadas em consonância com alguma escala subjacente. O bom senso obriga assim a que a identificação das categorias respeite a sua ordenação. Contudo, a estrutura dos modelos log-lineares já referidos não consegue traduzir a informação contida na relação entre as categorias dessas variáveis, de algum modo situadas a meio caminho entre as variáveis nominais e as variáveis contínuas ao longo do espectro qualitativo-quantitativo. Como consequência, esses modelos não possuem a flexibilidade adequada para descrever desvios relativos a certos padrões de (ausência de) associação e de interacção inerentes à natureza ordinal das variáveis.

Nesta secção considerar-se-ão alguns modelos para tabelas bidimensionais e tridimensionais que têm a particularidade de explorar a ordinalidade das variáveis através do expediente usual de atribuição de *scores* às suas categorias, que poderão ser as próprias categorias quando forem quantitativas. Este processo de ordenar quantitativamente as categorias visa idealmente explicitar uma escala intervalar subjacente com os *scores* escolhidos reflectindo distâncias assumidas entre pontos médios das classes nessa escala.

Na prática, a escolha dos *scores* quantificadores da ordenação tem em conta a simplificação interpretativa de modelos apropriados para a descrição de dados ordinais. Neste sentido, usam-se frequentemente *scores* igualmente espaçados (e, em particular, com distâncias unitárias entre eles), como os *scores* inteiros definidos pelos próprios índices das categorias ordenadas crescentemente.

4.6.1 Tabelas bidimensionais

Considerar-se-á o caso de uma tabela bidimensional $I \times J$ em que a variável associada às colunas, X_2, é ordinal e sejam $\{b_j\}$ os *scores* atribuídos às suas categorias ordenados de forma que $b_1 \leq b_2 \leq \ldots \leq b_J$.

No modelo log-linear saturado o termo de interacção de primeira ordem é definido, como foi visto, por $(I-1)(J-1)$ parâmetros linearmente independentes, u_{ij}^{AB}. Um modo de este termo reflectir a natureza ordinal de X_2 através dos *scores* $\{b_j\}$ é impor a estrutura $u_{ij}^{AB} = w_i^{AB}(b_j - \bar{b})$, onde $\bar{b} = \sum_j b_j / J$ e $\{w_i^{AB}\}$ são parâmetros relacionados com as categorias de X_1 satisfazendo, por motivos de identificabilidade, a restrição $\sum_i w_i^{AB} = 0$. A consideração dos desvios médios dos *scores* é justificável numa base de conveniência interpretativa do modelo resultante face a modelos log-lineares ordinários que o enquadram, como se referirá brevemente.

Obtém-se assim o modelo log-linear

$$\ln \mu_{ij} = u + u_i^A + u_j^B + w_i^{AB}(b_j - \bar{b}) \tag{4.51}$$

para $i = 1, \ldots I, j = 1, \ldots, J$ com $\sum_i u_i^A = \sum_j u_j^B = \sum_i w_i^{AB} = 0$. Este modelo possui $(I-1)(J-2)$ parâmetros a menos que o modelo saturado (é, pois, um modelo reduzido quando $J > 2$) e $(I-1)$ parâmetros a mais que o modelo de independência.

90 4.6 MODELOS PARA VARIÁVEIS ORDINAIS

Estes parâmetros adicionais $\{w_i^{AB}\}$ estão ligados ao efeito das linhas na associação entre as variáveis e, por isso, (4.51) tem sido designado por **modelo de efeitos de linha**.

Para a clarificação do significado dos efeitos de linha, note-se que para qualquer linha i o desvio do logaritmo da média face ao modelo de independência é uma função linear de X_2 (através dos seus *scores* centrados) com declive w_i^{AB}. Se $w_i^{AB} > 0$, a probabilidade de classificação na extremidade superior da escala ordinal (*i.e.*, em categorias acima de $\bar{b}$) para um elemento da linha i é maior do que aconteceria se as variáveis fossem independentes. Quando $w_i^{AB} < 0$, acontece o oposto, isto é, os elementos da linha i têm maior probabilidade de classificação no extremo inferior da escala de X_2 do que teriam em caso de independência.

Para a interpretação dos parâmetros $\{w_i^{AB}\}$ em termos de RPC considerem-se um par arbitrário de linhas $(i,k), i < k$, e um par arbitrário de colunas $(j,l), j < l$. A respectiva RPC é então tal que

$$\ln \Delta_{ik}^{jl} = \ln \frac{\mu_{ij}\,\mu_{kl}}{\mu_{il}\,\mu_{kj}} = (w_k^{AB} - w_i^{AB})(b_l - b_j)$$

revelando que o logaritmo da razão das chances para qualquer par de linhas é proporcional à distância entre colunas. Tomando *scores* igualmente espaçados (*e.g.*, $b_j = j$ e, portanto $\bar{b} = (J+1)/2$), o logaritmo da RPC é constante para todos os $J-1$ pares de colunas adjacentes, e igual à diferença entre os efeitos das linhas envolvidas. Optando pelas **razões de produtos cruzados locais**

$$\psi_{ij} = \frac{\mu_{ij}\,\mu_{i+1,j+1}}{\mu_{i+1,j}\,\mu_{i,j+1}}, \qquad (4.52)$$

para $1 \leq i \leq I-1, 1 \leq j \leq J-1$, verifica-se que sob (4.51) estas quantidades não dependem de j, característica usada por Goodman (1979b) para definir o modelo de efeitos de linha.

Para este tipo de *scores*, tem-se então para todo $i < k$

$$w_k^{AB} - w_i^{AB} \geq 0 \Leftrightarrow \Delta_{ik}^{jl} \geq 1,$$

para todo $j < l$, o que significa que μ_{kj}/μ_{ij} é uma função monótona não decrescente de j – veja-se Nota de Capítulo 4.3 e Exercício 4.28. Tem-se assim, em particular, que a distribuição condicional de X_2 é estocasticamente maior na linha k do que na linha $i < k$ no sentido em que grandes valores de X_2 são mais prováveis de ocorrer na linha k do que na linha i. Os parâmetros $\{w_i^{AB}\}$ podem, pois, ser usados para a comparação das linhas em termos da distribuição condicional da variável ordinal.

À semelhança do que foi visto na Secção 4.1, os requisitos de identificabilidade do modelo de efeitos de linha podem ser preenchidos com outros tipos de restrições. Optando pela parametrização em termos de uma cela de referência tem-se, por exemplo, as restrições $u_I^A = u_J^B = w_I^{AB} = 0$. Neste caso, com o tipo referido de *scores*

$$w_i^{AB} = -\ln \Delta_{iI}^{j,j+1},$$

para $j = 1, \ldots, J, i = 1, \ldots, I-1$ reflectindo que quanto maior for o valor absoluto de w_i^{AB}, tanto mais positiva (se $w_i^{AB} < 0$) ou mais negativa (se $w_i^{AB} > 0$) é a associação entre a linha i e a linha de referência para qualquer par de colunas.

4. MODELOS LOG-LINEARES SEM VARIÁVEIS EXPLICATIVAS

A forma deste modelo é imutável quando se permutam as linhas da tabela (Exercício 4.32). Daí a sua natural adequação ao caso de X_1 ser nominal. No entanto, este modelo pode ser também aplicado ao caso em que ambas as variáveis são ordinais, quando não se quer atribuir *scores* às categorias de X_1 ou quando o interesse se centra na comparação das distribuições condicionais de X_2 por linhas. No caso em que a variável ordinal é a variável das linhas, o modelo correspondente a (4.51) é o denominado **modelo de efeitos de coluna**. O seu estudo e análise podem fazer-se através de (4.51) trocando as linhas por colunas.

Na situação em que ambas as variáveis são ordinais e têm *scores* atribuídos, pode impor-se uma estrutura ainda mais simples ao termo de interacção de primeira ordem. Para o efeito, sejam $\{a_i\}$, também ordenados crescentemente, os *scores* das categorias de X_1. No modelo de efeitos de linha (respectivamente, de coluna), o desvio da independência é uma função linear de X_2 (X_1) para X_1 (X_2) fixo. Conjugando estes dois traços pode-se obter a estrutura log-linear

$$\ln \mu_{ij} = u + u_i^A + u_j^B + v^{AB}(a_i - \bar{a})(b_j - \bar{b}) \tag{4.53}$$

para $i = 1, \ldots, I, j = 1, \ldots J$, onde $\sum_i u_i^A = \sum_j u_j^B = 0$, e que, por isso, é às vezes denominado de **modelo de associação linear por linear**.

Trata-se, em particular, do modelo (4.51) onde os efeitos de linha são uma função linear dos respectivos *scores* centrados. O termo de associação passa então a ser descrito por um único parâmetro, v^{AB}. Se $v^{AB} > 0$, as frequências esperadas nas celas dos cantos superior esquerdo (pequenos valores de X_1 e de X_2) e inferior direito (grandes valores de X_1 e de X_2) da tabela são maiores do que no caso de independência, ocorrendo o contrário nas celas dos outros dois cantos da tabela. A magnitude do desvio da independência reflecte uma tendência monótona ao aumentar, em módulo, na direcção dos quatro cantos da tabela.

O sinal de v^{AB} define a ordenação estocástica das distribuições condicionais de X_2 por linhas e de X_1 por colunas. As distribuições condicionais de X_2 por linhas são estocasticamente crescentes ou decrescentes em X_1 (*vide* Nota de Capítulo 4.4) consoante $v^{AB} > 0$ ou $v^{AB} < 0$, respectivamente.

O facto de que

$$\ln \Delta_{ik}^{jl} = v^{AB}(a_k - a_i)(b_l - b_j),$$

para $i < k, j < l$ mostra que v^{AB} pode ser interpretado como o logaritmo da RPC por distâncias unitárias entre as linhas e entre as colunas. Assim, v^{AB} é o valor comum do logaritmo das RPC locais quando se usam *scores* unitariamente espaçados. Desde que se usem *scores* igualmente espaçados, as RPC locais, $\{\psi_{ij}\}$, são todas iguais, o que justifica a designação de **modelo de associação uniforme** atribuída a Goodman (1979b) a este caso especial do modelo de associação linear por linear.

Os modelos referidos nesta subsecção podem ser vistos como casos especiais de modelos mais complexos que se encontram definidos em Goodman (1979b, 1981) - veja-se também o Exercício 4.36. Agresti (2002) contém um resumo claro de alguns deles. Para tabelas quadradas com variáveis ordinais tem ainda interesse considerar modelos que generalizam ou particularizam o modelo de simetria definido na Subsecção 4.2.1. Os Exercícios 4.33–4.35 ilustram este aspecto.

4.6.2 Tabelas tridimensionais

Os modelos log-lineares ordinais para uma tabela bidimensional podem ser prontamente generalizados a tabelas de dimensão superior, como se evidenciará agora através da ilustração a tabelas tridimensionais $I \times J \times K$. Devido à liberdade de exploração da ordinalidade nos termos de interacção, considerar-se-á sem quebra de generalidade a situação em que todas as variáveis são ordinais. Deste modo, alguns dos modelos que se descreverão revelam-se naturalmente apropriados para o caso em que uma ou duas das variáveis são nominais. Designar-se-ão os *scores* de X_1, X_2 e X_3 por $\{a_i\}$, $\{b_j\}$ e $\{c_k\}$, respectivamente, sempre ordenados de forma crescente.

Devido ao carácter assumidamente ordinal das variáveis, optou-se por descrever as associações condicionais entre duas variáveis, dentro de um nível fixo da terceira, através das RPC locais $\{\psi_{ij}^{C(k)}\}$, $\{\psi_{ik}^{B(j)}\}$ e $\{\psi_{jk}^{A(i)}\}$, onde exemplificadamente

$$\psi_{ij}^{C(k)} = \frac{\mu_{ijk}\,\mu_{i+1,j+1,k}}{\mu_{i,j+1,k}\,\mu_{i+1,j,k}}, \tag{4.54}$$

para $1 \le i \le I-1$, $1 \le j \le J-1$, $1 \le k \le K$.

Por sua vez, o termo de interacção de segunda ordem é também definido localmente através da razão dessas RPC locais em dois níveis consecutivos

$$\psi_{ijk} = \frac{\psi_{ij}^{C(k+1)}}{\psi_{ij}^{C(k)}} \equiv \frac{\psi_{ik}^{B(j+1)}}{\psi_{ik}^{B(j)}} \equiv \frac{\psi_{jk}^{A(i+1)}}{\psi_{jk}^{A(i)}}. \tag{4.55}$$

Deste modo, $\{\psi_{ijk}, 1 \le i \le I-1, 1 \le j \le J-1, 1 \le k \le K-1\}$ descrevem a interacção de segunda ordem em subtabelas 2^3 consistindo de linhas, colunas e camadas todas adjacentes.

A exploração da ordenação das categorias de uma ou mais variáveis no termo $\{u_{ijk}^{ABC}\}$ do modelo log-linear saturado permite construir modelos encaixados entre este e o modelo de associação parcial (AB, AC, BC). Por exemplo, definindo

$$u_{ijk}^{ABC} = v^{ABC}(a_i - \bar{a})(b_j - \bar{b})(c_k - \bar{c}),$$

para $i = 1, \ldots, I, j = 1, \ldots, J, k = 1, \ldots, K$, uma das estruturas mais simples (linear por linear $\times$ linear) para a interacção de segunda ordem, obtém-se um modelo que tem apenas mais um parâmetro do que o modelo (AB, AC, BC) e que é reduzido sempre que I, J ou K são maiores do que 2. O facto de

$$\begin{aligned}
\ln \psi_{ij}^{C(k)} &= u_{ij}^{AB} - u_{i,j+1}^{AB} - u_{i+1,j}^{AB} + u_{i+1,j+1}^{AB} \\
&\quad + v^{ABC}(a_{i+1} - a_i)(b_{j+1} - b_j)(c_k - \bar{c})
\end{aligned}$$

para $1 \le i \le I-1$, $1 \le j \le J-1$ com expressões semelhantes para os outros dois conjuntos de RPC parciais, mostra que o logaritmo de toda a RPC para qualquer par de variáveis é uma função linear dos níveis da terceira variável. Consequentemente

$$\ln \psi_{ijk} = v^{ABC}(a_{i+1} - a_i)(b_{j+1} - b_j)(c_{k+1} - c_k),$$

4. MODELOS LOG-LINEARES SEM VARIÁVEIS EXPLICATIVAS 93

evidenciando a constância da interacção local de segunda ordem sempre que os *scores* escolhidos são igualmente espaçados. Por este motivo, o modelo

$$\ln \mu_{ijk} = u + u_i^A + u_j^B + u_k^C + u_{ij}^{AB} + u_{ik}^{AC} + u_{jk}^{BC}$$
$$+ v^{ABC}(a_i - \overline{a})(b_j - \overline{b})(c_k - \overline{c}) \tag{4.56}$$

munido das restrições de identificabilidade comuns, é chamado **modelo de interacção uniforme**. O parâmetro v^{ABC} é interpretável como o logaritmo da interacção local de segunda ordem quando os *scores* são unitariamente espaçados. O seu anulamento significa ausência de interacção de segunda ordem.

Casos particulares deste modelo obtêm-se com a estruturação linear por linear de termos de associação parcial, à semelhança do que está explícito em (4.53). Um exemplo é fornecido pelo modelo

$$\ln \mu_{ijk} = u + u_i^A + u_j^B + u_k^C + v^{AB}(a_i - \overline{a})(b_j - \overline{b})$$
$$+ v^{AC}(a_i - \overline{a})(c_k - \overline{c}) + v^{BC}(b_j - \overline{b})(c_k - \overline{c}) \tag{4.57}$$
$$+ v^{ABC}(a_i - \overline{a})(b_j - \overline{b})(c_k - \overline{c})$$

com as restrições de identificabilidade usuais para o qual

$$\ln \psi_{ij}^{C(k)} = \left[v^{AB} + v^{ABC}(c_k - \overline{c}) \right] (a_{i+1} - a_i)(b_{j+1} - b_j),$$

com expressões análogas para os outros dois tipos de RPC locais. Deste modo, para *scores* igualmente espaçados a associação parcial entre qualquer par de variáveis é constante em termos dos níveis destas e varia linearmente através dos níveis da terceira variável. Daí a designação de **modelo de associação uniforme heterogénea** (ou mais geralmente, de associação linear por linear heterogénea) para a estrutura (4.57).

No caso especial de $v^{ABC} = 0$, o termo de interacção de segunda ordem desaparece e com ele a heterogeneidade da associação parcial uniforme entre cada par de variáveis. Compreende-se assim a designação de **modelo de associação uniforme** (ou linear por linear) **homogénea** para esta estrutura encaixada em (4.57). Este modelo difere do modelo de independência completa por uma quantidade que é função linear de cada variável para valores fixos das restantes.

Modelos mais simples do que o modelo saturado mas mais complexos do que alguns dos modelos anteriores podem ser construídos através de uma estruturação mais complicada de termos de associação parcial e do termo de interacção de segunda ordem. Um exemplo é constituído pelo modelo

$$\ln \mu_{ijk} = u + u_i^A + u_j^B + u_k^C + w_i^{AB}(b_j - \overline{b}) + w_i^{AC}(c_k - \overline{c}) \tag{4.58}$$
$$+ v^{BC}(b_j - \overline{b})(c_k - \overline{c})$$

para $i = 1, \ldots, I, j = 1, \ldots J, k = 1, \ldots, K$ com $\sum_i u_i^A = \sum_j u_j^B = \sum_k u_k^C = \sum_i w_i^{AB} = \sum_i w_i^{AC} = 0$.

Este modelo difere do modelo de associação linear por linear homogénea no ponto em que os termos de associação parcial envolvendo X_1 estão estruturados de acordo com correspondentes modelos de efeitos de linha (em X_2 e em X_3). As suas características essenciais resumem-se em:

i) $$\ln \psi_{jk}^{A(i)} = v^{BC}(b_{j+1} - b_j)(c_{k+1} - c_k)$$

o que evidencia a homogeneidade da associação linear por linear (uniforme, para *scores* igualmente espaçados) entre X_2 e X_3 através dos níveis de X_1.

ii) $$\ln \psi_{ij}^{C(k)} = (w_{i+1}^{AB} - w_i^{AB})(b_{j+1} - b_j)$$

o que patenteia a homogeneidade da associação entre X_1 e X_2, através dos níveis de X_3, que é definida por um efeito de linha de X_1. Por conseguinte, as distribuições condicionais de X_2 dado X_1 em cada nível de X_3 são estocasticamente ordenadas de acordo com os valores de $\{w_i^{AB}\}$.

iii) À semelhança de ii), a associação parcial entre X_1 e X_3 é homogénea através dos níveis de X_2 e afectada pelos efeitos de linha de X_1, $\{w_i^{AC}\}$.

A introdução em (4.58) do termo de interacção de segunda ordem na forma

$$u_{ijk}^{ABC} = w_i^{ABC}(b_j - \bar{b})(c_k - \bar{c}) \qquad (4.59)$$

elimina, em particular, a homogeneidade dos três tipos de associação parcial. O carácter uniforme (com *scores* igualmente espaçados) da associação parcial entre X_2 e X_3 mantém-se, mas a sua magnitude passa a depender dos efeitos $\{w_i^{ABC}\}$ pois $\ln \psi_{jk}^{A(i)} = v^{AB} + w_i^{ABC}$. Para este tipo de *scores*, estes efeitos definem cabalmente a interacção local de segunda ordem, já que

$$\ln \psi_{ijk} = (w_{i+1}^{ABC} - w_i^{ABC}) \ .$$

Pelo facto de o modelo (4.58), acrescido ou não do termo (4.59), não usar a estrutura ordinal de X_1, ele constitui um exemplo de uma estrutura igualmente adequada para o caso em que apenas X_2 e X_3 são ordinais.

Do mesmo modo, o modelo que generaliza (4.58) através da substituição do efeito de linha em X_2 e da estrutura linear $\{v^{AB}(b_j - \bar{b})\}$, respectivamente pelos termos mais gerais $\{u_{ij}^{AB}\}$ e $\{w_j^{BC}\}$ (sujeitos às restrições usuais), *i.e.*,

$$\ln \mu_{ijk} = u + u_i^A + u_j^B + u_k^C + u_{ij}^{AB} + w_i^{AC}(c_k - \bar{c}) + w_j^{BC}(c_k - \bar{c}) \qquad (4.60)$$

exemplifica um modelo básico, mais simples que o modelo de associação parcial quando $K > 2$, para o caso em que apenas X_3 é ordinal.

O facto de que sob (4.60)

$$\ln \psi_{jk}^{A(i)} = (w_{j+1}^{BC} - w_j^{BC})(c_{k+1} - c_k)$$

mostra que, com *scores* igualmente espaçados, este modelo garante a ordenação estocástica das distribuições condicionais de X_3 dado X_2 de acordo com a ordenação dos efeitos $\{w_j^{BC}\}$. Idêntica observação se aplica às distribuições condicionais de X_3 dado X_1.

Modelos mais gerais para tabelas multidimensionais com variáveis ordinais podem ser encontrados, por exemplo, em Clogg (1982), Agresti & Kezouh (1983) e Becker (1989). Veja-se também o Exercício 4.37.

4.7 Notas de Capítulo

4.1: Um modelo estatístico paramétrico definido pela família de funções de distribuição $\{F(\cdot \mid \boldsymbol{\theta}) : \boldsymbol{\theta} \in \Theta\}$, onde Θ é o espaço paramétrico, diz-se **identificável** se para todo $\boldsymbol{\theta}_1, \boldsymbol{\theta}_2 \in \Theta$ tais que $\boldsymbol{\theta}_1 \neq \boldsymbol{\theta}_2$ tem-se $F(\cdot \mid \boldsymbol{\theta}_1) \neq F(\cdot \mid \boldsymbol{\theta}_2)$ Dir-se-á **não identificável** (**inidentificável**) no caso contrário, *i.e.*, se existirem dois valores distintos, $\boldsymbol{\theta}_1$ e $\boldsymbol{\theta}_2$, do parâmetro tais que $F(\cdot \mid \boldsymbol{\theta}_1) = F(\cdot \mid \boldsymbol{\theta}_2)$.

A função $\phi(\boldsymbol{\theta})$ é **identificável** se ela assume valores constantes em todos os pontos correspondentes à mesma distribuição, *i.e.*,

$$\forall \boldsymbol{\theta}_1, \boldsymbol{\theta}_2 \in \Theta, F(\cdot \mid \boldsymbol{\theta}_1) = F(\cdot \mid \boldsymbol{\theta}_2) \Rightarrow \phi(\boldsymbol{\theta}_1) = \phi(\boldsymbol{\theta}_2).$$

No caso contrário, $\phi(\boldsymbol{\theta})$ diz-se **não identificável** (**inidentificável**).

Existem casos especiais de funções identificáveis, $\psi(\boldsymbol{\theta})$, que caracterizam univocamente cada distribuição do modelo, *i.e.*, que satisfazem

$$\forall \boldsymbol{\theta}_1, \boldsymbol{\theta}_2 \in \Theta, F(\cdot \mid \boldsymbol{\theta}_1) = F(\cdot \mid \boldsymbol{\theta}_2) \Leftrightarrow \psi(\boldsymbol{\theta}_1) = \psi(\boldsymbol{\theta}_2) .$$

Com a reparametrização para $\psi = \psi(\boldsymbol{\theta})$ a função $\psi \to F(\cdot | \psi)$ é injectiva e o modelo reparametrizado passa a ser identificável. Estas funções serão designadas por **identificantes** na medida em que permitem caracterizar tudo o que é ou não identificável. Com efeito, pode provar-se que a função $\phi(\boldsymbol{\theta})$ é identificável se e somente se é função de alguma função identificante.

Qualquer dos modelos probabilísticos básicos considerados neste texto pode ser expresso cabalmente em termos de $\ln \boldsymbol{\mu}$. Deste modo, com a reparametrização (4.1), a distribuição dos dados depende de $\boldsymbol{\beta}^*$ unicamente através de $\mathbf{X}^* \boldsymbol{\beta}^*$. Consequentemente, uma condição necessária e suficiente para a identificabilidade da função $\phi(\boldsymbol{\beta}^*)$ é que $\phi(\boldsymbol{\beta}^*)$ seja função de $\mathbf{X}^* \boldsymbol{\beta}^*$.

Restrinja-se agora a atenção a funções $\phi(\boldsymbol{\beta}^*)$ lineares e seja $\mathbf{H}\boldsymbol{\beta}^*$ a função definidora das $p - c$ equações linearmente independentes $\mathbf{H}\boldsymbol{\beta}^* = \mathbf{0}$, que se adicionam ao sistema linear $\mathbf{X}^* \boldsymbol{\beta}^* = \ln \boldsymbol{\mu}$, para um $\ln \boldsymbol{\mu} \in \mathbb{R}^c$. Pelo Exercício A.16, o sistema ampliado

$$(\mathbf{X}^{*'}, \mathbf{H}')' \boldsymbol{\beta}^* = (\ln \boldsymbol{\mu}', \ \mathbf{0})'$$

é consistente e determinado se e somente se $\mathcal{M}(\mathbf{H}') \cap \mathcal{M}(\mathbf{X}^{*'}) = \{\mathbf{0}\}$, *i.e.*, se e somente se as linhas de $\mathbf{H}$ são linearmente independentes das de $\mathbf{X}^*$. Esta condição, ao significar que $\mathbf{H}\boldsymbol{\beta}^*$ não é uma função linear de $\mathbf{X}\boldsymbol{\beta}^*$ (e portanto, não é função de $\mathbf{X}^*\boldsymbol{\beta}^*$), equivale a afirmar que $\mathbf{H}\boldsymbol{\beta}^*$ não é identificável.

Este argumento, quando aplicado ao campo da Análise de Modelos Lineares de característica incompleta (*e.g.*, modelos ANOVA), justifica a restrição às denominadas funções estimáveis que não são mais nem menos do que as funções identificáveis (na classe das funções lineares).

Para um estudo detalhado do tópico de identificabilidade em modelos paramétricos, veja-se Reiersol (1963) para modelos lineares, e Paulino (1988) para o caso geral, com incidência em modelos discretos. Paulino & Pereira (1994) poderá ser útil para uma revisão do assunto.

4.2: A definição de desmontabilidade de uma tabela tridimensional associada às condições (4.50) é apenas uma particularização do conceito de desmontabilidade de uma tabela multidimensional num dado conjunto de variáveis com respeito a um conjunto de outras variáveis, para o qual Whittemore (1978) estabeleceu condições necessárias e suficientes.

Em especial, ela provou que a condição suficiente da Proposição 4.1 é também necessária para a desmontabilidade de tabelas $I \times J \times 2$ em X_3 relativamente às restantes variáveis, generalizando assim o resultado de Simpson (1951) estabelecido para tabelas 2^3. A este respeito, mostrou ainda que a necessidade dessa condição falha em tabelas $I \times J \times K$ com $K \geq 3$. O tratamento do problema em Shapiro (1982) permite compreender esta diferenciação das condições de desmontabilidade consoante o número de categorias combinadas.

Whittemore (1978) e Shapiro (1982) demonstram uma condição equivalente de desmontabilidade em cada variável, com respeito ao conjunto de variáveis restantes, determinada por uma factorização das probabilidades conjuntas que, no caso tridimensional, é exibida no Exercício 4.15 a).

Ducharme & Lepage (1986) estudam em tabelas $I \times J \times K$ a questão de averiguar se a fusão de algumas categorias de X_3, originando tabelas $I \times J \times K'$, $K' < K$, mantém a identidade entre todas as novas RPC parciais e a RPC da tabela marginal. Provam então que a condição suficiente da Proposição 4.1 é necessária e suficiente para esse novo conceito de desmontabilidade (dita parcial) em X_3.

Numa perspectiva estranha à modelação log-linear, são usadas outras medidas de associação, como a razão de probabilidades condicionais apropriadas (risco relativo) ou a sua diferença, pelo que se afigura pertinente a definição e o estudo do conceito de desmontabilidade relativamente a essas novas medidas. Shapiro (1982) e Wermuth (1987) são relevantes a esse respeito (veja-se ainda o Exercício 4.17). Para outras noções de desmontabilidade refira-se Davis (1990) e suas referências.

4.3: Sendo (X, Y) um par aleatório em $\mathbb{R}^2$, diz-se que a família de densidades (ou probabilidades) condicionais de Y dado $X = x$, $\{f(y \mid x)\}$, apresenta uma **razão de verosimilhanças monótona** (RVM) em y se para todo $x_1 < x_2$, $f(y \mid x_2)/f(y \mid x_1)$ é uma função monótona não decrescente de y.

Esta propriedade indica que grandes valores de y tendem a estar associados a grandes valores de x. Além disso, ela implica que o valor esperado de qualquer função não decrescente de Y condicional a x é uma função não decrescente de x. Com efeito, fixe-se $x_1 < x_2$ e definam-se os conjuntos

$$C = \{y : f(y \mid x_2) < f(y \mid x_1)\},$$

$$D = \{y : f(y \mid x_2) > f(y \mid x_1)\}.$$

Sendo $\psi(y)$ uma função não decrescente de y, tem-se

$$E\left[\psi(y) \mid x_2\right] - E\left[\psi(y) \mid x_1\right] = \int_{C \cup D} \psi(y)\, g(y \mid x_1, x_2)\, m(dy)$$

4. MODELOS LOG-LINEARES SEM VARIÁVEIS EXPLICATIVAS   97

onde m é a medida em $\mathbb{R}$ em relação à qual Y tem a densidade (ou probabilidade, caso em que o integral se deve entender como um somatório) condicional $f(y \mid x)$, e $g(y \mid x_1, x_2) = f(y \mid x_2) - f(y \mid x_1)$.

Fazendo $d = \inf_D \{\psi(y)\}$, o integral estendido a D é maior ou igual a

$$d \int_D g(y \mid x_1, x_2) \, m(dy).$$

Por outro lado, sendo $c = \sup_C \{\psi(y)\}$, a função integranda do integral estendido a C é maior ou igual a $c\, g(y \mid x_1, x_2)$, pelo facto de $g(y \mid x_1, x_2) < 0$ em C. Assim

$$E\left[\psi(y) \mid x_2\right] - E\left[\psi(y) \mid x_1\right] \geq c \int_C g(y \mid x_1, x_2)\, m(dy)$$
$$+ d \int_D g(y \mid x_1, x_2)\, m(dy).$$

Pela definição dos conjuntos C e D,

$$\int_C g(y \mid x_1, x_2)\, m(dy) = - \int_D g(y \mid x_1, x_2)\, m(dy)$$

e pela monotonicidade de $\psi(y)$ e de $f(y \mid x_2)/f(y \mid x_1)$, $c \leq d$. Deste modo

$$E\left[\psi(y) \mid x_2\right] - E\left[\psi(y) \mid x_1\right] \geq (d - c) \int_D g(y \mid x_1, x_2)\, m(dy) \geq 0,$$

comprovando o comportamento não decrescente de $E\left[\psi(y) \mid x\right]$ em x.

4.4: A família de distribuições condicionais de Y em $X = x$ diz-se **estocasticamente crescente** se $P(Y > y \mid x)$ é uma função monótona não decrescente em x, *i.e.*,

$$\forall \, x_1 < x_2, \quad P(Y > y \mid x_2) \geq P(Y > y \mid x_1), \ \forall \, y.$$

Diz-se então que a distribuição condicional de Y dado $X = x_2$ é estocasticamente maior do que a correspondente distribuição dado $X = x_1$, reflectindo que Y tende a assumir valores maiores quando $X = x_2$ do que quando $X = x_1$. Este conceito é também traduzido pela afirmação de Y ser **dependente positivamente de X em termos de regressão** (Lehmann 1966). Mudando os sentidos da monotonicidade (para não crescente) e da desigualdade acima, obtém-se a definição da ordenação estocástica decrescente para as distribuições condicionais de Y dado $X = x$ (de dependência negativa de Y para com X em termos de regressão).

O facto de $P(Y \leq y \mid X = x)$ ser uma função monótona de x, para todo y, implica que este sentido de monotonicidade se mantém para a nova probabilidade condicional $P(Y \leq y \mid X \leq x) \equiv h_y(x)$ para todo o y. Com efeito, observe-se primeiro que

$$F_{X,Y}(x, y) \ \equiv \ P(Y \leq y, X \leq x) = E\left[I_{(-\infty, y]}(Y)\, I_{(-\infty, x]}(X)\right]$$
$$\equiv \ E\left\{E\left[I_{(-\infty, y]}(Y)\, I_{(-\infty, x]}(X) \mid X\right]\right\}$$
$$\equiv \ E\left[g_y(X)\, I_{(-\infty, x]}(X)\right]$$

onde $g_y(X) = P(Y \leq y \mid X)$.

Atendendo a que para todo $x_1 < x_2$, o sinal de $h_y(x_1) - h_y(x_2)$ é o da expressão

$$F_X(x_2) \, E\left[g_y(X) \, I_{(-\infty, x_1]}(X)\right] - F_X(x_1) \, E\left[g_y(X) \, I_{(-\infty, x_2]}(X)\right],$$

que é ≥ 0 (respectivamente, ≤ 0) caso $g_y(x)$ seja não crescente (respectivamente, não decrescente) em x, resulta que o sentido da monotonicidade de $g_y(x)$ é preservado em $h_y(x)$. Conclui-se assim, em particular, que se a família de distribuições condicionais de Y em X é estocasticamente crescente, então

$$P(Y \leq y \mid X \leq x) \geq P(Y \geq y)$$

i.e.,

$$F_{X,Y}(x, y) \geq F_X(x) \, F_Y(y), \forall x, y \ .$$

Esta relação indica que o conhecimento de Y (e X) ser pequeno (ou grande) aumenta a probabilidade de X (e Y) ser pequeno (ou grande). Lehmann (1966) denomina esta característica de **dependência positiva em termos de quadrante** (dir-se-á negativa se se inverter o sentido da desigualdade na relação acima entre as funções de distribuição conjunta e marginais).

Uma aplicação interessante da relação de ordenação estocástica envolve uma variável aleatória definida pela função de distribuição de uma variável aleatória discreta, Z, e uma variável com distribuição Uniforme contínua em $(0, 1)$. Com efeito, defina-se $Y = F_Z(Z)$ e denote-se por $y_0 = F_Z(z_0) \in (0, 1)$ o valor de Y correspondente a um valor possível z_0 de Z [onde há, pois, um salto de $F_Z(z)$]. Então, definindo $z(y_0) = inf\{z : F_Z(z) > y_0\}$,

$$P(Y \leq y_0) = P[Z < z(y_0)] = P(Z \leq z_0) = y_0.$$

Considere-se agora $y \in (0, 1)$ que não seja um valor possível de Y, *i.e.*, que não seja imagem pela transformação $F_Z(\cdot)$ de qualquer valor possível de Z. Denotando por $y_0(y)$ o maior valor possível de Y inferior a y, tem-se pelo exposto acima

$$P(Y \leq y) = P\{Z < z[y_0(y)]\} = y_0(y) < y.$$

Pela arbitrariedade dos pontos considerados, provou-se assim que

$$P(Y \leq y) \leq y \iff P(Y > y) \geq 1 - y, \forall y \in (0, 1),$$

com desigualdade estrita para algum y. Denotando U uma variável aleatória com distribuição $U(0, 1)$, o facto de $P(U \leq y) = y = 1 - P(U > y)$ acaba por evidenciar que as desigualdades anteriores traduzem que Y é estocasticamente maior do que variável $U(0, 1)$.

4.8 Exercícios

4.1: Considere uma tabela bidimensional $I \times J$ gerada pelo modelo Multinomial $M(N, \boldsymbol{\theta})$.

4. MODELOS LOG-LINEARES SEM VARIÁVEIS EXPLICATIVAS

a) Mostre que o número de razões de produtos cruzados (RPC) possíveis é dado por $\binom{I}{2}\binom{J}{2}$.

b) Prove que a estrutura de independência é equivalente à condição de todas essas RPC serem iguais a 1.

c) Mostre que cada um dos seguintes subconjuntos de RPC é suficiente para definir a independência:

    i) $\{\Delta_{ij} = \dfrac{\theta_{ij}\,\theta_{IJ}}{\theta_{Ij}\,\theta_{iJ}}, i = 1,\ldots,I-1,\; j = 1,\ldots,J-1\}$

    ii) $\{\Psi_{ij} = \dfrac{\theta_{ij}\,\theta_{i+1,j+1}}{\theta_{i+1,j}\,\theta_{i,j+1}}, i = 1,\ldots,I-1,\; j = 1,\ldots,J-1\}$

4.2: No cenário do exercício anterior considere os modelos log-lineares

$$H_1 : \ln\theta_{ij} = \lambda + u_j^B,$$

$$H_2 : \ln\theta_{ij} = \lambda + u_j^B + u_{ij}^{AB},$$

para $i = 1,\ldots,I, j = 1,\ldots,J$ sob as usuais restrições de identificabilidade.

a) Mostre que H_1 significa que em qualquer coluna j as I celas são igualmente prováveis (condição que é, por vezes, apelidada de "ausência de interacção de ordem zero").

b) Prove que no modelo saturado

$$u_i^A = \ln\left[\left(\prod_{l=1}^{J}\theta_{il}\right)^{1/J} \Big/ \left(\prod_{k=1}^{I}\prod_{l=1}^{J}\theta_{kl}\right)^{1/(IJ)}\right]$$

e, com base neste resultado, mostre que H_2 traduz que a média geométrica das probabilidades de qualquer linha é igual à média geométrica de todas as probabilidades da tabela. Construa tabelas hipotéticas onde H_1 e H_2 são válidas.

4.3: Considere uma tabela $I \times J$ descrita pelo modelo log-linear de independência.

a) Mostre que os parâmetros $\{u_i^A\}$ estão associados com as probabilidades marginais das linhas e que $u_i^A > u_k^A$ se e somente se $\theta_{i\cdot} > \theta_{k\cdot}$, $i = 1,\ldots,I, j = 1,\ldots J$.

b) Prove que a tabela condensada por combinação de colunas (ou de linhas) da tabela original ainda é descrita pela estrutura de independência.

c) Mostre que a independência pode perder-se se a tabela é ampliada por desmembramento de categorias de qualquer variável.

4.4: No contexto de uma tabela I^2 sob modelação Multinomial, mostre que:

a) a formulação linear do modelo de simetria é equivalente à formulação log-linear (4.27).

b) o modelo de quási-simetria pode ser caracterizado por qualquer dos seguintes conjuntos de condições:

   i) A razão entre as chances de $X_2 = j$ versus $X_2 = l$, $1 \leq j, l \leq I$, $j \neq l$, dado $X_1 = i$, e as mesmas chances dado $X_1 = k$, $1 \leq i, k \leq I$, $i \neq k$, não varia com a permuta de X_2 por X_1;

   ii) $\theta_{ij}\,\theta_{jk}\,\theta_{ki}\,/(\theta_{ji}\,\theta_{ik}\,\theta_{kj}) = 1$, $i, j, k = 1, \ldots, I$ (Caussinus 1966);

e descreva-o em termos de alguma propriedade de simetria das RPC.

c) o modelo de simetria equivale à junção dos modelos de quási-simetria e de homogeneidade marginal.

4.5: Considere uma tabela $2 \times 2 \times 2$ com $\theta_{i..} = \theta_{.j.} = \theta_{..k} = 1/2, i, j, k = 1, 2$. Dê um exemplo de tabelas que satisfaçam as seguintes estruturas:

a) (A, B, C)

b) (A, BC)

c) (AB, BC)

d) (AB, AC, BC)

e) (ABC)

4.6: Sejam X_1, X_2 e X_3 as variáveis categorizadas definidoras de uma tabela de contingência $I \times J \times K$ com probabilidades conjuntas

$$P\left[X_1 = i, X_2 = j, X_3 = k\right] = \theta_{ijk} \quad \text{tais que} \quad \sum_{i,j,k} \theta_{ijk} = 1 \ .$$

Mostre, através das formulações multiplicativas usuais dos conceitos de independência, que:

a) a independência mútua entre as três variáveis é equivalente à independência condicional entre os três pares de variáveis.

b) as condições de independência condicional $X_1 \amalg X_3 \mid X_2$ e $X_2 \amalg X_3 \mid X_1$ são conjuntamente equivalentes à independência entre o par (X_1, X_2) e X_3.

4.7: Considere as tabelas 2^3 com as seguintes probabilidades conjuntas

4. MODELOS LOG-LINEARES SEM VARIÁVEIS EXPLICATIVAS 101

i) $\theta_{111} = \theta_{222} = 0.15$; $\theta_{112} = \theta_{221} = 0.10$; $\theta_{121} = \theta_{212} = 0.25$; $\theta_{122} = \theta_{211} = 0$.

ii)
$$\theta_{111} = \theta_{112} = \theta_{121} = \theta_{212} = 0.10$$
$$\theta_{122} = \theta_{211} = \theta_{221} = \theta_{222} = 0.15$$

Mostre que:

a) Em i) X_1 e X_2 são condicionalmente dependentes (com forte associação positiva) quando controladas por X_3 mas marginalmente independentes.

b) Em ii) X_1 e X_2 são condicionalmente independentes quando controladas por X_3 mas marginalmente dependentes.

4.8: Considere uma tabela $I \times J \times 2$ com $0 < \theta_{..1} < 1$.

a) Mostre que as independências marginal e condicional de X_1 e X_2 implicam que X_3 é marginalmente independente de pelo menos uma delas.

b) Interprete à luz do resultado a) o paradoxo de Simpson patente nas tabelas do Exercício 4.7.

4.9: Considere as seguintes variáveis dicotómicas

X_1: Faculdade de uma Universidade privada nos níveis 1(Línguas) e 2(Tecnologia);

X_2: Sexo dos docentes nos níveis 1(Feminino) e 2(Masculino);

X_3: Salário dos docentes nos níveis 1(baixo) e 2(alto);

e suponha que a tabela seguinte defina uma distribuição hipotética para o vector (X_1, X_2, X_3):

		X_3	
X_1	X_2	1	2
1	1	0.18	0.12
1	2	0.12	0.08
2	1	0.02	0.08
2	2	0.08	0.32

(Agresti 1984, p. 35)

a) Verifique que o salário e o sexo dos docentes são independentes para cada faculdade mas estão marginalmente associados de forma positiva.

b) Analise as associações marginais existentes entre a faculdade e cada uma das restantes variáveis, e tente explicar, com base nelas, a associação marginal positiva entre salário e sexo.

c) Averigue as associações parciais entre faculdade e cada uma das variáveis restantes, e mostre, interpretando-o, que o modelo log-linear

$$\ln \theta_{ijk} = \lambda + u_i^A + u_j^B + u_k^C + w_{ijk}^{ABC},$$

para $1 \le i \le I, 1 \le j \le J, 1 \le k \le K$ onde

$$\sum_i u_i^A = \sum_j u_j^B = \sum_k u_k^C = 0$$

e

$$w_{ijk}^{ABC} = \begin{cases} 2\alpha & , k=j=i \\ -2\alpha & , k=j, i \ne k \\ 0 & , c.c. \end{cases}$$

traduz a estrutura mais simples de associação presente na tabela.

4.10: Considere uma tabela $I \times J \times K$ com uma estrutura traduzida pelo modelo $(X_1, X_2) \amalg X_3$.

a) Prove que tal tabela pode ser descrita equivalentemente por cada uma das seguintes condições:

   i) $X_1 \amalg X_3$ e $X_2 \amalg X_3 \mid X_1$

   ii) $X_2 \amalg X_3$ e $X_1 \amalg X_3 \mid X_2$

b) Prove que, com a condição adicional de $X_1 \amalg X_2$, tal estrutura implica que cada um dos restantes pares de variáveis também é independente da variável restante.

4.11: Mostre que numa tabela tridimensional onde $X_1 \amalg X_2 \mid X_3$ e X_3 é marginal ou condicionalmente independente de X_1 ou X_2, então X_1 e X_2 são também marginalmente independentes.

4.12: Considere uma tabela tridimensional verificando $X_1 \amalg X_2$ e $X_2 \amalg X_3$. Poder-se-á garantir que $X_1 \amalg X_3$? Justifique.

4.13: Numa tabela $2 \times 2 \times K$, a RPC condicional entre X_1 e X_2 é a mesma em cada nível de X_3 mas diferente da correspondente RPC marginal. Que modelos log-lineares hierárquicos são compatíveis com tal estrutura?

4.14: Considerando a formulação log-linear para $\{\mu_{ijk}\}$ e calculando $\{\ln \mu_{ij.}\}$, mostre que:

a) A tabela marginal (X_1, X_2) tem as mesmas RPC e os mesmos parâmetros de associação que a tabela parcial definida por X_3 para o modelo (AB, AC).

b) A afirmação anterior não é necessariamente válida para o modelo log-linear (AB, AC, BC).

4. MODELOS LOG-LINEARES SEM VARIÁVEIS EXPLICATIVAS

4.15: Darroch (1962) denominou uma tabela $I \times J \times K$ (de probabilidades $\theta_{ijk} > 0$) de **perfeita** se verificar as seguintes condições:

$$\sum_i \frac{\theta_{ij\cdot} \theta_{i\cdot k}}{\theta_{i\cdot\cdot}} = \theta_{\cdot j\cdot} \theta_{\cdot\cdot k},$$

$$\sum_j \frac{\theta_{ij\cdot} \theta_{\cdot jk}}{\theta_{\cdot j\cdot}} = \theta_{i\cdot\cdot} \theta_{\cdot\cdot k},$$

$$\sum_k \frac{\theta_{i\cdot k} \theta_{\cdot jk}}{\theta_{\cdot\cdot k}} = \theta_{i\cdot\cdot} \theta_{\cdot j\cdot},$$

para $i = 1, \ldots, I, j = 1, \ldots, J, k = 1, \ldots, K$.

a) Mostre que numa tabela perfeita sem interacção de segunda ordem

$$\theta_{ijk} = \frac{\theta_{ij\cdot}\theta_{i\cdot k}\theta_{\cdot jk}}{\theta_{i\cdot\cdot}\theta_{\cdot j\cdot}\theta_{\cdot\cdot k}},$$

para $i = 1, \ldots, I, j = 1, \ldots, J, k = 1, \ldots, K$.

(Sugestão: Use a conjectura de que a solução estritamente positiva das equações definidoras da não interacção de segunda ordem para um dado conjunto de probabilidades marginais mutuamente consistentes é única).

b) Tome em consideração que um agregado de valores positivos $\{a_{ijk}\}$ é ajustado proporcionalmente às restrições $\sum_k a_{ijk} = b_{ij}$, fazendo $a^*_{ijk} = a_{ijk}b_{ij}/a_{ij\cdot}$, para $i = 1, \ldots, I, j = 1, \ldots, J, k = 1, \ldots, K$.

Partindo então de uma distribuição conjunta uniforme para uma tabela perfeita, e ajustando-a sucessivamente às três distribuições marginais $\{\theta_{ij\cdot}\}, \{\theta_{i\cdot k}\}$ e $\{\theta_{\cdot jk}\}$, mostre que o resultado ao fim desse ciclo de ajustamento é precisamente a solução indicada em a).

c) Mostre que o modelo sem interacção de segunda ordem no quadro de uma tabela perfeita não pode apresentar paradoxos do tipo do de Simpson. Que se pode concluir sobre a condição da Proposição 4.1?

4.16: Considere as seguintes tabelas tridimensionais de médias exibidas em Whittemore (1978):

I.

X_1	X_2	X_3 1	2	Total
1	1	6	3	
1	2	3	6	
2	1	3	6	
2	2	6	3	
				36

II.

X_1	X_2	X_3 1	2	3	Total
1	1	75	25	20	
1	2	24	8	16	
2	1	20	60	16	
2	2	16	48	32	
					360

a) Comprove com a tabela I que a ausência de interacção de segunda ordem não é condição necessária de desmontabilidade em cada variável relativamente ao par de variáveis restantes.

b) Verifique com a tabela II que a desmontabilidade, sob ausência de interacção de segunda ordem, em X_3 relativamente a (X_1, X_2) não exige o anulamento de pelo menos um termo de associação parcial envolvendo X_3.

4.17: Considere numa tabela 2^3 descrita por uma distribuição Multinomial de probabilidades $\{\theta_{ijk}\}$ as seguintes funções das probabilidades condicionais de $\{X_1 = 1\}$, $\{\theta_{1(jk)}, j, k = 1, 2\}$ e $\{\theta_{1(j\cdot)}, j = 1, 2\}$, como medidas alternativas de associação entre X_1 e X_2:

- Os riscos relativos (aos dois níveis de X_2) de $\{X_1 = 1\}$, parciais e marginal;

- As diferenças das probabilidades de $\{X_1 = 1\}$ (entre os dois níveis de X_2), parciais e marginal.

Considera-se que a tabela é desmontável em X_3 para uma dada medida de associação se a correspondente medida de associação parcial, suposta constante em X_3, tem valor igual à respectiva medida de associação na tabela marginal (X_1, X_2).

a) Prove que a tabela é desmontável em X_3 para os referidos riscos relativos de X_1 se e só se $X_3 \amalg X_1 \mid X_2$ ou $X_3 \amalg X_2$.

[Sugestão: veja-se Wermuth (1987)].

b) Demonstre que a condição referida em a) é também necessária e suficiente para a desmontabilidade da tabela em X_3 relativa às citadas diferenças de probabilidades condicionais.

c) Considerando as RPC e os riscos relativos e tendo em conta a condição da Proposição 4.1 (que é também necessária para a desmontabilidade em X_3 de tabelas 2^3 relativamente às RPC), mostre que:

    i) Em caso de validade do modelo $X_1 \amalg X_2 \mid X_3$, não é possível que a tabela seja desmontável em X_3 para uma dessas medidas e não o seja para a outra.

    [Sugestão: use o Exercício 4.10a)].

    ii) Em caso de X_1 ser condicionalmente dependente de cada uma das variáveis restantes, a tabela não pode ser desmontável em X_3 para as RPC e os riscos relativos em simultâneo.

    [Sugestão: aplique exercícios 4.8a) e 4.10a)].

4.18: Considere uma tabela I^3 pelo modelo $M(N, \boldsymbol{\theta})$.

4. MODELOS LOG-LINEARES SEM VARIÁVEIS EXPLICATIVAS

a) Mostre que o modelo de simetria completa pode ser formulado log-linearmente por

$$\ln \theta_{ijk} = \lambda + u_i + u_j + u_k + u_{ij} + u_{ik} + u_{jk} + u_{ijk}^{ABC},$$

para $i, j, k = 1, \ldots, I$ com as restrições

$$u_{lm} = u_{ml}$$

$$u_{ijk}^{ABC} = u_{ikj}^{ABC} = u_{jik}^{ABC} = u_{jki}^{ABC} = u_{kji}^{ABC} = u_{kij}^{ABC}$$

$$\sum_i u_i = \sum_l u_{lm} = \sum_i u_{ijk}^{ABC} = 0.$$

b) Verifique, apenas para $I = 2$ e $I = 3$, que:

  i) O número total de restrições de identificabilidade distintas sobre $\{u_{ijk}^{ABC}\}$, após incorporação das restrições de simetria completa, é igual a $I(I+1)/2$, ou seja, ao cardinal do conjunto de termos distintos de ordem inferior a 2, incluindo a média geral.

  ii) O número de parâmetros log-lineares linearmente independentes é igual a $I^3 - I(I-1)(5I+2)/6$, ou seja, ao número de $\{u_{ijk}^{ABC}\}$ distintos, sem a incorporação das restrições de identificabilidade.

c) Mostre que a formulação matricial do modelo de simetria completa para a tabela 2^3 pode ser definido por $\ln \boldsymbol{\theta} = \mathbf{1}_8 \lambda + \mathbf{X}\boldsymbol{\beta}$, com $\boldsymbol{\beta} = (u_1, u_{11}, u_{111}^{ABC})'$ e

$$\mathbf{X}' = \begin{pmatrix} 3 & 1 & 1 & -1 & 1 & -1 & -1 & -3 \\ 3 & -1 & -1 & -1 & -1 & -1 & -1 & 3 \\ 1 & -1 & -1 & 1 & -1 & 1 & 1 & -1 \end{pmatrix}$$

4.19: Considere no contexto do Exercício 4.18:

a) O modelo de quási-simetria obtido da formulação log-linear do modelo de simetria completa relaxando as restrições de simetria sobre o termo de ordem zero ("efeitos principais").

  i) Mostre que este modelo tem $I^3 - (I-1)(5I^2 + 2I - 12)/6$ parâmetros linearmente independentes e é caracterizado pela propriedade de as RPC nas tabelas parciais serem invariantes face às variáveis que as definem.

  ii) Prove que este modelo restringido pela condição de homogeneidade das três margens univariadas (vide (3.12)) é equivalente ao modelo de simetria completa.

b) O modelo de quási-simetria obtido do modelo de simetria completa relaxando as restrições de simetria sobre os termos de ordens zero e um.

  i) Mostre que este modelo tem $I^3 - (I-1)(5I-3)(I-2)/6$ parâmetros linearmente independentes (se $I \geq 3$) e é caracterizado pela propriedade de as razões de RPC parciais correspondentes a dois níveis da terceira variável serem invariantes face às variáveis que as definem.

106   4.8 EXERCÍCIOS

   ii) Prove que este modelo restringido pela condição de homogeneidade das três margens bivariadas (vide (3.13)), aliada à simetria da distribuição marginal bivariada comum, é equivalente ao modelo de simetria completa.

4.20: Considere a estrutura log-linear saturada para uma tabela $I \times J \times K \times L$ gerada pelo modelo Multinomial.

  a) Para o caso de $I = J = K = L = 2$ e usando a parametrização usual,

    i) Exprima os parâmetros log-lineares linearmente independentes de primeira, segunda, e terceira ordens, que envolvam as variáveis X_1 e X_2 em termos das RPC parciais relativas aos níveis fixados de X_3 e X_4.

    ii) Interprete os modelos log-lineares definidos por

$$(ACD, BCD), (AC, AD, BC, BD, CD) \text{ e } (AD, BC, BD, CD).$$

  b) Usando a parametrização da cela de referência

    i) Interprete o conceito de não interacção de terceira ordem em termos de RPC.

    ii) Estabeleça o significado dos modelos

$$(ABC, ABD) \quad \text{e} \quad (AB, AC, AD, BC, BD) .$$

  c) Comente a afirmação:

  Se as probabilidades da tabela forem dadas por

$$\theta_{ijkl} = \frac{\theta_{ijk\cdot}\, \theta_{ij\cdot l}\, \theta_{i\cdot kl}\, \theta_{\cdot jkl}\theta_{i\cdots}\theta_{\cdot j\cdot\cdot}\, \theta_{\cdot\cdot k\cdot}\, \theta_{\cdots l}}{\theta_{ij\cdot\cdot}\, \theta_{i\cdot k\cdot}\, \theta_{i\cdot\cdot l}\, \theta_{\cdot jk\cdot}\, \theta_{\cdot j\cdot l}\, \theta_{\cdot\cdot kl}}$$

  a medida de associação entre quaisquer três variáveis é independente do nível da quarta variável.

4.21: Numa tabela tetradimensional $I \times J \times K \times L$ gerada pelo modelo Multinomial estabeleça as formulações multiplicativas, em termos do conceito de independência (condicional), dos seguintes modelos log-lineares hierárquicos:

    i)(ABC, AD)   ;   ii)(ABC, D)   ;   iii)(AB, AC, AD);

    iv)(AB, AC, BD) ;   v)(AB, CD)   ;   vi)(AB, AC, D);

    vii)(AB, C, D)   ;   viii)(A, B, C, D).

4.22: Sendo X, Y, Z e W vectores aleatórios discretos, prove as seguintes relações:

4. MODELOS LOG-LINEARES SEM VARIÁVEIS EXPLICATIVAS

107

a) $X \amalg Y \mid Z \cap X \amalg W \mid (Y,Z) \Leftrightarrow X \amalg (Y,W) \mid Z$

$\Leftrightarrow X \amalg W \mid Z \cap X \amalg Y \mid (Z,W)$

b) $X \amalg Y \mid Z \cap (X,Y) \amalg W \mid Z \Rightarrow X \amalg (Y,W) \mid Z \cap Y \amalg (X,W) \mid Z$

4.23: Considere uma tabela Multinomial $I \times J \times K \times L$. Recorrendo ao exercício anterior:

a) Defina o modelo log-linear que equivale conjuntamente às seguintes relações:

   i) X_3 é condicionalmente independente de X_4 dado (X_1, X_2);

   ii) X_3 (respectivamente X_1) é condicionalmente independente de X_2 (respectivamente X_4) dado X_1 (respectivamente X_2).

b) Diga se o modelo (AB, AC, AD) é compatível com a independência condicional dado X_1, entre cada um dos pares formados pelas variáveis X_2, X_3 e X_4 e a variável restante.

4.24: Considere uma tabela Multinomial pentadimensional $I \times J \times K \times L \times M$. Verifique se há compatibilidade entre os modelos log-lineares hierárquicos e as relações de independência citadas:

a) $(ACDE, BCDE)$ e $X_1 \amalg X_2 \mid (X_3, X_4, X_5)$

b) $(ACD, BCDE)$ e $\{X_1 \amalg X_5 \mid (X_2, X_3, X_4)\} \cap \{X_1 \amalg X_2 \mid (X_3, X_4)\}$

c) $(AC, BCDE)$ e $\{X_1 \amalg (X_4, X_5) \mid X_3\} \cap \{X_1 \amalg X_2 \mid (X_3, X_4, X_5)\}$

d) $(A, BCDE)$ e $\{X_1 \amalg X_5 \mid (X_2, X_3, X_4)\} \cap \{X_1 \amalg (X_2, X_3, X_4)\}$

e) (ABD, CDE) e $\{(X_1, X_2) \amalg X_3 \mid X_4\} \cap \{(X_1, X_2) \amalg X_5 \mid (X_3, X_4)\}$

4.25: Diga se se podem avaliar os termos de primeira ordem presentes nos seguintes modelos hierárquicos tetradimensionais, através das respectivas tabelas marginais:

    a) (AB, AC, D) ; b) (AB, CD) ; c) (AB, AC, BD, CD)

4.26: Diga se a associação parcial entre X_1, X_2 e X_3 na tabela $I \times J \times K \times L$ é idêntica à associação na tabela marginal obtida por remoção de X_4, para os seguintes modelos:

    a) (AB, AC, BC, D) ; b) (AB, AC, BC, AD)

    c) (AB, AC, AD, BC, BD) ; d) (ABC, AD)

    e) (ABC, AD, BD, CD) ; f) (ABC, ABD, CD)

4.27: Comente as seguintes afirmações sobre os seguintes modelos hierárquicos pentadimensionais:

a) No modelo $(ACDE, BCDE)$, a remoção de X_2 por marginalização não altera os termos que envolvem X_1 mas modifica os restantes.

b) No modelo (ABD, CDE), os termos que envolvem X_1 ou X_2 são imutáveis com a marginalização para a tabela definida por (X_1, X_2, X_4).

4.28: Seja (X, Y) um par aleatório cuja função densidade (probabilidade) conjunta $f(x, y)$ satisfaz a seguinte condição

$$\forall x_1 < x_2 \, , \, y_1 < y_2 \quad , \quad f(x_1, y_1) f(x_2, y_2) \geq f(x_1, y_2) f(x_2, y_1)$$

a) Mostre que esta condição equivale a afirmar que as famílias de densidades condicionais de Y em X e de X em Y têm RVM em y e x, respectivamente.

b) Mostre que a mesma condição implica que cada uma das variáveis depende positivamente da outra em termos de regressão. (Sugestão: Aplique a propriedade monótona do valor esperado condicional de qualquer função não decrescente referida na Nota de Capítulo 4.3.)

4.29: Seja $(N_1, \ldots, N_c)$ um vector aleatório com distribuição pertencente à família Multinomial $(c - 1)$-variada de parâmetros n e $\boldsymbol{\theta} = (\theta_1, \ldots, \theta_c)' \in \Theta$, onde $\Theta = \{\boldsymbol{\theta} : \theta_i > 0, \sum_1^c \theta_i = 1\}$.

a) Mostre que qualquer par de variáveis (N_i, N_j), $i \neq j$ é tal que, para todo $\theta \in \Theta$, as famílias de distribuições condicionais de uma variável dada a outra têm RVM (não crescentes) e são estocasticamente decrescentes.

b) Supondo $\boldsymbol{\theta}$ distribuído segundo uma distribuição Dirichlet $(c - 1)$-variada de parâmetro $\mathbf{a} = (a_1, \ldots, a_c) \in \mathbb{R}_+^c$, de função densidade

$$\pi(\boldsymbol{\theta}) = \frac{\Gamma\left(\sum_{i=1}^{c} a_i\right)}{\prod_{i=1}^{c} \Gamma(a_i)} \prod_{i=1}^{c} \theta_i^{a_i - 1}$$

mostre que qualquer par de parâmetros (θ_i, θ_j), $i \neq j$, apresenta igualmente as propriedades referidas em (a).

4.30: Considere um par aleatório discreto de variáveis ordinais, (X, Y), cuja distribuição conjunta é representada pela tabela $I \times J$ de probabilidades $\{\theta_{ij}\}$, $\sum_{i,j} \theta_{ij} = 1$.

a) Mostre que a família de distribuições condicionais de uma variável dada a outra tem RVM se e somente se todas as RPC locais, ψ_{ij}, são maiores ou iguais a 1.

b) Prove que a família de distribuições condicionais de Y dado X é estocasticamente crescente se e somente se todas as RPC (locais na linhas e "globais" nas colunas)

$$\psi'_{ij} = \frac{\left(\sum_{l\leq j} \theta_{il}\right)\left(\sum_{l>j} \theta_{i+1,l}\right)}{\left(\sum_{l\leq j} \theta_{i+1,l}\right)\left(\sum_{l>j} \theta_{il}\right)},$$

para $1 \leq i \leq I - 1, 1 \leq j \leq J - 1$ são maiores ou iguais a 1.

c) Considere o caso em que $I = 2$, $J = 3$, $\theta_{13} = \theta_{22} = 0$ e todos os outros $\theta_{ij} > 0$. Arranje uma tabela para a qual a família de distribuições condicionais de Y dado X seja estocasticamente crescente e não tenha RVM em y.

d) Mostre que no caso $I = J = 2$, a condição $\Delta \geq 1$ é equivalente à relação de ordenação estocástica crescente das distribuições condicionais de Y dado $X = i$, expressa por

$$\sum_{l=1}^{j} \frac{\theta_{il}}{\theta_{i\cdot}} \geq \sum_{l=1}^{j} \frac{\theta_{i+1,l}}{\theta_{i+1,\cdot}},$$

para $j = 1, 2$.

4.31: Seja (X, Y) um par aleatório satisfazendo

$$F_{X,Y}(x, y) \geq F_X(x)\, F_Y(y), \forall x, y.$$

a) Demonstre que esta condição é necessária para a ordenação estocástica crescente das distribuições condicionais de Y dado $X = x$.

b) Mostre que essa condição é equivalente a qualquer das seguintes, onde os sinais de igualdade nos acontecimentos são opcionais:

   i) $P(X \leq x, Y \geq y) \leq P(X \leq x) P(Y \geq y), \forall x, y$

   ii) $P(X \geq x, Y \leq y) \leq P(X \geq x) P(Y \leq y), \forall x, y$

   iii) $P(X \geq x, Y \geq y) \geq P(X \geq x) P(Y \geq y), \forall x, y$

c) No cenário do exercício anterior, prove que a condição em questão é equivalente a todas as RPC "globais"

$$\psi''_{ij} = \frac{\left(\sum_{k\leq i}\sum_{l\leq j} \theta_{kl}\right)\left(\sum_{k>i}\sum_{l>j} \theta_{kl}\right)}{\left(\sum_{k\leq i}\sum_{l>j} \theta_{kl}\right)\left(\sum_{k>i}\sum_{l\leq j} \theta_{kl}\right)},$$

para $1 \leq i \leq I - 1, 1 \leq j \leq J - 1$ serem maiores ou iguais a 1.

4.32: Considere uma tabela $I \times J$ descrita pelo modelo de efeitos de linha.

a) Mostre que no caso $I = 2$ esse modelo é equivalente ao modelo de associação linear por linear.

b) Mostre que com a permutação de linhas o modelo ainda se mantém com a correspondente permutação dos efeitos de linha.

c) Na acepção de Yule & Kendall (1950), uma tabela diz-se **isotrópica** se as linhas e colunas podem ser ordenadas de modo que todas as RPC locais são maiores ou iguais a 1. Mostre que a tabela em questão é isotrópica e que a isotropia é preservada com a combinação de linhas.

d) Formulando o modelo saturado através de uma estrutura de tipo Regressão Polinomial para o termo de interacção de primeira ordem, mostre que o modelo de efeitos de linha é efectivamente uma redução dessa estrutura.

e) Sendo X_1 também ordinal com *scores* $\{a_i\}$, considere o termo de interacção de primeira ordem estruturado do seguinte modo:

$$u_{ij}^{AB} = \sum_{k=1}^{I-1} \gamma_k (a_i - \overline{a})^k (b_j - \overline{b}) \ .$$

Será o modelo resultante distinto do modelo de efeitos de linha? Justifique.

4.33: Considere uma tabela quadrada I^2 definida por variáveis ordinais. Goodman (1979b) denomina a estrutura caracterizada pelas relações entre as RPC locais, $\psi_{ij} = \psi_{ji}, 1 \le i, j \le I - 1$, de **modelo de associação simétrica**.

a) Prove que este modelo não é mais do que o modelo log-linear de quási-simetria.

b) Mostre que com os *scores* $a_i = b_i, 1 \le i \le I$, o modelo de associação linear por linear é um caso especial do modelo de associação simétrica.

4.34: Em certas situações de tabelas quadradas I^2 ordinais tem interesse considerar o seguinte tipo de modelos (por vezes designados de modelos de distância)

$$\ln \mu_{ij} = v + v_i^A + v_j^B - w \mid i - j \mid \ .$$

com $\sum_i v_i^A = \sum_j v_j^B = 0$.

a) Ponha este modelo na formulação log-linear ordinária sob as restrições de soma nula. (Sugestão: Use as relações

$$\sum_{k=1}^{I} k = I(I+1)/2 \text{ e } \sum_{k=1}^{I} k^2 = I(I+1)(2I+1)/6$$

para obter a resposta).

4. MODELOS LOG-LINEARES SEM VARIÁVEIS EXPLICATIVAS

b) Com base em a) mostre que este modelo é um caso particular do modelo de quási-simetria.

4.35: Considere para uma tabela quadrada I^2 ordinal a seguinte generalização do modelo de simetria:

$$\ln \mu_{ij} = w + w_i + w_j + w_{ij} + v I_{\{i<j\}}(i,j)$$

onde $\sum_i w_i = \sum_i w_{ij} = 0$, $w_{ij} = w_{ji}$ e $\sum_{i,j} \mu_{ij} = N$.

a) Mostre que este modelo garante que $\forall i < j$, $\mu_{ij} > \mu_{ji}$ ou $\mu_{ij} < \mu_{ji}$ consoante $v > 0$ ou $v < 0$, respectivamente e identifique os parâmetros da formulação log-linear ordinária.

b) Um modelo para o qual o padrão das probabilidades condicionais das celas dada a sua inserção acima da diagonal principal é simétrico do padrão correspondente para as celas abaixo dessa diagonal, é rotulado por McCullagh (1978) de **modelo de simetria condicional** e definido por

$$\mu_{ij} = \alpha \phi_{ij} I_{\{i<j\}}(i,j) + \phi_{ij} I_{\{i=j\}}(i,j) + (2-\alpha)\phi_{ij}$$

onde $\phi_{ij} = \phi_{ji}$ e $\sum_{i,j} \phi_{ij} = N$. Diga se o modelo considerado goza dessa característica de simetria condicional.

c) Prove que sob a validade deste modelo a condição de homogeneidade marginal é equivalente à de simetria e que X_1 é estocasticamente maior do que X_2 se e somente se $v \leq 0$.

4.36: Considere, no quadro do modelo log-linear ordinário para uma tabela $I \times J$ com ambas as variáveis ordinais de *scores* $\{a_i\}$ e $\{b_j\}$, a seguinte estrutura para o termo de interacção de primeira ordem:

$$u_{ij}^{AB} = w(a_i - \bar{a})(b_j - \bar{b}) + w_i^A(b_j - \bar{b}) + w_j^B(a_i - \bar{a}) + v v_i^A v_j^B$$

onde w, $\{w_i^A\}$, $\{w_j^B\}$, v, $\{v_i^A\}$, $\{v_j^B\}$ representam parâmetros.

Com *scores* inteiros, este modelo corresponde ao modelo $R + C + RC$ de Goodman (1981), prevendo efeitos aditivos e multiplicativos na associação, quer das linhas, quer das colunas.

a) Diga se o modelo decorrente é log-linear nos casos em que $v \neq 0$ e $v = 0$.

b) Mostre que, com *scores* unitariamente espaçados, as RPC locais podem ser expressas por

$$\ln \psi_{ij} = \eta + \alpha_i + \beta_j + \varepsilon \gamma_i \delta_j,$$

para $1 \leq i \leq I - 1, 1 \leq j \leq J - 1$.

c) Mostre que os modelos de associação linear por linear e de efeitos de linha são casos particulares do modelo com $v = 0$ (cuja versão com *scores* inteiros é denominada de modelo $R + C$ por Goodman (1981)).

d) Verifique que a forma básica do modelo não varia com a translação dos parâmetros $\{w_i^A\}$ e $\{w_j^B\}$, e com a translacção e mudança de escala dos parâmetros $\{v_i^A\}$ e $\{v_j^B\}$.

e) Mostre que o número de parâmetros independentes é igual a $2(I + J - 2)$ para os seguintes casos especiais:

   i) $w = w_i^A = w_j^B = 0$ (modelo RC de Goodman (1981) para *scores* inteiros)

   ii) $v = 0$.

f) Mostre que o modelo considerado é reduzido se I e J são maiores do que 3.

4.37: Considere uma tabela $I \times J \times K$ em que X_3 é a única variável ordinal com *scores* $\{c_k\}$ unitariamente espaçados descrita pelo modelo log-linear

$$\ln \mu_{ijk} = u + u_i^A + u_j^B + u_k^C + u_{ij}^{AB} + w_i^{AC}(c_k - \bar{c})$$
$$+ w_j^{BC}(c_k - \bar{c}) + w_{ij}^{ABC}(c_k - \bar{c})$$

onde, para além das restrições usuais nos termos não estruturados, se tem

$$\sum_i w_i^{AC} = \sum_j w_j^{BC} = \sum_i w_{ij}^{ABC} = \sum_j w_{ij}^{ABC} = 0 .$$

a) Mostre que este modelo é não saturado se e somente se $K > 2$.

b) Evidencie através das RPC locais que as associações parciais entre cada par de variáveis são todas heterogéneas através dos níveis da terceira variável, e que a associação $X_1 - X_2$ é a única que não é constante nos níveis da variável ordinal.

c) Mostre que a interacção local de segunda ordem não depende da variável ordinal.

Capítulo 5

Modelos log-lineares para tabelas com variáveis explicativas

Na sequência do capítulo anterior, este capítulo continua a debruçar-se sobre o tipo log-linear de modelos estruturais mas agora inseridos em tabelas em que algumas das variáveis são explicativas, de especial relevância para modelos Produto de Multinomiais. Estes modelos log-lineares, construídos à semelhança do descrito no capítulo anterior, são formulados equivalentemente como modelos lineares em logaritmos de chances das probabilidades das celas e postos em correspondência com apropriados modelos log-lineares para um quadro Multinomial ou Produto de distribuições de Poisson, referidos nas várias secções do Capítulo 4.

5.1 As várias formulações log-lineares

Em conformidade com o Capítulo 2, a estrutura das tabelas com alguma variável considerada explicativa, seja por delineamento ou por condicionamento, vai ser enquadrada no modelo Produto de Multinomiais. Em termos da tabela genérica $s \times r$ descrita no Capítulo 1, este modelo é definido pela família de distribuições Multinomiais independentes, $M_{r-1}(n_{q\cdot}, \boldsymbol{\pi}_q)$, onde $\boldsymbol{\pi}_q = (\theta_{(q)m}, m = 1, \ldots, r)'$ com $\mathbf{1}_r' \boldsymbol{\pi}_q = 1$, para $q = 1, \ldots, s$.

Em face deste modelo, o modo mais natural e directo de introduzir a estrutura log-linear é através da conjugação de modelos log-lineares para todas as Multinomiais. Seja então

$$\ln \boldsymbol{\pi}_q = \mathbf{1}_r \lambda_q + \mathbf{X}_{0q} \boldsymbol{\beta}_{0q} \tag{5.1}$$

o modelo log-linear saturado para a linha q $(q = 1, \ldots, s)$ da tabela, onde $\mathbf{X}_{0q}$ é uma matriz $r \times (r-1)$ de característica máxima tal que $r([\mathbf{1}_r, \mathbf{X}_{0q}]) = r$, $q = 1, \ldots, s$. Por força da restrição natural,

$$\lambda_q = -\ln[\mathbf{1}_r' \exp(\mathbf{X}_{0q}\,\boldsymbol{\beta}_{0q})].$$

Definindo $\boldsymbol{\pi} = (\boldsymbol{\pi}_1', \boldsymbol{\pi}_2', \ldots, \boldsymbol{\pi}_s')'$, com $\mathbf{D}'\,\boldsymbol{\pi} = \mathbf{1}_s$ onde $\mathbf{D} = \mathbf{I}_s \otimes \mathbf{1}_r$, o modelo log-linear saturado global fica expresso por

$$\ln\boldsymbol{\pi} = (\mathbf{I}_s \otimes \mathbf{1}_r)\,\boldsymbol{\lambda} + \mathbf{X}_0\,\boldsymbol{\beta}_0 \tag{5.2}$$

com $\boldsymbol{\lambda} = (\lambda_1, \ldots, \lambda_s)'$, $\boldsymbol{\beta}_0 = (\boldsymbol{\beta}_{01}', \ldots, \boldsymbol{\beta}_{0s}')'$ e $\mathbf{X}_0 = \mathbf{diag}(\mathbf{X}_{01}, \ldots, \mathbf{X}_{0s})$. A estrutura equivalente em termos do vector das médias

$$\boldsymbol{\mu} = (\boldsymbol{\mu}_1', \ldots, \boldsymbol{\mu}_s')' = \mathbf{D_N}\,\boldsymbol{\pi} \tag{5.3}$$

com $\mathbf{N} = \mathbf{n}_{*.} \otimes \mathbf{1}_r$ e $\mathbf{n}_{*.} = (n_1., \ldots, n_s.)'$, obtém-se de (5.2) substituindo $\boldsymbol{\pi}$ por $\boldsymbol{\mu}$ e $\boldsymbol{\lambda}$ por $\boldsymbol{\lambda} + \ln\mathbf{n}_{*.}$.

Incorporando as restrições sobre $\boldsymbol{\lambda}$, expressas condensadamente por

$$\boldsymbol{\lambda} = -\ln\,[(\mathbf{I}_s \otimes \mathbf{1}_r')\,\exp(\mathbf{X}_0\,\boldsymbol{\beta}_0)] \tag{5.4}$$

o modelo (5.2) fica na forma

$$\boldsymbol{\pi} = \mathbf{D}_{\psi}^{-1}\,\exp(\mathbf{X}_0\,\boldsymbol{\beta}_0) \tag{5.5}$$

em que

$$\psi \equiv \psi(\boldsymbol{\beta}_0) = [\mathbf{I}_s \otimes (\mathbf{1}_r\,\mathbf{1}_r')]\,\exp(\mathbf{X}_0\,\boldsymbol{\beta}_0). \tag{5.6}$$

Qualquer modelo log-linear reduzido pode ser obtido de (5.2) por redução da dimensionalidade $s(r-1)$ de $\boldsymbol{\beta}_0$. Deste modo, o modelo log-linear genérico neste cenário pode ser expresso por

$$\ln\boldsymbol{\pi}_q = \mathbf{1}_r\,\lambda_q + \mathbf{X}_q\,\boldsymbol{\beta}, \tag{5.7}$$

para $q = 1, \ldots, s$ ou, de uma forma condensada, por

$$\ln\boldsymbol{\pi} = (\mathbf{I}_s \otimes \mathbf{1}_r)\,\boldsymbol{\lambda} + \mathbf{X}\,\boldsymbol{\beta} \tag{5.8}$$

com $\mathbf{X} = (\mathbf{X}_1', \ldots, \mathbf{X}_s')'$. Nestas expressões, $\boldsymbol{\beta}$ é um vector $p \times 1$ ($p \leq s(r-1)$) de parâmetros subjacentes a qualquer elemento de $\boldsymbol{\pi}$ e $\mathbf{X}_q$ é a submatriz $r \times p$ de $\mathbf{X}$, gerando $\boldsymbol{\pi}_q$ a partir de $\boldsymbol{\beta}$, satisfazendo $r([\mathbf{1}_r, \mathbf{X}_q]) = 1 + r(\mathbf{X}_q)$, $q = 1, \ldots, s$, e tal que $r([\mathbf{I}_s \otimes \mathbf{1}_r, \mathbf{X}]) = s + r(\mathbf{X}) = s + p$. Note-se que com esta definição da matriz de especificação do modelo, cada $\mathbf{X}_q$ (para $s > 1$) pode conter colunas nulas correspondentes aos elementos de $\boldsymbol{\beta}$ que não explicam $\boldsymbol{\pi}_q$.

Na linha da definição dada na Subsecção 4.1.4, o modelo log-linear (5.8) é **hierárquico** se as colunas de cada $\mathbf{X}_q$ se podem particionar em grupos de modo que as colunas de cada grupo definam um modelo factorial completo de tipo ANOVA para $\ln\boldsymbol{\pi}_q$ referente a um subconjunto de variáveis respostas.

No cenário probabilístico em estudo dedica-se frequentemente a atenção a certas funções das probabilidades (ou das médias) das categorias de resposta para cada subpopulação definida pela combinação dos níveis das variáveis explicativas. Entre essas funções figuram os logaritmos das chances de dadas categorias face a outras

5. MODELOS LOG-LINEARES COM VARIÁVEIS EXPLICATIVAS

categorias. Por exemplo, para uma resposta binária numa tabela $s \times 2$, têm-se os logaritmos das chances da primeira categoria, $L_{(i)} = \ln[\theta_{(i)1}/\theta_{(i)2}]$, $i = 1, \ldots, s$, denominados **logitos** (*logits*) de $\{\theta_{(i)1}\}$.

Para uma resposta politómica (com r categorias) numa tabela bidimensional há naturalmente vários logitos para cada uma das s subpopulações e diferentes maneiras de serem definidos. A forma mais imediata de definição dos logitos múltiplos baseia-se na fixação de uma categoria de referência (em geral, a última categoria), tomando $\mathbf{L}_{(i)} = (L_{(i)1}, \ldots, L_{(i),r-1})'$, com $L_{(i)j} = \ln[\theta_{(i)j}/\theta_{(i)r}]$, $j = 1, \ldots, r-1$. Denominar-se-á este tipo de logitos, de **logitos de referência**.

Quando a resposta é ordinal costumam-se tomar os **logitos adjacentes**, $L_{(i)j} = \ln[\theta_{(i)j}/\theta_{(i),j+1}]$, $j = 1, \ldots, r-1$, para as componentes do vector $\mathbf{L}_{(i)}$, $i = 1, \ldots, s$. Observe-se que estes dois tipos de logitos são equivalentes pelo facto de haver uma correspondência biunívoca entre eles. Tem-se, efectivamente, que para $j = 1, \ldots, r-1$

$$\ln(\theta_{(i)j}/\theta_{(i)r}) = \sum_{k=j}^{r-1} \ln(\theta_{(i)k}/\theta_{(i),k+1})$$

e

$$\ln(\theta_{(i)j}/\theta_{(i),j+1}) = \ln(\theta_{(i)j}/\theta_{(i)r}) - \ln(\theta_{(i),j+1}/\theta_{(i)r}) \ .$$

Qualquer destas alternativas de definição dos logitos múltiplos pode ser expressa condensadamente em termos de $\boldsymbol{\pi}$ por

$$\mathbf{L} \equiv (\mathbf{L}'_{(1)}, \ldots, \mathbf{L}'_{(s)})' = \mathbf{A} \ln \boldsymbol{\pi} \tag{5.9}$$

onde $\mathbf{A} = \mathbf{I}_s \otimes \mathbf{B}$, com $\mathbf{B}$ uma matriz $(r-1) \times r$ cujas linhas são os contrastes definidores dos logitos em cada subpopulação. Para os logitos de referência, $\mathbf{B} = (\mathbf{I}_{(r-1)} \ , \ -\mathbf{1}_{(r-1)})$, e para os logitos adjacentes, com $r = 3$,

$$\mathbf{B} = \begin{pmatrix} 1 & -1 & 0 \\ 0 & 1 & -1 \end{pmatrix} \ .$$

Observe-se que, em ambos os casos, $\mathbf{A}$ é uma matriz $s(r-1) \times sr$ de característica máxima com linhas ortogonais às colunas da matriz $\mathbf{D} = \mathbf{I}_s \otimes \mathbf{1}_r$ indicadora do delineamento amostral.

O interesse no vector dos logitos, que não constitui mais do que uma reparametrização do modelo probabilístico, tem-se materializado na análise de estruturas lineares que lhe são imputadas. É interessante constatar que estes modelos lineares nos logitos são equivalentes à formulação ordinária (5.8) de correspondentes modelos log-lineares. Esta conclusão decorre do seguinte resultado cuja demonstração se apoia pesadamente no objecto do Apêndice A.

Proposição 5.1: *No contexto do modelo Produto de Multinomiais, as formulações (5.8) e*

$$\mathbf{A} \ln \boldsymbol{\pi} = \mathbf{X}_G \, \boldsymbol{\beta} \tag{5.10}$$

onde $\mathbf{A}$ é uma matriz $s(r-1) \times sr$ tal que

$$r\,(\mathbf{A}) = s\,(r-1) \quad e \quad \mathbf{A}\,(\mathbf{I}_s \otimes \mathbf{1}_r) = \mathbf{0}$$

são equivalentes, com as relações

$$\mathbf{X}_G = \mathbf{A}\,\mathbf{X} \quad \text{e} \quad \mathbf{X} = \mathbf{A}'\left(\mathbf{A}\,\mathbf{A}'\right)^{-1}\mathbf{X}_G \ .$$

Demonstração: O produto à esquerda por $\mathbf{A}$ de ambos os membros de (5.8) leva imediatamente a (5.10) com $\mathbf{X}_G = \mathbf{AX}$.

Reciprocamente, (5.10) com $\mathbf{X}_G = \mathbf{AX}$ significa que $\ln\boldsymbol{\pi} - \mathbf{X}\boldsymbol{\beta}$ é um vector do espaço nulo de $\mathbf{A}$, que é um subespaço s-dimensional de $I\!R^{sr}$. Como as colunas de $\mathbf{I}_s \otimes \mathbf{1}_r$ constituem, pela hipótese sobre $\mathbf{A}$, uma base desse subespaço, segue-se que $\ln\boldsymbol{\pi} - \mathbf{X}\boldsymbol{\beta} = (\mathbf{I}_s \otimes \mathbf{1}_r)\boldsymbol{\lambda}$ para algum $\boldsymbol{\lambda} \in I\!R^s$, como se pretendia provar.

Partindo agora de (5.10), note-se que esta formulação representa para cada $\boldsymbol{\beta}$ um sistema linear não homogéneo em $\ln\boldsymbol{\pi}$, pelo que equivale a

$$\ln\boldsymbol{\pi} = \boldsymbol{\gamma} + \mathbf{X}\,\boldsymbol{\beta}$$

onde $\boldsymbol{\gamma}$ é a solução geral do sistema homogéneo, $\mathbf{A}\ln\boldsymbol{\pi} = \mathbf{0}$, e $\mathbf{X}\,\boldsymbol{\beta}$ é uma solução particular do sistema não homogéneo.

Como os espaços gerados por $\mathbf{A}\,\mathbf{A}'$ e por $\mathbf{A}$ coincidem e $r(\mathbf{A}) = s(r-1)$, segue-se que

$$\mathbf{A}\ln\boldsymbol{\pi} = \mathbf{X}_G\,\boldsymbol{\beta} \quad\Leftrightarrow\quad \mathbf{A}\ln\boldsymbol{\pi} = \mathbf{A}\,\mathbf{A}'\left(\mathbf{A}\,\mathbf{A}'\right)^{-1}\mathbf{X}_G\,\boldsymbol{\beta}$$

$$\Leftrightarrow\quad \mathbf{A}\left[\ln\boldsymbol{\pi} - \mathbf{A}'\left(\mathbf{A}\,\mathbf{A}'\right)^{-1}\mathbf{X}_G\,\boldsymbol{\beta}\right] = \mathbf{0}$$

o que mostra que $\mathbf{X}\boldsymbol{\beta}$, com $\mathbf{X} = \mathbf{A}'\left(\mathbf{A}\,\mathbf{A}'\right)^{-1}\mathbf{X}_G$, é uma solução particular do sistema não homogéneo. Note-se que $\mathbf{A}'(\mathbf{AA}')^{-1}$ é uma inversa generalizada de $\mathbf{A}$.

Como já se viu acima, o espaço de soluções do sistema $\mathbf{A}\ln\boldsymbol{\pi} = \mathbf{0}$, *i.e.*, o espaço nulo de $\mathbf{A}$, identifica-se com o espaço gerado pelas s colunas linearmente independentes da matriz $\mathbf{I}_s \otimes \mathbf{1}_r$. Logo, pode-se concluir que $\boldsymbol{\gamma} = (\mathbf{I}_s \otimes \mathbf{1}_r)\boldsymbol{\lambda}$ para algum $\boldsymbol{\lambda} \in I\!R^s$ provando a equivalência de (5.10) com (5.8). $\blacksquare$

O modelo linear nos logitos e, menos particularmente, qualquer modelo do tipo (5.10), onde $\mathbf{A}$ tem as características indicadas no resultado acima, é um caso especial dos chamados modelos log-lineares generalizados que se descreverão no Capítulo 6. Ao ter-se evidenciado a formulação do modelo log-linear saturado como um modelo linear nos logitos, fica aberto o caminho para a interpretação dos parâmetros log-lineares relevantes em termos dos logitos, como se detalhará posteriormente.

Para ilustração das formulações já referidas do modelo log-linear saturado, tome-se o seguinte exemplo:

Exemplo 5.1: Considere-se uma tabela bidimensional 2×3 com uma variável resposta ternária. A formulação (5.2) do modelo log-linear saturado é

$$\ln\boldsymbol{\pi} = (\mathbf{I}_2 \otimes \mathbf{1}_3)\begin{pmatrix} \lambda_1 \\ \lambda_2 \end{pmatrix} + \left[\mathbf{I}_2 \otimes \begin{pmatrix} 1 & 0 \\ 0 & 1 \\ -1 & -1 \end{pmatrix}\right]\begin{pmatrix} \boldsymbol{\beta}_1 \\ \boldsymbol{\beta}_2 \end{pmatrix}$$

5. MODELOS LOG-LINEARES COM VARIÁVEIS EXPLICATIVAS 117

com $\boldsymbol{\beta}_i = (u^B_{(i)1}, u^B_{(i)2})'$, correspondendo a $\ln \theta_{(i)j} = \lambda_i + u^B_{(i)j}$, $i = 1, 2$, $j = 1, 2, 3$ sob as restrições de identificabilidade, $u^B_{(i)3} = -u^B_{(i)1} - u^B_{(i)2}$, $i = 1, 2$. Note-se que a formulação compacta acima corresponde igualmente a (5.8) tomando $\mathbf{X}_1$ e $\mathbf{X}_2$ como as submatrizes da matriz de especificação formadas, respectivamente, pelas primeiras e pelas últimas 3 linhas.

Tomando os logitos de referência $L_{(i)j} = \ln[\theta_{(i)j}/\theta_{(i)3}]$, $j, i = 1, 2$, o modelo log-linear saturado exprime-se por

$$\left(\begin{array}{c} \mathbf{L}_{(1)} \\ \mathbf{L}_{(2)} \end{array} \right) = \left[\mathbf{I}_2 \otimes \left(\begin{array}{cc} 2 & 1 \\ 1 & 2 \end{array} \right) \right] \left(\begin{array}{c} \boldsymbol{\beta}_1 \\ \boldsymbol{\beta}_2 \end{array} \right)$$

ou seja

$$L_{(i)j} = 2u^B_{(i)j} + u^B_{(i)k}$$

para $k, j = 1, 2$, $k \neq j$, $i = 1, 2$. ∎

A formulação (5.2), que engloba o modelo log-linear saturado no cenário do modelo Multinomial (faça-se $s = 1$), pode expressar-se através de reparametrizações de $\boldsymbol{\beta}_0$ de um modo formalmente análogo ao modelo log-linear Multinomial para a tabela global $s \times r$. Para evitar uma maquinaria algébrica desnecessariamente pesada, estas novas expressões serão deduzidas para situações específicas tratadas nas secções seguintes.

5.2 Tabelas bidimensionais

Admita-se que a tabela genérica $s \times r$ seja definida unicamente por uma variável explicativa com $s = I$ categorias e por uma variável resposta com $r = J$ categorias. A formulação ordinária (5.2) do modelo log-linear saturado é

$$\ln \boldsymbol{\pi} = (\mathbf{I}_s \otimes \mathbf{1}_r) \, \boldsymbol{\lambda} + (\mathbf{I}_s \otimes \mathbf{Y}) \, \boldsymbol{\beta}_0 \tag{5.11}$$

em que

$$\mathbf{Y} = \left(\begin{array}{c} \mathbf{I}_{(r-1)} \\ -\mathbf{1}'_{(r-1)} \end{array} \right)$$

gera $\boldsymbol{\pi}_i = (\theta_{(i)j}, j = 1, \ldots, r)'$ a partir de $\boldsymbol{\beta}_{0i} = (u^B_{(i)j}, j = 1, \ldots, r-1)'$, $i = 1, \ldots, s$.

Efectuem-se as seguintes transformações dos parâmetros $\{\lambda_i\}$ e $\{\boldsymbol{\beta}_{0i}\}$ em (5.11):

(a) $\lambda_i = w + w^A_i$, $i = 1, \ldots, s$, com $\sum_i w^A_i = 0$

(b) $u^B_{(i)j} = w^B_j + w^{AB}_{ij}$, $i = 1, \ldots, s$, $j = 1, \ldots, r$, com $\sum_j w^B_j = \sum_j w^{AB}_{ij} = \sum_i w^{AB}_{ij} = 0$.

Uma opção é tomar

$$w = s^{-1} \sum_i \lambda_i; \qquad w^A_i = \lambda_i - w, \, i = 1, \ldots, s$$

$$w^B_j = s^{-1} \sum_i u^B_{(i)j}; \qquad w^{AB}_{ij} = u^B_{(i)j} - w^B_j, \, i = 1, \ldots, s, \, j = 1, \ldots, r.$$

Denote-se por $\mathbf{w}^{*B}$ o vector $s(r-1) \times 1$ composto dos parâmetros linearmente independentes w_j^B (em número de $r-1$) e w_{ij}^{AB} (em número de $(s-1)(r-1)$), e defina-se $\mathbf{w}^A = (w_i^A, i = 1, \ldots, s-1)'$. A expressão compacta de (a) e (b) é então

$$\boldsymbol{\lambda} = \mathbf{1}_s w + \mathbf{T}\,\mathbf{w}^A \quad \text{com} \quad \mathbf{T} = \begin{bmatrix} \mathbf{I}_{(s-1)} \\ -\mathbf{1}'_{(s-1)} \end{bmatrix}$$
$$\boldsymbol{\beta}_0 = \mathbf{Z}\,\mathbf{w}^{*B}$$

com $\mathbf{Z}$ definida convenientemente (vide adiante Exemplo 5.1 - continuação). Tendo em conta que

$$(\mathbf{I}_s \otimes \mathbf{1}_r)\,\mathbf{1}_s = \mathbf{1}_s \otimes \mathbf{1}_r = \mathbf{1}_{sr}$$

e

$$(\mathbf{I}_s \otimes \mathbf{1}_r)\,\mathbf{T} = \mathbf{T} \otimes \mathbf{1}_r$$

resulta que (5.11) é reexpressável por

$$\ln \boldsymbol{\pi} = \mathbf{1}_{sr} w + (\mathbf{T} \otimes \mathbf{1}_r)\,\mathbf{w}^A + [(\mathbf{I}_s \otimes \mathbf{Y})\,\mathbf{Z}]\,\mathbf{w}^{*B} \tag{5.12}$$

correspondendo à formulação desdobrada mais inteligível

$$\ln \theta_{(i)j} = w + w_i^A + w_j^B + w_{ij}^{AB}, \tag{5.13}$$

para $i = 1, \ldots, s$, $j = 1, \ldots, r$. Notando que, por construção, os parâmetros indexados do segundo membro de (5.13) satisfazem as restrições de identificabilidade usuais, fica patente a sua semelhança formal com o modelo log-linear saturado para a tabela bidimensional sob o modelo Multinomial. A interpretação usual de $u_{(i)j}^B$ no modelo log-linear para a i-ésima Multinomial $(u_{(i)j}^B = \ln \theta_{(i)j} - r^{-1} \sum_j \ln \theta_{(i)j})$ conduz a que, em particular, os parâmetros $\{w_{ij}^{AB}\}$ se exprimam através de $\{\ln \theta_{(i)j}\}$ ou seja

$$w_{ij}^{AB} = \ln \theta_{(i)j} - r^{-1} \sum_j \ln \theta_{(i)j} - s^{-1} \sum_i \ln \theta_{(i)j} + (sr)^{-1} \sum_{i,j} \ln \theta_{(i)j}$$

da mesma forma como, na Secção 4.2, as interacções de primeira ordem $\{u_{ij}^{AB}\}$ foram definidas com base em $\{\ln \theta_{ij}\}$. Isto deixa antever como, no formalismo log-linear, certas estruturas de relação entre o factor e a resposta correspondem a determinadas estruturas de associação entre as mesmas variáveis tomadas como respostas.

A grande diferença entre os modelos log-lineares uni e bidimensionais reside nas implicações de $\sum_j \theta_{(i)j} = 1, i = 1, \ldots, s$. Ou seja, no facto de os parâmetros $\{w_i^A\}$ não poderem variar livremente (contrariamente ao que acontece a $\{u_i^A\}$), já que

$$\lambda_i \equiv w + w_i^A = -\ln[\sum_j \exp(w_j^B + w_{ij}^{AB})]. \tag{5.14}$$

Assim, tendo em conta a formulação (5.12) do modelo log-linear saturado, os parâmetros relevantes estão contidos em $\mathbf{w}^{*B}$. São precisamente estes os únicos parâmetros que surgem na formulação equivalente em termos dos logitos, (5.10), que neste caso corresponde a

$$L_{(i)j} \equiv \ln \left[\frac{\theta_{(i)j}}{\theta_{(i)r}} \right] = \left(2w_j^B + \sum_{k \neq j,r} w_k^B \right) + \left(2w_{ij}^{AB} + \sum_{k \neq j,r} w_{ik}^{AB} \right), \tag{5.15}$$

5. MODELOS LOG-LINEARES COM VARIÁVEIS EXPLICATIVAS 119

para $i = 1, \ldots, s, j = 1, \ldots, r - 1$.

Para efeitos de ilustração dos aspectos acima focados, volte-se ao exemplo anterior:

Exemplo 5.1 (continuação): Neste caso em que $s = 2$ e $r = 3$, tem-se

$$\mathbf{T} = \begin{pmatrix} 1 \\ -1 \end{pmatrix} \quad \text{e} \quad \mathbf{Z} = \begin{pmatrix} 1 & 0 & 1 & 0 \\ 0 & 1 & 0 & 1 \\ 1 & 0 & -1 & 0 \\ 0 & 1 & 0 & -1 \end{pmatrix}$$

pelo que (5.12) se concretiza em

$$\ln \boldsymbol{\pi} = \mathbf{1}_6 w + \begin{pmatrix} 1 & 1 & 0 & 1 & 0 \\ 1 & 0 & 1 & 0 & 1 \\ 1 & -1 & -1 & -1 & -1 \\ -1 & 1 & 0 & -1 & 0 \\ -1 & 0 & 1 & 0 & -1 \\ -1 & -1 & -1 & 1 & 1 \end{pmatrix} \begin{pmatrix} w_1^A \\ w_1^B \\ w_2^B \\ w_{11}^{AB} \\ w_{12}^{AB} \end{pmatrix}$$

tornando patente a analogia formal com a formulação matricial do modelo log-linear saturado para a tabela 2×3 sob o modelo Multinomial. Observe-se ainda como, em particular,

$$w_{11}^{AB} \equiv \tfrac{1}{6} \ln \left[\left(\frac{\theta_{(1)1}\, \theta_{(2)3}}{\theta_{(1)3}\, \theta_{(2)1}} \right)^2 \Big/ \left(\frac{\theta_{(1)2}\, \theta_{(2)3}}{\theta_{(1)3}\, \theta_{(2)2}} \right) \right] = u_{11}^{AB}$$

$$w_{12}^{AB} \equiv \tfrac{1}{6} \ln \left[\left(\frac{\theta_{(1)2}\, \theta_{(2)3}}{\theta_{(1)3}\, \theta_{(2)2}} \right)^2 \Big/ \left(\frac{\theta_{(1)1}\, \theta_{(2)3}}{\theta_{(1)3}\, \theta_{(2)1}} \right) \right] = u_{12}^{AB}$$

devido à invariância das RPC face ao produto de cada linha por uma constante.

A formulação matricial em termos dos logitos de referência, $\{L_{(i)j}\}$, nesta nova reparametrização é traduzida por

$$\begin{pmatrix} \mathbf{L}_{(1)} \\ \mathbf{L}_{(2)} \end{pmatrix} = \begin{pmatrix} 2 & 1 & 2 & 1 \\ 1 & 2 & 1 & 2 \\ 2 & 1 & -2 & -1 \\ 1 & 2 & -1 & -2 \end{pmatrix} \mathbf{w}^{*B}.$$

Com a reparametrização adicional

$$\gamma_1 = 2w_1^B + w_2^B, \qquad\qquad \gamma_2 = w_1^B + 2w_2^B,$$

$$\delta_{(1)1} = 2w_{11}^{AB} + w_{12}^{AB} \quad \text{e} \quad \delta_{(1)2} = w_{11}^{AB} + 2w_{12}^{AB}$$

esta formulação nos logitos passa a exprimir-se por

$$\begin{pmatrix} \mathbf{L}_{(1)} \\ \mathbf{L}_{(2)} \end{pmatrix} = \begin{pmatrix} 1 & 0 & 1 & 0 \\ 0 & 1 & 0 & 1 \\ 1 & 0 & -1 & 0 \\ 0 & 1 & 0 & -1 \end{pmatrix} \begin{pmatrix} \gamma_1 \\ \gamma_2 \\ \delta_{(1)1} \\ \delta_{(1)2} \end{pmatrix}.$$

Esta formulação que, discriminadamente, corresponde a

$$L_{(i)j} = \gamma_j + \delta_{(i)j},$$

para $i, j = 1, 2$ com $\sum_i \delta_{(i)j} = 0, j = 1, 2$, aparenta-se com o modelo ANOVA bivariado simples, com o papel do vector das médias das celas para cada nível do factor desempenhado pelo correspondente vector dos dois logitos. A escolha dos elementos de $\mathbf{w}^{*B}$ como médias e desvios dos elementos $u_{(i)j}$ de $\boldsymbol{\beta}_0$ – como se exemplificou anteriormente – confere aos parâmetros $\{\gamma_j\}$ e $\{\delta_{(i)j}\}$ a interpretação usual que eles têm em Análise de Variância. Com efeito, da sua definição decorre que

$$\gamma_j = \tfrac{1}{2} \sum_i L_{(i)j}$$
$$\delta_{(i)j} = L_{(i)j} - \gamma_j,$$

para $i, j = 1, 2$. Consequentemente, na formulação concretizadora de (5.12) que visa deixar transparecer a analogia com o modelo log-linear Multinomial, os parâmetros $\{w_j^B\}$ indexados unicamente pela variável resposta estão associados a médias gerais dos correspondentes logitos. Os restantes parâmetros relevantes, $\{w_{ij}^{AB}\}$, actuam no sentido de definir os efeitos principais dos níveis das variáveis explicativas nos logitos.

■

No caso especial de a variável resposta ser binária, cada uma das s subpopulações é definida por um único logito, $L_{(i)} = \ln[\theta_{(i)1}/\theta_{(i)2}]$, $i = 1, \ldots, s$. A formulação log-linear (5.12) especializa-se então em

$$\ln \boldsymbol{\pi} = \mathbf{1}_{2s} w + (\mathbf{T} \otimes \mathbf{1}_2)\mathbf{w}^A + \left[\mathbf{Z} \otimes \left(\begin{smallmatrix} 1 \\ -1 \end{smallmatrix} \right) \right] w^{*B} \tag{5.16}$$

correspondendo, em termos dos logitos, a

$$[\mathbf{I}_s \otimes (1 \; -1)] \ln \boldsymbol{\pi} = 2\mathbf{Z}\mathbf{w}^{*B} \tag{5.17}$$

i.e., a

$$L_{(i)} \equiv 2\, u_{(i)1}^B = 2\, w_1^B + 2\, w_{i1}^{AB}, \tag{5.18}$$

para $i = 1, \ldots, s$ com $w_{s1}^{AB} = -\sum_{i \neq s} w_{i1}^{AB}$.

A expressão (5.18), desdobrando para a tabela $s \times 2$ o modelo linear saturado nos logitos realça o papel dos parâmetros log-lineares que medem efeitos principais da variável X_2 e interacções no modelo bidimensional, como indicadores, respectivamente, da média geral e dos efeitos principais do factor na resposta (*i.e.*, no logito), no quadro de s modelos unidimensionais.

A sua identidade formal com um modelo ANOVA simples deixa ver que quanto maior for o efeito $\delta_{(i)} = 2\, w_{i1}^{AB}$ do nível i do factor, tanto maior será o correspondente logito, e assim tanto mais provável será a ocorrência da primeira categoria de resposta para as unidades da i-ésima subpopulação.

As conclusões extraídas nas ilustrações anteriores sobre o papel desempenhado pelos parâmetros log-lineares relevantes nos logitos mantêm-se para qualquer tabela bidimensional $s \times r$ com a variável das linhas tomada como factor. A analogia em termos

5. MODELOS LOG-LINEARES COM VARIÁVEIS EXPLICATIVAS 121

de definição e interpretação formais destes parâmetros $\mathbf{w}^{*B}$ com as suas contrapartidas (u^B, u^{AB}) no modelo bidimensional permite visualizar, num formalismo log-linear, a correspondência entre certos modelos reduzidos nos dois cenários. Considere-se, por exemplo, o modelo

$$L_{(i)j} \equiv \ln[\theta_{(i)j}/\theta_{(i)r}] = \gamma_j, \tag{5.19}$$

para $j = 1, \ldots, r - 1$, $i = 1, \ldots, s$ descrevendo a identidade, através das subpopulações, de todos os logitos e, por conseguinte, de todas as probabilidades da resposta – o já familiar modelo de homogeneidade das distribuições da variável resposta.

A formulação (5.19), ao corresponder a (5.13) com $\{w_{ij}^{AB} = 0\}$, e tendo em conta a definição destes parâmetros (em termos de RPC), equivale ao modelo de independência entre as duas variáveis tomadas como respostas. Fica assim claro como o conceito de não interacção de primeira ordem, quando enquadrado numa estrutura log-linear, significa independência funcional dos logitos dos níveis da variável explicativa.

O modelo (5.19), com a condição adicional de $\{\gamma_j = 0\}$, é uma descrição formal de uma distribuição da resposta uniforme em qualquer subpopulação, correspondente ao modelo log-linear bidimensional

$$\theta_{ij} = \theta_{i\cdot}/r \Leftrightarrow \ln \theta_{ij} = u + u_i^A,$$

para $i = 1, \ldots, s$, $j = 1, \ldots, r$.

Para uma ilustração adicional considere-se o caso de modelos para uma tabela bidimensional que exploram a ordinalidade da variável resposta X_2. Na óptica do modelo bidimensional de efeitos de linha definido em (4.51), tome-se para cada linha $i = 1, \ldots, s$ o modelo log-linear unidimensional

$$\ln \theta_{(i)j} = \lambda_i + u_j^B + w_i^{AB}(b_j - \bar{b}), \tag{5.20}$$

para $j = 1, \ldots, r$ onde, por construção,

$$u_j^B = \frac{1}{s}\sum_i \ln \theta_{(i)j} - \frac{1}{sr}\sum_i \sum_j \ln \theta_{(i)j}$$

$$w_i^{AB}(b_j - \bar{b}) = \ln \theta_{(i)j} - \frac{1}{r}\sum_j \ln \theta_{(i)j} - \frac{1}{s}\sum_i \ln \theta_{(i)j}$$

$$+ \frac{1}{sr}\sum_i \sum_j \ln \theta_{(i)j}.$$

Estas expressões mostram que os parâmetros $\{u_j^B\}$ e $\{w_i^{AB}\}$ são realmente os mesmos que surgem em (4.51), o que justifica, em particular, a manutenção da notação designativa.

Tomando, por conveniência, os logitos adjacentes,

$$L_{(i)j} = \ln(\theta_{(i)j}/\theta_{(i)j+1}),$$

para $j = 1, \ldots, r - 1$, vê-se que (5.20) implica o modelo linear nos logitos

$$L_{(i)j} = \gamma_j + \delta_{(i)j}, \tag{5.21}$$

para $1 \le i \le s$, $1 \le j \le r-1$ com $\gamma_j = u_j^B - u_{j+1}^B$ e $\delta_{(i)j} = w_i^{AB}(b_j - b_{j+1})$.

Usando *scores* igualmente espaçados, o parâmetro $-w_i^{AB}$ (respectivamente w_i^{AB}) pode ser visto como o efeito da linha i no logito de qualquer categoria de resposta relativamente à categoria adjacente seguinte (respectivamente anterior), por distância entre os correspondentes *scores*. Neste caso, os gráficos dos $r-1$ logitos adjacentes em função de i são paralelos, característica que leva Goodman (1983) a designar (5.21) como o **modelo de chances paralelas**.

O recurso à Proposição 5.1 permite comprovar que o modelo linear (5.21) é efetivamente uma formulação equivalente do modelo log-linear global (5.20). Para uma comprovação exemplificativa retome-se o contexto do Exemplo 5.1:

Exemplo 5.1 (continuação): O modelo (5.21) exprime-se matricialmente por (5.10) com

$$\mathbf{A} = \mathbf{I}_2 \otimes \begin{pmatrix} 1 & -1 & 0 \\ 0 & 1 & -1 \end{pmatrix} \quad \text{e} \quad \mathbf{X}_G = \begin{pmatrix} 1 & -1 & b_1 - b_2 \\ 1 & 2 & b_2 - b_3 \\ 1 & -1 & b_2 - b_1 \\ 1 & 2 & b_3 - b_2 \end{pmatrix}$$

associada ao parâmetro $\boldsymbol{\beta} = (u_1^B,\ u_2^B,\ w_1^{AB})'$. Como

$$\mathbf{A}'(\mathbf{A}\mathbf{A}')^{-1} = \mathbf{I}_2 \otimes \begin{pmatrix} 1 & 0 \\ -1 & 1 \\ 0 & -1 \end{pmatrix} \times \mathbf{I}_2 \otimes \frac{1}{3}\begin{pmatrix} 2 & 1 \\ 1 & 2 \end{pmatrix} = \mathbf{I}_2 \otimes \frac{1}{3}\begin{pmatrix} 2 & 1 \\ -1 & 1 \\ -1 & -2 \end{pmatrix}$$

resulta que

$$[\mathbf{A}'(\mathbf{A}\mathbf{A}')^{-1}\mathbf{X}_G]' = \begin{pmatrix} 1 & 0 & -1 & 1 & 0 & -1 \\ 0 & 1 & -1 & 0 & 1 & -1 \\ b_1 - \bar{b} & b_2 - \bar{b} & b_3 - \bar{b} & \bar{b} - b_1 & \bar{b} - b_2 & \bar{b} - b_3 \end{pmatrix}$$

cuja transposta é precisamente a matriz $\mathbf{X}$ de especificação do modelo (5.20) na sua formulação matricial global, pretendia-se mostrar. ∎

5.3 Tabelas tridimensionais

Numa tabela $I \times J \times K$ o modelo Produto de Multinomiais pode revestir uma de duas formas consoante haja apenas uma ou duas variáveis explicativas. Discutir-se-ão os dois casos separadamente, já que deles depende, em certa medida, o próprio tipo de questões de interesse e, em consonância, a sua representação log-linear.

5.3.1 Tabelas com um factor

Seja X_1 a única variável explicativa definidora de $s = I$ subpopulações. O modelo log-linear saturado para esta tabela é a síntese dos s modelos log-lineares bidimensionais

5. MODELOS LOG-LINEARES COM VARIÁVEIS EXPLICATIVAS 123

para as $r = JK$ categorias de resposta

$$\ln \theta_{(i)jk} = \lambda_i + u^B_{(i)j} + u^C_{(i)k} + u^{BC}_{(i)jk}, \tag{5.22}$$

para $j = 1, \ldots, J, k = 1, \ldots, K, i = 1, \ldots, s$ com as restrições de identificabilidade usuais $\sum_j u^B_{(i)j} = \sum_k u^C_{(i)k} = \sum_j u^{BC}_{(i)jk} = \sum_k u^{BC}_{(i)jk} = 0$. Fazendo $\boldsymbol{\pi}_i = (\theta_{(i)jk}, \ j = 1, \ldots, J, k = 1, \ldots, K)'$, com $\mathbf{1}'_r \boldsymbol{\pi}_i = 1$, $i = 1, \ldots, s$, e aglutinando os parâmetros u linearmente independentes do i-ésimo modelo no vector $(r-1) \times 1$ $\boldsymbol{\beta}_{(i)}$, a formulação matricial de (5.22) é

$$\ln \boldsymbol{\pi} = (\mathbf{I}_s \otimes \mathbf{1}_r) \, \boldsymbol{\lambda} + (\mathbf{I}_s \otimes \mathbf{Y}) \, \boldsymbol{\beta} \tag{5.23}$$

onde $\boldsymbol{\lambda} = (\lambda_1, \ldots, \lambda_s)'$, $\boldsymbol{\beta} = (\boldsymbol{\beta}'_{(1)}, \ldots, \boldsymbol{\beta}'_{(s)})'$ e $\mathbf{Y}$ é a matriz $r \times (r-1)$ que permite gerar qualquer $\boldsymbol{\pi}_i$ a partir do correspondente $\boldsymbol{\beta}_{(i)}$.

À semelhança do processo de construção do modelo tridimensional a partir de modelos bidimensionais para tabelas parciais, considere-se a seguinte reparametrização no parâmetro relevante $\boldsymbol{\beta}$:

$$u^B_{(i)j} = s^{-1} \sum_i u^B_{(i)j} + [u^B_{(i)j} - s^{-1} \sum_i u^B_{(i)j}] \equiv w^B_j + w^{AB}_{ij}$$

$$u^C_{(i)k} = s^{-1} \sum_i u^C_{(i)k} + [u^C_{(i)k} - s^{-1} \sum_i u^C_{(i)k}] \equiv w^C_k + w^{AC}_{ik}$$

$$u^{BC}_{(i)jk} = s^{-1} \sum_i u^{BC}_{(i)jk} + [u^{BC}_{(i)jk} - s^{-1} \sum_i u^{BC}_{(i)jk}] \equiv w^{BC}_{jk} + w^{ABC}_{ijk}.$$

A introdução destas relações em (5.22) origina a formulação log-linear

$$\ln \theta_{(i)jk} = \lambda_i + w^B_j + w^C_k + w^{BC}_{jk} + w^{AB}_{ij} + w^{AC}_{ik} + w^{ABC}_{ijk} \tag{5.24}$$

onde todos os tipos de parâmetros w verificam a condição de a sua soma em qualquer dos índices ser nula.

A interpretação usual dos parâmetros de (5.22) (*e.g.*, $\lambda_i = \sum_{j,k} \ln \theta_{(i)jk} / r$) implica que os novos parâmetros desfrutem de expressões, em termos dos $\{\ln \theta_{(i)jk}\}$, formalmente idênticas àquelas que definem os correspondentes termos u do modelo tridimensional.

Com a reparametrização adicional $\lambda_i = w + w^A_i$, com $w = \sum_i \lambda_i / s$ e $w^A_i = \lambda_i - w$, a formulação (5.24) exprime o modelo log-linear saturado de um modo formalmente análogo ao correspondente modelo tridimensional. Deve, contudo, frisar-se que aquela reparametrização é desprovida de interesse dada a irrelevância de $\{\lambda_i\}$ neste cenário, decorrente da sua fixação pelas restrições naturais $\mathbf{1}'_r \boldsymbol{\pi}_i = 1$, $i = 1, \ldots, s$.

Sendo $\mathbf{Z}$ a matriz que gera $\boldsymbol{\beta}$ a partir dos parâmetros linearmente independentes do segundo membro de (5.24), considerados organizados no vector $s(r-1) \times 1$ $\mathbf{w}^{*BC}$, a formulação matricial (5.23) converte-se em

$$\ln \boldsymbol{\pi} = (\mathbf{I}_s \otimes \mathbf{1}_r) \, \boldsymbol{\lambda} + (\mathbf{I}_s \otimes \mathbf{Y}) \, \mathbf{Z} \, \mathbf{w}^{*BC}. \tag{5.25}$$

A aplicação da Proposição 4.3 mostra que a formulação (5.25) corresponde a um modelo saturado de Análise de Variância $(r-1)$ – variada simples (note-se que há um único factor) aplicado a um vector de logitos $\mathbf{L} = (\mathbf{L}'_{(i)}, i = 1, \ldots, s)'$. Por exemplo, pode-se tomar $\mathbf{L}_{(i)} = (\mathbf{I}_{(r-1)}, -\mathbf{1}_{(r-1)}) \ln \boldsymbol{\pi}_i, i = 1, \ldots, s$, o que implica que (5.25) possa ser traduzido por

$$\mathbf{L} \equiv \mathbf{A} \ln \boldsymbol{\pi} = \mathbf{X}_G \, \mathbf{w}^{*BC} \tag{5.26}$$

onde $\mathbf{X}_G = \mathbf{A}(\mathbf{I}_s \otimes \mathbf{Y}) \mathbf{Z}$ e $\mathbf{A} = \mathbf{I}_s \otimes (\mathbf{I}_{r-1}, -\mathbf{1}_{r-1})$.

É instrutivo discriminar (5.26) por cada logito, obtendo-se então para $i = 1, \ldots, s$

$$\begin{aligned} L_{(i)jk} \equiv \ln \frac{\theta_{(i)jk}}{\theta_{(i)JK}} &= \left[(w_j^B - w_J^B) + (w_k^C - w_K^C) + (w_{jk}^{BC} - w_{JK}^{BC})\right] \\ &+ \left[(w_{ij}^{AB} - w_{iJ}^{AB}) + (w_{ik}^{AC} - w_{iK}^{AC}) + (w_{ijk}^{ABC} - w_{iJK}^{ABC})\right]. \end{aligned} \tag{5.27}$$

As expressões (5.27) revelam que para cada cela (j, k) os s logitos estão estruturados num modelo ANOVA simples, onde, quer a média geral (o primeiro termo entre parênteses rectos no segundo membro), quer os efeitos do factor (o termo restante) estão desdobrados em componentes ligadas a cada uma das variáveis respostas, individualmente, e a ambas em conjunto.

Para a ilustração das formulações que se acabou de expor, tome-se o seguinte exemplo:

Exemplo 5.2: Considerando o caso em que ambas as variáveis respostas são binárias, a formulação matricial de (5.22) para cada i pode ser definida por

$$\ln \boldsymbol{\pi}_i = \mathbf{1}_4 \, \lambda_i + \mathbf{Y} \, \boldsymbol{\beta}_{(i)},$$

para $i = 1, \ldots, s$ com $\boldsymbol{\beta}_{(i)} = (u_{(i)1}^B, \, u_{(i)1}^C, \, u_{(i)11}^{BC})'$ e

$$\mathbf{Y}' = \begin{pmatrix} 1 & 1 & -1 & -1 \\ 1 & -1 & 1 & -1 \\ 1 & -1 & -1 & 1 \end{pmatrix}.$$

Esta formulação equivale em termos dos logitos a

$$\mathbf{L}_{(i)} = (\mathbf{I}_3, \, -\mathbf{1}_3) \, \ln \boldsymbol{\pi}_i = \begin{pmatrix} 2 & 2 & 0 \\ 2 & 0 & -2 \\ 0 & 2 & -2 \end{pmatrix} \boldsymbol{\beta}_{(i)} \,,$$

para $i = 1, \ldots, s$. Com a reparametrização de $\{\boldsymbol{\beta}_{(i)}\}$ para os termos w, tem-se

$$\begin{aligned} L_{(i)jk} \equiv \ln \frac{\theta_{(i)jk}}{\theta_{(i)22}} &= \left(w_j^B - w_2^B\right) + \left(w_k^C - w_2^C\right) + \left(w_{jk}^{BC} - w_{22}^{BC}\right) \\ &+ \left(w_{ij}^{AB} - w_{i2}^{AB}\right) + \left(w_{ik}^{AC} - w_{i2}^{AC}\right) + \left(w_{ijk}^{ABC} - w_{i22}^{ABC}\right), \end{aligned}$$

para $i = 1, \ldots, s$, evidenciando tratar-se de um modelo ANOVA trivariada com o vector média geral, $\boldsymbol{\gamma} = (\gamma_{jk})$, tal que $\gamma_{jk} = \sum_i L_{(i)jk}/s$ é a soma das três primeiras parcelas do segundo membro, e o vector dos efeitos, $\boldsymbol{\delta}_{(i)} = (\delta_{(i)jk})$, $\delta_{(i)jk} = L_{(i)jk} - \gamma_{jk}$, desdobrado pelos níveis das duas variáveis respostas. Considerando, por simplicidade, $s = 2$, e definindo

$$\mathbf{w}^{*BC} = (w_1^B, \, w_1^C, \, w_{11}^{BC}, \, w_{11}^{AB}, \, w_{11}^{AC}, \, w_{111}^{ABC})' \,,$$

5. MODELOS LOG-LINEARES COM VARIÁVEIS EXPLICATIVAS 125

tem-se

$$\left(\begin{array}{c} \mathbf{L}_{(1)} \\ \mathbf{L}_{(2)} \end{array} \right) = 2 \left(\begin{array}{cccccc} 1 & 1 & 0 & 1 & 1 & 0 \\ 1 & 0 & -1 & 1 & 0 & -1 \\ 0 & 1 & -1 & 0 & 1 & -1 \\ 1 & 1 & 0 & -1 & -1 & 0 \\ 1 & 0 & -1 & -1 & 0 & 1 \\ 0 & 1 & -1 & 0 & -1 & 1 \end{array} \right) \mathbf{w}^{*BC}$$

como a formulação correspondente a (5.26), dado que

$$\mathbf{Z} = \left(\begin{array}{cc} \mathbf{I}_3 & \mathbf{I}_3 \\ \mathbf{I}_3 & -\mathbf{I}_3 \end{array} \right).$$

∎

Das formulações (5.25) ou (5.26) (ou, talvez mais facilmente, da definição constrututiva dos parâmetros) pode constatar-se que a condição $w^{ABC} = 0$ equivale a afirmar que o conjunto

$$\{\Delta_{jk}^{A(i)} = (\theta_{(i)jk}\,\theta_{(i)JK})/(\theta_{(i)Jk}\,\theta_{(i)jK})\}$$

é independente funcionalmente de i, $i.e.$, que

$$\Delta_{jk}^{A(i)}/\Delta_{jk}^{A(s)} = 1,$$

para $(j,k) \neq (J,K)$. É neste sentido de ausência do efeito do factor na associação entre as duas respostas (medida pelas RPC) que é encarada usualmente a noção de não interacção de segunda ordem na situação tridimensional de um factor e duas variáveis respostas. Pelo tipo de invariância das RPC, fica assim patente que o modelo aditivo para os logitos obtido de (5.27) por remoção do termo w^{ABC} corresponde ao modelo tridimensional (AB, AC, BC).

A correspondência estabelecida anteriormente tem sua raiz no facto de as funções das probabilidades conjuntas $\{\theta_{ijk}\}$ definidoras do termo u^{ABC} do modelo tridimensional, ao serem imutáveis com a passagem para as probabilidades condicionais $\{\theta_{(i)jk}\}$, representarem igualmente o termo w^{ABC} indicador do efeito do factor na associação entre as respostas. Esta constatação permite definir novos modelos log-lineares reduzidos em estreita correspondência com modelos considerados no cenário de três respostas.

A título ilustrativo, a eliminação dos termos w^{BC} e w^{ABC}, ao equivaler às condições

$$\Delta_{jk}^{A(i)} = 1,$$

para $(j,k) \neq (J,K)$, $i = 1,\ldots,s$, corresponde ao modelo log-linear representado por $X_2 \amalg X_3 \mid X_1$. Analogamente, a imposição do anulamento de w^{ABC} e w^{AB} equivale a

$$\Delta_{ij}^{C(k)} \equiv \frac{\theta_{(i)jk}\,\theta_{(s)Jk}}{\theta_{(i)Jk}\,\theta_{(s)jk}} = 1,$$

para $(i,j) \neq (s,J)$, $k = 1,\ldots,K$ e, como consequência, o correspondente modelo linear (5.27) é uma nova formulação do modelo que traduz que a distribuição condicional de X_2 dado X_3 não depende de X_1.

Não se quer finalizar esta parte sem mencionar que a equivalência entre o conjunto de s modelos log-lineares bidimensionais (ou a sua alternativa linear nos logitos) e correspondentes modelos tridimensionais pode ser também visualizada via parametrização das celas de referência. Recorde-se que, com a escolha da categoria de resposta (J, K) para cela de referência em qualquer subpopulação, os parâmetros de (5.22) nesta formulação têm a seguinte identificação:

$$\lambda_i = \ln \theta_{(i)JK} \quad , \quad u^B_{(i)j} = L_{(i)jK}$$

$$u^C_{(i)k} = L_{(i)Jk} \quad \text{e} \quad u^{BC}_{(i)jk} = L_{(i)jk} - L_{(i)jK} - L_{(i)Jk}.$$

Exprimindo, então, cada um destes parâmetros como desvios dos correspondentes parâmetros para a subpopulação s ($e.g.$, $u^B_{(i)j} = u^B_{(s)j} + (u^B_{(i)j} - u^B_{(s)j})$), obtém-se para $\{\ln \theta_{(i)jk}\}$ uma formulação análoga a (4.29), com os parâmetros definidos segundo expressões do tipo de (4.35).

De novo, os termos indexados que envolvem pelo menos uma variável resposta, representando agora logitos ou logaritmos de RPC, significativos neste cenário, revestem a particularidade de definir exactamente aquilo que é traduzido pelos termos log-lineares tridimensionais homólogos (veja-se (4.35)). A sua interpretação, neste contexto, como as componentes da média geral e do efeito do factor na equivalente formulação linear nos logitos, é imediata – note-se que

$$u^B_{(i)j} + u^C_{(i)k} + u^{BC}_{(i)jk} = L_{(i)jk}.$$

Para mais detalhes, veja-se o Exercício 5.2.

5.3.2 Tabelas com dois factores

Sem quebra de generalidade, considere-se que X_1 e X_2 são os factores, sendo então $s = IJ$ o nível de subpopulações e $r = K$ o número de categorias de resposta. Por analogia com o que se viu na Secção 5.2, o modelo log-linear saturado para a subpopulação (i, j) é definido por

$$\ln \theta_{(ij)k} = \lambda_{ij} + u^C_{(ij)k},$$

para $k = 1, \ldots, K$ onde se considera $\sum_k u^C_{(ij)k} = 0$. Usualmente, define-se

$$\lambda_{ij} = \sum_k \ln \theta_{(ij)k} / K$$

e

$$u^C_{(ij)k} = \ln \theta_{(ij)k} - \lambda_{ij}.$$

Em termos condensados, sendo

$$\boldsymbol{\pi}_{ij} = (\theta_{(ij)k}, \ k = 1, \ldots, K)',$$

satisfazendo $\mathbf{1}'_K \boldsymbol{\pi}_{ij} = 1$, e $\boldsymbol{\beta}_{(ij)} = (u^C_{(ij)k}, k = 1, \ldots, K-1)'$, tem-se

$$\ln \boldsymbol{\pi}_{ij} = \mathbf{1}_K \lambda_{ij} + \mathbf{Y} \boldsymbol{\beta}_{(ij)} \tag{5.28}$$

5. MODELOS LOG-LINEARES COM VARIÁVEIS EXPLICATIVAS 127

onde $\mathbf{Y} = (\mathbf{I}_{(K-1)}, -\mathbf{1}_{(K-1)})'$.

O modelo log-linear saturado global resulta da conjugação dos s modelos (5.28). Reunindo lexicograficamente $\{\pi_{ij}\}$ e $\{\boldsymbol{\beta}_{(ij)}\}$ nos vectores compostos $\boldsymbol{\pi}$ e $\boldsymbol{\beta}$, tem-se então

$$\ln \boldsymbol{\pi} = (\mathbf{I}_{IJ} \otimes \mathbf{1}_K)\, \boldsymbol{\lambda} + (\mathbf{I}_{IJ} \otimes \mathbf{Y})\, \boldsymbol{\beta} \qquad (5.29)$$

em $\boldsymbol{\lambda}$ é um vector $IJ \times 1$ cujos elementos são os $\{\lambda_{ij}\}$.

O modelo log-linear (5.29) pode igualmente ser posto numa forma análoga à do correspondente modelo tridimensional através de reparametrizações apropriadas. Para o efeito, considerem-se as seguintes transformações,

$$\text{(a)}\quad \lambda_{ij} = w + w_i^A + w_j^B + w_{ij}^{AB},$$

$$\text{(b)}\quad u_{(ij)k}^C = w_k^C + w_{ik}^{AC} + w_{jk}^{BC} + w_{ijk}^{ABC}, \qquad (5.30)$$

para $i = 1, \ldots, I$, $j = 1, \ldots, J$, $k = 1, \ldots, K$ onde, para evitar a ocorrência de sobreparametrização, se consideram as restrições de soma nula:

$$\sum_i w_i^A = \sum_j w_j^B = \sum_i w_{ij}^{AB} = \sum_j w_{ij}^{AB} \quad = \quad 0$$

$$\sum_k w_k^C = \sum_i w_{ik}^{AC} = \sum_k w_{ik}^{AC} = \sum_j w_{jk}^{BC} \quad = \quad 0$$

$$\sum_k w_{jk}^{BC} = \sum_i w_{ijk}^{ABC} = \sum_j w_{ijk}^{ABC} = \sum_k w_{ijk}^{ABC} \quad = \quad 0.$$

Transformações coerentes com estas restrições podem ser definidas tomando

$$w = (IJ)^{-1} \sum_{i,j} \lambda_{ij}, \qquad\qquad w_i^A = J^{-1} \sum_j \lambda_{ij} - w$$

$$w_j^B = I^{-1} \sum_i \lambda_{ij} - w, \qquad\qquad w_{ij}^{AB} = \lambda_{ij} - (w + w_i^A + w_j^B)$$

$$w_k^C = (IJ)^{-1} \sum_{i,j} u_{(ij)k}^C, \qquad\qquad w_{ik}^{AC} = J^{-1} \sum_j u_{(ij)k}^C - w_k^C$$

$$w_{jk}^{BC} = I^{-1} \sum_i u_{(ij)k}^C - w_k^C, \qquad w_{ijk}^{ABC} = u_{(ij)k}^C - (w_k^C + w_{ik}^{AC} + w_{jk}^{BC}).$$

Com a reparametrização (5.30), o modelo (5.29) na sua forma discriminada corresponde a

$$\ln \theta_{(ij)k} = w + w_i^A + w_j^B + w_k^C + w_{ij}^{AB} + w_{ik}^{AC} + w_{jk}^{BC} + w_{ijk}^{ABC}, \qquad (5.31)$$

para $i = 1, \ldots, I$, $j = 1, \ldots, J$, $k = 1, \ldots, K$. O aspecto desta formulação para os s modelos saturados unidimensionais e o facto de os seus termos w indexados satisfazerem as restrições atrás indicadas mostram inequivocamente a analogia formal entre (5.31) e o modelo log-linear saturado tridimensional (4.29).

O uso das opções referidas para os novos parâmetros log-lineares mostra ainda que eles se exprimem através de $\{\ln \theta_{(ij)k}\}$ da mesma forma como os correspondentes

5.3 TABELAS TRIDIMENSIONAIS

termos do modelo tridimensional se definem com base em $\{\ln\theta_{ijk}\}$. Atendendo ao significado dos termos multiplamente indexados envolvendo aquela que é, aqui, a única resposta, u^{AC}, u^{BC} e u^{ABC}, e ao tipo de invariância das RPC, fica claro que os termos w^{AC}, w^{BC} e w^{ABC} são, respectivamente, a contrapartida daqueles no cenário onde a marginal de (X_1, X_2) é considerada fixa.

Os termos não envolvendo a variável resposta (w, w^A, w^B, w^{AB}) não têm aqui qualquer relevância já que estão associados ao parâmetro $\boldsymbol{\lambda}$ que fica determinado por $\boldsymbol{\beta}$, pelas $s = IJ$ restrições naturais $\sum_k \theta_{(ij)k} = 1$, $i = 1, \ldots, I$, $j = 1, \ldots, J$, do seguinte modo:

$$\lambda_{ij} = -\ln[\mathbf{1}'_K \exp(\mathbf{Y}\,\boldsymbol{\beta}_{(ij)})],$$

para $i = 1, \ldots, I$, $j = 1, \ldots, J$.

Em consonância, os modelos log-lineares não contêm qualquer informação sobre a associação entre as variáveis explicativas, como não poderia deixar de ser pelo próprio quadro probabilístico em que se inserem.

Sendo $\mathbf{Z}$ a matriz quadrada de ordem $IJ(K-1)$ definindo a transformação de $\boldsymbol{\beta}$ para o vector $\mathbf{w}^{*C}$ constituído pelos elementos linearmente independentes de w^C, w^{AC}, w^{BC} e w^{ABC}, a formulação (5.29) converte-se em

$$\ln\boldsymbol{\pi} = (\mathbf{I}_{IJ} \otimes \mathbf{1}_K)\,\boldsymbol{\lambda} + [(\mathbf{I}_{IJ} \otimes \mathbf{Y})\,\mathbf{Z}]\,\mathbf{w}^{*C}. \tag{5.32}$$

Definindo para cada subpopulação um vector de logitos $\mathbf{L}_{(ij)} = (L_{(ij)k}, k = 1, \ldots, K-1)'$, a Proposição 5.1 permite interpretar (5.32) como um modelo (saturado) de Análise de Variância $(K-1)$ - variada dupla no vector de todos esses logitos. Por exemplo, tomando $\mathbf{L}_{(ij)} = (\mathbf{I}_{(K-1)}, -\mathbf{1}_{(K-1)})\,\ln\boldsymbol{\pi}_{ij}$, $i = 1, \ldots, I$, $j = 1, \ldots, J$, o modelo (5.32) equivale a

$$\mathbf{A}\ln\boldsymbol{\pi} = \mathbf{X}_G\,\mathbf{w}^{*C} \tag{5.33}$$

onde $\mathbf{A} = \mathbf{I}_{IJ} \otimes (\mathbf{I}_{(K-1)}, -\mathbf{1}_{(K-1)})$ gera os logitos de referência para todas as subpopulações e $\mathbf{X}_G = \mathbf{A}(\mathbf{I}_{IJ} \otimes \mathbf{Y})\,\mathbf{Z}$.

Numa forma discriminada por componentes, a expressão (5.33) corresponde a

$$L_{(ij)k} \equiv \ln[\theta_{(ij)k}/\theta_{(ij)K}] = \quad (w_k^C - w_K^C) + (w_{ik}^{AC} - w_{iK}^{AC})$$

$$+ (w_{jk}^{BC} - w_{jK}^{BC}) + (w_{ijk}^{ABC} - w_{ijK}^{ABC}) \tag{5.34}$$

$$= \quad \gamma_k + \delta_{(i)k} + \alpha_{(j)k} + \eta_{(ij)k},$$

para $k = 1, \ldots, K-1$, $i = 1, \ldots, I$, $j = 1, \ldots, J$.

De um modo idêntico ao caso tratado na Secção 5.2, as médias gerais $\{\gamma_k\}$ e os efeitos principais da variável associada às linhas $\{\delta_{(i)k}\}$ neste modelo de tipo ANOVA são definidos através dos termos w^C e w^{AC}, respectivamente. Os efeitos principais da variável associada às colunas $\{\alpha_{(j)k}\}$ são determinados pelo termo w^{BC} enquanto que as interacções (de primeira ordem) entre as duas variáveis explicativas estão associadas ao termo w^{ABC}.

Em suma, os parâmetros log-lineares relevantes de (5.32) podem ser interpretados como médias gerais, efeitos principais e interacções de primeira ordem num modelo ANOVA para os logitos de todas as subpopulações.

5. MODELOS LOG-LINEARES COM VARIÁVEIS EXPLICATIVAS 129

Para ilustração dos aspectos ligados às várias formulações do modelo log-linear saturado, tome-se o seguinte exemplo:

Exemplo 5.3: Considere-se uma tabela tridimensional com $I = J = 2$. Tomando inicialmente $r = 3$, as formulações (5.32) e (5.33) do modelo log-linear saturado correspondem a

$$\mathbf{Y} = \begin{pmatrix} 1 & 0 \\ 0 & 1 \\ -1 & -1 \end{pmatrix}, \quad \mathbf{Z} = \begin{pmatrix} 1 & 0 & 1 & 0 & 1 & 0 & 1 & 0 \\ 0 & 1 & 0 & 1 & 0 & 1 & 0 & 1 \\ 1 & 0 & 1 & 0 & -1 & 0 & -1 & 0 \\ 0 & 1 & 0 & 1 & 0 & -1 & 0 & -1 \\ 1 & 0 & -1 & 0 & 1 & 0 & -1 & 0 \\ 0 & 1 & 0 & -1 & 0 & 1 & 0 & -1 \\ 1 & 0 & -1 & 0 & -1 & 0 & 1 & 0 \\ 0 & 1 & 0 & -1 & 0 & -1 & 0 & 1 \end{pmatrix}$$

e

$$\mathbf{X}_G = \begin{pmatrix} 2 & 1 & 2 & 1 & 2 & 1 & 2 & 1 \\ 1 & 2 & 1 & 2 & 1 & 2 & 1 & 2 \\ 2 & 1 & 2 & 1 & -2 & -1 & -2 & -1 \\ 1 & 2 & 1 & 2 & -1 & -2 & -1 & -2 \\ 2 & 1 & -2 & -1 & 2 & 1 & -2 & -1 \\ 1 & 2 & -1 & -2 & 1 & 2 & -1 & -2 \\ 2 & 1 & -2 & -1 & -2 & -1 & 2 & 1 \\ 1 & 2 & -1 & -2 & -1 & -2 & 1 & 2 \end{pmatrix}$$

estando estas matrizes associadas à ordenação lexicográfica dos parâmetros $\beta_{(i,j)}, i, j = 1, 2$ em β e a

$$\mathbf{w}^{*C} = (w_1^C, \, w_2^C, \, w_{11}^{AC}, \, w_{12}^{AC}, \, w_{11}^{BC}, \, w_{12}^{BC}, \, w_{111}^{ABC}, \, w_{112}^{ABC})'.$$

Os parâmetros linearmente independentes de tipo ANOVA em (5.34) são definidos por

$$\gamma_1 = 2w_1^C + w_2^C, \qquad \delta_{(1)1} = 2w_{11}^{AC} + w_{12}^{AC}, \qquad \alpha_{(1)1} = 2w_{11}^{BC} + w_{12}^{BC},$$

$$\gamma_2 = w_1^C + 2w_2^C, \qquad \delta_{(1)2} = w_{11}^{AC} + 2w_{12}^{AC}, \qquad \alpha_{(1)2} = w_{11}^{BC} + 2w_{12}^{BC},$$

$$\eta_{(11)1} = 2w_{111}^{ABC} + w_{112}^{ABC}, \quad \eta_{(11)2} = w_{111}^{ABC} + 2w_{112}^{ABC}.$$

No caso mais simples de $K = 2$, tem-se

$$\mathbf{Y} = (1 \; -1)', \; \mathbf{X}_G = [\mathbf{I}_4 \otimes (1 \; -1)](\mathbf{Z} \otimes \mathbf{Y}) = 2\mathbf{Z}$$

e

$$\mathbf{Z} = \begin{pmatrix} 1 & 1 & 1 & 1 \\ 1 & 1 & -1 & -1 \\ 1 & -1 & 1 & -1 \\ 1 & -1 & -1 & 1 \end{pmatrix},$$

sendo os parâmetros associados

$$\beta = (u_{(11)1}, \, u_{(12)1}, \, u_{(21)1}, \, u_{(22)1})'$$

e

$$\mathbf{w}^{*C} = (w_1^C, \ w_{11}^{AC}, \ w_{11}^{BC}, \ w_{111}^{ABC})'.$$

A formulação por componentes do modelo ANOVA (univariada) dupla para os logitos é

$$L_{(ij)} \equiv \ln[\theta_{(ij)1}/\theta_{(ij)2}] \quad = \quad 2w_1^C + 2w_{i1}^{AC} + 2w_{j1}^{BC} + 2w_{ij1}^{ABC}$$

$$= \quad \gamma + \delta_{(i)} + \alpha_{(j)} + \eta_{(ij)}$$

onde $\sum_i \delta_{(i)} = \sum_j \alpha_{(j)} = \sum_i \eta_{(ij)} = \sum_j \eta_{(ij)} = 0$.

Em qualquer destes casos é patente o papel relevante dos parâmetros envolvendo a variável resposta na definição das médias gerais, efeitos principais e interacções entre as variáveis explicativas, relativamente às funções paramétricas das celas traduzidas pelos logitos. ■

Já referiu-se anteriormente que os parâmetros log-lineares relevantes da formulação (5.31) definem as mesmas funções dos $\{\ln \theta_{(ij)k}\}$ que os parâmetros homólogos do modelo log-linear tridimensional em termos dos $\{\ln \theta_{ijk}\}$. Em particular, para a tabela 2^3

$$w_{111}^{ABC} \quad = \quad \tfrac{1}{8} \ln \tfrac{\theta_{(11)1} \, \theta_{(12)2} \, \theta_{(21)2} \, \theta_{(22)1}}{\theta_{(11)2} \, \theta_{(12)1} \, \theta_{(21)1} \, \theta_{(22)2}} \quad = \quad \tfrac{1}{8} \ln \left(\Delta^{A(1)}/\Delta^{A(2)} \right)$$

$$w_{11}^{BC} \quad = \quad \tfrac{1}{8} \ln \tfrac{\theta_{(11)1} \, \theta_{(12)2} \, \theta_{(21)1} \, \theta_{(22)2}}{\theta_{(11)2} \, \theta_{(12)1} \, \theta_{(21)2} \, \theta_{(22)1}} \quad = \quad \tfrac{1}{8} \ln \left(\Delta^{A(1)} \Delta^{A(2)} \right)$$

$$w_{11}^{AC} \quad = \quad \tfrac{1}{8} \ln \tfrac{\theta_{(11)1} \, \theta_{(12)1} \, \theta_{(21)2} \, \theta_{(22)2}}{\theta_{(11)2} \, \theta_{(12)2} \, \theta_{(21)1} \, \theta_{(22)1}} \quad = \quad \tfrac{1}{8} \ln \left(\Delta^{B(1)} \Delta^{B(2)} \right)$$

$$w_1^C \quad = \quad \tfrac{1}{8} \ln \tfrac{\theta_{(11)1} \, \theta_{(12)1} \, \theta_{(21)1} \, \theta_{(22)1}}{\theta_{(11)2} \, \theta_{(12)2} \, \theta_{(21)2} \, \theta_{(22)2}}$$

Estas expressões têm ainda o condão de ilustrar que as aludidas funções dos logaritmos das probabilidades (ou das médias) das celas que representam os elementos de $\mathbf{w}^{*C}$ identificam igualmente os correspondentes termos u^C, u^{AC}, u^{BC} e u^{ABC} do modelo tridimensional.

Esta conclusão mantém-se para qualquer tabela $I \times J \times K$ pelo que fica claro como certos modelos lineares nos logitos correspondem a apropriados modelos log-lineares nas probabilidades conjuntas $\{\theta_{ijk}\}$. Exemplificando, o modelo aditivo para os logitos

$$L_{(ij)k} = \gamma_k + \delta_{(i)k} + \alpha_{(j)k}, \tag{5.35}$$

para $k = 1, \ldots, K - 1$, $i = 1, \ldots, I, j = 1, \ldots, J$ é uma formulação equivalente do modelo log-linear (5.31) com $w^{ABC} = 0$, condição esta retratando que as quantidades

$$\Delta_{jk}^{A(i)} = \frac{\theta_{(ij)k} \, \theta_{(iJ)K}}{\theta_{(ij)K} \, \theta_{(iJ)k}},$$

para $1 \leq k \leq K - 1$, $1 \leq j \leq J - 1$, não dependem de i, com uma propriedade semelhante para o outro tipo de RPC, $\{\Delta_{ik}^{B(j)}\}$, significativo neste contexto. Esta

5. MODELOS LOG-LINEARES COM VARIÁVEIS EXPLICATIVAS 131

condição é a formulação usual (multiplicativa) da noção de ausência de interacção de segunda ordem no cenário de uma tabela com dois factores e uma resposta (vide Bhapkar & Koch (1968a, 1968b)). Fica, pois, claro que (5.35) corresponde ao modelo (AB, AC, BC) para a tabela com as três variáveis tomadas como respostas.

Na mesma linha de raciocínio, o modelo mais reduzido

$$L_{(ij)k} = \gamma_k + \delta_{(i)k}, \qquad (5.36)$$

para $k = 1, \ldots, K - 1$, $i = 1, \ldots, I$, $j = 1, \ldots, J$ ao representar $\Delta_{jk}^{A(i)} = 1$, $i = 1, \ldots, I$, $j = 1, \ldots, J$, $k = 1, \ldots, K$, corresponde ao modelo log-linear tridimensional $X_2 \amalg X_3 \mid X_1$.

Por fim, deve-se realçar que certos modelos log-lineares relevantes para uma tabela com três variáveis respostas são incompatíveis com o delineamento em análise, como já foi referido no Capítulo 2 em termos das formulações multiplicativas ordinárias. Um exemplo é fornecido pelo modelo $X_1 \amalg X_2 \mid X_3$ – note-se que o modelo probabilístico em consideração é incapaz de traduzir a associação parcial entre X_1 e X_2.

Vale ainda a pena salientar de novo que a identidade formal entre os s modelos log-lineares unidimensionais aglutinados em (5.31) e o correspondente modelo tridimensional não é atributo exclusivo da parametrização usada.

Considerando, por exemplo, a categoria de resposta K como a categoria de referência para toda a subpopulação (i, j), a interpretação de (5.28) à luz deste tipo de parametrização materializa-se em $\lambda_{ij} = \ln \theta_{(ij)K}$ e $u_{(ij)k}^{C} = L_{(ij)k}$. Operando então uma reparametrização apropriada de $\{\ln \theta_{(ij)k}\}$ em termos dos logaritmos das probabilidades de cada categoria de resposta para as subpopulações (I, J), (i, J), (I, j), (i, j), constata-se que λ_{ij} e $u_{ij(k)}^{C}$ se podem exprimir segundo (5.30), mas com os termos w definidos à guisa de (4.35) com $\{\theta_{(ij)k}\}$ no papel de $\{\theta_{ijk}\}$. Veja-se o Exercício 5.3.

A identidade formal desses novos termos w e dos termos homólogos do modelo tridimensional corresponde ou não a uma identidade de conteúdo consoante os termos w envolvem ou não a variável resposta. A equivalente formulação linear nos logitos continua a poder ser definida por (5.34), mas com a condição de anulamento dos parâmetros indexados pelo último nível de qualquer variável. Deste modo, o efeito do nível i do primeiro factor no k-ésimo logito é medido por $\delta_{(i)k} \equiv w_{ik}^{AC} = \ln \Delta_{ik}^{B(J)}$, enquanto que a interacção de primeira ordem entre os níveis i e j dos factores no mesmo logito é representada por

$$\eta_{(ij)k} \equiv w_{ijk}^{ABC} = \ln[\Delta_{jk}^{A(i)}/\Delta_{jk}^{A(I)}] = \ln[\Delta_{ik}^{B(j)}/\Delta_{ik}^{B(J)}].$$

Exemplo 5.4: Para uma ilustração adicional da correspondência entre formulações log-lineares e lineares em logitos, analise-se agora o caso de alguns dos modelos tridimensionais ordinais considerados na Secção 4.6.

Sendo $\{c_k, k = 1, \ldots, K\}$ os *scores* da variável resposta X_3, é fácil constatar que o modelo (4.60), de ordenação estocástica das duas distribuições condicionais de X_3, dado X_2 e dado X_1, implica para os logitos adjacentes o modelo

$$
\begin{aligned}
L_{(ij)k} &\equiv \ln\{\theta_{ijk}/\theta_{ij,k+1}\} \equiv \ln\{\theta_{(ij)k}/\theta_{(ij),k+1}\} \\
&= (u_k^C - u_{k+1}^C) + \left[w_i^{AC} + w_j^{BC}\right](c_k - c_{k+1})
\end{aligned}
\tag{5.37}
$$

onde $\sum_k u_k^C = \sum_i w_i^{AC} = \sum_j w_j^{BC} = 0$.

Para cada $k = 1, \ldots, K - 1$, (5.37) mostra que o respectivo logito tem uma expressão análoga à da média de um modelo ANOVA dupla sem interacção. A Proposição 5.1 assegura que (5.37) equivale à formulação log-linear

$$
\ln \theta_{(ij)k} = \lambda_{ij} + u_k^C + w_i^{AC}(c_k - \bar{c}) + w_j^{BC}(c_k - \bar{c})
\tag{5.38}
$$

que apenas se distingue formalmente de (4.60) pela substituição de $u + u_i^A + u_j^B + u_{ij}^{AB}$ pelo parâmetro λ_{ij}, agora fixado pelas restrições $\sum_{k=1}^{K} \theta_{(ij)k} = 1$, $i = 1, \ldots, I$, $j = 1, \ldots, J$ – sugere-se que, a título de exercício, se verifique a aludida equivalência através da situação referida no Exemplo 5.2.

O modelo de tipo ANOVA dupla $(K - 1)$ – variada, (5.37), pode ser complicado pela adição de um efeito de interacção dos dois factores em cada logito, da forma $w_{ij}^{AB}(c_k - c_{k+1})$. No caso de a variável explicativa X_2 ser também ordinal, com *scores* $\{b_j\}$, os seus efeitos principais e a sua interacção com X_1 nos logitos poderão ser simpaticamente estruturados de acordo com a forma

$$
w_j^B = v^{BC}(b_j - \bar{b}) \quad ; \quad w_{ij}^{AB} = w_i^{ABC}(b_j - \bar{b}).
$$

Neste sentido, obtém-se o novo modelo linear nos logitos

$$
\begin{aligned}
L_{(ij)k} = (u_k^C - u_{k+1}^C) \quad &+ \quad [w_i^{AC} + v^{BC}(b_j - \bar{b}) \\
&+ \quad w_i^{ABC}(b_j - \bar{b})](c_k - c_{k+1}).
\end{aligned}
\tag{5.39}
$$

Esta expressão mostra que, para k fixado, os respectivos $s = IJ$ logitos estão estruturados à semelhança da média de um modelo de Análise de Covariância (ANCOVA) com um factor (X_1) em I níveis (e de efeitos principais proporcionais a $\{w_i^{AC}\}$) e com uma variável concomitante (X_2) com J "observações" $\{b_j\}$ (e de coeficiente de regressão proporcional a v^{BC}). Este modelo contém ainda um termo de interacção entre o factor e a variável concomitante com coeficientes proporcionais a $\{w_i^{ABC}\}$.

A Proposição 5.1 permite de novo provar a equivalência de (5.39) com a formulação log-linear

$$
\begin{aligned}
\ln \theta_{(ij)k} = \lambda_{ij} + u_k^C + w_i^{AC}(c_k - \bar{c}) \quad &+ \quad v^{BC}(b_j - \bar{b})(c_k - \bar{c}) \\
&+ \quad w_i^{ABC}(b_j - \bar{b})(c_k - \bar{c}).
\end{aligned}
$$

A eliminação do termo de interacção entre o factor e a variável concomitante em (5.39) conduz ao modelo log-linear

$$
\ln \theta_{(ij)k} = \lambda_{ij} + u_k^C + w_i^{AC}(c_k - \bar{c}) + v^{BC}(b_j - \bar{b})(c_k - \bar{c}).
\tag{5.40}
$$

5. MODELOS LOG-LINEARES COM VARIÁVEIS EXPLICATIVAS

Sob este modelo

$$L_{(ij)k} - L_{(i,j+1)k} = \ln \psi_{jk}^{A(i)} = v^{BC}(b_{j+1} - b_j)(c_{k+1} - c_k)$$

$$L_{(ij)k} - L_{(i+1,j)k} = \ln \psi_{ik}^{B(j)} = (w_{i+1}^{AC} - w_i^{AC})(c_{k+1} - c_k)$$

mostrando que os efeitos de X_2 e de X_1 na resposta não dependem, respectivamente, de X_1 e de X_2, e que as correspondentes distribuições condicionais da resposta dado X_2 (em qualquer nível de X_1) e dado X_1 (em qualquer nível de X_2) são estocasticamente ordenadas de acordo com o sinal de v^{BC} e com a ordenação dos $\{w_i^{AC}\}$, respectivamente.

Estas características de (5.40) são perfilhadas como se viu na Subsecção 4.6.2, pelo modelo tridimensional (4.58), o que não é de espantar, já que este implica (5.40). Contudo, é incorrecto afirmar que (5.40) corresponde a (4.58), já que existem outros modelos tridimensionais que são compatíveis com aquele. O modelo mais geral nestas condições é definido por

$$\ln \theta_{ijk} = u + u_i^A + u_j^B + u_k^C + u_{ij}^{AB} + w_i^{AC}(c_k - \bar{c}) + v^{BC}(b_j - \bar{b})(c_k - \bar{c}) \qquad (5.41)$$

com as restrições usuais, diferindo de (4.58) por não atribuir uma estrutura especial ao termo de associação parcial $X_1 - X_2$. Como no contexto em questão não faz sentido definir esse termo, o que se reflecte na expressão dos modelos log-lineares apropriados, afigura-se mais lógico pôr (5.40) em correspondência formal com (5.41), por ser este o modelo log-linear tridimensional mais geral que induz aquele.

Razões adicionais de ordem inferencial, que serão avançadas no Capítulo 9, justificam esta escolha para o estabelecimento de uma correspondência entre modelos lineares em logitos e apropriados modelos log-lineares que tratam todas as variáveis como respostas. ∎

5.4 Tabelas tetradimensionais

A derivação das várias formulações log-lineares em tabelas de dimensão 2 e 3 com alguma variável explicativa fornece já os instrumentos essenciais para a extensão desse procedimento a 4 ou mais dimensões.

Nesta secção vai-se ainda considerar explicitamente o caso de uma tabela tetradimensional, uma vez que nesta é possível deparar-se com uma situação envolvendo mais de um factor e de uma resposta, o que é impossível em tabelas de dimensão inferior.

O tratamento das três situações distintas numa tabela tetradimensional poderá seguir uma via idêntica à usada prioritariamente nas Secções 5.2 e 5.3, assente na parametrização usual de tipo ANOVA associada com restrições de soma nula. Contudo, optar-se-á aqui pelo uso da parametrização da cela de referência por razões que se prendem com a conveniência de uma mais detalhada ilustração desta via, secundarizada nas subsecções anteriores, e com a menor morosidade que elas proporcionam na consecução dos objectivos que se tem vindo a perseguir.

5.4.1 Tabelas com um factor

Considerando X_1 a variável explicativa em $s = I$ níveis, o modelo log-linear saturado é o conjunto dos s modelos tridimensionais para as $r = JKL$ categorias de resposta

$$\ln \theta_{(i)jkl} = \lambda_i + u_{(i)j}^B + u_{(i)k}^C + u_{(i)l}^D + u_{(i)jk}^{BC} + u_{(i)jl}^{BD} + u_{(i)kl}^{CD} + u_{(i)jkl}^{BCD}, \qquad (5.42)$$

para $i = 1, \ldots, I$.

No quadro da parametrização da cela de referência (J, K, L) em cada subpopulação i, os parâmetros do segundo membro de (5.42) são definidos por expressões do tipo de (4.35). Exemplificadamente,

$$\lambda_i = \ln \theta_{(i)JKL} \quad ; \quad u_{(i)j}^B = L_{(i)jKL} \equiv \ln \left[\theta_{(i)jKL} / \theta_{(i)JKL} \right]$$

$$u_{(i)jk}^{BC} = \ln \left[\frac{\theta_{(i)jkL}\, \theta_{(i)JKL}}{\theta_{(i)jKL}\, \theta_{(i)JkL}} \right] \equiv \ln \Delta_{jk}^{AD(iL)} \qquad (5.43)$$

$$u_{(i)jkl}^{BCD} = \ln \left[\Delta_{jk}^{AD(il)} / \Delta_{jk}^{AD(iL)} \right].$$

Note-se, desde já, que os parâmetros dupla e triplamente indexados para cada i, identificam logaritmos de RPC ou de razões de RPC associados a subtabelas parciais da tabela $I \times J \times K \times L$. Por outro lado, (5.42) define já o modelo linear saturado para os logitos de cada subpopulação, já que $\ln \theta_{(i)jkl} - \lambda_i = L_{(i)jkl}$, $i = 1, \ldots, I$, $j = 1, \ldots, J$, $k = 1, \ldots, K$, $l = 1, \ldots, L$.

Opere-se agora uma reparametrização de (5.42) relativamente aos correspondentes parâmetros para a subpopulação s, de acordo com um processo análogo ao descrito na Subsecção 5.3.1. Por exemplo,

$$\lambda_i = \lambda_I + (\lambda_i - \lambda_I) \equiv w + w_i^A$$

e

$$u_{(i)jk}^{BC} = u_{(s)jk}^{BC} + [u_{(i)jk}^{BC} - u_{(s)jk}^{BC}] \equiv w_{jk}^{BC} + w_{ijk}^{ABC}.$$

O resultado é a formulação

$$\ln \theta_{(i)jkl} = (w + w_i^A) + \gamma_{jkl} + \delta_{(i)jkl} \qquad (5.44)$$

em que

$$\gamma_{jkl} = w_j^B + w_k^C + w_l^D + w_{jk}^{BC} + w_{jl}^{BD} + w_{kl}^{CD} + w_{jkl}^{BCD}$$

$$\delta_{(i)jkl} = w_{ij}^{AB} + w_{ik}^{AC} + w_{il}^{AD} + w_{ijk}^{ABC} + w_{ijl}^{ABD} + w_{ikl}^{ACD} + w_{ijkl}^{ABCD}$$

sendo os novos parâmetros w definidos através de $\{\ln \theta_{(i)jkl}\}$ segundo as mesmas expressões que definem os parâmetros u do modelo tetradimensional (4.46), baseadas em $\{\ln \theta_{ijkl}\}$.

De acordo com a própria notação usada em (5.44), distinguem-se três conjuntos de parâmetros:

5. MODELOS LOG-LINEARES COM VARIÁVEIS EXPLICATIVAS 135

- Os parâmetros que não são indexados por qualquer variável resposta ($w, \{w_i^A\}$) são irrelevantes em consequência das restrições naturais $\sum_{j,k,l} \theta_{(i)jkl} = 1$, $i = 1, \ldots, I$, o que transparece na sua omissão na formulação linear dos logitos, e não são equivalentes aos termos homólogos do modelo tetradimensional. Por exemplo,

$$w_i^A = \ln[\theta_{(i)JKL}/\theta_{(I)JKL}] \neq u_i^A$$

(recorde-se (4.46)).

- Os parâmetros relevantes que não são indexados pelo nível i do factor são equivalentes aos correspondentes termos u do modelo tetradimensional. Note-se que, *e.g.*, fazendo

$$a_{jkl} = (\theta_{(I)jkl}\,\theta_{(I)JKl})/(\theta_{(I)jKl}\,\theta_{(I)Jkl}),$$

$$w_{jkl}^{BCD} \equiv u_{(I)jkl}^{BCD} = \ln\frac{a_{jkl}}{a_{jkL}} = \ln[\Delta_{jk}^{AD(Il)}/\Delta_{jk}^{AD(IL)}] \equiv u_{jkl}^{BCD}.$$

Eles desdobram o papel da média geral para os logitos $L_{(i)jkl}, i = 1, \ldots, I$ desempenhado pela sua soma $\gamma_{jkl} = L_{(I)jkl}$.

- Os parâmetros relevantes que, além de ligados a pelo menos uma resposta, envolvem também o factor são igualmente equivalentes aos termos homólogos do modelo tetradimensional. Por exemplo, denotando

$$b_{ijl} = (\theta_{(i)jKl}\,\theta_{(i)JKL})/(\theta_{(i)jKL}\,\theta_{(i)JKl}),$$

tem-se

$$w_{ijl}^{ABD} \equiv u_{(i)jl}^{BD} - u_{(s)jl}^{BD} = \ln\left[b_{ijl}/b_{sjl}\right] = \ln\frac{\Delta_{jl}^{AC(iK)}}{\Delta_{jl}^{AC(sK)}} \equiv u_{ijl}^{ABD}.$$

Cada um deles representa uma componente do efeito do factor na distribuição conjunta das três respostas (*i.e.*, nos logitos $L_{(i)jkl}$), traduzido globalmente pela sua soma $\delta_{(i)jkl} = L_{(i)jkl} - \gamma_{jkl}$.

Ao explicitar-se a identidade de conteúdo entre os parâmetros relevantes de (5.44) e os parâmetros homólogos de (4.46), fica automaticamente estabelecida a correspondência entre modelos log-lineares reduzidos nos cenários de (um factor, três respostas) e de quatro respostas. A tradução do seu significado no cenário em questão deve naturalmente ter em conta as especificidades deste. Por exemplo, denotando

$$\phi_{ijkl} = \frac{\Delta_{jk}^{AD(il)}}{\Delta_{jk}^{AD(iL)}} = \frac{\Delta_{jl}^{AC(ik)}}{\Delta_{jl}^{AC(iK)}} = \frac{\Delta_{kl}^{AB(ij)}}{\Delta_{kl}^{AB(iJ)}}$$

e tendo em conta que

$$w_{ijkl}^{ABCD} \equiv u_{(i)jkl}^{BCD} - u_{(s)jkl}^{BCD} = \ln\left[\phi_{ijkl}/\phi_{sjkl}\right],$$

136   5.4 TABELAS TETRADIMENSIONAIS

a ausência de interacção de terceira ordem neste cenário ($w^{ABCD} = 0$) traduz que a medida de associação entre as três respostas, em cada nível do factor, definida por

$$\phi_{ijkl}, \ 1 \leq j \leq J-1, 1 \leq k \leq K-1, 1 \leq l \leq L-1, i = 1, \ldots, I,$$

é funcionalmente independente do nível do factor.

Tendo ainda em conta que

$$
\begin{aligned}
w_{ijkl}^{ABCD} &= \ln \left[\varepsilon_{jk}^{AD(il)} \Big/ \varepsilon_{jk}^{AD(iL)} \right] = \ln \left[\varepsilon_{jl}^{AC(jk)} \Big/ \varepsilon_{jl}^{AC(iK)} \right] \\
&= \ln \left[\varepsilon_{kl}^{AB(ij)} \Big/ \varepsilon_{kl}^{AB(iJ)} \right]
\end{aligned}
$$

em que $\{\varepsilon_{jk}^{AD(il)} = \Delta_{jk}^{AD(il)} / \Delta_{jk}^{AD(sl)}\}$ se pode considerar como uma medida do efeito do nível i do factor na associação entre as respostas X_2 e X_3, com expressões e conteúdo similares para $\{\varepsilon_{jl}^{AC(ik)}\}$ e $\{\varepsilon_{kl}^{AB(ij)}\}$, o modelo (5.44) sem o termo w^{ABCD}, em clara correspondência com o modelo tetradimensional (ABC, ABD, ACD, BCD), pode ser adicionalmente expresso pela propriedade de o efeito do factor na medida de associação entre qualquer par de respostas (representado pelas quantidades ε definidas) não variar com o nível da terceira resposta.

Como exemplo de outros modelos log-lineares reduzidos, considere-se primeiramente o modelo (5.44) sem os termos w^{ABCD} e w^{BCD}, claramente induzido pelo modelo tetradimensional (ABC, ABD, ACD). Como

$$\{w_{ijkl}^{ABCD} = w_{jkl}^{BCD} = 0\} \Leftrightarrow \{\phi_{ijkl} = 1\},$$

este modelo exprime que dentro de cada nível do factor não há interacções (de segunda ordem) entre as três respostas ou, por outras palavras, que a medida de associação entre duas respostas quaisquer em cada nível do factor não depende do nível da terceira resposta.

Se neste último modelo impuser-se a condição adicional de $w^{ABC} = 0$, o modelo decorrente, correspondente ao modelo tetradimensional, (ABD, ACD, BC), exprime que a medida de associação entre X_2 e X_3 ($\{\Delta_{jk}^{AD(il)}\}$) é homogénea com o nível do factor e não depende do nível de X_4. Neste contexto, a remoção de w^{BC} conduz à condição de $\Delta_{jk}^{AD(il)} = 1, \ i = 1, \ldots, I, \ j = 1, \ldots, J, \ k = 1, \ldots, K, \ l = 1, \ldots, L,$ tradutora da independência condicional de X_2 e X_3 dado X_4 em cada subpopulação, expressa no cenário de quatro respostas pelo modelo (ABD, ACD).

5.4.2   Tabelas com dois factores

Sendo X_1 e X_2 as variáveis definidoras das $s = IJ$ subpopulações, o modelo log-linear saturado é o conjunto dos s modelos bidimensionais para as $r = KL$ categorias de resposta

$$\ln \theta_{(ij)kl} = \lambda_{ij} + u_{(ij)k}^{C} + u_{(ij)l}^{D} + u_{(ij)kl}^{CD}, \tag{5.45}$$

para $i = 1, \ldots, I, \ j = 1, \ldots, J$. Na estrutura de parametrização face à cela de referência (K, L) em cada subpopulação, os parâmetros do segundo membro de (5.45)

5. MODELOS LOG-LINEARES COM VARIÁVEIS EXPLICATIVAS 137

exprimem-se por (recorde-se (4.14))

$$\lambda_{ij} = \ln \theta_{(ij)KL} \quad ; \quad u^C_{(ij)k} = \ln [\theta_{(ij)kL}/\theta_{(ij)KL}] \equiv L_{(ij)kL}$$

$$u^C_{(ij)l} = L_{(ij)Kl} \quad ; \quad u^{CD}_{(ij)kl} = L_{(ij)kl} - L_{(ij)kL} - L_{(ij)Kl} \equiv \ln \Delta^{AB(ij)}_{kl}$$

realçando que (5.45) é um modelo linear nos logitos de cada subpopulação.

O facto de os parâmetros para a subpopulação (i, j) terem como denominador comum o índice subpopulacional é aproveitado no sentido de definir para cada um uma reparametrização análoga àquela que é referida no final da Subsecção 5.3.2, relativa a desvios dos respectivos parâmetros para a subpopulação de referência (I, J). Assim, os parâmetros irrelevantes (note-se que $\sum_{k,l} \theta_{(ij)kl} = 1$, $i = 1, \ldots, I$, $j = 1, \ldots, J$) desdobram-se em

$$\begin{aligned}
\lambda_{ij} &= \lambda_{IJ} + (\lambda_{iJ} - \lambda_{IJ}) + (\lambda_{Ij} - \lambda_{IJ}) + (\lambda_{ij} - \lambda_{iJ} - \lambda_{Ij} + \lambda_{IJ}) \\
&\equiv w + w^A_i + w^B_j + w^{AB}_{ij}
\end{aligned} \tag{5.46}$$

sendo, de novo, estes parâmetros w distintos dos parâmetros homólogos do modelo tetradimensional. Por exemplo,

$$w^{AB}_{ij} = \ln \frac{\theta_{(ij)KL}\, \theta_{(IJ)KL}}{\theta_{(iJ)KL}\, \theta_{(Ij)KL}} \neq \ln \Delta^{CD(KL)}_{ij} = u^{AB}_{ij}.$$

Os parâmetros relevantes (envolvendo alguma resposta) obtêm-se da reparametrização dos restantes elementos de (5.45). Por exemplo

$$\begin{aligned}
u^C_{(ij)k} &= L_{(IJ)kL} + [L_{(iJ)kL} - L_{(IJ)kL}] + [L_{(Ij)kL} - L_{(IJ)kL}] \\
&\quad + [L_{(ij)kL} - L_{(iJ)kL} - L_{(Ij)kL} + L_{(IJ)kL}] \\
&= L_{(IJ)kL} + \ln \Delta^{BD(JL)}_{ik} + \ln \Delta^{AD(IL)}_{jk} \\
&\quad + \ln[\Delta^{BD(jL)}_{ik}/\Delta^{BD(JL)}_{ik}] \\
&\equiv w^C_k + w^{AC}_{ik} + w^{BC}_{jk} + w^{ABC}_{ijk}
\end{aligned} \tag{5.47}$$

evidenciando a equivalência entre estes parâmetros e os correspondentes parâmetros u de (4.46). O mesmo ocorre com os restantes parâmetros obtidos de

$$\begin{aligned}
u^D_{(ij)l} &= L_{(IJ)Kl} + \ln \Delta^{BC(JK)}_{il} + \ln \Delta^{AC(IK)}_{jl} + \ln[\Delta^{BC(jK)}_{il}/\Delta^{BC(JK)}_{il}] \\
&\equiv w^D_l + w^{AD}_{il} + w^{BD}_{jl} + w^{ABD}_{ijl}
\end{aligned} \tag{5.48}$$

e de

$$\begin{aligned}
u^{CD}_{(ij)kl} &= \ln \Delta^{AB(IJ)}_{kl} + \ln[\Delta^{AB(iJ)}_{kl}/\Delta^{AB(IJ)}_{kl}] + \ln[\Delta^{AB(Ij)}_{kl}/\Delta^{AB(IJ)}_{kl}] \\
&\quad + \ln[(\frac{\Delta^{AB(ij)}_{kl}}{\Delta^{AB(iJ)}_{kl}}/(\frac{\Delta^{AB(Ij)}_{kl}}{\Delta^{AB(IJ)}_{kl}}))] \\
&\equiv w^{CD}_{kl} + w^{ACD}_{ikl} + w^{BCD}_{jkl} + w^{ABCD}_{ijkl}.
\end{aligned} \tag{5.49}$$

138   5.4 TABELAS TETRADIMENSIONAIS

A introdução de (5.46) – (5.49) em (5.45) põe o modelo log-linear saturado numa
forma análoga à do modelo tetradimensional. Esta formulação traduz aqui, para cada
conjunto de logitos $\{L_{(ij)kl}, i = 1, \ldots, I, \ j = 1, \ldots, J\}$ associado a cada categoria
conjunta de resposta (k, l), um modelo ANOVA de dupla entrada com a seguinte
identificação de parâmetros:

- média geral:
$$\gamma_{kl} \equiv L_{(IJ)kl} = w_k^C + w_l^D + w_{kl}^{CD}$$

- efeito do nível i do primeiro factor :
$$\delta_{(i)kl} \equiv L_{(iJ)kl} - L_{(IJ)kl} = w_{ik}^{AC} + w_{il}^{AD} + w_{ikl}^{ACD}$$

- efeito do nível j do segundo factor :
$$\alpha_{(j)kl} \equiv L_{(Ij)kl} - L_{(IJ)kl} = w_{jk}^{BC} + w_{jl}^{BD} + w_{jkl}^{BCD}$$

- interacção entre os níveis i e j dos factores :
$$\eta_{(ij)kl} \ \equiv \ L_{(ij)kl} - L_{(iJ)kl} - L_{(Ij)kl} + L_{(IJ)kl}$$
$$= \ w_{ijk}^{ABC} + w_{ijl}^{ABD} + w_{ijkl}^{ABCD}$$

A ausência de interacção de terceira ordem $(w^{ABCD} = 0)$ corresponde aqui a uma
estrutura de interacção (de primeira ordem) entre os factores nos logitos simplificada.
Dado que $\{\Delta_{kl}^{AB(ij)}/\Delta_{kl}^{AB(Ij)}, 1 \le k \le K-1, 1 \le l \le L-1\}$ pode ser encarado como uma
medida de dependência da associação entre as duas respostas para com o nível i do
primeiro factor dentro do nível j do segundo factor, a noção de ausência de interacção
de terceira ordem pode ser, em consonância, interpretada no sentido de a dependência
da associação entre as respostas para com um dos factores não variar com os níveis
do outro factor. Desta forma, pode ser traduzida pela factorização da medida de
associação entre as duas respostas

$$\Delta_{kl}^{AB(ij)} = \sigma_{ikl}\,\tau_{jkl}$$

evidenciando a aditividade dos efeitos dos dois factores no logaritmo da RPC para as
duas respostas, num sentido análogo aos modelos de ANOVA dupla.

Se no modelo reduzido anterior se verificar a condição adicional $\{\tau_{jkl} = 1\}$, obtém-
se um novo modelo que traduz que a medida de associação entre as respostas (RPC)
em cada categoria do primeiro factor não depende do segundo factor, correspondendo
ao modelo tetradimensional (ABC, ABD, ACD).

O modelo mais reduzido dispondo que os dois factores não exercem efeito sobre
a associação entre as respostas $(\Delta_{kl}^{AB(ij)}$ independente de $(i,j))$, correspondendo a
uma simplificação da estrutura nos logitos, quer da interacção entre os dois factores
e do efeito principal do segundo factor, quer do efeito principal do primeiro factor,
constitui a descrição neste contexto do modelo (ABC, ABD, CD).

5. MODELOS LOG-LINEARES COM VARIÁVEIS EXPLICATIVAS   139

A simplificação adicional deste último modelo linear nos logitos através da remoção de $\{\gamma_{kl}\}$ do termo w^{CD} equivale à factorização

$$\theta_{(ij)kl} = \theta_{(ij)k\cdot}\,\theta_{(ij)\cdot l},$$

para $i = 1,\ldots,I$, $j = 1,\ldots,J$, $k = 1,\ldots,K$, $l = 1,\ldots,L$, representando pois a independência condicional das respostas em cada subpopulação (traduzida pelo modelo (ABC, ABD)).

Antes de terminar-se este caso deve-se chamar a atenção de que os modelos tetradimensionais sem algum termo que envolva exclusivamente as variáveis X_1 ou X_2 (e.g., u^{AB}) não têm aqui qualquer significado.

5.4.3   Tabelas com três factores

Sendo X_1, X_2 e X_3 as variáveis definidoras das $s = IJK$ subpopulações, o modelo log-linear saturado é o conjunto dos s modelos unidimensionais para as $r = L$ categorias de resposta.

$$\ln \theta_{(ijk)l} = \lambda_{ijk} + u^{D}_{(ijk)l}, \tag{5.50}$$

para $i = 1,\ldots,I$, $j = 1,\ldots,J$, $k = 1,\ldots,K$, onde, sob a parametrização face à cela de referência L em cada subpopulação, se tem $\lambda_{ijk} = \ln \theta_{(ijk)L}$ e $u^{D}_{(ijk)l} = ln\,[\theta_{(ijk)l}/\theta_{(ijk)L}] \equiv L_{(ijk)l}$.

Cada um dos parâmetros, λ_{ijk} e $u^{D}_{(ijk)l}$, para cada l, pode ser reparametrizado em termos de desvios relativamente à subpopulação de referência (I, J, K) numa extensão do processo descrito no caso II. Este processo equivale a uma reparametrização de tipo (4.35) nas quantidades $\{\ln \theta_{(ijk)l}\}$ com l considerado fixo, definida para $1 \leq l \leq L$ por

$$\begin{aligned}
\ln \theta_{(ijk)l} \;=\;& \ln \theta_{(IJK)l} + \ln\,[\theta_{(iJK)l}/\theta_{(IJK)l}] \\[2mm]
& + \ln\,[\theta_{(IjK)l}/\theta_{(IJK)l}] + \ln\,[\theta_{(IJk)l}/\theta_{(IJK)l}] \\[2mm]
& + \ln\,\Big[\tfrac{\theta_{(ijK)l}\,\theta_{(IJK)l}}{\theta_{(iJK)l}\,\theta_{(IjK)l}}\Big] + \ln\,\Big[\tfrac{\theta_{(iJk)l}\,\theta_{(IJK)l}}{\theta_{(iJK)l}\,\theta_{(IJk)l}}\Big] \\[2mm]
& + \ln\,\Big[\tfrac{\theta_{(Ijk)l}\,\theta_{(IJK)l}}{\theta_{(IjK)l}\,\theta_{(IJk)l}}\Big] + \ln\,[\rho_{ijkl}/\rho_{ijKl}]
\end{aligned} \tag{5.51}$$

em que

$$\rho_{ijkl} = \frac{\theta_{(ijk)l}\,\theta_{(IJk)l}}{\theta_{(iJk)l}\,\theta_{(Ijk)l}},$$

para $1 \leq i \leq I - 1, 1 \leq j \leq J - 1$, $k = 1,\ldots,K, l = 1,\ldots,L$.

Deste modo, os parâmetros de (5.50) podem exprimir-se por

$$\begin{aligned}
\lambda_{ijk} \;=\;& w + w^{A}_{i} + w^{B}_{j} + w^{C}_{k} + w^{AB}_{ij} + w^{AC}_{ik} + w^{BC}_{jk} + w^{ABC}_{ijk} \\[2mm]
u^{D}_{(ijk)l} \;=\;& w^{D}_{l} + w^{AD}_{il} + w^{BD}_{jl} + w^{CD}_{kl} \\[2mm]
& + w^{ABD}_{ijl} + w^{ACD}_{ikl} + w^{BCD}_{jkl} + w^{ABCD}_{ijkl}
\end{aligned} \tag{5.52}$$

Cada tipo de termo w na expressão de λ_{ijk} corresponde à respectiva parcela do segundo membro de (5.51) com $l = L$. Estes parâmetros irrelevantes pelo facto de $\lambda_{ijk} = -\ln[\sum_l \exp(u^D_{(ijk)l})]$, em virtude de $\sum_l \theta_{(ijk)l} = 1$, $i = 1,\dots,I$, $j = 1,\dots,J$, $k = 1,\dots,K$ não são equivalentes aos parâmetros homólogos do modelo tetradimensional. Por exemplo, recordando-se (4.49),

$$w_{ijk}^{ABC} = \ln\left[\rho_{ijkr}/\rho_{ijKr}\right] \neq \ln \frac{\Delta_{ij}^{CD(kr)}}{\Delta_{ij}^{CD(Kr)}} = u_{ijk}^{ABC}.$$

Os parâmetros envolvendo a variável resposta, que aparecem na segunda expressão de (5.52), são definidos pelas seguintes expressões que evidenciam a sua equivalência com os correspondentes parâmetros do modelo tetradimensional, onde $\{\pi_{(ijk)l} = e^{L_{(ijk)l}}\}$:

$$w_l^D = L_{(IJK)l} \; ; \; w_{il}^{AD} = L_{(iJK)l} - L_{(IJK)l} \equiv \ln \Delta_{il}^{BC(JK)}$$

$$w_{jl}^{BD} = L_{(IjK)l} - L_{(IJK)l} \equiv \ln \Delta_{jl}^{AC(IK)} \; ;$$

$$w_{kl}^{CD} = L_{(IJk)l} - L_{(IJK)l} \equiv \ln \Delta_{kl}^{AB(IJ)}$$

$$w_{ijl}^{ABD} = \ln \frac{\pi_{(ijK)l}\,\pi_{(IJK)l}}{\pi_{(IjK)l}\,\pi_{(iJK)l}} \equiv \ln\left[\Delta_{il}^{BC(jK)}/\Delta_{il}^{BC(JK)}\right]$$

$$w_{ikl}^{ACD} = \ln \frac{\pi_{(iJk)l}\,\pi_{(iJK)l}}{\pi_{(iJK)l}\,\pi_{(IJk)l}} \equiv \ln\left[\Delta_{kl}^{AB(iJ)}/\Delta_{kl}^{AB(IJ)}\right]$$

$$w_{jkl}^{BCD} = \ln \frac{\pi_{(Ijk)l}\,\pi_{(IJK)l}}{\pi_{(IJk)l}\,\pi_{(IjK)l}} \equiv \ln\left[\Delta_{jl}^{AC(Ik)}/\Delta_{jl}^{AC(IK)}\right]$$

$$w_{ijkl}^{ABCD} = \ln\left[\left(\frac{\pi_{(ijk)l}\,\pi_{(IjK)l}}{\pi_{(ijK)l}\,\pi_{(Ijk)l}}\right) \Big/ \left(\frac{\pi_{(iJk)l}\,\pi_{(IJK)l}}{\pi_{(iJK)l}\,\pi_{(IJk)l}}\right)\right]$$

$$\equiv \ln\left[\left(\frac{\Delta_{kl}^{AB(ij)}}{\Delta_{kl}^{AB(Ij)}}\right) \Big/ \left(\frac{\Delta_{kl}^{AB(iJ)}}{\Delta_{kl}^{AB(IJ)}}\right)\right].$$

(5.53)

Observe-se que, por (5.52), o modelo log-linear saturado (5.50) corresponde, para cada categoria l de resposta, a um modelo ANOVA de tripla entrada nos logitos $L_{(ijk)l}$, $i = 1,\dots,I$, $j = 1,\dots,J$, $k = 1,\dots,K$, com média geral $\gamma_l = w_l^D$ e efeitos principais de cada factor medidos pelo termo w indexado por esse factor e a resposta. Os termos envolvendo cada par de factores e a resposta (correspondentes às interacções de segunda ordem no modelo tetradimensional) descrevem as interacções de primeira ordem desse par de factores na resposta, enquanto que o termo idêntico à interacção de terceira ordem entre as quatro respostas define aqui a interacção de segunda ordem dos três factores nos logitos. Sobre interpretações diferenciadas do conceito de interacção de terceira ordem, veja a Nota de Capítulo 5.1.

Os parâmetros $\{w_{ijkl}^{ABCD}\}$ (cujas expressões podem ser equivalentemente definidas através das RPC associadas aos parâmetros de ordem inferior $\{w_{ijl}^{ABD}\}$ ou $\{w_{jkl}^{BCD}\}$)

5. MODELOS LOG-LINEARES COM VARIÁVEIS EXPLICATIVAS

reflectem assim uma medida da variação com um dos factores da dependência de $\{L_{(ijk)l}\}$ (ou de $\{\pi_{(ijk)l}\}$) dos outros dois factores. Concretamente, fazendo

$$c_{ijkl} = L_{(ijk)l} - L_{(ijK)l} - L_{(Ijk)l} + L_{(IjK)l},$$

$$w_{ijkl}^{ABCD} = c_{ijkl} - c_{iJkl},$$

para $1 \leq l \leq L-1$, $i = 1, \ldots, I$, $j = 1, \ldots, J$, $k = 1, \ldots, K$.

O seu anulamento traduz uma acção "aditiva" de cada par de factores nos logitos que se podem exprimir (recorde-se a segunda expressão de (5.52)) por

$$L_{(ijk)l} = \tau_{ijl} + \tau_{ikl} + \tau_{jkl}$$

o que equivale a uma acção multiplicativa nas probabilidades relativas do tipo

$$\pi_{(ijk)l} = \sigma_{ijl}\,\sigma_{ikl}\,\sigma_{jkl}$$

onde os σ's são dados pela exponencial dos correspondentes τ's.

Face a (5.52), os modelos log-lineares hierárquicos tetradimensionais com significado no cenário corrente têm como denominador comum a presença do termo de interacção de segunda ordem entre as variáveis X_1, X_2 e X_3. Entre eles inclui-se o modelo (ABC, ABD, CD) que, no actual contexto, significa que não há interacção de segunda ordem nem interacção de primeira ordem entre o factor X_3 e cada um dos restantes factores nos logitos. Por outras palavras, não só a dependência de $L_{(ijk)l}$ de qualquer par de factores não é influenciada pelo outro factor, mas também a dependência de $L_{(Ijk)l}$ e $L_{(iJk)l}$ de um dos dois factores envolvidos em cada um desses logitos não varia com o outro factor.

Se neste modelo for imposta a condição adicional de $w^{CD} = 0$, cai-se no modelo

$$L_{(ijk)l} = w_l^D + w_{il}^{AD} + w_{jl}^{BD} + w_{ijl}^{ABD} \equiv \sigma_{ijl}$$

indicador de que o factor X_3 não tem qualquer efeito nos logitos, *i.e.*, na distribuição da resposta em qualquer subpopulação. Trata-se, pois, do correspondente ao modelo (ABC, ABD) tradutor da propriedade de a distribuição condicional de X_4 (dados os três factores) não depender do factor X_3.

5.5   Notas de Capítulo

5.1: Neste capítulo o conceito de interacção (de primeira, segunda e terceira ordens) foi definido numa base multiplicativa (aditiva) em termos de razões de probabilidades (logaritmos dessas razões) da tabela. Embora seja essa a acepção provavelmente mais usada na literatura, nem sempre o termo "interacção" reveste tal significado. Para fins ilustrativos, concentre-se o foco no cenário de uma tabela tetradimensional em que só X_4 é considerada variável resposta.

O desenvolvimento de $\ln \theta_{(ijk)l}$ expresso em (5.51) pode ser aproveitado para definir uma nova hipótese de ausência de interacção de terceira ordem entre a resposta e os três factores, baseada na condição

$$H_1 : \rho_{ijkl} \text{ não depende de k,}$$

para $1 \leq i \leq I-1, 1 \leq j \leq J-1, 1 \leq k \leq K, 1 \leq l \leq L$.

A hipótese H_1 é manifestamente equivalente a

$$\theta_{(ijk)l} = \tau^*_{ijl}\, \tau^*_{ikl}\, \tau^*_{jkl},$$

para $1 \leq i \leq I-1, 1 \leq j \leq J-1, 1 \leq k \leq K, 1 \leq l \leq L$ realçando o seu carácter multiplicativo nas probabilidades. Observe-se que a hipótese de não interacção de terceira ordem atrás definida corresponde a uma formulação multiplicativa deste tipo mas nas probabilidades relativas $\theta_{(ijk)l}/\theta_{(ijk)r}$. Constata-se facilmente que H_1 é uma condição suficiente mas não necessária da hipótese usual de não interacção de terceira ordem.

Uma outra hipótese possível de não interacção de terceira ordem difere de H_1 no sentido da formulação aditiva para os $\{\ln \theta_{(ijk)l}\}$,

$$H_1 : \ln \theta_{(ijk)l} - \ln \theta_{(iJk)l} - \ln \theta_{(Ijk)l} + \ln \theta_{(IJk)l} = \alpha_{ijl},$$

para $1 \leq k \leq K$ se aplicar às próprias probabilidades $\{\theta_{(ijk)l}\}$. Tem-se assim

$$H_2 : \theta_{(ijk)l} - \theta_{(iJk)l} - \theta_{(Ijk)l} + \theta_{(IJk)l} = \beta_{ijl},$$

$$\Leftrightarrow \ \theta_{(ijk)l} = \sigma^*_{ijl} + \sigma^*_{ikl} + \sigma^*_{jkl},$$

para $1 \leq i \leq I-1, 1 \leq j \leq J-1, \forall k, l$ configurando um modelo linear (e já não log-linear) para a tradução da ausência de uma dada noção de interacção de terceira ordem entre a resposta e os três factores.

5.6 Exercícios

5.1: Numa tabela bidimensional $s \times r$, onde quer a variável explicativa, X_1, quer a variável resposta, X_2, são ordinais, com $scores\{a_i\}$ e $\{b_j = j\}$, respectivamente, considere o modelo

$$L_{(i)j} \equiv \ln\big[\theta_{(i)j}/\theta_{(i),j+1}\big] = \gamma_j - v^{AB}(a_i - \bar{a}),$$

para $1 \leq j \leq r-1, 1 \leq i \leq s$ onde $\gamma_j = u^B_j - u^B_{j+1}$ com $\sum_j u^B_j = 0$.

a) Num quadro de representação gráfica de $\{L_{(i)j}\}$ versus $\{a_i\}$, qual a interpretação geométrica dos parâmetros $\{\gamma_j\}$ e v^{AB}?

b) Prove que para este modelo as distribuições

$$\pi_i = (\theta_{(i)j}, 1 \leq j \leq r)',$$

para $i = 1, \ldots, s$ são estocasticamente crescentes ou decrescentes consoante $v^{AB} > 0$ ou $v^{AB} < 0$.

5. MODELOS LOG-LINEARES COM VARIÁVEIS EXPLICATIVAS 143

c) Mostre que este modelo é equivalente à versão unidimensional do modelo de associação linear por linear.

5.2: Considere uma tabela tridimensional $I \times J \times K$ em que X_1 é considerada uma variável explicativa em $s = I$ níveis.

a) Mostre que o modelo log-linear saturado se pode exprimir num formalismo tridimensional, cujos parâmetros log-lineares indexados pelo último nível de qualquer variável têm a particularidade de serem nulos.

b) Estabeleça o significado dos seguintes modelos lineares para os logitos de referência $\{L_{(i)jk} = \ln \theta_{(i)jk} - \ln \theta_{(i)JK}\}$:

   i. $L_{(i)jk} = L_{(s)jk} + L_{(i)jK} - L_{(s)jK}$

   ii. $L_{(i)jk} = L_{(s)jk}$

para $1 \leq i \leq I, 1 \leq j \leq J, 1 \leq k \leq K$.

c) Supondo que o modelo b)i. acima descreve a estrutura da tabela, diga, justificando, se no modelo para a tabela marginal $I \times J$

$$\ln \frac{\theta_{(i)j\cdot}}{\theta_{(i)J\cdot}} = \alpha_j + \delta_{(i)j},$$

para $1 \leq i \leq I, 1 \leq j \leq J$. é válida a identificação $\{\delta_{(i)j} = L_{(i)jK} - L_{(s)jK}\}$.

5.3: Considere uma tabela tridimensional $I \times J \times K$, onde $r = K$ é o número de níveis da única variável resposta, de probabilidades $\theta_{(ij)k}$, $\sum_k \theta_{(ij)k} = 1, 1 \leq i \leq I, 1 \leq j \leq J$.

a) Exprima o correspondente modelo log-linear saturado numa formulação análoga à do modelo tridimensional sob a parametrização relativa à cela de referência (I, J, K), e identifique os dois tipos de parâmetros face à identidade de conteúdo nos dois cenários probabilísticos.

b) Interprete os modelos log-lineares cujas formulações nos logitos de referência $L_{(ij)k} = \ln \dfrac{\theta_{(ij)k}}{\theta_{(ij)r}}$ são dadas por:

   i. $L_{(ij)k} = \gamma_k + \delta_{(i)k} + \alpha_{(j)k}$

   ii. $L_{(ij)k} = \gamma_k + \delta_{(i)k}$

   iii. $L_{(ij)k} = \gamma_k$.

c) Suponha que a estrutura da tabela é descrita pelo modelo nos logitos adjacentes $\{L^*_{(ij)k} = \ln[\theta_{(ij)k}/\theta_{(ij),k+1}]\}$, para $k = 1, \ldots, r - 1$, com

$$L^*_{(ij)k} = \gamma^*_k + \alpha^*_{(j)k} \ .$$

Diga, justificando, se na tabela marginal (X_2, X_3) o efeito do factor X_2 nos logitos $\{\ln[\theta_{(\cdot j)k}/\theta_{(\cdot j),k+1}]\}$ ainda é medido pelos parâmetros $\{\alpha^*_{(j)k}\}$.

144   5.6 EXERCÍCIOS

5.4: Considere uma tabela $s \times r$ onde o número de subpopulações, $s = IJ$, é definido pela combinação dos níveis de duas variáveis ordinais, X_1 e X_2, com *scores* $\{a_i\}$ e $\{b_j\}$. Sejam $\{c_k = k\}$ os *scores* da variável resposta X_3, também ordinal, e para $k = 1, \ldots, r-1$, $L_{(ij)k} = \ln\left[\theta_{(ij)k}/\theta_{(ij),k+1}\right]$, os logitos adjacentes para a subpopulação (i,j).

Considere o modelo

$$L_{(ij)k} = \gamma_k - v^{AC}(a_i - \bar{a}) - v^{BC}(b_j - \bar{b}) - v^{ABC}(a_i - \bar{a})(b_j - \bar{b})$$

onde $\gamma_k = u_{k+1}^C - u_k^C$ com $\sum_k u_k^C = 0$.

a) Explique como este modelo se pode assemelhar a modelos de regressão linear com duas variáveis independentes e um termo de interacção entre elas.

b) Prove que o modelo definido é um modelo log-linear.

c) Mostre que, com $\{a_i\}$ e $\{b_j\}$ igualmente espaçados, o modelo log-linear tridimensional mais geral que induz o modelo dado é o modelo com associações parciais $X_1 - X_3$ e $X_2 - X_3$ uniformes, variando linearmente através dos níveis de X_2 e de X_1, respectivamente.

5.5: Considere uma tabela tetradimensional $I \times J \times K \times L$ onde $s = I$ é o número de níveis da única variável considerada explicativa (X_1).

a) Suponha que as probabilidades $\{\theta_{(i)jkl}\}$ da tabela podem ser descritas para todo o (i, j, k, l) pela expressão

$$\theta_{(i)jkl} = \frac{\theta_{(i)jk\cdot}\, \theta_{(i)j\cdot l}\, \theta_{(i)\cdot kl}\, \tau_{jkl}\, \tau_j^B\, \tau_k^C\, \tau_l^D}{\theta_{(i)j\cdot\cdot}\, \theta_{(i)\cdot k\cdot}\, \theta_{(i)\cdot\cdot l}\, \tau_{jk}^{BC}\, \tau_{jl}^{BD}\, \tau_{kl}^{CD}}$$

onde as quantidades τ denotam somas de $\theta_{(i)jkl}$ sobre os índices que não as indexam.

Que se pode concluir sobre a interacção de terceira ordem?

b) Mostre, através da parametrização associada às restrições de soma nula, que o modelo log-linear saturado para a tabela 2^4 pode ser posto numa formulação análoga à do modelo tetradimensional.

c) Com base em b), represente em termos dos logitos de referência os seguintes modelos log-lineares:

     i) a distribuição conjunta de X_2 e X_3 condicionalmente ao factor não depende de X_4.

     ii) a distribuição conjunta condicional das três respostas não depende do factor.

     iii) as três respostas são mútua e condicionalmente independentes.

     iv) as três respostas são mutuamente independentes condicionalmente ao factor e as suas distribuições marginais condicionais não dependem do factor.

5. MODELOS LOG-LINEARES COM VARIÁVEIS EXPLICATIVAS 145

5.6: Considere uma tabela tetradimensional $I \times J \times K \times L$ de médias $\{\mu_{ijkl}\}$.

1. Encarando X_1 e X_2 como variáveis explicativas definidoras de $s = IJ$ subpopulações com totais amostrais N_{ij}, para $1 \leq i \leq I, 1 \leq j \leq J$:

   a) Que implicação acarreta a condição

   $$\nu_{ijkl} \equiv \frac{N_{ij}\,\mu_{ijkl}}{\mu_{ijk\cdot}\,\mu_{ij\cdot l}} = \beta_{ikl}\,\gamma_{jkl},$$

   para $1 \leq i \leq I, 1 \leq j \leq J, 1 \leq k \leq K, 1 \leq l \leq L$?

   b) Defina as formulações nos logitos de referência dos seguintes modelos log-lineares e interprete-os:
      i. (AB, AC, AD, BC, BD, CD)
      ii. (AB, AC, AD, BC, BD)
      iii. (AB, AC, BC, AD)
      iv. (AB, AC, BD)
      v. (AB, AC, BC, D)

   c) Interprete os seguintes modelos nos logitos:
      i. $L_{(ij)kl} = L_{(IJ)Kl} + L_{(iJ)kL}$
      ii. $L_{(ij)kl} = L_{(IJ)kL} + L_{(IJ)Kl}$

2. Interprete em termos dos logitos de referência, o modelo log-linear definido por (ABC, ABD) nos seguintes cenários:

   a) um único factor (X_1)
   b) dois factores $(X_1$ e $X_2)$
   c) três factores $(X_1, X_2$ e $X_3)$

5.7: Numa tabela tetradimensional $I \times J \times K \times L$ onde L é o número de níveis da única variável resposta (X_4):

a) Interprete em termos dos logitos de referência os seguintes modelos log-lineares:
   i. (ABC, D)
   ii. (ABC, AD)
   iii. (ABC, AD, BD)
   iv. (ABC, AD, BD, CD)
   v. (ABC, ABD)
   vi. (ABC, ABD, CD)
   vii. (ABC, ABD, ACD)
   viii. (ABC, ABD, ACD, BCD)

b) Identifique os seguintes modelos nos logitos adjacentes

$$L^*_{(ijK)l} = \ln[\theta_{(ijk)l}/\theta_{(ijk),l+1}] \, , \quad l = 1, \ldots, L-1 \, :$$

   i. $L^*_{(ijk)l} = \gamma^*_l + \alpha^*_{(j)l} + \beta^*_{(k)l}$

  ii. $L^*_{(ijk)l} = \gamma^*_l + \delta^*_{(i)l} + \beta^*_{(k)l} + \eta^*_{(ik)l}$

5.8: Numa tabela pentadimensional $I \times J \times K \times L \times M$ onde I é o número de níveis da única variável resposta (X_1), interprete através dos logitos de referência os seguintes modelos log-lineares:

a) $(BCDE, ACDE)$

b) $(BCDE, ACD)$

c) $(BCDE, ACE, AB, AD)$

d) $(BCDE, AC)$

e) $(BCDE, A)$

Capítulo 6

Modelos funcionais lineares

Neste capítulo considera-se uma ampla classe de modelos estruturais que engloba aqueles discutidos anteriormente. Inicia-se a exposição descrevendo-se alguns modelos log-lineares cujas particularidades não justificam a sua inclusão no Capítulo 5; além disso apresentam-se algumas extensões desses modelos denominadas **modelos log-lineares generalizados**. Aborda-se em seguida a classe dos **modelos funcionais lineares**, que essencialmente engloba todos aqueles descritos até aqui. Evidentemente focam-se apenas aquelas subclasses de modelos mais comuns, deixando para os exemplos dos demais capítulos a descrição de casos mais específicos. Termina-se o capítulo com uma breve exposição sobre os chamados **modelos lineares generalizados** numa classe ainda mais abrangente (sob o ponto de vista estrutural) que tem atraído a atenção de inúmeros pesquisadores nas últimas duas décadas.

6.1 Modelos log-lineares generalizados

Na Secção 5.1 demonstrou-se (Proposição 5.1) que a formulação ordinária do modelo log-linear no cenário Produto de Multinomiais,

$$\ln \pi = (\mathbf{I}_s \otimes \mathbf{1}_r)\boldsymbol{\lambda} + \mathbf{X}\boldsymbol{\beta},$$

definida em (5.8), é equivalente à formulação (5.10)

$$\mathbf{A} \ln \pi = \mathbf{X}_G \, \boldsymbol{\beta} \tag{6.1}$$

em que $\mathbf{A}$ é uma matriz $s(r-1) \times sr$ de característica máxima cujo espaço nulo contém os vectores gerados pelas colunas de $\mathbf{D} = \mathbf{I}_s \otimes \mathbf{1}_r$, *i.e.*, tal que $\mathbf{AD} = \mathbf{0}$. Este resultado abrange os modelos Multinomial e Produto de distribuições de Poisson (faça-se $s = 1$), desde que neste último a estrutura log-linear seja definida no vector de médias e inclua o vector $\mathbf{1}_r$.

A formulação (6.1) é particularmente adequada quando se considera pelo menos uma das variáveis definidoras da tabela a desempenhar um papel explicativo da variabilidade das restantes (em número de pelo menos uma), encaradas como variáveis respostas. A situação mais relevante é aquela em que apenas uma das variáveis é considerada variável resposta.

Neste quadro, o caso especial em que as funções $\mathbf{A}\ln\pi$ designam logitos de referência ou logitos adjacentes, para as quais (6.1) define os chamados **modelos lineares nos logitos**, foi profusamente ilustrado ao longo do Capítulo 5 para tabelas bi, tri e tetradimensionais. Ficou aí patente que os modelos lineares nos logitos são equivalentes a modelos log-lineares (ordinários), podendo ser expressos por eventual reparametrização de β numa estrutura de tipo ANOVA, de tipo Regressão ou de tipo misto (ANCOVA) consoante o carácter nominal, ordinal ou misto do conjunto de variáveis explicativas. Viu-se também, dada a sua natureza log-linear, como cada modelo linear nos logitos (que logicamente não contém informação sobre a relação entre as variáveis explicativas) se pode pôr em correspondência com o modelo log-linear relativo ao cenário em que todas as variáveis são respostas, contendo todos os termos associados às variáveis efectivamente explicativas. No caso de uma única variável resposta, para cada logito (ou para o logito se a resposta for binária) o parâmetro representando o efeito de cada conjunto de variáveis explicativas corresponde no modelo log-linear Multinomial à interacção entre esse conjunto e a variável resposta.

6.1.1 Outros modelos log-lineares ordinários

I. Modelos de regressão logística

O estatístico depara-se frequentemente com situações modeladas por um Produto de Binomiais em que as subpopulações são definidas por um conjunto de variáveis, das quais pelo menos uma é contínua, cujo efeito na resposta binária se pretende averiguar através do uso de modelos lineares, em particular, nos logitos. A estrutura (6.1) destes modelos é de tipo Regressão (ou ANCOVA se o conjunto de variáveis for uma mistura de variáveis discretas e contínuas), pelo facto de a matriz $\mathbf{X}_G$ incluir os valores reais das variáveis definidoras dos estratos. Estes modelos são denominados **modelo de regressão logística** (ou, por vezes, **modelos logísticos lineares**).

Esta designação é várias vezes usada no sentido mais amplo de modelo linear no logito de uma resposta binária, no qual as variáveis explicativas podem ser discretas, contínuas ou uma mistura de ambas [veja-se, *e.g.*, Koch & Edwards (1985) e Agresti (2002)]. Neste texto, reserva-se tal designação para modelos com a estrutura (6.1), onde a matriz de especificação tem pelo menos uma coluna associada a variáveis contínuas, para as distinguir nominalmente dos modelos em que $\mathbf{X}_G$ se refere a variáveis categorizadas (nominais ou ordinais), que se designam por modelos lineares no(s) logito(s), numa acepção, por isso, restrita.

A razão da designação regressão logística prende-se com o facto de esses modelos de regressão linear no logito representarem a probabilidade de sucesso através da função de distribuição logística reduzida. Para evidenciá-lo, considere-se o modelo de regressão logística com uma covariável (contínua) X, *i.e.*,

$$\ln\left[\frac{\pi(x)}{1-\pi(x)}\right] = \alpha + \beta x \tag{6.2}$$

6. MODELOS FUNCIONAIS LINEARES

149

em que $\pi(x)$ designa a probabilidade de sucesso na resposta para o valor x da variável explicativa X. Esta expressão é equivalente a

$$\pi(x) = \frac{\exp(\alpha + \beta x)}{1 + \exp(\alpha + \beta x)} \equiv F(\alpha + \beta x) \tag{6.3}$$

em que $F(y) = e^y/(1 + e^y)$, $y \in \mathbb{R}$, é a **função de distribuição logística reduzida** (*i.e.*, com parâmetro de localização 0 e parâmetro de escala 1). Deste modo, o modelo de regressão logística (6.2) equivale a imaginar uma variável latente Z, com alguma distribuição logística (de parâmetro de localização $-\alpha/\beta$ e parâmetro de escala $1/|\beta|$), tal que o sucesso para o nível x ocorre se e somente se $Z \leq x$ ou $Z > x$, consoante $\beta > 0$ ou $\beta < 0$.

Em alguns casos, cada um dos estratos analisados, em número e tipo previamente delineados, é representado por um grupo de unidades com o mesmo vector numérico de variáveis explicativas. O quadro definido por esta estrutura de dados e pelo modelo de regressão logística tem assim uma moldura idêntica à do modelo linear nos logitos de tipo Regressão ou ANCOVA (onde pelo menos uma variável explicativa da tabela é usada como ordinal). Confronte-se, *e.g.*, (6.2) com o correspondente ao modelo de associação linear por linear numa tabela $s \times 2$ com a variável X_1 definidora dos estratos tida como ordinal (veja-se Exercício 4.35). Este aspecto conduz a que a análise dos modelos de regressão logística neste contexto se processe analogamente à dos modelos lineares de tipo Regressão ou ANCOVA no logito de uma resposta binária.

Situações desse tipo encontram-se frequentemente nas áreas de Toxicologia e Epidemiologia, quando se pretende estudar o efeito de factores e covariáveis de risco em alguma resposta binária. Em experiências que pretendem avaliar o efeito da dosagem de um agente tóxico na variável resposta (indicadora de morte, cura, etc., das unidades em estudo), a relação entre alguma função da probabilidade de sucesso e a covariável é tradicionalmente denominada de **modelo de dose-resposta**. Neste contexto, a distribuição da variável latente Z definidora da probabilidade de sucesso é a chamada **distribuição de tolerância**, pelo facto de o sucesso em cada unidade corresponder a uma dosagem inferior (ou superior, consoante o caso) ao nível que ele suporta (a sua **tolerância**), que varia de unidade para unidade. O modelo de regressão logística simples é assim um exemplo de um modelo de dose-resposta com uma distribuição de tolerância logística. Outros modelos comuns serão referidos na Secção 6.3.

Como ilustração deste problema considere-se o exemplo já tradicional do estudo toxicológico descrito em Bliss (1934):

Exemplo 6.1 (*Problema da intoxicação de besouros*): A exposição de besouros durante cinco horas a um gás tóxico em oito níveis de concentração representada pelo logaritmo da dose (medida habitual neste tipo de estudo) originou os resultados que se mostram na Tabela 6.1.

Sejam x_i, $i = 1, \ldots, 8$, os níveis (ordenados crescentemente) da concentração (log dose) do agente (gás tóxico), organizados no vector $\mathbf{x}$, a que N_i, $i = 1, \ldots, 8$ besouros foram expostos e n_i, $i = 1, \ldots, 8$ o correspondente número de besouros mortos. Seja $\boldsymbol{\pi} = (\boldsymbol{\pi}_1', \ldots, \boldsymbol{\pi}_8')'$, com $\boldsymbol{\pi}_i = (\theta_{(i)1}, \theta_{(i)2})'$, onde $\theta_{(i)1}$ $(\theta_{(i)2})$ representa a probabilidade de morte (não morte) para qualquer um dos N_i besouros.

Tabela 6.1: Mortalidade de besouros

Logaritmo da dose	Número de mortes	Número de besouros expostos
1.6907	6	59
1.7242	13	60
1.7552	18	62
1.7842	28	56
1.8113	52	63
1.8369	53	59
1.8610	61	62
1.8839	60	60

O modelo de regressão logística (6.2), na formulação (6.1), é

$$[\mathbf{I}_8 \otimes (1 \quad -1)] \ln \boldsymbol{\pi} = [\mathbf{1}_8, \ \mathbf{x}] \begin{pmatrix} \alpha \\ \beta \end{pmatrix} . \tag{6.4}$$

Observe-se que o parâmetro α é o valor do logaritmo da chance de morte para um elemento não exposto ao agente ($x = 0$). O coeficiente de regressão β representa a variação do logaritmo da chance de morte para qualquer elemento quando há um acréscimo de uma unidade em x. Deste modo, a razão das chances de morte para um elemento exposto à dose e^{x+1} face a um submetido à dose e^x é dada por e^{β}. Naturalmente que este tipo de interpretação paramétrica para (6.4) é extensivo em moldes idênticos para o modelo genérico (6.2).

Para se derivar a formulação log-linear ordinária basta aplicar a Proposição 5.1, considerando $\mathbf{A} = \mathbf{I}_8 \otimes (1, \ -1)$ e $\mathbf{X}_G = (\mathbf{1}_8, \mathbf{x})$, obtendo-se

$$\ln \boldsymbol{\pi} = (\mathbf{I}_8 \otimes \mathbf{1}_2)\boldsymbol{\lambda} + \mathbf{X} \begin{pmatrix} \alpha \\ \beta \end{pmatrix} \tag{6.5}$$

em que $\boldsymbol{\lambda} = (\lambda_1, \ldots, \lambda_8)'$ e

$$\mathbf{X} = \frac{1}{2}\mathbf{X}_G \otimes \begin{pmatrix} 1 \\ -1 \end{pmatrix} = \left[\mathbf{1}_8 \otimes \begin{pmatrix} 1/2 \\ -1/2 \end{pmatrix} , \ \mathbf{x} \otimes \begin{pmatrix} 1/2 \\ -1/2 \end{pmatrix} \right] ,$$

i.e., $\ln \theta_{(i)j} = \lambda_i + (-1)^{j-1}(\alpha + \beta x_i)/2$, $j = 1, 2$, $i = 1, \ldots, 8$. ∎

Apesar de se apoiar naturalmente num cenário prospectivo, o modelo de regressão logística tem em relação aos seus competidores uma inegável vantagem. Na linha do que se viu anteriormente sobre a imutabilidade das razões de chances em tabelas de contingência face a diferentes modos de fixação dos totais marginais (recorde-se o Exercício 2.1), o modelo de regressão logística é aplicável em estudos retrospectivos. Para justificação desta afirmação veja-se a Nota de Capítulo 6.1.

O modelo de regressão logística é também considerado em estudos experimentais e/ou observacionais cujo delineamento não obedeceu a uma estratificação antecipada. O grupo de unidades seleccionadas é inspeccionado em termos de um conjunto de

6. MODELOS FUNCIONAIS LINEARES   151

variáveis, englobando uma variável binária e pelo menos uma variável contínua, com o objectivo de averiguar o efeito na variável binária das restantes variáveis.

O esquema de obtenção dos dados é assim de um tipo análogo àquele associado ao modelo Multinomial que, por argumentos de condicionamento motivados pelos objectivos analíticos, se encara como um esquema de amostragem estratificada modelado por um produto de Binomiais. A diferença reside no facto de os estratos serem definidos pelos valores observados de um vector que inclui variáveis contínuas e, como tal, é provável que a amostra de cada estrato seja constituída por uma única unidade (ou por um número reduzido delas), à semelhança da estrutura de dados contínuos estudados na Análise de Regressão.

A tabela de contingência $s \times 2$ que descreve os dados é constituída por um número potencialmente grande de linhas contendo uma série de zeros pelo facto de os respectivos totais marginais serem dominantemente iguais a 1. Como consequência, a análise dos modelos de regressão logística – que se apoia em resultados predominantemente assintóticos, como quase todos os métodos de análise de dados categorizados, que ter-se-á ocasião de mostrar na Parte III – levanta uma série de problemas ao ponto de exigir um tratamento diferenciado, que não cabe nos limites deste texto, apoiado quase exclusivamente em dados provenientes de variáveis categorizadas. O leitor interessado em Regressão Logística encontrará na Nota de Capítulo 6.2 algumas referências importantes sobre sua análise estatística e diversas generalizações.

Todavia, é instrutivo examinar com mais atenção o modelo de regressão logística para clarificação do seu significado. O exemplo hipotético seguinte permitirá retratar a essência das questões mais relevantes.

Exemplo 6.2: Suponha-se que um conjunto de N indivíduos foi inquirido sobre as seguintes variáveis :

Y: indicadora de o chefe de família do respectivo agregado familiar ter frequentado um curso de nível superior;

X: rendimento anual do agregado familiar;

W: raça a que pertence o indíviduo nos níveis "branca" ($W = 1$), "negra" ($W = 2$) e "outra" ($W = 3$).

Considerando que o objectivo do estudo é o de averiguar a influência das variáveis X (contínua) e W (categorizada) na variável resposta Y, tome-se para o efeito um modelo de regressão logística para as probabilidades de $Y = 1$ (acontecimento que se designará sucesso), $\pi(x, w) = P(Y = 1 \mid x, w)$, onde (x, w) é um valor genérico do vector (X, W).

Uma possível estrutura linear no logito de $\pi(x, w)$ é definida por

$$L(x, w) \equiv \ln\left[\pi(x, w) \,/\, (1 - \pi(x, w))\right] = \alpha + \beta\, x + \sum_{j=1}^{3} \delta_j\, I_{\{j\}}(w)$$

em que $I_{\{j\}}(w)$ é a função indicadora do j-ésimo nível da raça. Como se viu no Capítulo 5, questões de identificabilidade exigem a imposição de uma restrição linear nos parâmetros $\{\delta_j\}$ (observe-se que $\sum_{j=1}^3 I_{\{j\}}(w) = 1$). Por este motivo, os efeitos principais de uma variável categorizada em K níveis são medidos por apenas $K - 1$ parâmetros distintos, cada um dos quais se pode acoplar a uma "variável de delineamento", cujos valores definam a respectiva coluna da matriz de especificação do modelo para todos os logitos distintos.

Assim, a versão identificável do modelo de regressão logística anterior pode ser expressa por

$$L(x, w) = \alpha + \beta\, x + \delta_1 w_1 + \delta_2 w_2 \qquad (6.6)$$

em que a definição das variáveis "mudas", w_1 e w_2, depende do tipo de parametrização usado. Usando a parametrização de desvios de médias ter-se-á

$$w_j = I_{\{j\}}(w) - I_{\{3\}}(w), \ j = 1, 2$$

equivalendo a impor nos três δ_j a restrição $\sum_{j=1}^3 \delta_j = 0$. Se a parametrização da cela de referência, relativa, $e.g.$, à categoria de W com maior código, for adotada, tem-se

$$w_j = I_{\{j\}}(w), \ j = 1, 2$$

equivalendo a impor nos parâmetros originais a restrição $\delta_3 = 0$. Deste modo a submatriz da matriz de especificação do modelo relativo aos logitos de três indivíduos, com valores $(x_j, j), j = 1, 2, 3$ de (x, w), será definida por uma das matrizes,

$$\begin{pmatrix} 1 & x_1 & 1 & 0 \\ 1 & x_2 & 0 & 1 \\ 1 & x_3 & -1 & -1 \end{pmatrix} \quad \text{ou} \quad \begin{pmatrix} 1 & x_1 & 1 & 0 \\ 1 & x_2 & 0 & 1 \\ 1 & x_3 & 0 & 0 \end{pmatrix}$$

consoante se adoptar, respectivamente, a primeira ou a segunda parametrização.

Em ordem a evidenciar a interpretação dos parâmetros do modelo em análise, considere-se primeiramente a sua formulação em termos da parametrização da cela de referência ($W = 3$). Constata-se facilmente que

$$L(x + c, w) - L(x, w) = c\,\beta, \ w = 1, 2, 3, \ \forall x$$

$$L(x, 3) = \alpha + \beta x, \ \forall x$$

$$L(x, j) - L(x, 3) = \delta_j, \ j = 1, 2, \ \forall x$$

Estas expressões mostram que:

- O parâmetro β mede o logaritmo da razão das chances de sucesso por variação unitária no rendimento x, qualquer que seja o valor de x, para um indivíduo de qualquer raça;

- O parâmetro α traduz o logaritmo da chance de sucesso para um indivíduo da raça de referência, cujo agregado familiar não tem qualquer rendimento;

- O parâmetro δ_1 (respectivamente, δ_2) representa o logaritmo da razão da chances de sucesso para um indivíduo de raça branca (respectivamente, negra), relativamente a um de raça de referência, cujos agregados familiares têm o mesmo rendimento anual, qualquer que ele seja.

A representação gráfica de $L(x,w)$ em função de x para as três raças é constituída por três rectas paralelas, com declive comum β. O parâmetros δ_j mede o afastamento entre as rectas relativas à raça $W = j$, $j = 1, 2$ e à raça de referência na vertical tomada em qualquer ponto x. O aspecto desta representação gráfica poderá ser algo como a Figura 6.1 retrata.

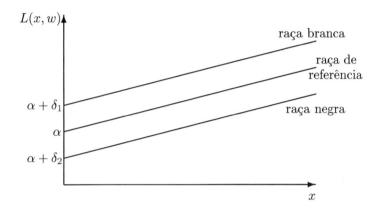

Figura 6.1: $L(x,w)$ em função de x

A simplicidade da interpretação paramétrica na formulação do modelo de regressão logística em termos da cela de referência é o principal motivo justificativo da sua adopção generalizada, mormente pelos "software" estatísticos mais comuns.

Esta facilidade interpretativa já não ocorre, em geral, com a parametrização de desvios de médias, à semelhança do que acontece nos modelos log-lineares, como foi visto no Capítulo 5. Com efeito, denotando $\overline{L}(x)$ a média aritmética dos logaritmos das chances de sucesso para as três raças, $i.e.$,

$$\overline{L}(x) = \frac{1}{3} \sum_{j=1}^{3} L(x,j) = \ln \left[\prod_{j=1}^{3} \pi(x,j) / (1 - \pi(x,j)) \right]^{\frac{1}{3}}$$

tem-se neste caso

$$L(x+c,w) - L(x,w) = \beta, \; w = 1,2,3, \; \forall x$$

$$\overline{L}(x) = \alpha + \beta x$$

$$L(x,j) - \overline{L}(x) = \delta_j, \; j = 1,2, \; \forall x$$

Embora o efeito de X tenha naturalmente a mesma interpretação, representando o declive comum das rectas definidoras da variação dos três logitos com x, os efeitos dos vários tipos de raça já não medem a distância entre as respectivas rectas e a recta relativa à raça de referência. De facto, como esta última recta passa a ter uma ordenada na origem $\alpha - \delta_1 - \delta_2$, aquelas distâncias passam a ser definidas por $L(x,1) - L(x,3) = 2\delta_1 + \delta_2$ e $L(x,2) - L(x,3) = \delta_1 + 2\delta_2$, para as raças branca e negra, respectivamente.

O novo parâmetro δ_1 (respectivamente, δ_2) representa agora o logaritmo da razão entre a chance de sucesso para a raça branca (respectivamente, negra) e a média geométrica das chances de sucesso para as três raças, relativas a qualquer valor comum do rendimento. O parâmetro α representa o logaritmo desta média geométrica das chances quando avaliadas em indivíduos sem rendimento.

É importante salientar que os parâmetros medidores dos efeitos de uma variável explicativa no quadro de um modelo linear múltiplo não encerram geralmente o mesmo significado dos correspondentes parâmetros num modelo linear simples obtido daquele por remoção de todas as restantes variáveis explicativas. Em particular, os efeitos das raças branca e negra no modelo linear nos logitos obtido de (6.6) por remoção do termo relativo à covariável x, devem estar contaminados por influências devidas à desigual distribuição de rendimentos entre os grupos raciais. A inquestionável discriminação económica entre os referidos grupos raciais, lamentavelmente existente nas nossas sociedades, implica que o rendimento x exerça um papel confundidor na relação entre a variável resposta e a raça, pelo que o efeito desta deve ser ajustado pela incorporação de x no modelo, como se retrata, em particular, no modelo (6.6).

O modelo (6.6) não será adequado se o efeito da raça depender do nível de rendimento, por outras palavras, se houver interacção entre as duas variáveis explicativas nos logitos. Esta característica já é tida em conta pelo modelo

$$L(x, w) = \alpha + \beta x + \delta_1 w_1 + \delta_2 w_2 + \gamma_1 w_1 x + \gamma_2 w_2 x \qquad (6.7)$$

obtido de (6.6) pela adição dos termos cruzados envolvendo x e as duas variáveis de delineamento. A presença deste termo de primeira ordem (*i.e.*, envolvendo as duas variáveis) implica que as rectas definidoras dos três logitos deixem de ser paralelas, pelo que a interpretação de β e dos δ_j passa a depender, respectivamente, do grupo racial e do nível de rendimento (veja-se Exercício 6.3).

À semelhança do que se faz em Análise de Regressão e em Análise de Covariância, a eventualidade de $L(x, w)$ não ser linear em x para cada raça pode ser traduzida pela introdução na estrutura linear de (6.6) ou (6.7) de termos em x de ordem superior (quadrática, cúbica, etc) e das correspondentes interacções com w, e/ou pela substituição de x por funções não lineares de x. Qualquer destas alternativas eliminaria o carácter linear do modelo em termos da variável original x.

Se os níveis do rendimento x forem agrupados em intervalos ordenados crescentemente, o que reduzirá o número de subpopulações e de logitos, esta nova variável poderá ser introduzida no modelo de uma forma análoga àquela aplicada no Capítulo 4 a variáveis ordinais. Isto é, através de variáveis de delineamento definidas pelos *scores* (*e.g.*, os pontos médios dos intervalos) centrados e suas potências de expoentes 2, 3, etc. Uma alternativa computacionalmente atraente é definida por variáveis de delineamento baseada em polinómios ortogonais. ∎

6. MODELOS FUNCIONAIS LINEARES   155

II. Modelos lineares em logaritmos de razões de chances

O interesse da formulação log-linear (6.1) não se restringe a tabelas com variáveis explicativas. Nas tabelas definidas unicamente por variáveis respostas, tal formulação é por vezes útil para a descrição alternativa e para certas análises de modelos log-lineares.

Considere-se, por exemplo, o modelo log-linear para uma tabela genérica de c celas na sua formulação ordinária de tipo ANOVA dada em (4.23),

$$\ln \boldsymbol{\mu} = \mathbf{1}_c u + \mathbf{X}\boldsymbol{\beta} \ . \tag{6.8}$$

Em (6.8), $\mathbf{X}$ é uma matriz $c \times (p - 1)$, $p \leq c$, tal que $r([\mathbf{1}_c, \mathbf{X}]) = 1 + r(\mathbf{X}) = p$ e $\boldsymbol{\beta}$ é o vector de parâmetros linearmente independentes resultantes da imposição das restrições identificadoras de soma nula. Tal como na Secção 4.1, denota-se a matriz de especificação do correspondente modelo log-linear saturado (caso em que $p = c$) por $\mathbf{X}_s$. Como as colunas de $\mathbf{X}_s$ são ortogonais a $\mathbf{1}_c$, (6.8) implica

$$\mathbf{X}'_s \ln \boldsymbol{\mu} = (\mathbf{X}'_s\mathbf{X})\boldsymbol{\beta} \tag{6.9}$$

que está na forma (6.1) com $\mathbf{A} = \mathbf{X}'_s$ ($s = 1, r = c$) e $\mathbf{X}_G = \mathbf{X}'_s\mathbf{X}$.

O sistema linear em $\ln \boldsymbol{\mu}$ definido por (6.9) exprime contrastes dos logaritmos das médias como uma combinação linear dos elementos de $\boldsymbol{\beta}$. Note-se que, pelo facto de cada coluna de $\mathbf{X}$ estar incluída em $\mathbf{X}_s$ e de ser ortogonal a algumas outras colunas (não necessariamente todas as outras) de $\mathbf{X}_s$, a matriz $\mathbf{X}_G$ tem várias submatrizes nulas. Em particular, as linhas correspondentes aos contrastes dos parâmetros não incluídos em (6.8) são nulas. Por exemplo, a formulação (6.9) para o modelo de independência numa tabela 2×3 corresponde a

$$\mathbf{X}'_G = \begin{pmatrix} 6 & 0 & 0 & 0 & 0 \\ 0 & 4 & 2 & 0 & 0 \\ 0 & 2 & 4 & 0 & 0 \end{pmatrix} \ .$$

Pela Proposição 5.1, a formulação (6.9) implica por sua vez (6.8), com a identificação $\mathbf{X}_s(\mathbf{X}'_s\mathbf{X}_s)^{-1}\mathbf{X}'_s\mathbf{X} = \mathbf{X}$. Note-se que esta relação pode justificar-se genericamente pelo facto de o seu primeiro membro representar a projecção ortogonal, sobre o subespaço de $I\!\!R^c$ gerado pelas colunas de $\mathbf{X}_s$, das colunas de $\mathbf{X}$ que são vectores desse subespaço (recorde-se a Proposição A.24).

A formulação (6.9) não é obviamente a única do tipo (6.1) que se pode adoptar no cenário de uma tabela sem variáveis explicativas. Uma alternativa é considerar novamente as funções $\mathbf{A} \ln \boldsymbol{\pi}$ como definidoras de $c - 1$ logitos, à semelhança do que foi feito no Capítulo 5 para cada subpopulação. Recorde-se, por exemplo, o caso das tabelas tridimensionais com um único factor e das tabelas tetradimensionais com um ou dois factores. Esta via não costuma ser a mais eficazmente apropriada pelo facto de que quando há mais do que uma variável resposta, são as medidas de associação, como os logaritmos de razões de chances, que constituem as principais funções de interesse. Como ilustração, considere-se o seguinte exemplo:

Exemplo 6.3 (*Problema do risco de cárie dentária*): A estrutura de dados no Exemplo 1.2 é traduzida por uma tabela 3^2 definida por uma variável ordinal indicadora do grau de risco à cárie, medida por dois métodos. Um caso especial dos modelos de associação simétrica de Goodman (1979a) – veja-se Exercício 4.30 – é o modelo de associação uniforme definido através das RPC locais por

$$\psi_{ij} \equiv \frac{\theta_{ij}\theta_{i+1,j+1}}{\theta_{i,j+1}\theta_{i+1,j}} = v^{AB} \tag{6.10}$$

sempre que os *scores* atribuídos às categorias ordenadas são os inteiros i e j, $i, j = 1, 2, \ldots$.

Neste caso, tomando os *scores* iguais a 1, 2 e 3 consoante a categoria for baixo, médio e alto risco, respectivamente, e tendo em conta que quatro RPC locais, *e.g.*, $\{\psi_{11}, \psi_{12}, \psi_{21}, \psi_{22}\}$, determinam todas as outras, a formulação matricial do modelo de associação uniforme de Goodman está na forma (6.1), com $\boldsymbol{\pi}$ o vector dos θ_{ij} ordenados lexicograficamente, $\mathbf{X}_G = \mathbf{1}_4$ e $\mathbf{A} = \mathbf{B} \otimes \mathbf{B}$, em que

$$\mathbf{B} = \begin{pmatrix} 1 & -1 & 0 \\ 0 & 1 & -1 \end{pmatrix}.$$

A única diferença é que as linhas de $\mathbf{A}$ são em número inferior a $s(r-1) = 8$, contrariamente ao que acontece em todos os casos tratados até aqui. Este aspecto, ao implicar uma maior dimensão (neste caso, igual a 5) para o espaço de soluções do sistema homogéneo $\mathbf{A} \ln \boldsymbol{\pi} = \mathbf{0}$ (o espaço nulo de $\mathbf{A}$) faz com que qualquer matriz base não possa ser definida por apenas uma coluna, como no caso anterior (6.9). Em consonância, a formulação ordinária correspondente a (6.10) (recorde-se o argumento da demonstração da Proposição 5.1) é

$$\ln \boldsymbol{\pi} = \mathbf{Y}_0 \mathbf{z} + \mathbf{X} v^{AB} \tag{6.11}$$

em que $\mathbf{X} = \mathbf{A}'(\mathbf{A}\mathbf{A}')^{-1}\mathbf{X}_G$ e $\mathbf{Y}_0$ é uma matriz base de $\mathcal{N}(\mathbf{A})$, cujas colunas são, pois, linearmente independentes das de $\mathbf{X}$. Observe-se que pela forma de $\mathbf{A}$

$$(\mathbf{A}\mathbf{A}')^{-1} = (\mathbf{B}\mathbf{B}')^{-1} \otimes (\mathbf{B}\mathbf{B}')^{-1} \quad \text{e} \quad (\mathbf{B}\mathbf{B}')^{-1} = \frac{1}{3}\begin{pmatrix} 2 & 1 \\ 1 & 2 \end{pmatrix}.$$

Atendendo a que $\mathbf{X}_G = \mathbf{1}_2 \otimes \mathbf{1}_2$, vem $\mathbf{X} = (\mathbf{C} \otimes \mathbf{C})\mathbf{X}_G$ com

$$\mathbf{C} = \frac{1}{3}\begin{pmatrix} 2 & 1 \\ -1 & 1 \\ -1 & -2 \end{pmatrix},$$

ou seja,

$$\mathbf{X}' = (1, \ 0, \ -1, \ 0, \ 0, \ 0, -1, \ 0, \ 1).$$

Como as linhas de $\mathbf{A}$ são contrastes, o vector $\mathbf{1}_9$ é necessariamente uma solução do sistema homogéneo $\mathbf{A} \ln \boldsymbol{\pi} = \mathbf{0}$ e, como tal, (6.11) define um modelo log-linear já que $\mathcal{M}(\mathbf{1}_9) \subset \mathcal{M}([\mathbf{Y}_0, \mathbf{X}])$.

Tomando então $\mathbf{1}_9$ como uma coluna de $\mathbf{Y}_0$, as restantes podem ser determinadas como soluções do sistema ampliado (e ainda indeterminado) $(\mathbf{A}', \mathbf{1}_9)\mathbf{x} = \mathbf{0}$, via que

6. MODELOS FUNCIONAIS LINEARES   157

garante a ortogonalidade entre o conjunto das soluções $\mathbf{x}$ e o vector $\mathbf{1}_9$. A matriz $\mathbf{Y}_0$ fica especificada com a escolha de quatro soluções $\mathbf{x}$ linearmente independentes. Um conjunto possível é formado pelos vectores colunas da matriz

$$\mathbf{Y}' = \begin{pmatrix} 1 & 1 & 1 & 0 & 0 & 0 & -1 & -1 & -1 \\ 0 & 0 & 0 & 1 & 1 & 1 & -1 & -1 & -1 \\ 1 & 0 & -1 & 1 & 0 & -1 & 1 & 0 & -1 \\ 0 & 1 & -1 & 0 & 1 & -1 & 0 & 1 & -1 \end{pmatrix}$$

e assim, (6.11) converte-se em

$$\ln \boldsymbol{\pi} = \mathbf{1}_9 \lambda + \mathbf{Y}\mathbf{u} + \mathbf{X}v^{AB} \ . \tag{6.12}$$

Observe-se que (6.12), que implica claramente (6.1) com $\mathbf{X}_G = \mathbf{A}\mathbf{X}$, não é mais do que a formulação matricial do modelo de associação linear por linear definida em (4.53) com o tipo de *scores* usado, $a_i = b_i = i$. O recurso à teoria dos sistemas de equações lineares permite mais uma vez provar a correspondência entre uma formulação loglinear ordinária (o modelo de associação linear por linear) e a formulação (6.1) onde $\mathbf{A}$ tem um número de linhas inferior ao número de celas "independentes" (o modelo de associação uniforme de Goodman).   ∎

O tipo de situação que o exemplo anterior retrata ocorre frequentemente no cenário Produto de Multinomiais com pelo menos duas variáveis respostas. Como ilustração numa tabela tetradimensional com dois factores, considere-se o seguinte exemplo:

Exemplo 6.4 (*Problema do uso de fio dental*): A descrição do esquema amostral que conduziu aos dados do Exemplo 1.5 e dos objectivos então referidos coloca, nomeadamente, a questão de saber como a associação entre a frequência e a habilidade (capacidade motora) no uso do fio dental é afectada pelo sexo e a faixa etária das crianças.

Tomando como medida de associação entre as duas respostas binárias para cada subpopulação (i, j) a respectiva RPC

$$\Delta_{ij} = \theta_{(ij)11}\theta_{(ij)22} \big/ \big(\theta_{(ij)12}\ \theta_{(ij)21}\big)$$

(Δ_{ij} corresponde a $\Delta^{AB(ij)}$ na notação da Subsecção 5.3), é natural que se equacionem modelos de tipo ANOVA nos logaritmos das quatro RPC. Um modelo com potencial interesse é aquele que postula a ausência de interacção de primeira ordem dos factores no logaritmo das RPC, *i.e.*,

$$\ln \Delta_{ij} = \alpha + \delta_i + \gamma_j \ , \tag{6.13}$$

para $i, j = 1, 2$. Se a parametrização da cela de referência $(I, J) = (2, 2)$ $(\delta_2 = \gamma_2 = 0)$ for adoptada, a interpretação dos parâmetros de (6.13) é traduzida pelas expressões

$$\alpha = \ln \Delta_{22} \ ; \quad \delta_1 = \ln \Delta_{12} - \ln \Delta_{22} \ ; \quad \gamma_1 = \ln \Delta_{21} - \ln \Delta_{22} \ .$$

Atendendo a que $\ln \Delta_{ij} = \mathbf{a}'\ln \boldsymbol{\pi}_{(ij)}$, onde $\boldsymbol{\pi}_{(ij)}$ é o vector dos $\theta_{(ij)kl}$, $k, l = 1, 2$, ordenados lexicograficamente, e $\mathbf{a}' = (1, -1, -1, 1)$, a formulação condensada de

158 6.1 MODELOS LOG-LINEARES GENERALIZADOS

(6.13) está na forma (6.1) com

$$\boldsymbol{\pi} = \left(\boldsymbol{\pi}'_{(11)}, \boldsymbol{\pi}'_{(12)}, \boldsymbol{\pi}'_{(21)}, \boldsymbol{\pi}'_{(22)} \right)' \; , \quad \mathbf{A} = \mathbf{I}_4 \otimes \mathbf{a}' \; , \quad \mathbf{X}_G = \begin{pmatrix} 1 & 1 & 1 \\ 1 & 1 & 0 \\ 1 & 0 & 1 \\ 1 & 0 & 0 \end{pmatrix}$$

e $\boldsymbol{\beta} = (\alpha, \delta_1, \gamma_1)'$. Observe-se que o espaço nulo de $\mathbf{A}$, $\mathcal{N}(\mathbf{A})$, é um subespaço de $I\!\!R^{16}$ de dimensão 3×4, que contém o subespaço gerado por $\mathbf{D} = \mathbf{I}_4 \otimes \mathbf{1}_4$, porque $\mathbf{AD} = \mathbf{0}$. Como as quatro colunas de $\mathbf{D}$ são linearmente independentes, uma base do espaço nulo de $\mathbf{A}$ pode ser definida pelas colunas da matriz $(\mathbf{D}, \mathbf{Y})$, onde $\mathbf{Y}$ é uma matriz de 2×4 colunas linearmente independentes e linearmente independentes das de $\mathbf{D}$ tal que $\mathbf{AY} = \mathbf{0}$. Note-se ainda que, pelo facto de pertencerem a $\mathcal{N}(\mathbf{A})$, as colunas de $(\mathbf{D}, \mathbf{Y})$ são ortogonais às colunas de $\mathbf{X} = \mathbf{A}'(\mathbf{AA}')^{-1}\mathbf{X}_G = \frac{1}{4}\mathbf{X}_G \otimes \mathbf{a}$, e portanto, linearmente independentes destas. Pela Proposição A.21, os vectores $\ln \boldsymbol{\pi}$ que satisfazem (6.13) para um dado $\boldsymbol{\beta}$ correspondem aos vectores de $\mathcal{M}(\mathbf{D}, \mathbf{Y})$ transladados do vector fixo $\mathbf{X}\boldsymbol{\beta}$, $i.e.$,

$$\ln \boldsymbol{\pi} = \mathbf{D}\boldsymbol{\lambda} + \mathbf{Y}\boldsymbol{\varepsilon} + \mathbf{X}\boldsymbol{\beta} \tag{6.14}$$

para $\boldsymbol{\lambda} \in I\!\!R^4$ e $\boldsymbol{\varepsilon} \in I\!\!R^8$ arbitrários (claro que com a introdução das restrições naturais, $\boldsymbol{\lambda}$ fica determinado por $\boldsymbol{\beta}$ e $\boldsymbol{\varepsilon}$), evidenciando a sua natureza de modelo log-linear.

Atendendo à forma de $\mathbf{A}' = \mathbf{I}_4 \otimes \mathbf{a}$, considere-se $\mathbf{Y}$ particionada em duas submatrizes de forma $\mathbf{I}_4 \otimes \mathbf{b}$, em que $\mathbf{b} = (b_{11}, b_{12}, b_{21}, b_{22})'$. Deste modo, tem-se apenas que determinar dois vectores $\mathbf{b}_1$ e $\mathbf{b}_2$ de $I\!\!R^4$ linearmente independentes, ortogonais a $\mathbf{a}$ tais que

$$r\left([\mathbf{D}, \; \mathbf{I}_4 \otimes \mathbf{b}_1 \; , \; \mathbf{I}_4 \otimes \mathbf{b}_2] \right) = 4 + 8 = 12 \; .$$

É fácil ver que $\mathbf{b}_1 = (1, 1, 0, 0)'$ e $\mathbf{b}_2 = (1, 0, 1, 0)'$ satisfazem tais requisitos. Definindo $\boldsymbol{\varepsilon} = (\boldsymbol{\varepsilon}'_1, \boldsymbol{\varepsilon}'_2)'$, $\boldsymbol{\varepsilon}_1 = (u^C_{(ij)1}, i,j = 1,2)'$, $\boldsymbol{\varepsilon}_2 = (u^D_{(ij)1}, i,j = 1,2)'$ e $\boldsymbol{\lambda} = (\lambda_{ij}, i,j = 1,2)'$, (6.14) converte-se então em

$$\ln \boldsymbol{\pi} = (\mathbf{I}_4 \otimes \mathbf{1}_4)\boldsymbol{\lambda} + \sum_{m=1}^{2} (\mathbf{I}_4 \otimes \mathbf{b}_m)\boldsymbol{\varepsilon}_m + \frac{1}{4}(\mathbf{X}_G \otimes \mathbf{a})\boldsymbol{\beta}$$

ou seja, para $i,j = 1,2$,

$$\ln \boldsymbol{\pi}_{(ij)} = \mathbf{1}_4 \lambda_{ij} + \mathbf{b}_1 u^C_{(ij)1} + \mathbf{b}_2 u^D_{(ij)1} + \mathbf{a}\frac{1}{4}(\alpha + \delta_i + \gamma_j) \; . \tag{6.15}$$

A expressão (6.15) mostra que o modelo log-linear de aditividade dos efeitos dos factores no logaritmo das RPC traduz a imposição no modelo log-linear bidimensional (para cada subpopulação) saturado – veja-se (5.45) na Subsecção 5.3 – de uma estrutura nos termos de interacção de primeira ordem entre as duas respostas, $\{u^{CD}_{(i,j)11}\}$, que estabelece que a medida de dependência da associação entre as duas respostas para com um dos factores (medida pela razão de RPC entre duas subpopulações com o mesmo nível do outro factor) não varia com os níveis deste último (atente-se em (5.59)). Deste modo, ele corresponde ao modelo log-linear tetradimensional sem interacção de terceira ordem (ABC, ABD, ACD, BCD).

6. MODELOS FUNCIONAIS LINEARES 159

Obviamente que chegar-se-ia à mesma conclusão se fosse adoptado um outro tipo de parametrização. Por exemplo, se em (6.13) tomásse-se $\delta_2 = -\delta_1$ e $\gamma_2 = -\gamma_1$, na formulação (6.1) ter-se-ia

$$\mathbf{X}_G = \begin{pmatrix} 1 & 1 & 1 \\ 1 & 1 & -1 \\ 1 & -1 & 1 \\ 1 & -1 & -1 \end{pmatrix}.$$

Escolhendo agora os dois vectores $\mathbf{b}$ para $\mathbf{Y}$ de modo a serem ortogonais a $(\mathbf{1}_4, \mathbf{a})$ – o que implica que $\mathbf{b} = (-b_{22}, -b_{21}, b_{21}, b_{22})'$ – garante-se que $r(\mathbf{D}, \mathbf{Y}) = 12$. Uma solução possível é dada por $\mathbf{b}_1 = (1, 1, -1, -1)'$ e $\mathbf{b}_2 = (1, -1, 1, -1)'$, levando a uma formulação equivalente do modelo (6.15) com os parâmetros relevantes sujeitos à restrição de soma nula. ∎

6.1.2 Modelos log-lineares não ordinários

Os exemplos de modelos na formulação (6.1) considerados até aqui têm todos um denominador comum: as linhas de $\mathbf{A}$ em número de $u \leq s(r-1)$ são ortogonais às colunas de $\mathbf{D} = \mathbf{I}_s \otimes \mathbf{1}_r$. Como se constatou, esta característica é fundamental para provar a natureza log-linear da formulação (6.1).

Em muitas situações interessa considerar modelos na forma (6.1) onde $\mathbf{A}$ não goza dessa característica. Estes modelos fazem parte de uma classe mais vasta do que a dos modelos log-lineares, denominada classe dos **modelos log-lineares generalizados**, e que é definida sobre $\ln \boldsymbol{\pi}$ do mesmo modo que o modelo linear geral (3.18). Isto é, no cenário da Tabela 1.7 modelada por um produto de Multinomiais, um modelo log-linear generalizado é um modelo da forma,

$$\mathbf{A} \ln \boldsymbol{\pi} = \mathbf{X}_G \boldsymbol{\beta} \tag{6.16}$$

em que $\mathbf{A}$ é uma matriz $u \times sr$ com característica $u \leq s(r-1)$ e $\mathbf{X}_G$ é uma matriz $u \times p$ de característica $p \leq u$.

O modelo (6.16) pode também ser expresso directamente em termos de equações lineares para $\ln \boldsymbol{\pi}$. Com efeito, ao indicar que $\mathbf{A} \ln \boldsymbol{\pi}$ é um vector do subespaço p-dimensional de $I\!\!R^u$ gerado pelas colunas de $\mathbf{X}_G$, (6.16) significa que $\mathbf{A} \ln \boldsymbol{\pi}$ é ortogonal a qualquer vector do complemento ortogonal de $\mathcal{M}(\mathbf{X}_G)$, que tem dimensão $u - p$. Sendo $\mathbf{U}$ uma matriz $u \times (u-p)$ base desse subespaço (satisfazendo, pois, $\mathbf{U}'\mathbf{X}_G = \mathbf{0}$), (6.16) exprime-se em termos de restrições por $\mathbf{U}'\mathbf{A} \ln \boldsymbol{\pi} = \mathbf{0}_{u-p}$, significando que $\ln \boldsymbol{\pi}$ pertence ao espaço nulo de $\mathbf{U}'\mathbf{A}$, subespaço de $I\!\!R^{sr}$ de dimensão $d = sr - (u - p)$. Constituindo $\mathbf{W}$ uma matriz $sr \times d$ base deste subespaço, então (6.16) equivale a

$$\ln \boldsymbol{\pi} = \mathbf{W} \boldsymbol{\delta} \tag{6.17}$$

para algum $\boldsymbol{\delta} \in I\!\!R^d$.

Neste contexto, o subespaço $\mathcal{M}(\mathbf{D})$ não está necessariamente contido em $\mathcal{M}(\mathbf{W})$ pelo facto de as colunas de $\mathbf{D}$ poderem não ser ortogonais às linhas de $\mathbf{U}'\mathbf{A}$ e, sendo assim, (6.17) não traduz um modelo log-linear, tal como foi definido para o cenário Produto de Multinomiais.

160 6.2 OUTROS MODELOS FUNCIONAIS LINEARES

Um exemplo deste caso pode ser encontrado numa situação com uma variável resposta politómica em $r > 2$ níveis, onde tenha interesse considerar uma estrutura linear em logitos múltiplos definidos em termos da razão entre as probabilidades de cada uma de $r - 1$ categorias de resposta e da categoria resultante da fusão das restantes categorias. Cada um desses logitos representa assim o parâmetro natural da distribuição marginal (Binomial) de cada frequência componente do vector Multinomial da respectiva subpopulação.

Concretamente, no cenário da tabela genérica $s \times r$ de probabilidades $\boldsymbol{\pi}_i = (\theta_{(i)j}, j = 1, \ldots, r)'$, $\mathbf{1}_r' \boldsymbol{\pi}_i = 1$, $i = 1, \ldots, s$, esses logitos são definidos por

$$L_{(i)j} = \ln\left[\theta_{(i)j}/(1 - \theta_{(i)j})\right] \, , \tag{6.18}$$

$j = 1, \ldots, r - 1$, $i = 1, \ldots, s$. Numa forma compacta, o vector desses logitos corresponde a $\mathbf{A}_2 \ln\left(\mathbf{A}_1 \boldsymbol{\pi}\right)$, em que $\boldsymbol{\pi}$ é o vector composto dos $\boldsymbol{\pi}_i$, $i = 1, \ldots, s$ e $\mathbf{A}_i = \mathbf{I}_s \otimes \mathbf{B}_i$, $i = 1, 2$. A matriz $\mathbf{B}_1$, de ordem $2(r-1) \times r$, forma de cada $\boldsymbol{\pi}_i$ as probabilidades que figuram no numerador e no denominador dos $r - 1$ logitos, enquanto que $\mathbf{B}_2$, ao ser aplicado a $\ln\left(\mathbf{B}_1 \boldsymbol{\pi}_i\right)$, forma o vector dos logitos para cada $i = 1, \ldots, s$.

Outro exemplo, envolvendo o conceito de riscos relativos, é apresentado a seguir.

Exemplo 6.5 (*Problema da complicação pulmonar*): Os dados da Tabela 6.2 provêm de um estudo envolvendo a avaliação pulmonar pré-operatória de 1162 pacientes e a ocorrência de complicação pulmonar no pós-operatório de cirurgia geral (Barros 1994).

Tabela 6.2: Número de pacientes.

Avaliação pré-operatória do grau de complicação pulmonar	Avaliação pulmonar pós-operatória	
	sem complicação	com complicação
Baixo	737	48
Moderado	243	74
Alto	39	21

Um dos objectivos do estudo era comparar os riscos relativos de ocorrência de complicações pulmonares no período pós-operatório para pacientes com risco pré-operatório moderado *versus* baixo e pacientes com risco pré-operatório alto *versus* moderado. Considerando as frequências obtidas como geradas de um produto de Binomiais independentes com probabilidades $\theta_{(i)j}$ ordenadas lexicograficamente em $\boldsymbol{\pi} = (\boldsymbol{\pi}_i', i = 1, 2, 3)'$, $\boldsymbol{\pi}_i = (\theta_{(i)1}, \theta_{(i)2})'$, $\mathbf{1}_2' \boldsymbol{\pi}_i = 1$, o logaritmo dos citados riscos relativos é definido por $\mathbf{A} \ln \boldsymbol{\pi}$, onde

$$\mathbf{A} = \begin{pmatrix} 0 & -1 & 0 & 1 & 0 & 0 \\ 0 & 0 & 0 & -1 & 0 & 1 \end{pmatrix}$$

O modelo traduzindo a igualdade dos dois riscos relativos é expressável em termos de $\mathbf{A} \ln \boldsymbol{\pi}$ por (6.16) com $\mathbf{X}_G = (1,1)'$. Como as linhas de $\mathbf{A}$ não são ortogonais às colunas de $\mathbf{D} = \mathbf{I}_3 \otimes \mathbf{1}_2$, a formulação (6.17) deste modelo não corresponde a um modelo log-linear ordinário, já que $\mathcal{M}(\mathbf{W})$, que é o espaço nulo de $\mathbf{U}'\mathbf{A}$, não contém claramente $\mathcal{M}(\mathbf{D})$. ∎

6. MODELOS FUNCIONAIS LINEARES   161

6.2 Outros modelos funcionais lineares

No cenário Produto de Multinomiais, a substituição do primeiro membro de (6.1)
por uma função vectorial genérica de π conduz à classe geral dos modelos funcionais
lineares. O **modelo funcional linear** pode assim ser definido por

$$\mathbf{F}(\pi) = \mathbf{X}\beta \tag{6.19}$$

em que $\mathbf{F}(\pi) = (F_k(\pi), \ k = 1, \dots, u)'$ é um vector de $u \leq s(r-1)$ funções paramétricas de interesse e a matriz $\mathbf{X}$ de especificação do modelo, associada a um
vector β, de dimensão $p \times 1$, de parâmetros, é uma matriz $u \times p$ de característica
$p \leq u$.

A substituição em (6.19) de π pelo vector das médias ou das taxas de ocorrência
por unidade de exposição do modelo Produto de distribuições de Poisson define o
modelo funcional linear para este contexto.

Por razões que se prendem com a viabilização da sua análise estatística, e que
se tornarão claras na Parte III do livro, as funções $\mathbf{F}(\pi)$ em (6.19) devem satisfazer
certas condições de regularidade, que se resumem em seguida:

a) Definindo
$$\overline{\pi} = (\overline{\pi}_i, \ i = 1, \dots, s)',$$

em que
$$\overline{\pi}_i = (\theta_{(i)j}, \ j = 1, \dots, r-1)',$$

e denotando por $\mathbf{G}(\cdot)$, o vector $u \times 1$ que resulta de $\mathbf{F}(\cdot)$ quando em cada π_i se
substitui $\theta_{(i)r}$ pela expressão $1 - \sum_{j=1}^{r-1} \theta_{(i)j}$ [pelo que $\mathbf{G}(\overline{\pi}) = \mathbf{F}(\pi)$], as funções
$G_k(\overline{\pi}), \ k = 1, \dots, u$ têm derivadas parciais contínuas até segunda ordem num
conjunto aberto contendo π.

b) Sendo $\mathbf{V}(\overline{\pi}) = \text{diag}\,[\mathbf{V}_i(\overline{\pi}_i), \ i = 1, \dots, s]$, em que

$$\mathbf{V}_i(\overline{\pi}_i) = [\mathbf{D}_{\overline{\pi}_i} - \overline{\pi}_i\,\overline{\pi}_i'] \, / n_{i\cdot}$$

é a matriz de covariâncias do vector de proporções amostrais (sem o último
elemento de cada subpopulação) $(n_{i1}, \dots, n_{i(r-1)})'/n_{i\cdot}$, $i = 1, \dots, s$, a matriz
das primeiras derivadas de $\mathbf{G}$ em ordem a $\overline{\pi}$,

$$\mathbf{H}(\overline{\pi}) = \partial\mathbf{G}(\mathbf{z})/\partial\mathbf{z} \,|_{\mathbf{z}=\overline{\pi}},$$

é tal que a matriz $\mathbf{H}(\overline{\pi})\mathbf{V}(\overline{\pi})[\mathbf{H}(\overline{\pi})]'$ é não singular.

Observe-se que (6.19), ao traduzir que $\mathbf{F}(\pi)$ é um vector do subespaço p-dimen-
sional de $I\!R^u$, $\mathcal{M}(\mathbf{X})$, equivale em termos de restrições a

$$\mathbf{U}\mathbf{F}(\pi) = \mathbf{0}_{(u-p)} \tag{6.20}$$

em que $\mathbf{U}'$ é uma matriz $u \times (u-p)$ base do complemento ortogonal de $\mathcal{M}(\mathbf{X})$, pelo
que $\mathbf{X}'\mathbf{U}' = \mathbf{0}_{(p,u-p)}$.

162 6.2 OUTROS MODELOS FUNCIONAIS LINEARES

Em muitas aplicações, como se verá ao longo desta secção, as funções $\mathbf{F}(\cdot)$ podem ser definidas através de uma sequência de transformações lineares, logarítmicas e exponenciais, o que permite, nomeadamente, exprimir a matriz das primeiras derivadas $\mathbf{H}(\overline{\pi})$ em termos matriciais, de uma forma relativamente simples, como se terá ocasião de evidenciar na Parte III. Nesta classe incluem-se modelos da forma

$$\mathbf{A}_2 \ln(\mathbf{A}_1 \boldsymbol{\pi}) = \mathbf{X}\boldsymbol{\beta}$$

em que $\mathbf{A}_i$, $i = 1, 2$ são matrizes satisfazendo certas condições, e que também são chamados modelos log-lineares generalizados por Lang (1996) e Agresti (2002). Embora a sua definição permita incluir os modelos log-lineares (quando $\mathbf{A}_1$ e $\mathbf{A}_2$ são matrizes identidades), esses modelos são usualmente utilizados para modelar distribuições marginais em problemas envolvendo múltiplas variáveis respostas. Este é o caso dos modelos para dados longitudinais que se discutirá no Capítulo 12. Não obstante a generalidade dos problemas que podem ser abordados por intermédio dessa classe de modelos, aqueles a que se refere por modelos log-lineares generalizados neste texto não estão nela contidos, dado que a matriz $\mathbf{A}$ utilizada em sua definição (6.16) não satisfaz necessariamente as condições especificadas em Lang (1996) para a correspondente matriz $\mathbf{A}_2$.

Nas subsecções seguintes descrever-se-ão alguns modelos funcionais lineares relevantes.

6.2.1 Modelos lineares nos logitos de razões continuadas

No contexto do modelo Produto de Multinomiais com uma resposta politómica ordinal, descrito pelas distribuições Multinomiais independentes $M_{r-1}(n_{i.}, \boldsymbol{\pi}_i)$, $i = 1, \ldots, s$, de $\mathbf{n}_{i*} \equiv (n_{i1}, \ldots, n_{ir})'$ em que $\boldsymbol{\pi}_i = (\theta_{(i)1}, \ldots, \theta_{(i)r})'$, $\mathbf{1}'_r \boldsymbol{\pi}_i = 1$, o conjunto dos logitos adjacentes não é a única via de incorporação da ordinalidade na comparação das probabilidades das r categorias da variável resposta. Uma outra forma de atingir esse objectivo consiste em definir logitos sobre as probabilidades condicionais de cada categoria dada a ocorrência de qualquer categoria não inferior, numa escala de ordenação crescente das categorias. Estas probabilidades não são mais do que os parâmetros probabilísticos das distribuições Binomiais condicionais de cada frequência n_{ij} dados os valores de $\{n_{ik}, \ k = 1, \ldots, j - 1\}$. Na realidade, para cada subpopulação i, a função de probabilidade de $\mathbf{n}_{i*}$ pode factorizar-se em

$$f(\mathbf{n}_{i*} \mid n_{i.}, \boldsymbol{\pi}_i) \equiv \left[n_{i.}! \Big/ \prod_{j=1}^{r} n_{ij}! \right] \prod_{j=1}^{r-1} \theta_{(i)j}^{n_{ij}} \left(1 - \sum_{j=1}^{r-1} \theta_{(i)j} \right)^{n_{ir}} \quad (6.21)$$

$$= \ f(n_{i1} \mid n_{i.}, \boldsymbol{\pi}_i) \prod_{j=2}^{r-1} f(n_{ij} \mid n_{i.}, \{n_{ik}, \ k = 1, \ldots, j - 1\}, \ \boldsymbol{\pi}_i)$$

em que

$$[n_{i1} \mid n_{i.}, \boldsymbol{\pi}_i] \sim Bi(n_{i.}, \rho_{(i)1})$$

$$[n_{ij} \mid n_{i.}, \{n_{ik}, \ k = 1, \ldots, j - 1\}, \boldsymbol{\pi}_i] \sim Bi \left(n_{i.} - \sum_{k=1}^{j-1} n_{ik}, \rho_{(i)j} \right)$$

6. MODELOS FUNCIONAIS LINEARES

com

$$\rho_{(i)j} = \theta_{(i)j} \left/ \left(1 - \sum_{k=1}^{j-1} \theta_{(i)k}\right) = \theta_{(i)j} \left/ \sum_{k=j}^{r} \theta_{(i)k} \right. \right. ,$$

$j = 1, \ldots, r - 1$.

As chances destas probabilidades condicionais são então dadas por

$$\frac{\rho_{(i)j}}{1 - \rho_{(i)j}} = \frac{\theta_{(i)j}}{1 - \sum_{k=1}^{j} \theta_{(i)k}} = \frac{\theta_{(i)j}}{\sum_{k=j+1}^{r} \theta_{(i)k}} ,$$

para $j = 1, \ldots, r - 1$, evidenciando o seu carácter de razões entre probabilidades de cada categoria de resposta e do conjunto de categorias que se lhe seguem na escala de ordenação. Daí o nome de **razões continuadas** (*continuation-ratios*) para estas chances. Os correspondentes logitos, denominados **logitos de razões continuadas** (*continuation-ratio logits*),

$$L_{(i)j} = \ln\left(\theta_{(i)j} \left/ \sum_{k=j+1}^{r} \theta_{(i)k}\right)\right. , \tag{6.22}$$

para $j = 1, \ldots, r - 1$, correspondem assim a logitos ordinários de respostas binárias sucessivas formadas pelas categorias j e $\{j + 1, \ldots, r\}$, $j = 1, \ldots, r - 1$.

Observe-se que o conjunto $\mathbf{L}_{(i)} = (L_{(i)j}, j = 1, \ldots, r - 1)'$, $i = 1, \ldots, s$, destes logitos pode ser expresso compactamente em termos de $\boldsymbol{\pi} = (\boldsymbol{\pi}'_i, \ i = 1, \ldots, s)'$ por

$$(\mathbf{L}'_{(i)}, \ i = 1, \ldots, s)' = \mathbf{A}_2 \ln(\mathbf{A}_1 \boldsymbol{\pi}) \tag{6.23}$$

onde $\mathbf{A}_i = \mathbf{I}_s \otimes \mathbf{B}_i$, $i = 1, 2$. A matriz $\mathbf{B}_1$, de ordem $2(r - 1) \times r$, forma de cada $\boldsymbol{\pi}_i$ as probabilidades que figuram no numerador e no denominador das $r - 1$ chances, enquanto que $\mathbf{B}_2$, ao ser aplicado a $\ln(\mathbf{B}_1 \boldsymbol{\pi}_i)$, forma os logitos $\mathbf{L}_{(i)}$, para cada $i = 1, \ldots, s$. Esta representação permite verificar que qualquer estrutura linear nos s conjuntos de logitos (6.22) é um modelo funcional linear com $\mathbf{F}(\boldsymbol{\pi})$ definido por (6.23).

Para uma ilustração de modelos funcionais lineares deste tipo, reconsidere-se a situação descrita no Exemplo 1.3.

Exemplo 6.6 (*Problema do peso de recém-nascidos*): Suponha-se que o interesse se centra na determinação do efeito da classe social (X_1), cujos níveis são agora rotulados de 1 a 5, e do hábito de fumo (X_2) da mãe na distribuição do peso do recém-nascido (X_3), categorizado em três níveis ordinais. Considerando como características de interesse para cada subpopulação (i, j) as probabilidades de $X_3 < 2.5\,\text{kg}$ ($\theta_{(ij)1}$) e de $X_3 \in [2.5\,\text{kg}, 3.0\,\text{kg})$ condicional a $X_3 \geq 2.5\,\text{kg}$ ($\theta_{(ij)2}/(\theta_{(ij)2} + \theta_{(ij)3})$), o modelo indicador de ausência de interacção dos dois factores nos logitos destas duas características é definido por

$$L_{(ij)k} \equiv \ln\left(\theta_{(ij)k} \left/ \sum_{l=k+1}^{3} \theta_{(ij)l}\right)\right. = \gamma_k + \delta_{ik} + \alpha_{jk} \tag{6.24}$$

164   6.2 OUTROS MODELOS FUNCIONAIS LINEARES

onde $\sum_i \delta_{ik} = \sum_j \alpha_{jk} = 0$, $k = 1, 2$. A correspondente formulação (6.19) é

$$\mathbf{A}_2 \ln(\mathbf{A}_1 \boldsymbol{\pi}) = \mathbf{X}\boldsymbol{\beta} \tag{6.25}$$

em que

$$\mathbf{A}_i = \mathbf{I}_{10} \otimes \mathbf{B}_i, \quad i = 1, 2,$$

$$\mathbf{B}_1 = \begin{pmatrix} 1 & 0 & 0 \\ 0 & 1 & 1 \\ 0 & 1 & 0 \\ 0 & 0 & 1 \end{pmatrix}, \quad \mathbf{B}_2 = \mathbf{I}_2 \otimes (1 \; -1)$$

e $\mathbf{X}$ é a matriz de dimensão 20×12 com elementos iguais a 0, 1 ou -1 associada aos parâmetros linearmente independentes γ_1, γ_2, $(\delta_{i1}, \delta_{i2}, i = 1, 2, 3, 4)$, α_{11} e α_{12}, reunidos no vector $\boldsymbol{\beta}$.

A simplificação da estrutura linear de (6.24) através da incorporação da ordinalidade de X_1, por meio de $\delta_{ik} = \delta_k(a_i - \bar{a})$, onde os a_i são *scores* ordenados crescentemente atribuídos às suas categorias, permite obter um modelo mais reduzido (com seis parâmetros), estabelecendo nomeadamente que:

i) A chance de um recém-nascido apresentar um peso menor do que 2.5 kg *versus* maior ou igual a 2.5 kg varia de $\exp[\delta_1(a_i - a_{i'})]$ quando a mãe, independentemente do hábito de fumo, pertence à classe social i' em contraposição à classe i;

ii) Dado que um recém-nascido tem peso maior ou igual a 2.5 kg, a chance de ele apresentar um peso intermédio *versus* um peso igual ou superior a 3.0 kg varia de $\exp(2\alpha_{12})$, quando se comparam mães não fumadoras com fumadoras independentemente da classe social. ■

Para outras aplicações de modelos lineares nos logitos de razões continuadas, veja-se a Nota de Capítulo 6.3.

6.2.2   Modelos lineares nos logitos cumulativos

A definição das categorias de uma variável resposta ordinal envolve, por vezes, certas doses de arbitrariedade e subjectividade. Nestes casos, é natural que a atenção se desvie das probabilidades individuais das categorias para as probabilidades acumuladas dessas categorias, uma vez ordenadas crescentemente. As chances destas probabilidades acumuladas originam então os chamados **logitos cumulativos**.

No cenário Produto de Multinomiais, que se tem vindo a referir, os logitos cumulativos são definidos para $i = 1, \ldots, s$ por

$$L_{(i)j} = \ln\left(\sum_{k=1}^{j} \theta_{(i)k} \; \middle/ \; \sum_{k=j+1}^{r} \theta_{(i)k}\right), \tag{6.26}$$

6. MODELOS FUNCIONAIS LINEARES

$j = 1, \ldots, r-1$. Cada $L_{(i)j}$ é assim um logito ordinário para uma resposta binária com uma categoria formada por aquelas compreendidas no conjunto $\{1, \ldots, j\}$ e a outra por aquelas compreendidas no conjunto $\{j+1, \ldots, r\}$, respeitante ao parâmetro da distribuição $Bi\left(n_i, \sum_{k=1}^{j} \theta_{(i)k}\right)$ de $\sum_{k=1}^{j} n_{ik}, j = 1, \ldots, r-1$. Tal como os logitos de razões continuadas, o vector dos logitos cumulativos $\mathbf{L}_{(i)} = (L_{(i)j}, \; j = 1, \ldots, r-1)'$, $i = 1, \ldots, s$ é expressável numa formulação condensada do tipo (6.23).

Partindo da estrutura linear saturada para os logitos cumulativos

$$L_{(i)j} = \gamma_j + \delta_{ij} \; , \tag{6.27}$$

$j = 1, \ldots, r-1$, $i = 1, \ldots, s$, onde $\sum_i \delta_{ij} = 0$, a condição de o efeito das variáveis explicativas na chance de uma classificação inferior a uma dada categoria de resposta não depender desta é representada pelo modelo

$$L_{(i)j} = \gamma_j - \delta_i \; , \tag{6.28}$$

$j = 1, \ldots, r-1$, $i = 1, \ldots, s$, onde $\sum_i \delta_i = 0$. O facto de usar-se a parametrização $\gamma_j - \delta_i$ em vez de $\gamma_j + \delta_i$ será justificado adiante. Desta forma, a interpretação dos efeitos das variáveis explicativas é a mesma qualquer que seja a aglutinação das categorias adjacentes de resposta e, como tal, este modelo é particularmente apropriado para variáveis respostas ordinais com categorias definidas de uma forma pouco objectiva e que, por isso, não têm grande interesse quando tomadas individualmente.

Observe-se que os $r-1$ parâmetros γ_j, geralmente sem interesse, e que por vezes são denominados **pontos de corte** (*cut-points*) na escala ordinal da resposta, são ordenados crescentemente pelo facto de $L_{(i)j}$ em (6.26) ser uma função crescente de j para todo o i (já o mesmo não sucede para os logitos (6.22)).

O conjunto das variáveis explicativas definidor das s subpopulações pode englobar variáveis nominais, ordinais e contínuas, estas últimas com um número previamente fixado de níveis ou não. Este último caso de uma gama extensa de níveis, do tipo "um nível para cada unidade", não será considerado à semelhança do que se viu a propósito dos modelos de regressão logística. Sendo assim, é conveniente explicitar este facto em (6.28), o que será feito por

$$L_{(i)j} = \gamma_j - \boldsymbol{\delta}' \mathbf{x}_i \; , \tag{6.29}$$

$j = 1, \ldots, r-1$, $i = 1, \ldots, s$ onde $\mathbf{x}_i$ denota o vector dos valores das variáveis explicativas definidor da i-ésima subpopulação.

Sublinhe-se que o caso de variáveis nominais é englobado nesta formulação através da introdução de variáveis "mudas". Por exemplo, se as s subpopulações forem definidas por uma única variável nominal ter-se-á $\boldsymbol{\delta}' \mathbf{x}_i \equiv \sum_{k=1}^{s} \delta_k x_{ik} = \delta_i, \; i = 1, \ldots, s$, onde $x_{ik} = 1$ se $k = i$ e $x_{ik} = 0$ se $k \neq i$. Querendo embutir a restrição de identificabilidade, ter-se-á

$$\boldsymbol{\delta}' \mathbf{x}_i = \sum_{k=1}^{s-1} \delta_k x_{ik}$$

em que $\{x_{ik}\}$ tem o significado mencionado se $\delta_s = 0$ ou $x_{ik} = 1$, se $k = i$, $x_{ik} = -1$ se $k = s$ e $x_{ik} = 0$, $k \neq i, s$, no caso de usar-se a restrição $\delta_s = -\sum_{k=1}^{s-1} \delta_k$.

As componentes de $\mathbf{x}_i$ relativas a variáveis ordinais representam os respectivos *scores* (ou os *scores* centrados). Naturalmente que os $\mathbf{x}_i$ podem ainda conter componentes relativas a interacções entre variáveis.

O modelo (6.29) implica que, para cada $j = 1, \dots, r-1$

$$L_{(i)j} - L_{(m)j} \equiv \ln \Delta_{im}^{(j)} = \boldsymbol{\delta}'(\mathbf{x}_m - \mathbf{x}_i) \tag{6.30}$$

em que

$$\Delta_{im}^{(j)} = \frac{\sum_{k=1}^{j} \theta_{(i)k}}{\sum_{k=j+1}^{r} \theta_{(i)k}} \frac{\sum_{k=j+1}^{r} \theta_{(m)k}}{\sum_{k=1}^{j} \theta_{(m)k}} \tag{6.31}$$

denota a RPC cumulativa no ponto de corte j para as linhas i e m. Este modelo estabelece que todas as RPC cumulativas para duas subpopulações quaisquer são iguais. As chances de uma resposta menor ou igual a j entre qualquer par de subpopulações são proporcionais, com a constante de proporcionalidade independente do ponto de corte j. Daí a designação de **modelo de chances proporcionais** (*proportional odds*) atribuída a (6.29). Para uma motivação do efeito comum $\boldsymbol{\delta}$ em todos os logitos cumulativos, *vide* Nota de Capítulo 6.4.

Quando a componente δ_k de $\boldsymbol{\delta}$ relativa ao valor x_k de uma dada variável é positiva, cada logito cumulativo (e portanto, cada probabilidade acumulada) diminui com o aumento de x_k, sob valores constantes das restantes variáveis, o que significa que a variável resposta tende a assumir valores associados a categorias com níveis superiores para grandes valores de x_k. As distribuições condicionais da resposta são assim estocasticamente crescentes com o aumento de x_k quando $\delta_k > 0$. Note-se que a ordenação estocástica dessas distribuições seria decrescente (a resposta tenderia a ser menor) com o aumento de x_k se em (6.29) se tivesse usado $+\boldsymbol{\delta}'\mathbf{x}_i$ em vez de $-\boldsymbol{\delta}'\mathbf{x}_i$.

Note-se ainda que o facto de o efeito das variáveis explicativas ser comum nos $r-1$ logitos cumulativos conduz a que os gráficos dos $r-1$ valores da função de distribuição da resposta

$$F(j|\mathbf{x}_i) \equiv \sum_{k=1}^{j} \theta_{(i)k} = \frac{exp(\gamma_j - \boldsymbol{\delta}'\mathbf{x}_i)}{1 + exp(\gamma_j - \boldsymbol{\delta}'\mathbf{x}_i)} \tag{6.32}$$

$j = 1, \dots, r-1$, em função de $\mathbf{x}_i$ têm todos a mesma forma (logística). Como para j, j' fixados, $j, j' = 1, \dots, r-1$,

$$\begin{aligned} \gamma_j - \boldsymbol{\delta}'\mathbf{x}_i &= \gamma_j - (\boldsymbol{\delta}'\mathbf{x}_i + \gamma_{j'} - \gamma_{j}') \\ &= \gamma_{j'} - \boldsymbol{\delta}'\left[\mathbf{x}_i + p^{-1}(\gamma_{j'} - \gamma_j)\mathbf{D}_{\boldsymbol{\delta}}^{-1}\mathbf{1}_p\right] \end{aligned}$$

em que p é a dimensionalidade de $\boldsymbol{\delta}$ e $\mathbf{D}_{\boldsymbol{\delta}}$ é a matriz diagonal com os elementos de $\boldsymbol{\delta}$ na diagonal principal, conclui-se que o gráfico de $F(j|\mathbf{x}_i)$ é o gráfico de $F(j'|\mathbf{x}_i^*)$, em que $\mathbf{x}_i^*$ é o vector $\mathbf{x}_i$ modificado com o incremento da sua k-ésima componente de $(\gamma_{j'} - \gamma_j)/(p\delta_k)$, $k = 1, \dots, p$.

Para uma ilustração de modelos funcionais lineares deste tipo volte-se ao problema focado no exemplo anterior.

6. MODELOS FUNCIONAIS LINEARES

Exemplo 6.7 (*Problema do peso de recém-nascidos*): Considerem-se agora modelações lineares nos logitos das probabilidades de um peso inferior a 2.5 kg e inferior a 3.0 kg, definidos para cada subpopulação (i, j) por

$$\mathbf{L}_{(ij)} = (L_{(ij)k}, \ k = 1, 2)' = \mathbf{B}_2 \ln (\mathbf{B}_1 \boldsymbol{\pi}_{(ij)})$$

em que

$$\mathbf{B}_1 = \begin{pmatrix} 1 & 0 & 0 \\ 0 & 1 & 1 \\ 1 & 1 & 0 \\ 0 & 0 & 1 \end{pmatrix} \text{ e } \mathbf{B}_2 = \mathbf{I}_2 \otimes (1, \ -1).$$

Um modelo de tipo (6.29) prevendo efeitos dos dois factores nos logitos cumulativos é definido por

$$L_{(ij)k} = \gamma_k + \delta(a_i - \bar{a}) + \alpha_j , \tag{6.33}$$

$k, j = 1, 2, \ i = 1, \ldots, 5$ onde $\sum_{j=1}^{2} \alpha_j = 0$. Note-se a particularidade de este modelo explorar a ordinalidade da classe social através da linearidade do seu efeito nos *scores*. Observe-se ainda como as RPC cumulativas para cada classe social (em número de 10) são idênticas, o mesmo se passando com as RPC correspondentes aos dois níveis do hábito de fumo para cada par de níveis da classe social. Este traço é indicativo da ausência de interacção dos dois factores nos logitos cumulativos da resposta.

Deve realçar-se que este modelo de tipo ANCOVA não pode ser considerado como uma versão reduzida (pelo facto de os efeitos serem homogéneos nos dois logitos e do efeito da classe social ser linear) do modelo log-linear sem interacção de segunda ordem, ou seja, do modelo linear nos logitos adjacentes (5.35). Com efeito, a formulação (6.33) equivale a

$$\theta_{(ij)k} = \begin{cases} e^{\gamma_1 + \eta_{ij}} \left(1 + e^{\gamma_2 + \eta_{ij}}\right) / \beta_{ij} & ,k = 1 \\ \left(e^{\gamma_2 + \eta_{ij}} - e^{\gamma_1 + \eta_{ij}}\right) / \beta_{ij} & ,k = 2 \\ \left(1 + e^{\gamma_1 + \eta_{ij}}\right) / \beta_{ij} & ,k = 3 \end{cases} \tag{6.34}$$

em que $\eta_{ij} = \delta(a_i - \bar{a}) + \alpha_j$ e $\beta_{ij} = (1 + e^{\gamma_1 + \eta_{ij}})(1 + e^{\gamma_2 + \eta_{ij}})$.

Com a formação dos logitos adjacentes (ou das correspondentes RPC) fica claro que (6.33) não consegue ser posto numa formulação linear aditiva do tipo de (5.35). Isto não é mais do que uma manifestação concreta do carácter não log-linear do modelo genérico das chances proporcionais.

A introdução de uma interacção dos dois factores nos logitos cumulativos, com a manutenção da proporcionalidade das chances, pode ser conseguida através da substituição do termo $\delta(a_i - \bar{a})$ por $\delta_j(a_i - \bar{a})$, significando que a relação linear entre os logitos cumulativos e a classe social depende do nível do hábito de fumo.

A retirada do efeito principal do hábito de fumo de (6.33) conduz ao modelo

$$L_{(ij)k} = \gamma_k + \delta(a_i - \bar{a}) , \tag{6.35}$$

$k, j = 1, 2, \ i = 1, \ldots, 5$. O facto de $\theta_{(ij)k}/\theta_{(ij)k+1}, \ k = 1, 2$ não depender de j implica que as RPC em cada nível da classe social são unitárias, e assim, a independência condicional entre o peso do recém-nascido e o hábito de fumo da mãe para cada nível da classe social desta. Como, além disso, as próprias probabilidades $\theta_{(ij)k}$ não dependem de j (*vide* (6.34)), o modelo permanece imutável quando aplicado à tabela marginal classe social × peso. Neste contexto, ele corresponde a um modelo de associação uniforme nos logitos cumulativos quando os *scores* $\{a_i\}$ são igualmente espaçados (vide Exercício 6.11).

Se $\delta = 0$ em (6.35), as correspondentes expressões de $\theta_{(ij)k}$ revelam a homogeneidade das 10 distribuições Multinomiais correspondentes. Deste modo, o modelo

$$L_{(ij)} = \gamma_k \, , \tag{6.36}$$

$k, j = 1, 2$, $i = 1, \ldots, 5$ é uma formulação equivalente do modelo linear nos logitos adjacentes sem efeitos dos factores, ou seja, do modelo log-linear (AB, C). Trata-se assim de um caso especial em que uma estrutura funcional linear corresponde a uma formulação log-linear. ∎

6.2.3 Modelos de concordância

Quando tabelas quadradas representam o resultado da classificação de um conjunto de unidades por dois observadores, dois métodos, dois instrumentos, etc., segundo uma dada variável categorizada, interessa analisar a magnitude da concordância ou semelhança das duas classificações. Uma situação concreta é ilustrada pelo Exemplo 1.2 (Problema do risco de cárie dentária).

Neste cenário, suposto probabilisticamente descrito pelo modelo Multinomial com probabilidades $\{\theta_{ij}\}$, as medidas de concordância estão naturalmente ligadas, de algum modo, com as probabilidades $\{\theta_{ii}\}$ das celas da diagonal principal. Quanto menor (maior) for a sua soma, tanto mais fraca (forte) será a concordância entre as duas classificações. A concordância perfeita ocorrerá quando $\sum_i \theta_{ii} = 1$. Note-se que a ideia de concordância é distinta da de associação. Basta pensar no caso em que, condicionalmente a uma dada classificação, a probabilidade da outra classificação no nível imediatamente superior de uma escala ordinal é elevada. Isto configura uma situação de fraca concordância e de forte associação.

Existem várias medidas de concordância tendo a maioria delas a forma

$$\kappa = \frac{\pi_0 - \pi_e}{1 - \pi_e} \tag{6.37}$$

onde π_0 é uma probabilidade real de concordância e π_e uma probabilidade hipotética de concordância sob apropriadas condições de referência (veja-se uma forma mais geral para tais medidas em tabelas 2×2 em Bloch & Kraemer (1989). Estas medidas medem assim o acréscimo de concordância corrente face ao que se esperaria sob as condições referenciais fixadas, relativamente ao seu valor máximo (note-se que 1 é o valor máximo para π_0).

A medida mais usual de concordância, devida a Cohen (1960), considera $\pi_0 = \sum_i \theta_{ii}$ e π_e como a probabilidade de concordância caso houvesse independência das duas classificações, *i.e.*, $\pi_e = \sum_i \theta_{i.} \theta_{.i}$. Este índice de concordância que se denomina

6. MODELOS FUNCIONAIS LINEARES

de medida Kapa (*Kappa*) é assim definido por

$$\kappa = \frac{\sum_i \theta_{ii} - \sum_i \theta_{i\cdot}\theta_{\cdot i}}{1 - \sum_i \theta_{i\cdot}\theta_{\cdot i}} = \frac{\sum_i \theta_{ii} - \sum_i \theta_{i\cdot}\theta_{\cdot i}}{\sum_i \theta_{i\cdot}\left(\sum_{j \neq i}\theta_{\cdot j}\right)} . \tag{6.38}$$

Esta medida apresenta o seu valor máximo fixadas as distribuições marginais ($k = 1$) quando há concordância perfeita e é nula quando a concordância observada iguala à que se obteria por acaso, *i.e.*, sob independência. Embora teoricamente possíveis ($\kappa \in [-\pi_e/(1-\pi_e), 1]$), valores negativos de k raramente ocorrem. Em geral, valores de $k \geq 0.75$ (respectivamente, $k \leq 0.40$) são considerados como representando uma excelente (respectivamente, fraca) concordância, enquanto que valores de $k \in (0.40, 0.75)$ podem ser tomados como indicando um grau de concordância entre o razoável e o bom.

Observe-se que κ é uma função paramétrica que, em termos matriciais, se pode definir à custa de uma sequência de transformações lineares, logarítmicas e exponenciais do vector $\boldsymbol{\theta} = (\theta_{ij}, i, j = 1, \ldots I)'$ do seguinte modo:

$$\kappa = \exp\left[\mathbf{A}_4\ln\left\{\mathbf{A}_3\left[\exp\left(\mathbf{A}_2\ln\left(\mathbf{A}_1\,\boldsymbol{\theta}\right)\right)\right]\right\}\right]. \tag{6.39}$$

A transformação linear definida por $\mathbf{A}_1$ forma a partir de $\boldsymbol{\theta}$ as probabilidades $\sum_i \theta_{ii}$ e $\{\theta_{i\cdot}, \theta_{\cdot i}, \sum_{j\neq i}\theta_{\cdot j}\}$ que figuram em (6.38). A transformação linear definida por $\mathbf{A}_2$ aplicada ao vector $\ln(\mathbf{A}_1\,\boldsymbol{\theta})$ constrói os logaritmos de todos os produtos presentes em (6.38), *i.e.*, $\sum_i \theta_{ii}$ e $\left\{\theta_{i\cdot}\theta_{\cdot i}, \theta_{i\cdot}\sum_{j\neq i}\theta_{\cdot j}\right\}$. O recurso à função vectorial $\exp$ elimina os logaritmos e a subsequente transformação linear definida por $\mathbf{A}_3$ forma o numerador e o denominador de (6.38). A aplicação dos operadores logarítmico e linear ($\mathbf{A}_4$) forma o $\ln \kappa$ que, por exponenciação, origina κ. Para ilustração considere-se o seguinte exemplo:

Exemplo 6.8 (*Problema do risco de cárie dentária*): A medida Kapa para a tabela 3^2 relativa ao Exemplo 1.2 supracitado é definida matricialmente por (6.39) em que

$$\mathbf{A}_1 = \begin{pmatrix} 1 & 0 & 0 & 0 & 1 & 0 & 0 & 0 & 1 \\ 1 & 1 & 1 & 0 & 0 & 0 & 0 & 0 & 0 \\ 0 & 0 & 0 & 1 & 1 & 1 & 0 & 0 & 0 \\ 0 & 0 & 0 & 0 & 0 & 0 & 1 & 1 & 1 \\ 1 & 0 & 0 & 1 & 0 & 0 & 1 & 0 & 0 \\ 0 & 1 & 0 & 0 & 1 & 0 & 0 & 1 & 0 \\ 0 & 0 & 1 & 0 & 0 & 1 & 0 & 0 & 1 \\ 1 & 1 & 0 & 1 & 1 & 0 & 1 & 1 & 0 \\ 1 & 0 & 1 & 1 & 0 & 1 & 1 & 0 & 1 \end{pmatrix},$$

$$\mathbf{A}_2 = \begin{pmatrix} 1 & 0 & 0 & 0 & 0 & 0 & 0 & 0 & 0 \\ 0 & 1 & 0 & 0 & 1 & 0 & 0 & 0 & 0 \\ 0 & 0 & 1 & 0 & 0 & 1 & 0 & 0 & 0 \\ 0 & 0 & 0 & 1 & 0 & 0 & 1 & 0 & 0 \\ 0 & 1 & 0 & 0 & 0 & 0 & 0 & 0 & 1 \\ 0 & 0 & 1 & 0 & 0 & 0 & 0 & 0 & 1 & 0 \\ 0 & 0 & 0 & 1 & 0 & 0 & 0 & 1 & 0 & 0 \end{pmatrix},$$

$$\mathbf{A}_3 = \begin{pmatrix} 1 & -1 & -1 & -1 & 0 & 0 & 0 \\ 0 & 0 & 0 & 0 & 1 & 1 & 1 \end{pmatrix},$$

$$\mathbf{A}_4 = \begin{pmatrix} 1 & -1 \end{pmatrix}.$$

■

Numa situação em que existe uma tabela quadrada do tipo mencionado para várias subpopulações definidas por uma ou mais variáveis explicativas (por exemplo, na situação do Exemplo 1.2 poder-se-ia imaginar uma estratificação pelo sexo, entre outras variáveis) tem interesse não só analisar o nível de concordância medido por (6.38) em cada subpopulação, como também saber se há diferenças entre eles.

Sendo agora $\boldsymbol{\pi}$ o vector composto das probabilidades $\boldsymbol{\pi}_i$ de classificação cruzada para as s subpopulações, o vector das s medidas Kapa é definido por uma expressão do tipo de (6.39) com $\boldsymbol{\theta}$ e $\mathbf{A}_q$ substituídos por $\boldsymbol{\pi}$ e $\mathbf{I}_s \otimes \mathbf{A}_q$, $q = 1, \ldots, 4$, respectivamente. O operador escalar exp é evidentemente substituído pelo correspondente operador vectorial.

Deste modo, interessa analisar modelos funcionais lineares (6.19), em que a parte linear $\mathbf{X}\boldsymbol{\beta}$ descreve efeitos dos factores nas medidas de concordância Kapa. Landis & Koch (1977) consideram modelos deste tipo para análise da concordância entre dois observadores.

A representação da estrutura de concordância/discordância pela medida Kapa ou qualquer funcão paramétrica alternativa (vide Nota de Capítulo 6.5 para a generalização dessa medida) é sempre restritiva pela perda de informação envolvida no resumo de uma tabela de probabilidades por um número. Daí a necessidade de desenvolvimento de modelos estruturais que consigam descrever mais minuciosamente as relações entre os dois processos de classificação. Agresti (2002) refere trabalhos relevantes nesta direcção e descreve alguns modelos apropriados (como os modelos de quási-simetria (4.28) e os denominados modelos de quási-independência que não se estudam neste texto.

6.3 Modelos lineares generalizados

Todos os modelos estruturais referidos na Parte II do texto têm a particularidade de serem lineares nalguma função do parâmetro indexante dos modelos probabilísticos básicos para dados categorizados. Esta característica, rotulada como funcional linear, pode ser captada alternativamente pela designação linear generalizada e, deste modo, tais modelos estatísticos constituirão uma parte estrita (pela particularização do seu suporte probabilístico) da larga classe dos, assim chamados, **modelos lineares generalizados**.

Não é neste sentido mais lato que se entende a designação atribuída a esta secção, mas sim no sentido restrito em que vem sendo copiosamente usada na literatura estatística, particularmente desde o início da década de 80. É devido ao facto de a teoria dos modelos lineares generalizados, introduzida por Nelder & Wedderburn (1972) e extensivamente tratada em McCullagh & Nelder (1989), entre outros, constituir desde

6. MODELOS FUNCIONAIS LINEARES 171

então uma área importante da análise estatística, com implicações em dados catego-rizados, que se justifica a existência desta secção.

Com esta secção pretende-se mostrar como muitos dos modelos já referidos (mas não todos) se encaixam nesta classe de modelos lineares generalizados, ainda que a descrição da sua análise, que será objecto da Parte III do texto, não use o esquema típico da teoria unificada dos modelos lineares generalizados. Não obstante o papel marginal reservado por este texto a essa teoria, aproveita-se ainda esta secção para descrever novos modelos funcionais lineares que têm a particularidade de se integrarem na classe de modelos lineares generalizados.

6.3.1 Definição

A definição da classe de modelos lineares generalizados passa pela especificação de três componentes: uma **componente aleatória** identificando a família de distribuições da variável resposta, uma **componente sistemática** constituída por uma função linear de variáveis explicativas que actua como um preditor, e uma **função de ligação** que relaciona a componente sistemática com uma função da média das observações.

A **componente aleatória** consiste de um conjunto de n observações independen-tes $\{y_i\}$ (mas não identicamente distribuídas) de distribuições univariadas com função densidade ou função probabilidade na forma

$$f(y_i \mid \alpha_i, \phi) = \exp\left[\frac{y_i\alpha_i - b(\alpha_i)}{a(\phi)}\right] h(\phi, y_i) \tag{6.40}$$

para funções apropriadas, $a(\cdot)$, $b(\cdot)$ e $h(\cdot)$.

O parâmetro escalar ϕ, denominado **parâmetro de dispersão**, é comum à dis-tribuição de todas as observações, contrariamente ao outro parâmetro escalar α_i (o parâmetro de interesse), que pode variar de observação para observação. Quando ϕ é conhecido, (6.40) representa a família exponencial uniparamétrica com parâmetro natural $\alpha_i/a(\phi)$. Devido à omissão da estrutura da função $h(\cdot)$, (6.40) não representa necessariamente a família exponencial biparamétrica quando ϕ é desconhecido.

Como, por hipótese,

$$\int f(y_i \mid \alpha_i, \phi)\, dy_i = 1$$

em que o símbolo $\int$ se deve entender como somatório no caso discreto, a derivação em ordem a α_i de ambos os membros produz, sob as condições de permutação da derivação com a integração que se assumem,

$$[a(\phi)]^{-1} \int [y_i - b'(\alpha_i)] f(y_i \mid \alpha_i, \phi)\, dy_i = 0 \tag{6.41}$$

onde $b'(\cdot)$ simboliza a derivada de $b(\cdot)$. Deste modo, denotando a média da variável aleatória y_i por μ_i, resulta de (6.41) que

$$\mu_i = b'(\alpha_i) \, , \tag{6.42}$$

$i = 1, \ldots, n$. Derivando agora (6.41) em ordem a α_i, sob as mesmas condições, obtém-se

$$[a(\phi)]^{-2} \int [y_i - b'(\alpha_i)]^2 f(y_i \mid \alpha_i, \phi) \, dy_i = [a(\phi)]^{-1} \int b''(\alpha_i) f(y_i \mid \alpha_i, \phi) \, dy_i$$

em que $b''(\cdot)$ simboliza a segunda derivada de $b(\cdot)$, ou seja, a variância de y_i é

$$\sigma_i^2 = b''(\alpha_i) a(\phi) , \tag{6.43}$$

$i = 1, \ldots, n$. A função $b''(\cdot)$, que depende só de μ_i por (6.42), é geralmente designada como **função variância**.

Observe-se desde já como os modelos Produto de distribuições de Poisson e Produto de Binomiais, que fazem parte da família exponencial (vide Exercício 2.2), satisfazem os requisitos definidores da componente aleatória. No primeiro modelo cada frequência $y_i \mid \mu_i$ tem distribuição $Poi(\mu_i)$, e então

$$\alpha_i = \ln \mu_i , \quad \phi = a(\phi) = 1 , \quad b(\alpha_i) = e^{\alpha_i} = \mu_i , \quad h(\phi, y_i) = 1/y_i! .$$

Para o segundo modelo, onde $y_i \mid n_i, \pi_i$ tem distribuição $Bi(n_i, \pi_i)$,

$$\begin{aligned}
\alpha_i &= \ln \pi_i/(1 - \pi_i) , & \phi = a(\phi) = 1 , \\
b(\alpha_i) &= n_i \ln(1 + e^{\alpha_i}) = -n_i \ln(1 - \pi_i) , \\
h(\phi, y_i) &= \binom{n_i}{y_i} .
\end{aligned}$$

A **componente sistemática** do modelo linear generalizado é constituída por funções lineares de variáveis explicativas

$$\eta_i = \sum_{j=1}^{p} \beta_i x_{ij} = \boldsymbol{\beta}' \mathbf{x}_i , \tag{6.44}$$

$i = 1, \ldots, n$ ou, em termos compactos, por

$$\boldsymbol{\eta} = (\eta_i, i = 1, \ldots, n)' = \mathbf{X} \boldsymbol{\beta} , \tag{6.45}$$

onde $\mathbf{X}$ é a matriz cujas linhas $\mathbf{x}_i'$ são os valores das variáveis explicativas para a estrutura paramétrica da distribuição de todos os $\{y_i\}$, e $\boldsymbol{\beta} = (\beta_1, \ldots, \beta_p)'$ é o vector de parâmetros associado. A função paramétrica $\boldsymbol{\eta}$ actua como preditor linear de alguma função das médias, que constitui a terceira componente na definição dos modelos lineares generalizados.

Esta terceira componente, denominada **função de ligação** é uma função $g(\cdot)$ monótona e diferenciável, ligando cada média com as variáveis explicativas através do preditor linear, *i.e.*,

$$g(\mu_i) = \eta_i \equiv \boldsymbol{\beta}' \mathbf{x}_i , \tag{6.46}$$

$i = 1, \ldots, n$ ou, numa forma condensada,

$$\mathbf{g}(\boldsymbol{\mu}) = \boldsymbol{\eta} = \mathbf{X} \boldsymbol{\beta} \tag{6.47}$$

6. MODELOS FUNCIONAIS LINEARES

em que $\mathbf{g}(\boldsymbol{\mu}) = [g(\mu_i), i = 1, \ldots, n]'$.

Quando g é a função identidade ou uma função linear obtém-se um modelo estrutural linear para o vector média das observações. É o caso dos modelos lineares do Capítulo 3, quando enquadrados por qualquer dos dois modelos probabilísticos acima mencionados.

Quando $g(\cdot)$ transforma a média de cada observação no parâmetro natural da respectiva distribuição, *i.e.*, $g(\mu_i) = \alpha_i$, $i = 1, \ldots, n$, a função de ligação diz-se **canónica**. Como $\mu_i = b'(\alpha_i)$, segue-se que a ligação canónica é a função inversa de $b'(\cdot)$. No cenário Produto de distribuições de Poisson, o modelo linear generalizado canónico é o já conhecido modelo log-linear

$$\ln \mu_i = \boldsymbol{\beta}'\mathbf{x}_i \ ,$$

$i = 1, \ldots, n$, ou de forma compacta,

$$\ln \boldsymbol{\mu} = \mathbf{X}\boldsymbol{\beta}$$

enquanto que num contexto Produto de Binomiais, ele corresponde ao modelo linear nos logitos (ou ao modelo de regressão logística)

$$\ln \pi_i/(1 - \pi_i) = \boldsymbol{\beta}'\mathbf{x}_i \ ,$$

$i = 1, \ldots, n$, ou seja,

$$\mathbf{A} \ln \boldsymbol{\pi} = \mathbf{X}\boldsymbol{\beta}$$

que, como se sabe, é igualmente um modelo log-linear para o suporte probabilístico em causa.

Pelo facto de a componente aleatória ser definida em termos de observações independentes de distribuições univariadas, os modelos funcionais lineares associados ao modelo Produto de Multinomiais (e, em particular, ao modelo Multinomial) não podem ser englobados directamente na classe de modelos lineares generalizados. Daí que esta classe e respectiva teoria inferencial pareça ter pouca relevância para a generalidade dos modelos estruturais para dados categorizados.

A realidade, contudo, é outra. Em primeiro lugar, a generalidade das estruturas log-lineares no modelo Produto de Multinomiais, visualizável como resultante do modelo Produto de distribuições de Poisson por condicionamento apropriado, corresponde a adequados modelos log-lineares neste cenário sem condicionamento. Além disso, como se mostrará na Parte III, a respectiva teoria inferencial (por máxima verosimilhança) é idêntica. Assim, a análise destas estruturas apropriadas em modelos multivariados pode ser efectivada por aplicação da teoria dos modelos lineares generalizados (canónicos com $\mathbf{X}$ incluindo os vectores indicadores da partição definida pelo delineamento amostral) para observações poissonianas independentes. Em segundo lugar, os modelos funcionais lineares no esquema Produto de Multinomiais podem ser vistos como extensões multivariadas de modelos lineares generalizados com componente aleatória Multinomial e parâmetro natural definido pelo vector dos logitos de referência. Veja-se McCullagh (1980), Thompson & Baker (1981), ou a referência mais recente, Fahrmeir & Tutz (2001).

6.3.2 Alternativas ao modelo de regressão logística

Viu-se na Subsecção 6.1.1 que o modelo de regressão logística, em particular com uma única variável explicativa contínua, exprime a probabilidade de sucesso em função de x, $\pi(x)$, como

$$\pi(x) = F(\alpha + \beta x) \tag{6.48}$$

em que onde $F(\cdot)$ é a função de distribuição logística reduzida. Por outras palavras, se $\beta > 0$, (respectivamente, $\beta < 0$) $\pi(x)(1-\pi(x))$ representa a função de distribuição logística de parâmetro de localização $\lambda = -\alpha/\beta$ e parâmetro de escala $\delta = 1/|\beta|$. O gráfico da função (6.48), denominada função de regressão logística, tem uma forma de S, crescente ou decrescente consoante $\beta > 0$ ou $\beta < 0$. Veja-se Nota de Capítulo 6.6 para mais detalhes sobre a curva de regressão logística.

Sendo n_{i1} o número de sucessos em $n_{i.}$ observações correspondentes ao valor x_i de x, a construção dos gráficos dos logitos amostrais, $\ln[n_{i1}/(n_{i.} - n_{i1})]$, ou dos denominados **logitos empíricos**

$$\ln \frac{n_{i1} + 1/2}{n_{i.} - n_{i1} + 1/2} \, , \tag{6.49}$$

que visam obviar os problemas surgidos com os primeiros quando $n_{i1} = 0$, $n_{i.}$ (quando o número de valores de x é da ordem de $\sum_i n_{i.}$, deve-se primeiro agrupar os dados para a construção dos gráficos), permite ter uma ideia da razoabilidade ou não do modelo. Em vários problemas este gráfico revela desvios significativos da linearidade, particularmente nos extremos da gama de valores de $\pi(x)$.

A procura de novos modelos mais adequados pode ser feita em várias direcções (veja-se a Nota de Capítulo 6.2). Uma das vias consiste em procurar novas funções de distribuição F, contínuas e estritamente crescentes tais que (6.48), ou seja,

$$F^{-1}[\pi(x)] = \alpha + \beta x \tag{6.50}$$

possa traduzir razoavelmente bem o comportamento dos dados. A expressão (6.50) revela que tais modelos no mesmo contexto probabilístico (Produto de Binomiais) são lineares generalizados onde a função de ligação, que transforma $[0, 1]$ em $\mathbb{R}$, é a inversa da função de distribuição F. Note-se que no modelo de regressão logística, a inversa da função de distribuição logística reduzida é a função logito.

Em experiências toxicológicas é comum usar-se para $F(\cdot)$ a função de distribuição Normal reduzida pelo facto de se verificar que a distribuição de tolerância para o logaritmo da dosagem é aproximadamente Normal. Deste modo, utilizando o símbolo Φ para denotar a função de distribuição da $N(0, 1)$, a estrutura

$$\Phi^{-1}[\pi(x)] = \alpha + \beta x \tag{6.51}$$

em que $\alpha = -\mu/\sigma$ e $\beta = 1/\sigma$, com μ e σ designando a média e o desvio padrão da distribuição de tolerância Normal, representa um novo modelo de dose-resposta que é também linear generalizado com função de ligação $\Phi^{-1}(\cdot)$. Denominar-se-á esta ligação de **probito**, em referência ao termo anglo-saxónico *probit*, e, em decorrência, o modelo (6.51) será rotulado como um **modelo linear no probito**.

6. MODELOS FUNCIONAIS LINEARES

A curva de resposta $\pi(x)$ neste modelo não é muito distinta da curva de regressão logística, embora convirja para 0 (ou 1) mais rapidamente do que esta, como consequência de as caudas da distribuição logística serem ligeiramente mais pesadas do que as da distribuição Normal. Veja-se a Nota de Capítulo 6.6 para referências sobre as características dos modelos de regressão no probito.

Devido à simetria das funções densidade logística e Normal, as curvas de $\pi(x)$ nos modelos lineares no logito e no probito têm uma aparência simétrica em torno da "dose" correspondente a 50% de sucessos e, em particular, $\pi(x)$ tende para 0 à mesma velocidade com que o faz para 1. Algumas vezes, o gráfico das proporções amostrais de sucesso sugere um comportamento diferenciado nos dois extremos, justificando a procura de novas funções de ligação, associadas, por exemplo, a distribuições da variável latente (quando esta faz algum sentido) ou de tolerância assimétrica.

Dentro da mesma família a que pertencem as distribuições logística e Normal – **a família de localização-escala**, caracterizada pela propriedade de a função de distribuição $F(x|\lambda, \delta)$ depender de x e dos parâmetros $\lambda \in \mathbb{R}$ (localização) e $\delta \in \mathbb{R}^+$ (escala) através de $(x-\lambda)/\delta$ – existem distribuições com diferentes tipos de assimetria. Uma delas, de enorme importância em Fiabilidade, Análise de Sobrevivência e Hidrologia Estatística, é a **distribuição** (de valores extremos) **Gumbel de mínimos**, definida pela função de distribuição

$$F(x \mid \lambda, \delta) = 1 - \exp\left\{-\exp\left(\frac{x-\lambda}{\delta}\right)\right\} , \quad x \in \mathbb{R}. \tag{6.52}$$

Se em (6.50) a função de distribuição Gumbel de mínimos reduzida (*i.e.*, com $\lambda = 0$ e $\delta = 1$) for utilizada, obter-se-á um novo modelo funcional linear

$$\pi(x) = 1 - \exp[-\exp(\alpha + \beta x)] \tag{6.53}$$

que corresponde a $\ln[-\ln(1 - \pi(x))] = \alpha + \beta x$.

Este modelo é linear generalizado com função de ligação igual à função inversa da função de distribuição de Gumbel (de mínimos) reduzida, e que é chamada ligação **log-log complementar** ou, por vezes, **extremito** (do inglês *extremit*). Quando $\beta > 0$ (6.53) exprime $\pi(x)$ como a função de distribuição Gumbel de mínimos de parâmetros de localização $\lambda = -\alpha/\beta$ e parâmetro de escala $\delta = 1/|\beta|$. Quando $\beta < 0$, o facto de (6.53) poder ser posto na forma

$$1 - \pi(x) = \exp\left\{-\exp\left[-\frac{x - (-\alpha/\beta)}{1/|\beta|}\right]\right\} \tag{6.54}$$

revela que este modelo exprime $1 - \pi(x)$ como a função de **distribuição Gumbel de máximos** [definida a partir de (6.52) como $1 - F(-x|\lambda, \delta)$], de parâmetro de localização $\lambda = -\alpha/\beta$ e parâmetro de escala $\delta = 1/|\beta|$.

Para efeitos interpretativos do **modelo linear no extremito** (6.53), note-se que ele corresponde a

$$-\ln[1 - \pi(x)] = e^{\alpha}e^{\beta x}$$

significando que o simétrico do logaritmo da probabilidade de insucesso para um indivíduo com o valor x da variável explicativa é a mesma quantidade para um indivíduo de referência com o valor zero para x multiplicada pela exponencial de βx.

176   6.3 MODELOS LINEARES GENERALIZADOS

Assim, para dois valores x_1 e x_2 de x, os correspondentes logaritmos das probabilidades de insucesso são proporcionais, com a constante de proporcionalidade dada por $\exp[\beta(x_1 - x_2)]$, ou seja,

$$1 - \pi(x_1) = [1 - \pi(x_2)]^{\exp[\beta(x_1 - x_2)]} . \tag{6.55}$$

A probabilidade de insucesso em x_1 é uma potência da correspondente probabilidade em x_2, com expoente que é e^{β} vezes a distância $x_1 - x_2$.

Como consequência da assimetria da distribuição (6.52), a ligação log-log complementar $g(\pi) = \ln[-\ln(1 - \pi)]$ não é simétrica em torno de $\pi = 1/2$ no sentido de $g(\pi) = -g(1 - \pi)$, como acontece com as ligações logito e probito. A curva de $\pi(x)$ é assimétrica com $\pi(x)$ aproximando-se mais rapidamente de 1 do que de 0. Se o gráfico das proporções amostrais sugerir um comportamento assimétrico oposto a este nas caudas, poderá ser útil considerar um modelo do tipo de (6.53) definido em $1 - \pi(x)$ [e não em $\pi(x)$], $i.e.$, um modelo do tipo

$$\ln[-\ln \pi(x)] = \alpha + \beta x . \tag{6.56}$$

Este modelo linear generalizado usa a chamada ligação **log-log** e corresponde a um modelo do tipo (6.50) com $F(\cdot)$ representando a função de distribuição Gumbel de máximos reduzida ($i.e.$, com $\lambda = 0$ e $\delta = 1$). Equivalentemente, (6.55) exprime $\pi(x)$ se $\beta < 0$ ($1 - \pi(x)$ se $\beta > 0$) como a função de distribuição de uma Gumbel de máximos com parâmetros de localização e de escala dados por $\lambda = -\alpha/\beta$ e $\delta = 1/|\beta|$, respectivamente.

Os modelos lineares generalizados (6.51), (6.53) e (6.56) são facilmente estendidos ao cenário Produto de Binomiais onde as subpopulações são definidas por um vector $\mathbf{x}$ de variáveis explicativas. À semelhança do modelo de regressão logística

$$\ln \frac{\pi(\mathbf{x})}{1 - \pi(\mathbf{x})} = \alpha + \boldsymbol{\beta}'\mathbf{x} \tag{6.57}$$

que é definido compactamente por (6.1), a expressão genérica dos modelos lineares nos probitos e extremitos é, respectivamente, definida por

$$\Phi^{-1}[\pi(\mathbf{x})] = \alpha + \boldsymbol{\beta}'\mathbf{x} \tag{6.58}$$

e

$$\ln[-\ln(1 - \pi(\mathbf{x}))] = \alpha + \boldsymbol{\beta}'\mathbf{x} \tag{6.59}$$

correspondendo à estrutura funcional linear (6.19) em que

$$\mathbf{F}(\boldsymbol{\pi}) = [\Phi^{-1}([1\ 0]\boldsymbol{\pi}_i),\ i = 1, \ldots, s]' ,$$

para (6.58) e $\mathbf{F}(\boldsymbol{\pi}) = \ln\{-\ln[\mathbf{I}_s \otimes (0,1)]\boldsymbol{\pi}\}$ para (6.59).

No caso de a variável resposta ser politómica (em r níveis) e ordinal, é fácil generalizar os modelos funcionais lineares (6.58) e (6.59) às probabilidades cumulativas, à semelhança dos modelos lineares nos logitos cumulativos descritos na Subsecção 6.2.2. Assim, em alternativa ao modelo das chances proporcionais (6.29), surgem o **modelo linear nos probitos cumulativos**

$$\Phi^{-1}\left(\sum_{k=1}^{j} \theta_{(i)k}\right) = \gamma_j - \boldsymbol{\delta}'\mathbf{x}_i , \tag{6.60}$$

$j = 1, \ldots, r-1$, $i = 1, \ldots, s$, e o **modelo linear nos extremitos cumulativos**

$$\ln\left[-\ln\left(\sum_{k=j+1}^{r} \theta_{(i)k}\right)\right] = \gamma_j - \boldsymbol{\delta}'\mathbf{x}_i \ , \tag{6.61}$$

$j = 1, \ldots, r-1$, $i = 1, \ldots, s$. Estes (e outros) modelos, descritos por McCullagh (1980) como modelos lineares generalizados multivariados, dispensam pela sua própria estrutura a atribuição de *scores* às categorias ordinais (tal como (6.29)). Os modelos (6.60) e (6.61) poderão ser úteis quando os gráficos dos logitos cumulativos empíricos

$$\ln\left[\frac{\sum_{k=1}^{j} n_{(i)k} + 1/2}{\sum_{k=j+1}^{r} n_{(i)k} + 1/2}\right] \ ,$$

$j = 1, \ldots, r-1$, $i = 1, \ldots, s$, revelarem desvios significativos da linearidade e, em contrapartida, os gráficos das transformações probito empírica,

$$\{\Phi^{-1}(\sum_{k=1}^{j} n_{(i)k}/n_{i.})\}$$

ou log-log complementar empírica,

$$\left\{\ln\left[-\ln(\sum_{k=j+1}^{r} n_{(i)k}/n_{i.})\right]\right\}$$

se aproximarem da linearidade.

Observe-se que quando as categorias de resposta representam tempos de vida agrupados $[t_j, t_{j+1})$, $j = 1, \ldots, r$, a quantidade $\sum_{k=j+1}^{r} \theta_{(i)k} = 1 - \sum_{k=1}^{j} \theta_{(i)k}$ em (6.61) define a probabilidade de sobrevivência até ao instante t_{j+1} (fim do j-ésimo intervalo). O modelo (6.61), equivalentemente expresso por

$$-\ln\left[1 - \sum_{k=1}^{j} \theta_{(i)k}\right] = \exp(\gamma_j - \boldsymbol{\delta}'\mathbf{x}_i) \ ,$$

$j = 1, \ldots, r-1$, $i = 1, \ldots, s$, estipula que a razão dos logaritmos das probabilidades de sobrevivência para duas subpopulações $\mathbf{x}_i$ e $\mathbf{x}_{i'}$ é constante em j, dependendo apenas da diferença $\mathbf{x}_i - \mathbf{x}_{i'}$, ou seja, que

$$1 - \sum_{k=1}^{j} \theta_{(i)k} = \left[1 - \sum_{k=1}^{j} \theta_{(i')k}\right]^{\exp[\delta'(\mathbf{x}_{i'} - \mathbf{x}_i)]} \ .$$

Por este motivo, o modelo linear nos extremitos cumulativos é chamado de modelo de taxas de mortalidade proporcionais. Para uma justificação mais detalhada, veja-se a Nota de Capítulo 6.3.

Qualquer dos modelos (6.29), (6.60) e (6.61), que se podem unificar na expressão,

$$g[F_i(j)] = \gamma_j - \boldsymbol{\delta}'\mathbf{x}_i \ ,$$

$j = 1, \ldots, r-1$, $i = 1, \ldots, s$, em que $F_i(j) = \sum_{k=1}^{j} \theta_{(i)k}$ bem como qualquer outro definido deste modo através de uma função de ligação $g(\cdot)$ monótona crescente de $[0,1]$ em $I\!\!R$, induz uma ordenação estocástica estrita nas distribuições cumulativas condicionais. Com efeito, o facto de $g[F_i(j) - F_{i'}(j)] = \eta_{ii'}$ não depender de j implica, pela monotonicidade de $g(\cdot)$ que $F_i(j) > F_{i'}(j)$ ou $F_i(j) < F_{i'}(j)$, consoante $\eta_{ii'} > 0$ ou $\eta_{ii'} < 0$.

6.4 Notas de Capítulo

6.1: O cenário probabilístico em que se apoia o modelo de regressão logística tem implícito que os dados binários são visualizados através de um esquema prospectivo, segundo o qual são considerados fixos os totais marginais das subpopulações definidas pelas combinações dos níveis das variáveis explicativas. Ainda que o objectivo se centre na averiguação do efeito destas variáveis na distribuição da variável resposta y, em várias situações (veja-se razões para tal no Capítulo 1) usa-se um delineamento retrospectivo através da selecção de um número fixado de sucessos (casos) e de insucessos (controlos) e da determinação ulterior dos respectivos valores do vector $\mathbf{x}$ de variáveis explicativas. Deste modo, os dados são gerados efectivamente do modelo condicional $p(\mathbf{x}|y)$, $y = 0, 1$, que é mais complicado em geral ($\mathbf{x}$ pode ser uma mistura de variáveis categorizadas e contínuas) do que o modelo condicional prospectivo $p(y|\mathbf{x})$.

O uso do teorema de Bayes permite relacionar a probabilidade de sucesso para um indivíduo com vector de covariáveis $\mathbf{x}$ seleccionado na amostra retrospectiva, $\pi^*(\mathbf{x})$, com a correspondente probabilidade no esquema prospectivo $\pi(\mathbf{x})$. Com efeito, designando por I a variável indicadora da selecção amostral, tem-se

$$p(y|\mathbf{x}; I = 1) = \frac{p(y|\mathbf{x})P(I = 1|y, \mathbf{x})}{\sum_{y=0,1} p(y|\mathbf{x})P(I = 1|y, \mathbf{x})} .$$

Supondo que as proporções de sucessos e insucessos seleccionados da população não dependem de $\mathbf{x}$, o que garante que a distribuição $p(\mathbf{x}|y)$ para um indivíduo da população global com resposta y coincide com a mesma distribuição para um indivíduo da amostra $p(\mathbf{x}|y, I = 1)$, tem-se pelo facto de $\{I|y = 1, \mathbf{x}\} \sim Bi(1, \phi_1)$ e $\{I|y = 0, \mathbf{x}\} \sim Bi(1, \phi_0)$ onde $0 < \phi_0, \phi_1 < 1$, que

$$\begin{aligned} \pi^*(\mathbf{x}) \equiv P(y = 1|\mathbf{x}, I = 1) &= \frac{\pi(\mathbf{x})\phi_1}{\pi(\mathbf{x})\phi_1 + [1 - \pi(\mathbf{x})]\phi_0} \\ &= \frac{(\phi_1/\phi_0)\pi(\mathbf{x})/[1 - \pi(\mathbf{x})]}{1 + (\phi_1/\phi_0)\pi(\mathbf{x})/[1 - \pi(\mathbf{x})]} . \end{aligned}$$

A especificação do modelo logístico para o esquema prospectivo

$$\frac{\pi(\mathbf{x})}{1 - \pi(\mathbf{x})} = \exp(\alpha + \boldsymbol{\beta}'\mathbf{x})$$

conduz então a

$$\pi^*(\mathbf{x}) = \frac{\exp(\alpha^* + \boldsymbol{\beta}'\mathbf{x})}{1 + \exp(\alpha^* + \boldsymbol{\beta}'\mathbf{x})} ,$$

6. MODELOS FUNCIONAIS LINEARES 179

i.e., a um novo modelo logístico para a probabilidade condicional de sucesso no delineamento retrospectivo com o mesmo termo que mede o efeito das variáveis explicativas. A diferença está no parâmetro, geralmente sem interesse, que traduz o logaritmo da chance de $\pi^*(\mathbf{0})$, *i.e.*, $\alpha^* = \alpha + \ln(\phi_1/\phi_0)$. Observe-se que tais resultados sobre a invariância dos coeficientes de regressão para com o delineamento retrospectivo não são aplicáveis a outras funções de ligação (em especial, ao probito e ao extremito).

Atendendo a que

$$p(\mathbf{x}|y = 1) \equiv p(\mathbf{x}|y = 1, I = 1) = \frac{\pi^*(\mathbf{x})p(\mathbf{x}|I = 1)}{p(y = 1|I = 1)}$$

em que $p(y = 1|I = 1)$ é a proporção conhecida de sucessos na amostra, e uma expressão análoga para $p(\mathbf{x}|y = 0)$, segue-se que a análise dos efeitos de $\mathbf{x}$ na resposta pode continuar a ser feita no esquema retrospectivo com a aplicação do modelo logístico padrão. Além disso, se a distribuição marginal das covariáveis na amostra em causa não depender dos parâmetros de interesse $\boldsymbol{\beta}$, a função de verosimilhança relevante, $\prod_i p(\mathbf{x}_i|y_i)$, é proporcional à dos esquema prospectivo com $\pi(\mathbf{x})$ substituído por $\pi^*(\mathbf{x})$.

Em suma, do ponto de vista de inferências sobre os efeitos de $\mathbf{x}$ em y, o facto de os dados terem sido obtidos retrospectivamente pode ser ignorado com o uso de um modelo padrão para o delineamento prospectivo desde que: i) o mecanismo de amostragem não tenha dependido das covariáveis; ii) a distribuição marginal das covariáveis nas unidades amostrais não dependa dos parâmetros que traduzem os efeitos de interesse; iii) o modelo estrutural adoptado seja logístico com uma ordenada na origem. Para mais detalhes sobre esta questão, vejam-se Anderson (1972), Prentice (1976), Breslow & Powers (1978), Farewell (1979) e Prentice & Pyke (1979). Deve notar-se que a questão aqui tratada generaliza num certo sentido o caso de uma tabela 2×2 na qual as inferências sobre a RPC Δ não dependem do delineamento cruzado, prospectivo ou retrospectivo usado na geração dos dados devido à invariância de Δ para com os correspondentes tipos de probabilidades, referida no Capítulo 2 (Exercício 2.1).

6.2: A análise estatística dos modelos de regressão logística nos casos em que o número de subpopulações é da ordem do número de unidades amostrais não será objecto de atenção neste livro. Para os leitores interessados neste tópico, sugere-se a consulta de Cox & Snell (1989), Kleinbaum, Kupper & Chambless (1982) e Hosmer & Lemeshow (1989).

Com o objectivo de obter estruturas mais flexíveis e adequadas para a descrição de dados binários, têm sido propostas várias generalizações do modelo de regressão logística. As novas estruturas são definidas em classes mais vastas de distribuições da variável latente (de tolerância) e/ou de funções de ligação. É o caso dos modelos de Prentice (1976), Pregibon (1980), Aranda-Ordaz (1981), Guerrero & Johnson (1982) e Stukel (1988, 1990). Um resumo em português destas generalizações e a análise detalhada do modelo de Stukel podem encontrar-se em Silva (1992).

6.3: Alguns problemas de Análise de Sobrevivência, onde os dados se reportam a tempos de vida (variável resposta) para indivíduos de diversos grupos definidos através de

180   6.4 NOTAS DE CAPÍTULO

variáveis explicativas, poderão encaixar-se razoavelmente no contexto probabilístico Produto de Multinomiais, através de um agrupamento dos tempos de vida em r intervalos $[t_j, t_{j+1})$, $j = 1, \ldots, r$. Neste caso, as probabilidades das categorias de resposta para o grupo i, $\{\theta_{(i)j}\}$, traduzem as respectivas probabilidades de falha em cada intervalo.

As funções $\rho_{(i)j} = \theta_{(i)j} / \sum_{k=j}^{r} \theta_{(i)k}$ representam então, para cada indivíduo do i-ésimo grupo, a probabilidade condicional de falha no j-ésimo intervalo dada a sua sobrevivência até ao início desse intervalo, $j = 1, \ldots, r$. Consequentemente, o logito $L_{(i)j}$ de $\rho_{(i)j}$ é o logaritmo da chance de falha no j-ésimo intervalo para um indivíduo do i-ésimo grupo que sobreviveu até ao início daquele intervalo. Para empregar uma linguagem típica da área, cada logito de razões continuadas é o logaritmo da **taxa de mortalidade** (*hazard function*) relativo a cada intervalo – para intimidade com este e outros conceitos relacionados, consulte-se algum livro de Análise de Sobrevivência, como, *e.g.*, Lee (1992).

Qualquer modelo linear nestes logitos, $L_{(i)j} = \gamma_j + \alpha_i$, em que os efeitos das variáveis explicativas são comuns a todos os logitos, implica que as taxas de mortalidade para dois quaisquer grupos são proporcionais. Consequentemente, modelos lineares nos logitos de razões continuadas deste tipo correspondem a modelos discretos de taxas de mortalidade proporcionais. Thompson (1977) considera modelos funcionais lineares deste tipo, propostos por Cox (1972), na análise de dados de sobrevivência.

É importante salientar que estes modelos não constituem a versão discretizada dos **modelos de taxas de mortalidade proporcionais contínuos** (*continuous proportional hazards models*) de Cox, definidos por

$$h(t; \mathbf{x}) = h_0(t) \exp(-\boldsymbol{\delta}' \mathbf{x})$$

em que $h(t; \mathbf{x})$ é a taxa de mortalidade no instante t (probabilidade instantânea de falha no tempo t) para um indivíduo com vector de covariáveis $\mathbf{x}$, e $h_0(t) = h(t; \mathbf{0})$ é uma taxa de mortalidade de referência.

Para o efeito, note-se que $h(t; x) = -d/dt\{S(t; \mathbf{x})\}/S(t; \mathbf{x})$ onde $S(t; \mathbf{x})$ representa a probabilidade de sobrevivência até ao instante t, o que implica (supõe-se que $S(0; \mathbf{x}) = 1$) que $-\ln S(t; \mathbf{x})$ traduz a **taxa de mortalidade cumulativa** (*cumulative hazard function*)

$$H(t; \mathbf{x}) = \int_0^t h(u; \mathbf{x}) \, du \ .$$

O modelo de taxas de mortalidade proporcionais é então equivalentemente definido por

$$-\ln S(t; \mathbf{x}) = [-\ln S_0(t)] \exp(-\boldsymbol{\delta}' \mathbf{x})$$

ou seja

$$S(t; \mathbf{x}) = [S_0(t)]^{\exp(-\boldsymbol{\delta}' \mathbf{x})}$$

onde $-\ln S_0(t) = H_0(t) \equiv H(t; \mathbf{0})$, o que corresponde a

$$-\ln S(t; \mathbf{x}) = \exp[G(t) - \boldsymbol{\delta}' \mathbf{x}]$$

6. MODELOS FUNCIONAIS LINEARES

com $G(t) = \ln H_0(t)$.

Com o agrupamento dos tempos de vida em r intervalos e as subpopulações definidas pelos valores de $\mathbf{x}$ indexados por i, $i = 1, \ldots, s$, a versão natural deste modelo é então traduzida por

$$
-\ln\left[1 - \sum_{k=1}^{j} \theta_{(i)k}\right] = \exp(\gamma_j - \boldsymbol{\delta}'\mathbf{x}_i) ,
$$

$j = 1, \ldots, r-1$, $i = 1, \ldots, s$. Este modelo, ao estipular linearidade na função log-log complementar das probabilidades cumulativas, não é nem mais nem menos do que o modelo linear nos extremitos cumulativos, definido em (6.61).

Os modelos lineares nos extremitos cumulativos e nos logitos de razões continuadas são talvez os modelos mais importantes na análise de dados de sobrevivência agrupados. Thompson (1977) demonstra que o modelo linear nos logitos de razões continuadas converge para o modelo de taxas de mortalidade proporcionais de Cox quando a amplitude dos intervalos de agrupamento tende para zero. Uma outra aplicação interessante de modelos lineares nos logitos de razões continuadas encontra-se em Fienberg & Mason (1979). Para aplicação de outros modelos funcionais lineares em Análise de Sobrevivência veja-se Koch et al. (1985, Sec. 2.5).

6.4: Seja Y uma variável resposta ordinal com r categorias de probabilidades $\theta_{(i)j}$, $j = 1, \ldots, r$ na i-ésima subpopulação definida pelo valor $\mathbf{x}_i$, $i = 1, \ldots, s$ de um vector de variáveis explicativas. Imagine-se subjacente a Y uma escala contínua, associada a uma variável aleatória Z, de forma que $\{Y = j\}$ ocorre se e somente se $\{\gamma_{j-1} < Z \le \gamma_j\}$ para algum conjunto $\{\gamma_j\}$ tal que $-\infty = \gamma_0 < \gamma_1 < \cdots < \gamma_{r-1} < \gamma_r = +\infty$.

Admita-se que Z tem uma distribuição na família de localização cujo parâmetro é uma função linear das variáveis explicativas. Ou seja, na subpopulação i, a função de distribuição de Z é $G(z|\eta_i) = F(z - \eta_i)$, onde $\eta_i = \boldsymbol{\delta}'\mathbf{x}_i$ e $F(\cdot)$ é a correspondente função de distribuição da variável reduzida $Z - \eta_i$, $i = 1, \ldots, s$. Então,

$$
P(Y \le j|\mathbf{x}_i) \equiv \sum_{k=1}^{j} \theta_{(i)k} = P(Z \le \gamma_j) = F(\gamma_j - \eta_i)
$$

ou seja,

$$
F^{-1}\left(\sum_{k=1}^{j} \theta_{(i)k}\right) = \gamma_j - \boldsymbol{\delta}'\mathbf{x}_i ,
$$

$j = 1, \ldots, r-1$, $i = 1, \ldots, s$ se $F(\cdot)$ é estritamente crescente. No caso particular em que $F(\cdot)$ é a função de distribuição logística reduzida, a transformação inversa de F é a função logito, donde

$$
\ln \frac{\sum_{k=1}^{j} \theta_{(i)k}}{\sum_{k=j+1}^{r} \theta_{(i)k}} \equiv L_{(i)j} = \gamma_j - \boldsymbol{\delta}'\mathbf{x}_i .
$$

Deste modo, o modelo das chances proporcionais (6.29) é um produto do modelo de regressão ordinário $Z_i = \boldsymbol{\delta}'\mathbf{x}_i + \varepsilon_i$, $i = 1, \ldots, s$, onde os erros têm distribuição logística reduzida. Para maiores detalhes, veja-se Anderson & Philips (1981).

6.5: A medida Kapa, ao rejeitar liminarmente as celas fora da diagonal principal na definição das probabilidades de concordância, ignora a gravidade relativa da discordância local que pode ser diferenciada consoante as celas. Em classificações ordinais, por exemplo, a discordância poderá ser tanto mais séria quanto maior for a distância entre as categorias. Essa diferenciação pode ser contemplada definindo as probabilidades de concordância π_0 e π_e como somas ponderadas das correspondentes probabilidades de todas as celas, *i.e.*, $\pi_0 = \sum_{i,j} w_{ij}\theta_{ij}$ e $\pi_e = \sum_{i,j} w_{ij}\theta_i.\theta._j$, em que $0 \leq w_{ij} \leq 1$. Um sistema natural de ponderação é definido por atribuição do peso máximo às celas definidoras de uma concordância exacta ($w_{ii} = 1$) e de pesos simétricos às celas fora da diagonal principal ($w_{ij} = w_{ji}$ $i \neq j$).

A medida Kapa definida em termos destas probabilidades,

$$\kappa_w = \frac{\sum_{i,j} w_{ij}\theta_{ij} - \sum_{i,j} w_{ij}\theta_i.\theta._j}{1 - \sum_{ij} w_{ij}\theta_i.\theta._j}$$

é chamada **medida Kapa ponderada** e reduz-se obviamente a (6.38) quando $w_{ii} = 1$ e $w_{ij} = 0$, $i \neq j$. Sistemas de pesos que penalizam mais as classificações mais discordantes são exemplificados por $\{w_{ij} = 1 - (i - j)^2/(I - 1)^2\}$ e por $\{w_{ij} = 1 - |i - j|^2/(I - 1)\}$.

As medidas kapa são susceptíveis de generalização ao caso de mais de duas classificações segundo uma dada variável, em que o número de classificações em cada unidade amostral pode, inclusivamente, variar de unidade para unidade. Este e outros aspectos inerentes à medição de concordância são revistos em Landis & Koch (1975a, 1975b), Fleiss (1981, Cap. 13), e Kraemer (1983).

O interesse nos coeficientes Kapa e suas variantes não está apenas em descrever o grau de concordância entre dois processos particulares de classificação, mas também em medir o grau de distinguibilidade das categorias para qualquer processo classificatório que, para o efeito, se confronta com outro(s) processo(s). Esse aspecto relativo à precisão de um método de classificação será tanto mais relevante quanto menos objectiva for a definição das categorias em que as unidades são classificadas, suscitando naturais diferenças na percepção do significado das categorias e decorrentes discrepâncias na classificação quando esta é operada por mais do que um método.

No quadro de medição da distinguibilidade global entre as categorias, Darroch & McCloud (1986) argumentam que a medida Kapa é insatisfatória, propondo estruturas encaixadas no modelo log-linear de quási-simetria como medidas alternativas quer da diferença de métodos (a estrutura condicional de homogeneidade marginal) quer da distinguibilidade entre categorias.

6.6: No cenário Produto de Binomiais com as subpopulações definidas pelos valores de uma variável explicativa contínua x, considerem-se os modelos lineares generalizados

$$\pi(x) = F(\alpha + \beta x) \Leftrightarrow F^{-1}[\pi(x)] = \alpha + \beta x$$

em que $F(\cdot)$ é uma função de distribuição estritamente crescente.

Quando $F(\cdot)$ é a função de distribuição logística reduzida, a função de ligação $F^{-1}(\cdot)$ é o logito (do termo *logit* introduzido por Berkson (1944)) e o modelo anterior

6. MODELOS FUNCIONAIS LINEARES   183

especializa-se no modelo de regressão logística

$$\pi(x) = \frac{\exp(\alpha + \beta x)}{1 + \exp(\alpha + \beta x)} \ .$$

Como

$$\frac{\partial \pi(x)}{\partial x} = \beta \pi(x)[1 - \pi(x)]$$

a curva de regressão logística simples tem o maior declive (dado por 0.25β) no ponto $x = -\alpha/\beta$ em que $\pi(x) = 1/2$. Em estudos de dose-resposta, onde o sucesso é morte, este ponto x é conhecido como **dose letal mediana** e designado por $DL(50)$. Para um dado x, o declive é tanto maior quanto maior for $|\beta|$. A distância entre o segundo e o primeiro quartis (igual àquela entre o terceiro e o segundo quartis) é aproximadamente de $1/\beta$.

No caso de $F(\cdot)$ ser a função de distribuição Normal reduzida, a função de ligação é o probito (do termo *probit* devido a Bliss (1934)) e o modelo resultante é o modelo de regressão no probito. Berkson (1944) mostrou que a curva de resposta deste modelo é bastante semelhante à do modelo logístico. Como

$$\frac{\partial \pi(x)}{\partial x} = \beta f(\alpha + \beta x)$$

em que $f(\cdot)$ é a função densidade da distribuição $N(0,1)$, a curva de resposta tem o maior declive, dado por $(2\pi)^{-1/2}\beta = 0.40\beta$ no ponto $x = -\alpha/\beta$ correspondente a 50% de sucessos. Este declive é assim $0.40/0.25 = 1.6$ vezes o da curva de regressão logística. Pelo facto de 68% da massa probabilística de uma distribuição $N(\mu, \sigma^2)$ estar contida em $(\mu - \sigma, \mu + \sigma)$, a distância entre o quantil 84% (entre a mediana) e a mediana (o quantil 16%) é $1/|\beta|$. Para mais detalhes sobre os modelos lineares no probito, veja-se Finney (1971).

6.5 Exercícios

6.1: Seja X uma variável explicativa contínua cujo efeito numa variável resposta binária Y se pretende averiguar. Para ilustração do problema, pode-se considerar a situação hipotética do Exemplo 6.2, com a variável raça excluída. O simplismo desta situação, derivado do facto de a aludida variável resposta ser seguramente influenciada por outras variáveis, que devem assim ser tomadas em conta, é desculpado pelos propósitos ilustrativos. Considere que a relação entre X e Y é modelada pela estrutura de regressão linear simples

$$Y_i = \alpha + \beta x_i + \varepsilon_i \ ,$$

onde Y_i (respectivamente, x_i) representa a variável resposta (o valor exacto da variável X) para o i-ésimo indivíduo de um conjunto inquirido. As variáveis $\{\varepsilon_i\}$ representam os erros aleatórios, considerados independentes e de média nula.

a) Mostre que as predições obtidas por este modelo são inconsistentes com a sua interpretação, e que o modelo é heteroscedástico, sendo a variância do erro tanto maior quanto mais perto de $1/2$ for a probabilidade de sucesso ($Y_i = 1$).

b) Com vista a dotar a função de regressão de uma interpretação probabilística consistente, considere o modelo linear nas probabilidades

$$E(Y \mid x) = (\alpha + \beta x)I_{(0,1)}(\alpha + \beta x) + I_{[1,+\infty]}(\alpha + \beta x)$$

obtido do anterior por modificação apropriada da função de regressão nos extremos. Mostre que este modelo equivale a imaginar uma variável subjacente Z tal que o sucesso ocorre para o nível x se e somente se

- $Z \leq x$, com Z distribuída uniformemente no intervalo aberto definido por $(-\alpha/\beta, 1 - \alpha/\beta)$, quando $\beta > 0$;

- $Z \geq x$, com Z distribuída uniformemente no intervalo aberto definido por $(1 - \alpha/\beta, -\alpha/\beta)$, quando $\beta < 0$.

6.2: No contexto do exercício anterior, o modelo referido em b) afigura-se inadequado em muitas situações pela seguinte razão: Um dado incremento em $E(Y \mid x)$ na sua gama central de variação exige um incremento em x menor do que o exigido nos extremos do intervalo de variação de $E(Y \mid x)$ (como acontece quando o gráfico de $E(Y \mid x)$ é uma função de x em forma de S).

a) Mostre que este comportamento é assegurado pelo modelo $E(Y \mid x) = F(\alpha + \beta x)$, onde F é a função de distribuição, não da distribuição $U(0,1)$ como em b) do exercício anterior, mas da distribuição logística reduzida $L(0,1)$.

b) Verifique que o modelo anterior equivale a imaginar uma variável subjacente Z tal que o sucesso ocorre para o nível x se e somente se

- $Z \leq x$ com $\alpha + \beta Z \sim L(0,1)$ quando $\beta > 0$;
- $Z \geq x$ com $-\alpha - \beta Z \sim L(0,1)$ quando $\beta < 0$.

6.3: No cenário do Exercício 6.1 introduza-se uma segunda variável explicativa, W, categorizada em K níveis. O Exemplo 6.2 é uma ilustração hipotética desta situação, onde W com três categorias designa o grupo racial. Considere a generalização do modelo de regressão logística do Exercício 6.2 definida por

$$E(Y \mid x, w) = \left[1 + \exp\left(-\alpha - \beta x - \sum_{k=1}^{K-1} \delta_k w_k - \sum_{k=1}^{K-1} \gamma_k w_k x \right) \right]^{-1}$$

em que w_k é a variável de delineamento indicadora da k-ésima categoria de W.

a) Interprete os diversos parâmetros do modelo, analítica e geometricamente em termos dos logitos de $E(Y \mid x, w)$.

b) Diga quais as grandes implicações na interpretação do modelo se se considerarem os seguintes casos especiais:

i) $\gamma_k = 0, k = 1, \ldots, K - 1$;

6. MODELOS FUNCIONAIS LINEARES
185

ii) $\delta_k = 0, k = 1, \ldots, K - 1$.

6.4: Num estudo sobre os efeitos relativos de duas drogas A e B na mortalidade de ratos, o conjunto de ratos seleccionados foi dividido em dois grupos, cada um dos quais foi submetido a uma das drogas. O grupo de ratos a que foi administrada a droga A foi subdividido em 8 subgrupos definidos pelos níveis de exposição à droga (expressos em logaritmos das doses em μg) agrupados no seguinte vector:

$$\mathbf{x}_1 = (-4.6, \ -3.5, \ -2.3, \ -1.2, \ 0, \ 1.1, \ 2.3, \ 3.4)'.$$

O grupo exposto à droga B dividiu-se em 6 subgrupos de acordo com os seguintes níveis de dosagem (expressos nas unidades indicadas):

$$\mathbf{x}_2 = (-1.2, \ 0, \ 1.1, \ 2.3, \ 3.4, \ 4.6)'.$$

Considere que as frequências observáveis do número de mortos e de sobreviventes são modelados por um produto de Binomiais. Os subgrupos são identificados por $(1, 1), (1, 2), \ldots, (1, 8), (2, 1), \ldots, (2, 6)$, onde em $(i, j), i = 1(2)$ designa a droga $A(B)$ e j representa os níveis de dosagem ordenados crescentemente. Sejam N_{ij} (conhecido) e $\boldsymbol{\pi}_{ij} = (\theta_{(ij)1}, \theta_{(ij)2})'$ os parâmetros da distribuição Binomial para a subpopulação (i, j), e L_{ij} o logito da probabilidade de morte $\theta_{(ij)1}$. Denote por $\boldsymbol{\pi}$ e $\mathbf{L}$ os vectores compostos dos $\boldsymbol{\pi}_{ij}$ e $\mathbf{L}_{ij}$, respectivamente, para todas as subpopulações consideradas.

a) Interprete o modelo $\mathbf{L} = \mathbf{X}_G \boldsymbol{\beta}$, onde

$$\mathbf{X}_G = \left(\begin{array}{ccc} \mathbf{1}_8 & \mathbf{x}_1 & \mathbf{0}_8 \\ \mathbf{0}_6 & \mathbf{1}_6 & \mathbf{x}_2 \end{array} \right)$$

e exprima-o na formulação log-linear ordinária baseada na parametrização de desvios de médias.

b) Será o modelo $\ln\boldsymbol{\pi} = (\mathbf{I}_{14} \otimes \mathbf{1}_2)\boldsymbol{\lambda} + \mathbf{X}\boldsymbol{\beta}$, em que $\mathbf{X} = \mathbf{X}_G \otimes (1, 0)'$, distinto do modelo anterior? Justifique.

c) Exprima em termos matriciais o modelo traduzindo o paralelismo das rectas de regressão logística para os dois grupos.

(Nota: Este exercício é baseado em Imrey, Koch & Stokes (1982)).

6.5: Considere o Exemplo 1.11 (Problema da fobia em alcoólatras) cujo vector de frequências se supõe modelado por uma distribuição Multinomial de parâmetros probabilísticos $\theta_{ijk}, \ i, j, k = 1, 2, \ \sum_{i,j,k} \theta_{ijk} = 1$.

a) Exprima o modelo de independência completa entre as três variáveis na forma $\mathbf{A} \ln\boldsymbol{\theta} = \mathbf{X}_G \boldsymbol{\beta}$, quando $\mathbf{A} = (\mathbf{c}_m, \ m = 1, \ldots, 7)'$, em que

$$\mathbf{c}_1' \ = \ (1, -1) \otimes \mathbf{1}_4'$$

$$\mathbf{c}_2' \ = \ (1, -1, 1, -1) \otimes \mathbf{1}_2'$$

$$\mathbf{c}_3' \ = \ \mathbf{1}_4' \otimes (1, -1)$$

Os restantes vectores de $\mathbf{A}$ obtêm-se por multiplicação elemento a elemento de dois outros vectores, $\mathbf{c}_4'$ de $\mathbf{c}_1'$ e $\mathbf{c}_2'$, $\mathbf{c}_5'$ de $\mathbf{c}_1'$ e $\mathbf{c}_3'$, $\mathbf{c}_6'$ de $\mathbf{c}_2'$ e $\mathbf{c}_3'$ e $\mathbf{c}_7'$ de $\mathbf{c}_1'$ e $\mathbf{c}_6'$.

b) Demonstre que $\mathbf{A}\ln\boldsymbol{\theta} = \mathbf{X}_G\boldsymbol{\alpha}$, em que

$$\mathbf{A} = \begin{pmatrix} 1 & 1 & 1 & 1 & 0 & 0 & 0 & 0 \\ 1 & 1 & 0 & 0 & 1 & 1 & 0 & 0 \\ 1 & 0 & 1 & 0 & 1 & 0 & 1 & 0 \\ 1 & 1 & 0 & 0 & 0 & 0 & 0 & 0 \\ 1 & 0 & 1 & 0 & 0 & 0 & 0 & 0 \\ 1 & 0 & 0 & 0 & 1 & 0 & 0 & 0 \\ 1 & 0 & 0 & 0 & 0 & 0 & 0 & 0 \end{pmatrix}$$

e

$$\mathbf{X}'_G = \begin{pmatrix} 4 & 4 & 4 & 2 & 2 & 2 & 1 \\ 4 & 2 & 2 & 2 & 2 & 1 & 1 \\ 2 & 4 & 2 & 2 & 1 & 2 & 1 \\ 2 & 4 & 2 & 2 & 1 & 2 & 1 \\ 2 & 2 & 4 & 1 & 2 & 2 & 1 \\ 2 & 2 & 1 & 2 & 1 & 1 & 1 \end{pmatrix},$$

é efectivamente um modelo log-linear ordinário e identifique-o.

6.6: No decurso de um processo eleitoral destinado a eleger o presidente de um certo país seleccionou-se aleatoriamente um conjunto de N eleitores cujas intenções de voto foram registadas em três períodos intervalados, aproximadamente, de um mês: período pré eleitoral, início da campanha eleitoral e véspera de eleições. Admita que o vector de preferências na tabela tridimensional passa a ser modelado por uma distribuição Multinomial. Suponha, por agora, que as intenções de voto em cada período são consideradas apenas em termos dicotómicos de apoio ou não ao candidato C_1.

a) Sendo $\mathbf{A}$ a transposta da matriz 8×7 de especificação do modelo log-linear saturado na parametrização de desvios de médias, identifique o modelo $\mathbf{A}\ln\boldsymbol{\theta} = \mathbf{X}_G\boldsymbol{\alpha}$, em que

$$\mathbf{X}_G = 8 \begin{pmatrix} \mathbf{B} & \mathbf{0}_{(6)} \\ \\ \mathbf{0}'_{(2)} & 1 \end{pmatrix} \quad , \quad \mathbf{B} = \mathbf{I}_2 \otimes (1,1,1)' \,.$$

b) Estabeleça o significado do modelo $\mathbf{C}\ln\boldsymbol{\theta} = \mathbf{0}$, em que

$$\mathbf{C} = \begin{pmatrix} 0 & 1 & -1 & 0 & 0 & -1 & 1 & 0 \\ 0 & 1 & 0 & -1 & -1 & 0 & 1 & 0 \end{pmatrix}$$

e exprima-o numa formulação log-linear generalizada.

(Sugestão: Reveja os Exercícios 4.18 e 4.19).

6.7: No cenário do exercício anterior considere agora que as intenções de voto em cada período foram classificadas em três categorias: 1 – voto em C_1; 2 – voto num outro candidato C_2; 3 – qualquer outra atitude (voto em demais candidatos, voto nulo ou em branco, indecisão). Sejam X_i, $i = 1, 2, 3$, as variáveis indicadoras da atitude eleitoral nos três períodos cronologicamente ordenados.

6. MODELOS FUNCIONAIS LINEARES

a) Sendo $\boldsymbol{\theta}_{1**} = (\theta_{ijk}, j, k = 1, 2, 3)'$, interprete e exprima numa formulação log-linear generalizada os modelos:

   i) $\mathbf{U}_1 \ln\boldsymbol{\theta}_{1**} = 0$, $\mathbf{U}_1 = (0, 1, -1, -1, 0, 1, 1, -1, 0)$;

   ii) $\mathbf{C} \ln(\mathbf{B}\boldsymbol{\theta}_{1**}) = \mathbf{0}$, com

$$\mathbf{C} = \begin{pmatrix} \mathbf{U}_1 & \mathbf{0}'_4 \\ \mathbf{0}_{(2,9)} & \mathbf{U}_2 \end{pmatrix} ,$$

$$\mathbf{U}_2 = \mathbf{I}_2 \otimes (1, -1) , \quad \mathbf{B} = (\mathbf{I}_9, \mathbf{B}'_2)' ,$$

$$\mathbf{B}_2 = \begin{pmatrix} 1 & 1 & 1 & 0 & 0 & 0 & 0 & 0 & 0 \\ 1 & 0 & 0 & 1 & 0 & 0 & 1 & 0 & 0 \\ 0 & 0 & 0 & 1 & 1 & 1 & 0 & 0 & 0 \\ 0 & 1 & 0 & 0 & 1 & 0 & 0 & 1 & 0 \end{pmatrix} .$$

   (Sugestão: Recorde-se o Exercício 4.4).

b) Interprete e identifique o modelo definido pelas seguintes quatro restrições sobre os $l_{ijk} = \ln \theta_{ijk}$:

$$l_{112} + l_{332} + l_{313} - l_{312} - l_{132} - l_{113} + l_{321} + l_{131} + \\ + l_{123} - l_{121} - l_{331} - l_{323} = 0$$

$$l_{112} + l_{332} + l_{133} - l_{312} - l_{132} - l_{113} + l_{311} + l_{231} + \\ + l_{213} - l_{211} - l_{331} - l_{233} = 0$$

$$l_{122} + l_{133} + l_{323} - l_{322} - l_{132} - l_{123} + l_{312} + l_{232} + \\ + l_{213} - l_{212} - l_{233} - l_{313} = 0$$

$$l_{122} + l_{332} + l_{133} - l_{322} - l_{132} - l_{123} + l_{321} + l_{231} + \\ + l_{223} - l_{221} - l_{331} - l_{233} = 0$$

(Sugestão: Reveja-se o Exercício 4.19).

6.8: Um conjunto de N doentes renais em tratamento num centro de hemodiálise de um dado hospital foi submetido a análises sanguíneas visando a determinação do teor de alumínio (Al) em dois períodos distanciados de oito meses aproximadamente (maio de 1992 e janeiro de 1993). Os valores do teor de Al (em $\mu g/l$) foram agrupados em três categorias de acordo com o grau de toxicidade: teor menor ou igual a 100 $\mu g/l$, teor maior do que 100 mas não superior a 150 $\mu g/l$ e teor superior a 150 $\mu g/l$.

Valores clinicamente anómalos de frequências observadas no primeiro período, indicando a existência de problemas no sistema de tratamento de água que não foram remediados até à realização das segundas análises, ao sugerirem que o teor de Al no segundo período deve ser estocasticamente maior do que no primeiro período poderia levar-se a equacionar a seguinte estrutura para os parâmetros $\boldsymbol{\theta}$ da distribuição, supostamente Multinomial, do vector $\mathbf{n}$ de frequências da tabela 3^2:

$$\frac{\theta_{12}\theta_{31}}{\theta_{21}\theta_{13}} = \frac{\theta_{12}\theta_{32}}{\theta_{21}\theta_{23}} = 1$$

a) Indique de que modo esta estrutura pode ser encarada como um modelo de independência numa tabela Multinomial 2×3.

(Sugestão: veja-se Goodman (1979a)).

b) Partindo da formulação aditiva do modelo em termos de restrições, deduza uma sua formulação log-linear em termos de equações livres e identifique os termos da formulação log-linear ordinária.

(Sugestão: Recorde o Exercício 4.35)

c) Mostre que $\mathbf{A} \ln\boldsymbol{\theta} = \mathbf{1}_3 v$, em que

$$
\mathbf{A} = \begin{pmatrix}
0 & 1 & 0 & -1 & 0 & 0 & 0 & 0 & 0 \\
0 & 0 & 1 & 0 & 0 & 0 & -1 & 0 & 0 \\
0 & 0 & 0 & 0 & 0 & 1 & 0 & -1 & 0
\end{pmatrix}
$$

é uma formulação log-linear generalizada desse modelo.

6.9: Considere-se o seguinte ensaio clínico envolvendo pacientes com úlcera duodenal apresentado em Grizzle, Starmer & Koch (1969): Os pacientes foram aleatoriamente submetidos a um de quatro tipos de cirurgia. Três destas operações envolveram vagotomia (corte de nervos para redução da produção de suco gástrico), diferindo entre elas pelo grau de ressecção estomacal eventualmente efectuado. No primeiro tipo ($O1$) fez-se apenas uma drenagem enquanto que nas outras operações removeu-se ainda 25% ($O2$) e 50% ($O3$) de tecido gástrico. O quarto tipo de operação consistiu apenas de uma gastrectomia que removeu 75% do estômago. A variável resposta traduz a intensidade de uma sequela da cirurgia, reflectida num dado conjunto de efeitos secundários. Com base num juízo relativamente subjectivo face ao comportament registado dos pacientes, esta variável foi categorizada em três níveis ordinais: não intensa, pouco intensa e moderadamente intensa. Um dos objectivos do estudo era determinar a acção do tipo de cirurgia na intensidade da sequela, para o que se admite para as frequências observáveis um modelo Produto de quatro Trinomiais $M_2(n_{i.}, \boldsymbol{\pi}_i)$, onde $\boldsymbol{\pi}_i = (\theta_{(i)j}, \ j = 1, 2, 3)'$, com $\mathbf{1}_3' \boldsymbol{\pi}_i = 1$, $i = 1, 2, 3, 4$, estão agrupados lexicocraficamente no vector $\boldsymbol{\pi}$.

a) A especialização do modelo geral de Andrich (1979) a este problema corresponde, em termos dos logitos de referência $L_{(i)j} = \ln[\theta_{(i)j}/\theta_{(i)3}]$, $j = 1, 2$, $i = 1, 2, 3, 4$, à formulação

$$
\mathbf{A} \ln \boldsymbol{\pi} = \left[\mathbf{1}_4 \otimes \mathbf{I}_2, \ \begin{pmatrix} \mathbf{0}_3' \\ \mathbf{I}_3 \end{pmatrix} \otimes \begin{pmatrix} 2 \\ 1 \end{pmatrix} \right] \boldsymbol{\beta} ,
$$

em que $\boldsymbol{\beta} = (\gamma_1, \gamma_2, \delta_2, \delta_3, \delta_4)'$. Mostre que esta estrutura:

i) é um modelo log-linear ordinal traduzindo a igualdade entre as duas razões de chances adjacentes para qualquer par de operações (Koch et al. (1985), entre outros, rotulam-no de **modelo com razões de chances adjacentes iguais**).

ii) corresponde ao modelo de chances paralelas de Goodman (vide Secção 5.2).

6. MODELOS FUNCIONAIS LINEARES 189

b) Um dos modelos log-lineares propostos por Imrey et al. (1982) para este problema é

$$\ln \boldsymbol{\pi} = (\mathbf{I}_4 \otimes \mathbf{1}_3)\boldsymbol{\lambda} + \left[\mathbf{1}_4 \otimes \left(\begin{array}{c} \mathbf{I}_2 \\ \mathbf{0}_2' \end{array} \right), \left(\begin{array}{c} 0 \\ 1 \\ 2 \\ 3 \end{array} \right) \otimes \left(\begin{array}{c} 2 \\ 1 \\ 0 \end{array} \right) \right] \boldsymbol{\beta}$$

em que $\boldsymbol{\lambda} = (\lambda_i, \ i = 1, \ldots, 4)'$ e $\boldsymbol{\beta} = (\gamma_1, \gamma_2, \delta)'$. Mostre como este modelo é uma redução do modelo anterior equivalendo ao modelo de associação linear por linear.

6.10: Considere que N homens adultos numa faixa etária homogénea foram submetidos a um estudo destinado a avaliar o efeito de factores de risco na ocorrência de cancro no esófago.

Os factores de risco são o nível de consumo de tabaco (em g/dia) com duas categorias, 0-19 ($X_1 = 1$) e nível maior ou igual a 20 ($X_1 = 2$), e o nível de consumo de álcool (em g/dia) em quatro categorias, 0-39 ($X_2 = 1$), 40-79 ($X_2 = 2$), 80-119 ($X_2 = 3$) e nível maior ou igual a 120 ($X_2 = 4$). Admita que a tabela $2 \times 4 \times 2$ de frequências é gerada por um produto de oito Binomiais de parâmetros N_{ij} e $\boldsymbol{\pi}_{ij} = (\theta_{(ij)1}, \theta_{(ij)2})'$ em que $\theta_{(ij)1} = 1 - \theta_{(ij)2} = P(Y = 1 \mid X_1 = i, X_2 = j)$, $i = 1, 2$, $j = 1, 2, 3, 4$, com $Y = 1$ indicando a ocorrência de cancro esofágico, e $\sum_{ij} N_{ij} = N$.

(Nota: Esta situação concreta foi adaptada do estudo, de natureza retrospectiva, focado em Breslow & Day (1980, Cap. 4)).

a) Formule, em termos de restrições, o modelo traduzindo a inexistência de interacção entre os dois factores de risco no logaritmo da probabilidade de incidência da doença, e interprete-o em termos dos riscos relativos de incidência da doença.

b) Identifique qual a característica funcional linear do modelo anterior.

c) Dada a ordinalidade do nível de consumo de álcool, quantifique-se esta variável através dos pontos médios dos três primeiros intervalos e da mediana dos níveis situados no quarto intervalo, que se supõe ser de 150 g/dia. Sendo $\mathbf{F}(\boldsymbol{\pi})$ o vector (8×1) dos logaritmos das probabilidades de incidência da doença ($\boldsymbol{\pi} = (\boldsymbol{\pi}_{ij}', i = 1, 2, j = 1, 2, 3, 4)'$), considere o modelo $\mathbf{F}(\boldsymbol{\pi}) = \mathbf{X}_G \boldsymbol{\beta}$, em que

$$\mathbf{X}_G = \left(\begin{array}{ccc} \mathbf{1}_4 & \mathbf{0}_4 & \mathbf{x} \\ \mathbf{1}_4 & \mathbf{1}_4 & \mathbf{x} \end{array} \right)$$

e

$$\mathbf{x} = (-62.5, \ -22.5, \ 17.5, \ 67.5)'.$$

Estabeleça o significado deste modelo, destacando as diferenças face ao modelo considerado previamente.

6.11: Considere uma tabela $s \times r$ definida por uma variável explicativa X_1 e por uma variável resposta ordinal X_2, com probabilidades $\theta_{(i)j}$, $j = 1, \ldots, r$, $\sum_{j=1}^{r} \theta_{(i)j} = 1$, $i = 1, \ldots, s$.

1. Concretize para esta situação o modelo de chances proporcionais (6.29) e verifique que:

   i) as $r-1$ RPC cumulativas para qualquer par de linhas são idênticas;

   ii) a distribuição condicional de X_2 é estocasticamente maior na linha com o maior efeito nos logitos cumulativos;

   iii) o número de parâmetros deste modelo $(r+s-2)$ é igual ao do modelo log-linear de efeitos de linha (dado em (5.20)) apesar de eles serem distintos (para $r > 2$).

2. Supondo agora X_1 ordinal com scores $\{a_i\}$ igualmente espaçados, considere a redução do modelo anterior obtida pela estruturação linear nos *scores* dos efeitos de linha nos logitos cumulativos.

   i) Interprete o coeficiente de regressão δ do modelo através das $(s-1)(r-1)$ RPC cumulativas ψ'_{ij}, "locais" nas linhas e globais nas colunas (vide Exercício 4.28) e mostre que este modelo corresponde a uma associação cumulativa uniforme.

   ii) Mostre que as distribuições condicionais de X_2 são estocasticamente ordenadas, de forma crescente ou decrescente com os níveis de X_1 consoante $\delta > 0$ ou $\delta < 0$.

   iii) Mostre que este modelo funcional linear não é equivalente, em geral, ao modelo linear nos logitos adjacentes com a mesma forma, definido no Exercício 5.1.

6.12: Considere-se de novo o problema do ensaio clínico aleatorizado envolvendo o tratamento cirúrgico de pacientes com úlcera duodenal descrito no Exercício 6.9. Além da atribuição de *scores* às categorias da variável resposta ordinal, implícita nos modelos lineares nos logitos ordinários descritos nesse exercício, uma outra forma de exploração da ordinalidade está consubstanciada no modelo

$$[\mathbf{I}_4 \otimes (\mathbf{I}_2 \otimes (1 - 1))] \ln [(\mathbf{I}_4 \otimes \mathbf{B}) \boldsymbol{\pi}] = \left[\mathbf{1}_4 \otimes \mathbf{I}_2, \begin{pmatrix} 0 \\ 1 \\ 2 \\ 3 \end{pmatrix} \otimes -\mathbf{1}_2 \right] \boldsymbol{\beta}$$

em que

$$\boldsymbol{\beta} = (\gamma_1, \gamma_2, \delta)'; \quad \mathbf{B} = \begin{pmatrix} 1 & 0 & 0 \\ 0 & 1 & 1 \\ 1 & 1 & 0 \\ 0 & 0 & 1 \end{pmatrix}.$$

a) Interprete este modelo e confronte-o com o modelo definido no Exercício 6.9 b) na estrutura e conteúdo.

b) No caso de $\delta = 0$ será o modelo resultante log-linear? Justifique.

6.13: Para o diagnóstico da SIDA é usual adoptar-se o teste padrão ELISA, eventualmente reforçado por outros testes mais sofisticados. Suponha que se recolhem

6. MODELOS FUNCIONAIS LINEARES

amostras de sangue num grupo de N indivíduos pertencentes a conhecidos grupos de risco, que vão ser analisados em dois laboratórios L_1 e L_2. Cada laboratório aplica o teste padrão e um dado teste experimental. Pretende-se comparar as avaliações dos dois laboratórios no tocante à **sensibilidade** e à **especificidade** do teste experimental relativamente ao teste padrão. A este respeito, a **sensibilidade** (respectivamente, **especificidade**) é a proporção teórica dos resultados positivos (negativos) no teste experimental dentre os resultados positivos (negativos) do teste padrão.

Observe-se que a **sensibilidade** (respectivamente, **especificidade**) de um teste de diagnóstico de uma doença é a proporção teórica de resultados positivos (negativos) nos indivíduos que possuem (não possuem) efectivamente a doença.

a) Indique como as frequências obtidas sao representáveis numa tabela 2^4, identificando as correspondentes variáveis definidoras.

b) Admita que o vector de frequências tenha uma distribuição Multinomial de parâmetros N e $\boldsymbol{\theta} = (\theta_{ijkl}, i, j, k, l = 1, 2)'$, em que $i, j, k, l = 1, 2$ são os índices indicadores de resultados positivo (1) e negativo (2), respectivamente do teste padrão em L_1, teste experimental em L_1, teste padrão em L_2 e teste experimental em L_2. Denote por $F_{p1}(\boldsymbol{\theta})$ e $F_{p2}(\boldsymbol{\theta})$ e sensibilidade e especificidade, respectivamente, relativas à avaliação em L_p, $p = 1, 2$, e seja $\mathbf{F}(\boldsymbol{\theta})$ o vector dos $F_{pq}(\boldsymbol{\theta})$, $p, q = 1, 2$, em ordenação lexicográfica. Mostre que $\mathbf{F}(\boldsymbol{\theta})$ é representável por uma função vectorial composta do tipo

$$\mathbf{F}(\boldsymbol{\theta}) = \exp\left\{\mathbf{A}_2[\ln(\mathbf{A}_1\boldsymbol{\theta})]\right\}$$

identificando as matrizes $\mathbf{A}_1$ e $\mathbf{A}_2$.

c) Defina o modelo funcional linear que traduz a homogeneidade das sensibilidades e das especificidades nas duas avaliações.

6.14: Com o objectivo de comparar estações de controlo de poluição atmosférica de uma dada cidade, obtêm-se os níveis de SO_2 medidos por duas estações em N dias, que são depois categorizados em I níveis. Admita que a tabela de contingência resultante pode ser bem descrita por um modelo Multinomial de probabilidades θ_{ij}, $i, j = 1, \ldots, I$. Seja k_i, $i = 1, \ldots, I$ a medida Kapa de concordância na categoria i, definida por aplicação de (6.38) à tabela 2×2 cujas linhas e colunas são formadas pela categoria i e por todas as restantes combinadas numa categoria "outras".

a) Mostre que

$$\kappa_i = \frac{2[\theta_{ii}(1 - \theta_{i\cdot} - \theta_{\cdot i} + \theta_{ii}) - (\theta_{i\cdot} - \theta_{ii})(\theta_{\cdot i} - \theta_{ii})]}{\theta_{i\cdot}(1 - \theta_{\cdot i}) + \theta_{\cdot i}(1 - \theta_{i\cdot})}.$$

b) Prove que a medida Kapa de concordância global na tabela é uma média ponderada dos $\{k_i\}$, com pesos

$$w_i = \frac{\theta_{i\cdot} + \theta_{\cdot i} - 2\theta_{i\cdot}\theta_{\cdot i}}{2(1 - \sum_i \theta_{i\cdot}\theta_{\cdot i})}.$$

Parte III

Análise inferencial

Capítulo 7

A metodologia de máxima verosimilhança

Considere-se uma tabela genérica formada por c celas com vector de frequências $\mathbf{n} = (n_1, \ldots, n_c)'$, descrito por um modelo probabilístico indexado pelo vector de médias $\boldsymbol{\mu} = (\mu_1, \ldots, \mu_c)' \in \mathbb{R}_+^c$, cuja função de probabilidade é denotada por $f(\mathbf{n}|\boldsymbol{\mu})$. O objectivo central da análise da tabela é procurar um modelo estrutural interpretativamente tão simples quanto possível que propicie um bom ajustamento aos dados.

Exprima-se um modelo estrutural a ajustar a $\boldsymbol{\mu}$, em termos gerais, por

$$H: \quad \boldsymbol{\mu} = \boldsymbol{\mu}(\boldsymbol{\beta}) \tag{7.1}$$

em que $\boldsymbol{\beta}$ é um vector de $p \leq c$ parâmetros desconhecidos. O subconjunto de $\mathbb{R}_+^c$ de valores de $\boldsymbol{\mu}$ considerado admissível por este modelo é gerado pela variação de $\boldsymbol{\beta}$ ao longo do espaço correspondente ($\mathbb{R}^p$) através da função $\boldsymbol{\mu}(\boldsymbol{\beta})$, suposta bem comportada no sentido de ser identificável (recorde-se a Nota de Capítulo 4.1) e continuamente diferenciável (até à ordem dois) com matriz jacobiana $c \times p$, $\mathbf{M}(\boldsymbol{\beta}) = \partial\boldsymbol{\mu}/\partial\boldsymbol{\beta}'$ (com linhas $\partial\mu_i/\partial\boldsymbol{\beta}'$, $i = 1, \ldots, c$), de característica p.

7.1 Estimação paramétrica

O primeiro passo para a prossecução do objectivo mencionado consiste na estimação de $\boldsymbol{\beta}$ (ou de $\boldsymbol{\mu}$ sob H) que, na abordagem em causa, é efectuada vulgarmente pela aplicação do método da máxima verosimilhança (MV), consistindo na maximização da função de verosimilhança $L(\boldsymbol{\beta}|\mathbf{n}) = f(\mathbf{n}|\boldsymbol{\mu}(\boldsymbol{\beta}))$. Recorde-se desde já que se mantém a convenção, por motivos de simplicidade notacional, de usar o mesmo símbolo para funções relacionadas mas distintas, em que a distinção é explicitada pelo respectivo argumento. Assim, e para simplificação, a função de verosimilhança é sempre designada pelo símbolo $L(.)$, servindo o argumento para indicar qual a parametrização usada, *e.g.*, $\boldsymbol{\mu}$ ou $\boldsymbol{\beta}$.

196   7.1 ESTIMAÇÃO PARAMÉTRICA

Nos casos usuais a estimativa de máxima verosimilhança é um ponto $\widehat{\boldsymbol{\beta}}$ do interior do espaço paramétrico de $\boldsymbol{\beta}$ determinado pela resolução do sistema de equações de verosimilhança

$$\mathbf{U}(\boldsymbol{\beta}; \mathbf{n}) \equiv \partial \ln L(\boldsymbol{\beta}|\mathbf{n})/\partial \boldsymbol{\beta} = \mathbf{0}. \tag{7.2}$$

O gradiente do logaritmo da função de verosimilhança de $\boldsymbol{\beta}, \mathbf{U}(\boldsymbol{\beta}; \mathbf{n})$, é pela regra de diferenciação matricial em cadeia expressável por

$$\mathbf{U}(\boldsymbol{\beta}; \mathbf{n}) = \left(\frac{\partial \boldsymbol{\mu}}{\partial \boldsymbol{\beta}'}\right)' \left.\frac{\partial \ln L(\boldsymbol{\mu}|\mathbf{n})}{\partial \boldsymbol{\mu}}\right|_{\boldsymbol{\mu}=\boldsymbol{\mu}(\boldsymbol{\beta})} \equiv [\mathbf{M}(\boldsymbol{\beta})]' \mathbf{U}(\boldsymbol{\mu}(\boldsymbol{\beta}); \mathbf{n}) \tag{7.3}$$

em que, pela convenção acima, $\mathbf{U}(\boldsymbol{\mu}; \mathbf{n})$ é o gradiente de $\ln L(\boldsymbol{\mu}|\mathbf{n})$. Este gradiente, quando considerado como uma função de $\mathbf{n}$ para $\boldsymbol{\beta}$ ou $\boldsymbol{\mu}$ fixado é habitualmente denominado **função** (ou estatística) *score*.

Uma vez determinadas as soluções do sistema acima referido, há que identificar o ponto de máximo, $\widehat{\boldsymbol{\beta}}$, verificando a propriedade definida negativa (*vide* Apêndice A.6) da matriz hessiana (de ordem p) de $\ln L(\boldsymbol{\beta}|\mathbf{n})$ nesse ponto, ou seja de

$$\mathbf{J}(\widehat{\boldsymbol{\beta}}; \mathbf{n}) \equiv \left.\frac{\partial^2 \ln L(\boldsymbol{\beta}|\mathbf{n})}{\partial \boldsymbol{\beta} \partial \boldsymbol{\beta}'}\right|_{\boldsymbol{\beta}=\widehat{\boldsymbol{\beta}}} \equiv [\mathbf{M}(\widehat{\boldsymbol{\beta}})]' \mathbf{J}(\boldsymbol{\mu}(\widehat{\boldsymbol{\beta}}); \mathbf{n})\mathbf{M}(\widehat{\boldsymbol{\beta}}) \tag{7.4}$$

em que quando avaliada em $\widehat{\boldsymbol{\beta}}$, $\mathbf{J}(\boldsymbol{\mu}; \mathbf{n})$ é a matriz hessiana de $\ln L(\boldsymbol{\mu}|\mathbf{n})$, ou seja $\partial^2 \ln L(\boldsymbol{\mu}|\mathbf{n})/\partial \boldsymbol{\mu} \partial \boldsymbol{\mu}'$.

No cenário dos modelos probabilísticos descritos no Capítulo 2, sob a generalidade das estruturas (7.1) que se considerará, verifica-se frequentemente que a função $\ln L(\boldsymbol{\beta}|\mathbf{n})$ é côncava e que o sistema das equações de verosimilhança é consistente e de solução única. Assim, em geral, tal solução é necessariamente a estimativa MV de $\boldsymbol{\beta}$.

Para a generalidade dos modelos estruturais, a resolução do sistema das equações de verosimilhança exige o recurso a métodos iterativos, dos quais o mais comum é o **método de Newton-Raphson**. Este método baseia-se no seguinte desenvolvimento de Taylor da função $\mathbf{U}(\widehat{\boldsymbol{\beta}}; \mathbf{n})$ para $\mathbf{n}$ fixado no valor observado, em torno de um dado ponto $\boldsymbol{\beta}^{(0)}$:

$$\mathbf{0} \equiv \mathbf{U}(\widehat{\boldsymbol{\beta}}; \mathbf{n}) = \mathbf{U}(\boldsymbol{\beta}^{(0)}; \mathbf{n}) + \mathbf{J}(\boldsymbol{\beta}^*; \mathbf{n})(\widehat{\boldsymbol{\beta}} - \boldsymbol{\beta}^{(0)})$$

em que $\boldsymbol{\beta}^*$ jaz no segmento de recta entre $\widehat{\boldsymbol{\beta}}$ e $\boldsymbol{\beta}^{(0)}$. Assim,

$$\widehat{\boldsymbol{\beta}} = \boldsymbol{\beta}^{(0)} - [\mathbf{J}(\boldsymbol{\beta}^*; \mathbf{n})]^{-1}\mathbf{U}(\boldsymbol{\beta}^{(0)}; \mathbf{n}). \tag{7.5}$$

Se $\boldsymbol{\beta}^{(0)}$ for escolhido numa vizinhança de $\widehat{\boldsymbol{\beta}}$, o vector definido pelo segundo membro de (7.5), com $\boldsymbol{\beta}^*$ substituído por $\boldsymbol{\beta}^{(0)}$ será uma primeira aproximação de $\widehat{\boldsymbol{\beta}}$, da qual se podem obter novas aproximações por aplicação sucessiva desse sistema de equações. O método de Newton-Raphson consiste precisamente na aplicação deste argumento, *i.e.*, do esquema iterativo

$$\boldsymbol{\beta}^{(q)} = \boldsymbol{\beta}^{(q-1)} - [\mathbf{J}(\boldsymbol{\beta}^{(q-1)}; \mathbf{n})]^{-1}\mathbf{U}(\boldsymbol{\beta}^{(q-1)}; \mathbf{n}), \quad q = 1, 2, \dots \tag{7.6}$$

iniciado por uma aproximação conveniente $\boldsymbol{\beta}^{(0)}$ e terminando com a satisfação de um critério de convergência previamente definido.

7. A METODOLOGIA DE MÁXIMA VEROSIMILHANÇA

Quando em cada iteração se substitui a matriz hessiana (encarada como função de $\mathbf{n}$) pelo simétrico do seu valor esperado para cada β, a denominada **matriz de informação de Fisher** em β

$$\mathbf{I}_N(\beta) = E[-\mathbf{J}(\beta; \mathbf{n})|\beta] = [\mathbf{M}(\beta)]'\mathbf{I}_N[\mu(\beta)]\mathbf{M}(\beta), \tag{7.7}$$

em que $\mathbf{I}_N(\mu)$ é a matriz de informação de Fisher correspondente a μ, obtém-se uma variante do método de Newton-Raphson

$$\beta^{(q)} = \beta^{(q-1)} + [\mathbf{I}_N(\beta^{(q-1)})]^{-1}\mathbf{U}(\beta^{(q-1)}; \mathbf{n}), \quad q = 1, 2, \ldots \tag{7.8}$$

conhecida por **método** *scoring* **de Fisher.**

Estes dois métodos têm a particularidade de fazer com que o movimento de um ponto para outro seja definido ao longo da direcção indicada pelo vector gradiente de $\ln L(\beta|\mathbf{n})$ multiplicado à esquerda por $-[\mathbf{J}(\beta; \mathbf{n})]^{-1}$ ou por $[\mathbf{I}_N(\beta)]^{-1}$. O uso das segundas derivadas justifica uma rápida taxa de convergência para o extremo local procurado de $\ln L(\beta|\mathbf{n})$ que, no entanto, pode ainda ser acelerada com a alteração do comprimento do passo na direcção indicada, entre cada par de pontos sucessivos.

Esse facto constitui uma vantagem desses métodos sobre aqueles procedimentos de maximização numérica de $\ln L(\beta|\mathbf{n})$ baseados apenas no seu gradiente, como aqueles que resolvem directamente as equações $\mathbf{U}(\widehat{\beta}; \mathbf{n}) = \mathbf{0}$, quando postas na forma $\widehat{\beta} = \mathbf{h}(\widehat{\beta})$. Contudo, a simplicidade destes últimos torna-os muitas vezes preferíveis aos métodos do tipo Newton-Raphson, pelo facto de em cada etapa destes haver necessidade de avaliação das segundas derivadas e/ou do seu valor esperado e da inversão de uma matriz associada.

Como o processo de determinação das estimativas MV é um problema de optimização (restringida ou não restringida), geralmente não linear, são aplicáveis outros métodos da chamada programação não linear. Em particular, os eficientes métodos do gradiente conjugado têm a vantagem de serem mais convenientes computacionalmente do que os métodos do tipo Newton-Raphson de que os estatísticos se socorrem frequentemente. Como uma exposição desses métodos não cabe dentro dos limites deste texto, sugere-se ao leitor eventualmente interessado neles a consulta a algum dos inúmeros textos sobre métodos de optimização ou de programação não linear.

Sob condições de regularidade apropriadas, o estimador MV de β, a que se atribui agora o símbolo $\widehat{\beta}$, possui em grandes amostras, uma distribuição aproximada Normal p-variada com vector de médias β e matriz de covariâncias $N^{-1}[\mathbf{I}_N(\beta)]^{-1}$, como será demonstrado na Secção 7.4.

O estimador MV de qualquer função de β é facilmente obtido através da propriedade de invariância dos estimadores de máxima verosimilhança. Por exemplo, $\widehat{\mu} = \mu(\widehat{\beta})$ é o estimador MV do vector das frequências esperadas. Tendo em conta a distribuição assintótica de $\widehat{\beta}$, o recurso ao método Delta (*vide* Secção 7.4) permite mostrar que o estimador MV de qualquer função (escalar ou vectorial) bem comportada de β é, sob H, igualmente assintoticamente distribuído conforme uma distribuição Normal. Exemplificando, $\widehat{\mu}$ possui sob H uma distribuição aproximada Normal com vector de médias μ e matriz de covariâncias

$$\mathbf{V}_{\widehat{\mu}}(\beta) = \mathbf{M}(\beta)[\mathbf{I}_N(\beta)]^{-1}[\mathbf{M}(\beta)]'.$$

Deve observar-se que, em função do amortecimento das flutuações dos dados operado por uma estrutura reduzida, é de esperar que os decorrentes estimadores de parâmetros do modelo probabilístico (*e.g.*, de $\boldsymbol{\mu}$) apresentem menor variabilidade do que os correspondentes estimadores irrestritos. Esta estimação mais eficiente proporcionada por um modelo reduzido supostamente válido é comprovada pela diminuição das variâncias assintóticas face ao modelo saturado, como se ilustra no Exercício 7.1. Esta é, afinal, uma das razões que justifica a procura de modelos parcimoniosos para a descrição dos dados.

7.2 Testes de ajustamento dos modelos

O ajustamento do modelo estrutural (7.1) pode ser avaliado por intermédio de estatísticas de teste que confrontam de algum modo as frequências observadas $\mathbf{n}$ com estimadores das médias restringidas à estrutura em causa, como é o caso de $\widehat{\boldsymbol{\mu}} = \boldsymbol{\mu}(\widehat{\boldsymbol{\beta}})$ que é o estimador mais usado. Nesta óptica, as estatísticas de ajustamento mais usadas na abordagem em causa são:

i) A **estatística da razão de verosimilhanças de Wilks**

$$Q_V = -2\ln\{L(\widehat{\boldsymbol{\mu}}|\mathbf{n})/L(\mathbf{n}|\mathbf{n})\}. \tag{7.9}$$

Esta estatística é uma função decrescente da razão entre as melhores explicações (*i.e.*, as maiores verosimilhanças) da amostra sob a validade de H e sob um quadro de ausência de qualquer estrutura restritiva (note-se que $\mathbf{n}$ é o estimador MV de $\boldsymbol{\mu}$ no modelo saturado). Observe-se que $Q_V \geq 0$ pelo facto de $L(\widehat{\boldsymbol{\mu}}|\mathbf{n}) \leq L(\mathbf{n}|\mathbf{n})$, sendo seu valor mínimo indicador de um ajuste perfeito do modelo saturado.

Quando se consideram as c celas da tabela subdivididas em s subconjuntos $C_q, q = 1, \ldots, s$ de cardinal comum $r = c/s$, com os correspondentes vectores de frequências $\mathbf{n}_q = (n_{qm}, m = 1, \ldots, r)'$, distribuídos segundo Multinomiais independentes com totais $n_{q.} = \mathbf{1}_r'\mathbf{n}_q$ fixos e vectores de médias $\boldsymbol{\mu}_q = (\mu_{qm}, q = 1, \ldots, r)'$, a estatística Q_V apresenta a forma explícita

$$
\begin{aligned}
Q_V &= -2\sum_{q=1}^{s}\sum_{m=1}^{r} n_{qm}(\ln\widehat{\mu}_{qm} - \ln n_{qm}) \\
&\equiv -2\sum_{q=1}^{s}\mathbf{n}_q'(\ln\widehat{\boldsymbol{\mu}}_q - \ln\mathbf{n}_q) \\
&\equiv -2\mathbf{n}'(\ln\widehat{\boldsymbol{\mu}} - \ln\mathbf{n}) \tag{7.10}
\end{aligned}
$$

em que $\mathbf{n} = (\mathbf{n}_q', q = 1, \ldots, s)'$ e $\boldsymbol{\mu} = (\boldsymbol{\mu}_q', q = 1, \ldots, s)'$. No caso do modelo Multinomial ($s = 1$), a expressão de Q_V representa-se simplesmente por

$$Q_V = -2\sum_{i=1}^{c} n_i \ln(\widehat{\mu}_i/n_i) \equiv -2\mathbf{n}'(\ln\widehat{\boldsymbol{\mu}} - \ln\mathbf{n}). \tag{7.11}$$

7. A METODOLOGIA DE MÁXIMA VEROSIMILHANÇA

Para o modelo Produto de distribuições de Poisson , (7.9) particulariza-se em

$$
\begin{aligned}
Q_V &= -2[\sum_{i=1}^{c}(n_i - \widehat{\mu}_i) + \sum_{i=1}^{c} n_i \ln(\widehat{\mu}_i/n_i)] \\
&\equiv -2[\mathbf{1}'_c(\mathbf{n} - \widehat{\boldsymbol{\mu}}) + \mathbf{n}'(\ln\widehat{\boldsymbol{\mu}} - \ln\mathbf{n})],
\end{aligned} \tag{7.12}
$$

que difere das estatísticas (7.10) e (7.11) pelo acréscimo do termo $-2[\mathbf{1}'_c(\mathbf{n}-\widehat{\boldsymbol{\mu}})]$. Para aqueles modelos estruturais em que o estimador escolhido para $\boldsymbol{\mu}$ satisfaz $\mathbf{1}'_c\widehat{\boldsymbol{\mu}} = N = \sum_{i=1}^{c} n_i$, não há diferença formal entre as expressões de Q_V para os três modelos probabilísticos básicos.

ii) **A estatística de Pearson**

$$
Q_P = \sum_{i=1}^{c}(n_i - \widehat{\mu}_i)^2/\widehat{\mu}_i \equiv (\mathbf{n} - \widehat{\boldsymbol{\mu}})'\mathbf{D}_{\widehat{\boldsymbol{\mu}}}^{-1}(\mathbf{n} - \widehat{\boldsymbol{\mu}}). \tag{7.13}
$$

Embora a forma desta expressão abarque os vários modelos probabilísticos, é por vezes conveniente desdobrá-la no caso do modelo Produto de Multinomiais, o que se concretiza em

$$
Q_P = \sum_{q=1}^{s} \sum_{m=1}^{r}(n_{qm} - \widehat{\mu}_{qm})^2/\widehat{\mu}_{qm} \equiv \sum_{q=1}^{s}(\mathbf{n}_q - \widehat{\boldsymbol{\mu}}_q)'\mathbf{D}_{\widehat{\boldsymbol{\mu}}_q}^{-1}(\mathbf{n}_q - \widehat{\boldsymbol{\mu}}_q). \tag{7.14}
$$

iii) **A estatística de Neyman** ou **do qui-quadrado modificado**

$$
Q_N = \sum_{i=1}^{c}(n_i - \widehat{\mu}_i)^2/n_i \equiv (\mathbf{n} - \widehat{\boldsymbol{\mu}})'\mathbf{D}_{\mathbf{n}}^{-1}(\mathbf{n} - \widehat{\boldsymbol{\mu}}). \tag{7.15}
$$

No caso do modelo Produto de Multinomiais, (7.15) pode desdobrar-se de um modo idêntico ao expresso em (7.14) para Q_P. Observe-se que a aplicação de Q_N (bem como de Q_V) exige que as frequências observadas sejam estritamente positivas.

Vale a pena sublinhar que estas três estatísticas não esgotam as medidas de maior ou menor divergência entre a distribuição observada e uma distribuição estimada sob a estrutura imposta. A título exemplificativo, no Exercício 7.4 refere-se uma família de estatísticas abrangendo como casos especiais Q_V, Q_P e Q_N. Cada uma das estatísticas acima definidas pode ser visualizada a partir de correspondentes funções paramétricas para $\mathbf{n}$ fixado, $Q_V(\boldsymbol{\mu}), Q_P(\boldsymbol{\mu})$ e $Q_N(\boldsymbol{\mu})$, por substituição do parâmetro $\boldsymbol{\mu}$ pelo seu estimador MV restrito a H. O significado que estas funções encerram, de comparação entre o observado e o que se esperaria observar em caso de validade do modelo estrutural, coloca-as em posição de constituir uma fonte intuitiva de métodos de estimação baseados na sua minimização restringida a H. Observe-se que o critério de minimização de $Q_V(\boldsymbol{\mu})$ não é senão o próprio método MV. O critério de minimização de $Q_P(\boldsymbol{\mu})$ (respectivamente, de $Q_N(\boldsymbol{\mu})$) dá origem aos chamados **estimadores do mínimo qui-quadrado** (do **mínimo qui-quadrado modificado**), doravante designados estimadores MQP (estimadores MQN).

Os estimadores MQP e MQN raramente desfrutam de expressões explícitas (bem mais do que acontece com os estimadores MV), sendo rigorosamente de excepção as situações contempladas nos Exercícios 7.3 e 8.1. Estes estimadores têm o mesmo comportamento assintótico do estimador MV, *i.e.*, são assintoticamente eficientes e Normais, o que costuma ser expresso pela sigla BAN (de *Best Asymptotically Normal*). A demonstração das propriedades assintóticas destes três tipos de estimadores, pela sua natureza técnica mais elaborada, é remetida para a Secção 7.4.

Com base no comportamento assintótico do estimador MV $\hat{\boldsymbol{\mu}}$, prova-se também na Secção 7.4 que as três estatísticas Q_V, Q_P e Q_N sob H são assintoticamente equivalentes. Esta equivalência assintótica significa distribuição idêntica em termos assintóticos, que são descritos pelas condições $N_q = n_{q.} \to \infty, q = 1, \ldots, s$ (com as razões $N_q / \sum_{q=1}^{s} N_q$ constantes) no caso do modelo Produto de distribuições de Poisson, e por $N \to \infty$ para os restantes modelos básicos, em que N designa o total fixo da amostra no caso da distribuição Multinomial e o total das c médias no caso da distribuição Poisson. Em qualquer dos casos está implícito que o número c de celas é fixo de modo que as respectivas frequências esperadas tendem também para ∞. A distribuição limite comum sob a validade de H é a distribuição qui-quadrado com ν graus de liberdade $(\chi^2_{(\nu)})$, em que ν é a diferença entre as dimensões dos espaços paramétricos original e restringido a H. Por outras palavras, ν é a diferença entre o número de celas livres (dado por c ou $c - s$ consoante o quadro probabilístico for descrito por um produto de distribuições de Poisson ou de Multinomiais) e o número de parâmetros estimados sob H (no caso, igual a p, a dimensão de $\boldsymbol{\beta}$).

A substituição do estimador MV de $\boldsymbol{\mu}$ pelos seus estimadores MQP ou MQN nas expressões das estatísticas mencionadas não altera a sua distribuição assintótica sob H devido ao comportamento BAN igualmente partilhado por esses outros estimadores. Em termos práticos, este resultado assintótico significa que para N (ou $N_q, q = 1, \ldots, s$) suficientemente grande, a distribuição comum das estatísticas Q_V, Q_P e Q_N sob H, independentemente do estimador BAN de $\boldsymbol{\mu}$ nelas usado, pode ser aproximada por uma distribuição $\chi^2_{(\nu)}$.

O significado de qualquer delas permite concluir que valores seus comparativamente pequenos indiciam um bom ajustamento de H. A aplicação prática deste critério costuma recorrer à determinação do **nível crítico** ou **valor-P** (*p-value*), *i.e.*, da probabilidade de ocorrência de valores da estatística tão ou mais desfavoráveis a H (neste caso iguais ou maiores) do que o valor observado, calculado sob a distribuição nula aproximada.

Uma análise detalhada das três estatísticas de ajustamento da estrutura genérica H em (7.1) revela que as estatísticas Q_P e Q_N usam apenas o estimador MV restrito (a H) de $\boldsymbol{\mu}$, enquanto que a estatística Q_V, como função de uma razão de verosimilhanças, emprega adicionalmente o estimador irrestrito (o próprio vector de frequências $\mathbf{n}$).

Os leitores mais familiarizados com os testes de hipóteses estatísticas conhecem certamente outros métodos assintóticos de construção de testes que exploram apenas um dos dois tipos de estimadores MV. Para sua descrição torna-se conveniente considerar a estrutura (7.1) formulada equivalentemente em termos de restrições, para o que as condições que o permitem (segundo o Teorema da Função Implícita) serão assumidas. A eliminação de $\boldsymbol{\beta}$ na formulação em equações livres (7.1) conduz à for-

7. A METODOLOGIA DE MÁXIMA VEROSIMILHANÇA

mulação alternativa de $c - p$ restrições do tipo

$$H : \mathbf{G}(\boldsymbol{\mu}) = \mathbf{0}, \tag{7.16}$$

em que $\mathbf{G} : I\!\!R^c \to I\!\!R^{c-p}$ é uma função vectorial para a qual a matriz $c \times (c - p)$, $\boldsymbol{\Delta}(\boldsymbol{\mu}) = \partial \mathbf{G}(\boldsymbol{\mu})'/\partial \boldsymbol{\mu}$ existe e é uma função contínua de $\boldsymbol{\mu}$, com característica $c - p$. Frisa-se que no modelo Produto de Multinomiais, as restrições naturais em $\boldsymbol{\mu}$ devem ser tidas em conta em (7.1), o que reduz o número de restrições em (7.16) para $c-s-p$.

Neste quadro, a determinação do estimador MV restrito $\widehat{\boldsymbol{\mu}}$ pode ser feita, por aplicação do método dos multiplicadores de Lagrange, através da resolução do sistema de equações

$$\mathbf{G}(\boldsymbol{\mu}) = \mathbf{0} \quad \text{e} \quad \mathbf{U}(\boldsymbol{\mu}; \mathbf{n}) - \boldsymbol{\Delta}(\boldsymbol{\mu})\boldsymbol{\lambda} = \mathbf{0}.$$

Um método que explora unicamente o comportamento de $\widehat{\boldsymbol{\mu}}$ baseia-se no argumento descrito a seguir. Se a estrutura H é verdadeira, a função *score* avaliada em $\widehat{\boldsymbol{\mu}}$, $\mathbf{U}(\widehat{\boldsymbol{\mu}}; \mathbf{n})$ tenderá a aproximar-se do vector nulo à medida que o(s) tamanho(s) da(s) amostra(s) aumenta(m) como resultado de $\widehat{\boldsymbol{\mu}}$ se aproximar do estimador MV irrestrito $\mathbf{n}$, para o qual $\mathbf{U}(\mathbf{n}; \mathbf{n}) = \mathbf{0}$; em caso de falsidade de H não há razões óbvias para tal comportamento de $\widehat{\boldsymbol{\mu}}$. Rao (1947) tomou como distância (generalizada) entre $\mathbf{U}(\boldsymbol{\mu}; \mathbf{n})$ e $\mathbf{0}$ a forma quadrática definida pela inversa da matriz de informação de Fisher (que é a inversa da matriz de covariâncias de $\mathbf{U}(\boldsymbol{\mu}; \mathbf{n})$, encarado como vector aleatório, em modelos regulares como aqueles que se focam aqui), ou seja

$$Q_R(\boldsymbol{\mu}) = [\mathbf{U}(\boldsymbol{\mu}; \mathbf{n})]'[\mathbf{I}_N(\boldsymbol{\mu})]^{-1}\mathbf{U}(\boldsymbol{\mu}; \mathbf{n}).$$

Substituindo nesta função paramétrica $\boldsymbol{\mu}$ por $\widehat{\boldsymbol{\mu}}$ obtém-se a chamada **estatística do "score" eficiente de Rao**

$$Q_R = [\mathbf{U}(\widehat{\boldsymbol{\mu}}; \mathbf{n})]'[\mathbf{I}_N(\widehat{\boldsymbol{\mu}})]^{-1}\mathbf{U}(\widehat{\boldsymbol{\mu}}; \mathbf{n}) \tag{7.17}$$

que pelo comportamento assintótico de $\mathbf{U}(\boldsymbol{\mu}; \mathbf{n})$ para $\boldsymbol{\mu}$ fixo e de $\widehat{\boldsymbol{\mu}}$ (veja-se Secção 7.4), é claramente equivalente assintoticamente a qualquer das três estatísticas já consideradas.

Apesar de o significado inerente a Q_R ser aparentemente distinto daquele que Q_P encerra directamente, é interessante constatar que a estatística Q_R é algebricamente idêntica a Q_P para qualquer dos modelos probabilísticos que delimitam o quadro inferencial em que se está focado (vide Exercício 7.2). Esta constatação pode ser também derivada dos resultados mais gerais de Bemis & Bhapkar (1982) para a família exponencial multivariada.

Como contrapartida a Q_R (ou a Q_P), o método proposto por Wald (1943) testa o ajustamento de (7.16) usando unicamente o estimador MV irrestrito baseando-se na ideia lógica de rejeitar H se $\mathbf{G}(\mathbf{n})$ não estiver suficientemente próximo do valor de $\mathbf{G}(\boldsymbol{\mu})$ sob H (*i.e.*, o vector nulo). A medida da distância advogada por Wald baseada na expansão de Taylor de primeira ordem de $\mathbf{G}(\mathbf{n})$ em torno de $\boldsymbol{\mu}$ e no comportamento assintótico do estimador $\mathbf{n}$, é definida pela forma quadrática

$$Q_W(\boldsymbol{\mu}) = [\mathbf{G}(\mathbf{n})]'\{[\boldsymbol{\Delta}(\boldsymbol{\mu})]'[\mathbf{I}_N(\boldsymbol{\mu})]^{-1}\boldsymbol{\Delta}(\boldsymbol{\mu})\}^{-1}\mathbf{G}(\mathbf{n})$$

202 7.2 TESTES DE AJUSTAMENTO DOS MODELOS

que para $\boldsymbol{\mu}$ fixado, tem a mesma distribuição assintótica sob H das estatísticas anteriores (ver Secção 7.4). A substituição de $\boldsymbol{\mu}$ por $\mathbf{n}$, que é um seu estimador consistente, conduz à chamada **estatística de Wald**

$$Q_W = [\mathbf{G}(\mathbf{n})]'\{[\boldsymbol{\Delta}(\mathbf{n})]'[\mathbf{I}(\mathbf{n})]^{-1}\boldsymbol{\Delta}(\mathbf{n})\}^{-1}\mathbf{G}(\mathbf{n}) \tag{7.18}$$

que, por ter a mesma distribuição amostral limite de $Q_W(\boldsymbol{\mu})$, é também assintoticamente equivalente às outras estatísticas já mencionadas. Na Secção 7.4 mostra-se que Q_W pode ser visualizada como uma estatística do mínimo qui-quadrado modificado (entendida, no caso não linear, para ajustamento da versão "linearizada" de (7.16) obtida por uma expansão de Taylor linear de $\mathbf{G}(\boldsymbol{\mu})$ em torno de $\mathbf{n}$).

Em suma, o ajustamento de um modelo estrutural formulado por (7.1) ou (7.2) pode ser testado em grandes amostras por qualquer dos testes assintoticamente equivalentes mencionados, cuja escolha pode ser ditada por critérios de ordem computacional.

Exemplo 7.1 (*Problema do grupo sanguíneo ABO*): No cenário do Exemplo 1.7, concentre-se a atenção na "população de controlos", e suponha-se que o vector $\mathbf{n}$ de frequências dos quatro grupos na amostra de $N = 10000$ indivíduos analisados é modelado por alguma distribuição Multinomial indexada pelo vector de probabilidades $\boldsymbol{\theta} = N^{-1}\boldsymbol{\mu} = (\theta_A, \theta_B, \theta_{AB}, \theta_O)'$ em que $\mathbf{1}_4'\boldsymbol{\theta} = 1$. Neste contexto, pretende se ajustar a estrutura de equilíbrio de Hardy-Weinberg, $H : \boldsymbol{\theta} = \boldsymbol{\theta}(\boldsymbol{\beta})$, discutida no Exemplo 1.7, em que $\boldsymbol{\beta} = (\beta_A, \beta_B)'$ é o vector das probabilidades de ocorrência dos alelos A e B. Note-se que a probabilidade de ocorrência do alelo O é $\beta_O = 1 - \beta_A - \beta_B$. Sobre as expressões deste modelo de equilíbrio em sistemas genéticos mais gerais, veja-se o Exercício 7.5.

A estimação MV sob H processa-se pela maximização de

$$\ln L(\boldsymbol{\beta}|\mathbf{n}) = k(\mathbf{n}) \quad + \quad n_A \ln(\beta_A^2 + 2\beta_A\beta_O) + n_B \ln(\beta_B^2 + 2\beta_B\beta_O)$$
$$+ \quad n_{AB} \ln(2\beta_A\beta_B) + 2n_O \ln \beta_O,$$

tendo em conta que $\beta_A + \beta_B + \beta_O = 1$. O recurso ao método dos multiplicadores lagrangianos permite obter as equações de verosimilhança na forma

$$\widehat{\beta}_j = p_j(\widehat{\beta}_j + \widehat{\beta}_O)/(\widehat{\beta}_j + 2\widehat{\beta}_O) + p_{AB}/2$$
$$\widehat{\beta}_O = \sum_{j=A,B} p_j\widehat{\beta}_O/(\widehat{\beta}_j + 2\widehat{\beta}_O) + p_O$$

para $j = A, B$ em que $\mathbf{p} = (p_A, p_B, p_{AB}, p_O)' = N^{-1}\mathbf{n}$. Essas equações sugerem um procedimento iterativo imediato.

A expressão de $\boldsymbol{\theta}$ em termos das componentes funcionalmente independentes β_A e β_B implica que estas se podem exprimir em função de $\boldsymbol{\theta}$, nomeadamente como

$$\beta_j = 1 - [1 - (\theta_j + \theta_{AB})]^{1/2}$$

com $j = A, B$. Isto permite obter estimativas desses parâmetros pelo método dos momentos, designadamente

$$\beta_A^{(0)} = 1 - (p_B + p_O)^{1/2} \quad \text{e} \quad \beta_B^{(0)} = 1 - (p_A + p_O)^{1/2}$$

7. A METODOLOGIA DE MÁXIMA VEROSIMILHANÇA

que podem ser usadas como pontos iniciais do esquema iterativo envolvendo as equações relativas a $\widehat{\beta}_A$ e $\widehat{\beta}_B$. O q-ésimo ciclo iterativo consiste em determinar a partir de $\beta_A^{(q-1)}$ a aproximação $\beta_A^{(q)}$ pela equação referente a $\widehat{\beta}_A$ e, a partir de $(\beta_A^{(q)}, \beta_B^{(q-1)})$, $\beta_B^{(q)}$ pela outra equação.

A simplicidade deste algoritmo contrasta com aqueles associados aos métodos de Newton-Raphson e *scoring* de Fisher, pelo facto de estes exigirem o cálculo repetido de uma matriz e de sua inversa. Para a sua aplicação, necessita-se da função *score* $\mathbf{U}(\boldsymbol{\beta}; \mathbf{n})$, cujas componentes são

$$U_1(\boldsymbol{\beta}; \mathbf{n}) = \frac{2\beta_O n_A}{\beta_A^2 + 2\beta_A\beta_O} - \frac{2n_B}{\beta_B + 2\beta_O} + \frac{n_{AB}}{\beta_A} - \frac{2n_O}{\beta_O}$$

$$U_2(\boldsymbol{\beta}; \mathbf{n}) = \frac{2\beta_O n_B}{\beta_B^2 + 2\beta_B\beta_O} - \frac{2n_A}{\beta_A + 2\beta_O} + \frac{n_{AB}}{\beta_B} - \frac{2n_O}{\beta_O}$$

da qual se obtém facilmente a matriz hessiana $\mathbf{J}(\boldsymbol{\beta}; \mathbf{n}) = (J_{ij})$, definida por

$$J_{11} = \frac{-2(\beta_A^2 + 2\beta_A\beta_O + 2\beta_O^2)n_A}{(\beta_A^2 + 2\beta_A\beta_O)^2} - \frac{4n_B}{(\beta_B + 2\beta_O)^2} - \frac{n_{AB}}{\beta_A^2} - \frac{2n_O}{\beta_O^2}$$

$$J_{12} = J_{21} = \frac{-2\beta_A^2 n_A}{(\beta_A + 2\beta_O)^2} - \frac{2n_B}{(\beta_B + 2\beta_O)^2} - \frac{2n_O}{\beta_O^2}$$

$$J_{22} = \frac{-2(\beta_B^2 + 2\beta_B\beta_O + 2\beta_O^2)n_B}{(\beta_B^2 + 2\beta_B\beta_O)^2} - \frac{4n_A}{(\beta_A + 2\beta_O)^2} - \frac{n_{AB}}{\beta_B^2} - \frac{2n_O}{\beta_O^2}.$$

O método *scoring* de Fisher exige a substituição de $-\mathbf{J}(\boldsymbol{\beta}; \mathbf{n})$ pelo seu valor esperado, $\mathbf{I}_N(\boldsymbol{\beta}) = (I_{ij})$, cujos elementos se podem representar após alguns cálculos elementares mas morosos, por

$$I_{11} = \frac{2N(4\beta_O - 2\beta_B + 6\beta_A\beta_B + 2\beta_B^2 - 3\beta_A\beta_B^2)}{\beta_A(\beta_A + 2\beta_O)(\beta_B + 2\beta_O)}$$

$$I_{12} = I_{21} = \frac{2N(4\beta_O + 3\beta_A\beta_B)}{(\beta_A + 2\beta_O)(\beta_B + 2\beta_O)}$$

$$I_{22} = \frac{2N(4\beta_O - 2\beta_A + 6\beta_A\beta_B + 2\beta_A^2 - 3\beta_A^2\beta_B)}{\beta_B(\beta_A + 2\beta_O)(\beta_B + 2\beta_O)}.$$

A inversa da matriz de informação de Fisher, $[\mathbf{I}_N(\boldsymbol{\beta})]^{-1} = (I^{ij})$, que constitui a matriz de covariâncias aproximada de $\widehat{\boldsymbol{\beta}}$, pode ser expressa por

$$I^{11} = \frac{\beta_A(4\beta_O + 4\beta_A\beta_B - 2\beta_A\beta_O - 3\beta_A^2\beta_B)}{8N(\beta_A\beta_B + \beta_O)}$$

$$I^{12} = I^{21} = \frac{-\beta_A\beta_B(4\beta_O + 3\beta_A\beta_B)}{8N(\beta_A\beta_B + \beta_O)}$$

$$I^{22} = \frac{\beta_B(4\beta_O + 4\beta_A\beta_B - 2\beta_B\beta_O - 3\beta_A\beta_B^2)}{8N(\beta_A\beta_B + \beta_O)}.$$

Partindo das estimativas referidas, *i.e.*, tomando como ponto inicial o vector $\boldsymbol{\beta}^{(0)} = (0.2605, 0.0621)'$, obteve-se rapidamente por qualquer dos algoritmos mencionados, a solução $\widehat{\boldsymbol{\beta}} \simeq (0.2606, 0.0621)'$, que satisfaz a condição de $\mathbf{J}(\widehat{\boldsymbol{\beta}}; \mathbf{n})$ ser definida negativa, pelo que define a estimativa MV de β. A estimativa MV de θ sob H é então $\hat{\theta} = (0.4210, 0.0880, 0.0324, 0.4586)'$.

Avaliando o ajuste pelas estatísticas Q_V, Q_P ou Q_N, obtêm-se os valores observados $Q_V = 0.516$, $Q_P = 0.512$, e, $Q_N = 0.523$, correspondentes a um nível crítico da ordem de 0.47 relativo a uma distribuição $\chi^2_{(1)}$ que é a distribuição nula aproximada comum dessas estatísticas. O resultado não significativo dos testes indica assim que a estrutura de equilíbrio de Hardy-Weinberg para a população de "controlos" é uma hipótese consistente com os dados disponíveis.

A expressão de β em função de θ permite formular equivalentemente a estrutura H através da equação

$$G(\theta) \equiv \theta_{AB} - 2\{1 \quad - \quad (1 - \theta_A - \theta_{AB})^{1/2} - (1 - \theta_B - \theta_{AB})^{1/2}$$
$$+ \quad [(1 - \theta_A - \theta_{AB})(1 - \theta_B - \theta_{AB})]^{1/2}\} = 0$$

com base na qual se pode construir vantajosamente uma estatística de Wald, atendendo a que a determinação do estimador restrito $\hat{\theta}$ é substituída pelo uso do estimador irrestrito $\mathbf{p}$. ∎

7.3 Testes condicionais de hipóteses redutoras de modelos

Uma vez seleccionado um modelo estrutural H_1 [expresso por (7.1) ou (7.16)] razoavelmente ajustado aos dados, tem interesse indagar se é possível simplificá-lo sem comprometer a boa qualidade do ajuste. Em termos mais concretos, pretende-se testar, na base da validade de H_1, hipóteses do tipo

$$H_0 : \mathbf{h}(\beta) = \mathbf{0} \tag{7.19}$$

em que a função $\mathbf{h} : \mathbb{R}^p \to \mathbb{R}^t$, $t \leq p$ é suposta satisfazer condições análogas às definidas para a função $\mathbf{G}(\mu)$ em (7.16).

A verificação de H_0 conduz a um novo modelo mais simples, e.g., H_2, que está encaixado em H_1. Basta pensar que sob H_1, H_0 corresponde à formulação alternativa $\beta = \mathbf{g}(\alpha)$, em que $\mathbf{g} : \mathbb{R}^{p-t} \to \mathbb{R}^p$, implicando que H_2 fique definido por $\mu = \mu[\mathbf{g}(\alpha)]$, uma estrutura simplificada de H_1.

O teste condicional de H_0 pelo método da razão de verosimilhanças é obviamente definido (note-se que $H_2 = H_1 \cap H_0$) pela estatística de Wilks

$$Q_V(H_2|H_1) = -2\ln \left[\frac{\sup_{\mu \in H_2} L(\mu|\mathbf{n})}{\sup_{\mu \in H_1} L(\mu|\mathbf{n})} \right].$$

Denotando $\tilde{\mu}$ o estimador MV de μ restrito a H_2 e mantendo o símbolo $\hat{\mu}$ para designar o correspondente estimador restrito a H_1 (e portanto, irrestrito dado H_1), $Q_V(H_2|H_1)$ exprime-se por

$$Q_V(H_2|H_1) = -2\ln[L(\tilde{\mu}|\mathbf{n})/L(\hat{\mu}|\mathbf{n})], \tag{7.20}$$

7. A METODOLOGIA DE MÁXIMA VEROSIMILHANÇA

expressão formalmente idêntica a (7.9), já que aí se pretende testar H_1 condicionalmente ao modelo saturado. Observe-se que, de novo, $Q_V(H_2|H_1) \geq 0$ pelo facto de $L(\widetilde{\boldsymbol{\mu}}|\mathbf{n}) \leq L(\widehat{\boldsymbol{\mu}}|\mathbf{n})$ justificado por $H_2 \subset H_1$.

Dividindo em (7.20) ambas as verosimilhanças máximas por $L(\mathbf{n}|\mathbf{n})$, pode-se concluir que $Q_V(H_2|H_1)$ é uma diferença entre estatísticas do tipo Q_V (como em (7.9)) não condicionais de ajuste de H_2 versus H_1, formalizada por

$$Q_V(H_2|H_1) = Q_V(H_2) - Q_V(H_1).$$

Deste modo, é fácil especializar (7.20) para os três modelos probabilísticos básicos. Por exemplo, para o modelo Multinomial,

$$Q_V(H_2|H_1) = -2 \sum_{i=1}^{c} n_i \ln(\widetilde{\mu}_i/\widehat{\mu}_i).$$

Um argumento análogo ao usado para o estabelecimento da distribuição assintótica de (7.9) conduz a que $Q_V(H_2|H_1)$ se distribua assintoticamente como um $\chi^2_{(\nu)}$, em que ν, a diferença entre as dimensionalidades do espaço paramétrico sob H_1 e sob H_2, *i.e.*, o número t de restrições definidoras de H_0, iguala a diferença entre o número de graus de liberdade das distribuições assintóticas de $Q_V(H_2)$ e $Q_V(H_1)$.

O particionamento da estatística da razão de verosimilhanças de Wilks, expresso por

$$Q_V(H_2) = Q_V(H_1) + Q_V(H_2|H_1) \tag{7.21}$$

que, obviamente, pode ser estendido em presença de uma série de modelos sucessivamente encaixados, é inegavelmente uma vantagem do uso dessa estatística para resolver a questão inferencial de simplificação de modelos.

A estatística de Pearson, por exemplo, já não goza dessa característica, pois a diferença $Q_P(H_2) - Q_P(H_1)$ não só não tem uma forma de tipo Q_P como não é necessariamente não negativa. O problema da comparação entre os modelos H_2 e H_1 por instrumentos de forma pearsoniana deve ser avaliado pela estatística intuitiva [proposta por Rao (1961)]

$$Q_P(H_2|H_1) = (\widehat{\boldsymbol{\mu}} - \widetilde{\boldsymbol{\mu}})' \mathbf{D}_{\widetilde{\boldsymbol{\mu}}}^{-1} (\widehat{\boldsymbol{\mu}} - \widetilde{\boldsymbol{\mu}}), \tag{7.22}$$

em que o papel de $\mathbf{n}$ na estatística Q_P de ajuste de H_2 é aqui desempenhado pelo valor ajustado de $\boldsymbol{\mu}$ sob o modelo H_1 de referência, *i.e.*, $\widehat{\boldsymbol{\mu}}$. A relação assintótica entre Q_P e Q_V tem uma contrapartida natural para $Q_P(H_2|H_1)$ e $Q_V(H_2|H_1)$, pelo que ambas têm comportamento distribucional idêntico para grandes amostras. Tendo em conta que as estatísticas (7.20) e (7.22) dependem de $\widehat{\boldsymbol{\mu}}$ e $\widetilde{\boldsymbol{\mu}}$ cujo comportamento assintótico deverá ser atingido mais rapidamente que o de $\mathbf{n}$, a sua distribuição nula assintótica poderá aplicar-se em amostras de tamanho menor do que o exigido pelo uso de suas contrapartidas não condicionais $Q_V(H_2)$ e $Q_P(H_2)$.

Com um espírito análogo ao estabelecido para testar (7.16), a hipótese H_0 pode ser testada, condicionalmente a H_1, fazendo apenas uso da estimação irrestrita por meio do método de Wald. Como o estimador do parâmetro do modelo H_1 definido por (7.1) foi denotado por $\widehat{\beta}$, a estatística de Wald apropriada para o teste condicional de H_0 é dada por

$$Q_W(H_2|H_1) = [\mathbf{h}(\widehat{\beta})]'\{[\mathbf{H}(\widehat{\beta})]'[\mathbf{I}_N(\widehat{\beta})]^{-1}\mathbf{H}(\widehat{\beta})\}^{-1}\mathbf{h}(\widehat{\beta}) \qquad (7.23)$$

em que $\mathbf{H}(\beta) \equiv [\partial\mathbf{h}(\beta)/\partial\beta']'$ é uma matriz de dimensão $p \times t$ suposta contínua em β e de característica t. Pelo comportamento assintótico de $\mathbf{h}(\widehat{\beta})$ conclui-se que $Q_W(H_2|H_1)$ sob H_2 tem, para grandes amostras, uma distribuição aproximada $\chi^2_{(t)}$ e, por conseguinte, é assintoticamente equivalente a $Q_V(H_2|H_1)$ e $Q_P(H_2|H_1)$.

Se, por qualquer motivo, se dispuser já do estimador MV de β restrito a H_2, denotado por $\widetilde{\beta}$ e determinado por maximização de $\ln L(\beta|\mathbf{n})$ condicionada a H_0, pode-se vantajosamente recorrer ao teste do *score* eficiente de Rao definido pela estatística

$$Q_R(H_2|H_1) = [\mathbf{U}(\widetilde{\beta};\ \mathbf{n})]'[\mathbf{I}(\widetilde{\beta})]^{-1}\mathbf{U}(\widetilde{\beta};\ \mathbf{n}) \qquad (7.24)$$

cujo comportamento assintótico sob H_2 é idêntico ao das estatísticas anteriores, como se demonstra na Secção 7.4.

Exemplo 7.2 (*Problema do grupo sanguíneo ABO*): Considerem-se agora todos os dados do Exemplo 1.7 representados pelos correspondentes vectores de frequências $\mathbf{n}_q = (n_{qA}, n_{qB}, n_{qAB}, n_{qO})'$, $q = 1, 2, 3$, em que q indica as linhas da tabela, para as quais se supõem modelos Multinomiais independentes de parâmetros $N_q = n_q$ conhecidos e $\pi_q = (\theta_{(q)A}, \theta_{(q)B}, \theta_{(q)AB}, \theta_{(q)O})'$. Observe-se que $\mathbf{n}_1$ e π_1 foram denotados por $\mathbf{n}$ e θ no Exemplo 7.1.

O modelo estrutural que indica o equilíbrio de Hardy-Weinberg para todas as três populações é expresso por

$$H_1:\ \pi_q = \pi_q(\beta_q),\ q = 1, 2, 3$$

em que, para cada q, $\beta_q = (\beta_{qA},\ \beta_{qB})'$ e a função $\pi_q(.)$ é definida como foi referido no Exemplo 7.1.

Neste caso, fazendo $\mathbf{n} = (\mathbf{n}'_q,\ q = 1, 2, 3)'$, $\pi = (\pi'_q,\ q = 1, 2, 3)'$ e $\beta = (\beta'_q,\ q = 1, 2, 3)'$, o logaritmo da função de verosimilhança global é $\ln L(\beta|\mathbf{n}) = \sum_{q=1}^{3} \ln L_q(\beta_q|\mathbf{n}_q)$, em que $L_q(.)$ denota a função de verosimilhança da q-ésima Multinomial. Deste modo, a estimação MV de cada β_q processa-se independentemente da dos outros através de um sistema de equações do género referido no exemplo anterior. Aplicando qualquer dos procedimentos iterativos aí indicados obtêm-se

$$\begin{aligned}
\widehat{\beta}_1 &= (0.2606, 0.0621)',\ \widehat{\pi}_1 = (0.4210, 0.0880, 0.0324, 0.4586)' \\
\widehat{\beta}_2 &= (0.1854, 0.0391)',\ \widehat{\pi}_2 = (0.3220, 0.0621, 0.0145, 0.6014)' \\
\widehat{\beta}_3 &= (0.2269, 0.0472)',\ \widehat{\pi}_3 = (0.3809, 0.0707, 0.0214, 0.5270)'.
\end{aligned}$$

As estatísticas Q_V, Q_P e Q_N de ajuste de H_1 são obviamente definidas pela soma das correspondentes estatísticas individuais de ajuste de

$$H_{1q}:\ \pi_q = \pi_q(\beta_q),$$

7. A METODOLOGIA DE MÁXIMA VEROSIMILHANÇA

$q = 1, 2, 3$, tendo cada uma delas uma distribuição nula (*i.e.*, sob a estrutura a testar) aproximada de um $\chi^2_{(3)}$. Os seus valores observados foram $Q_V(H_1) = 0.731, Q_P(H_1) = 0.733$ e $Q_N(H_1) = 0.728$, correspondendo cada um deles a um nível crítico da ordem de 0.87. Deste modo, qualquer destes testes aponta no sentido de haver uma evidência significativa em favor da estrutura de equilíbrio H_1 em cada uma das três populações analisadas.

Em face da consistência de H_1 com os dados observados, suponha-se, uma vez admitida a validade de H_1, que se pretende testar a homogeneidade das três populações relativamente à estrutura de equilíbrio, *i.e.*, a hipótese $H_0 : \boldsymbol{\beta}_1 = \boldsymbol{\beta}_2 = \boldsymbol{\beta}_3$ no contexto de H_1, cuja verificação implica o modelo reduzido

$$H_2 : \boldsymbol{\pi}_q = \boldsymbol{\pi}_q(\boldsymbol{\alpha}), \ q = 1, 2, 3$$

em que $\boldsymbol{\alpha}$ denota o valor comum dos vectores $\boldsymbol{\beta}_q$.

Como $\ln L(\boldsymbol{\alpha}|\mathbf{n}) = \sum_q \ln L_q(\boldsymbol{\alpha}|\mathbf{n}_q)$, tem-se

$$\mathbf{U}(\boldsymbol{\alpha}; \mathbf{n}) \equiv \frac{\partial \ln L(\boldsymbol{\alpha}|\mathbf{n})}{\partial \boldsymbol{\alpha}} = \sum_q \frac{\partial \ln L_q(\boldsymbol{\alpha}|\mathbf{n}_q)}{\partial \boldsymbol{\alpha}} \equiv \sum_q \mathbf{U}_q(\boldsymbol{\alpha}; \mathbf{n}_q)$$

com uma expressão aditiva semelhante para as matrizes hessiana e de informação de Fisher. Consequentemente, a estimativa MV de $\boldsymbol{\alpha}$ é determinada pela resolução iterativa do mesmo sistema de equações que conduziu a $\widehat{\boldsymbol{\beta}}_1$, com substituição de $\mathbf{n}_1$ por $\sum_q \mathbf{n}_q = (4529, 947, 331, 5057)'$. O valor achado foi $\widehat{\boldsymbol{\alpha}} = (0.2567, 0.0607)'$ pelo que a estimativa MV restrita a H_2 de cada $\boldsymbol{\pi}_q$ é

$$\widetilde{\boldsymbol{\pi}}_q = (0.4163, 0.0865, 0.0311, 0.4661)', \ q = 1, 2, 3.$$

Os valores observados para as estatísticas Q_V e Q_P condicionais (a H_1), aproximadamente distribuídas como um $\chi^2_{(4)}$ sob H_2, são

$$Q_V(H_2|H_1) = -2 \sum_{q=1}^{3} \mathbf{n}'_q (\ln \widetilde{\boldsymbol{\pi}}_q - \ln \widehat{\boldsymbol{\pi}}_q) = 35.547$$

e

$$Q_P(H_2|H_1) = \sum_{q=1}^{3} N_q (\widehat{\boldsymbol{\pi}}_q - \widetilde{\boldsymbol{\pi}}_q)' \mathbf{D}^{-1}_{\widetilde{\boldsymbol{\pi}}_q} (\widehat{\boldsymbol{\pi}}_q - \widetilde{\boldsymbol{\pi}}_q) = 35.963$$

correspondentes a um nível crítico aproximadamente nulo. Consequentemente, a forte rejeição de H_0 indica que o modelo de homogeneidade H_2 é claramente desmentido pelos dados observados. A análise das três parcelas de qualquer das estatísticas referidas mostra que tal se deve fundamentalmente às amostras de pacientes com úlcera, para as quais as probabilidades dos grupos O e A tendem a ser significativamente maiores e menores, respectivamente, do que os valores esperados em caso de homogeneidade.

A hipótese H_0 consiste de quatro restrições linearmente independentes

$$\beta_{1A} - \beta_{2A} = \beta_{1B} - \beta_{2B} = \beta_{1A} - \beta_{3A} = \beta_{1B} - \beta_{3B} = 0.$$

Denotando o vector destas quatro diferenças paramétricas por $\mathbf{h}(\boldsymbol{\beta})$, em que $\boldsymbol{\beta} = (\boldsymbol{\beta}'_1, \boldsymbol{\beta}'_2, \boldsymbol{\beta}'_3)'$ e usando a estimativa irrestrita (face a H_2) de $\boldsymbol{\beta}$, calculada para o ajuste de H_1, determina-se sem grande dificuldade o valor observado da estatística de Wald $Q_W(H_2|H_1)$, definida em (7.23). Com efeito, $\mathbf{h}(\boldsymbol{\beta}) = \mathbf{C}\boldsymbol{\beta}$, em que

$$\mathbf{C} = \begin{pmatrix} 1 & 0 & -1 & 0 & 0 & 0 \\ 1 & 0 & 0 & 0 & -1 & 0 \\ 0 & 1 & 0 & -1 & 0 & 0 \\ 0 & 1 & 0 & 0 & 0 & -1 \end{pmatrix}$$

pelo que $\mathbf{H}(\boldsymbol{\beta}) = \mathbf{C}'$ e

$$Q_W(H_2|H_1) = (\mathbf{C}\widehat{\boldsymbol{\beta}})'\{\mathbf{C}[\mathbf{I}_N(\widehat{\boldsymbol{\beta}})]^{-1}\mathbf{C}'\}^{-1}\mathbf{C}\widehat{\boldsymbol{\beta}}$$

em que $\mathbf{I}_N(\widehat{\boldsymbol{\beta}})$ é a matriz diagonal em blocos cujos blocos diagonais representam as matrizes de informação de Fisher das q distribuições Multinomiais cujas expressões estão definidas no Exemplo 7.1. A matriz $[\mathbf{I}_N(\widehat{\boldsymbol{\beta}})]^{-1}$ representa a matriz de covariâncias assintótica estimada de $\widehat{\boldsymbol{\beta}} = (\widehat{\boldsymbol{\beta}}_q', q = 1, 2, 3)'$. O valor observado $Q_W(H_2|H_1) = 40.528$ corresponde a um nível crítico $P = 0.00$ (baseado numa distribuição $\chi^2_{(4)}$), indica fortes evidências contra H_0 sob a validade de H_1, como seria de esperar. ∎

Ainda que o objectivo central possa estar virado para o ajuste de um dado modelo, *e.g.*, H_2, pode haver motivos que justifiquem a preterição do teste não condicional por testes de H_2 associados com estruturas alternativas mais restritivas.

Efectivamente, quando H_1 é um modelo pertinente, mais amplo que H_2 e que partilha de uma boa qualidade de ajuste, é natural que se deposite maior interesse na região do espaço paramétrico delimitada por esse modelo no processo de testar H_2. Sendo assim, afigura-se sensato optar por um teste que consiga detectar razoavelmente eventuais desvios de H_2 enquadráveis na alternativa configurada por H_1.

Restringindo a atenção aos testes de razão de verosimilhanças, sabe-se que no contexto de validade de H_1 a distribuição assintótica de $Q_V(H_1)$ é qui-quadrado central enquanto que as de $Q_V(H_2)$ e $Q_V(H_2|H_1)$ podem ser frequentemente aproximadas por qui-quadrados não centrais (vide Secção 7.4 e Notas de Capítulos 7.2 e 7.3).

Obviamente que o número de graus de liberdade de $Q_V(H_2)$ é maior que o de $Q_V(H_2|H_1)$ enquanto que o parâmetro de não centralidade é o mesmo, sob H_1, como decorre do particionamento (7.21). Pelo tipo de monotonia da função potência (Nota de Capítulo 7.2), o teste baseado em $Q_V(H_2|H_1)$ é mais potente do que o correspondente teste não condicional para alternativas delimitadas por H_1. A maior potência do teste condicional pode ainda verificar-se para alternativas pouco divergentes de H_1.

7.4 Resultados assintóticos

O objectivo desta secção é apresentar as demonstrações dos principais resultados inferenciais que envolvem métodos assintóticos discutidos neste capítulo. Embora esses resultados estejam expressos sem especificação do modelo probabilístico subjacente, optou-se por demonstrá-los tomando como base uma distribuição Produto de Multinomiais por três motivos. Primeiramente, porque tanto o caso geral como o caso

7. A METODOLOGIA DE MÁXIMA VEROSIMILHANÇA

Multinomial estão apresentados em vários textos, dos quais destaca-se Sen & Singer (1993). Em segundo lugar porque os resultados para a distribuição Multinomial constituem casos particulares daqueles que se pretende abordar. Finalmente, porque as demonstrações para casos em que produtos de distribuições de Poisson são adequados, em geral, são mais fáceis e podem servir como exercício.

Nesse contexto, considera-se um conjunto de dados com o paradigma da Tabela 1.7, para o qual adopta-se um modelo probabilístico Produto de Multinomiais, ou seja, o modelo especificado em (2.10) em que, por razões de simplicidade notacional, define-se $\pi_{ij} = \theta_{(i)j}$. O interesse é ajustar modelos estruturais da forma $\boldsymbol{\pi} = \boldsymbol{\pi}(\boldsymbol{\beta}) = (\boldsymbol{\pi}_1(\boldsymbol{\beta}), \ldots, \boldsymbol{\pi}_s(\boldsymbol{\beta}))'$ com $\boldsymbol{\pi}_i(\boldsymbol{\beta}) = (\pi_{i1}(\boldsymbol{\beta}), \ldots, \pi_{ir}(\boldsymbol{\beta}))'$, $i = 1, \ldots, s$ em que $\boldsymbol{\beta}$ é um vector p-dimensional de parâmetros desconhecidos e obter as distribuições assintóticas de estimadores e estatísticas de ajustamento.

O logaritmo da função de verosimilhança correspondente pode ser expresso como

$$\ln L_N(\boldsymbol{\beta}|\mathbf{n}) = K(\mathbf{n}) + \sum_{i=1}^{s} \sum_{j=1}^{r} n_{ij} \ln \pi_{ij}(\boldsymbol{\beta}) \qquad (7.25)$$

em que $K(\mathbf{n})$ é uma constante que não depende de $\boldsymbol{\beta}$. O estimador MV de $\boldsymbol{\beta}$ é a solução $\widehat{\boldsymbol{\beta}}_N$ das seguintes equações, obtidas quando se igualam as derivadas de (7.25) a zero

$$\sum_{i=1}^{s} \sum_{j=1}^{r} \frac{n_{ij}}{\pi_{ij}(\boldsymbol{\beta})} \frac{\partial \pi_{ij}(\boldsymbol{\beta})}{\partial \boldsymbol{\beta}} = \mathbf{0} \quad \text{sujeito a} \quad \sum_{j=1}^{r} \pi_{ij}(\boldsymbol{\beta}) = 1, \ i = 1, \ldots, s. \qquad (7.26)$$

Para obter a distribuição assintótica de $\sqrt{n}(\widehat{\boldsymbol{\beta}}_N - \boldsymbol{\beta})$, seguem-se os passos delineados em Sen & Singer (1993). Neste ponto assume-se que quando $N \to \infty$, as fracções amostrais N_i/N, $i = 1, \ldots, s$ convergem para as fracções ν_i de elementos nas subpopulações correpondentes, com $\sum_{i=1}^{s} \nu_i = 1$.

Considerem-se então as variáveis aleatórias

$$X_{ijk} = \begin{cases} 1 & \text{se a } k\text{-ésima unidade amostral for classificada na } i\text{-ésima} \\ & \text{subpopulação e } j\text{-ésima categoria de resposta} \\ 0 & \text{em caso contrário} \end{cases}$$

$i = 1, \ldots, s$, $j = 1, \ldots, r$, $k = 1, \ldots, N$, de forma que $n_{ij} = \sum_{k=1}^{N} X_{ijk}$, admita-se que $\boldsymbol{\pi} = \boldsymbol{\pi}(\boldsymbol{\beta})$ tenha derivadas contínuas até à ordem 2 e que o modelo adoptado é tal que a matriz de informação de Fisher correspondente

$$\begin{aligned} \mathbf{I}_N(\boldsymbol{\beta}) &= E\left\{ \left[\frac{\partial \ln L(\boldsymbol{\beta}|\mathbf{n})}{\partial \boldsymbol{\beta}}\right] \left[\frac{\partial \ln L(\boldsymbol{\beta}|\mathbf{n})}{\partial \boldsymbol{\beta}'}\right] \right\} \\ &= E\left\{ \sum_{i=1}^{s} \sum_{j=1}^{r} \sum_{k=1}^{N} \frac{X_{ijk}^2}{[\pi_{ij}(\boldsymbol{\beta})]^2} \frac{\partial \pi_{ij}(\boldsymbol{\beta})}{\partial \boldsymbol{\beta}} \frac{\partial \pi_{ij}(\boldsymbol{\beta})}{\partial \boldsymbol{\beta}'} \right\} \\ &= \sum_{i=1}^{s} N_i \sum_{j=1}^{r} \frac{1}{\pi_{ij}(\boldsymbol{\beta})} \frac{\partial \pi_{ij}(\boldsymbol{\beta})}{\partial \boldsymbol{\beta}} \frac{\partial \pi_{ij}(\boldsymbol{\beta})}{\partial \boldsymbol{\beta}'} \end{aligned}$$

seja finita.

Em seguida, tome-se $\mathbf{u} \in \mathbb{R}^p$ tal que $\|\mathbf{u}\| \leq K, 0 < K < \infty$ e considere-se a expansão de Taylor

$$
\begin{aligned}
\ln L_N(\boldsymbol{\beta} + N^{-1/2}\mathbf{u}|\mathbf{n}) &= \ln L_N(\boldsymbol{\beta}|\mathbf{n}) + \frac{1}{\sqrt{N}}\mathbf{u}'\left[\frac{\partial \ln L_N(\boldsymbol{\beta}|\mathbf{n})}{\partial \boldsymbol{\beta}}\right] \\
&\quad + \frac{1}{2N}\mathbf{u}'\left[\frac{\partial^2 \ln L_N(\boldsymbol{\beta}^*|\mathbf{n})}{\partial \boldsymbol{\beta}\partial \boldsymbol{\beta}'}\right]\mathbf{u}
\end{aligned}
$$

em que $\partial^2 \ln L_N(\boldsymbol{\beta}^*|\mathbf{n})/\partial\boldsymbol{\beta}\partial\boldsymbol{\beta}'$ corresponde à matriz de segundas derivadas calculada no ponto $\boldsymbol{\beta}^*$ pertencente ao segmento de recta que une $\boldsymbol{\beta}$ a $\boldsymbol{\beta} + N^{-1/2}\mathbf{u}$. Então pode-se escrever

$$
\begin{aligned}
\lambda_N(\mathbf{u}) &= \ln L_N(\boldsymbol{\beta} + N^{-1/2}\mathbf{u}|\mathbf{n}) - \ln L_N(\boldsymbol{\beta}|\mathbf{n}) \\
&= \frac{1}{\sqrt{N}}\mathbf{u}'\mathbf{U}_N + \frac{1}{2N}\mathbf{u}'\mathbf{V}_N\mathbf{u} + \frac{1}{2N}\mathbf{u}'\mathbf{W}_N\mathbf{u}
\end{aligned}
\tag{7.27}
$$

em que

$$
\mathbf{U}_N = \frac{\partial \ln L_N(\boldsymbol{\beta}|\mathbf{n})}{\partial \boldsymbol{\beta}}, \qquad \mathbf{V}_N = \frac{\partial^2 \ln L_N(\boldsymbol{\beta}|\mathbf{n})}{\partial \boldsymbol{\beta}\partial \boldsymbol{\beta}'}
$$

e

$$
\mathbf{W}_N = \frac{\partial^2 \ln L_N(\boldsymbol{\beta}^*|\mathbf{n})}{\partial \boldsymbol{\beta}\partial \boldsymbol{\beta}'} - \frac{\partial^2 \ln L_N(\boldsymbol{\beta}|\mathbf{n})}{\partial \boldsymbol{\beta}\partial \boldsymbol{\beta}'}.
$$

Mais especificamente, a estatística *score*, pode ser expressa como

$$
\mathbf{U}_N = \sum_{i=1}^{s}\sum_{j=1}^{r} \frac{n_{ij}}{\pi_{ij}(\boldsymbol{\beta})} \frac{\partial \pi_{ij}(\boldsymbol{\beta})}{\partial \boldsymbol{\beta}} = \sum_{i=1}^{s}\sum_{j=1}^{r}\left\{\sum_{k=1}^{N} \frac{X_{ijk}}{\pi_{ij}(\boldsymbol{\beta})} \frac{\partial \pi_{ij}(\boldsymbol{\beta})}{\partial \boldsymbol{\beta}}\right\} = \sum_{k=1}^{N}\mathbf{Y}_k
$$

em que

$$
\mathbf{Y}_k = \sum_{i=1}^{s}\sum_{j=1}^{r} \frac{X_{ijk}}{\pi_{ij}(\boldsymbol{\beta})} \frac{\partial \pi_{ij}(\boldsymbol{\beta})}{\partial \boldsymbol{\beta}}.
$$

Agora note-se que

$$
E(\mathbf{Y}_k) = \sum_{i=1}^{s}\sum_{j=1}^{r} \frac{E(X_{ijk})}{\pi_{ij}(\boldsymbol{\beta})} \frac{\partial \pi_{ij}(\boldsymbol{\beta})}{\partial \boldsymbol{\beta}} = \sum_{i=1}^{s} \frac{N_i}{N} \frac{\partial}{\partial \boldsymbol{\beta}} \sum_{j=1}^{r} \pi_{ij}(\boldsymbol{\beta}) = \mathbf{0}
$$

e, além disso, que

$$
\begin{aligned}
E(\mathbf{Y}_k\mathbf{Y}_k') &= \sum_{i=1}^{s}\sum_{j=1}^{r} \frac{E(X_{ijk})^2}{[\pi_{ij}(\boldsymbol{\beta})]^2} \frac{\partial \pi_{ij}(\boldsymbol{\beta})}{\partial \boldsymbol{\beta}} \frac{\partial \pi_{ij}(\boldsymbol{\beta})}{\partial \boldsymbol{\beta}'} \\
&= \sum_{i=1}^{s} \frac{N_i}{N} \sum_{j=1}^{r} \frac{1}{\pi_{ij}(\boldsymbol{\beta})} \frac{\partial \pi_{ij}(\boldsymbol{\beta})}{\partial \boldsymbol{\beta}} \frac{\partial \pi_{ij}(\boldsymbol{\beta})}{\partial \boldsymbol{\beta}'} \\
&= N^{-1}\mathbf{I}_N(\boldsymbol{\beta}).
\end{aligned}
$$

7. A METODOLOGIA DE MÁXIMA VEROSIMILHANÇA

Como uma das suposições adoptadas foi que $\|\mathbf{I}(\boldsymbol{\beta})\| < \infty$, segue de sua definição, que $\|(\partial \pi_{ij}(\boldsymbol{\beta})/\partial \boldsymbol{\beta})\| < \infty$. Como, além disso, X_{ijk} só assume os valores 0 ou 1, segue que $\mathbf{Y}_k$ é uma variável aleatória limitada. Então $E(\mathbf{U}_N) = \mathbf{0}$ e

$$E(\mathbf{U}_N \mathbf{U}_N') = \sum_{k=1}^{N} N^{-1} \mathbf{I}_N(\boldsymbol{\beta}) = \mathbf{I}_N(\boldsymbol{\beta}).$$

Tome-se então $\mathbf{t} \in \mathbb{R}^p$ fixo, porém arbitrário, e observe-se que $E(\mathbf{t}'\mathbf{U}_N) = 0$ e que $Var(\mathbf{t}'\mathbf{U}_N) = \mathbf{t}'\mathbf{I}_N(\boldsymbol{\beta})\mathbf{t}$. Como $Var(\mathbf{t}'\mathbf{U}_N) \to \infty$ com $N \to \infty$, recorrendo à Proposição B.45, pode-se concluir que

$$\frac{\mathbf{t}'\mathbf{U}_N}{\{\mathbf{t}'\mathbf{I}_N(\boldsymbol{\beta})\mathbf{t}\}^{1/2}} \xrightarrow{\mathcal{D}} N(0,1).$$

Dado que para $N \longrightarrow \infty$,

$$N^{-1}\mathbf{I}_N(\boldsymbol{\beta}) \longrightarrow \mathbf{I}(\boldsymbol{\beta}) = \sum_{i=1}^{s} \nu_i \sum_{j=1}^{r} \frac{1}{\pi_{ij}(\boldsymbol{\beta})} \frac{\partial \pi_{ij}(\boldsymbol{\beta})}{\partial \boldsymbol{\beta}} \frac{\partial \pi_{ij}(\boldsymbol{\beta})}{\partial \boldsymbol{\beta}'}$$

conclui-se pelo Teorema de Slutsky (Proposição B.41) que

$$\frac{\mathbf{t}'\mathbf{U}_N}{\{\mathbf{t}'\mathbf{I}(\boldsymbol{\beta})\mathbf{t}\}^{1/2}} \xrightarrow{\mathcal{D}} N(0,1)$$

e então, recorrendo ao Teorema de Cramér-Wold (Proposição B.39), obtém-se

$$N^{-1/2}\mathbf{U}_N \xrightarrow{\mathcal{D}} N\{\mathbf{0}, \mathbf{I}(\boldsymbol{\beta})\}.$$

Em seguida, examine-se a estatística $\mathbf{V}_N$, que pode ser escrita como

$$
\begin{aligned}
\mathbf{V}_N &= \sum_{i=1}^{s} \sum_{j=1}^{r} -\frac{n_{ij}}{[\pi_{ij}(\boldsymbol{\beta})]^2} \frac{\partial \pi_{ij}(\boldsymbol{\beta})}{\partial \boldsymbol{\beta}} \frac{\partial \pi_{ij}(\boldsymbol{\beta})}{\partial \boldsymbol{\beta}'} + \sum_{i=1}^{s} \sum_{j=1}^{r} \frac{n_{ij}}{\pi_{ij}(\boldsymbol{\beta})} \frac{\partial^2 \pi_{ij}(\boldsymbol{\beta})}{\partial \boldsymbol{\beta} \partial \boldsymbol{\beta}'} \\
&= -\sum_{i=1}^{s} \sum_{j=1}^{r} \sum_{k=1}^{N} \frac{X_{ijk}}{[\pi_{ij}(\boldsymbol{\beta})]^2} \frac{\partial \pi_{ij}(\boldsymbol{\beta})}{\partial \boldsymbol{\beta}} \frac{\partial \pi_{ij}(\boldsymbol{\beta})}{\partial \boldsymbol{\beta}'} + \sum_{i=1}^{s} \sum_{j=1}^{r} \sum_{k=1}^{N} \frac{X_{ijk}}{\pi_{ij}(\boldsymbol{\beta})} \frac{\partial^2 \pi_{ij}(\boldsymbol{\beta})}{\partial \boldsymbol{\beta} \partial \boldsymbol{\beta}'}.
\end{aligned}
$$

Então

$$
\begin{aligned}
N^{-1}\mathbf{V}_N &= -\sum_{i=1}^{s} \sum_{j=1}^{r} \frac{1}{N} \sum_{k=1}^{N} \frac{X_{ijk}}{[\pi_{ij}(\boldsymbol{\beta})]^2} \frac{\partial \pi_{ij}(\boldsymbol{\beta})}{\partial \boldsymbol{\beta}} \frac{\partial \pi_{ij}(\boldsymbol{\beta})}{\partial \boldsymbol{\beta}'} \\
&\quad + \sum_{i=1}^{s} \sum_{j=1}^{r} \frac{1}{N} \sum_{k=1}^{N} \frac{X_{ijk}}{\pi_{ij}(\boldsymbol{\beta})} \frac{\partial^2 \pi_{ij}(\boldsymbol{\beta})}{\partial \boldsymbol{\beta} \partial \boldsymbol{\beta}'}. \quad (7.28)
\end{aligned}
$$

Utilizando a Proposição B.34 e a Lei Fraca dos Grandes Números de Khintchine (Proposição B.35), pode-se concluir que o primeiro termo do segundo membro de (7.28) converge para

$$-\sum_{i=1}^{s} \nu_i \sum_{j=1}^{r} \frac{1}{\pi_{ij}(\boldsymbol{\beta})} \frac{\partial \pi_{ij}(\boldsymbol{\beta})}{\partial \boldsymbol{\beta}} \frac{\partial \pi_{ij}(\boldsymbol{\beta})}{\partial \boldsymbol{\beta}'} = -\mathbf{I}(\boldsymbol{\beta})$$

com $N \to \infty$. Utilizando um argumento similar, mostra-se que o segundo termo do segundo membro de (7.28) converge para

$$\sum_{i=1}^{s} \nu_i \sum_{j=1}^{r} \frac{\partial^2 \pi_{ij}(\boldsymbol{\beta})}{\partial \boldsymbol{\beta} \partial \boldsymbol{\beta}'} = -\sum_{i=1}^{s} \pi_i \frac{\partial^2}{\partial \boldsymbol{\beta} \partial \boldsymbol{\beta}'} \sum_{j=1}^{r} \pi_{ij}(\boldsymbol{\beta}) = \mathbf{0}$$

com $N \to \infty$. Logo,

$$N^{-1}\mathbf{V}_N \xrightarrow{P} -\mathbf{I}(\boldsymbol{\beta}). \tag{7.29}$$

Finalmente, um recurso à continuidade de $\partial^2 \ln L_N(\boldsymbol{\beta}|\mathbf{n})/\partial\boldsymbol{\beta}\partial\boldsymbol{\beta}'$ permite adiantar que

$$N^{-1}\mathbf{W}_N \xrightarrow{P} \mathbf{0} \quad \text{com} \quad N \to \infty. \tag{7.30}$$

Desta forma, invocando (7.27), (7.28) e (7.30) chega-se a

$$\lambda_N(\mathbf{u}) = N^{-1/2}\mathbf{u}'\mathbf{U}_N - \frac{1}{2}\mathbf{u}'\mathbf{I}(\boldsymbol{\beta})\mathbf{u} + o_p(1),$$

cujo máximo é atingido no ponto

$$\widehat{\mathbf{u}}_N = N^{-1/2}\mathbf{I}(\boldsymbol{\beta})\mathbf{U}_N + \mathbf{1}o_p(1).$$

Este também é o ponto em que $\ln L_N(\boldsymbol{\beta}|\mathbf{n})$ atinge seu máximo, e corresponde pois ao estimador MV de $\boldsymbol{\beta}$. Consequentemente,

$$\widehat{\boldsymbol{\beta}}_N = \boldsymbol{\beta} + N^{-1/2}\widehat{\mathbf{u}}_N = \boldsymbol{\beta} + N^{-1}[\mathbf{I}(\boldsymbol{\beta})]^{-1}\mathbf{U}_N + \mathbf{1}o_p(1)$$

que implica

$$\sqrt{N}(\widehat{\boldsymbol{\beta}}_N - \boldsymbol{\beta}) = N^{-1/2}[\mathbf{I}(\boldsymbol{\beta})]^{-1}\mathbf{U}_N + \mathbf{1}o_p(1). \tag{7.31}$$

Mais uma vez aplicando o Teorema de Slutsky (Proposição B.42) conclui-se que

$$\sqrt{N}(\widehat{\boldsymbol{\beta}}_N - \boldsymbol{\beta}) \xrightarrow{\mathcal{D}} N\{\mathbf{0}, [\mathbf{I}(\boldsymbol{\beta})]^{-1}\}, \tag{7.32}$$

indicando esta notação que a variável aleatória à esquerda apresenta como distribuição assintótica aquela posicionada à direita do símbolo representativo de convergência em distribuição, o que por vezes se simboliza por

$$\sqrt{N}(\widehat{\boldsymbol{\beta}}_N - \boldsymbol{\beta}) \overset{a}{\sim} N\{\mathbf{0}, [\mathbf{I}(\boldsymbol{\beta})]^{-1}\}.$$

Do ponto de vista prático, esta notação indica que para N finito e suficientemente grande, a distribuição explicitada à direita do símbolo $\overset{a}{\sim}$ é entendida como uma distribuição aproximada para a variável representada à esquerda. Em particular, a distribuição aproximada de $\widehat{\boldsymbol{\beta}}_N$ pode ser obtida estimando a sua matriz de covariâncias pela inversa de $I_N(\widehat{\boldsymbol{\beta}}_N)$.

Considerando a expansão de Taylor de primeira ordem

$$\boldsymbol{\pi}(\widehat{\boldsymbol{\beta}}_N) = \boldsymbol{\pi}(\boldsymbol{\beta}) + \frac{\partial \boldsymbol{\pi}(\boldsymbol{\beta})}{\partial \boldsymbol{\beta}}(\widehat{\boldsymbol{\beta}}_N - \boldsymbol{\beta}) + \mathbf{1}_{sr}o_p(1), \tag{7.33}$$

7. A METODOLOGIA DE MÁXIMA VEROSIMILHANÇA

um recurso ao método Delta explicitado na Proposição B.48 permite concluir directamente que o estimador MV do vector de probabilidades $\boldsymbol{\pi}$, nomeadamente $\widehat{\boldsymbol{\pi}}_N = \boldsymbol{\pi}(\widehat{\boldsymbol{\beta}}_N)$ é tal que

$$\sqrt{N}\{\boldsymbol{\pi}(\widehat{\boldsymbol{\beta}}_N) - \boldsymbol{\pi}(\boldsymbol{\beta})\}\overset{\mathcal{D}}{\longrightarrow} N\left\{\mathbf{0}, \left[\frac{\partial\boldsymbol{\pi}(\boldsymbol{\beta})}{\partial\boldsymbol{\beta}}\right][\mathbf{I}(\boldsymbol{\beta})]^{-1}\left[\frac{\partial\boldsymbol{\pi}(\boldsymbol{\beta})}{\partial\boldsymbol{\beta}}\right]'\right\}. \tag{7.34}$$

Sob o mesmo modelo probabilístico Produto de Multinomiais, examinem-se agora as distribuições assintóticas dos estimadores MQP e MQN, obtidos por intermédio da minimização das funções paramétricas obtidas das formas quadráticas (7.14) e (7.15), neste caso explicitadas respectivamente por

$$Q_P[\boldsymbol{\pi}(\boldsymbol{\beta})] = \sum_{i=1}^{s}\sum_{j=1}^{r}\frac{[n_{ij} - N_i\pi_{ij}(\boldsymbol{\beta})]^2}{N_i\pi_{ij}(\boldsymbol{\beta})}$$

e

$$Q_N[\boldsymbol{\pi}(\boldsymbol{\beta})] = \sum_{i=1}^{s}\sum_{j=1}^{r}\frac{[n_{ij} - N_i\pi_{ij}(\boldsymbol{\beta})]^2}{n_{ij}}.$$

Com esse propósito, definam-se inicialmente as variáveis padronizadas

$$Z_{Nij}(\boldsymbol{\beta}) = \frac{n_{ij} - N_i\pi_{ij}(\boldsymbol{\beta})}{\sqrt{N_i\pi_{ij}(\boldsymbol{\beta})}} \tag{7.35}$$

$i = 1,\ldots,s, j = 1,\ldots,r$, o que implica

$$n_{ij} = N_i\pi_{ij}(\boldsymbol{\beta}) + Z_{Nij}(\boldsymbol{\beta})\sqrt{N_i\pi_{ij}(\boldsymbol{\beta})}$$

de forma que as equações (7.26) ficam reduzidas a

$$\sum_{i=1}^{s}\sum_{j=1}^{r}\frac{N_i^{-1/2}Z_{Nij}(\boldsymbol{\beta})}{\sqrt{\pi_{ij}(\boldsymbol{\beta})}}\frac{\partial\pi_{ij}(\boldsymbol{\beta})}{\partial\boldsymbol{\beta}} = \mathbf{0}. \tag{7.36}$$

Da definição (7.35) segue que

$$\mathbf{Z}_{Ni}(\boldsymbol{\beta}) = [Z_{Ni1}(\boldsymbol{\beta}),\ldots,Z_{Nir}(\boldsymbol{\beta})]' = N_i^{-1/2}\mathbf{D}_{[\boldsymbol{\pi}_i(\boldsymbol{\beta})]^{1/2}}^{-1}[\mathbf{n}_i - N_i\boldsymbol{\pi}_i(\boldsymbol{\beta})]$$

de onde se conclui que

$$\begin{aligned}\mathbf{Z}'_{Ni}(\boldsymbol{\beta})[\boldsymbol{\pi}_i(\boldsymbol{\beta})]^{1/2} &= N_i^{-1/2}[\mathbf{n}_i - N_i\boldsymbol{\pi}_i(\boldsymbol{\beta})]'\mathbf{D}_{[\boldsymbol{\pi}_i(\boldsymbol{\beta})]^{1/2}}^{-1}[\boldsymbol{\pi}_i(\boldsymbol{\beta})]^{1/2}\\ &= N_i^{-1/2}[\mathbf{n}_i - N_i\boldsymbol{\pi}_i(\boldsymbol{\beta})]'\mathbf{1}_r\\ &= N_i^{-1/2}\sum_{j=1}^{r}[n_{ij} - N_i\pi_{ij}(\boldsymbol{\beta})] = 0. \end{aligned} \tag{7.37}$$

Fazendo $\mathbf{X}_{ik} = (X_{i1k},\ldots,X_{irk})'$ com X_{ijk} denotando as variáveis indicadoras definidas anteriormente, tem-se

$$\mathbf{Z}_{Ni}(\boldsymbol{\beta})[\boldsymbol{\pi}(\boldsymbol{\beta})]^{1/2} = N_i^{-1/2}\sum_{k=1}^{N_i}\mathbf{D}_{[\boldsymbol{\pi}_i(\boldsymbol{\beta})]^{1/2}}^{-1}[\mathbf{X}_{ik} - \boldsymbol{\pi}_i(\boldsymbol{\beta})] = N_i^{-1/2}\sum_{k=1}^{N_i}\mathbf{Y}_i$$

em que $\mathbf{Y}_i = \mathbf{D}^{-1}_{[\boldsymbol{\pi}_i(\boldsymbol{\beta})]^{1/2}}[\mathbf{X}_{ik} - \boldsymbol{\pi}_i(\boldsymbol{\beta})]$ é tal que $E(\mathbf{Y}_i) = \mathbf{0}$ e

$$\begin{aligned}
Var(\mathbf{Y}_i) &= \mathbf{D}^{-1}_{[\boldsymbol{\pi}_i(\boldsymbol{\beta})]^{1/2}}\{\mathbf{D}_{[\boldsymbol{\pi}_i(\boldsymbol{\beta})]^{1/2}} - \boldsymbol{\pi}_i(\boldsymbol{\beta})\boldsymbol{\pi}_i(\boldsymbol{\beta})'\}\mathbf{D}^{-1}_{[\boldsymbol{\pi}_i(\boldsymbol{\beta})]^{1/2}} \\
&= \mathbf{I}_r - [\boldsymbol{\pi}_i(\boldsymbol{\beta})]^{1/2}[\boldsymbol{\pi}_i(\boldsymbol{\beta})']^{1/2}.
\end{aligned}$$

Com base na versão multivariada do Teorema Limite Central (Proposição B.44), tem-se

$$\mathbf{Z}_{Ni}(\boldsymbol{\beta}) \xrightarrow{\mathcal{D}} N_r\{\mathbf{0}, \mathbf{I}_r - [\boldsymbol{\pi}_i(\boldsymbol{\beta})]^{1/2}[\boldsymbol{\pi}_i(\boldsymbol{\beta})']^{1/2}\}. \tag{7.38}$$

Como a matriz $\mathbf{I}_r - [\boldsymbol{\pi}_i(\boldsymbol{\beta})]^{1/2}[\boldsymbol{\pi}_i(\boldsymbol{\beta})']^{1/2}$ tem característica $r-1$, pode-se recorrer à Proposição B.49 para mostrar que quando $N_i \longrightarrow \infty$,

$$Q_P[\boldsymbol{\pi}_i(\boldsymbol{\beta})] = [\mathbf{Z}_{Ni}(\boldsymbol{\beta})]'\mathbf{Z}_{Ni}(\boldsymbol{\beta}) \xrightarrow{\mathcal{D}} \chi^2_{(r-1)}.$$

A obtenção do estimador MQP de $\boldsymbol{\beta}$, nomeadamente, $\widetilde{\boldsymbol{\beta}}_N$, pode ser concretizada por meio da solução das equações obtidas quando se igualam as derivadas de $Q_P[\boldsymbol{\pi}(\boldsymbol{\beta})]$ a $\mathbf{0}$ ou mais explicitamente,

$$\begin{aligned}
\frac{\partial Q_P[\boldsymbol{\pi}(\boldsymbol{\beta})]}{\partial \boldsymbol{\beta}} &= -2\sum_{i=1}^{s}\sum_{j=1}^{r} \frac{n_{ij} - N_i\pi_{ij}(\boldsymbol{\beta})}{\pi_{ij}(\boldsymbol{\beta})} \frac{\partial \pi_{ij}(\boldsymbol{\beta})}{\partial \boldsymbol{\beta}} \\
&\quad - \sum_{i=1}^{s}\sum_{j=1}^{r} \frac{[n_{ij} - N_i\pi_{ij}(\boldsymbol{\beta})]^2}{N_i[\pi_{ij}(\boldsymbol{\beta})]^2} \frac{\partial \pi_{ij}(\boldsymbol{\beta})}{\partial \boldsymbol{\beta}} = \mathbf{0}
\end{aligned}$$

que podem ser reescritas como

$$-2\sum_{i=1}^{s}\left[\sqrt{N_i}\sum_{j=1}^{r}\frac{Z_{Nij}(\boldsymbol{\beta})}{\sqrt{\pi_{ij}(\boldsymbol{\beta})}}\frac{\partial \pi_{ij}(\boldsymbol{\beta})}{\partial \boldsymbol{\beta}} + \frac{1}{2\sqrt{N_i}}\sum_{j=1}^{r}\frac{Z^2_{Nij}(\boldsymbol{\beta})}{\pi_{ij}(\boldsymbol{\beta})}\frac{\partial \pi_{ij}(\boldsymbol{\beta})}{\partial \boldsymbol{\beta}}\right] = \mathbf{0}.$$

Como pela Proposição B.38, $[\mathbf{Z}_{Ni}(\boldsymbol{\beta})]'\mathbf{Z}_{Ni}(\boldsymbol{\beta}) = O_p(1)$, essas equações podem ainda ser reexpressas na forma

$$\sum_{i=1}^{s}\left[\sqrt{N_i}\sum_{j=1}^{r}\frac{Z_{Nij}(\boldsymbol{\beta})}{\sqrt{\pi_{ij}(\boldsymbol{\beta})}}\frac{\partial \pi_{ij}(\boldsymbol{\beta})}{\partial \boldsymbol{\beta}} + \mathbf{1}_r O_p(N_i^{-1/2})\right] = \mathbf{0}, \tag{7.39}$$

indicando que a diferença entre os termos dos primeiros membros de (7.39) e (7.36) ou (7.26) é da ordem $\sum_{i=1}^{s} O_p(N_i^{-1/2}) = \sum_{i=1}^{s} O_p[max(N_i^{-1/2})] = O_p(N^{-1/2})$, pois, por hipótese, $N_i/N \to \lambda_i$ com $n \to \infty$.

Considerando agora uma expansão de Taylor de (7.26) em torno do ponto $\widetilde{\boldsymbol{\beta}}_N$, tem-se

$$\begin{aligned}
\sum_{i=1}^{s}\sum_{j=1}^{r}&\frac{n_{ij}}{\pi_{ij}(\boldsymbol{\beta})}\frac{\partial \pi_{ij}(\boldsymbol{\beta})}{\partial \boldsymbol{\beta}}\bigg|_{\boldsymbol{\beta}=\widehat{\boldsymbol{\beta}}_N} - \sum_{i=1}^{s}\sum_{j=1}^{r}\frac{n_{ij}}{\pi_{ij}(\boldsymbol{\beta})}\frac{\partial \pi_{ij}(\boldsymbol{\beta})}{\partial \boldsymbol{\beta}}\bigg|_{\boldsymbol{\beta}=\widetilde{\boldsymbol{\beta}}_N} \\
&= N^{-1}\left[-\sum_{i=1}^{s}\sum_{j=1}^{r}\frac{n_{ij}}{[\pi_{ij}(\boldsymbol{\beta})]^2}\frac{\partial \pi_{ij}(\boldsymbol{\beta})}{\partial \boldsymbol{\beta}}\bigg|_{\boldsymbol{\beta}=\boldsymbol{\beta}^*}\frac{\partial \pi_{ij}(\boldsymbol{\beta})}{\partial \boldsymbol{\beta}}\bigg|_{\boldsymbol{\beta}=\boldsymbol{\beta}^*}\right. \\
&\quad \left. + \sum_{i=1}^{s}\sum_{j=1}^{r}\frac{n_{ij}}{\pi_{ij}(\boldsymbol{\beta})}\frac{\partial^2 \pi_{ij}(\boldsymbol{\beta})}{\partial \boldsymbol{\beta}\partial \boldsymbol{\beta}'}\bigg|_{\boldsymbol{\beta}=\boldsymbol{\beta}^*}\right] N(\widehat{\boldsymbol{\beta}}_N - \widetilde{\boldsymbol{\beta}}_N) \tag{7.40}
\end{aligned}$$

7. A METODOLOGIA DE MÁXIMA VEROSIMILHANÇA

em que $\boldsymbol{\beta}^*$ pertence ao segmento de recta que une $\widehat{\boldsymbol{\beta}}_N$ a $\widetilde{\boldsymbol{\beta}}_N$. De (7.28), sabe-se que o termo entre parênteses rectos do segundo membro de (7.40) converge em probabilidade para $-\mathbf{I}(\boldsymbol{\beta})$; como o primeiro membro é da ordem $O_p(N^{-1/2})$, obtém-se

$$N(\widehat{\boldsymbol{\beta}}_N - \widetilde{\boldsymbol{\beta}}_N)[-\mathbf{I}(\boldsymbol{\beta}) + \mathbf{1}_p o_p(1)] = O_p(N^{-1/2})$$

de onde se conclui que $(\widehat{\boldsymbol{\beta}}_N - \widetilde{\boldsymbol{\beta}}_N) = O_p(N^{-3/2})$, o que permite, por conveniência, deduzir que

$$\sqrt{N}(\widehat{\boldsymbol{\beta}}_N - \widetilde{\boldsymbol{\beta}}_N) \xrightarrow{P} \mathbf{0}$$

e fazendo $\sqrt{N}(\widetilde{\boldsymbol{\beta}}_N - \boldsymbol{\beta}) = \sqrt{N}[(\widehat{\boldsymbol{\beta}}_N - \boldsymbol{\beta}) + (\widetilde{\boldsymbol{\beta}}_N - \widehat{\boldsymbol{\beta}}_N)]$ pode-se concluir pelo Teorema de Slutsky (Proposição B.42) que

$$\sqrt{N}(\widetilde{\boldsymbol{\beta}}_N - \boldsymbol{\beta}) \xrightarrow{\mathcal{D}} N\{\mathbf{0}, [\mathbf{I}(\boldsymbol{\beta})]^{-1}\}.$$

De forma análoga ao caso do estimador MQP, as equações de estimação associadas ao estimador MQN de $\boldsymbol{\beta}$, diga-se $\overline{\boldsymbol{\beta}}_N$, são

$$\frac{\partial Q_N[\boldsymbol{\pi}(\boldsymbol{\beta})]}{\partial \boldsymbol{\beta}} = -2 \sum_{i=1}^{s} N_i \sum_{j=1}^{r} \frac{n_{ij} - N_i \pi_{ij}(\boldsymbol{\beta})}{n_{ij}} \frac{\partial \pi_{ij}(\boldsymbol{\beta})}{\partial \boldsymbol{\beta}} = \mathbf{0}$$

ou equivalentemente

$$\sum_{i=1}^{s} \sum_{j=1}^{r} \frac{N_i \pi_{ij}(\boldsymbol{\beta})}{n_{ij}} Z_{Nij}(\boldsymbol{\beta}) \frac{1}{\sqrt{\pi_{ij}(\boldsymbol{\beta})}} \frac{\partial \pi_{ij}(\boldsymbol{\beta})}{\partial \boldsymbol{\beta}} = \mathbf{0}. \tag{7.41}$$

Tendo em conta que $Z_{Nij}(\boldsymbol{\beta})$ converge em distribuição (e que, portanto $Z_{Nij}(\boldsymbol{\beta}) = O_p(1)$) e lembrando que para $|x| < 1$ é válida a relação $(1-x)^{-1} = 1 + x + O(x^{-2})$, pode-se prosseguir escrevendo

$$\begin{aligned}
\frac{N_i \pi_{ij}(\boldsymbol{\beta})}{n_{ij}} &= \frac{N_i \pi_{ij}(\boldsymbol{\beta})}{\pi_{ij}(\boldsymbol{\beta}) Z_{Nij}(\boldsymbol{\beta}) \sqrt{N_i \pi_{ij}(\boldsymbol{\beta})}} \\
&= \left[1 + \frac{Z_{Nij}(\boldsymbol{\beta})}{\sqrt{N_i \pi_{ij}(\boldsymbol{\beta})}}\right]^{-1} \\
&= 1 - \frac{Z_{Nij}(\boldsymbol{\beta})}{\sqrt{N_i \pi_{ij}(\boldsymbol{\beta})}} + O_p\left[\frac{Z_{Nij}^2(\boldsymbol{\beta})}{N_i \pi_{ij}(\boldsymbol{\beta})}\right] \\
&= 1 + O_p(N_i^{-1/2}) + O_p(N_i^{-1}) = 1 + O_p(N^{-1/2}). \tag{7.42}
\end{aligned}$$

Com argumentos similares àqueles utilizados no caso dos estimadores MQP, este resultado permite concluir que a diferença entre os primeiros membros de (7.26) e (7.41) tem ordem $O_p(N^{-1/2})$ e consequentemente, que $(\widehat{\boldsymbol{\beta}}_N - \overline{\boldsymbol{\beta}}_N) = O_p(N^{-1/2})$ de onde se pode deduzir que

$$\sqrt{N}(\overline{\boldsymbol{\beta}}_N - \boldsymbol{\beta}) \xrightarrow{\mathcal{D}} N\{\mathbf{0}, [\mathbf{I}(\boldsymbol{\beta})]^{-1}\}.$$

216   7.4 RESULTADOS ASSINTÓTICOS

A matriz de covariâncias da distribuição assintótica dos três estimadores (MV, MQP e MQN) atinge o **limite inferior de Fréchet-Cramér-Rao**, o que indica que pertencem à classe conhecida por BAN ("Best Asymptotically Normal") ou seja esses estimadores são assintoticamente eficientes e podem ser utilizados de forma intercambiável para efeitos inferenciais. Pormenores podem ser encontrados em Sen & Singer (1993), por exemplo.

Fixe-se agora a atenção para a avaliação das distribuições assintóticas das estatísticas de ajuste definidas por intermédio da substituição de β por algum estimador BAN nas expressões de $Q_P[\pi(\beta)]$, $Q_N[\pi(\beta)]$ ou

$$Q_V[\pi(\beta)] = -2 \sum_{i=1}^{s} \sum_{j=1}^{r} n_{ij}[\ln N_i \pi_{ij}(\beta) - \ln n_{ij}].$$

Com essa finalidade, primeiramente defina-se a matriz $(p \times sr)$

$$\mathbf{B}_N(\beta) = [\mathbf{B}_{N1}(\beta), \ldots, \mathbf{B}_{Ns}(\beta)]$$

com

$$\mathbf{B}_{Ni}(\beta) = [\mathbf{b}_{Ni1}(\beta), \ldots, \mathbf{b}_{Nir}(\beta)], \ i = 1, \ldots, s$$

em que

$$\mathbf{b}_{Nij}(\beta) = \left[\sqrt{\frac{N_i}{N}} \pi_{ij}(\beta)^{-1/2} \frac{\partial \pi_{ij}(\beta)}{\partial \beta_1}, \ldots, \sqrt{\frac{N_i}{N}} \pi_{ij}(\beta)^{-1/2} \frac{\partial \pi_{ij}(\beta)}{\partial \beta_p} \right]',$$

$i = 1, \ldots, s, j = 1, \ldots, r$. Com base na definição acima e adoptando a notação

$$\mathbf{p}_* = N^{-1}(N_1, \ldots, N_s)' \otimes \mathbf{1}_r \ \text{ e } \ \boldsymbol{\pi}_* = (\pi_1, \ldots, \pi_s)' \otimes \mathbf{1}_r,$$

tem-se

$$\mathbf{B}_N(\beta) = \frac{\partial \pi(\beta)}{\partial \beta} \mathbf{D}_{[\pi(\beta)]}^{-1} \mathbf{D}_{\mathbf{p}_*^{1/2}}.$$

Consequentemente, quando $N \to \infty$ segue-se que

$$\mathbf{B}_N(\beta) \ \to \ \frac{\partial \pi(\beta)}{\partial \beta} \mathbf{D}_{[\pi(\beta)]}^{-1} \mathbf{D}_{[\pi_*]^{1/2}} = \mathbf{B}(\beta)$$

$$\mathbf{B}_N(\beta)\mathbf{B}_N(\beta)' \ = \ \sum_{i=1}^{s} \frac{N_i}{N} \sum_{j=1}^{r} \frac{1}{\pi_{ij}(\beta)} \frac{\partial \pi_{ij}(\beta)}{\partial \beta} \frac{\partial \pi_{ij}(\beta)}{\partial \beta'} \to \mathbf{B}(\beta)\mathbf{B}(\beta)' = \mathbf{I}(\beta).$$

$$(7.43)$$

Agora, lembrando (7.35) e escrevendo $\mathbf{Z}_N(\beta) = [\mathbf{Z}_{N1}(\beta)', \ldots, \mathbf{Z}_{Ns}(\beta)']'$, observe-

7. A METODOLOGIA DE MÁXIMA VEROSIMILHANÇA

se que

$$
\begin{aligned}
N^{-1/2}\mathbf{U}_N &= \sqrt{\frac{1}{N}}\sum_{i=1}^{s}\sum_{j=1}^{r}\frac{n_{ij}}{\pi_{ij}(\boldsymbol{\beta})}\frac{\partial\pi_{ij}(\boldsymbol{\beta})}{\partial\boldsymbol{\beta}} \\
&= \sqrt{\frac{1}{N}}\sum_{i=1}^{s}\sum_{j=1}^{r}\frac{Z_{nij}(\boldsymbol{\beta})\sqrt{n_i\pi_{ij}(\boldsymbol{\beta})}}{\pi_{ij}(\boldsymbol{\beta})}\frac{\partial\pi_{ij}(\boldsymbol{\beta})}{\partial\boldsymbol{\beta}} \\
&\quad +\sqrt{\frac{1}{N}}\sum_{i=1}^{s}\sum_{j=1}^{r}\frac{N_i\pi_{ij}(\boldsymbol{\beta})}{\pi_{ij}(\boldsymbol{\beta})}\frac{\partial\pi_{ij}(\boldsymbol{\beta})}{\partial\boldsymbol{\beta}} \\
&= \sum_{i=1}^{s}\sqrt{\frac{N_i}{N}}\sum_{j=1}^{r}\frac{Z_{Nij}(\boldsymbol{\beta})}{\sqrt{\pi_{ij}(\boldsymbol{\beta})}}\frac{\partial\pi_{ij}(\boldsymbol{\beta})}{\partial\boldsymbol{\beta}} \\
&= \mathbf{B}_N(\boldsymbol{\beta})\mathbf{Z}_N(\boldsymbol{\beta}).
\end{aligned} \tag{7.44}
$$

Explicitando a expansão (7.33) para um elemento do vector $\boldsymbol{\pi}(\boldsymbol{\beta})$, tem-se

$$
\pi_{ij}(\widehat{\boldsymbol{\beta}}_N) = \pi_{ij}(\boldsymbol{\beta}) + (\widehat{\boldsymbol{\beta}}_N - \boldsymbol{\beta})'\frac{\partial\pi_{ij}(\boldsymbol{\beta})}{\partial\boldsymbol{\beta}} + o_p(1).
$$

Então, lembrando de (7.34) que $[\pi_{ij}(\widehat{\boldsymbol{\beta}}_N) - \pi_{ij}(\boldsymbol{\beta})] = O_p(N^{-1/2}) = o_p(1)$ e utilizando (7.31), pode-se escrever

$$
\begin{aligned}
\frac{n_{ij} - N_i\pi_{ij}(\widehat{\boldsymbol{\beta}}_N)}{\sqrt{N_i\pi_{ij}(\boldsymbol{\beta})}} &= \frac{n_{ij} - N_i\pi_{ij}(\boldsymbol{\beta})}{\sqrt{N_i\pi_{ij}(\boldsymbol{\beta})}} - \sqrt{N_i}\frac{[\pi_{ij}(\widehat{\boldsymbol{\beta}}_N) - \pi_{ij}(\boldsymbol{\beta})]}{\sqrt{N_i\pi_{ij}(\boldsymbol{\beta})}} \\
&= Z_{Nij}(\boldsymbol{\beta}) - \sqrt{N}(\widehat{\boldsymbol{\beta}}_N - \boldsymbol{\beta})'\mathbf{b}_{Nij}(\boldsymbol{\beta}) + o_p(1) \\
&= Z_{Nij}(\boldsymbol{\beta}) - \frac{1}{\sqrt{N}}\mathbf{U}_N(\boldsymbol{\beta})'[\mathbf{I}(\boldsymbol{\beta})]^{-1}\mathbf{b}_{Nij}(\boldsymbol{\beta}) + o_p(1). \tag{7.45}
\end{aligned}
$$

Observando que

$$
\begin{aligned}
Q_P[\boldsymbol{\pi}(\widehat{\boldsymbol{\beta}}_N)] &= \sum_{i=1}^{s}\sum_{j=1}^{r}\frac{[n_{ij} - N_i\pi_{ij}(\widehat{\boldsymbol{\beta}}_N)]^2}{N_i\pi_{ij}\widehat{\boldsymbol{\beta}}_N} \\
&= \sum_{i=1}^{s}\sum_{j=1}^{r}\frac{[n_{ij} - N_i\pi_{ij}(\widehat{\boldsymbol{\beta}}_N)]^2}{N_i\pi_{ij}(\boldsymbol{\beta})}[1 + \frac{\pi_{ij}(\widehat{\boldsymbol{\beta}}_N) - \pi_{ij}(\boldsymbol{\beta})}{N_i\pi_{ij}(\boldsymbol{\beta})}]^{-1} \\
&= \sum_{i=1}^{s}\sum_{j=1}^{r}\frac{[n_{ij} - N_i\pi_{ij}(\widehat{\boldsymbol{\beta}}_N)]^2}{N_i\pi_{ij}(\boldsymbol{\beta})}[1 + O_p(N^{-1/2})] \\
&= \sum_{i=1}^{s}\sum_{j=1}^{r}\frac{[n_{ij} - N_i\pi_{ij}(\widehat{\boldsymbol{\beta}}_N)]^2}{N_i\pi_{ij}(\boldsymbol{\beta})} + O_p(N^{-1/2}). \tag{7.46}
\end{aligned}
$$

218   7.4 RESULTADOS ASSINTÓTICOS

e tendo em conta (7.45), chega-se a

$$
\begin{aligned}
Q_P[\pi(\widehat{\beta}_N)] \;=\; & \sum_{i=1}^{s}\sum_{j=1}^{r}\{Z_{Nij}(\beta) - \frac{1}{\sqrt{N}}U_N(\beta)'[\mathbf{I}(\beta)]^{-1}\mathbf{b}_{Nij}(\beta) + o_p(1)\}^2 \\
& + O_p(N^{-1/2}) \\
=\; & \sum_{i=1}^{s}\sum_{j=1}^{r}[Z_{Nij}(\beta)]^2 \\
& + \frac{1}{N}\mathbf{U}(\beta)'[\mathbf{I}(\beta)]^{-1}\sum_{i=1}^{s}\sum_{j=1}^{r}\mathbf{b}_{Nij}(\beta)\mathbf{b}_{Nij}(\beta)'[\mathbf{I}(\beta)]^{-1}\mathbf{U}(\beta) \\
& -2\frac{1}{\sqrt{N}}\mathbf{U}(\beta)'[\mathbf{I}(\beta)]^{-1}\sum_{i=1}^{s}\sum_{j=1}^{r}\mathbf{b}_{Nij}(\beta)Z_{Nij}(\beta) + o_p(1) \\
=\; & \mathbf{Z}_N(\beta)'\mathbf{Z}_N(\beta) \\
& +\mathbf{Z}_N(\beta)'\mathbf{B}_N(\beta)'[\mathbf{I}(\beta)]^{-1}\mathbf{B}_N(\beta)\mathbf{B}_N(\beta)'[\mathbf{I}(\beta)]^{-1}\mathbf{B}_N(\beta)\mathbf{Z}_N(\beta) \\
& -2\mathbf{Z}_N(\beta)'\mathbf{B}_N(\beta)'[\mathbf{I}(\beta)]^{-1}\mathbf{B}_N(\beta)\mathbf{Z}_N(\beta) + o_p(1). \qquad (7.47)
\end{aligned}
$$

Utilizando (7.37) e (7.47) segue que

$$
\begin{aligned}
Q_P[\pi(\widehat{\beta}_N)] \;=\; & \mathbf{Z}_N(\beta)'\left\{\mathbf{I}_{sr} - \mathbf{B}_N(\beta)'[\mathbf{I}(\beta)]^{-1}\mathbf{B}_N(\beta)\mathbf{B}_N(\beta)'[\mathbf{I}(\beta)]^{-1}\mathbf{B}_N(\beta)\right. \\
& \left. -2\mathbf{B}_N(\beta)'[\mathbf{I}(\beta)]^{-1}\mathbf{B}_N(\beta) - [\pi_i(\beta)]^{1/2}[\pi_i(\beta)']^{1/2}\right\}\mathbf{Z}_N(\beta) \\
& +o_p(1). \qquad (7.48)
\end{aligned}
$$

De (7.43), pode-se concluir que a matriz da forma quadrática (7.48) converge para $\mathbf{I}_{sr} - \mathbf{B}(\beta)'[\mathbf{I}(\beta)]^{-1}\mathbf{B}(\beta) - [\pi_i(\beta)]^{1/2}[\pi_i(\beta)']^{1/2}$ quando $N \to \infty$. Além disso, observe-se que

i) $\mathbf{I}_{sr} - \mathbf{B}(\beta)'[\mathbf{I}(\beta)]^{-1}\mathbf{B}(\beta) - [\pi_i(\beta)]^{1/2}[\pi_i(\beta)']^{1/2}$ é uma inversa generalizada de $\mathbf{I}_{sr} - [\pi(\beta)]^{1/2}[\pi(\beta)']^{1/2}$,

ii) a característica da matriz

$$
\left[\mathbf{I}_{sr} - \mathbf{B}(\beta)'[\mathbf{I}(\beta)]^{-1}\mathbf{B}(\beta) - [\pi_i(\beta)]^{1/2}[\pi_i(\beta)']^{1/2}\right]\left[\mathbf{I}_{sr} - [\pi(\beta)]^{1/2}[\pi(\beta)']^{1/2}\right]
$$

é dada por

$$
\begin{aligned}
tr\left[\mathbf{I}_{sr} - [\pi_i(\beta)]^{1/2}[\pi_i(\beta)']^{1/2} - \mathbf{B}(\beta)'[\mathbf{I}(\beta)]^{-1}\mathbf{B}(\beta)\right] & \\
= \; tr(\mathbf{I}_{sr}) - tr([\pi_i(\beta)]^{1/2}[\pi_i(\beta)']^{1/2}) - tr(\mathbf{B}(\beta)'[\mathbf{I}(\beta)]^{-1}\mathbf{B}(\beta)) & \\
= \; tr(\mathbf{I}_{sr}) - tr([\pi_i(\beta)]^{1/2}[\pi_i(\beta)']^{1/2}) - tr([\mathbf{I}(\beta)]^{-1}\mathbf{B}(\beta)\mathbf{B}(\beta)') & \\
= \; sr - s - p = s(r-1) - p. &
\end{aligned}
$$

Tendo essas observações e (7.38) em conta, segue pelo Teorema de Cochran (Proposição B.49) que

$$
Q_P[\pi(\widehat{\beta}_N)] \xrightarrow{\;\mathcal{D}\;} \chi^2_{(s(r-1)-p)} \, . \qquad (7.49)
$$

7. A METODOLOGIA DE MÁXIMA VEROSIMILHANÇA

Para a razão de verosimilhanças tem-se

$$
\begin{aligned}
Q_V[\boldsymbol{\pi}(\widehat{\boldsymbol{\beta}}_N)] &= -2\sum_{i=1}^{s}\sum_{j=1}^{r} n_{ij}[\ln N_i\pi_{ij}(\widehat{\boldsymbol{\beta}}_N) - \ln n_{ij}] \\
&= 2\sum_{i=1}^{s}\sum_{j=1}^{r} n_{ij}\ln\left\{1 + \frac{n_{ij} - N_i\pi_{ij}(\widehat{\boldsymbol{\beta}}_N)}{N_i\pi_{ij}(\widehat{\boldsymbol{\beta}}_N)}\right\} \\
&= 2\sum_{i=1}^{s}\sum_{j=1}^{r}\left\{N_i\pi_{ij}(\widehat{\boldsymbol{\beta}}_N)\right\}\left\{1 + \frac{n_{ij} - N_i\pi_{ij}(\widehat{\boldsymbol{\beta}}_N)}{N_i\pi_{ij}(\widehat{\boldsymbol{\beta}}_N)}\right\} \quad (7.50)
\end{aligned}
$$

Usando a expansão $\ln(1 + x) = x - x^2/2 + x^3/3 - \cdots$, para $x < 1$ tem-se

$$
\begin{aligned}
Q_V[\boldsymbol{\pi}(\widehat{\boldsymbol{\beta}}_N)] &= 2\sum_{i=1}^{s}\sum_{j=1}^{r}\left\{N_i\pi_{ij}(\widehat{\boldsymbol{\beta}}_N)\right\} \times \\
&\quad \left\{\frac{n_{ij} - N_i\pi_{ij}(\widehat{\boldsymbol{\beta}}_N)}{N_i\pi_{ij}(\widehat{\boldsymbol{\beta}}_N)} - \frac{1}{2}\left[\frac{n_{ij} - N_i\pi_{ij}(\widehat{\boldsymbol{\beta}}_N)}{N_i\pi_{ij}(\widehat{\boldsymbol{\beta}}_N)}\right]^2 + O_p(N^{-3/2})\right\} \\
&= 2\sum_{i=1}^{s}\sum_{j=1}^{r}[n_{ij} - N_i\pi_{ij}(\widehat{\boldsymbol{\beta}}_N)] - \sum_{i=1}^{s}\sum_{j=1}^{r}\frac{[n_{ij} - N_i\pi_{ij}(\widehat{\boldsymbol{\beta}}_N)]^2}{N_i\pi_{ij}(\widehat{\boldsymbol{\beta}}_N)} \\
&\quad +2\sum_{i=1}^{s}\sum_{j=1}^{r}\frac{[n_{ij} - N_i\pi_{ij}(\widehat{\boldsymbol{\beta}}_N)]^2}{N_i\pi_{ij}(\widehat{\boldsymbol{\beta}}_N)} \\
&\quad -\sum_{i=1}^{s}\sum_{j=1}^{r}\frac{[n_{ij} - N_i\pi_{ij}(\widehat{\boldsymbol{\beta}}_N)]^2}{N_i\pi_{ij}(\widehat{\boldsymbol{\beta}}_N)}\frac{[n_{ij} - N_i\pi_{ij}(\widehat{\boldsymbol{\beta}}_N)]}{N_i\pi_{ij}(\widehat{\boldsymbol{\beta}}_N)} + O_p(N^{-3/2}).
\end{aligned}
$$

$$(7.51)$$

Tendo em conta que

$$
\sum_{i=1}^{s}\sum_{j=1}^{r}[n_{ij} - N_i\pi_{ij}(\widehat{\boldsymbol{\beta}}_N)] = 0,
$$

$$
\sum_{i=1}^{s}\sum_{j=1}^{r}[n_{ij} - N_i\pi_{ij}(\widehat{\boldsymbol{\beta}}_N)]^2/[N_i\pi_{ij}(\widehat{\boldsymbol{\beta}}_N)] = O_p(1)
$$

(dada a convergência em distribuição da estatística de Pearson) e que (Exercício 7.7),

$$
[n_{ij} - N_i\pi_{ij}(\widehat{\boldsymbol{\beta}}_N)]/[N_i\pi_{ij}(\widehat{\boldsymbol{\beta}}_N)] = O_p(N^{-1/2})
$$

pode-se concluir que

$$
Q_V[\boldsymbol{\pi}(\widehat{\boldsymbol{\beta}}_N)] = \sum_{i=1}^{s}\sum_{j=1}^{r}\frac{[n_{ij} - N_i\pi_{ij}(\widehat{\boldsymbol{\beta}}_N)]^2}{N_i\pi_{ij}(\widehat{\boldsymbol{\beta}}_N)} + O_p(N^{-1/2}). \quad (7.52)
$$

Com base em (7.49) e (7.52), o Teorema de Slutsky (Proposição B.41) permite concluir que

$$Q_V[\pi(\widehat{\beta}_N)] \xrightarrow{\mathcal{D}} \chi^2_{(s(r-1)-p)} .$$ (7.53)

A demonstração de que $Q_N[\pi(\widehat{\beta}_N)]$ tem a mesma distribuição assintótica de $Q_P[\pi(\widehat{\beta}_N)]$ e $Q_V[\pi(\widehat{\beta}_N)]$ é o objecto do Exercício 7.8.

7.5 Notas de Capítulo

7.1: Em função da natureza assintótica dos resultados inferenciais mais comuns no contexto de dados categorizados, a distribuição Normal multivariada desempenha aí um importante papel. Diz-se que um vector $\mathbf{Y} = (Y_1, \ldots, Y_p)'$ tem uma distribuição Normal p-variada com parâmetros $\boldsymbol{\mu}$ e $\boldsymbol{\Sigma}$, o que simbolicamente é denotado por $\mathbf{Y} \sim N_p(\boldsymbol{\mu}, \boldsymbol{\Sigma})$, se a função densidade de probabilidade correspondente for

$$f(\mathbf{y}|\boldsymbol{\mu}, \boldsymbol{\Sigma}) = (2\pi)^{-p/2}|\boldsymbol{\Sigma}|^{-1/2} \exp\{-\frac{1}{2}(\mathbf{y} - \boldsymbol{\mu})'\boldsymbol{\Sigma}^{-1}(\mathbf{y} - \boldsymbol{\mu})\},$$

$\mathbf{y} \in {I\!\!R}^p$, $\boldsymbol{\mu} \in {I\!\!R}^p$ e $\boldsymbol{\Sigma}$ é uma matriz simétrica de dimensão p. Para efeitos práticos, considera-se aqui que $\boldsymbol{\Sigma}$ seja definida positiva, embora essa condição não seja necessária sob um enfoque teórico. A função geradora de momentos correspondente é

$$M_{\mathbf{Y}}(\mathbf{t}) = \exp(\mathbf{t}'\boldsymbol{\mu} + \frac{1}{2}\mathbf{t}'\boldsymbol{\Sigma}\mathbf{t}), \quad , \mathbf{t} \in {I\!\!R}.$$

Consequentemente, segue que $E(\mathbf{Y}) = \boldsymbol{\mu}$ e $Var(\mathbf{Y}) = \boldsymbol{\Sigma}$.

Algumas propriedades importantes são:

i) Se $\mathbf{Y} \sim N_p(\boldsymbol{\mu}, \boldsymbol{\Sigma})$ a distribuição marginal de qualquer subvector de $\mathbf{Y}$ também é Normal multivariada com dimensão dada pela dimensão do subvector em questão. Em particular, a distribuição marginal de qualquer componente de $\mathbf{Y}$ segue uma distribuição Normal univariada.

ii) Se $\mathbf{Y} = (\mathbf{Y}_1', \mathbf{Y}_2')'$ em que $\mathbf{Y}_1$ e $\mathbf{Y}_2$ têm dimensões p_1 e p_2, respectivamente, com $p_1 + p_2 = p$ segue uma distribuição $\mathbf{Y} \sim N_p(\boldsymbol{\mu}, \boldsymbol{\Sigma})$ com $\boldsymbol{\mu} = (\boldsymbol{\mu}_1', \boldsymbol{\mu}_2')'$ e

$$\boldsymbol{\Sigma} = \left(\begin{array}{cc} \boldsymbol{\Sigma}_{11} & \boldsymbol{\Sigma}_{12} \\ \boldsymbol{\Sigma}_{21} & \boldsymbol{\Sigma}_{22} \end{array} \right)$$

em que as dimensões são compatíveis com aquelas de $\mathbf{Y}_1$ e $\mathbf{Y}_2$, então a distribuição condicional de $\mathbf{Y}_1$ dado $\mathbf{Y}_2 = \mathbf{y}_2$ é Normal p_1-variada, ou seja,

$$\mathbf{Y}_1|\mathbf{Y}_2 = \mathbf{y}_2 \sim N_{p_1}[\boldsymbol{\mu}_1 + \boldsymbol{\Sigma}_{12}\boldsymbol{\Sigma}_{22}^{-1}(\mathbf{y}_2 - \boldsymbol{\mu}_2), \boldsymbol{\Sigma}_{11} - \boldsymbol{\Sigma}_{12}\boldsymbol{\Sigma}_{22}^{-1}\boldsymbol{\Sigma}_{21}].$$

iii) Sob as suposições do item ii), uma condição necessária e suficiente para que $\mathbf{Y}_1$ e $\mathbf{Y}_2$ sejam independentes é que $\boldsymbol{\Sigma}_{12} = \boldsymbol{\Sigma}_{21}' = \mathbf{0}$.

7. A METODOLOGIA DE MÁXIMA VEROSIMILHANÇA

Formas quadráticas do tipo $\mathbf{Y}'\mathbf{AY}$ em que $\mathbf{Y} \sim N_p(\boldsymbol{\mu}, \boldsymbol{\Sigma})$ e $\mathbf{A}$ é uma matriz simétrica de dimensão p também têm importância no contexto de dados categorizados, pois grande parte das estatísticas utilizadas no processo inferencial podem ser expressas sob tais moldes. Algumas resultados úteis são descritos a seguir. O leitor poderá consultar Searle (1971) para maiores esclarecimentos.

i) $E(\mathbf{Y}'\mathbf{AY}) = tr(\mathbf{A}\boldsymbol{\Sigma}) + \boldsymbol{\mu}'\mathbf{A}\boldsymbol{\mu}$. Esta propriedade vale mesmo quando a distribuição de $\mathbf{Y}$ não é Normal.

ii) O cumulante de ordem r^1 de $\mathbf{Y}'\mathbf{AY}$ é

$$K_r(\mathbf{Y}'\mathbf{AY}) = 2^{r-1}(r-1)! tr[(\mathbf{A}\boldsymbol{\Sigma})^r + r\boldsymbol{\mu}'\mathbf{A}(\boldsymbol{\Sigma}\mathbf{A})^{r-1}\boldsymbol{\mu}]$$

iii) $Cov(\mathbf{Y}, \mathbf{Y}'\mathbf{AY}) = 2\boldsymbol{\Sigma}\mathbf{A}\boldsymbol{\mu}$.

iv) Se $\mathbf{Y} \sim N_p(\boldsymbol{\mu}, \boldsymbol{\Sigma})$ então $\mathbf{Y}'\mathbf{AY} \sim \chi^2_{[r(\mathbf{a})]}(\frac{1}{2}\boldsymbol{\mu}'\mathbf{A}\boldsymbol{\mu})$ em que $\chi^2_\nu(\delta)$ denota a distribuição qui-quadrado não central com ν graus de liberdade e parâmetro de não-centralidade δ se e somente se $\mathbf{A}\boldsymbol{\Sigma}$ for idempotente. Para maiores detalhes sobre a distribuição qui-quadrado não central, consulte-se a Nota de Capítulo 7.2.

v) Se $\mathbf{Y} \sim N_p(\boldsymbol{\mu}, \boldsymbol{\Sigma})$ então $\mathbf{Y}'\mathbf{AY}$ e $\mathbf{BY}$ são independentes se e somente se $\mathbf{B}\boldsymbol{\Sigma}\mathbf{A} = \mathbf{0}$.

vi) Se $\mathbf{Y} \sim N_p(\boldsymbol{\mu}, \boldsymbol{\Sigma})$ então $\mathbf{Y}'\mathbf{AY}$ e $\mathbf{Y}'\mathbf{BY}$ são independentes se e somente se $\mathbf{A}\boldsymbol{\Sigma}\mathbf{B} = \mathbf{0}$, ou equivalentemente, se $\mathbf{B}\boldsymbol{\Sigma}\mathbf{A} = \mathbf{0}$.

7.2: A distribuição do qui-quadrado não central é a distribuição da soma de quadrados de variáveis aleatórias Normais independentes com variâncias unitárias e médias não nulas. Mais explicitamente, considerem-se as variáveis aleatórias independentes $Z_i \sim N(\mu_i, 1)$, $i = 1, \ldots, \nu$, pelo que $\mathbf{Z} = (Z_1, \ldots, Z_\nu)' \sim N_\nu(\boldsymbol{\mu}, \mathbf{I})$, com $\boldsymbol{\mu} = (\mu_1, \ldots, \mu_\nu)' \neq \mathbf{0}$. A forma quadrática $Q = \mathbf{Z}'\mathbf{Z} = \sum_{i=1}^\nu Z_i^2$ possui distribuição do qui-quadrado não central com ν graus de liberdade e parâmetro de não centralidade $\lambda = \boldsymbol{\mu}'\boldsymbol{\mu} = \sum_{i=1}^\nu \mu_i^2$, o que é indicado por $Q \sim \chi^2_{(\nu;\lambda)}$. O caso especial em que $\boldsymbol{\mu} = \mathbf{0}$, i.e. $\lambda = 0$, define a conhecida distribuição do qui-quadrado (dito central, por motivos óbvios) $\chi^2_{(\nu)}$.

A distribuição do qui-quadrado não central pode ser vista como uma mistura de distribuições qui-quadrado centrais com pesos Poisson, i.e., a distribuição $\chi^2_{(\nu;\lambda)}$ é uma mistura de distribuições $\{\chi^2_{(\nu+2u)}\}$ em que u tem distribuição de Poisson com média $\lambda/2$. Assim, a sua função densidade pode ser definida através das densidades destas distribuições por

$$
\begin{aligned}
f_{(\chi^2_{(\nu;\lambda)})}(x) &= \sum_{u=0}^\infty f_{Poi(\lambda/2)}(u) f_{\chi^2_{(\nu+2u)}}(x) \\
&\equiv \sum_{u=0}^\infty \frac{e^{-(\lambda/2)}(\lambda/2)^u}{u!} \frac{x^{\nu/2+u-1}e^{-(x/2)}}{2^{\nu/2+u}\Gamma(\nu/2+u)} I_{[0,\infty]}(x), \quad \nu, \lambda > 0.
\end{aligned}
$$

---

[1]O cumulante de ordem r se define como a r-ésima derivada da função geradora de cumulantes, que é o logaritmo da função geradora de momentos, quando esta existe (numa vizinhança de zero).

Formas quadráticas mais complexas do que aquela definida acima podem ainda ser descritas pela distribuição qui-quadrado não central. De facto, considere-se a forma quadrática $Q = \mathbf{Z}'\mathbf{A}\mathbf{Z}$ em que $\mathbf{A}$ é uma matriz simétrica e $\mathbf{Z} \sim N_\nu(\boldsymbol{\mu}, \boldsymbol{\Sigma})$ com $\boldsymbol{\Sigma}$ definida positiva. Não é difícil verificar (*e.g.*, Johnson & Kotz (1970, pp 150-151), que Q se distribui como uma combinação linear de qui-quadrados não centrais (se $\boldsymbol{\mu} \neq \mathbf{0}$) com um grau de liberdade, *i.e.*, como $\sum_{i=1}^{\nu} \lambda_i W_i^2$, em que W_i, $i = 1, \ldots, \nu$ são variáveis aleatórias Normais independentes de variância unitária e $\{\lambda_i\}$ são os valores próprios de $\mathbf{A}\boldsymbol{\Sigma}$. Consequentemente, $Q = \mathbf{Z}'\mathbf{A}\mathbf{Z} \sim \chi^2_{(r;\lambda)}$ com $\lambda = \boldsymbol{\mu}'\mathbf{A}\boldsymbol{\mu}$ se e só se $\mathbf{A}\boldsymbol{\Sigma}$ é idempotente e de característica r. A função geradora de momentos de $Q \sim \chi^2_{(\nu;\lambda)}$ é definida por

$$M_Q(t) \equiv E(e^{tQ}) = (1 - 2t)^{-\nu/2} \exp\left(\frac{\lambda t}{1 - 2t}\right), \quad t < 1/2$$

(note-se que $M_{\chi^2_{(\nu+2u)}}(t) = (1 - 2t)^{-(\nu+2u)/2}$, $t < 1/2$) implicando que $E(Q) = \nu + \lambda$ e $Var(Q) = 2(\lambda + 2\nu)$. A expressão de $M_Q(t)$ implica ainda que se Q_i, $i = 1, \ldots, k$ são $\chi^2_{(\nu_i;\lambda_i)}$ independentes, então $\sum_{i=1}^{k} Q_i \sim \chi^2_{(\nu;\lambda)}$, em que $\nu = \sum_{i=1}^{k} \nu_i$ e $\lambda = \sum_{i=1}^{k} \lambda_i$.

Sendo $\mathbf{P}'$ uma matriz ortogonal, tem-se $Q = \mathbf{Z}'\mathbf{Z} = \mathbf{Z}'\mathbf{P}\mathbf{P}'\mathbf{Z} = \mathbf{Y}'\mathbf{Y}$ em que $\mathbf{Y} = \mathbf{P}'\mathbf{Z} \sim N_\nu(\mathbf{P}'\boldsymbol{\mu}, \mathbf{I})$. Escolhendo $\mathbf{P}'$ de tal modo que a sua primeira linha seja o vector $\mathbf{p}_1' = \lambda^{-1/2}\boldsymbol{\mu}'$, tem-se $\mathbf{P}'\boldsymbol{\mu} = (\lambda^{1/2}, \mathbf{0}')$ e

$$Q = Y_1^2 + \sum_{i=2}^{\nu} Y_i^2$$

com $Y_1^2 \sim \chi^2_{(1;\lambda)}$ independente de $\sum_{i=2}^{\nu} Y_i^2 \sim \chi^2_{(\nu-1)}$. Com a invocação da propriedade reprodutiva acima, fica completamente evidenciado que uma condição necessária e suficiente para $Q \sim \chi^2_{(\nu;\lambda)}$ é que $Q = Q_1 + Q_2$, com Q_1 e Q_2 variáveis independentes com distribuições $\chi^2_{(1;\lambda)}$ e $\chi^2_{(\nu-1)}$, respectivamente. A expressão da função densidade mostra claramente que a família de distribuições $\{\chi^2_{(\nu)} : \nu > 0\}$ apresenta uma razão de verosimilhanças monótona (estritamente crescente) e, desse modo, é estocasticamente crescente (recordem-se as Notas de Capítulo 4.2 e 4.3).

Esta característica de ordenação estocástica propaga-se à família $\{\chi^2_{(\nu;\lambda)} : \lambda \text{ fixo}\}$, pela sua natureza de mistura. Com base nestas propriedades, pode-se demonstrar que a função potência de testes do qui-quadrado, quando definida por

$$\beta_\alpha(\nu; \lambda) = P\{\chi^2_{(\nu;\lambda)} \geq F^{-1}_{\chi^2_{(\nu)}}(1 - \alpha)\}$$

é estritamente decrescente com ν para λ e α fixos [ver Das Gupta & Perlman (1974)].

A forma da densidade Normal permite mostrar que a família $\{\chi^2_{(1;\lambda)} : \lambda > 0\}$ é também estocasticamente crescente, ficando assegurada a aplicação desta propriedade à família $\{\chi^2_{(\nu;\lambda)} : \nu \text{ fixo}\}$. Deste modo, a potência $\beta_\alpha(\nu; \lambda)$ é crescente com λ para α e ν fixos.

7.3: Na Secção 6.4 prova-se que a distribuição assintótica das estatísticas de teste Q_P e Q_V sob a usual sequência de alternativas locais é qui-quadrado não central, com parâmetro de não centralidade que pode ser tomado como

$$\lambda = (\boldsymbol{\mu} - \boldsymbol{\mu}_0)'\mathbf{D}_{\boldsymbol{\mu}_0}^{-1}(\boldsymbol{\mu} - \boldsymbol{\mu}_0)$$

7. A METODOLOGIA DE MÁXIMA VEROSIMILHANÇA

em que $\boldsymbol{\mu}_0$ é o verdadeiro valor de $\boldsymbol{\mu}$ sob a hipótese nula. Este resultado é extensivo a qualquer outro membro da família de estatísticas de Cressie - Read (vide Exercícios 7.3 e 7.4).

As referidas alternativas locais significam que a diferença entre o verdadeiro valor $\boldsymbol{\theta}$ do vector de probabilidades das celas e o correspondente valor $\boldsymbol{\theta}_0$ sob a hipótese nula tende para zero à taxa de $N^{-1/2}$. Para uma sequência de alternativas mais ampla, Drost, Kallenberg, Moore & Oosterhoff (1989) derivam aproximações à distribuição assintótica de qualquer estatística de Cressie - Read baseadas em combinações lineares de qui-quadrados não centrais. Para alternativas fixas do tipo $\boldsymbol{\theta} = \boldsymbol{\theta}_0 + \boldsymbol{\delta}, N \geq 1, \mathbf{1}'\boldsymbol{\delta} = 1$ tem-se $\lambda \longrightarrow \infty$ à medida que $N \longrightarrow \infty$ e aquelas estatísticas não apresentam no limite distribuição própria.

7.6 Exercícios

7.1: Considere uma tabela $s \times r$ descrita por um produto de s Multinomiais independentes de parâmetros N_q e $\boldsymbol{\pi}_q$ com $\mathbf{1}'_r\boldsymbol{\pi}_q = 1, q = 1, \ldots, s$. Denote-se por $\mathbf{p} = \mathbf{D}_{\mathbf{N}}^{-1}\mathbf{n}$, em que $\mathbf{N} = \mathbf{n}_{*.} \otimes \mathbf{1}_r$, $\mathbf{n}_{*.} = (N_q, q = 1, \ldots, s)'$, o vector das sr proporções amostrais e seja $\bar{\mathbf{p}}$ o vector das $s(r-1)$ proporções amostrais obtido de $\mathbf{p}$ por remoção da última (r-ésima) proporção de cada subpopulação.

a) Mostre que $\boldsymbol{\Sigma} = \mathrm{diag}(\boldsymbol{\Sigma}_q, q = 1, \ldots, s)$, $\boldsymbol{\Sigma}_q = \mathbf{D}_{\boldsymbol{\pi}_q} - \boldsymbol{\pi}_q\boldsymbol{\pi}'_q$ e $\bar{\boldsymbol{\Sigma}} = \mathrm{diag}(\bar{\boldsymbol{\Sigma}}_q, q = 1, \ldots, s)$, $\bar{\boldsymbol{\Sigma}}_q = \mathbf{D}_{\bar{\boldsymbol{\pi}}_q} - \bar{\boldsymbol{\pi}}_q\bar{\boldsymbol{\pi}}'_q$, com $\bar{\boldsymbol{\pi}}_q$ o vector $(r-1) \times 1$ obtido de $\boldsymbol{\pi}_q$ por remoção da última componente, são as matrizes de covariância dos vectores $\mathbf{D}_{\mathbf{N}}^{1/2}\mathbf{p}$ e $\mathbf{D}_{\bar{\mathbf{N}}}^{1/2}\bar{\mathbf{p}}$, respectivamente, em que $\bar{\mathbf{N}} = \mathbf{n}_{*.} \otimes \mathbf{1}_{r-1}$.

b) Prove que $\bar{\boldsymbol{\Sigma}}$ é uma matriz definida positiva com inversa dada por $\bar{\boldsymbol{\Sigma}}^{-1} = \mathrm{diag}(\bar{\boldsymbol{\Sigma}}_q^{-1}, q = 1, \ldots, s)$ com

$$\bar{\boldsymbol{\Sigma}}_q^{-1} = \mathbf{D}_{\bar{\boldsymbol{\pi}}_q}^{-1} + \frac{\mathbf{1}_{r-1}\mathbf{1}'_{r-1}}{1 - \mathbf{1}'_{r-1}\bar{\boldsymbol{\pi}}_q},$$

mas que $\boldsymbol{\Sigma}$ é apenas semidefinida positiva.

c) Considere-se uma estrutura

$$\boldsymbol{\pi} = (\boldsymbol{\pi}'_q, q = 1, \ldots, s)' = \boldsymbol{\pi}(\boldsymbol{\beta})$$

satisfazendo as usuais condições de regularidade, em que $\boldsymbol{\beta}$ é um vector de $p \leq s(r-1)$ parâmetros funcionalmente independentes.

i) Mostre que a matriz de informação de Fisher se pode exprimir por $\mathbf{I}(\boldsymbol{\beta}) = \mathbf{B}'\mathbf{B}$, em que $\mathbf{B} = \mathbf{D}_{\mathbf{N}}^{1/2}\mathbf{D}_{\boldsymbol{\pi}}^{-1/2}(\partial\boldsymbol{\pi}/\partial\boldsymbol{\beta}')$.

(Sugestão: mostre que o elemento (j, k) de $\mathbf{I}(\boldsymbol{\beta})$ é

$$I_{jk} = \sum_{q=1}^{s} N_q \sum_{m=1}^{r} [\theta_{(q)m}]^{-1} \frac{\partial\theta_{(q)m}}{\partial\beta_j} \frac{\partial\theta_{(q)m}}{\partial\beta_k} \quad . \quad)$$

224 7.6 EXERCÍCIOS

ii) Verifique que a matriz de covariâncias aproximada (para grandes amostras) do estimador MV $\widehat{\boldsymbol{\beta}}$ se pode definir por

$$\mathbf{V}_{\widehat{\boldsymbol{\beta}}}(\boldsymbol{\beta}) = (\mathbf{C}'\bar{\boldsymbol{\Sigma}}^{-1}\mathbf{C})^{-1}$$

em que

$$\mathbf{C} = \mathbf{D}_{\bar{\mathbf{N}}}^{1/2}\frac{\partial\bar{\boldsymbol{\pi}}}{\partial\boldsymbol{\beta}'}.$$

d) Sob a validade da estrutura anterior pretende estimar-se a função paramétrica bem comportada $\mathbf{h}(\bar{\boldsymbol{\pi}}) : \mathbb{R}^{s(r-1)} \to \mathbb{R}^t$, $t \leq p$. Mostre que, num contexto de grandes amostras, o estimador MV restrito à estrutura estima mais eficientemente $\mathbf{h}(\bar{\boldsymbol{\pi}})$ do que o estimador MV irrestrito. Que pode concluir deste resultado?

[Sugestão: aplique o método Delta para obter as matrizes de covariância aproximadas dos dois estimadores e exprima a sua diferença como uma forma quadrática em $\bar{\boldsymbol{\Sigma}}^{-1}$. Para um contexto mais geral, veja-se Altham (1984).]

7.2: Prove que as estatísticas do *score* eficiente de Rao e de Pearson são algebricamente idênticas:

a) No modelo Produto de distribuições de Poisson, mostrando que a função *score* e a matriz de informação de Fisher são

$$\mathbf{U}(\boldsymbol{\mu};\mathbf{n}) = \mathbf{D}_{\boldsymbol{\mu}}^{-1}\mathbf{n} - \mathbf{1}_c$$
$$\mathbf{I}(\boldsymbol{\mu}) = \mathbf{D}_{\boldsymbol{\mu}}^{-1}$$

b) No modelo Produto de Multinomiais, mostrando que

$$\mathbf{U}(\boldsymbol{\mu};\mathbf{n}) = (\mathbf{U}'_q, q = 1,\dots,s)'$$

em que $\mathbf{U}_q \equiv \mathbf{U}_q(\boldsymbol{\mu}_q;\mathbf{n}_q) = \left(\mathbf{D}_{\bar{\boldsymbol{\mu}}_q} - \frac{\bar{\boldsymbol{\mu}}_q\bar{\boldsymbol{\mu}}'_q}{N_q}\right)^{-1}(\bar{\mathbf{n}}_q - \bar{\boldsymbol{\mu}}_q)$, com $\bar{\boldsymbol{\mu}}_q$ denotando $\boldsymbol{\mu}_q$ sem a última componente $\boldsymbol{\mu}_{qr}$ e com uma definição análoga para $\bar{\mathbf{n}}_q$, e que

$$\mathbf{I}(\boldsymbol{\mu}) = \mathbf{diag}(\mathbf{I}_q(\boldsymbol{\mu}_q), q = 1,\dots,s)$$

em que

$$\mathbf{I}_q(\boldsymbol{\mu}_q) = \mathbf{D}_{\bar{\boldsymbol{\mu}}_q}^{-1} + \frac{\mathbf{1}_{r-1}\mathbf{1}'_{r-1}}{N_q - \mathbf{1}'_{r-1}\bar{\boldsymbol{\mu}}_q}$$

é a inversa da matriz de covariâncias de $\bar{\mathbf{n}}_q$.

7.3: Considere a função de $\boldsymbol{\mu} \in \{\mathbb{R}^c_+ : \mathbf{1}'_c\boldsymbol{\mu} = N\}$ indexada por um parâmetro real λ

$$T_\lambda(\boldsymbol{\mu}) = 2[\lambda(\lambda+1)]^{-1}\sum_{i=1}^{c} n_i\left[\left(\frac{n_i}{\mu_i}\right)^\lambda - 1\right]$$

[*vide, e.g.*, Read & Cressie (1988)], entendendo-se $T_0(\boldsymbol{\mu})$ e $T_{-1}(\boldsymbol{\mu})$ como os limites da expressão do segundo membro quando $\lambda \to 0$ e $\lambda \to -1$, respectivamente.

Pretende-se usá-la como base de um critério de estimação de $\boldsymbol{\mu}$ assente na sua minimização, eventualmente restringida a algum modelo estrutural reduzido H.

7. A METODOLOGIA DE MÁXIMA VEROSIMILHANÇA

a) Mostre que a minimização de $T_0(\boldsymbol{\mu})$ – cuja expressão deve primeiro identificar –, $T_1(\boldsymbol{\mu})$ e $T_{-2}(\boldsymbol{\mu})$ conduz, respectivamente, aos estimadores MV, MQP e MQN de $\boldsymbol{\mu}$.

b) Mostre que $T_\lambda(\boldsymbol{\mu})$ é uma função estritamente convexa e não negativa de $\boldsymbol{\mu}$ para todo o $\lambda \in \mathbb{R}$.

(Sugestão: use a convexidade estrita da função $g(y) = y^{-\lambda} - 1/[\lambda(\lambda+1)]$, $\lambda \neq 0, -1$ e dos seus limites quando $\lambda \to 0$ e $\lambda \to -1$, e a desigualdade de Jensen.)

c) Suponha que o cenário é o de uma tabela bidimensional $s \times r$ modelada por um produto de s Multinomiais independentes e homogéneas. Obtenha as expressões das estimativas MV, MQP e MQN de μ_{ij}, $i = 1, \ldots, s, j = 1, \ldots, r$.

7.4: Na sequência do problema anterior, a chamada família de estatísticas de Cressie - Read é definida por $\{T_\lambda(\widehat{\boldsymbol{\mu}}) : \lambda \in \mathbb{R}\}$, em que $\widehat{\boldsymbol{\mu}}$ é qualquer estimador de $\boldsymbol{\mu}$ sob o modelo H.

a) Indique como as estatísticas de ajustamento de H, Q_V, Q_P e Q_N se integram dentro desta família.

b) Considerando $\lambda = -1/2$ e $\lambda \to -1$, mostre que a família anterior abrange ainda a chamada estatística de Freeman-Tukey

$$F = 4 \sum_{i=1}^{c} (\sqrt{n_i} - \sqrt{\widehat{\mu}_i})^2$$

e a estatística de mínima informação de discriminação (Gokhale & Kullback 1978)

$$K = 2 \sum_{i=1}^{c} \widehat{\mu}_i \ln(\widehat{\mu}_i/n_i).$$

7.5: Considere o sistema genético em um simples locus com m alelos codominantes, $A_1, \ldots, A_m$ e um alelo recessivo O, ocorrendo com probabilidades $\beta_1, \ldots, \beta_m$ e β_O, respectivamente.

a) Exprima o modelo de equilíbrio de Hardy-Weinberg em termos, quer de equações livres, quer de restrições nas probabilidades fenotípicas.

b) Considerando $m = 2$, seja $\boldsymbol{\theta} = (\theta_0, \theta_1, \theta_2, \theta_{12})'$ o vector dos parâmetros probabilísticos relativos aos quatro fenótipos sob o modelo Tetranomial. Definindo a estrutura de equilíbrio através da condição

$$\frac{\theta_{12}}{2}(\sqrt{\theta_1 + \theta_0} - \sqrt{\theta_0})^{-1}(\sqrt{\theta_2 + \theta_0} - \sqrt{\theta_0})^{-1} = 1,$$

construa uma estatística de Wald para o seu ajustamento.

[Sugestão: *vide* Singer, Peres & Harle (1991).]

7.6: O sistema MN de grupos sanguíneos é um sistema genético com dois alelos codominantes M e N, originando na população três fenótipos designados por MM, MN e NN. Um total de 1419 pessoas foi analisado em termos deste sistema conduzindo às frequências observadas $n_{MM} = 402$, $n_{MN} = 701$ e $n_{NN} = 316$. Admitindo uma distribuição Trinomial para $\mathbf{n} = (n_{MM}, n_{MN}, n_{NN})'$, considere para o parâmetro $\boldsymbol{\theta} = (\theta_{MM}, \theta_{MN}, \theta_{NN})'$ a estrutura

$$H : \theta_{MM} = \beta^2, \quad \theta_{MN} = 2\beta(1 - \beta), \quad \theta_{NN} = (1 - \beta)^2$$

em que $\beta \in (0, 1)$.

a) Teste o ajustamento do modelo de equilíbrio definido por H através de algum método que exija a estimação restrita de $\boldsymbol{\theta}$.

b) Atendendo à formulação alternativa de H,

$$\theta_{MN}/2\sqrt{\theta_{MM}\theta_{NN}} = 1$$

construa um teste de Wald e compare o seu resultado com o obtido em a).

[adaptado de Elandt-Johnson (1971, p. 411).]

7.7: Com base em (7.42), mostre que $[n_{ij} - N_i\pi_{ij}(\widehat{\boldsymbol{\beta}}_N)]/[N_i\pi_{ij}(\widehat{\boldsymbol{\beta}}_N)] = O_p(N^{-1/2})$.

7.8: Utilize um argumento semelhante àquele considerado em (7.46) para provar que

$$Q_N[\boldsymbol{\pi}(\widehat{\boldsymbol{\beta}}_N)] \overset{\mathcal{D}}{\longrightarrow} \chi^2_{(s(r-1)-p)}.$$

Capítulo 8

Análise de modelos lineares

O objectivo deste capítulo é ilustrar a aplicação da metodologia de máxima verosimilhança descrita em termos gerais no capítulo anterior, ao ajustamento de modelos estritamente lineares que foram focados no Capítulo 3. Assim, na Secção 8.1 consideram-se os modelos de simetria enquanto que a Secção 8.2 é devotada aos modelos de homogeneidade para os quais se descreve um algoritmo capaz de aplicação genérica para obtenção das estimativas restritas. A orientação desta secção transmite-se à Secção 8.3 na sua análise do modelo linear geral.

8.1 Modelos de simetria

Comece-se por considerar uma tabela bidimensional quadrada I^2 gerada pelo modelo Multinomial com total de frequências N e vector de probabilidades $\boldsymbol{\theta} = (\theta_{ij}, i, j = 1, \ldots I)'$, $\sum_{i=1}^{I} \sum_{j=1}^{I} \theta_{ij} = 1$. Neste cenário, admita-se que o interesse está em averiguar se a estrutura paramétrica da família de distribuições para $\mathbf{n} = (n_{ij})$ pode ser bem descrita pelo modelo de simetria (3.4), $H_S : \theta_{ij} = \theta_{ji}$, para $i < j$.

Incorporando estas $I(I-1)/2$ relações na função de probabilidade Multinomial, a função de verosimilhança passa a ser apenas função dos parâmetros $\theta_{ij}, i \leq j$, que se organizam num vector $\boldsymbol{\beta}$ (recorde-se a formulação (3.5)), sendo definida por

$$L(\boldsymbol{\beta}|\mathbf{n}) = (N!/\prod_{i,j} n_{ij}!) \prod_{i=1}^{I} \theta_{ii}^{n_{ii}} \prod_{i<j} \theta_{ij}^{n_{ij}+n_{ji}}$$

sob a restrição natural

$$\phi(\boldsymbol{\beta}) = \sum_{i} \theta_{ii} + 2\sum_{i<j} \theta_{ij} - 1 = 0.$$

Para a obtenção do estimador MV de $\boldsymbol{\theta}$ restrito a H_S pode-se aplicar o método de multiplicadores de Lagrange, no qual a função lagrangiana a maximizar é

$$\begin{aligned}
l(\boldsymbol{\beta}, \lambda) &= \ln L(\boldsymbol{\beta}|\mathbf{n}) - \lambda\phi(\boldsymbol{\beta}) \\
&= \kappa(\mathbf{n}) + \sum_i n_{ii} \ln \theta_{ii} + \sum_{i<j}(n_{ij} + n_{ji}) \ln \theta_{ij} \\
&\quad -\lambda(\sum_i \theta_{ii} + 2\sum_{i<j} \theta_{ij} - 1)
\end{aligned}$$

em que $\kappa(\mathbf{n})$ é o logaritmo do factor de $L(\boldsymbol{\beta}|\mathbf{n})$ independente de $\boldsymbol{\beta}$. Como alternativa, pode-se resolver a restrição em ordem a um elemento de $\boldsymbol{\beta}$ e incorporar a decorrente expressão no logaritmo da verosimilhança, que deve então ser maximizada irrestritamente.

Os pontos de estacionaridade de $l(\boldsymbol{\beta}, \lambda)$, denotados por $(\widehat{\boldsymbol{\beta}}', \widehat{\lambda})$, satisfazem as condições

$$\left.\frac{\partial l(\boldsymbol{\beta}, \lambda)}{\partial \boldsymbol{\beta}}\right|_{\boldsymbol{\beta}=\widehat{\boldsymbol{\beta}}, \lambda=\widehat{\lambda}} = \mathbf{0} \iff \widehat{\theta}_{ij} = (n_{ij} + n_{ji})/(2\widehat{\lambda}), \quad i \leq j$$

que substituídas na condição adicional $\phi(\widehat{\boldsymbol{\beta}}) = 0$ implicam $\widehat{\lambda} = N$. A análise da forma de $\ln L(\boldsymbol{\beta}|\mathbf{n})$ permite concluir que o único ponto estacionário é efectivamente um ponto de máximo, pelo que o estimador MV de $\boldsymbol{\theta}$ restrito a H_S é o vector $\widehat{\boldsymbol{\theta}} = (\widehat{\theta}_{ij}, i, j = 1, \ldots I)'$ tal que

$$\widehat{\theta}_{ij} = \begin{cases} n_{ij}/N, & i = j \\ (n_{ij} + n_{ji})/(2N), & i \neq j. \end{cases} \tag{8.1}$$

Pela expressão de $\widehat{\boldsymbol{\theta}}$ conclui-se facilmente que as estatísticas Q_V, Q_P e Q_N em (7.11), (7.13) e (7.15) particularizam-se em

$$\begin{aligned}
Q_V &= 2\sum_{i \neq j} n_{ij} \ln[2n_{ij}/(n_{ij} + n_{ji})] \\
Q_P &= \sum_{i<j}(n_{ij} - n_{ji})^2/(n_{ij} + n_{ji}) \\
Q_N &= \sum_{i \neq j}(n_{ij} - n_{ji})^2/(4n_{ij})
\end{aligned} \tag{8.2}$$

e têm para N grande uma distribuição nula (i.e., sob o modelo a testar) aproximada $\chi^2_{(\nu)}$ com $\nu = I(I-1)/2$. O teste de H_S baseado em Q_P para $I = 2$ é conhecido na literatura por **teste de McNemar** e a sua generalização para $I \geq 3$ foi apresentada por Bowker (1948). Veja-se o Exercício 7.1 para estatísticas de teste baseadas em estimadores do mínimo qui-quadrado (MQP).

Exemplo 8.1 (*Problema da intenção de voto*): Para ilustração do ajuste do modelo de simetria tome-se o Exemplo 3.1. As frequências esperadas estimadas sob o modelo, $\widehat{\mu}_{ij} = N\widehat{\theta}_{ij}$, podem ser expostas numa tabela I^2 em que os elementos da diagonal principal coincidem com os da tabela de frequências observadas. Os elementos

8. ANÁLISE DE MODELOS LINEARES

da parte triangular superior, iguais aos da parte triangular inferior, são dados por $\widehat{\mu}_{12} = 1.5, \widehat{\mu}_{13} = 8.0$, e $\widehat{\mu}_{23} = 8.5$.

Os valores observados das estatísticas de ajuste, calculados por (8.3) são $Q_V = 5.616, Q_P = 5.466$ e $Q_N = 6.464$. O nível crítico aproximado (calculado com base numa distribuição $\chi^2_{(3)}$) desses testes é inferior a 15% e superior a 7.5% (sendo superior a 10% para os testes baseados em Q_V e Q_P). A conclusão a tirar é que não há evidência significativa contra a igualdade das probabilidades de mudança da intenção de voto nos dois sentidos (na base de um nível de significância menor ou igual a 7.5%, pelo menos). Contudo, o valor moderadamente baixo do nível crítico é indicativo de que esse modelo não explica particularmente bem os dados observados. ∎

A estimação adequada das diferenças entre probabilidades de celas simétricas é uma questão pertinente, mormente quando o teste de simetria apresenta um resultado deveras significativo. No caso mais simples de uma tabela 2^2, que se abordará, a única função paramétrica desse tipo, $\delta = \theta_{12} - \theta_{21}$, é igualmente uma diferença entre duas probabilidades marginais.

Para a construção de um intervalo de confiança para δ, em grandes amostras, parece razoável pensar no seu estimador centrado e consistente, $\widehat{\delta} = (n_{12} - n_{21})/N$, que é assim uma diferença entre duas proporções binomiais correlacionadas. A sua distribuição assintótica é fácil de ser derivada se se atender a que se pode definir

$$n_{12} - n_{21} = \sum_{i=1}^{N} Z_i,$$

em que $\{Z_i\}$ são variáveis aleatórias independentes e identicamente diatribuídas com resultados possíveis 1, 0 e -1 assumidos com probabilidades θ_{12}, $\theta_{11} + \theta_{22}$ e θ_{21}, respectivamente. O Teorema Limite Central assegura então que

$$\sqrt{N}(\widehat{\delta} - \delta) \overset{a}{\sim} N(0, \lambda - \delta^2)$$

em que $\lambda = \theta_{12} + \theta_{21}$. Como $\widehat{\lambda} = (n_{12} + n_{21})/N$ é um estimador consistente do parâmetro perturbador λ, segue-se (Secção 7.4) que $\sqrt{N}(\widehat{\delta} - \delta)/\sqrt{\widehat{\lambda} - \widehat{\delta}^2}$ é uma variável fulcral (*pivot*) para δ, com distribuição assintótica $N(0,1)$, utilizável, pois, em contextos de grandes amostras. Veja-se a Nota de Capítulo 8.1 para outros métodos de construção de intervalos de confiança para δ.

Em tabelas multidimensionais $I^d, d \geq 3$, uma das generalizações do conceito de simetria consiste na invariância das probabilidades conjuntas das celas face a qualquer permutação dos seus índices, traduzida por vezes na designação de **simetria completa**. Recorde-se (3.7) para o caso $d = 3$. A aplicação do procedimento atrás descrito para o ajuste deste tipo de modelo não oferece qualquer dificuldade. Por exemplo, para uma tabela I^3 sob o modelo Multinomial, o logaritmo da função de verosimilhança, com a incorporação da estrutura de simetria completa H_{SC} em (3.7), pode ser expresso por

$$\ln L(\boldsymbol{\beta}|\mathbf{n}) = \kappa(\mathbf{n}) + \sum_i n_{iii} \ln \theta_{iii} + \sum_i \sum_{k \neq i} (n_{iik} + n_{iki} + n_{kii}) \ln \theta_{iik}$$

$$+ \sum_i \sum_{j \neq i} \sum_{k \neq j,i} (n_{ijk} + n_{ikj} + n_{jik} + n_{jki} + n_{kji} + n_{kij}) \ln \theta_{ijk}$$

em que $\boldsymbol{\beta}$, o vector dos θ_{ijk} distintos sob H_{SC}, satisfaz a restrição natural

$$\sum_i \theta_{iii} + 3\sum_i \sum_{k \neq i} \theta_{iik} + 6\sum_i \sum_{j \neq i} \sum_{k \neq j,i} \theta_{ijk} = 1.$$

Aplicando o mesmo procedimento para a estimação de $\boldsymbol{\beta}$, conclui-se que o estimador MV restrito de $\boldsymbol{\theta}$ é $\widehat{\boldsymbol{\theta}} = (\widehat{\theta}_{ijk})$ com $\widehat{\theta}_{ijk} = \sum_p n_{p(i,j,k)}/(6N)$, em que $\sum_p$ designa o somatório para todas as 6 permutações p de (i,j,k). Mais explicitamente,

$$\widehat{\theta}_{ijk} = \begin{cases} n_{iii}/N, & i = j = k \\ (n_{iik} + n_{iki} + n_{kii})/(3N), & i = j \neq k \\ (n_{ijk} + n_{ikj} + n_{jik} + n_{jki} + n_{kji} + n_{kij})/(6N), & i \neq j, k, j \neq k \end{cases} \qquad (8.3)$$

De (8.3) obtêm-se facilmente as expressões de qualquer das estatísticas Q_V, Q_P e Q_N, aproximadamente distribuídas sob H_{SC} para N grande segundo um $\chi^2_{(\nu)}$ com $\nu = I(I-1)(5I+2)/6$ (veja-se o Exercício 3.1 b)).

8.2 Modelos de homogeneidade marginal

No cenário de uma tabela I^2 sob uma distribuição Multinomial, a relação entre o modelo de simetria H_S e o modelo de homogeneidade marginal $H_{HM} : \theta_{i.} = \theta_{.i}$, para $i = 1, \ldots, I$ permite concluir que, em face do bom ajuste do modelo H_S, não deve haver evidência significativa contra H_{HM}. Ao invés, um resultado significativo para o teste de ajuste de H_S quando $I > 2$ não permite tirar conclusões sobre a validade estatística de H_{HM}.

Contrariamente ao verificado nos modelos de simetria referidos anteriormente, a estimação MV restrita a H_{HM} exige o emprego de métodos iterativos. Apresenta-se em seguida, com base em Paulino & Silva (1999), uma forma de obtenção das equações de verosimilhança bastante propícia para a sua resolução iterativa simplificada através de programas computacionais elaborados em linguagem matricial.

Como H_{HM} é apenas um exemplo de modelos lineares expressáveis facilmente na forma de restrições, vai-se momentaneamente alargar o contexto, considerando uma tabela de c celas descrita pelo modelo Multinomial $M_{c-1}(N, \boldsymbol{\theta}), \mathbf{1}'_c\boldsymbol{\theta} = 1$, e uma hipótese escrita na forma linear geral

$$H : \mathbf{C}\boldsymbol{\theta} = \mathbf{0} \qquad (8.4)$$

em que $\mathbf{C}$ é uma matriz $a \times c$ de característica $a \leq c - 1$. Devido à restrição natural, seja $\overline{\boldsymbol{\theta}}$ o vector $\boldsymbol{\theta}$ desprovido de sua última componente, i.e., $\overline{\boldsymbol{\theta}} = (\mathbf{I}_{c-1}, \mathbf{0}_{c-1})\boldsymbol{\theta}$ e, inversamente, $\boldsymbol{\theta} = \mathbf{t} + \mathbf{T}\overline{\boldsymbol{\theta}}$ em que $\mathbf{t} = (\mathbf{0}'_{c-1}, 1)'$ e $\mathbf{T} = (\mathbf{I}_{c-1}, -\mathbf{1}_{c-1})'$. Exprimindo H em termos de $\overline{\boldsymbol{\theta}}$, tem-se então que (8.4) equivale a $\mathbf{c}_c + \mathbf{C}_*\overline{\boldsymbol{\theta}} = \mathbf{0}$ em que $\mathbf{c}_c = \mathbf{Ct}$ denota a última coluna de $\mathbf{C}$ e $\mathbf{C}_*$ a matriz $\mathbf{CT} = (c_{ki})$ de dimensão $a \times (c-1)$.

Incorporando a restrição natural $\theta_c = 1 - \mathbf{1}'_{c-1}\overline{\boldsymbol{\theta}}$ na função de verosimilhança Multinomial $L(\overline{\boldsymbol{\theta}}|\mathbf{n})$, a função a maximizar irrestritamente no âmbito do método de

8. ANÁLISE DE MODELOS LINEARES

multiplicadores de Lagrange é

$$l(\overline{\boldsymbol{\theta}}, \boldsymbol{\lambda}) = \sum_{i=1}^{c-1} n_i \ln \theta_i + n_c \ln(1 - \mathbf{1}'_{c-1}\overline{\boldsymbol{\theta}}) - \boldsymbol{\lambda}'(\mathbf{C}_*\overline{\boldsymbol{\theta}} + \mathbf{c}_c) \tag{8.5}$$

em que $\boldsymbol{\lambda} = (\lambda_1, \ldots, \lambda_a)'$ é o vector dos multiplicadores de Lagrange relativos às restrições (8.4). Assim para $i = 1, \ldots, c-1$,

$$
\begin{aligned}
\frac{\partial l(\overline{\boldsymbol{\theta}}, \boldsymbol{\lambda})}{\partial \theta_i} &= \frac{n_i}{\theta_i} - \frac{n_c}{1 - \mathbf{1}'_{c-1}\overline{\boldsymbol{\theta}}} - \sum_{k=1}^{a} \lambda_k c_{ki} \\
&= \frac{n_i}{\theta_i} + \frac{N - n_c}{1 - \mathbf{1}'_{c-1}\overline{\boldsymbol{\theta}}} - N\left(1 + \frac{\mathbf{1}'_{c-1}\overline{\boldsymbol{\theta}}}{1 - \mathbf{1}'_{c-1}\overline{\boldsymbol{\theta}}}\right) - \sum_{k=1}^{a} \lambda_k c_{ki}.
\end{aligned}
$$

Denotando $\overline{\mathbf{n}}$ o vector $\mathbf{n}$ sem o componente n_c e $\overline{\mathbf{p}} = N^{-1}\overline{\mathbf{n}}$ o correspondente vector das $c - 1$ proporções amostrais, a expressão condensada das $c - 1$ derivadas parciais pode ser escrita como

$$
\begin{aligned}
\frac{\partial l(\overline{\boldsymbol{\theta}}, \boldsymbol{\lambda})}{\partial \overline{\boldsymbol{\theta}}} &= \mathbf{D}_{\overline{\theta}}^{-1}\overline{\mathbf{n}} + \mathbf{1}_{c-1}\frac{\mathbf{1}'_{c-1}\overline{\mathbf{n}}}{1 - \mathbf{1}'_{c-1}\overline{\boldsymbol{\theta}}} - N(\mathbf{D}_{\overline{\theta}}^{-1}\overline{\boldsymbol{\theta}} + \mathbf{1}_{c-1}\frac{\mathbf{1}'_{c-1}\overline{\boldsymbol{\theta}}}{1 - \mathbf{1}'_{c-1}\overline{\boldsymbol{\theta}}}) - \mathbf{C}'_*\boldsymbol{\lambda} \\
&\equiv N\mathbf{B}_*(\overline{\mathbf{p}} - \overline{\boldsymbol{\theta}}) - \mathbf{C}'_*\boldsymbol{\lambda} \tag{8.6}
\end{aligned}
$$

em que

$$\mathbf{B}_* = \mathbf{D}_{\overline{\theta}}^{-1} + \frac{\mathbf{1}_{c-1}\mathbf{1}'_{c-1}}{1 - \mathbf{1}'_{c-1}\overline{\boldsymbol{\theta}}}.$$

Como a matriz de covariâncias de $\sqrt{N}\mathbf{p} = N^{-1/2}\mathbf{n}$ (vide Exercício 2.4) é

$$\mathbf{V}(\boldsymbol{\theta}) = \mathbf{D}_\theta - \boldsymbol{\theta}\boldsymbol{\theta}',$$

a correspondente matriz de covariâncias de $\sqrt{N}\overline{\mathbf{p}} = \sqrt{N}(\mathbf{I}_{c-1}, \mathbf{0}_{c-1})\mathbf{p}$ é

$$\mathbf{V}_*(\overline{\boldsymbol{\theta}}) = \mathbf{D}_{\overline{\theta}} - \overline{\boldsymbol{\theta}}\overline{\boldsymbol{\theta}}',$$

donde se conclui que $\mathbf{B}_* = [\mathbf{V}_*(\overline{\boldsymbol{\theta}})]^{-1}$ (Exercício 7.1 b)).

Os estimadores MV de $\overline{\boldsymbol{\theta}}$ e $\boldsymbol{\lambda}$, e.g., $\widehat{\overline{\boldsymbol{\theta}}}$ e $\widehat{\boldsymbol{\lambda}}$, satisfazem assim as equações

$$\mathbf{c}_c + \mathbf{C}_*\widehat{\overline{\boldsymbol{\theta}}} = \mathbf{0}$$

e

$$N[\mathbf{V}_*(\widehat{\overline{\boldsymbol{\theta}}})]^{-1}(\overline{\mathbf{p}} - \widehat{\overline{\boldsymbol{\theta}}}) - \mathbf{C}'_*\widehat{\boldsymbol{\lambda}} = \mathbf{0} \Longleftrightarrow \widehat{\overline{\boldsymbol{\theta}}} = \overline{\mathbf{p}} - N^{-1}\mathbf{V}_*(\widehat{\overline{\boldsymbol{\theta}}})\mathbf{C}'_*\widehat{\boldsymbol{\lambda}} \tag{8.7}$$

donde

$$\mathbf{c}_c + \mathbf{C}_*\overline{\mathbf{p}} - N^{-1}\mathbf{C}_*\mathbf{V}_*(\widehat{\overline{\boldsymbol{\theta}}})\mathbf{C}'_*\widehat{\boldsymbol{\lambda}} = \mathbf{0} \Longleftrightarrow \widehat{\boldsymbol{\lambda}} = N[\mathbf{C}_*\mathbf{V}_*(\widehat{\overline{\boldsymbol{\theta}}})\mathbf{C}'_*]^{-1}(\mathbf{c}_c + \mathbf{C}_*\overline{\mathbf{p}}).$$

Substituindo a expressão de $\widehat{\boldsymbol{\lambda}}$ em (8.7) obtém-se que $\widehat{\overline{\boldsymbol{\theta}}}$ satisfaz o sistema de equações

$$\widehat{\overline{\boldsymbol{\theta}}} = \overline{\mathbf{p}} - \mathbf{V}_*(\widehat{\overline{\boldsymbol{\theta}}})\mathbf{C}'_*[\mathbf{C}_*\mathbf{V}_*(\widehat{\overline{\boldsymbol{\theta}}})\mathbf{C}'_*]^{-1}(\mathbf{c}_c + \mathbf{C}_*\overline{\mathbf{p}}).$$

Observando agora que pela relação entre $\mathbf{p}$ e $\overline{\mathbf{p}}$, $\mathbf{p} = \mathbf{t} + \mathbf{T}\overline{\mathbf{p}}$, as matrizes de covariância de $\sqrt{N}\mathbf{p}$ e $\sqrt{N}\overline{\mathbf{p}}$ estão relacionadas por $\mathbf{V}(\boldsymbol{\theta}) = \mathbf{T}\mathbf{V}_*(\overline{\boldsymbol{\theta}})\mathbf{T}'$, as equações anteriores podem reescrever-se como

$$\widehat{\overline{\boldsymbol{\theta}}} = \overline{\mathbf{p}} - \mathbf{V}_*(\widehat{\overline{\boldsymbol{\theta}}})\mathbf{T}'\mathbf{C}'[\mathbf{C}\mathbf{V}(\widehat{\boldsymbol{\theta}})\mathbf{C}']^{-1}\mathbf{C}\mathbf{p} \tag{8.8}$$

e, em termos de $\widehat{\boldsymbol{\theta}} = \mathbf{t} + \mathbf{T}\widehat{\overline{\boldsymbol{\theta}}}$, como

$$\widehat{\boldsymbol{\theta}} = \mathbf{p} - \mathbf{V}(\widehat{\boldsymbol{\theta}})\mathbf{C}'[\mathbf{C}\mathbf{V}(\widehat{\boldsymbol{\theta}})\mathbf{C}']^{-1}\mathbf{C}\mathbf{p} = \mathbf{Z}(\widehat{\boldsymbol{\theta}})\mathbf{p} \tag{8.9}$$

em que

$$\mathbf{Z}(\boldsymbol{\theta}) = \mathbf{I}_c - \mathbf{V}(\boldsymbol{\theta})\mathbf{C}'[\mathbf{C}\mathbf{V}(\boldsymbol{\theta})\mathbf{C}']^{-1}\mathbf{C},$$

cuja forma sugere o simples esquema iterativo

$$\boldsymbol{\theta}^{(q)} = \mathbf{Z}(\boldsymbol{\theta}^{(q-1)})\mathbf{p}, \quad q = 1, 2, \dots \tag{8.10}$$

Uma vez satisfeito o critério de convergência adoptado (*i.e.*, a regra de paragem face à estabilidade desejável dos valores sucessivos), o valor obtido é, em geral, pela natureza da função a maximizar, a estimativa MV de $\boldsymbol{\theta}$ restrita a (8.4).

O teste de ajustamento do modelo H em (8.4) por qualquer das estatísticas Q_V, Q_P e Q_N que exigem, como se sabe já, a determinação do estimador restrito $\widehat{\boldsymbol{\theta}}$, é efectuado pelo confronto do valor observado da estatística com uma distribuição $\chi^2_{(a)}$ (a sua distribuição nula assintótica), caso N seja grande.

Como se viu anteriormente, a estatística de Wald dispensa objectivamente a tarefa de resolução das equações de verosimilhança restringidas pelo facto de usar (apenas) o estimador irrestrito de $\boldsymbol{\theta}$ definido por $\mathbf{p}$. A obtenção desta estatística é aqui bastante simplificada pela natureza linear de H. De facto como $\sqrt{N}(\overline{\mathbf{p}}-\overline{\boldsymbol{\theta}})$ tem assintoticamente uma distribuição Normal $(c-1)$ – variada (*vide* Secção 7.4), $N_{c-1}[\mathbf{0}, \mathbf{V}_*(\overline{\boldsymbol{\theta}})]$ segue-se que a distribuição assintótica de

$$\sqrt{N}\mathbf{C}_*(\overline{\mathbf{p}} - \overline{\boldsymbol{\theta}}) = \sqrt{N}\mathbf{C}(\mathbf{p} - \boldsymbol{\theta})$$

é $N_a[\mathbf{0}, \mathbf{C}\mathbf{V}(\boldsymbol{\theta})\mathbf{C}']$. Assim, sob H, $\sqrt{N}\mathbf{C}\mathbf{p} \overset{a}{\sim} N_a[\mathbf{0}, \mathbf{V}_\mathbf{C}(\boldsymbol{\theta})]$, em que $\mathbf{V}_\mathbf{C}(\boldsymbol{\theta}) = \mathbf{C}\mathbf{V}(\boldsymbol{\theta})\mathbf{C}'$.

A estatística de Wald é então definida por

$$Q_W = N(\mathbf{C}\mathbf{p})'[\mathbf{V}_\mathbf{C}(\mathbf{p})]^{-1}\mathbf{C}\mathbf{p} \tag{8.11}$$

possuindo uma distribuição nula aproximada $\chi^2_{(a)}$ para N grande. Como já se referiu na Secção 6.2, Q_W é de facto algebricamente idêntica a uma estatística Q_N quando bem definida (*i.e.*, $\{n_i > 0\}$) e avaliada no estimador MQN de $\boldsymbol{\theta}$. Veja-se o Capítulo 11 para a demonstração deste resultado devido a Bhapkar (1966).

Regressando à questão inicial desta secção, o modelo de homogeneidade marginal para uma tabela bidimensional corresponde no esquema anterior a $c = I^2$ e $a = I - 1$ com a matriz $\mathbf{C}$ definida apropriadamente como se viu na Secção 3.3, de modo que $\mathbf{C}\boldsymbol{\theta} = (\theta_{i.} - \theta_{.i}, i = 1, \dots, c - 1)'$. A matriz de covariâncias de $\sqrt{N}\mathbf{C}\mathbf{p}$ é então

$$\mathbf{V}_\mathbf{C}(\boldsymbol{\theta}) = \mathbf{C}\mathbf{D}(\boldsymbol{\theta})\mathbf{C}' - (\mathbf{C}\boldsymbol{\theta})(\mathbf{C}\boldsymbol{\theta})' = (v_{ij}(\boldsymbol{\theta})) \tag{8.12}$$

8. ANÁLISE DE MODELOS LINEARES

em que

$$v_{ij}(\boldsymbol{\theta}) = \begin{cases} (\theta_{i.} + \theta_{.i} - 2\theta_{ii}) - (\theta_{i.} - \theta_{.i})^2, & i = j = 1, \ldots, I - 1 \\ -(\theta_{ij} + \theta_{ji}) - [(\theta_{i.} - \theta_{.i})(\theta_{j.} - \theta_{.j})], & i \neq j \end{cases}.$$

cujo estimador obtido por substituição de $\boldsymbol{\theta}$ por $\mathbf{p}$, uma vez invertido, determina a matriz definidora da forma quadrática Q_W. Veja-se o Exercício 8.3 para uma estatística de ajuste de H_{HM} alternativa (mas similar) à estatística Q_W derivada por Bhapkar (1966) e o Exercício 8.5 para uma generalização de Q_W a tabelas I^d.

Exemplo 8.2 (*Problema do risco de cárie dentária*): Para ilustração considere-se o Exemplo 3.2 em que se pretende testar a hipótese de homogeneidade da distribuição do grau de risco da cárie dentária para os dois métodos de avaliação em confronto.

As restrições (8.4) definidoras desta estrutura são traduzidas pela matriz $\mathbf{C}$ explicitada oportunamente na Seção 3.3. A aplicação do método iterativo (8.10) inicializado com o vector das proporções amostrais conduziu às seguintes estimativas MV das frequências esperadas:

Tabela 8.1: Frequências esperadas estimadas sob homogeneidade marginal

		Risco de cárie segundo o método convencional		
		Baixo	Médio	Alto
Risco de cárie	Baixo	11.00	10.31	0.00
segundo o méto-	Médio	9.24	34.00	10.72
do simplificado	Alto	1.08	9.65	11.00

A inspecção dos valores desta tabela revela que as suas partes triangular superior e triangular inferior estão respectivamente inflacionadas e deflacionadas quando comparadas com os correspondentes valores da tabela observada (vide Tabela 1.2), configurando indícios de evidência contra a estrutura em questão. Isto é confirmado pelo nível crítico de aproximadamente 1% (2 graus de liberdade) quer das estatísticas mais usadas ($Q_V = 8.66$, $Q_P = 8.45$), quer da estatística de Wald ($Q_W = 8.69$) – deve anotar-se que a parcela de Q_V e de Q_P correspondente à cela (1,3) é considerada nula.

Deste modo, os dados observados tendem a desmentir o modelo de homogeneidade marginal e, por arrastamento, o modelo de simetria. A análise das proporções observadas mostra que o método simplificado destoa do método convencional em ambos os extremos da escala ordinal do risco de cárie, ao tender a produzir menos classificações de baixo risco e mais de alto risco. ∎

Os modelos de homogeneidade das distribuições marginais uni e bivariadas numa tabela I^3, definidos respectivamente em (3.12) e (3.13), são estruturas formuláveis por (8.4), pelo que a determinação do estimador MV restrito pode ser efectuada por resolução iterativa das equações (8.9). As estatísticas de ajuste possuem uma distribuição nula aproximada χ^2 com $2(I-1)$ e $2I(I-1)$ graus de liberdade, respectivamente para H_{HM1} e H_{HM2} (reveja o Exercício 3.1). Note-se que a estatística de Wald é descrita por (8.11) com $\mathbf{C}$ adequadamente definida. Esta via é obviamente aplicável a outros modelos como o modelo de simetria marginal, H_{SM}, para as distribuições bivariadas, tomado individualmente ou em conjunção com o modelo H_{HM2} de homogeneidade marginal. Na Nota de Capítulo 8.3 faz-se referência a um outro teste de homogeneidade marginal para tabelas 2^d, de natureza condicional, vulgarmente conhecido na literatura como o teste Q de Cochran (veja-se ainda o Exercício 8.4).

8.3 Modelo linear geral

Na Secção 3.4 definiu-se o modelo linear geral que, no contexto de um produto de s distribuições Multinomiais independentes, é expressável em termos de restrições por

$$H : \mathbf{CA}\boldsymbol{\pi} = \mathbf{0}$$

em que $\boldsymbol{\pi} = (\boldsymbol{\pi}_q', q = 1, \ldots, s)'$ é o vector das sr probabilidades das celas, $\mathbf{C}$ uma matriz $a \times u$ de característica $a \leq u$ e $\mathbf{A}$ uma matriz $u \times sr$ de característica $u \leq sr$ tal que $r(\mathbf{A}', \mathbf{D}) = u + s$, em que $\mathbf{D} = \mathbf{I}_s \otimes \mathbf{1}_r$.

Em vez de adicionarem-se a H as restrições naturais sobre $\boldsymbol{\pi}$ na forma $\mathbf{D}'\boldsymbol{\pi} = \mathbf{1}_s$, elas podem ser embutidas em H exprimindo-as na forma

$$\boldsymbol{\pi} = \mathbf{t} + \mathbf{T}\overline{\boldsymbol{\pi}}$$

em que $\overline{\boldsymbol{\pi}} = (\overline{\boldsymbol{\pi}}_q, q = 1, \ldots, s)'$ com $\overline{\boldsymbol{\pi}}_q$ representando $\boldsymbol{\pi}_q$ truncado da sua última componente, $\mathbf{T} = \mathbf{I}_s \otimes (\mathbf{I}_{r-1}, -\mathbf{1}_{r-1})'$ e $\mathbf{t} = \mathbf{1}_s \otimes (\mathbf{0}_{r-1}', 1)'$. Deste modo, o modelo linear geral exprime-se em termos do vector $\overline{\boldsymbol{\pi}}$ por

$$H : \mathbf{H}\overline{\boldsymbol{\pi}} + \mathbf{h} = \mathbf{0} \tag{8.13}$$

em que a matriz $\mathbf{H} = \mathbf{CAT}$ de dimensão $a \times s(r-1)$, e o vector $\mathbf{h} = \mathbf{CAt}$ de dimensão $a \times 1$ que, dependendo de $\mathbf{A}$ e $\mathbf{C}$, pode ser nulo.

A expressão do modelo linear geral em (8.13) é conveniente para a obtenção das equações de verosimilhança. Para o efeito, note-se que, sendo $\mathbf{p} = (\mathbf{p}_q, q = 1, \ldots, s)'$ o vector das sr proporções amostrais ($\mathbf{p}_q = N_q^{-1}\mathbf{n}_q$ com $N_q = n_{q.} = \mathbf{1}_r'\mathbf{n}_q$), a sua matriz de covariâncias é expressável por

$$Var(\mathbf{p}) = diag(N_q^{-1}\mathbf{V}_q(\boldsymbol{\pi}_q), q = 1, \ldots, s) = \mathbf{D}_{\mathbf{N}}^{-1}\mathbf{V}(\boldsymbol{\pi}) \tag{8.14}$$

em que
$$\mathbf{V}(\boldsymbol{\pi}) = diag(\mathbf{V}_q(\boldsymbol{\pi}_q), q = 1, \ldots, s), \quad \mathbf{V}_q(\boldsymbol{\pi}_q) = \mathbf{D}_{\boldsymbol{\pi}_q} - \boldsymbol{\pi}_q\boldsymbol{\pi}_q'$$

e
$$\mathbf{N} = \mathbf{n}_* \otimes \mathbf{1}_r = (\mathbf{I}_s \otimes \mathbf{1}_r\mathbf{1}_r')\mathbf{n}, \quad \mathbf{n}_* = (N_q, q = 1, \ldots, s)'.$$

Relativamente ao vector de $s(r-1)$ proporções amostrais

$$\overline{\mathbf{p}} = [\mathbf{I}_s \otimes (\mathbf{I}_{r-1}, \mathbf{0}_{r-1})]\mathbf{p},$$

8. ANÁLISE DE MODELOS LINEARES

para o qual se tem $\mathbf{p} = \mathbf{t} + \mathbf{T}\overline{\mathbf{p}}$, a sua matriz de covariâncias é

$$Var(\overline{\mathbf{p}}) = diag[N_q^{-1}\mathbf{V}_{q*}(\overline{\boldsymbol{\pi}_q}), q = 1, \ldots, s] \tag{8.15}$$

em que

$$\mathbf{V}_{q*}(\overline{\boldsymbol{\pi}_q}) = \mathbf{D}_{\overline{\boldsymbol{\pi}}_q} - \overline{\boldsymbol{\pi}}_q\overline{\boldsymbol{\pi}}'_q,$$

verificando a relação $Var(\mathbf{p}) = \mathbf{T}Var(\overline{\mathbf{p}})\mathbf{T}'$.

Tendo em conta estas observações preliminares, a aplicação de um procedimento idêntico ao que foi descrito na secção anterior para a maximização do logaritmo da função de verosimilhança, expressa em termos de $\overline{\boldsymbol{\pi}}$ e sujeita às restrições (8.13), conduz às equações

$$\overline{\boldsymbol{\pi}} = \overline{\mathbf{p}} - Var(\overline{\mathbf{p}})\mathbf{H}'[\mathbf{H}Var(\overline{\mathbf{p}})\mathbf{H}']^{-1}(\mathbf{H}\overline{\mathbf{p}} + \mathbf{h}).$$

Exprimindo estas equações de verosimilhança em termos de $\boldsymbol{\pi}$, conclui-se que a estimativa MV restrita, $\widehat{\boldsymbol{\pi}}$, de $\boldsymbol{\pi}$ deve satisfazer as equações

$$\begin{aligned}\widehat{\boldsymbol{\pi}} &= \mathbf{p} - \mathbf{D}_{\mathbf{N}}^{-1}\mathbf{V}(\widehat{\boldsymbol{\pi}})(\mathbf{CA})'[\mathbf{CAD}_{\mathbf{N}}^{-1}\mathbf{V}(\widehat{\boldsymbol{\pi}})(\mathbf{CA})']^{-1}\mathbf{CAp}\\ &= \mathbf{Z}(\widehat{\boldsymbol{\pi}})\mathbf{p}\end{aligned} \tag{8.16}$$

em que

$$\mathbf{Z}(\boldsymbol{\pi}) = \mathbf{I}_{sr} - \mathbf{D}_{\mathbf{N}}^{-1}\mathbf{V}(\boldsymbol{\pi})(\mathbf{CA})'[\mathbf{CAD}_{\mathbf{N}}^{-1}\mathbf{V}(\boldsymbol{\pi})(\mathbf{CA})']^{-1}\mathbf{CA}.$$

A forma destas equações é altamente apropriada para a aplicação de um algoritmo do tipo (8.10). Aliás, as equações (8.9) relativas à estimação sob homogeneidade marginal são nada mais do que uma especialização adequada das equações (8.16). O facto de este algoritmo resolver iterativamente as equações de verosimilhança sem usar o gradiente da função *score* vectorial, e sem incluir explicitamente parâmetros estranhos (os multiplicadores de Lagrange), confere-lhe uma simplicidade e uma elegância computacional que devem ser tidas em conta quando do confronto com outros algoritmos possivelmente mais eficientes mas menos directos. Veja-se a Nota de Capítulo 8.2 para um algoritmo alternativo.

Uma vez determinada a estimativa MV $\widehat{\boldsymbol{\pi}}$, a correspondente estimativa do vector de frequências esperadas é $\widehat{\boldsymbol{\mu}} = \mathbf{D}_{\mathbf{N}}\widehat{\boldsymbol{\pi}}$, donde se podem calcular os valores observados das estatísticas de ajuste Q_V e Q_P (ou Q_N), aproximadamente distribuídas para grandes amostras (para grandes valores dos N_q) sob H segundo uma distribuição $\chi^2_{(a)}$. Querendo evitar cálculos iterativos inerentes à determinação de $\widehat{\boldsymbol{\pi}}$, pode usar-se a estatística de Wald, definida à semelhança de (8.11) por

$$Q_W = (\mathbf{CAp})'[\mathbf{CAD}_{\mathbf{N}}^{-1}\mathbf{V}(\mathbf{p})(\mathbf{CA})']^{-1}\mathbf{CAp}. \tag{8.17}$$

Observe-se ainda que havendo interesse no parâmetro $\boldsymbol{\beta}$ explicitado na formulação em equações livres de H, $\mathbf{A}\boldsymbol{\pi} = \mathbf{X}\boldsymbol{\beta}$, definida cabalmente em (3.18), a sua estimativa MV é calculada por $\widehat{\boldsymbol{\beta}} = (\mathbf{X}'\mathbf{X})^{-1}\mathbf{X}'\mathbf{A}\widehat{\boldsymbol{\pi}}$ (vide Exercício 3.3). Esta quantidade é designadamente relevante quando o resultado do teste de ajuste do modelo não é significativo e se pretende averiguar a significância de reduções desse modelo (*e.g.*, através de estatísticas de Wald condicionais). Veja o Exercício 8.9 para a matriz de covariâncias assintótica do estimador $\widehat{\boldsymbol{\beta}}$.

Exemplo 8.3 (*Problema do tamanho da ninhada*): Para ilustração da análise acabada de referir, considere-se o Exemplo 3.3 em que se define o modelo tradutor da aditividade dos efeitos da quinta e da raça das ovelhas no tamanho médio da ninhada, cujos dados estão expostos no Exemplo 1.9.

A resolução iterativa do sistema de equações (8.16), a partir do vector $\mathbf{p}$ de proporções observadas, permitiu obter a estimativa MV restringida de $\boldsymbol{\pi}$ da qual se calcularam os tamanhos médios das ninhadas preditos pelo modelo aditivo. A tabela seguinte regista estes valores juntamente com os correspondentes valores observados, e ainda os desvios padrões estimados associados.

Tabela 8.2: Estimativas MV do tamanho médio da ninhada e respectivos desvios padrões estimados sob o modelo saturado e sob o modelo linear aditivo

Quinta	Raça	$\mathbf{Ap}$	Desvio padrão $\times 10$	$\mathbf{A\hat{\pi}}$	Desvio padrão $\times 10$
1	A	1.88	0.60	1.84	0.49
1	B	1.87	1.17	1.84	0.52
1	C	1.78	0.84	1.86	0.60
2	A	1.53	0.83	1.63	0.34
2	B	1.67	0.69	1.63	0.31
2	C	1.82	1.14	1.65	0.63
3	A	1.40	0.46	1.38	0.24
3	B	1.34	0.63	1.39	0.18
3	C	1.47	1.33	1.41	0.61

Como $Q_V = 6.19$, $Q_P = 6.54$ e $Q_W = 6.21$ (4 graus de liberdade), o resultado do ajustamento do modelo sem interacção por qualquer destes três testes é não significativo aos níveis usuais de significância (nível crítico da ordem de 17–19%). As estimativas MV dos elementos do parâmetro $\boldsymbol{\beta}$ deste modelo (recorde-se o seu significado no Exemplo 3.3) e os respectivos desvios padrões aproximados estimados são apresentados na Tabela 8.3.

Tabela 8.3: Estimativas MV dos parâmetros do modelo linear aditivo e respectivos desvios padrões estimados

Parâmetro	β_0	α_1	α_2	γ_1	γ_2
Estimativa	1.837	0.003	0.022	-0.207	-0.452
Desvio padrão	0.049	0.028	0.062	0.055	0.051

Se para efeitos de descrição da variabilidade com os factores do tamanho médio da ninhada aceitar-se como válido este modelo, pode-se prosseguir a análise testando nessa base os efeitos individuais de cada factor. Os testes de Wald de ausência do efeito da quinta, $H_0 : \gamma_1 = \gamma_2 = 0$, e do efeito da raça, $H_0 : \alpha_1 = \alpha_2 = 0$, conduzem a resultados, respectivamente significativo ($P = 0$) e não significativo ($P = 0.94$) para

8. ANÁLISE DE MODELOS LINEARES

uma estatística com distribuição $\chi^2_{(2)}$. Estes resultados poderiam de certo modo ser antecipados, quer da Tabela 8.2 (quinta coluna), quer da Tabela 8.3. Em suma, os dados parecem apontar para a inevidência de um efeito da raça e para a presença de um efeito significativo da quinta no sentido de uma diminuição do tamanho médio da ninhada da quinta 1 para a quinta 3.

8.4 Notas de Capítulo

8.1: Numa tabela 2×2 Multinomial, o intervalo de confiança pivotal $100(1 - \alpha)\%$ para $\delta = \theta_{12} - \theta_{21}$,

$$(\widehat{\delta} \pm k_\alpha \sqrt{(\widehat{\lambda} - \widehat{\delta}^2)/N}),$$

em que $k_\alpha = \phi^{-1}(1 - \alpha/2)$, associado à variável fulcral referida na Secção 8.1, foi sugerido por Fleiss (1981). Usando a variância estimada de $\widehat{\delta}$ sob a estrutura de simetria (dada por $\widehat{\lambda}/N$), obtém-se o intervalo pivotal sugerido por Armitage & Berry (1987).

Um intervalo mais aprimorado que os anteriores pode ser obtido evitando a estimação de δ no desvio padrão do estimador MV de δ. Como $N(\widehat{\delta}-\delta)^2/(\widehat{\lambda}-\delta^2) \overset{a}{\sim} \chi^2_{(1)}$ segue-se que

$$\frac{N(\widehat{\delta} - \delta)^2}{\widehat{\lambda} - \delta^2} \leq k_\alpha^2 \Leftrightarrow \delta^2 \left(1 + \frac{k_\alpha^2}{N}\right) - 2\widehat{\delta}\delta + \left(\widehat{\delta} - k_\alpha^2 \frac{\widehat{\lambda}}{N}\right) \leq 0$$

$$\Leftrightarrow \delta \in \left\{ \frac{\widehat{\delta}}{1 + k_\alpha^2/N} \pm k_\alpha \sqrt{N^{-1} \left[\frac{\widehat{\lambda}}{1 + k_\alpha^2/N} - \frac{\widehat{\delta}^2}{(1 + k_\alpha^2/N)^2} \right]} \right\}$$

com probabilidade de cobertura (assintótica) associada de $100(1 - \alpha)\%$.

Lloyd (1990) apresenta intervalos de confiança para δ mais sofisticados e refere vários métodos de construção de intervalos de confiança para proporções binomiais.

8.2: Haber (1985) descreve um algoritmo iterativo para a determinação da estimativa MV de $\boldsymbol{\pi}$ sob o modelo linear geral $\mathbf{A}\boldsymbol{\pi} = \mathbf{X}\boldsymbol{\beta}$ definido em (3.18). O seu algoritmo não é mais do que a aplicação do método de Newton à solução das equações obtidas por derivação da função lagrangiana $\ell(\boldsymbol{\pi}, \boldsymbol{\lambda})$, formada a partir do logaritmo do núcleo da função de verosimilhança Produto de Multinomiais $L(\boldsymbol{\pi}|\mathbf{n}) \propto \prod_{i=1}^{c} \pi_i^{n_i}$, com $c = sr$, e das restrições postas na forma (3.22), $\mathbf{B}\boldsymbol{\pi} - \mathbf{a} = \mathbf{0}$.

Para a sua derivação, note-se que

$$\frac{\partial \ell(\boldsymbol{\pi}, \boldsymbol{\lambda})}{\partial \boldsymbol{\pi}} \bigg|_{\boldsymbol{\pi}=\widehat{\boldsymbol{\pi}}, \boldsymbol{\lambda}=\widehat{\boldsymbol{\lambda}}} = \mathbf{0} \Leftrightarrow \widehat{\boldsymbol{\pi}} = \boldsymbol{\pi}(\widehat{\boldsymbol{\lambda}}) = \mathbf{D}_{\mathbf{B}'\widehat{\boldsymbol{\lambda}}}^{-1} \mathbf{n}$$

em que $\boldsymbol{\lambda}$ é o vector dos $v = a + s = u - p + s$ multiplicadores de Lagrange. As equações a resolver são então

$$\mathbf{g}(\widehat{\boldsymbol{\lambda}}) \equiv \mathbf{B}\boldsymbol{\pi}(\widehat{\boldsymbol{\lambda}}) - \mathbf{a} \equiv \mathbf{B}\mathbf{D}_{\mathbf{B}'\widehat{\boldsymbol{\lambda}}}^{-1} \mathbf{n} - \mathbf{a} = \mathbf{0}$$

Como a k-ésima componente de $\mathbf{g}(\boldsymbol{\lambda})$ é a função

$$g_k(\lambda) = \sum_{i=1}^{c} b_{ki}\pi_i(\lambda) - a_k,$$

em que b_{ki} é o elemento (k,i) de $\mathbf{B}$ e $\pi_i(\lambda) = n_i/\sum_{k=1}^{v} b_{ki}\lambda_k$, segue-se que

$$\frac{\partial g_k(\lambda)}{\partial \lambda_j} = -\sum_{i=1}^{c} b_{ki}\frac{[\pi_i(\lambda)]^2}{n_i}b_{ji}, \quad k,j = 1,\dots,v.$$

A forma do elemento (k,j) da matriz $\partial \mathbf{g}(\boldsymbol{\lambda})/\partial \boldsymbol{\lambda}$ mostra que

$$\frac{\partial \mathbf{g}(\boldsymbol{\lambda})}{\partial \boldsymbol{\lambda}} = -\mathbf{B}'\mathbf{D}_z\mathbf{B}$$

em que $\mathbf{z} = (z_i, i = 1,\dots,c)' = \mathbf{z}[\boldsymbol{\pi}(\boldsymbol{\lambda})]$, $z_i = [\pi_i(\lambda)]^2/n_i$.

Consequentemente, o algoritmo de Newton para a resolução iterativa de $\mathbf{g}(\widehat{\boldsymbol{\lambda}}) = \mathbf{0}$ é definido por

$$\boldsymbol{\lambda}^{(q)} = \boldsymbol{\lambda}^{(q-1)} + \left[\mathbf{B}'\mathbf{D}_{\mathbf{z}[\boldsymbol{\pi}(\boldsymbol{\lambda}^{(q-1)})]}\mathbf{B}\right]^{-1}\left[\mathbf{B}\boldsymbol{\pi}(\boldsymbol{\lambda}^{(q-1)}) - \mathbf{a}\right], \quad q = 1,2,\dots$$

Haber sugere a paragem do esquema $\boldsymbol{\lambda}^{(q-1)} \to \boldsymbol{\pi}^{(q-1)} \to \mathbf{z}(\boldsymbol{\pi}^{(q-1)}) \to \boldsymbol{\lambda}^{(q)}$, quando $|\pi_i^{(q+1)} - \pi_i^{(q)}|$, $i = 1,\dots,c$, forem suficientemente pequenos.

8.3: Num cenário de várias amostras dependentes classificadas dicotomicamente, Cochran (1950) propôs um teste de homogeneidade das respectivas probabilidades de sucesso, que se descreve em seguida.

Seja $p_1(t) = 1 - p_2(t)$ a proporção empírica de sucessos no contexto t, $t = 1,\dots,T$, de uma tabela 2^T – note-se que $p_1(t)$ é uma proporção amostral univariada relativa à t-ésima marginal –, e defina $\bar{p}_1 = \sum_{t=1}^{T} p_1(t)/T$. Denotando-se por q_k a proporção de contextos em que a k-ésima unidade responde sucesso, $k = 1,\dots,N$, tem-se naturalmente

$$N\sum_{t=1}^{T} p_1(t) = T\sum_{q=1}^{N} q_k \Leftrightarrow \bar{p}_1 = \sum_{k=1}^{N} q_k/N.$$

A denominada **estatística Q de Cochran** é então definida por

$$Q = \frac{\sum_{t=1}^{T}[p_1(t) - \bar{p}_1]^2}{\left[\sum_{k=1}^{N} q_k(1-q_k)/N\right]T/(T-1)}$$

e possui uma distribuição nula assintótica $\chi^2_{(T-1)}$ se a probabilidade marginal bivariada de sucesso, $Q_{11}(t_1,t_2)$, não variar consoante o par de margens (t_1,t_2) que se considere, $t_1, t_2 = 1,\dots,T$, $t_1 \neq t_2$ – rotular-se-á esta condição pelo seu autor, ou seja, condição de Bhapkar.

Como essa condição acoplada à homogeneidade marginal equivale ao modelo de simetria marginal de segunda ordem (Exercício 8.4), o teste Q de Cochran é efectivamente um teste condicional (à condição de Bhapkar) do modelo de homogeneidade

8. ANÁLISE DE MODELOS LINEARES

marginal (ou de simetria marginal de ordem 2). Mais informações sobre Q e sua distribuição nula assintótica podem ser obtidas em Somes (1982) e Agresti (2002, Sec. 11.2).

8.5 Exercícios

8.1: Considere uma tabela I^2 de frequências $\{n_{ij}\}$ descrita pelo modelo Multinomial de total N e frequências esperadas $\{\mu_{ij}\}$ satisfazendo a estrutura de simetria. Pretende-se estimar as médias através de critérios distintos do método MV.

a) Considerando o critério de minimização do qui-quadrado de Pearson:

   i) Prove que as estimativas MQP são dadas por
   $$\tilde{\mu}_{ij} = N a_{ij}/a_{..}, \quad i, j = 1, \ldots, I,$$
   em que $a_{ij} = \sqrt{(n_{ij}^2 + n_{ji}^2)/2}$ e $a_{..} = \sum_{i,j} a_{ij}$, e mostre que as correspondentes frequências esperadas estimadas da diagonal principal são sempre inferiores (ou iguais) às respectivas frequências observadas.

   ii) Prove que a estatística do mínimo qui-quadrado de Pearson pode ser definida por
   $$Q_P(\tilde{\boldsymbol{\mu}}) = (a_{..}^2/N) - N$$
   e que só depende das frequências observadas da diagonal principal através da sua soma.

b) Considere agora o critério de minimização do qui-quadrado modificado.

   i) Prove que as estimativas MQN são dadas por
   $$\tilde{\mu}_{ij} = N b_{ij}/b_{..}, \quad i, j = 1, \ldots, I,$$
   em que $b_{ij} = n_{ij}n_{ji}/(n_{ij} + n_{ji})$ e $b_{..} = \sum_{i,j} b_{ij}$, e mostre que $\tilde{\mu}_{ii} \geq n_{ii}$, $i = 1, \ldots, I$, verificando-se a igualdade sse a tabela observada é simétrica.

   ii) Prove que a estatística do mínimo qui-quadrado de Neyman pode ser escrita como
   $$Q_N(\tilde{\boldsymbol{\mu}}) = \frac{N^2}{2b_{..}} - N \; .$$
   De que modo ela depende de $\{n_{ii}, i = 1, \ldots, I\}$?

8.2: Considere o Exemplo 1.2 referente à determinação do grau de risco à cárie por dois métodos:

a) Construa fundamentadamente procedimentos que permitam averiguar se

   i) as probabilidades conjuntas de graus de risco diferenciados para os dois métodos são invariantes face a permutações desses graus;

240   8.5 EXERCÍCIOS

ii) a probabilidade de cada grau de risco não varia com o método usado;

e explicite os resultados da sua aplicação.

b) Estime através de um intervalo de confiança a 95% a diferença entre as probabilidades de alto risco de cárie para os dois métodos.

8.3: No cenário de uma tabela Multinomial I^2, Stuart (1955) no espírito do método de Wald propôs uma estatística de ajuste do modelo de homogeneidade marginal, Q_S, que difere da estatística de Wald, Q_W, apenas no aspecto em que a matriz de covariâncias de $\sqrt{N}\mathbf{C}_*\bar{\mathbf{p}}$, antes de estimada, é substituída pela correspondente matriz sob a hipótese nula.

a) Mostre que

$$Q_S = N(\mathbf{C}_*\bar{\mathbf{p}})'(\mathbf{C}_*\mathbf{D}_{\bar{\mathbf{p}}}\mathbf{C}_*')^{-1}\mathbf{C}_*\bar{\mathbf{p}} \equiv Q_W/(1 + Q_W/N)$$

(Sugestão: use a expressão da inversa de uma matriz $\mathbf{A} + \mathbf{uu}'$ referida em A.2)

b) Prove que Q_S corresponde à estatística do teste de McNemar quando $I = 2$.

8.4: Considere uma resposta binária avaliada em N unidades em T instantes de tempo e admita que a tabela de frequências obtida possa ser descrita pelo modelo Multinomial.

a) Prove que o modelo de simetria marginal de segunda ordem equivale ao modelo de homogeneidade marginal a que é anexada a condição de Bhapkar (veja a Nota de Capítulo 8.3).

b) Mostre que no caso especial de $T = 2$, as estruturas de simetria marginal de ordem 2 e de homogeneidade marginal definem precisamente o mesmo modelo e que a estatística Q de Cochran coincide com a estatística de McNemar.

8.5: No cenário do Exercício 8.4 considere agora que a variável resposta é politómica com I categorias. Denote-se por $n_h(t) = Np_h(t)$ [respectivamente $\phi_h(t)$] e $n_{hh'}(t, t') = Np_{hh'}(t, t')$ [$\phi_{hh'}(t, t')$], em que $h, h' = 1, \ldots, I$ e $t, t' = 1, \ldots, T$, as frequências (probabilidades) marginais univariadas e bivariadas.

Defina ainda $\boldsymbol{\gamma}(t) = (\gamma_h(t), h = 1, \ldots, I - 1)'$, em que

$$\gamma_h(t) = \sum_{l=1}^{T}(\delta_{t,l} - T^{-1})\phi_h(l)$$

com $\delta_{t,l}$ o usual símbolo de Kronecker.

a) Mostre que uma formulação em restrições do modelo de homogeneidade marginal (de ordem 1), HM_1, pode ser definída por

$$\boldsymbol{\gamma} \equiv [\boldsymbol{\gamma}'(1), \ldots, \boldsymbol{\gamma}'(T - 1)]' = \mathbf{0}.$$

8. ANÁLISE DE MODELOS LINEARES

b) Construa a estatística de Wald para o teste do modelo HM_1, mostrando sucessivamente que

i) $Cov(p_h(t), p_{h'}(t')) = N^{-1}\{(1-\delta_{t,t'})\phi_{hh'}(t,t')+\delta_{t,t'}\delta_{h,h'}\phi_h(t)-\phi_h(t)\phi_{h'(t')}\}$.

ii) a matriz de covariâncias do estimador MV irrestrito de $\sqrt{N}\gamma$, denotado por

$$\sqrt{N}\mathbf{d} = (\sqrt{N}\mathbf{d}'(t), t = 1, \dots, T-1)',$$

em que $\mathbf{d}(t) = (d_h(t), h = 1, \dots, I-1)'$, é tal que

$$
\begin{aligned}
Cov(\sqrt{N}d_h(t), \sqrt{N}d_{h'}(t')) = & \{(1 - \delta_{t,t'})\phi_{hh'}(t,t') \\
& - (1 - 1/T)(\overline{\phi}_{hh'}(t,\cdot) + \overline{\phi}_{hh'}(\cdot, t') - \overline{\phi}_{hh'})\} \\
& + \{\delta_{h,h'}[\delta_{t,t'}\phi_h(t) - T^{-1}(\phi_h(t) + \phi_h(t') - \overline{\phi}_h)]\} \\
& - \{(\phi_h(t) - \overline{\phi}_h)(\phi_{h'}(t') - \overline{\phi}_{h'})\}
\end{aligned}
$$

em que

$$\overline{\phi}_{hh'} = [T(T-1)]^{-1} \sum_{l=1}^{T} \sum_{l' \neq l} \phi_{hh'}(l, l')$$

$$\overline{\phi}_{hh'}(t, \cdot) = T^{-1} \sum_{l'=1}^{T} \phi_{hh'}(t, l'),$$

com uma definição análoga para $\overline{\phi}_{hh'}(\cdot, t')$, e $\overline{\phi}_h$ é a média das T probabilidades $\{\phi_h(t)\}$. (Darroch 1981)

8.6: Seja $\mathbf{n} = (n_{ijk})$ o vector de frequências de uma tabela $I^2 \times K$ com distribuição $M(N, \boldsymbol{\theta})$, com base no qual se pretende testar a hipótese de simetria condicional $H_{SP} : \{\theta_{jik} = \theta_{ijk}\}$ definida em (3.6).

a) Mostre que qualquer das estatísticas Q_V, Q_P e Q_N é uma soma de K correspondentes estatísticas de ajuste do modelo de simetria em cada tabela parcial definida pela variável X_3, tendo uma distribuição nula aproximada $\chi^2_{(\nu)}$, $\nu = KI(I-1)/2$, para N grande.

b) Construa um procedimento que permita testar o ajustamento do modelo de simetria marginal para a distribuição conjunta das variáveis (X_1, X_2), usando a estimação restrita. Acha necessário aplicar esse procedimento no caso de se ter previamente constatado evidências fortemente significativas a favor de H_{SP}?

8.7: Considere novamente o Exemplo 1.10 (Problema da distribuição espacial de árvores), enquadrado no cenário probabilístico referido no Exercício 3.2. Teste o ajuste do modelo

a) traduzindo que a distribuição conjunta de ocorrência de carvalhos, nogueiras e bordos é completamente simétrica;

242   8.5 EXERCÍCIOS

b) definido em a) do Exercício 3.2;

c) definido em b) do Exercício 3.2;

d) definido pela primeira condição em b) do Exercício 3.2.

8.8: Considere a estimação de máxima verosimilhança do vector μ de médias de uma tabela sob o modelo linear geral $\mathbf{A}\mu = \mathbf{X}\beta$, definido como se indica na Secção 8.3.

a) No cenário Produto de Multinomiais confirme, derivando (veja-se (8.15) e note-se que $\mu = \mathbf{D_N}\pi$), que o estimador $\widehat{\mu}$ deve satisfazer as equações

$$\widehat{\mu} = \mathbf{n} - \mathbf{V}_0(\widehat{\mu})(\mathbf{CA})'[\mathbf{CAV}_0(\widehat{\mu})(\mathbf{CA})']^{-1}\mathbf{CAn}$$

em que $\mathbf{V}_0(\mu) = \mathbf{diag}(\mathbf{V}_q(\mu_q), q = 1, \ldots, s)'$ e

$$\mathbf{V}_q(\mu_q) = \mathbf{D}_{\mu_q} - \mu_q\mu_q'/N_q.$$

b) Prove que as equações de verosimilhança no cenário Produto de distribuições de Poisson são

$$\widehat{\mu} = \mathbf{n} - \mathbf{D}_{\widehat{\mu}}(\mathbf{CA})'[\mathbf{CAD}_{\widehat{\mu}}(\mathbf{CA})']^{-1}\mathbf{CAn}$$

e defina a estatística de Wald para ajuste do referido modelo.

8.9: Considere o contexto do Exercício 7.1c) e admita que a estrutura aí tomada descreve o modelo linear geral, $\mathbf{A}\pi = \mathbf{X}\beta$, tal como foi definido na Secção 3.4.

a) Coloque esta estrutura linear na formulação genérica $\pi = \pi(\beta)$.

(Sugestão: veja a Nota de Capítulo 3.2.)

b) Mostre que a matriz de covariâncias aproximada do estimador MV $\widehat{\beta}$ é expressável por

$$\mathbf{V}_{\widehat{\beta}}(\pi) = (\mathbf{B}'\mathbf{B})^{-1}$$

em que

$$\mathbf{B} = \mathbf{D}_{\mathbf{N}}^{1/2}\mathbf{D}_{\pi}^{-1/2}\mathbf{PA}'(\mathbf{APA}')^{-1}\mathbf{X},$$

com $\mathbf{P} = \mathbf{I}_s \otimes (\mathbf{I}_r - \mathbf{1}_r\mathbf{1}_r'/r)$. (Haber 1985).

(Sugestão: conjugar a) com o resultado do Exercício 7.1c).)

8.10: A tabela a seguir reproduz as frequências da intensidade (em três níveis ordinais) de uma sequela de cirurgia para tratamento de úlceras duodenais em pacientes que foram submetidos a um de quatro procedimentos cirúrgicos realizados em um de quatro hospitais. Estes procedimentos, brevemente descritos no Exercício 6.9, são aqui denotados por O_j, $j = 1, 2, 3, 4$.

8. ANÁLISE DE MODELOS LINEARES

Hospital	Procedimento cirúrgico	Intensidade da sequela		
		N	L	M
1	O_1	23	7	2
1	O_2	23	10	5
1	O_3	20	13	5
1	O_4	24	10	6
2	O_1	6	1	18
2	O_2	18	6	2
2	O_3	13	13	2
2	O_4	9	15	2
3	O_1	8	6	3
3	O_2	12	4	4
3	O_3	11	6	2
3	O_4	7	7	4
4	O_1	12	9	1
4	O_2	15	3	2
4	O_3	14	8	3
4	O_4	13	6	4

Grizzle et al. (1969) consideraram como função de interesse, em cada uma das 16 subpopulações definidas pelas combinações dos níveis do par (hospital, cirurgia), a média da resposta ordinal quantificada pelos *scores* 1, 2 e 3 atribuídos às categorias "nenhuma" (N), "ligeira" (L) e "moderada" (M) e analisaram pela metodologia descrita no Capítulo 11 o modelo ANOVA sem interacções para estas funções.

Admitindo que os 16 conjuntos de pacientes observados constituem amostras aleatórias estratificadas obtidas de correspondentes subpopulações de grande dimensão e que o seu comportamento em termos da variável resposta é independente de conjunto para conjunto:

a) Defina matricialmente o modelo estrutural referido nas formulações por equações livres e por restrições.

b) Obtenha a estimativa MV restrita das funções de interesse e do vector de parâmetros do referido modelo, bem como os respectivos desvios padrões aproximados estimados.

c) Teste por vários métodos o ajustamento do modelo supracitado.

d) Teste individualmente as hipóteses de ausência dos efeitos principais do hospital e do procedimento cirúrgico no quadro do modelo ajustado anteriormente.

8.11 No estudo do comportamento predatório em cativeiro da jararaca (uma das serpentes mais venenosas do Brasil), referido em Singer, Montini & Savalli (1995), pretende-se avaliar nomeadamente:

a) a influência na existência de ataque predatório à primeira presa (camundongo) da pigmentação e do peso relativo desta. Os dados observados para 52 serpentes foram:

| | | Bote predatório | |
Pigmentação	Peso relativo	Sim	Não
escura	menor	6	3
escura	maior	6	4
albina	menor	5	7
albina	maior	17	4

Analise estes dados estudando o efeito das características das presas na proporção teórica de botes predatórios.

b) se há inversão de comportamento predatório perante a primeira e segunda presas, entre as jararacas que manifestaram algum tipo de bote, que pode ser envenenamento (seguido de busca e deglutição) ou apreensão (aprisionamento até à deglutição). Os dados obtidos em 29 serpentes foram:

| Tipo de bote | Tipo de bote na $2^{\underline{a}}$ presa | |
na $1^{\underline{a}}$ presa	envenenamento	apreensão
envenenamento	8	10
apreensão	0	11

Que conclusão pode extrair destes dados?

8.12: Os dados que se seguem resultaram de um estudo envolvendo um conjunto de 10 grupos de crianças, definidos pelo sexo e faixa etária em 1977, que foram observadas em três ocasiões (1977, 1979, 1981) relativamente à existência (O) ou não (N) de obesidade, determinada por uma medida apropriada de peso relativo.

| Sexo | Faixa etária em 1977 | Categorias de resposta | | | | | | | |
		NNN	NNO	NON	NOO	ONN	ONO	OON	OOO
M	5-7	90	9	3	7	0	1	1	8
M	7-9	150	15	8	8	8	9	7	20
M	9-11	152	11	8	10	7	7	9	25
M	11-13	119	7	8	3	13	4	11	16
M	13-15	101	4	2	7	8	0	6	15
F	5-7	75	8	2	4	2	2	1	8
F	7-9	154	14	13	19	2	6	6	21
F	9-11	148	6	10	8	12	0	8	27
F	11-13	129	8	7	9	6	2	7	14
F	13-15	91	9	5	3	6	0	6	15

Woolson & Clarke (1984) analisam estes dados pela metodologia MQG descrita no Capítulo 10, partindo de um modelo de regressão polinomial nas probabilidades marginais de obesidade (O)

$$\boldsymbol{\theta}_{(ij)*} = (\theta_{(ij)2\cdot\cdot}, \theta_{(ij)\cdot2\cdot}, \theta_{(ij)\cdot\cdot2})',$$

definido por

$$H_1 : \boldsymbol{\theta}_{(ij)*} = \alpha_i \mathbf{1}_3 + \beta_i \mathbf{u}_j + \gamma_i \mathbf{v}_j, \quad i = 1, 2, \ j = 1, \ldots, 5,$$

8. ANÁLISE DE MODELOS LINEARES

em que $\mathbf{u}_j = (b_j, b_j+2, b_j+4)'$ e $\mathbf{v}_j = (b_j^2, (b_j+2)^2, (b_j+4)^2)'$ com b_j o *score* do j-ésimo grupo etário tomado como o ponto médio do respectivo intervalo. Esta estrutura foi considerada embutida no modelo Produto de Multinomiais com vector composto de probabilidades $\boldsymbol{\pi} = (\boldsymbol{\pi}_{ij}, \ i = 1, 2, \ j = 1, 2, 3, 4, 5)'$, em que $\boldsymbol{\pi}_{ij} = (\theta_{(ij)klm}, \ k, l, m = 1, 2)'$.

a) Exprima o modelo estrutural H_1 numa formulação condensada, obtenha a estimativa MV dos seus parâmetros e teste o seu ajustamento.

b) Com base na validade de H_1, teste a ausência do efeito do sexo na função de interesse e o ajustamento do decorrente modelo reduzido, diga-se H_2.

c) Verifique estatisticamente se os parâmetros de H_2 são significativamente não nulos.

d) Uma vez seleccionado um modelo para as probabilidades marginais univariadas, determine os correspondentes valores preditos para elas, juntamente com os erros padrões associados.

Capítulo 9

Análise de modelos log-lineares

Este capítulo de aplicação da metodologia MV ao ajustamento de modelos log-lineares inicia-se com uma descrição genérica da análise para qualquer tabela envolvendo apenas variáveis respostas, supostamente descrita pelo modelo Multinomial. Na Subsecção 9.1.1 determinam-se "as" estatísticas suficientes, derivam-se as equações de verosimilhança e referem-se as distribuições assintóticas Normais de estimadores de (funções relevantes de) parâmetros log-lineares e das frequências esperadas. Em seguida, concretizam-se os testes de ajustamento dos modelos e de hipóteses paramétricas visando a sua simplificação. A Subsecção 9.1.3 trata do problema de comparação destas inferências com as que se obtêm no quadro poissoniano mais abrangente.

As Secções 9.2 e 9.3 debruçam-se sobre a aplicação dos resultados da secção anterior a tabelas bidimensionais e multidimensionais, respectivamente. Na primeira descreve-se a análise sucessivamente dos modelos de independência, simetria, e algumas das suas generalizações, e de modelos ordinais. A Secção 9.3 ocupa-se sucessivamente dos modelos tridimensionais hierárquicos, de simetria e ordinais, e dos modelos tetradimensionais hierárquicos. A Secção 9.4 descreve os dois métodos iterativos mais usados na estimação (Newton-Raphson e ajustamento proporcional iterativo).

A Secção 9.5 apresenta a análise de tabelas com alguma variável explicativa, enquadradas no cenário Produto de Multinomiais, sob as duas representações, ordinária e generalizada (linear nos logitos), dos modelos log-lineares, e compara as respectivas inferências com as das Secções 9.1-9.3. Na Secção 9.6 aborda-se o problema da selecção de modelos, focando as estratégias de selecção mais comuns e a avaliação dos modelos seleccionados.

9.1 Descrição genérica da análise em tabelas sem variáveis explicativas

Considere-se uma tabela genérica de c celas definida apenas por variáveis respostas, cujo vector $\mathbf{n} = (n_1, \ldots, n_c)'$ de frequências é modelado por alguma distribuição Multinomial com $N = \mathbf{1}'_c\mathbf{n}$ fixo e vector de médias $\boldsymbol{\mu} = N\boldsymbol{\theta}$ satisfazendo $\mathbf{1}'_c\boldsymbol{\mu} = N$.

Como se viu na Secção 4.1, a formulação geral mais usual de um modelo log-linear é

$$H : \ln \boldsymbol{\mu} = \mathbf{1}_c u + \mathbf{X}\boldsymbol{\beta} \tag{9.1}$$

onde $\mathbf{X}$ é uma matriz $c \times (p-1)$ de característica $r(\mathbf{X}) = p-1$ e tal que $r([\mathbf{1}_c, \mathbf{X}]) = p$. Devido à restrição natural, u é uma função de $\mathbf{X}\boldsymbol{\beta}$, estabelecendo então (9.1) que $\boldsymbol{\mu}$ é uma função de $\boldsymbol{\beta}$ definida por

$$\boldsymbol{\mu}(\boldsymbol{\beta}) = N\boldsymbol{\theta}(\boldsymbol{\beta}) = N\mathbf{exp}\,(\mathbf{X}\boldsymbol{\beta})/[\mathbf{1}'_c\mathbf{exp}\,(\mathbf{X}\boldsymbol{\beta})].$$

O modelo H é assim uma especialização da estrutura geral (7.1).

9.1.1 Estatísticas suficientes e estimação paramétrica

O logaritmo da função de verosimilhança Multinomial sob H é definido por

$$\ln L(\boldsymbol{\beta}|\mathbf{n}) \;=\; a(\mathbf{n}) + \mathbf{n}'\ln\boldsymbol{\theta}(\boldsymbol{\beta}) \;=\; b(\mathbf{n}) + \mathbf{n}'\ln\boldsymbol{\mu}(\boldsymbol{\beta})$$

onde as funções $a(\cdot)$ e $b(\cdot)$ não dependem dos parâmetros. Incorporando a estrutura log-linear obtém-se para $l(\boldsymbol{\beta}) = \ln L(\boldsymbol{\beta}|\mathbf{n})$ a expressão

$$l(\boldsymbol{\beta}) = a(\mathbf{n}) + \mathbf{n}'\{\mathbf{X}\boldsymbol{\beta} - \mathbf{1}_c \ln[\mathbf{1}'_c\mathbf{exp}\,(\mathbf{X}\boldsymbol{\beta})]\} \tag{9.2}$$

que evidencia, em particular, que o modelo estatístico em questão faz parte da família exponencial $(p-1)$−paramétrica com parâmetro natural $\boldsymbol{\beta}$ e estatística suficiente mínima (e completa) associada $\mathbf{X}'\mathbf{n}$.

Obviamente que qualquer transformação biunívoca de $\mathbf{X}'\mathbf{n}$ é também uma estatística suficiente mínima com respeito ao modelo. Em modelos log-lineares hierárquicos, mediante uma escolha apropriada de uma dessas transformações (ou da própria matriz $\mathbf{X}$), a respectiva estatística suficiente mínima é um vector de totais marginais (não redundantes) da tabela, a que se pode fazer corresponder, por uma transformação linear não singular, um outro vector de totais marginais de ordem não inferior para cada variável. Por comodidade, costuma afirmar-se que o conjunto desses totais marginais de maior ordem para cada variável (incluindo os redundantes) constitui uma estatística suficiente mínima respeitante ao modelo. Este conjunto não é mais do que a estatística suficiente natural associada à formulação inidentificável do modelo, e é constituído pelas frequências das margens explicitadas na representação simbólica do modelo hierárquico definida na Subsecção 4.3.3.

Para clarificação destas afirmações, considerem-se alguns modelos, já familiares, de independência. No modelo log-linear de independência numa tabela 2^2, formulado sob a parametrização de desvios de médias, tem-se

$$\mathbf{X}' = \mathbf{X}'_{DM} \equiv \begin{pmatrix} 1 & 1 & -1 & -1 \\ 1 & -1 & 1 & -1 \end{pmatrix}$$

9. ANÁLISE DE MODELOS LOG-LINEARES

originando a estatística suficiente mínima $\mathbf{X'n} = (n_{1.} - n_{2.}, n_{.1} - n_{.2})'$. Esta estatística é claramente equivalente a $(n_{1.}, n_{.1})'$, que é a estatística suficiente mínima que obter-se-ia usando a parametrização alternativa da cela de referência definida por $(\mathbf{1}_4, \mathbf{X})$, onde

$$\mathbf{X'} = \mathbf{X'}_{CR} \equiv \begin{pmatrix} 1 & 1 & 0 & 0 \\ 1 & 0 & 1 & 0 \end{pmatrix}.$$

Daí a afirmação usual de o conjunto formado por $\{n_{i.}\}$ e $\{n_{.j}\}$ constituir uma estatística suficiente mínima com respeito ao modelo de independência, o que a torna comodamente aplicável a qualquer tabela bidimensional. Este conjunto representa a estatística suficiente que obter-se-ia se a formulação sobreparametrizada do modelo sem as restrições de identificabilidade fosse utilizada, como decorre da expressão

$$l(\boldsymbol{\beta}) = b(\mathbf{n}) + Nu + \sum_i n_{i.} u_i^A + \sum_j n_{.j} u_j^B.$$

Como um segundo exemplo, tome-se o modelo (AB, AC) de independência condicional numa tabela 2^3. Com a parametrização de desvios de médias

$$\mathbf{X'} = \mathbf{X'}_{DM} \equiv \begin{pmatrix} 1 & 1 & 1 & 1 & -1 & -1 & -1 & -1 \\ 1 & 1 & -1 & -1 & 1 & 1 & -1 & -1 \\ 1 & -1 & 1 & -1 & 1 & -1 & 1 & -1 \\ 1 & 1 & -1 & -1 & -1 & -1 & 1 & 1 \\ 1 & -1 & 1 & -1 & -1 & 1 & -1 & 1 \end{pmatrix},$$

a estatística suficiente mínima, $\mathbf{X'n}$, é o vector

$$(n_{1..} - n_{2..}, n_{.1.} - n_{.2.}, n_{..1} - n_{..2}, n_{11.} - n_{12.} - n_{21.} + n_{22.}, n_{1.1} - n_{1.2} - n_{2.1} + n_{2.2})'$$

obviamente equivalente a $(n_{1..}, n_{.1.}, n_{..1}, n_{11.}, n_{1.1})'$, estatística esta associada à parametrização da cela de referência definida por

$$\mathbf{X'} = \mathbf{X'}_{CR} \equiv \begin{pmatrix} 1 & 1 & 1 & 1 & 0 & 0 & 0 & 0 \\ 1 & 1 & 0 & 0 & 1 & 1 & 0 & 0 \\ 1 & 0 & 1 & 0 & 1 & 0 & 1 & 0 \\ 1 & 1 & 0 & 0 & 0 & 0 & 0 & 0 \\ 1 & 0 & 1 & 0 & 0 & 0 & 0 & 0 \end{pmatrix}.$$

Facilmente se obtêm por transformações biunívocas outras estatísticas suficientes mínimas como $(n_{11.}, n_{12.}, n_{1.1}, n_{1.2}, n_{2.1})'$, o que permite concluir que o conjunto dos totais marginais bivariados $\{n_{ij.}\}$ e $\{n_{i.k}\}$ configura uma estatística suficiente mínima sob o modelo (AB, AC). Esta conclusão é válida independentemente da configuração da tabela tridimensional, já que

$$l(\boldsymbol{\beta}) = b(\mathbf{n}) + Nu \ + \ \sum_i n_{i..} u_i^A + \sum_j n_{.j.} u_j^B + \sum_k n_{..k} u_k^C$$
$$+ \ \sum_{i,j} n_{ij.} u_{ij}^{AB} + \sum_{i,k} n_{i.k} u_{ik}^{AC}.$$

Para o caso especial deste modelo obtido por eliminação da quinta coluna de $\mathbf{X}_{DM}$ (ou de $\mathbf{X}_{CR}$) e do respectivo termo u^{AC} – o modelo (AB, C) – a estatística suficiente

9.1 DESCRIÇÃO GENÉRICA DA ANÁLISE EM TABELAS SEM FACTORES

mínima obtém-se daquela do modelo (AB, AC) por remoção da quinta linha de $\mathbf{X}'_{DM}\mathbf{n}$ (ou de $\mathbf{X}'_{CR}\mathbf{n}$). Uma estatística equivalente é $(n_{..1}, n_{11.}, n_{12.}, n_{21.})'$, realçando que o conjunto de totais marginais de maior ordem, formado por $\{n_{..k}\}$ e $\{n_{ij.}\}$, é suficiente para o modelo (AB, C) em qualquer tabela tridimensional.

A insistência relativa na definição da estatística suficiente mínima para um modelo log-linear radica fundamentalmente na sua ocorrência nas equações de verosimilhança, como se mostrará em seguida.

Designando $\mathbf{x}'_i = (x_{ij}, j = 1, \ldots, p-1)$ a i-ésima linha de $\mathbf{X}$, a expressão (9.2) corresponde a

$$
\begin{aligned}
l(\boldsymbol{\beta}) &= a(\mathbf{n}) + \sum_{i=1}^{c} n_i(\mathbf{x}'_i\boldsymbol{\beta}) - N\ln[\sum_{i=1}^{c} \exp(\mathbf{x}'_i\boldsymbol{\beta})] \\
&= a(\mathbf{n}) + \sum_{i=1}^{c} n_i \sum_{j=1}^{p-1} x_{ij}\beta_j - N\ln[\sum_{i=1}^{c} \exp \sum_{j=1}^{p-1} x_{ij}\beta_j)].
\end{aligned}
$$

A j-ésima componente do vector gradiente de $l(\boldsymbol{\beta}), j = 1, \ldots, p-1$, é então dada por

$$
\begin{aligned}
\partial l(\boldsymbol{\beta})/\partial\beta_j &= \sum_{i=1}^{c} n_i x_{ij} - N \sum_{i=1}^{c} x_{ij} \exp(\mathbf{x}'_i\boldsymbol{\beta}) / \sum_{i=1}^{c} \exp(\mathbf{x}'_i\boldsymbol{\beta}) \\
&= \mathbf{c}'_j\mathbf{n} - N\mathbf{c}'_j\exp(\mathbf{X}\boldsymbol{\beta})/[\mathbf{1}'_c\exp(\mathbf{X}\boldsymbol{\beta})] \\
&= \mathbf{c}'_j[\mathbf{n} - \boldsymbol{\mu}(\boldsymbol{\beta})]
\end{aligned}
$$

onde $\mathbf{c}_j$ é a j-ésima coluna de $\mathbf{X}$ (relativa ao parâmetro β_j), $j = 1, \ldots, p-1$. Em termos compactos, a função *score* vectorial exprime-se então por

$$
\mathbf{U}(\boldsymbol{\beta}; \mathbf{n}) \equiv \partial l(\boldsymbol{\beta})/\partial\boldsymbol{\beta} = \mathbf{X}'[\mathbf{n} - \boldsymbol{\mu}(\boldsymbol{\beta})] \tag{9.3}
$$

evidenciando que a sua dependência de $\boldsymbol{\beta}$ se materializa unicamente através de $\boldsymbol{\mu}(\boldsymbol{\beta})$.

O uso das operações de diferenciação matricial (vide Apêndice, Secção A.6) permite obter directamente a expressão condensada de $\mathbf{U}(\boldsymbol{\beta}; \mathbf{n})$. Com efeito, tomando em conta as expressões de $\ln L(\boldsymbol{\mu}|\mathbf{n})$ e $\boldsymbol{\mu}(\boldsymbol{\beta})$, tem-se que

$$
\frac{\partial \ln L(\boldsymbol{\mu}|\mathbf{n})}{\partial\boldsymbol{\mu}} = \mathbf{D}_{\boldsymbol{\mu}}^{-1}\mathbf{n}
$$

e

$$
\begin{aligned}
\frac{\partial\boldsymbol{\mu}(\boldsymbol{\beta})}{\partial\boldsymbol{\beta}'} &= \frac{N[\mathbf{D}_{\exp(\mathbf{X}\boldsymbol{\beta})}\mathbf{X}\mathbf{1}'_c\exp(\mathbf{X}\boldsymbol{\beta}) - \exp(\mathbf{X}\boldsymbol{\beta})\mathbf{1}'_c\mathbf{D}_{\exp(\mathbf{X}\boldsymbol{\beta})}\mathbf{X}]}{[\mathbf{1}'_c\exp(\mathbf{X}\boldsymbol{\beta})]^2} \\
&= \mathbf{D}_{\boldsymbol{\mu}(\boldsymbol{\beta})}\mathbf{X} - \frac{N\exp(\mathbf{X}\boldsymbol{\beta})[\exp(\mathbf{X}\boldsymbol{\beta})]'\mathbf{X}}{[\mathbf{1}'_c\exp(\mathbf{X}\boldsymbol{\beta})]^2} \\
&= \{\mathbf{D}_{\boldsymbol{\mu}(\boldsymbol{\beta})} - N^{-1}\boldsymbol{\mu}(\boldsymbol{\beta})[\boldsymbol{\mu}(\boldsymbol{\beta})]'\}\mathbf{X}
\end{aligned}
$$

donde, pela regra de diferenciação matricial em cadeia,

$$
\begin{aligned}
\frac{\partial l(\boldsymbol{\beta})}{\partial\boldsymbol{\beta}} &= \left(\frac{\partial\boldsymbol{\mu}}{\partial\boldsymbol{\beta}'}\right)' \frac{\partial \ln L(\boldsymbol{\mu}|\mathbf{n})}{\partial\boldsymbol{\mu}}\Big|_{\boldsymbol{\mu}=\boldsymbol{\mu}(\boldsymbol{\beta})} \\
&= \mathbf{X}'\{\mathbf{D}_{\boldsymbol{\mu}(\boldsymbol{\beta})} - N^{-1}\boldsymbol{\mu}(\boldsymbol{\beta})[\boldsymbol{\mu}(\boldsymbol{\beta})]'\}\mathbf{D}_{\boldsymbol{\mu}(\boldsymbol{\beta})}^{-1}\mathbf{n} \\
&= \mathbf{X}'[\mathbf{n} - \boldsymbol{\mu}(\boldsymbol{\beta})],
\end{aligned}
$$

9. ANÁLISE DE MODELOS LOG-LINEARES

quod erat demonstrandum.

A forma de $\mathbf{U}(\boldsymbol{\beta}; \mathbf{n})$ revela que qualquer ponto de estacionaridade de $l(\boldsymbol{\beta})$ é tal que $\mathbf{n} - \boldsymbol{\mu}(\boldsymbol{\beta})$ pertence ao complemento ortogonal do espaço gerado por $\mathbf{X}$ (recorde-se a definição do espaço nulo de $\mathbf{X}'$ na Secção A.1). Por outras palavras, o sistema das equações de verosimilhança é

$$\mathbf{X}'\boldsymbol{\mu}(\widehat{\boldsymbol{\beta}}) = \mathbf{X}'\mathbf{n} \qquad (9.4)$$

traduzindo a igualdade entre as combinações lineares das frequências definidoras da estatística suficiente mínima e as mesmas combinações lineares das frequências esperadas estimadas. Este sistema, igualando a estatística suficiente mínima ao seu valor esperado sob H, é consistente pelo menos quando $\mathbf{n} \in I\!\!R_+^c$, como se mostrará mais adiante.

Em geral, a resolução de (9.4) exige métodos iterativos que serão objecto de análise na Secção 9.4. O facto de estas equações dependerem de $\widehat{\boldsymbol{\beta}}$ apenas através de $\boldsymbol{\mu}(\widehat{\boldsymbol{\beta}})$ conduz a que em muitos casos seja possível determinar $\widehat{\boldsymbol{\mu}}$, e assim, testar o ajustamento do modelo, sem a obtenção prévia de $\widehat{\boldsymbol{\beta}}$. É o que acontece, nomeadamente, naqueles modelos log-lineares hierárquicos onde $\boldsymbol{\mu}$ se exprime como uma função multiplicativa do valor esperado dos totais marginais suficientes, como se terá oportunidade de evidenciar em aplicações nas Secções 9.2 e 9.3. Nos casos em que se obtém directamente (por via analítica ou iterativa) a estimativa MV $\widehat{\boldsymbol{\mu}}$ de $\boldsymbol{\mu}$, a correspondente estimativa, $\widehat{\boldsymbol{\beta}}$, de $\boldsymbol{\beta}$ pode ser determinada por invariância através da transformação linear de $\ln \boldsymbol{\mu}$ definidora de $\boldsymbol{\beta}$.

Em ordem a analisar a natureza da solução das equações de verosimilhança, deve-se notar que a matriz hessiana de $l(\boldsymbol{\beta})$ é

$$\begin{aligned} \mathbf{J}(\boldsymbol{\beta}) \equiv \frac{\partial^2 l(\boldsymbol{\beta})}{\partial \boldsymbol{\beta} \partial \boldsymbol{\beta}'} &= -\mathbf{X}'\{\mathbf{D}_{\boldsymbol{\mu}(\boldsymbol{\beta})} - N^{-1}\boldsymbol{\mu}(\boldsymbol{\beta})[\boldsymbol{\mu}(\boldsymbol{\beta})]'\}\mathbf{X} \\ &= -\mathbf{X}'[N\mathbf{V}(\boldsymbol{\theta}(\boldsymbol{\beta}))]\mathbf{X} \end{aligned} \qquad (9.5)$$

em que $\mathbf{V}(\boldsymbol{\theta}(\boldsymbol{\beta})) = \mathbf{D}_{\boldsymbol{\theta}(\boldsymbol{\beta})} - \boldsymbol{\theta}(\boldsymbol{\beta})[\boldsymbol{\theta}(\boldsymbol{\beta})]'$.

Tendo em conta que a matriz de covariâncias exacta de $\mathbf{n}$ é $N\mathbf{V}(\boldsymbol{\theta}(\boldsymbol{\beta}))$, segue-se que $\mathbf{J}(\boldsymbol{\beta}) = -\mathbf{Var}(\mathbf{X}'\mathbf{n})$, evidenciando a natureza semidefinida negativa de $\mathbf{J}(\boldsymbol{\beta})$. Que $\mathbf{J}(\boldsymbol{\beta})$ é uma matriz de facto definida negativa, pode ser provado pelo seguinte argumento. Supondo que $\mathbf{J}(\boldsymbol{\beta})$ não seja definida negativa, existirá então para cada $\boldsymbol{\beta} \in I\!\!R^{p-1}$ um $\mathbf{a} \in I\!\!R^{p-1}, \mathbf{a} \neq \mathbf{0}$, tal que

$$\mathbf{a}'\mathbf{J}(\boldsymbol{\beta})\mathbf{a} = 0 \iff Var(\mathbf{a}'\mathbf{X}'\mathbf{n}) = 0.$$

Consequentemente, existirá um número real c tal que $\mathbf{a}'\mathbf{X}'\mathbf{n} = c$ com probabilidade (amostral) 1, resultado contraditório com o facto de $\mathbf{n}$ não ser um vector aleatório degenerado.

A natureza definida negativa de $\mathbf{J}(\boldsymbol{\beta})$ para todo $\boldsymbol{\beta}$, evidenciando a concavidade estrita de $\ell(\boldsymbol{\beta})$, implica que esta apresente quando muito um ponto de estacionaridade que não poderá ser senão um ponto de máximo. Por conseguinte, sempre que $\widehat{\boldsymbol{\mu}}$ existe (o que é garantido se $n_i > 0$, $i = 1, \ldots, c$), ele é a solução das equações (9.4) e, pela forma destas, independente da matriz base do subespaço $\mathcal{M}([\mathbf{1}_c, \mathbf{X}])$.

9.1 DESCRIÇÃO GENÉRICA DA ANÁLISE EM TABELAS SEM FACTORES

A natureza não aleatória de $\mathbf{J}(\boldsymbol{\beta})$ conduz a que a matriz de informação de Fisher seja dada por $\mathbf{I}_N(\boldsymbol{\beta}) = -\mathbf{J}(\boldsymbol{\beta})$. Deste modo, o vector aleatório $\widehat{\boldsymbol{\beta}} - \boldsymbol{\beta}$ tem para N suficientemente grande uma distribuição aproximada Normal $(p-1)$-variada de média $\mathbf{0}$ e matriz de covariâncias

$$\mathbf{V}_{\widehat{\boldsymbol{\beta}}}(\boldsymbol{\theta}) \equiv \mathbf{Var}_a(\widehat{\boldsymbol{\beta}}) = N^{-1}[\mathbf{X}'\mathbf{V}(\boldsymbol{\theta})\mathbf{X}]^{-1}. \tag{9.6}$$

Aplicando o método Delta baseado numa aproximação em série de Taylor linear de $\boldsymbol{\mu}(\widehat{\boldsymbol{\beta}})$ (ver Secção 7.4) obtém-se a matriz de covariâncias aproximada de $\widehat{\boldsymbol{\mu}} = \boldsymbol{\mu}(\widehat{\boldsymbol{\beta}})$

$$
\begin{aligned}
\mathbf{V}_{\widehat{\boldsymbol{\mu}}}(\boldsymbol{\theta}) \equiv \mathbf{Var}_a(\widehat{\boldsymbol{\mu}}) &= \left(\frac{\partial \boldsymbol{\mu}(\boldsymbol{\beta})}{\partial \boldsymbol{\beta}'}\right) \mathbf{V}_{\widehat{\boldsymbol{\beta}}}(\boldsymbol{\theta}) \left(\frac{\partial \boldsymbol{\mu}(\boldsymbol{\beta})}{\partial \boldsymbol{\beta}'}\right)' \\
&= N\mathbf{V}(\boldsymbol{\theta})\mathbf{X}[\mathbf{X}'\mathbf{V}(\boldsymbol{\theta})\mathbf{X}]^{-1}\mathbf{X}'\mathbf{V}(\boldsymbol{\theta}). \tag{9.7}
\end{aligned}
$$

A substituição nesta expressão de N por N^{-1} conduz à correspondente matriz de covariâncias do estimador MV de $\boldsymbol{\theta}, \widehat{\boldsymbol{\theta}} = \boldsymbol{\theta}(\widehat{\boldsymbol{\beta}})$. Observe-se que (9.7) representa uma matriz singular por força da restrição natural (reveja-se o Exercício 7.1).

Por aplicação do mesmo método de obtenção de distribuições assintóticas, facilmente se conclui que, sob H, o vector aleatório $\ln \widehat{\boldsymbol{\mu}} - \ln \boldsymbol{\mu} = \ln \widehat{\boldsymbol{\theta}} - \ln \boldsymbol{\theta}$ tem em grandes amostras uma distribuição aproximadamente Normal de média $\mathbf{0}$ e matriz de covariâncias

$$\mathbf{V}_{\widehat{\boldsymbol{\nu}}}(\boldsymbol{\theta}) = N^{-1}(\mathbf{I}_c - \mathbf{1}_c\boldsymbol{\theta}')\mathbf{X}[\mathbf{X}'\mathbf{V}(\boldsymbol{\theta})\mathbf{X}]^{-1}\mathbf{X}'(\mathbf{I}_c - \boldsymbol{\theta}\mathbf{1}_c') \tag{9.8}$$

onde $\widehat{\boldsymbol{\nu}} = \ln \widehat{\boldsymbol{\mu}}$. Este resultado implica que o estimador MV da transformação linear $\mathbf{W}'\boldsymbol{\nu} = \mathbf{W}'\ln \boldsymbol{\mu}$, onde $\mathbf{W}$ é uma matriz $c \times a$ com $r(\mathbf{W}) = a \leq c$, possui no mesmo contexto uma distribuição Normal a-variada com média $\mathbf{W}'\boldsymbol{\nu}$ e matriz de covariâncias $\mathbf{V}_{\mathbf{W}'\widehat{\boldsymbol{\nu}}}(\boldsymbol{\theta}) = \mathbf{W}'\mathbf{V}_{\widehat{\boldsymbol{\nu}}}(\boldsymbol{\theta})\mathbf{W}$. Observe-se que no caso particular em que as colunas de $\mathbf{W}$ são contrastes (*i.e.*, $\mathbf{W}'\mathbf{1}_c = \mathbf{0}_{(a)}$), a matriz de covariâncias aproximada de $\mathbf{W}'\widehat{\boldsymbol{\nu}}$ simplifica-se para

$$\mathbf{V}_{\mathbf{W}'\widehat{\boldsymbol{\nu}}}(\boldsymbol{\theta}) = N^{-1}\mathbf{W}'\mathbf{X}[\mathbf{X}'\mathbf{V}(\boldsymbol{\theta})\mathbf{X}]^{-1}\mathbf{X}'\mathbf{W}. \tag{9.9}$$

Os resultados distribucionais anteriores são importantes para a realização de inferências assintóticas sobre parâmetros log-lineares, médias e probabilidades (ou seus logaritmos) e combinações lineares destas, a partir dos correspondentes estimadores MV sob a validade de H. Recorde-se, por exemplo, a utilidade dos logaritmos de chances, razões de chances ou razões de razões de chances, todos eles contrastes de $\ln \boldsymbol{\mu}$, na quantificação de formas de associação entre as variáveis definidoras da tabela.

O uso de um estimador consistente das respectivas matrizes de covariâncias (*e.g.*, o estimador MV restrito definido pela introdução de $\widehat{\boldsymbol{\theta}}$ onde figura $\boldsymbol{\theta}$) permite construir quantidades pivotais para a construção de intervalos (ou regiões) de confiança condicionados a H. Nas secções seguintes ter-se-á oportunidade de aplicar este procedimento, mas para um esclarecimento imediato, considere-se por exemplo que H representa o modelo sem interacção de segunda ordem numa tabela 2^3 e que o contraste $\mathbf{W}'\boldsymbol{\nu}$ $(a = 1)$ define o logaritmo da RPC no nível 2 de X_1 (*i.e.*, o parâmetro

9. ANÁLISE DE MODELOS LOG-LINEARES   253

log-linear u_{11}^{BC} associado à parametrização da cela de referência $(2, 2, 2)$). A distribuição aproximada de $\mathbf{W}'(\widehat{\boldsymbol{\nu}} - \boldsymbol{\nu})$ implica pelo Teorema de Slutsky (veja-se Apêndice B) que

$$U = \sqrt{N}(\mathbf{W}'\widehat{\boldsymbol{\nu}} - \mathbf{W}'\boldsymbol{\nu})/\mathbf{W}'\mathbf{X}[\mathbf{X}'\mathbf{V}(\widehat{\boldsymbol{\theta}})\mathbf{X}]^{-1}\mathbf{X}'\mathbf{W}$$

é assintoticamente distribuída como uma variável Normal padrão. A variável aleatória U constitui assim uma quantidade fulcral (*pivot*) para a construção de um intervalo de confiança aproximado para $\mathbf{W}'\boldsymbol{\nu}$, cuja concretização permitirá avaliar a utilidade da manutenção do termo de associação parcial $X_2 - X_3$ no modelo de partida.

Os resultados assintóticos referidos permitem igualmente construir estatísticas para testes de simplificação de H, como se descreverá na próxima subsecção. Para finalizar, é importante salientar que estes procedimentos de estimação intervalar e de testes sobre $\boldsymbol{\mu}$ ou funções de $\boldsymbol{\mu}$ são independentes de $\mathbf{X}$ por força de as respectivas matrizes de covariâncias serem imutáveis sob parametrizações alternativas (Exercício 9.24 a), b), quando $s = 1$).

9.1.2 Ajustamento e redução de modelos

Uma vez obtido o vector $\widehat{\boldsymbol{\mu}}$ de frequências esperadas estimadas pelo método de máxima verosimilhança, o ajustamento de H é vulgarmente efectuado pelas estatísticas de teste Q_V ou Q_P definidas em (7.11) e (7.13), respectivamente, *i.e.*, $Q_V = -2\mathbf{n}'(\ln \widehat{\boldsymbol{\mu}} - \ln \mathbf{n})$ e $Q_P = (\mathbf{n} - \widehat{\boldsymbol{\mu}})'\mathbf{D}_{\widehat{\boldsymbol{\mu}}}^{-1}(\mathbf{n} - \widehat{\boldsymbol{\mu}})$, por meio de uma distribuição nula assintótica $\chi^2_{(c-p)}$ para ambas.

A especialização a modelos saturados de resultados assintóticos sobre os estimadores MV das frequências esperadas referidos anteriormente conduz sem dificuldade à construção de testes de Wald de ajuste de H, quando este é formulado equivalentemente em termos de restrições.

Para o efeito, observe-se que sob o modelo saturado, a expressão (9.7) particulariza-se em $\mathbf{V}_{\widehat{\boldsymbol{\mu}}}(\boldsymbol{\theta}) = N\mathbf{V}(\boldsymbol{\theta})$, como não podia deixar de ser, visto que $\widehat{\boldsymbol{\mu}} = \mathbf{n}$. Tome-se, *e.g.*, a parametrização da cela de referência c associada a $\mathbf{X}' = (\mathbf{I}_{(c-1)}, \mathbf{0}_{(c-1)})$ e verifique-se que a matriz $\mathbf{X}[\mathbf{X}'\mathbf{V}(\boldsymbol{\theta})\mathbf{X}]^{-1}\mathbf{X}'$ é diagonal em blocos, com dois blocos diagonais $(\mathbf{D}_{\overline{\boldsymbol{\theta}}} - \overline{\boldsymbol{\theta}}\,\overline{\boldsymbol{\theta}}')^{-1}$, onde $\overline{\boldsymbol{\theta}}$ corresponde ao vector $\boldsymbol{\theta}$ sem a última componente, e $\mathbf{0}$ (veja-se ainda o Exercício 9.24 c). Consequentemente, (9.8) reduz-se a $\mathbf{V}_{\widehat{\boldsymbol{\nu}}}(\boldsymbol{\theta}) = N^{-1}(\mathbf{D}_{\boldsymbol{\theta}}^{-1} - \mathbf{1}_c\mathbf{1}_c')$, implicando que o vector $\sqrt{N}\mathbf{W}'(\ln \widehat{\boldsymbol{\mu}} - \ln \boldsymbol{\mu}) = \sqrt{N}\mathbf{W}'(\ln \widehat{\boldsymbol{\theta}} - \ln \boldsymbol{\theta})$ tem uma distribuição assintótica Normal a-variada de vector média $\mathbf{0}$ e matriz de covariâncias $\mathbf{W}'(\mathbf{D}_{\boldsymbol{\theta}}^{-1} - \mathbf{1}_c\,\mathbf{1}_c')\mathbf{W}$.

Quando as colunas $\mathbf{w}_k$ da matriz $\mathbf{W}$ definem contrastes, a matriz de covariâncias do vector aleatório $\sqrt{N}\mathbf{W}'(\ln \widehat{\boldsymbol{\mu}} - \ln \boldsymbol{\mu})$ simplifica-se para $N\mathbf{V}_{\mathbf{W}'\widehat{\boldsymbol{\nu}}}(\boldsymbol{\theta}) = \mathbf{W}'\mathbf{D}_{\boldsymbol{\theta}}^{-1}\mathbf{W}$, sendo consistentemente estimada pela matriz resultante da substituição de $\boldsymbol{\theta}$ pelo estimador consistente $\mathbf{p} = \mathbf{n}/N$. Exemplificando, se $\mathbf{W}'\ln \boldsymbol{\mu}$ $(a = 1)$ representa o logaritmo da razão entre as razões de produtos cruzados nos dois níveis de X_3 numa tabela 2^3, o seu estimador MV, $\mathbf{W}'\ln \mathbf{n} = \mathbf{W}'\ln \mathbf{p}$ possui, para N suficientemente grande, uma variância aproximada estimada por

$$\mathbf{W}'\mathbf{D}_{\mathbf{n}}^{-1}\mathbf{W} = \sum_{i,j,k} n_{ijk}^{-1}.$$

No caso em questão, a variável aleatória

$$U_k = (\mathbf{w}_k' \ln \widehat{\boldsymbol{\mu}} - \mathbf{w}_k' \ln \boldsymbol{\mu}) / (\mathbf{w}_k' \mathbf{D_n}^{-1} \mathbf{w}_k)^{1/2}$$

possui uma distribuição assintótica $N(0,1)$, constituindo quer uma quantidade pivotal para a determinação de intervalos de confiança aproximados para o contraste $\mathbf{w}_k' \ln \boldsymbol{\mu}$, quer uma base para estatísticas de testes de hipóteses sobre esse contraste.

Como já foi referido no Capítulo 4, a formulação alternativa de H em termos de restrições é

$$H : \mathbf{W}' \ln \boldsymbol{\mu} = \mathbf{0} \tag{9.10}$$

onde $\mathbf{W}$ é uma matriz $c \times (c-p)$ base do complemento ortogonal do subespaço gerado por $(\mathbf{1}_c, \mathbf{X})$, verificando pois $\mathbf{W}'(\mathbf{1}_c, \mathbf{X}) = \mathbf{0}$. Consequentemente, a estatística de Wald para o ajuste de H é definida pela forma quadrática

$$Q_W = (\mathbf{W}' \ln \mathbf{n})' [\mathbf{W}'(\mathbf{D_n}^{-1} - N^{-1} \mathbf{1}_c \, \mathbf{1}_c') \mathbf{W}]^{-1} (\mathbf{W}' \ln \mathbf{n}) \tag{9.11}$$

cuja distribuição nula assintótica é a distribuição $\chi^2_{(c-p)}$.

No caso de as colunas de $\mathbf{W}$ constituirem contrastes, a matriz definidora da forma quadrática Q_W simplifica-se para $(\mathbf{W}' \mathbf{D_n}^{-1} \mathbf{W})^{-1}$, correspondendo quando $c - p = 1$ ao quadrado da estatística obtida de U_k acima por remoção de $\mathbf{w}_k' \ln \boldsymbol{\mu}$. Deste modo, e voltando à ilustração anterior, o teste de Wald de ajuste do modelo log-linear sem interacção de segunda ordem numa tabela 2^3 equivale ao teste baseado na distribuição assintótica $N(0,1)$ da estatística

$$\begin{aligned} U = \sqrt{Q_W} &= \mathbf{W}' \ln \mathbf{n} / (\mathbf{W}' \mathbf{D_n}^{-1} \mathbf{W})^{1/2} \\ &= (\ln \widehat{\Delta}^{C(1)} - \ln \widehat{\Delta}^{C(2)}) / (\sum_{i,j,k} n_{ijk}^{-1})^{1/2} \end{aligned}$$

onde $\widehat{\Delta}^{C(k)} = n_{11k} n_{22k} / (n_{12k} n_{21k}), k = 1, 2$.

Tendo sido obtido um bom ajuste para um modelo log-linear H, que se denota agora por H_1, a averiguação estatística numa base condicional a H_1 de uma sua redução, definida pela hipótese $H_0 : \mathbf{C}\boldsymbol{\beta} = \mathbf{0}$ com $\mathbf{C}$ indicando uma matriz $a \times (p-1)$ de característica $a < p-1$, pode ser efectuada de acordo com as estatísticas $Q_V(H_2|H_1)$ ou $Q_P(H_2|H_1)$, definidas em (7.20) e (7.22), respectivamente, sob uma distribuição nula assintótica $\chi^2_{(a)}$. O símbolo H_2 representa o modelo log-linear reduzido implicado pela verificação de H_0 no quadro de H_1. Como H_0 pode ser equivalentemente formulada por $\boldsymbol{\beta} = \mathbf{Y}\boldsymbol{\beta}_R$ onde $\mathbf{Y}$ é uma matriz $(p-1) \times (p-1-a)$ base do espaço nulo de $\mathbf{C}$, tem-se que

$$H_2 : \ln \boldsymbol{\mu} = \mathbf{1}_c u + \mathbf{X}_R \boldsymbol{\beta}_R$$

com $\mathbf{X}_R = \mathbf{X}\mathbf{Y}$.

Neste caso em que se pretende comparar dois modelos log-lineares encaixados, a expressão da estatística

$$Q_V(H_2|H_1) = -2\mathbf{n}'(\ln \widetilde{\boldsymbol{\mu}} - \ln \widehat{\boldsymbol{\mu}})$$

pode ser posta numa forma análoga à de uma estatística Q_V não condicional no sentido em que o papel de $\mathbf{n}$, que é o estimador MV de $\boldsymbol{\mu}$ no modelo saturado, é desempenhado

9. ANÁLISE DE MODELOS LOG-LINEARES   255

pelo estimador sob $H_1, \widehat{\boldsymbol{\mu}}$. Com efeito, sendo $\widetilde{\boldsymbol{\mu}}$ e $\widetilde{\boldsymbol{\beta}} = \mathbf{Y}\widetilde{\boldsymbol{\beta}}_R$ os estimadores MV dos parâmetros log-lineares de H_2 tem-se $\ln \widetilde{\boldsymbol{\mu}} = \mathbf{1}_c \widetilde{u} + \mathbf{X}\widetilde{\boldsymbol{\beta}}$, donde

$$
\begin{aligned}
Q_V(H_2|H_1) &= -2\mathbf{n}'(\ln \widetilde{\boldsymbol{\mu}} - \ln \widehat{\boldsymbol{\mu}}) \\
&= -2\mathbf{n}'[\mathbf{1}_c(\widetilde{u} - \widehat{u}) + \mathbf{X}(\widetilde{\boldsymbol{\beta}} - \widehat{\boldsymbol{\beta}})] \\
&= -2[N(\widetilde{u} - \widehat{u}) + \mathbf{n}'\mathbf{X}(\widetilde{\boldsymbol{\beta}} - \widehat{\boldsymbol{\beta}})].
\end{aligned}
$$

Como o estimador $\widehat{\boldsymbol{\mu}}$ satisfaz as equações $\mathbf{1}'_c\widehat{\boldsymbol{\mu}} = N$ e $\mathbf{X}'\widehat{\boldsymbol{\mu}} = \mathbf{X}'\mathbf{n}$, segue-se que

$$
Q_V(H_2|H_1) = -2\widehat{\boldsymbol{\mu}}'[\mathbf{1}_c(\widetilde{u} - \widehat{u}) + \mathbf{X}(\widetilde{\boldsymbol{\beta}} - \widehat{\boldsymbol{\beta}})] = -2\widehat{\boldsymbol{\mu}}'[\ln \widetilde{\boldsymbol{\mu}} - \ln \widehat{\boldsymbol{\mu}}] \tag{9.12}
$$

como se pretendia demonstrar[1].

A expressão (9.12) evidencia que a estatística de Wilks condicional deve atingir a sua distribuição aproximada em amostras relativamente mais pequenas do que as exigidas pelas suas contrapartidas não condicionais. Este aspecto, igualmente partilhado pelas estatísticas de ajustamento mais comuns, deve-se ao facto de a estatística de ajustamento depender unicamente de funções das estatísticas suficientes.

O teste condicional de H_0 pelo método de Wald dispensa a determinação de $\widetilde{\boldsymbol{\mu}}$ mas exige a determinação explícita da estimativa MV sob H_1 dos parâmetros log-lineares, $\widehat{\boldsymbol{\beta}}$, (ou de $\widehat{\boldsymbol{\mu}}$, caso $\mathbf{C}\boldsymbol{\beta}$ se possa exprimir por uma transformação linear de $\ln \boldsymbol{\mu}$, como ocorre muitas vezes). A estatística de Wald (7.23), assintoticamente equivalente sob H_2 a (9.12), é definida, tendo em conta (9.6), por

$$
Q_W(H_2|H_1) = (\mathbf{C}\widehat{\boldsymbol{\beta}})'[\mathbf{C}\widehat{\mathbf{V}}_{\widehat{\boldsymbol{\beta}}}\mathbf{C}']^{-1}\mathbf{C}\widehat{\boldsymbol{\beta}} \tag{9.13}
$$

onde $\widehat{\mathbf{V}}_{\widehat{\boldsymbol{\beta}}} = \mathbf{V}_{\widehat{\boldsymbol{\beta}}}(\widehat{\boldsymbol{\theta}}) = N^{-1}[\mathbf{X}'\mathbf{V}(\widehat{\boldsymbol{\theta}})\mathbf{X}]^{-1}$, com $\widehat{\boldsymbol{\theta}} = N^{-1}\widehat{\boldsymbol{\mu}}$, é o estimador MV da matriz de covariâncias aproximada de $\widehat{\boldsymbol{\beta}}$.

Como se viu na Secção 7.3, uma alternativa para (9.12) e (9.13) é configurada pela estatística do *score* de Rao (7.24), cuja concretização decorre das fórmulas (9.3) e (9.5) avaliadas em $\widetilde{\boldsymbol{\mu}}$ (ou $\widetilde{\boldsymbol{\theta}} = N^{-1}\widetilde{\boldsymbol{\mu}}$). Considerando o caso em que H_0 traduz o anulamento das últimas a componentes de $\boldsymbol{\beta}$, i.e., $\mathbf{C} = (\mathbf{0}_{(a,u)}, \mathbf{I}_a)$, com $u = p - 1 - a$, o facto de esta estrutura equivaler a $\boldsymbol{\beta} \in \mathcal{M}(\mathbf{Y})$, com $\mathbf{Y} = (\mathbf{I}_u, \mathbf{0}'_{(u,a)})'$, implica que H_2 fique definido por $\ln \boldsymbol{\mu} \in \mathcal{M}([\mathbf{1}_c, \mathbf{X}_R])$, onde $\mathbf{X}_R$ é a submatriz de $\mathbf{X}$ correspondente aos u primeiros elementos de $\boldsymbol{\beta}$ (reunidos no vector denotado por $\boldsymbol{\beta}_R$). Deste modo, H_1 é o modelo log-linear H_2 expandido com o termo $\mathbf{X}_E\boldsymbol{\beta}_E$, onde $\boldsymbol{\beta}_E = \mathbf{C}\boldsymbol{\beta}$ e $\mathbf{X} = (\mathbf{X}_R, \mathbf{X}_E)$ tal que $r(\mathbf{X}_E) = p - 1 - u = a$.

Sendo $\widetilde{\boldsymbol{\beta}} = (\widetilde{\boldsymbol{\beta}}'_R, \mathbf{0}'_a)'$ e $\widetilde{\boldsymbol{\mu}} = \boldsymbol{\mu}(\widetilde{\boldsymbol{\beta}}) = \boldsymbol{\mu}(\widetilde{\boldsymbol{\beta}}_R)$ os estimadores MV de $\boldsymbol{\beta}$ e $\boldsymbol{\mu}$ sob H_2, por (9.3) e (9.4), a função *score* sob H_1 avaliada em $\widetilde{\boldsymbol{\beta}}$ é

$$
\mathbf{U}(\widetilde{\boldsymbol{\beta}}, \mathbf{n}) = \mathbf{X}'(\mathbf{n} - \widetilde{\boldsymbol{\mu}}) = [\mathbf{0}'_u, (\mathbf{n} - \widetilde{\boldsymbol{\mu}})'\mathbf{X}_E]'.
$$

Por outro lado, de (9.5) a matriz de informação esperada (ou observada) avaliada em $\widetilde{\boldsymbol{\beta}}$ é

$$
\mathbf{I}_N(\widetilde{\boldsymbol{\beta}}) = \mathbf{X}'(\mathbf{D}_{\widetilde{\boldsymbol{\mu}}} - N^{-1}\widetilde{\boldsymbol{\mu}}\widetilde{\boldsymbol{\mu}}')\mathbf{X} \equiv \mathbf{X}'\widetilde{\mathbf{V}}\mathbf{X},
$$

---

[1]Este resultado geral pode ser visto como consequência do resultado para modelos da família exponencial sob estruturas lineares nos parâmetros naturais estabelecido por Simon (1973).

pelo que (7.24) se concretiza em

$$Q_R(H_2|H_1) = (\mathbf{n} - \widetilde{\boldsymbol{\mu}})'\mathbf{X}_E\{\mathbf{X}_E'[\widetilde{\mathbf{V}} - \widetilde{\mathbf{V}}\mathbf{X}_R(\mathbf{X}_R'\widetilde{\mathbf{V}}\mathbf{X}_R)^{-1}\mathbf{X}_R'\widetilde{\mathbf{V}}]\mathbf{X}_E\}^{-1}\mathbf{X}_E'(\mathbf{n} - \widetilde{\boldsymbol{\mu}})$$

(9.14)

[ver Exercício 9.4 e)].

9.1.3 Caso do cenário poissoniano

No caso de as frequências $n_i, i = 1, \ldots, c$ terem distribuições de Poisson independentes, o correspondente vector $\boldsymbol{\mu}$ de médias é um vector de $I\!\!R_+^c$ sem quaisquer restrições, pelo que a formulação padrão apropriada de um modelo log-linear p-dimensional é $H : \ln \boldsymbol{\mu} = \mathbf{Z}\boldsymbol{\alpha}$, onde $\mathbf{Z}$ é uma matriz $c \times p$ de característica p.

Convém referir que, neste cenário, existe uma formulação log-linear mais geral obtida de H substituindo $\boldsymbol{\mu}$ pelo vector das taxas esperadas. Este novo modelo faz mais sentido quando as contagens de todas as celas se referem a medidas distintas de exposição (e.g., tempos ou tamanhos de exposição diferentes). Para análise deste modelo log-linear para taxas vejam-se os Exercícios 9.5 e 9.6.

Como se viu na Subsecção 4.1.1, o modelo H é apropriado no cenário Multinomial desde que $\mathbf{1}_c$ pertença ao espaço gerado por $\mathbf{Z}$, condição que equivale a impor um parâmetro log-linear associado à restrição natural na estrutura H eventualmente reformulada. Caso o vector $\mathbf{1}_c$ não seja uma coluna de $\mathbf{Z}$, a reformulação de H consiste em adoptar uma outra matriz base que o inclua explicitamente de modo a obter-se $H : \ln \boldsymbol{\mu} = \mathbf{1}_c u + \mathbf{X}\boldsymbol{\beta}$, sendo então $(u, \boldsymbol{\beta}')'$ o respectivo vector de p parâmetros log-lineares, mas onde u é funcionalmente independente de $\boldsymbol{\beta}$.

Para essa classe especial de modelos log-lineares as inferências relevantes por máxima verosimilhança no cenário em questão coincidem com aquelas derivadas no contexto Multinomial, como foi demonstrado, nomeadamente, por Birch (1963), Haberman (1973b, 1974) e Palmgren (1981). Na verdade, esta identidade inferencial alarga-se no contexto Produto de Multinomiais, desde que as colunas de $\mathbf{I}_s \otimes \mathbf{1}_r$ pertençam a $\mathcal{M}(\mathbf{Z})$, como se descreverá na Secção 9.5. Por agora, limitar-se-á a obter os resultados principais que mostram não ser necessário uma teoria inferencial distinta para os modelos Multinomial e Produto de distribuições de Poisson sob uma estrutura log-linear comum. Para outras aplicações desta ligação Multinomial-Poisson veja-se Baker (1994a).

O logaritmo da função de verosimilhança do modelo probabilístico poissoniano, $\ln L_*(\boldsymbol{\mu}|\mathbf{n})$, sob a estrutura $H : \ln \boldsymbol{\mu} = \mathbf{Z}\boldsymbol{\alpha}$ é

$$l_*(\boldsymbol{\alpha}) = c(\mathbf{n}) + \mathbf{n}'\ln \boldsymbol{\mu}(\boldsymbol{\alpha}) - \mathbf{1}_c'\boldsymbol{\mu}(\boldsymbol{\alpha})$$

(9.15)

onde $c(.)$ não depende de $\boldsymbol{\mu} = \boldsymbol{\mu}(\boldsymbol{\alpha}) = \exp(\mathbf{Z}\boldsymbol{\alpha})$, ou seja

$$l_*(\boldsymbol{\alpha}) = c(\mathbf{n}) + \mathbf{n}'\mathbf{Z}\boldsymbol{\alpha} - \mathbf{1}_c'\exp(\mathbf{Z}\boldsymbol{\alpha}).$$

Esta expressão mostra que $\mathbf{Z}'\mathbf{n}$ é a estatística suficiente mínima acoplada ao parâmetro natural $\boldsymbol{\alpha}$ do modelo estatístico integrante da família exponencial p-paramétrica. Quando a matriz base usada para a estrutura log-linear é $\mathbf{Z} = (\mathbf{1}_c, \mathbf{X})$, fica claro

9. ANÁLISE DE MODELOS LOG-LINEARES

que a estatística suficiente mínima é a mesma do modelo log-linear Multinomial, acrescida da componente $\mathbf{1}'_c\mathbf{n} = N$ que é aqui uma estatística com distribuição amostral $Poi(\mathbf{1}'_c\boldsymbol{\mu})$. Voltando aos exemplos ilustrativos da Subsecção 9.1.1 o modelo log-linear aditivo para uma tabela 2^2 tem como estatística suficiente mínima o vector $(N, n_{1.}, n_{.1})'$ ou qualquer transformação linear não singular dele, e.g. $(N, n_{1.} - n_{2.}, n_{.1} - n_{.2})'$ ou $(n_{1.}, n_{2.}, n_{.1})'$. Este facto permite extrair a mesma conclusão do cenário Multinomial de que os totais marginais observáveis são suficientes com respeito ao modelo. Um argumento análogo levaria a concluir que, por exemplo, as frequências marginais $\{n_{..k}\}$ e $\{n_{ij.}\}$ são conjuntamente suficientes para o modelo log-linear tridimensional (AB, C).

Para a obtenção das equações de verosimilhança observe-se que

$$\frac{\partial \ln L_*(\boldsymbol{\mu}|\mathbf{n})}{\partial \boldsymbol{\mu}} = \mathbf{D}_{\boldsymbol{\mu}}^{-1}(\mathbf{n} - \boldsymbol{\mu}) \quad \text{e} \quad \frac{\partial \boldsymbol{\mu}(\boldsymbol{\alpha})}{\partial \boldsymbol{\alpha}'} = \mathbf{D}_{\boldsymbol{\mu}(\alpha)}\mathbf{Z}$$

pelo que a função *score* e a matriz hessiana de $l_*(\boldsymbol{\alpha})$ são respectivamente

$$\mathbf{U}(\boldsymbol{\alpha}; \mathbf{n}) = \mathbf{Z}'[\mathbf{n} - \boldsymbol{\mu}(\boldsymbol{\alpha})] \tag{9.16}$$

e

$$\mathbf{J}(\boldsymbol{\alpha}) = -\mathbf{Z}'\mathbf{D}_{\boldsymbol{\mu}(\alpha)}\mathbf{Z}. \tag{9.17}$$

Como, por hipótese, as componentes de $\boldsymbol{\mu}(\boldsymbol{\alpha})$ são estritamente positivas e $\mathbf{Z}$ tem característica completa, $\mathbf{J}(\boldsymbol{\alpha})$ é definida negativa para cada $\boldsymbol{\alpha} \in I\!\!R^p$, pelo que $l_*(\boldsymbol{\alpha})$ é uma função estritamente côncava. Consequentemente, $l_*(\boldsymbol{\alpha})$ tem quando muito um ponto de estacionaridade que será necessariamente um ponto de máximo.

A análise da forma do logaritmo da função de verosimilhança

$$\ln L_*(\boldsymbol{\mu}|\mathbf{n}) = c(\mathbf{n}) + \sum_{i=1}^{c}[n_i \ln \mu_i - \exp(\ln \mu_i)]$$

mostra que, quando qualquer $n_i > 0$, a função converge para $-\infty$ sempre que $|\ln \mu_i| \to \infty$. Deste modo, $\ln L_*(\boldsymbol{\mu}|\mathbf{n})$ para $\mathbf{n} \in I\!\!R_+^c$ é limitada superiormente, atingindo o seu máximo num valor finito de $\ln \boldsymbol{\mu}$ (ou de $\boldsymbol{\alpha}$ sob H). Dada a concavidade estrita da função, o seu ponto de máximo é necessariamente (o único) ponto de estacionaridade. Por outras palavras, quando $\mathbf{n} \in I\!\!R_+^c$ o estimador MV $\widehat{\boldsymbol{\mu}} = \boldsymbol{\mu}(\widehat{\boldsymbol{\alpha}})$ existe e é a solução única das equações[2]

$$\mathbf{Z}'\boldsymbol{\mu}(\widehat{\boldsymbol{\alpha}}) = \mathbf{Z}'\mathbf{n}. \tag{9.18}$$

A análise das equações (9.18) mostra que $\widehat{\boldsymbol{\mu}} - \mathbf{n}$ pertence ao subespaço $(c - p)$-dimensional $\mathcal{N}(\mathbf{Z}')$ (o complemento ortogonal de $\mathcal{M}(\mathbf{Z})$), pelo que $\widehat{\boldsymbol{\mu}}$ é independente da matriz base definidora de H. Como, por hipótese, $\mathbf{1}_c \in \mathcal{M}(\mathbf{Z})$, pode tomar-se $\mathbf{1}_c = \mathbf{Z}\mathbf{a}$ para algum $\mathbf{a} \in I\!\!R^p$, donde

$$\mathbf{1}'_c\widehat{\boldsymbol{\mu}} = \mathbf{a}'\mathbf{Z}'\widehat{\boldsymbol{\mu}} = \mathbf{a}'\mathbf{Z}'\mathbf{n} = \mathbf{1}'_c\mathbf{n} = N.$$

Esta equação, que estará explicitamente incluída em (9.18) se a formulação log-linear usual do cenário Multinomial $(\mathbf{Z} = [\mathbf{1}_c, \mathbf{X}])$ for usada, ao mostrar que $\widehat{\boldsymbol{\mu}}$ satisfaz a

---

[2]A questão da existência de $\widehat{\boldsymbol{\mu}}$, condicionadora de ele ser a solução única das equações de verosimilhança, na presença de zeros amostrais foi estudada cabalmente por Haberman (1973b, 1974).

restrição típica deste cenário, implica que sempre que $\widehat{\mu}$ existe, o estimador MV de μ no modelo Multinomial também existe e coincide com $\widehat{\mu}$ (recorde-se (9.4)).

Esta identidade seria previsível se fosse levado em conta que o processo de determinação do estimador MV de μ consiste na maximização de $\mathbf{n'\ln}\mu$ restringida por $\mathbf{1}'_c\mu = N$ no cenário Multinomial, e de $\mathbf{n'\ln}\mu - \mathbf{1}'_c\mu$ no cenário corrente, em ambos os casos sob um modelo log-linear comum. Compreende-se assim que os pontos de máximo coincidem quando no último caso se impõe também a condição $\mathbf{1}'_c\mu = N$. Como a particularidade da estrutura log-linear considerada força o ponto de máximo irrestrito da verosimilhança Poisson a satisfazer tal condição, fica justificada a identidade referida.

A identidade de $\widehat{\mu}$ nos dois cenários em confronto transpõe-se imediatamente para as estatísticas Q_P e Q_V de ajustamento de H (revejam-se (7.13), (7.11) e (7.12)), cuja distribuição nula assintótica comum se mantém inalterada. Pelos mesmos motivos, cada uma das estatísticas Q_P e Q_V condicionais de comparação de dois modelos log-lineares encaixados é idêntica e tem a mesma distribuição nula assintótica nos dois cenários probabilísticos.

Uma situação idêntica ocorre com as estatísticas condicionais de Wald e do *score* eficiente de Rao, ainda que a sua evidenciação não seja tão imediata como no caso das estatísticas anteriores. Para o efeito, note-se que também aqui a matriz de informação de Fisher, $\mathbf{I}_c(\boldsymbol{\alpha})$, coincide com a matriz de informação observada $[-\mathbf{J}(\boldsymbol{\alpha})]$, como consequência de o parâmetro log-linear $\boldsymbol{\alpha}$ traduzir uma parametrização canónica do modelo estatístico. Tomando $\mathbf{Z}\boldsymbol{\alpha} = \mathbf{1}_c u + \mathbf{X}\boldsymbol{\beta}$, a matriz de covariâncias assintótica do estimador MV $\widehat{\boldsymbol{\alpha}} = (\widehat{u}, \widehat{\boldsymbol{\beta}}')'$ é a matriz não diagonal

$$\mathbf{V}_{\widehat{\alpha}}(\mu) = [\mathbf{I}_c(\boldsymbol{\alpha})]^{-1} = \begin{pmatrix} \mathbf{1}'_c\mu & \mu'\mathbf{X} \\ \mathbf{X}'\mu & \mathbf{X}'\mathbf{D}_\mu\mathbf{X} \end{pmatrix}^{-1}. \tag{9.19}$$

Deste modo, a submatriz definidora da matriz de covariâncias assintótica do estimador $\widehat{\boldsymbol{\beta}}$ do parâmetro relevante é

$$\mathbf{V}_{\widehat{\beta}}(\mu) = [\mathbf{X}'(\mathbf{D}_\mu - \mu\mu'/\mathbf{1}'_c\mu)\mathbf{X}]^{-1}. \tag{9.20}$$

Quando se restringe o espaço paramétrico de μ por $\mathbf{1}'_c\mu = N$, esta matriz coincide com aquela obtida no cenário Multinomial, definida especificamente em (9.6). Pelas considerações feitas sobre $\widehat{\mu}$, fica estabelecida a identidade, quer de $\widehat{\boldsymbol{\beta}}$, quer do estimador MV da sua matriz de covariâncias assintótica, $\widehat{\mathbf{V}}_{\widehat{\beta}} = \mathbf{V}_{\widehat{\beta}}(\widehat{\mu})$, nos dois cenários. Este facto, aliado ao comportamento distribucional assintótico idêntico de $\widehat{\boldsymbol{\beta}}$, comprova que a estatística de Wald para o teste de $H_0 : \mathbf{C}\boldsymbol{\beta} = \mathbf{0}$ no contexto do modelo H é equivalente algébrica e assintoticamente a (9.13).

Relativamente à estatística do *score* de Rao para o teste de comparação dos modelos H_2 e H_1 definidos anteriormente na Subsecção 9.1.2, basta notar-se que

$$\mathbf{U}(\widetilde{\boldsymbol{\alpha}}; \mathbf{n}) \equiv \mathbf{U}(\widetilde{u}, \widetilde{\boldsymbol{\beta}}; \mathbf{n}) = (0, (\mathbf{n} - \widetilde{\mu})'\mathbf{X})',$$

o que assegura que

$$Q_R(H_2|H_1) \equiv [\mathbf{U}(\widetilde{\boldsymbol{\alpha}}; \mathbf{n})]'\mathbf{V}_{\widehat{\alpha}}(\widehat{\mu})\mathbf{U}(\widetilde{\boldsymbol{\alpha}}; \mathbf{n}) = (\mathbf{n} - \widetilde{\mu})'\mathbf{X}\widehat{\mathbf{V}}_{\widehat{\beta}}\mathbf{X}'(\mathbf{n} - \widetilde{\mu}), \tag{9.21}$$

9. ANÁLISE DE MODELOS LOG-LINEARES

forma quadrática esta que define a estatística de Rao no contexto Multinomial, expressa numa forma mais desmembrada por (9.14). Veja-se ainda o Exercício 9.4.

Finaliza-se esta subsecção com um comentário cuja finalidade é precaver o leitor de consequências erróneas resultantes de uma leitura algo apressada do assunto exposto. As conclusões anteriores não podem ser extrapoladas no sentido de ser indiferente operar-se com qualquer dos modelos probabilísticos comparados para *qualquer* propósito inferencial em termos de estruturas log-lineares comuns. Os modelos probabilísticos são obviamente distintos, facto que não pode deixar de se repercutir na distribuição amostral das estatísticas. Por exemplo, os estimadores MV de $\boldsymbol{\mu}$ ou de $\ln\boldsymbol{\mu}$, ainda que idênticos nos dois contextos, não possuem a mesma distribuição amostral assintótica. Com efeito, as matrizes de covariância assintótica de $\widehat{\boldsymbol{\nu}} = \ln\widehat{\boldsymbol{\mu}}$ e de $\widehat{\boldsymbol{\mu}}$ sob H são dadas, respectivamente, por

$$\mathbf{V}_{\widehat{\nu}}(\boldsymbol{\mu}) = \mathbf{Z}(\mathbf{Z}'\mathbf{D}_{\mu}\mathbf{Z})^{-1}\mathbf{Z}' \tag{9.22}$$

e

$$\mathbf{V}_{\widehat{\mu}}(\boldsymbol{\mu}) = \mathbf{D}_{\mu}\mathbf{V}_{\widehat{\nu}}(\boldsymbol{\mu})\mathbf{D}_{\mu} \tag{9.23}$$

e, por conseguinte, são distintas de (9.8) e (9.7). É, contudo, interessante sublinhar que $\mathbf{W}'\widehat{\boldsymbol{\nu}}$, quando $\mathbf{W}$ é uma matriz de contrastes, tem a mesma distribuição assintótica nos dois cenários, o que não é de espantar atendendo a que $\mathbf{W}'\widehat{\boldsymbol{\nu}} = \mathbf{W}'\mathbf{X}\widehat{\boldsymbol{\beta}}$ e à identidade das inferências sobre $\widehat{\boldsymbol{\beta}}$ (para detalhes, veja-se o Exercício 9.24).

9.2 Modelos log-lineares bidimensionais

Esta secção visa fundamentalmente concretizar os resultados da secção anterior em tabelas de contingência bidimensionais $I \times J$ consideradas descritas pelo modelo Multinomial $M_{c-1}(N, \boldsymbol{\theta})$, onde $c = IJ$, $N = \mathbf{1}'_c\mathbf{n} = \sum_{i,j} n_{ij}$ com o vector paramétrico $\boldsymbol{\theta}$ de componentes estritamente positivas satisfazendo $\mathbf{1}'_c\boldsymbol{\theta} = \sum_{i,j}\theta_{ij} = 1$.

9.2.1 Modelo de independência e análise de associação entre variáveis nominais

Considere-se para uma tabela de contingência bidimensional o modelo log-linear aditivo

$$\ln\theta_{ij} = \lambda + u_i^A + u_j^B \tag{9.24}$$

para $i = 1, \ldots, I$, $j = 1, \ldots, J$, com os parâmetros indexados satisfazendo as restrições de identificabilidade, *e.g.*, $\sum_i u_i^A = \sum_j u_j^B = 0$.

Como se viu na Subsecção 9.1, a estatística suficiente mínima pode ser definida pelos totais marginais $\{n_{i\cdot}\}$ e $\{n_{\cdot j}\}$, pelo que as equações de verosimilhança equivalem a

$$\widehat{\mu}_{i\cdot} \equiv N\widehat{\theta}_{i\cdot} = n_{i\cdot}, \quad \widehat{\mu}_{\cdot j} \equiv N\widehat{\theta}_{\cdot j} = n_{\cdot j} \tag{9.25}$$

para todo o (i, j). Referiu-se por várias vezes nos Capítulos 2 e 4 que (9.24) é uma formulação aditiva da estrutura de independência entre as variáveis da tabela usualmente definida por $\theta_{ij} = \theta_{i.}\theta_{.j}$ para todo o (i,j). A incorporação desta formulação multiplicativa na verosimilhança Multinomial munida das restrições naturais $\sum_i \theta_{i.} = \sum_j \theta_{.j} = 1$, e a aplicação subsequente do método MV conduzem precisamente às equações (9.25). Este é o procedimento a que vulgarmente se recorre para a estimação restrita de $\boldsymbol{\theta}$ quando se desconhece, ou se quer omitir, o dialecto log-linear.

As equações (9.25) implicam que o estimador MV do vector de médias $\boldsymbol{\mu} = N\boldsymbol{\theta} = (\mu_{ij}, \; i = 1, \ldots, I, j = 1, \ldots, J)'$ seja definido por $\widehat{\boldsymbol{\mu}} = (\widehat{\mu}_{ij}, \; i = 1, \ldots, I, j = 1, \ldots, J)'$ com

$$\widehat{\mu}_{ij} = n_{i.}.n_{.j}/N \tag{9.26}$$

para todo o (i,j).

A estatística Q_P de ajustamento do modelo (9.24) apresenta a forma

$$Q_P = \sum_i \sum_j (n_{ij} - n_{i.}.n_{.j}/N)^2/(n_{i.}.n_{.j}/N)$$

com que o leitor mais experiente já estará decerto familiarizado do contacto com textos gerais de Estatística. A sua distribuição nula assintótica é a distribuição $\chi^2_{(\nu)}$, onde o número de graus de liberdade é

$$\nu = IJ - 1 - (I - 1 + J - 1) = (I - 1)(J - 1).$$

O teste assintoticamente equivalente da razão das verosimilhanças de Wilks é baseado na estatística

$$Q_V = -2 \sum_i \sum_j n_{ij} \ln[n_{i.}.n_{.j}/(Nn_{ij})].$$

Valores suficientemente grandes de qualquer destas estatísticas (correspondendo a níveis críticos assintóticos suficientemente pequenos) sugerem a inadequação do modelo de independência.

Na Secção 4.2 explicitou-se que o anulamento dos termos de interacção de primeira ordem significa que todas as RPC são unitárias. Como o conjunto destas é suficientemente representado pelo subconjunto das $(I - 1)(J - 1)$ RPC $\Delta_{ij} = \theta_{ij}\theta_{IJ}/(\theta_{iJ}\theta_{Ij})$, $i \neq I, j \neq J$, ou das RPC locais (Exercício 4.1), torna-se claro que uma formulação do modelo de independência em termos de restrições fica estabelecida por condições do tipo $\mathbf{W}'\ln\boldsymbol{\theta} = \mathbf{0}$. Cada uma das $(I - 1)(J - 1)$ colunas de $\mathbf{W}$ é um vector de contrastes cujo produto interno com $\ln\boldsymbol{\theta}$ define o logaritmo de uma RPC. Deste modo, a especialização da estatística de Wald definida em (9.11) para o ajuste do modelo de independência é

$$Q_W = (\mathbf{W}'\ln\mathbf{n})'(\mathbf{W}'\mathbf{D_n}^{-1}\mathbf{W})^{-1}\mathbf{W}'\ln\mathbf{n} \tag{9.27}$$

onde $\mathbf{W}'\ln\mathbf{n}$ representa o vector dos logaritmos das RPC amostrais (estimadores MV das RPC sob o modelo saturado). Se $\boldsymbol{\varepsilon} = \mathbf{W}'\ln\boldsymbol{\theta} \equiv \mathbf{W}'\ln\boldsymbol{\mu}$ se reporta às RPC Δ_{ij}, então $\mathbf{W}'\ln\mathbf{n} \equiv \mathbf{W}'\ln\mathbf{p}$, onde $\mathbf{p} = \mathbf{n}/N$, é o vector de elementos

$$\ln\widehat{\Delta}_{ij} = \ln\{n_{ij}n_{IJ}/(n_{iJ}n_{Ij})\}.$$

A estatística Q_W é a particularização sob o modelo a ajustar da variável aleatória

$$Z(\mathbf{n}, \boldsymbol{\varepsilon}) = (\mathbf{W}'\ln\mathbf{n} - \boldsymbol{\varepsilon})'(\mathbf{W}'\mathbf{D_n}^{-1}\mathbf{W})^{-1}(\mathbf{W}\ln\mathbf{n} - \boldsymbol{\varepsilon}) \tag{9.28}$$

9. ANÁLISE DE MODELOS LOG-LINEARES

cuja distribuição aproximada (para grandes amostras) é a distribuição $\chi^2_{(\nu)}$. Como $Z(\mathbf{n}, \boldsymbol{\varepsilon})$ constitui uma variável fulcral assintótica para $\boldsymbol{\varepsilon}$, sendo

$$R(\mathbf{n}) = \left\{ \boldsymbol{\varepsilon} \in \mathbb{R}^\nu : Z(\mathbf{n}, \boldsymbol{\varepsilon}) \leq F^{-1}_{\chi^2_{(\nu)}}(1 - \alpha) \right\}$$

a correspondente região de confiança aproximada a $(1 - \alpha)100\%$ para o vector $\boldsymbol{\varepsilon}$ de logaritmos das RPC relevantes, onde $F^{-1}_{\chi^2_{(\nu)}}(1 - \alpha)$ denota o quantil de probabilidade $1 - \alpha$ da distribuição $\chi^2_{(\nu)}$, o teste de Wald para $\boldsymbol{\varepsilon} = \mathbf{0}$ de nível de significância α equivale a verificar se $R(\mathbf{n})$ inclui ou não o valor nulo de $\boldsymbol{\varepsilon}$.

Quando a hipótese de independência é rejeitada, pode haver interesse em averiguar-se estatisticamente a natureza da associação entre as duas variáveis para o que é conveniente ter à disposição intervalos de confiança para as interacções de primeira ordem, ou equivalentemente, para os logaritmos das RPC.

Os intervalos de confiança (aproximados) individuais para as componentes $\varepsilon_k = \mathbf{w}'_k \ln \boldsymbol{\theta}$ de $\boldsymbol{\varepsilon}$ obtêm-se dos correspondentes logaritmos das RPC amostrais $\widehat{\varepsilon}_k = \mathbf{w}'_k \ln \mathbf{n}$ tendo em conta que

$$\sqrt{N}(\widehat{\varepsilon}_k - \varepsilon_k) \overset{a}{\sim} N(0, \mathbf{w}'_k \mathbf{D}^{-1}_{\boldsymbol{\theta}} \mathbf{w}_k) \tag{9.29}$$

como se referiu na Subsecção 9.1.2. Observe-se que se $\varepsilon_k = \ln \Delta_{ij}$ as únicas componentes não nulas de $\mathbf{w}_k$ (duas das quais iguais a 1 e outras duas iguais a -1) reportam-se às celas que definem Δ_{ij}, pelo que a variância assintótica de $\sqrt{N} \ln \widehat{\Delta}_{ij}$ é

$$\text{Var}_a(\sqrt{N} \ln \widehat{\Delta}_{ij}) = \theta^{-1}_{ij} + \theta^{-1}_{IJ} + \theta^{-1}_{iJ} + \theta^{-1}_{Ij}. \tag{9.30}$$

Além disso, as componentes $\widehat{\varepsilon}_k$ de $\widehat{\boldsymbol{\varepsilon}} = \mathbf{W}' \ln \mathbf{n}$ são maioritariamente dependentes assintoticamente pela forma da sua matriz de covariâncias assintótica. Só quando duas RPC não possuem celas em comum é que os correspondentes logaritmos das RPC amostrais são assintoticamente independentes.

Com o fim de indagar quais as RPC que são responsáveis por um resultado significativo do teste de Wald, é preferível construirem-se intervalos de confiança (ditos simultâneos) para as ν componentes ε_k que assegurem um coeficiente global de confiança pré-fixado, em lugar dos intervalos de confiança individuais que, pelas razões supracitadas, violam este requisito. Para o efeito, considerem-se os intervalos de confiança a $(1 - \alpha/\nu) \times 100\%$ para os ε_k

$$R_k(\mathbf{n}) = \left[\mathbf{w}'_k \ln \mathbf{n} \pm \phi^{-1} \left(1 - \frac{\alpha}{2\nu} \right) \sqrt{\mathbf{w}'_k \mathbf{D}^{-1}_{\mathbf{n}} \mathbf{w}_k} \right], \tag{9.31}$$

$k = 1, \ldots, \nu$, obtidos das quantidades pivotais

$$Z_k(\mathbf{n}, \varepsilon_k) = \frac{\mathbf{w}'_k \ln \mathbf{n} - \varepsilon_k}{\sqrt{\mathbf{w}'_k \mathbf{D}^{-1}_{\mathbf{n}} \mathbf{w}_k}} \overset{a}{\sim} N(0, 1)$$

onde $\phi^{-1}(1 - \alpha/(2\nu))$ é o quantil de probabilidade $1 - \alpha/(2\nu)$ da distribuição Normal padrão.

Aplicando a chamada desigualdade de Bonferroni, a probabilidade conjunta de cobertura dos ε_k por aqueles intervalos é

$$P\left[\bigcap_{k=1}^{\nu}(R_k(\mathbf{n})\text{ conter }\varepsilon_k)\right] = 1 - P\left[\bigcup_{k=1}^{\nu}(R_k(\mathbf{n})\text{ não conter }\varepsilon_k)\right]$$

$$\geq 1 - \sum_{k=1}^{\nu}P(R_k(\mathbf{n})\text{ não conter }\varepsilon_k)$$

$$= 1 - \nu(\alpha/\nu) = 1 - \alpha.$$

Os ν intervalos de confiança simultâneos $R_k(\mathbf{n})$ obtidos pelo método Bonferroni estão assim vinculados a um coeficiente global de confiança igual a $1 - \alpha^3$.

Intervalos de confiança aproximados para as RPC podem ser obtidos por aplicação da transformação exponencial (de base e) aos correspondentes intervalos de confiança para os seus logaritmos acima referidos. Na prática é comum adoptar-se este processo em detrimento daquele que consiste em usar a distribuição assintótica Normal do vector das próprias RPC amostrais (vide Secção 7.4). A razão fundamental prende-se com o facto de a estrutura multiplicativa (e não aditiva) das suas componentes implicar uma convergência da sua distribuição para a Normal mais lenta do que a relativa ao seu logaritmo. Deste modo, um intervalo de confiança aproximado a $(1 - \alpha)100\%$ para a RPC Δ de uma tabela 2×2 é

$$R(\mathbf{n}) = \widehat{\Delta}\exp\left\{\pm\phi^{-1}(1 - \alpha/2)\sqrt{\sum_{i,j}n_{ij}^{-1}}\right\}. \tag{9.32}$$

Cada RPC amostral assume o valor 0 ou ∞ ou é indeterminada se pelo menos uma das celas numa linha ou coluna envolvida tiver uma frequência nula. Como este acontecimento tem uma probabilidade positiva de ocorrência, cada RPC amostral ou o seu logaritmo não apresentam, designadamente, momentos exactos de primeira e segunda ordem. A estimação da sua variância assintótica pela substituição das frequências esperadas pelas observadas também não é bem sucedida naquelas circunstâncias (atente-se, *e.g.*, em (9.30)).

Para contornar estas anomalias recorre-se, particularmente em amostras de dimensão moderada, a estimadores alternativos das RPC[4]. Entre eles destacam-se os estimadores baseados na modificação das RPC amostrais pela adição de $1/2$ às frequências de todas as celas. Os decorrentes estimadores para o logaritmo das RPC, $\widetilde{\varepsilon}_k = \mathbf{w}_k'\mathbf{ln}\,(\mathbf{n} + \mathbf{1}_c/2)$, com $c = IJ$, são assintoticamente equivalentes a $\widehat{\varepsilon}_k$ com a vantagem adicional de apresentarem um menor enviesamento em grandes amostras (realce-se que os logaritmos das RPC não admitem estimadores centrados). A sua variância assintótica poderá ser melhor estimada, em termos de enviesamento, por $\mathbf{w}_k'\mathbf{D}_{\mathbf{n}^*}^{-1}\mathbf{w}_k$, onde $\mathbf{n}^* = \mathbf{n} + \mathbf{1}_c/2$. Por exemplo, no caso de uma tabela 2×2 o estimador modificado de $\ln\Delta$ é

$$\widetilde{\varepsilon} = \ln\widetilde{\Delta} \equiv \ln\left\{(n_{11} + 1/2)(n_{22} + 1/2)/[(n_{12} + 1/2)(n_{21} + 1/2)]\right\} \tag{9.33}$$

---

[3]Para outros métodos de construção de intervalos de confiança simultâneos veja-se, *e.g.*, Hochberg & Tamhane (1987).

[4] *Vide, e.g.*, Gart & Zweifel (1967) e Gart, Pettigrew & Thomas (1985).

9. ANÁLISE DE MODELOS LOG-LINEARES

com variância assintótica estimável por

$$\widetilde{\mathrm{Var}}(\widetilde{\varepsilon}) = \sum_{i,j}(n_{ij} + 1/2)^{-1}.$$

O correspondente intervalo de confiança a $(1 - \alpha)100\%$ para Δ é

$$R^*(\mathbf{n}) = \widetilde{\Delta} \exp\left\{\pm\phi^{-1}(1 - \alpha/2)\sqrt{\sum_{i,j}(n_{ij} + 1/2)^{-1}}\right\}. \tag{9.34}$$

Detalhes sobre estes procedimentos de estimação alternativos podem ser encontrados nas referências supracitadas e também na Secção 7.4. Nessa secção ainda se foca o estudo distribucional para grandes amostras de estimadores de outras medidas de associação entre duas variáveis (nominais ou ordinais) como o estimador MV do risco relativo brevemente referido na Subsecção 2.2 (e Exercício 2.1).

Exemplo 9.1 (*Problema da anemia*)**:** Crianças residindo numa região central de São Paulo, Brasil, onde são raras situações de desnutrição e de miséria extrema, foram objecto de um estudo nutricional (da Faculdade de Saúde Pública da USP) sobre a relação entre a alimentação ao longo do primeiro ano de vida e a deficiência anémica de ferro. Desse estudo foram recolhidos os dados relativos ao quadro de anemia (determinado a partir da dosagem de hemoglobina) e à situação de aleitamento (exclusivamente materno ou misto) aos quatro meses de 128 crianças, que se sumariam na Tabela 9.1.

Tabela 9.1: Frequências observadas de crianças segundo o quadro anémico e de aleitamento aos quatro meses (Jornal da USP, 12–18/09/1994)

Anemia	Aleitamento	
	materno exclusivo	com outros leites
Sim	3	25
Não	32	68

O resultado dos testes usuais de independência ($Q_P = 4.99$, $Q_V = 5.74$) é significativo ($\alpha = 5\%$, pelo menos). Os intervalos de confiança (aproximados) a 95% para as medidas usuais de associação são $(-1.366 \pm 1.96 \times 0.6475) \equiv (-2.636, -0.097)$ para $\ln\Delta$ e $(0.255\exp(\pm 1.269)) \equiv (0.072, 0.907)$ para Δ. Estes intervalos indicam uma associação negativa significativa entre o aleitamento materno e a ocorrência de anemia. Por outras palavras, a interrupção precoce do aleitamento materno parece favorecer o aparecimento de anemia nas crianças, pelo menos das famílias com as características sócio-económicas do tipo daquelas que participaram no estudo referido. ∎

9.2.2 Modelos de simetria

Já foi referido anteriormente que um dos modelos com potencial interesse em tabelas quadradas I^2 é o modelo de simetria cuja análise, devido à linearidade da sua estrutura, pode ser efectuada de acordo com o procedimento descrito na Secção 8.1.

Como este modelo admite igualmente uma representação log-linear (não hierárquica) – reveja-se a Subsecção 4.2.2 – o seu ajustamento pode alternativamente fazer uso dos resultados derivados na Secção 9.1.

Atendendo à formulação log-linear (4.27), o logaritmo da verosimilhança Multi-nomial sob o modelo de simetria, sem inclusão das restrições de identificabilidade, é

$$\ell(\boldsymbol{\beta}) = a(\mathbf{n}) + N\lambda + \sum_{i=1}^{I}(n_{i\cdot} + n_{\cdot i})u_i + \sum_{i=1}^{I} n_{ii}u_{ii}^{AB} + \sum_{i<j}(n_{ij} + n_{ji})u_{ij}^{AB}.$$

Tendo em conta que a dimensionalidade de $\boldsymbol{\beta}$ (o número de parâmetros log-lineares indexados linearmente independentes) é $p - 1 = I - 1 + I(I - 1)/2$, a expressão de $\ell(\boldsymbol{\beta})$ mostra que a estatística suficiente mínima é definida pelo conjunto $\{n_{ii}, i = 1, \ldots, I - 1, n_{ij} + n_{ji}, i < j\}$ ou por qualquer conjunto equivalente (como, e.g., o obtido daquele por substituição de n_{ii} por $n_{i\cdot} + n_{\cdot i}, i = 1, \ldots, I-1$). Por conseguinte, as equações de verosimilhança (9.4) concretizam-se em

$$\begin{aligned} \widehat{\mu}_{ii} &= n_{ii}, \quad i = 1, \ldots, I - 1, \\ \widehat{\mu}_{ij} + \widehat{\mu}_{ji} &= n_{ij} + n_{ji}, \quad i < j, \end{aligned} \qquad (9.35)$$

sendo o segundo tipo de equações equivalente a $\widehat{\mu}_{ij} = (n_{ij} + n_{ji})/2, i \neq j$, por força da simetria das frequências esperadas. Deste modo, a estimativa MV dos μ_{ij} é dada por $\widehat{\mu}_{ij} = (n_{ij} + n_{ji})/2, i, j = 1, \ldots, I$, em consonância com a estimativa MV (7.1) dos θ_{ij} como não podia deixar de ser.

Quando ao modelo de simetria H_S, com $I(I - 1)/2$ restrições, se retiram as $I - 1$ restrições referentes à identidade dos efeitos principais entre as duas variáveis, obtém-se o modelo de quási-simetria H_{QS} cuja formulação log-linear em equações livres está definida em (4.28). A simetria das probabilidades $\{\theta_{ij}\}$ dá lugar à simetria mais fraca das RPC $\{\Delta_{ij}\}$, propriedade que permite definir cabalmente H_{QS} pelas $a = (I - 1)(I - 2)/2$ restrições

$$H_{QS} : \ln(\Delta_{ij}/\Delta_{ji}) = 0, \quad i, j = 1, \ldots, I - 1, \ i < j. \qquad (9.36)$$

O logaritmo da verosimilhança sob H_{QS} sem inclusão das restrições de identifica-bilidade é

$$\ell(\boldsymbol{\beta}) = a(\mathbf{n}) + N\lambda + \sum_{i=1}^{I} n_{i\cdot}u_i^A + \sum_{j=1}^{I} n_{\cdot j}u_j^B + \sum_{i=1}^{I} n_{ii}u_{ii}^{AB} + \sum_{i<j}(n_{ij} + n_{ji})u_{ij}^{AB}.$$

Esta expressão, atendendo à dimensionalidade de $\boldsymbol{\beta}$ que é aqui igual a $p - 1 = 2(I - 1) + I(I - 1)/2$, mostra que $\{n_{i\cdot}, n_{\cdot j}, i, j = 1, \ldots, I - 1, n_{ij} + n_{ji}, i < j\}$ e $\{n_{i\cdot}, n_{ii}, i = 1, \ldots, I - 1, n_{ij} + n_{ji}, i < j\}$ são alguns dos conjuntos equivalentes que definem a estatística suficiente mínima. Consequentemente, as equações de verosimilhança (9.4) podem concretizar-se em

$$\begin{aligned} \widehat{\mu}_{i\cdot} &= n_{i\cdot}, \quad i = 1, \ldots, I - 1, \\ \widehat{\mu}_{\cdot j} &= n_{\cdot j}, \quad j = 1, \ldots, I - 1, \\ \widehat{\mu}_{ij} + \widehat{\mu}_{ji} &= n_{ij} + n_{ji}, \quad i < j, \end{aligned} \qquad (9.37)$$

9. ANÁLISE DE MODELOS LOG-LINEARES

implicando a validade das equações relativas respectivamente a $i = I$ e $i = j$.

Contrariamente ao que acontece no modelo de simetria, a resolução deste sistema de equações exige o uso de procedimentos iterativos como o método de Newton-Raphson, cuja aplicação a modelos log-lineares se encontra detalhada posteriormente na Secção 9.4. É também possível, através de um artifício de ampliação da tabela, obter as estimativas MV dos μ_{ij} usando um método iterativo delineado para modelos hierárquicos que se descreve na Subsecção 9.4.2 (vide Bishop et al. (1975, Sec. 9.2), e também o Exercício 9.11).

Uma vez obtido um bom ajuste do modelo H_{QS} na base de qualquer dos testes usuais associados a uma distribuição nula assintótica $\chi^2_{(a)}$, pode-se testar condicionalmente o conjunto de hipóteses $u_i^A = u_i^B$, $i = 1, \ldots, I - 1$, em ordem a averiguar a razoabilidade da estrutura mais forte de simetria. Pelo que se referiu oportunamente na Subsecção 4.2.2, este procedimento constitui afinal um teste condicional do modelo de homogeneidade marginal.

Para a concretização desse procedimento de comparação entre modelos log-lineares (não hierárquicos), os critérios Q_V e Q_P baseiam-se no uso das estatísticas (7.20) (ou (9.12)) e (7.22), respectivamente, com distribuição nula assintótica $\chi^2_{(I-1)}$. O correspondente teste condicional de Wald usa a estimativa MV dos efeitos principais e a matriz de covariâncias estimada associada sob o modelo de quási-simetria através da estatística (9.13).

Qualquer destes três testes alternativos de homogeneidade marginal será, pela sua natureza condicional, decerto mais vantajoso do que o correspondente teste não condicional, referido na Secção 8.2 em caso de obtenção de um nível de ajustamento de H_{QS} indiciador da sua validade, particularmente em amostras de tamanho moderado. Em caso de um pobre ajuste do modelo de quási-simetria, devem-se privilegiar os testes não condicionais ou os testes condicionais a outras estruturas mais consentâneas com os dados em análise.

Entre outras generalizações do modelo de simetria conta-se aquela que estipula uma proporcionalidade entre as probabilidades das celas simétricas relativamente à diagonal principal com a constante comum de proporcionalidade desconhecida. Esta estrutura, definida por

$$H_{SC} : \theta_{ij} = \gamma \theta_{ji}, \quad i < j, \tag{9.38}$$

implica que as probabilidades das celas acima da diagonal principal são todas não inferiores (se $\gamma \geq 1$) ou não superiores (se $\gamma \leq 1$) às correspondentes probabilidades das celas simétricas. Constata-se facilmente que (9.38) equivale às condições

$$H_{SC} : \theta_{ij} / \sum_{i<j} \theta_{ij} = \theta_{ji} / \sum_{j>i} \theta_{ji}, \quad i < j, \tag{9.39}$$

o que permite encarar este modelo como uma estrutura de homogeneidade entre os conjuntos de probabilidades condicionais a cada parte triangular da tabela. Expresso de outro modo, o modelo (9.39) traduz a simetria das probabilidades das celas quando condicionadas à parte triangular (superior ou inferior) da tabela onde se situam, o que justifica a terminologia de simetria condicional usada por vezes na literatura e a notação H_{SC} adoptada.

A este modelo de simetria condicional, que tem uma natureza log-linear (vide Exercício 4.35), corresponde uma verosimilhança Multinomial cujo logaritmo se pode exprimir por

$$\ell(\boldsymbol{\beta}) = a(\mathbf{n}) + \sum_{i=1}^{I} n_{ii} \ln \theta_{ii} + \sum_{i>j}(n_{ij} + n_{ji}) \ln \theta_{ij} + \left(\sum_{i>j} n_{ji} \right) \ln \gamma$$

sob a restrição $\sum_i \theta_{ii} + (1+\gamma) \sum_{i>j} \theta_{ij} = 1$.

As equações de verosimilhança relativas aos $p = 1 + I(I+1)/2$ parâmetros são

$$\widehat{\mu}_{ij} + \widehat{\mu}_{ji} = n_{ij} + n_{ji}, \quad i \geq j,$$
$$\sum_{i>j} \widehat{\mu}_{ij} = \sum_{i>j} n_{ij}$$

e têm como solução directa por (9.39) os valores

$$\widehat{\mu}_{ii} = n_{ii}$$
$$\widehat{\mu}_{ij} = \widehat{\mu}_{ji}/\widehat{\gamma} = (n_{ij} + n_{ji})/(\widehat{\gamma} + 1), \quad i > j, \qquad (9.40)$$
$$\widehat{\gamma} = \sum_{i<j} n_{ij} / \sum_{j>i} n_{ji},$$

com base nas quais se podem calcular as estatísticas de ajuste Q_V e Q_P e os níveis críticos associados através da distribuição $\chi^2_{(a)}$, onde $a = I(I-1)/2 - 1 = (I+1)(I-2)/2$ é o número de restrições definidoras do modelo.

O modelo de simetria equivale a H_{SC} acrescido da condição $H : \sum_{i<j} \theta_{ij} = \sum_{i>j} \theta_{ij}$ (atente-se em (9.39)), ou equivalentemente da condição de homogeneidade marginal. Deste modo, as estatísticas de teste $Q_V(H_S|H_{SC})$ e $Q_P(H_S|H_{SC})$ acabam por definir um outro tipo de testes condicionais de homogeneidade marginal, que são baseados numa distribuição $\chi^2_{(1)}$ e apropriados em caso de validade da simetria condicional.

Atendendo a que, sob H_{SC}, a condição equivalente a simetria é expressável por

$$H : \ln \gamma \equiv \ln \left(\sum_{i<j} \theta_{ij} / \sum_{i>j} \theta_{ij} \right) = 0,$$

a correspondente estatística de Wald condicional (9.13) é definida pelo quadrado da razão entre o estimador MV de $\ln \gamma$ e o estimador do seu desvio padrão assintótico sob H_{SC}. Como pelo método Delta a variância aproximada de $\ln \widehat{\gamma}$ é dada por $\left(\sum_{i<j} \mu_{ij} \right)^{-1} + \left(\sum_{i>j} \mu_{ij} \right)^{-1}$ (Exercício 9.11 b) e os estimadores MV restritos da soma das frequências esperadas são dados pela mesma soma das frequências observadas (por (9.40)), segue-se que o referido teste de Wald é definido por

$$Q_W(H_S|H_{SC}) = \frac{\left[\ln \left(\sum_{i<j} n_{ij} / \sum_{i>j} n_{ij} \right) \right]^2}{\left(\sum_{i<j} n_{ij} \right)^{-1} + \left(\sum_{i>j} n_{ij} \right)^{-1}}. \qquad (9.41)$$

9. ANÁLISE DE MODELOS LOG-LINEARES

Exemplo 9.2 (*Problema da acuidade visual*): Os dados deste exemplo ilustrativo fazem parte de um estudo (Stuart 1953), que tem sido profusamente considerado na literatura, do grau de acuidade visual em ambos os olhos de um conjunto de trabalhadores de fábricas britânicas. Os níveis ordinais do grau de acuidade em cada olho estão ordenados decrescentemente do grau de visão mais nítida (1) para o de visão mais fraca (4). Consideram-se aqui apenas os dados referentes a 7.477 trabalhadores do sexo feminino, sendo aqueles respeitantes aos homens objecto de análise no Exercício 9.7.

Tabela 9.2: Frequências observadas e esperadas estimadas sob simetria condicional do grau de acuidade visual de mulheres trabalhadoras

Acuidade no	Acuidade no olho esquerdo			
olho direito	1	2	3	4
1	1520 (1520.00)	266 (268.46)	124 (129.40)	66 (54.76)
2	234 (231.55)	1512 (1512.00)	432 (426.30)	78 (85.90)
3	117 (111.61)	362 (367.69)	1772 (1772.00)	205 (206.18)
4	36 (47.23)	82 (74.09)	179 (177.83)	492 (492.00)

O resultado dos testes de ajustamento do modelo de simetria ($Q_V = 19.25$, $Q_P = 19.11$) é altamente significativo (nível crítico inferior a 0.5%, relativamente a uma distribuição $\chi^2_{(6)}$), implicando certamente um mau ajuste de pelo menos um dos modelos de homogeneidade marginal e de quási-simetria.

Os testes não condicionais de homogeneidade marginal considerados na Secção 8.2 conduziram aos valores fortemente significativos $Q_V = 11.99$, $Q_P = 11.97$, $Q_W = 11.98$, correspondentes a um nível crítico inferior a 0.8% (3 graus de liberdade).

O ajustamento do modelo de quási-simetria produziu um nível crítico situado entre 5% e 7.5% ($Q_V = 7.27$, $Q_P = 7.26$ face a uma distribuição $\chi^2_{(3)}$). Embora o ajuste deste modelo supere significativamente o do modelo de simetria, os resultados obtidos evidenciam que ele ainda está longe de constituir uma boa descrição da relação entre a acuidade visual nos dois olhos, à luz dos dados em estudo.

A inspecção da tabela observada mostra que, dentro dos indivíduos com acuidade diferenciada nos dois olhos, as proporções das celas individuais indicativas de uma visão no olho direito melhor do que a do olho esquerdo (situadas acima da diagonal principal) são quase sempre superiores às proporções das celas simétricas referentes a uma melhor visão relativa no olho esquerdo. Este aspecto, que justifica o inegável insucesso do ajuste da simetria, sugere que poderá valer a pena ajustar o modelo de simetria condicional.

As médias estimadas sob esse modelo estão registadas entre parênteses na Tabela 9.2. Os valores $Q_V = 7.38$, $Q_P = 7.26$ e $Q_N = 7.69$, correspondentes a um nível crítico próximo de 20% (5 graus de liberdade) evidenciam uma inegavelmente melhor qualidade de ajuste do modelo de simetria condicional relativamente aos seus antecessores.

Na base da validade deste último modelo, a homogeneidade marginal é previsivelmente rejeitada ($Q_V = 11.87$, $Q_W = 11.86$ associados a um nível crítico relativo a uma distribuição $\chi^2_{(1)}$ inferior a 0.1%). O resultado destes testes é ainda mais significativo do que o dos testes condicionais baseados na quási-simetria devido à diferença no número de graus de liberdade.

Face aos resultados obtidos com o melhor modelo ajustado, a visão no olho direito tende a ser melhor do que a do olho esquerdo nas mulheres com acuidade diferenciada nos dois olhos, sendo a razão entre as probabilidades destes dois acontecimentos estimada por 1.16. As funções de distribuição estimadas do grau de acuidade (0.264, 0.566, 0.895, 1.) para o olho direito e (0.255, 0.552, 0.887, 1.) para o olho esquerdo, surgem como significativamente diferentes e a revelar uma tendência para os melhores graus de acuidade, (os de menor rótulo) se encontrarem mais no olho direito do que no olho esquerdo. Este aspecto indiciador de que o olho direito tem um grau de acuidade estocasticamente menor do que o do olho esquerdo é consequência de $\ln \widehat{\gamma} > 0$ (reveja o Exercício 4.35). ∎

9.2.3 Modelos ordinais

Sendo objecto desta subsecção a aplicação dos resultados inferenciais da Secção 9.1 a modelos log-lineares que exploram a ordinalidade de alguma(s) das variáveis, convém desde já esclarecer que tal aspecto começou realmente a ser abordado no final da subsecção anterior. Com efeito, pela sua própria definição e pela relação de ordenação estocástica induzida nas distribuições marginais, o modelo de simetria condicional (9.39) ganha uma consistência em contextos de ordinalidade das respostas, como no Exemplo 9.2, que dificilmente terá fora deles.

Um dos modelos ordinais bidimensionais dissecados na Subsecção 4.2.4 foi o modelo de efeitos de linha (4.51), a que corresponde uma verosimilhança Multinomial logaritmizada expressável por

$$\ell(\boldsymbol{\beta}) = a(\mathbf{n}) + Nu + \sum_i n_{i\cdot} u_i^A + \sum_j n_{\cdot j} u_j^B + \sum_i \sum_j n_{ij} b_j^* w_i^{AB}$$

onde não se embutiram as restrições de identificabilidade de forma explícita e $b_j^* = b_j - \bar{b}$, $j = 1, \ldots, J$ tal como estão definidos naquela subsecção. Observe-se que o número de parâmetros log-lineares indexados linearmente independentes é $2(I-1) + J - 1$.

A expressão de $\ell(\boldsymbol{\beta})$ mostra que a estatística suficiente mínima pode ser definida pelo conjunto $\{n_{\cdot j}, j = 1, \ldots, J-1, n_{i\cdot}, \sum_j n_{ij} b_j^*, i = 1, \ldots, I-1\}$, implicando que as equações de verosimilhança (9.4) se concretizem em

$$
\begin{aligned}
&\widehat{\mu}_{\cdot j} = n_{\cdot j}, \quad j = 1, \ldots, J-1, \\
&\widehat{\mu}_{i\cdot} = n_{i\cdot}, \\
&\sum_{j=1}^J b_j^* \widehat{\mu}_{ij} = \sum_{j=1}^J b_j^* n_{ij}, \quad i = 1, \ldots, I-1,
\end{aligned}
\tag{9.42}
$$

que, por sua vez, garantem a validade das equações relativas às últimas linha e coluna.

O sistema de equações (9.42) significa que quer as distribuições marginais quer a média condicional dos *scores* centrados em cada linha não são afectados pela substituição das proporções estimadas pelas proporções observadas. Uma vez obtida por

9. ANÁLISE DE MODELOS LOG-LINEARES

métodos iterativos a solução $\widehat{\boldsymbol{\beta}}$ dessas equações e a decorrente estimativa MV de $\boldsymbol{\mu}$, os testes usuais de ajustamento do modelo podem efectuar-se através do uso de uma distribuição $\chi^2_{(\nu)}$ com $\nu = (I-1)(J-2)$, para a distribuição nula assintótica da estatística de teste.

No caso especial do modelo de associação linear por linear obtido de (4.51) fazendo $w_i^{AB} = v^{AB}(a_i - \bar{a}) \equiv v^{AB} a_i^*$, $i = 1, \ldots, I$, as respectivas equações de verosimilhança obtêm-se de (9.42) substituindo apenas o terceiro tipo de equações por

$$\sum_i \sum_j a_i^* b_j^* \widehat{\mu}_{ij} = \sum_i \sum_j a_i^* b_j^* n_{ij},$$

significando estas que os valores esperados do produto dos *scores* centrados para as distribuições estimada e observada são iguais. Consequentemente, dada a validade dos dois primeiros tipos de equações (9.42), a correlação entre os *scores* das duas variáveis é a mesma para aquelas duas distribuições. Apesar da maior simplicidade do modelo de associação linear por linear, as correspondentes equações de verosimilhança continuam sem uma solução explícita. Uma vez obtidas as estimativas MV de β e μ, as estatísticas de teste correntes podem ser avaliadas e confrontadas com a distribuição $\chi^2_{(\nu)}$, $\nu = (I-1)(J-1)-1$.

Como os modelos de efeito de linha, de associação linear por linear e de independência formam uma sequência encaixada, torna-se fácil construir testes condicionais de redução dos modelos mais complexos (veja-se Exercício 9.6).

Em particular, o teste de independência, H_2, condicional ao modelo, H_1, de associação linear por linear, definido por qualquer das estatísticas correntes, usa uma distribuição nula assintótica $\chi^2_{(1)}$, que é alheia à dimensão da tabela. Como a estatística de teste depende apenas da estatística suficiente para o modelo menos reduzido, que atinge a normalidade assintótica mais rapidamente que o vector de frequências, esse teste é mais vantajoso do que o teste não condicional de independência em amostras moderadas a que se ajusta bem o referido modelo ordinal.

Nesta circunstância de bom ajuste do modelo H_1, é natural pretender-se um teste de independência direccionado para alternativas caracterizadas por uma associação comum (positiva ou negativa) entre as variáveis. A este respeito, o referido teste condicional também supera o teste nominal de independência (baseado na distribuição nula assintótica $\chi^2_{(\nu)}$ com $\nu = (I-1)(J-1)$) pelo facto de ser mais potente, face a essas alternativas conforme argumento apresentado no final da Secção 7.3.

Exemplo 9.3 (*Problema dos defeitos de fibras têxteis*): Tome-se para ilustração o conjunto de amostras de fibras têxteis do Exemplo 1.6 referente a máquinas do fabricante A, cuja classificação está sumariada na Tabela 9.3, e analise-se-o no sentido do estudo da associação entre os números de defeitos de ambos os tipos.

O modelo de independência definido por H_0, não se afigura apropriado já que $Q_V(H_0) = 12.44$ e $Q_P(H_0) = 11.53$ relativos a 4 graus de liberdade (o nível crítico P é da ordem de $0.01 - 0.02$).

Em ordem a explorar a estrutura de associação evidenciada pelos dados através da ordinalidade das variáveis, manter-se-ão os níveis quantitativos destas e considerar para a última categoria o *score* 2, pela simples razão de se ter constatado que a

270   9.2 MODELOS LOG-LINEARES BIDIMENSIONAIS

ocorrência de amostras com três ou mais defeitos em cada variável é um acontecimento muito pouco frequente.

Tabela 9.3: Frequências observadas e esperadas estimadas (sob o modelo de independência)

Número de defeitos	Número de defeitos de tipo 2			
de tipo 1	0	1	2	Total
0	28 (20.02)	40 (38.27)	68 (77.71)	136
1	5 (11.04)	21 (21.10)	49 (42.86)	75
2	1 (2.94)	4 (5.63)	15 (11.43)	20

Apesar de as duas variáveis possuirem a mesma natureza, a inspecção da tabela observada em termos das distribuições condicionais da variável X_2 (número de defeitos de tipo 2) dados os níveis da variável X_1 sugere uma possível estratégia de análise.

Com efeito, as distribuições cumulativas de proporções condicionais nas linhas, $\{p_{(i)j} = n_{ij}/n_{i\cdot}\}$, mostram-se estocasticamente ordenadas de forma crescente, pois verificam as condições

$$\sum_{k \leq j} p_{(0)k} \geq \sum_{k \leq j} p_{(1)k} \geq \sum_{k \leq j} p_{(2)k}, \quad j = 0, 1, 2.$$

Esta característica sugere imediatamente a consideração do modelo de efeitos de linha, H_1, caso a omissão da ordinalidade das linhas na análise, pelo menos transitoriamente, não venha a ser um elemento perturbador.

Na Tabela 9.4 indicam-se as estimativas dos parâmetros desse modelo.

Tabela 9.4: Estimativas paramétricas e correspondentes erros padrões no modelo de efeitos de linha (e no modelo de associação uniforme)

Parâmetro	u_1^A	u_2^A	u_1^B	u_2^B	w_1^{AB}	w_2^{AB}	v
Estimativa	1.076	0.223	−0.951	0.011	−0.487	0.087	−
	(1.098)	(0.279)	(−0.982)	(0.008)	(−)	(−)	(0.510)
Erro padrão	0.144	0.162	0.181	0.109	0.165	0.183	−
aproximado	(0.142)	(0.113)	(0.171)	(0.108)	(−)	(−)	(0.163)

Como se esperaria, as estimativas dos efeitos de linha estão ordenadas crescentemente (note-se que $\widehat{w}_3^{AB} = 0.400$), implicando que o número de defeitos de tipo 2 numa amostra tende a ser estocasticamente maior à medida que aumentam nela os defeitos de tipo 1 (recorde a Secção 4.6).

Como o modelo de efeitos de linha com *scores* equidistantes implica RPC constantes em termos das colunas adjacentes, tem-se por exemplo que a chance estimada

9. ANÁLISE DE MODELOS LOG-LINEARES

de uma amostra revelar dois (respectivamente, um) defeitos de tipo 2 em vez de um (zero) é $\exp(\widehat{w}_3^{AB} - \widehat{w}_1^{AB}) \simeq \exp(0.887) \simeq 2.43$ vezes maior quando a amostra tem dois defeitos de tipo 1 do que quando não tem nenhum. O bom ajustamento deste modelo é evidenciado pelo resultado $Q_V(H_1) = 1.05$ correspondente a $P \simeq 0.59$ (2 g.l.).

A Tabela 9.5, ao incluir as médias estimadas sob este modelo, comprova a melhoria do ajuste conseguido relativamente ao modelo de ausência de associação. Aliás, o resultado $Q_V(H_0|H_1) = 11.39$ baseado em 2 graus de liberdade ($P \simeq 0.3\%$) é um indicador global desse melhoramento introduzido com a ordenação estocástica crescente das amostras pelo número de defeitos de tipo 1. O teste condicional de Wald de $w_1^{AB} = w_2^{AB} = 0$ aponta no mesmo sentido pois $Q_W(H_0|H_1) = 10.30$ ($P \simeq 0.6\%$).

Tabela 9.5: Frequências esperadas estimadas sob o modelo de efeitos de linha (e o modelo de associação uniforme)

Número de defeitos	Número de defeitos de tipo 2			
de tipo 1	0	1	2	Total
0	26.61 (26.31)	42.77 (42.53)	66.62 (67.15)	136
1	6.39 (6.98)	18.23 (18.76)	50.38 (49.27)	75
2	1.03 (0.81)	3.94 (3.56)	15.03 (15.64)	20

As estimativas padronizadas (estimativas divididas pelos seus erros padrões) dos efeitos de linha w_1^{AB} (-2.951) e w_2^{AB} (0.476), ao indicarem um valor estatisticamente nulo (relativamente a uma $N(0,1)$) para w_2^{AB}, mostram a adequação de uma redução, H_2, desse modelo determinada pela estruturação linear dos efeitos de linha em termos dos *scores* centrados das linhas, $a_1^* = -1$, $a_2^* = 0$ e $a_3^* = 1$ (iguais aos das colunas usadas no modelo de efeitos de linha).

Por outras palavras, o resultado $Q_W(H_2|H_1) = 0.23$ ($P \simeq 0.63$ para 1 g.l.) e o facto de $H_1 \cap \{w_2^{AB} = 0\}$ equivaler ao modelo de associação uniforme (H_2) justificam a adequação da estruturação linear por linear da interacção de primeira ordem sob a validade de H_1 (note-se ainda que o teste $Q_V(H_2|H_1)$ conduz ao mesmo resultado).

O teste não condicional do modelo de associação uniforme, $Q_V(H_2) = 1.28$ ($P \simeq 0.74$ para 3 g.l.), evidencia que este modelo mais simples é ainda uma boa descrição da associação patente entre as variáveis. De resto, a comparação entre as frequências observadas e preditas pelo modelo de independência (Tabela 9.3) e a constatação de que aquelas são maiores do que estas nos cantos superior esquerdo e inferior direito da tabela (celas correspondentes a níveis pequenos ou grandes para ambas as variáveis), e menores nos outros dois cantos, poderiam indicar tal, ou pelo menos, sugerir uma outra estratégia analítica de partida assente na exploração da estrutura de associação linear por linear na modelação dos desvios da independência registados.

As estimativas das frequências esperadas e dos parâmetros para o modelo de associação uniforme são dadas nas Tabelas 9.5 e 9.4, respectivamente. A estimativa do parâmetro v descritor da associação é $\widehat{v} = 0.510$, com desvio padrão aproximado estimado por $\widehat{\sigma}(\widehat{v}) = 0.163$. O valor positivo de $\widehat{v}$ implica que o número de defeitos de tipo 2 tende a ser maior em amostras com um número maior de defeitos de tipo 1.

A chance estimada de haver $j + 1$ defeitos de tipo 2 em vez de j aumenta $\widehat{\psi}_{ij} = e^{\widehat{v}} \simeq 1.67$ vezes por cada defeito a mais de tipo 1. A chance estimada de uma amostra possuir dois defeitos de tipo 2 em vez de nenhum é $\exp(2 \times 2 \times \widehat{v}) \simeq 7.69$ vezes maior quando revela dois defeitos de tipo 1 do que em caso de não acusar nenhum desses defeitos. Um intervalo de confiança aproximado com coeficiente de confiança 95% para $\psi_{ij} = e^v$ é $1.67 \exp(\pm 1.96 \times 0.163) \simeq (e^{0.191}, e^{0.829}) \simeq (1.21, 2.29)$.

De novo, o teste de Wald de independência condicional à presença de associação uniforme apresenta um resultado fortemente significativo, como se pode ver através da estatística $Q_W(H_0|H_2) = 9.80$ ($P \simeq 0.2\%$ para 1 g.l.). O mesmo sucede com o teste $Q_V(H_0|H_2) = 11.16$ correspondente a $P \simeq 0.1\%$. ∎

9.3 Modelos log-lineares multidimensionais

Na mesma linha da secção anterior, expõe-se aqui a concretização de resultados da Secção 9.1 a tabelas de contingência multidimensionais, supostamente descritas pelo modelo Multinomial com total de frequências N (conhecido) e parâmetro probabilístico $\boldsymbol{\theta}$ de componentes estritamente positivas somando 1.

9.3.1 Modelos hierárquicos tridimensionais

Considere-se uma tabela $I \times J \times K$ de frequências $\mathbf{n} = (n_{ijk}, i = 1, \ldots, I, j = 1, \ldots, J, k = 1, \ldots, K)'$ gerada pela distribuição Multinomial de parâmetro $\boldsymbol{\theta} = (\theta_{ijk}, i = 1, \ldots, I, j = 1, \ldots, J, k = 1, \ldots, K)' \equiv \boldsymbol{\mu}/N$, satisfazendo hipoteticamente o modelo de independência completa, formulado log-linearmente por

$$\ln \theta_{ijk} = \lambda + u_i^A + u_j^B + u_k^C \tag{9.43}$$

para todo o (i, j, k), com os parâmetros indexados verificando as restrições de identificabilidade.

De acordo com o argumento usado na Subsecção 9.1.1, a estatística suficiente mínima pode ser definida pelas frequências marginais univariadas $\{n_{i..}\}$, $\{n_{.j.}\}$ e $\{n_{..k}\}$. Sendo assim, as equações de verosimilhança correspondem a

$$\widehat{\mu}_{i..} = n_{i..}, \quad \widehat{\mu}_{.j.} = n_{.j.}, \quad \widehat{\mu}_{..k} = n_{..k},$$

para todo o (i, j, k). Em face da formulação multiplicativa de (9.43), a estimativa MV $\widehat{\boldsymbol{\mu}} = (\widehat{\mu}_{ijk}, i = 1, \ldots, I, j = 1, \ldots, J, k = 1, \ldots, K)'$ é então tal que para todo o (i, j, k)

$$\widehat{\mu}_{ijk} = n_{i..} n_{.j.} n_{..k} / N^2. \tag{9.44}$$

O número de graus de liberdade da distribuição nula assintótica das estatísticas comuns de ajustamento do modelo é

$$\nu = (IJK - 1) - (I - 1 + J - 1 + K - 1) = IJK - I - J - K + 2.$$

O raciocínio acabado de expor para o modelo (A, B, C), quando aplicado aos modelos mais fracos, (AB, C) e (AB, AC), conduzirá às expressões para a estimativa

9. ANÁLISE DE MODELOS LOG-LINEARES

MV de μ e para o número de graus de liberdade indicados na Tabela 9.6. Facilmente obter-se-ão delas as fórmulas correspondentes para as outras duas versões de cada um desses modelos.

Tabela 9.6: Características de modelos log-lineares hierárquicos tridimensionais

Modelo	Definição multiplicativa	Estimativa MV das probabilidades	Graus de liberdade
(A,B,C)	$\theta_{ijk} = \theta_{i..}\theta_{.j.}\theta_{..k}$	$\widehat{\theta}_{ijk} = n_{i..}n_{.j.}n_{..k}/N^3$	$IJK\text{-}I\text{-}J\text{-}K\text{+}2$
(AB,C)	$\theta_{ijk} = \theta_{ij.}\theta_{..k}$	$\widehat{\theta}_{ijk} = n_{ij.}n_{..k}/N^2$	$(IJ\text{ -}1)(K\text{-}1)$
(AB,AC)	$\theta_{ijk} = \theta_{ij.}\theta_{i\cdot k}/\theta_{i..}$	$\widehat{\theta}_{ijk} = n_{ij.}n_{i\cdot k}/Nn_{i..}$	$I(J\text{-}1)(K\text{-}1)$
(AB,AC,BC)	$\theta_{ijk} = \delta_{ij}\varepsilon_{jk}\phi_{ik}$	métodos iterativos	$(I\text{-}1)(J\text{-}1)(K\text{-}1)$

Considere-se agora o modelo log-linear mais fraco, (AB, AC, BC), significando independência funcional de qualquer tipo de RPC para com o nível definidor da respectiva tabela parcial. Quando em tabelas $2^2 \times K$ tem interesse analisar o efeito da terceira variável na associação entre as duas restantes, este modelo traduz a homogeneidade das RPC para com as camadas.

Como a estatística suficiente mínima é constituída pelos três tipos de frequências marginais bivariadas, as equações de verosimilhança correspondem a

$$\widehat{\mu}_{ij.} = n_{ij.}, \quad \widehat{\mu}_{i\cdot k} = n_{i\cdot k}, \quad \widehat{\mu}_{.jk} = n_{.jk}$$

para todo o (i, j, k). O modelo sem interacção de segunda ordem pode ser definido multiplicativamente através da factorização de $\{\theta_{ijk}\}$ (ou das médias) indicada na Tabela 9.6, onde os factores não conseguem representar funções das probabilidades (ou das médias) marginais bivariadas. Consequentemente, não é possível obter uma expressão explícita para $\widehat{\theta}$ ($\widehat{\mu}$), cuja determinação exige o recurso a resultados iterativos (vide Secção 9.4).

As expressões das estatísticas comuns dos testes (condicionais ou não) relativos a estes modelos tridimensionais são uma concretização dos resultados indicados na Subsecção 9.1.2. Considere-se, por exemplo, o problema de testar o ajustamento do modelo de independência condicional entre X_3 (variável das camadas) e cada uma das variáveis restantes, X_1 e X_2. O teste (não condicional) da razão de verosimilhanças de Wilks usa a estatística

$$Q_V[(AB,C)] = 2\sum_{i,j,k} n_{ijk} \ln \frac{Nn_{ijk}}{n_{ij.}n_{..k}} \tag{9.45}$$

dotada de uma distribuição nula aproximada $\chi^2_{(\nu)}$, com $\nu = (IJ - 1)(K - 1)$. Se no contexto fizer sentido pressupor-se a ausência dos termos log-lineares u^{ABC} e u^{BC}, o teste correspondente da independência condicional entre X_1 e X_3 deve basear-se na estatística (recorde-se (9.12))

$$\begin{aligned} Q_V[(AB,C)|(AB,AC)] &= 2\sum_{i,j,k} \frac{n_{ij.}n_{i\cdot k}}{n_{i..}} \ln \frac{n_{ij.}n_{i\cdot k}/n_{i..}}{n_{ij.}n_{..k}/N} \\ &= 2\sum_{i,k} n_{i\cdot k} \ln \frac{n_{i\cdot k}}{n_{i..}n_{..k}/N} \end{aligned} \tag{9.46}$$

274   9.3 MODELOS LOG-LINEARES MULTIDIMENSIONAIS

sob uma distribuição nula aproximada $\chi^2_{(\nu)}$, onde $\nu = (I-1)(K-1)$.

A expressão (9.46) mostra particularmente que a estatística desse teste condicional é idêntica à estatística Q_V do teste de independência entre X_1 e X_3 baseado na tabela marginal (X_1, X_3). De igual modo se prova um resultado semelhante para a estatística Q_P.

A identidade referida poderá não ser surpreendente se se recordar que a tabela é desmontável em X_2 sob a validade do modelo (AB, AC), que assegura a identidade entre a associação parcial $X_1 - X_3$ e a correspondente associação marginal (Proposição 4.1). Não fosse esse o caso, não se conseguiria perceber como seria possível obter (9.46). É o facto de ambos os modelos admitirem estimativas MV em forma fechada que conduz à identidade entre a estatística Q_V condicional, relativa à tabela original, e a estatística Q_V do teste de anulamento do termo simples (u^{AC}) diferenciador dos dois modelos, baseada na tabela marginal definida pela estatística suficiente associada a esse termo.

Este argumento não é senão uma concretização do seguinte resultado, baseado em Sundberg (1975), cuja demonstração será omitida:

Proposição 9.1: *A estatística Q_V condicional relativa a dois modelos hierárquicos, que diferem por um termo (simples ou múltiplo) log-linear e que admitem estimativas MV em forma fechada, coincide com a estatística Q_V do teste de anulamento desse termo baseada na estatística suficiente a ele associada.*

Deve sublinhar-se desde já que a estimação explícita não é condição necessária para a identidade entre as referidas estatísticas Q_V, como alertou o próprio Sundberg. Casos que comprovam esta afirmação poderão ser encontrados no Exemplo 9.7 adiante.

A identidade mencionada entre estatísticas Q_V falha quando algum dos modelos em confronto, diferindo apenas por um termo de associação, não admite estimação MV explícita. É o caso do teste de ajustamento de um modelo de independência condicional sob a validade da ausência da interacção de segunda ordem. De resto, esta condição não assegura a identidade entre as associações parcial e marginal entre qualquer par de variáveis (vide Secção 4.5). Para um estudo da relação entre a identidade de estatísticas Q_V condicionais, relativas a um par de modelos hierárquicos encaixados para a tabela original e ao par de modelos implicado para uma tabela marginal, e o conceito de desmontabilidade paramétrica focado no Capítulo 4, veja-se Davis (1990) – releia-se ainda a Nota de Capítulo 4.2.

De qualquer modo convém acrescentar que sob a validade do modelo (AB, AC, BC), o teste nele condicionado da independência condicional entre qualquer par de variáveis é, em grandes amostras, mais potente do que o correspondente teste não condicional. Tal facto é devido a que a distribuição assintótica não nula daquele tem o mesmo parâmetro de não centralidade e um número de graus de liberdade menor que o deste (reveja-se Secção 6.4).

Exemplo 9.4 (*Problema da fobia em alcoólatras*): Para fins ilustrativos tome-se o conjunto de dados do Exemplo 1.11 no qual o objectivo analítico residia na averiguação

9. ANÁLISE DE MODELOS LOG-LINEARES

da estrutura de associação entre as variáveis indicadoras da situação profissional (A), do consumo diário de álcool (B) e de manifestação de fobia em pacientes alcoólatras. A Tabela 9.7 expõe o resultado da estimação MV das frequências esperadas sob alguns modelos encaixados.

Tabela 9.7: Frequências esperadas estimadas para alguns modelos hierárquicos

Situação prof. (A)	Consumo álcool (B)	Manifest. fobia (C)	(ABC)	(AB, AC, BC)	(AB, AC)	(AB, C)	(A, B, C)
Sem trabalho	Sim	Sim	10	10.5	10.5	12.1	12.7
		Não	24	23.5	23.5	21.9	23.1
	Não	Sim	6	5.5	5.5	6.4	5.8
		Não	12	12.5	12.5	11.6	10.5
Com trabalho	Sim	Sim	13	12.5	12.4	10.6	10.0
		Não	17	17.5	17.6	19.4	18.2
	Não	Sim	4	4.5	4.6	3.9	4.5
		Não	7	6.5	6.4	7.1	8.2

Com base nessas médias estimadas obtêm-se as correspondentes estimativas das RPC medidoras das associações parciais e marginais e que se expõem na Tabela 9.8.

Por exemplo, a entrada 0.69 para a associação parcial A - B no modelo (AB, C) é a estimativa do valor comum das RPC parciais nos dois níveis de C – obviamente que para o modelo saturado há duas RPC amostrais para cada tabela parcial. A entrada 0.69 para a associação marginal A - B no mesmo modelo é a estimativa da RPC para a tabela marginal (A, B) obtida das correspondentes médias estimadas $\{\widehat{\mu}_{ij\cdot}\}$.

A coincidência entre essas duas entradas exemplifica a identidade entre as associações parcial e marginal que se verifica no modelo (AB, C). O facto de as RPC parciais estimadas serem todas iguais às RPC marginais estimadas também se verifica no modelo de independência completa, com a diferença de todas elas serem aqui unitárias.

Tabela 9.8: Razões de chances estimadas entre todos os pares de variáveis para alguns modelos

Modelo		Associação parcial			Associação marginal		
		A-B	A-C	B-C	A-B	A-C	B-C
	nível 1	0.51	0.54	0.83			
(ABC)					0.69	0.63	1.07
	nível 2	0.82	0.88	1.34			
(AB, AC, BC)		0.69	0.63	1.02	0.69	0.63	1.07
(AB, AC)		0.69	0.63	1.00	0.69	0.63	1.04
(AB, C)		0.69	1.00	1.00	0.69	1.00	1.00
(A, B, C)		1.00	1.00	1.00	1.00	1.00	1.00

As igualdades registadas entre as RPC relativas ao modelo (AB, AC) são também o reflexo das condições de desmontabilidade (em C e B, respectivamente) por ele asseguradas.

Como ficou bem explícito no Capítulo 4, o modelo sem interacção de segunda ordem já não compartilha tal característica. As igualdades encontradas entre as medidas de associação parcial e marginal A - B e A - C devem-se aos arredondamentos efectuados e, sobretudo, ao valor praticamente nulo da interacção B - C, ou equivalentemente, à enorme proximidade com o modelo (AB, AC) em termos das frequências ajustadas (reveja a Tabela 9.7).

De acordo com as respectivas equações de verosimilhança, todas as RPC marginais estimadas no modelo (AB, AC, BC) coincidem com as correspondentes RPC observadas.

A Tabela 9.9 indica os resultados necessários para a execução dos testes Q_V e Q_P de ajustamento dos modelos considerados anteriormente. Mostram que todos os modelos reduzidos referidos se ajustam muito bem aos dados pelo que se pode concluir que, à luz dos dados obtidos para a amostra de alcoólatras em mão, não há evidência de qualquer associação entre as variáveis.

Tabela 9.9: Testes de Wilks e de Pearson de ajustamento de alguns modelos hierárquicos

Modelo	GL	Q_V	P	Q_P	P
(ABC)	0	0	–	0	–
(AB, AC, BC)	1	0.24	0.621	0.24	0.621
(AB, AC)	2	0.25	0.884	0.25	0.884
(AB, C)	3	1.39	0.708	1.40	0.707
(A, B, C)	4	2.04	0.728	2.07	0.723

Idêntica conclusão se pode obter a partir dos testes de Wald. Na Tabela 9.10 indicam-se, para apenas alguns modelos a título exemplificativo, as estimativas dos parâmetros log-lineares (Est.) e respectivos desvios padrões aproximados estimados (DPE). Observe-se que as estimativas das interacções podem ser obtidas das RPC parciais estimadas da Tabela 9.8 pela relação existente entre elas.

Tabela 9.10: Estimativas paramétricas para alguns modelos log-lineares

Parâmetro	Modelo (ABC)		Modelo (AB, AC)		Modelo (A, B, C)	
	Est.	DPE	Est.	DPE	Est.	DPE
u_1^A	0.128	0.120	0.122	0.119	0.119	0.105
u_1^B	0.409	0.120	0.410	0.114	0.396	0.112
u_1^C	−0.300	0.120	−0.289	0.109	−0.299	0.108
u_{11}^{AB}	−0.108	0.120	−0.092	0.115	0	–
u_{11}^{AC}	−0.093	0.120	−0.117	0.110	0	–
u_{11}^{BC}	0.014	0.123	0	–	0	–
u_{111}^{ABC}	−0.059	0.119	0	–	0	–

9. ANÁLISE DE MODELOS LOG-LINEARES 277

O valor -0.494 da estimativa padronizada (estimativa dividida pelo seu DPE) de u_{111}^{ABC} no modelo saturado é estatisticamente pequeno em face de uma distribuição $N(0, 1)$, comprovando o resultado não significativo do teste de Wald de ajustamento do modelo sem interacção de segunda ordem.

O intervalo de confiança aproximado a 95% para u_{11}^{AC} no modelo (AB, AC) é $-0.117 \pm 1.96 \times 0.11 = (-0.333, 0.099)$, implicando para a correspondente RPC parcial o intervalo de confiança $(\exp[4 \times (-0.333)], \exp(4 \times 0.099)) = (0.264, 1.483)$.

O confronto de qualquer destes intervalos com o respectivo valor pontual para o modelo (AB, C) – procedimento equivalente ao teste condicional de Wald deste modelo dado (AB, AC) –, indicia não haver uma associação significativa entre a situação profissional e a manifestação de fobia. Este resultado está também em sintonia com o teste da razão de verosimilhança de Wilks já que $Q_V[(AB, C)|(AB, AC)] = 1.14$ ($P \simeq 0.29$ para 1 g.l.).

Note-se ainda que a magnitude da estimativa padronizada de u_1^A no modelo de independência completa (1.138) constitui um resultado não significativo do teste condicional de anulamento do efeito da situação profissional dado o modelo (A, B, C) (o correspondente valor de Q_W é 1.30), em concordância com o resultado do correspondente teste Q_V, $Q_V[(B, C)|(A, B, C)] = 1.31$ ($P \simeq 0.25$ para 1 g.l.).

Como o modelo (B, C) desfruta ainda de um bom ajuste ($Q_V = 3.35 \Rightarrow P \simeq 0.65$ para 5 graus de liberdade), os resultados observados podem ainda ser bem descritos por esse modelo mais simples, traduzindo a identidade entre as duas tabelas parciais relativas à situação profissional e a independência (condicional e marginal) entre as duas variáveis restantes. ∎

9.3.2   Modelos de simetria

O facto de os modelos log-lineares tratados designadamente nesta subsecção não serem hierárquicos não acarreta problemas de maior dificuldade para a sua análise, tendo em conta o tratamento geral adoptado na Secção 9.1. À semelhança do que se constatou na Subsecção 9.2.2, a derivação das equações de verosimilhança mostra que a estatística suficiente mínima já não é integralmente constituída por frequências marginais. Este aspecto tem implicações na resolução iterativa dessas equações no sentido em que compromete a aplicação directa de métodos iterativos específicos (vide Secção 9.4).

No Capítulo 3 considerou-se o modelo altamente restritivo de simetria completa para uma tabela I^3 cuja representação log-linear (Exercício 4.18) é

$$\ln \theta_{ijk} = \lambda + u_i + u_j + u_k + u_{ij} + u_{ik} + u_{jk} + u_{ijk} \tag{9.47}$$

$i, j, k = 1, \ldots, I$, onde os parâmetros indexados (observe-se que só há um tipo de termos de cada ordem) são invariantes face a permutações dos seus índices e satisfazem as restrições de identificabilidade

$$\sum_h u_h = \sum_h u_{hl} = \sum_h u_{hlm} = 0.$$

O logaritmo da verosimilhança sob (9.47) sem inclusão destas últimas restrições é

$$\ell(\boldsymbol{\beta}) = a(\mathbf{n}) \quad + \quad N\lambda + \sum_i (n_{i..} + n_{.i.} + n_{..i})u_i$$

$$+ \quad \sum_{i,j}(n_{ij.} + n_{i.j} + n_{.ij} + n_{ji.} + n_{j.i} + n_{.ji})u_{ij}/2$$

$$+ \quad \sum_{i,j,k}(n_{ijk} + n_{ikj} + n_{jik} + n_{jki} + n_{kji} + n_{kij})u_{ijk}/6,$$

revelando que a estatística suficiente mínima é o conjunto dos coeficientes de u_{ijk} em $\ell(\boldsymbol{\beta})$. Sendo assim, a estimativa MV $\widehat{\boldsymbol{\mu}} = (\widehat{\mu}_{ijk}, i = 1, \ldots, I, j = 1, \ldots, J, k = 1, \ldots, K)')$ é definida por

$$\widehat{\mu}_{ijk} = (n_{ijk} + n_{ikj} + n_{jik} + n_{jki} + n_{kji} + n_{kij})/6 \qquad (9.48)$$

para todo o (i, j, k), implicando $\widehat{\mu}_{iik} = (n_{iik} + n_{iki} + n_{kii})/3$ e $\widehat{\mu}_{iii} = n_{iii}$. A distribuição nula assintótica das estatísticas comuns de ajustamento do modelo tem $I(I-1)(5I + 2)/6$ graus de liberdade (Exercício 4.18).

Como se referiu no final da Subsecção 4.2.2, no Exercício 4.19 consideram-se dois modelos que retêm do modelo (9.47) a simetria apenas dos termos log-lineares de maior ordem de modo a dele diferirem na violação da simetria marginal de segunda e primeira ordens (relembre Nota de Capítulo 3.1). O ajustamento destes modelos de quási-simetria, que é objeto de análise no Exercício 9.15, e do modelo de simetria completa permite assim definir testes Q_V e Q_P condicionais das hipóteses de simetria marginal de ordem 2 e de homogeneidade marginal no quadro de uma tabela I^3. Testes não condicionais das hipóteses supracitadas para tabelas I^T podem fazer uso dos resultados do Capítulo 3.

Exemplo 9.5 (*Problema da obesidade juvenil*): Considere-se, com finalidade meramente ilustrativa, os dados sobre obesidade referentes às crianças de 9 – 11 anos em 1977, sem distinção de sexo, contidos no Exercício 8.12, e que se reproduzem na seguinte tabela 2^3:

Tabela 9.11: Frequências observadas dos perfis de ausência (N) ou presença (O) de obesidade em 3 ocasiões

NNN	NNO	NON	NOO	ONN	ONO	OON	OOO
300	17	18	19	18	7	17	52

Como a resposta indicadora de obesidade em qualquer das ocasiões é binária, o modelo de quási-simetria, que difere do modelo de simetria completa pela violação da simetria marginal de segunda ordem, não é senão o modelo saturado. Dito de outra forma, o modelo de simetria completa equivale aqui à identidade das três distribuições marginais bidimensionais e à simetria da respectiva distribuição comum.

Considerem-se então o modelo de quási-simetria, H_{QS1}, que traduz a simetria da associação entre qualquer par de variáveis, *i.e.*, o modelo log-linear onde os três

9. ANÁLISE DE MODELOS LOG-LINEARES

termos de interacção de primeira ordem são idênticos e o respectivo termo comum, juntamente com a interacção de segunda ordem, são imutáveis com a permutação dos índices das categorias. O seu ajustamento originou o resultado medianamente não significativo, $Q_V(H_{QS1}) = 3.75$, relacionado com 2 graus de liberdade ($P \simeq 0.15$).

Em face dos valores preditos por este modelo exibidos na Tabela 9.12, que implicam designadamente as estimativas 0.210, 0.236 e 0.212 para as probabilidades marginais de obesidade na 1ª, 2ª e 3ª ocasiões, respectivamente, decidiu-se testar condicionalmente, a hipótese H_{HM1}, de homogeneidade marginal das três margens unidimensionais.

Tabela 9.12: Probabilidades preditas e respectivos erros padrões relativos ao modelo de quási-simetria

	NNN	NNO	NON	NOO	ONN	ONO	OON	OOO
Probabilidade	0.670	0.035	0.049	0.036	0.034	0.025	0.035	0.116
Erro padrão aproximado ($\times 10$)	0.222	0.070	0.089	0.072	0.069	0.054	0.070	0.151

O resultado $Q_V(H_{HM1}|H_{QS1}) = 2.77$ baseado em 2 graus de liberdade ($P \simeq 0.25$) confirmou a suspeita de não haver evidência suficiente contra a estrutura simétrica das probabilidades conjuntas (recorde-se que a simetria completa equivale à conjunção dos modelos H_{QS1} e H_{HM1}). O teste não condicional do modelo de simetria completa (H_{SC}) produziu um resultado igualmente consistente com tal suspeita já que $Q_V(H_{SC}) = 6.52$ ($P \simeq 0.16$ para 4 g.l.). A Tabela 9.13 indica resultados da estimação neste modelo.

Tabela 9.13: Resultados da estimação no modelo de simetria completa

Parâmetro	Estimativa	Erro padrão aproximado	Estimativa padronizada
u_1	0.245	0.032	7.71
u_{11}	0.515	0.032	16.20
u_{111}	0.141	0.079	1.78

A ordem de grandeza das estimativas padronizadas dos parâmetros log-lineares mostra ainda a ligeira falta de significância da interacção de segunda ordem (a qualquer nível de significância $\leq 5\%$, pelo menos). ∎

9.3.3 Modelos ordinais

Em consonância com a orientação da subsecção anterior opta-se de novo pela concentração em modelos para tabelas tridimensionais. A descrição da análise desses modelos que têm embutida a ordinalidade de algumas das variáveis é, por toda a informação já transmitida neste capítulo, suficientemente elucidativa para ser extensível sem dificuldades a modelos congéneres de maior dimensionalidade.

Um dos modelos relevantes quando todas as variáveis são ordinais é o modelo que descreve o termo de interacção de segunda ordem através de uma estrutura linear por linear × linear (ou uniforme). Este modelo definido em (4.56),

$$\ln \theta_{ijk} = \lambda + u_i^A + u_j^B + u_k^C + u_{ij}^{AB} + u_{ik}^{AC} + u_{jk}^{BC} + v^{ABC} a_i^* b_j^* c_k^* \qquad (9.49)$$

onde $\{a_i^*\}$, $\{b_j^*\}$ e $\{c_k^*\}$ denotam os *scores* centrados, ordenados crescentemente, de X_1, X_2 e X_3 e com os parâmetros indexados satisfazendo apropriadas restrições de identificabilidade, tem a particularidade de o logaritmo de cada RPC local parcial ser uma função linear do *score* da variável definidora da tabela parcial. Quando os *scores* são igualmente espaçados, as razões locais dessas RPC locais são constantes (daí o nome de modelo de interacção uniforme).

A estrutura (9.49) permite antecipar que as equações de verosimilhança são as do modelo sem interacções de segunda ordem acrescidas da equação

$$\sum_{i,j,k} a_i^* b_j^* c_k^* \widehat{\mu}_{ijk} = \sum_{i,j,k} a_i^* b_j^* c_k^* n_{ijk}. \qquad (9.50)$$

Como este modelo tem apenas um parâmetro a mais do que o modelo sem a interacção de segunda ordem, nomeadamente, (AB, AC, BC), o número de graus de liberdade da distribuição nula assintótica das estatísticas comuns de ajustamento é igual a $(I-1)(J-1)(K-1) - 1$. Observe-se que sob o modelo (9.49) a condição $H_0 : v^{ABC} = 0$ equivale à ausência de interacção de segunda ordem. Deste modo, ficam definidos testes Q_V e Q_P de H_0 condicionais a (9.49) associados a um grau de liberdade. Para tabelas $2^2 \times K$ estes testes de homogeneidade dos logaritmos das RPC parciais com as camadas são mais potentes que os correspondentes testes não condicionais para alternativas de heterogeneidade caracterizadas por uma variação linear dos logaritmos das RPC locais ao longo das camadas (recorde de novo o argumento do final da Secção 7.3).

Considere-se agora o modelo que admite uma estrutura linear por linear para o termo de associação parcial $X_1 - X_2$, *i.e.*, $\{u_{ij}^{AB} = v^{AB} a_i^* b_j^*\}$ e que não usa a eventual ordinalidade de X_3 ao estruturar a interacção de segunda ordem através dos efeitos $\{w_k^{ABC}\}$, satisfazendo $\sum_k w_k^{ABC} = 0$, por

$$u_{ijk}^{ABC} = w_k^{ABC} a_i^* b_j^*.$$

Estas simplificações de termos log-lineares implicam que a associação parcial entre X_1 e X_2, medida pelo logaritmo da RPC local parcial, é linear por linear (uniforme para *scores* igualmente espaçados) em cada nível de X_3 mas heterogénea com os níveis de X_3.

As equações de verosimilhança são, para todo o i, j e k

$$\widehat{\mu}_{i \cdot k} = n_{i \cdot k}, \quad \widehat{\mu}_{\cdot jk} = n_{\cdot jk}, \quad \sum_{i,j} a_i^* b_j^* \widehat{\mu}_{ijk} = \sum_{i,j} a_i^* b_j^* n_{ijk},$$

correspondendo assim àquelas que resultam da estimação do modelo de associação linear por linear em cada nível de X_3, com as decorrentes implicações interpretativas (vide Subsecção 9.2.3). O número de graus de liberdade associado ao modelo é obviamente igual a $K(IJ - I - J)$.

9. ANÁLISE DE MODELOS LOG-LINEARES

Se no modelo anterior de associação linear por linear eliminarem-se os $K - 1$ parâmetros linearmente independentes definidores da interação de segunda ordem, obtém-se um caso especial do modelo (AB, AC, BC) – reduzindo-se a ele quando $I = J = 2$ – no qual a associação parcial $X_1 - X_2$ é constante nas camadas. As equações de verosimilhança para este modelo de associação linear por linear homogénea são

$$\hat{\mu}_{i \cdot k} = n_{i \cdot k}, \quad \hat{\mu}_{\cdot jk} = n_{\cdot jk}, \quad \sum_{i,j} a_i^* b_j^* \hat{\mu}_{ij \cdot} = \sum_{i,j} a_i^* b_j^* n_{ij \cdot}.$$

para todo o i, j e k. O número associado de graus de liberdade é $K(I-1)(J-1)-1$.

Exemplo 9.6 (*Problema dos defeitos de fibras têxteis*): Considerem-se aqui todos os dados do Exemplo 1.6 relativos às amostras de fibras têxteis. Apesar de a variável indicadora da procedência dessas amostras, X_1, ser explicativa pelo próprio delineamento dos ensaios experimentais, ignore-se tal assimetria no conjunto das variáveis e considerar o processo de recolha das 431 amostras como uma amostragem Multinomial. A análise que se seguirá manter-se-á válida para aquele sugerido cenário de duas Multinomiais independentes à luz do que se referiu na Secção 5.3 e do que se descreverá na Secção 9.5.

Atendendo à associação constatada entre os números de defeitos dos tipos 1 e 2 (variáveis agora rotuladas por X_2 e X_3, respectivamente) nas amostras do fabricante A, pela análise descrita no Exemplo 9.3 (Subsecção 9.2.3), e mantendo os níveis quantitativos então atribuídos a essas variáveis, conjecture-se inicialmente para a interacção de segunda ordem uma estrutura linear por linear em cada nível de X_1, i.e., $u_{ijk}^{ABC} = \omega_i^{ABC} b_j^* c_k^*$, onde os *scores* (centrados) $\{b_j^*\}$ e $\{c_k^*\}$ são fixados em $-1, 0$ e 1 e $\omega_2^{ABC} = -\omega_1^{ABC}$.

Dado o tipo de *scores* e a natureza dicotómica de X_1, esta estrutura não é senão uma reparametrização daquela que traduz uma interacção uniforme entre as três variáveis. Em particular, as RPC locais parciais relativas a (X_2, X_3), $\{\psi_{jk}^{A(i)}\}$, para os dois níveis de X_1 são proporcionais, i.e.,

$$\psi_{jk}^{A(2)} = e^{-2\omega_1} \psi_{jk}^{A(1)}, \quad j, k = 1, 2.$$

A adequação deste modelo com interacção de segunda ordem uniforme, diga-se H_1, é ilustrada pelo resultado $Q_V(H_1) = 2.00$ baseado em 3 graus de liberdade ($P \simeq 0.57$).

Sob a validade deste modelo, o teste de Wald da hipótese, H_0, de anulamento do parâmetro de interacção uniforme produz um resultado medianamente não significativo, $Q_W(H_0|H_1) = 2.04$ ($P \simeq 0.15$ para 1 g.l.), abrindo terreno para o modelo não ordinal sem interacção de segunda ordem (H_2).

Com base no resultado dos testes não condicionais de seu ajustamento, e.g., $Q_V(H_2) = 4.01$ ($P \simeq 0.40$ para 4 g.l.), pode-se então tomá-lo como novo ponto de partida para a procura de modelos mais reduzidos.

Nenhum dos modelos nominais de independência condicional goza de uma qualidade de ajustamento razoável já que $Q_V[(AB, BC)] = 12.23$ (6 g.l.), $Q_V[(AB, AC)] = 14.15$ (8 g.l.) e $Q_V[(AC, BC)] = 39.01$ (6 g.l.).

Deste modo, tentar-se-á aproveitar a ordinalidade na estruturação dos termos de associação parcial. Nesse sentido, a associação B - C é reduzida à forma linear por linear, *i.e.*, $u_{jk}^{BC} = v^{BC} b_j^* c_k^*$, e os restantes termos de primeira ordem foram estruturados segundo efeitos de linha, *i.e.*, dos níveis de X_1. Esta última redução estrutural, dado o tipo binário de X_1, equivale a uma forma linear por linear que pode ficar definida por $u_{ij}^{AB} = v^{AB} a_i^* b_j^*$ e $u_{ik}^{AC} = v^{AC} a_i^* c_k^*$, onde $a_1^* = -1$ e $a_2^* = 1$.

O sucesso desse modelo ordinal sem interacção de segunda ordem, H_3, no ajuste dos dados é exemplificado pelo resultado $Q_V(H_3) = 9.33$ baseado em 9 graus de liberdade ($P \simeq 0.41$). Esta estrutura reduzida de associação parcial no contexto da ausência da interacção de segunda ordem é bem tolerada pelos dados pois como $Q_V(H_3|H_2) = 5.32$, o valor-P correspondente, obtido de uma disstribuição $\chi_{(5)}^2$ é $P \simeq 0.38$.

Na Tabela 9.14 podem-se encontrar resultados associados com a estimação dos parâmetros desse modelo de associação linear por linear homogénea para todos os pares de variáveis.

Tabela 9.14: Resultados da estimação do modelo de associação linear por linear homogénea

Parâmetro	u_1^A	u_1^B	u_2^B	u_1^C	u_2^C	v^{AB}	v^{AC}	v^{BC}
Estimativa	0.424	1.597	0.244	-0.916	0.153	-0.564	-0.126	0.401
Erro padrão								
aproximado	0.098	0.128	0.102	0.138	0.072	0.106	0.069	0.135

Os resultados dos testes condicionais de Wald relativos ao anulamento dos parâmetros de associação parcial, tomados individualmente, são tais que não justificam encarar novas reduções, em consonância com os supracitados testes nominais de independência condicional. Sendo assim, pode-se afirmar que no modelo H_3 seleccionado:

- As chances estimadas de uma amostra possuir dois defeitos de tipo 2 em vez de um (ou de um defeito em vez de nenhum) são $\exp(\widehat{v}^{BC}) \simeq 1.49$ vezes maiores por cada defeito adicional de tipo 1, independentemente do fabricante, com um intervalo de confiança aproximado a 95% para o valor comum das RPC locais $\psi_{11}^{A(i)}$ e $\psi_{22}^{A(i)}$, em qualquer nível de X_1, dado por $(1.15, 1.95)$;

- Independentemente do número de defeitos de tipo 1 (respectivamente, de tipo 2), as chances estimadas de uma amostra possuir dois defeitos de tipo 2 (de tipo 1) em vez de um – ou de um defeito em vez de nenhum – são $\exp(-2\widehat{v}^{AC}) \simeq 1.29$ ($\exp(-2\widehat{v}^{AB}) \simeq 3.09$) vezes maiores quando a amostra é fabricada por A em vez de B; um intervalo de confiança aproximado a 95% para o valor comum das RPC locais $\psi_{11}^{B(j)}$ e $\psi_{12}^{B(j)}$, ($\psi_{11}^{C(k)}$ e $\psi_{12}^{C(k)}$), em qualquer nível de X_2 (X_3), é dado por $(0.98, 1.68)$ $((2.04, 4.67))$. ∎

9.3.4 Modelos hierárquicos tetradimensionais

Seja $\mathbf{n} = (n_{ijkl}, i = 1, \ldots, I, j = 1, \ldots, J, k = 1, \ldots, K, l = 1, \ldots, L)'$ o vector de frequências de uma tabela $I \times J \times K \times L$ modelado por uma distribuição Multino-

9. ANÁLISE DE MODELOS LOG-LINEARES

mial com vector de médias $\boldsymbol{\mu} \equiv (\mu_{ijkl}, i = 1, \ldots, I, j = 1, \ldots, J, k = 1, \ldots, K, l = 1, \ldots, L)' = N\boldsymbol{\theta} \equiv (N\theta_{ijkl})$. De novo, e à semelhança do que se viu nas subsecções anteriores, a aplicação da teoria geral da análise log-linear permite ajustar, sem dificuldades de maior, qualquer modelo tetradimensional.

A título ilustrativo, considere-se primeiramente o modelo (ABC, ABD), tradutor da independência condicional entre X_3 e X_4 dado (X_1, X_2), e formulado multiplicativamente por

$$\mu_{ijkl} = \mu_{ijk.} \mu_{ij.l} / \mu_{ij..} \tag{9.51}$$

para todo o (i, j, k, l). A estatística suficiente mínima para os parâmetros log-lineares deste modelo pode ser definida pelas frequências marginais trivariadas $\{n_{ijk.}\}$ e $\{n_{ij.l}\}$ e, sendo assim, as equações de verosimilhança correspondem a

$$\widehat{\mu}_{ijk.} = n_{ijk.}, \quad \widehat{\mu}_{ij.l} = n_{ij.l}$$

para todos os valores possíveis de i, j, k e l. Consequentemente, a estimativa MV de $\boldsymbol{\mu}$ é definida por

$$\widehat{\mu}_{ijkl} = n_{ijk.} n_{ij.l} / n_{ij..} \tag{9.52}$$

para todo o (i, j, k, l). Os graus de liberdade associados a este modelo que corresponde à ausência simultânea do termo de primeira ordem, u^{CD}, e dos termos associados de ordem superior, são em número de $IJ(K-1)(L-1)$.

Se no modelo (ABC, ABD) se impuser o anulamento de u^{ABD} e u^{BD}, cai-se no modelo de independência condicional entre (X_2, X_3) e X_4 dado X_1, (ABC, AD), definido multiplicativamente por

$$\mu_{ijkl} = \mu_{ijk.} \mu_{i..l} / \mu_{i...} \tag{9.53}$$

para todo o (i, j, k, l). As equações de verosimilhança do modelo anterior simplificam-se agora para

$$\widehat{\mu}_{ijk.} = n_{ijk.}, \quad \widehat{\mu}_{i..l} = n_{i..l}$$

para todo o (i, j, k, l), implicando que o estimador MV de $\boldsymbol{\mu}$ seja o vector com componentes

$$\widehat{\mu}_{ijkl} = n_{ijk.} n_{i..l} / n_{i...} \tag{9.54}$$

Como o modelo definido por (ABC, AD) difere do modelo (ABC, ABD) por $I(J-1)(L-1)$ restrições linearmente independentes, o número de graus de liberdade correspondente ao seu ajuste é de $I(JK-1)(L-1)$.

Considerando agora o modelo (AB, AC, AD) tradutor da independência condicional entre (X_2, X_3) e X_4 e entre X_2 e X_3, em ambos os casos dado X_1, e por isso, definido multiplicativamente por

$$\mu_{ijkl} = \mu_{ij..} \mu_{i.k.} \mu_{i..l} / \mu_{i...}^2 \tag{9.55}$$

para todo o (i, j, k, l), torna-se óbvio que o estimador MV de $\boldsymbol{\mu}$ tem como componentes

$$\widehat{\mu}_{ijkl} = n_{ij..} n_{i.k.} n_{i..l} / n_{i...}^2 \tag{9.56}$$

Como este modelo resulta de uma simplificação do modelo (ABC, AD) operada pelas $I(J-1)(K-1)$ restrições linearmente independentes inerentes à ausência dos

284 9.3 MODELOS LOG-LINEARES MULTIDIMENSIONAIS

termos u^{ABC} e u^{BC}, o número de graus de liberdade concernente ao seu ajustamento é de $I(JKL - J - K - L + 2)$.

Por permutações apropriadas das variáveis facilmente se obtêm os resultados respeitantes a qualquer das outras versões de cada um dos três tipos de modelos hierárquicos antero-mencionados – há obviamente mais cinco versões do tipo do modelo (ABC, ABD), mais onze do tipo de (ABC, AD) e mais três do tipo de (AB, AC, AD).

Os outros modelos explicitados em (4.50), bem como as suas outras versões, também admitem estimativas MV de $\boldsymbol{\mu}$ em forma fechada, cujas expressões se adivinham da correspondente formulação multiplicativa (Exercícios 9.19 e 9.20).

Contudo, muitos outros modelos hierárquicos já não compartilham tal característica. Considere-se, por exemplo, a redução do modelo (ABC, ABD) determinada pelo anulamento do termo u^{ABD}. O modelo (ABC, AD, BD), assim originado, representa a independência condicional de X_3 e X_4 dado (X_1, X_2) acrescida de uma associação parcial entre X_1 (respectivamente, X_2) e X_4, em qualquer nível de X_3, constante com X_2 (X_1), pelo que pode ser definido pelas equações de igualdade entre RPC relativas a tabelas parciais tridimensionais,

$$\Delta_{il}^{BC(j,\cdot)} = \Delta_{il}^{BC(J,\cdot)}, \quad \Delta_{jl}^{AC(i,\cdot)} = \Delta_{jl}^{AC(I,\cdot)}$$

para $i = 1, \ldots, I-1, j = 1, \ldots, J-1, l = 1, \ldots, L-1$. Como estas equações envolvem apenas as probabilidades marginais $\{\theta_{ij\cdot l}\}$ e as equações de verosimilhança são para todo o (i, j, k, l)

$$\widehat{\mu}_{ijk\cdot} = n_{ijk\cdot}, \quad \widehat{\mu}_{i\cdot\cdot l} = n_{i\cdot\cdot l}, \quad \widehat{\mu}_{\cdot j\cdot l} = n_{\cdot j\cdot l},$$

fica claro que a determinação de $\{\widehat{\mu}_{ijkl}\}$ exige o recurso a métodos iterativos.

Se se considerars agora o modelo (AB, BC, CD, AD), interpretável por meio das condições de independência condicional de X_1 e X_3 dado (X_2, X_4), e de X_2 e X_4 dado (X_1, X_3), verifica-se que não obstante ele ser definido multiplicativamente através de probabilidades marginais trivariadas – contrariamente ao modelo imediatamente anterior – as equações de verosimilhança continuam a não determinar explicitamente as estimativas MV de $\{\mu_{ijkl}\}$ pelo facto de envolverem apenas médias marginais bivariadas.

A concretização das expressões das estatísticas de ajuste destes modelos é imediata uma vez obtida a estimativa MV de $\boldsymbol{\mu}$. A comparação de modelos encaixados na classe de modelos apresentando expressões explícitas para $\widehat{\mu}$, através das estatísticas condicionais mais usuais na metodologia em causa pode processar-se nas dimensões inferiores de tabelas marginais de acordo com o estipulado na Proposição 9.1. Este aspecto é claramente vantajoso pelo facto de as tabelas marginais conterem frequências necessariamente maiores (ou iguais) do que as da tabela original, implicando uma maior confiança nos resultados assintóticos dos testes.

Para fins ilustrativos admita-se que se pretende comparar os modelos definidos por $H_2 : (ABC, AD)$ e $H_1 : (ABC, ABD)$ através da estatística Q_V condicional. Tendo

9. ANÁLISE DE MODELOS LOG-LINEARES

em conta (9.52) e (9.54), tem-se

$$\begin{aligned}
Q_V(H_2|H_1) &= 2 \sum_{i,j,k,l} \frac{n_{ijk\cdot}n_{ij\cdot l}}{n_{ij\cdots}} \ln \left\{ \frac{n_{ijk\cdot}n_{ij\cdot l}}{n_{ij\cdots}} \Big/ \frac{n_{ijk\cdot}n_{i\cdot\cdot l}}{n_{i\cdots}} \right\} \\
&= 2 \sum_{i,j,l} n_{ij\cdot l} \ln \left\{ n_{ij\cdot l} \Big/ \frac{n_{ij\cdots}n_{i\cdot\cdot l}}{n_{i\cdots}} \right\}
\end{aligned}$$

onde a última expressão representa a estatística Q_V de teste, com base na tabela marginal (X_1, X_2, X_4), do ajuste do modelo tridimensional (AB, AD) relativamente ao correspondente modelo saturado (ABD). Obviamente que este resultado seria impossível de ocorrer se a tabela sob H_1 não fosse desmontável em X_3 relativamente aos termos (u^{ABD}, u^{BD}) que diferenciam os modelos hierárquicos em confronto (recorde a Proposição 4.2). Do mesmo modo se prova que

$$Q_P(H_2|H_1) = \sum_{i,j,l} \frac{(n_{ij\cdot l} - n_{ij\cdots}n_{i\cdot\cdot l}/n_{i\cdots})^2}{n_{ij\cdots}n_{i\cdot\cdot l}/n_{i\cdots}}.$$

A distribuição do qui-quadrado para qualquer das estatísticas acima num contexto assintótico sob H_2 tem um número ν de graus de liberdade dado pela diferença entre os números de graus de liberdade relativos ao ajuste de H_2 e de H_1, i.e., $\nu = I(J-1)(L-1)$. Observe-se que ν é precisamente o número de graus de liberdade referentes ao ajuste do modelo tridimensional de independência condicional (AB, AD).

Todo o raciocínio aplicado a modelos de dimensão 3 e 4 mantém-se obviamente válido para a análise de modelos log-lineares de dimensão superior (vide, e.g., Exercício 9.23).

Exemplo 9.7 (*Problema da toxicodependência*): O conjunto de dados aqui tratado[5], exposto na Tabela 9.15, resultou de um inquérito feito em escolas de Lisboa participantes de um programa de prevenção de toxicodependência. O inquérito realizou-se duas vezes, a primeira em 1991, ano de início do referido programa, e a segunda em 1994. Os inquiridos em cada ano foram alunos do terceiro ciclo do ensino básico para os quais foram anotadas as variáveis sexo (B), tipo de agregado doméstico (C) e consumo de drogas (D).

O agregado doméstico foi considerado nas categorias família nuclear (1), família monoparental ou reconstituída (2), família alargada (3) e família sem presença dos pais (4). A variável indicadora do consumo de drogas foi categorizada nos níveis não-consumidor (1), consumidor apenas de drogas lícitas (2) e consumidor de drogas ilícitas (3).

Um dos objectivos que se podem traçar para a análise destes dados consiste no estudo da intensidade, e da homogeneidade com o ano do inquérito, da associação eventualmente existente entre as restantes variáveis. Dado o âmbito da presente secção, este objectivo será aqui perseguido omitindo o carácter de factor que o delineamento do estudo impôs ao ano do inquérito, i.e., considerando todas as variáveis como respostas. Que a análise decorrente se mantém válida para o cenário usual

---

[5]Gentilmente cedido pela Dra. Zilda Mendes da Associação Nacional das Farmácias, Portugal.

286   9.3 MODELOS LOG-LINEARES MULTIDIMENSIONAIS

consistente com aquele delineamento, tal ficará claro no decurso da próxima Secção 9.5.

Em face da relativa complexidade de uma análise a nível tetradimensional, pode-se adoptar a táctica preliminar de indagar a qualidade de ajustamento dos modelos hierárquicos completos de segunda ordem e de primeira ordem, *i.e.*, $H_0 = (ABC, ABD, ACD, BCD)$ e $H_1 = (AB, AC, AD, BC, BD, CD)$, respectivamente.

Os resultados do ajustamento destes modelos associados a 6 e 23 graus de liberdade, respectivamente, são (vide Tabela 9.16)

$$Q_V(H_0) = 8.67, \quad Q_V(H_1) = 20.75,$$
$$Q_P(H_0) = 7.12, \quad Q_P(H_1) = 17.41,$$

pelo que $Q_V(H_1|H_0) = 12.08$ ($P \simeq 0.80$ para 17 g.l.). Sendo assim, afigura-se razoável escolher o modelo H_1 como ponto de partida para tentar obter uma maior simplificação estrutural.

Tabela 9.15: Número de alunos do terceiro ciclo do ensino básico de escolas lisboetas

Ano	Sexo	Agreg. familiar	Consumo de drogas		
(A)	(B)	(C)	Não	Lícitas	Ilícitas
1991	M	Nuclear	267	577	55
		Monoparental	32	97	11
		Alargada	29	82	6
		Sem pais	13	39	6
	F	Nuclear	321	622	35
		Monoparental	55	149	16
		Alargada	49	113	4
		Sem pais	14	26	3
1994	M	Nuclear	118	289	45
		Monoparental	21	53	9
		Alargada	14	35	3
		Sem pais	6	20	0
	F	Nuclear	135	284	26
		Monoparental	27	80	13
		Alargada	20	36	5
		Sem pais	4	20	5

Os testes Q_V e Q_P individuais de anulamento de cada termo de associação parcial no modelo H_1 sugerem que os únicos termos que se podem considerar significativamente nulos são aqueles respeitantes às associações A - B e A - C. Tomando então o modelo $H_2 = (AD, BC, BD, CD)$ associado a 27 graus de liberdade, os resultados registados na Tabela 9.16, $Q_V(H_2) = 27.44$ ($P \simeq 0.44$) e $Q_P(H_2) = 24.29$ ($P \simeq 0.61$), implicam que ele ainda consegue representar adequadamente os dados observados.

9. ANÁLISE DE MODELOS LOG-LINEARES

Tabela 9.16: Resultado de testes de ajustamento de alguns modelos tetradimensionais

Modelo	GL	Q_V	P	Q_P	P
(ABC, ABD, ACD, BCD)	6	8.67	0.19	7.12	0.31
(AB, AC, AD, BC, BD, CD)	23	20.75	0.60	17.41	0.79
(AD, BC, BD, CD)	27	27.44	0.44	24.29	0.61
(A, BC, BD, CD)	29	42.60	0.05	42.76	0.05
(AD, BD, CD)	30	50.16	0.01	46.58	0.03
(AD, BC, CD)	29	39.07	0.10	35.81	0.18
(AD, BC, BD)	33	47.85	0.05	47.93	0.05

Como resulta do modelo (AD, BCD) por remoção da interacção de segunda ordem entre B, C e D, o modelo H_2 significa que em cada nível do consumo da droga a distribuição conjunta do sexo do aluno e do tipo do seu agregado doméstico é homogénea com o ano do inquérito, e que a associação entre qualquer par das variáveis indicadoras do sexo, agregado doméstico e consumo de droga não depende do nível da terceira.

Deste modo, o modelo H_2 pode ser definido por intermédio das condições $\{\mu_{ijkl} = \mu_{i\cdot\cdot l}\mu_{\cdot jkl}/\mu_{\cdot\cdot\cdot l}\}$, em que as médias marginais $\{\mu_{\cdot jkl}\}$ satisfazem o correspondente modelo sem interacção de segunda ordem (BC, BD, CD). Consequentemente, a estimação MV do modelo H_2 pode processar-se recorrendo a métodos iterativos para determinar $\{\widehat{\mu}_{\cdot jkl}\}$, cujas marginais igualam as correspondentes frequências observadas, obtendo-se então directamente as estimativas $\{\widehat{\mu}_{ijkl}\}$. A Tabela 9.17 indica estimativas pontuais de parâmetros log-lineares de primeira ordem de H_2 e das RPC parciais associadas.

Tabela 9.17: Estimativas MV de parâmetros de associação parcial (e das correspondentes RPC parciais) no modelo (AD, BC, BD, CD)

		D		
$\widehat{u}_{kl}^{CD}(\widehat{\Delta}_{kl}^{AB(i,j)})$	$l = 1$	$l = 2$	$u_{1k}^{BC}(\widehat{\Delta}_{1k}^{AD(i,l)})$	
	$k = 1$	0.160 (1.93)	-0.020 (1.44)	0.055 (0.83)
C	$k = 2$	-0.169 (0.97)	-0.049 (0.98)	-0.139 (0.56)
	$k = 3$	0.166 (2.24)	0.114 (1.90)	-0.065 (0.65)
$\widehat{u}_{1l}^{BD}(\widehat{\Delta}_{1l}^{AC(ik)})$	-0.101 (0.62)	-0.038 (0.70)	
$\widehat{u}_{1l}^{AD}(\widehat{\Delta}_{1l}^{BC(jk)})$	0.108 (1.76)	0.068 (1.63)	

As estimativas de $\{u_{il}^{AD}\}$ no modelo H_2 são as mesmas que se obteriam do ajuste do modelo saturado na tabela bidimensional (A, D). Isto poderá ser também constatado calculando as estimativas das RPC $\{\Delta_{1l}^{BC(jk)} = \exp(u_{11}^{AD} - u_{13}^{AD} - u_{2l}^{AD} + u_{23}^{AD}), l = 1, 2\}$ e verificando que elas coincidem com as RPC amostrais na referida tabela marginal dadas por $\widehat{\Delta}_{11}(A$ - $D) \simeq 1.76$ e $\widehat{\Delta}_{12}(A$ - $C) \simeq 1.63$. A razão deve-se ao facto de a tabela tetradimensional sob H_2 ser desmontável em (B, C) do ponto de vista da associação parcial A - D (recorde-se a Proposição 4.2).

9.3 MODELOS LOG-LINEARES MULTIDIMENSIONAIS

Segundo um raciocínio análogo, as estimativas dos restantes termos de associação parcial são obteníveis do modelo sem interacção de segunda ordem para a tabela tridimensional (B, C, D), como reflexo da aplicação da Proposição 4.2. Com efeito, e a título exemplificativo, subdividindo o conjunto de quatro variáveis em três grupos, o primeiro formado por B e D, o segundo por C e o terceiro por A, o modelo H_2 assegura que as medidas de associação parcial B - D, $\{u_{jl}^{BD}\}$ ou $\{\Delta_{1l}^{AC(ik)} = \exp(u_{1l}^{BD} - u_{13}^{BD} - u_{2l}^{BD} + u_{23}^{BD}), l = 1, 2\}$ coincidem com as relativas ao modelo tridimensional decorrente da desmontabilidade da tabela em A. Deste modo, obter-se-á um particular $\widehat{\Delta}_{11}(B$ - $D) \simeq 0.62$ e $\widehat{\Delta}_{12}(B$ - $D) \simeq 0.70$.

O modelo H_2 não suporta reduções adicionais de tipo nominal sem prejuízo da manutenção de uma boa qualidade de ajustamento em virtude do resultado altamente significativo (níveis críticos praticamente nulos) dos testes Q_V e Q_P condicionais de ausência de cada um dos seus termos. Neste ponto é ilustrativo fazer uma pausa para sublinhar que estes testes de redução são enquadráveis em tabelas marginais como testes de independência condicional sob modelos apropriados.

Considere-se, por exemplo, o teste Q_V de anulamento da associação parcial A - D. O modelo decorrente, $H_3 = (A, BC, BD, CD)$, que é um caso especial do modelo de independência entre A e a variável composta (B, C, D), continua a não admitir uma expressão em forma fechada para as estimativas MV de $\{\mu_{ijkl}\}$. Estas podem-se definir como $\{\widehat{\mu}_{ijkl} = n_{i...}\widehat{\mu}_{.jkl}/N\}$, onde $\{\widehat{\mu}_{.jkl}\}$ coincidem exactamente com as respectivas estimativas no modelo H_2. Consequentemente, a correspondente estatística Q_V pode simplificar-se para

$$Q_V(H_3|H_2) = 2 \sum_{i,l} n_{i..l} \ln[n_{i..l}/(n_{i...}n_{...l}/N)],$$

que é a estatística Q_V para testar a independência entre A e D na tabela marginal (A, D). A opção, designadamente, pela estatística Q_P não altera o tipo de conclusão.

Essa conclusão está assim em consonância com o resultado da Proposição 9.1, ainda que viole a condição suficiente nela imposta pelo facto de nenhum dos modelos em confronto admitir estimação em forma explícita. Este caso constitui, pois, um exemplo da possibilidade de o resultado daquela proposição se manter válido quando ambos os modelos não admitem estimativas MV em forma fechada. O porquê deste facto reside em ser comum nos dois modelos a média marginal a determinar iterativamente através dos mesmos totais marginais. A identidade mencionada das estatísticas de teste poderá não se afigurar surpreendente à luz do argumento de H_2 preencher as condições de desmontabilidade da tabela em (B, C) para o objectivo pretendido.

Insistindo um pouco mais nesta tecla com fins esclarecedores, considere-se agora o teste Q_V condicional de anulamento em H_2 da associação parcial B - D. O modelo implicado por esta redução, $H_4 = (AD, BC, CD)$, difere de H_2 pela independência condicional entre B e D na tabela marginal (B, C, D) pelo que a estimativa MV das médias passa a ser dada explicitamente por $\{\widehat{\mu}_{ijkl} = n_{i..l}n_{.jk.}n_{..kl}/(n_{..k.}n_{...l})\}$. Obtém-se então facilmente

$$Q_V(H_4|H_2) = 2 \sum_{j,k,l} \widehat{\mu}_{.jkl} \ln[\widehat{\mu}_{.jkl}/(n_{.jk.}n_{..kl}/n_{..k.})],$$

9. ANÁLISE DE MODELOS LOG-LINEARES

possibilitando a interpretação do teste como um teste de independência condicional entre B e D no contexto do modelo tridimensional sem interacção de segunda ordem para a tabela marginal (B, C, D).

Argumentos de desmontabilidade podem ser invocados, quer para conjecturar esta interpretação do teste Q_V, de novo extensiva a outros testes como o Q_P, quer para não assegurar a sua simplificação interpretativa adicional como teste de independência na tabela marginal (B, D). Com efeito, para o propósito em causa H_2 garante a desmontabilidade da tabela tetradimensional em A, o que já não acontece com o modelo tridimensional (BC, BD, CD) em termos de omissão por marginalização de C, inviabilizando assim a aplicabilidade da Proposição 9.1 neste caso.

Retomando o fio à meada, uma vez escolhido o modelo H_2 para representar as relações fundamentais evidenciadas entre as variáveis, pode-se afirmar adicionalmente que:

- a chance estimada de um aluno na fase escolar referida possuir uma família sem presença dos pais em vez de uma família nuclear (respectivamente, monoparental, alargada) é 0.83 (0.56, 0.65) vezes menor para uma rapariga do que para um rapaz;

- a chance estimada de um aluno consumir drogas ilícitas em vez de nada consumir (consumir drogas lícitas) é:

  - 1.76 (1.63) vezes maior em 94 do que em 91;

  - 0.62 (0.70) vezes menor para raparigas do que para rapazes;

  - 1.93 (1.44) vezes maior para um aluno com família sem os pais presentes do que para um aluno de uma família nuclear;

  - 2.24 (1.90) vezes maior para um aluno com família sem os pais presentes do que para um aluno de uma família alargada;

  - ligeiramente menor, 0.97 (0.98) vezes, para um aluno sem a presença dos pais do que para um com família monoparental.

Uma inspecção mais atenta deste problema indicia que às variáveis parece estar reservado um papel diferenciado em termos da averiguação das relações entre elas. Para além do inequívoco papel de factor que é atribuído ao ano do inquérito, quer o sexo quer o agregado doméstico surgem como potenciais candidatos à "explicação" do grau de consumo de drogas que é, indubitavelmente, um objectivo fundamental deste estudo. Deste modo, parece natural considerar o consumo de drogas como a única variável resposta e, neste sentido, a análise anterior pouco interesse revela. Em particular, o modelo escolhido H_2 não faz muito sentido nesse novo quadro em que o aspecto determinante está na avaliação do efeito dos três factores na distribuição de D. Há, pois, necessidade de reformular a análise com vista a procurar modelos consentâneos com o novo figurino (Exercício 9.33). A Secção 9.5 explicará como isso poderá ser feito. ∎

9.4 Métodos iterativos de estimação log-linear

Como se viu nas Secções 9.2 e 9.3, muitos dos modelos log-lineares (especialmente do tipo ANOVA) apresentam fórmulas explícitas para os estimadores MV de $\boldsymbol{\mu}$. Contudo, esta situação, por vezes rotulada de **estimação directa**, é mais excepção do que regra. Em geral, a estimação MV exige o recurso a métodos iterativos como os referidos na Secção 7.1, o que justifica o seu uso pela maior parte dos pacotes estatísticos, independentemente de se estar ou não perante casos de estimação directa. Daí que não seja fundamental averiguar-se se o modelo a ajustar admite uma estimativa MV directa. Para esse fim veja a Nota de Capítulo 9.1.

9.4.1 Método de Newton-Raphson

Como se mencionou na Secção 7.1, o método iterativo mais usado no ajuste de qualquer modelo estrutural é o método de Newton-Raphson. Dado o conteúdo da Secção 9.1, está-se agora em condições de especializar a descrição desse método na estimação MV sob uma estrutura log-linear. Como qualquer dos três cenários probabilísticos básicos conduz ao mesmo estimador MV de $\boldsymbol{\mu}$ sob um modelo log-linear apropriado comum, optar-se-á por comodidade pelo cenário Produto de distribuições de Poisson para tal propósito.

Nesse sentido, tendo em conta as expressões (9.16) e (9.17), o algoritmo de Newton-Raphson para a estimação MV de $\boldsymbol{\mu}$ no modelo $\ln\boldsymbol{\mu} = \mathbf{Z}\boldsymbol{\alpha}$ referido na Subsecção 9.1.3 é definido por

$$\boldsymbol{\alpha}^{(q+1)} = \boldsymbol{\alpha}^{(q)} + (\mathbf{Z}'\mathbf{D}_{\boldsymbol{\mu}^{(q)}}\mathbf{Z})^{-1}\mathbf{Z}'(\mathbf{n} - \boldsymbol{\mu}^{(q)}), \ q = 0, 1, \ldots \tag{9.57}$$

onde $\boldsymbol{\mu}^{(q)} = \exp(\mathbf{Z}\boldsymbol{\alpha}^{(q)})$. Como

$$\begin{aligned} \boldsymbol{\alpha}^{(q)} &= (\mathbf{Z}'\mathbf{D}_{\boldsymbol{\mu}^{(q)}}\mathbf{Z})^{-1}\mathbf{Z}'\mathbf{D}_{\boldsymbol{\mu}^{(q)}}\mathbf{Z}\boldsymbol{\alpha}^{(q)} \\ &= (\mathbf{Z}'\mathbf{D}_{\boldsymbol{\mu}^{(q)}}\mathbf{Z})^{-1}\mathbf{Z}'\mathbf{D}_{\boldsymbol{\mu}^{(q)}}\ln\boldsymbol{\mu}^{(q)} \end{aligned}$$

este algoritmo, que coincide neste caso com o algoritmo *scoring* de Fisher, pode ser redefinido por

$$\boldsymbol{\alpha}^{(q+1)} = (\mathbf{Z}'\mathbf{D}_{\boldsymbol{\mu}^{(q)}}\mathbf{Z})^{-1}\mathbf{Z}'\mathbf{D}_{\boldsymbol{\mu}^{(q)}}[\ln\boldsymbol{\mu}^{(q)} + \mathbf{D}_{\boldsymbol{\mu}^{(q)}}^{-1}(\mathbf{n} - \boldsymbol{\mu}^{(q)})], \ q = 0, 1, \ldots. \tag{9.58}$$

Esta expressão mostra que o processo iterativo se pode mover ao longo da sequência $\boldsymbol{\mu}^{(0)} \to \boldsymbol{\alpha}^{(1)} \to \boldsymbol{\mu}^{(1)} \to \boldsymbol{\alpha}^{(2)} \to \boldsymbol{\mu}^{(2)} \ldots$. Em geral, a inicialização é operada com $\boldsymbol{\mu}^{(0)} = \mathbf{n}$ ou, no caso de algum $n_i = 0$, com $\boldsymbol{\mu}^{(0)} = \mathbf{n} + (1/2)\mathbf{1}_c$, verificando-se em regra que $\boldsymbol{\mu}^{(q)}$ (respectivamente, $\boldsymbol{\alpha}^{(q)}$) converge rapidamente para $\widehat{\boldsymbol{\mu}}$ (respectivamente, $\widehat{\boldsymbol{\alpha}}$). Note-se que este algoritmo proporciona no passo final a matriz de covariâncias aproximada estimada de $\widehat{\boldsymbol{\alpha}}$, ou seja, $\widehat{\mathbf{V}}_{\widehat{\boldsymbol{\alpha}}} = (\mathbf{Z}'\mathbf{D}_{\widehat{\boldsymbol{\mu}}}\mathbf{Z})^{-1}$.

É interessante constatar que as várias aproximações $\boldsymbol{\alpha}^{(q)}$ do estimador MV $\widehat{\boldsymbol{\alpha}}$, dadas em (9.57), podem ser vistas como estimativas dos mínimos quadrados ponderados de $\boldsymbol{\alpha}$. Para o efeito, considere-se, uma vez obtido $\boldsymbol{\mu}^{(q)}$, o modelo de regressão no vector $c \times 1$ de "observações"

$$\mathbf{y}^{(q)} = \ln\boldsymbol{\mu}^{(q)} + \mathbf{D}_{\boldsymbol{\mu}^{(q)}}^{-1}(\mathbf{n} - \boldsymbol{\mu}^{(q)}),$$

9. ANÁLISE DE MODELOS LOG-LINEARES

dado por

$$\mathbf{y}^{(q)} = \mathbf{Z}\boldsymbol{\alpha} + \boldsymbol{\varepsilon}^{(q)}$$

onde as c componentes do erro aleatório $\boldsymbol{\varepsilon}^{(q)}$ são não correlacionadas com média nula e matriz de covariâncias (conhecida) $\mathbf{V}_{(q)} = \mathbf{D}_{\boldsymbol{\mu}^{(q)}}^{-1}$. Aplicando o método dos mínimos quadrados ponderados, a respectiva estimativa de $\boldsymbol{\alpha}$ é

$$\widetilde{\boldsymbol{\alpha}} = (\mathbf{Z}'\mathbf{V}_{(q)}^{-1}\mathbf{Z})^{-1}\mathbf{Z}'\mathbf{V}_{(q)}^{-1}\mathbf{y}^{(q)},$$

que não é mais do que $\boldsymbol{\alpha}^{(q+1)}$ em (9.58).

Deste modo, a estimativa MV de $\boldsymbol{\alpha}$ é o limite de uma sucessão de estimativas dos mínimos quadrados ponderados, onde os pesos em cada etapa são actualizados em função da estimativa obtida na etapa anterior. Por isso, o método de Newton-Raphson para a estimação log-linear é por vezes denominado **método dos mínimos quadrados iterativamente reponderados**. No Capítulo 11 descrever-se-á, integrado numa metodologia distinta de análise de dados categorizados, o método dos mínimos quadrados generalizados (não iterativo) como outro método de estimação de $\boldsymbol{\alpha}$ e $\boldsymbol{\mu}$.

9.4.2 Método do ajustamento proporcional iterativo

O método do ajustamento proporcional iterativo, originalmente introduzido para outras finalidades por Deming & Stephan (1940), é um procedimento que permite obter a estimativa MV de $\boldsymbol{\mu}$ sob um modelo log-linear hierárquico, baseando-se apenas nas equações de verosimilhança e na sua forma típica de igualdade entre as frequências marginais observadas que constituem as componentes da estatística suficiente mínima e as correspondentes médias marginais estimadas. Deste modo, o método aplica-se a modelos log-lineares específicos e a sua implementação não envolve a estimação sucessiva do parâmetro log-linear, contrariamente ao método de Newton-Raphson.

O algoritmo de ajustamento proporcional iterativo consiste das seguintes etapas:

i) Uso de um valor inicial $\boldsymbol{\mu}^{(0)}$ que satisfaça o modelo log-linear a ajustar.

ii) Ajustamento sucessivo dos elementos de $\boldsymbol{\mu}^{(0)}$ a cada um dos subconjuntos distintos de componentes da estatística suficiente mínima, através de sua multiplicação por factores de escala apropriados, de modo a satisfazer-se a correspondente equação de verosimilhança. Este ciclo é constituído por tantos passos quantos aqueles subconjuntos de frequências marginais de forma que se este número for t, o valor obtido no fim do primeiro ciclo será $\boldsymbol{\mu}^{(t)}$. Deve observar-se que cada elemento da sequência $\boldsymbol{\mu}^{(1)}, \ldots, \boldsymbol{\mu}^{(t)}$ satisfaz as equações de verosimilhança associadas com os respectivos subconjuntos de frequências marginais mas não necessariamente as outras, ainda que todos eles continuem por i) a satisfazer as restrições do modelo.

iii) Repetição de ii) conduzindo a $\boldsymbol{\mu}^{(2t)}$ e assim sucessivamente, até que a variação entre as estimativas seja desprezável (a quantificar por um critério de convergência fixado a priori), o que acontece quando todas as equações de verosimilhança são satisfeitas dentro da aproximação tolerada. Se isto ocorre ao fim de q ciclos iterativos, então $\boldsymbol{\mu}^{(tq)}, \boldsymbol{\mu}^{(tq+1)}, \ldots, \boldsymbol{\mu}^{(tq+t)}$ são praticamente iguais.

292   9.4 MÉTODOS ITERATIVOS DE ESTIMAÇÃO LOG-LINEAR

Para clarificação do modo de funcionamento deste algoritmo bem como das afirmações apresentadas acima, considere-se o modelo log-linear tridimensional sem interacção de segunda ordem, (AB, AC, BC), que é o único modelo log-linear hierárquico numa tabela $I \times J \times K$ que não admite estimação directa.

Como se viu na Secção 9.3, as equações de verosimilhança podem ser definidas através da igualdade entre cada um dos $t = 3$ tipos de frequências marginais bivariadas observadas e a estimativa das correspondentes frequências esperadas, o que pode ser posto na forma

$$\frac{n_{ij.}}{\widehat{\mu}_{ij.}} = \frac{n_{i.k}}{\widehat{\mu}_{i.k}} = \frac{n_{.jk}}{\widehat{\mu}_{.jk}} = 1$$

para todo (i, j, k). Assim, as estimativas $\{\widehat{\mu}_{ijk}\}$ devem satisfazer os seguintes três tipos de equações

$$a) \quad \widehat{\mu}_{ijk} = \frac{n_{ij.}}{\widehat{\mu}_{ij.}}\widehat{\mu}_{ijk}$$

$$b) \quad \widehat{\mu}_{ijk} = \frac{n_{i.k}}{\widehat{\mu}_{i.k}}\widehat{\mu}_{ijk} \qquad (9.59)$$

$$c) \quad \widehat{\mu}_{ijk} = \frac{n_{.jk}}{\widehat{\mu}_{.jk}}\widehat{\mu}_{ijk}$$

acrescidas das restrições definidoras do modelo

$$d) \quad \frac{\widehat{\mu}_{ijk}\widehat{\mu}_{IJk}}{\widehat{\mu}_{Ijk}\widehat{\mu}_{iJk}} = \frac{\widehat{\mu}_{ijK}\widehat{\mu}_{IJK}}{\widehat{\mu}_{IjK}\widehat{\mu}_{iJK}}$$

para todo $i \neq I, j \neq J$ e $k \neq K$.

É a forma das equações (9.59a) – (9.59c) que motiva o algoritmo em questão e a sua própria designação, clarificando em particular qual o ajustamento proporcional a operar iterativamente nas estimativas correntes dos $\{\mu_{ijk}\}$. Os valores iniciais $\{\mu_{ijk}^{(0)}\}$ podem ser quaisquer números positivos que satisfaçam (9.59d), e.g. $\boldsymbol{\mu}^{(0)} = \mathbf{1}_c$, $c = IJK$. Esta escolha típica de $\boldsymbol{\mu}^{(0)}$ tem a vantagem de satisfazer todos os modelos log-lineares hierárquicos, permitindo assim uma uniformização da inicialização do algoritmo na sua aplicação a qualquer desses modelos.

Partindo então de $\boldsymbol{\mu}^{(0)} = \mathbf{1}_c$, a estimativa seguinte, $\boldsymbol{\mu}^{(1)}$, é definida por

$$\mu_{ijk}^{(1)} = \frac{n_{ij.}}{\mu_{ij.}^{(0)}}\mu_{ijk}^{(0)} = \frac{n_{ij.}}{K},$$

constituindo por sinal a estimativa MV do parâmetro $\boldsymbol{\mu}$ sob o modelo log-linear hierárquico sem o termo u^C (expresso por $\mu_{ijk} = \mu_{ij.}/K$, para todo i, j e k), para o qual as equações de verosimilhança se resumem a $\{\widehat{\mu}_{ij.} = n_{ij.}\}$.

A estimativa no final do segundo passo, $\boldsymbol{\mu}^{(2)}$, é tal que para todo i, j e k

$$\mu_{ijk}^{(2)} = \frac{n_{i.k}}{\mu_{i.k}^{(1)}}\mu_{ijk}^{(1)} = \frac{n_{ij.}.n_{i.k}}{n_{i..}},$$

correspondendo, pois, à estimativa MV de $\boldsymbol{\mu}$ para o modelo de independência condicional (AB, AC). Esta estimativa não satisfaz em regra as equações $\{\widehat{\mu}_{.jk} = n_{.jk}\}$, o que já não acontece com a estimativa ao fim do primeiro ciclo (três passos), $\boldsymbol{\mu}^{(3)}$, que

9. ANÁLISE DE MODELOS LOG-LINEARES

por sua vez já não se ajusta necessariamente a $\{n_{ij.}\}$ e $\{n_{i.k}\}$. Daí a necessidade de se prosseguir com um segundo ciclo de três passos, e assim sucessivamente até que se verifique o critério de paragem adoptado, e.g., $\max_{(i,j,k)}|\mu_{(ijk)}^{(3q+3)} - \mu_{(ijk)}^{(3q)}| < \delta$ para algum valor suficientemente pequeno de δ.

Em suma, o algoritmo de ajustamento proporcional iterativo neste caso é constituído por ciclos de três passos definidos por

$$
\begin{aligned}
a) \quad \mu_{ijk}^{(3q+1)} &= n_{ij.}\mu_{ijk}^{(3q)}/\mu_{ij.}^{(3q)} \\
b) \quad \mu_{ijk}^{(3q+2)} &= n_{i.k}\mu_{ijk}^{(3q+1)}/\mu_{i.k}^{(3q+1)} \\
c) \quad \mu_{ijk}^{(3q+3)} &= n_{.jk}\mu_{ijk}^{(3q+2)}/\mu_{.jk}^{(3q+2)}, \quad q = 0, 1, \ldots
\end{aligned}
\tag{9.60}
$$

para todo (i, j, k), onde tipicamente, $\mu_{ijk}^{(0)} = 1$.

O facto de $\mu_{ijk}^{(0)} = 1$ ser escolhido de forma a satisfazer o modelo log-linear a ajustar conduz a que as estimativas seguintes mantenham esse requisito. Com efeito, admita-se que $\boldsymbol{\mu}^{(3q)}$ satisfaz as condições (9.59d). Devido a (9.60a), tem-se

$$
\frac{\mu_{ijk}^{(3q+1)}\mu_{IJk}^{(3q+1)}}{\mu_{Ijk}^{(3q+1)}\mu_{iJk}^{(3q+1)}} = m_{ij}\frac{\mu_{ijk}^{(3q)}\mu_{IJk}^{(3q)}}{\mu_{Ijk}^{(3q)}\mu_{iJk}^{(3q)}}
$$

para todo o k, onde

$$
m_{ij} = \frac{n_{ij.}n_{IJ.}}{n_{Ij.}n_{iJ.}}\frac{\mu_{Ij.}^{(3q)}\mu_{iJ.}^{(3q)}}{\mu_{ij.}^{(3q)}\mu_{IJ.}^{(3q)}}
$$

para todo $i \neq I$, $j \neq J$. Consequentemente, a suposição de $\boldsymbol{\mu}^{(3q)}$ satisfazer (9.59d) implica que o mesmo ocorre com $\boldsymbol{\mu}^{(3q+1)}$. Um raciocínio análogo mostra que $\boldsymbol{\mu}^{(3q+2)}$ e $\boldsymbol{\mu}^{(3q+3)}$ também satisfazem (9.59d).

A forma deste algoritmo mostra que ele deve convergir[6] para valores que satisfazem as equações (9.59a), (9.59b) e (9.59c), implicando a verificação das equações de verosimilhança relativas ao modelo. Dado que esses valores satisfazem igualmente os padrões de associação característicos do modelo, eles constituem necessariamente as estimativas MV dos $\{\mu_{ijk}\}$ pela unicidade destas (Secção 9.1).

Esta aplicação concreta é suficientemente elucidativa de como o algoritmo pode ser implementado para qualquer modelo log-linear hierárquico multidimensional. No caso de este modelo apresentar uma estimativa MV de $\boldsymbol{\mu}$ em forma explícita, o algoritmo obtém-na frequentemente[7] no fim do primeiro ciclo. Para ilustrá-lo, volte-se ao contexto da exemplificação anterior para agora considerar-se o modelo (AB, AC). Os ciclos iterativos, agora formados por dois passos, são definidos pelas equações (9.59a) e (9.59b). Os cálculos feitos anteriormente para o modelo sem interacção de segunda ordem mostram que $\boldsymbol{\mu}^{(2)}$ é a estimativa MV procurada. Observe-se que o prosseguimento do processo iterativo não altera $\boldsymbol{\mu}^{(2)}$ pelo facto de todas as equações de verosimilhança serem exactamente satisfeitas, pelo que o algoritmo pára inevitavelmente ao longo do segundo ciclo.

---

[6]Veja-se Fienberg (1970); Haberman (1974, Cap. 3).

[7]Isto não ocorre se a dimensão da tabela for superior a 6, como mostra Haberman (1974, Cap. 5).

294 9.5 ANÁLISE LOG-LINEAR EM TABELAS COM VARIÁVEIS EXPLICATIVAS

A rápida obtenção da estimativa MV em casos de estimação directa e a sua simplicidade computacional conferem a este algoritmo uma inegável vantagem sobre o algoritmo de Newton-Raphson. Contudo, o facto de não produzir automaticamente a matriz de covariâncias assintótica estimada do estimador MV do parâmetro log-linear e a constatação, em alguns casos de estimação iterativa, de uma convergência muito mais lenta do que a convergência quadrática do método de Newton-Raphson constituem aspectos particularmente desvantajosos do algoritmo de ajustamento proporcional iterativo.

A inferioridade relativa deste algoritmo torna-se mais nítida quando se tem em conta os domínios usuais de aplicação. Embora seja susceptível de aplicação a modelos log-lineares mais gerais [Darroch & Ratcliff (1972), Haberman (1974, Cap. 5), Meyer (1982)], o algoritmo de ajustamento proporcional iterativo tem-se aplicado primariamente a modelos hierárquicos. Isto contrasta claramente com a aplicabilidade bem mais lata do método de Newton-Raphson, que é usado nos pacotes computacionais mais difundidos. Além disso, e como foi referido na Secção 7.1, este último método pode sofrer modificações (*vide, e.g.*, Haberman (1974, Cap. 3) que, ao acelerarem a convergência, o tornam ainda mais atraente do que o algoritmo de ajustamento proporcional iterativo. Sobre o uso clássico deste método, veja a Nota de Capítulo 9.2.

9.5 Análise log-linear em tabelas com variáveis explicativas

Considere-se uma tabela genérica de $c = sr$ celas onde s (respectivamente, r) é o número total de combinações dos níveis das variáveis explicativas (respectivamente, respostas). O vector de frequências observáveis $\mathbf{n} = (\mathbf{n}_q, q = 1, \ldots, s)'$ é modelado por um produto de s Multinomiais independentes referentes a $\mathbf{n}_q = (n_{qm}, m = 1, \ldots, r)'$, $q = 1, \ldots, s$, com totais fixos $\mathbf{n}_* = (n_{q\cdot}, q = 1, \ldots, s)' = \mathbf{D}'\mathbf{n}$, onde $\mathbf{D} = \mathbf{I}_s \otimes \mathbf{1}_r$, e vector global de probabilidades $\boldsymbol{\pi} = (\boldsymbol{\pi}'_q, q = 1, \ldots, s)'$, satisfazendo $\mathbf{D}'\boldsymbol{\pi} = \mathbf{1}_s$. O vector de médias, $\boldsymbol{\mu} = (\boldsymbol{\mu}_q, q = 1, \ldots, s)'$, verificando $\boldsymbol{\mu}_q = n_{q\cdot}\boldsymbol{\pi}_q$, exprime-se compactamente em termos de $\boldsymbol{\pi}$ por

$$\boldsymbol{\mu} = \mathbf{D}_{\mathbf{N}}\boldsymbol{\pi} = \mathbf{D}_{\boldsymbol{\pi}}\mathbf{N}, \quad \mathbf{N} = \mathbf{n}_* \otimes \mathbf{1}_r = (\mathbf{I}_s \otimes \mathbf{1}_r\mathbf{1}'_r)\mathbf{n} \ .$$

No Capítulo 5 descreveram-se pormenorizadamente as formulações ordinária e generalizada dos modelos log-lineares para este cenário probabilístico. Em termos de $\boldsymbol{\mu}$, a formulação ordinária do modelo log-linear com um total de $p \leq sr$ parâmetros (reveja-se (5.8) e tenha-se em conta que aí o número total de parâmetros foi tomado como $p + s$) é definida por

$$H : \ln\boldsymbol{\mu} = \mathbf{D}\mathbf{u} + \mathbf{X}\boldsymbol{\beta} \tag{9.61}$$

onde $\mathbf{u} \equiv (u_q, q = 1, \ldots, s)' = \ln\mathbf{n}_* + \boldsymbol{\lambda}$, $\boldsymbol{\beta}$ é um vector de $p-s$ parâmetros subjacentes a qualquer elemento de $\boldsymbol{\mu}$ associado à matriz $\mathbf{X} = (\mathbf{X}'_1, \ldots, \mathbf{X}'_s)'$ com $\mathbf{X}_q$ a submatriz $r \times (p - s)$ geradora de $\boldsymbol{\mu}_q$ a partir de $\boldsymbol{\beta}$ satisfazendo $r([\mathbf{1}_r, \mathbf{X}_q]) = 1 + r(\mathbf{X}_q)$ tal que $r([\mathbf{D}, \mathbf{X}]) = p$.

9. ANÁLISE DE MODELOS LOG-LINEARES   295

A expressão multiplicativa de (9.61) é $\boldsymbol{\mu} = \mathbf{D}_\varepsilon \exp(\mathbf{X}\boldsymbol{\beta})$, onde $\boldsymbol{\varepsilon} = \exp(\mathbf{u}) \otimes \mathbf{1}_r$. Por força das restrições naturais, $\mathbf{u}$ é uma função de $\mathbf{X}\boldsymbol{\beta}$ ($\exp(\mathbf{u}) = \mathbf{D}_{n_*}\mathbf{D}_\delta^{-1}$, $\boldsymbol{\delta} = \mathbf{D}'\exp(\mathbf{X}\boldsymbol{\beta})$) pelo que a sua incorporação a (9.61) implica para H a estrutura

$$\boldsymbol{\mu} = \mathbf{D}_\mathbf{N}\mathbf{D}_\psi^{-1}\exp(\mathbf{X}\boldsymbol{\beta}) \qquad (9.62)$$

onde

$$\boldsymbol{\psi} = \boldsymbol{\psi}(\boldsymbol{\beta}) = \mathbf{D}'\exp(\mathbf{X}\boldsymbol{\beta}) \otimes \mathbf{1}_r = (\mathbf{I}_s \otimes \mathbf{1}_r\mathbf{1}_r')\exp(\mathbf{X}\boldsymbol{\beta}).$$

Um dos grandes objectivos desta secção é evidenciar a identidade de inferências relevantes associadas com modelos log-lineares comuns aos cenários corrente e Multinomial. Na Secção 4.1.1 evidenciou-se que um modelo log-linear $\mathcal{M}(\mathbf{Z})$ no cenário poissoniano (ou Multinomial) é um modelo log-linear legítimo no actual cenário se $\mathcal{M}(\mathbf{D}) \subset \mathcal{M}(\mathbf{Z})$. Daí que interesse identificar claramente que modelos com formulação típica (9.1) admitem que o logaritmo do vector média multinomial seja expressável pelo segundo membro de (9.61).

Ora, como se viu exaustivamente no Capítulo 5, quer o parâmetro fixo $\mathbf{u}$ (ou $\boldsymbol{\lambda}$) quer o parâmetro relevante $\boldsymbol{\beta}$ de (9.61) podem sofrer uma reparametrização visando obter uma formulação de H formalmente idêntica à do modelo log-linear para o cenário Multinomial. Os novos parâmetros exprimem-se em termos dos logaritmos das probabilidades (ou médias) condicionais de um modo formalmente análogo àquele que define os correspondentes termos homólogos no contexto Multinomial em termos dos logaritmos de probabilidades conjuntas.

Essa identidade formal corresponde a uma identidade de conteúdo apenas para os parâmetros redefinidores de $\boldsymbol{\beta}$ (obviamente caso este não esteja já na forma indicada) que são aqueles relacionados com alguma das variáveis que são aqui respostas (ou unicamente ou envolvendo também algum factor). Desta forma, a parte $\mathbf{X}\boldsymbol{\beta}$ de (9.61) corresponde a uma parte genuína de um modelo log-linear Multinomial. Doravante, tendo em conta o propósito mencionado, entender-se-á por comodidade $\mathbf{X}\boldsymbol{\beta}$ como representando já a aludida reparametrização, constituindo deste modo uma parte estrita do termo relevante em (9.1) (aí denotado por $\mathbf{X}\boldsymbol{\beta}$).

Relativamente ao termo restante em (9.61), que é irrelevante no cenário corrente, deve-se sublinhar que as colunas de $\mathbf{D} = \mathbf{I}_s \otimes \mathbf{1}_r$ correspondem, numa estrutura log-linear Multinomial, às colunas relativas aos termos de maior ordem (sem a introdução das restrições de identificabilidade) referentes à(s) variável(is) que são consideradas explicativas no actual cenário. Clarificando, estes termos são, no caso de uma única variável explicativa (X_1), u_i^A, $i = 1, \ldots, s$, e no caso de duas variáveis explicativas (X_1 e X_2), u_{ij}^{AB}, $i = 1, \ldots, I$, $j = 1, \ldots, J$ ($s = IJ$). Estas colunas não são mais do que combinações lineares das colunas relativas aos termos funcionalmente independentes (face às restrições de identificabilidade) de ordem igual e inferior que reparametrizam aqueles (que são u e u_i^A, $i = 1, \ldots, s - 1$, no primeiro caso acima citado, e u, u_i^A, $i = 1, \ldots, I - 1$, u_j^B, $j = 1, \ldots, J - 1$, e u_{ij}^{AB}, $i = 1, \ldots, I - 1$, $j = 1, \ldots, J - 1$, no segundo caso). Desta forma, o termo $\mathbf{du}$ no cenário Multinomial corresponde ao que em (9.1) é desdobrado em $\mathbf{1}_c u$ e na parte restante de $\mathbf{X}\boldsymbol{\beta}$ que envolve apenas os termos relativos às variáveis que são aqui explicativas.

Em suma, parece ter sido deixado claro que os modelos log-lineares do cenário Multinomial relevantes no actual contexto são aqueles que retêm o termo de maior

296   9.5 ANÁLISE LOG-LINEAR EM TABELAS COM VARIÁVEIS EXPLICATIVAS

ordem (bem como os de ordem inferior numa acepção hierárquica) respeitante à(s) variável(is) explicativa(s). Os modelos deles decorrentes por simplificação destes termos são desprovidos de significado no actual contexto porque o delineamento ou o condicionamento motivado pelos objectivos analíticos são incompatíveis com a informação sobre formas de associação entre as variáveis explicativas que tal redução estrutural pretende traduzir. É o caso do modelo escolhido na análise dos dados do problema da toxidependência descrita no Exemplo 9.7, quando se quer considerar as variáveis ano (A), sexo (B) e agregado doméstico (C) como potencialmente explicativas do grau de consumo das drogas. Neste último contexto, o interesse deve estar concentrado nos modelos situados entre (ABC) e $(ABCD)$.

9.5.1   Estimação e ajustamento

O logaritmo da função de verosimilhança do modelo Produto de Multinomiais sob H é dado por

$$
\begin{aligned}
\ln L(\boldsymbol{\mu}(\boldsymbol{\beta})|\mathbf{n}) &= a(\mathbf{n}) + \mathbf{n}'\ln\boldsymbol{\mu}(\boldsymbol{\beta}) \\
&= a(\mathbf{n}) + \mathbf{n}'\left\{\mathbf{X}\boldsymbol{\beta} - \mathbf{Dln}\left[\mathbf{D}'\exp\left(\mathbf{X}\boldsymbol{\beta}\right)\right]\right\} \\
&= a(\mathbf{n}) + \sum_{q=1}^{s}\mathbf{n}_q'\left\{\mathbf{X}_q\boldsymbol{\beta} - \mathbf{1}_r ln[\mathbf{1}_r'\exp\left(\mathbf{X}_q\boldsymbol{\beta}\right)]\right\}
\end{aligned}
\tag{9.63}
$$

onde $a(\mathbf{n}) = \sum_{q=1}^{s}\ln\left(n_{q\cdot}!/\prod_{m=1}^{r}n_{qm}!\right) - \mathbf{n}_{*\cdot}'\ln\mathbf{n}_{*\cdot}$.

Esta expressão mostra que $\mathbf{X}'\mathbf{n}$ é a estatística suficiente mínima com respeito ao modelo estatístico considerado, sendo portanto uma parte estrita da estatística suficiente mínima respeitante ao modelo Multinomial sob a mesma estrutura para o correspondente vector $\boldsymbol{\mu}$. Esta última estatística engloba, para além de $\mathbf{X}'\mathbf{n}$, o vector de frequências marginais $\mathbf{n}_{*\cdot} = \mathbf{D}'\mathbf{n}$ que é fixo e ligado ao parâmetro irrelevante $\mathbf{u}$ no actual contexto.

Para ilustração com exemplos implicados pelos da Subsecção 9.1.1, o modelo de homogeneidade das distribuições condicionais de X_2 dado X_1 numa tabela 2^2, $\{\ln\mu_{ij} = u_i + w_j^B\}$ (reveja-se Secção 5.2) tem como matriz de especificação a segunda coluna da matriz $\mathbf{X}$ ($\mathbf{X}_{DM}$ ou $\mathbf{X}_{CR}$) relativa ao modelo bidimensional de independência. A respectiva estatística suficiente mínima é o vector $\mathbf{n}_{\cdot*}$ de totais marginais das colunas. O modelo de homogeneidade das distribuições condicionais de X_3 dado (X_1, X_2) face aos níveis de X_2 numa tabela 2^3, $\{\ln\mu_{ijk} = u_{ij} + w_k^C + w_{ik}^{AC}\}$ (vide Subsecção 5.3.2), é definido por uma matriz de especificação formada pela terceira e quinta colunas de $\mathbf{X}$ ($\mathbf{X}_{DM}$ ou $\mathbf{X}_{CR}$) relativa ao modelo tridimensional (AB, AC). A respectiva estatística suficiente mínima é formada pelos totais marginais $\{n_{i\cdot k}\}$ que, quando ampliados com os totais $\mathbf{n}_{*\cdot} = (n_{ij\cdot})$ que são aqui fixos, definem a estatística suficiente mínima para o modelo de independência condicional entre X_2 e X_3 dado X_1.

Dada a forma da função $\ell(\boldsymbol{\beta}) = \ln L(\boldsymbol{\mu}(\boldsymbol{\beta})|\mathbf{n})$, o seu vector gradiente, pelo que se viu na Secção 9.1, é

$$
\mathbf{U}(\boldsymbol{\beta};\mathbf{n}) = \sum_{q=1}^{s}\left[\mathbf{X}_q'\mathbf{n}_q - \mathbf{X}_q'\boldsymbol{\mu}_q(\boldsymbol{\beta})\right] = \mathbf{X}'\mathbf{n} - \mathbf{X}'\boldsymbol{\mu}(\boldsymbol{\beta})
$$

9. ANÁLISE DE MODELOS LOG-LINEARES

pelo que as equações de verosimilhança

$$\mathbf{X}'\boldsymbol{\mu}(\widehat{\boldsymbol{\beta}}) = \mathbf{X}'\mathbf{n} \tag{9.64}$$

têm uma forma e interpretação análogas às das correspondentes equações para os dois outros modelos probabilísticos básicos.

Como $\partial\boldsymbol{\mu}(\boldsymbol{\beta})/\partial\boldsymbol{\beta}'$ é a matriz $sr \times (p-s)$ composta das submatrizes $r \times (p-s)$

$$\frac{\partial \boldsymbol{\mu}_q(\boldsymbol{\beta})}{\partial \boldsymbol{\beta}'} = \left(\mathbf{D}_{\boldsymbol{\mu}_q} - \boldsymbol{\mu}_q \boldsymbol{\mu}_q'/n_{q\cdot}\right)\mathbf{X}_q, \quad q = 1,\ldots,s$$

(note-se que $\boldsymbol{\mu}_q \equiv \boldsymbol{\mu}_q(\boldsymbol{\beta}) = n_q.\exp(\mathbf{X}_q\boldsymbol{\beta})/\mathbf{1}_s'\exp(\mathbf{X}_q\boldsymbol{\beta}))$, segue-se que a matriz de informação de Fisher é

$$\begin{aligned}\mathbf{I}_N(\boldsymbol{\beta}) &= \sum_{q=1}^{s}\mathbf{X}_q'(\mathbf{D}_{\boldsymbol{\mu}_q} - \boldsymbol{\mu}_q\boldsymbol{\mu}_q'/n_{q\cdot})\mathbf{X}_q \\ &= \mathbf{X}'\mathbf{D}_\mathbf{N}\mathbf{V}(\boldsymbol{\pi})\mathbf{X} \end{aligned} \tag{9.65}$$

onde $\mathbf{V}(\boldsymbol{\pi}) = \text{diag}(\mathbf{V}_q(\boldsymbol{\pi}_q), q = 1,\ldots,s)$, com $\mathbf{V}_q(\boldsymbol{\pi}_q) = \mathbf{D}_{\boldsymbol{\pi}_q} - \boldsymbol{\pi}_q\boldsymbol{\pi}_q'$, $\boldsymbol{\pi}_q \equiv \boldsymbol{\pi}_q(\boldsymbol{\beta}) = \boldsymbol{\mu}_q/n_{q\cdot}$, $q = 1,\ldots,s$.

O facto de $\mathbf{I}_N(\boldsymbol{\beta}) \equiv \sum_{q=1}^{s}\mathbf{Cov}(\mathbf{X}_q'\mathbf{n}_q)$ ser definida positiva assegura que, quando $\ell(\boldsymbol{\beta})$ apresenta máximo, a estimativa MV é a solução única de (9.64), em virtude de um argumento idêntico ao usado na Secção 9.1.

O estimador MV, $\widehat{\boldsymbol{\beta}}$, é um estimador BAN com matriz de covariâncias aproximada (para $\{n_q.\}$ suficientemente grandes com $\mathbf{n}_*./N$ fixo, onde $N = \mathbf{1}_s'\mathbf{n}_*.$) expressável por

$$\mathbf{V}_{\widehat{\boldsymbol{\beta}}}(\boldsymbol{\pi}) = [\mathbf{X}'\mathbf{D}_{\mathbf{N}_0}\mathbf{V}(\boldsymbol{\pi})\mathbf{X}]^{-1}/N \tag{9.66}$$

onde $\mathbf{N}_0 = \mathbf{N}/N$, e estimada consistentemente por $\widehat{\mathbf{V}}_{\widehat{\boldsymbol{\beta}}} = \mathbf{V}_{\widehat{\boldsymbol{\beta}}}(\widehat{\boldsymbol{\pi}})$, onde $\widehat{\boldsymbol{\pi}} \equiv \boldsymbol{\pi}(\widehat{\boldsymbol{\beta}}) = \mathbf{D}_\mathbf{N}^{-1}\boldsymbol{\mu}(\widehat{\boldsymbol{\beta}})$. Como consequência, a matriz de covariâncias correspondente do estimador MV de $\boldsymbol{\pi}$ é

$$\begin{aligned}\mathbf{V}_{\widehat{\boldsymbol{\pi}}}(\boldsymbol{\pi}) &= \frac{\partial\boldsymbol{\pi}(\boldsymbol{\beta})}{\partial\boldsymbol{\beta}'}\mathbf{V}_{\widehat{\boldsymbol{\beta}}}(\boldsymbol{\pi})\left(\frac{\partial\boldsymbol{\pi}(\boldsymbol{\beta})}{\partial\boldsymbol{\beta}'}\right)' \\ &= N^{-1}\mathbf{V}(\boldsymbol{\pi})\mathbf{X}[\mathbf{X}'\mathbf{D}_{\mathbf{N}_0}\mathbf{V}(\boldsymbol{\pi})\mathbf{X}]^{-1}\mathbf{X}'\mathbf{V}(\boldsymbol{\pi}) \end{aligned} \tag{9.67}$$

pois $(\partial\boldsymbol{\pi}(\boldsymbol{\beta})/\partial\boldsymbol{\beta}')' = [\mathbf{X}_q'\mathbf{V}(\boldsymbol{\pi}_q), q = 1,\ldots,s] = \mathbf{X}'\mathbf{V}(\boldsymbol{\pi})$. O estimador MV de $\boldsymbol{\mu}$, $\widehat{\boldsymbol{\mu}}$, tem como matriz de covariâncias aproximada

$$\mathbf{V}_{\widehat{\boldsymbol{\mu}}}(\boldsymbol{\pi}) = N^2\mathbf{D}_{\mathbf{N}_0}\mathbf{V}_{\widehat{\boldsymbol{\pi}}}(\boldsymbol{\pi})\mathbf{D}_{\mathbf{N}_0}.$$

Observe-se como as expressões das matrizes de covariâncias acima se particularizam quando $s = 1$ naquelas derivadas na Subsecção 9.1.1. As matrizes de covariâncias aproximadas de $\widehat{\boldsymbol{\pi}}$ e funções de $\widehat{\boldsymbol{\pi}}$ são igualmente independentes da matriz de especificação usada para H (Exercício 9.24a,b).

Facilmente se obtêm novas extensões dos resultados assintóticos sobre estimadores MV focados na Subsecção 9.1.1. Por exemplo, em grandes amostras de todas as subpopulações, o vector $\mathbf{W}'(\ln\widehat{\boldsymbol{\mu}} - \ln\boldsymbol{\mu}) \equiv \mathbf{W}'(\widehat{\boldsymbol{\nu}} - \boldsymbol{\nu})$, tem distribuição aproximada Normal multivariada de vector média $\mathbf{0}$ e matriz de covariâncias $\mathbf{V}_{\mathbf{W}'\hat{p}}(\boldsymbol{\pi}) = \mathbf{W}'\mathbf{V}_{\hat{p}}(\boldsymbol{\pi})\mathbf{W}$, onde

$$\mathbf{V}_{\hat{p}}(\boldsymbol{\pi}) = N^{-1}\mathbf{CX}\left[\mathbf{X}'\mathbf{D}_{\mathrm{N_0}}\mathbf{V}(\boldsymbol{\pi})\mathbf{X}\right]^{-1}\mathbf{X}'\mathbf{C}'$$

com $\mathbf{C} = \mathbf{D}_{\pi}^{-1}\mathbf{V}(\boldsymbol{\pi}) = \mathbf{I}_{sr} - \mathbf{D}\mathrm{diag}(\boldsymbol{\pi}_q', q = 1, \dots, s)$. Quando $\mathbf{W}$ é uma matriz de contrastes ($\mathbf{W}'\mathbf{D} = \mathbf{0}$), $\mathbf{V}_{\mathbf{W}'\hat{p}}(\boldsymbol{\pi})$ é definida por uma matriz do tipo de $\mathbf{V}_{\hat{p}}(\boldsymbol{\pi})$, com $\mathbf{C}$ substituída por $\mathbf{W}'$.

À semelhança do que foi dito em 9.1.1, os resultados acima expostos constituem uma base para inferências assintóticas (intervalos de confiança e testes de hipóteses) sob a validade de H, seja este um modelo reduzido ou não.

Uma ilustração importante desses procedimentos é corporizada pelo teste de Wald do ajuste de H, cuja formulação em termos de restrições é $\mathbf{W}'\ln\boldsymbol{\mu} = \mathbf{0}$, onde $\mathbf{W}$ é uma matriz $sr \times (sr - p)$ base do complemento ortogonal de $\mathcal{M}([\mathbf{D}, \mathbf{X}])$.

Sob o modelo saturado, $\hat{\boldsymbol{\pi}}$ é o vector $\mathbf{p} = \mathbf{D}_{\mathrm{N}}^{-1}\mathbf{n}$ composto das proporções amostrais de todas as s subpopulações, ou equivalentemente, $\hat{\boldsymbol{\mu}} = \mathbf{n}$. A expressão (9.67) corresponde então à matriz de covariâncias de $\mathbf{p}$ (dada por $\mathbf{D}_{\mathrm{N}}^{-1}\mathbf{V}(\boldsymbol{\pi})$) e $\mathbf{V}_{\hat{\mu}}(\boldsymbol{\pi}) = \mathbf{D}_{\mathrm{N}}\mathbf{V}(\boldsymbol{\pi})$ (Exercício 9.24c). Consequentemente, o vector $\sqrt{N}\mathbf{W}'\ln\mathbf{n}$ tem sob H uma distribuição assintótica Normal $(sr - p)$-variada de média $\mathbf{0}$ e matriz de covariâncias

$$\mathbf{S} = \mathbf{W}'\mathbf{D}_{\mathrm{N_0}}^{-1}(\mathbf{D}_{\pi}^{-1} - \mathbf{DD}')\mathbf{W},$$

que se simplifica para $\mathbf{W}'\mathbf{D}_{\mathrm{N_0}}^{-1}\mathbf{D}_{\pi}^{-1}\mathbf{W}$ quando $\mathbf{W}'\ln\boldsymbol{\mu}$ é um vector cujas componentes são constrastes de $\ln\boldsymbol{\mu}$ como sucede frequentemente.

Deste modo, a forma quadrática $N(\mathbf{W}'\ln\mathbf{n})'\mathbf{S}^{-1}\mathbf{W}'\ln\mathbf{n}$ possui sob H uma distribuição assintótica $\chi^2_{(sr-p)}$. A substituição de $\boldsymbol{\pi}$ nesta forma quadrática pelo seu estimador consistente $\mathbf{p}$, que não altera a distribuição assintótica referida, conduz à estatística de Wald

$$Q_W = (\mathbf{W}'\ln\mathbf{n})'\left[\mathbf{W}'\mathbf{D}_{\mathrm{N}}^{-1}(\mathbf{D}_{\mathbf{p}}^{-1} - \mathbf{DD}')\mathbf{W}\right]^{-1}\mathbf{W}'\ln\mathbf{n}. \tag{9.68}$$

Na metodologia em estudo, o ajuste de H é mais frequentemente avaliado pelo teste da razão de verossimilhanças de Wilks ou pelo teste do qui-quadrado de Pearson, ambos assintoticamente equivalentes ao teste de Wald. Esses testes são baseados nas estatísticas Q_V e Q_p definidas em (7.10) e (7.14), respectivamente, para o que é necessária a determinação do estimador MV restrito a H, $\hat{\boldsymbol{\mu}}$ (já que é este o tipo de estimador BAN mais usado).

Exemplo 9.8: Considere-se numa tabela bidimensional $s \times r$, onde a variável das linhas é tomada como explicativa, o problema de ajustar o modelo de homogeneidade das distribuições condicionais da variável resposta, definido por

$$\ln\mu_{ij} = u_i + w_j^B,$$

para $i = 1, \dots, s$, $j = 1, \dots, r$, onde $\sum_{j=1}^r w_j^B = 0$ e $\sum_{j=1}^s \mu_{ij} = n_{i\cdot}$, $i = 1, \dots, s$. A formulação multiplicativa deste modelo log-linear, após a introdução das s restrições naturais é

$$\mu_{ij} = n_{i\cdot}\mu_{\cdot j}/N$$

9. ANÁLISE DE MODELOS LOG-LINEARES

para todo (i, j), onde $N = \sum_{i=1}^{s} n_i.$. Como se viu na Secção 5.2, a formulação equivalente deste modelo em termos dos logitos de referência é

$$L_{(i)j} \equiv \ln(\mu_{ij}/\mu_{ir}) = \gamma_j$$

para todo (i, j), onde $\gamma_j = w_j^B - w_r^B$.

O núcleo do logaritmo da verosimilhança é

$$\sum_{i=1}^{s} \left\{ \sum_{j=1}^{r} n_{ij} \ln \mu_{ij} \right\} = \sum_{i=1}^{s} n_i. u_i + \sum_{j=1}^{r} n_{.j} w_j^B$$

evidenciando que a estatística suficiente mínima é o conjunto de $r - 1$ frequências marginais das colunas. Assim, as equações de verosimilhança correspondem a $\hat{\mu}_{.j} = n_{.j}$, $j = 1, \ldots, r$, implicando que o estimador MV dos μ_{ij} para qualquer (i, j) seja

$$\hat{\mu}_{ij} = n_i. \hat{\mu}_{.j}/N = n_i. n_{.j}/N.$$

As estatísticas Q_V e Q_p de ajuste deste modelo são definidas por

$$Q_V = 2 \sum_{i=1}^{s} \sum_{j=1}^{r} n_{ij} \ln(n_{ij}/\hat{\mu}_{ij})$$

$$Q_p = \sum_{i=1}^{s} \sum_{j=1}^{r} (n_{ij} - \hat{\mu}_{ij})^2/\hat{\mu}_{ij}$$

e possuem em grandes amostras uma distribuição nula aproximada $\chi^2_{(\nu)}$ com $\nu = s(r - 1) - (r - 1) = (s - 1)(r - 1)$.

Observe-se desde já a identidade das expressões de $\hat{\mu}$ e das estatísticas de ajuste e da distribuição nula assintótica destas com as correspondentes quantidades relativas ao modelo Multinomial de independência entre as duas variáveis tomadas como respostas. Na subsecção seguinte ver-se-á que este resultado não é uma mera coincidência. Idêntica situação ocorre com a estatística de Wald de ajuste do modelo de homogeneidade. Por exemplo, quando $s = r = 2$, tomando $\mathbf{W}' = (1, -1, -1, 1)$ em (9.68) obtém-se

$$Q_W = [\ln(n_{11}/n_{12}) - \ln(n_{21}/n_{22})]^2 / \left(\sum_{i,j} n_{ij}^{-1} \right),$$

a mesma expressão que decorre de (9.11).   ■

Uma vez seleccionado um modelo log-linear (9.61), agora designado por H_1, o ajuste condicional a H_1 de um modelo H_2 nele encaixado pode ser testado por qualquer das estatísticas (6.22) e (6.20), expressáveis respectivamente por

$$Q_P(H_2|H_1) = \sum_{q=1}^{s} (\hat{\boldsymbol{\mu}}_q - \tilde{\boldsymbol{\mu}}_q)' \mathbf{D}_{\tilde{\boldsymbol{\mu}}_q}^{-1} (\hat{\boldsymbol{\mu}}_q - \tilde{\boldsymbol{\mu}}_q)$$

$$Q_V(H_2|H_1) = -2 \sum_{q=1}^{s} \mathbf{n}_q' (\ln \tilde{\boldsymbol{\mu}}_q - \ln \hat{\boldsymbol{\mu}}_q)$$

onde $\tilde{\boldsymbol{\mu}}_q$ (respectivamente, $\hat{\boldsymbol{\mu}}_q$) é o estimador MV do subvector $\boldsymbol{\mu}_q$ de $\boldsymbol{\mu}$ sob H_2 (respectivamente, sob H_1). Como $\hat{\boldsymbol{\mu}} = (\hat{\boldsymbol{\mu}}_q, q = 1, \dots, s)'$ satisfaz as equações $\mathbf{X}'\hat{\boldsymbol{\mu}} = \mathbf{X}'\mathbf{n}$ e as restrições naturais $\mathbf{D}'\hat{\boldsymbol{\mu}} = \mathbf{D}'\mathbf{n} \equiv \mathbf{n}_{*.}$, a expressão anterior de Q_V pode ser reescrita por

$$Q_V(H_2|H_1) = -2\sum_{q=1}^{s} \hat{\boldsymbol{\mu}}_q'(\ln \hat{\boldsymbol{\mu}}_q - \ln \tilde{\boldsymbol{\mu}}_q).$$

Considerando H_2 como resultante de H_1 pela satisfação das condições $H_0 : \mathbf{C}\boldsymbol{\beta} = \mathbf{0}$, onde $\mathbf{C}$ é uma matriz $a \times (p-s)$ de característica $a < p-s$, o recurso ao método de Wald permite testar o ajuste condicional de H_2 sem a determinação de $\hat{\boldsymbol{\mu}}$ através da estatística

$$Q_W(H_2|H_1) = (\mathbf{C}\hat{\boldsymbol{\beta}})'(\mathbf{C}\hat{\mathbf{V}}_{\hat{\boldsymbol{\beta}}}\mathbf{C}')^{-1}\mathbf{C}\hat{\boldsymbol{\beta}} \tag{9.69}$$

onde $\hat{\mathbf{V}}_{\hat{\boldsymbol{\beta}}}$ é o estimador consistente de $\mathbf{V}_{\hat{\boldsymbol{\beta}}}(\boldsymbol{\pi})$ em (9.66) obtido substituindo $\boldsymbol{\pi}$ pelo seu estimador MV, $\hat{\boldsymbol{\pi}} = \mathbf{D}_{\mathbf{N}}^{-1}\hat{\boldsymbol{\mu}}$. Esta estatística de Wald é assintoticamente distribuída sob H_2 segundo uma distribuição $\chi^2_{(a)}$, tal como as estatísticas Q_p e Q_V acima.

Como $\mathbf{C}\boldsymbol{\beta}$ corresponde a uma transformação linear de $\ln\boldsymbol{\pi}$ (recorde-se a interpretação dos parâmetros log-lineares), a estatística (9.69) não é mais do que a forma quadrática nessa transformação linear de $\ln\hat{\boldsymbol{\pi}}$ definida pelo inverso do estimador MV da sua matriz de covariâncias aproximada sob H_1.

A semelhança do processo de construção das estatísticas supracitadas com o que foi descrito na Subsecção 9.1.2 transpõe-se naturalmente para o teste de Rao. Revendo as formulações de H_1 e H_2 aí definidas de modo apropriado ao actual contexto, a estatística deste teste assintoticamente equivalente aos anteriores pode ser expressa por (9.14), onde agora $\tilde{\mathbf{V}}$ designa o estimador MV da matriz de covariâncias de $\mathbf{n}$ sob H_2, i.e., $\tilde{\mathbf{V}} = \mathbf{D}_{\mathbf{N}}\mathbf{V}(\tilde{\boldsymbol{\pi}})$, com $\tilde{\boldsymbol{\pi}} = \mathbf{D}_{\mathbf{N}}^{-1}\tilde{\boldsymbol{\mu}}$ o estimador MV de $\boldsymbol{\pi}$ restrito a H_2 (Exercício 9.24e).

Exemplo 9.9: Considere-se que numa tabela $s \times r$, onde $s = IJ$ é o número de combinações de níveis das variáveis explicativas X_1 e X_2, o modelo de homogeneidade face aos níveis de X_2 das distribuições condicionais da variável resposta apresenta um bom ajuste. Recordando o conteúdo da Secção 5.3, a formulação ordinária deste modelo log-linear é

$$H_1 : \ln \mu_{ijk} = u_{ij} + w_k^C + w_{ik}^{AC}$$

para todo (i, j, k), com as restrições de identificabilidade $\sum_k w_k^C = \sum_k w_{ik}^{AC} = \sum_i w_{ik}^{AC} = 0$ e as restrições naturais $\sum_k \mu_{ijk} = n_{ij.}$, equivalendo em termos dos logitos de referência à formulação

$$L_{(ij)k} \equiv \ln(\mu_{ijk}/\mu_{ijr}) = \gamma_k + \delta_{(i)k}$$

para $k = 1, \dots, r-1$ e todo o (i, j), onde $\gamma_k = w_k^C - w_r^C$ e $\delta_{(i)k} = w_{ik}^{AC} - w_{ir}^{AC}$. Com a incorporação das s restrições naturais, este modelo exprime-se multiplicativamente por

$$\mu_{ijk} = n_{ij.}\mu_{i\cdot k}/n_{i\cdot\cdot}$$

para todo o (i, j, k).

9. ANÁLISE DE MODELOS LOG-LINEARES

Como o núcleo do logaritmo da verosimilhança Produto de Multinomiais é

$$\sum_{i,j}\sum_{k} n_{ijk}\ln\mu_{ijk} = \sum_{i,j} n_{ij.}u_{ij} + \sum_{k} n_{..k}w_k^C + \sum_{i,k} n_{i.k}w_{ik}^{AC}$$

a estatística suficiente mínima é definida a partir das frequências marginais bivariadas $\{n_{i.k}\}$, implicando que as equações de verosimilhança sejam $\widehat{\mu}_{i.k} = n_{i.k}$, $i = 1,\ldots,I$, $k = 1,\ldots,r$. O estimador MV das médias $\{\mu_{ijk}\}$ é então definido em forma fechada por

$$\widehat{\mu}_{ijk} = n_{ij.}n_{i.k}/n_{i..}\ .$$

Supondo válido este modelo, admita-se que se pretende testar o ajuste do modelo H_2 de homogeneidade completa das s distribuições da variável resposta, que se obtém do anterior eliminando o termo w^{AC}. A formulação multiplicativa deste modelo mais reduzido, uma vez incorporadas as restrições naturais, é

$$\mu_{ijk} = n_{ij.}\mu_{..k}/N$$

para todo o (i,j,k), onde $N = \sum_{i,j} n_{ij.}$. Como as equações de verosimilhança são $\widetilde{\mu}_{..k} = n_{..k}$, $k = 1,\ldots,r$, segue-se que o estimador MV das médias sob este modelo mais simples é

$$\widetilde{\mu}_{ijk} = n_{ij.}n_{..k}/N.$$

As usuais estatísticas condicionais de ajuste de H_2 exprimem-se (Proposição 9.1) por

$$
\begin{aligned}
Q_V(H_2|H_1) &= 2\sum_{i,k} n_{i.k}\ln[Nn_{i.k}/(n_{i..}n_{..k})] \\
Q_P(H_2|H_1) &= \sum_{i,k}\frac{N}{n_{i..}n_{..k}}\left(n_{i.k} - \frac{n_{i..}n_{..k}}{N}\right)^2,
\end{aligned}
$$

possuindo ambas uma distribuição nula assintótica $\chi^2_{(\nu)}$ em que $\nu = (I-1)(r-1)$ é a diferença entre os números de graus de liberdade das distribuições qui-quadrado de ajuste de H_2 e H_1, respectivamente, $\nu_2 = s(r-1) - (r-1) = (s-1)(r-1)$ e $\nu_1 = s(r-1) - [r-1+(I-1)(r-1)] = I(J-1)(r-1)$.

De novo se constata a identidade entre os resultados expostos de estimação e testes de hipóteses com aqueles relativos ao confronto no cenário Multinomial dos modelos (AB,C) e (AB,AC). O mesmo ocorrerá se se optar por utilizar o teste de Wald ou de Rao, como se terá oportunidade de mostrar de uma forma mais geral na Subsecção 9.5.3. ∎

9.5.2   Aplicações com a formulação log-linear generalizada

Tendo a subsecção anterior focado a descrição das inferências para a formulação ordinária do modelo log-linear, vai-se agora fazer algumas observações concernentes à aplicação da formulação generalizada do mesmo modelo, antes de se proceder à sua ilustração.

No cenário Produto de Multinomiais costuma-se considerar estruturas lineares em funções lineares do logaritmo do vector das médias (ou das probabilidades), que no

302   9.5 ANÁLISE LOG-LINEAR EM TABELAS COM VARIÁVEIS EXPLICATIVAS

Capítulo 5 se denominou de modelos log-lineares generalizados. Quando o vector dessas funções lineares, $\mathbf{A}\ln\boldsymbol{\mu}$, é tal que $\mathbf{AD} = \mathbf{0}$, esses modelos estruturais são equivalentes a modelos log-lineares, como ficou demonstrado na Proposição 5.1. É o que acontece quando essas estruturas representam modelos lineares nos logitos, modelos de regressão logística ou modelos nos logaritmos de razões de chances.

Nesses casos, a prévia conversão dessas estruturas para a correspondente formulação log-linear (9.61) permite aplicar os resultados anteriores para efeitos de inferências sobre tais estruturas. Deve-se, no entanto, salientar que tais resultados podem ser expressos directamente em termos da formulação log-linear generalizada.

Para ilustração, considere-se para uma tabela $s \times r$ o modelo linear nos logitos de referência (com a categoria de referência tomada como a r-ésima categoria)

$$\mathbf{A}\ln\boldsymbol{\mu} \equiv \mathbf{A}\ln\boldsymbol{\pi} = \mathbf{X}_G\boldsymbol{\beta}$$

onde $\mathbf{A} = \mathbf{I}_s \otimes (\mathbf{I}_{r-1}, -\mathbf{1}_{r-1})$ e $\mathbf{X}_G$ é uma matriz $s(r-1) \times (p-s)$ de característica completa $p - s \leq s(r-1)$. Este modelo é equivalente à formulação ordinária (9.61) com a correspondência

$$\mathbf{X}_G = \mathbf{AX}\,, \quad \mathbf{X} = \mathbf{A}'(\mathbf{AA}')^{-1}\mathbf{X}_G$$

onde é fácil verificar que

$$\mathbf{A}'(\mathbf{AA}')^{-1} = \mathbf{I}_s \otimes \mathbf{B}$$

com $\mathbf{B} = (\mathbf{I}_{r-1} - r^{-1}\mathbf{1}_{r-1}\mathbf{1}'_{r-1}, -r^{-1}\mathbf{1}_{r-1})'$.

No cenário em causa, há apenas $s(r-1)$ frequências (observadas ou esperadas) a variar "livremente", pois $\mathbf{D}'\mathbf{n} = \mathbf{D}'\boldsymbol{\mu} = \mathbf{n}_*$. é fixo. Tomando-as como as frequências respeitantes às $r-1$ primeiras celas de cada subpopulação, $\overline{\mathbf{n}} = (\overline{\mathbf{n}}'_q, q = 1, \ldots, s)'$, $\overline{\mathbf{n}}_q = (n_{qm}, m = 1, \ldots, r-1)'$, tem-se que

$$\mathbf{n}_q \equiv (n_{q1}, \cdots, n_{qr})' = (\mathbf{0}'_{r-1}, n_{q\cdot})' + (\mathbf{I}_{r-1}, -\mathbf{1}_{r-1})'\overline{\mathbf{n}}_q,$$

com uma relação idêntica para as médias (*i.e.*, entre $\boldsymbol{\mu}_q$ e $\overline{\boldsymbol{\mu}}_q$). Isto implica para as sr celas que

$$\mathbf{n} - \boldsymbol{\mu} = \mathbf{A}'(\overline{\mathbf{n}} - \overline{\boldsymbol{\mu}}).$$

Deste modo, as equações de verosimilhança (9.64) podem ser reexpressas por

$$\mathbf{X}'\mathbf{A}'(\overline{\mathbf{n}} - \widehat{\overline{\boldsymbol{\mu}}}) = \mathbf{0} \quad \Leftrightarrow \quad \mathbf{X}'_G\widehat{\overline{\boldsymbol{\mu}}} = \mathbf{X}'_G\overline{\mathbf{n}} \tag{9.70}$$

onde intervém a matriz de especificação do modelo linear nos logitos. Note-se que esta seria a forma que se obteria para as aludidas equações se se exprimisse a verosimilhança Produto de Multinomiais como função de $\boldsymbol{\beta}$ através dos $s(r-1)$ logitos (note-se que $\mu_{qr} = n_{q\cdot}/[1 + \mathbf{1}'_{r-1}\exp{(\mathbf{L}_{(q)})}]$, onde $\mathbf{L}_{(q)}$ é o vector dos $r-1$ logitos de referência na subpopulação q).

Exemplo 9.9 (continuação): Como ilustração considere-se o caso de uma tabela 2^3 descrita por Binomiais independentes para as combinações dos níveis das variáveis explicativas X_1 e X_2, de médias $\{n_{ij\cdot}\}$ e probabilidades $\{\theta_{(ij)k}\}$. Neste

9. ANÁLISE DE MODELOS LOG-LINEARES
303

cenário contemple-se o modelo log-linear H_1 do Exemplo 9.9, traduzindo a homogeneidade pareada das Binomiais em X_2 que, em termos dos logitos, se pode exprimir por

$$H_1 : L_{ij} \equiv \ln\frac{\theta_{(ij)1}}{\theta_{(ij)2}} = \gamma + \alpha_i, \quad \alpha_2 = -\alpha_1.$$

A verosimilhança logaritmizada sob H_1 é

$$\begin{aligned}
\ln L(\boldsymbol{\pi}(\gamma,\alpha_1)|\mathbf{n}) &= b(\mathbf{n}) + \sum_{i,j}\left[n_{ij1}\ln\theta_{(ij)1} + (n_{ij\cdot} - n_{ij1})\ln\theta_{(ij)2}\right] \\
&= b(\mathbf{n}) + \sum_{i,j}n_{ij1}L_{ij} - \sum_{i,j}n_{ij\cdot}\ln(1 + e^{L_{ij}}) \\
&= b(\mathbf{n}) + n_{\cdot\cdot1}\gamma + \sum_{i}n_{i\cdot1}\alpha_i - \sum_{i}n_{i\cdot\cdot}\ln(1 + e^{\gamma+\alpha_i}).
\end{aligned}$$

As componentes da função *score* são

$$\begin{aligned}
\frac{\partial\ln L}{\partial\gamma} &= n_{\cdot\cdot1} - \sum_{i}n_{i\cdot\cdot}\frac{e^{\gamma+\alpha_i}}{1 + e^{\gamma+\alpha_i}} = n_{\cdot\cdot1} - \sum_{i,j}\mu_{ij1} \\
\frac{\partial\ln L}{\partial\alpha_1} &= n_{1\cdot1} - n_{2\cdot1} - n_{1\cdot\cdot}\frac{e^{\gamma+\alpha_1}}{1 + e^{\gamma+\alpha_1}} + n_{2\cdot\cdot}\frac{e^{\gamma+\alpha_2}}{1 + e^{\gamma+\alpha_2}} \\
&= n_{1\cdot1} - n_{2\cdot1} - \mu_{1\cdot1} + \mu_{2\cdot1},
\end{aligned}$$

de onde decorrem as equações de verosimilhança

$$\sum_{i,j}\widehat{\mu}_{ij1} \equiv \widehat{\mu}_{\cdot\cdot1} = n_{\cdot\cdot1}$$

$$\widehat{\mu}_{1\cdot1} - \widehat{\mu}_{2\cdot1} = n_{1\cdot1} - n_{2\cdot1},$$

que, em termos compactos, correspondem a (9.70) com

$$\mathbf{X}_G = \left[\begin{array}{cc} \mathbf{1}_2 & \mathbf{1}_2 \\ \mathbf{1}_2 & -\mathbf{1}_2 \end{array}\right].$$

Observe-se que o sistema das equações de verosimilhança equivale a $\{\widehat{\mu}_{i\cdot k} = n_{i\cdot k}\}$. ∎

Uma vez determinado $\widehat{\overline{\mu}}$, e consequentemente $\widehat{\mu}$, o estimador MV de qualquer continuação linear dos logitos $\mathbf{a}'\mathbf{L} = \mathbf{a}'\mathbf{X}_G\boldsymbol{\beta}$ pode ser definido por $\mathbf{a}'\widehat{\mathbf{L}} \equiv \mathbf{a}'\mathbf{X}_G\widehat{\boldsymbol{\beta}} = \mathbf{a}'\mathbf{A}\ln\widehat{\mu}$. Em particular, tomando $\mathbf{a}' = \mathbf{e}_k'(\mathbf{X}_G'\mathbf{X}_G)^{-1}\mathbf{X}_G'$, onde $\mathbf{e}_k$ é um vector com a dimensão de $\boldsymbol{\beta}$ diferindo do vector nulo por conter 1 na k-ésima linha, obtém-se o estimador MV da k-ésima componente de $\boldsymbol{\beta}$.

De (9.70) conclui-se que a matriz de covariâncias de $\widehat{\boldsymbol{\beta}}$ para grandes amostras é

$$\mathbf{V}_{\widehat{\boldsymbol{\beta}}}(\boldsymbol{\mu}) = \left[\mathbf{X}_G'\text{diag}(\mathbf{D}_{\overline{\mu}_q} - \overline{\mu}_q\overline{\mu}_q'/n_{q\cdot}, q = 1,\ldots,s)\mathbf{X}_G\right]^{-1},$$

304   9.5 ANÁLISE LOG-LINEAR EM TABELAS COM VARIÁVEIS EXPLICATIVAS

que nada mais é do que uma formulação alternativa de (9.66) – vide Exercício 9.25. Como consequência, a distribuição Normal aproximada de $\mathbf{a}'\widehat{\mathbf{L}} \equiv \mathbf{w}'\ln\widehat{\boldsymbol{\mu}}$, com $\mathbf{w}' = \mathbf{a}'\mathbf{A}$, tem valor esperado $\mathbf{a}'\mathbf{L}$ e variância $\mathbf{a}'\mathbf{X}_G\mathbf{V}_{\widehat{\boldsymbol{\beta}}}(\boldsymbol{\mu})\mathbf{X}'_G\mathbf{a}$. Seguindo esta via, facilmente se obtêm expressões alternativas para as estatísticas dos testes de Wald e de Rao baseadas na formulação logística linear do modelo.

Em face do exposto, a execução de uma análise log-linear por máxima verosimilhança no cenário Produto de Multinomiais pode concretizar-se segundo duas vias. Uma consiste em adoptar-se formulações log-lineares generalizadas e em recorrer a programas computacionais nelas baseados. A outra via apoia-se na formulação log-linear ordinária e na identidade das inferências relevantes para correspondentes modelos log-lineares sem factores, como já se referiu e está cabalmente provado nas subsecções 9.1.3 e 9.5.3, o que justifica o uso de programas baseados nos outros cenários probabilísticos. Os exemplos a seguir analisados são uma aplicação concreta de cada uma destas estratégias de análise.

Exemplo 9.10 (*Problema dos grafiteiros*): A primeira ilustração concreta de análise log-linear sob formulação generalizada incide sobre o conjunto de dados do Exemplo 1.4.

O objectivo essencial é avaliar o efeito na distribuição da incidência temática nas inscrições das paredes dos sanitários de dois factores, que se identificam com o nível educacional e o sexo dos estudantes. Esta identificação deriva da localização e finalidade de uso dos sanitários escolhidos.

Atendendo ao âmbito do texto e aos propósitos ilustrativos, esqueça-se o tipo de amostragem por conglomerados, efectivamente aplicado, e assuma-se em sua substituição o esquema de amostragem estratificada em que se baseia a análise da presente secção cuja aplicação se descreve em seguida. Obviamente que a validade desta análise para o problema em mão depende criticamente da razoabilidade dessa suposição.

A hipótese de ausência de interacção entre esses dois factores na distribuição da resposta é definida pelo modelo estrutural (5.35) aplicado aos logitos de referência $L_{(ij)k} = \ln[\theta_{(ij)k}/\theta_{(ij)7}]$, onde $k = 1,\ldots,6$ rotula os temas pela ordem em que se referiram na Tabela 1.4, *i.e.*,

$$L_{(ij)k} = \gamma_k + \delta_{(i)k} + \alpha_{(j)k}.$$

A categoria de referência ($k = 7$) é uma miscelânea de vários temas aglutinados pela sua fraca ocorrência (presença pessoal, humor, música, drogas, religião, filosofia, etc.).

O parâmetro $\delta_{(1)k}$ representa o logaritmo da razão entre as chances do tema k contra a categoria de referência para um estudante de nível universitário (1) e de nível secundário (2), dividido ou não por 2 consoante se adopte a parametrização de desvios de médias ($\{\delta_{(2)k}=-\delta_{(1)k}\}$) ou a da subpopulação de referência determinada pelo nível secundário ($\{\delta_{(2)k} = 0\}$). O parâmetro $\alpha_{(1)k}$ goza de uma interpretação análoga em termos do logaritmo da razão entre as referidas chances, respeitantes agora a estudantes do sexo masculino (1) versus sexo feminino (2). Em termos de uma ou outra daquelas parametrizações, o parâmetro γ_k é a média dos logitos da categoria k para as quatro subpopulações ou o logito da categoria k para um elemento da subpopulação de referência.

9. ANÁLISE DE MODELOS LOG-LINEARES

A formulação compacta, $\mathbf{A}\ln\boldsymbol{\pi} = \mathbf{X}_G\boldsymbol{\beta}$, do modelo em discussão é definida por

$$\mathbf{A} = \mathbf{I}_4 \otimes (\mathbf{I}_6, -\mathbf{1}_6), \quad \boldsymbol{\beta} = [\gamma_1, \ldots, \gamma_6, \delta_{(1)1}, \ldots, \delta_{(1)6}, \alpha_{(1)1}, \ldots, \alpha_{(1)6}]'$$

e

$$\mathbf{X}_G = \mathbf{Y} \otimes \mathbf{I}_6,$$

onde

$$\mathbf{Y} = \begin{pmatrix} 1 & 1 & 1 \\ 1 & 1 & -1 \\ 1 & -1 & 1 \\ 1 & -1 & -1 \end{pmatrix} \quad \text{ou} \quad \mathbf{Y} = \begin{pmatrix} 1 & 1 & 1 \\ 1 & 1 & 0 \\ 1 & 0 & 1 \\ 1 & 0 & 0 \end{pmatrix},$$

conforme se opte pela parametrização de desvio das médias ou da aludida subpopulação de referência, respectivamente.

A Tabela 9.18 indica os resultados da estimação dos 18 parâmetros deste modelo sob a primeira parametrização mencionada. Obviamente que as quantidades referentes aos efeitos principais dados por $\{\delta_{(1)k}, \alpha_{(1)k}\}$ na segunda parametrização são, neste caso, o dobro dos correspondentes valores da tabela, pelo que as respectivas estimativas padronizadas não variam de uma parametrização para outra.

Este modelo sem interacção de primeira ordem nos logitos ajusta-se relativamente bem aos dados pois $Q_V = 7.28$ para 6 g.l. ($P \simeq 0.30$), e não consegue ser simplificado sem prejuízo da sua capacidade reprodutora dos dados, como os resultados da Tabela 9.18, ainda que individualizados, deixam antever pelo grande valor absoluto das estimativas padronizadas, relativamente a uma distribuição $N(0,1)$, para a grande maioria dos parâmetros. De facto, a estatística Q_V condicional de ausência dos efeitos de qualquer dos factores tem um valor observado enorme em face de uma distribuição $\chi^2_{(6)}$ (P praticamente nulo).

Tabela 9.18: Estimativas paramétricas (e correspondentes erros padrões) para o modelo linear aditivo nos logitos com parametrização desvio de médias

Parâmetro	Categorias temáticas					
	Desporto	Insulto	Político	Escolar	Romântico	Sexual
γ_k	−3.534	−1.218	−1.812	−1.324	−2.768	−0.588
	(0.409)	(0.108)	(0.141)	(0.109)	(0.365)	(0.084)
$\delta_{(1)k}$	−1.643	−0.083	0.894	0.076	−0.228	0.719
	(0.297)	(0.105)	(0.134)	(0.108)	(0.121)	(0.084)
$\alpha_{(1)k}$	1.922	0.262	0.331	−0.297	−2.142	−0.098
	(0.296)	(0.100)	(0.129)	(0.105)	(0.360)	(0.082)

Dos valores constantes da Tabela 9.18 podem obter-se facilmente as estimativas pontuais e intervalares das razões entre as chances de resposta, quer para estudantes de nível universitário versus secundário ($\{\Delta_{1k}^{B(j)}\}$), quer para rapazes versus raparigas ($\{\Delta_{1k}^{A(i)}\}$). Por exemplo, a razão entre as chances de uma inscrição incidir sobre temática sexual versus tema "Outro" para um estudante universitário *versus* secundário é estimada pontualmente por $\widehat{\Delta}_{16}^{B(j)} = \exp(2\widehat{\delta}_{(1)6}) \simeq 4.21$, e intervalarmente pelo intervalo de confiança aproximado a 95%

$$\exp(2\widehat{\delta}_{(1)6} \pm 3.92\widehat{\sigma}(\widehat{\delta}_{(1)6})) \simeq (e^{1.109}, e^{1.767}) \simeq (3.03, 5.85).$$

Estas estimativas estão registadas na Tabela 9.19 e a sua inspecção revela particularmente que:

- a chance estimada de um tema político (sexual) contra a categoria de referência para um estudante universitário é 5.98 (4.21) vezes a chance para um aluno secundário;

- a chance estimada de um tema desportivo (romântico) contra a categoria de referência para um estudante secundarista é 26.74 (1.58) vezes a chance para um aluno universitário;

- a chance estimada de um tema desportivo (político) contra a categoria de referência para um rapaz é 46.71 (1.94) vezes maior do que para uma rapariga;

- a chance estimada de um tema romântico (escolar) contra a categoria de referência para uma rapariga é 71.43 (1.81) vezes maior do que para um rapaz.

Tabela 9.19: Estimativas pontuais (e intervalos de confiança a 95%) para as RPC relevantes

| Categorias temáticas | Razão de Produtos Cruzados | | | |
| | $\Delta_{1k}^{B(j)}$ | | $\Delta_{1k}^{A(i)}$ | |
	Estimativa	IC (95%)	Estimativa	IC (95%)
Desporto	0.37×10^{-1}	$(0.12 \times 10^{-1}, 0.12)$	46.71	$(14.44, 144)$
Insulto	0.85	$(0.56, 1.30)$	1.69	$(1.14, 2.50)$
Política	5.98	$(3.54, 10.11)$	1.94	$(1.21, 3.24)$
Escolar	1.16	$(0.76, 1.78)$	0.55	$(0.36, 0.83)$
Romântico	0.63	$(0.40, 1.00)$	0.14×10^{-1}	$(0.34 \times 10^{-2}, 0.56 \times 10^{-1})$
Sexual	4.21	$(3.03, 5.85)$	0.82	$(0.59, 1.21)$

A Tabela 9.20 indica as proporções observadas e preditas pelo modelo para as várias categorias de resposta em cada uma das quatro subpopulações. Elas evidenciam que entre os temas individualizados (e não diluídos na miscelânea da categoria "Outros"), há predominância dos de conteúdo sexual e político na subpopulação universitária e dos de conteúdo desportivo, sexual e insultuoso, por esta ordem, na subpopulação masculina. Quando se passa para o nível secundário, há uma quebra acentuada da incidência dos temas sexuais e políticos em favor de um acréscimo substancial dos temas desportivos (devido aos rapazes), românticos (devido às raparigas) e, em menor grau, insultuosos. Quando se comparam os dois sexos verifica-se na subpopulação feminina um aumento assinalável dos temas românticos e escolares em detrimento de uma quebra significativa dos temas desportivos (que quase desaparecem) e políticos.

Tabela 9.20: Proporções observadas (e preditas) pelo modelo linear aditivo nos logitos das categorias temáticas

Nível educacional	Sexo	Categorias temáticas						
		Desporto	Insulto	Político	Escolar	Romântico	Sexual	Outros
Universitário	M	0.012	0.115	0.160	0.078	0.004	0.307	0.324
		(0.012)	(0.111)	(0.174)	(0.067)	(0.002)	(0.323)	(0.312)
	F	0.000	0.055	0.094	0.098	0.117	0.367	0.270
		(0.000)	(0.059)	(0.081)	(0.108)	(0.119)	(0.352)	(0.280)
Secundário	M	0.346	0.138	0.038	0.056	0.002	0.090	0.330
		(0.346)	(0.140)	(0.031)	(0.062)	(0.003)	(0.082)	(0.336)
	F	0.009	0.097	0.009	0.135	0.258	0.103	0.390
		(0.008)	(0.094)	(0.018)	(0.127)	(0.256)	(0.114)	(0.382)

Grande parte destes resultados são de algum modo previsíveis, já que nas sociedades ocidentalizadas (pelo menos) a entrada na adolescência desperta maiores interesses sexuais e políticos, especialmente nos rapazes. O género feminino tende a valorizar mais tópicos de natureza mais pessoal e a manter uma conduta mais sonhadora. De realçar pelo seu carácter inesperado, atendendo a uma postura mais polida e eufemística por parte das jovens, a evidência de uma semelhança entre os dois sexos na chance de incidência na temática sexual. Contingências da amostragem ou característica das novas gerações? Eis um aspecto a merecer uma investigação mais profunda nos planos psico-sociológico e estatístico. ∎

Exemplo 9.11 (*Problema do uso do fio dental*): O significado das variáveis intervenientes neste problema introduzido no Exemplo 1.5 e os objectivos traçados suscitam interesse na modelação do efeito dos factores sexo e idade na associação entre as respostas.

Tomando como medida de associação o vector dos logaritmos das RPC parciais

$$\varepsilon_{ij} = \ln \Delta^{AB(i,j)} = \ln \frac{\theta_{(ij)11}\theta_{(ij)22}}{\theta_{(ij)12}\theta_{(ij)21}}, \quad i,j = 1,2,$$

pode-se considerar a reparametrização

$$\varepsilon_{ij} = \gamma + \delta_i + \alpha_j + \eta_{ij},$$

que pode ser encarada como resultante do modelo log-linear saturado para as probabilidades condicionais $\{\theta_{(ij)kl}\}$, com a identificação (recorde-se a Subsecção 5.4.2)

$$
\begin{aligned}
\gamma &= u_{11}^{CD} - u_{12}^{CD} - u_{21}^{CD} + u_{22}^{CD} \\
\delta_i &= u_{i11}^{ACD} - u_{i12}^{ACD} - u_{i21}^{ACD} + u_{i22}^{ACD} \\
\alpha_j &= u_{j11}^{BCD} - u_{j12}^{BCD} - u_{j21}^{BCD} + u_{j22}^{BCD} \\
\eta_{ij} &= u_{ij11}^{ABCD} - u_{ij12}^{ABCD} - u_{ij21}^{ABCD} + u_{ij22}^{ABCD}.
\end{aligned}
$$

Desta formulação em modelo de tipo ANOVA dupla decorrem imediatamente quatro modelos reduzidos: o modelo sem interacção (de primeira ordem) entre os dois factores

($\{\eta_{ij} = 0\}$), o modelo aditivo sem efeito de A ($\{\eta_{ij} = \delta_i = 0\}$), o modelo aditivo sem efeito de B ($\{\eta_{ij} = \alpha_j = 0\}$) e o modelo de associação homogénea ($\{\varepsilon_{ij} = \gamma\}$).

Atendendo à correspondência com modelos log-lineares ordinários apropriados, o ajustamento sucessivo destes quatro modelos pode ser testado num contexto tetra-dimensional, sendo os resultados evidenciados nas primeiras quatro linhas da Tabela 9.21.

Tabela 9.21: Resultados de testes de ajustamento de modelos log-lineares tetra-dimensionais

Modelo	GL	Q_V	P	Q_P	P
(ABC, ABD, ACD, BCD)	1	0.98	0.32	0.69	0.41
(ABC, ABD, BCD)	2	1.35	0.51	0.97	0.61
(ABC, ABD, ACD)	2	5.48	0.06	4.39	0.11
(ABC, ABD, CD)	3	6.22	0.10	4.78	0.19
(AB, AC, AD, BCD)	4	1.83	0.77	1.45	0.84
(AB, AC, BCD)	5	2.71	0.74	2.34	0.80
(AB, BCD)	6	9.23	0.16	8.66	0.19
(AB, AC, BC, BD, CD)	6	7.16	0.31	6.05	0.42

Estes resultados mostram que o modelo aditivo sem efeito do sexo na associação entre C e D, $H_1 : \mathbf{A} \ln \boldsymbol{\pi} = \mathbf{X}_G \boldsymbol{\beta}$, onde

$$\mathbf{A} = \mathbf{I}_4 \otimes (1 - 1 - 1 1) \qquad \text{e} \qquad \mathbf{X}'_G = \begin{pmatrix} 1 & 1 & 1 & 1 \\ 1 & -1 & 1 & -1 \end{pmatrix},$$

é um modelo adequado para explicação da variação da associação entre as respostas e um bom ponto de partida para a exploração de reduções adicionais.

Atendendo ao resultado marcadamente não significativo dos testes condicionais de anulação dos termos u^{ABC} e u^{ABD} no quadro do modelo de efeitos principais em $\{\varepsilon_{ij}\}$, decidiu-se retirar esses termos de H_1. A sua remoção pode interpretar-se como imposição de ausência total de interacção entre os dois factores numa função mais simples que é definida pelo logito da resposta combinada (C, D) em relação à categoria de referência (k = boa, l = razoável) – recorde-se a Subsecção 5.4.2.

O modelo resultante, exprimível como

$$H_2 : L_{(ij)kl} \equiv \ln \frac{\theta_{(ij)kl}}{\theta_{(ij)22}} = \gamma_{kl} + \delta_{(i)kl} + \alpha_{(j)kl}$$

para todo o (i, j, k, l), que corresponde à formulação ordinária (AB, AC, AD, BCD), revelou uma boa aderência aos dados, como se deduz da quinta linha da Tabela 9.21.

Como $Q_V(u^{BCD} = 0|H_2) = 4.45$ ($P \simeq 0.03$ para 1 g.l.) e $Q_V(u^{AD} = 0|H_2) = 0.88$ ($P \simeq 0.35$ para 1 g.l.), decidiu-se retirar ainda o termo u^{AD}, obtendo-se o modelo H_3 que difere de H_2 pela estruturação mais simplificada $\delta_{(i)kl} = u_{ik}^{AC}$. Este modelo traduz, além das características partilhadas por H_1 e H_2, que as quatro distribuições condicionais de D dado C são homogéneas em A. Observe-se que, por exemplo, H_3 corresponde ao modelo ordinário definido por (AB, AC, BCD) que é um caso

9. ANÁLISE DE MODELOS LOG-LINEARES

especial – por omissão de u^{ABC} – do modelo de independência (ou de homogeneidade) condicional (ABC, BCD).

Tabela 9.22: Estimativas e respectivos erros padrões aproximados das interações no modelo H_3

Parâmetro	u_{11}^{AC}	u_{11}^{BC}	u_{11}^{BD}	u_{11}^{CD}	u_{11}^{BCD}
Estimativa	0.254	0.082	0.701	0.466	−0.295
Erro padrão aproximado	0.102	0.160	0.157	0.157	0.157

O modelo H_3 mantém boa qualidade de ajuste, o que deixa de acontecer quando se remove dele o termo u^{AC} – repare-se na penúltima linha da Tabela 9.21. Resultados de estimação neste modelo relativamente simples e facilmente interpretável a que se chegou incluem-se na Tabela 9.22. Eles permitem calcular os valores das estatísticas de Wald para os testes individuais de redução de H_3, os quais confirmam a significância do termo u^{AC} ($Q_W = 6.23$ para 1 g.l. correspondente a $P \simeq 0.01$) e evidenciam a maior ou menor significância dos termos envolvendo a habilidade no uso do fio dental, pois

$$
\begin{aligned}
Q_W(u^{BCD} = 0|H_3) &= 3.51 \ (P \simeq 0.06) \\
Q_W(u^{CD} = 0|H_3) &= 8.77 \ (P \simeq 0.00) \\
Q_W(u^{BD} = 0|H_3) &= 19.81 \ (P \simeq 0.00)
\end{aligned}
$$

Como $Q_V(u^{BCD} = 0|H_3) = 4.45$ ($P \simeq 0.03$) optou-se por não retirar esta interacção e, desse modo, tomar o modelo H_3 como base preditiva. Sendo assim, e atendendo a que as RPC relevantes estimadas se exprimem por

$$
\begin{aligned}
\widehat{\Delta}^{AB(i,j)} &= \exp(4\widehat{u}_{11}^{CD} + 4\widehat{u}_{j11}^{BCD}), \ \forall i \\
\widehat{\Delta}^{AC(i,k)} &= \exp(4\widehat{u}_{11}^{BD} + 4\widehat{u}_{1k1}^{BCD}), \ \forall i \\
\widehat{\Delta}^{AD(i,l)} &= \exp(4\widehat{u}_{11}^{BC} + 4\widehat{u}_{11l}^{BCD}), \ \forall i \\
\widehat{\Delta}^{BD(j,l)} &= \exp(4\widehat{u}_{11}^{AC}), \ \forall j, l,
\end{aligned}
$$

conclui-se que:

- a chance estimada de uma criança de 5–8 anos (9–12) no uso do fio dental ser inábil contra razoavelmente hábil é 1.98 (20.99) vezes maior quando o usa poucas vezes do que quando o usa frequentemente;

- a chante estimada de uma criança que usa o fio dental insuficientemente (frequentemente) ser inábil contra razoavelmente hábil é 5.07 (53.73) vezes maior quando é mais jovem (5–8 anos) do que quando é mais crescida (9–12 anos);

310 9.5 ANÁLISE LOG-LINEAR EM TABELAS COM VARIÁVEIS EXPLICATIVAS

- a chance estimada de uma criança inábil (razoavelmente hábil) usar o fio dental insuficientemente contra frequentemente é 0.43 vezes menor (4.52 vezes maior) quando é mais jovem do que numa fase mais crescida;

- a chance estimada de uma criança usar insuficientemente versus frequentemente o fio dental é 2.76 vezes maior quando é rapaz do que quando é rapariga. ∎

9.5.3 Comparação com o cenário Multinomial

Uma vez derivados os principais resultados inferenciais associados com modelos log-lineares no contexto Produto de Multinomiais, o problema de confrontar os resultados relevantes da estimação e testes de hipóteses com as correspondentes aos outros cenários probabilísticos pode ser abordado segundo uma via análoga à seguida na Subsecção 9.1.3.

Enquadrando no cenário poissoniano o modelo log-linear $\mathcal{M}(\mathbf{Z})$, restringido pela condição de $\mathcal{M}(\mathbf{D}) \subset \mathcal{M}(\mathbf{Z})$ – o que, sem quebra de generalidade, pode ser operado com a especificação $\mathbf{Z} = (\mathbf{D}, \mathbf{X})$ como em (9.61) –, facilmente se provaria a identidade dos estimadores MV quer de $\boldsymbol{\mu}$ quer do parâmetro log-linear relevante, e a equivalência algébrica (e assintótica) das estatísticas dos testes de ajuste e de redução daquele modelo.

Nesta subsecção vai-se optar por comparar directamente os cenários Multinomial e Produto de Multinomiais, sob um modelo log-linear formalmente comum, através de um processo alternativo idêntico ao adoptado por Palmgren (1981) na comparação entre os cenários Poisson e Produto de Multinomiais (vide Exercício 9.26).

Como se mostrou detalhadamente no Capítulo 2, a função de verosimilhança Multinomial

$$L_M(\boldsymbol{\mu}|\mathbf{n}) = N! N^{-N} \prod_{q=1}^{s} \prod_{m=1}^{r} \mu_{qm}^{n_{qm}}/n_{qm}!, \quad \mathbf{1}'_{sr}\boldsymbol{\mu} = N$$

é decomponível multiplicativamente em dois factores, um relativo a uma verosimilhança marginal Multinomial,

$$L_M(\boldsymbol{\mu}_{*.}|\mathbf{n}_{*.}) = N! N^{-N} \prod_{q=1}^{s} \mu_{q.}^{n_{q.}}/n_{q.}!, \quad \mathbf{1}'_{s}\boldsymbol{\mu}_{*.} = \sum_{q=1}^{s} \mu_{q.} = N$$

e o outro à verosimilhança Produto de Multinomiais

$$L_{PM}(\{\boldsymbol{\mu}_q/\mu_{q.}\}|\mathbf{n}) = \prod_{q=1}^{s} \left\{ n_{q.}! \prod_{m=1}^{s} (\mu_{qm}/\mu_{q.})^{n_{qm}}/n_{qm}! \right\}.$$

Esta factorização de $L_M(\boldsymbol{\mu}|\mathbf{n})$ tem associada uma reparametrização de $\boldsymbol{\mu}$ em duas componentes, o vector $\boldsymbol{\mu}_{*.} = \mathbf{D}'\boldsymbol{\mu}$ das médias marginais (que são fixas em $\mathbf{n}_{*.}$ no cenário desta secção) e o vector das médias (ou probabilidades) condicionais $\boldsymbol{\pi} \equiv \mathbf{D}^{-1}_{(\boldsymbol{\mu}_{*.}\otimes\mathbf{1}_r)}\boldsymbol{\mu} = (\boldsymbol{\mu}'_q/\mu_{q.}, q = 1, \ldots, s)'$.

Sob o modelo log-linear (9.61),

$$\ln \boldsymbol{\mu}_q = \mathbf{1}_r u_q + \mathbf{X}_q \boldsymbol{\beta}, \quad q = 1, \ldots, s,$$

9. ANÁLISE DE MODELOS LOG-LINEARES

$\boldsymbol{\mu}_*$ é uma função de $\mathbf{u}$ e $\boldsymbol{\beta}$ ($\mu_{q\cdot} = e^{u_q}\mathbf{1}'_r\exp\left(\mathbf{X}_q\boldsymbol{\beta}\right)$) enquanto que $\boldsymbol{\pi}$ é apenas função de $\boldsymbol{\beta}$ ($\boldsymbol{\pi}_q = \exp\left(\mathbf{X}_q\boldsymbol{\beta}\right)/\mathbf{1}'_r\exp\left(\mathbf{X}_q\boldsymbol{\beta}\right)$). Passando a operar com a reparametrização $(\boldsymbol{\mu}_*, \boldsymbol{\beta})$, ao invés de $(\mathbf{u}, \boldsymbol{\beta})$, o logaritmo da verosimilhança Multinomial é uma função aditiva de $\ell(\boldsymbol{\mu}_*) \equiv \ln L_M(\boldsymbol{\mu}_*.(\mathbf{n}_*.))$ e de $\ell(\boldsymbol{\beta}) \equiv \ln L_{PM}(\{\boldsymbol{\pi}_q(\boldsymbol{\beta})\}|\mathbf{n})$ – dada em (9.63) – expressa por

$$\ln L_M(\boldsymbol{\mu}_*, \boldsymbol{\beta}|\mathbf{n}) = k(\mathbf{n}) + \sum_{q=1}^{s} n_{q\cdot} \ln \mu_{q\cdot} + \sum_{q=1}^{s} \mathbf{n}'_q\{\mathbf{X}_q\boldsymbol{\beta} - \mathbf{1}_r \ln[\mathbf{1}'_r\exp\left(\mathbf{X}_q\boldsymbol{\beta}\right)]\}$$

onde $k(\cdot)$ não depende dos parâmetros.

A componente relativa a $\overline{\boldsymbol{\mu}}_*. = (\mu_{q\cdot}, q = 1, \ldots, s-1)'$ do vector gradiente de $\ln L_M(\boldsymbol{\mu}_*, \boldsymbol{\beta}|\mathbf{n})$ – note-se que $\mu_s. = N - \mathbf{1}'_{s-1}\overline{\boldsymbol{\mu}}_*.$ – tem como elementos

$$\frac{\partial\ell(\boldsymbol{\mu}_*)}{\partial\mu_{q\cdot}} = \frac{n_{q\cdot}}{\mu_{q\cdot}} - \frac{n_{s\cdot}}{\mu_{s\cdot}}, \quad q = 1, \ldots, s-1$$

e pode exprimir-se compactamente (reveja na Subsecção A.2 do Apêndice a expressão da inversa de matrizes adequadamente estruturadas) por

$$\frac{\partial\ell(\boldsymbol{\mu}_*)}{\partial\overline{\boldsymbol{\mu}}_*.} = \mathbf{D}_{\overline{\mu}_*.}^{-1}\overline{\mathbf{n}}_*. - \mathbf{1}_{s-1}\frac{N - \mathbf{1}'_{s-1}\overline{\mathbf{n}}_*.}{N - \mathbf{1}'_{s-1}\overline{\boldsymbol{\mu}}_*.}$$

$$= \left(\mathbf{D}_{\overline{\mu}_*.} - \frac{\overline{\boldsymbol{\mu}}_*.\overline{\boldsymbol{\mu}}'_*.}{N}\right)^{-1}(\overline{\mathbf{n}}_*. - \overline{\boldsymbol{\mu}}_*.) \tag{9.71}$$

onde $\overline{\mathbf{n}}_*. = (n_{q\cdot}, q = 1, \ldots s-1)'$. As correspondentes equações de verosimilhança são assim $\widehat{\overline{\boldsymbol{\mu}}}_*. = \overline{\mathbf{n}}_*.$, implicando

$$\widehat{\boldsymbol{\mu}}_*. \equiv \mathbf{D}'\widehat{\boldsymbol{\mu}} = \mathbf{D}'\mathbf{n} \equiv \mathbf{n}_*. \tag{9.72}$$

A inclusão de um parâmetro log-linear associado a cada combinação dos níveis das variáveis entendidas como explicativas no cenário Produto de Multinomiais força o estimador MV de $\boldsymbol{\mu}$ no cenário Multinomial a jazer no espaço paramétrico mais restrito daquele cenário, *i.e.*, a satisfazer as s restrições naturais $\mathbf{D}'\boldsymbol{\mu} = \mathbf{D}'\mathbf{n}$.

A componente relativa a $\boldsymbol{\beta}$ do gradiente é

$$\frac{\partial\ell(\boldsymbol{\beta})}{\partial\boldsymbol{\beta}} = \sum_{q=1}^{s}\mathbf{X}'_q(\mathbf{n}_q - n_{q\cdot}\boldsymbol{\mu}_q/\mu_{q\cdot}), \tag{9.73}$$

coincidindo assim com o gradiente relativo ao contexto Produto de Multinomiais (vide subsecção anterior), quando restringida por $\mathbf{D}'\boldsymbol{\mu} = \mathbf{D}'\mathbf{n}$. Como por (9.72) $\widehat{\boldsymbol{\mu}}$ satisfaz estas restrições, as equações de verosimilhança relativas a $\boldsymbol{\beta}$ são

$$\sum_{q=1}^{s}\mathbf{X}'_q\widehat{\boldsymbol{\mu}}_q = \sum_{q=1}^{s}\mathbf{X}'_q\mathbf{n}_q \Leftrightarrow \mathbf{X}'\widehat{\boldsymbol{\mu}} = \mathbf{X}'\mathbf{n}. \tag{9.74}$$

O subsistema (9.74) das equações de verosimilhança corresponde ao sistema (9.64) das equações de verosimilhança referentes ao cenário Produto de Multinomiais, no qual (9.72) decorre das restrições naturais. Assim, o estimador MV de $\boldsymbol{\mu}$ (e do parâmetro $\boldsymbol{\beta}$ ligado à matriz de especificação $\mathbf{X}$ em (9.61)) é o mesmo nos dois cenários em confronto sob qualquer modelo log-linear formalmente comum.

Para ilustração deste resultado, retomem-se os modelos log-lineares exemplificados na Subsecção 9.5.1. As equações de verosimilhança (9.64) para o modelo de homogeneidade das distribuições condicionais de X_2 dado X_1 numa tabela $s \times r$ são $\widehat{\mu}_{\cdot j} = n_{\cdot j}$, $j = 1, \ldots, r$. Como este modelo se exprime multiplicativamente por $\mu_{ij} = n_{i \cdot} \mu_{\cdot j} / N$ para todo o (i, j), segue-se que $\widehat{\mu}_{ij}$ coincide com o estimador MV da correspondente média Multinomial sob a estrutura formalmente comum (modelo de independência), i.e., de $\mu_{ij} = \mu_{i \cdot} \mu_{\cdot j} / N$.

Analogamente, o estimador de MV de $\{\mu_{ijk}\}$ no modelo de homogeneidade, face aos níveis de X_2, das distribuições condicionais de X_3 dado (X_1, X_2) numa tabela $s \times r$, $s = IJ$, satisfaz as equações $\widehat{\mu}_{i \cdot k} = n_{i \cdot k}$, $i = 1, \ldots, I$, $k = 1, \ldots, K$. Isto implica que as médias sob este modelo, $\{\mu_{ijk} = n_{ij \cdot} \mu_{i \cdot k} / \mu_{i \cdot \cdot}\}$, apresentem o mesmo estimador MV das correspondentes médias sob o modelo Multinomial (AB, AC), de independência condicional entre X_2 e X_3 dado X_1.

Devido à factorização referida da verosimilhança Multinomial, a matriz hessiana de $\ln L_M(\overline{\boldsymbol{\mu}}_{*\cdot}, \boldsymbol{\beta} | \mathbf{n})$ é diagonal em blocos cujos blocos diagonais são

$$\mathbf{J}(\overline{\boldsymbol{\mu}}_{*\cdot}; \mathbf{n}) = \frac{\partial^2 \ell(\boldsymbol{\mu}_{*\cdot})}{\partial \overline{\boldsymbol{\mu}}_{*\cdot} \partial \overline{\boldsymbol{\mu}}_{*\cdot}'} = -\left[\mathbf{D_a} + (n_{s \cdot} / \mu_{s \cdot}) \mathbf{1}_{s-1} \mathbf{1}_{s-1}'\right] \tag{9.75}$$

onde $\mathbf{a} = (n_{q \cdot} / \mu_{q \cdot}^2, q = 1, \ldots, s - 1)'$, e

$$\mathbf{J}(\boldsymbol{\beta}; \mathbf{n}) \equiv \frac{\partial^2 \ell(\boldsymbol{\beta})}{\partial \boldsymbol{\beta} \partial \boldsymbol{\beta}'} = -\sum_{q=1}^{s} (n_{q \cdot} / \mu_{q \cdot}) \mathbf{X}_q' \left[\mathbf{D}_{\boldsymbol{\mu}_q} - \boldsymbol{\mu}_q \boldsymbol{\mu}_q' / \mu_{q \cdot}\right] \mathbf{X}_q . \tag{9.76}$$

O facto de estas duas matrizes dependerem das observações é um indicador de que $(\overline{\boldsymbol{\mu}}_{*\cdot}, \boldsymbol{\beta})$ não são parâmetros naturais do modelo Multinomial. Observe-se ainda que $\mathbf{J}(\boldsymbol{\beta}; \mathbf{n})$, quando encarada no contexto Produto de Multinomiais, torna-se independente de $\mathbf{n}$, como seria de esperar dado o carácter canónico de $\boldsymbol{\beta}$ nesse modelo também integrante da família exponencial.

A matriz de informação de Fisher, $\mathbf{I}_N(\overline{\boldsymbol{\mu}}_{*\cdot}, \boldsymbol{\beta})$, é constituída pelos blocos diagonais

$$\mathbf{I}_N(\overline{\boldsymbol{\mu}}_{*\cdot}) = \mathbf{D}_{\overline{\boldsymbol{\mu}}_{*\cdot}}^{-1} + \mathbf{1}_{s-1} \mathbf{1}_{s-1}' / \mu_{s \cdot} = (\mathbf{D}_{\overline{\boldsymbol{\mu}}_{*\cdot}} - \overline{\boldsymbol{\mu}}_{*\cdot} \overline{\boldsymbol{\mu}}_{*\cdot}' / N)^{-1}, \tag{9.77}$$

definindo $[\mathbf{I}_N(\overline{\boldsymbol{\mu}}_{*\cdot}]^{-1}$ a matriz de covariâncias de $\widehat{\overline{\boldsymbol{\mu}}}_{*\cdot} = \mathbf{n}_{*\cdot}$, e

$$\mathbf{I}_N(\boldsymbol{\beta}) = \sum_{q=1}^{s} \mathbf{X}_q' (\mathbf{D}_{\boldsymbol{\mu}_q} - \boldsymbol{\mu}_q \boldsymbol{\mu}_q' / \mu_{q \cdot}) \mathbf{X}_q. \tag{9.78}$$

Sob as restrições $\mathbf{D}' \boldsymbol{\mu} = \mathbf{D}' \mathbf{n}$, $\mathbf{I}_N(\boldsymbol{\beta})$ coincide com a matriz de informação de Fisher do modelo Produto de Multinomiais (vide (9.65), resultado previsível, já que nesse caso $\ell(\boldsymbol{\mu}_{*\cdot})$ é uma constante. Como consequência, o estimador MV $\widehat{\boldsymbol{\beta}}$, que é comum aos dois modelos, possui também a mesma matriz de covariâncias assintótica

9. ANÁLISE DE MODELOS LOG-LINEARES

(dada por $[\mathbf{I}_N(\boldsymbol{\beta})]^{-1}$) quando no modelo Multinomial se impõem as restrições naturais do modelo Produto de Multinomiais (vide (9.66)). Como $\widehat{\boldsymbol{\mu}}$ satisfaz tais restrições, o estimador MV dessa matriz de covariâncias é o mesmo para os dois modelos.

A identidade do estimador MV de $\boldsymbol{\mu}$ sob o modelo log-linear (9.61) entre os dois cenários em questão (na verdade, entre os três modelos probabilísticos básicos – Exercício 9.26) implica imediatamente a equivalência algébrica de cada uma das estatísticas de ajuste Q_V e Q_P. Estas estatísticas são assintoticamente equivalentes uma com a outra, com uma distribuição nula χ^2 em ambos os cenários, cujo número, ν, de graus de liberdade também é igual ($\nu = sr - 1 - (p-1)$ no cenário Multinomial e $\nu = s(r-1) - (p-s)$ no cenário Produto de Multinomiais). A identidade de cada uma destas estatísticas para os dois cenários referidos transpõe-se igualmente para a estatística de Wald. Compare-se para o efeito (9.68) com (9.11), tendo em conta $\mathbf{W}'\mathbf{D} = \mathbf{0}$ e $\mathbf{1}_{sr} = \mathbf{D}\mathbf{1}_s$.

A identidade mencionada anteriormente de $\widehat{\boldsymbol{\beta}}$ e do estimador MV da sua matriz de covariâncias assintótica conduz à equivalência para os dois cenários do teste de Wald de uma hipótese linear sobre $\boldsymbol{\beta}$ no quadro de (9.61). A identidade dos estimadores MV de $\boldsymbol{\mu}$ sob os dois modelos log-lineares em confronto implica também a equivalência algébrica e assintótica de cada um dos testes condicionais da razão de verosimilhanças de Wilks e do qui-quadrado de Pearson para os dois cenários.

Esta situação de equivalência inferencial reflecte-se igualmente no teste do *score* eficiente de Rao. A título ilustrativo, considere-se no modelo (9.61) o desdobramento $\mathbf{X}\boldsymbol{\beta} = \mathbf{X}_R\boldsymbol{\beta}_R + \mathbf{X}_E\boldsymbol{\beta}_E$ com $\mathbf{X}_R$ e $\mathbf{X}_E$ de característica igual ao seu número de colunas, respectivamente $p-s-a$ e a, tal que $r([\mathbf{X}_R, \mathbf{X}_E]) = p-s$. Como o estimador MV de $\boldsymbol{\mu}$ sob o modelo reduzido $\ln\boldsymbol{\mu} = \mathbf{D}\mathbf{u} + \mathbf{X}_R\boldsymbol{\beta}_R$ também satisfaz as equações $\mathbf{D}'\boldsymbol{\mu} = \mathbf{D}'\mathbf{n}$, a função *score* Multinomial relativa ao modelo (9.61) avaliada no estimador restrito ao modelo reduzido $\widetilde{\boldsymbol{\mu}} = \boldsymbol{\mu}(\mathbf{n}_{*.}, \widetilde{\boldsymbol{\beta}})$, onde $\widetilde{\boldsymbol{\beta}} = (\widetilde{\boldsymbol{\beta}}_R', \mathbf{0}')'$ é $[\mathbf{0}', (\mathbf{n} - \widetilde{\boldsymbol{\mu}})'\mathbf{X}]'$. Isto implica que a estatística de Rao para o teste condicional do modelo reduzido seja definida por $(\mathbf{n} - \widetilde{\boldsymbol{\mu}})'\mathbf{X}[\mathbf{I}_N(\widetilde{\boldsymbol{\beta}})]^{-1}\mathbf{X}'(\mathbf{n} - \widetilde{\boldsymbol{\mu}})$, que é a expressão condensada da referida estatística no cenário Produto de Multinomiais (Exercício 9.24c).

Em suma, os resultados descritos mostram que as inferências relevantes por máxima verosimilhança em torno de modelos log-lineares no cenário Produto de Multinomiais podem ser obtidas enquadrando conceptualmente os dados num cenário sem variáveis explicativas (Multinomial ou Produto de distribuições de Poisson – vide Exercício 9.25). Para tal, devem ser usados correspondentes modelos log-lineares com a mesma estrutura formal daqueles, isto é, que incluam todos os termos relativos às variáveis tidas como explicativas no cenário original.

Termina-se esta secção reconsiderando o problemas dos grafiteiros com o intuito de uma vez mais ilustrar numericamente as identidades inferenciais supra-referidas.

Exemplo 9.10 (continuação): Considere-se então o problema dos grafiteiros agora enquadrado no cenário Multinomial sob o modelo log-linear ordinário correspondente ao modelo linear aditivo nos logitos de referência, (AB, AC, BC).

Viu-se anteriormente que a formulação log-linear generalizada deste modelo pode ser definida por $\mathbf{A}\ln\boldsymbol{\pi} = \mathbf{X}_G\boldsymbol{\beta}$, onde $\boldsymbol{\beta}$ é o vector dos 3×6 parâmetros $\{\gamma_k, \delta_{(1)k}, \alpha_{(1)k}\}$ e $\mathbf{X}_G = \mathbf{Y} \otimes \mathbf{I}_6$ para $\mathbf{Y}$ apropriada.

Para fixar ideias, a sua formulação log-linear ordinária é

$$\ln \boldsymbol{\pi} = (\mathbf{I}_4 \otimes \mathbf{1}_7)\boldsymbol{\lambda} + \mathbf{X}_{PM}\boldsymbol{\beta},$$

em que $\boldsymbol{\lambda} = (\lambda_{ij}, i, j = 1, 2)'$ e

$$\mathbf{X}_{PM} = \mathbf{A}'(\mathbf{A}\mathbf{A}')^{-1}\mathbf{X}_G = \mathbf{Y} \otimes \begin{pmatrix} \mathbf{I}_6 - \mathbf{1}_6\mathbf{1}_6'/7 \\ -\mathbf{1}_6'/7 \end{pmatrix},$$

podendo ser reparametrizada para

$$\ln \boldsymbol{\pi} = ([\mathbf{Y}, \mathbf{Y}_{AB}] \otimes \mathbf{I}_7)\boldsymbol{\lambda}^* + \mathbf{X}_{PM}\boldsymbol{\beta},$$

onde $\boldsymbol{\lambda}^* = (u, u_1^A, u_1^B, u_{11}^{AB})'$. As componentes do vector (4×1) $\mathbf{Y}_{AB}$ são o produto das componentes da segunda coluna, $\mathbf{Y}_A$, e da terceira coluna, $\mathbf{Y}_B$, de $\mathbf{Y}$, pelo que $\mathbf{Y}_{AB} = (1, -1, 1, -1)'$ ou $\mathbf{Y}_{AB} = (1, 0, 0, 0)'$ conforme se adopte a parametrização de desvio de médias ou da cela de referência.

Na expressão acima, que pode ser reescrita como

$$\ln \boldsymbol{\pi} = \mathbf{1}_{28}u + (\mathbf{Y}_A, \mathbf{Y}_B, \mathbf{Y}_{AB}, \mathbf{X}_{PM})(u_1^A, u_1^B, u_{11}^{AB}, \boldsymbol{\beta}')',$$

o segundo membro define *formalmente* o modelo log-linear Multinomial quando se quer manter a parametrização $\boldsymbol{\beta}$ da parte relevante da formulação log-linear Produto de Multinomiais.

Naquele cenário mais alargado, a parametrização usualmente adoptada, mormente pelos programas computacionais mais difundidos, resulta de se tomar $\mathbf{X}_{PM} = \mathbf{X}_{PM}^*\boldsymbol{\beta}^*$, onde $\boldsymbol{\beta}^*$ é o vector dos 3×6 parâmetros $(u_k^C, u_{1k}^{AC}, u_{1k}^{BC})'$ e $\mathbf{X}_{PM}^* = \mathbf{Y} \otimes (\mathbf{I}_6, -\mathbf{1}_6)'$, em que $\mathbf{Y}$ é a matriz normalmente (mas nem sempre) associada à parametrização de desvio de médias. Deste modo, o modelo log-linear Multinomial correspondente é

$$\ln \boldsymbol{\theta} = \mathbf{1}_{28}u + \mathbf{X}_M\boldsymbol{\beta}_M,$$

onde $\boldsymbol{\beta}_M = (u_1^A, u_1^B, u_{11}^{AB}, \boldsymbol{\beta}^{*'})'$ e $\mathbf{X_M} = (\mathbf{Y}_A, \mathbf{Y}_B, \mathbf{Y}_{AB}, \mathbf{X}_{PM}^*)$.

Os resultados da estimação neste modelo estatístico Multinomial respeitante à parte paramétrica $\boldsymbol{\beta}^*$ estão expostos na Tabela 9.23, onde por comodidade se explicitam as estimativas ligadas à categoria de referência.

Tabela 9.23: Estimativas (e correspondentes erros padrões aproximados) de parâmetros log-lineares

	Categorias temáticas						
Parâmetro	Desporto	Insulto	Político	Escolar	Romântico	Sexual	Outro
u_k^C	-1.928	0.388	-0.205	0.283	-1.162	1.019	1.606
	(0.353)	(0.116)	(0.139)	(0.117)	(0.316)	(0.101)	(0.093)
u_{1k}^{AC}	-1.605	-0.045	0.932	0.114	-0.190	0.756	0.038
	(0.253)	(0.094)	(0.118)	(0.097)	(0.108)	(0.078)	(0.068)
u_{1k}^{BC}	1.925	0.265	0.334	-0.294	-2.139	-0.094	0.003
	(0.257)	(0.103)	(0.124)	(0.395)	(0.310)	(0.091)	(0.075)

9. ANÁLISE DE MODELOS LOG-LINEARES

Facilmente se constata que as estimativas dos parâmetros da Tabela 9.18, obtidas por aplicação directa da formulação log-linear generalizada, se obtêm destas por subtracção entre os valores de cada uma das seis primeiras colunas e os valores da sétima coluna. Os desvios padrões da Tabela 9.18 também podem ser gerados dos correspondentes valores da Tabela 9.23 mediante o conhecimento adicional das covariâncias estimadas entre os valores das colunas k e 7, $k = 1, \ldots, 6$, que se omitiram aqui. Consequentemente, as estimativas das RPC relevantes da Tabela 9.19 mantêm-se neste quadro mais alargado, assim como os resultados dos testes de ajustamento. Por exemplo, o ajustamento do modelo em análise, associado a 6 graus de liberdade, conduz a $Q_V = 7.28$ ($P \simeq 0.30$) e $Q_P = 7.00$ ($P \simeq 0.32$). ∎

9.6 Selecção de modelos log-lineares

Uma vez chegado a este ponto, o leitor já deve ter uma percepção clara das complicações analíticas das tabelas de dimensão superior a três, resultantes da imensidade de modelos, mesmo hierárquicos, a considerar e da dificuldade interpretativa de muitos deles, e ainda da obrigatoriedade de recurso a métodos iterativos para a grande maioria.

Reconhece-se assim a necessidade de se dispor de linhas orientadoras do processo de obtenção de um modelo capaz de proporcionar um compromisso entre os requisitos naturais de um ajustamento razoável aos dados e de uma interpretação suficientemente simples. Aliás, este problema é comum a outras áreas da Estatística. O leitor familiarizado com Análise de Regressão já teve certamente contacto com os chamados métodos *stepwise* de selecção de modelos. Estes métodos são procedimentos algorítmicos que, partindo de um modelo preliminar, consistem na sua simplificação ou complicação sequenciais, respectivamente por remoção ou adição de termos segundo determinadas regras, com vista a chegar a um "bom" modelo final.

9.6.1 Tácticas de selecção preliminar

Antes de se resumirem as regras básicas dos métodos *stepwise*, centre-se a atenção nas tácticas mais conhecidas de escolha de um modelo inicial. A sua ilustração, bem como a de outros aspectos aqui focados, será feita através do problema da aterosclerose coronariana adiante descrito.

Uma das tácticas de seleção preliminar consiste na consideração dos modelos mais complexos de diversas ordens (a ordem de um modelo é a do termo mais complicado), que incluem todos os termos dessas ordens. Como é prática comum desprezarem-se os modelos não-abrangentes, analisam-se assim o modelo de independência completa, o modelo completo de primeira ordem, o modelo completo de segunda ordem, e assim sucessivamente.

A aplicação de testes de ajustamento permite então a selecção como candidato a um modelo inicial quer do modelo mais simples entre os que se ajustam, quer do mais complexo entre os que não se ajustam. Caso haja variáveis que são consideradas explicativas, seja pelo próprio delineamento, seja por interesse no condicionamento

316 9.6 SELECÇÃO DE MODELOS LOG-LINEARES

nelas, o termo de interacção de maior ordem entre elas deve ser incluído (caso não o esteja já) naqueles modelos de partida.

Exemplo 9.12 (*Problema da aterosclerose coronariana*): Os dados da Tabela 9.24 foram extraídos de um estudo realizado em consulentes de uma clínica particular de cardiologia no período 1989–1994. A variável resposta primária indica a presença de lesão arterial obstrutiva expressiva, manifestada quando há grau de obstrução maior ou igual a 50% em pelo menos uma artéria coronariana. As outras variáveis, também dicotómicas ou dicotomizadas, são o sexo, a faixa etária e a hipertensão arterial sistémica (pressão arterial sistólica ≥ 140 mmHg ou diastólica ≥ 90 mmHg).

Tabela 9.24: Frequências observadas em 1448 pacientes cardíacos (Singer & Ikeda 1996)

			Grau de lesão obstrutiva	
Sexo (A)	Idade (B)	Hipertensão (C)	$< 50\%$	$\geq 50\%$
F	< 55	Não	31	17
		Sim	42	27
	≥ 55	Não	55	42
		Sim	94	104
M	< 55	Não	80	112
		Sim	70	130
	≥ 55	Não	74	188
		Sim	68	314

Os resultados do teste Q_V de ajustamento dos modelos de ordem completa estão expressos na Tabela 9.25. O teste Q_P omitido deu resultados bastante concordantes.

Tabela 9.25: Testes de ajustamento dos modelos de ordem completa

Modelo	G.L.	Q_V	P	ΔQ_V	G.L.	P
(A, B, C, D)	11	162.89	0.00			
				159.85	6	0.00
(AB, AC, AD, BC, BD, CD)	5	3.04	0.69			
				3.00	4	0.56
(ABC, ABD, ACD, BCD)	1	0.04	0.85			

Os resultados dos testes condicionais ao modelo saturado e ao modelo sucessivamente encaixante mostram que são bons candidatos, quer o modelo completo de primeira ordem (para fins de simplificação ulterior), quer o modelo de independência completa (para efeitos de adição de novos termos). ∎

Uma segunda táctica para selecção de um modelo inicial consiste na inspecção individual da significância de cada termo do modelo saturado. Esta táctica constuma ser concretizada por uma ou outra de duas vias: os chamados testes de associação parcial e marginal sugeridos por Brown (1976) e Benedetti & Brown (1978), e os testes

9. ANÁLISE DE MODELOS LOG-LINEARES

de Wald irrestritos (*i.e.*, aplicados ao modelo saturado) ou equivalentes advogados por Goodman (1971).

O teste de associação parcial relativo a um termo é um teste Q_V condicional de anulamento desse termo no quadro de um modelo hierárquico contendo todos os termos da mesma ordem daquele. O correspondente teste de associação marginal é um teste Q_V de anulamento do termo no quadro de um modelo hierárquico tendo esse termo como o parâmetro mais complexo (este teste não se aplica aos termos de ordem zero).

A título exemplificativo, para uma tabela tetradimensional o teste de associação parcial relativo ao termo u^{CD} é o teste Q_V de comparação entre o modelo tetradimensional completo de primeira ordem e aquele que difere deste por omissão daquele termo. O correspondente teste de associação marginal é o teste Q_V de independência entre C e D na tabela marginal (C, D).

Os testes de associação parcial e marginal relativos ao termo u^{BCD} são os testes Q_V de comparação, respectivamente, entre o modelo tetradimensional com todos os termos de segunda ordem e o que deste se obtém omitindo aquele termo, e entre o modelo tridimensional saturado para a tabela marginal (B, C, D) e o correspondente modelo sem interacção de segunda ordem. Os testes de associação parcial e marginal para o termo u^{ABCD} coincidem – está-se no cenário tetradimensional – com o teste Q_V de ajustamento do modelo tetradimensional sem interacção de terceira ordem.

Os testes de tipo Wald baseiam-se na estimação irrestrita de cada termo e do desvio padrão aproximado do respectivo estimador. Quando há apenas um parâmetro linearmente independente associado a cada termo, o teste de Wald de anulação desse termo pode concretizar-se na avaliação da significância do estimador padronizado daquele parâmetro relativamente a uma distribuição $N(0, 1)$. Em caso contrário, julga-se preferível a aplicação do teste de Wald simultâneo de anulamento de todos os parâmetros linearmente independentes que definem o termo em detrimento dos respectivos testes individuais.

Na sequência de aplicação da táctica em questão, a prática usual retém os termos mais significativos à luz dos testes ligados à via adoptada e, com base nelas, tenta montar um modelo que respeite o critério hierárquico e as eventuais imposições do esquema de amostragem. Consoante este modelo goze de um bom ou mau ajuste, assim ele deve em seguida ser sujeito a um processo sequencial de simplificação ou de complicação.

Exemplo 9.12 (continuação): A Tabela 9.26 indica os resultados dos testes da associação parcial e marginal referentes aos termos de ordem superior à primeira. Omitiu-se deliberadamente o número de graus de liberdade associado a estes testes pelo facto de ser constante (igual a 1) neste caso, devido a que o número de categorias por variável não varia com esta. Para este conjunto de dados ambos os testes Q_V foram condizentes em termos da significância ou não (baseada nos níveis usuais) de cada termo. A significância dos termos de primeira ordem e a falta de significância dos restantes termos de ordem superior implicam que esta via seleccione para ponto de partida o modelo hierárquico com todos os termos de primeira ordem.

Tabela 9.26: Resultados de testes de significância dos termos de interacção

Termo	Q_V parcial	P	Q_V marginal	P	Estimativa MV	Estimativa padronizada
u_{11}^{AB}	20.52	0.00	11.77	0.00	-0.146	-4.31
u_{11}^{AC}	12.72	0.00	9.15	0.00	-0.110	-3.25
u_{11}^{AD}	99.25	0.00	82.89	0.00	0.289	8.53
u_{11}^{BC}	6.08	0.01	10.78	0.00	0.068	2.01
u_{11}^{BD}	31.53	0.00	23.43	0.00	0.149	4.39
u_{11}^{CD}	12.20	0.00	9.28	0.00	0.088	2.60
u_{111}^{ABC}	0.25	0.62	0.00	0.96	0.016	0.49
u_{111}^{ABD}	1.48	0.22	1.27	0.26	-0.040	-1.17
u_{111}^{ACD}	0.56	0.45	0.42	0.52	-0.022	-0.65
u_{111}^{BCD}	1.41	0.24	0.63	0.43	-0.033	-0.97
u_{1111}^{ABCD}	0.04	0.85	0.04	0.85	0.006	0.19

Como já se sabe que se ajusta bem aos dados, ele fica disponível para uma tentativa *stepwise* de simplificação. Por feliz coincidência, o resultado dos testes de Wald ou equivalentes conduz à escolha do mesmo modelo. Deste modo, as três vias aplicadas neste exemplo foram concordantes na selecção do modelo preliminar a simplificar. Não é esta a circunstância com que se depara em geral. A disponibilidade de vários modelos preliminares é mais positiva que negativa por possibilitar a obtenção de vários modelos "finais", que devem então ser comparados na base da sua qualidade de ajustamento, interpretabilidade e adequação aos objectivos em causa. ∎

9.6.2 Métodos "stepwise"

Os procedimentos *stepwise* são essencialmente de três tipos: selecção progressiva (*forward selection*), selecção regressiva (*backward selection*) e selecção mista.

O procedimento de selecção progressiva consiste na adição sequencial de termos ao modelo até que não haja uma melhoria significativa da qualidade de ajustamento. Em cada passo, o termo a introduzir é aquele que se revela mais significativo em termos da estatística Q_V condicional, *i.e.*, aquele que corresponde ao menor nível crítico, P, dos testes Q_V condicionais ao modelo corrente, desde que P não ultrapasse o limite máximo prefixado, α_E, para a entrada (*e.g.*, $\alpha_E = 0.05$ ou $\alpha_E = 0.10$). Em caso contrário, o processo pára. Dito de outra forma, em cada passo, entra o termo originando o modelo com o maior nível crítico do teste Q_V não condicional. No caso particular em que todos os termos candidatos à entrada no modelo correspondem ao mesmo número de parâmetros, o critério de entrada equivale ao de selecção do termo provocando a maior redução permissível de Q_V.

O procedimento de selecção regressiva consiste na retirada sequencial de termos do modelo até não se conseguir um ajustamento significativamente aperfeiçoado. Em cada passo, o termo a eliminar é o que corresponde ao maior nível crítico, P, dos testes Q_V condicionais ao modelo corrente (ou ao menor acréscimo da estatística Q_V, em caso de todos os termos estarem ligados ao mesmo número de graus de liberdade),

9. ANÁLISE DE MODELOS LOG-LINEARES   319

desde que P não seja inferior ao limite mínimo prefixado, α_R, para a retirada (*e.g.*, $\alpha_R = 0.05$ ou $\alpha_R = 0.15$). Deste modo, o processo pára quando $P < \alpha_R$.

Quando após a entrada de um termo em cada passo e antes da passagem ao passo seguinte se analisam as consequências da exclusão individual dos termos já presentes no modelo, cai-se no procedimento misto de selecção progressiva com eliminação regressiva. Este método, que em cada passo usa uma combinação das regras dos procedimentos básicos anteriores com $\alpha_E < \alpha_R$, é aplicado em pacotes computacionais de análise de regressão logística (veja-se, *e.g.*, Hosmer & Lemeshow (1989, Cap. 4).

Neste ponto é útil chamar já a atenção de que o modo de aplicação da imensa bateria de testes implica que estes não devem ser encarados como testes formais de hipóteses. Os níveis críticos dos testes efectuados passo a passo são apenas um guia indicativo da relativa importância estatística dos termos em causa.

Em cada passo, os termos candidatos à entrada no modelo corrente ou à saída dele podem ser simples ou múltiplos. Um termo múltiplo é um conjunto de termos simples, representados pelo de maior ordem, que acompanham compulsivamente o movimento do seu representante para manter o carácter hierárquico dos modelos decorrentes que é escrupulosamente respeitado. A consideração de um ou outro deste tipo de termos na selecção progressiva tem implicação na variedade de modelos analisados, como adiante se mostrará ilustrativamente.

É deveras importante que, perante o automatismo destes procedimentos, o seu utilizador não assuma uma atitude passiva e acrítica. Primeiro, porque não há tipicamente um modelo que seja melhor do que os outros dada a diversidade de critérios a ter em conta. Segundo, porque o próprio resultado do processo pode ser interpretativamente complexo, ou nem sequer fazer sentido à luz dos objectivos concretos do problema, como seria o caso de um modelo de independência condicional entre variáveis que se encaram como explicativas. Deste modo, a liberdade de entrada ou saída dos termos em cada passo deve ser restringida (o que é permitido em alguns pacotes computacionais) de modo a forçar-se a entrada e impedir-se a saída dos termos impostos eventualmente pelo esquema de amostragem.

Os métodos de selecção são propícios à introdução de diversas variações como esquemas de testes simultâneos para controlo das probabilidades de erro ou como restrições da selecção a subclasses de modelos hierárquicos (*e.g.*, aos modelos facilmente interpretáveis referidos na Nota de Capítulo 9.2). O leitor interessado pode encontrar um resumo elucidativo dessas variantes em Christensen (1990, Cap. IV) ou nas referências aí mencionadas. Aqui limitar-se-á o foco nos procedimentos *stepwise* básicos, cuja ilustração se descreve em seguida.

Exemplo 9.12 (continuação): Em função dos resultados obtidos na fase preliminar de escolha, tome-se o modelo de independência completa, que não se ajusta aos dados, como ponto de partida para a obtenção de um modelo apropriado através do método da selecção progressiva. Inicialmente considerar-se-á a adição apenas de termos simples, com o limiar $\alpha_E = 0.05$. Os resultados do processo estão expostos na Tabela 9.27 onde, em cada passo, os termos adicionados ao modelo corrente estão ordenados por ordem decrescente dos valores da estatística Q_V de ajuste dos modelos resultantes (ou equivalentemente, por ordem crescente dos valores da estatística Q_V condicional). Deste modo, o último modelo referido em cada passo é o seleccionado para início do passo seguinte, o que se assinala com um asterisco.

Para o primeiro passo os candidatos à entrada são obviamente os seis termos de interacção de primeira ordem. Todos os testes condicionais conduzem a resultados altamente significativos ($P < 0.3\%$), sendo o termo u^{AD} aquele cuja adição provoca a maior diminuição da estatística Q_V. Nos segundo e terceiro passos, os candidatos continuam a ser apenas os (restantes) termos de primeira ordem que persistem a revelar uma forte significância, verificando-se serem sucessivamente u^{BD} e u^{AB} os termos seleccionados nesses passos.

Como o modelo corrente no fim do terceiro passo já inclui três termos de primeira ordem, os candidatos no quarto passo já incluem um termo de segunda ordem, concretamente o termo u^{ABD} que, por sinal, se revela como o primeiro termo não significativo ($P \simeq 0.24$). Algo análogo acontece no quinto passo, no fim do qual o modelo escolhido, por ter cinco interacções de primeira ordem, tem três possibilidades de ser melhorado no passo seguinte. De novo, as (duas) interacções de segunda ordem revelam-se não significativas pelo que o modelo no fim do sexto passo é o modelo completo de primeira ordem que, note-se, é o primeiro modelo desde o início do processo a revelar um ajustamento decente ($P \simeq 0.70$). A introdução no sétimo passo de cada uma das interacções de segunda ordem provoca uma variação não significativa de Q_V, em consonância com os resultados dos respectivos testes de significância exibidos na Tabela 9.26.

Deste modo, a selecção progressiva termina com o modelo com todos os termos de primeira ordem, ao fim e ao cabo o modelo preliminar sugerido pela análise dos testes de significância. É oportuno acrescentar-se que, neste caso, os resultados foram tão categóricos que uma variação (por decréscimo ou por acréscimo) sensata de α_E – e.g., para $\alpha_e = 0.01$ ou $\alpha_E = 0.10$ – não provoca qualquer alteração (basta olhar para a última coluna da Tabela 9.27).

Analisem-se agora as consequências na evolução e desfecho do processo quando se adopta a variante da adição de termos múltiplos. Estes termos são resultado da combinação de dois termos quaisquer, já presentes no modelo, e arrastam consigo outros termos por imperativos hierárquicos.

O primeiro passo não sofre qualquer alteração mas no segundo passo, que se inicia com o modelo (AD, B, C), além dos restantes cinco termos de primeira ordem, há mais dois candidatos, múltiplos, o termo u^{ABD}, que arrasta consigo os termos u^{AB} e u^{CD} ainda ausentes do modelo, e o termo u^{ABC} acrescido pelos mesmos motivos de u^{AC} e u^{CD}. Como os resultados destas novas entradas são aqueles indicados nas duas últimas linhas da Tabela 9.27, o desfecho do segundo passo passa a ser o modelo (ABD, C), em virtude de ser aquele que origina o maior decréscimo significativo de Q_V entre os sete em competição.

Os candidatos à entrada no terceiro passo são, além dos três termos simples, u^{AC}, u^{BC} e u^{CD}, os termos múltiplos representados por u^{BCD} (arrastando u^{BC} e u^{CD}), u^{ACD} (forçando a entrada simultânea de u^{AC} e u^{CD}), u^{ABC} (acrescido de u^{AC} e u^{BC}) e u^{ABCD} (conduzindo ao modelo saturado. A entrada originando a variação mais significativa de Q_V é a do termo múltiplo representado por u^{ACD} (Q_V cond. $= 24.88$, respeitante a 3 g.l.). O modelo seleccionado, (ABD, ACD), com $Q_V = 7.43$ baseado em 4 g.l., possui finalmente um nível crítico que ultrapassa os níveis de

9. ANÁLISE DE MODELOS LOG-LINEARES

significância $(P > 0.10)$.

Tabela 9.27: Selecção progressiva para o problema de aterosclerose coronariana

Passo	Modelo	Q_V	GL	P	Q_V condicional	GL	P
Inicial	(A, B, C, D)	162.89	11	0.00	–		
1	(AC, B, D)	153.74	10	0.00	9.15	1	0.0025
	(CD, A, B)	153.61	10	0.00	9.28	1	0.0023
	(BC, A, D)	152.11	10	0.00	10.78	1	0.0010
	(AB, C, D)	151.12	10	0.00	11.77	1	0.0006
	(BD, A, C)	139.46	10	0.00	23.43	1	0.0000
	$(AD, B, C)^*$	80.00	10	0.00	82.89	1	0.0000
2	(AD, AC, B)	70.85	9	0.00	9.15	1	0.0025
	(AD, CD, B)	70.72	9	0.00	9.28	1	0.0023
	(AD, BC)	69.22	9	0.00	10.78	1	0.0010
	(AD, AB, C)	68.23	9	0.00	11.77	1	0.0006
	$(AD, BD, C)^*$	56.57	9	0.00	23.43	1	0.0000
3	(AD, BD, AC)	47.42	8	0.00	9.15	1	0.0025
	(AD, BD, CD)	47.29	8	0.00	9.28	1	0.0023
	(AD, BD, BC)	45.79	8	0.00	10.78	1	0.0010
	$(AD, BD, AB, C)^*$	33.71	8	0.00	22.86	1	0.0000
4	(ABD, C)	32.31	7	0.00	1.40	1	0.2375
	(AD, BD, AB, AC)	24.43	7	0.001	9.28	1	0.0023
	(AD, BD, AB, CD)	24.30	7	0.001	9.41	1	0.0022
	$(AD, BD, AB, BC)^*$	22.80	7	0.002	10.91	1	0.0010
5	(ABD, BC)	21.54	6	0.002	1.27	1	0.2602
	(AD, BD, AB, BC, CD)	15.76	6	0.015	7.05	1	0.0079
	$(AD, BD, AB, BC, AC)^*$	15.23	6	0.019	7.57	1	0.0059
6	(ABC, AD, BD)	15.23	5	0.009	0.00	1	0.9547
	(ABD, BC, AC)	13.96	5	0.016	1.27	1	0.2602
	$(AD, BD, AB, BC, AC, CD)^*$	3.04	5	0.695	12.20	1	0.0005
7	(ABC, AD, BD, CD)	3.04	4	0.552	0.00	1	0.9820
	(ACD, BD, AB, BC)	2.65	4	0.617	0.38	1	0.5370
	(BCD, AD, AB, AC)	2.21	4	0.697	0.82	1	0.3645
	(ABD, BC, AC, CD)	1.79	4	0.775	1.25	1	0.2635
2	(ACD, B)	55.12	7	0.00	24.88	3	0.0000
	(ABD, C^*)	32.31	7	0.00	47.69	3	0.0000

No quarto passo, entre os candidatos disponíveis – o termo simples u^{BC} e os termos múltiplos $\{u^{BCD}\}$, $\{u^{ABC}\}$ e $\{u^{ABCD}\}$, o eleito foi o termo simples u^{BC} com Q_V cond. $= 5.95$ ($P \simeq 0.02$ para 1 g.l.). O modelo implicado, (ABD, ACD, BC), respeita a $Q_V = 1.48$ ($P \simeq 0.69$ para 3 g.l.), resiste a qualquer tentativa adicional de complicação porque todos os termos simples (u^{BCD}, u^{ABC}) e múltiplos $(\{u^{ABCD}\})$ candidatos não se revelam suficientemente significativos ($P > 0.27$ para qualquer deles). Mais uma vez, a variação de α_E na gama $0.02 - 0.10$, por exemplo, não provoca qualquer mexida nestes resultados.

A maior flexibilidade conseguida com a adição de termos múltiplos, ao implicar comparações entre um número maior de modelos, conduziu à selecção de um modelo distinto do anterior, como acontece em geral. Quanto mais variações se introduzirem no esquema *stepwise* maior será certamente o número final de modelos seleccionados, o que nada tem de negativo atendendo à mecânica determinística destes procedimentos. Bem pelo contrário, é salutar encontrar uma variedade de modelos pelos resultados que se podem colher de uma então necessária análise comparativa.

Neste caso, os dois modelos obtidos por selecção progressiva diferem sobretudo ao nível de interpretação. O modelo obtido por adição de termos múltiplos é o modelo obtido por selecção progressiva simples acrescido das interacções de segunda ordem, u^{ABD} e u^{ACD}, com a decorrente complicação interpretativa das associações parciais envolvidas. Como o teste Q_V condicional de ausência desses termos conduz ao resultado Q_V cond. $= 3.04 - 1.48 = 1.56$ ($P \simeq 0.46$ para 2 g.l.), torna-se claro que os requisitos de qualidade de ajuste e de simplicidade apontam para a selecção do modelo de primeira ordem completo.

Considere-se agora o processo de eliminação regressiva a partir do modelo com todos os termos de primeira ordem, tomando $\alpha_R = 0.05$, cujos resultados se expõem na Tabela 9.28.

Tabela 9.28: Selecção regressiva para o problema da aterosclerose coronariana

Passo	Modelo	Q_V	GL	P	Q_V condicional	GL	P
Inicial	$(AB, AC, AD, BC, BD, CD)^*$	3.04	5	0.695	–		
1	(AB, AC, AD, BD, CD)	9.12	6	0.167	6.08	1	0.0136
	(AB, AC, AD, BC, BD)	15.23	6	0.019	12.20	1	0.0005
	(AB, AD, BC, BD, CD)	15.76	6	0.015	12.72	1	0.0004
	(AC, AD, BC, BD, CD)	23.56	6	0.001	20.52	1	0.0000
	(AB, AC, AD, BC, CD)	34.57	6	0.000	31.53	1	0.0000
	(AB, AC, BC, BD, CD)	102.29	6	0.000	99.25	1	0.0000

A saída de qualquer termo simples provoca um aumento significativo de Q_V (P sempre inferior a 2%), pelo que o processo pára logo no primeiro passo. Sendo assim, este método *stepwise* concorda em termos de resultado final com o de selecção progressiva, circunstância que é, diga-se em abono da verdade, mais excepção que regra. Aliás, basta que se tome aqui $\alpha_R = 0.01$ para que u^{BC} seja removido do modelo no primeiro passo, terminando o processo no modelo daí resultante, (AB, AC, AD, BD, CD).

Se o ponto de vista clínico neste problema reservar às variáveis sexo, idade e hipertensão arterial um papel de factores de risco, cujo efeito na doença se deseja averiguar, tem todo o cabimento considerar como fixos os totais marginais (A, B, C). No cenário Produto de Multinomiais admitido, os modelos log-lineares relevantes

9. ANÁLISE DE MODELOS LOG-LINEARES

incluem todos o termo u^{ABC} e, neste sentido, é conveniente que no processo *stepwise* este termo seja forçado a entrar no modelo inicial e impedido permanentemente de sair. Vejam-se então as implicações desta nova atitude.

O modelo inicial da selecção progressiva simples passa a ser (ABC, D), para o qual $Q_V = 132.77$ com sete graus de liberdade e, deste modo, há apenas três candidatos $(u^{AD}, u^{BD}$ e $u^{CD})$ para entrada no primeiro passo dos quais o eleito é u^{AD}. No segundo passo, entre os termos simples u^{BD} e u^{CD} o escolhido é u^{BD}, e no terceiro passo entra u^{CD} que se afigura mais significativo que o seu único concorrente que é u^{ABD}. O modelo corrente, (ABC, AD, BD, CD), não consegue ser mais modificado pois os termos candidatos à entrada no quarto passo (as três restantes interacções de segunda ordem) são todos não significativos $(P > 0.26)$.

De modo análogo, a selecção regressiva simples começa com o modelo inicial modificado (ABC, AD, BD, CD), para o qual $Q_V = 3.04$ $(P \simeq 0.55$ para 4 g.l.$)$, e termina com ele já que os três candidatos à saída provocam acréscimos fortemente significativos $(P \simeq 0.00)$. Neste caso, verifica-se assim que a imposição do termo u^{ABC} não acarreta quaisquer outras alterações no modelo escolhido, por selecção progressiva ou regressiva. Recorde-se que é este modelo – e não o modelo completo de primeira ordem – o tradutor fiel do modelo linear que traduz a aditividade dos efeitos dos três factores de risco nos logitos da resposta.

Neste contexto em que o propósito de encarar as três primeiras variáveis como explicativas reduz consideravelmente os modelos log-lineares de interesse aos modelos lineares nos logitos da resposta, a escolha passo a passo de um destes modelos pode alternativamente fazer uso dos métodos de regressão (logística) *stepwise*. A aplicação do procedimento misto de selecção progressiva com eliminação regressiva a partir do modelo de logitos constantes (equivalente ao modelo log-linear (ABC, D)), gera de novo o modelo de regressão logística com todos os factores e sem interacção entre eles.

9.6.3 Avaliação dos modelos seleccionados

Uma vez seleccionado um conjunto de vários modelos, é necessário compará-los na base da qualidade de ajustamento global e parcelar, parcimónia, interpretabilidade e adequação aos fins em vista.

A avaliação do grau de ajustamento dos modelos na fase de selecção foi efectuada com base numa dada estatística de ajustamento (normalmente Q_V) e no número associado de graus de liberdade, através de uma medida sumária que é o nível crítico do respectivo teste. Passada essa fase, os critérios mais aplicados de aferição do ajustamento global usam medidas descritivas que sumariam a capacidade explicativa dos modelos, contemplando ou não o seu tamanho, sem referência a resultados dependentes da dimensão dos dados como é o caso do nível crítico dos testes de ajustamento.

De entre as medidas mais comuns que se descreverá sucintamente, a primeira medida é análoga ao coeficiente R^2 de determinação múltipla que mede a proporção de variação total explicada por um modelo de regressão (relativamente ao modelo contendo apenas a ordenada na origem). Escolhendo a estatística Q_V para desempenhar o papel da soma de quadrados dos erros em Regressão e tomando como referência o modelo, H_I, de independência completa (observe-se que este modelo implica sempre logitos constantes para qualquer variável), a medida da proporção total explicada pelo modelo log-linear H é definida por

$$R^2(H) = \frac{Q_V(H_I) - Q_V(H)}{Q_V(H_I)}. \tag{9.79}$$

Tal como acontece para a correspondente medida R^2 de Análise de Regressão, $R^2(H) \in [0, 1]$ aproxima-se sempre de 1 (o valor para o modelo saturado) à medida que o tamanho do modelo aumenta. Adoptando o mesmo factor correctivo para penalização do tamanho dos modelos de regressão, a medida R^2 ajustada fica expressa por

$$R_a^2(H) = 1 - [1 - R^2(H)]\nu(H_I)/\nu(H), \tag{9.80}$$

onde $\nu(\cdot)$ denota o número de graus de liberdade (diferença entre o número de celas da tabela e o número de parâmetros log-lineares). Como o maior valor de R_a^2 ocorre para o modelo H com o menor valor de $Q_V(H)/\nu(H)$, fica claro como esta medida é um compromisso entre o grau de aderência global e o grau de parcimónia de cada modelo.

Uma outra medida de compromisso entre esses dois requisitos resulta da utilização do critério de informação de Akaike que, para um modelo H parametrizado por $\boldsymbol{\beta}$ de dimensionalidade p, pode ser definido por

$$AIC(H) = -2[\ln L(\widehat{\boldsymbol{\beta}}; \mathbf{n}) - p],$$

onde $L(\widehat{\boldsymbol{\beta}}, \mathbf{n})$ é a verosimilhança maximizada (em $\widehat{\boldsymbol{\beta}}$). Subtraindo a esta quantidade o AIC relativo ao modelo saturado obtém-se o que se apelida de medida de informação de Akaike. Para mais detalhes veja-se, *e.g.*, Read & Cressie (1988, Cap. 8) ou as referências aí explicitadas. Nos cenários probabilísticos com que se lida neste texto, a medida de informação de Akaike do modelo log-linear H para uma tabela de c celas é

$$\begin{aligned} A(H) &= -2[\ln L(\boldsymbol{\mu}(\widehat{\boldsymbol{\beta}}); \mathbf{n}) - p] + 2[\ln L(\mathbf{n}; \mathbf{n}) - (c - 1)] \\ &= Q_V(H) - 2\nu(H), \end{aligned} \tag{9.81}$$

evidenciando a penalização que sofre um modelo menos parco (*i.e.*, com menos graus de liberdade) na procura do modelo com menor $A(H)$, o melhor modelo segundo este critério.

A substituição em $A(H)$ de $Q_V(H)$ por quaisquer outras medidas sumárias de ajustamento gera critérios alternativos, embora análogos, de comparação de modelos. Obviamente que o melhor modelo segundo um dado critério de avaliação combinada do ajuste e parcimónia não é necessariamente nem o melhor sob outro critério nem o modelo que deve ser seleccionado se se tomar também em conta os requisitos de simplicidade interpretativa e de adequação aos objectivos.

Exemplo 9.12 (continuação): Para fins ilustrativos, considere-se a avaliação dos modelos que foram seleccionados por aplicação dos vários procedimentos *stepwise* descritos na análise anterior do problema da aterosclerose coronariana, e que constam da Tabela 9.29 na qual se acrescenta o reconhecidamente mau modelo de independência completa como referência.

9. ANÁLISE DE MODELOS LOG-LINEARES

Tabela 9.29: Avaliação comparativa de vários modelos seleccionados

Modelo H	$Q_V(H)$	$\nu(H)$	$P(H)$	$A(H)$	$R_a^2(H)$	$R^2(H)$
(AB, AC, AD, BC, BD, CD)	3.04	5	0.695	-6.96	0.959	0.981
(ABD, ACD, BC)	1.48	3	0.690	-4.52	0.967	0.991
(AB, AC, AD, BD, CD)	9.12	6	0.167	-2.88	0.897	0.944
(ABC, AD, BD, CD)	3.04	4	0.550	-4.96	0.949	0.981
(A, B, C, D)	162.89	11	0.000	$+140.89$	0.000	0.000

Os resultados desta tabela evidenciam que o modelo que for seleccionado em termos do nível crítico do teste de ajustamento e do papel assimétrico reservado às variáveis por certos objectivos clínicos não é o melhor na classe considerada sob qualquer critério avaliativo aplicado. Efectivamente, o modelo (ABC, AD, BD, CD) é o segundo melhor em termos dos critérios A e R^2 e o terceiro melhor em termos de R_a^2.

A qualidade de ajustamento de um modelo não deve confinar-se aos resumos que as estatísticas de ajustamento constituem. Particularmente em tabelas multidimensionais, estas medidas podem indicar uma aderência global aceitável e, no entanto, haver discrepâncias relativamente grandes em algumas celas. A inspecção do padrão de (des)ajustamentos por cela, ao revelar as "causas" de um má aderência global ou, em todo o caso, a presença de celas mal ajustadas ou desproporcionadamente influentes no ajuste, pode então sugerir novos modelos que acabam por revelar uma qualidade superior de ajustamento.

As discrepâncias nas c celas de uma tabela entre os dados e um determinado modelo, os chamados **resíduos**, são um confronto em alguma escala entre as frequências observadas, $\{n_i\}$, e as frequências esperadas preditas por esse modelo, $\{\widehat{\mu}_i\}$. A escala é normalmente aquela que está embutida na própria estatística de ajustamento preferida e, sendo assim, pode-se considerar entre outros os resíduos de Pearson

$$e_i = (n_i - \widehat{\mu}_i)/\sqrt{\widehat{\mu}_i}, \ i = 1, \ldots, c, \tag{9.82}$$

ou os seus quadrados, que são as componentes da estatística Q_P e, numa óptica análoga, as componentes $\varepsilon_i = 2n_i \ln(n_i/\widehat{\mu}_i)$ da estatística Q_V.

Outros resíduos razoavelmente utilizados são as raízes quadradas das componentes da por vezes apelidada estatística de Freeman-Tukey modificada, *i.e.*,

$$e_i = \sqrt{n_i} + \sqrt{n_i + 1} - \sqrt{4\widehat{\mu}_i + 1}, \ i = 1, \ldots, c, \tag{9.83}$$

motivados pela aproximação (para μ_i grande) da distribuição da variável aleatória $\sqrt{n_i} + \sqrt{n_i + 1}$ por uma distribuição $N(\sqrt{4\mu_i + 1}, 1)$ no cenário poissoniano. Para detalhes, o leitor pode consultar Freeman & Tukey (1950). Como para os resíduos de Pearson e de Freeman-Tukey, $\sum_{i=1}^{c} e_i^2$ possui sob o modelo um valor esperado assintótico dado pelo número de graus de liberdade, conclui-se que a média dos valores esperados aproximados das c quantidades residuais e_i^2 nunca é superior a 1, o que dá uma ideia sobre a ordem de grandeza desses resíduos.

A expressão dos resíduos de Pearson denotados por $\{e_i\}$ e o facto de as variáveis aleatórias $\{n_i - \mu_i/\sqrt{\mu_i}\}$ terem variância unitária podem sugerir que tais resíduos são padronizados como, aliás, são qualificados genericamente na literatura. A identidade do comportamento assintótico de $\{e_i\}$ e de $\{n_i - \widehat{\mu}_i/\sqrt{\mu_i}\}$ e a estimação das frequências esperadas através de $\{n_i\}$, implicando que $\{n_i - \widehat{\mu}_i\}$ tendem a ser menores que $\{n_i - \mu_i\}$, são argumentos que em conjunto permitem compreender que a variância assintótica dos resíduos de Pearson deve ser inferior (ou igual) a 1 e, assim, a duvidar do seu carácter padronizado segundo a acepção habitual que este termo tem em Estatística.

À guisa de confirmação, pode demonstrar-se (Exercício 9.34) que o vector dos resíduos de Pearson $\mathbf{e} = \mathbf{D}_{\widehat{\mu}}^{-1/2}(\mathbf{n} - \widehat{\mu})$, para o modelo log-linear $\ln \mu = \mathbf{Z}\alpha$ em qualquer dos cenários probabilísticos usuais, possui assintoticamente a distribuição $N(\mathbf{0}, \mathbf{V})$ cuja matriz de covariâncias é a matriz simétrica e idempotente

$$\mathbf{V} = \mathbf{I} - \mathbf{D}_{\pi^*}^{1/2}\mathbf{P_Z} D_{\pi^*}^{-1/2} \equiv \mathbf{I} - \mathbf{H} \tag{9.84}$$

onde $\pi^* = \mu/N$ e $\mathbf{P_Z} = \mathbf{Z}(\mathbf{Z}'D_{\pi^*}\mathbf{Z})^{-1}\mathbf{Z}'D_{\pi^*}$.

Nos modelos log-lineares admitindo estimativas MV em forma fechada é possível exprimir convenientemente a matriz $\mathbf{P_Z}$ de modo a ficarem explicitados os elementos de $\mathbf{V}$ e, consequentemente, as variâncias assintóticas dos resíduos de Pearson [vide Haberman (1974, Cap. 5 pp. 208-212)].

Deste modo, tomando $\boldsymbol{\delta}_i$ como o elemento da base canónica de $I\!\!R^c$ tendo o 1 na i-ésima posição, vem

$$\text{Var}(e_i) \equiv \text{Var}(\boldsymbol{\delta}_i'\mathbf{e}) = 1 - h_{ii} \leq 1$$

com $h_{ii} = (\mathbf{H}'\boldsymbol{\delta}_i)^2$. A padronização correcta é assim obtida através dos chamados **resíduos ajustados** (acepção devida a Haberman (1973a),

$$e_i^* = n_i - \widehat{\mu}_i/\sqrt{\widehat{\mu}_i(1 - \widehat{h}_{ii})}, \quad i = 1, \dots, c, \tag{9.85}$$

onde $\{\widehat{h}_{ii}\}$ são os elementos diagonais da matriz obtida de H por substituição de μ pelas frequências esperadas estimadas sob o modelo em questão. À semelhança do que ocorre em Análise de Regressão, estes resíduos juntamente com outras estatísticas são instrumentos usados na verificação de suposições inerentes ao modelo e no diagnóstico de observações invulgarmente influentes no ajuste do modelo. O leitor interessado em tais aspectos pode encontrar detalhes em Christensen (1990, Cap. IV.9, Cap. VI.7), e em Hosmer & Lemeshow (1989, Cap. 5).

Exemplo 9.12 (conclusão): Optando por seleccionar o modelo logístico aditivo definido por (ABC, AD, BD, CD) na base dos objectivos clínicos de averiguação do efeito na lesão arterial obstrutiva das restantes variáveis, a correspondente inspecção residual retratada na Tabela 9.30 não evidencia sinais de significativos desajustamentos individuais nas celas.

9. ANÁLISE DE MODELOS LOG-LINEARES

Tabela 9.30: Resíduos de Pearson/ajustados (e de Freeman-Tukey) para o modelo logístico aditivo

Sexo	Idade	Hipertensão	Lesão arterial $< 50\%$	$\geq 50\%$
F	< 55	Não	$-0.55/-1.16$	$0.86/1.16$
			(-0.51)	(0.87)
		Sim	$-0.15/-0.30$	$0.20/0.30$
			(-0.12)	(0.24)
	≥ 55	Não	$0.11/0.21$	$-0.12/-0.21$
			(0.14)	(-0.08)
		Sim	$0.37/0.81$	$-0.33/-0.81$
			(0.39)	(-0.31)
M	< 55	Não	$-0.08/-0.16$	$0.07/0.16$
			(-0.05)	(0.09)
		Sim	$0.61/1.13$	$-0.42/-1.13$
			(0.62)	(-0.40)
	≥ 55	Não	$0.38/0.71$	$-0.23/-0.71$
			(0.40)	(-0.21)
		Sim	$-0.85/-1.61$	$0.42/1.61$
			(-0.84)	(0.43)

Efectivamente, os resíduos de Pearson e de Freeman-Tukey são todos inferiores a 0.9 enquanto que o valor absoluto máximo dos resíduos ajustados é da ordem de 1.6. Note-se que, por força das equações de verosimilhança $\{\widehat{\mu}_{ijk\cdot} = n_{ijk\cdot}\}$, implicando

$$\{n_{ijk1} - \widehat{\mu}_{ijk1} = -(n_{ijk2} - \widehat{\mu}_{ijk2})\},$$

os resíduos ajustados para cada (i,j,k) são iguais em valor absoluto. Atendendo à sua distribuição assintótica sob o modelo, conclui-se desses resíduos não haver indicações de falta de ajustamento em qualquer das celas e, desse modo, o modelo parece ajustar-se satisfatoriamente aos dados.

A Tabela 9.31 indica resultados da estimação do modelo em questão formulada através dos logitos por

$$L_{ijk} \equiv \ln \frac{\theta_{ijk1}}{\theta_{ijk2}} = \lambda + \alpha_i + \beta_j + \gamma_k, \quad i,j,k = 1,2,$$

onde $\alpha_2 = \beta_2 = \gamma_2 = 0$ (o índice 2 rotula sexo masculino, idade ≥ 55, presença de hipertensão arterial e lesão obstrutiva $\geq 50\%$ nas respectivas variáveis).

Tabela 9.31: Estimativas e erros padrões do modelo logístico de efeitos principais

Parâmetro	λ	α_1	β_1	γ_1
Estimativa	-1.402	1.231	0.673	0.409
Erro padrão	0.104	0.126	0.120	0.117

Com base neles (atente-se a que eles se reportam à formulação em termos de uma subpopulação de referência) pode-se afirmar que a chance estimada de $LO <$ 50% contra $LO \geq$ 50% é, em qualquer caso de forma independente das restantes covariáveis:

- $e^{\widehat{\alpha}_1} = 3.43$ vezes maior para mulheres do que para homens, com intervalo de confiança aproximado a 95% para a respectiva RPC (2.68, 4.38);

- $e^{\widehat{\beta}_1} = 1.96$ vezes maior para um indivíduo de menos de 55 anos do que para um com idade ≥ 55 anos, sendo a respectiva RPC estimada intervalarmente a 95% por (1.55, 2.48);

- $e^{\widehat{\gamma}_1} = 1.51$ vezes maior em caso de ausência de hipertensão arterial do que em caso de presença, com a respectiva RPC estimada pelo intervalo de confiança aproximado a 95% (1.20, 1.89).

Na Tabela 9.32 registam-se proporções preditas (e seus erros padrões aproximados) pelo modelo em cada uma das oito subpopulações.

Tabela 9.32: Proporções com lesão < 50% em cada subpopulação preditas pelos modelos saturado e logístico aditivo (e seus erros padrões).

Sexo	Idade	Hipertensão	Proporção observada	(Erro padrão)	Proporção predita	(Erro padrão)
F	< 55	Não	0.646	(0.069)	0.713	(0.031)
		Sim	0.609	(0.059)	0.623	(0.033)
	≥ 55	Não	0.567	(0.050)	0.559	(0.033)
		Sim	0.475	(0.035)	0.457	(0.028)
M	< 55	Não	0.417	(0.036)	0.421	(0.027)
		Sim	0.350	(0.034)	0.325	(0.025)
	≥ 55	Não	0.282	(0.028)	0.270	(0.021)
		Sim	0.178	(0.020)	0.197	(0.016)

$\blacksquare$

9.7 Notas de Capítulo

9.1: Os modelos log-lineares que admitem estimativas MV em forma fechada (denominados **modelos decomponíveis** ou **modelos multiplicativos** são discutidos, nomeadamente, em Haberman (1974, Cap. 5) e Sundberg (1975), e integrados numa subclasse de modelos hierárquicos mais vasta (dos chamados **modelos gráficos** por Darroch, Lauritzen & Speed (1980). Christensen (1990, Cap. IV) oferece um resumo descritivo desses modelos. Regras que proporcionam a detecção de modelos que admitem estimação directa podem ser vistas em Bishop et al. (1975, Sec. 3.4) e Haberman (1974, Cap. 5). Um estudo elementar dos modelos gráficos pode ser encontrado em Edwards (1995), e para a sua fundamentação teórica, Whittaker (1990) e/ou Lauritzen (1996) constituem referências pertinentes.

9. ANÁLISE DE MODELOS LOG-LINEARES

9.2: A **padronização** (*standardization*) de uma tabela de contingência é um processo de ajustamento das frequências das celas de modo a respeitar padrões fixados (hipotéticos ou realistas) para as margens mantendo a estrutura de associação da tabela. Este processo, de utilidade para efeitos de classificação do padrão de associação observada e de comparação de tabelas com padrões marginais distintos, é comumente efectuado através do algoritmo de ajustamento proporcional iterativo. Este método é iniciado com o vector de frequências observadas ao qual se ajustam sucessivamente as frequências marginais fixadas, o que garante a consecução dos objectivos de padronização. Para mais detalhes sobre este tópico veja-se Bishop et al. (1975, Sec. 3.6), Fleiss (1981, Cap. 14) e Imrey, Koch & Stokes (1981).

9.8 Exercícios

9.1: Do estudo dos casos de SIDA referido no Exemplo 1.8 tomaram-se as variáveis indicadoras do tipo de vírus VIH (binária) e do grupo de transmissão nos níveis Homobissexual (HOBI), Toxicodependente (TOXI), Transfundido (TRAN) e Heterossexual (HETE). A correspondente tabela de contingência observada foi a seguinte:

Vírus	Grupo de transmissão			
	HOBI	TOXI	TRAN	HETE
VIH 1	697	623	39	474
VIH 2	7	4	35	105

Analise a associação entre as variáveis.

9.2: Considere no cenário do Exemplo 3.1 a subtabela de frequências $\bar{\mathbf{n}}$ formada pelas primeiras duas linhas e duas colunas, entendida como sendo gerada do modelo condicional à subamostra dos eleitores não indecisos em qualquer das sondagens.

a) Mostre que $\bar{\mathbf{n}}$ tem uma distribuição Multinomial de parâmetros $m = 341$ e $\boldsymbol{\pi} = (\pi_{ij})$ com $\pi_{ij} = \theta_{ij} / \sum_{k,l=1}^{2} \theta_{kl}$, $i, j = 1, 2$.

b) Considere, dentro da subpopulação de eleitores que manifestam intenção de votar em A ou B, o modelo estrutural H que indica a igualdade das probabilidades de mudança de intenção de voto condicionais à intenção de voto expressa na primeira sondagem.

Mostre que tal modelo é definido pelas condições equivalentes

i) $\pi_{12}/\pi_{21} = \pi_{1.}/\pi_{2.}$;   ii) $\pi_{11}\pi_{21} = \pi_{12}\pi_{22}$

e explique em que medida ele exprime uma condição de:

- simetria relativa;

- homogeneidade (ou de independência).

c) Teste o ajuste desse modelo não linear através de algum dos métodos descritos no Capítulo 7.

330 9.8 EXERCÍCIOS

9.3: Numa determinada empresa pretendia-se saber se a incidência de avarias em cada máquina dependia de cada turno, por motivo de factores possivelmente peculiares a cada um (operadores inexperientes, etc.). Para o efeito, contou-se o número de avarias ocorridas durante um trimestre em cada uma das quatro máquinas e em cada um dos três turnos diários, com os resultados a seguir indicados (Bowker & Lieberman 1972):

	Máquina			
Turno	A	B	C	D
1	10	6	12	13
2	10	12	19	21
3	13	10	13	18

Admita que as frequências observadas $\{n_{ij}\}$ possam ter sido geradas por processos de Poisson independentes com taxas mensais $\{\lambda_{ij}\}$.

a) Descreva detalhadamente um procedimento que lhe permita responder se há indícios de que as taxas mensais de avarias por turno em cada máquina, nomeadamente, $\{\lambda_{ij}/\lambda_{i\cdot}, i = 1,2,3, j = 1,2,3,4\}$ não dependem do turno.

b) Admitindo como válida a estrutura definida pela conjectura anterior, teste a hipótese de as distribuições do número de avarias em cada máquina serem idênticas para todos os turnos.

c) Com base no número de avarias nos diversos turnos, construa, discuta e aplique um teste que permita averiguar se as taxas mensais globais de avarias em cada turno não variam com este.

9.4: Considere uma tabela genérica de c celas com vector $\mathbf{n}$ de frequências descrito pelo modelo Produto de distribuições de Poisson. Face à selecção de um modelo log-linear p-dimensional, H_1, na base da evidência fornecida pelos dados, pretende-se testar o ajuste de um novo modelo log-linear H_2, encaixado em H_1 tal que $\mathbf{1}_c \in H_2$, de dimensão $q < p < c$.

a) Sendo P_{H_1} o projector ortogonal de $\mathbb{R}^c$ em H_1, mostre que $P_{H_1}\mathbf{n}$ é uma estatística suficiente mínima para $\ln\boldsymbol{\mu}$ sob H_1, tal que $P_{H_1}\mathbf{n} = P_{H_1}\widehat{\boldsymbol{\mu}}$, onde $\widehat{\boldsymbol{\mu}}$ é o estimador MV (que se supõe existir) de $\boldsymbol{\mu}$ restrito a H_1 (Haberman 1973b).

(Sugestão: Sem necessidade de explicitar qualquer matriz geradora de H_1, use propriedades do projector mencionado e exprima em termos dele as equações de verosimilhança derivadas.)

b) Com base em a) mostre que a estatística condicional da razão de verosimilhanças de Wilks é

$$Q_V(H_2|H_1) = 2\widehat{\boldsymbol{\mu}}'(\ln\widehat{\boldsymbol{\mu}} - \ln\widetilde{\boldsymbol{\mu}})$$

onde $\widetilde{\boldsymbol{\mu}}$ é o estimador MV restrito a H_2 de $\boldsymbol{\mu}$ (suposto existente) e compare-a com a sua contrapartida no cenário Multinomial em termos algébricos e assintoticamente distribucionais sob H_2.

9. ANÁLISE DE MODELOS LOG-LINEARES

c) Admita que $H_1 : \ln \boldsymbol{\mu} = \mathbf{1}_c u + \mathbf{X}\boldsymbol{\beta}$ e que H_2 é a junção de H_1 com a condição $\mathbf{C}\boldsymbol{\beta} = \mathbf{0}$, onde $\mathbf{C}$ é uma matriz $a \times (p-1)$ de característica $a \leq p-1$ $(q = p-a)$. Exprima o estimador MV de $\boldsymbol{\beta}$ sob H_1 em termos de $\widehat{\boldsymbol{\mu}}$ e comprove que o teste de Wald para o ajuste condicional de H_2 dado H_1 é equivalente algebrica e assintoticamente ao respectivo teste no contexto Multinomial.

d) No contexto de c), considere o particionamento $\mathbf{X} = (\mathbf{X}_R, \mathbf{X}_E)$ com $r(\mathbf{X}) \equiv p-1 = r(\mathbf{X}_R) + r(\mathbf{X}_E)$ e $r(\mathbf{X}_E) = a$, associado a $\boldsymbol{\beta} = (\boldsymbol{\beta}_R', \boldsymbol{\beta}_E')'$ com $\boldsymbol{\beta}_E = \mathbf{C}\boldsymbol{\beta}$. Mostre que a estatística condicional de Rao pode ser expressa por

$$Q_R(H_2|H_1) = (\mathbf{n} - \widetilde{\boldsymbol{\mu}})'\mathbf{X}_E$$
$$\left\{ \mathbf{X}_E'[\mathbf{D}_{\widetilde{\boldsymbol{\mu}}} - \mathbf{D}_{\widetilde{\boldsymbol{\mu}}}\mathbf{Z}(\mathbf{Z}'\mathbf{D}_{\widetilde{\boldsymbol{\mu}}}\mathbf{Z})^{-1} \, \mathbf{Z}'\mathbf{D}_{\widetilde{\boldsymbol{\mu}}}]\mathbf{X}_E \right\}^{-1} \mathbf{X}_E'(\mathbf{n} - \widetilde{\boldsymbol{\mu}})$$

ou por uma expressão semelhante com $\mathbf{n} - \widetilde{\boldsymbol{\mu}}$ substituído por $\widehat{\boldsymbol{\mu}} - \widetilde{\boldsymbol{\mu}}$.

e) Comprove que a estatística Q_R acima é de facto algebricamente equivalente à correspondente estatística para o cenário Multinomial definida por (9.14), que deve derivar, e mostre que esta ainda pode ser reexpressa por

$$Q_R(H_2|H_1) = (\overline{\mathbf{n}} - \widetilde{\overline{\boldsymbol{\mu}}})'\mathbf{A}\mathbf{X}_E$$
$$\left\{ \mathbf{X}_E'\mathbf{A}'[\widetilde{\mathbf{W}}^{-1} - \widetilde{\mathbf{W}}^{-1}\mathbf{A}\mathbf{X}_R(\mathbf{X}_R'\mathbf{A}'\widetilde{\mathbf{W}}^{-1}\mathbf{A}\mathbf{X}_R)^{-1}\mathbf{X}_R'\mathbf{A}'\widetilde{\mathbf{W}}^{-1}]\mathbf{A}\mathbf{X}_E \right\}^{-1}$$
$$\mathbf{X}_E'\mathbf{A}'(\overline{\mathbf{n}} - \widetilde{\overline{\boldsymbol{\mu}}})$$

onde $\overline{\mathbf{n}}(\widetilde{\overline{\boldsymbol{\mu}}})$ representa o vector $\mathbf{n}(\widetilde{\boldsymbol{\mu}})$ truncado da última componente, $\mathbf{A} = (\mathbf{I}_{c-1}, -\mathbf{1}_{c-1})$ e $\widetilde{\mathbf{W}} = \mathbf{A}\mathbf{D}_{\widetilde{\boldsymbol{\mu}}}^{-1}\mathbf{A}'$.

(Sugestão: Mostre que $\widetilde{\mathbf{W}}$ é a inversa da matriz de covariâncias de $\overline{\mathbf{n}}$.)

9.5: Seja $\mathbf{n} = (n_i, i = 1, \dots, c)'$ um vector de contagens relativas à ocorrência de algum acontecimento e obtidas de populações expostas ao risco com tamanhos conhecidos N_i, $i = 1, \dots, c$ (organizados no vector $\mathbf{N}$). Admita-se para $\mathbf{n}$ o modelo Produto de distribuições Poisson com vector de médias $\boldsymbol{\mu} = \mathbf{D_N}\boldsymbol{\lambda}$, onde $\boldsymbol{\lambda}$ é o vector das taxas esperadas de ocorrência do acontecimento em causa. Suponha que a modelação dos efeitos das populações nas taxas é feita através do modelo log-linear

$$H : \boldsymbol{\mu} = \mathbf{D_N}\exp\,(\mathbf{Z}\boldsymbol{\alpha})$$

onde $\mathbf{Z}$ é uma matriz $c \times p$ de característica $p \leq c$.

a) Prove que a função *score* e a medida de informação de Fisher sob H são dados por
$$\mathbf{U}(\boldsymbol{\alpha}) = \mathbf{Z}'[\mathbf{n} - \boldsymbol{\mu}(\boldsymbol{\alpha})], \quad \mathbf{I}(\boldsymbol{\alpha}) = \mathbf{Z}'\mathbf{D}_{\mu(\alpha)}\mathbf{Z}$$

b) Mostre que o algoritmo de Newton-Raphson para a determinação da estimativa MV de $\boldsymbol{\alpha}$ pode ser posto na forma
$$\boldsymbol{\alpha}^{(q+1)} = (\mathbf{Z}'\mathbf{D}_{\mu^{(q)}}\mathbf{Z})^{-1}\mathbf{Z}'\mathbf{D}_{\mu^{(q)}}\{\ln\,(\mathbf{D_N}^{-1}\boldsymbol{\mu}^{(q)}) + \mathbf{D}_{\mu^{(q)}}^{-1}(\mathbf{n} - \boldsymbol{\mu}^{(q)})\}$$

onde $\boldsymbol{\mu}^{(q)} = \boldsymbol{\mu}(\boldsymbol{\alpha}^{(q)})$.

332 9.8 EXERCÍCIOS

c) Suponha agora que as c subpopulações são determinadas pelo cruzamento dos níveis de duas variáveis em número de I e J, respectivamente, e que H representa a ausência de interacção entre elas nos seus efeitos nas taxas esperadas. Defina como aplicar o algoritmo de ajustamento proporcional iterativo para a obtenção da estimativa MV de $\boldsymbol{\mu}$.

9.6: Considere os dados do estudo dos novos casos de melanoma referido no Exemplo 1.12. Admita que as 12 observações de novos casos são modeladas por distribuições Poisson independentes com médias $\{\mu_{ij}\}$ e taxas de incidência da doença $\{\lambda_{ij} = \mu_{ij}/N_{ij}\}$, onde $\{N_{ij}\}$ são os valores (considerados fixos) registados entre parênteses na tabela. Considere o modelo que traduz a homogeneidade com os grupos etários da razão das taxas de incidência entre as duas regiões.

a) Formule log-linearmente esse modelo usando a matriz de especificação relativa à parametrização de cela de referência (< 35, Norte), e obtenha a estimativa MV do vector de parâmetros log-lineares, bem como a correspondente estimativa dos seus desvios padrões assintóticos.

(Sugestão: use o Exercício 9.5.)

b) Teste o ajustamento do modelo e determine os valores preditos das taxas de incidência e dos dois tipos de riscos relativos, bem como os respectivos desvios padrões estimados.

c) Mostre que o modelo citado pode ser cabalmente definido pelas restrições

$$\mathbf{F}(\boldsymbol{\lambda}) \equiv \mathbf{C}\ln\boldsymbol{\lambda} = \mathbf{0}$$

onde $\boldsymbol{\lambda} = (\lambda_{ij})$ e $\mathbf{C} = [\mathbf{1}_5 \otimes \mathbf{a}', \mathbf{I}_5 \otimes \mathbf{b}']$, com $\mathbf{a} = -\mathbf{b} = (1 - 1)'$.

d) Aplique o teste de Wald para o ajuste do modelo.

9.7: Os dados do estudo de acuidade visual referido no Exemplo 9.2 relativos a 3242 trabalhadores do sexo masculino registam-se na seguinte tabela:

Acuidade no	Acuidade no olho esquerdo			
olho direito	1	2	3	4
1	821	112	85	35
2	116	494	145	27
3	72	151	583	87
4	43	34	106	331

Admitindo o cenário Multinomial:

a) Obtenha as expressões das estimativas MV dos parâmetros sob a estrutura de simetria condicional sem o uso da formulação log-linear e teste o ajustamento desse modelo.

9. ANÁLISE DE MODELOS LOG-LINEARES

b) Aplique um dos testes mais comuns da hipótese de identidade das distribuições marginais que seja especialmente vocacionado para alternativas de proporcionalidade entre as probabilidades de a visão no olho direito ser melhor e ser pior do que a do olho esquerdo. Compare o seu resultado com o obtido

i) pelo correspondente teste de Wald;

ii) no Exemplo 9.2.

c) Obtenha as estimativas MV das frequências esperadas sob cada um dos modelos de homogeneidade marginal e de quási-simetria e teste o seu ajustamento.

d) Considere a tabela presente como a parte relativa a homens de uma tabela tridimensional $4^2 \times 2$, onde a outra subtabela parcial referente a mulheres é a indicada no Exemplo 9.2 e admita o modelo Multinomial para o vector global de frequências. Teste a hipótese de homogeneidade com o sexo da distribuição conjunta do grau de acuidade nos dois olhos e diga se o resultado era previsível.

9.8: Considere uma tabela $I \times J$ definida por variáveis ordinais, a que se atribuem *scores* unitariamente espaçados $\{a_i\}$ e $\{b_j\}$, bem descrita pelo modelo estatístico Multinomial com estrutura de efeitos de linha.

a) Indique como testaria nesse cenário:

i) O modelo de associação linear por linear através dos critérios da razão de verosimilhanças de Wilks e de Wald;

ii) O modelo de independência através de regiões de confiança para as RPC locais logaritmizadas.

b) Suponha que, por aplicação dos procedimentos indicados em a) i), se afigura razoável admitir como válido o modelo de associação linear por linear. Derive nessa base o teste condicional do *score* eficiente de Rao para o ajuste do modelo de independência.

(Sugestão: Aplique (9.14).)

c) Aplique o teste derivado em b) ao problema dos defeitos de fibras têxteis (Exemplo 9.3).

9.9: Singer & Santos (1991) descrevem um estudo de dois fenómenos da fisiologia labiríntica do ouvido interno, o nistagmo (reflexo rítmico constituído por movimentos oculares) e a vertigem (sensação de desequilíbrio ou de rotação). A avaliação desses fenómenos, em sujeitos com diagnóstico otoneurológico normal, foi feita através da estimulação do labirinto por irrigação de cada um dos ouvidos.

Os resultados observados em 29 sujeitos, numa fase intermediária do processo de estimulação labiríntica por água quente, sobre a intensidade de cada um daqueles fenómenos, avaliada na escala ordinal ausente (A), fraca ou moderada (M) ou forte (F), foram os seguintes:

	Intensidade	Intensidade do nistagmo		
	da vertigem	A	M	F
Ouvido	A	1	1	0
Direito	M	2	5	4
	F	4	8	4
Ouvido	A	0	1	0
Esquerdo	M	3	5	4
	F	3	8	5

Faça uma análise da associação entre as variáveis em cada uma das duas tabelas.

9.10: Numa tabela $I \times J$ com ambas as variáveis ordinais com níveis quantitativos $\{a_i\}$ e $\{b_j\}$, considere a seguinte estrutura nos parâmetros do modelo Multinomial:

$$\ln \theta_{ij} = \lambda + u_i^A + u_j^B + \sum_{k=1}^{I-1} v_k^{AB}(a_i - \bar{a})^k(b_j - \bar{b})$$

para $i = 1, \ldots, I$, $j = 1, \ldots, J$, com $\sum_i u_i^A = \sum_j u_j^B = 0$.

a) Mostre que o sistema das equações de verosimilhança para esse modelo coincide com o do modelo de efeitos de linha. Será este resultado surpreendente?

b) Considere agora a redução desse modelo determinada pelas relações:

$$
\begin{aligned}
u_i^A &= v^A(a_i - \bar{a}), \quad i = 1, \ldots, I, \\
u_j^B &= v^B(b_j - \bar{b}), \quad j = 1, \ldots, J, \\
v_k^{AB} &= 0, \quad k \geq 2.
\end{aligned}
$$

Derive as equações de verosimilhança e o número de graus de liberdade associado.

9.11: Considere uma tabela I^2, com variáveis A e B, de frequências $\{n_{ij}\}$ com base nas quais se pretende ajustar algumas generalizações do modelo de simetria no cenário Multinomial.

a) Amplie a tabela com uma variável binária fictícia C de modo que as frequências (observadas e esperadas) correspondam na primeira camada às da tabela original e, na segunda camada, às frequências desta última obtidas por permutação das linhas por colunas.

   i) Mostre que o modelo H_{QS} de quási-simetria para a tabela original equivale ao modelo sem interacção de segunda ordem na tabela tridimensional criada.

   ii) Mostre como obter as estimativas MV das médias e os valores observados das estatísticas Q_V e Q_P de ajuste de H_{QS} através do ajuste do modelo (AB, AC, BC).

9. ANÁLISE DE MODELOS LOG-LINEARES

b) Considere agora o modelo H_{SC} de simetria condicional (9.38).

   i) Derive a expressão dos estimadores MV das médias usando essa formulação multiplicativa do modelo.

   ii) Deduza a fórmula da estatística de Wald para o teste de homogeneidade marginal condicionado em H_{SC}.

9.12: Considere o problema dos casos de SIDA retratado no Exemplo 1.8.

a) Há indícios de que o tempo de vida é independente do sexo para cada categoria de doença? Justifique.

b) Explore a introdução de ordinalidade no modelo nominal mais reduzido que se ajusta aos dados.

9.13: Do estudo dos casos de SIDA infectados com o VIH 1, aludido no Exemplo 1.8, extraiu-se a tabela definida pelo grupo etário (nos níveis 15 - 29, 30 - 49 e ≥ 50 anos), categoria de doença e tempo de vida, que se apresenta abaixo. Tente seleccionar um modelo ordinal capaz de descrever razoavelmente a estrutura da associação entre as variáveis sugerida pelos dados.

Grupo etário	Categoria de doença	Tempo de sobrevivência			
		< 1	$[1,2)$	$[2,3)$	≥ 3
15 - 29	PPC	26	7	4	37
	CAN	21	1	1	29
	TUB	40	13	8	132
	TOX	18	1	0	19
	ATUB	34	19	8	35
	APPC	18	7	2	12
	KAP	11	9	2	9
	OUT	54	13	2	42
30 - 49	PPC	68	18	8	59
	CAN	23	5	4	30
	TUB	47	16	7	126
	TOX	23	5	3	19
	ATUB	70	29	15	55
	APPC	62	16	7	31
	KAP	47	21	9	47
	OUT	106	17	7	57
≥ 50	PPC	13	5	2	8
	CAN	13	1	0	7
	TUB	9	1	0	10
	TOX	4	1	0	5
	ATUB	9	4	5	6
	APPC	16	5	1	2
	KAP	18	5	3	6
	OUT	48	7	2	13

9.14: Considere uma tabela $2 \times 2 \times K$ cujo vector de frequências se supõe descrito pelo modelo Multinomial de total N e parâmetro $\boldsymbol{\theta} = (\theta_{ijk})$ de componentes positivas com soma unitária.

a) Prove que o estimador MV irrestrito do vector ϕ dos logaritmos das K RPC parciais e da RPC marginal apresenta o comportamento assintótico

$$\sqrt{N}(\widehat{\phi} - \phi) \overset{a}{\sim} N_{K+1}(\mathbf{0}, \mathbf{V})$$

onde

$$\mathbf{V} = \begin{pmatrix} \boldsymbol{\alpha} & \alpha_{+} \mathbf{1}_{K} \\ \alpha_{+} \mathbf{1}'_{K} & \alpha_{+} \end{pmatrix}, \quad \alpha_{+} = \sum_{i,j} \theta_{ij\cdot}^{-1},$$

$$\boldsymbol{\alpha} = (\alpha_{k}, k = 1, \ldots, K)', \quad \alpha_{k} = \sum_{i,j} \theta_{ijk}^{-1}, \ k = 1, \ldots, K.$$

b) Derive, com base em a), uma estatística de Wald (e a sua distribuição nula assintótica) para o teste da hipótese definidora da desmontabilidade em X_3 da tabela. (Ducharme & Lepage 1986).

9.15: Considere os seguintes modelos log-lineares para uma tabela I^3 de frequências $\{n_{ijk}\}$ com distribuição Multinomial:

$$H_{QS1} : ln\theta_{ijk} = \lambda + u_i^A + u_i^B + u_k^C + u_{ij} + u_{ik} + u_{jk} + u_{ijk}$$
$$H_{QS2} : ln\theta_{ijk} = \lambda + u_i^A + u_i^B + u_k^C + u_{ij}^{AB} + u_{ik}^{AC} + u_{jk}^{BC} + u_{ijk}$$

onde os parâmetros indexados sem índices superiores são idênticos para todas as permutações dos seus índices inferiores, e se admite a verificação das restrições de identificabilidade. Construa uma tabela tetradimensional criando uma variável fictícia X_4 com seis categorias de tal modo que as celas têm frequências

$$\{n^*_{ijk1} = n_{ijk}, n^*_{ijk2} = n_{ikj}, n^*_{ijk3} = n_{jik}, n^*_{ijk4} = n_{jki},$$
$$n^*_{ijk5} = n_{kji}, n^*_{ijk6} = n_{kij}\}$$

(e analogamente para as médias).

a) Mostre que a estatística suficiente mínima para o modelo H_{QS1} pode ser definida pelo conjunto dos três totais marginais univariados acrescidos de $\{n_{ijk} + n_{ikj} + n_{jik} + n_{jki} + n_{kji} + n_{kij}\}$, e derive as equações de verosimilhança.

b) Mostre que as equações de verosimilhança para o modelo H_{QS2} são as do modelo sem interacção de segunda ordem acrescidas das equações

$$\widehat{\mu}_{ijk} + \widehat{\mu}_{ikj} + \widehat{\mu}_{jik} + \widehat{\mu}_{jki} + \widehat{\mu}_{kji} + \widehat{\mu}_{kij} =$$
$$n_{ijk} + n_{ikj} + n_{jik} + n_{jki} + n_{kji} + n_{kij}$$

9. ANÁLISE DE MODELOS LOG-LINEARES 337

c) Mostre como o ajustamento dos modelos supracitados se pode processar a partir do ajuste dos modelos tetradimensionais definidos, respectivamente, pelas restrições

$$u^{ABD} = u^{ACD} = u^{BCD} = 0 \quad \text{e} \quad u^{ABCD} = 0.$$

d) Determine os números de graus de liberdade da estatística Q_V dos testes de simetria marginal de segunda ordem e de homogeneidade marginal condicionais a H_{QS2} e a H_{QS1}, respectivamente.

e) No quadro da tabela tetradimensional acima, que modelo hierárquico produz as mesmas estimativas MV das frequências esperadas do modelo de simetria completa? Como se pode obter do ajustamento daquele o valor observado da estatística Q_V relativa à simetria completa?

9.16: Considere o problema da toxicodependência analisado no Exemplo 9.7 (Secção 9.3).

a) Teste o ajustamento de todos os modelos hierárquicos na tabela marginal definida por (B, C, D).

b) Obtenha as estimativas MV das frequências esperadas e dos parâmetros log-lineares relativos ao modelo sem interacção de segunda ordem (H_0) e compare com os valores indicados na Tabela 9.17.

c) Justifique a identidade encontrada relativamente à associação parcial C – D.

d) Teste em H_0 o anulamento do termo u^{CD} e compare o resultado com valores apropriados da Tabela 9.16.

9.17: Considere uma tabela tetradimensional sob o modelo Multinomial parametrizado log-linearmente.

a) Obtenha as estimativas MV das frequências esperadas sob os modelos definidos por (AB, AC, BD), (AB, CD), (AB, AC, D), (AB, C, D) e (A, B, C, D).

b) Mostre que a estatística Q_V de redução do modelo (AB, AC, BD) para o modelo (AB, C, D) é a soma de estatísticas relativas a dois testes marginais de independência.

c) Que pode concluir de b) relativamente à desmontabilidade da tabela com respeito às associações parciais $A - C$ e $B - D$.

9.18: Discuta a seguinte afirmação: "Testar a hipótese de independência condicional entre B e C no quadro do modelo tetradimensional (ABC, AD) equivale a testar o ajuste do modelo (AB, AC) na tabela marginal (A, B, C)."

9.19: Considere numa tabela $I \times J \times K \times L$ sob o modelo Multinomial a estrutura (AB, AC, BD).

338   9.8 EXERCÍCIOS

a) Verifique que a estimativa MV do vector de médias restrita a este modelo estatístico tem expressão em forma fechada e indique-a. Mostre ainda que ela pode ser obtida no fim do primeiro ciclo do algoritmo IPF quando iniciado com valores apropriados.

b) Diga se a tabela naquele cenário é desmontável em (A, C) relativamente à associação parcial entre B e D.

c) Concretize as expressões das estatísticas Q_V e Q_P do teste de anulamento de u^{BD} sob aquela estrutura. Que pode concluir delas?

9.20: Responda a questões análogas às do problema anterior considerando o modelo (AB, AC, D) e

a) a desmontabilidade em (B, D) relativamente às variáveis restantes e os testes condicionais de independência entre A e C;

b) a desmontabilidade em D relativamente aos termos de associação parcial entre A e B e entre A e C, e os testes condicionais de independência completa entre A, B e C.

9.21: Retome-se o problema de toxicodependência analisado no Exemplo 9.7.

a) No processo de passagem do modelo com todos os termos de primeira ordem e o modelo lá designado por H_2, tome-se o modelo intermédio $H_1 = (AC, AD, BC, BD, CD)$ e teste-se o seu ajustamento.

b) O teste condicional de H_2 no contexto de H_1 por uma estatística à sua escolha pode ser interpretado em dimensões inferiores? No caso afirmativo, como?

c) Averigue a interpretação simplificada dos testes Q_V e Q_P de anulamento simultâneo de u^{BC} e u^{CD} no modelo H_2. O uso da estatística Q_N condicional acarreta alguma alteração nesse aspecto?

9.22: Num estudo de comparação de dois grupos de condutores, um formado por condutores com conhecidas deficiências cardiovasculares e o outro sem problemas deste tipo (adiante designados, respectivamente, por casos e controlos), registou-se para cada condutor o número de violações (de regras) de trânsito no período de um ano, sendo depois categorizado dicotomicamente nos níveis ≥ 1 e 0. Cada condutor foi ainda classificado pela idade (em três categorias) e pelo sexo. Os dados resumidos estão expostos na tabela seguinte (Fuchs 1979):

9. ANÁLISE DE MODELOS LOG-LINEARES

			Número de violações (D)	
Idade (A)	Sexo (B)	Grupo (C)	≥ 1	0
	M	Casos	8	27
16–35	M	Controlos	94	275
	F	Casos	1	19
	F	Controlos	30	335
	M	Casos	40	245
36–55	M	Controlos	18	217
	F	Casos	3	65
	F	Controlos	11	219
	M	Casos	54	666
≥ 56	M	Controlos	15	173
	F	Casos	6	152
	F	Controlos	0	127

Um dos objectivos deste estudo era indagar a associação parcial entre o grupo de condutores e o cumprimento estrito das normas de trânsito, no sentido de saber se os condutores com deficiências cardiovasculares eram mais, ou menos, cumpridores dessas normas. Vários estatísticos foram chamados a pronunciar-se sobre esta questão.

- O Ursulino achou que o mais simples era analisar a tabela marginal (C, D) e conclui do intervalo de confiança (aproximado) a 95% para a RPC que os condutores com deficiências eram mais cumpridores do que os do grupo de controlo.

- A Virgulina, argumentando que as percentagens de condutores com deficiências e de condutores infractores podiam ser maiores entre os homens do que entre as mulheres, resolveu analisar a tabela marginal (B, C, D). Por um processo análogo obteve a mesma conclusão de Ursulino, ainda que a estratificação pelo sexo tivesse permitido concluir pela falta de uma associação significativa entre as variáveis de interesse nas mulheres.

- A Proculina decidiu, à semelhança da sua colega, analisar a tabela marginal (A, C, D) com o argumento de que os condutores mais idosos deveriam ser mais frequentes no grupo dos casos e no grupo dos não infractores. Usando um processo análogo, obteve uma conclusão contrária à dos seus colegas no sentido em que, em média, eram os condutores do grupo de controlo que se afiguravam mais cumpridores das normas de trânsito.

- Finalmente, o Cunobelino, achando relevantes os argumentos de Virgulina e Proculina, resolve analisar a tabela tetradimensional e conclui, por um processo análogo, que não há evidência significativa de diferenças entre os dois grupos em matéria de infracção/não infracção às normas de trânsito.

a) Analise os argumentos usados e verifique as conclusões obtidas pelos quatro estatísticos.

340 9.8 EXERCÍCIOS

b) Através de testes apropriados de associação marginal e associação parcial baseados na estatística da razão de verosimilhanças de Wilks e de testes baseados na estatística de Wald, mostre que há indícios de que quer a idade quer o sexo estão associados com ambas as variáveis de interesse.

c) Comente as conclusões diferenciadas obtidas pelos vários estatísticos e qual a conclusão que se afigura correcta à luz da informação contida nos dados observados.

d) Seleccione um modelo que consiga explicar adequadamente o efeito dos três factores na variável indicadora de infracção às normas de trânsito. Interprete-o sem esquecer os aspectos inferenciais por ele implicados.

9.23: Considere numa tabela pentadimensional os modelos log-lineares definidos na representação simbólica por $H_1 : (ACDE, BCDE)$, $H_2 : (ACD, BCDE)$, $H_3 : (AC, BCDE)$, $H_4 : (ACD, BCD, BCE, BDE)$.

a) Verifique se cada um desses modelos admite uma estimativa MV do vector das médias em forma fechada e, no caso afirmativo, indique-a.

b) Mostre que o teste Q_V de ajuste de H_2 condicionalmente a H_1 equivale a testar o ajuste do modelo tetradimensional (ACD, CDE). Que conclusão pode extrair daqui?

c) Admita agora como válido o modelo H_2 e que se quer testar nessa base o ajuste do modelo H_3 pelo critério Q_P. Será que esse procedimento equivale ao teste Q_P de independência condicional entre A e D dado C, na tabela marginal (A, C, D)? Comente o resultado obtido.

d) Indique como poderia aplicar o algoritmo IPF a H_4 de modo a que os ciclos sejam constituídos pelo menor número possível de passos.

9.24: Considere o contexto do Exercício 7.1, onde $\mathbf{n}$ é o vector global de frequências de uma tabela $s \times r$ modelada por um produto de s Multinomiais independentes e $\boldsymbol{\mu}$ (respectivamente, $\boldsymbol{\pi}$) é o correspondente vector de frequências esperadas (respectivamente, probabilidades) das celas.

Seja o modelo log-linear $\ln \boldsymbol{\mu} = \mathbf{Z}\boldsymbol{\alpha}$, onde $\mathbf{Z} = (\mathbf{D}, \mathbf{X})$ e $\boldsymbol{\alpha} = (\mathbf{u}', \boldsymbol{\beta})'$ definidos como se indica na Secção 9.5.

a) Mostre que no contexto assintótico usual as matrizes de covariância aproximadas dos estimadores MV de $\boldsymbol{\mu}$ e $\ln \boldsymbol{\mu}$ são expressáveis por

$$\mathbf{V}_{\widehat{\mu}'}(\boldsymbol{\mu}) = \mathbf{D}_\mu(\mathbf{P_Z} - \mathbf{P_D}) \quad \text{e} \quad \mathbf{V}_{\ln \widehat{\mu}}(\boldsymbol{\mu}) = (\mathbf{P_Z} - \mathbf{P_D})\mathbf{D}_\mu^{-1}$$

onde

$$\mathbf{P_Z} = \mathbf{Z}(\mathbf{Z}'\mathbf{D}_\mu\mathbf{Z})^{-1}\mathbf{Z}'\mathbf{D}_\mu$$

e, de uma forma análoga,

$$\mathbf{P_D} = \mathbf{D}(\mathbf{D}'\mathbf{D}_\mu\mathbf{D})^{-1}\mathbf{D}'\mathbf{D}_\mu.$$

(Nota: estas são as expressões usadas, *e.g.*, em Christensen (1990).

9. ANÁLISE DE MODELOS LOG-LINEARES

b) Mostre que $\mathbf{P}_M = \mathbf{D}_{\mu}^{1/2}\mathbf{P}_\mathbf{Z}\mathbf{D}_{\mu}^{-1/2}$ é uma matriz de projecção ortogonal sobre o subespaço M gerado pelas colunas de $\mathbf{D}_{\mu}^{1/2}\mathbf{Z}$. Que pode concluir sobre o efeito de qualquer representação equivalente do modelo log-linear $\mathcal{M}(\mathbf{Z})$ na distribuição assintótica de $\widehat{\boldsymbol{\mu}}$ e de funções bem comportadas de $\widehat{\boldsymbol{\mu}}$?

c) Face aos resultados acima, especialize as expressões das matrizes de covariância anteriores sob o modelo saturado e comprove que, nesse caso, $\mathbf{V}_{\widehat{\boldsymbol{\mu}}}(\boldsymbol{\mu})$ define a matriz de covariâncias exacta de $\mathbf{n}$.

d) Se $\mathbf{n}$ for encarado como sendo modelado por um produto de sr distribuições Poisson independentes sob a estrutura log-linear indicada, verifique que as correspondentes distribuições assintóticas de $\widehat{\boldsymbol{\mu}}$ e $\ln\widehat{\boldsymbol{\mu}}$ são diferentes das do cenário anterior mas que $\mathbf{W}'\ln\widehat{\boldsymbol{\mu}}$ com $\mathbf{W}'\mathbf{D} = \mathbf{0}$ possui a mesma distribuição assintótica nos dois cenários.

e) Considere no modelo log-linear indicado, o particionamento dado por $\mathbf{X} = (\mathbf{X}_R, \mathbf{X}_E)$, com $r(\mathbf{X}) = r(\mathbf{X}_E) + r(\mathbf{X}_E) = p - s$ e $r(\mathbf{X}_E) = a$, onde a é número de colunas de $\mathbf{X}_E$, acoplado a $\boldsymbol{\beta} = (\boldsymbol{\beta}'_R, \boldsymbol{\beta}'_R)'$. Derive a estatística de Rao para testar a hipótese $H_0 : \mathbf{C}\boldsymbol{\beta} = \mathbf{0}$, onde $\mathbf{C} = (\mathbf{0}_{(a,u)}, \mathbf{I}_a)$ e $u = p - s - a$, condicionalmente à validade daquele modelo log-linear e mostre que ela se pode exprimir por

$$Q_R = (\overline{\mathbf{n}} - \widetilde{\overline{\boldsymbol{\mu}}})'\mathbf{A}\mathbf{X}_E\{\mathbf{X}'_E\mathbf{A}'[\widetilde{\mathbf{W}}^{-1} - \widetilde{\mathbf{W}}^{-1}\mathbf{A}\mathbf{X}_R(\mathbf{X}'_R\mathbf{A}'\widetilde{\mathbf{W}}^{-1}\mathbf{A}\mathbf{X}_R)^{-1}$$
$$\mathbf{X}'_R\mathbf{A}'\widetilde{\mathbf{W}}^{-1}]\mathbf{A}\mathbf{X}_E\}^{-1}\mathbf{X}'_E\mathbf{A}'(\overline{\mathbf{n}} - \widetilde{\overline{\boldsymbol{\mu}}})$$

onde $\overline{\mathbf{n}} = (\overline{\mathbf{n}}'_q, q = 1, \ldots, s)'$, $\overline{\mathbf{n}}_q = (\mathbf{I}_{r-1}, \mathbf{0}_{r-1})\mathbf{n}_q$, $\widetilde{\overline{\boldsymbol{\mu}}}$ é o estimador MV restrito a H_0 de $\overline{\boldsymbol{\mu}}$ definido a partir de $\boldsymbol{\mu}$ de modo análogo a $\overline{\mathbf{n}}$, $\mathbf{A} = \mathbf{I}_s \otimes (\mathbf{I}_{r-1}, -\mathbf{1}_{r-1})$ e $\widehat{\mathbf{W}} = \mathbf{A}\mathbf{D}_{\widehat{\boldsymbol{\mu}}}^{-1}\mathbf{A}'$ é o estimador MV restrito a H_0 da inversa da matriz de covariâncias de $\overline{\mathbf{n}}$.

9.25: No contexto do Exercício 9.24, considere a formulação $\mathbf{A}\ln\boldsymbol{\mu} = \mathbf{X}_G\boldsymbol{\beta}$, onde $\mathbf{A} = \mathbf{I}_s \otimes (\mathbf{I}_{r-1}, -\mathbf{1}_{r-1})$, como sendo equivalente ao modelo log-linear aí definido.

a) Derive directamente dessa formulação as equações de verosimilhança.

b) Com base em a), obtenha a matriz de informação de Fisher e a estatística de Wald para testar a hipótese $\mathbf{C}\boldsymbol{\beta} = \mathbf{0}$ sob o modelo considerado, e verifique que elas coincidem com as expressões (9.65) e (9.68), respectivamente.

c) Considerando o esquema da alínea e) do Exercício 9.24, verifique com base nas alíneas anteriores que a estatística de Rao para testar condicionalmente o ajuste do modelo mais reduzido é dada precisamente pela expressão referida naquele exercício.

9.26: Seja $\mathbf{n} = (\mathbf{n}'_q, q = 1, \ldots, s)'$, com $\mathbf{n}_q = (n_{qm}, m = 1, \ldots, r)'$, o vector de frequências de uma tabela $s \times r$ descrito pelo modelo Produto de distribuições de Poisson com vector de médias $\boldsymbol{\mu} = (\boldsymbol{\mu}'_q, q = 1, \ldots, s)'$. Considere a reparametrização $\boldsymbol{\mu} \rightarrow \{\mu_{q\cdot}, \boldsymbol{\mu}_q/\mu_{q\cdot}\}$ associada com a representação do modelo em termos das distribuições marginais independentes de $n_{q\cdot} = \mathbf{1}'_r\mathbf{n}_q$ (Poisson de média $\mu_{q\cdot} = \mathbf{1}'_r\boldsymbol{\mu}_q$),

$q = 1, \ldots, s$, e das distribuições condicionais independentes de $\mathbf{n}_q$ dado n_q. (Multinomial de vector probabilístico $\boldsymbol{\mu}_q/\mu_{q\cdot}$), $q = 1, \ldots, s$.

a) Exprima o modelo log-linear p-dimensional $\ln\boldsymbol{\mu} = (\mathbf{I}_s \otimes \mathbf{1}_r)\mathbf{u} + \mathbf{X}\boldsymbol{\beta}$, onde $\mathbf{u} = (u_1, \ldots, u_s)'$ e $\mathbf{X} = (\mathbf{X}'_q, q = 1, \ldots, s)'$ é uma matriz $sr \times (p - s)$ de característica $p - s$, em termos da reparametrização indicada. Tomando como parâmetros livres $\boldsymbol{\mu}_* = (\mu_{q\cdot}, q = 1, \ldots, s)'$ e $\boldsymbol{\beta}$, analise a forma das equações de verosimilhança comparativamente com as que se obteriam com o modelo probabilístico condicional acima referido.

b) Mostre que a matriz de informação observada (matriz hessiana do logaritmo da verosimilhança multiplicada por -1) sobre $(\boldsymbol{\mu}_*, \boldsymbol{\beta})$ é diagonal em blocos, com blocos diagonais $\mathbf{D}_{\boldsymbol{\mu}_*}^{-2}\mathbf{n}_*$ e $\mathbf{X}'\mathbf{V}(\boldsymbol{\mu})\mathbf{X}$, onde $\mathbf{n}_* = (n_{q\cdot}, q = 1, \ldots, s)'$ e $\mathbf{V}(\boldsymbol{\mu}) = \mathrm{diag}(\mathbf{V}_q(\boldsymbol{\mu}_q), q = 1, \ldots, s)$, com $\mathbf{V}_q(\boldsymbol{\mu}_q) = (n_{q\cdot}/\mu_{q\cdot})(\mathbf{D}_{\boldsymbol{\mu}_q} - \boldsymbol{\mu}_q\boldsymbol{\mu}'_q/\mu_{q\cdot})$. Com base neste resultado, diga se $(\boldsymbol{\mu}_*, \boldsymbol{\beta})$ são parâmetros naturais do modelo.

c) Obtenha a matriz de informação de Fisher, $\mathbf{I}(\boldsymbol{\mu}_*, \boldsymbol{\beta})$, e mostre que a informação esperada sobre $\boldsymbol{\beta}$ no espaço paramétrico restringido por $\boldsymbol{\mu}_* = \mathbf{n}_*$ coincide com aquela derivada do modelo condicional.

d) Com base nos resultados anteriores, mostre que é indiferente usar o cenário indicado ou o cenário Produto de Multinomiais para efeitos inferenciais sobre modelos log-lineares adequados a este último cenário.

9.27: Num estudo envolvendo os sócios de um sindicato de trabalhadores gráficos, tomaram-se três grupos definidos pelo nível (alto, médio e baixo) de sensibilidade política (X_1). Os trabalhadores de cada um dos grupos foram inquiridos sobre qual a posição de um dado partido face a uma determinada lei em dois momentos, no início e no fim do período de uma campanha eleitoral geral. A resposta nesses dois instantes, respectivamente, X_2 e X_3, foi caracterizada nos níveis correcto e incorrecto. Os resultados observados foram os seguintes (Coleman 1964):

		X_3	
X_1	X_2	correcto	incorrecto
alto	correcto	42	7
	incorrecto	8	18
médio	correcto	41	14
	incorrecto	31	75
baixo	correcto	6	4
	incorrecto	12	57

Assuma que esta tabela pode ser descrita pelo modelo probabilístico usual que é consistente com o delineamento enunciado. Considere que um dos objectivos deste estudo era o de avaliar o efeito de campanha para cada grupo entendido através da diferença das proporções teóricas dos que mudam de opinião fixada a resposta do primeiro inquérito.

a) Exprima log-linearmente, em termos dos parâmetros do aludido modelo probabilístico, as estruturas representando:

H_0: homogeneidade do eventual efeito de campanha para os três grupos.

H_1: ausência do efeito de campanha em cada um dos grupos.

b) Teste por meios usuais o ajustamento dos modelos H_0 e H_1.

c) Teste H_1 através de um procedimento de comparações múltiplas baseado em estatísticas de Wald.

d) Mostre que H_1 corresponde a uma estrutura de independência condicional numa tabela modificada, que deve definir. Qual a vantagem prática disto na avaliação do efeito de campanha para os três grupos?

9.28: Considere o problema do peso dos recém-nascidos do Exemplo 1.3.

a) Teste o ajustamento do modelo linear representante da ausência de interacção entre a classe social e o hábito de fumo nos logitos relativos ao peso do recém-nascido.

b) Tente simplificar o modelo anterior recorrendo, se necessário, à exploração da ordinalidade.

9.29: Num estudo sobre a avaliação de polícias militares brancos por soldados americanos negros na Segunda Guerra Mundial, a resposta de cada soldado foi categorizada nos níveis 1 (quase sempre imparcial), 2 (parcial e imparcial em proporções iguais) e 3 (quase sempre parcial). Os soldados foram ainda classificados pela sua região de origem e pela localização geográfica da sua unidade, ambas nas categorias Norte (1) e Sul (2). Os resultados observados foram (Theil 1970):

Região de origem	Região da unidade	Avaliação da conduta			
		1	2	3	Total
Norte	Norte	118	207	134	459
Norte	Sul	181	514	542	1237
Sul	Norte	253	313	200	766
Sul	Sul	653	1006	760	2419

Admita como válido o modelo produto de quatro Multinomiais bivariadas de vector probabilístico $\boldsymbol{\pi} = (\boldsymbol{\pi}'_{ij}, i, j = 1, 2)'$, $\boldsymbol{\pi}_{ij} = (\theta_{(ij)k}, k = 1, 2, 3)'$.

a) Interprete o modelo $\mathbf{A} \ln \boldsymbol{\pi} = \mathbf{X} \boldsymbol{\beta}$, com

$$\mathbf{A} = \mathbf{I}_4 \otimes \begin{pmatrix} 1 & 0 & -1 \\ 0 & 1 & -1 \end{pmatrix}, \quad \mathbf{X} = \begin{pmatrix} 1 & 0 & 0 & 0 & 0 & 0 \\ 0 & 0 & 0 & 1 & 0 & 0 \\ 1 & 0 & 1 & 0 & 0 & 0 \\ 0 & 0 & 0 & 1 & 0 & 1 \\ 1 & 1 & 0 & 0 & 0 & 0 \\ 0 & 0 & 0 & 1 & 1 & 0 \\ 1 & 1 & 1 & 0 & 0 & 0 \\ 0 & 0 & 0 & 1 & 1 & 1 \end{pmatrix}, \quad \boldsymbol{\beta} = \begin{pmatrix} \beta_{01} \\ \beta_{11} \\ \beta_{21} \\ \beta_{02} \\ \beta_{12} \\ \beta_{22} \end{pmatrix}$$

e redefina-o em termos dos logitos adjacentes e de uma estrutura linear em $\ln \boldsymbol{\pi}$.

b) Teste o seu ajuste e obtenha as estimativas MV de β e dos valores preditos para $\{\pi_{ij}\}$.

c) Que conclusões o modelo definido permite extrair? A este respeito, diga se concorda com a afirmação "A origem sulista e a prestação do serviço militar numa unidade nortista têm o efeito de levar os soldados negros a ficarem menos satisfeitos com a conduta dos polícias militares brancos".

d) Analise os resíduos do modelo tendo em vista a obtenção de um modelo capaz de explicar a associação evidenciada pelos dados.

9.30: No contexto do estudo aludido no exercício anterior, os soldados do exército americano foram agora classificados segundo o nível educacional, a atitude face à separação racial, a região de naturalidade e a preferência por missões de combate, com os seguintes resultados (Theil 1970):

Nível educacional	Atitude perante separação racial	Natura-lidade	Preferência por missão de combate	
			Sim	Não
Só "grade school"	Não contra	Sul	2051	20738
		Norte	518	3182
	Contra	Sul	1050	7027
		Norte	600	2558
Alguma "high school"	Não contra	Sul	382	2165
		Norte	320	960
	Contra	Sul	349	1832
		Norte	489	1141
"High school" completa	Não contra	Sul	351	1714
		Norte	245	630
	Contra	Sul	478	1798
		Norte	609	1356

a) Teste o ajustamento por MV do modelo linear aditivo nos logitos baseado na primeira subpopulação como referência.

b) Que modelo escolheria para descrever o efeito dos factores na resposta?

9.31: Os dados abaixo (Heilbron 1981)) reportam-se a um estudo sobre os efeitos possíveis de dois agentes sexualmente transmissíveis, o vírus tipo 2 do herpes simples (B) e a *Clamídia trachomatis* (C), na etiologia da displasia cervical (anomalia no colo do útero).

Adoptou-se um delineamento retrospectivo envolvendo um grupo de mulheres com displasia historicamente confirmada (os casos) e um outro grupo de mulheres com ausência confirmada da mesma (os controlos). Cada uma destas mulheres foi então analisada em termos da exposição a cada um dos agentes medida por variáveis contínuas que são depois categorizadas em dois níveis (1 e 2), indicando o nível 1 uma maior prevalência de anticorpos. Foi ainda avaliado um factor sócio-comportamental definido pelo número total de parceiros sexuais categorizado em três níveis (A).

9. ANÁLISE DE MODELOS LOG-LINEARES

A	B	C	Casos	Controlos
1 - 3	1	1	56	42
1 - 3	1	2	14	28
1 - 3	2	1	54	78
1 - 3	2	2	34	83
4 - 10	1	1	47	57
4 - 10	1	2	8	29
4 - 10	2	1	46	74
4 - 10	2	2	18	48
> 10	1	1	43	80
> 10	1	2	4	16
> 10	2	1	44	56
> 10	2	2	12	23

Pretende-se analisar a influência dos três factores de risco na resposta através de modelos lineares nos logitos da probabilidade condicional da doença para os elementos deste estudo do caso-controlo.

Considere-se para o efeito que as frequências observadas foram geradas do modelo Produto de duas Multinomiais e assuma que os casos e controlos foram extraídos de uma população-alvo de tamanho suficientemente grande segundo um processo equivalente a uma amostragem aleatória simples.

a) Mostre que os objectivos podem ser alcançados por um modelo logístico com enquadramento adequado a um delineamento prospectivo.

b) Teste a homogeneidade, através dos níveis do factor referente à actividade sexual, do quociente das RPC entre a resposta e o factor de exposição à *Clamídia trachomatis* relativo aos dois níveis de exposição ao herpes.

c) Condicionalmente ao modelo estrutural anterior, teste a identidade entre as RPC mencionadas relativas aos níveis de exposição ao herpes.

d) Tente seleccionar um modelo que, pela parcimónia e qualidade de ajuste, seja apropriado para responder às questões de interesse.

9.32: Retome-se o problema da obesidade juvenil com os dados expostos no Exercício 8.12. Ajuste modelos log-lineares apropriados de modo a inquirir se a associação entre a presença de obesidade em dois inquéritos sucessivos é função dos factores sexo e idade.

9.33: Considere-se uma vez mais o problema da toxicodependência discutido no Exemplo 9.7, e reenquadre-o num cenário compatível com a atribuição de factores às variáveis ano do inquérito, sexo e agregado familiar. Aplique procedimentos que permitam seleccionar um modelo log-linear que represente o efeito dessas variáveis no consumo de droga sugerido pelos dados.

9.34: No contexto do Exercício 9.24:

a) Prove que $N^{-1/2}(\mathbf{n} - \widehat{\boldsymbol{\mu}})$ é assintoticamente equivalente a

$$(\mathbf{I} - \mathbf{D}_{\boldsymbol{\pi}^*}\mathbf{P}_{\mathbf{Z}}\mathbf{D}_{\boldsymbol{\pi}^*}^{-1})N^{-1/2}(\mathbf{n} - \boldsymbol{\mu}),$$

com distribuição $N_{sr}(\mathbf{0}, \mathbf{D}_{\boldsymbol{\pi}^*}(\mathbf{I} - \mathbf{P}_{\mathbf{Z}}))$, onde $N = \sum_{q=1}^{s} N_q$.

b) Com base em b) mostre que o vector $\mathbf{e}$ de resíduos de Pearson tem distribuição assintótica $N(\mathbf{0}, \mathbf{I} - \mathbf{H})$, onde $\mathbf{H}$ é o projector ortogonal sobre o subespaço $\mathcal{M}(\mathbf{D}_{\boldsymbol{\pi}^*}^{1/2}\mathbf{Z})$.

c) Diga o que muda nos resultados anteriores se o cenário for o modelo Produto de distribuições de Poisson.

9.35: Considere os dados do problema das árvores descrito no Exemplo 1.10 e assuma o modelo probabilístico usual para descrever a variabilidade das frequências observáveis nessa situação.

a) Teste o ajustamento do modelo que representa a independência da ocorrência de carvalhos e bordos fixada a distribuição de nogueiras.

b) Determine os resíduos de Pearson ajustados relativos ao modelo em a) e comprove que eles resultam do uso da expressão

$$\frac{n_{ijk} - \widehat{\mu}_{ijk}}{\{\widehat{\mu}_{ijk}(1 - \widehat{\mu}_{ijk}/\widehat{\mu}_{\cdot jk})(1 - \widehat{\mu}_{ijk}/\widehat{\mu}_{ij\cdot})\}^{1/2}}.$$

c) A inspecção do correspondente padrão (magnitude e sinal) de resíduos sugere a inclusão de mais algum termo? Justifique.

d) Seleccione um modelo log-linear e, com base nele, interprete a interdependência na distribuição espacial das árvores.

e) Discuta a aplicabilidade da modelação estatística adoptada neste problema de dados espaciais. [Sugestão: veja-se Upton & Fingleton (1985)].

Capítulo 10

Análise de modelos funcionais lineares

Ao contrário do que ocorre com a metodologia de Mínimos Quadrados Generalizados (MQG), a ser explorada no Capítulo 11, em que é possível propor uma forma geral para os estimadores dos parâmetros de modelos do tipo $\mathbf{F}(\boldsymbol{\pi}) = \mathbf{X}\boldsymbol{\beta}$, definidos em (6.19) desde que o vector de funções $\mathbf{F}$ satisfaça certas condições de regularidade, os estimadores de Máxima Verosimilhança (MV) precisam de ser obtidos *ad hoc*. Quando $\mathbf{F}$ é linear ou log-linear, *i.e.*, quando o modelo (6.19) pode ser escrito como $\mathbf{A}\boldsymbol{\pi} = \mathbf{X}\boldsymbol{\beta}$, com a especificação (3.18) ou $\mathbf{A}\ln\boldsymbol{\pi} = \mathbf{X}\boldsymbol{\beta}$, com a especificação (6.1), a metodologia de estimação, ajustamento de modelos e testes de hipóteses é essencialmente aquela apresentada nos Capítulos 8 e 9, respectivamente. Aqui, consideram-se os casos particulares de modelos funcionais lineares tratados no Capítulo 6. Mais especificamente, na Secção 10.1 aplica-se a metodologia MV a modelos log-lineares generalizados, incluindo aí alguns casos especiais de modelos log-lineares ordinários e não ordinários; na Secção 10.2, consideram-se modelos funcionais lineares propriamente ditos, dentre os quais destacam-se os modelos lineares nos logitos de razões continuadas e os modelos lineares nos logitos cumulativos. Na Secção 10.3, tratam-se brevemente os modelos de concordância enquanto a Secção 10.4 dedica-se aos modelos lineares generalizados.

10.1 Modelos log-lineares generalizados

Tanto os modelos de regressão logística com variáveis explicativas categorizadas quanto os modelos lineares em logaritmos de razões de chances pertencem à classe dos modelos log-lineares ordinários, apesar de algumas particularidades de cunho principalmente interpretativo. Por essa razão, a metodologia descrita no Capítulo 9 é aplicável para o seu ajustamento a conjuntos de dados. No entanto, a especificidade desses modelos permite certas simplificações nos algoritmos para cálculo dos estimadores.

A título de ilustração, tome-se o modelo de regressão logística (6.4) e faça-se $\boldsymbol{\beta} = (\alpha, \beta)'$ e $\mathbf{x}_i = (1, x_i)'$, $i = 1, \dots, 8$. As equações de estimação (9.64) reduzem-se neste caso a

$$\sum_{i=1}^{8} N_i \widehat{\theta}_{(i)1} \mathbf{x}_i = \sum_{i=1}^{8} N_i \mathbf{x}_i$$

com $\widehat{\theta}_{(i)1} = \theta_{(i)1}(\widehat{\boldsymbol{\beta}}) = \exp(\mathbf{x}_i'\widehat{\boldsymbol{\beta}})/[1+\exp(\mathbf{x}_i'\widehat{\boldsymbol{\beta}})]$. Com o intuito de contornar a natureza não linear dessas equações, pode-se recorrer, por exemplo, ao método de Newton-Raphson para a sua resolução que, neste caso, corresponde à iteração de

$$\boldsymbol{\beta}^{(q+1)} = \boldsymbol{\beta}^{(q)} + [\mathbf{V}(\boldsymbol{\beta}^{(q)})]^{-1} \left\{ \sum_{i=1}^{8} [n_i - N_i\theta_{(i)1}(\boldsymbol{\beta}^{(q)})]\mathbf{x}_i \right\},$$

em que

$$\mathbf{V}(\boldsymbol{\beta}^{(q)}) = \left\{ \sum_{i=1}^{8} N_i\theta_{(i)1}(\boldsymbol{\beta}^{(q)})[1 - \theta_{(i)1}(\boldsymbol{\beta}^{(q)})]\mathbf{x}_i\mathbf{x}_i' \right\}$$

para $q = 0, 1, \ldots$, até que algum critério de convergência seja satisfeito. A matriz de covariâncias assintótica de $\widehat{\boldsymbol{\beta}}$, especificada de forma geral em (9.66), pode ser estimada por

$$\widehat{\mathbf{V}}_{\widehat{\boldsymbol{\beta}}} = \left\{ \sum_{i=1}^{8} N_i\widehat{\theta}_{(i)1}[1 - \widehat{\theta}_{(i)1}]\mathbf{x}_i\mathbf{x}_i' \right\}^{-1}.$$

Recorrendo ao método Delta, pode-se obter a matriz de covariâncias de $\widehat{\theta}_{(i)1}$, que pode ser estimada por

$$\widehat{\mathbf{V}}_{\widehat{\theta}_{(i)1}} = [\widehat{\theta}_{(i)1}(1 - \widehat{\theta}_{(i)1})]^2 \mathbf{x}_i'\widehat{\mathbf{V}}_{\widehat{\boldsymbol{\beta}}}\mathbf{x}_i.$$

O ajustamento de modelos de regressão logística é usualmente avaliado por intermédio de testes baseados na estatística Q_V, embora também se possam utilizar as estatísticas Q_R, Q_W e Q_N, todas descritas de forma genérica no Capítulo 7 e de forma específica para modelos log-lineares no Capítulo 9. Sob a hipótese de que o modelo correspondente se ajusta aos dados, todas elas têm uma distribuição assintótica qui-quadrado com $s-p$ graus de liberdade, em que p denota o número de variáveis explicativas (vale lembrar que no caso sob investigação aqui, em que a variável resposta é dicotómica, tem-se $r - 1 = 1$).

Exemplo 10.1 (*Problema da intoxicação de besouros*): Para os dados do Exemplo 6.1, pode-se afirmar que o modelo (6.4) tem ajustamento apenas aceitável[1] dado que $Q_V = 11.23$ $(gl = 6)$ corresponde a $P = 0.08$. As estimativas dos parâmetros α e β são respectivamente -60.72 e 34.27 com erros padrões estimados por 5.18 e 2.91. Sob o modelo (6.4), as chances de morte dos besouros ficam multiplicadas por $\exp(\beta \log 2) = \exp(\beta \times 0.30103)$ quando a dose do gás tóxico em questão é duplicada. Uma estimativa dessa razão de chances é $\exp(\widehat{\beta} \log 2) = \exp(34.27 \times 0.30103) = 30221.17$ (IC $95\% \simeq [1322.06; 690898.40]$), não dando praticamente margem a dúvidas sobre a toxicidade do gás. ∎

---

[1] Um ajustamento melhor pode ser obtido com os modelos de regressão logística generalizados descritos na segunda nota do Capítulo 6. O leitor poderá consultar Silva (1992) para um exemplo concreto.

10. ANÁLISE DE MODELOS FUNCIONAIS LINEARES

Exemplo 10.2 (*Problema do risco de cárie dentária*): Em princípio, a análise dos dados do Exemplo 6.3 sob o modelo (6.12) não apresenta maiores problemas, dada a sua natureza log-linear. Apesar disso, a sua implementação computacional exige alguns cuidados adicionais em função de os principais pacotes de *software* estatístico adoptarem formulações baseadas em logitos de referência. Em particular, para utilização desses pacotes, convém re-expressar o modelo (6.12) na forma

$$\mathbf{A}^* \ln \boldsymbol{\pi} = \mathbf{X}^* \boldsymbol{\beta}^*$$

com $\mathbf{A}^* = [\mathbf{I}_8, -\mathbf{1}_8]$, $\mathbf{X}^* = \mathbf{A}^*[\mathbf{Y}, \mathbf{X}]$ e $\boldsymbol{\beta}^* = [\mathbf{u}' \, v^{AB}]'$. O ajustamento do modelo pode ser considerado adequado com base no valor da estatística $Q_V = 0.91$ ($gl = 3, P = 0.34$) e o valor comum das RPC locais (v^{AB}) é estimado por 1.46 com erro padrão estimado por 0.33 (IC 95% $\simeq [0.81; 2.11]$). ∎

Exemplo 10.3 (*Problema do uso de fio dental*): Sob a perspectiva de ajustamento, a identificação do modelo (6.15) como um modelo log-linear tetradimensional sem interacção de terceira ordem facilita sobremaneira a análise dos dados do Exemplo 6.4. O recurso a praticamente qualquer dos pacotes computacionais disponíveis comercialmente permite verificar que $Q_V = 0.98$ ($gl = 1$) sugerindo um ajustamento aceitável ($P = 0.32$). No entanto, a parametrização usualmente adoptada, pode não permitir a mesma clareza na interpretação dos resultados.

Com a finalidade de preservar os parâmetros do modelo (6.15) e consequentemente a clareza interpretativa, um artifício similar àquele considerado no exemplo anterior pode ser empregado, multiplicando-se ambos os membros do modelo em sua expressão matricial por $\mathbf{A}^* = \mathbf{I}_4 \otimes [\mathbf{I}_3 - \mathbf{1}_3]$. Obviamente, essa reformulação não afeta o ajustamento do modelo. As estimativas dos parâmetros de interesse (juntamente com os respectivos erros padrões estimados) são $\widehat{\alpha} = 2.76$ (1.23), $\widehat{\delta}_1 = 0.67$ (1.10) e $\widehat{\gamma}_1 = -2.48$ (1.30), sugerindo que as chances de habilidade razoável (versus inabilidade) para crianças do sexo feminino e faixa etária $9 - 12$ anos e frequência boa de uso de fio dental são $\exp(2.76) = 15.80$ (IC 95% $\simeq [1.42; 176.06]$) vezes as chances correspondentes para crianças de mesmo sexo e mesma faixa etária mas com frequência insuficiente de uso de fio dental. Além disso, pode-se concluir que essa razão de chances deve ser multiplicada por $\exp(0.67) = 1.95$ quando se consideram crianças do sexo masculino de mesma faixa etária ou por $\exp(-2.48) = 0.08$ se forem consideradas crianças de mesmo sexo porém mais jovens (*i.e.*, na faixa etária $5 - 8$ anos). Dada a natureza aditiva do modelo log-linear em questão, para crianças de sexo masculino e faixa etária $5 - 8$ anos, a razão de chances original deve ser multiplicada por $\exp(-2.48 + 0.67) = 0.16$. ∎

Analisem-se agora os modelos log-lineares não ordinários. Como esses modelos não têm a estrutura log-linear definida para o cenário Produto de Multinomiais em função de a matriz $\mathbf{A}$ em (6.16) não ser ortogonal à matriz $\mathbf{D}$ utilizada para definir as restrições naturais, os resultados obtidos no Capítulo 9 não podem ser aqui empregados. Como consequência, resultados específicos precisam de ser obtidos, em geral, com o recurso aos multiplicadores de Lagrange. Tendo em vista a formulação (6.17) e as restrições naturais $(\mathbf{I}_s \otimes \mathbf{1}'_r)\boldsymbol{\pi} = \mathbf{1}_s$, a função lagrangiana a ser maximizada é

$$l(\boldsymbol{\delta}, \boldsymbol{\lambda}) = \sum_{i=1}^{s} \sum_{j=1}^{r} n_{ij} \mathbf{w}'_{ij} \boldsymbol{\delta} - \sum_{i=1}^{s} \lambda_i [\sum_{j=1}^{r} \exp(\mathbf{w}'_{ij} \boldsymbol{\delta}) - 1]$$

em que $\mathbf{w}'_{ij}$ corresponde à linha da matriz $\mathbf{W}$ associada ao parâmetro $\theta_{(i)j}$ e $\boldsymbol{\lambda} = (\lambda_1, \cdots, \lambda_s)'$ ao vector de multiplicadores de Lagrange.

Os vectores de primeiras e matrizes de segundas derivadas do logaritmo da função lagrangiana a maximizar são respectivamente

$$\mathbf{U}_{\boldsymbol{\delta}}(\boldsymbol{\delta}, \boldsymbol{\lambda}; \mathbf{n}) = \frac{\partial l(\boldsymbol{\delta}, \boldsymbol{\lambda})}{\partial \boldsymbol{\delta}} = \sum_{i=1}^{s} \sum_{j=1}^{r} n_{ij} \mathbf{w}_{ij} - \sum_{i=1}^{s} \lambda_i \sum_{j=1}^{r} \exp(\mathbf{w}'_{ij} \boldsymbol{\delta}) \mathbf{w}_{ij},$$

$$\mathbf{U}_{\boldsymbol{\lambda}}(\boldsymbol{\delta}, \boldsymbol{\lambda}) = \frac{\partial l(\boldsymbol{\delta}, \boldsymbol{\lambda})}{\partial \boldsymbol{\lambda}} = - \left(\sum_{j=1}^{r} \exp(\mathbf{w}'_{1j} \boldsymbol{\delta}) - 1, \cdots, \sum_{j=1}^{r} \exp(\mathbf{w}'_{sj} \boldsymbol{\delta}) - 1 \right)',$$

$$\mathbf{J}_{\boldsymbol{\delta}}(\boldsymbol{\delta}, \boldsymbol{\lambda}) = \frac{\partial^2 l(\boldsymbol{\delta}, \boldsymbol{\lambda})}{\partial \boldsymbol{\delta} \partial \boldsymbol{\delta}'} = - \sum_{i=1}^{s} \lambda_i \sum_{j=1}^{r} \exp(\mathbf{w}'_{ij} \boldsymbol{\delta}) \mathbf{w}_{ij} \mathbf{w}'_{ij},$$

$$\mathbf{J}_{\boldsymbol{\lambda}}(\boldsymbol{\delta}, \boldsymbol{\lambda}) = \frac{\partial^2 l(\boldsymbol{\delta}, \boldsymbol{\lambda})}{\partial \boldsymbol{\lambda} \partial \boldsymbol{\lambda}'} = \left(\sum_{j=1}^{r} \exp(\mathbf{w}'_{1j} \boldsymbol{\delta}) \mathbf{w}_{1j}, \cdots, \sum_{j=1}^{r} \exp(\mathbf{w}'_{sj} \boldsymbol{\delta}) \mathbf{w}_{sj} \right),$$

e

$$\mathbf{J}_{\boldsymbol{\lambda}\boldsymbol{\delta}'}(\boldsymbol{\delta}, \boldsymbol{\lambda}) = \frac{\partial^2 l(\boldsymbol{\delta}, \boldsymbol{\lambda})}{\partial \boldsymbol{\lambda} \partial \boldsymbol{\delta}'} = \mathbf{0}$$

Os estimadores MV do vector de parâmetros $\boldsymbol{\delta}$ podem ser então obtidos por intermédio do algoritmo de Newton-Raphson especificado por

$$\boldsymbol{\theta}^{(q+1)} = \boldsymbol{\theta}^{(q)} - [\mathbf{J}(\boldsymbol{\theta}^{(q)})]^{-1} \mathbf{U}(\boldsymbol{\theta}^{(q)}; \mathbf{n}), \quad q = 0, 1, \ldots,$$

em que

$$\boldsymbol{\theta} = \begin{bmatrix} \boldsymbol{\delta} \\ \boldsymbol{\lambda} \end{bmatrix}, \mathbf{J}(\boldsymbol{\theta}) = \begin{bmatrix} \mathbf{J}_{\boldsymbol{\delta}}(\boldsymbol{\delta}, \boldsymbol{\lambda}) & \mathbf{J}_{\boldsymbol{\lambda}\boldsymbol{\lambda}'}(\boldsymbol{\delta}, \boldsymbol{\lambda}) \\ \mathbf{J}_{\boldsymbol{\lambda}\boldsymbol{\lambda}'}(\boldsymbol{\delta}, \boldsymbol{\lambda})' & \mathbf{J}_{\boldsymbol{\lambda}}(\boldsymbol{\delta}, \boldsymbol{\lambda}) \end{bmatrix}, \mathbf{U}(\boldsymbol{\theta}) = \begin{bmatrix} \mathbf{U}_{\boldsymbol{\delta}}(\boldsymbol{\delta}, \boldsymbol{\lambda}; \mathbf{n}) \\ \mathbf{U}_{\boldsymbol{\lambda}}(\boldsymbol{\delta}, \boldsymbol{\lambda}) \end{bmatrix}.$$

Como valor inicial para $\boldsymbol{\delta}$ pode-se tomar $\boldsymbol{\delta}^{(0)} = (\mathbf{W}'\mathbf{W})^{-1}\mathbf{W}'\ln \mathbf{p}$ em que $\mathbf{p}$ é o vector de proporções amostrais. Para $\boldsymbol{\lambda}$ não é tão fácil especificar um valor inicial, o que torna este método pouco atraente.

Utilizando os resultados do Capítulo 7, pode-se demonstrar que para $n_{i.}, i = 1, \ldots, s$, suficientemente grande, a distribuição aproximada do estimador MV, $\widehat{\boldsymbol{\delta}}$, é Normal com matriz de covariâncias

$$\mathbf{V}_{\widehat{\boldsymbol{\delta}}} = \left\{ \sum_{i=1}^{s} n_{i.} \exp(\mathbf{w}'_{ir} \boldsymbol{\delta}) \sum_{j=1}^{r-1} \frac{\exp(\mathbf{w}'_{ij} \boldsymbol{\delta})}{[1 - \sum_{j=1}^{r-1} \exp(\mathbf{w}'_{ij} \boldsymbol{\delta})]^2} \mathbf{w}_{ij} \mathbf{w}'_{ij} \right\}^{-1}.$$

10. ANÁLISE DE MODELOS FUNCIONAIS LINEARES

Apelando para a sua propriedade de invariância, os estimadores MV de $\boldsymbol{\pi}$ podem ser obtidos por meio de (6.17) como $\widehat{\boldsymbol{\pi}} = \exp \mathbf{W}\widehat{\boldsymbol{\delta}}$ e atendendo ao facto de $\mathbf{X}_G$ em (6.16) ter característica máxima, segue-se que o estimador MV de $\boldsymbol{\beta}$ pode ser gerado por

$$\widehat{\boldsymbol{\beta}} = (\mathbf{X}_G'\mathbf{X}_G)^{-1}\mathbf{X}_G'\mathbf{AW}\ln\widehat{\boldsymbol{\pi}}.$$

Recorrendo ao método Delta, pode-se expressar a matriz de covariâncias da distribuição aproximada correspondente como

$$\mathbf{V}_{\widehat{\boldsymbol{\beta}}} = (\mathbf{X}_G'\mathbf{X}_G)^{-1}\mathbf{X}_G'\mathbf{AW}\mathbf{V}_{\widehat{\boldsymbol{\delta}}}\mathbf{W}'\mathbf{A}'\mathbf{X}_G(\mathbf{X}_G'\mathbf{X}_G)^{-1}.$$

Em algumas situações particulares é possível simplificar o algoritmo para cálculo das estimativas MV eliminando a necessidade de utilização de multiplicadores de Lagrange. Para ilustrar esse ponto, considere-se o problema descrito no Exemplo 6.5.

Exemplo 10.4 (*Problema da complicação pulmonar*): Como o modelo de igualdade dos riscos relativos $\phi_{21} = \theta_{(2)2}/\theta_{(1)2}$ e $\phi_{32} = \theta_{(3)2}/\theta_{(2)2}$ proposto corresponde a $\ln(\theta_{(2)2}/\theta_{(1)2}) = \ln(\theta_{(3)2}/\theta_{(2)2}) = \beta$, a reparametrização $\ln\theta_{(1)2} = \alpha$ permite escrever

$$\theta_{(i)1} = 1 - \exp[\alpha + (i-1)\beta] \quad \text{e} \quad \theta_{(1)2} = \exp[\alpha + (i-1)\beta]$$

$i = 1, 2, 3$, de maneira que o logaritmo da função de verosimilhança pode ser expresso como

$$
\begin{aligned}
l(\boldsymbol{\beta}) = {} & K(\mathbf{n}) + n_{11}\ln[1 - \exp(\alpha)] + n_{12}\alpha + n_{21}\ln[1 - \exp[\alpha + \beta]] \\
& + n_{22}(\alpha + \beta) + n_{31}\ln[1 - \exp(\alpha + 2\beta)] + n_{32}(\alpha + 2\beta)
\end{aligned}
$$

em que $\boldsymbol{\beta} = (\alpha, \beta)'$ e $K(\mathbf{n})$ é um termo que não depende de $\boldsymbol{\beta}$. Os elementos do gradiente $\mathbf{U}(\boldsymbol{\beta}, \mathbf{n})$ dessa função são

$$
\begin{aligned}
U_1(\boldsymbol{\beta}, \mathbf{n}) &= n_{.2} - n_{11}\frac{\exp(\alpha)}{1 - \exp(\alpha)} - n_{21}\frac{\exp(\alpha + \beta)}{1 - \exp(\alpha + \beta)} + n_{31}\frac{\exp(\alpha + 2\beta)}{1 - \exp(\alpha + 2\beta)} \\
U_2(\boldsymbol{\beta}, \mathbf{n}) &= n_{22} + n_{32} - n_{21}\frac{\exp(\alpha + \beta)}{1 - \exp(\alpha + \beta)} + 2n_{31}\frac{\exp(\alpha + 2\beta)}{1 - \exp(\alpha + 2\beta)}
\end{aligned}
$$

e os correspondentes elementos da matriz hessiana $\mathbf{J}(\boldsymbol{\beta}, \mathbf{n})$ são

$$
\begin{aligned}
J_{11}(\boldsymbol{\beta}, \mathbf{n}) &= -n_{11}\frac{\exp(\alpha)}{[1 - \exp(\alpha)]^2} - n_{21}\frac{\exp(\alpha + \beta)}{[1 - \exp(\alpha + \beta)]^2} - n_{31}\frac{\exp(\alpha + 2\beta)}{[1 - \exp(\alpha + 2\beta)]^2} \\
J_{22}(\boldsymbol{\beta}, \mathbf{n}) &= -n_{21}\frac{\exp(\alpha + \beta)}{[1 - \exp(\alpha + \beta)]^2} - 4n_{31}\frac{\exp(\alpha + 2\beta)}{[1 - \exp(\alpha + 2\beta)]^2} \\
J_{ij}(\boldsymbol{\beta}, \mathbf{n}) &= -n_{21}\frac{\exp(\alpha + \beta)}{[1 - \exp(\alpha + \beta)]^2} - 2n_{31}\frac{\exp(\alpha + 2\beta)}{[1 - \exp(\alpha + 2\beta)]^2} \quad , i, j = 1, 2, i \neq j.
\end{aligned}
$$

Partindo de valores iniciais definidos por $\alpha^{(0)} = \ln p_{12}$ e $\boldsymbol{\beta}^{(0)} = (\mathbf{X}'\mathbf{X})^{-1}\mathbf{X}'\mathbf{A}\ln\mathbf{p}$ em que $\mathbf{p} = (p_{11}, p_{12}, p_{21}, p_{22}, p_{31}, p_{32})'$ denota o vector de frequências relativas amostrais, a aplicação do algoritmo de Newton-Raphson

$$\boldsymbol{\beta}^{(q+1)} = \boldsymbol{\beta}^{(q)} - [\mathbf{J}(\boldsymbol{\beta}^{(q)}; \mathbf{n})]^{-1}\mathbf{U}(\boldsymbol{\beta}^{(q)}; \mathbf{n}), \ q = 0, 1, \ldots,$$

aos dados da Tabela 6.2 permite obter as estimativas MV de α e β, respectivamente iguais a -2.61 e 0.90. Os erros padrões associados obtidos a partir da diagonal de uma estimativa de $\{E[-\mathbf{J}(\boldsymbol{\beta};\mathbf{n})]\}^{-1}$ são 0.12 e 0.09, respectivamente.

Neste contexto, o ajustamento do modelo é convenientemente avaliado por meio da estatística de Pearson, cujo valor $Q_P = 9.88$ quando contrastado com a sua distribuição aproximada $\chi^2_{(1)}$, produz um nível crítico $P = 0.17 \times 10^{-2}$, sugerindo que os dados não contêm evidência suficiente para se concluir pela igualdade dos riscos relativos populacionais.

O ajuste de um modelo alternativo em que o risco relativo de complicação pulmonar pós-operatória para pacientes com avaliação pré-operatória de complicação pulmonar de grau moderado versus baixo é o dobro do risco relativo correspondente para pacientes com avaliação pré-operatória de complicação pulmonar de grau alto versus moderado é aceitável se for julgado por intermédio da estatística de Pearson ($Q_P = 0.64$, $gl = 1$, $P = 0.4237$). A estimativa MV do risco relativo de complicação pulmonar pós-operatória para pacientes com avaliação pré-operatória de complicação pulmonar de grau moderado versus baixo obtida por meio de um algoritmo similar àquele descrito acima é igual a 3.43 (IC $95\% \simeq [2.97; 3.96]$). Os detalhes correspondentes são objecto do Exercício 10.2. ∎

10.2 Outros modelos funcionais lineares

Assim como para os modelos log-lineares não ordinários, procedimentos para obtenção de estimativas MV para modelos funcionais lineares, por sua natureza abrangente, não podem ser talhados sob um figurino uniforme e nem sempre são computacionalmente simples. É esse aspecto que torna atractiva a metodologia MQG a ser discutida no próximo capítulo. No entanto, algumas subclasses desses modelos, dentre as quais destacam-se aquelas de modelos lineares nos logitos de razões continuadas ou nos logitos cumulativos discutidas no Capítulo 6, ainda merecem um tratamento específico.

10.2.1 Modelos lineares nos logitos de razões continuadas

Modelos lineares nos $s(r-1)$ logitos de razões continuadas definidos em (6.23) podem ser compactamente expressos como

$$\mathbf{A}_2 \ln(\mathbf{A}_1 \boldsymbol{\pi}) = \mathbf{X}\boldsymbol{\beta}$$

com $\mathbf{A}_i = \mathbf{I}_s \otimes \mathbf{B}_i$, $i = 1, 2$, $\mathbf{B}_2 = \mathbf{I}_{r-1} \otimes (1 \; -1)$ e

$$\mathbf{B}_1 = \begin{bmatrix} \mathbf{e}'_1 \\ \mathbf{1}'_r - \mathbf{e}'_1 \\ \mathbf{e}'_2 \\ \mathbf{1}'_r - \sum_{j=1}^{2} \mathbf{e}'_j \\ \vdots \\ \mathbf{e}'_{r-1} \\ \mathbf{1}'_r - \sum_{j=1}^{r-1} \mathbf{e}'_j \end{bmatrix},$$

10. ANÁLISE DE MODELOS FUNCIONAIS LINEARES

em que $\mathbf{e}_i$ denota um vector de dimensão r com todos os elementos iguais a 0 à excepção do i-ésimo. Esses modelos também podem ser escritos na forma

$$\mathbf{A}\ln\rho = \mathbf{X}\beta \tag{10.1}$$

com $\mathbf{A} = \mathbf{I}_{s(r-1)} \otimes (1 \ -1)$ e

$$\rho = \left(\rho_{(1)1}, \ldots, \rho_{(1)r-1}, \ldots, \rho_{(s)1}, \ldots, \rho_{(s)r-1}\right)'$$

em que $\rho_{(i)j} = (\rho_{(i)j}, 1 - \rho_{(i)j})'$, $i = 1, \ldots, s$, $j = 1, \ldots, r-1$.

Tendo em vista a factorização (6.21) da função de verosimilhança, (10.1) nada mais é que um modelo log-linear para uma tabela de dimensão $s(r-1) \times 2$ em que as frequências associadas à linha $(i)j$, são n_{ij} e $n_{i\cdot} - \sum_{k=1}^{j} n_{ik}$, $i = 1, \ldots, s$, $j = 1, \ldots, r-1$ e para a qual adopta-se uma distribuição Produto de Multinomiais com vector de probabilidades ρ. A análise via MV, por consequência, pode ser directamente concretizada por intermédio da metodologia desenvolvida no Capítulo 9.

Exemplo 10.5 (*Problema do peso de recém-nascidos*): Neste caso, para a aplicação da análise descrita acima, os dados apresentados na Tabela 1.3 devem ser rearranjados segundo o formato da Tabela 10.1.

Tabela 10.1: Dados da Tabela 1.3 rearranjados para análise de modelos lineares nos logitos de razões continuadas

Classe social	Hábito de fumo	Logito	Nume- rador	Denomi- nador	Total
A	Sim	1	2	42	44
		2	11	31	42
	Não	1	5	109	114
		2	24	95	109
B	Sim	1	3	123	126
		2	32	91	123
	Não	1	11	295	306
		2	57	238	295
C	Sim	1	15	192	207
		2	58	134	192
	Não	1	25	550	575
		2	105	445	550
D	Sim	1	130	1057	1187
		2	362	695	1057
	Não	1	231	3179	3410
		2	694	2485	3179
E	Sim	1	94	565	659
		2	225	340	565
	Não	1	105	1392	1497
		2	339	1053	1392

O ajustamento do modelo (6.24) por MV pode então ser realizado com base nos dados dispostos na Tabela 10.1 por intermédio do modelo log-linear (6.1) com $\mathbf{A} = \mathbf{I}_{20} \otimes (1 - 1)$ e

$$\mathbf{X} = \begin{pmatrix} 1 & 1 & 0 & 0 & 0 & 1 \\ 1 & 1 & 0 & 0 & 0 & -1 \\ 1 & 0 & 1 & 0 & 0 & 1 \\ 1 & 0 & 1 & 0 & 0 & -1 \\ 1 & 0 & 0 & 1 & 0 & 1 \\ 1 & 0 & 0 & 1 & 0 & -1 \\ 1 & 0 & 0 & 0 & 1 & 1 \\ 1 & 0 & 0 & 0 & 1 & -1 \\ 1 & -1 & -1 & -1 & -1 & 1 \\ 1 & -1 & -1 & -1 & -1 & -1 \end{pmatrix} \otimes \mathbf{I}_2.$$

A estatística da razão de verosimilhanças neste caso é $Q_V = 7.37 \, (gl = 8)$ que corresponde a $P = 0.50$, sugerindo a compatibilidade do modelo com os dados. Conforme a descrição apresentada no Capítulo 6, a incorporação da ordinalidade inerente à variável definidora da classe social da mãe pode ser concretizada mediante a associação de *scores* $1, 2, 3, 4$ e 5 às categorias A, B, C, D e E, respectivamente, acompanhada da substituição da matriz especificadora acima por

$$\mathbf{X} = \begin{pmatrix} 1 & -2 & 1 \\ 1 & -2 & -1 \\ 1 & -1 & 1 \\ 1 & -1 & -1 \\ 1 & 0 & 1 \\ 1 & 0 & -1 \\ 1 & 1 & 1 \\ 1 & 1 & -1 \\ 1 & 2 & 1 \\ 1 & 2 & -1 \end{pmatrix} \otimes \mathbf{I}_2. \tag{10.2}$$

Este modelo também se ajusta aos dados de forma satisfatória como é evidenciado pela estatística da razão de verosimilhanças, $Q_V = 13.99 \, (gl = 14)$ a que corresponde $P = 0.45$. As estimativas MV dos parâmetros do modelo juntamente com os respectivos erros padrões estão dispostos na Tabela 10.2 e permitem concluir, por exemplo, que

i) a chance de um recém-nascido cuja mãe pertence a uma determinada classe social apresentar um peso menor que 2.5 kg versus maior ou igual a 2.5 kg é 0.76 (IC 95% $\simeq$ [0.68; 0.84]) vezes a chance correspondente a recém-nascidos cujas mães pertencem à classe social de nível imediatamente inferior com o mesmo hábito de fumo;

ii) dado que um recém-nascido de uma mãe não fumadora tem peso maior ou igual a 2.5 kg, a chance de ele apresentar um peso intermédio (entre 2.5 kg e 3.0 kg) versus igual ou superior a 3.0 kg é 1.37 (IC 95% $\simeq$ [1.30; 1.45]) vezes a chance correspondente a recém-nascidos de mães fumadoras de mesma classe social.

10. ANÁLISE DE MODELOS FUNCIONAIS LINEARES

Tabela 10.2: Estimativas MV dos parâmetros do modelo definido por (6.25) e (10.2)

Parâmetros	Estimativa MV	Erro padrão
γ_1	-2.692	0.077
γ_2	-1.083	0.044
δ_1	0.277	0.054
δ_2	0.134	0.032
α_{11}	0.291	0.043
α_{12}	0.317	0.029

10.2.2 Modelos lineares nos logitos cumulativos

Observe-se inicialmente que, com a reparametrização

$$\gamma_{(i)j} = \theta_{(i)1} + \cdots + \theta_{(i)j}, \ i = 1, \ldots, s, \ j = 1, \ldots, r,$$

a verosimilhança baseada no modelo Produto de Multinomiais pode ser escrita como

$$L(\boldsymbol{\gamma}; \mathbf{n}) = \prod_{i=1}^{s} \prod_{j=1}^{r} \left\{ \left(\frac{\gamma_{(i)j}}{\gamma_{(i)j+1}} \right)^{\sum_{k=1}^{j} n_{ik}} \left(\frac{\gamma_{(i)j+1} - \gamma_{i)j}}{\gamma_{(i)j+1}} \right)^{n_{i,j+1}} \right\}$$

em que $\boldsymbol{\gamma} = (\gamma_{(1)1}, \ldots, \gamma_{(1)r}, \ldots, \gamma_{(s)1}, \ldots, \gamma_{(s)r})'$, de forma que o seu logaritmo se reduz a

$$l(\boldsymbol{\gamma}) = \sum_{i=1}^{s} \sum_{j=1}^{r-1} \left(\sum_{k=1}^{j} n_{ik} \ln \frac{\gamma_{(i)j}}{\gamma_{(i)j+1}} + n_{i,j+1} \ln \frac{\gamma_{(i)j+1} - \gamma_{i)j}}{\gamma_{(i)j+1}} \right). \qquad (10.3)$$

Em seguida, observe-se que os modelos lineares nos logitos cumulativos descritos na Secção 6.2.2 podem ser compactamente expressos na forma

$$\mathbf{A}_2 \ln (\mathbf{A}_1 \boldsymbol{\pi}) = \mathbf{X} \boldsymbol{\beta} \qquad (10.4)$$

com $\mathbf{A}_i = \mathbf{I}_s \otimes \mathbf{B}_i$, $i = 1, 2$, $\mathbf{B}_2 = \mathbf{I}_{r-1} \otimes (1 \ -1)$ e

$$\mathbf{B}_1 = \begin{bmatrix} \mathbf{e}_1' \\ \mathbf{1}_r' - \mathbf{e}_1' \\ \sum_{j=1}^{2} \mathbf{e}_j' \\ \mathbf{1}_r' - \sum_{j=1}^{2} \mathbf{e}_j' \\ \vdots \\ \sum_{j=1}^{r-1} \mathbf{e}_j' \\ \mathbf{1}_r' - \sum_{j=1}^{r-1} \mathbf{e}_j' \end{bmatrix},$$

em que $\mathbf{e}_i$ denota um vector de dimensão r com todos os elementos iguais a 0 à excepção do i-ésimo. Então, escrevendo

$$L_{(i)j} = \ln \frac{\gamma_{(i)j}}{1 - \gamma_{(i)j}} = \mathbf{x}_{ij}' \boldsymbol{\beta}$$

em que $\mathbf{x}'_{ij}$ denota a linha da matriz $\mathbf{X}$ associada a $L_{(i)j}$, tem-se

$$\gamma_{(i)j}(\boldsymbol{\beta}) = \frac{\exp(\mathbf{x}'_{ij}\boldsymbol{\beta})}{1 + \exp(\mathbf{x}'_{ij}\boldsymbol{\beta})} \quad \text{e} \quad 1 - \gamma_{(i)j}(\boldsymbol{\beta}) = \frac{1}{1 + \exp(\mathbf{x}'_{ij}\boldsymbol{\beta})}, \tag{10.5}$$

o que permite obter as derivadas

$$\frac{\partial \gamma_{(i)j}(\boldsymbol{\beta})}{\partial \boldsymbol{\beta}} = \gamma_{(i)j}(\boldsymbol{\beta})[1 - \gamma_{(i)j}(\boldsymbol{\beta})]\mathbf{x}_{ij} \tag{10.6}$$

$$\frac{\partial}{\partial \boldsymbol{\beta}} \ln \frac{\gamma_{(i)j}(\boldsymbol{\beta})}{\gamma_{(i)j+1}(\boldsymbol{\beta})} = [1 - \gamma_{(i)j}(\boldsymbol{\beta})]\mathbf{x}_{ij} - [1 - \gamma_{(i)j+1}(\boldsymbol{\beta})]\mathbf{x}_{i,j+1} \tag{10.7}$$

$$\frac{\partial}{\partial \boldsymbol{\beta}} \ln \left(1 - \frac{\gamma_{(i)j}(\boldsymbol{\beta})}{\gamma_{(i)j+1}(\boldsymbol{\beta})}\right) = \left(1 - \frac{\gamma_{(i)j+1}(\boldsymbol{\beta})}{\gamma_{(i)j}(\boldsymbol{\beta})}\right)^{-1} \times \tag{10.8}$$
$$\left\{[1 - \gamma_{(i)j+1}(\boldsymbol{\beta})]\mathbf{x}_{i,j+1} - [1 - \gamma_{(i)j}(\boldsymbol{\beta})]\mathbf{x}_{ij}\right\}.$$

Com os ingredientes especificados em (10.6), (10.7) e (10.8), a primeira derivada da função log-verosimilhança (10.3) pode ser explicitada como

$$\mathbf{U}(\boldsymbol{\beta};\mathbf{n}) = \frac{\partial \ln l(\boldsymbol{\beta})}{\partial \boldsymbol{\beta}} = \sum_{i=1}^{s}\sum_{j=1}^{r-1}\left\{\left[\sum_{k=1}^{j} n_{ik} - n_{i,j+1}\left(1 - \frac{\gamma_{(i)j+1}(\boldsymbol{\beta})}{\gamma_{(i)j}(\boldsymbol{\beta})}\right)^{-1}\right] \times \right.$$
$$[1 - \gamma_{(i)j}(\boldsymbol{\beta})]\mathbf{x}_{ij} - [1 - \gamma_{(i)j+1}(\boldsymbol{\beta})]\mathbf{x}_{i,j+1}\Big\}$$
$$= \sum_{i=1}^{s}\sum_{j=1}^{r-1}\frac{n_{i.}}{\gamma_{(i)j+1}(\boldsymbol{\beta}) - \gamma_{(i)j}(\boldsymbol{\beta})} \times \tag{10.9}$$
$$\{Z_{(i)j}(\gamma_{(i)j+1}(\boldsymbol{\beta}) - \gamma_{(i)j}(\boldsymbol{\beta})) - (Z_{(i)j+1} - Z_{(i)j})\gamma_{(i)j}(\boldsymbol{\beta})\}\mathbf{a}_{ij}$$
$$= \sum_{i=1}^{s}\sum_{j=1}^{r-1}\frac{n_{i.}}{\gamma_{(i)j+1}(\boldsymbol{\beta}) - \gamma_{(i)j}(\boldsymbol{\beta})}\{Z_{(i)j}\gamma_{(i)j+1}(\boldsymbol{\beta}) - Z_{(i)j+1}\gamma_{(i)j}(\boldsymbol{\beta})\}\mathbf{a}_{ij}$$

com $Z_{(i)j} = n_{i.}^{-1}\sum_{k=1}^{j} n_{ik}$ e $\mathbf{a}_{ij} = [1 - \gamma_{(i)j}(\boldsymbol{\beta})]\mathbf{x}_{ij} - [1 - \gamma_{(i)j+1}(\boldsymbol{\beta})]\mathbf{x}_{i,j+1}$.

Operações similares (Exercício 10.3) permitem demonstrar que

$$\mathbf{J}(\boldsymbol{\beta}) = \frac{\partial^2 \ln l(\boldsymbol{\beta})}{\partial \boldsymbol{\beta}\partial \boldsymbol{\beta}'} = -\sum_{i=1}^{s} n_{i.}\sum_{j=1}^{r-1}\frac{\gamma_{(i)j+1}(\boldsymbol{\beta})}{\gamma_{(i)j}(\boldsymbol{\beta})[\gamma_{(i)j+1}(\boldsymbol{\beta}) - \gamma_{(i)j}(\boldsymbol{\beta})]}\mathbf{a}_{ij}\mathbf{a}'_{ij}. \tag{10.10}$$

As expressões (10.9) e (10.10) são suficientes para a construcção do seguinte algoritmo do tipo Newton-Raphson

$$\boldsymbol{\beta}^{(q+1)} = \boldsymbol{\beta}^{(q)} - [\mathbf{J}(\boldsymbol{\beta}^{(q)})]^{-1}\mathbf{U}(\boldsymbol{\beta}^{(q)};\mathbf{n}), \; q = 0, 1, \ldots,$$

cuja iteração até à convergência produz as estimativas MV. Um possível valor inicial é $\boldsymbol{\beta}^{(0)} = (\mathbf{X}'\mathbf{X})^{-1}\mathbf{X}\mathbf{A}_2\ln \mathbf{A}_1\mathbf{p}$ em que $\mathbf{p}$ representa o vector de proporções amostrais.

10. ANÁLISE DE MODELOS FUNCIONAIS LINEARES

Com base na estimativa MV, $\widehat{\boldsymbol{\beta}}$ do vector de parâmetros $\boldsymbol{\beta}$ pode-se estimar as probabilidades cumulativas $\gamma_{(i)j}(\boldsymbol{\beta})$, por intermédio de (10.5), e então obter as frequências esperadas calculando

$$\widehat{m}_{ij} = n_{i.}[\gamma_{(i)j}(\widehat{\boldsymbol{\beta}}) - \gamma_{(i)j-1}(\widehat{\boldsymbol{\beta}})], \quad i = 1, \ldots, s, j = 1, \ldots, r \tag{10.11}$$

com $\gamma_{(i)0}(\widehat{\boldsymbol{\beta}}) = 0$, a partir das quais se podem determinar os valores observados de estatísticas de ajustamento.

Exemplo 10.6 (*Problema do peso de recém-nascidos*): Associando *scores* $1, 2, 3, 4$ e 5 às categorias A, B, C, D e E da classe social da mãe, respectivamente, os modelos lineares nos logitos cumulativos correspondentes às categorias de peso do recém-nascido menor que 2.5 kg e menor que 3.0 kg descritos em (6.33) e (6.35) podem ser colocados na forma (10.4) com a matriz $\mathbf{X}$ especificada por

$$\mathbf{X}_1 = \begin{pmatrix} 1 & 0 & -2 & 1 \\ 0 & 1 & -2 & 1 \\ 1 & 0 & -2 & -1 \\ 0 & 1 & -2 & -1 \\ 1 & 0 & -1 & 1 \\ 0 & 1 & -1 & 1 \\ 1 & 0 & -1 & -1 \\ 0 & 1 & -1 & 1 \\ 1 & 0 & 0 & 1 \\ 0 & 1 & 0 & -1 \\ 1 & 0 & 0 & -1 \\ 0 & 1 & 0 & 1 \\ 1 & 0 & 1 & 1 \\ 0 & 1 & 1 & -1 \\ 1 & 0 & 1 & -1 \\ 0 & 1 & 1 & -1 \\ 1 & 0 & 2 & 1 \\ 0 & 1 & 2 & 1 \\ 1 & 0 & 2 & -1 \\ 0 & 1 & 2 & -1 \end{pmatrix} \quad \text{ou} \quad \mathbf{X}_2 = \begin{pmatrix} 1 & 0 & -2 & 0 & 1 \\ 0 & 1 & -2 & 0 & 1 \\ 1 & 0 & 0 & -2 & -1 \\ 0 & 1 & 0 & -2 & -1 \\ 1 & 0 & -1 & 0 & 1 \\ 0 & 1 & -1 & 0 & 1 \\ 1 & 0 & 0 & -1 & -1 \\ 0 & 1 & 0 & -1 & 1 \\ 1 & 0 & 0 & 0 & 1 \\ 0 & 1 & 0 & 0 & -1 \\ 1 & 0 & 0 & 0 & -1 \\ 0 & 1 & 0 & 0 & 1 \\ 1 & 0 & 1 & 0 & 1 \\ 0 & 1 & 1 & 0 & -1 \\ 1 & 0 & 0 & 1 & -1 \\ 0 & 1 & 0 & 1 & -1 \\ 1 & 0 & 2 & 0 & 1 \\ 0 & 1 & 2 & 0 & 1 \\ 1 & 0 & 0 & 2 & -1 \\ 0 & 1 & 0 & 2 & -1 \end{pmatrix} \tag{10.12}$$

com vector de parâmetros $\boldsymbol{\beta}_1 = (\gamma_1, \gamma_2, \delta, \alpha_1)'$ ou $\boldsymbol{\beta}_2 = (\gamma_1, \gamma_2, \delta_1, \delta_2, \alpha_1)'$, respectivamente.

Ambos os modelos podem ser considerados satisfatórios quanto ao ajustamento, como se pode deduzir quer da estatística da razão de verosimilhanças ($Q_V(\mathbf{X}_1) = 19.79$ com $gl = 16$, $P = 0.23$ para o modelo especificado por $\mathbf{X}_1$ e $Q_V(\mathbf{X}_2) = 14.07$ com $gl = 16$, $P = 0.52$ para o modelo especificado por $\mathbf{X}_2$), quer da estatística de Pearson ($Q_P(\mathbf{X}_1) = 18.01$ com $gl = 15$, $P = 0.32$ para o modelo especificado por $\mathbf{X}_1$ e $Q_P(\mathbf{X}_2) = 12.95$ com $gl = 15$, $P = 0.61$ para o modelo especificado por $\mathbf{X}_2$). Como o primeiro desses modelos é encaixado no segundo, cabe aqui avaliar, por intermédio de algum teste condicional (ver Secção 7.3), se no contexto de ajustamento do modelo mais geral, o ajustamento do modelo mais restrito é justificável. O teste da razão de verosimilhanças mostra-se bastante conveniente neste caso, dado que a estatística correspondente, $Q_V(\mathbf{X}_1|\mathbf{X}_2)$, é a diferença entre as estatísticas de ajustamento $Q_V(\mathbf{X}_2)$

e $Q_V(\mathbf{X}_1)$ associadas aos modelos em questão. Como $Q_V(\mathbf{X}_1|\mathbf{X}_2)$ tem distribuição aproximada χ^2 com $gl = 1$ quando $\delta_1 = \delta_2$ e o correspondente valor observado é $Q_V(\mathbf{X}_1|\mathbf{X}_2) = 5.72$ $(P = 0.17 \times 10^{-2})$, não parece razoável basear as conclusões no modelo reduzido. As frequências esperadas sob os dois modelos calculadas por intermédio de (10.11) estão dispostas na Tabela 10.3. O teste condicional de ajustamento obtido da comparação entre elas por intermédio da estatística de Pearson (7.22), $Q_P(\mathbf{X}_1|\mathbf{X}_2) = 5.74$ $(gl = 1, P \simeq 0.02)$, corrobora a conclusão anterior.

Tabela 10.3: Frequências observadas (obs)e esperadas (esp) sob os modelos (10.12) para o Exemplo 10.6

Classe social da mãe	Hábito de fumo	Peso do recém-nascido	Frequências		
			obs	esp $(\mathbf{X}_1)$	esp $(\mathbf{X}_2)$
A	Sim	< 2.5 kg	2	3.01	2.28
A	Sim	2.5 - 3.0 kg	11	9.84	8.08
A	Sim	> 3.0 kg	31	31.15	33.64
A	Não	< 2.5 kg	5	4.55	5.25
A	Não	2.5 - 3.0 kg	24	17.32	19.46
A	Não	> 3.0 kg	95	102.13	99.30
B	Sim	< 2.5 kg	3	10.19	8.48
B	Sim	2.5 - 3.0 kg	32	31.51	27.92
B	Sim	> 3.0 kg	91	84.30	89.60
B	Não	< 2.5 kg	11	13.37	14.70
B	Não	2.5 - 3.0 kg	57	49.16	53.00
B	Não	> 3.0 kg	238	243.47	238.31
C	Sim	< 2.5 kg	15	19.76	17.98
C	Sim	2.5 - 3.0 kg	58	57.31	54.23
C	Sim	> 3.0 kg	134	129.92	134.79
C	Não	< 2.5 kg	25	29.88	31.31
C	Não	2.5 - 3.0 kg	105	105.54	109.50
C	Não	> 3.0 kg	445	439.59	434.18
D	Sim	< 2.5 kg	130	133.37	132.33
D	Sim	2.5 - 3.0 kg	362	360.08	359.08
D	Sim	> 3.0 kg	695	693.56	695.59
D	Não	< 2.5 kg	231	210.29	210.43
D	Não	2.5 - 3.0 kg	694	709.59	711.05
D	Não	> 3.0 kg	2485	2490.12	2488.52
E	Sim	< 2.5 kg	94	86.85	93.56
E	Sim	2.5 - 3.0 kg	225	216.55	224.28
E	Sim	> 3.0 kg	340	355.60	341.16
E	Não	< 2.5 kg	105	109.37	104.55
E	Não	2.5 - 3.0 kg	339	350.22	340.27
E	Não	> 3.0 kg	1053	1037.41	1052.18

Neste contexto, ainda convém avaliar a validade da hipótese de chances proporcionais englobada tanto no modelo definido por $\mathbf{X}_1$ quanto naquele definido por $\mathbf{X}_2$. Isto

10. ANÁLISE DE MODELOS FUNCIONAIS LINEARES

equivale a testar se os efeitos, quer da classe social da mãe, quer do hábito de fumo são diferentes relativamente aos dois logitos cumulativos, ou mais concretamente, a testar se os modelos mencionados acima são aceitáveis comparativamente a outros dois, designados por $\mathbf{X}_{11}$ e $\mathbf{X}_{21}$ e obtidos com a substituição das duas (três) últimas colunas de $\mathbf{X}_1$ ($\mathbf{X}_2$) respectivamente por

$$
\mathbf{Z}_1 = \begin{pmatrix}
-2 & 0 & 1 & 0 \\
0 & -2 & 0 & 1 \\
-2 & 0 & -1 & 0 \\
0 & -2 & 0 & -1 \\
-1 & 0 & 1 & 0 \\
0 & -1 & 0 & 1 \\
-1 & 0 & -1 & 0 \\
0 & -1 & 0 & -1 \\
0 & 0 & 1 & 0 \\
0 & 0 & 0 & 1 \\
0 & 0 & -1 & 0 \\
0 & 0 & 0 & -1 \\
1 & 0 & 1 & 0 \\
0 & 1 & 0 & 1 \\
1 & 0 & -1 & 0 \\
0 & 1 & 0 & -1 \\
2 & 0 & 1 & 0 \\
0 & 2 & 0 & 1 \\
2 & 0 & -1 & 0 \\
0 & 2 & 0 & -1
\end{pmatrix}
\quad \text{e} \quad
\mathbf{Z}_2 = \begin{pmatrix}
-2 & 0 & 0 & 0 & 1 & 0 \\
0 & -2 & 0 & 0 & 0 & 1 \\
0 & 0 & -2 & 0 & -1 & 0 \\
0 & 0 & 0 & -2 & 0 & -1 \\
-1 & 0 & 0 & 0 & 1 & 0 \\
0 & -1 & 0 & 0 & 0 & 1 \\
0 & 0 & -1 & 0 & -1 & 0 \\
0 & 0 & 0 & -1 & 0 & 1 \\
0 & 0 & 0 & 0 & 1 & 0 \\
0 & 0 & 0 & 0 & 0 & -1 \\
0 & 0 & 0 & 0 & -1 & 0 \\
0 & 0 & 0 & 0 & 0 & 1 \\
1 & 0 & 0 & 0 & 1 & 0 \\
0 & 1 & 0 & 0 & 0 & -1 \\
0 & 0 & 1 & 0 & -1 & 0 \\
0 & 0 & 0 & 1 & 0 & -1 \\
2 & 0 & 0 & 0 & 1 & 0 \\
0 & 2 & 0 & 0 & 0 & 1 \\
0 & 0 & 2 & 0 & -1 & 0 \\
0 & 0 & 0 & 2 & 0 & -1
\end{pmatrix}.
$$

Essencialmente, isto corresponde a substituir cada um dos parâmetros δ e α_1 em $\boldsymbol{\beta}_1$ e δ_1, δ_2 e α_1 em $\boldsymbol{\beta}_2$ por dois outros, com interpretações semelhantes, associados a cada um dos logitos cumulativos. Embora qualquer das alternativas apresentadas na Secção 7.3 possa ser utilizada como estatística de teste condicional da hipótese redutora de modelos em questão, a estatística do *score* eficiente de Rao (6.24) é extremamente atractiva neste caso, pois prescinde da necessidade do ajuste dos modelos mais complexos $\mathbf{X}_{11}$ e $\mathbf{X}_{21}$. Tendo em conta (10.9) e a natureza não estocástica de (10.10), esta estatística pode ser calculada como

$$
Q_R(\mathbf{X}_i | \mathbf{X}_{i1} = \mathbf{U}(\widehat{\boldsymbol{\beta}}_i)' [\mathbf{H}(\widehat{\boldsymbol{\beta}}_i)]^{-1} \mathbf{U}(\widehat{\boldsymbol{\beta}}_i), \quad i = 1, 2
$$

em que $\widehat{\boldsymbol{\beta}}_i$ denota o estimador MV de $\boldsymbol{\beta}_i$, obtido sob o modelo especificado por $\mathbf{X}_i$, $i = 1, 2$. Para os dados da Tabela 1.3, os valores correspondentes, $Q_R(\mathbf{X}_1 | \mathbf{X}_{11}) = 4.85$ e $Q_R(\mathbf{X}_2 | \mathbf{X}_{21}) = 5.05$, avaliados relativamente a suas distribuições aproximadas $\chi^2_{(2)}$ e $\chi^2_{(3)}$ sob as hipóteses nulas, geram $P = 0.09$ e $P = 0.17$, o que não contradiz a validade dos modelos de chances proporcionais adoptados. ∎

10.3 Modelos de concordância

Se a propriedade de invariância dos estimadores MV for invocada, o respectivo estimador da medida de concordância Kapa (6.38) pode ser directamente obtido a partir do estimador MV do vector de parâmetros $\boldsymbol{\theta}$ ($\mathbf{p} = \mathbf{n}/N$) da distribuição Multinomial subjacente e é dado por

$$\widehat{\kappa} = \frac{\sum_i p_{ii} - \sum_i p_{i\cdot} p_{\cdot i}}{1 - \sum_i p_{i\cdot} p_{\cdot i}} = \frac{\sum_i p_{ii} - \sum_i p_{i\cdot} p_{\cdot i}}{\sum_i p_{i\cdot} \left(\sum_{j \neq i} p_{\cdot j} \right)} \ .$$

Uma estimativa da matriz de covariâncias assintótica desse estimador obtida por meio do método Delta [Fleiss, Levin & Myunghee (2004)] é

$$
\begin{aligned}
Var(\widehat{\kappa}) \quad = \quad & N^{-1} \left\{ \frac{\sum_i p_{ii}(1 - \sum_i p_{ii})}{(1 - \sum_i p_{ii})^2} \right. \\
& + \frac{2(1 - \sum_i p_{ii})[2 \sum_i p_{ii} \sum_i p_{i\cdot} p_{\cdot i} - \sum_i p_{ii}(p_{i\cdot} + p_{\cdot i})]}{(1 - \sum_i p_{i\cdot} p_{\cdot i})^3} \\
& \left. + \frac{(1 - \sum_i p_{ii})^2[\sum_i \sum_j p_{ij}(p_{i\cdot} + p_{\cdot j})^2 - 4 \sum_i p_{i\cdot} p_{\cdot i}]}{(1 - \sum_i p_{i\cdot} p_{\cdot i})^4} \right\}
\end{aligned}
$$

A substituição de $\boldsymbol{\theta}$ por $\mathbf{p}$ em (6.39) não só permite a representação de $\widehat{\kappa}$ numa forma compacta como também facilita seu cálculo. Além disso, como se verá detalhadamente no Capítulo 11, esse expediente contribui para a especificação da distribuição assintótica desse estimador, cuja matriz de covariâncias pode ser determinada com o auxílio da regra da diferenciação em cadeia.

Embora o procedimento descrito acima seja aplicável sem maiores dificuldades para comparar medidas de concordância κ em problemas estratificados como aquele mencionado na Secção 6.3, a utilização da metodologia MV para estimação de uma medida de concordância comum nos casos em que a hipótese de homogeneidade não é rejeitada é por demais complexa. Nesses casos, a metodologia MQG (*vide* Capítulo 11) é uma alternativa mais vantajosa.

10.4   Modelos lineares generalizados

Como já se mencionou, a análise de modelos lineares generalizados num âmbito mais amplo, em que não se fazem restrições ao tipo de variáveis explicativas, foge aos objectivos dete texto. Inúmeros autores têm abordado esse tópico e o leitor interessado poderá consultar McCullagh & Nelder (1989) para detalhes. Aqui focar-se-ão apenas os casos em que as variáveis explicativas são factores, como no Exemplo 10.8. Essa estrutura de dados, em que os parâmetros de interesse caracterizam as distribuições de várias unidades amostrais avaliadas sob o mesmo tratamento (nível do factor ou combinação dos níveis de vários factores), é conhecida na literatura como dados agrupados (*grouped data*) em contraste com outra, dados não-agrupados, em que cada unidade amostral pode ser avaliada sob um tratamento diferente, e portanto, pode estar associada a um parâmetro diferente.

Exemplo 10.8 (*Problema da susceptibilidade a malária cerebral*): Os dados da Tabela 10.4, reproduzidos de Sepúlveda (2004), reportam-se a um estudo de genética experimental que visa mapear a susceptibilidade ao síndroma de malária cerebral (SMC) em camundongos.

10. ANÁLISE DE MODELOS FUNCIONAIS LINEARES

Tabela 10.4: Frequências observadas de animais

		Susceptibilidade ao SMC	
Locus 1	Locus 2	Susceptíveis	Resistentes
$s_1 s_1$	$s_2 s_2$	35	10
	$s_2 r_2$	25	23
$s_1 r_1$	$s_2 s_2$	27	21
	$s_2 r_2$	9	40

As linhas indicam os genótipos em dois *loci* (situados em autossomas distintos) identificados como relevantes para o fenótipo (doença) em causa em animais da progenia F_2 resultantes do retrocruzamento da progenia F_1 (obtida por cruzamento entre uma estirpe susceptível (s) e outra resistente (r)) com os seus progenitores da estirpe susceptível.

Admita que os dados sejam compatíveis com um modelo Produto de Binomiais com parâmetros θ_{ij} indicando a probabilidade de um animal com os genótipos i e j nos *loci* 1 e 2, respectivamente, manifestar susceptibilidade ao SMC (a chamada **penetrância** do genótipo combinado (i, j) para o fenótipo em causa). Como exemplos de estruturas para a modelação da (ausência de) interacção genética entre dois *loci* em fenótipos binários complexos (*i.e.*, com penetrância em $(0, 1)$, dita incompleta) apresentam-se os seguintes:

- Modelo aditivo: $\theta_{ij} = \lambda + \alpha_i + \beta_j$

- Modelo multiplicativo: $\theta_{ij} = \exp(\lambda + \alpha_i + \beta_j)$

- Modelo de heterogeneidade de Risch: $\theta_{ij} = \alpha_i^* + \beta_j^* - \alpha_i^* \beta_j^*$

- Modelo logístico: $\theta_{ij} = \exp(\lambda + \alpha_i + \beta_j)/[1 + \exp(\lambda + \alpha_i + \beta_j)]$

- Modelo linear nos probitos: $\theta_{ij} = \Phi(\lambda + \alpha_i + \beta_j)$

em que os parâmetros do segundo membro podem assumir valores reais para todo o genótipo combinado (i, j), sujeitos a apropriadas restrições de identificabilidade. É fácil constatar, como se verá em breve, que estes cinco modelos se integram na classe dos modelos lineares generalizados com a função de ligação $g(x)$, respectivamente dada por x, $\ln x$, $\ln(1 - x)$, $\ln[x/(1 - x)]$ e $\Phi^{-1}(x)$ e preditor linear $\lambda + \alpha_i + \beta_j$, em que para o modelo de Risch, com a reparametrização do estrato de referência $(1, 1)$, $\alpha_i = \ln[(1 - \alpha_i^*)/(1 - \alpha_1^*)]$, $\beta_j = \ln[(1 - \beta_j^*)/(1 - \beta_1^*)]$ e $\lambda = \ln[(1 - \alpha_1^*)(1 - \beta_1^*)]$. Em termos da classificação estrutural seguida dominantemente neste livro, o modelo aditivo é um modelo estritamente linear, os modelos multiplicativo e de Risch são modelos log-lineares generalizados, o modelo logístico é um modelo log-linear e o modelo nos probitos é um modelo funcional linear. ∎

A metodologia inferencial descrita nos Capítulos 7, 8 e 9 acoplada à que se descreve na Secção 10.1 pode ser empregada para o ajustamento dos quatro primeiros modelos sugeridos para os dados do Exemplo 10.8. Embora seja possível especificar métodos *ad hoc* para o ajuste do modelo no probito, o tratamento baseado no contexto mais

362   10.4 MODELOS LINEARES GENERALIZADOS

geral dos modelos lineares generalizados (descritos na Secção 6.3) é mais interessante, pois permite encarar o ajuste deste e dos demais modelos de forma unificada.

Com essa finalidade, seguindo a notação utilizada na Secção 6.3 e a orientação apresentada em Sen & Singer (1993), primeiramente defina-se a função composta $\gamma(.) = (g \circ b')^{-1}(.)$ de forma a obter de (6.42) e (6.46)

$$\alpha_i = \gamma(\boldsymbol{\beta}'\mathbf{x}_i), \quad i = 1, \ldots, N, \tag{10.13}$$

Tomando $\phi = 1$ sem perda de generalidade, dadas as distribuições com que se lida neste texto, o logaritmo da função de verosimilhança pode ser escrito a partir de (6.40) como

$$l(\boldsymbol{\beta}) = constante + \sum_{i=1}^{N} \left\{ y_i \gamma(\boldsymbol{\beta}'\mathbf{x}_i) - b[\gamma(\boldsymbol{\beta}'\mathbf{x}_i)] \right\} \tag{10.14}$$

em que o termo constante não depende de $\boldsymbol{\beta}$. Agora, recorrendo à diferenciabilidade assumida para as funções $b(.)$ e $g(.)$ e fazendo $z = \gamma(w) = (g \circ b')^{-1}(w)$, de forma que $w = \gamma^{-1}(z) = (g \circ b')(z)$, tem-se

$$\begin{aligned} \frac{d\gamma(w)}{dw} &= \frac{d[(g \circ b')^{-1}(w)]}{dw} = \left(\frac{d[(g \circ b')(z)]}{dz} \right)^{-1} \\ &= \left\{ g'[b'(z)]b''(z) \right\}^{-1} = \left\{ g'[b'(\gamma(w)]b''(\gamma(w)) \right\}^{-1}. \end{aligned} \tag{10.15}$$

Substituindo w por $\boldsymbol{\beta}'\mathbf{x}_i$ em (10.15) e derivando a expressão resultante em relação a $\boldsymbol{\beta}$, pode-se concluir que

$$\frac{\partial \gamma(\boldsymbol{\beta}'\mathbf{x}_i)}{\partial \boldsymbol{\beta}} = \left\{ g'[b'(\gamma(\boldsymbol{\beta}'\mathbf{x}_i))]b''(\gamma(\boldsymbol{\beta}'\mathbf{x}_i)) \right\}^{-1} \mathbf{x}_i \tag{10.16}$$

em que g' denota a derivada de g e

$$\begin{aligned} \frac{\partial b[\gamma(\boldsymbol{\beta}'\mathbf{x}_i)]}{\partial \boldsymbol{\beta}} &= b'[\gamma(\boldsymbol{\beta}'\mathbf{x}_i)] \frac{\partial \gamma(\boldsymbol{\beta}'\mathbf{x}_i)}{\partial \boldsymbol{\beta}} \\ &= b'[\gamma(\boldsymbol{\beta}'\mathbf{x}_i)] \left\{ g'[b'(\gamma(\boldsymbol{\beta}'\mathbf{x}_i))]b''(\gamma(\boldsymbol{\beta}'\mathbf{x}_i)) \right\}^{-1} \mathbf{x}_i. \end{aligned} \tag{10.17}$$

Com o emprego de (10.16) e (10.17), a derivada da função log-verosimilhança (10.14) pode ser expressa como

$$\begin{aligned} \mathbf{U}(\boldsymbol{\beta}; \mathbf{y}) = \sum_{i=1}^{N} &\left[y_i \left\{ g'[b'(\gamma(\boldsymbol{\beta}'\mathbf{x}_i)]b''(\gamma(\boldsymbol{\beta}'\mathbf{x}_i)) \right\}^{-1} \mathbf{x}_i \right. \\ &\left. -b'[\gamma(\boldsymbol{\beta}'\mathbf{x}_i)] \left\{ g'[b'(\gamma(\boldsymbol{\beta}'\mathbf{x}_i)]b''(\gamma(\boldsymbol{\beta}'\mathbf{x}_i)) \right\}^{-1} \mathbf{x}_i \right]. \end{aligned}$$

em que $\mathbf{y} = (y_1, \ldots, y_N)'$. Fazendo $\mu_i(\boldsymbol{\beta}) = b'[\gamma(\boldsymbol{\beta}'\mathbf{x}_i)]$ e $\nu_i(\boldsymbol{\beta}) = b''[\gamma(\boldsymbol{\beta}'\mathbf{x}_i)]$, as equações de estimação correspondentes, cuja solução é o estimador MV de $\boldsymbol{\beta}$, podem ser escritas na forma compacta

$$\sum_{i=1}^{N} \frac{y_i - \mu_i(\boldsymbol{\beta})}{g'[\mu_i(\boldsymbol{\beta})]\nu_i(\boldsymbol{\beta})} \mathbf{x}_i = \mathbf{0}. \tag{10.18}$$

10. ANÁLISE DE MODELOS FUNCIONAIS LINEARES

Como ilustração, considere-se o Exemplo 10.8, observando que para o modelo probabilístico subjacente, as funções de variância associadas são $\nu_{ij}(\boldsymbol{\beta}) = n_{ij.}\theta_{ij}(\boldsymbol{\beta})[1 - \theta_{ij}(\boldsymbol{\beta})]$ $i,j = 1,2$ em que $n_{ij.}$ representa o total de animais em cada linha da Tabela 10.4. Lembrando que $\mu_{ij}(\boldsymbol{\beta}) = n_{ij.}\theta_{ij}(\boldsymbol{\beta})$, a especificação dos modelos descritos anteriormente como modelos lineares generalizados é indicada a seguir:

- Modelo estritamente linear (aditivo):

  - $\theta_{ij}(\boldsymbol{\beta}) = \mathbf{x}'_{ij}\boldsymbol{\beta}$
  - $g[\mu_{ij}(\boldsymbol{\beta})] = \mu_{ij}(\boldsymbol{\beta})/n_{ij.}$
  - $g'[\mu_{ij}(\boldsymbol{\beta})] = n_{ij.}^{-1}$
  - As equações de estimação (10.18) reduzem-se a

  $$\sum_{i=1}^{N} \frac{y_{ij} - n_{ij.}\theta_{ij}(\boldsymbol{\beta})}{\theta_{ij}(\boldsymbol{\beta})[1 - \theta_{ij}(\boldsymbol{\beta})]}\mathbf{x}_{ij} = \mathbf{0}.$$

- Modelo multiplicativo (e de Risch):

  - $\theta_{ij}(\boldsymbol{\beta}) = \exp(\mathbf{x}'_{ij}\boldsymbol{\beta})$
  - $g[\mu_{ij}(\boldsymbol{\beta})] = \ln[\mu_{ij}(\boldsymbol{\beta})/n_{ij.}], \quad g[\mu_{ij}(\boldsymbol{\beta})] = \ln[1 - \mu_{ij}(\boldsymbol{\beta})/n_{ij.}]$
  - $g'[\mu_{ij}(\boldsymbol{\beta})] = [\mu_{ij}(\boldsymbol{\beta})]^{-1}$
  - As equações de estimação (10.18) reduzem-se a

  $$\sum_{i=1}^{N} \frac{y_{ij} - n_{ij.}\theta_{ij}(\boldsymbol{\beta})}{1 - \theta_{ij}(\boldsymbol{\beta})}\mathbf{x}_{ij} = \mathbf{0}.$$

- Modelo linear nos probitos:

  - $\theta_{ij}(\boldsymbol{\beta}) = \Phi(\mathbf{x}'_{ij}\boldsymbol{\beta})$ em que Φ denota a função distribuição Normal padrão
  - $g[\mu_{ij}(\boldsymbol{\beta})] = \Phi^{-1}[\mu_{ij}(\boldsymbol{\beta})/n_{ij.}]$
  - $g'[\mu_{ij}(\boldsymbol{\beta})] = n_{ij.}^{-1}\left(\phi\{\Phi[\mu_{ij}(\boldsymbol{\beta})/n_{ij.}]\}\right)^{-1} = [n_{ij.}\phi(\mathbf{x}'_{ij}\boldsymbol{\beta})]^{-1}$, em que ϕ denota a densidade Normal padrão
  - As equações de estimação (10.18) reduzem-se a

  $$\sum_{i=1}^{N} \frac{y_{ij} - n_{ij.}\theta_{ij}(\boldsymbol{\beta})}{\theta_{ij}(\boldsymbol{\beta})[1 - \theta_{ij}(\boldsymbol{\beta})]}\phi(\mathbf{x}'_{ij}\boldsymbol{\beta})\mathbf{x}_{ij} = \mathbf{0}.$$

- Modelo log-linear (logístico):

  - $\theta_{ij}(\boldsymbol{\beta}) = \exp(\mathbf{x}'_{ij}\boldsymbol{\beta})/[1 + \exp(\mathbf{x}'_{ij}\boldsymbol{\beta})] \Longrightarrow \mathbf{x}'_{ij}\boldsymbol{\beta} = \ln\{\theta_{ij}(\boldsymbol{\beta})/[1 - \theta_{ij}(\boldsymbol{\beta})]\}$
  - $g[\mu_{ij}(\boldsymbol{\beta})] = \ln\{\mu_{ij}(\boldsymbol{\beta})/[n_{ij.} - \mu_{ij}(\boldsymbol{\beta})]\}$
  - $g'[\mu_{ij}(\boldsymbol{\beta})] = n_{ij.}/\{\mu_{ij}(\boldsymbol{\beta})[n_{ij.} - \mu_{ij}(\boldsymbol{\beta})]\}$

364   10.4 MODELOS LINEARES GENERALIZADOS

○ As equações de estimação (10.18) reduzem-se a

$$\sum_{i=1}^{N}[y_{ij} - n_{ij.}\theta_{ij}(\boldsymbol{\beta})]\mathbf{x}_{ij} = \mathbf{0}.$$

A não ser em casos especiais, a resolução das equações de estimação requer a utilização de algoritmos iterativos e os mais comuns, como já se viu, são baseados na segunda derivada da função log-verosimilhança, que pode ser calculada a partir do primeiro membro de (10.18) como se mostrará em seguida:

$$
\begin{aligned}
-\frac{\partial^2 l(\boldsymbol{\beta})}{\partial\boldsymbol{\beta}\boldsymbol{\beta}'} &= \frac{\partial\mathbf{U}(\boldsymbol{\beta};\mathbf{y})}{\partial\boldsymbol{\beta}} = \sum_{i=1}^{N}\{g'[\mu_i(\boldsymbol{\beta})]\nu_i(\boldsymbol{\beta})\}^{-2} \times \\
&\quad \left\{\frac{\partial\mu_i(\boldsymbol{\beta})}{\partial\boldsymbol{\beta}}\{g'[\mu_i(\boldsymbol{\beta})]\nu_i(\boldsymbol{\beta})\} - [y_i - \mu_i(\boldsymbol{\beta})]\frac{\partial\{g'[\mu_i(\boldsymbol{\beta})]\nu_i(\boldsymbol{\beta})\}}{\partial\boldsymbol{\beta}}\right\}\mathbf{x}_i \\
&= \sum_{i=1}^{N}\frac{(\partial b'[\gamma(\boldsymbol{\beta}'\mathbf{x}_i)]/\partial\boldsymbol{\beta})}{\{g'[\mu_i(\boldsymbol{\beta})]\nu_i(\boldsymbol{\beta})\}}\mathbf{x}_i\mathbf{x}_i' + \\
&\quad \sum_{i=1}^{N}\frac{[y_i - \mu_i(\boldsymbol{\beta})]\left[\{\nu_i(\boldsymbol{\beta})\}^2\{g''[\mu_i(\boldsymbol{\beta})]\} + b'''[\gamma(\boldsymbol{\beta}'\mathbf{x}_i)]/\nu_i(\boldsymbol{\beta})\right]}{\{g'[\mu_i(\boldsymbol{\beta})]\nu_i(\boldsymbol{\beta})\}^2}\mathbf{x}_i\mathbf{x}_i' \\
&= \sum_{i=1}^{N}\frac{1}{\{g'[\mu_i(\boldsymbol{\beta})]\}^2\nu_i(\boldsymbol{\beta})}\mathbf{x}_i\mathbf{x}_i' + \quad\quad (10.19)\\
&\quad \sum_{i=1}^{N}[y_i - \mu_i(\boldsymbol{\beta})]\left[\frac{g''[\mu_i(\boldsymbol{\beta})]}{\{g'[\mu_i(\boldsymbol{\beta})]\}^2} + \frac{b'''[\gamma(\boldsymbol{\beta}'\mathbf{x}_i)]}{\{g'[\mu_i(\boldsymbol{\beta})]\}^2[\nu_i(\boldsymbol{\beta})]^3}\right]\mathbf{x}_i\mathbf{x}_i'
\end{aligned}
$$

Note-se que a terceira derivada da função $b(.)$ e a segunda derivada da função $g(.)$ foram necessárias para a obtenção de (10.19). Essa suposição é perfeitamente aceitável para todos os modelos usualmente empregados na análise de dados categorizados.

Com esses ingredientes, um algoritmo de Newton-Raphson similar aos que foram anteriormente descritos para outras classes de modelos pode ser facilmente especificado. Como neste caso, $E(y_i) = \mu_i(\boldsymbol{\beta})$, a matriz de informação de Fisher correspondente é dada por

$$\mathbf{I}_N(\boldsymbol{\beta}) = E\left[-\frac{\partial^2 l(\boldsymbol{\beta})}{\partial\boldsymbol{\beta}\boldsymbol{\beta}'}\right] = \sum_{i=1}^{N}\frac{1}{\{g'[\mu_i(\boldsymbol{\beta})]\}^2\nu_i(\boldsymbol{\beta})}\mathbf{x}_i\mathbf{x}_i' = \mathbf{X}'\mathbf{W}(\boldsymbol{\beta})\mathbf{X} \quad\quad (10.20)$$

em que $\mathbf{X} = [\mathbf{x}_1, \ldots \mathbf{x}_N]'$ e $\mathbf{W}(\boldsymbol{\beta}) = diag[w_1(\boldsymbol{\beta}), \ldots, w_N(\boldsymbol{\beta})]$ com os elementos da diagonal principal dados por $w_i(\boldsymbol{\beta}) = \{g'[\mu_i(\boldsymbol{\beta})]\}^{-2}[\nu_i(\boldsymbol{\beta})]^{-1}$, $i = 1, \ldots, N$.

Para resolver as equações de estimação (10.18), o método *scoring* de Fisher, que consiste em iterar

$$\boldsymbol{\beta}^{(q+1)} = \boldsymbol{\beta}^{(q)} + [\mathbf{I}_N(\boldsymbol{\beta}^{(q)})]^{-1}\mathbf{U}(\boldsymbol{\beta}^{(q)};\mathbf{y}), \quad q = 1, 2, \ldots \quad\quad (10.21)$$

até que algum critério de convergência seja satisfeito, é uma alternativa bastante conveniente. O estimador MQG é um bom candidato para o valor inicial $\boldsymbol{\beta}^{(0)}$.

10. ANÁLISE DE MODELOS FUNCIONAIS LINEARES

Outro algoritmo bastante utilizado na prática pode ser desenvolvido a partir de (10.21). Com essa finalidade, multipliquem-se primeiramente os dois membros dessa expressão por $\mathbf{I}_N(\boldsymbol{\beta}^{(q)})$ obtendo

$$\mathbf{I}_N(\boldsymbol{\beta}^{(q)})\boldsymbol{\beta}^{(q+1)} = \mathbf{I}_N(\boldsymbol{\beta}^{(q)})\boldsymbol{\beta}^{(q)} + \mathbf{U}(\boldsymbol{\beta}^{(q)};\mathbf{y}) \tag{10.22}$$

de maneira que de (10.18) e (10.22) resulta

$$[\mathbf{I}_N(\boldsymbol{\beta}^{(q)})]^{-1}\boldsymbol{\beta}^{(q)} + \mathbf{U}(\boldsymbol{\beta}^{(q)};\mathbf{y}) = \left[\sum_{i=1}^{N} w_i(\boldsymbol{\beta}^{(q)})\mathbf{x}_i\mathbf{x}_i'\right]\boldsymbol{\beta}^{(q)} + \tag{10.23}$$
$$\sum_{i=1}^{N} w_i(\boldsymbol{\beta}^{(q)})[y_i - \mu_i(\boldsymbol{\beta}^{(q)})]\{g'[\mu_i(\boldsymbol{\beta}^{(q)})]\}\mathbf{x}_i.$$

Utilizando a expansão de Taylor de primeira ordem,

$$g(y_i) \simeq g[\mu_i(\boldsymbol{\beta})] + g'[\mu_i(\boldsymbol{\beta})][y_i - \mu_i(\boldsymbol{\beta})],$$

a expressão (10.23) pode ser reescrita como

$$[\mathbf{I}_N(\boldsymbol{\beta}^{(q)})]^{-1}\boldsymbol{\beta}^{(q)} + \mathbf{U}(\boldsymbol{\beta}^{(q)};\mathbf{y}) = \sum_{i=1}^{N} w_i(\boldsymbol{\beta}^{(q)})\mathbf{x}_i$$
$$\left\{\mathbf{x}_i'\boldsymbol{\beta}^{(q)} + [y_i - \mu_i(\boldsymbol{\beta}^{(q)})]\{g'[\mu_i(\boldsymbol{\beta}^{(q)})]\}\right\}$$
$$\simeq \sum_{i=1}^{N} w_i(\boldsymbol{\beta}^{(q)})g(y_i)\mathbf{x}_i \tag{10.24}$$
$$\simeq \mathbf{X}'\mathbf{W}(\boldsymbol{\beta}^{(q)})\mathbf{G}(\mathbf{y}),$$

em que $\mathbf{G}(\mathbf{y}) = diag[g(y_1), \ldots, g(y_N)]$.

Então, de (10.20), (10.22) e (10.24), pode-se construir as equações de estimação

$$\mathbf{X}'\mathbf{W}(\boldsymbol{\beta}^{(q)})\mathbf{X}\boldsymbol{\beta}^{(q+1)} = \mathbf{X}'\mathbf{W}(\boldsymbol{\beta}^{(q)})\mathbf{G}(\mathbf{y}) \tag{10.25}$$

que sugerem o algoritmo

$$\boldsymbol{\beta}^{(q+1)} = \left\{\mathbf{X}'\mathbf{W}(\boldsymbol{\beta}^{(q)})\mathbf{X}\right\}^{-1} \mathbf{X}'\mathbf{W}(\boldsymbol{\beta}^{(q)})\mathbf{G}(\mathbf{y}), \quad q = 1, 2, \ldots \tag{10.26}$$

para cálculo da estimativa MV, $\widehat{\boldsymbol{\beta}}$. Como (10.26) tem uma expressão similar àquela utilizada para obtenção da estimativa de mínimos quadrados ponderados com os pesos recalculados em cada passo, o algoritmo é conhecido na literatura estatística como algoritmo de **mínimos quadrados iterativamente reponderados** (*iteratively reweighted least squares*). A este respeito, reveja-se ainda a Subsecção 9.4.1 para a identificação deste algoritmo com o de Newton-Raphson em modelos log-lineares.

Propriedades assintóticas do estimador MV podem ser obtidas sob certas condições de regularidade, usualmente satisfeitas nos casos em discussão neste texto. Em particular, Sen & Singer (1993) mostram que

$$\sqrt{N}(\widehat{\boldsymbol{\beta}} - \boldsymbol{\beta}) \xrightarrow{\mathcal{D}} N(\mathbf{0}, [\mathbf{I}(\boldsymbol{\beta})]^{-1}). \tag{10.27}$$

Convém lembrar que para situações como aquelas descritas no Exemplo 10.8, ou mais especificamente, para situações com dados agrupados, $N = \sum_{i=1}^{s} n_{i.}$ em que s representa o número fixo de grupos, e $N_i = n_{i.}$ denota o total de unidades amostrais no i-ésimo grupo, o resultado (10.27) vale sob a suposição de que $N_i/N \to \theta_i$ com $N \to \infty$. Para o Exemplo 10.8, tem-se $s = 4$ grupos correspondentes aos cruzamentos dos níveis dos dois genótipos nos dois *loci* e $N = \sum_{i=1}^{2} \sum_{j=1}^{2} n_{ij.}$, com $n_{ij.}$ denotando a soma das frequências da linha (i,j) $i,j = 1,2$ da Tabela 10.4.

O resultado (10.27) serve de base para inferências sobre o vector $\boldsymbol{\beta}$, quer por intermédio da construcção de intervalos de confiança (aproximados), quer por intermédio de estatísticas de Wald do tipo (7.18) para testes de hipóteses sobre os seus elementos. De maneira análoga àquela com que se trata os vários modelos descritos neste e em outros capítulos, também é possível considerar as estatísticas de Pearson (7.13), Neyman (7.15) ou do *score* eficiente de Rao (7.17) para os mesmos propósitos.

A estatística da razão de verosimilhanças, denominada **desvio** (*deviance*) neste contexto, merece especial atenção. Essencialmente, o desvio é definido como

$$D[\boldsymbol{\mu}(\widehat{\boldsymbol{\beta}}); \mathbf{y}] = -2\{l(\boldsymbol{\mu}(\widehat{\boldsymbol{\beta}}) - l(\mathbf{y})\} \tag{10.28}$$

em que $\boldsymbol{\mu}(\widehat{\boldsymbol{\beta}}) = [\mu_1(\widehat{\boldsymbol{\beta}}), \ldots, \mu_N(\widehat{\boldsymbol{\beta}})]$ e corresponde a uma distância entre os valores observados y_i e os valores preditos sob o modelo investigado, $\mu_i(\widehat{\boldsymbol{\beta}})$. Com a função de probabilidade (6.40) particularizada para o modelo probabilístico Produto de Binomiais, como aquele adoptado para o Exemplo 10.8, a expressão (10.28) reduz-se a

$$D[\boldsymbol{\mu}(\widehat{\boldsymbol{\beta}}); \mathbf{y}] = 2 \sum_{i=1}^{s} \left[y_i \ln \frac{y_i}{n_{i.}\theta_i(\widehat{\boldsymbol{\beta}})} + (n_{i.} - y_i) \ln \frac{n_{i.} - y_i}{n_{i.} - n_{i.}\theta_i(\widehat{\boldsymbol{\beta}})} \right] \tag{10.29}$$

Nessas condições, demonstra-se que, sob a hipótese de que o modelo proposto é verdadeiro, $D[\boldsymbol{\mu}(\widehat{\boldsymbol{\beta}}); \mathbf{y}]$ tem uma distribuição assintótica $\chi^2_{(n-p)}$ em que p é o número de elementos do vector $\boldsymbol{\beta}$.

Uma das vantagens dessa estatística está relacionada com a sua utilização para comparar dois modelos encaixados, no espírito dos testes condicionais de hipóteses redutoras de modelos tratados na Secção 7.3. Dado um modelo cujos parâmetros agrupados no vector $\boldsymbol{\beta}_2$ constituem um subconjunto dos parâmetros de outro modelo agrupados no vector $\boldsymbol{\beta}_1$, pode-se concluir de (10.28) que

$$-2[l(\widehat{\boldsymbol{\beta}}_2) - l(\widehat{\boldsymbol{\beta}}_1)] = D[\boldsymbol{\mu}(\widehat{\boldsymbol{\beta}}_2); \mathbf{y}] - D[\boldsymbol{\mu}(\widehat{\boldsymbol{\beta}}_1); \mathbf{y}] = D[\boldsymbol{\mu}(\widehat{\boldsymbol{\beta}}_2); \boldsymbol{\mu}(\widehat{\boldsymbol{\beta}}_1)]$$

e então que a diferença entre os desvios pode ser utilizada como estatística de teste de ajustamento do modelo mais simples $(\boldsymbol{\beta}_2)$ condicionalmente ao ajustamento do modelo mais complexo $\boldsymbol{\beta}_1$. Se condicionalmente ao modelo mais complexo, o modelo mais simples for válido, essa diferença de desvios tem uma distribuição assintótica $\chi^2_{(p_1-p_2)}$ em que p_i denota o número de elementos do vector $\boldsymbol{\beta}_i$, $i = 1, 2$.

Para o caso particular de um modelo probabilístico Produto de Binomiais como aquele discutido acima, a estatística condicional de ajustamento é

$$D[\boldsymbol{\mu}(\widehat{\boldsymbol{\beta}}_2); \boldsymbol{\mu}(\widehat{\boldsymbol{\beta}}_1)] = 2 \sum_{i=1}^{s} \left[n_{i.} \ln \frac{\theta_i(\widehat{\boldsymbol{\beta}}_1)}{\theta_i(\widehat{\boldsymbol{\beta}}_2)} \right].$$

10. ANÁLISE DE MODELOS FUNCIONAIS LINEARES

Exemplo 10.8 - Continuação (*Problema da susceptibilidade de malária cerebral*): O resultado da aplicação da metodologia descrita acima para o ajustamento dos cinco modelos alternativos propostos está resumido na Tabela 10.5.

Tabela 10.5: Ajustes dos modelos lineares generalizados propostos para os dados do Exemplo 10.8

Modelo	Desvio	Valor-P	Pearson	Valor-P
Aditivo	0.861	0.35	0.860	0.35
Multiplicativo	4.352	0.04	4.180	0.04
Logístico	0.762	0.38	0.763	0.38
Probito	0.788	0.37	0.788	0.37
Risch	0.161	0.69	0.160	0.69

Com excepção do modelo multiplicativo, todos eles têm um ajuste aceitável, quer avaliados por meio da estatística da razão de verosimilhanças (desvio), quer pela estatística de Pearson, sugerindo a inexistência de interacção genética entre os dois *loci* com respeito à penetrância do genótipo combinado. Note-se que, para todos os casos, ambas as estatísticas obedecem a uma distribuição aproximada $\chi^2_{(1)}$ sob a hipótese de validade dos modelos correspondentes. Embora praticamente todos os modelos tenham gerado conclusões similares, nenhum deles proporciona uma explicação para o verdadeiro mecanismo de interacção biológica entre os dois genes, o que exige a construcção de modelos alternativos para tal finalidade. O leitor poderá consultar Sepúlveda (2004) e Sepúlveda, Paulino & Penha-Gonçalves (2004) e referências aí contidas para uma abordagem mais rica desta problemática.

10.5 Exercícios

10.1: Os dados abaixo são provenientes de um estudo em que um dos objectivos era avaliar o efeito da dose de radiação gama (em centigrays) na formação de múltiplos micronúcleos em células de indivíduos normais. Para maiores detalhes, ver Madruga, Pereira & Rabello-Gay (1994).

Dose de radiação gama (cGy)	Frequência de células com múltiplos micronúcleos	Total de células examinadas
0	1	2373
20	6	2662
50	25	1991
100	47	2047
200	82	2611
300	207	2442
400	254	2398
500	285	1746

a) Faça uma análise descritiva dos dados, calculando o risco relativo de ocorrência de micronúcleos para cada dose tomando como base a dose nula. Repita a análise calculando as razões de chances correspondentes. Quais as conclusões das suas análises?

b) Com base nos resultados da análise descritiva, utilize um modelo de regressão logística para avaliar o efeito da radiação na proporção de células com múltiplos micronúcleos.

c) Obtenha uma expressão para a **dose efectiva (letal) p%**, *i.e.*, a dose de radiação associada a uma proporção de p% de células com múltiplos micronúcleos (veja-se a Nota de Capítulo 6.6) e construa intervalos de confiança para as doses efectivas 10% e 25%.

10.2: No contexto do Exemplo 10.4, escreva a função de verosimilhança sob a hipótese de que o risco relativo de complicação pulmonar pós-operatória para pacientes com avaliação pré-operatória de complicação pulmonar de grau moderado versus baixo é o dobro do risco relativo correspondente para pacientes com avaliação pré-operatória de complicação pulmonar de grau alto versus moderado. Obtenha a função *score* e a matriz hessiana correspondentes, e por meio de um algoritmo de Newton-Raphson, calcule as estimativas MV dos parâmetros de interesse.

10.3: Mostre que a derivada da função *score* (10.9) em relação a β é dada por (10.10).

10.4: Reanalise os dados do Exercício 10.1 adoptando outras funções de ligação (como as descritas na Secção 6.3.2) e compare os resultados com aqueles obtidos sob o modelo de regressão logística.

10.5: Os dados abaixo foram obtidos de um estudo realizado na Faculdade de Odontologia da USP para avaliar os efeitos da utilização de um determinado adesivo e do tipo de dente na retenção de selantes de fóssulas e fissuras.

Tipo de		Retenção do selante			
Dente	Adesivo	Completa	Parcial	Nula	Total
molar	com	47	7	2	56
molar	sem	26	27	9	62
pré-molar	com	36	2	1	39
pré-molar	sem	30	3	15	48

Utilize modelos lineares em logitos de razões de chances para avaliar o efeito do tipo de dente e da utilização de adesivo na retenção dos selantes.

10.6: Num estudo sobre hipertensão arterial pacientes foram avaliados quanto à sensibilidade ao sal pelo método usual e por um método experimental (que utiliza a fludrocortizona como agente potencializador da sensibilidade). Sob cada método, cada paciente foi classificado em uma das seguintes três categorias: a) sensível ao sal; b) inconclusivo e c) insensível ao sal. Os dados estão apresentados na tabela abaixo:

Avaliação segundo	Avaliação segundo o método experimental			
o método usual	insensível	inconclusivo	sensível	Total
insensível	5	2	2	9
inconclusivo	1	3	1	5
sensível	2	2	9	13
Total	7	7	12	27

Utilize estatísticas Kapa e estatísticas Kapa ponderadas (especificando o sistema de ponderação empregado) para avaliar a concordância entre os dois métodos. Compare os resultados com aqueles apresentados abaixo, provenientes de outro estudo similar:

Avaliação segundo	Avaliação segundo o método experimental			
o método usual	insensível	inconclusivo	sensível	Total
insensível	3	2	2	7
inconclusivo	3	5	2	10
sensível	5	3	8	16
Total	11	10	12	33

Capítulo 11

Metodologia de Mínimos Quadrados Generalizados

Embora a utilização da metodologia de mínimos quadrados generalizados (MQG) tenha uma extensa história para análise estatística de dados contínuos, seu emprego em problemas com dados categorizados só teve ímpeto a partir do trabalho de Grizzle et al. (1969). Alicerçados em resultados de Bhapkar (1966), esse autores propuseram uma interessante alternativa à metodologia MV (discutida nos Capítulos 7, 8, 9 e 10) para análise de dados categorizados. Desde a publicação desse trabalho, a metodologia MQG vem sendo aplicada em diferentes situações como o demonstram Forthofer & Koch (1973), Freeman Jr. et al. (1976), Imrey et al. (1981, 1982), Koch, Singer & Stokes (1992), entre outros. Em função da importante contribuição do trabalho pioneiro de Grizzle, Starmer e Koch, muitas vezes a metodologia é chamada de **metodologia GSK** em sua homenagem. As suas maiores vantagens estão centradas na simplicidade das expressões dos estimadores e estatísticas de teste nas quais está baseada e na ampla gama de problemas aos quais pode ser aplicada. Apesar disso, poucos textos lhe dedicam atenção, e quando o fazem, a abordagem é apenas superficial, à excepção de Koch et al. (1985) por motivos óbvios. A orientação desse texto é a que se adopta neste capítulo.

À guisa do que foi feito no Capítulo 7 para a metodologia de máxima verosimilhança, na Secção 11.1, apresentam-se as ideias que fundamentam a metodologia GSK considerando primeiramente num modelo probabilístico genérico e em seguida particularizando os resultados para situações em que o modelo Produto de Multinomiais é aplicável. Obviamente esses resultados também são aplicáveis quando o modelo probabilístico subjacente é Multinomial; para isso basta fazer $s = 1$ em (2.10). A especialização dos resultados para situações onde o modelo probabilístico é um Produto de distribuições de Poisson está apresentada numa série de exercícios. Nas Secções 11.2, 11.3 e 11.4, detalha-se a aplicação da metodologia aos modelos estritamente lineares, log-lineares e funcionais lineares descritos nos Capítulos 3, 4, 5 e 6 e analisados sob o enfoque de máxima verosimilhança nos Capítulos 8, 9 e 10, respectivamente. Finalmente, para facilidade de leitura, detalhes essencialmente técnicos são remetidos para a Secção 11.5.

11.1 Descrição geral da metodologia

Dado um conjunto de observações $\mathbf{y} = (y_1, \ldots, y_N)'$, para as quais pode-se adoptar um modelo probabilístico parametrizado por $\boldsymbol{\theta} \in \boldsymbol{\Theta} \subset I\!\!R^c$, o interesse é ajustar modelos estruturais (funcionais lineares) do tipo

$$\mathbf{F} \equiv \mathbf{F}(\boldsymbol{\theta}) = \mathbf{X}\boldsymbol{\beta} \tag{11.1}$$

em que $\mathbf{F}(\boldsymbol{\theta}) = \{F_i(\boldsymbol{\theta}), i = 1, \ldots, u\}'$ é um vector de $u \leq c$ funções F_i satisfazendo certas condições de regularidade (que se explicitará adiante), $\mathbf{X}$ é uma matriz de especificação, com dimensão $u \times p$ e característica $p \leq u$ e $\boldsymbol{\beta}$ é um vector de parâmetros de dimensão $p \times 1$. Neste contexto, recordando os procedimentos considerados na discussão da metodologia MV, o ajustamento de um modelo estrutural a um conjunto de dados consiste dos seguintes passos:

i) estimar os parâmetros do modelo estrutural especificando a distribuição (pelo menos aproximada) dos estimadores correspondentes;

ii) avaliar a adequação (testar o ajustamento) do modelo estrutural comparativamente a outros modelos competidores;

iii) testar hipóteses de interesse sobre os parâmetros do modelo estrutural, caso ele se ajuste aos dados.

Para os objectivos a que se propõe, os elementos necessários para a aplicação da metodologia MQG são: um estimador (obtido a partir dos dados $\mathbf{y}$) de $\mathbf{F}(\boldsymbol{\theta})$, diga-se $\widetilde{\mathbf{F}}$, ao qual está associada uma distribuição assintótica $N_u\{\mathbf{F}(\boldsymbol{\theta}), \mathbf{V}_{\widetilde{\mathbf{F}}}(\boldsymbol{\theta})\}$ e um estimador consistente $\widetilde{\mathbf{V}}_{\widetilde{\mathbf{F}}}$ da correspondente matriz de covariâncias assintótica $\mathbf{V}_{\widetilde{\mathbf{F}}} = \mathbf{V}_{\widetilde{\mathbf{F}}}(\boldsymbol{\theta})$. A base da metodologia MQG está na minimização (relativamente a $\boldsymbol{\beta}$) da forma quadrática

$$Q(\boldsymbol{\beta}) = (\widetilde{\mathbf{F}} - \mathbf{X}\boldsymbol{\beta})'\widetilde{\mathbf{V}}_{\widetilde{\mathbf{F}}}^{-1}(\widetilde{\mathbf{F}} - \mathbf{X}\boldsymbol{\beta}), \tag{11.2}$$

que essencialmente é a distância (convenientemente "ponderada" por $\widetilde{\mathbf{V}}_{\widetilde{\mathbf{F}}}^{-1}$) entre o vector de "valores observados", $\widetilde{\mathbf{F}}$, e o vector de valores esperados sob o modelo, $\mathbf{X}\boldsymbol{\beta}$. Neste ponto, convém observar que a terminologia aqui adoptada, de mínimos quadrados generalizados, difere daquela considerada pela maior parte dos autores, que preferem a designação de **mínimos quadrados ponderados** (*weighted least squares*). Justifica-se essa divergência pelo facto de esta última designação ser tradicionalmente reservada para situações onde a **matriz de ponderação** ($\widetilde{\mathbf{V}}_{\widetilde{\mathbf{F}}}$, no caso em questão) é uma matriz diagonal, o que não acontece geralmente para o tipo de problemas com que se lida neste texto. Mais concretamente, se $\widetilde{\mathbf{V}}_{\widetilde{\mathbf{F}}} = diag\{\omega_1^{-1}, \ldots, \omega_u^{-1}\}$, então (11.2) fica reduzida a

$$Q(\boldsymbol{\beta}) = \sum_{i=1}^{u} \omega_i(\widetilde{\mathbf{F}}_i - \mathbf{x}_i'\boldsymbol{\beta})^2$$

em que $\mathbf{x}_i'$ denota a i-ésima linha da matriz $\mathbf{X}$ e ω_i actua como um **peso** associado à i-ésima componente do somatório.

11. METODOLOGIA DE MÍNIMOS QUADRADOS GENERALIZADOS

Utilizando as regras de derivação matricial apresentadas no Apêndice A.6, não é difícil verificar que

$$\frac{\partial Q(\boldsymbol{\beta})}{\partial \boldsymbol{\beta}} = 2\{\mathbf{X}'\widetilde{\mathbf{V}}_{\widetilde{\mathbf{F}}}^{-1}\mathbf{X}\boldsymbol{\beta} - \mathbf{X}'\widetilde{\mathbf{V}}_{\widetilde{\mathbf{F}}}^{-1}\widetilde{\mathbf{F}}\} \tag{11.3}$$

e que

$$\frac{\partial^2 Q(\boldsymbol{\beta})}{\partial \boldsymbol{\beta}\partial \boldsymbol{\beta}'} = 2\mathbf{X}'\widetilde{\mathbf{V}}_{\widetilde{\mathbf{F}}}^{-1}\mathbf{X}. \tag{11.4}$$

Resolvendo o sistema $\partial Q(\boldsymbol{\beta})/\partial \boldsymbol{\beta} = \mathbf{0}$ e observando que (11.4) é definida positiva, conclui-se que o estimador MQG de $\boldsymbol{\beta}$ é

$$\widehat{\boldsymbol{\beta}} = (\mathbf{X}'\widetilde{\mathbf{V}}_{\widetilde{\mathbf{F}}}^{-1}\mathbf{X})^{-1}\mathbf{X}'\widetilde{\mathbf{V}}_{\widetilde{\mathbf{F}}}^{-1}\widetilde{\mathbf{F}}. \tag{11.5}$$

Partindo da distribuição assintótica de $\widetilde{\mathbf{F}}$, pode-se demonstrar (ver Secção 11.5) que, para N suficientemente grande, a distribuição de $\widehat{\boldsymbol{\beta}}$ pode ser aproximada por uma distribuição Normal com vector de médias $\boldsymbol{\beta}$ e matriz de covariâncias $(\mathbf{X}'\widetilde{\mathbf{V}}_{\widetilde{\mathbf{F}}}^{-1}\mathbf{X})^{-1}$, ou seja,

$$\widehat{\boldsymbol{\beta}} \approx N_p\{\boldsymbol{\beta}, (\mathbf{X}'\widetilde{\mathbf{V}}_{\widetilde{\mathbf{F}}}^{-1}\mathbf{X})^{-1}\}. \tag{11.6}$$

Como a matriz de covariâncias da distribuição aproximada (11.6) é (essencialmente) conhecida (a partir da estimativa $\widetilde{\mathbf{V}}_{\widetilde{\mathbf{F}}}$), esse resultado pode ser facilmente empregado para inferências sobre $\boldsymbol{\beta}$. Tendo em vista a equivalência entre a formulação (11.1) para o modelo estrutural em questão e a formulação em termos de restrições a que se aludiu na Secção 6.2 para o caso do modelo Produto de Multinomiais e na Secção 7.2 para casos mais gerais, a sua adequação aos dados (relativamente ao modelo saturado, $i.e.$, em que $r(\mathbf{X}) = p = u$) pode ser avaliada em termos de um teste da hipótese definida por

$$\mathbf{U}\mathbf{F}(\boldsymbol{\theta}) = \mathbf{0}, \tag{11.7}$$

em que $\mathbf{U}'$ é uma matriz de dimensão $u \times (u - p)$, base do complemento ortogonal de $\mathcal{M}(\mathbf{X})$. Novamente trazendo à tona a distribuição assintótica do vector $\widetilde{\mathbf{F}}$, o teste de Wald correspondente é baseado na estatística

$$Q_{\mathbf{U}} = \widetilde{\mathbf{F}}'\mathbf{U}'(\mathbf{U}\widetilde{\mathbf{V}}_{\widetilde{\mathbf{F}}}\mathbf{U}')^{-1}\mathbf{U}\widetilde{\mathbf{F}}, \tag{11.8}$$

cuja distribuição pode ser aproximada (para N suficientemente grande) por uma distribuição $\chi^2_{(u-p)}$ quando o modelo definido por (11.1) ou (11.7) é válido. A expressão simbólica para esse resultado cuja demonstração está indicada na Secção 11.5 é

$$Q_{\mathbf{U}} \mid [\mathbf{F}(\boldsymbol{\theta}) = \mathbf{X}\boldsymbol{\beta}] \overset{a}{\sim} \chi^2_{(u-p)}. \tag{11.9}$$

Estimadores de $\mathbf{F}(\boldsymbol{\theta})$ sob o modelo (11.1) são dados por $\widehat{\mathbf{F}} = \mathbf{X}\widehat{\boldsymbol{\beta}}$. À luz de (11.5) e (11.6) e utilizando as técnicas consideradas em detalhe na Secção 11.5, demonstra-se também que

$$\widehat{\mathbf{F}} = \mathbf{X}\widehat{\boldsymbol{\beta}} \overset{a}{\sim} N_u\{\mathbf{F}(\boldsymbol{\theta}), \mathbf{X}(\mathbf{X}'\widetilde{\mathbf{V}}_{\widetilde{\mathbf{F}}}^{-1}\mathbf{X})^{-1}\mathbf{X}'\}. \tag{11.10}$$

Esses estimadores têm interesse prático, já que eliminam do vector "observado", $\widetilde{\mathbf{F}}$, a variação estranha ao modelo estrutural adoptado. Além disso, poderão ser utilizados

374   **11.1 DESCRIÇÃO GERAL DA METODOLOGIA**

para a construcção de um teste de ajustamento do modelo baseado na estatística de
Wald

$$Q_{\widehat{\mathbf{F}}} = (\widetilde{\mathbf{F}} - \widehat{\mathbf{F}})'\widetilde{\mathbf{V}}_{\widetilde{\mathbf{F}}}^{-1}(\widetilde{\mathbf{F}} - \widehat{\mathbf{F}}) = (\widetilde{\mathbf{F}} - \mathbf{X}\widehat{\boldsymbol{\beta}})'\widetilde{\mathbf{V}}_{\widetilde{\mathbf{F}}}^{-1}(\widetilde{\mathbf{F}} - \mathbf{X}\widehat{\boldsymbol{\beta}}) \qquad (11.11)$$

que não é senão a estatística (11.8) - ver demonstração na Secção 11.5 - pelo que

$$Q_{\widehat{\mathbf{F}}} \mid [\mathbf{F}(\boldsymbol{\theta}) = \mathbf{X}\boldsymbol{\beta}] \overset{a}{\sim} \chi^2_{(u-p)}. \qquad (11.12)$$

Adicionalmente, a adequação do modelo estrutural (11.1) pode ser avaliada através
de um exame da possível associação dos **resíduos** $\widehat{\mathbf{R}} = \widetilde{\mathbf{F}} - \mathbf{X}\widehat{\boldsymbol{\beta}}$ com outras fontes de
variação, ou seja com outros modelos estruturais em relação aos quais (11.1) possa
ser considerado encaixado, *i.e.*, modelos do tipo

$$\mathbf{F}(\boldsymbol{\theta}) = (\mathbf{X}, \mathbf{W}) \begin{pmatrix} \boldsymbol{\beta} \\ \boldsymbol{\eta} \end{pmatrix} = \mathbf{X}\boldsymbol{\beta} + \mathbf{W}\boldsymbol{\eta} \qquad (11.13)$$

em que $\mathbf{W}$ é uma matriz com dimensão $u \times w$ tal que $r(\mathbf{X}, \mathbf{W}) = p + w \leq u$ e $\boldsymbol{\eta}$ é o
correspondente vector de parâmetros de dimensão $w \times 1$. Notando que

$$\widehat{\mathbf{R}} = \{\mathbf{I}_u - \mathbf{X}(\mathbf{X}'\widetilde{\mathbf{V}}_{\widetilde{\mathbf{F}}}^{-1}\mathbf{X})^{-1}\mathbf{X}'\widetilde{\mathbf{V}}_{\widetilde{\mathbf{F}}}^{-1}\}\widetilde{\mathbf{F}}. \qquad (11.14)$$

e relembrando que o vector $\widetilde{\mathbf{F}}$ tem uma distribuição assintótica Normal, demonstra-se,
utilizando as técnicas apresentadas na Secção 11.5, que

$$\widehat{\mathbf{R}}|[\mathbf{F}(\boldsymbol{\theta}) = \mathbf{X}\boldsymbol{\beta}] \overset{a}{\sim} N_u\{\mathbf{0}, \widehat{\mathbf{V}}_{\widehat{\mathbf{R}}}\} \qquad (11.15)$$

em que

$$\widehat{\mathbf{V}}_{\widehat{\mathbf{R}}} = \widetilde{\mathbf{V}}_{\widetilde{\mathbf{F}}} - \mathbf{X}(\mathbf{X}'\widetilde{\mathbf{V}}_{\widetilde{\mathbf{F}}}^{-1}\mathbf{X})^{-1}\mathbf{X}'. \qquad (11.16)$$

Consequentemente, a estatística de Wald

$$Q_{\mathbf{W}} = \widehat{\mathbf{R}}'\mathbf{W}(\mathbf{W}'\widehat{\mathbf{V}}_{\widehat{\mathbf{R}}}\mathbf{W})^{-1}\mathbf{W}'\widehat{\mathbf{R}} \qquad (11.17)$$

é tal que

$$Q_{\mathbf{W}}|[\mathbf{F}(\boldsymbol{\theta}) = \mathbf{X}\boldsymbol{\beta}] \overset{a}{\sim} \chi^2_{(w)} \qquad (11.18)$$

e poderá ser utilizada para testar o ajustamento do modelo (11.1) comparativamente
ao modelo (11.13), pois quando este último é válido, a esperança assintótica de $\widehat{\mathbf{R}}$
não é nula. Esse procedimento tem o mesmo espírito daquele utilizado no teste do
score eficiente de Rao (discutido na Secção 7.2) em que o modelo mais geral, (11.13)
no caso em estudo, não precisa ser ajustado para sua concretização.

Finalmente, quando o modelo (11.1) é considerado adequado, muitas vezes há
interesse em testar hipóteses da forma

$$H : \mathbf{C}\boldsymbol{\beta} = \mathbf{0} \qquad (11.19)$$

em que $\mathbf{C}$ é uma matriz conhecida de dimensão $c \times p$ com característica $r(\mathbf{C}) = c$.
Fundamentalmente, o que se pretende verificar em situações como essas é se um
modelo mais simples que o original (e encaixado nele) também se ajusta aos dados,
na mesma óptica dos testes condicionais de hipóteses redutoras de modelos tratados
na Secção 7.3. Em linhas paralelas àquelas e sempre tendo em conta as limitações

11. METODOLOGIA DE MÍNIMOS QUADRADOS GENERALIZADOS

de tratar-se aqui com funções lineares dos parâmetros β, o modelo mais simples corresponde à formulação alternativa $\beta = \mathbf{Z}\gamma$ onde $\mathbf{Z}$ é uma matriz de especificação de dimensão $p \times (p - c)$ com característica $p - c$ e γ é um vector de parâmetros de dimensão $p - c \times 1$. Consequentemente, a validade de (11.19) implica o modelo reduzido

$$\mathbf{F}(\theta) = \mathbf{X}^*\gamma$$

em que $\mathbf{X}^* = \mathbf{XZ}$.

A hipótese (11.19) pode ser testada por meio de uma estatística de Wald do tipo

$$Q_{\mathbf{C}} = \widehat{\beta}'\mathbf{C}'\{\mathbf{C}(\mathbf{X}'\widetilde{\mathbf{V}}_{\widetilde{\mathbf{F}}}^{-1}\mathbf{X})^{-1}\mathbf{C}'\}^{-1}\mathbf{C}\widehat{\beta}. \tag{11.20}$$

e tal que

$$Q_{\mathbf{C}}|[\mathbf{C}\beta = \mathbf{0}] \overset{a}{\sim} \chi^2_{(c)}. \tag{11.21}$$

Se $\mathbf{U}_1'$ e $\mathbf{U}_2'$ denotam, respectivamente, matrizes de dimensões $u \times (u-p)$ e $u \times (u-p+c)$, bases dos complementos ortogonais de $\mathcal{M}(\mathbf{X})$ e $\mathcal{M}(\mathbf{X}^*)$, pode-se demonstrar (ver Exercício 11.1) que

$$Q_{\mathbf{C}} = Q_{\mathbf{U}_2} - Q_{\mathbf{U}_1}$$

em que $Q_{\mathbf{U}_1}$ e $Q_{\mathbf{U}_2}$ são estatísticas de Wald da forma (11.8) para testes de ajuste dos modelos original e reduzido, respectivamente. Nesse sentido, $Q_{\mathbf{C}}$ pode ser interpretada como uma estatística de teste para as restrições adicionais induzidas pelo modelo definido por $\mathbf{X}^*$, condicionalmente àquelas impostas pelo modelo especificado por $\mathbf{X}$.

Outras propriedades estatísticas dos estimadores e estatísticas de teste utilizados pela metodologia MQG (como a optimalidade segundo algum critério) dependem de características específicas dos modelos probabilísticos subjacentes e serão detalhadas adiante.

As expressões explícitas para os estimadores e estatísticas de teste apresentadas acima caracterizam a facilidade de implementação computacional da metodologia MQG. Como, em geral, não é difícil obter-se estimadores assintoticamente normais para os parâmetros (θ) dos modelos probabilísticos commumente utilizados na prática, bem como estimadores consistentes de sua matriz de covariâncias, a maior dificuldade para aplicação desta metodologia está na especificação da distribuição assintótica do vector de funções no qual se tem interesse.

No contexto descrito no início do capítulo, é possível em geral obter um estimador $\widetilde{\theta}$ tal que

$$\widetilde{\theta} \overset{a}{\sim} N_c\{\theta, \mathbf{V}_{\widetilde{\theta}}\} \tag{11.22}$$

e um estimador consistente para $\mathbf{V}_{\widetilde{\theta}}$, $e.g.$, $\widetilde{\mathbf{V}}_{\widetilde{\theta}}$. Além disso, na maioria dos casos de interesse, o vector de funções $\mathbf{F}(\theta)$ é tal que

i) $\mathbf{H}(\mathbf{z}) = \partial\mathbf{F}(\mathbf{z})/\partial\mathbf{z}'$ e $\mathbf{G}(\mathbf{z}) = \partial^2\mathbf{F}(\mathbf{z})/\partial\mathbf{z}\partial\mathbf{z}'$ existem e são contínuas num intervalo aberto contendo θ;

ii) a matriz $\mathbf{HV}_{\widetilde{\theta}}\mathbf{H}'$, em que $\mathbf{H} = \mathbf{H}(\theta)$, é não singular.

Então, utilizando uma expansão de Taylor de primeira ordem e levando em conta a distribuição assintótica Normal de $\widetilde{\boldsymbol{\theta}}$, demonstra-se na Secção 11.5, que

$$\widetilde{\mathbf{F}} \overset{a}{\sim} N_u\{\mathbf{F}, \widetilde{\mathbf{V}}_{\widetilde{\mathbf{F}}}\} \tag{11.23}$$

em que

$$\widetilde{\mathbf{V}}_{\widetilde{\mathbf{F}}} = \widetilde{\mathbf{H}}\widetilde{\mathbf{V}}_{\widetilde{\theta}}\widetilde{\mathbf{H}}' \tag{11.24}$$

com $\widetilde{\mathbf{H}} = \mathbf{H}(\widetilde{\boldsymbol{\theta}})$. Consequentemente, ficam disponíveis os ingredientes essenciais para a aplicação da metodologia MQG.

Dada a facilidade com que as estatísticas relevantes são expressas em notação matricial, convém explicitar a matriz de primeiras derivadas de $\mathbf{F}(\boldsymbol{\theta})$ para os casos mais comuns (recorde-se o Exercício A.24); nomeadamente,

i) para $\mathbf{F}(\boldsymbol{\theta}) = \mathbf{A}\boldsymbol{\theta}$ onde $\mathbf{A}$ é uma matriz de dimensão $u \times p$, tem-se $\mathbf{H}(\boldsymbol{\theta}) = \mathbf{A}$;

ii) para $\mathbf{F}(\boldsymbol{\theta}) = \mathbf{ln}(\boldsymbol{\theta})$, tem-se $\mathbf{H}(\boldsymbol{\theta}) = \mathbf{D}_{\boldsymbol{\theta}}^{-1} = diag\{\theta_1^{-1}, \ldots, \theta_u^{-1}\}$;

iii) para $\mathbf{F}(\boldsymbol{\theta}) = \mathbf{exp}\,(\boldsymbol{\theta})$, tem-se $\mathbf{H}(\boldsymbol{\theta}) = \mathbf{D}_{\mathbf{exp}\,(\boldsymbol{\theta})} = diag\{e^{\theta_1}, \ldots, e^{\theta_u}\}$.

Como, além disso, em muitos casos o vector de funções $\mathbf{F}(\boldsymbol{\theta})$ pode ser expresso como uma composição de operadores lineares, logarítmicos e exponenciais, a matriz $\mathbf{H}(\boldsymbol{\theta})$ pode ser obtida através da **regra da cadeia**. Por exemplo, para $\boldsymbol{\theta} = (\theta_1\,\theta_2)'$,

$$\mathbf{F}(\boldsymbol{\theta}) = \frac{\theta_1}{\theta_2} = \exp(\ln\theta_1 - \ln\theta_2) = \mathbf{exp}\,(\mathbf{A}\mathbf{ln}\boldsymbol{\theta})$$

com $\mathbf{A} = (1\ -1)$. Consequentemente

$$\mathbf{H}(\boldsymbol{\theta}) = \mathbf{D}_{\mathbf{exp}\,(\mathbf{a})}\mathbf{A}\mathbf{D}_{\boldsymbol{\theta}}^{-1}$$

com $\mathbf{a} = \mathbf{A}\mathbf{ln}\boldsymbol{\theta} = \ln(\theta_1/\theta_2)$, ou seja $\mathbf{H}(\boldsymbol{\theta}) = (\theta_2^{-1} - \theta_1/\theta_2^2)'$.

Exemplo 11.1 (*Problema do grupo sanguíneo ABO*): Retome-se aqui o mote do Exemplo 7.1 em que o modelo de equilíbrio de Hardy–Weinberg para a "população de controlos" descrita no Exemplo 1.7 foi ajustado sob o enfoque de máxima verosimilhança. Sob a óptica de MQG, convém expressar o modelo em termos de restrições; neste caso há uma única restrição que basicamente se traduz no anulamento de alguma medida de afastamento do equilíbrio. Essas medidas não são únicas e uma alternativa àquela apresentada no exemplo supracitado é

$$F(\boldsymbol{\theta}) = \ln\{(\theta_A + \theta_O)(\theta_B + \theta_O)/(\theta_{AB}/2 + \sqrt{\theta_O})^2\}.$$

A adequação do modelo aos dados pode então ser avaliada sob o enfoque aqui descrito, tomando (11.1) com $\mathbf{X} = 1$, $\boldsymbol{\beta}$ escalar e testando uma hipótese da forma (11.19) com $\mathbf{C} = 1$. Para concretizar esse procedimento, pode-se inicialmente escrever $F(\boldsymbol{\theta}) = \mathbf{A}_3\mathbf{ln}\{\mathbf{A}_2\mathbf{exp}[\mathbf{A}_1\mathbf{ln}\boldsymbol{\theta}]\}$ com

$$\mathbf{A}_1 = \begin{pmatrix} 1 & 0 & 0 & 0 \\ 0 & 1 & 0 & 0 \\ 0 & 0 & 1 & 0 \\ 0 & 0 & 0 & 1 \\ 0 & 0 & 0 & 1/2 \end{pmatrix},$$

11. METODOLOGIA DE MÍNIMOS QUADRADOS GENERALIZADOS

$$\mathbf{A}_2 = \begin{pmatrix} 1 & 0 & 0 & 1 & 0 \\ 0 & 1 & 0 & 1 & 0 \\ 0 & 0 & 1/2 & 0 & 1 \end{pmatrix},$$

e

$$\mathbf{A}_3 = \begin{pmatrix} 1 & 1 & -2 \end{pmatrix},$$

estimar $F(\boldsymbol{\theta})$ por meio de $F(\mathbf{p})$, utilizar a regra da cadeia para obter uma estimativa da matriz de covariâncias assintótica correspondente e utilizar (11.20) como estatística de teste. Para o valor observado do vector de frequências relativas, $\mathbf{p} = (0.4219, 0.0890, 0.0313, 0.4578)'$, obtém-se $F(\mathbf{p}) = 0.0037$, $\widetilde{\mathbf{V}}_{\tilde{\mathbf{F}}} = 0.000027$ e $Q_{\mathbf{C}} = 0.52$ cujo nível crítico, obtido de uma distribuição $\chi^2_{(1)}$ é aproximadamente $P \simeq 0.47$, confirmando o bom ajustamento do modelo obtido anteriormente sob outro enfoque. Neste caso, como as matrizes $\mathbf{X}$ e $\mathbf{C}$ são do tipo matriz identidade, esta estatística corresponde exactamente àquela indicada em (7.18).

Se, como no Exemplo 7.2, houver interesse em verificar se as três subpopulações a que se refere o Exemplo 1.7 obedecem ao modelo de Hardy–Weinberg, basta redefinir convenientemente o vector $\boldsymbol{\theta}$, que passará a contar com 12 componentes em vez de 4, além das matrizes $\mathbf{A}_1, \mathbf{A}_2$ e $\mathbf{A}_3$ que passarão a ser matrizes diagonais em blocos com blocos dados pelas expressões apresentadas acima para o caso de uma única subpopulação. Similarmente, tanto $\mathbf{X}$ quanto $\mathbf{C}$ serão matrizes identidade de ordem 3. O valor correspondente da estatística $Q_{\mathbf{C}}$ é 0.726 que, confrontado com a distribuição $\chi^2_{(3)}$, gera um nível crítico aproximado de $P \simeq 0.87$, plenamente compatível com aqueles obtidos através dos demais critérios.

Como o modelo em causa não pertence à classe dos modelos funcionais lineares, *i.e.*, como não é possível expressar os parâmetros $\boldsymbol{\theta}$ ou alguma função deles como combinação linear dos parâmetros $\boldsymbol{\beta}$, esta metodologia não se presta à obtenção de estimativas dos parâmetros sob o modelo restringido.

Embora aqui o tamanho das amostras (≥ 300) correspondentes às três subpopulações investigadas não suscite dúvidas quanto à adequação das distribuições aproximadas empregadas, convém ressaltar que essa é uma preocupação que deve sempre permear as análises de dados categorizados, especialmente quando realizadas através da metodologia MQG. Vejam-se as Notas de Capítulo 11.1 e 11.2 para maiores esclarecimentos. ∎

Com a finalidade de sistematizar esses resultados para o tipo de problemas considerados neste texto, tome-se o modelo Produto de Multinomiais definido em (2.10) como modelo probabilístico para o processo de geração de dados, aqui representados pelo vector de frequências $\mathbf{n} = (\mathbf{n}'_1, \ldots, \mathbf{n}'_s)'$. Consoante a notação empregada anteriormente, o vector $sr \times 1$ de parâmetros é dado por $\boldsymbol{\pi} = (\boldsymbol{\pi}'_1, \ldots, \boldsymbol{\pi}'_s)'$ com $\boldsymbol{\pi}_i = (\theta_{(i)1}, \ldots, \theta_{(i)r})'$ satisfazendo as restrições naturais $\mathbf{1}'_r \boldsymbol{\pi}_i = 1, i = 1, \ldots, s$. Nesse contexto, o ponto de partida para a utilização da metodologia MQG é o estimador MV de $\boldsymbol{\pi}$ (discutido no Capítulo 7) dado pelo vector de proporções amostrais $\mathbf{p} = (\mathbf{p}'_1, \ldots, \mathbf{p}'_s)'$ com $\mathbf{p}_i = n_{i.}^{-1} \mathbf{n}_i, i = 1, \ldots, s$. Esse estimador é não enviesado e tem matriz de covariâncias

$$\mathbf{V}_{\mathbf{p}}(\boldsymbol{\pi}) = diag\{\mathbf{V}_{\mathbf{p}_1}(\boldsymbol{\pi}), \ldots, \mathbf{V}_{\mathbf{p}_s}(\boldsymbol{\pi})\} \tag{11.25}$$

em que

$$\mathbf{V}_{\mathbf{p}_i}(\boldsymbol{\pi}) = n_{i.}^{-1}\{\mathbf{D}_{\boldsymbol{\pi}_i} - \boldsymbol{\pi}_i\boldsymbol{\pi}_i'\} = n_{i.}^{-1}\mathbf{V}_i(\boldsymbol{\pi}_i) \tag{11.26}$$

com $\mathbf{V}_i(\boldsymbol{\pi}_i) = \mathbf{D}_{\boldsymbol{\pi}_i} - \boldsymbol{\pi}_i\boldsymbol{\pi}_i'$, corresponde à matriz de covariâncias do componente $\mathbf{p}_i$ associado à i-ésima subpopulação, $i = 1, \ldots, s$. Além disso, dos resultados da Secção 7.1, sabe-se que a sua distribuição assintótica é Normal r-variada, degenerada, em virtude de a correspondente matriz de covariâncias, $\mathbf{V}_i(\boldsymbol{\pi}_i)$ ser singular (reveja-se o Exercício 7.1). Essa singularidade é originada nas restrições naturais que os parâmetros $\boldsymbol{\pi}, i = 1, \ldots, s$ devem satisfazer. Embora esse facto esteja associado a algumas dificuldades técnicas (que serão elucidadas na Secção 11.5), em geral ele não traz maiores problemas práticos, apesar de ser inconveniente para o ajuste de alguns modelos estritamente lineares.

Mais especificamente, para o propósito de ajustar modelos estruturais (funcionais lineares) da forma

$$\mathbf{F} = \mathbf{F}(\boldsymbol{\pi}) = \mathbf{X}\boldsymbol{\beta} \tag{11.27}$$

onde $\mathbf{F}(\boldsymbol{\pi})$, $\mathbf{X}$ e $\boldsymbol{\beta}$ são definidos em (6.17), a aplicação da metodologia GSK tem por base o facto de que

$$\mathbf{p} \overset{a}{\sim} N_{sr}\{\boldsymbol{\pi}, \widetilde{\mathbf{V}}_{\mathbf{p}}\} \tag{11.28}$$

em que

$$\widetilde{\mathbf{V}}_{\mathbf{p}} = diag\{\widetilde{\mathbf{V}}_{\mathbf{p}_1}, \ldots, \widetilde{\mathbf{V}}_{\mathbf{p}_s}\} \tag{11.29}$$

com

$$\widetilde{\mathbf{V}}_{\mathbf{p}_i} = \mathbf{V}_{\mathbf{p}_i}(\mathbf{p}) = n_{i.}^{-1}\{\mathbf{D}_{\mathbf{p}_i} - \mathbf{p}_i\mathbf{p}_i'\} \tag{11.30}$$

$i = 1, \ldots, s$. Quando $\mathbf{F}(\boldsymbol{\pi})$ satisfaz as condições de regularidade explicitadas após (11.22), demonstra-se que

$$\widetilde{\mathbf{F}} = \mathbf{F}(\mathbf{p}) \overset{a}{\sim} N_u\{\mathbf{F}(\boldsymbol{\pi}), \widetilde{\mathbf{V}}_{\widetilde{\mathbf{F}}}\} \tag{11.31}$$

em que

$$\widetilde{\mathbf{V}}_{\widetilde{\mathbf{F}}} = \widetilde{\mathbf{H}}\widetilde{\mathbf{V}}_{\mathbf{p}}\widetilde{\mathbf{H}}' \tag{11.32}$$

com $\widetilde{\mathbf{H}} = \mathbf{H}(\mathbf{p}) = \partial\mathbf{F}(\mathbf{z})/\partial\mathbf{z}|_{\mathbf{z}=\mathbf{p}}$.

Dado que as condições de regularidade exigidas para $\mathbf{F}(\boldsymbol{\pi})$ implicam que a matriz $\widetilde{\mathbf{V}}_{\widetilde{\mathbf{F}}}$ é invertível (com probabilidade 1), os resultados (11.5), (11.6), (11.9), (11.12), (11.18) e (11.21)) são directamente aplicáveis ao caso particularizado aqui. Para além disso, com base nas especificidades do modelo probabilístico em estudo, pode-se abordar questões referentes à optimalidade dos estimadores e estatísticas de teste mencionados.

Nesse sentido, convém exprimir o modelo estrutural (11.27) na forma de restrições

$$\mathbf{UF}(\boldsymbol{\pi}) = \mathbf{0} \tag{11.33}$$

em que $\mathbf{U}'$ é uma matriz $u \times (u - p)$, base do complemento ortogonal de $\mathcal{M}(\mathbf{X})$, e considerá-las na **forma linearizada** de Neyman (1949), *i.e.*,

$$\mathbf{UF}(\mathbf{p}) + \mathbf{UH}(\mathbf{p})(\boldsymbol{\pi} - \mathbf{p}) = \mathbf{0}. \tag{11.34}$$

11. METODOLOGIA DE MÍNIMOS QUADRADOS GENERALIZADOS

Essas restrições linearizadas são obtidas a partir dos dois primeiros termos da expansão de Taylor de segunda ordem de $\mathbf{F}(\boldsymbol{\pi})$ em torno do ponto $\mathbf{p}$, ou seja, de

$$\mathbf{F}(\boldsymbol{\pi}) = \mathbf{F}(\mathbf{p}) + \mathbf{H}(\mathbf{p})(\boldsymbol{\pi} - \mathbf{p}) + \frac{1}{2}(\boldsymbol{\pi} - \mathbf{p})'\mathbf{G}(\boldsymbol{\pi}^*)(\boldsymbol{\pi} - \mathbf{p})$$

em que

$$\mathbf{G}(\boldsymbol{\pi}^*) = \partial^2 \mathbf{F}(\mathbf{z})/\partial\mathbf{z}\partial\mathbf{z}' \mid_{(\mathbf{z}=\boldsymbol{\pi}^*)}$$

e $\boldsymbol{\pi}^*$ é um ponto do segmento de recta que une $\boldsymbol{\pi}$ a $\mathbf{p}$. A substituição das restrições originais pela sua versão linearizada resulta da omissão do termo de segunda ordem, considerado desprezável em situações de grandes amostras (em que $\mathbf{p}$ está próximo do verdadeiro valor $\boldsymbol{\pi}$. As restrições linearizadas (11.34) juntamente com as restrições naturais dadas por $(\mathbf{I}_s \otimes \mathbf{1}'_r)\boldsymbol{\pi} = \mathbf{1}_s$ podem ser reescritas como

$$\mathbf{K}\boldsymbol{\pi} = \mathbf{a} \tag{11.35}$$

em que

$$\mathbf{K} = \begin{bmatrix} \mathbf{U}\widetilde{\mathbf{H}} \\ \mathbf{I}_s \otimes \mathbf{1}'_r \end{bmatrix} \quad \text{e} \quad \mathbf{a} = \begin{bmatrix} \mathbf{U}(\widetilde{\mathbf{H}}\mathbf{p} - \widetilde{\mathbf{F}}) \\ \mathbf{1}_s \end{bmatrix}. \tag{11.36}$$

Como $\mathbf{K}$ é uma matriz $(u - p + s) \times sr$ com característica $r(\mathbf{K}) = u - p + s$, uma aplicação da Proposição A.21 permite concluir que (11.35) pode ser traduzida no seguinte modelo linear:

$$\boldsymbol{\pi} = \mathbf{L}\boldsymbol{\gamma} + \mathbf{K}'(\mathbf{K}\mathbf{K}')^{-1}\mathbf{a} \tag{11.37}$$

em que $\mathbf{L}$ é uma matriz $sr \times (sr - s - u + p)$ ortocomplementar a $\mathbf{K}$ (uma base do espaço gerado pelas colunas de $\mathbf{I}_{sr} - \mathbf{K}'(\mathbf{K}\mathbf{K}')^{-1}\mathbf{K}$, por exemplo) e $\boldsymbol{\gamma}$ é um vector de dimensão $sr - s - u + p$. A estrutura linear destarte imposta ao vector $\boldsymbol{\pi}$ constitui o fulcro do procedimento de estimação de **mínimo qui-quadrado modificado** (MQN) proposto por Neyman (1949) e que consiste na obtenção do estimador $\widetilde{\boldsymbol{\pi}}$ que minimiza

$$Q_N(\boldsymbol{\pi}) = (\mathbf{p} - \boldsymbol{\pi})'\mathbf{D}_{\mathbf{n}_*}\mathbf{D}_{\mathbf{p}}^{-1}(\mathbf{p} - \boldsymbol{\pi}) = \sum_{i=1}^{s}\sum_{j=1}^{r}(n_{ij} - n_{i.}\pi_{ij})^2/n_{ij} \tag{11.38}$$

em que $\mathbf{n}_* = [(n_{1.},\ldots,n_{s.}) \otimes \mathbf{1}'_r]'$, sob as restrições impostas pelo modelo (11.37).

A substituição de (11.37) em (11.38) reduz o problema ao da minimização da forma quadrática

$$Q(\boldsymbol{\gamma}) = (\mathbf{q} - \mathbf{L}\boldsymbol{\gamma})'\mathbf{D}_{\mathbf{n}_*}\mathbf{D}_{\mathbf{p}}^{-1}(\mathbf{q} - \mathbf{L}\boldsymbol{\gamma}) \tag{11.39}$$

em que $\mathbf{q} = \mathbf{p} - \mathbf{K}'(\mathbf{K}\mathbf{K}')^{-1}\mathbf{a}$, com respeito a $\boldsymbol{\gamma}$. Utilizando novamente as regras de diferenciação matricial apresentadas no Apêndice A.6, obtém-se o estimador MQG de $\boldsymbol{\gamma}$, a saber

$$\begin{aligned} \widetilde{\boldsymbol{\gamma}} &= (\mathbf{L}'\mathbf{D}_{\mathbf{n}_*}\mathbf{D}_{\mathbf{p}}^{-1}\mathbf{L})^{-1}\mathbf{L}'\mathbf{D}_{\mathbf{n}_*}\mathbf{D}_{\mathbf{p}}^{-1}\mathbf{q} \\ &= (\mathbf{L}'\mathbf{D}_{\mathbf{n}_*}\mathbf{D}_{\mathbf{p}}^{-1}\mathbf{L})^{-1}\mathbf{L}'\mathbf{D}_{\mathbf{n}_*}\mathbf{D}_{\mathbf{p}}^{-1}\{\mathbf{p} - \mathbf{K}'(\mathbf{K}\mathbf{K}')^{-1}\mathbf{a}\}. \end{aligned} \tag{11.40}$$

Consequentemente o estimador MQN de $\boldsymbol{\pi}$ sob (11.37) ou (11.34) é

$$\widetilde{\boldsymbol{\pi}} = \mathbf{L}\widetilde{\boldsymbol{\gamma}} + \mathbf{K}'(\mathbf{K}\mathbf{K}')^{-1}\mathbf{a}. \tag{11.41}$$

380   11.2 APLICAÇÃO À ANÁLISE DE MODELOS LINEARES

Esses resultados implicam (ver Secção 11.5 para detalhes)

$$\tilde{\pi} = \mathbf{p} - \tilde{\mathbf{V}}_\mathbf{p}\tilde{\mathbf{H}}'\mathbf{U}'(\mathbf{U}\tilde{\mathbf{V}}_{\tilde{\mathbf{F}}}\mathbf{U}')^{-1}\mathbf{U}\tilde{\mathbf{F}}. \tag{11.42}$$

Substituindo (11.42) em (11.38) obtém-se o valor da estatística do mínimo qui-quadrado modificado de Neyman, $Q_N = Q_N(\tilde{\pi})$, dada por

$$\begin{aligned} Q_N &= (\mathbf{p} - \tilde{\pi})'\mathbf{D}_{\mathbf{n}_*}\mathbf{D}_{\mathbf{p}}^{-1}(\mathbf{p} - \tilde{\pi}) \\ &= \tilde{\mathbf{F}}'\mathbf{U}'(\mathbf{U}\tilde{\mathbf{V}}_{\tilde{\mathbf{F}}}\mathbf{U}')^{-1}\mathbf{U}\tilde{\mathbf{H}}\tilde{\mathbf{V}}_\mathbf{p}\mathbf{D}_{\mathbf{n}_*}\mathbf{D}_{\mathbf{p}}^{-1}\tilde{\mathbf{V}}_\mathbf{p}\tilde{\mathbf{H}}'\mathbf{U}'(\mathbf{U}\tilde{\mathbf{V}}_{\tilde{\mathbf{F}}}\mathbf{U}')^{-1}\mathbf{U}\tilde{\mathbf{F}} \\ &= \tilde{\mathbf{F}}'\mathbf{U}'(\mathbf{U}\tilde{\mathbf{V}}_{\tilde{\mathbf{F}}}\mathbf{U}')^{-1}\mathbf{U}\tilde{\mathbf{F}}. \end{aligned} \tag{11.43}$$

Por meio dos mesmos argumentos considerados para provar a igualdade entre (11.8) e (11.11) pode-se demonstrar que

$$Q_N = Q_{\hat{\mathbf{F}}} = (\tilde{\mathbf{F}} - \hat{\mathbf{F}})'\tilde{\mathbf{V}}_{\tilde{\mathbf{F}}}^{-1}(\tilde{\mathbf{F}} - \hat{\mathbf{F}}) = (\tilde{\mathbf{F}} - \mathbf{X}\hat{\beta})'\tilde{\mathbf{V}}_{\tilde{\mathbf{F}}}^{-1}(\tilde{\mathbf{F}} - \mathbf{X}\hat{\beta}) \tag{11.44}$$

em que $\hat{\beta}$ é o estimador MQG de β sob o modelo (11.27). Dessa forma, fica patente a igualdade entre a estatística de Wald (11.44) para o teste de ajustamento do modelo (11.27) ou (11.33), se se preferir sua expressão na forma de restrições, e a estatística do mínimo qui-quadrado modificado de Neyman (11.43) associada ao ajustamento do mesmo modelo. É nesse sentido que o estimador MQG, $\hat{\beta}$, é também rotulado de estimador MQN de β.

Novamente apelando para alguns resultados de Álgebra Matricial, demonstra-se na Secção 11.5 que

$$\tilde{\pi} = \mathbf{p} - \tilde{\mathbf{V}}_\mathbf{p}\tilde{\mathbf{H}}'\tilde{\mathbf{V}}_{\tilde{\mathbf{F}}}^{-1}(\tilde{\mathbf{F}} - \mathbf{X}\hat{\beta}) \tag{11.45}$$

e que, portanto, o estimador MQN de π também pode ser obtido por intermédio de uma expressão explícita.

A identidade (11.44), demonstrada por Bhapkar (1966), em conjunto com o facto de $\tilde{\pi}$ ser um estimador BAN, conforme mostra Neyman (1949), conferem ao estimador MQG e à correspondente estatística de Wald para o teste de ajustamento do modelo, algumas propriedades estatísticas óptimas. Nesse cenário, o estimador $\hat{\beta}$ e a estatística $Q_{\hat{\mathbf{F}}}$ são assintoticamente equivalentes ao estimador MV e à estatística da razão de verosimilhanças, respectivamente.

Dada a natureza assintótica dos resultados descritos acima, é importante lembrar que a sua aplicação a problemas práticos deve estar condicionada à disponibilidade de amostras "suficientemente" grandes. Uma especificação do que se entende por "suficientemente" grande, embora teoricamente plausível, é impraticável a não ser em casos muito particulares. Em geral, amostras de tamanho 20 ou 30 em cada subpopulação investigada tendem a produzir resultados bastante satisfatórios embora a magnitude das frequências observadas em cada cela também deva ser levada em conta. Nas Notas de Capítulo 11.1 e 11.2 apresentam-se mais detalhes sobre esse problema.

11. METODOLOGIA DE MÍNIMOS QUADRADOS GENERALIZADOS 381

11.2 Aplicação à análise de modelos lineares

Consideram-se aqui os modelos estruturais lineares discutidos no Capítulo 3, *i.e.*, modelos da forma

$$\mathbf{F}(\boldsymbol{\pi}) \equiv \mathbf{A}\boldsymbol{\pi} = \mathbf{X}\boldsymbol{\beta} \tag{11.46}$$

onde $\mathbf{X}$ é uma matriz de especificação com dimensão $u \times p$ e $\mathbf{A}$ é uma matriz definidora das funções de interesse com dimensão $u \times sr$ e característica $r(\mathbf{A}) = u \leq s(r-1)$, tal que

$$r[\mathbf{A}', \mathbf{I}_s \otimes \mathbf{1}_r] = r(\mathbf{A}) + s. \tag{11.47}$$

O estimador MQG de $\boldsymbol{\beta}$ indicado em (11.5) reduz-se, neste caso, a

$$\widehat{\boldsymbol{\beta}} = \{\mathbf{X}'(\mathbf{A}\widetilde{\mathbf{V}}_\mathbf{p}\mathbf{A}')^{-1}\mathbf{X}\}^{-1}\mathbf{X}'(\mathbf{A}\widetilde{\mathbf{V}}_\mathbf{p}\mathbf{A}')^{-1}\mathbf{Ap}; \tag{11.48}$$

para efeito de aplicações (em grandes amostras) pode-se considerar a sua distribuição aproximada, *i.e.*,

$$\widehat{\boldsymbol{\beta}} \stackrel{a}{\sim} N_p\{\boldsymbol{\beta}, [\mathbf{X}'(\mathbf{A}\widetilde{\mathbf{V}}_\mathbf{p}\mathbf{A}')^{-1}\mathbf{X}']^{-1}\}. \tag{11.49}$$

A estatística de Wald (11.11) para testar o ajustamento do modelo (11.46) é

$$\begin{aligned} Q_{\widehat{\mathbf{F}}} &= \mathbf{p}'\mathbf{A}'\{(\mathbf{A}\widetilde{\mathbf{V}}_\mathbf{p}\mathbf{A}')^{-1} \\ &\quad -(\mathbf{A}\widetilde{\mathbf{V}}_\mathbf{p}\mathbf{A}')^{-1}\mathbf{X}[\mathbf{X}'(\mathbf{A}\widetilde{\mathbf{V}}_\mathbf{p}\mathbf{A}')^{-1}\mathbf{X}]^{-1}\mathbf{X}'(\mathbf{A}\widetilde{\mathbf{V}}_\mathbf{p}\mathbf{A}')^{-1}\}\mathbf{Ap}. \end{aligned} \tag{11.50}$$

Tendo em consideração que o modelo (11.46) pode também ser escrito na forma de restrições como

$$\mathbf{UA}\boldsymbol{\pi} = \mathbf{0}$$

em que $\mathbf{U}$ é uma matriz $(u-p) \times u$, transposta de uma matriz base do complemento ortogonal de $\mathcal{M}(\mathbf{X})$, e usando os mesmos argumentos empregados na secção anterior, pode-se demonstrar (ver Secção 11.5) que

$$Q_{\widehat{\mathbf{F}}} = Q_N = \mathbf{p}'\mathbf{A}'\mathbf{U}'(\mathbf{UA}\widetilde{\mathbf{V}}_\mathbf{p}\mathbf{A}'\mathbf{U}')^{-1}\mathbf{UAp}$$

em que

$$\begin{aligned} \widetilde{\boldsymbol{\pi}} &= \mathbf{p} - \widetilde{\mathbf{V}}_\mathbf{p}\mathbf{A}'\mathbf{U}'(\mathbf{UA}\widetilde{\mathbf{V}}_\mathbf{p}\mathbf{A}'\mathbf{U}')^{-1}\mathbf{UAp} \\ &= \mathbf{p} - \widetilde{\mathbf{V}}_\mathbf{p}\mathbf{A}'(\mathbf{A}\widetilde{\mathbf{V}}_\mathbf{p}\mathbf{A}')^{-1}(\mathbf{Ap} - \mathbf{X}\widehat{\boldsymbol{\beta}}) \end{aligned} \tag{11.51}$$

são as expressões do estimador MQN de $\boldsymbol{\pi}$ correspondentes a (11.42) e (11.45) no caso mais geral.

Para efeito de comparação com os procedimentos utilizados na análise de modelos log-lineares que se discutirá na secção seguinte, vale a pena recordar que neste caso também é possível obter o estimador MQN por meio da inversão das funções lineares $\mathbf{A}\boldsymbol{\pi}$, recorrendo ao ajuste dos modelos ampliados a que se aludiu nas Notas de Capítulo 3.2 e 3.3. Nesse sentido deve-se considerar modelos do tipo

$$\mathbf{G}_0\boldsymbol{\pi} = \boldsymbol{\alpha}_0 \tag{11.52}$$

382   11.2 APLICAÇÃO À ANÁLISE DE MODELOS LINEARES

em que $\mathbf{G}_0' = [\mathbf{A}', \mathbf{I}_s \otimes \mathbf{1}_r, \mathbf{A}_0]$ é uma matriz de dimensão $sr \times sr$, $\mathbf{A}_0$ é uma matriz $[s(r-1) - u] \times sr$ ortocomplementar a $[\mathbf{A}', \mathbf{I}_s \otimes \mathbf{1}_r]$, e $\boldsymbol{\alpha}_0 = (\boldsymbol{\beta}'\mathbf{X}', \mathbf{1}_s', \boldsymbol{\beta}_0)'$ com $\boldsymbol{\beta}_0$ denotando um vector de parâmetros com dimensão $[s(r-1) - u]$.

Seguindo exactamente os passos delineados na Nota de Capítulo 3.3 com $\mathbf{G}_1 = \mathbf{A}'(\mathbf{A}\mathbf{A}')^{-1}$, $\mathbf{G}_2 = (\mathbf{I}_s \otimes \mathbf{1}_r)[(\mathbf{I}_s \otimes \mathbf{1}_r')(\mathbf{I}_s \otimes \mathbf{1}_r)]^{-1} = r^{-1}(\mathbf{I}_s \otimes \mathbf{1}_r)$ e $\mathbf{G}_3 = \mathbf{A}_0'(\mathbf{A}_0\mathbf{A}_0')^{-1}$, conclui-se que

$$\tilde{\boldsymbol{\pi}} = \mathbf{A}'(\mathbf{A}\mathbf{A}')^{-1}\mathbf{X}\widehat{\boldsymbol{\beta}} + r^{-1}\mathbf{1}_{sr} + \mathbf{A}_0'(\mathbf{A}_0\mathbf{A}_0')^{-1}\widehat{\boldsymbol{\beta}_0}. \tag{11.53}$$

Para efeitos práticos pode-se demonstrar segundo as mesmas técnicas empregadas na Secção 11.5 que

$$\tilde{\boldsymbol{\pi}} \overset{a}{\sim} N_{sr}\{\boldsymbol{\pi}, \widehat{\mathbf{V}}_{\widehat{\boldsymbol{\pi}}}\} \tag{11.54}$$

em que

$$\begin{aligned}
\widehat{\mathbf{V}}_{\tilde{\boldsymbol{\pi}}} &= \tilde{\mathbf{V}}_{\mathbf{p}} - \tilde{\mathbf{V}}_{\mathbf{p}}\mathbf{A}'(\mathbf{A}\tilde{\mathbf{V}}_{\mathbf{p}}\mathbf{A}')^{-1}\mathbf{A}\tilde{\mathbf{V}}_{\mathbf{p}} \\
&+ \tilde{\mathbf{V}}_{\mathbf{p}}\mathbf{A}'(\mathbf{A}\tilde{\mathbf{V}}_{\mathbf{p}}\mathbf{A}')^{-1}\mathbf{X}[\mathbf{X}'(\mathbf{A}\tilde{\mathbf{V}}_{\mathbf{p}}\mathbf{A}')^{-1}\mathbf{X}]^{-1}(\mathbf{A}\tilde{\mathbf{V}}_{\mathbf{p}}\mathbf{A}')^{-1}\mathbf{A}\tilde{\mathbf{V}}_{\mathbf{p}}.
\end{aligned} \tag{11.55}$$

Exemplo 11.2 (*Problema da intenção de voto*): Aqui, paralelamente ao Exemplo 8.1, ilustra-se o ajuste de um modelo de simetria aos dados descritos no Exemplo 3.1. Em função da restrição natural imposta pelo esquema Multinomial adoptado, a forma (3.5) não é a mais adequada para efeitos práticos, dado que nesse caso a correspondente função $\mathbf{F}(\cdot)$ em (11.1) não satisfaria as condições necessárias para a aplicação da metodologia de MQG. Conforme a sugestão apresentada no Exemplo 3.1, convém então escrever o modelo como

$$\mathbf{A}\boldsymbol{\pi} = \mathbf{X}\boldsymbol{\beta}$$

em que o objectivo da matriz $\mathbf{A}$ é eliminar um dos componentes do vector de parâmetros do modelo probabilístico subjacente, *i.e.*,

$$\boldsymbol{\pi} = (\theta_{11}, \theta_{12}, \theta_{13}, \theta_{21}, \theta_{22}, \theta_{23}, \theta_{31}, \theta_{32}, \theta_{33})'.$$

Se o componente escolhido for o último, basta tomar $\mathbf{A}$ igual a uma matriz identidade de dimensão 9 sem a última linha. Definindo o vector de parâmetros do modelo estrutural como

$$\boldsymbol{\beta} = (\theta_{11}, \theta_{12}, \theta_{13}, \theta_{22}, \theta_{23})',$$

a correspondente matriz de especificação é

$$\mathbf{X} = \begin{pmatrix} 1 & 0 & 0 & 0 & 0 \\ 0 & 1 & 0 & 0 & 0 \\ 0 & 0 & 1 & 0 & 0 \\ 0 & 1 & 0 & 0 & 0 \\ 0 & 0 & 0 & 1 & 0 \\ 0 & 0 & 0 & 0 & 1 \\ 0 & 0 & 1 & 0 & 0 \\ 0 & 0 & 0 & 0 & 1 \end{pmatrix}.$$

11. METODOLOGIA DE MÍNIMOS QUADRADOS GENERALIZADOS

A estimativa MQG dos parâmetros pode ser obtida de (11.48) e uma estimativa da correspondente matriz de covariâncias de (11.49). Similarmente, valores esperados para as frequências podem ser obtidos através de $\mu_{ij} = N\widetilde{\theta}_{ij}$ a partir de (11.51) e estão dispostos na Tabela 11.1.

Tabela 11.1: Estimativas MQG das frequências de eleitores sob o modelo de simetria

		Intenção de voto na segunda sondagem		
		A	B	I
Intenção de voto	A	194.39	1.35	6.96
na primeira	B	1.35	147.81	7.15
sondagem	I	6.96	7.15	71.88

Convém notar que em contraposição à metodologia MV, as estimativas correspondentes à diagonal principal da tabela não coincidem aqui com os respectivos valores observados. Este facto pode ser visto como um aspecto negativo da análise via MQG neste caso, já que as celas mencionadas não carregam informação sobre mudanças de intenção de voto entre uma sondagem e outra. Outrossim, o valor da estatística de Wald (11.50) para o ajustamento do modelo é $Q_{\widehat{\mathbf{F}}} = 5.53$ correspondente a um nível crítico aproximado $P \simeq 0.14$ quando confrontado com a distribuição $\chi^2_{(3)}$; esse resultado está em pleno acordo com aqueles obtidos na análise via MV, segundo os quais não há evidências que contrariem a hipótese de simetria. Também neste caso, o tamanho da amostra ($N = 445$) parece ser suficiente para não haver preocupação com as aproximações a que se recorre. ∎

Exemplo 11.3 (*Problema do risco de cárie dentária*): Retornando ao propósito de reanalisar conjuntos de dados previamente avaliados sob o enfoque de MV, considera-se agora aquele descrito no Exemplo 1.2 e também abordado nos Exemplos 3.2 e 8.2 a partir de um modelo probabilístico Multinomial. Aqui a metodologia MQG é mais facilmente aplicável sob a formulação (11.1) com

$$\boldsymbol{\pi} = (\theta_{11}, \theta_{12}, \theta_{13}, \theta_{21}, \theta_{22}, \theta_{23}, \theta_{31}, \theta_{32}, \theta_{33})',$$

$$\mathbf{A} = \begin{pmatrix} 1 & 1 & 1 & 0 & 0 & 0 & 0 & 0 & 0 \\ 0 & 0 & 0 & 1 & 1 & 1 & 0 & 0 & 0 \\ 1 & 0 & 0 & 1 & 0 & 0 & 1 & 0 & 0 \\ 0 & 1 & 0 & 0 & 1 & 0 & 0 & 1 & 0 \end{pmatrix},$$

e

$$\mathbf{X} = \begin{pmatrix} 1 & 0 \\ 0 & 1 \\ 1 & 0 \\ 0 & 1 \end{pmatrix}.$$

Essencialmente, o produto $\mathbf{A}\boldsymbol{\pi}$ gera as probabilidades marginais não redundantes $\theta_{1.}, \theta_{2.}, \theta_{.1}$ e $\theta_{.2}$ enquanto a matriz de especificação $\mathbf{X}$ impõe a condição de homogeneidade marginal, *i.e.*, $\theta_{i.} = \theta_{.i}, i = 1, 2$. O valor da estatística de Wald (11.50) para o teste de ajustamento do modelo é $Q_{\widehat{\mathbf{F}}} = 8.69$; o nível crítico aproximado correspondente, obtido de uma distribuição $\chi^2_{(2)}$ é $P \simeq 0.01$, sugerindo também que o modelo de homogeneidade marginal não parece ser adequado para o problema em questão.

Apenas para efeito de comparação, apresenta-se na Tabela 11.2 as frequências esperadas obtidas por intermédio desta metodologia.

Tabela 11.2: Estimativas de MQG das frequências de pacientes sob o modelo de homogeneidade marginal

		Risco de cárie segundo o método convencional		
		Baixo	Médio	Alto
Risco de cárie	Baixo	11.98	8.14	0.00
segundo o méto-	Médio	7.73	37.05	10.06
do simplificado	Alto	0.41	9.65	11.98

Valem aqui tanto os comentários do Exemplo 8.2 relativos à falta de adequação do modelo, quanto aqueles do Exemplo 11.2 concernentes à alteração dos valores esperados relativamente aos valores observados na diagonal principal. Finalmente, em consonância com as diferentes formulações abordadas na Secção 3.3, cumpre lembrar que o ajustamento do modelo também pode ser avaliado tomando-se $\mathbf{A}$ como sendo uma matriz identidade de dimensão 9 sem a última linha (para evitar problemas relacionados com as condições requeridas para a função $\mathbf{F}(\cdot)$), $\mathbf{X}$ como sendo uma matriz identidade de dimensão 8 e testando uma hipótese da forma (11.19) com

$$\mathbf{C} = \begin{pmatrix} 0 & 1 & 1 & -1 & 0 & 0 & -1 & 0 \\ 0 & -1 & 0 & 1 & 0 & 1 & 0 & -1 \end{pmatrix}.$$

Note-se que, embora o tamanho da amostra seja razoável ($n = 97$), a presença de celas com frequências pequenas ou nulas poderia deixar dúvidas relativas às aproximações empregadas nos processos de inferência. Numa situação como essa, a complementação do estudo com reanálises por meio de outras metodologias é recomendável para uma confirmação das conclusões. Neste caso, a concordância dos resultados obtidos através das metodologias de MV e MQG sugerem sua plausibilidade. ∎

Exemplo 11.4 (*Problema do tamanho da ninhada*): Enfocam-se aqui os dados apresentados no Exemplo 1.9, modelados no Exemplo 3.3 e analisados por meio da metodologia MV no Exemplo 8.3. Embora adoptando o mesmo modelo probabilístico (Multinomial) e seguindo a mesma estratégia apresentada anteriormente, utiliza-se uma parametrização diferente (de desvios de médias) com intuito exemplificativo. Inicia-se a análise considerando a formulação (11.1) com $\mathbf{A} = \mathbf{I}_9 \otimes (0 \quad 1 \quad 2 \quad 3)$ e a

11. METODOLOGIA DE MÍNIMOS QUADRADOS GENERALIZADOS

matriz de especificação do modelo saturado dada por

$$\mathbf{X} = \begin{pmatrix} 1 & 1 & 0 & 1 & 0 & 1 & 0 & 0 & 0 \\ 1 & 1 & 0 & 0 & 1 & 0 & 1 & 0 & 0 \\ 1 & 1 & 0 & -1 & -1 & -1 & -1 & 0 & 0 \\ 1 & 0 & 1 & 1 & 0 & 0 & 0 & 1 & 0 \\ 1 & 0 & 1 & 0 & 1 & 0 & 0 & 0 & 1 \\ 1 & 0 & 1 & -1 & -1 & 0 & 0 & -1 & -1 \\ 1 & -1 & -1 & 1 & 0 & -1 & 0 & -1 & 0 \\ 1 & -1 & -1 & 0 & 1 & 0 & -1 & 0 & -1 \\ 1 & -1 & -1 & -1 & -1 & 1 & 1 & 1 & 1 \end{pmatrix}.$$

As hipóteses de inexistência de interacção e de efeitos principais de quinta e de raça podem ser expressas na forma (11.19) respectivamente com

$$\mathbf{C} = \begin{pmatrix} 0 & 0 & 0 & 0 & 0 & 1 & 0 & 0 & 0 \\ 0 & 0 & 0 & 0 & 0 & 0 & 1 & 0 & 0 \\ 0 & 0 & 0 & 0 & 0 & 0 & 0 & 1 & 0 \\ 0 & 0 & 0 & 0 & 0 & 0 & 0 & 0 & 1 \end{pmatrix},$$

$$\mathbf{C} = \begin{pmatrix} 0 & 1 & 0 & 0 & 0 & 0 & 0 & 0 & 0 \\ 0 & 0 & 1 & 0 & 0 & 0 & 0 & 0 & 0 \end{pmatrix}$$

e

$$\mathbf{C} = \begin{pmatrix} 0 & 0 & 0 & 1 & 0 & 0 & 0 & 0 & 0 \\ 0 & 0 & 0 & 0 & 1 & 0 & 0 & 0 & 0 \end{pmatrix}.$$

Os níveis críticos aproximados associados às estatísticas de Wald (11.20) correspondentes às três hipóteses são respectivamente $P \simeq 0.18$, $(Q_{\mathbf{C}} = 6.210)$, $P \simeq 0.00$, $(Q_{\mathbf{C}} = 1.396)$ e $P \simeq 0.50$, $(Q_{\mathbf{C}} = 36.745)$, obtidos de distribuições χ^2 com $4, 2$ e 2 graus de liberdade. Embora esses resultados possam sugerir que um modelo contendo apenas o efeito de quinta seria adequado, considera-se antes, para efeito de comparação, o ajuste de um modelo contendo os efeitos principais de quinta e raça, *i.e.*, especificado por uma matriz $\mathbf{X}$ obtida daquela apresentada acima através da eliminação das últimas quatro colunas. Pelas razões mencionadas anteriormente com respeito à interpretação de (11.19), a estatística de Wald (11.50) para avaliação do ajuste desse modelo é exactamente aquela utilizada para o teste de inexistência de interacção, para a qual o nível crítico aproximado ($P \simeq 0.18$) tem a mesma ordem de magnitude que aqueles obtidos por outras vias no Exemplo 8.3. Também neste novo contexto, as hipóteses de inexistência de efeitos de quinta e raça podem ser expressos na forma (11.19) com

$$\mathbf{C} = \begin{pmatrix} 0 & 1 & 0 & 0 & 0 \\ 0 & 0 & 1 & 0 & 0 \end{pmatrix}$$

e

$$\mathbf{C} = \begin{pmatrix} 0 & 0 & 0 & 1 & 0 \\ 0 & 0 & 0 & 0 & 1 \end{pmatrix}$$

respectivamente. Às estatísticas de Wald correspondentes, ambas com distribuição aproximada $\chi^2_{(2)}$, estão associados níveis críticos aproximados $P \simeq 0.00$ $(Q_{\mathbf{C}} = 61.021)$ e $P \simeq 0.85$ $(Q_{\mathbf{C}} = 0.314)$, respectivamente. Esses resultados vão de encontro aos comentários da Secção 7.3 segundo os quais testes condicionais de redução de modelos podem ser mais eficientes que os correspondentes testes não condicionais quando os modelos condicionantes são compatíveis com os dados. Tanto num caso quanto no outro, as conclusões não contradizem um modelo contendo somente o efeito principal de quinta, que, sob a parametrização em uso, pode ser especificado por uma matriz $\mathbf{X}$ obtida daquela definidora do modelo saturado através da eliminação das seis últimas colunas. O valor da estatística de Wald (11.50) para testar o ajustamento do modelo é $Q_C = 6.524$ com nível crítico associado aproximado de $P \simeq 0.37$ obtido de uma distribuição $\chi^2_{(6)}$. Estimativas MQG dos parâmetros desse modelo juntamente com os respectivos desvios padrões aproximados estão apresentadas na Tabela 11.3.

Tabela 11.3: Estimativas MQG dos parâmetros do modelo com efeito principal de quinta e respectivos desvios padrões estimados

Parâmetro	β_0	γ_1	γ_2
Estimativa	1.617	0.266	-0.034
Desvio padrão	0.029	0.060	0.056

Esses resultados permitem calcular os tamanhos médios de ninhadas esperados para as três quintas, ou seja, estimativas de $\mu_1 = \mu + \gamma_1, \mu_2 = \mu + \gamma_2$ e $\mu_3 = \mu - \gamma_1 - \gamma_2$. Os desvios padrões correspondentes podem ser estimados a partir da matriz de covariâncias aproximada do vector de estimadores dos parâmetros explicitada em (11.49). Concretamente, tem-se $\widehat{\mu}_1 = 1.882$ $(dp = 0.056)$, $\widehat{\mu}_2 = 1.583$ $(dp = 0.075)$ e $\widehat{\mu}_3 = 1.384$ $(dp = 0.036)$, corroborando a conclusão anterior de que os tamanhos médios de ninhadas esperados decrescem da primeira para a terceira quinta.

Essa coincidência de resultados obtidos segundo duas metodologias, associada ao facto de estar-se comparando tamanhos médios de ninhadas (cujas estimativas são combinações lineares das frequências das celas), favorece sua aceitação perante o pequeno tamanho das amostras relativas a algumas das subpopulações em estudo. ∎

11.3 Aplicação à análise de modelos log-lineares

Tendo sob perspectiva a forma geral (11.1) dos modelos estruturais tratados neste capítulo, a formulação mais adequada para a aplicação da metodologia MQG aos modelos log-lineares é aquela indicada em (5.10), *i.e.*,

$$\mathbf{A}\ln\pi = \mathbf{A}\mathbf{X}\boldsymbol{\beta} = \mathbf{X}_G\boldsymbol{\beta} \tag{11.56}$$

em que $\mathbf{A}$ é uma matriz $s(r-1) \times sr$, de característica máxima $s(r-1)$ tal que $\mathbf{A}(\mathbf{I}_s \otimes \mathbf{1}_r) = \mathbf{0}$ e $\mathbf{X}_G = \mathbf{A}\mathbf{X}$. Ressalte-se aqui a equivalência entre esta formulação e aquela dada por (5.7), objecto da Proposição 5.1. Em geral, para facilitar a definição dos modelos, é comum escolher

$$\mathbf{A} = \mathbf{I}_s \otimes [\mathbf{I}_{r-1}, -\mathbf{1}_{r-1}] \tag{11.57}$$

11. METODOLOGIA DE MÍNIMOS QUADRADOS GENERALIZADOS

embora isso não seja necessário, como se verá na sequência. Neste cenário, o estimador MQG de $\boldsymbol{\beta}$ é

$$\widehat{\boldsymbol{\beta}} = (\mathbf{X}_G{}'\widetilde{\mathbf{V}}_{\widetilde{\mathbf{F}}}^{-1}\mathbf{X}_G)^{-1}\mathbf{X}_G{}'\widetilde{\mathbf{V}}_{\widetilde{\mathbf{F}}}^{-1}\widetilde{\mathbf{F}} = (\mathbf{X}'\mathbf{A}'\widetilde{\mathbf{V}}_{\widetilde{\mathbf{F}}}^{-1}\mathbf{A}\mathbf{X})^{-1}\mathbf{X}'\mathbf{A}'\widetilde{\mathbf{V}}_{\widetilde{\mathbf{F}}}^{-1}\widetilde{\mathbf{F}} \tag{11.58}$$

em que $\widetilde{\mathbf{F}} = \mathbf{F}(\mathbf{p}) = \mathbf{A}\mathbf{lnp}$ e $\widetilde{\mathbf{V}}_{\widetilde{\mathbf{F}}} = \mathbf{A}\mathbf{D}_{\mathbf{p}}^{-1}\widetilde{\mathbf{V}}_{\mathbf{p}}\mathbf{D}_{\mathbf{p}}^{-1}\mathbf{A}'$.

Tendo em vista a definição (11.57) e dado que

$$\widetilde{\mathbf{V}}_{\mathbf{p}} = diag\{\widetilde{\mathbf{V}}_1, \ldots, \widetilde{\mathbf{V}}_s\}$$

com $\widetilde{\mathbf{V}}_i = n_i^{-1}[\mathbf{D}_{\mathbf{p}_i} - \mathbf{p}_i\mathbf{p}_i{}']$, pode-se concluir que

$$\widetilde{\mathbf{V}}_{\widetilde{\mathbf{F}}} = \mathbf{A}\mathbf{D}_{\mathbf{n}_*}^{-1}\mathbf{D}_{\mathbf{p}}\mathbf{A}' = \mathbf{A}\mathbf{D}_{\mathbf{n}}^{-1}\mathbf{A}' \tag{11.59}$$

em que $\mathbf{n}_* = (n_{1.}, \ldots, n_{s.}) \otimes \mathbf{1}_r'$. Além disso, utilizando o Lema de Koch (1969) enunciado na Proposição A.25, com o mesmo espírito considerado na prova da equivalência entre (11.8) e (11.11) e fazendo $\mathbf{D} = \mathbf{I}_s \otimes \mathbf{1}_r'$, pode-se demonstrar que

$$\begin{aligned}
\mathbf{A}'(\mathbf{A}\mathbf{D}_{\mathbf{n}}^{-1}\mathbf{A}')^{-1}\mathbf{A} &= \mathbf{D}_{\mathbf{n}} - \mathbf{D}_{\mathbf{n}}\mathbf{D}'(\mathbf{D}\mathbf{D}_{\mathbf{n}}\mathbf{D}')^{-1}\mathbf{D}\mathbf{D}_{\mathbf{n}} \\
&= \mathbf{D}_{\mathbf{n}_*}\mathbf{D}_{\mathbf{n}_*}^{-1}\{\mathbf{D}_{\mathbf{p}} - \mathbf{p}\mathbf{p}'\}\mathbf{D}_{\mathbf{n}_*} \\
&= \mathbf{D}_{\mathbf{n}_*}\widetilde{\mathbf{V}}_{\mathbf{p}}\mathbf{D}_{\mathbf{n}_*} \tag{11.60}
\end{aligned}$$

Então de (11.57) - (11.60) conclui-se que

$$\begin{aligned}
\widehat{\boldsymbol{\beta}} &= \{\mathbf{X}'\mathbf{A}'(\mathbf{A}\mathbf{D}_{\mathbf{n}}^{-1}\mathbf{A}')^{-1}\mathbf{A}\mathbf{X}\}^{-1}\mathbf{X}'\mathbf{A}'(\mathbf{A}\mathbf{D}_{\mathbf{n}}^{-1}\mathbf{A}')^{-1}\mathbf{A}\mathbf{lnp} \\
&= \{\mathbf{X}'\mathbf{D}_{\mathbf{n}_*}\widetilde{\mathbf{V}}_{\mathbf{p}}\mathbf{D}_{\mathbf{n}_*}\mathbf{X}\}^{-1}\mathbf{X}'\mathbf{D}_{\mathbf{n}_*}\widetilde{\mathbf{V}}_{\mathbf{p}}\mathbf{D}_{\mathbf{n}_*}\mathbf{lnp} \\
&= \{\sum_{i=1}^{s}n_{i.}^2\mathbf{X}_i'\widetilde{\mathbf{V}}_i\mathbf{X}_i\}^{-1}\sum_{i=1}^{s}n_{i.}^2\mathbf{X}_i\widetilde{\mathbf{V}}_i\mathbf{lnp}_i \tag{11.61}
\end{aligned}$$

em que $\mathbf{X}_i$ é a submatriz $r \times p$ de $\mathbf{X} = [\mathbf{X}_1', \ldots, \mathbf{X}_s']'$ correspondente à i-ésima subpopulação. A expressão (11.61) evidencia que a especificação (11.57) para a matriz $\mathbf{A}$ não é necessária para a obtenção do estimador MQG de $\boldsymbol{\beta}$. Por meio de argumentos semelhantes pode-se obter um estimador para a variância da distribuição aproximada de $\boldsymbol{\beta}$, a saber

$$\begin{aligned}
\widetilde{\mathbf{V}}_{\boldsymbol{\beta}} &= (\mathbf{X}_G'\widetilde{\mathbf{V}}_{\widetilde{\mathbf{F}}}^{-1}\mathbf{X}_G)^{-1} = (\mathbf{X}'\mathbf{A}'\widetilde{\mathbf{V}}_{\widetilde{\mathbf{F}}}^{-1}\mathbf{A}\mathbf{X})^{-1} \\
&= (\sum_{i=1}^{s}n_{i.}^2\mathbf{X}_i'\widetilde{\mathbf{V}}_i\mathbf{X}_i)^{-1} \tag{11.62}
\end{aligned}$$

A estatística de Wald (11.11) para o ajustamento do modelo (11.56) exprime-se então como

$$\begin{aligned}
Q_{\widehat{\mathbf{F}}} &= (\widetilde{\mathbf{F}} - \mathbf{X}_G\widehat{\boldsymbol{\beta}})'\widetilde{\mathbf{V}}_{\widetilde{\mathbf{F}}}^{-1}(\widetilde{\mathbf{F}} - \mathbf{X}_G\widehat{\boldsymbol{\beta}}) \\
&= (\mathbf{A}\mathbf{lnp} - \mathbf{A}\mathbf{X}\widehat{\boldsymbol{\beta}})'\widetilde{\mathbf{V}}_{\widetilde{\mathbf{F}}}^{-1}(\mathbf{A}\mathbf{lnp} - \mathbf{A}\mathbf{X}\widehat{\boldsymbol{\beta}}) \\
&= (\mathbf{lnp} - \mathbf{X}\widehat{\boldsymbol{\beta}})'\mathbf{A}'\widetilde{\mathbf{V}}_{\widetilde{\mathbf{F}}}^{-1}\mathbf{A}(\mathbf{lnp} - \mathbf{X}\widehat{\boldsymbol{\beta}}) \\
&= (\mathbf{lnp} - \mathbf{X}\widehat{\boldsymbol{\beta}})'\mathbf{D}_{\mathbf{n}_*}\widetilde{\mathbf{V}}_{\mathbf{p}}\mathbf{D}_{\mathbf{n}_*}(\mathbf{lnp} - \mathbf{X}\widehat{\boldsymbol{\beta}}) \\
&= \sum_{i=1}^{s}n_{i.}^2(\mathbf{lnp}_i - \mathbf{X}_i\widehat{\boldsymbol{\beta}})'\widetilde{\mathbf{V}}_i(\mathbf{lnp}_i - \mathbf{X}_i\widehat{\boldsymbol{\beta}}). \tag{11.63}
\end{aligned}$$

11.3 APLICAÇÃO À ANÁLISE DE MODELOS LOG-LINEARES

Observando que à luz de (4.19) os estimadores de $\boldsymbol{\pi}_i$ se podem expressar na forma

$$\widehat{\boldsymbol{\pi}_i} = \exp(\mathbf{X}_i\widehat{\boldsymbol{\beta}})/\mathbf{1}_r'\exp(\mathbf{X}_i\widehat{\boldsymbol{\beta}}) \tag{11.64}$$

para $i = 1, \ldots, s$, tem-se

$$\ln\widehat{\boldsymbol{\pi}_i} = \mathbf{X}_i\widehat{\boldsymbol{\beta}} - \mathbf{1}_r \ln[\mathbf{1}_r'\exp(\mathbf{X}_i\widehat{\boldsymbol{\beta}})]$$

e consequentemente, de (11.63) segue que

$$
\begin{aligned}
Q_{\widehat{\mathbf{F}}} &= \sum_{i=1}^{s} n_{i.}^2 (\ln\mathbf{p}_i - \ln\widehat{\boldsymbol{\pi}_i})'\widetilde{\mathbf{V}}_i(\ln\mathbf{p}_i - \ln\widehat{\boldsymbol{\pi}_i}) + \sum_{i=1}^{s} n_{i.}^2 (\ln\mathbf{1}_r'\exp\mathbf{X}_i\widehat{\boldsymbol{\beta}})^2 \mathbf{1}_r'\widetilde{\mathbf{V}}_i\mathbf{1}_r \\
&= \sum_{i=1}^{s}\sum_{j=1}^{r} n_{ij}\{\ln\frac{p_{ij}}{\widehat{\pi}_{ij}}\} - \sum_{k=1}^{r} p_{ik}\{\ln\frac{p_{ik}}{\widehat{\pi}_{ik}}\}^2
\end{aligned}
\tag{11.65}
$$

dado que $\mathbf{1}_r'\widetilde{\mathbf{V}}_i\mathbf{1}_r + n_{i.}^{-1}\mathbf{1}_r'[\mathbf{D}_{\mathbf{p}_i} - \mathbf{p}_i\mathbf{p}_i']\mathbf{1}_r = 0$.

Neste ponto vale a pena observar que, em contraste com o caso linear, os estimadores $\widehat{\boldsymbol{\pi}}_i, i = 1, \ldots, s$, obtidos por meio da inversão de $\mathbf{F}(\boldsymbol{\pi})$ não são iguais aos estimadores MQN (11.45), cuja expressão é

$$
\begin{aligned}
\widetilde{\boldsymbol{\pi}} &= \mathbf{p} - \widetilde{\mathbf{V}}_{\mathbf{p}}\mathbf{D}_{\mathbf{p}}^{-1}\mathbf{A}'\widetilde{\mathbf{V}}_{\mathbf{F}}^{-1}(\mathbf{A}\ln\mathbf{p} - \mathbf{A}\mathbf{X}\widehat{\boldsymbol{\beta}}) \\
&= \mathbf{p} - \widetilde{\mathbf{V}}_{\mathbf{p}}\mathbf{D}_{\mathbf{p}}^{-1}\mathbf{D}_{\mathbf{n}_*}\widetilde{\mathbf{V}}_{\mathbf{p}}\mathbf{D}_{\mathbf{n}_*}(\ln\mathbf{p} - \mathbf{X}\widehat{\boldsymbol{\beta}}) \\
&= \mathbf{p} - \widetilde{\mathbf{V}}_{\mathbf{p}}\mathbf{D}_{\mathbf{n}_*}(\ln\mathbf{p} - \mathbf{X}\widehat{\boldsymbol{\beta}}).
\end{aligned}
\tag{11.66}
$$

Continuando com o objectivo de traçar um paralelo entre análises realizadas sob as diferentes metodologias discutidas neste texto, retomam-se aqui os exemplos focados no Capítulo 9 sob a óptica de MV.

Exemplo 11.5 (*Problema da anemia*): A análise log-linear dos dados apresentados no Exemplo 9.1 é aqui facilmente realizada a partir de um modelo probabilístico Multinomial subjacente. Para isto, basta considerar um modelo saturado em (11.56), com $\mathbf{A} = [\mathbf{I}_3, -\mathbf{1}_3]$, $\mathbf{X}_G = \mathbf{I}_3$, e testar uma hipótese do tipo (11.19) com $\mathbf{C} = (1 -1 -1)$. Observando que $\mathbf{C}\boldsymbol{\beta} = \ln\Delta$, a correspondente estimativa MQG do logaritmo da razão de chances sob investigação, obtida de (11.58) é $\mathbf{C}\widehat{\boldsymbol{\beta}} = \ln\widehat{\Delta} = -1.367$ com erro padrão estimado de 0.648. A estatística de Wald correspondente ao ajuste desse modelo de independência, obtida de (11.20), é $Q_{\mathbf{C}} = 4.45$ que, ao ser avaliada relativamente a uma distribuição $\chi^2_{(1)}$, gera um nível crítico $P \simeq 0.04$ em concordância com aqueles obtidos anteriormente através das estatísticas Q_V e Q_P. Um intervalo de confiança aproximado para a razão de chances Δ obtido nos mesmos moldes daqueles calculados no Exemplo 9.1 é dado por $(0.255\exp(\pm1.270)) \equiv (0.072, 0.908)$.

Uma análise equivalente baseada num modelo log-linear generalizado é sugerida no Exercício 11.3. ∎

Exemplo 11.6 (*Problema da acuidade visual*): Para ajustar um modelo log-linear de simetria através da metodologia de MQG aos dados previamente analisados no

11. METODOLOGIA DE MÍNIMOS QUADRADOS GENERALIZADOS

Exemplo 9.2 via MV sob um modelo probabilístico Multinomial, convém expressá-lo na forma (11.56) com $\mathbf{A} = [\mathbf{I}_{15}, \, -\mathbf{1}_{15}]$ e

$$
\mathbf{X}'_G = \begin{pmatrix}
1 & 0 & 0 & 0 & 0 & 0 & 0 & 0 & 0 & 0 & 0 & 0 & 0 & 0 & 0 \\
0 & 1 & 0 & 0 & 1 & 0 & 0 & 0 & 0 & 0 & 0 & 0 & 0 & 0 & 0 \\
0 & 0 & 1 & 0 & 0 & 0 & 0 & 0 & 1 & 0 & 0 & 0 & 0 & 0 & 0 \\
0 & 0 & 0 & 1 & 0 & 0 & 0 & 0 & 0 & 0 & 0 & 0 & 1 & 0 & 0 \\
0 & 0 & 0 & 0 & 0 & 1 & 0 & 0 & 0 & 0 & 0 & 0 & 0 & 0 & 0 \\
0 & 0 & 0 & 0 & 0 & 0 & 1 & 0 & 0 & 1 & 0 & 0 & 0 & 0 & 0 \\
0 & 0 & 0 & 0 & 0 & 0 & 0 & 1 & 0 & 0 & 0 & 0 & 0 & 1 & 0 \\
1 & 0 & 0 & 0 & 0 & 0 & 0 & 0 & 0 & 0 & 1 & 0 & 0 & 0 & 0 \\
1 & 0 & 0 & 0 & 0 & 0 & 0 & 0 & 0 & 0 & 0 & 0 & 1 & 0 & 0 & 1
\end{pmatrix}.
$$

Essencialmente, essa matriz de especificação exprime os termos $\ln(\theta_{ij}/\theta_{44})$ em função dos correspondentes parâmetros do modelo de simetria, a saber $\ln(\theta_{ij}/\theta_{44})$ com $ij = 11, 12, 13, 14, 22, 23, 24, 33, 34$. O valor da estatística de Wald (11.63) é $Q_{\widehat{\mathbf{F}}} = 18.820$ com nível crítico aproximado associado (obtido de uma distribuição $\chi^2_{(6)}$) $P \simeq 0.005$, indo de encontro aos resultados anteriores de que o modelo não parece ser adequado aos dados. Para a especificação do modelo de quási-simetria, também log-linear, basta substituir a matriz $\mathbf{X}_G$ acima por

$$
\mathbf{X}_G = \begin{pmatrix}
2 & 1 & 1 & 2 & 1 & 1 & 0 & -2 & -2 & -1 & -2 & -1 \\
2 & 1 & 1 & 1 & 2 & 1 & -1 & -1 & -2 & -1 & -2 & -1 \\
2 & 1 & 1 & 1 & 1 & 2 & -1 & -2 & -1 & -1 & -2 & -1 \\
2 & 1 & 1 & 0 & 0 & 0 & -2 & -3 & -3 & -1 & -2 & -1 \\
1 & 2 & 1 & 2 & 1 & 1 & -1 & -1 & -2 & -1 & -2 & -1 \\
1 & 2 & 1 & 1 & 2 & 1 & -1 & -2 & -2 & 0 & -2 & -1 \\
1 & 2 & 1 & 1 & 1 & 2 & -1 & -2 & -2 & -1 & -1 & -1 \\
1 & 2 & 1 & 0 & 0 & 0 & -1 & -3 & -2 & -2 & -3 & -1 \\
1 & 1 & 2 & 2 & 1 & 1 & -1 & -2 & -1 & -1 & -2 & -1 \\
1 & 1 & 2 & 1 & 2 & 1 & -1 & -2 & -2 & -1 & -1 & -1 \\
1 & 1 & 2 & 1 & 1 & 2 & -1 & -2 & -2 & -1 & -2 & 0 \\
1 & 1 & 2 & 0 & 0 & 0 & -1 & -2 & -3 & -1 & -3 & -2 \\
0 & 0 & 0 & 2 & 1 & 1 & -2 & -3 & -3 & -1 & -2 & -1 \\
0 & 0 & 0 & 1 & 2 & 1 & -1 & -3 & -2 & -2 & -3 & -1 \\
0 & 0 & 0 & 1 & 1 & 2 & -1 & -2 & -3 & -1 & -3 & -2
\end{pmatrix}
$$

cuja construcção pode ser baseada na pré-multiplicação da matriz $\mathbf{X}$ que expressa os termos $\ln(\theta_{ij}), i, j = 1, \ldots, 4$, em função dos parâmetros indicados em (4.28) pela matriz $\mathbf{A}$ acima referida. Aqui também se reproduzem praticamente os resultados do Exemplo 9.2, obtendo o valor $Q_{\widehat{\mathbf{F}}} = 7.225$ $(gl = 6, P \simeq 0.005)$ para a estatística de Wald (11.63). Agindo mais uma vez *pari passu* relativamente à análise via MV, averigua-se se um modelo log-linear de simetria condicional do tipo (9.38) é ajustável aos dados. Com essa finalidade, pode-se expressá-lo na forma (11.56) com a mesma matriz **A** utilizada acima e

$$\mathbf{X}_G = \begin{pmatrix} 1 & 0 & 0 & 0 & 0 & 0 & 0 & 0 & 0 & 0 \\ 0 & 1 & 0 & 0 & 0 & 0 & 0 & 0 & 0 & 0 \\ 0 & 0 & 1 & 0 & 0 & 0 & 0 & 0 & 0 & 0 \\ 0 & 0 & 0 & 1 & 0 & 0 & 0 & 0 & 0 & 0 \\ 0 & 1 & 0 & 0 & 0 & 0 & 0 & 0 & 0 & 1 \\ 0 & 0 & 0 & 0 & 1 & 0 & 0 & 0 & 0 & 0 \\ 0 & 0 & 0 & 0 & 0 & 1 & 0 & 0 & 0 & 0 \\ 0 & 0 & 0 & 0 & 0 & 0 & 1 & 0 & 0 & 0 \\ 0 & 0 & 1 & 0 & 0 & 0 & 0 & 0 & 0 & 1 \\ 0 & 0 & 0 & 0 & 0 & 1 & 0 & 0 & 0 & 1 \\ 0 & 0 & 0 & 0 & 0 & 0 & 0 & 1 & 0 & 0 \\ 0 & 0 & 0 & 0 & 0 & 0 & 0 & 0 & 1 & 0 \\ 0 & 0 & 0 & 1 & 0 & 0 & 0 & 0 & 0 & 1 \\ 0 & 0 & 0 & 0 & 0 & 0 & 1 & 0 & 0 & 1 \\ 0 & 0 & 0 & 0 & 0 & 0 & 0 & 0 & 1 & 1 \end{pmatrix}.$$

Para sua construcção basta seguir as mesmas directrizes consideradas para a matriz de especificação do modelo de simetria, com a adição de uma última coluna correspondente ao parâmetro $\ln\gamma$. Os resultados também apontam na direcção da compatibilidade do modelo com os dados ($Q_{\widehat{\mathbf{F}}} = 7.169, gl = 5, P \simeq 0.21$). Nesse contexto, o ajuste de um modelo de homogeneidade marginal pode ser avaliado através de um teste de uma hipótese da forma (11.19) com $\mathbf{C}$ dada por um vector de dimensão 10 com todos os elementos nulos à excepção do último, igual 1. O valor da estatística de Wald (11.20) correspondente é $Q_{\mathbf{C}} = 11.651, gl = 1, P < 0.001$, permitindo tirar, também através do emprego desta metodologia, a conclusão de que a distribuição marginal da acuidade visual do olho direito não deve ser considerada igual àquela do olho esquerdo. ∎

Exemplo 11.7 (*Problema dos defeitos de fibras têxteis*): Aproveita-se a sugestão de comparação das distribuições condicionais do número de defeitos do tipo 2 dado o número de defeitos do tipo 1 utilizada para delinear a estratégia de análise adoptada no Exemplo 8.3 e foca-se o mesmo problema via MQG a partir de um modelo probabilístico Produto de Multinomiais. As análises são equivalentes em função da relação entre os dois modelos já discutida na Secção 2.2 e Subsecção 5.1. Neste caso também pode-se tomar

$$\mathbf{A} = \mathbf{I}_3 \otimes \begin{pmatrix} 1 & 0 & -1 \\ 0 & 1 & -1 \end{pmatrix}$$

em (11.1). A construcção da matriz de especificação do modelo pode ser feita de diversas maneiras; uma delas é por meio de um procedimento análogo àquele empregado em (5.21) e outra consiste em partir de um modelo saturado, por exemplo, da forma

$$\mathbf{X} = \begin{pmatrix} 1 & 0 & 0 \\ 1 & 1 & 0 \\ 1 & 0 & 1 \end{pmatrix} \otimes \mathbf{I}_2$$

com vector de parâmetros $\boldsymbol{\beta} = (\beta_1, \ldots, \beta_6)'$ e obter o modelo reduzido através da imposição da condição de RPC constantes para colunas adjacentes, o que implica

11. METODOLOGIA DE MÍNIMOS QUADRADOS GENERALIZADOS

$\beta_3 = 2\beta_4$ e $\beta_5 = 2\beta_6$. No primeiro caso a matriz resultante é

$$\mathbf{X}_1 = \begin{pmatrix} 2 & -1 & -2 & 0 \\ -1 & 2 & -1 & 0 \\ -2 & -1 & 0 & -2 \\ -1 & 2 & 0 & -1 \\ 2 & -1 & -2 & -2 \\ -1 & 2 & -1 & -1 \end{pmatrix},$$

e no segundo caso,

$$\mathbf{X}_2 = \begin{pmatrix} 1 & 0 & 0 & 0 \\ 0 & 1 & 0 & 0 \\ 1 & 0 & 2 & 0 \\ 0 & 1 & 1 & 0 \\ 1 & 0 & 0 & 2 \\ 0 & 1 & 0 & 1 \end{pmatrix}.$$

Essas formulações nada mais são do que duas parametrizações diferentes do mesmo modelo. O ajuste desse modelo pode ser avaliado por meio da estatística de Wald (11.63), que para os dados em estudo assume o valor $Q_{\widehat{\mathbf{F}}} = 1.034, gl = 2, P \simeq 0.60$, em plena concordância com as outras estatísticas de ajuste observadas no Exemplo 9.3. Estimativas MQG e correspondentes erros padrões estimados encontram-se dispostos na Tabela 11.4.

Tabela 11.4: Estimativas MQG dos parâmetros do modelo de efeitos de linha sob a parametrização $\mathbf{X}_2$ (e modelo de associação uniforme) e respectivos desvios padrões estimados

Modelo	Parâmetro			
	β_1	β_2	β_4	β_6
Efeito de linhas	-0.916	-0.442	-0.562	-0.889
	(0.223)	(0.177)	(.223)	(0.419)
Associação uniforme	-932	-0.456	0.499	–
	(0.219)	(0.174)	(0.164)	–

As duas razões de chances (de colunas adjacentes) correspondentes às duas primeiras linhas da tabela de dados (0 ou 1 defeito do tipo 1) estimadas via MQG são $\widehat{\Delta}_{12}^{12} = \widehat{\Delta}_{12}^{23} = \exp(-\widehat{\beta}_4) = \exp(1.562) = 1.75$. Aquelas correspondentes às linhas associadas a 1 ou 2 defeitos do tipo 1 são estimadas por $\widehat{\Delta}_{23}^{12} = \widehat{\Delta}_{23}^{23} = \exp(\widehat{\beta}_4 - \widehat{\beta}_6) = \exp(-0.562 + 0.889) = 1.39$, evidenciando os efeitos de linhas a que o modelo se refere. Um teste condicional de homogeneidade (correspondente ao teste de independência no caso Multinomial) pode ser obtido através da estatística (11.20). Aqui, esta hipótese pode ser escrita na forma (11.19) com

$$\mathbf{C} = \begin{pmatrix} 0 & 0 & 1 & 0 \\ 0 & 0 & 0 & 1 \end{pmatrix}$$

gerando $Q_C = 1.208, gl = 3, P \simeq 0.75$ e confirmando a necessidade de inclusão de alguma forma de ordenação estocástica no modelo a ajustar aos dados. Ainda no mesmo caminho seguido na análise apresentada no Exemplo 9.3, a incorporação da ordinalidade da variável definidora das linhas, *i.e.*, número de defeitos do tipo 1, através da adopção de *scores* equiespaçados implica $\beta_6 = 2\beta_4$, originando a matriz de especificação

$$\mathbf{X}_2 = \begin{pmatrix} 1 & 0 & 0 \\ 0 & 1 & 0 \\ 1 & 0 & 2 \\ 0 & 1 & 1 \\ 1 & 0 & 4 \\ 0 & 1 & 2 \end{pmatrix}.$$

Sob esse modelo, que pelo critério de Wald (11.63) pode ser considerado bem ajustado aos dados ($Q_{\widehat{\mathbf{F}}} = 1.208, gl = 3, P \simeq 0.75$), a estimativa da razão de chances (para linhas e colunas adjacentes) comum é $\exp(-\widehat{\beta}_4) = \exp(0.499) = 1.65$ com erro padrão estimado igual a $\exp(-\widehat{\beta}_4)\exp[dp(\widehat{\beta}_4)] = 1.75 \times 0.164 = 0.27$. ∎

11.4 Aplicação à análise de modelos funcionais lineares

Como se pode observar através dos resultados descritos na Secção 11.1 (em particular, menciona-se (11.5), (11.6), (11.11), (11.12), (11.23) e (11.24)), tanto o estimador MQG do vector de parâmetros $\boldsymbol{\beta}$ e suas propriedades estatísticas sob o modelo (11.1), quanto as respectivas propriedades da estatística de Wald para o teste de seu ajustamento dependem, basicamente, do vector de funções $\mathbf{F}(\cdot)$ apenas através da especificação de seu vector gradiente e da existência e continuidade de sua matriz hessiana. Por esse motivo, essa metodologia tem um apelo especial em casos em que as relações estruturais impostas aos parâmetros do modelo probabilístico subjacente são suficientemente complicadas para a sua manipulação algébrica mas a obtenção do vector gradiente associado não oferece maiores dificuldades, desde que as condições sobre a matriz hessiana mencionadas acima estejam satisfeitas. Esse é o caso de alguns dos modelos funcionais lineares descritos no Capítulo 6 além de outros, que serão abordados por meio de exemplos. Nesse contexto, a formulação geral da metodologia MQG descrita na Secção 11.1 pode ser directamente empregada, sem a necessidade de se recorrer a algoritmos *ad hoc*, usualmente requeridos para a realização da análise por mrio do enfoque de MV. Em seguida apresenta-se uma série de exemplos para ilustrar essas afirmações.

Exemplo 11.8 (*Problema do risco de cárie dentária*): Aborda-se aqui o modelo estrutural sugerido no Exemplo 6.3 para a análise dos dados descritos no Exemplo 1.2; o modelo probabilístico adoptado é Multinomial e o tamanho da amostra parece suficientemente grande para a aplicação da metodologia MQG, embora se possam detectar celas com frequências baixas, tendo uma delas, (1,3), um zero amostral. Tendo em vista os comentários apresentados na Nota de Capítulo 11.1, à guisa de análise de sensibilidade, consideram-se três alternativas para a necessária substituição

11. METODOLOGIA DE MÍNIMOS QUADRADOS GENERALIZADOS 393

dessa frequência nula por um valor positivo, a saber, substituição por 1/2, por 1/16 e adição de 1/2 a todas as celas da tabela. A modelação estrutural proposta pode ser efectuada na forma (11.1) com

$$\mathbf{A} = \begin{pmatrix} 1 & -1 & 0 & -1 & 1 & 0 & 0 & 0 & 0 \\ 0 & 1 & -1 & 0 & -1 & 1 & 0 & 0 & 0 \\ 0 & 0 & 0 & 1 & -1 & 0 & -1 & 1 & 0 \\ 0 & 0 & 0 & 0 & 1 & -1 & 0 & -1 & 1 \end{pmatrix},$$

matriz que, em conjugação com o operador logarítmico, gera um vector cujos elementos constituem os logaritmos das quatro razões de chances de interesse. Tomando $\mathbf{X} = \mathbf{1}$, a estimativa MQG do parâmetro de interesse (o logaritmo da razão de chances comum) nesse modelo de associação uniforme pode ser calculada por meio de (11.58) apesar de o modelo em questão não ser log-linear no sentido restrito (vejam-se os comentários apresentados nas Subsecções 6.1.1 e 6.1.2). Analogamente, a estimativa do correspondente erro padrão e a estatística de Wald para teste de ajustamento do modelo podem ser obtidos, respectivamente, de (11.62) e (11.63). Os resultados sob as três alternativas de eliminação do problema do zero amostral estão dispostos na Tabela 11.5.

Tabela 11.5: Estimativas MQG dos parâmetros do modelo de associação uniforme, respectivos desvios padrões estimados e informações para averiguação de seu ajustamento

Método para tratamento do zero amostral	Estimativa da razão de chances	Desvio padrão estimado	Nível crítico da estatística de ajustamento
Substituição por 1/2	1.33	0.30	0.922
Substituição por 1/16	1.40	0.33	0.912
Adição de 1/2 a todas as celas	1.26	0.29	0.904

Esses resultados são claramente indicativos da validade do modelo de associação uniforme e aparentemente robustos em relação à táctica de tratamento do zero amostral. Embora não haja interesse explícito aqui, as estimativas das frequências esperadas sob esse modelo poderiam ser calculadas por intermédio de (11.42), ou alternativamente, por meio da consideração de sua formulação ampliada log-linear, apresentada em (6.12). A comparação desses dois enfoques é o objecto do Exercício 11.4. ■

Exemplo 11.9 (*Problema do uso do fio dental*): Na mesma linha do exemplo anterior, foca-se aqui a análise dos dados descritos no Exemplo 1.5, para os quais um modelo estrutural aditivo foi sugerido no Exemplo 6.4 sob um modelo probabilístico Produto de Multinomiais. Também neste caso, o tamanho da amostra ($N = 30$) não gera muitas preocupações para a aplicação da metodologia MQG, mesmo na presença de um zero amostral (correspondente à subpopulação definida por crianças do sexo masculino na faixa etária de 9–12 anos com boa frequência no uso de fio dental).

11.4 APLICAÇÃO À ANÁLISE DE MODELOS FUNCIONAIS LINEARES

Novamente, o modelo linear nos logaritmos das razões das chances proposto pode ser expresso em termos de (11.56), com $\mathbf{A} = \mathbf{I}_4 \otimes (1 \; -1 \; -1 \; \; 1)$ e

$$\mathbf{X}_G = \begin{pmatrix} 1 & 1 & 0 \\ 1 & 1 & 1 \\ 1 & 0 & 0 \\ 1 & 0 & 1 \end{pmatrix}$$

apesar de não ser um modelo log-linear na concepção ali considerada. Estimativas MQG dos parâmetros de interesse (cuja interpretação é semelhante àquela indicada no Exemplo 6.4) sob esse modelo podem ser calculadas por meio de (11.58). Estimativas dos correspondentes erros padrões e a estatística de Wald para teste de ajustamento do modelo podem ser obtidas, respectivamente, de (11.62) e (11.63). Os resultados para as três alternativas de eliminação do problema do zero amostral estão dispostos na Tabela 11.6.

Tabela 11.6: Estimativas MQG dos parâmetros do modelo sem interacção entre Sexo e Faixa etária, respectivos desvios padrões estimados e informações para averiguação de seu ajustamento

Método para tratamento do zero amostral	Estimativas e erros padrões de			Nível crítico da estatística de ajustamento
	α	δ_1	γ_1	
Substituição por 1/2	0.383	0.380	2.004	0.772
	(0.714)	(1.067)	(1.172)	
Substituição por 1/16	0.395	0.347	1.955	0.559
	(0.745)	(1.224)	(1.468)	
Adição de 1/2 a todas as celas	0.328	0.512	1.836	0.687
	(0.688)	(1.002)	(1.078)	

A semelhança dos resultados obtidos sob os três enfoques para tratamento do zero amostral evita maiores dilemas, e sugere a compatibilidade do modelo aditivo com os dados. Embora não se apresentem detalhes, testes condicionais de nulidade dos efeitos de Sexo e Faixa etária baseados em estatísticas de Wald do tipo (11.20) estão em concordância com os correspondentes testes não condicionais baseados em estatísticas do mesmo tipo e apresentam níveis críticos (baseados em distribuições $\chi^2_{(1)}$) da ordem de 60% a 70% no primeiro caso e da ordem de 5% a 10% no segundo. A inexistência de um efeito de Sexo fica patente, o mesmo não se podendo afirmar sobre um efeito de Faixa etária. Tendo em vista não só a magnitude dos níveis críticos obtidos como também a própria natureza do fenómeno em estudo (espera-se uma maior associação entre habilidade e frequência do uso de fio dental para crianças mais velhas), passando pela evidência descritiva dos dados e tendo em conta as incertezas causadas pela presença de uma cela com zero amostral, parece prudente considerar um modelo reduzido em que apenas o efeito de Sexo seja eliminado. A concretização dessa proposta envolve, por exemplo, o ajuste de um modelo semelhante àquele considerado acima com a eliminação da segunda coluna da matriz de especificação $\mathbf{X}_G$. Como era de se esperar, a estatística de Wald (11.63) para o ajustamento desse modelo é tal

11. METODOLOGIA DE MÍNIMOS QUADRADOS GENERALIZADOS

que $Q_{\widehat{\mathbf{F}}} = 0.440, gl = 2, P \simeq 0.80$ e indica que, para crianças na faixa etária 5–8 anos, as chances de apresentarem habilidade razoável no uso de fio dental contra inabilidade são $\exp(0.523) = 1.69$ $[IC(95\%) = (0.55, 5.17)]$ maiores nos casos em que a frequência de uso é boa do que nos casos em que essa frequência é insuficiente. Essa razão de chances fica multiplicada por $\exp(1.822) = 6.18$ $[IC(95\%) = (0.75, 51.16)]$ para crianças na faixa etária 9–12 anos. ∎

Exemplo 11.10 (*Problema da complicação pulmonar*): Os dados focados aqui foram apresentados no Exemplo 6.5, em que um modelo probabilístico Produto de Binomiais é sugerido. Todas as três amostras das subpopulações de interesse são suficientemente grandes (*i.e.*, 50 pacientes ou mais) para justificar a aplicação da metodologia MQG. O modelo estrutural log-linear não ordinário proposto pode ser expresso na forma (11.56) com

$$\mathbf{A} = \begin{pmatrix} 0 & -1 & 0 & 1 & 0 & 0 \\ 0 & -1 & 0 & 0 & 0 & 1 \end{pmatrix},$$

que em conjunto com o operador logarítmico gera os logaritmos dos riscos relativos de interesse (envolvendo respectivamente, pacientes com grau de complicação pré-operatório moderado ou alto versus pacientes com esse grau na categoria baixa), que aqui serão denotados β_1 e β_2). A homogeneidade desses dois riscos relativos pode ser avaliada quer por meio da especificação de um modelo saturado *i.e.*, com $\mathbf{X}_G = \mathbf{I}_2$) e de um teste de uma hipótese da forma (11.19) com $\mathbf{C} = (1 \quad -1)$ quer por meio do ajuste de um modelo reduzido com $\mathbf{X}_G = (1 \quad 1)'$, em que o parâmetro associado é o logaritmo do risco relativo comum. Em função dos comentários apresentados na Secção 11.1, os resultados obtidos sob quaisquer desses enfoques são idênticos e correspondem a um valor da estatística de Wald associada (11.19) de $Q_{\mathbf{C}} = 3.971, gl = 1, P \simeq 0.05$, levando à conclusão de que o risco relativo associado a pacientes com grau de complicação pré-operatório alto $[= \exp(\widehat{\beta}_2) = \exp(1.745) = 5.73, IC(95\%) = (3.68, 8.90)$] é maior que aquele associado a pacientes com grau de complicação pré-operatório médio $[= \exp(\widehat{\beta}_1) = \exp(1.340) = 3.82, IC(95\%) = (2.72, 5.36)$]. ∎

Exemplo 11.11 (*Problema do peso de recém-nascidos*): Procura-se aqui analisar os dados descritos no Exemplo 1.3 sob os modelos funcionais lineares detalhados nos Exemplos 6.6 e 6.7. Embora o esquema amostral seja, neste caso, mais compatível com um modelo probabilístico Multinomial, os objectivos do estudo justificam a adopção de um modelo Produto de Multinomiais fundamentado no condicionamento à distribuição marginal das frequências associadas às combinações dos níveis de classe social e hábito tabaquista das mães que definem as 10 subpopulações de interesse.

Inicia-se a análise tentando ajustar o modelo aditivo definido em (6.25), indicador da ausência de interacção entre classe social e hábito de fumo maternos relativamente aos dois logitos de razões continuadas de interesse, nomeadamente envolvendo a chance de um recém-nascido apresentar peso menor que 2.5 kg *versus* maior que 2.5 kg (que se denominará primeiro logito) e aquele associado à chance de um recém-nascido apresentar peso entre 2.5 kg e 3.0 kg *versus* maior que 3.0 kg dado que seu peso é no mínimo 2.5 kg (que se denominará segundo logito). Na óptica da formulação (11.1), os dois logitos de interesse para as 10 subpopulações podem ser construídos exactamente como indicado em (6.25), ou seja, fazendo $\mathbf{F}(\boldsymbol{\pi}) = \mathbf{A}_2\ln(\mathbf{A}_1\boldsymbol{\pi})$ com

$$\mathbf{A}_1 = \mathbf{I}_{10} \otimes \begin{pmatrix} 1 & 0 & 0 \\ 0 & 1 & 1 \\ 0 & 1 & 0 \\ 0 & 0 & 1 \end{pmatrix} \quad \text{e } \mathbf{A}_2 = \mathbf{I}_{10} \otimes \begin{pmatrix} 1 & -1 & 0 & 0 \\ 0 & 0 & 1 & -1 \end{pmatrix}.$$

Adoptando uma parametrização de cela de referência para efeito de facilidade de interpretação dos parâmetros, a matriz de especificação do modelo pode ser escrita como

$$\mathbf{X} = \mathbf{X}_1 = \begin{pmatrix} 1 & 0 & 0 & 0 & 0 & 0 \\ 1 & 0 & 0 & 0 & 0 & 1 \\ 1 & 1 & 0 & 0 & 0 & 0 \\ 1 & 1 & 0 & 0 & 0 & 1 \\ 1 & 0 & 1 & 0 & 0 & 0 \\ 1 & 0 & 1 & 0 & 0 & 1 \\ 1 & 0 & 0 & 1 & 0 & 0 \\ 1 & 0 & 0 & 1 & 0 & 1 \\ 1 & 0 & 0 & 0 & 1 & 0 \\ 1 & 0 & 0 & 0 & 1 & 1 \end{pmatrix} \otimes \mathbf{I}_2.$$

No correspondente vector de 12 parâmetros, aqueles associados a posições ímpares representam respectivamente, o logaritmo do primeiro logito para mães fumadoras pertencentes à classe social mais favorecida, o efeito diferencial nesse logito para as mães pertencentes à cada uma das quatro classes sociais seguintes e o efeito diferencial nesse logito para mães sem hábitos de fumo; os parâmetros associados a posições pares têm interpretações semelhantes relativamente ao segundo logito.

O valor da estatística de Wald (11.11) para o teste de ajustamento do modelo é $Q_{\widehat{\mathbf{F}}} = 6.232, gl = 8, P \simeq 0.62$, indicando sua compatibilidade com os dados. Dentre as diferentes estratégias de análise que se podem delinear a partir desse ponto, uma aponta na direcção do modelo reduzido que incorpora a ordinalidade do factor classe social materna por meio da atribuição de *scores* e que, no caso particular em que esses *scores* são iguais a 1, 2, 3, 4 e 5, pode ser especificado por intermédio de

$$\mathbf{X} = \mathbf{X}_2 = \begin{pmatrix} 1 & 0 & 0 \\ 1 & 0 & 1 \\ 1 & 1 & 0 \\ 1 & 1 & 1 \\ 1 & 2 & 0 \\ 1 & 2 & 1 \\ 1 & 3 & 0 \\ 1 & 3 & 1 \\ 1 & 4 & 0 \\ 1 & 4 & 1 \end{pmatrix} \otimes \mathbf{I}_2$$

com vector de parâmetros $\boldsymbol{\beta} = (\alpha_1, \alpha_2, \beta_1, \beta_2, \gamma_1, \gamma_2)'$. Aqui também, o valor da estatística de Wald (11.11) para o teste de ajustamento desse modelo ($Q_{\widehat{\mathbf{F}}} = 12.625, gl = 14, P \simeq 0.56$), indica sua compatibilidade com os dados. Estimativas dos parâmetros associados e de seus erros padrões estão dispostas na Tabela 11.7.

Tabela 11.7: Estimativas MQG dos parâmetros do modelo $\mathbf{X}_2$ e respectivos desvios padrões estimados

Logito	Parâmetro	Estimativa	Erro padrão
	α_1	-2.891	(0.197)
Primeiro	β_1	0.261	(0.057)
	γ_1	-0.590	(0.087)
	α_2	-1.028	(0.106)
Segundo	β_2	0.132	(0.031)
	γ_2	-0.634	(0.057)

Sob esse modelo, a chance de um recém-nascido de mãe fumadora pertencente à classe social mais favorecida apresentar peso menor que 2.5 kg *versus* maior que 2.5 kg é de $\exp(\widehat{\alpha}_1) = \exp(-2.891) = 0.06$, $IC(95\%) = (0.04, 0.08)$; essa chance fica multiplicada por $\exp(\widehat{\beta}_1) = \exp(0.261) = 1.30$, $IC(95\%) = (1.16, 1.45)$ por nível adicional de deterioração do *statu* social materno e por $\exp(\widehat{\gamma}_1) = \exp(-0.590) = 0.55$, $IC(95\%) = (0.47, 0.66)$ para mães fumadoras. Analogamente, dado que o peso de um recém-nascido de mãe fumadora pertencente à classe social mais favorecida é no mínimo 2.5 kg, a chance de ele apresentar peso entre 2.5 kg e 3.0 kg versus maior que 3.0 kg é $\exp(\widehat{\alpha}_2) = \exp(-1.028) = 0.36$, $IC(95\%) = (0.29, 0.44)$; essa chance fica multiplicada por $\exp(\widehat{\beta}_2) = \exp(0.132) = 1.14$, $IC(95\%) = (1.07, 1.21)$ por nível adicional de deterioração do *statu* social materno e por $\exp(\widehat{\gamma}_2) = \exp(-0.634) = 0.53$, $IC(95\%) = (0.47, 0.59)$ para mães fumadoras.

Uma possível redução adicional desse modelo pode ser obtida se os efeitos de classe social materna e hábito de fumo forem iguais relativamente aos dois logitos em questão. Para avaliar essa possibilidade, pode-se recorrer a testes condicionais para as hipóteses $\beta_1 = \beta_2 (= \beta)$ e $\gamma_1 = \gamma_2 (= \gamma)$, escrevendo-as na forma (11.19), com

$$\mathbf{C} = \begin{pmatrix} 0 & 0 & 1 & -1 & 0 & 0 \end{pmatrix} \quad \text{e} \quad \mathbf{C} = \begin{pmatrix} 0 & 0 & 0 & 0 & 1 & -1 \end{pmatrix}$$

respectivamente. Embora o valor da estatística de Wald (11.19), $Q_{\mathbf{C}} = 0.175$, $gl = 1$, $P \simeq 0.68$, seja claramente sugestivo de que a redução é recomendável para o factor indicador de tabaquismo, o mesmo não se pode dizer com tanta convicção quanto à classe social materna, para a qual se tem $Q_{\mathbf{C}} = 3.955$, $gl = 1$, $P \simeq 0.05$. Apesar disso, tendo em vista o valor marginal do nível crítico nesse segundo caso, para além do facto de não se estar controlando globalmente o nível de significância, pode-se ajustar o modelo que incorpora essas duas restrições, avaliando *a posteriori*, sua compatibilidade com os dados. A correspondente matriz de especificação (com quatro colunas), que se denominará $\mathbf{X}_3$ é obtida de $\mathbf{X}_2$ através da substituição de suas colunas 3 e 4 (5 e 6) pela soma delas. A estatística de Wald (11.11) para o teste de ajustamento desse modelo ($Q_{\widehat{\mathbf{F}}} = 16.652$, $gl = 16$, $P \simeq 0.41$) confirma sua adequabilidade; estimativas dos parâmetros associados e de seus erros padrões estão dispostas na Tabela 11.8.

398 11.4 APLICAÇÃO À ANÁLISE DE MODELOS FUNCIONAIS LINEARES

Tabela 11.8: Estimativas MQG dos parâmetros do modelo $\mathbf{X}_3$ e respectivos desvios padrões estimados

Parâmetro	Estimativa	Erro padrão
α_1	-2.557	(0.101)
α_2	-1.124	(0.094)
β	0.162	(0.027)
γ	-0.624	(0.048)

Segundo esse modelo, a chance de um recém-nascido de mãe fumadora pertencente à classe social mais favorecida apresentar peso menor que 2.5 kg *versus* no mínimo 2.5 kg é $\exp(\widehat{\alpha}_1) = \exp(-2.557) = 0.08$, $IC(95\%) = (0.06, 0.09)$. Analogamente, dado que o peso de um recém-nascido de mãe fumadora pertencente à classe social mais favorecida é no mínimo 2.5 kg, a chance de ele apresentar peso entre 2.5 kg e 3.0 kg *versus* maior que 3.0 kg é $\exp(\widehat{\alpha}_2) = \exp(-1.124) = 0.32$, $IC(95\%) = (0.27, 0.39)$. Em ambos os casos, essa chance fica multiplicada por $\exp(\widehat{\beta}) = \exp(0.162) = 1.18$, $IC(95\%) = (1.12, 1.24)$ por nível adicional de deterioração do *statu* social materno e por $\exp(\widehat{\gamma}) = \exp(-0.624) = 0.54$, $IC(95\%) = (0.49, 0.59)$ para mães fumadoras. Reduções adicionais desse modelo não parecem possíveis como se pode notar através da comparação das estimativas dos parâmetros com os respectivos erros padrões estimados. Níveis críticos associados a essas comparações podem ser obtidos através de testes de hipóteses da forma (11.19).

Uma estratégia de análise similar pode ser adotada para modelar os efeitos de classe social e de tabaquismo maternos relativamente aos logitos cumulativos discutidos na Secção 6.2.2. A única diferença na especificação do modelo estrutural correspondente está na redefinição da matriz $\mathbf{A}_1$ indicada acima como

$$\mathbf{A}_1 = \mathbf{I}_{10} \otimes \begin{pmatrix} 1 & 0 & 0 \\ 0 & 1 & 1 \\ 1 & 1 & 0 \\ 0 & 0 & 1 \end{pmatrix},$$

que basicamente opera a substituição dos logitos de razões continuadas pelos logitos cumulativos nos quais doravante se concentrará o interesse. Eliminando, para não tornar a leitura monótona, os passos intermediários da análise, que segue à risca aquela detalhada acima, apresenta-se apenas um modelo reduzido especificado por $\mathbf{X}_3$ cujo ajuste aos dados se pode comprovar através do valor da estatística de Wald (11.11), nomeadamente $Q_{\widehat{\mathbf{F}}} = 17.340, gl = 16, P \simeq 0.36$. Estimativas MQG dos parâmetros e correspondentes erros padrões estão dispostas na Tabela 11.9.

Tabela 11.9: Estimativas MQG dos parâmetros do modelo $\mathbf{X}_3$ e respectivos desvios padrões estimados (funções de interesse: logitos cumulativos)

Parâmetro	Estimativa	Erro padrão
α_1	-2.585	(0.104)
α_2	-0.869	(0.097)
β	0.177	(0.028)
γ	-0.657	(0.051)

11. METODOLOGIA DE MÍNIMOS QUADRADOS GENERALIZADOS

Segundo esse modelo, a chance de peso menor que 2.5 kg *versus* no mínimo 2.5 kg para recém-nascidos de mães fumadoras na classe social menos favorecida é $\exp(\widehat{\alpha}_1) = \exp(-2.585) = 0.08$, $IC(95\%) = (0.06, 0.09)$; nas mesmas condições, a chance de peso entre 2.5 kg e 3.0 kg *versus* maior que 3.0 kg é $\exp(\widehat{\alpha}_2) = \exp(-0.869) = 0.42$, $IC(95\%) = (0.35, 0.51)$. Ambas as chances devem ser multiplicadas por $\exp(\widehat{\beta}) = \exp(0.177) = 1.19$, $IC(95\%) = (1.13, 1.26)$ por nível adicional de deterioração do *statu* social da mãe e por $\exp(\widehat{\gamma}) = \exp(-0.657) = 0.52$, $IC(95\%) = (0.47, 0.57)$ para mães não fumadoras.

Em suma, pode-se afirmar que sob esses dois enfoques para a incorporação da ordinalidade da resposta, os dados apontam, como já era de se esperar por informações epidemiológicas de ampla divulgação, que tanto uma redução da condição social (supostamente associada com aspectos adversos como deficiência nutricional, falta de acompanhamento pré-natal, etc.) quanto o hábito tabaquista da mãe tendem a aumentar as chances de os correspondentes recém-nascidos apresentarem pesos mais baixos do que em casos onde esses factores de risco não estão presentes. ■

Exemplo 11.12 (*Problema do risco de cárie dentária*): Neste exemplo concentra-se o foco na obtenção de uma estimativa da medida de concordância Kapa (κ) especificada no Exemplo 6.8 para os dados descritos no Exemplo 1.2. Utilizando exactamente a formulação lá detalhada, a estimativa MQG correspondente é obtida de (11.5) com erro padrão estimado através de (11.6), com valores de 0.296 e 0.083, respectivamente. Em função dos próprios objectivos almejados, não cabe aqui avaliar o ajuste do modelo e sim testar, por exemplo, se a medida de concordância entre os dois métodos de avaliação de risco de cárie tem magnitude menor do que um certo valor pré-especificado κ_0 (às vezes denominado "padrão áureo"). Com finalidade puramente ilustrativa, seja 0.35 esse valor. Para testar essa hipótese, basta recorrer à distribuição assintótica associada ao estimador MQG e verificar que, para testar $H : \kappa = 0.35$ contra a alternativa $A : \kappa < 0.35$, pode-se basear directamente na distribuição Normal. Para os dados em questão, o nível crítico correspondente é $P \simeq 0.26$, indicando que não há evidências contrárias à hipótese nula. Um intervalo de confiança de 95% para essa medida de concordância tem como limites inferior e superior, respectivamente, 0.133 e 0.459. ■

Exemplo 11.13 (*Problema da poluição por petróleo*): Os dados da Tabela 11.10 referem-se a um estudo cuja finalidade era avaliar o efeito da contaminação de um estuário por derramamento de petróleo na fauna local. Cada um de oito grupos de 32 siris (*Calinectes danae*) foi submetido a um tratamento obtido da classificação cruzada dos níveis de dois factores, a saber, Contaminação por petróleo (sim ou não) e Salinidade de aclimatação (0.8%, 1.4%, 2.4%, 3.4%). Os animais foram observados por setenta e duas horas e o número de sobreviventes foi registado a cada 12 horas. O objectivo é avaliar de sobrevivência dos diferentes tratamentos. Maiores detalhes podem ser encontrados em Botter, Sandoval & Shalom (1993).

Tabela 11.10: Número de animais sobreviventes

| | | Tempo (horas) | | | | | |
Grupo	Salinidade	12	24	36	48	60	72
Petróleo	0.8%	30	26	20	17	16	15
	1.4%	32	31	31	29	27	22
	2.4%	32	30	29	26	26	21
	3.4%	32	30	29	27	27	21
Controlo	0.8%	31	27	25	19	18	18
	1.4%	32	31	31	31	31	30
	2.4%	32	31	31	28	27	26*
	3.4%	32	32	30	30	29*	28

* = um animal foi retirado do estudo

Para efeito de análise estatística, convém expressar os dados na forma de uma tábua actuarial, em que para cada intervalo de tempo investigado são indicadas as frequências de animais mortos e retirados do estudo, além do número de animais sobreviventes e em risco no início do intervalo. Na Tabela 11.11 apresenta-se um exemplo concreto com os dados correspondentes aos animais submetidos ao tratamento com petróleo sob uma salinidade de aclimatação de 0.8% e submetidos ao tratamento controle sob a salinidade 3.4%. A construcção da tabela para os demais grupos pode ser realizada de forma análoga.

Tabela 11.11: Representação (parcial) dos dados do problema da poluição por petróleo na forma de uma tábua actuarial

Grupo	Salinidade	Intervalo	Em risco	Sobre-viventes	Mortos	Retirados do estudo
Petróleo	0.8%	0 - 12	32	30	2	0
		12 - 24	30	26	4	0
		24 - 36	26	20	6	0
		36 - 48	20	17	3	0
		48 - 60	17	16	1	0
		60 - 72	16	15	1	0
Controlo	3.4%	0 - 12	32	32	0	0
		12 - 24	32	32	0	0
		24 - 36	32	30	2	0
		36 - 48	30	30	0	0
		48 - 60	30	29	0	1
		60 -72	29	28	1	0

Neste contexto, os dados podem ser modelados por uma distribuição Produto de Multinomiais com 8 estratos definidos pelos cruzamentos dos níveis dos factores Grupo de contaminação (2) e Salinidade de aclimatação (4) e com a resposta representada por 13 categorias, sendo 12 correspondentes à morte ou retirada do estudo para cada

11. METODOLOGIA DE MÍNIMOS QUADRADOS GENERALIZADOS

um dos 6 intervalos de interesse, além daquela correspondente aos sobreviventes ao último deles. Mais especificamente, se θ_{hijk} for definida como a probabilidade de um animal escolhido ao acaso do grupo de contaminação h, $h = 1, 2$, ($1 =$ Petróleo, $2 =$ Controle) sob a salinidade i, $i = 1, 2, 3, 4$, ($1 = 0.8\%$, $2 = 1.4\%$, $3 = 2.4\%$, $4 = 3.4\%$) ser eliminado do estudo no intervalo j, $j = 1, \ldots, 6$, ($1 = $ 0h - 12h, $2 = $ 12h - 24h, etc) devido à causa k, $k = 0, 1, 2$, ($0 = $ retirada do estudo após 72h, $1 = $ morte, $2 = $ retirada do estudo antes de 72h) o modelo probabilístico pode ser expresso como

$$P(\mathbf{n}|\boldsymbol{\pi}) = \prod_{h=1}^{2} \prod_{i=1}^{4} n_{hi..}! \left\{ \left[\prod_{j=6}^{2} \prod_{k=1}^{2} \frac{\theta_{hijk}^{n_{hijk}}}{n_{hijk}!} \right] \left[\frac{\theta_{hi60}^{n_{hi60}}}{n_{hi60}!} \right] \right\}$$

com as restrições naturais $\sum_{j=6}^{2} \sum_{k=1}^{2} \theta_{hijk} + \theta_{hi60} = 1$, $h = 1, 2$, $i = 1, 2, 3, 4$.

Admitindo que as retiradas do estudo não estão relacionadas com o efeito do tratamento aplicado, uma possível função de interesse para comparação dos efeitos dos tratamentos é a taxa de mortes por unidade de tempo (período de 12h, por exemplo). Essa função expressa em termos dos parâmetros do modelo é dada por

$$F_{hi}(\boldsymbol{\pi}) = \sum_{j=1}^{6} N\theta_{hij1} / \{N \sum_{j=1}^{6} a_j(\theta_{hij1} + \theta_{hij2} + 6\theta_{hi60}\}$$

com $a_j = j - 0.5$, $j = 1, \ldots, 6$ e em que o numerador corresponde ao número esperado de mortes nos 6 intervalos e o denominador corresponde ao total do tempo esperado de exposição ao risco, sob a suposição de que mortes e retiradas do estudo ocorrem de maneira uniforme, $i.e.$, que a exposição ao risco médio num determinado intervalo tem duração igual à metade dele.

Modelos funcionais lineares para explorar a variação dessas funções sob os diferentes tratamentos podem ser expressos na forma $\mathbf{F}(\boldsymbol{\pi}) = \mathbf{A}_2 \ln \mathbf{A}_1 \boldsymbol{\pi} = \mathbf{X}\boldsymbol{\beta}$ com

$$\mathbf{A}_1 = \mathbf{I}_8 \otimes \begin{pmatrix} 1 & 0 & 1 & 0 & 1 & 0 & 1 & 0 & 1 & 0 & 1 & 0 & 0 \\ 0.5 & 0.5 & 1.5 & 1.5 & 2.5 & 2.5 & 3.5 & 3.5 & 4.5 & 4.5 & 5.5 & 5.5 & 6.0 \end{pmatrix},$$

$$\mathbf{A}_2 = \mathbf{I}_8 \otimes \begin{pmatrix} 1 & -1 \end{pmatrix}$$

e $\mathbf{X}$ uma matriz de especificação de efeitos principais e interacções entre os factores envolvidos. Tomando, por exemplo, o modelo saturado, com

$$\mathbf{X}' = \begin{pmatrix} 1 & 1 & 1 & 1 & 1 & 1 & 1 & 1 \\ 0 & 0 & 0 & 0 & 1 & 1 & 1 & 1 \\ 0 & 1 & 0 & 0 & 0 & 1 & 0 & 0 \\ 0 & 0 & 1 & 0 & 0 & 0 & 1 & 0 \\ 0 & 0 & 0 & 1 & 0 & 0 & 0 & 1 \\ 0 & 0 & 0 & 0 & 0 & 1 & 0 & 0 \\ 0 & 0 & 0 & 0 & 0 & 0 & 1 & 0 \\ 0 & 0 & 0 & 0 & 0 & 0 & 0 & 1 \end{pmatrix},$$

a hipótese de que os três últimos parâmetros são nulos, corresponde à inexistência de interacção entre os dois factores. Expressando essa hipótese na forma (11.19) com

$$\mathbf{C} = \begin{pmatrix} 0 & 0 & 0 & 0 & 0 & 1 & 0 & 0 \\ 0 & 0 & 0 & 0 & 0 & 0 & 1 & 0 \\ 0 & 0 & 0 & 0 & 0 & 0 & 0 & 1 \end{pmatrix},$$

obtém-se para a estatística de Wald (11.20), o valor $Q_C = 0.24$ que, contrastado com a distribuição aproximada $\chi^2_{(3)}$ indica $P \simeq 0.97$, e sugere que um modelo aditivo poderia ser adequado. Tendo em conta que a sobrevivência dos animais sob investigação é dificultada em ambientes com baixas salinidades, $e.g.$, 0.8%, uma possível estratégia de análise seria propor um modelo definido por

$$\mathbf{X}' = \begin{pmatrix} 1 & 1 & 1 & 1 & 1 & 1 & 1 & 1 \\ 1 & 1 & 1 & 1 & 0 & 0 & 0 & 0 \\ 1 & 0 & 0 & 0 & 1 & 0 & 0 & 0 \end{pmatrix},$$

cujos parâmetros $\beta = (\beta_1, \beta_2, \beta_3)'$ correspondem respectivamente, à taxa de mortes por unidade de tempo para animais do grupo controlo aclimatados em ambientes com salinidades maiores que 0.8% (β_1), o acréscimo (ou decréscimo) nessa taxa associado à contaminação por petróleo (β_2) e o acréscimo (ou decréscimo) associado à aclimatação em ambientes com salinidade igual a 0.8% (β_3). O ajuste desse modelo por MQG pode ser julgado adequado em vista do valor $Q_{\widehat{\mathbf{F}}} = 1.71$ da estatística de Wald (11.11); como, sob a hipótese nula, essa estatística segue uma distribuição aproximada $\chi^2_{(5)}$, tem-se $P \simeq 0.89$, o que não contraria a plausibilidade do modelo. As estimativas MQG obtidas por intermédio desse ajuste sugerem que para animais vivendo em ambientes não contaminados com salinidade maior que 0.8%, a taxa de mortes por período de 12h é de 0.016 (IC 95% $\cong$ [0.006; 0.026]); para animais vivendo em ambientes contaminados por petróleo, essa taxa fica acrescida de 0.045 (IC 95% $\cong$ [0.023; 0.067]); independentemente de o ambiente ser contaminado ou não, aquela taxa fica acrescida de 0.075 (IC 95% $\cong$ [0.033; 0.117]) quando a salinidade do $habitat$ é igual a 0.8%.

Para análises alternativas de dados com esse figurino, o leitor poderá consultar Koch et al. (1985). ∎

11.5 Detalhes técnicos

Nesta secção procura-se demonstrar, ou pelo menos esboçar a demonstração de alguns dos resultados citados nas Secções 11.1 - 11.4. Por este motivo, ela tem um cunho extremamente técnico e pode ser evitada numa primeira leitura por aqueles cujos objectivos sejam aplicações.

11.5.1 Distribuição assintótica do estimador MQG e da estatística de Wald

No contexto definido no início da Secção 11.1, a afirmação de que o vector de estimadores $\widetilde{\mathbf{F}}$ tem distribuição assintótica $N_u\{\mathbf{F}(\boldsymbol{\theta}), \mathbf{V}_{\widetilde{\mathbf{F}}}(\boldsymbol{\theta})\}$ é aqui traduzido formalmente como

$$\sqrt{N}(\widetilde{\mathbf{F}} - \mathbf{F}) \xrightarrow{\mathcal{D}} N_u\{\mathbf{0}, \mathbf{V}_{\widetilde{\mathbf{F}}}\} \tag{11.67}$$

em que $\mathbf{F} = \mathbf{F}(\boldsymbol{\theta})$ e $\mathbf{V}_{\widetilde{\mathbf{F}}} = \mathbf{V}_{\widetilde{\mathbf{F}}}(\boldsymbol{\theta})$.

Para efeito de aplicações práticas, essa afirmação corresponde a dizer que para n suficientemente grande, a distribuição de $\widetilde{\mathbf{F}}$ pode ser aproximada por uma distribuição $N_u\{\mathbf{F}, \widetilde{\mathbf{V}}_{\widetilde{\mathbf{F}}}\}$. Em geral, $\widetilde{\mathbf{V}}_{\widetilde{\mathbf{F}}} = N^{-1}\mathbf{V}_{\widetilde{\mathbf{F}}}(\widetilde{\boldsymbol{\theta}})$, em que $\widetilde{\boldsymbol{\theta}}$ é um estimador consistente de $\boldsymbol{\theta}$.

11. METODOLOGIA DE MÍNIMOS QUADRADOS GENERALIZADOS

Se a matriz de covariâncias assintótica $\mathbf{V}_{\widetilde{\mathbf{F}}}$ fosse conhecida, o estimador MQG de $\boldsymbol{\beta}$ sob o modelo (11.1) seria

$$\overline{\boldsymbol{\beta}} = (\mathbf{X}'\mathbf{V}_{\widetilde{\mathbf{F}}}^{-1}\mathbf{X})^{-1}\mathbf{X}'\mathbf{V}_{\widetilde{\mathbf{F}}}^{-1}\widetilde{\mathbf{F}}. \tag{11.68}$$

Tendo em vista (11.67), uma aplicação da versão multivariada do Teorema de Slutsky (Proposição B.41) implicaria que

$$\sqrt{N}(\overline{\boldsymbol{\beta}} - \boldsymbol{\beta}) \xrightarrow{\mathcal{D}} N_p\{\mathbf{0}, \mathbf{V}_{\overline{\boldsymbol{\beta}}}\} \tag{11.69}$$

em que

$$\begin{aligned}
\mathbf{V}_{\overline{\boldsymbol{\beta}}} &= (\mathbf{X}'\mathbf{V}_{\widetilde{\mathbf{F}}}^{-1}\mathbf{X})^{-1}\mathbf{X}'\mathbf{V}_{\widetilde{\mathbf{F}}}^{-1}\mathbf{V}_{\widetilde{\mathbf{F}}}\mathbf{V}_{\widetilde{\mathbf{F}}}^{-1}\mathbf{X}(\mathbf{X}'\mathbf{V}_{\widetilde{\mathbf{F}}}^{-1}\mathbf{X})^{-1} \\
&= (\mathbf{X}'\mathbf{V}_{\widetilde{\mathbf{F}}}^{-1}\mathbf{X})^{-1}.
\end{aligned} \tag{11.70}$$

Fazendo $\boldsymbol{\Sigma}_{\widetilde{\mathbf{F}}} = \mathbf{X}'\mathbf{V}_{\widetilde{\mathbf{F}}}^{-1}\mathbf{X}$ e $\widetilde{\boldsymbol{\Sigma}}_{\widetilde{\mathbf{F}}} = \mathbf{X}'\widetilde{\mathbf{V}}_{\widetilde{\mathbf{F}}}^{-1}\mathbf{X}$, em que $\widetilde{\mathbf{V}}_{\widetilde{\mathbf{F}}}$ é um estimador consistente de $\mathbf{V}_{\widetilde{\mathbf{F}}}$, a expressão (11.5) para o estimador MQG é

$$\begin{aligned}
\widehat{\boldsymbol{\beta}} &= (\mathbf{X}'\widetilde{\mathbf{V}}_{\widetilde{\mathbf{F}}}^{-1}\mathbf{X})^{-1}\mathbf{X}'\widetilde{\mathbf{V}}_{\widetilde{\mathbf{F}}}^{-1}\widetilde{\mathbf{F}} \\
&= (\mathbf{X}'\mathbf{V}_{\widetilde{\mathbf{F}}}^{-1}\mathbf{X})^{-1}\mathbf{X}'\mathbf{V}_{\widetilde{\mathbf{F}}}^{-1}\widetilde{\mathbf{F}} \\
&\quad + (\widetilde{\boldsymbol{\Sigma}}_{\widetilde{\mathbf{F}}}^{-1} - \boldsymbol{\Sigma}_{\widetilde{\mathbf{F}}}^{-1})\mathbf{X}'(\widetilde{\mathbf{V}}_{\widetilde{\mathbf{F}}}^{-1} - \mathbf{V}_{\widetilde{\mathbf{F}}}^{-1})\widetilde{\mathbf{F}} \\
&\quad + (\widetilde{\boldsymbol{\Sigma}}_{\widetilde{\mathbf{F}}}^{-1} - \boldsymbol{\Sigma}_{\widetilde{\mathbf{F}}}^{-1})\mathbf{X}'\mathbf{V}_{\widetilde{\mathbf{F}}}^{-1}\widetilde{\mathbf{F}} + \boldsymbol{\Sigma}_{\widetilde{\mathbf{F}}}^{-1}\mathbf{X}'(\widetilde{\mathbf{V}}_{\widetilde{\mathbf{F}}}^{-1} - \mathbf{V}_{\widetilde{\mathbf{F}}}^{-1})\widetilde{\mathbf{F}}.
\end{aligned} \tag{11.71}$$

Como, por hipótese, $\widetilde{\mathbf{V}}_{\widetilde{\mathbf{F}}} \xrightarrow{p} \mathbf{V}_{\widetilde{\mathbf{F}}}$, segue do Teorema 2.3.5 em Sen & Singer (1993) que $\widetilde{\boldsymbol{\Sigma}}_{\widetilde{\mathbf{F}}}^{-1} \xrightarrow{p} \boldsymbol{\Sigma}_{\widetilde{\mathbf{F}}}^{-1}$ e então pela versão multivariada do Teorema de Slutsky (Proposição B.42), pode-se concluir de (11.68), (11.69) e (11.71) que

$$\sqrt{N}(\widehat{\boldsymbol{\beta}} - \boldsymbol{\beta}) \xrightarrow{\mathcal{D}} N_p\{\mathbf{0}, \mathbf{V}_{\widehat{\boldsymbol{\beta}}}\} \tag{11.72}$$

em que $\mathbf{V}_{\widehat{\boldsymbol{\beta}}} = \mathbf{V}_{\overline{\boldsymbol{\beta}}}$. Uma segunda aplicação do Teorema 2.3.5 em Sen & Singer (1993) permite demonstrar que um estimador consistente da matriz de covariâncias assintótica de $\widehat{\boldsymbol{\beta}}$ é

$$\widehat{\mathbf{V}}_{\widehat{\boldsymbol{\beta}}} = (\mathbf{X}'\widetilde{\mathbf{V}}_{\widetilde{\mathbf{F}}}^{-1}\mathbf{X})^{-1}. \tag{11.73}$$

Para efeitos práticos, esses resultados permitem utilizar a distribuição aproximada de $\widehat{\boldsymbol{\beta}}$ indicada em (11.6) quando o tamanho amostral correspondente for "suficientemente" grande.

Lembrando que para uma dada matriz $\mathbf{C}$ de dimensão $c \times p$ e característica $r(\mathbf{C}) = c$,

$$\sqrt{N}\mathbf{C}(\widehat{\boldsymbol{\beta}} - \boldsymbol{\beta}) \xrightarrow{\mathcal{D}} N_c\{\mathbf{0}, \mathbf{C}\mathbf{V}_{\widehat{\boldsymbol{\beta}}}\mathbf{C}'\}, \tag{11.74}$$

é possível mostrar, através da aplicação do Teorema 3.4.8 em Sen & Singer (1993), que

$$Q_{\mathbf{C}}(\boldsymbol{\beta}) = (\widehat{\boldsymbol{\beta}} - \boldsymbol{\beta})'\mathbf{C}'\{\mathbf{C}\mathbf{V}_{\widehat{\boldsymbol{\beta}}}\mathbf{C}'\}^{-1}\mathbf{C}(\widehat{\boldsymbol{\beta}} - \boldsymbol{\beta}) \tag{11.75}$$

404 11.5 DETALHES TÉCNICOS

tem uma distribuição assintótica χ^2 com c graus de liberdade. Um argumento semelhante ao empregado em (11.71) permite concluir que essa distribuição assintótica também é válida para a estatística $Q_C(\boldsymbol{\beta})$ com $\mathbf{V}_{\widehat{\boldsymbol{\beta}}}$ substituída por um estimador consistente como aquele indicado em (11.73). Dessa forma, a estatística

$$Q_C = \widehat{\boldsymbol{\beta}}'\mathbf{C}'\{\mathbf{C}(\mathbf{X}'\widetilde{\mathbf{V}}_{\widetilde{\mathbf{F}}}^{-1}\mathbf{X})^{-1}\mathbf{C}'\}^{-1}\mathbf{C}\widehat{\boldsymbol{\beta}} \qquad (11.76)$$

obedece a uma distribuição assintótica χ^2 com c graus de liberdade quando a hipótese

$$H : \mathbf{C}\boldsymbol{\beta} = \mathbf{0} \qquad (11.77)$$

é verdadeira.

O mesmo tipo de raciocínio pode ser empregado para mostrar que a estatística (11.8) segue uma distribuição assintótica χ^2 com $u - p$ graus de liberdade quando o modelo (11.7) é compatível com os dados.

11.5.2 Equivalência entre duas estatísticas para teste de ajustamento de modelos estruturais

O objectivo básico desta subsecção é demonstrar a equivalência entre as estatísticas definidas em (11.8) e (11.11).

Substituindo (11.5) em (11.11) obtem-se

$$Q_{\widehat{\mathbf{F}}} = \widetilde{\mathbf{F}}'\{\widetilde{\mathbf{V}}_{\widetilde{\mathbf{F}}}^{-1} - \widetilde{\mathbf{V}}_{\widetilde{\mathbf{F}}}^{-1}\mathbf{X}(\mathbf{X}'\widetilde{\mathbf{V}}_{\widetilde{\mathbf{F}}}^{-1}\mathbf{X})^{-1}\mathbf{X}'\widetilde{\mathbf{V}}_{\widetilde{\mathbf{F}}}^{-1}\}\widetilde{\mathbf{F}} \qquad (11.78)$$

que, como (11.8), é uma forma quadrática em $\widetilde{\mathbf{F}}$. Fazendo

$$\mathbf{S_X} = \widetilde{\mathbf{V}}_{\widetilde{\mathbf{F}}}^{-1} - \widetilde{\mathbf{V}}_{\widetilde{\mathbf{F}}}^{-1}\mathbf{X}(\mathbf{X}'\widetilde{\mathbf{V}}_{\widetilde{\mathbf{F}}}^{-1}\mathbf{X})^{-1}\mathbf{X}'\widetilde{\mathbf{V}}_{\widetilde{\mathbf{F}}}^{-1}$$

e

$$\mathbf{S_U} = \mathbf{U}'(\mathbf{U}\widetilde{\mathbf{V}}_{\widetilde{\mathbf{F}}}\mathbf{U}')\mathbf{U}$$

e observando que essas matrizes satisfazem as relações

  i) $\mathbf{S_X}\mathbf{X} = \mathbf{S_U}\mathbf{X} = \mathbf{0}$

  ii) $\mathbf{X}'\mathbf{S_X} = \mathbf{X}'\mathbf{S_U} = \mathbf{0}$

  iii) $\mathbf{S_X}\widetilde{\mathbf{V}}_{\widetilde{\mathbf{F}}}\mathbf{S_X} = \mathbf{S_X}$

  iv) $\mathbf{S_U}\widetilde{\mathbf{V}}_{\widetilde{\mathbf{F}}}\mathbf{S_U} = \mathbf{S_U}$

  v) $r(\mathbf{S_X}) = r(\mathbf{S_U}) = u - p,$

pode-se reportar ao Lema de Koch (Proposição A.25) para concluir que $\mathbf{S_X} = \mathbf{S_U}$, o que implica a igualdade que se desejava demonstrar.

11. METODOLOGIA DE MÍNIMOS QUADRADOS GENERALIZADOS

11.5.3 Utilização do método Delta para obtenção de distribuições assintóticas

Nesta subsecção utiliza-se o método Delta enunciado na Proposição B.48 para obtenção da distribuição assintótica do vector $\widetilde{\mathbf{F}}$, a que se aludiu na Secção 11.1 primeiramente no caso geral e em seguida no caso particular do modelo Produto de Multinomiais. No contexto descrito no início daquela secção, admite-se a existência de um estimador $\widehat{\boldsymbol{\theta}}$ do vector de parâmetros $\boldsymbol{\theta}$ satisfazendo (11.22) e de um vector de funções $\mathbf{F}(\boldsymbol{\theta})$ para o qual as condições de regularidade lá indicadas são válidas. Considere-se então a seguinte expansão de Taylor (ver Apêndice A.6) de primeira ordem em torno de $\boldsymbol{\theta}$.

$$\mathbf{F}(\widetilde{\boldsymbol{\theta}}) = \mathbf{F}(\boldsymbol{\theta}) + \mathbf{H}(\boldsymbol{\theta})(\widetilde{\boldsymbol{\theta}} - \boldsymbol{\theta}) + \mathbf{1}_u O_P(\|\widetilde{\boldsymbol{\theta}} - \boldsymbol{\theta}\|^2). \tag{11.79}$$

Nos casos mais comuns tem-se $O_P(\|\widetilde{\boldsymbol{\theta}} - \boldsymbol{\theta}\|^2) = O_P(N^{-1})$ e, então, utilizando a notação $\mathbf{F} = \mathbf{F}(\boldsymbol{\theta})$, $\widetilde{\mathbf{F}} = \mathbf{F}(\widetilde{\boldsymbol{\theta}})$ e $\mathbf{H} = \mathbf{H}(\boldsymbol{\theta})$, tem-se

$$\sqrt{N}(\widetilde{\mathbf{F}} - \mathbf{F}) = \mathbf{H}\sqrt{N}(\widetilde{\boldsymbol{\theta}} - \boldsymbol{\theta}) + \mathbf{1}_u O_P(N^{-1/2}). \tag{11.80}$$

Aplicando a versão multivariada do Teorema de Slutsky (Proposição B.42) ao segundo membro de (11.80) pode-se concluir que

$$\sqrt{N}(\widetilde{\mathbf{F}} - \mathbf{F}) \xrightarrow{\mathcal{D}} N_u\{\mathbf{0}, \mathbf{V}_{\widetilde{\mathbf{F}}}\} \tag{11.81}$$

em que a matriz de covariâncias assintótica $\mathbf{V}_{\widetilde{\mathbf{F}}} = \mathbf{V}_{\widetilde{\mathbf{F}}}(\boldsymbol{\theta}) = \mathbf{H}\mathbf{V}_{\widehat{\boldsymbol{\theta}}}\mathbf{H}'$ pode ser estimada de forma consistente por $\widetilde{\mathbf{V}}_{\widetilde{\mathbf{F}}} = \widetilde{\mathbf{H}}\widetilde{\mathbf{V}}_{\widehat{\boldsymbol{\theta}}}\widetilde{\mathbf{H}}'$ com $\widetilde{\mathbf{H}} = \mathbf{H}(\widetilde{\boldsymbol{\theta}})$, levando à distribuição aproximada (11.23).

A extensão desse resultado para o caso particular do modelo Produto de Multinomiais (2.10), e consequentemente para o modelo Multinomial, traz algumas complicações técnicas advindas do facto de o vector de parâmetros $\boldsymbol{\pi}$ estar sujeito às restrições naturais $(\mathbf{I}_s \otimes \mathbf{1}'_r)\boldsymbol{\pi} = \mathbf{1}_s$. Essas complicações estão essencialmente associadas à expansão de Taylor necessária para a aplicação do método Delta, que nesse caso não fica bem definida. O procedimento natural para evitar essas inconveniências consiste em considerar o vector de parâmetros

$$\overline{\boldsymbol{\pi}} = (\overline{\boldsymbol{\pi}}_1, \ldots, \overline{\boldsymbol{\pi}}_s)' \tag{11.82}$$

com

$$\overline{\boldsymbol{\pi}}_i = (\theta_{(i)1}, \ldots, \theta_{(i)r-1})' \tag{11.83}$$

obtido a partir de $\boldsymbol{\pi}_i$ por meio da eliminação da última componente, $\theta_{(i)r}$, $i = 1, \ldots, s$, ou seja, fazendo

$$\overline{\boldsymbol{\pi}} = \mathbf{R}\boldsymbol{\pi} \tag{11.84}$$

com $\mathbf{R} = \mathbf{I}_s \otimes [\mathbf{I}_{r-1}, \mathbf{0}_{r-1}]$. Se as restrições naturais $\theta_{(i)r} = 1 - \sum_{j=1}^{r-1} \theta_{(i)j}$, $i = 1, \ldots, s$ forem levadas em consideração, $\overline{\boldsymbol{\pi}}$ e $\boldsymbol{\pi}$ estarão em correspondência biunívoca.

Um estimador não enviesado de $\overline{\boldsymbol{\pi}}$ é $\overline{\mathbf{p}} = \mathbf{R}\mathbf{p}$; a correspondente matriz de covariâncias é dada por $\overline{\mathbf{V}}_{\overline{\mathbf{p}}} = \overline{\mathbf{V}}_{\overline{\mathbf{p}}}(\overline{\boldsymbol{\pi}}) = \mathbf{R}\mathbf{V}_{\mathbf{p}}(\boldsymbol{\pi})\mathbf{R}'$.

Nesse contexto, reexpressando os elementos de $\mathbf{F}$ no modelo (11.27) em termos dos parâmetros $\bar{\boldsymbol{\pi}}$, *i.e.*, substituindo $\theta_{(i)r}$ por $1 - \sum_{j=1}^{r-1} \theta_{(i)j} = 1 - \sum_{j=1}^{r-1} \bar{\pi}_{ij}$, o modelo de interesse passa a ser

$$\overline{\mathbf{F}}(\bar{\boldsymbol{\pi}}) = \mathbf{F}(\boldsymbol{\pi}) = \mathbf{X}\boldsymbol{\beta}. \tag{11.85}$$

Com o mesmo enfoque da discussão apresentada na Secção 11.1, o vector $\overline{\mathbf{F}}(\bar{\boldsymbol{\pi}})$ deve satisfazer as seguintes condições:

i) as matrizes $\overline{\mathbf{H}}(\mathbf{z}) = \partial \overline{\mathbf{F}}(\mathbf{z})/\partial \mathbf{z}$ e $\overline{\mathbf{G}}(\mathbf{z}) = \partial^2 \overline{\mathbf{F}}(\mathbf{z})/\partial \mathbf{z} \partial \mathbf{z}'$ existem e são contínuas num conjunto aberto contendo $\bar{\boldsymbol{\pi}}$;

ii) a matriz $\overline{\mathbf{H}}(\bar{\boldsymbol{\pi}})\overline{\mathbf{V}}_{\overline{\mathbf{p}}}(\bar{\boldsymbol{\pi}})\overline{\mathbf{H}}(\bar{\boldsymbol{\pi}})$ é não singular.

Sob essas condições, assuma-se que $N_i \to \infty$, $i = 1, \ldots, s$, $N = \sum_{i=1}^{s} N_i \to \infty$ de tal forma que $N_i/N \to \lambda_i$, $0 < \lambda_i < 1$. Além disso, sejam $\boldsymbol{\lambda} = (\lambda_1, \ldots, \lambda_s)'$, $\mathbf{n}_{*.} = (n_{1.}, \ldots, n_{s.})'$, $\mathbf{L} = \boldsymbol{\lambda} \otimes \mathbf{1}_r$, $\overline{\mathbf{L}} = \boldsymbol{\lambda} \otimes \mathbf{1}_{r-1}$, $\mathbf{N} = \mathbf{n}_{*.} \otimes \mathbf{1}_r$, $\overline{\mathbf{N}} = \mathbf{n}_{*.} \otimes \mathbf{1}_{r-1}$. Dos resultados da Secção 7.4, sabe-se que

$$\mathbf{D}_{\overline{\mathbf{N}}}^{-1/2}(\overline{\mathbf{p}} - \bar{\boldsymbol{\pi}}) \xrightarrow{\mathcal{D}} N_{s(r-1)}\{\mathbf{0}, \overline{\mathbf{V}}(\bar{\boldsymbol{\pi}})\}$$

com $\overline{\mathbf{V}}(\bar{\boldsymbol{\pi}}) = \mathbf{R}\mathbf{V}(\bar{\boldsymbol{\pi}})\mathbf{R}' = diag\{\mathbf{V}_1(\bar{\boldsymbol{\pi}}_1), \ldots, \mathbf{V}_s(\bar{\boldsymbol{\pi}}_s)\}$, e $\mathbf{V}_i(\bar{\boldsymbol{\pi}}_i) = \mathbf{D}_{\bar{\boldsymbol{\pi}}_i} - \bar{\boldsymbol{\pi}}_i \bar{\boldsymbol{\pi}}_i'$, $i = 1, \ldots, s$, ou seja, pode-se afirmar que para n suficientemente grande,

$$\overline{\mathbf{p}} \approx N_{s(r-1)}\{\mathbf{0}, \overline{\mathbf{V}}_{\overline{\mathbf{p}}}(\overline{\mathbf{p}})\}$$

com $\overline{\mathbf{V}}_{\overline{\mathbf{p}}}(\overline{\mathbf{p}}) = \mathbf{D}_{\overline{\mathbf{N}}}^{-1/2}\overline{\mathbf{V}}(\overline{\mathbf{p}})\mathbf{D}_{\overline{\mathbf{N}}}^{-1/2}$.

Nesse contexto, pode-se considerar uma expansão de Taylor de primeira ordem nos moldes de (11.79), ou seja

$$\widetilde{\overline{\mathbf{F}}} = \overline{\mathbf{F}}(\overline{\mathbf{p}}) = \overline{\mathbf{F}}(\bar{\boldsymbol{\pi}}) + \overline{\mathbf{H}}(\bar{\boldsymbol{\pi}})(\overline{\mathbf{p}} - \bar{\boldsymbol{\pi}}) + \mathbf{1}_u O_P(\|\widetilde{\boldsymbol{\theta}} - \boldsymbol{\theta}\|^2)$$

de onde se conclui que

$$\sqrt{N}\{\overline{\mathbf{F}}(\overline{\mathbf{p}}) - \overline{\mathbf{F}}(\bar{\boldsymbol{\pi}})\} = \overline{\mathbf{H}}(\bar{\boldsymbol{\pi}})\sqrt{N}\mathbf{D}_{\overline{\mathbf{N}}}^{-1/2}\mathbf{D}_{\overline{\mathbf{N}}}^{1/2}(\overline{\mathbf{p}} - \bar{\boldsymbol{\pi}}) + \mathbf{1}_u O_P(N^{-1/2}).$$

Agora, por intermédio do Teorema de Slutsky, deduz-se que

$$\sqrt{N}\{\overline{\mathbf{F}}(\overline{\mathbf{p}}) - \overline{\mathbf{F}}(\bar{\boldsymbol{\pi}})\} \xrightarrow{\mathcal{D}} N_u\{\mathbf{0}, \overline{\mathbf{V}}_{\widetilde{\overline{\mathbf{F}}}}(\bar{\boldsymbol{\pi}})\} \tag{11.86}$$

com

$$\overline{\mathbf{V}}_{\widetilde{\overline{\mathbf{F}}}}(\bar{\boldsymbol{\pi}}) = \overline{\mathbf{H}}(\bar{\boldsymbol{\pi}})\mathbf{D}_{\overline{\mathbf{N}}}^{-1/2}\overline{\mathbf{V}}(\bar{\boldsymbol{\pi}})'\mathbf{D}_{\overline{\mathbf{N}}}^{-1/2}\overline{\mathbf{H}}(\bar{\boldsymbol{\pi}}) = \overline{\mathbf{H}}(\bar{\boldsymbol{\pi}})\overline{\mathbf{V}}_{\overline{\mathbf{p}}}(\bar{\boldsymbol{\pi}})\overline{\mathbf{H}}(\bar{\boldsymbol{\pi}})' \tag{11.87}$$

e $\overline{\mathbf{V}}_{\overline{\mathbf{p}}}(\bar{\boldsymbol{\pi}}) = \mathbf{D}_{\overline{\mathbf{N}}}^{-1/2}\overline{\mathbf{V}}(\bar{\boldsymbol{\pi}})\mathbf{D}_{\overline{\mathbf{N}}}^{-1/2}$. Para efeito de utilização prática, esse resultado significa que para N suficientemente grande,

$$\widetilde{\overline{\mathbf{F}}} = \overline{\mathbf{F}}(\overline{\mathbf{p}}) \approx N_u\{\overline{\mathbf{F}}(\bar{\boldsymbol{\pi}}), \overline{\mathbf{V}}_{\widetilde{\overline{\mathbf{F}}}}(\overline{\mathbf{p}})\}$$

11. METODOLOGIA DE MÍNIMOS QUADRADOS GENERALIZADOS   407

com $\widetilde{\mathbf{V}}_{\widetilde{\mathbf{F}}} = \overline{\mathbf{V}}_{\widetilde{\mathbf{F}}}(\overline{\mathbf{p}}) = \overline{\mathbf{H}}(\overline{\mathbf{p}})\overline{\mathbf{V}}(\overline{\mathbf{p}})\overline{\mathbf{H}}(\overline{\mathbf{p}})'$.

Com a finalidade de avaliar as implicações práticas da reparametrização sugerida em (11.84) – (11.85), primeiramente defina-se

$$\mathbf{B} = \left[\begin{array}{c} \mathbf{I}_{r-1} \\ -\mathbf{1}_{r-1} \end{array} \right]$$

e observe-se que

$$\boldsymbol{\pi} = \{\mathbf{I}_s \otimes \mathbf{B}\}\overline{\boldsymbol{\pi}} + \mathbf{I}_s \otimes \left[\begin{array}{c} \mathbf{0}_{r-1} \\ 1 \end{array} \right] \tag{11.88}$$

o que implica

$$\partial\boldsymbol{\pi}(\overline{\boldsymbol{\pi}})/\partial\overline{\boldsymbol{\pi}} = \mathbf{I}_s \otimes \mathbf{B}$$

de que se deduz que

$$\overline{\mathbf{H}}(\overline{\boldsymbol{\pi}}) = \frac{\partial\overline{\mathbf{F}}(\overline{\boldsymbol{\pi}})}{\partial\overline{\boldsymbol{\pi}}} = \frac{\partial\mathbf{F}(\boldsymbol{\pi})}{\partial\boldsymbol{\pi}}\frac{\partial\boldsymbol{\pi}(\overline{\boldsymbol{\pi}})}{\partial\overline{\boldsymbol{\pi}}} = \mathbf{H}(\mathbf{I}_s \otimes \mathbf{B}) \tag{11.89}$$

em que $\mathbf{H} = \mathbf{H}(\boldsymbol{\pi}) = \partial\mathbf{F}(\boldsymbol{\pi})/\partial\boldsymbol{\pi}$. Logo,

$$\begin{aligned} \overline{\mathbf{V}}_{\widetilde{\mathbf{F}}} = \overline{\mathbf{V}}_{\widetilde{\mathbf{F}}}(\overline{\boldsymbol{\pi}}) &= \overline{\mathbf{H}}(\overline{\boldsymbol{\pi}})\overline{\mathbf{V}}_{\overline{\mathbf{p}}}(\overline{\boldsymbol{\pi}})\overline{\mathbf{H}}(\overline{\boldsymbol{\pi}})' \\ &= \overline{\mathbf{H}}(\overline{\boldsymbol{\pi}})(\mathbf{I}_s \otimes \mathbf{B})\overline{\mathbf{V}}_{\overline{\mathbf{p}}}(\overline{\boldsymbol{\pi}})(\mathbf{I}_s \otimes \mathbf{B})'\overline{\mathbf{H}}(\overline{\boldsymbol{\pi}})' \\ &= \overline{\mathbf{H}}(\overline{\boldsymbol{\pi}})(\mathbf{I}_s \otimes \mathbf{B})\mathbf{D}_{\overline{\mathbf{L}}}^{-1/2}\overline{\mathbf{V}}(\overline{\boldsymbol{\pi}})\mathbf{D}_{\overline{\mathbf{L}}}^{-1/2}(\mathbf{I}_s \otimes \mathbf{B})'\overline{\mathbf{H}}(\overline{\boldsymbol{\pi}})' \\ &= \mathbf{H}(\boldsymbol{\pi})\mathbf{V}_{\mathbf{p}}(\boldsymbol{\pi})\mathbf{H}(\boldsymbol{\pi})' = \mathbf{V}_{\mathbf{F}(\mathbf{p})}(\boldsymbol{\pi}) \end{aligned} \tag{11.90}$$

Então, tendo em vista a condição ii) que $\overline{\mathbf{F}}(\overline{\boldsymbol{\pi}})$ deve satisfazer, pode-se concluir que $\mathbf{V}_{\widetilde{\mathbf{F}}(\boldsymbol{\pi})}$ não é singular embora $\mathbf{V}_{\mathbf{p}}(\boldsymbol{\pi})$ o seja. Consequentemente, de (11.85), (11.86) e (11.90) pode-se concluir que

$$\sqrt{N}\{\mathbf{F}(\mathbf{p}) - \mathbf{F}(\boldsymbol{\pi})\} \xrightarrow{\mathcal{D}} N_u\{\mathbf{0}, \mathbf{V}_{\widetilde{\mathbf{F}}(\mathbf{p})}(\boldsymbol{\pi})\}, \tag{11.91}$$

o que conduz à distribuição aproximada indicada em (11.31). Aqui vale a pena notar que uma condição necessária para que $\mathbf{V}_{\widetilde{\mathbf{F}}(\mathbf{p})}(\boldsymbol{\pi})$ seja não singular é que as colunas de $\mathbf{H}(\boldsymbol{\pi})$ sejam linearmente independentes de $\mathbf{I}_s \otimes \mathbf{1}_s$, *i.e.*,

$$r\{\mathbf{H}(\boldsymbol{\pi})', [\mathbf{I}_s \otimes \mathbf{1}_r]\} = r(\mathbf{H}(\boldsymbol{\pi})) + s. \tag{11.92}$$

Finalmente, a utilização de argumentos semelhantes no contexto de (11.33) conduz a (11.34).

11.5.4   Relação entre as metodologias de MQG e MQN

O objectivo aqui é apresentar detalhes técnicos referentes à demonstração da igualdade entre a estatística de Neyman e a estatística de Wald para o ajustamento de modelos funcionais lineares a dados com distribuição Produto de Multinomiais. Mais precisamente, concentre-se a atenção primeiramente na demonstração de (11.42).

Note-se de início que, em função de (11.40), a expressão (11.42) pode ser expandida como

$$
\begin{aligned}
\widetilde{\pi} &= \mathbf{L}\widetilde{\gamma} + \mathbf{K}'(\mathbf{K}\mathbf{K}')^{-1}\mathbf{a} \\
&= \mathbf{L}(\mathbf{L}'\mathbf{D}_{\mathbf{n}_*}\mathbf{D}_\mathbf{p}^{-1}\mathbf{L})^{-1}\mathbf{L}'\mathbf{D}_{\mathbf{n}_*}\mathbf{D}_\mathbf{p}^{-1}\{\mathbf{p} - \mathbf{K}'(\mathbf{K}\mathbf{K}')^{-1}\mathbf{a}\} + \mathbf{K}'(\mathbf{K}\mathbf{K}')^{-1}\mathbf{a} \\
&= \mathbf{S}_\mathbf{L}\mathbf{D}_{\mathbf{n}_*}\mathbf{D}_\mathbf{p}^{-1}\{\mathbf{p} - \mathbf{K}'(\mathbf{K}\mathbf{K}')^{-1}\mathbf{a}\} + \mathbf{K}'(\mathbf{K}\mathbf{K}')^{-1}\mathbf{a} \qquad (11.93)
\end{aligned}
$$

em que

$$
\mathbf{S}_\mathbf{L} = \mathbf{L}(\mathbf{L}'\mathbf{D}_{\mathbf{n}_*}\mathbf{D}_\mathbf{p}^{-1}\mathbf{L})^{-1}\mathbf{L}'.
$$

Fazendo

$$
\mathbf{S}_\mathbf{K} = \mathbf{D}_{\mathbf{n}_*}^{-1}\mathbf{D}_\mathbf{p} - \mathbf{D}_{\mathbf{n}_*}^{-1}\mathbf{D}_\mathbf{p}\mathbf{K}'(\mathbf{K}\mathbf{D}_{\mathbf{n}_*}^{-1}\mathbf{D}_\mathbf{p}\mathbf{K}')^{-1}\mathbf{K}\mathbf{D}_{\mathbf{n}_*}^{-1}\mathbf{D}_\mathbf{p}
$$

e observando que

i) $\mathbf{S}_\mathbf{L}\mathbf{K}' = \mathbf{S}_\mathbf{K}\mathbf{K}' = \mathbf{0}$,

ii) $\mathbf{K}\mathbf{S}_\mathbf{L} = \mathbf{K}\mathbf{S}_\mathbf{K} = \mathbf{0}$,

iii) $\mathbf{S}_\mathbf{L}\mathbf{D}_{\mathbf{n}_*}\mathbf{D}_\mathbf{p}^{-1}\mathbf{S}_\mathbf{L} = \mathbf{S}_\mathbf{L}$,

iv) $\mathbf{S}_\mathbf{K}\mathbf{D}_{\mathbf{n}_*}\mathbf{D}_\mathbf{p}^{-1}\mathbf{S}_\mathbf{K} = \mathbf{S}_\mathbf{K}$,

v) $r(\mathbf{S}_\mathbf{L}) = r(\mathbf{S}_\mathbf{K}) = sr - s - u + p$,

pode-se aplicar novamente o Lema de Koch (Proposição A.25) para concluir que $\mathbf{S}_\mathbf{L} = \mathbf{S}_\mathbf{K}$. Então, de (11.93) tem-se

$$
\begin{aligned}
\widetilde{\pi} &= \mathbf{S}_\mathbf{K}\mathbf{D}_{\mathbf{n}_*}\mathbf{D}_\mathbf{p}^{-1}\{\mathbf{p} - \mathbf{K}'(\mathbf{K}\mathbf{K}')^{-1}\mathbf{a}\} + \mathbf{K}'(\mathbf{K}\mathbf{K}')^{-1}\mathbf{a} \\
&= \{\mathbf{I}_{sr} - \mathbf{D}_{\mathbf{n}_*}^{-1}\mathbf{D}_\mathbf{p}\mathbf{K}'(\mathbf{K}\mathbf{D}_{\mathbf{n}_*}^{-1}\mathbf{D}_\mathbf{p}\mathbf{K}')^{-1}\mathbf{K}\}\{\mathbf{p} - \mathbf{K}'(\mathbf{K}\mathbf{K}')^{-1}\mathbf{a}\} + \mathbf{K}'(\mathbf{K}\mathbf{K}')^{-1}\mathbf{a} \\
&= \mathbf{p} - \mathbf{D}_{\mathbf{n}_*}^{-1}\mathbf{D}_\mathbf{p}\mathbf{K}'(\mathbf{K}\mathbf{D}_{\mathbf{n}_*}^{-1}\mathbf{D}_\mathbf{p}\mathbf{K}')^{-1}(\mathbf{K}\mathbf{p} - \mathbf{a}) \\
&= \mathbf{p} - \mathbf{D}_{\mathbf{n}_*}^{-1}\mathbf{D}_\mathbf{p}\mathbf{K}'(\mathbf{K}\mathbf{D}_{\mathbf{n}_*}^{-1}\mathbf{D}_\mathbf{p}\mathbf{K}')^{-1}\begin{bmatrix} \mathbf{U}\widetilde{\mathbf{F}} \\ \mathbf{0} \end{bmatrix}. \qquad (11.94)
\end{aligned}
$$

Com o intuito de simplificar essa expressão para o estimador MQN de π, considere-se primeiramente a matriz $\mathbf{K}\mathbf{D}_{\mathbf{n}_*}^{-1}\mathbf{D}_\mathbf{p}\mathbf{K}'$ na sua forma particionada

$$
\mathbf{K}\mathbf{D}_{\mathbf{n}_*}^{-1}\mathbf{D}_\mathbf{p}\mathbf{K}' = \begin{bmatrix} \mathbf{A}_{11} & \mathbf{A}_{12} \\ \mathbf{A}_{12}' & \mathbf{A}_{22} \end{bmatrix}
$$

em que

$$
\begin{aligned}
\mathbf{A}_{11} &= \mathbf{U}\widetilde{\mathbf{H}}\mathbf{D}_{\mathbf{n}_*}^{-1}\mathbf{D}_\mathbf{p}\widetilde{\mathbf{H}}'\mathbf{U}, \\
\mathbf{A}_{12} &= \mathbf{U}\widetilde{\mathbf{H}}\mathbf{D}_{\mathbf{n}_*}^{-1}\mathbf{D}_\mathbf{p}(\mathbf{I}_s \otimes \mathbf{1}_s), \\
\mathbf{A}_{22} &= (\mathbf{I}_s \otimes \mathbf{1}_s')\mathbf{D}_{\mathbf{n}_*}^{-1}\mathbf{D}_\mathbf{p}(\mathbf{I}_s \otimes \mathbf{1}_r)
\end{aligned}
$$

e note-se que a sua inversa é dada por (ver Secção A.2)

$$
(\mathbf{K}\mathbf{D}_{\mathbf{n}_*}^{-1}\mathbf{D}_\mathbf{p}\mathbf{K}')^{-1} = \begin{bmatrix} \boldsymbol{\Delta}_{11} & \boldsymbol{\Delta}_{12} \\ \boldsymbol{\Delta}_{12}' & \boldsymbol{\Delta}_{22} \end{bmatrix}
$$

11. METODOLOGIA DE MÍNIMOS QUADRADOS GENERALIZADOS

com

$$\boldsymbol{\Delta}_{11} = \mathbf{A}_{11} - \mathbf{A}'_{12}\mathbf{A}_{22}^{-1}\mathbf{A}_{12} = \mathbf{U}\tilde{\mathbf{V}}_{\tilde{\mathbf{F}}}\mathbf{U}'$$

e

$$\boldsymbol{\Delta}'_{12} = -\mathbf{A}_{22}^{-1}\mathbf{A}'_{12}\boldsymbol{\Delta}_{11}.$$

Utilizando (11.94), pode-se escrever

$$\begin{aligned}\tilde{\pi} &= \mathbf{p} - \mathbf{D}_{\mathbf{n}_*}^{-1}\mathbf{D}_{\mathbf{p}}[\tilde{\mathbf{H}}'\mathbf{U}, \mathbf{I}_s \otimes \mathbf{1}_s]\begin{bmatrix}\boldsymbol{\Delta}_{11} & \boldsymbol{\Delta}_{12}\\ \boldsymbol{\Delta}'_{12} & \boldsymbol{\Delta}_{22}\end{bmatrix}\begin{bmatrix}\mathbf{U}\tilde{\mathbf{F}}\\ 0\end{bmatrix}\\ &= \mathbf{p} - \mathbf{D}_{\mathbf{n}_*}^{-1}\mathbf{D}_{\mathbf{p}}\left\{\tilde{\mathbf{H}}'\mathbf{U}'\boldsymbol{\Delta}_{11}\mathbf{U}\tilde{\mathbf{F}} + (\mathbf{I}_s \otimes \mathbf{1}_r)\boldsymbol{\Delta}'_{12}\mathbf{U}\tilde{\mathbf{F}}\right\}, \end{aligned} \tag{11.95}$$

o que, após alguma manipulação algébrica, se reduz a (11.42).

Em seguida, argumentos semelhantes são utilizados para mostrar a igualdade entre (11.42) e (11.45). Nesse sentido, definam-se

$$\mathbf{S}_{\mathbf{U}} = \mathbf{U}'(\mathbf{U}\tilde{\mathbf{V}}_{\tilde{\mathbf{F}}}\mathbf{U}')^{-1}\mathbf{U}$$

e

$$\mathbf{S}_{\mathbf{W}} = \tilde{\mathbf{V}}_{\tilde{\mathbf{F}}}^{-1} - \tilde{\mathbf{V}}_{\tilde{\mathbf{F}}}^{-1}\mathbf{X}(\mathbf{X}'\tilde{\mathbf{V}}_{\tilde{\mathbf{F}}}^{-1}\mathbf{X})^{-1}\mathbf{X}'\tilde{\mathbf{V}}_{\tilde{\mathbf{F}}}^{-1}$$

e utilize-se novamente o Lema de Koch (Proposição A.25) para mostrar a sua igualdade. Então de (11.42) segue-se que

$$\begin{aligned}\tilde{\pi} &= \mathbf{p} - \tilde{\mathbf{V}}_{\mathbf{p}}\tilde{\mathbf{H}}'\left\{\tilde{\mathbf{V}}_{\tilde{\mathbf{F}}}^{-1} - \tilde{\mathbf{V}}_{\tilde{\mathbf{F}}}^{-1}\mathbf{X}(\mathbf{X}'\tilde{\mathbf{V}}_{\tilde{\mathbf{F}}}^{-1}\mathbf{X})^{-1}\mathbf{X}'\tilde{\mathbf{V}}_{\tilde{\mathbf{F}}}^{-1}\right\}\tilde{\mathbf{F}}\\ &= \mathbf{p} - \tilde{\mathbf{V}}_{\mathbf{p}}\tilde{\mathbf{H}}'\tilde{\mathbf{V}}_{\tilde{\mathbf{F}}}^{-1}(\tilde{\mathbf{F}} - \mathbf{X}\hat{\boldsymbol{\beta}}).\end{aligned}$$

11.6 Notas de Capítulo

11.1: Tabelas com frequências observadas nulas (os chamados zeros amostrais) constituem uma fonte de problemas para a aplicação da metodologia MQG. A principal razão para isso está relacionada com a qualidade da aproximação da distribuição do vector de frequências relativas observadas por uma distribuição Normal como indicado em (11.28). Embora esse problema possa ser contornado em casos onde o interesse está concentrado em funções lineares do tipo $\mathbf{F}(\boldsymbol{\pi}) = \mathbf{A}\boldsymbol{\pi}$, nos quais apenas a aproximação da distribuição do estimador $\mathbf{Ap}$ é requerida, nos casos mais gerais as soluções podem não ser teoricamente justificáveis. A essência das alternativas disponíveis está na substituição das frequências nulas por valores "pequenos" e as controvérsias a elas associadas radica na conceituação do que isso vem a ser na prática. As sugestões mais comuns incluem sua substituição por $1/2$, por $1/N_i$, onde N_i denota o tamanho da amostra correspondente à i-ésima subpopulação ou a adição de $1/2$ a todas as frequências da tabela. As duas primeiras sugestões podem implicar respectivamente uma sub ou sobrevalorização dos parâmetros associados à cela em questão e a terceira pode implicar uma alteração em toda a estrutura da tabela, especialmente quando as frequências são de magnitude moderada. Uma análise de sensibilidade envolvendo a adopção de diferentes alternativas e a comparação dos resultados correspondentes é fundamental para sua utilização em problemas práticos.

410 11.7 EXERCÍCIOS

11.2: Para amostras grandes, as metodologias de MV e MQG podem ser utilizadas indistintamente em função da equivalência assintótica dos correspondentes estimadores e estatísticas de teste, demonstrada nas Secções 7.4 e 11.5. Para além desse facto, elas também tendem a produzir resultados bastante semelhantes em amostras moderadas ou mesmo pequenas, como se pôde apreciar por meio dos exemplos analisados neste e nos quatro capítulos anteriores. Nessa situação, no entanto, a metodologia MV tem um suporte teórico mais sólido dado que os resultados assintóticos associados requerem que conjuntos de estatísticas suficientes mínimas (que correspondem muitas vezes a combinações lineares das frequências observadas) sejam suficientemente grandes para uma boa aproximação, ao passo que todas essas frequências precisam ser grandes no caso da metodologia MQG. É precisamente nesses casos que se sugere, com vista a aplicações prácticas, a utilização de mais do que uma metodologia para avaliação da robustez das conclusões relativamente aos modelos estatísticos adoptados. Finalmente, lembra-se que a determinação de tamanhos de amostras para obtenção de estimativas com precisão pré-especificada padece, aqui também, das mesmas dificuldades encontradas em outros tipos de problemas estatísticos. Uma das poucas referências sobre esse tópico é Rochon (1989).

11.3: Métodos híbridos envolvendo um alisamento (*smoothing*) preliminar dos dados via MV e a aplicação posterior de metodologia de MQG aos dados alisados têm sido considerados na literatura. Esse enfoque é útil para abordar situações em que os algoritmos necessários para a implementação da metodologia MV não estão prontamente disponíveis ou exigem um esforço computacional exagerado e as amostras não são suficientemente grandes para uma aplicação directa despreocupada da metodologia MQG. Uma sistematização das ideias básicas dessa abordagem foi introduzida por Imrey et al. (1981, 1982), que a denominam **modelação de regressão funcional assintótica** (*functional asymptotic regression modelling*). Aplicações envolvendo o ajuste de modelos lineares nos logitos cumulativos estão tratadas em Koch et al. (1985) e uma aplicação mais recente à análise de dados de contagens modeladas por distribuições de Poisson bivariadas foi estudada em Ho & Singer (2001).

11.7 Exercícios

11.1: Utilize o Lema de Koch enunciado na Proposição A.25 para mostrar que a estatística (11.20) pode ser interpretada como uma diferença entre a estatística de Wald (11.17) para o ajuste de um modelo reduzido que incorpora as restrições impostas pela hipótese (11.19) e aquela correspondente ao modelo mais geral em relação ao qual está encaixado.

[Sugestão: ver Koch & Bhapkar (1982)].

11.2: Repita a análise do Exemplo 11.5 sob o enfoque de MQG empregando um modelo log-linear generalizado.

11.3: Utilize a formulação log-linear ampliada (ver Exemplo 6.3) para analisar os dados do Exemplo 1.2 por intermédio da metodologia MQG. Compare os resultados com aqueles apresentados no Exemplo 11.8.

11. METODOLOGIA DE MÍNIMOS QUADRADOS GENERALIZADOS

11.4: Mostre que a estatística de Neyman (11.43) pode ser calculada como

$$Q_N = \sum_{i=1}^{s} \sum_{\{j \text{ com } n_{ij} > 0\}} (n_{ij} - n_{i.}\tilde{\pi}_{ij})^2 / n_{ij}.$$

(Sugestão: Mostre que $\mathbf{p} - \tilde{\boldsymbol{\pi}} = \mathbf{V_p}\tilde{\mathbf{H}}'\tilde{\mathbf{V}}_{\tilde{\mathbf{F}}}^{-1}(\mathbf{F} - \mathbf{X}\widehat{\boldsymbol{\beta}})$ implica $p_{ij} - \tilde{\pi}_{ij} = 0$ para qualquer $p_{ij} = 0$).

11.5: No contexto da Subsecção 11.5.3, prove (11.92).

(Sugestão: Considere o caso $s = 1$ sem perda de generalidade e use o facto de que para uma matriz simétrica $\mathbf{T}$, de dimensão $t \times t$, $r(\mathbf{T}) = t$ implica que ela é simétrica).

11.6: Utilize a metodologia MQG para testar a validade do modelo de Hardy–Weinberg para os dados considerados no Exemplo 11.1 a partir da formulação apresentada ao fim do Exemplo 7.1. Compare os resultados com aqueles do Exemplo 11.1.

11.7: Considere um vector de frequências $\mathbf{n} = (n_1, \dots, n_c)'$ para o qual um Produto de distribuições de Poisson

$$P(\mathbf{n}) = \prod_{i=1}^{c} \frac{\exp(-\mu_i)\mu_i^{n_i}}{n_i!}$$

com vector de parâmetros $\boldsymbol{\mu} = (\mu_1, \dots, \mu_c)'$ pode ser adoptado como modelo para o processo gerador. Suponha também que $\mathbf{N} = (N_1, \dots, N_c)'$ é um vector de medidas de exposição (intervalos de tempo, volumes, populações em risco, *etc.*) conhecido e considere a reparametrização $\boldsymbol{\lambda} = (\lambda_1, \dots, \lambda_c)' = \mathbf{D_N}^{-1}\boldsymbol{\mu}$ de forma que os componentes λ_i representem taxas de ocorrência dos eventos de interesse por unidade de exposição.

1) Assuma um modelo linear da forma $\boldsymbol{\lambda} = \mathbf{X}\boldsymbol{\beta}$ onde $\mathbf{X}$ é uma matriz de especificação conhecida de dimensão $c \times p$ e $\boldsymbol{\beta}$ é um vector de parâmetros desconhecidos de dimensão p. Utilizando procedimentos similares àqueles empregados nas outras secções deste capítulo, mostre que

   a) O estimador MQG de $\boldsymbol{\beta}$ é dado por

   $$\widehat{\boldsymbol{\beta}} = (\mathbf{X}'\mathbf{D_N}\mathbf{D_n}^{-1}\mathbf{D_N}\mathbf{X})^{-1}\mathbf{X}'\mathbf{D_N}\mathbf{1}_c$$

   e que sua distribuição aproximada (para frequências n_i suficientemente grandes) é $N\{\boldsymbol{\beta}, [\mathbf{X}'\mathbf{D_N}\mathbf{D}_{\boldsymbol{\mu}}^{-1}\mathbf{D_N}\mathbf{X}]^{-1}\}$.

   b) A estatística de Wald para o teste de ajustamento do modelo é dada por

   $$Q_{\widehat{\mathbf{F}}} = \mathbf{n}'[\mathbf{D_n}^{-1} - \mathbf{D_n}^{-1}\mathbf{D_N}\mathbf{X}(\mathbf{X}'\mathbf{D_N}\mathbf{D_n}^{-1}\mathbf{D_N}\mathbf{X})^{-1}\mathbf{X}'\mathbf{D_N}\mathbf{D_n}^{-1}]\mathbf{n},$$

   e é idêntica à correspondente estatística de Neyman. Além disso, que, sob a validade do modelo linear proposto, ela tem uma distribuição aproximada χ^2 com $c - p$ graus de liberdade.

412　　　　　　　　　　　　　　　　　　　　　　　　　　　11.7 EXERCÍCIOS

　　c) Tanto o estimador MQG quanto o estimador MQN para μ são dados por
$\widehat{\mu} = \widetilde{\mu} = \mathbf{X}\widehat{\beta}$.

2) Adopte um modelo log-linear da forma $\ln\lambda = \mathbf{X}\beta$ e repita os passos do item anterior para mostrar que

　　a) O estimador MQG de β é dado por

$$\widehat{\beta} = (\mathbf{X}'\mathbf{D_n}\mathbf{X})^{-1}\mathbf{X}'\mathbf{D_n}\ln(\mathbf{D_N^{-1}}\mathbf{n})$$

　　e que sua distribuição aproximada (para frequências n_i suficientemente grandes) é $N\{\beta, [\mathbf{X}'\mathbf{D_\mu}\mathbf{X}]^{-1}\}$.

　　b) A estatística de Wald para o teste de ajustamento do modelo é dada por

$$Q_{\widehat{\mathbf{F}}} = [\ln(\mathbf{D_N^{-1}}\mathbf{n}) - \mathbf{X}\widehat{\beta}]'\mathbf{D_n}[\ln(\mathbf{D_N^{-1}}\mathbf{n}) - \mathbf{X}\widehat{\beta}]$$

　　e é idêntica à correspondente estatística de Neyman. Além disso, que, sob a validade do modelo linear proposto, ela tem uma distribuição aproximada χ^2 com $c - p$ graus de liberdade.

　　c) O estimador MQG para μ é dado por

$$\widehat{\mu} = \mathbf{D_N}\exp\{\mathbf{X}(\mathbf{X}'\mathbf{D_n}\mathbf{X})^{-1}\mathbf{X}'\mathbf{D_n}\ln(\mathbf{D_N^{-1}}\mathbf{n})\}$$

　　ao passo que o estimador MQN para o mesmo vector de parâmetros é

$$\widetilde{\mu} = \mathbf{n} - [\mathbf{D_n} - \mathbf{D_n}\mathbf{X}(\mathbf{X}'\mathbf{D_n}\mathbf{X})^{-1}\mathbf{X}'\mathbf{D_n}]\ln(\mathbf{D_N^{-1}}\mathbf{n}).$$

3) Generalize esses resultados para modelos funcionais lineares da forma $\mathbf{F}(\lambda) = \mathbf{X}\beta$.

11.8: Os dados apresentados abaixo são provenientes de um ensaio clínico sem grupo de controlo realizado no Hospital Universitário da Universidade de São Paulo para avaliar o efeito de uma enzima (hialuronidase) na maturação do colo uterino de gestantes pós-data (*i.e.*, com idade gestacional superior a 40 semanas) nulíparas (paridade =0) ou multíparas (paridade ≥ 1). As gestantes deveriam ser avaliadas 48 e 96 horas após a aplicação da droga e classificadas como respondentes ou não respondentes conforme o valor do índice de Bishop (uma medida da maturação do colo uterino) fosse maior que ou igual a 5 ou menor que 5. Para maiores detalhes, consultar Spallicci, Chiea, Singer, Albuquerque & Bittar (2006).

	Período					
	Até 48 horas		Entre 48 e 96 horas			
Paridade	Com res-posta	Retiradas do estudo	Com res-posta	Retiradas do estudo	Sem resposta	Total
0	11	1*	2	2**	4	20
≥ 1	11	0	1	1**	1	14

* = gestante com índice de Bishop = 4 e parto antes de 48h
** = gestante com índice de Bishop = 4 após 48h e parto antes de 96h

11. METODOLOGIA DE MÍNIMOS QUADRADOS GENERALIZADOS

a) Utilize a metodologia MQG para comparar as proporções de respondentes nulíparas e não nulíparas nos dois períodos de avaliação.

b) Com o objectivo de planejar um ensaio clínico controlado e aleatorizado, e com base na informação deste estudo, construa uma tabela com os tamanhos de amostras necessários para detectar diferenças de 10%, 20% e 30% nas proporções de respondentes dos grupos tratado e controlo em ambas as ocasiões de avaliação simultaneamente. [Sugestão: ver Rochon (1989)].

11.9: Num estudo epidemiológico, 1448 pacientes com problemas cardíacos foram classificados segundo o género (feminino ou masculino), idade (< 55 anos ou ≥ 55 anos) e status relativo à hipertensão arterial (sem ou com). Por intermédio de um procedimento de cineangiocoronariografia, o grau de lesão das artérias coronarianas foi classificado como $< 50\%$ ou $\geq 50\%$. Veja-se Singer & Ikeda (1996) para maiores detalhes. Os dados estão resumidos na tabela abaixo.

Gênero	Idade	Hipertensão arterial	Grau de lesão $< 50\%$	Grau de lesão $\geq 50\%$
Feminino	< 55	sem	31	17
Feminino	< 55	com	42	27
Feminino	≥ 55	sem	55	42
Feminino	≥ 55	com	94	104
Masculino	< 55	sem	80	112
Masculino	< 55	com	70	130
Masculino	≥ 55	sem	74	188
Masculino	≥ 55	com	68	314

Utilize modelos lineares e log-lineares para analisar a variação das distribuições do grau de lesão coronariana relativamente aos diferentes níveis das outras variáveis por intermédio de métodos MQG e compare os resultados com aqueles obtidos por meio de métodos MV. Em particular, estime as razões de chances pertinentes tomando como referência pacientes femininas com idade < 55 anos e sem hipertensão arterial.

11.10: Reanalise o Exemplo 10.6 por meio de métodos MQG e avalie, por intermédio de um teste de ajustamento, se um modelo estrutural que impõe a mesma medida Kapa para os dois estudos em questão é compatível com os dados. Em caso afirmativo, obtenha um intervalo de confiança (95%) para a medida de concordância comum.

Parte IV

Tópicos especiais

Capítulo 12

Análise de dados categorizados longitudinais

Neste capítulo considera-se uma classe de problemas cujas particularidades merecem um tratamento especial, mais em função da forma pela qual os dados são coletados e dispostos tabularmente do que por razões metodológicas. Na Secção 12.1 apresentam-se alguns exemplos para caracterizar o tipo de dados abordados aqui, explicitando as questões relevantes. Aí faz-se a distinção entre **medidas repetidas** e **dados longitudinais**, indicando por que este último tópico é o principal foco de atenção. Na Secção 12.2 apresentam-se alguns modelos estruturais relevantes e descreve-se como a metodologia de mínimos quadrados generalizados pode ser utilizada para sua análise, ilustrando-a com aplicações concretas. Esse é o enfoque preconizado por Koch et al. (1992). Na Secção 12.3, discute-se brevemente a aplicação das metodologias de máxima verosimilhança e de **equações de estimação generalizadas**, esta última popularmente conhecida pela sigla GEE (de *Generalized Estimating Equations*).

12.1   Introdução

Na literatura estatística, a denominação medidas repetidas é utilizada para designar situações em que uma ou mais variáveis respostas são observadas mais do que uma vez na mesma unidade amostral. Os Exemplos 1.2 e 3.1 constituem protótipos dessa classe. No primeiro caso, o risco de cárie é avaliado por dois métodos diferentes (convencional ou simplificado) em cada criança e no segundo caso, a intenção de voto de cada eleitor é observada em dois instantes diferentes (primeira e segunda sondagens). Quando as repetições são realizadas sequencialmente ao longo de uma certa dimensão como o tempo ou a distância de um certo ponto, diz-se que os dados são longitudinais. Este é o caso do Exemplo 3.1. É comum denominar essa dimensão ao longo da qual são realizadas as medidas por **tempo**, independentemente da natureza cronológica que os dados porventura tenham.

As questões centrais em problemas envolvendo medidas categorizadas repetidas não longitudinais são tipicamente aquelas consideradas anteriormente nas diferentes

418   12.1 INTRODUÇÃO

análises do Exemplo 1.2, nomeadamente, questões de homogeneidade marginal, simetria e concordância. Para dados longitudinais, além dessas, também há interesse em questões de modelação de uma ou mais características da distribuição conjunta das variáveis respostas como função do tempo e essa é a principal razão pela qual se dedica este capítulo primordialmente a essa categoria de problemas.

Um paradigma para a apresentação de dados com medidas repetidas em que as unidades amostrais oriundas de s subpopulações são observadas ao longo de d condições de avaliação está apresentado na Tabela 12.1.

Tabela 12.1: Estrutura básica para representação de dados (individuais) com medidas repetidas

		Condição da avaliação			
Subpopulação	Unidade amostral	1	2	$\cdots$	d
1	1	y_{111}	y_{121}	$\cdots$	y_{1d1}
1	2	y_{112}	y_{122}	$\cdots$	y_{1d2}
$\vdots$	$\vdots$	$\vdots$	$\vdots$		$\vdots$
1	N_1	y_{11N_1}	y_{12N_1}	$\cdots$	y_{1dN_1}
2	1	y_{211}	y_{221}	$\cdots$	y_{2d1}
2	2	y_{212}	y_{222}	$\cdots$	y_{2d2}
$\vdots$	$\vdots$	$\vdots$	$\vdots$		$\vdots$
2	N_2	y_{21N_2}	y_{22N_2}	$\cdots$	y_{2dN_2}
$\vdots$	$\vdots$	$\vdots$	$\vdots$		$\vdots$
s	1	y_{s11}	y_{s21}	$\cdots$	y_{sd1}
s	2	y_{s12}	y_{s22}	$\cdots$	y_{sd2}
$\vdots$	$\vdots$	$\vdots$	$\vdots$		$\vdots$
s	N_s	y_{s1N_s}	y_{s2N_s}	$\cdots$	y_{sdN_s}

Na Tabela 12.1, y_{ijk} corresponde à resposta da k-ésima unidade amostral da i-ésima subpopulação sob a j-ésima condição de avaliação, $i = 1, \ldots, s$, $j = 1, \ldots, d$ e $k = 1, \ldots, N_i$. Os possíveis valores de y_{ijk} são $l = 1, 2, \ldots, L$ e correspondem à classificação de cada unidade amostral numa de L categorias de alguma variável resposta que pode ter natureza nominal ou ordinal. No caso mais geral, as subpopulações podem ser geradas pelas combinações dos níveis de uma ou mais variáveis explicativas (factores) e as observações em cada uma das condições de avaliação podem corresponder a combinações das categorias de duas ou mais variáveis respostas. Não é demais lembrar que, como no restante do texto, concentra-se a atenção em situações em que as variáveis explicativas são todas categorizadas. O leitor interessado em problemas que englobam variáveis explicativas contínuas deve consultar Diggle, Heagerty, Liang & Zeger (2002) ou Molenberghs & Verbeke (2005), entre outros. Também é importante salientar que sob a estrutura de dados enfocada acima, o tempo é considerado como uma variável explicativa discreta (factor) com d níveis quantitativos (em geral, $d < 10$). Situações em que o tempo precisa ser encarado como uma variável contínua, por exemplo, quando as unidades amostrais não são observadas nos mesmos instantes

12. ANÁLISE DE DADOS CATEGORIZADOS LONGITUDINAIS

(e em que, consequentemente, d é grande) devem ser estruturadas de outra forma, a ser discutida na Secção 12.3.

No contexto de dados longitudinais, em geral, os objectivos analíticos envolvem:

i) a identificação do efeito de subpopulações, de condições de avaliação e de sua interacção quanto às correspondentes distribuições marginais (de primeira ordem) das respostas, no espírito da análise de perfis usualmente empregada para dados contínuos (ver Singer & Andrade (2000), por exemplo);

ii) a avaliação do padrão de variação das distribuições marginais (de primeira ordem) de respostas correspondentes às diferentes subpopulações ao longo das condições de avaliação, no espírito da análise de curvas de crescimento comummente considerada para dados contínuos (ver Singer & Andrade (2000), por exemplo);

iii) o estudo do padrão de variação de transição entre categorias de respostas ao longo das condições de avaliação para as diferentes subpopulações. Nesse caso o interesse recai nas distribuições marginais de ordem 2 ou superior. Para evitar confusão com o termo **modelos de transição** comummente empregado na literatura estatística, ver a Nota de Capítulo na Secção 12.4.

Um caso concreto com $s = 1$, $d = 3$ e $L = 4$ é ilustrado pelo seguinte exemplo.

Exemplo 12.1 (*Problema da infecção urinária*): Os dados da Tabela 12.2 são oriundos de um estudo cujo objectivo era avaliar a eficácia de um tratamento para infecção urinária no que concerne ao desaparecimento de um de seus sintomas. Cinquenta pacientes com esse tipo de infecção foram examinadas em três instantes: no dia de início do tratamento e 14 e 21 dias após essa primeira avaliação. A característica observada foi o nível de corrimento vaginal, classificado como ausente (0), leve (1), moderado (2) ou intenso (3). Observações omissas, bastante comuns neste tipo de problema, estão representadas por pontos.

Mais especificamente, as questões de interesse são: i) avaliar se a distribuição da resposta se altera favoravelmente com o tratamento, *i.e.*, se apresenta menores frequências de pacientes com corrimento vaginal de maior intensidade 14 dias após o início do tratamento e ii) em caso afirmativo, saber se o tratamento pode ser interrompido após 14 dias, ou seja, se alguma característica relevante (*e.g.*, a proporção de pacientes com corrimento vaginal moderado ou intenso) das distribuições da resposta se mantém inalterada da segunda para a terceira avaliação.

À partida, é necessário avaliar o impacto das respostas omissas na estratégia de análise. Embora seja comum analisar apenas as unidades amostrais com dados completos, desprezando as demais, a validade dos resultados obtidos sob esse enfoque depende de suposições que nem sempre são aceitáveis na prática. A incorporação das unidades com dados omissos na análise, por sua vez, exige modelos mais complexos do que aqueles que aqui se pretende descrever e são o objecto de uma discussão detalhada no Capítulo 13. Para não desprezar essas unidades amostrais, adopta-se uma estratégia alternativa que envolve a imputação de dados e a sua análise como se fossem dados observados. Dentre as várias propostas desenvolvidas com esse intuito, considera-se uma em que i) nos casos de desistências (ou abandonos) (*lost to follow-up*), a última observação disponível é repetida para as avaliações restantes (*last observation carried forward*)[1] e ii) nos casos de não comparecimento a avaliações intermediárias, a categoria da resposta omissa é arbitrada como uma categoria situada entre aquelas observadas nas avaliações precedente e subsequente. Para o exemplo em questão, os perfis de resposta para as unidades amostrais com respostas omissas apresentadas na Tabela 12.2 foram substituídos por aqueles indicados na Tabela 12.3.

Tabela 12.2: Nível de corrimento vaginal em três avaliações

| Paciente | Avaliação | | | Paciente | Avaliação | | |
	inicial	14 dias	21 dias		inicial	14 dias	21 dias
1	1	0	0	26	2	0	0
2	2	0	.	27	2	3	.
3	1	0	0	28	3	0	1
4	2	0	0	29	2	2	1
5	2	1	.	30	2	0	0
6	2	.	.	31	3	.	0
7	2	.	.	32	0	.	0
8	1	1	1	33	1	1	0
9	3	0	0	34	1	0	0
10	2	1	2	35	1	0	0
11	2	1	3	36	1	1	0
12	1	1	0	37	0	0	1
13	2	0	0	38	0	0	1
14	2	0	0	39	1	0	0
15	2	1	1	40	2	0	0
16	2	1	1	41	1	1	0
17	2	1	0	42	1	0	0
18	1	0	0	43	2	.	.
19	1	0	0	44	2	2	.
20	2	0	0	45	2	0	1
21	1	1	0	46	2	.	0
22	3	1	0	47	3	1	0
23	3	0	0	48	3	0	0
24	2	1	1	49	2	1	1
25	2	0	0	50	3	0	0

---

[1]Embora esse método de imputação de dados possa produzir resultados enviesados, a sua simplicidade é responsável pela sua frequente utilização; o seu emprego aqui tem carácter puramente didáctico. Detalhes sobre as implicações de sua adopção com outros objectivos podem ser encontrados em Heyting, Tolboom & Essers (1992) ou Shao & Zhong (2003), entre outros

12. ANÁLISE DE DADOS CATEGORIZADOS LONGITUDINAIS

Tabela 12.3: Nível de corrimento vaginal em três avaliações atribuído às unidades amostrais com respostas omissas

	Avaliação				Avaliação		
Paciente	inicial	14 dias	21 dias	Paciente	inicial	14 dias	21 dias
2	2	0	0	31	3	2	0
5	2	1	1	32	0	0	0
6	2	2	2	43	2	2	2
7	2	2	2	44	2	2	2
27	2	3	3	46	2	2	0

■

Embora seja comum dispor dados oriundos de estudos longitudinais no formato individual como ilustra a Tabela 12.2, para uma análise segundo os moldes adoptados neste texto, convém reexpressá-los em forma agrupada como na Tabela 1.7, que, neste caso, é especificada com $s = 1$ subpopulação e $r = L^d = 4^3 = 64$ categorias de resposta, conforme indica a Tabela 12.4.

Tabela 12.4: Representação dos dados do Exemplo 12.1 na forma da Tabela 1.7

Nível de corrimento vaginal na avaliação			Número de
inicial	14 dias	21 dias	pacientes
Ausente	Ausente	Ausente	0
Ausente	Ausente	Leve	2
Ausente	Ausente	Moderado	0
Ausente	Ausente	Intenso	0
⋮	⋮	⋮	⋮
Moderado	Moderado	Leve	3
⋮	⋮	⋮	⋮
Intenso	Intenso	Intenso	0

Admitindo-se que as 50 pacientes correspondem a uma amostra aleatória simples obtida de uma população (conceptual) para a qual se quer tirar conclusões, um modelo Multinomial pode ser adoptado para efeitos inferenciais. O facto de haver apenas 50 pacientes classificadas nas 64 ($= L^d$) categorias de resposta gera uma tabela esparsa, o que não é uma característica exclusiva do problema sob investigação, mas aponta para um padrão bastante comum neste tipo de estudo. Como consequência, análises centradas no terceiro objectivo mencionado acima podem ficar prejudicadas e o foco deve ser dirigido para os demais, que dependem essencialmente de funções dos 12 ($= L \times d$) parâmetros das distribuições marginais de primeira ordem.

Exemplo 12.2 (*Problema da sensibilidade dentinária*): Na Tabela 12.5 estão resumidos os dados de um estudo realizado na Faculdade de Odontologia da Universidade de Mogi das Cruzes, SP, para avaliar o efeito de dois adesivos dentinários (*Single Bond*) e (*Prime bond NT*) e de duas condições de aplicação (dentina seca ou húmida) na variação (pré e pós-operatória) da sensibilidade dentinária (presente ou ausente)

422   12.1 INTRODUÇÃO

de pacientes submetidos a um certo tipo de tratamento odontológico. Para maiores
detalhes, o leitor deve consultar Singer & Polli (2004).

Tabela 12.5: Sensibilidade dentinária pré e pós-operatória

		Sensibilidade	Sensibilidade pós-operatória		
Material	Dentina	pré-operatória	Ausente	Presente	Total
Single Bond	Seca	Ausente	22	1	23
		Presente	3	6	9
		Subtotal	25	7	32
Single Bond	Húmida	Ausente	12	10	22
		Presente	7	4	11
		Subtotal	19	14	33
Prime Bond	Seca	Ausente	10	6	16
		Presente	12	3	15
		Subtotal	22	9	31
Prime Bond	Húmida	Ausente	5	13	18
		Presente	11	3	14
		Subtotal	16	16	32

Aqui, deseja-se saber se há mudança na distribuição da sensibilidade dentinária
após a restauração e se o resultado depende do tipo de adesivo e da condição da
dentina durante a sua aplicação. Neste caso, tem-se $s = 2 \times 2 = 4$ subpopulações,
$d = 2$ condições de avaliação e $L = 2$ categorias de resposta. Os dados podem
ser facilmente expressos no formato da Tabela 1.7 se para cada subpopulação se
considerarem as $r = L^d = 4$ categorias de resposta formadas pelas combinações
dos 2 níveis de sensibilidade dentinária pré-operatória com aqueles da sensibilidade
dentinária pré-operatória. Sob a suposição de que as unidades amostrais em cada um
dos 4 estratos podem ser encaradas como provenientes de um processo de amostragem
aleatória simples da subpopulação (conceptual) correspondente, um modelo Produto
de Multinomiais pode ser adoptado para inferências.   ■

Exemplo 12.3 (*Problema da maturação do colo do útero*): Os dados da Tabela
12.6 são provenientes de um estudo realizado no Hospital Universitário da Universidade de São Paulo cujo objectivo principal era avaliar o efeito de uma enzima (hialuronidase) na maturação do colo uterino de mulheres com 37 a 42 semanas de gestação.
Para detalhes, o leitor deve consultar Spallicci et al. (2006). Um objectivo secundário
era comparar gestantes nulíparas (N) e multíparas (M) quanto à evolução de um
índice (com categorias 0 = macio, 1 = médio e 2 = duro) construído para avaliar a
consistência do colo do útero. As avaliações foram realizadas por ocasião da admissão
ao estudo e 24, 48, 72 e 98 horas após esse instante.

As $d = 5$ condições de avaliação (0, 24, 48, 72 e 96 horas) e $L = 3$ níveis de resposta
(0, 1 e 2) gerariam ($r = L^d = 243$) categorias de resposta segundo o modelo de Tabela
1.7. No entanto, a natureza do fenómeno estudado impõe a restrição de que o valor do
índice de maturação do colo uterino não pode aumentar entre duas avaliações consecu-

12. ANÁLISE DE DADOS CATEGORIZADOS LONGITUDINAIS 423

tivas; consequentemente, o modelo Produto de Multinomiais possivelmente adoptado para representar o processo de geração de dados deve ter $r = 20$ categorias de resposta (denotadas esquematicamente por 22222, 22221, 22220,...,11111, 11110,...,10000) para cada uma das $s = 2$ subpopulações envolvidas (N e M). Como a admissão ao estudo exigia que as participantes tivessem a consistência do colo uterino classificada pelo menos como média, a configuração 00000 não é considerada. Adicionalmente, vale observar que, neste caso, a omissão (33% das observações) é ainda mais contundente do que aquela observada no Exemplo 12.1.

Tabela 12.6: Índice para avaliação da consistência do colo uterino

Paridade	Avaliação					Paridade	Avaliação				
	0h	24h	48h	72h	96h		0h	24h	48h	72h	96h
N	2	2	1	0	0	N	2	1	0	.	.
N	2	0	.	.	.	N	1	1	1	.	.
N	2	2	2	0	.	N	1	1	1	.	.
N	2	0	.	.	.	N	1	0	0	0	.
N	2	1	1	0	.	M	2	2	2	2	2
N	2	0	0	.	.	M	2	2	2	1	0
N	2	0	0	.	.	M	2	2	2	2	2
N	2	0	0	0	.	M	1	1	1	0	0
N	2	2	0	.	.	M	2	1	1	0	.
N	2	0	0	.	.	M	2	2	2	0	.
N	2	0	0	.	.	M	2	2	1	1	0
N	2	0	0	.	.	M	2	2	1	0	.
N	2	0	0	.	.	M	1	1	1	0	.
N	2	2	1	0	0	M	1	1	0	.	.
N	2	2	2	1	1	M	1	.	.	.	.
N	2	2	1	0	.	M	1	0	0	.	.
N	2	0	.	.	.	M	1	1	1	1	1
N	2	.	0	.	.	M	1	0	0	0	0
N	2	2	0	.	.	M	1	1	1	0	0
N	2	1	1	0	.	M	1	1	1	1	.
N	2	1	1	0	0	M	1	0	.	.	.
N	2	1	1	0	0	M	1	0	0	0	.
N	2	0	0	.	.	M	1	0	0	.	.
N	2	2	1	0	0	M	2	1	0	.	.
N	2	1	0	0	.	M	2	0	0	.	.
N	2	.	.	.	.	M	1	0	.	.	.
N	2	0	0	.	.	M	2	2	0	.	.
N	2	2	0	.	.	M	1	.	.	.	.
N	1	1	1	0	.	M	1	1	1	0	.
N	1	.	.	.	.	M	1	0	0	.	.
N	2	.	.	.	.	M	2	0	0	.	.
N	2	0	0	0	0	M	2	2	2	0	0
N	1	0	.	.	.	M	1	0	0	.	.
N	2	1	1	0	0	M	1	1	1	0	0

Tabela 12.6 (Continuação): Índice para avaliação da consistência do colo uterino

Paridade	Avaliação					Paridade	Avaliação				
	0h	24h	48h	72h	96h		0h	24h	48h	72h	96h
N	2	0	.	.	.	M	2	1	1	0	0
N	2	0	0	0	0	M	1	1	0	0	0
N	2	0	0	.	.	M	2	0	.	.	.
N	1	0	0	0	0	M	2	.	.	.	.
N	1	0	.	.	.	M	2	0	0	.	.
N	1	1	0	.	.	M	2	.	.	.	.
N	1	0	.	.	.	M	2	0	.	.	.
N	1	1	0	0	.						

■

12.2 Análise por meio de mínimos quadrados generalizados

De uma forma geral, para dados estruturados segundo o figurino da Tabela 12.1, os parâmetros do modelo Produto de Multinomiais a que se alude acima são as probabilidades

$$\theta_{(i)\boldsymbol{\lambda}} = P(y_{i1k} = l_1, \ldots, y_{idk} = l_d)$$

de que uma unidade seleccionada ao acaso da subpopulação $i = 1, \ldots, s$ apresente o perfil de respostas $\boldsymbol{\lambda} = (l_1, \ldots, l_d)'$ com l_j denotando a categoria de resposta (dentre as L possíveis) em que é classificada sob a j-ésima condição de avaliação, $j = 1, \ldots, d$. Denotando a frequência amostral correspondente por $n_{i\boldsymbol{\lambda}}$, a função de probabilidade associada ao vector $\mathbf{n} = \{\mathbf{n}_i, \ i = 1, \ldots, s\}$ com $\mathbf{n}_i = \{n_{i\boldsymbol{\lambda}}, \boldsymbol{\lambda} \in \boldsymbol{\Lambda}\}$ em que $\boldsymbol{\Lambda} = \{(1, 1, \ldots, 1), (1, 1, \ldots, 2), \ldots, (L, L, \ldots, L)\}$ é um conjunto de índices com dimensão L^d e $\sum_{\boldsymbol{\lambda} \in \boldsymbol{\Lambda}} n_{i\boldsymbol{\lambda}} = N_i$ é

$$P(\mathbf{n}) = \prod_{i=1}^{s} N_i! \prod_{\boldsymbol{\lambda} \in \boldsymbol{\Lambda}} \left[\frac{\theta_{(i)\boldsymbol{\lambda}}^{n_{i\boldsymbol{\lambda}}}}{n_{i\boldsymbol{\lambda}}!} \right] \tag{12.1}$$

com a restrição natural $\sum_{\boldsymbol{\lambda} \in \boldsymbol{\Lambda}} \theta_{(i)\boldsymbol{\lambda}} = 1$, $i = 1, \ldots, s$. Grande parte dos modelos estruturais empregados para a análise de problemas como aqueles descritos na secção anterior pode ser expressa na forma de modelos funcionais lineares

$$\mathbf{F}(\boldsymbol{\phi}) = \mathbf{X}\boldsymbol{\beta}, \tag{12.2}$$

em que $\mathbf{F}(\boldsymbol{\phi}) = (F_1(\boldsymbol{\phi}), \ldots, F_u(\boldsymbol{\phi}))'$ denota um vector de funções das probabilidades marginais de primeira ordem associadas ao modelo (12.1), nomeadamente

$$\boldsymbol{\phi} = (\phi_{(1)11}, \ldots, \phi_{(1)1L}, \phi_{(1)21}, \ldots, \phi_{(1)2L}, \ldots, \phi_{(s)d1}, \ldots, \phi_{(s)dL})'$$

com

$$\phi_{(i)jl} = P(y_{ijk} = l) = \sum_{\{\boldsymbol{\lambda} = (l_1, \ldots, l_d) \,:\, l_j = l\}} \theta_{(i)\boldsymbol{\lambda}}$$

12. ANÁLISE DE DADOS CATEGORIZADOS LONGITUDINAIS

para $i = 1, \ldots, s, j = 1, \ldots, d, l = 1, \ldots, L$. A matriz $\mathbf{X}$ e o vector $\boldsymbol{\beta}$ têm interpretações semelhantes àquelas discutidas no Capítulo 6.

Neste contexto, para a aplicação da metodologia MQG apresentada no Capítulo 11, basta considerar-se funções que satisfaçam as condições lá especificadas e obterem-se estimativas provenientes de estimadores consistentes para as probabilidades $\phi_{(i)jl}$ e para a sua matriz de covariâncias.

Se os tamanhos amostrais $n_i, i = 1, \ldots, s$, forem suficientemente grandes (*e.g.*, 30+ d), as probabilidades marginais podem ser estimadas directa e consistentemente pelas proporções observadas f_{ijl} de unidades amostrais da subpopulação i com resposta na categoria l sob a condição de avaliação j. [2]

Formalmente pode-se considerar

$$f_{ijl} = \sum_{k=1}^{N_i} y_{ijkl}/N_i \tag{12.3}$$

em que $y_{ijkl} = 1$ se $y_{ijk} = l$ ou $y_{ijkl} = 0$ em caso contrário e então, recorrendo ao Teorema Limite Central, o vector $\mathbf{F}(\boldsymbol{\phi})$ pode ser estimado de forma consistente por $\mathbf{F}(\mathbf{f})$ em que $\mathbf{f} = (\mathbf{f}_1', \ldots, \mathbf{f}_s')'$ com $\mathbf{f}_i = (f_{i11}, \ldots, f_{i1L}, \ldots, f_{id1}, \ldots, f_{idL})', i = 1, \ldots, s$. O vector de respostas para a k-ésima unidade amostral da i-ésima subpopulação, por sua vez, pode ser expresso como

$$\mathbf{y}_{ik} = (y_{i1k1}, \ldots, y_{i1kL}, \ldots, y_{idk1}, \ldots, y_{idkL})',$$

de forma que a matriz de covariâncias do estimador $\mathbf{f}_i$ pode ser estimada, também de forma consistente, por[3]

$$\mathbf{V}_{\mathbf{f}_i} = N_i^{-2} \sum_{k=1}^{N_i} (\mathbf{y}_{ik} - \mathbf{f}_i)(\mathbf{y}_{ik} - \mathbf{f}_i)'. \tag{12.4}$$

Em função do modelo Produto de Multinomiais assumido para os dados, a matriz de covariâncias do vector de estimadores $\mathbf{f}$ é uma matriz diagonal em blocos com os blocos definidos por $\mathbf{V}_{\mathbf{f}_i}, i = 1, \ldots, s$.

Essa forma de estimar o vector de probabilidades marginais de primeira ordem e a matriz de covariâncias do estimador correspondente é útil quando os dados são expressos individualmente, como na Tabela 12.2 e podem ser directamente empregues para gerar as variáveis indicadoras y_{ijkl} descritas acima. Para dados agrupados, como aqueles dispostos na Tabela 12.4, as estimativas podem ser obtidas por intermédio de combinações de operações matriciais aplicadas ao estimador usual do vector de probabilidades conjuntas, $\mathbf{p} = (\mathbf{p}_1', \ldots, \mathbf{p}_s')'$ com

$$\mathbf{p}_i = (p_{i11\ldots1}, p_{i11\ldots L}, \ldots, p_{iLL\ldots1}, p_{iLL\ldots L})'$$

---

[2]Em geral, as probabilidades conjuntas $\theta_{(i)\lambda}$ não podem ser estimadas consistentemente, pois para isso seria necessário que todas as frequências $n_{i\lambda}$ fossem suficientemente grandes. Dadas as características de rarefacção das tabelas comumente encontradas em estudos longitudinais, essa condição é mais excepção que regra.

[3]Embora a utilização de $N_i(N_i - 1)$ em vez de N_i^{-2} no denominador dos elementos da matriz de covariâncias de $\mathbf{f}_i$ possa parecer mais razoável, especialmente no caso de as frequências N_i serem moderadas, a escolha adoptada justifica-se pela identidade que se pretende estabelecer entre o enfoque baseado em dados individuais e aquele baseado em dados agrupados.

426   12.2 ANÁLISE POR MEIO DE MÍNIMOS QUADRADOS GENERALIZADOS

em que $p_{il_1 l_2 \ldots l_d} = N_i^{-1} n_{il_1 l_2 \ldots l_d}$, $i = 1, \ldots, s$, $l_j = 1, \ldots, L$, $j = 1, \ldots, d$.

Para obter estimativas das probabilidades marginais de primeira ordem $(\mathbf{f}_i)$ basta fazer $\mathbf{f}_i = \mathbf{B}\mathbf{p}_i$ com a matriz $\mathbf{B}$ definida convenientemente. Por exemplo, num caso em que a variável resposta tem duas categorias $(L = 2)$ e é observada em três instantes $(d = 3)$, ter-se-ia

$$\mathbf{p}_i = (p_{i111}, p_{i112}, p_{i121}, p_{i122}, p_{i211}, p_{i212}, p_{i221}, p_{i222})'$$

e

$$\mathbf{B} = \begin{pmatrix} 1 & 1 & 1 & 1 & 0 & 0 & 0 & 0 \\ 0 & 0 & 0 & 0 & 1 & 1 & 1 & 1 \\ 1 & 1 & 0 & 0 & 1 & 1 & 0 & 0 \\ 0 & 0 & 1 & 1 & 0 & 0 & 1 & 1 \\ 1 & 0 & 1 & 0 & 1 & 0 & 1 & 0 \\ 0 & 1 & 0 & 1 & 0 & 1 & 0 & 1 \end{pmatrix}. \tag{12.5}$$

Então a matriz de covariâncias de $\mathbf{f}_i$ pode ser calculada como $\mathbf{V}_{\mathbf{f}_i} = \mathbf{B}(\mathbf{D}_{\mathbf{p}_i} - \mathbf{p}_i \mathbf{p}_i')\mathbf{B}'$. Esses resultados podem ser expressos compactamente como $\mathbf{f} = (\mathbf{I}_s \otimes \mathbf{B})\mathbf{p}$ e $\mathbf{Var}(\mathbf{f}) = \mathbf{diag}\{\mathbf{V}_{\mathbf{f}_1}, \ldots, \mathbf{V}_{\mathbf{f}_s}\}$. [4]

Em casos mais gerais, como naqueles em que há interesse nas probabilidades de transição de uma categoria de resposta para outra entre diferentes condições de avaliação, é preciso recorrer a distribuições marginais de ordem 2 ou superior [5]. Em particular, as probabilidades marginais de segunda ordem $\psi_{ijlj'l'} = P(y_{ijk} = l, y_{ij'k} = l')$, $i = 1, \ldots, s$, $j, j' = 1, \ldots, d$, $l, l' = 1, \ldots, L$ podem ser estimadas de maneira análoga àquela usada na estimação das probabilidades marginais de primeira ordem, ou seja, por meio de

$$q_{ijlj'l'} = \sum_{k=1}^{N_i} y_{ikjlj'l'} / N_i, \tag{12.6}$$

em que $y_{ikjlj'l'} = 1$ se $y_{ijk} = l$ e $y_{ij'k} = l'$ ou $y_{ikjlj'l'} = 0$, em caso contrário. Dessa forma, $q_{ijlj'l'}$ representa a proporção observada de unidades com resposta l na j-ésima condição de avaliação e l' na j'-ésima condição de avaliação.

Alternativamente, também se pode estimar o vector de probabilidades marginais de segunda ordem, $\mathbf{\Psi} = \{\psi_{ijlj'l'}, i = 1, \ldots, s, j, j' = 1, \ldots, d, l, l' = 1, \ldots, L\}$ por intermédio de $\mathbf{q} = (\mathbf{I} \otimes \mathbf{B})\mathbf{p}$ com $\mathbf{B}$ definida convenientemente. Para o exemplo discutido acima, com $L = 2$ e $d = 3$, as 12 probabilidades marginais de segunda

---

[4]Como, em geral, as tabelas de frequências oriundas de estudos longitudinais são esparsas, muitos elementos da matriz $\mathbf{D}_{\mathbf{p}_i} - \mathbf{p}_i \mathbf{p}_i'$ são nulos; no entanto, em função da estrutura de $\mathbf{B}$, a matriz $\mathbf{V}_{\mathbf{f}_i}$ tem elementos que correspondem a somas daqueles de $\mathbf{D}_{\mathbf{p}_i} - \mathbf{p}_i \mathbf{p}_i'$ e consequentemente, tende a ser definida positiva.

[5]Note que a dimensão dos vectores envolvidos pode aumentar consideravelmente nesses casos. O número de distribuições marginais de m-ésima ordem é $\binom{d}{m} L^m$.

12. ANÁLISE DE DADOS CATEGORIZADOS LONGITUDINAIS

ordem para a i-ésima subpopulação podem ser estimadas multiplicando-se $\mathbf{p}_i$ por

$$
\mathbf{B} = \begin{pmatrix}
1 & 1 & 0 & 0 & 0 & 0 & 0 & 0 \\
0 & 0 & 1 & 1 & 0 & 0 & 0 & 0 \\
0 & 0 & 0 & 0 & 1 & 1 & 0 & 0 \\
0 & 0 & 0 & 0 & 0 & 0 & 1 & 1 \\
1 & 0 & 1 & 0 & 0 & 0 & 0 & 0 \\
0 & 1 & 0 & 1 & 0 & 0 & 0 & 0 \\
0 & 0 & 0 & 0 & 1 & 0 & 1 & 0 \\
0 & 0 & 0 & 0 & 0 & 1 & 0 & 1 \\
1 & 0 & 0 & 0 & 1 & 0 & 0 & 0 \\
0 & 1 & 0 & 0 & 0 & 1 & 0 & 0 \\
0 & 0 & 1 & 0 & 0 & 0 & 1 & 0 \\
0 & 0 & 0 & 1 & 0 & 0 & 0 & 1
\end{pmatrix} .
$$

Similarmente, podem-se conceber situações em que as funções de interesse dependem de distribuições marginais de ordem 3 ou mais, até ao caso mais geral, que envolve as próprias probabilidades conjuntas $\theta_{(i)\lambda}$. No entanto, problemas dessa natureza costumam gerar tabelas tão esparsas que praticamente impossibilitam a análise sob o enfoque aqui desenvolvido.

Com base nos ingredientes apresentados acima, a metodologia MQG pode ser directamente aplicada com o mesmo espírito utilizado em Análise Multivariada para respostas com distribuição Normal.

Exemplo 12.1 - continuação (*Problema da infecção urinária*): As 12 frequências marginais observadas, para as quais a análise é inicialmente dirigida, estão dispostas na Tabela 12.7.

Tabela 12.7: Frequências marginais correspondentes ao Exemplo 12.1

Nível de corrimento vaginal	Avaliação		
	inicial	14 dias	21 dias
Ausente	3	25	32
Leve	14	19	13
Moderado	25	5	3
Intenso	8	1	2
Total	50	50	50

Se a atenção for dirigida para a proporção esperada de pacientes com resposta moderada ou intensa em cada avaliação, o vector de funções de interesse é $\mathbf{F}(\boldsymbol{\phi}) = (F_1(\boldsymbol{\phi}), F_2(\boldsymbol{\phi}), F_3(\boldsymbol{\phi}))'$ com componentes $F_j(\boldsymbol{\phi}) = \phi_{j3} + \phi_{j4}$, $j = 1, 2, 3$, e em que $\boldsymbol{\phi} = (\phi_{11}, \ldots, \phi_{14}, \ldots, \phi_{31}, \ldots, \phi_{34})'$ denota o vector de probabilidades marginais de primeira ordem correspondente ao modelo Multinomial adoptado.

Essas probabilidades podem ser estimadas, quer por meio de (12.3), quer por meio de $\mathbf{f} = \mathbf{B}\mathbf{p}$, em que $\mathbf{p}$ é o vector de dimensão 64×1 cujos elementos são as proporções amostrais obtidas da Tabela 12.4 e $\mathbf{B}$ é uma matriz de dimensão 12×64 construída nos moldes de (12.5).

12.2 ANÁLISE POR MEIO DE MÍNIMOS QUADRADOS GENERALIZADOS

Alternativamente, a atribuição de *scores* (por exemplo, ausente=0, leve=1, moderado=2 e intenso=3) às diferentes categorias de resposta, permite comparações baseadas nos *scores* esperados, definidos por intermédio de $F_j(\phi) = 0 \times \phi_{j1} + 1 \times \phi_{j2} + 2 \times \phi_{j3} + 3 \times \phi_{j4}$, $j = 1, 2, 3$.

Em ambos os casos, um modelo saturado (com a parametrização de cela de referência) pode ser especificado por meio da matriz

$$\mathbf{X} = \begin{pmatrix} 1 & 0 & 0 \\ 1 & 1 & 0 \\ 1 & 0 & 1 \end{pmatrix},$$

de maneira que os componentes β_2 e β_3 do vector de parâmetros $\boldsymbol{\beta}$ em (12.2) podem ser interpretados, respectivamente, como os efeitos da segunda e terceira avaliações, quer em relação à proporção esperada de pacientes com resposta moderada ou intensa quer em relação aos *scores* esperados. A concretização de testes das hipóteses de inexistência de efeito de avaliação ($\beta_2 = \beta_3 = 0$) e de igualdade de efeitos da segunda e terceira avaliações ($\beta_2 = \beta_3$) com base na estatística de Wald (11.11) apresenta evidências a favor da rejeição da primeira ($P = 0.00$ para ambos os conjuntos de funções) e contra a rejeição da segunda ($P = 0.65$ para o primeiro conjunto de funções e $P = 0.23$ para o segundo). Esses resultados não só sugerem que o tratamento faz efeito como também que esse efeito é evidenciado a partir do décimo quarto dia, mantendo-se inalterado até o vigésimo primeiro dia.

O ajuste de modelos reduzidos que incorporam essas conclusões, *i.e.*, para os quais

$$\mathbf{X} = \begin{pmatrix} 1 & 0 \\ 1 & 1 \\ 1 & 1 \end{pmatrix}$$

em (12.2), sugerem que

i) a proporção de pacientes com corrimento vaginal moderado ou intenso na primeira avaliação é 66%, $[IC(95\%) = (52\%, 80\%)]$ e que essa proporção diminui de 51%, $[IC(95\%) = (37\%, 65\%)]$ na segunda avaliação mantendo-se nesse nível na terceira avaliação.

i) o *score* médio associado ao corrimento vaginal na primeira avaliação é 1.74, $[IC(95\%) = (1.52, 1.96)]$ e que esse *score* médio diminui de 1.14, $[IC(95\%) = (0.86, 1.42)]$ na segunda avaliação mantendo-se nesse nível na terceira avaliação.

A análise também pode seguir uma trilha baseada em modelos para logitos cumulativos (discutidos no Capítulo 10) na qual as distribuições marginais não são resumidas de forma tão drástica. Nesse caso, o vector $\mathbf{F}(\phi)$ de funções de interesse tem nove (em vez de três) componentes, definidos como

$$
\begin{aligned}
F_{j1}(\boldsymbol{\phi}) &= \ln[\phi_{j1}/(\phi_{j2} + \phi_{j3} + \phi_{j4})] \\
F_{j2}(\boldsymbol{\phi}) &= \ln[(\phi_{j1} + \phi_{j2})/(\phi_{j3} + \phi_{j4})] \\
F_{j3}(\boldsymbol{\phi}) &= \ln[(\phi_{j1} + \phi_{j2} + \phi_{j3})/\phi_{j4}]
\end{aligned}
$$

12. ANÁLISE DE DADOS CATEGORIZADOS LONGITUDINAIS 429

para $j = 1, 2, 3$. Um modelo com chances proporcionais pode ser escrito como $F_{jm}(\phi) = \alpha_m \beta_l$, $j, m = 1, 2, 3$. Fazendo $\beta_1 = 0$, ou seja, adoptando uma parametrização de cela de referência, esse modelo pode ser expresso na forma (12.2) com

$$\mathbf{X} = \begin{pmatrix} 1 & 0 & 0 & 0 & 0 \\ 0 & 1 & 0 & 0 & 0 \\ 0 & 0 & 1 & 0 & 0 \\ 1 & 0 & 0 & 1 & 0 \\ 0 & 1 & 0 & 1 & 0 \\ 0 & 0 & 1 & 1 & 0 \\ 1 & 0 & 0 & 0 & 1 \\ 0 & 1 & 0 & 0 & 1 \\ 0 & 0 & 1 & 0 & 1 \end{pmatrix}. \tag{12.7}$$

Os três primeiros elementos do vector de parâmetros são interpretados como logaritmos das chances de i) corrimento vaginal ausente versus corrimento vaginal leve, moderado ou intenso, ii) corrimento vaginal ausente ou leve versus corrimento vaginal moderado ou intenso e iii) corrimento vaginal ausente, leve ou moderado versus corrimento vaginal intenso, na primeira avaliação. Os últimos dois parâmetros correspondem aos logaritmos dos efeitos da segunda e terceira avaliações relativamente a essas chances simultaneamente, ou seja aos logaritmos dos valores pelos quais as três chances correspondentes à primeira avaliação são multiplicadas quando se considera a segunda ou a terceira avaliação, respectivamente.

Recorrendo aos métodos descritos no Capítulo 11, pode-se concluir que os dados são compatíveis com o modelo proposto, a julgar pela estatística de Wald (11.11), cujo valor observado, $Q_W = 5.27$, ao ser contrastado com uma distribuição χ_4^2, produz um nível crítico $P = 0.26$. As estimativas dos parâmetros e de seus respectivos erros padrões, obtidas de (11.15) e de (11.16), respectivamente, podem ser empregadas para mostrar os resultados resumidos na Tabela 12.8.

Tabela 12.8: Estimativas e intervalos de confiança (95%) para as chances na primeira avaliação (Exemplo 12.1)

Chance de corrimento vaginal	Estimativa	Intervalo de confiança (95%)
Ausente / (Leve, Moderado, Intenso)	$\exp(-2.06) = 0.13$	(0.07, 0.25)
(Ausente, Leve) / (Moderado, Intenso)	$\exp(-0.59) = 0.58$	(0.31, 0.97)
(Ausente, Leve, Moderado) / Intenso	$\exp(1.46) = 4.32$	(2.16, 8,65)

Na segunda e terceira avaliações, essas chances ficam respectivamente multiplicadas por $\exp(2.27) = 9.64$, $[IC(95\%) = (4.73, 19.65)]$ e $\exp(2.53) = 12.59$, $[IC(95\%) = (5.94, 27.73)]$, o que também sugere um efeito positivo no sentido de que, independentemente da categoria considerada, as chances de uma classificação melhor aumentam com o tratamento.

Um modelo em que os efeitos da segunda e terceira avaliações coincidem pode ser expresso na forma (12.2), em que a matriz de especificação corresponde a (12.7) com as duas últimas colunas substituídas por outra cujos elementos são $0, 0, 0, 1, 1, 1, 1, 1, 1$.

430 12.2 ANÁLISE POR MEIO DE MÍNIMOS QUADRADOS GENERALIZADOS

O ajuste deste modelo pode ser considerado satisfatório em termos da estatística de Wald (11.11), cujo valor observado, $Q_W = 6.56$, ao ser comparado com uma distribuição χ_5^2, gera um nível crítico $P = 0.25$. Os resultados não apontam para mudanças consideráveis nas chances indicadas na Tabela 12.8, mas sugerem que tanto na segunda quanto na terceira avaliações, essas três chances ficam multiplicadas por $\exp(2.23) = 9.33$, $[IC(95\%) = (4.67, 18.64)]$.

Lembrando que as funções $\mathbf{F}(\phi)$ adoptadas aqui podem ser formuladas por meio de composições de funções lineares, logarítmicas e exponenciais como se detalha no Capítulo 11, o recurso à regra da diferenciação em cadeia permite facilitar o cálculo das matrizes de covariâncias dos respectivos estimadores. Com intuito ilustrativo, note-se que para a proporção esperada de pacientes com resposta moderada ou intensa, $\mathbf{F}(\phi) = \mathbf{A}\phi$ com

$$
\mathbf{A} = \begin{pmatrix}
0 & 0 & 1 & 1 & 0 & 0 & 0 & 0 & 0 & 0 & 0 & 0 \\
0 & 0 & 0 & 0 & 0 & 0 & 1 & 1 & 0 & 0 & 0 & 0 \\
0 & 0 & 0 & 0 & 0 & 0 & 0 & 0 & 0 & 0 & 1 & 1
\end{pmatrix}.
$$

Para o *score* esperado, $\mathbf{F}(\phi) = \mathbf{A}\phi$ com $\mathbf{A} = \mathbf{I}_3 \otimes (0\ 1\ 2\ 3)$ e para os logitos cumulativos, $\mathbf{F}(\phi) = \mathbf{A}_2 \ln(\mathbf{A}_1 \phi)$ com $\mathbf{A}_2 = \mathbf{I}_9 \otimes (1\ -1)$ e

$$
\mathbf{A}_1 = \mathbf{I}_3 \otimes \begin{pmatrix}
1 & 0 & 0 & 0 \\
0 & 1 & 1 & 1 \\
1 & 1 & 0 & 0 \\
0 & 0 & 1 & 1 \\
1 & 1 & 1 & 0 \\
0 & 0 & 0 & 1
\end{pmatrix}.
$$

Embora os resultados das três análises apontem na mesma direcção, as conclusões devem ser encaradas com um espírito muito mais exploratório do que conclusivo, dado que o tamanho da amostra não permite que se fique completamente à vontade para confiar plenamente nas aproximações em que o método inferencial empregado está fundamentado.

Nesse contexto e com um espírito ainda mais didáctico e exploratório, pode-se focar a análise na estimação da probabilidade de melhora do sintoma investigado entre duas avaliações consecutivas. Para isso, pode-se considerar o vector de probabilidades marginais de segunda ordem (com dimensão 48×1), $\mathbf{\Psi} = (\boldsymbol{\psi}_{12}', \boldsymbol{\psi}_{13}', \boldsymbol{\psi}_{23}')'$, em que para $j = 1, 2$ e $j' = 2, 3$ com $j \neq j'$

$$
\begin{aligned}
\boldsymbol{\psi}_{jj'}' = (&\psi_{j1j'1}, \psi_{j1j'2}, \psi_{j1j'3}, \psi_{j1j'4}, \psi_{j2j'1}, \psi_{j2j'2}, \psi_{j2j'3}, \psi_{j2j'4}, \\
&\psi_{j3j'1}, \psi_{j3j'2}, \psi_{j3j'3}, \psi_{j3j'4}, \psi_{j4j'1}, \psi_{j4j'2}, \psi_{j4j'3}, \psi_{j4j'4},)'.
\end{aligned}
$$

O vector de funções de interesse neste caso pode ser definido como $\mathbf{F}(\mathbf{\Psi}) = \mathbf{A}\mathbf{\Psi}$ com

$$
\mathbf{A} = \begin{pmatrix} 1 & 0 & 0 \\ 0 & 0 & 1 \end{pmatrix} \otimes (\ 0\ 0\ 0\ 0\ 1\ 0\ 0\ 0\ 1\ 1\ 0\ 0\ 1\ 1\ 1\ 0\ ),
$$

de forma que a primeira componente, $F_1(\mathbf{\Psi})$, representa a probabilidade de melhora do sintoma entre a primeira e a segunda visitas e a segunda componente, $F_2(\mathbf{\Psi})$,

12. ANÁLISE DE DADOS CATEGORIZADOS LONGITUDINAIS

corresponde à probabilidade de melhora do sintoma entre a segunda e a terceira visitas. A estimação dessas probabilidades pode ser concretizada por meio do ajuste de um modelo da forma (12.2) em que $\boldsymbol{\Phi}$ é substituído por $\boldsymbol{\Psi}$ e $\mathbf{X} = (1\,1)$. A hipótese de igualdade das probabilidades de melhora entre os dois pares de visitas considerados pode ser expressa na forma $\mathbf{C}\boldsymbol{\beta} = \mathbf{0}$ com $\mathbf{C} = (1\,-1)$. Os resultados sugerem que a probabilidade de melhora entre a primeira e a segunda visitas, 0.68, $[IC(95\%) = (0.55, 0.81)]$ é significativamente maior ($P = 0.00$) do que a probabilidade de melhora entre a segunda e a terceira visitas, 0.22, $[IC(95\%) = (0.11, 0.33)]$, sugerindo que o tratamento não precisa ser mantido por mais do que 14 dias. ∎

Exemplo 12.2 - continuação (*Problema da sensibilidade dentinária*): Como neste caso (em que $d = 2$ e $L = 2$) não há celas com frequências nulas, as análises podem ser baseadas na distribuição conjunta das respostas, com $r = 2^2 = 4$ categorias para cada uma das $s = 4$ subpopulações definidas pelos cruzamentos dos níveis de Material e Condição da dentina. Um vector de funções de interesse é $\mathbf{F}(\boldsymbol{\pi}) = \mathbf{A}_2 \mathrm{ln}\,(\mathbf{A}_1 \boldsymbol{\pi})$ com

$$\mathbf{A}_1 = \mathbf{I}_4 \otimes \begin{pmatrix} 0 & 0 & 1 & 1 \\ 1 & 1 & 0 & 0 \\ 0 & 1 & 0 & 1 \\ 1 & 0 & 1 & 0 \end{pmatrix}, \quad \mathbf{A}_2 = \mathbf{I}_4 \otimes \begin{pmatrix} -1 & 1 & 1 & -1 \end{pmatrix}$$

e $\boldsymbol{\pi} = (\theta_{(1)11}, \theta_{(1)12}, \theta_{(1)21}, \theta_{(1)22}, \ldots, \theta_{(4)11}, \theta_{(4)12}, \theta_{(4)21}, \theta_{(4)22})'$. Cada elemento de $\mathbf{F}(\boldsymbol{\pi})$ corresponde ao logaritmo da razão entre as chances de presença *versus* ausência de sensibilidade dentinária pós e pré-operatórias para uma das 4 subpopulações em estudo, ou seja,

$$F_i(\boldsymbol{\pi}) = \mathrm{ln}[\theta_{(i)2\cdot}/\theta_{(i)1\cdot}] - \mathrm{ln}[\theta_{(i)\cdot2}/\theta_{(i)\cdot1}] = \mathrm{ln}\left(\frac{\theta_{(i)2\cdot}/(1 - \theta_{(i)2\cdot})}{\theta_{(i)\cdot2}/(1 - \theta_{(i)\cdot2})}\right).$$

Nestas condições, a análise por meio da metodologia MQG pode ser conduzida com base no vector de proporções amostrais e prescinde do cálculo da estimativa da matriz de covariâncias de estimadores dos parâmetros das distribuições marginais.

A estratégia de análise envolve testes de hipóteses de inexistência de interacção entre Material e Condição da dentina além de seus efeitos principais relativamente à variação das razões de chances descritas acima, nos moldes de análises similares exemplificadas no Capítulo 11. Em particular, o ajuste de um modelo saturado com a parametrização de desvios de médias, especificado por

$$\mathbf{X} = \begin{pmatrix} 1 & 1 & 1 & 1 \\ 1 & 1 & -1 & -1 \\ 1 & -1 & 1 & -1 \\ 1 & -1 & -1 & 1 \end{pmatrix}$$

indica que inexistem evidências suficientes para rejeitar as três hipóteses de interesse, nomeadamente, de interacção nula ($P = 0.73$), de inexistência de efeito de Material ($P = 0.55$) e de inexistência de efeito de Condição da dentina ($P = 0.09$). O ajuste de um modelo que explicita a homogeneidade das razões de chances sob investigação, *i.e.*, com $\mathbf{X} = \mathbf{1}_4$, é satisfatório ($P = 0.38$) sob a óptica da estatística de Wald (11.11), aqui com distribuição aproximada χ_3^2 e sugere que, independentemente do material empregado na restauração e da condição da dentina durante sua aplicação, não há evidências de que a chance de presença *versus* ausência de sensibilidade dentinária pós-operatória pode não ser diferente da chance correspondente avaliada pré-operatoriamente $[IC(95\%) = (0.52, 1.31)]$. ∎

Exemplo 12.3 - continuação (*Problema da maturação do colo do útero*): Um dos alvos específicos do estudo é a comparação de gestantes nulíparas e multíparas quanto às probabilidades de transição entre as categorias duro ou médio para macio ao longo de avaliações consecutivas. Embora cientes dos possíveis viéses introduzidos com o procedimento, considerar-se-á aqui também, um método de imputação similar àquele empregado no Exemplo 12.1, em que i) nos casos de desistências (*lost to follow-up*), a última observação disponível é repetida para as avaliações restantes e ii) nos casos de não comparecimento a avaliações intermediárias, a categoria da resposta omissa é arbitrada como uma categoria situada entre aquelas observadas nas avaliações precedente e subsequente. Para efeitos didácticos, apresenta-se uma análise apenas das primeiras quatro avaliações. Uma análise mais adequada baseada nos métodos descritos no Capítulo 13, que incorporam modelos para dados com omissão, foge aos objectivos imediatos.

Para esses propósitos, em cada uma das duas subpopulações de interesse (N e M), apenas 3 (aquelas correspondentes às visitas 1 e 2, 2 e 3, e 3 e 4) das 6 (que também incluem aquelas correspondentes às visitas 1 e 3, 1 e 4, e 2 e 4) distribuições marginais de segunda ordem são relevantes. Essas distribuições podem ser expressas em termos das probabilidades $\psi_{ijl(j+1)l'} = P(y_{ijk} = l \text{ e } y_{i(j+1)k} = l')$, $i = 1, 2$, $j = 1, 2, 3$, $l, l' = 0, 1, 2$, $l' \leq l$. As probabilidades de transição desejadas correspondem a

$$\theta_{ijl(j+1)l'} = \frac{\psi_{ijl(j+1)l'}}{\sum_{l' \leq l} \psi_{ijl(j+1)l'}}.$$

Lembrando que, por imposição dos critérios de inclusão no estudo, na avaliação inicial todas as gestantes tinham a maturação do colo uterino classificada pelo menos como média, para a i-ésima subpopulação, o vector com as probabilidades marginais de segunda ordem necessário para os propósitos que se pretende é $\boldsymbol{\Psi}_i = (\boldsymbol{\Psi}'_{i12}, \boldsymbol{\Psi}'_{i23}, \boldsymbol{\Psi}'_{i34})'$ com

$$
\begin{aligned}
\boldsymbol{\Psi}_{i12} &= (\psi_{i1120}, \psi_{i1121}, \psi_{i1220}, \psi_{i1221}, \psi_{i1222})', \\
\boldsymbol{\Psi}_{i23} &= (\psi_{i2030}, \psi_{i2130}, \psi_{i2131}, \psi_{i2230}, \psi_{i2231}, \psi_{i2232})', \\
\boldsymbol{\Psi}_{i34} &= (\psi_{i3040}, \psi_{i3140}, \psi_{i3141}, \psi_{i3240}, \psi_{i3241}, \psi_{i3242})'.
\end{aligned}
$$

O vector com as probabilidades de transição pode ser obtido por meio da transformação $\mathbf{F}(\boldsymbol{\Psi}) = \exp\left[\mathbf{A}_2 \ln(\mathbf{A}_1 \boldsymbol{\Psi})\right]$ em que

$$\mathbf{A}_1 = \mathbf{I}_2 \otimes \bigoplus_{k=1}^{3} \mathbf{B}_k$$

e $\bigoplus_{k=1}^{3} \mathbf{B}_k$ representa uma matriz diagonal em blocos com

$$\mathbf{B}_1 = \begin{pmatrix} 1 & 0 & 1 & 0 & 0 \\ 1 & 1 & 1 & 1 & 1 \end{pmatrix}$$

12. ANÁLISE DE DADOS CATEGORIZADOS LONGITUDINAIS

e

$$\mathbf{B}_2 = \mathbf{B}_3 = \begin{pmatrix} 0 & 1 & 0 & 1 & 0 & 0 \\ 0 & 1 & 1 & 1 & 1 & 1 \end{pmatrix}$$

na diagonal principal e $\mathbf{A}_2 = \mathbf{I}_6 \otimes (1 \ -1)$.

Como resultado do ajuste de um modelo saturado construído com a especificação $\mathbf{X} = \mathbf{I}_6$ em (12.2), obtêm-se as estimativas das probabilidades de transição (de colo uterino com consistência dura ou média para macia entre as visitas 1 e 2, 2 e 3 e 3 e 4) indicadas na Tabela 12.9.

Tabela 12.9: Estimativas e respectivos erros padrões (entre parênteses) para as probabilidades de transição (Exemplo 12.3)

	Probabilidade de transição de colo uterino com consistência dura ou média para macia		
Paridade	0h e 24h	24h e 48h	48h e 72h
Nulíparas	0.46	0.32	0.65
	(0.07)	(0.09)	(0.12)
Multíparas	0.35	0.17	0.50
	(0.07)	(0.08)	(0.08)

A homogeneidade das duas subpopulações (correspondentes às gestantes nulíparas e multíparas) com respeito às três probabilidades de transição pode ser avaliada por intermédio de um teste da hipótese $\mathbf{C}\boldsymbol{\beta} = \mathbf{0}$ em que $\mathbf{C} = (\mathbf{I}_3, -\mathbf{I}_3)$. Equivalentemente, essa homogeneidade pode ser testada por meio do ajuste de um modelo reduzido da forma (12.2), em que $\mathbf{X} = (\mathbf{I}_3, \mathbf{I}_3)'$. Embora as diferenças amostrais apontem para probabilidades de transição coerentemente maiores para as nulíparas do que para as multíparas, o ajuste deste modelo pode ser considerado satisfatório ($P = 0.23$) sob o critério da estatística de Wald (11.11), cuja distribuição nula pode ser aproximada neste caso por uma distribuição χ^2 com 3 graus de liberdade. Sob o modelo, as estimativas das probabilidades de transição (com respectivos erros padrões) comuns às duas subpopulações são respectivamente 0.39 (0.05), 0.22 (0.06), e 0.53 (0.07). ∎

12.3 Análise por meio de máxima verosimilhança e de equações de estimação generalizadas

Sob o enfoque MQG, as possíveis correlações entre as medidas observadas longitudinalmente são levadas em consideração por meio da matriz de covariâncias especificada sob o modelo saturado. Para inferências baseadas na metodologia MV, é preciso especificá-la também sob modelos reduzidos, geralmente pormenorizados em termos das probabilidades marginais. Quando existe uma relação biunívoca entre as probabilidade marginais ϕ e as funções que se deseja modelar, *i.e.*, os elementos de $\mathbf{F}(\phi)$, como no caso de logitos adjacentes ou logitos cumulativos das probabilidades marginais, várias propostas de aplicação da metodologia MV têm sido apresentadas na literatura, especialmente para variáveis respostas binárias. Mesmo nesses casos específicos, a análise por intermédio de MV é bastante complicada, pois a adopção de modelos para as probabilidades marginais, que são os mais relevantes em estudos longitudinais, impõe restrições não facilmente explicitáveis em termos das probabilidades conjuntas necessárias para a construção da função de verosimilhança.

Para ilustrar as dificuldades técnicas envolvidas, considera-se um exemplo em que uma resposta dicotómica ($L = 2$) é avaliada em duas ocasiões ($d = 2$), o que implica que para cada uma das s subpopulações, o perfil de respostas corresponde àquele proveniente de uma tabela 2×2. O Exemplo 12.2 se enquadra nessa classe de problemas. Embora a notação utilizada na secção anterior não seja a mais conveniente para o detalhamento da metodologia MV, (ver Lipsitz, Laird & Harrington (1990b), por exemplo), mantê-la-se-á para efeito de unidade capitular. Nesse caso, $\Lambda = \{(1,1),(1,2),(2,1),(2,2)\}$ e as probabilidades conjuntas associadas são $\theta_{(i)11}$, $\theta_{(i)12}$, $\theta_{(i)21}$, e $\theta_{(i)22}$ com a restrição natural $\theta_{(i)22} = 1 - \theta_{(i)11} - \theta_{(i)12} - \theta_{(i)21}$, $i = 1, \ldots, s$. Os parâmetros correspondentes às distribuições marginais, por sua vez, são

$$
\begin{aligned}
\phi_{(i)11} &= \theta_{(i)11} + \theta_{(i)12} = \theta_{(i)1\cdot} \\
\phi_{(i)12} &= \theta_{(i)21} + \theta_{(i)22} = \theta_{(i)2\cdot} \\
\phi_{(i)21} &= \theta_{(i)11} + \theta_{(i)21} = \theta_{(i)\cdot1} \\
\phi_{(i)22} &= \theta_{(i)12} + \theta_{(i)22} = \theta_{(i)\cdot2},
\end{aligned}
$$

o que implica $\phi_{(i)12} = 1 - \phi_{(i)11}$ e $\phi_{(i)22} = 1 - \phi_{(i)21}$.

Lembrando que, em problemas envolvendo a análise de dados longitudinais, o interesse recai principalmente nessas probabilidades marginais, pode-se considerar por exemplo modelos do tipo

$$
\begin{aligned}
\ln\{\phi_{(i)11}/\phi_{(i)12}\} &= \ln\{\phi_{(i)11}/(1 - \phi_{(i)11})\} = \mathbf{x}_{i1}'\boldsymbol{\beta}, \\
\ln\{\phi_{(i)21}/\phi_{(i)22}\} &= \ln\{\phi_{(i)21}/(1 - \phi_{(i)21})\} = \mathbf{x}_{i2}'\boldsymbol{\beta},
\end{aligned}
$$

em que $\mathbf{x}_{i1}$ e $\mathbf{x}_{i2}$ são vectores cujos elementos correspondem aos valores das variáveis explicativas e $\boldsymbol{\beta}$ é o vector de parâmetros estruturais de interesse. Para particularizar a função de verosimilhança é necessário incluir alguma medida de associação entre as observações realizadas nas mesmas unidades amostrais, nomeadamente, y_{i1k} e y_{i2k}, sob a notação empregada na secção anterior. Dentre as várias alternativas disponíveis (razões de chances, riscos relativos, etc.), a mais atractiva, pela semelhança com o caso de variáveis respostas gaussianas, é o coeficiente de correlação

$$
\rho = \frac{Cov(y_{i1k}, y_{i2k})}{[Var(y_{i1k})Var(y_{i2k})]^{1/2}} = \frac{\theta_{(i)11} - \phi_{(i)11}\phi_{(i)21}}{[\phi_{(i)11}(1 - \phi_{(i)11})\phi_{(i)21}(1 - \phi_{(i)21})]^{1/2}}.
$$

O problema é estimar os elementos do vector de parâmetros $\boldsymbol{\alpha} = (\boldsymbol{\beta}', \rho)'$ maximizando a função de verosimilhança. Para expressá-la em termos dos novos parâmetros, observe-se primeiramente que

$$
\theta_{(i)11} = \phi_{(i)11}\phi_{(i)21} + \rho[\phi_{(i)11}(1 - \phi_{(i)11})\phi_{(i)21}(1 - \phi_{(i)21})]^{1/2},
$$

12. ANÁLISE DE DADOS CATEGORIZADOS LONGITUDINAIS

de forma que os parâmetros originais (probabilidades conjuntas) podem ser escritos em termos das probabilidades marginais e do parâmetro de associação e, consequentemente, em termos dos parâmetros estruturais contidos no vector $\boldsymbol{\alpha}$. Tendo em conta que, por força de restrição natural, $\theta_{(i)22} = 1 - \theta_{(i)11} - \theta_{(i)12} - \theta_{(i)21}$, utilizando por comodidade (como na Secção 8.2) apenas os parâmetros não redundantes, definindo $\overline{\boldsymbol{\phi}}_{(i)}(\boldsymbol{\alpha}) = [\theta_{(i)11}(\boldsymbol{\alpha}), \phi_{(i)11}(\boldsymbol{\alpha}), \phi_{(i)21}(\boldsymbol{\alpha})]'$ e $\overline{\boldsymbol{\pi}}_i = [\theta_{(i)11}, \theta_{(i)12}, \theta_{(i)21}]'$, pode-se escrever $\overline{\boldsymbol{\phi}}_{(i)}(\boldsymbol{\alpha}) = \mathbf{B}\overline{\boldsymbol{\pi}}_i$ com

$$\mathbf{B} = \begin{pmatrix} 1 & 0 & 0 \\ 1 & 1 & 0 \\ 1 & 0 & 1 \end{pmatrix},$$

o que implica $\overline{\boldsymbol{\pi}}_i = \mathbf{B}^{-1}\overline{\boldsymbol{\phi}}_{(i)}(\boldsymbol{\alpha})$ com

$$\mathbf{B}^{-1} = \begin{pmatrix} -1 & 1 & 0 \\ -1 & 0 & 1 \\ 1 & 0 & 0 \end{pmatrix}.$$

A incorporação desses ingredientes em (12.1) permite que se construa a função de verosimilhança, cujo núcleo logaritmizado, expresso em termos dos parâmetros de interesse, $\boldsymbol{\alpha}$, é

$$l(\boldsymbol{\alpha}; \overline{\mathbf{n}}) = \sum_{i=1}^{s} \left\{ \overline{\mathbf{n}}_i' \ln \overline{\boldsymbol{\pi}}_i(\boldsymbol{\alpha}) + (N_i - \mathbf{1}_3'\overline{\mathbf{n}}_i) \ln[1 - \mathbf{1}_3'\overline{\boldsymbol{\pi}}_i(\boldsymbol{\alpha})] \right\}. \tag{12.8}$$

Sua derivada em relação a $\boldsymbol{\alpha}$ gera a função *score*

$$\begin{aligned} \mathbf{U}(\boldsymbol{\alpha}; \overline{\mathbf{n}}) &= \sum_{i=1}^{s} \frac{\partial \overline{\mathbf{n}}_i' \ln \overline{\boldsymbol{\pi}}_i(\boldsymbol{\alpha})}{\partial \boldsymbol{\alpha}} \\ &= \overline{\mathbf{D}}_i(\boldsymbol{\alpha})[\overline{\mathbf{V}}_i(\boldsymbol{\alpha})]^{-1}[\overline{\mathbf{n}}_i - N_i\overline{\boldsymbol{\pi}}_i(\boldsymbol{\alpha})] \end{aligned} \tag{12.9}$$

com

$$\overline{\mathbf{D}}_i(\boldsymbol{\alpha}) = \frac{\partial \overline{\boldsymbol{\pi}}_i(\boldsymbol{\alpha})}{\partial \boldsymbol{\alpha}} = \frac{\partial \overline{\boldsymbol{\phi}}_{(i)}(\boldsymbol{\alpha})}{\partial \boldsymbol{\alpha}}\mathbf{B}^{-1}$$

e

$$\overline{\mathbf{V}}_i(\boldsymbol{\alpha}) = \mathbf{D}_{\overline{\boldsymbol{\pi}}_i(\boldsymbol{\alpha})} - \overline{\boldsymbol{\pi}}_i(\boldsymbol{\alpha})\overline{\boldsymbol{\pi}}_i(\boldsymbol{\alpha})'.$$

O método *scoring* de Fisher, por exemplo, pode ser utilizado para resolver as equações de verosimilhança, $\mathbf{U}(\boldsymbol{\alpha}; \mathbf{n}) = \mathbf{0}$, por meio do algoritmo definido por

$$\begin{aligned} \boldsymbol{\alpha}^{(q)} &= \boldsymbol{\alpha}^{(q-1)} + \left\{ \sum_{i=1}^{s} [\overline{\mathbf{D}}_i(\boldsymbol{\alpha}^{(q-1)})]'[\overline{\mathbf{V}}_i(\boldsymbol{\alpha}^{(q-1)})]^{-1}\overline{\mathbf{D}}_i(\boldsymbol{\alpha}^{(q-1)}) \right\}^{-1} \\ &\quad \times \left\{ \sum_{i=1}^{s} [\overline{\mathbf{D}}_i(\boldsymbol{\alpha}^{(q-1)})]'[\overline{\mathbf{V}}_i(\boldsymbol{\alpha}^{(q-1)})]^{-1}[\overline{\mathbf{n}}_i - N_i\overline{\boldsymbol{\pi}}_i(\boldsymbol{\alpha}^{(q-1)})] \right\}, \end{aligned}$$

$q = 1, 2, \ldots$, iniciado com um valor arbitrário $\boldsymbol{\alpha}^{(0)}$ e finalizado com a satisfação de algum critério de paragem conveniente, *e.g.*, com $\| \boldsymbol{\alpha}^{(q)} - \boldsymbol{\alpha}^{(q-1)} \| < \varepsilon$ para $\varepsilon > 0$ fixado.

Um recurso aos resultados do Capítulo 7 permite concluir que, sob as condições de regularidade consideradas neste texto, o estimador MV, $\widehat{\boldsymbol{\alpha}}$, tem uma distribuição assintótica Normal com vector de médias $\boldsymbol{\alpha}$ e matriz de covariâncias que pode ser estimada de forma consistente por $\{\sum_{i=1}^{s} \overline{\mathbf{D}}_i(\widehat{\boldsymbol{\alpha}})'[\overline{\mathbf{V}}_i(\widehat{\boldsymbol{\alpha}})]^{-1}\overline{\mathbf{D}}_i(\widehat{\boldsymbol{\alpha}})\}^{-1}$.

O modelo descrito acima, atribuido a Bahadur (1961)) é atractivo tanto pela simplicidade quanto pela semelhança com aqueles adoptados no caso gaussiano. No entanto, sua generalização para situações em que o número de tempos de observação (d) excede 2 é complicada pela quantidade de parâmetros adicionais necessários para a especificação da distribuição conjunta. Para $d = 3$, por exemplo, além dos 3 parâmetros de associação de primeira ordem, também é necessário considerar o parâmetro correspondente à associação de segunda ordem para a completa especificação da distribuição Multinomial octadimensional associada a cada subpopulação. Seguindo os mesmos passos que no caso $d = 2$, tem-se

$$
\begin{aligned}
\phi_{(i)11} &= \theta_{(i)111} + \theta_{(i)112} + \theta_{(i)121} + \theta_{(i)122} = \theta_{(i)1\cdots} \\
\phi_{(i)12} &= \theta_{(i)211} + \theta_{(i)212} + \theta_{(i)221} + \theta_{(i)222} = \theta_{(i)2\cdots} \\
\phi_{(i)21} &= \theta_{(i)111} + \theta_{(i)112} + \theta_{(i)211} + \theta_{(i)212} = \theta_{(i)\cdot1\cdot} \\
\phi_{(i)22} &= \theta_{(i)121} + \theta_{(i)122} + \theta_{(i)221} + \theta_{(i)222} = \theta_{(i)\cdot2\cdot} \\
\phi_{(i)31} &= \theta_{(i)111} + \theta_{(i)121} + \theta_{(i)211} + \theta_{(i)221} = \theta_{(i)\cdot\cdot1} \\
\phi_{(i)32} &= \theta_{(i)112} + \theta_{(i)122} + \theta_{(i)212} + \theta_{(i)222} = \theta_{(i)\cdot\cdot1}
\end{aligned}
$$

o que implica que $\phi_{(i)12} = 1 - \phi_{(i)11}$, $\phi_{(i)22} = 1 - \phi_{(i)21}$ e $\phi_{(i)32} = 1 - \phi_{(i)31}$ são as probabilidades marginais (de primeira ordem) não redundantes para as quais se pretende adoptar um modelo estrutural com vector de parâmetros $\boldsymbol{\beta}$. Agindo de maneira similar, pode-se escrever as probabilidades marginais de segunda ordem, não redundantes, como

$$
\begin{aligned}
\psi_{(i)1121} &= \theta_{(i)111} + \theta_{(i)112} = \theta_{(i)11\cdot} \\
\psi_{(i)1131} &= \theta_{(i)111} + \theta_{(i)121} = \theta_{(i)1\cdot1} \\
\psi_{(i)2131} &= \theta_{(i)111} + \theta_{(i)211} = \theta_{(i)1\cdot1}
\end{aligned}
$$

Os coeficientes de correlação de primeira e segunda ordens podem ser respectivamente definidos como

$$
\rho_{12} = \frac{Cov(y_{i1k}, y_{i2k})}{[Var(y_{i1k})Var(y_{i2k})]^{1/2}} = \frac{\psi_{(i)1121} - \phi_{(i)11}\phi_{(i)21}}{[\phi_{(i)11}(1 - \phi_{(i)11})\phi_{(i)21}(1 - \phi_{(i)21})]^{1/2}},
$$

$$
\rho_{13} = \frac{Cov(y_{i1k}, y_{i3k})}{[Var(y_{i1k})Var(y_{i3k})]^{1/2}} = \frac{\psi_{(i)1131} - \phi_{(i)11}\phi_{(i)31}}{[\phi_{(i)11}(1 - \phi_{(i)11})\phi_{(i)31}(1 - \phi_{(i)31})]^{1/2}},
$$

$$
\rho_{23} = \frac{Cov(y_{i2k}, y_{i3k})}{[Var(y_{i2k})Var(y_{i3k})]^{1/2}} = \frac{\psi_{(i)2131} - \phi_{(i)21}\phi_{(i)31}}{[\phi_{(i)21}(1 - \phi_{(i)21})\phi_{(i)31}(1 - \phi_{(i)31})]^{1/2}}
$$

e

$$
\begin{aligned}
\rho_{123} &= \frac{E[(y_{i1k}y_{i2k}y_{i3k})] - \phi_{(i)11}\phi_{(i)21}\phi_{(i)31}}{[Var(y_{i1k})Var(y_{i2k})Var(y_{i3k})]^{1/2}} \\
&= \frac{\theta_{(i)111} - \phi_{(i)11}\phi_{(i)21}\phi_{(i)31}}{[\phi_{(i)11}(1 - \phi_{(i)11})\phi_{(i)21}(1 - \phi_{(i)21})\phi_{(i)31}(1 - \phi_{(i)31})]^{1/2}},
\end{aligned}
$$

12. ANÁLISE DE DADOS CATEGORIZADOS LONGITUDINAIS

de forma que as probabilidades conjuntas $(\theta_{(i)\lambda})$ podem ser expressas como funções das probabilidades marginais de primeira ordem $(\phi_{(i)jl})$ e dos parâmetros de associação $(\rho_{12}, \rho_{13}, \rho_{23}$ e $\rho_{123})$. Mais especificamente,

$$\psi_{(i)1121} = \phi_{(i)11}\phi_{(i)21} + \rho_{12}[\phi_{(i)11}(1 - \phi_{(i)11})\phi_{(i)21}(1 - \phi_{(i)21})]^{1/2},$$

$$\psi_{(i)1131} = \phi_{(i)11}\phi_{(i)31} + \rho_{13}[\phi_{(i)11}(1 - \phi_{(i)11})\phi_{(i)31}(1 - \phi_{(i)31})]^{1/2},$$

$$\psi_{(i)2131} = \phi_{(i)21}\phi_{(i)31} + \rho_{23}[\phi_{(i)21}(1 - \phi_{(i)21})\phi_{(i)31}(1 - \phi_{(i)31})]^{1/2},$$

e

$$\theta_{(i)111} = \phi_{(i)11}\phi_{(i)21}\phi_{(i)31} + \rho_{123}[\phi_{(i)11}(1 - \phi_{(i)11})\phi_{(i)21}(1 - \phi_{(i)21})\phi_{(i)31}(1 - \phi_{(i)31})]^{1/2}.$$

Fazendo $\boldsymbol{\rho} = (\rho_{12}, \rho_{13}, \rho_{23}, \rho_{123})'$, $\boldsymbol{\alpha} = (\boldsymbol{\beta}', \boldsymbol{\rho}')'$, definindo $\overline{\boldsymbol{\phi}}_{(i)}(\boldsymbol{\alpha})$ e $\overline{\boldsymbol{\pi}}_i$ como no caso em que $d = 2$ e observando que $\overline{\boldsymbol{\phi}}_{(i)}(\boldsymbol{\alpha}) = \mathbf{B}\overline{\boldsymbol{\pi}}_i$ com

$$\mathbf{B} = \begin{pmatrix} 1 & 0 & 0 & 0 & 0 & 0 & 0 \\ 1 & 1 & 1 & 1 & 0 & 0 & 0 \\ 1 & 1 & 0 & 0 & 1 & 1 & 0 \\ 1 & 0 & 1 & 0 & 1 & 0 & 1 \\ 1 & 1 & 0 & 0 & 0 & 0 & 0 \\ 1 & 0 & 1 & 0 & 0 & 0 & 0 \\ 1 & 0 & 0 & 0 & 1 & 0 & 0 \end{pmatrix},$$

é possível expressar os parâmetros de (12.1) em termos $\boldsymbol{\alpha}$ por meio da substituição de $\overline{\boldsymbol{\pi}}_i = (\theta_{(i)111}, \theta_{(i)112}, \theta_{(i)121}, \theta_{(i)122}, \theta_{(i)211}, \theta_{(i)212}, \theta_{(i)221})'$ por $\overline{\boldsymbol{\pi}}_i(\boldsymbol{\alpha}) = \mathbf{B}^{-1}\overline{\boldsymbol{\phi}}_{(i)}$. Esse procedimento permite especificar a função de verosimilhança em termos dos parâmetros do modelo estrutural e o recurso a um algoritmo similar àquele empregado anteriormente constitui a base para a obtenção das estimativas MV desejadas.

Além da evidente complexidade computacional oriunda do rápido aumento do número de parâmetros de associação causado pelo incremento no número de ocasiões de observação, esse modelo também tem a inconveniência de as correlações envolvidas estarem sujeitas a restrições bastante complicadas impostas pelas distribuições marginais. A utilização de outras medidas de associação (razões de chances marginais ou condicionais, por exemplo) tem sido objecto de estudo por vários autores, mas em todos os casos, as dificuldades computacionais ainda são desencorajantes. O leitor poderá consultar Liang, Zeger & Qaqish (1992)) ou Fitzmaurice & Laird (1993) para detalhes. Convém ainda lembrar que, além dos supramencionados obstáculos, outros decorrem da consideração de respostas politómicas, *i.e.*, para as quais $L > 2$.

Com a finalidade de generalizar o caso dicotómico, Molenberghs & Lesaffre (1999) propõem um modelo bastante abrangente para a avaliação do efeito do tempo e de outras covariáveis nas distribuições marginais provenientes de estudos com medidas repetidas. Esses modelos têm o espírito daqueles descritos nas Secções 10.1 e 10.2 e podem ser expressos como

$$\mathbf{C}\ln\mathbf{B}\boldsymbol{\pi} = \mathbf{X}\boldsymbol{\beta}, \tag{12.10}$$

em que $\mathbf{B}$ é uma matriz com elementos iguais a 0 ou 1 construída de tal forma a gerar as probabilidades marginais de todas as ordens, $\mathbf{C}$ é uma matriz de contrastes planejada para incorporar funções do tipo logito, logito cumulativo, logito de categorias

438   12.3 ANÁLISE POR MEIO DE MV e GEE

adjacentes, etc. e $\mathbf{X}$ e $\boldsymbol{\beta}$ têm a interpretação usualmente empregada neste texto. O algoritmo proposto por esses autores para cálculo das estimativas MV dos parâmetros $\boldsymbol{\beta}$ é essencialmente uma generalização daquele descrito acima para variáveis respostas binárias e também envolve o cálculo das probabilidades conjuntas $(\boldsymbol{\pi})$ em cada passo, tornando-o bastante trabalhoso.

A avaliação do ajuste de modelos estruturais e a realização de testes de hipóteses sobre seus parâmetros sob a metodologia MV podem ser concretizadas por meio de testes da razão de verosimilhança ou das demais estatísticas discutidas no Capítulo 7.

Uma outra estratégia de análise, baseada na formulação do modelo estrutural por meio de restrições (em substituição à formulação por meio de equações livres) foi proposta por Lang & Agresti (1994) e Lang (1996). Sob essa formulação, o modelo correspondente a (12.10) é

$$\mathbf{U}'\mathbf{C}\ln\mathbf{B}\boldsymbol{\pi} = \mathbf{0}, \tag{12.11}$$

em que $\mathbf{U}$ é uma matriz com colunas linearmente independentes, ortogonal a $\mathbf{X}$. A estratégia consiste em maximizar a função de verosimilhança ou, mais operacionalmente, o seu núcleo logaritimizado, $l(\boldsymbol{\pi}; \mathbf{n})$, sob as restrições (12.11) e as restrições naturais, $(\mathbf{I}_s \otimes \mathbf{1}'_r)\boldsymbol{\pi} = \mathbf{1}_s$. Considerando o vector de parâmetros $\boldsymbol{\varphi} = (\boldsymbol{\pi}', \boldsymbol{\eta}', \boldsymbol{\tau}')'$ em que $\boldsymbol{\eta}$ e $\boldsymbol{\tau}$ são vectores de multiplicadores de Lagrange, os estimadores MV desejados correspondem à solução do sistema

$$\mathbf{G}(\boldsymbol{\varphi}) = \begin{pmatrix} \partial l(\boldsymbol{\pi}; \mathbf{n})/\partial\boldsymbol{\pi} + [\partial\mathbf{U}'\mathbf{C}\ln\mathbf{B}\boldsymbol{\pi}/\partial\boldsymbol{\pi}]\boldsymbol{\eta} + [\partial(\mathbf{I}_s \otimes \mathbf{1}'_r)\boldsymbol{\pi}/\partial\boldsymbol{\pi}]\boldsymbol{\tau} \\ \mathbf{U}'\mathbf{C}\ln\mathbf{B}\boldsymbol{\pi} \\ (\mathbf{I}_s \otimes \mathbf{1}'_r)\boldsymbol{\pi} - \mathbf{1}_s \end{pmatrix} = \mathbf{0},$$

que pode ser obtida por meio de um algoritmo do tipo Newton-Raphson, nomeadamente,

$$\boldsymbol{\varphi}^{(q)} = \boldsymbol{\varphi}^{(q-1)} - \left[\frac{\partial\mathbf{G}(\boldsymbol{\varphi}^{(q-1)})}{\partial\boldsymbol{\varphi}}\right]^{-1}\mathbf{G}(\boldsymbol{\varphi}^{(q-1)}), \quad q = 1, 2, \ldots.$$

Como em geral, a inversão da matriz $\partial\mathbf{G}(\boldsymbol{\varphi})/\partial\boldsymbol{\varphi}$ é computacionalmente difícil em função de seu tamanho, esses autores propõem uma aproximação para o algoritmo de cálculo das estimativas MV e também obtêm propriedades assintóticas dos estimadores correspondentes.

Em trabalhos mais recentes, Lang (2004, 2005) generaliza os modelos aos quais a proposta é aplicável, incluindo aí uma vasta gama de modelos funcionais lineares, além de permitir que os modelos probabilísticos subjacentes sejam mais gerais do que aqueles considerados aqui, ou seja, modelos apropriados para casos em que parte dos dados é gerada sob uma distribuição de Poisson e outra é gerada sob uma distribuição Produto de Multinomiais.

Independentemente da estratégia utilizada, a aplicação da metodologia MV a problemas envolvendo dados categorizados longitudinais não é livre de obstáculos, sejam eles provenientes da dificuldade de especificação das distribuições conjuntas ou do esforço computacional necessário para sua utilização prática. Uma alternativa bastante atraente é a metodologia de equações de estimação generalizadas (GEE). Sob esse enfoque, originalmente idealizado por Liang & Zeger (1986), a completa especificação da

12. ANÁLISE DE DADOS CATEGORIZADOS LONGITUDINAIS

distribuição conjunta é substituída pela adopção de um modelo para as distribuições marginais e de **suposições de trabalho** (*working assumptions*) para a estrutura de covariância intra-unidades amostrais. Na formulação primigénia, a estimação dos parâmetros de regressão associados às distribuições marginais é efectivada por meio de equações de estimação enquanto os parâmetros que regem a associação entre as medidas realizadas intra-unidades amostrais são estimados por intermédio do método dos momentos. Essa metodologia produz estimadores consistentes e assintoticamente normais dos parâmetros de regressão, mesmo quando a estrutura de covariância de trabalho não corresponde à verdadeira, obviamente, ao preço de uma possível perda de eficiência relativamente à metodologia MV.

Para introduzir as ideias básicas da metodologia GEE, considere-se um conjunto Y_k, $k = 1, \ldots, N$, de observações univariadas independentes de uma determinada variável resposta tais que $E(Y_k) = \mu_k$ e $Var(Y_k) = v_k(\mu_k)$ juntamente com um conjunto de covariáveis $\mathbf{x}_k$, $k = 1, \ldots, N$. O interesse é modelar μ_k como função das covariáveis $\mathbf{x}_k$. Geralmente essa modelação é concretizada por meio de um modelo funcional linear do tipo $g[\mu_k(\boldsymbol{\beta})] = \mathbf{x}'_k \boldsymbol{\beta}$, em que g é a função de ligação. O problema abordado aqui é paralelo àquele apresentado sob a denominação de modelos lineares generalizados na Secção 6.3, à excepção da forma da distribuição que, neste caso, não é especificada.

As estimativas (conhecidas como **estimativas de quási-verosimilhança**) são as soluções do sistema de equações

$$\mathbf{U}[\widehat{\boldsymbol{\beta}}] = \sum_{k=1}^{N} \frac{\partial g[\mu_k(\widehat{\boldsymbol{\beta}})]}{\partial \boldsymbol{\beta}} \frac{[y_k - \mu_k(\widehat{\boldsymbol{\beta}})]}{v_k(\widehat{\boldsymbol{\beta}})} = \mathbf{0}$$

com $v_k(\boldsymbol{\beta}) = v_k[\mu_k(\boldsymbol{\beta})]$.

Para análise de dados longitudinais, é preciso considerar respostas multivariadas, *i.e.*, em que $\mathbf{Y}_k = (Y_{k1}, \ldots, Y_{kd})'$ é um vector com $E(\mathbf{Y}_k) = \boldsymbol{\mu}_k = (\mu_{k1}, \ldots, \mu_{kd})'$ e o modelo estrutural é definido por $\mathbf{g}[\boldsymbol{\mu}_k(\boldsymbol{\beta})] = \{g[\mu_{k1}(\boldsymbol{\beta})], \ldots, g[\mu_{kd}(\boldsymbol{\beta})]\}' = \mathbf{X}_k \boldsymbol{\beta}$ com $\mathbf{X}_k = [\mathbf{x}_1, \ldots, \mathbf{x}_d]'$. Por conveniência, examina-se aqui o caso em que a dimensão do vector de observações associado a cada unidade amostral é fixa ($= d$), embora a extensão para situações em que esse número varia conforme a unidade amostral seja imediata. Nesse contexto, convém escrever a matriz de covariâncias de $\mathbf{Y}_k$ na forma $Var(\mathbf{Y}_k) = \mathbf{A}_k^{1/2} \mathbf{R}_k \mathbf{A}_k^{1/2}$, em que $\mathbf{A}_k$ é uma matriz diagonal com os elementos do vector $\{v_{k1}(\mu_{k1}), \ldots, v_{kd}(\mu_{kd})\}$ dispostos ao longo da diagonal principal e $\mathbf{R}_k$ é uma matriz de correlações. Embora as médias marginais μ_{kj} e, consequentemente, os parâmetros $\boldsymbol{\beta}$ sob o modelo $\mathbf{g}[\boldsymbol{\mu}_k(\boldsymbol{\beta})] = \mathbf{X}_k \boldsymbol{\beta}$ definam as variâncias v_{kj}, as correlações, em geral, dependem de outros parâmetros, denotados por $\boldsymbol{\alpha}$, de forma que as equações GEE podem ser expressas como

$$\sum_{k=1}^{N} \mathbf{D}_k(\boldsymbol{\beta}) \left\{ [\mathbf{A}_k(\boldsymbol{\beta})]^{1/2} \mathbf{R}_k(\boldsymbol{\alpha}) [\mathbf{A}_k(\boldsymbol{\beta})^{1/2}] \right\}^{-1} [\mathbf{y}_k - \boldsymbol{\mu}_k(\boldsymbol{\beta})] = \mathbf{0}, \tag{12.12}$$

em que $\mathbf{D}_k(\boldsymbol{\beta}) = \partial \mathbf{g}[\boldsymbol{\mu}_k(\boldsymbol{\beta})]/\partial \boldsymbol{\beta}$. Em princípio, o conjunto de equações (12.12) pode ser complementado com outro conjunto de equações para a estimação dos parâmetros $\boldsymbol{\alpha}$; esse é o enfoque considerado por Prentice (1988), Lipsitz, Laird & Harrington

440   12.3 ANÁLISE POR MEIO DE MV e GEE

(1991) ou Liang et al. (1992), entre outros. Embora essa abordagem seja conveniente no caso gaussiano, por exemplo, em que a especificação dos momentos de primeira e segunda ordem é suficiente para a determinação da distribuição conjunta, o processo falha em outros casos, como naquele em que o interesse recai no emprego de um modelo Produto de Multinomiais para dados longitudinais. Convém lembrar que, nesse caso, o número de parâmetros de associação necessário para especificar a distribuição conjunta aumenta rapidamente com o número de tempos de observação e é essa proliferação de parâmetros que se deseja evitar. Para contornar esse empecilho, a proposta original de Liang & Zeger (1986) é mais interessante; essencialmente, esses autores propõem que o sistema (12.12) seja resolvido em relação a $\boldsymbol{\beta}$ com o recurso a uma **matriz de correlações de trabalho** (*working covariance matrix*), $\mathbf{R}_{Tk}(\boldsymbol{\alpha})$ em substituição a $\mathbf{R}_k(\boldsymbol{\alpha})$. Dentre os vários modelos sugeridos para essa matriz de correlações de trabalho, cita-se o modelo permutável (*exchangeable*) e o modelo autoregressivo de $1^{\underline{a}}$ ordem $AR(1)$; no primeiro caso, $Corr(Y_{kj}, Y_{kj'}) = \alpha$, em que α é uma constante e no segundo, $Corr(Y_{kj}, Y_{kj'}) = \alpha^{|j-j'|}$.

Quando o modelo permutável é adoptado para os parâmetros de correlação, o processo de estimação é baseado num algoritmo que consiste da iteração de

a) $e_{kj}(\boldsymbol{\beta}^{(q-1)}) = [y_{kj} - \mu_{kj}(\boldsymbol{\beta}^{(q-1)})]/v_{kj}(\boldsymbol{\beta}^{(q-1)}), \quad k = 1, \ldots, N, \ j = 1, \ldots, d.$

b) $\alpha(\boldsymbol{\beta}^{(q-1)}) = [nd(d-1)]^{-1} \sum_{k=1}^{N} \sum_{j \neq j'} e_{kj}(\boldsymbol{\beta}^{(q-1)}) e_{kj'}(\boldsymbol{\beta}^{(q-1)})$

c) $\mathbf{V}_{Tk}(\boldsymbol{\beta}^{(q-1)}) = [\mathbf{A}_k(\boldsymbol{\beta}^{(q-1)})]^{1/2} \mathbf{R}_{Tk}[\alpha(\boldsymbol{\beta}^{(q-1)})][\mathbf{A}_k(\boldsymbol{\beta}^{(q-1)})]^{1/2}, k = 1, \ldots, N.$

d) $$\boldsymbol{\beta}^{(q)} = \boldsymbol{\beta}^{(q-1)} + \left\{ \sum_{k=1}^{N} \left[\mathbf{D}_k(\boldsymbol{\beta}^{(q-1)}) \right]' \left[\mathbf{V}_{Tk}(\boldsymbol{\beta}^{(q-1)}) \right]^{-1} \mathbf{D}_k(\boldsymbol{\beta}^{(q-1)}) \right\}^{-1}$$
$$\times \left\{ \sum_{k=1}^{N} \left[\mathbf{D}_k(\boldsymbol{\beta}^{(q-1)}) \right]' \left[\mathbf{V}_{Tk}(\boldsymbol{\beta}^{(q-1)}) \right]^{-1} [\mathbf{y}_k - \boldsymbol{\mu}_k(\boldsymbol{\beta}^{(q-1)})] \right\}$$

para $q = 1, 2, \ldots$, iniciando-o com um valor arbitrário $\boldsymbol{\beta}^{(0)}$ e finalizando-o com a satisfação de algum critério de paragem conveniente, *e.g.*, com $\| \boldsymbol{\beta}^{(q)} - \boldsymbol{\beta}^{(q-1)} \| < \varepsilon$ para $\varepsilon > 0$ fixado. O passo b) é modificado quando outro modelo é adoptado para os parâmetros de correlação; em particular, para o modelo $AR(1)$, basta considerar $\alpha(\boldsymbol{\beta}^{(q-1)}) = [N(d-1)]^{-1} \sum_{k=1}^{N} \sum_{j<d-1} e_{kj}(\boldsymbol{\beta}^{(q-1)}) e_{k(j+1)}(\boldsymbol{\beta}^{(q-1)})$.

Liang & Zeger (1986) mostraram que a solução $\widehat{\boldsymbol{\beta}}$ é consistente e tem distribuição assintótica gaussiana com matriz de covariâncias

$$Var(\widehat{\boldsymbol{\beta}}) = \mathbf{V}(\widehat{\boldsymbol{\beta}}) = [\mathbf{I}_{N0}(\boldsymbol{\beta})]^{-1} \mathbf{I}_{N1}(\boldsymbol{\beta}) [\mathbf{I}_{N0}(\boldsymbol{\beta})]^{-1} \qquad (12.13)$$

em que

$$\mathbf{I}_{N0}(\boldsymbol{\beta}) = \sum_{k=1}^{N} [\mathbf{D}_k(\boldsymbol{\beta})]' [\mathbf{V}_{Tk}(\boldsymbol{\beta})]^{-1} \mathbf{D}_k(\boldsymbol{\beta}) \qquad (12.14)$$

com $\mathbf{V}_{Tk}(\boldsymbol{\beta}) = [\mathbf{A}_k(\boldsymbol{\beta})]^{1/2} \mathbf{R}_{Tk}(\boldsymbol{\alpha})[\mathbf{A}_k(\boldsymbol{\beta})]^{1/2}$ e

$$\mathbf{I}_{N1}(\boldsymbol{\beta}) = \sum_{k=1}^{n} [\mathbf{D}_k(\boldsymbol{\beta})]' [\mathbf{V}_{Tk}(\boldsymbol{\beta})]^{-1} \mathbf{V}_k(\boldsymbol{\beta}) [\mathbf{V}_{Tk}(\boldsymbol{\beta})]^{-1} \mathbf{D}_k(\boldsymbol{\beta}). \qquad (12.15)$$

12. ANÁLISE DE DADOS CATEGORIZADOS LONGITUDINAIS

Quando a matriz de correlações de trabalho corresponde à verdadeira matriz de correlações, *i.e.*, quando $\mathbf{R}_{Tk}(\boldsymbol{\alpha}) = \mathbf{R}_k(\boldsymbol{\alpha})$, tem-se que $\mathbf{I}_{N0}(\boldsymbol{\beta}) = \mathbf{I}_{N1}(\boldsymbol{\beta})$ e o resultado é equivalente àquele obtido sob a metodologia MV.

Um estimador consistente para $\mathbf{I}_{N0}(\boldsymbol{\beta})$ pode ser obtido com a substituição de $\boldsymbol{\beta}$ pela estimativa MV, $\widehat{\boldsymbol{\beta}}$, em (12.14). Para estimar $\mathbf{I}_{N1}(\boldsymbol{\beta})$, além dessa substituição em (12.15), é necessário estimar $\mathbf{V}_k(\boldsymbol{\beta})$. Uma proposta é utilizar $[\mathbf{y}_k - \boldsymbol{\mu}_k(\widehat{\boldsymbol{\beta}})][\mathbf{y}_k - \boldsymbol{\mu}_k(\widehat{\boldsymbol{\beta}})]'$. Embora essa matriz tenha característica no máximo igual a 1, ela não causa problemas quando empregada em (12.15), pois não precisa ser invertida. Com base nesses elementos, pode-se obter um estimador consistente para (12.13). Os erros padrões daí calculados são cognominados **erros padrões robustos** ou **empiricamente corrigidos**. Por outro lado, erros padrões calculados a partir de $[\mathbf{I}_{N0}(\widehat{\boldsymbol{\beta}})]^{-1}$ são conhecidos como **erros padrões baseados no modelo** (*model based standard errors*). Esses últimos são mais dependentes da matriz de correlações de trabalho. Para efeitos práticos, convém calcular ambos, pois a diferença entre eles pode ser encarada como uma medida da discrepância entre a matriz de correlações de trabalho e a verdadeira matriz de correlações. Nos casos em que essa discrepância é considerável, convém utilizar os erros padrões empiricamente corrigidos.

Como a metodologia GEE é motivada pelo desejo de evitar a especificação da verosimilhança e, consequentemente, da estrutura de associação (especialmente no caso Multinomial), as estatísticas usuais (razão de verosimilhanças, Wald etc.) não podem ser directamente empregues para testar o ajuste dos modelos estruturais de interesse ou hipóteses sobre seus parâmetros. Rotnitzky & Jewell (1990) e Boos (1992) discutem alternativas aproximadas, baseadas na estatística do *score* eficiente de Rao. Em particular, para testes de hipóteses do tipo $H : \mathbf{C}\boldsymbol{\beta} = \mathbf{0}$, em que $\mathbf{C}$ é uma matriz $(c \times p)$ com característica c, essa estatística é

$$T = \mathbf{U}(\widehat{\boldsymbol{\beta}})'[\mathbf{I}_{N0}(\widehat{\boldsymbol{\beta}})]^{-1}\mathbf{C}'[\mathbf{C}\mathbf{V}(\widehat{\boldsymbol{\beta}})\mathbf{C}']^{-1}\mathbf{C}[\mathbf{I}_{N0}(\widehat{\boldsymbol{\beta}})]^{-1}\mathbf{U}(\widehat{\boldsymbol{\beta}}),$$

que, sob a hipótese nula, segue uma distribuição assintótica χ_c^2.

Considere-se agora a particularização da metodologia GEE para a análise de dados longitudinais categorizados sob o figurino descrito na Secção 12.1. Mais especificamente, concentre-se a atenção em modelos funcionais lineares do tipo $\mathbf{F}(\overline{\boldsymbol{\phi}}) = \overline{\mathbf{X}}\boldsymbol{\beta}$ em que $\overline{\boldsymbol{\phi}} = [\overline{\boldsymbol{\phi}}_1', \ldots, \overline{\boldsymbol{\phi}}_s']'$, lembrando que $\overline{\boldsymbol{\phi}}_i$ corresponde ao vector $\boldsymbol{\phi}_i$ sem a última componente, $\mathbf{F}(\overline{\boldsymbol{\phi}}) = [\mathbf{F}_1(\overline{\boldsymbol{\phi}})', \ldots, \mathbf{F}_s(\overline{\boldsymbol{\phi}})']'$ e $\overline{\mathbf{X}} = diag\{\overline{\mathbf{X}}_1, \ldots, \overline{\mathbf{X}}_s\}$ em que $\overline{\mathbf{X}}_i$ corresponde à matriz de especificação do modelo para a i-ésima subpopulação, $\mathbf{X}_i$, sem a última linha. Além disso, considerem-se apenas modelos em que a relação entre $\mathbf{F}(\overline{\boldsymbol{\phi}})$ e $\overline{\boldsymbol{\phi}}$ é biunívoca (*e.g.*, modelos log-lineares nas probabilidades marginais de primeira ordem, $\boldsymbol{\phi}$). Nesse contexto, as equações de estimação generalizadas (12.12), com a matriz $\mathbf{R}_k(\boldsymbol{\alpha})$ substituída pela correspondente matriz de correlações de trabalho, reduzem-se a

$$\mathbf{U}(\widehat{\boldsymbol{\beta}}; \overline{\mathbf{n}}) = \sum_{1=1}^{s} \overline{\mathbf{D}}_i(\widehat{\boldsymbol{\beta}})[\overline{\mathbf{V}}_{Ti}(\widehat{\boldsymbol{\beta}})]^{-1}[\overline{\mathbf{n}}_i - N_i\overline{\boldsymbol{\phi}}_i(\widehat{\boldsymbol{\beta}})] = \mathbf{0}.$$

em que

$$\overline{\mathbf{D}}_i(\boldsymbol{\beta}) = \frac{\partial \mathbf{g}[\overline{\boldsymbol{\phi}}_i(\boldsymbol{\beta})]}{\partial \boldsymbol{\beta}} = \frac{\partial \mathbf{g}[\overline{\boldsymbol{\phi}}_i(\boldsymbol{\beta})]}{\partial \overline{\boldsymbol{\phi}}_i(\boldsymbol{\beta})} \times \frac{\partial \overline{\boldsymbol{\phi}}_i(\boldsymbol{\beta})}{\partial \mathbf{F}_i[\overline{\boldsymbol{\phi}}_i(\boldsymbol{\beta})]} \times \frac{\partial \mathbf{F}_i[\overline{\boldsymbol{\phi}}_i(\boldsymbol{\beta})]}{\partial \boldsymbol{\beta}} = \mathbf{W}_i(\boldsymbol{\beta})\overline{\mathbf{X}}_i,$$

com $\mathbf{W}_i(\boldsymbol{\beta}) = \partial \mathbf{g}[\overline{\boldsymbol{\phi}}_i(\boldsymbol{\beta})]/\partial \overline{\boldsymbol{\phi}}_i(\boldsymbol{\beta}) \times \partial \mathbf{F}_i[\overline{\boldsymbol{\phi}}_i(\boldsymbol{\beta})]/\partial \overline{\boldsymbol{\phi}}_i(\boldsymbol{\beta})$,

$$\overline{\mathbf{V}}_{Ti}(\boldsymbol{\beta}) = [\mathbf{A}_i(\boldsymbol{\beta})]^{1/2} \mathbf{R}_{Ti}(\boldsymbol{\alpha})[\mathbf{A}_i(\boldsymbol{\beta})]^{1/2},$$

com $\mathbf{A}_i(\boldsymbol{\beta}) = diag\{\phi_{(i)11}, \ldots, \phi_{(i)1(L-1)}, \ldots, \phi_{(i)d1}, \ldots, \phi_{(i)d(L-1)}\}'$, e $\mathbf{R}_{Ti}(\boldsymbol{\alpha})$ representa a matriz de correlações de trabalho.

Fazendo $\overline{\mathbf{V}}_{\mathbf{F}_i}(\boldsymbol{\beta}) = \mathbf{W}_i(\boldsymbol{\beta})\overline{\mathbf{V}}_{Ti}(\boldsymbol{\beta})\mathbf{W}_i(\boldsymbol{\beta})'$, o passo d) do processo iterativo para cálculo do estimador GEE de $\boldsymbol{\beta}$ pode ser escrito como

$$\boldsymbol{\beta}^{(q+1)} = \boldsymbol{\beta}^{(q)} + \left\{ \sum_{i=1}^{s} \overline{\mathbf{X}}_i'[\overline{\mathbf{V}}_{\mathbf{F}_i}(\boldsymbol{\beta}^{(q)})]^{-1}\overline{\mathbf{X}}_i \right\}^{-1} \left\{ \sum_{i=1}^{s} \overline{\mathbf{X}}_i'\mathbf{W}_i(\boldsymbol{\beta}^{(q)}) \right\} [\overline{\mathbf{n}}_i - N_i\overline{\boldsymbol{\phi}}_i(\boldsymbol{\beta}^{(q)})],$$

$q = 0, 1, \ldots$. Utilizando a identidade

$$\boldsymbol{\beta}^{(q)} = \left\{ \sum_{i=1}^{s} \overline{\mathbf{X}}_i'[\overline{\mathbf{V}}_{\mathbf{F}_i}(\boldsymbol{\beta}^{(q)})]^{-1}\overline{\mathbf{X}}_i \right\}^{-1} \left\{ \sum_{i=1}^{s} \overline{\mathbf{X}}_i'[\overline{\mathbf{V}}_{\mathbf{F}_i}(\boldsymbol{\beta}^{(q)})]^{-1}\overline{\mathbf{X}}_i \right\} \boldsymbol{\beta}^{(q)},$$

o processo iterativo para cálculo da estimativa $\widehat{\boldsymbol{\beta}}$ pode ser reexpresso como

$$\boldsymbol{\beta}^{(q+1)} = \left\{ \sum_{i=1}^{s} \overline{\mathbf{X}}_i'[\overline{\mathbf{V}}_{\mathbf{F}_i}(\boldsymbol{\beta}^{(q)})]^{-1}\overline{\mathbf{X}}_i \right\}^{-1} \left\{ \sum_{i=1}^{s} \overline{\mathbf{X}}_i'[\overline{\mathbf{V}}_{\mathbf{F}_i}(\boldsymbol{\beta}^{(q)})]^{-1} \right.$$
$$\left. \left(\overline{\mathbf{X}}_i\boldsymbol{\beta}^{(q)} + \mathbf{W}_i(\boldsymbol{\beta}^{(q)})'[\overline{\mathbf{n}}_i - N_i\overline{\boldsymbol{\phi}}_i(\boldsymbol{\beta}^{(q)})] \right) \right\},$$

$q = 0, 1, \ldots$. Para se obter o valor inicial $\boldsymbol{\beta}^{(0)}$ costuma-se substituir $\overline{\boldsymbol{\phi}}_i(\boldsymbol{\beta}^{(q)})$ pelas proporções amostrais $\overline{\mathbf{f}}_i = N_i^{-1}\overline{\mathbf{n}}_i$ e a matriz de covariâncias $\overline{\mathbf{V}}_{Ti}(\boldsymbol{\beta})$ de trabalho pela matriz de covariâncias amostral $\overline{\mathbf{V}}_i = \mathbf{D}_{\overline{\mathbf{f}}_i} - \overline{\mathbf{f}}_i\overline{\mathbf{f}}_i'$. Nesse caso, a expressão reduz-se àquela do estimador MQG de $\boldsymbol{\beta}$, i.e.,

$$\widehat{\boldsymbol{\beta}} = \left\{ \sum_{i=1}^{s} \overline{\mathbf{X}}_i'\overline{\mathbf{V}}_i^{-1}\overline{\mathbf{X}}_i \right\}^{-1} \sum_{i=1}^{s} \overline{\mathbf{X}}_i'\overline{\mathbf{V}}_i\mathbf{F}(\overline{\mathbf{f}}_i),$$

indicando que o estimador GEE é obtido por meio de um processo de **mínimos quadrados iterativamente reponderados** (*iteratively reweighted least squares*). O leitor pode consultar Miller, Davis & Landis (1993) para detalhes.

Dada a característica *ad hoc* dos algoritmos empregados para análise de dados categorizados longitudinais por meio da metodologia MV, considera-se aqui apenas alguns exemplos do emprego da metodologia GEE, um pouco mais disponível em termos computacionais, embora ainda deixando a desejar no que tange aos casos com respostas politómicas.

Exemplo 12.1 - continuação (*Problema da infecção urinária*): Para efeito de comparação com os resultados obtidos por meio da metodologia MQG, repete-se aqui a análise baseada na proporção esperada de pacientes com resposta moderada ou intensa sob o modelo estrutural saturado. Duas alternativas são consideradas para a matriz de correlações de trabalho: para a primeira uma estrutura permutável é

12. ANÁLISE DE DADOS CATEGORIZADOS LONGITUDINAIS 443

escolhida e para a segunda, não se impõe estrutura. Estimativas dos parâmetros estruturais e de seus erros padrões empiricamente corrigidos e baseados no modelo são apresentadas na Tabela 12.10 em conjunto com os correspondentes valores obtidos via MQG.

Tabela 12.10: Estimativas (Est) das proporções de pacientes com nível de corrimento vaginal moderado ou intenso e erros padrões empiricamente corrigidos (EP emp) e baseados no modelo (EP mod) estimados por MQG e GEE com matrizes de correlações de trabalho permutável e sem estrutura sob o modelo estrutural saturado (Exemplo 12.1).

	MQG		GEE (permutável)			GEE (sem estrutura)		
Avaliação	Est	EP	Est	EP emp	EP mod	Est	EP emp	EP mod
inicial	0.66	0.067	0.66	0.067	0.067	0.66	0.067	0.067
14 dias	-0.50	0.070	-0.50	0.070	0.066	-0.50	0.070	0.069
21 dias	-0.52	0.070	-0.52	0.070	0.065	-0.52	0.070	0.069

As únicas diferenças entre os resultados das três análises aparecem nas estimativas dos erros padrões baseados no modelo referentes aos estimadores dos parâmetros correspondentes às avaliações realizadas 14 e 21 dias após o início do tratamento. Possivelmente essas diferenças se devem à estrutura mais parcimoniosa imposta pelo modelo permutável, que não é corrigida quando a opção recai nos erros padrões baseados no modelo. Uma estimativa da matriz de correlações de trabalho sem estrutura é

$$\begin{pmatrix} 1 & 0.33 & 0.31 \\ 0.33 & 1 & 0.65 \\ 0.31 & 0.65 & 1 \end{pmatrix}.$$

A estimativa da correlação comum sob o modelo permutável é 0.40. Como era de se esperar, os resultados obtidos via GEE sob o modelo não estruturado para a matriz de correlações de trabalho são mais próximos daqueles obtidos sob a metodologia MQG.

A análise baseada nos logitos cumulativos sob o modelo estrutural saturado também é repetida; neste caso, selecciona-se uma matriz de correlações de trabalho correspondente à independência das observações intra-unidades amostrais. Os resultados estão dispostos na Tabela 12.11.

Tabela 12.11: Estimativas (Est) dos parâmetros do modelo de logitos cumulativos saturado e erros padrões empiricamente corrigidos (EP emp) e baseados no modelo (EP mod) estimados por MQG e GEE com matriz de correlações de trabalho correspondente à independência das observações intra-unidades amostrais (Exemplo 12.1).

	MQG		GEE (independente)		
Chance de corrimento	Est	EP	Est	EP emp	EP mod
Ausente/(leve, moderado, intenso)	-2.06	0.33	-2.24	0.32	0.35
(Ausente, leve)/(Moderado, intenso)	-0.59	0.29	-0.66	0.29	0.29
(Ausente, leve, moderado)/Intenso	1.46	0.35	1.51	0.35	0.35
Efeito da avaliação 2	2.27	0.36	2.31	0.37	0.42
Efeito da avaliação 3	2.53	0.38	2.75	0.43	0.44

Neste caso, as diferenças entre os resultados das análises realizadas sob as duas metodologias (MQG e GEE) são maiores que aquelas observadas na análise baseada na proporção de pacientes com nível de corrimento vaginal moderado ou intenso. Uma possível justificativa está na completa omissão da esperada correlação entre as observações intra-unidades amostrais adoptada para a análise via GEE. Note-se que os resultados obtidos com a utilização dos erros padrões empiricamente corrigidos são mais próximos daqueles obtidos sob a metodologia MQG do que quando se optou pelos erros padrões baseados no modelo, justificando a recomendação dos primeiros.

Finalmente convém lembrar que a análise sob o enfoque de *scores* médios não pode ser conduzida sob a metodologia GEE pois a relação entre as funções que se deseja modelar (os *scores* médios) e os parâmetros das distribuições marginais relevantes não é biunívoca. A solução deste problema por MV pode ser concretizada por meio das técnicas descritas em Lang (2005). ∎

Exemplo 12.2 - continuação (*Problema da sensibilidade dentinária*): A realização de uma análise que siga exactamente os passos daquela conduzida sob a metodologia MQG não é factível sob a metodologia GEE; a justificativa assenta nas mesmas razões pelas quais uma análise baseada em *scores* médios não pode ser efectivada para o problema abordado no Exemplo 12.1: a relação entre as funções de interesse (razões de chances de ausência *versus* presença de sensibilidade dentinária e os parâmetros das distribuições marginais (probabilidades ou chances de presença de sensibilidade dentinária) em cada período de observação não é biunívoca. Para responder às mesmas questões, uma estratégia alternativa envolve a avaliação do efeito dos factores relevantes (Material, Condição da dentina e sua interacção) sobre as probabilidades marginais por meio de um modelo saturado do tipo (12.2) em que $\phi = \mathbf{A}_1 \boldsymbol{\pi}$ com

$$\mathbf{A}_1 = \mathbf{I}_4 \otimes \begin{pmatrix} 0 & 0 & 1 & 1 \\ 1 & 1 & 0 & 0 \\ 0 & 1 & 0 & 1 \\ 1 & 0 & 1 & 0 \end{pmatrix},$$

$\mathbf{F}(\phi) = [F_{11}(\phi), F_{12}(\phi), \ldots, F_{41}(\phi), F_{42}(\phi)]' = \mathbf{A}_2 \mathbf{ln}\,\phi$ com

$$\mathbf{A}_2 = \mathbf{I}_4 \otimes \begin{pmatrix} -1 & 1 & 0 & 0 \\ 0 & 0 & -1 & 1 \end{pmatrix}$$

e

$$\mathbf{X} = \begin{pmatrix} 1 & 1 & 1 & 1 \\ 1 & 1 & -1 & -1 \\ 1 & -1 & 1 & -1 \\ 1 & -1 & -1 & 1 \end{pmatrix} \otimes \mathbf{I}_2.$$

Sob esse modelo, $F_{i1} = \ln[\phi_{i2\cdot}/(1 - \phi_{i2\cdot})]$ e $F_{i2} = \ln[\phi_{i\cdot2}/(1 - \phi_{i\cdot2})]$ representam os logaritmos das chances de ausência *versus* presença de sensibilidade dentinária nos períodos pré e pós-operatórios, respectivamente. Os elementos de ordem ímpar do vector de parâmetros $\boldsymbol{\beta}$ têm a interpretação usual de média geral, efeito de Material, efeito de Condição de dentina e sua interacção, relativamente aos logaritmos das chances correspondentes ao período pré-operatório enquanto aqueles de ordem par têm interpretações semelhantes relativamente ao período pós-operatório.

12. ANÁLISE DE DADOS CATEGORIZADOS LONGITUDINAIS

As hipóteses relevantes podem ser expressas na forma $\mathbf{C}\beta = \mathbf{0}$ com as matrizes $\mathbf{C}$ indicadas na Tabela 12.12. Neste caso, como só há dois períodos de observação, e consequentemente, apenas um parâmetro de correlação, não há alternativa para a escolha da forma da matriz de correlações de trabalho.

Os resultados dos testes das hipóteses de interesse também estão dispostos na Tabela 12.12. Embora exista alguma evidência do efeito de Material (P=0.06) e Condição da dentina (P=0.07) nas distribuições marginais (correspondentes aos períodos pré e pós-operatórios) da sensibilidade dentinária, tanto o efeito de Período quanto de suas interacções com os demais factores são não significativos, o que sugere que as razões de chances de ausência *versus* presença de sensibilidade dentinária relativas aos períodos pré e pós-operatórios não são significativamente diferentes de 1, corroborando a conclusão obtida por meio da análise realizada via MQG.

Tabela 12.12: Especificação de hipóteses e resultados de testes de Wald generalizados (Exemplo 12.2) - Mat=Material, Dent=Condição da dentina, Per=Período.

Hipótese de inexistêcia de efeito de	Matriz $\mathbf{C}$ para especificação da hipótese na forma $\mathbf{C}\beta = \mathbf{0}$	Valor P
Mat	$(\ 0\quad 0\quad 1\quad 1\quad 0\quad 0\quad 0\quad 0\ )$	0.06
Dent	$(\ 0\quad 0\quad 0\quad 0\quad 1\quad 1\quad 0\quad 0\ )$	0.07
Mat $\times$ Dent	$(\ 0\quad 0\quad 0\quad 0\quad 0\quad 0\quad 1\quad 1\ )$	0.64
Per	$(\ 1\quad -1\quad 1\quad -1\quad 1\quad -1\quad 1\quad -1\ )$	0.62
Mat $\times$ Per	$(\ 0\quad 0\quad 1\quad -1\quad 0\quad 0\quad 0\quad 0\ )$	0.55
Dent $\times$ Per	$(\ 0\quad 0\quad 0\quad 0\quad 1\quad -1\quad 0\quad 0\ )$	0.09
Mat $\times$ Dent $\times$ Per	$(\ 0\quad 0\quad 0\quad 0\quad 0\quad 0\quad 1\quad -1\ )$	0.73

Uma estimativa do coeficiente de correlação de trabalho é -0.03. Embora não seja possível ajustar um modelo reduzido que incorpore as conclusões descritas acima e imponha uma razão de chances comum às quatro subpopulações sob investigação, é possível expressá-la como função dos parâmetros do modelo saturado e estimá-la a partir das estimativas correspondentes. Neste caso, os limites de um intervalo de confiança aproximado com coeficiente de confiança igual a 95% são 0.52 e 1.47, o que praticamente reproduz o resultado obtido por intermédio da metodologia MQG. ∎

12.4 Nota de Capítulo

Contrariamente ao que ocorre quando se modelam dados tranversais, *i.e.*, correspondentes a uma única observação por unidade amostral, a modelação de dados longitudinais requer esforços adicionais, pois além das distribuições marginais da resposta, a possível correlação entre as medidas realizadas nas mesmas unidades amostrais precisam ser levadas em consideração. Existem essencialmente três famílias de modelos empregadas para esse fim.

i) **Modelos marginais**, em que algum parâmetro de localização (*e.g.*, o valor esperado) da distribuição de resposta é modelado separadamente dos parâmetros de dispersão correspondentes (*e.g.*, a matriz de covariâncias). O caso mais comum consiste em expressar o valor esperado da resposta da k-ésima unidade amostral no instante j, nomeadamente Y_{jk}, como uma função de um vector de parâmetros β e a matriz de covariâncias correspondente como função de outro vector de parâmetros, α, não relacionados com os primeiros. No caso linear, um desses modelos pode ser expresso como $E(Y_{jk}|\mathbf{x}_{jk}) \equiv E(Y_{jk}) = \mathbf{x}'_{jk}\beta$, com $\mathbf{x}_{jk}$ denotando o vector de covariáveis associado à k-ésima unidade amostral no instante j, $Var(Y_{jk}) = \sigma^2$ e $Cov(Y_{jk}, Y_{j'k}) = \lambda$, o que implica $\alpha = (\sigma^2, \lambda)'$.

ii) **Modelos de efeitos aleatórios** ou **específicos para unidades amostrais**, em que se supõe que medidas realizadas nas mesmas unidades amostrais são condicionalmente independentes dados os valores de certos parâmetros individuais. As correlações são induzidas pela especificidade dos parâmetros individuais. Também num caso linear, esses modelos podem ser expressos como $E(Y_{jk}|\mathbf{x}_{jk}, \mathbf{b}_k) \equiv E(Y_{jk}|\mathbf{b}_k) = \mathbf{x}'_{jk}\beta + \mathbf{z}'_{jk}\mathbf{b}_k$, em que $\mathbf{z}_{jk}$ denota um segundo vector de covariáveis associado à k-ésima unidade amostral no instante j e $\mathbf{b}_k$ é um vector de parâmetros específicos da k-ésima unidade amostral. Em muitos casos considera-se $\mathbf{x}_{jk} = \mathbf{z}_{jk}$.

iii) **Modelos de transição** ou **condicionais,** em que a resposta num instante j é expressa condicionalmente a um subconjunto das respostas observadas em instantes anteriores. Por exemplo, pode-se considerar um modelo do tipo $E(Y_{jk}) = \mathbf{x}'_{jk}\beta + \sum_{l=1}^{k-1} Y_{lk}\gamma_l$.

Quando a distribuição da resposta é gaussiana, existe uma ligação natural entre modelos do tipo marginal e modelos de efeitos aleatórios advinda do facto de estes últimos induzirem casos particulares dos primeiros sem perda da interpretação dos parâmetros fixos, encarados como médias dos parâmetros específicos (*population-averaged parameters*). De facto, partindo-se do modelo de efeitos aleatórios descrito acima e assumindo-se que $\mathbf{b}_k \sim N(\mathbf{0}, \mathbf{D})$ tem-se $E[E(Y_{jk}|\mathbf{b}_k)] = \mathbf{x}'_{jk}\beta$.

Esta propriedade não pode ser generalizada para modelos não gaussianos como aqueles considerados neste capítulo e a escolha da família de modelos a ser empregada depende do tipo de questão que se pretende responder. Neste texto consideram-se apenas modelos marginais. Esse tipo de modelos são apropriados quando se quer fazer inferências sobre os parâmetros populacionais como em ensaios clínicos, em que o interesse recai na comparação entre os efeitos médios (e não individuais) dos tratamentos. O leitor deve consultar Diggle et al. (2002) ou Molenberghs & Verbeke (2005) para detalhes sobre as demais famílias.

12.5   Exercícios

12.1: Considere uma distribuição trinomial e obtenha (12.10) derivando (12.8). Sugestão: Use a regra da cadeia e o Exercício A.22 para obter a inversa da matriz de covariâncias.

12.2: Especifique a razão de chances comum às quatro subpopulações sob investigação no Exemplo 12.2 (continuação) em termos dos parâmetros do modelo saturado adoptado na análise.

12. ANÁLISE DE DADOS CATEGORIZADOS LONGITUDINAIS

12.3: Os dados dispostos na tabela abaixo provêm de um estudo realizado no Hospital das Clínicas da Faculdade de Medicina de Ribeirão Preto da Universidade de São Paulo para avaliar a associação entre duas respostas (nistagmo e vertigem) do sistema vestibular (resposável pela sensação de equilíbrio dos seres humanos). Um subconjunto dos dados foi apresentado no Exercício 9.9. Aqui considera-se a observação do nistagmo e da vertigem em três ocasiões: no início, durante e após a estimulação do sistema vestibular. Analise os dados com a finalidade de avaliar se existe associação entre as duas características sob investigação e se ela varia conforme o período de estimulação.

Intensidade da vertigem	Intensidade do nistagmo	Frequência no período		
		inicial	intermediário	final
Ausente	Ausente	1	2	0
Ausente	Fraca/moderada	4	3	5
Ausente	Forte	8	14	11
Fraca/moderada	Ausente	1	2	0
Fraca/moderada	Fraca/moderada	5	10	8
Fraca/moderada	Forte	7	16	9
Forte	Ausente	28	0	0
Forte	Fraca/moderada	27	0	0
Forte	Forte	3	0	0

12.4: Reanalise os dados do Exemplo 8.12 empregando modelos para os quais as funções de interesse são logitos cumulativos das probabilidades marginais.

Capítulo 13

Análise de dados incompletos

Este capítulo debruça-se sobre o problema da análise de dados categorizados quando os dados incluem unidades cuja resposta a todas as variáveis não é integralmente conhecida. Pretende-se nele descrever a aplicação das abordagens focadas neste livro, com realce para a metodologia de máxima verosimilhança, baseadas num modelo amostral Multinomial munido de uma estrutura geralmente não informativa para o processo de omissão (ou não-resposta). Os resultados dessa aplicação são desenvolvidos em formulação matricial apropriada para a sua implementação computacional de uma forma independente da configuração da tabela de contingência e do padrão de incompletude dos dados.

A Secção 13.1 é uma secção introdutória que visa descrever a estrutura das observações registadas no problema de dados categorizados incompletos. A Secção 13.2 dedica-se à modelação probabilística e os vários tipos de modelos estruturais para o processo de omissão capazes de permitir a realização das inferências de interesse. Na Secção 13.3 avança-se com o ajustamento de modelos de omissão não-informativa pela metodologia de máxima verosimilhança, preparando o terreno para a análise de modelos estruturais estritamente lineares e log-lineares para o processo de categorização a desenvolver na Secção 13.4. A Secção 13.5 incide sobre a análise de modelos estruturais pela metodologia dos mínimos quadrados generalizados sob um processo de omissão completamente aleatória. A Secção 13.6 ilustra a aplicação dos métodos descritos através de três exemplos, em que no último se contempla também o ajustamento de modelos de omissão informativa.

13.1   Descrição do problema

Considere-se um processo de classificação de n unidades amostrais segundo variáveis categorizadas cuja distribuição conjunta se representa numa tabela de contingência com m celas. Razões várias fazem com que por vezes tal processo amostral seja incompletamente observado ou registado no sentido em que nem todas as unidades aparecem perfeitamente classificadas segundo cada uma das variáveis.

As unidades com alguma classificação omissa (também denominada censurada)

450

surgem registadas em classes de pelo menos duas celas da tabela cujos índices se agrupam num conjunto $\mathcal{D}_c$. O conjunto de índices $\mathcal{P}_1 = \{\{i\}, i = 1, \ldots, m\}$ agrupa as classes em que se registam as unidades completamente categorizadas, constituindo pois a partição mais fina do conjunto das m celas da tabela $\{1, \ldots, m\}$.

Admita-se que o conjunto $\mathcal{D}_c$ seja formado por $T - 1$ partições do conjunto $\{1, \ldots, m\}$, $\mathcal{P}_t$, $t = 2, \ldots, T$, sem elementos comuns entre elas, em que se toma $\mathcal{P}_t = \{C_{tj}, j = 1, \ldots, m_t\}$, onde cada uma das suas partes C_{tj} denota uma classe não singular de celas. Este padrão de categorização incompleta ocorre quando não há omissão ou há omissão plena da classificação em uma ou mais variáveis, como acontece frequentemente[1].

Por conveniência matemática, que em breve ficará justificada, represente-se por $\mathbf{Z} = [\mathbf{Z}_t, t = 1, \ldots, T]$ a matriz particionada $m \times (m + l)$, $l = \sum_{t=2}^{T} m_t$, onde cada submatriz $\mathbf{Z}_t$, $t = 1, \ldots, T$, é representada por $\mathbf{Z}_t = [\mathbf{z}_{tj}, j = 1, \ldots, m_t]$ em que $\mathbf{z}_{tj}$ é um vector $m \times 1$ indicando as categorias que pertencem à classe C_{tj} através de uns, sendo as restantes componentes nulas. Note-se que $m_1 = m$, $C_{1j} = \{j\}$ e $\mathbf{Z}_1 = \mathbf{I}_m$ (matriz identidade de ordem m). Consistentemente com o exposto, os dados observáveis são as frequências registáveis no conjunto $\mathcal{D} = \bigcup_{t=1}^{T} \mathcal{P}_t$, denotadas por $\mathbf{N} = (\mathbf{N}_t, t = 1, \ldots, T)$, em que $\mathbf{N}_t = (n_{tj}, j = 1, \ldots, m_t)$.

A análise deste tipo de dados visa geralmente os mesmos objectivos que no caso do problema padrão de dados completos em que não existem observações omissas nem se admite a possibilidade da sua ocorrência. Ou seja, pretende-se traçar inferências sobre a distribuição conjunta das variáveis categorizadas definidoras da tabela.

O facto de a classificação incompleta de algumas unidades amostrais ocorrer aleatoriamente (e não por delineamento prévio) suscita novas questões inferenciais associadas com o tipo de processo de omissão que possa explicar o padrão dos dados observados. Para tais propósitos inferenciais há necessidade de discutir primeiramente o estabelecimento de modelos estatísticos que se afigurem potencialmente capazes de justificar os dados observáveis e de permitir responder às questões inferenciais de interesse.

Esta abordagem ao problema, alicerçada numa análise integral dos dados incompletos (mesmo que ignore, justificadamente, o processo de omissão nos termos que doravante se especificarão), tem a particulariade de não envolver distorção da informação amostral, pelo que é preferível a abordagens alternativas baseadas na análise da subamostra completamente categorizada (resumida em $\mathbf{N}_1$) – a não ser que esta domine substancialmente o conjunto de dados observados –, ou no recurso a imputação, em que àquela são adicionadas observações fictícias.

Por conveniência de exposição adoptar-se-á um cenário em que todas as variáveis categorizadas são consideradas respostas. O tratamento do caso envolvendo também variáveis categorizadas explicativas, consideradas insusceptíveis de omissão, é uma extensão relativamente linear do que se irá apresentar.

---

[1]Muito do que se segue é aplicável ao caso em que $\mathcal{D}_c$ não é decomponível em partições (veja-se Paulino (1988).

13. ANÁLISE DE DADOS INCOMPLETOS

13.2 Modelação

O primeiro pressuposto é o de que as n unidades amostrais foram seleccionadas segundo um processo de amostragem aleatória simples de uma dada população com dimensão suposta suficientemente grande. Deste modo, considera-se que o vector $\mathbf{y} = (y_i, i = 1, \ldots, m)$ de frequências hipotéticas que resultariam da classificação completa de todas as unidades possui uma distribuição amostral Multinomial com parâmetro probabilístico caracterizando a distribuição conjunta da tabela denotado por $\boldsymbol{\theta} = (\theta_1, \ldots, \theta_m), \sum_i \theta_i = 1$.

Admita-se para a modelação do processo de omissão que, para toda a cela i, as y_i observações fictícias se repartem por todas as classes de $\mathcal{D}$ contendo i de acordo igualmente com um processo Multinomial de parâmetros $\lambda_{t(i)}$, $t = 1, \ldots, T$ tais que $\sum_{t=1}^{T} \lambda_{t(i)} = 1$. Denotando por $\{y_{ti}\}$ as mT frequências desdobradas, associadas com os processos de classificação hipoteticamente completa e de omissão, tem-se então que a distribuição amostral conjunta de $(y_{ti};\ t = 1, \ldots, T,\ i = 1, \ldots, m)$ condicional em $\mathbf{y}$ é um produto de Multinomiais independentes. Consequentemente, a distribuição amostral conjunta (não condicional) de $\{y_{ti}\}$ é uma distribuição Multinomial com parâmetros $\{\nu_{ti} = \theta_i \lambda_{t(i)}\}$. Mas, à excepção de $\{y_{1i} = n_{1i}, i = 1, \ldots, m\}$, estas frequências não são observáveis. As frequências observáveis resultam destas frequências fictícias por agrupamento,

$$n_{tj} = \sum_{i \in C_{tj}} y_{ti},\ j = 1, \ldots, m_t, t = 2, \ldots, T.$$

Por conseguinte, a distribuição amostral conjunta de $\mathbf{N}$ é descrita por um modelo Multinomial com função de probabilidade

$$f\left(\mathbf{N} \mid \{\theta_i, \lambda_{t(i)}\}\right) = \frac{n!}{\prod_{t=1}^{T} \prod_{j=1}^{m_t} n_{tj}!} \prod_{i=1}^{m} \left(\theta_i \lambda_{1(i)}\right)^{n_{1i}} \prod_{t=2}^{T} \prod_{j=1}^{m_t} \left(\sum_{i \in C_{tj}} \theta_i \lambda_{t(i)}\right)^{n_{tj}}. \tag{13.1}$$

A derivação do modelo amostral (13.1) apoiou-se na seguinte factorização das probabilidades conjuntas dos processos de categorização e de omissão

$$\nu_{ti} = \theta_i \lambda_{t(i)},\ i = 1, \ldots, m, t = 1, \ldots, T, \tag{13.2}$$

que, em muita da literatura de dados incompletos, se rotula como **modelo de selecção**. Esta designação entronca no facto de (13.2) envolver as probabilidades $\lambda_{t(i)}$ que estão associadas à auto-selecção das unidades para os diversos grupos (padrões) de omissão observada. Naturalmente que aquelas probabilidades admitem também a factorização nas probabilidades marginais dos vários padrões de omissão, $\{\gamma_t\}$, e nas probabilidades condicionais das categorias para cada um desses padrões, $\{\eta_{i(t)}\}$,

$$\nu_{ti} = \gamma_t \eta_{i(t)},\ i = 1, \ldots, m, t = 1, \ldots, T, \tag{13.3}$$

que é frequentemente designada por **modelo de mistura de padrões**. Esta designação está associada com a característica de as probabilidades marginais do processo de categorização se expressarem como mistura das correspondentes probabilidades para os diversos padrões observados de omissão.

O uso mais frequente do quadro da modelação de selecção prende-se certamente com o facto de as questões de interesse serem habitualmente as mesmas que no caso de dados completos, ou seja, incidirem sobre as probabilidades marginais do processo visado de categorização. Deve-se recorrer ao formalismo dos modelos de mistura de padrões quando se pretender explorar eventuais diferenças entre as unidades amostrais dos vários padrões de omissão com o intuito de estabelecer estratégias futuras de actuação diferenciada (*e.g.*, protocolos de tratamento diferenciados para grupos de susceptibilidade distinta à omissão).

O modelo (13.1), naturalmente sobreparametrizado (há mT parâmetros para apenas $m + l$ observações), padece previsivelmente de falta de identificabilidade, inviabilizando a realização de inferências que não recorram a informação extra (*vide* Nota de Capítulo 13.1). O processo de identificação do modelo mais comumente considerado consiste na imposição externa de restrições nos parâmetros do processo de omissão de modo que a probabilidade condicional de registo em cada partição $\mathcal{P}_t$ seja a mesma para todas as categorias reunidas em cada classe de $\mathcal{P}_t$, isto é,

$$M_1 : \lambda_{t(i)} = \lambda_{t(k)}, \ i, k \in C_{tj}, \ j = 1, \ldots, m_t, \ t = 2, \ldots, T. \tag{13.4}$$

O processo de omissão M_1 significa assim que as probabilidades condicionais de omissão dados os resultados observados (a classe de cada partição) e não observados (a verdadeira categoria de classificação se não houvesse omissão) não depende dos resultados omissos, o que pode ser definido por

$$M_1 : \lambda_{t(i)} = \alpha_{t(j)}, \ i \in C_{tj}, \ j = 1, \ldots, m_t, \ t = 2, \ldots, T. \tag{13.5}$$

Pelo facto de este mecanismo não ser informativo sobre o verdadeiro resultado de uma classificação hipoteticamente completa, M_1 é por vezes rotulado na literatura por processo de **omissão não-informativa**, ou ainda, mais frequentemente, segundo Rubin (1976), por processo de **omissão aleatória** (ou omissão ao acaso), MAR (acrónimo de *Missing At Random*).

Observe-se que o modelo estatístico sob M_1 passa a ser saturado, sendo a respectiva verosimilhança expressável numa forma factorizada por

$$L\left(\boldsymbol{\theta}, \{\alpha_{t(j)}\} \mid \mathbf{N}; M_1\right) \ \propto \ \prod_{t=1}^{T} \prod_{j=1}^{m_t} \alpha_{t(j)}^{n_{tj}} \times \prod_{i=1}^{m} \theta_i^{n_{1i}} \prod_{t=2}^{T} \prod_{j=1}^{m_t} \left(\mathbf{z}_{tj}' \, \boldsymbol{\theta}\right)^{n_{tj}}$$

$$\equiv \ L_1\left(\{\alpha_{t(j)}\} \mid \mathbf{N}\right) \times L_2\left(\boldsymbol{\theta} \mid \mathbf{N}\right). \tag{13.6}$$

A fixação do padrão de omissão observado leva a que os dados observados para as n unidades se possam definir através das variáveis indicadoras para as $m + l$ classes C_{tj}, supostas independentes mas não identicamente distribuídas,

$$I_{C_{tj}}(k) = \left\{ \begin{array}{ll} 1, & k \text{ registado em } C_{tj} \\ 0, & \text{c.c.} \end{array} \right. \sim Ber(\mathbf{z}_{tj}' \, \boldsymbol{\theta}), \quad k = 1, \ldots, n. \tag{13.7}$$

Consequentemente, a distribuição marginal dos dados observados, calculada sem condicionamento explícito no padrão observado de omissão, é precisamente o factor L_2 de (13.6) e pode ser interpretada como uma distribuição Produto de Multinomiais

13. ANÁLISE DE DADOS INCOMPLETOS 453

para $\mathbf{N}$ condicionalmente a um padrão de omissão definido intencionalmente com $\left\{ N_{t\cdot} = \sum_{j=1}^{m_t} n_{tj} \right\}$ previamente fixados por delineamento.

O núcleo desta distribuição respeitante a tal processo de omissão determinístico coincide então por (13.6) com a verosimilhança relevante para inferências sobre $\boldsymbol{\theta}$ no quadro de um processo de omissão MAR (mas não no quadro de um processo geral de omissão devido à forma de (13.1)). Deste modo, fazer inferências sobre $\boldsymbol{\theta}$ com base na verosimilhança L_2 significa ignorar o mecanismo aleatório de omissão. Ora, desde que $\boldsymbol{\theta}$ e $\left\{ \alpha_{t(j)} \right\}$ sejam distintos (no sentido de o seu espaço conjunto de valores possíveis ser o produto cartesiano das gamas de variação dos dois tipos de parâmetros), como acontece geralmente, a factorização (13.6) da distribuição amostral dos dados mostra que o processo de omissão M_1 é **ignorável** do ponto de vista das inferências sobre $\boldsymbol{\theta}$ baseadas directamente na verosimilhança[2].

O panorama é diferente do ponto de vista das inferências frequencistas sobre $\boldsymbol{\theta}$. E é-o pela simples razão de o núcleo da distribuição condicional de $\mathbf{N}$ dado o padrão de omissão observado (*i.e.*, dado $\{N_{t\cdot}\}$) sob M_1 não coincidir com o da distribuição marginal dos dados observados definido por L_2 (Exercício 13.1). Isto vai implicar que a distribuição amostral condicional de uma estatística delineada para se inferir sobre $\boldsymbol{\theta}$ (estimador, pivô, estatística do teste) seja geralmente diferente da que resulta do modelo Produto de Multinomiais de núcleo L_2[3].

Um caso especial de um mecanismo de omissão MAR resulta da imposição mais restritiva de uma única probabilidade condicional de omissão por tipo de omissão, *i.e.*, por cada $\mathcal{P}_t$, sendo pois definido por

$$M_2 : \lambda_{t(i)} = \alpha_t, \ i = 1, \ldots, m, \ t = 1, \ldots, T. \tag{13.8}$$

Este processo indica assim que as probabilidades condicionais de omissão não dependem em nenhum aspecto das categorias de pertença das unidades, *i.e.*, dos resultados (observados ou omissos) do processo de categorização, sendo por vezes denominado de processo de **omissão completamente aleatória** (ou completamente ao acaso), MCAR (acrónimo de *Missing Completely At Random*).

É fácil agora constatar (Exercício 13.2) que este processo de omissão já é ignorável do ponto de vista das inferências frequencistas sobre $\boldsymbol{\theta}$, as quais devem apoiar-se na distribuição condicional Produto de Multinomiais $M_{m_t-1}(N_{t\cdot}, \mathbf{Z}'_{\mathbf{t}}\boldsymbol{\theta})$.

O processo de omissão MCAR é uma estrutura geralmente rígida e pouco realista encaixada num processo MAR que, por sua vez, impõe uma estrutura saturada ($m + l - 1$ parâmetros funcionalmente independentes) e identificável ao modelo estatístico. Naturalmente que estes últimos objectivos podem igualmente ser atingidos por um número adequado de restrições em $\lambda_{t(i)}$ que mantenham, de algum modo, a dependência destes de resultados não observados. Um processo com esta última característica diz-se de **omissão informativa** ou, por vezes, de **omissão não aleatória**,

---

[2]É o caso das inferências verosimilhancistas e bayesianas (aqui com o requisito adicional de independência *a priori* entre os dois tipos de parâmetros). A questão de ignorabilidade no presente contexto de dados omissos foi estendida para dados grosseiros (*coarse data*) – contemplando nomeadamente os dados censurados típicos da Análise de Sobrevivência – em Heitjan & Rubin (1991) e Heitjan (1993, 1994, 1997).

[3]Veja-se, *e.g.*, Kenward & Molenberghs (1998) para um estudo prático da não ignorabilidade do processo MAR para testes (clássicos) sobre $\boldsymbol{\theta}$.

454 13.2 MODELAÇÃO

MNAR (acrónimo de *Missing Not At Random*). Pelo exposto anteriormente, este tipo de processo de omissão é não ignorável no que concerne às inferências genéricas sobre $\boldsymbol{\theta}$. Para além das dificuldades acrescidas de ordem interpretativa e computacional suscitadas pela complexidade e variedade destes processos, mesmo quando dotados de estrutura reduzida, o seu uso pode ser inviabilizado devido à permanência de inidentificabilidade (Exercício 13.1).

Exemplo 13.1: Considere-se o cenário de uma classificação bidimensional nas variáveis binárias X_1 e X_2 (que podem ser a mesma variável medida em duas ocasiões) em que o conjunto dos padrões de omissão admissíveis e observados é formado pelo registo em ambas as variáveis, omissão só em X_2, omissão só em X_1 e omissão em ambas. Em contextos deste tipo, os padrões de omissão são geralmente definidos por variáveis binárias R_i, indicando se X_i é ($R_i = 1$) ou não observado ($R_i = 0$). As partições associadas aos padrões (R_1, R_2) referidos são indicadas pelas matrizes $\mathbf{Z}_1 = \mathbf{I}_4$, $\mathbf{Z}_2 = \mathbf{I}_2 \otimes \mathbf{1}_2$, $\mathbf{Z}_3 = \mathbf{1}_2 \otimes \mathbf{I}_2$ e $\mathbf{Z}_4 = \mathbf{1}_4$, respectivamente para $(R_1, R_2) = (1, 1), (1, 0), (0, 1), (0, 0)$.

As frequências associadas com os processos de medição de (X_1, X_2) e de omissão, denotáveis por $\{y_{r_1 r_2 ij}\}$ – note-se que o índice de categorização é agora duplo –, correspondem assim a uma tabela tetradimensional 2^4 resultante da ampliação da tabela relativa às variáveis (X_1, X_2) com as dimensões relativas aos indicadores de ausência de omissão em cada uma delas. Por simplicidade notacional vai-se ordenar os padrões de omissão indicados por (R_1, R_2) segundo uma variável W assumindo os valores $t = 1, 2, 3, 4$, respectivamente. Deste modo, as probabilidades associadas com os processos de medição e omissão, em número de 16 (15 linearmente independentes), passam a ser denotadas por $\nu_{tij} = P(X_1 = i, X_2 = j, W = t)$ e são factorizáveis, como se viu, das seguintes maneiras:

$$
\begin{aligned}
\nu_{tij} &= P(X_1 = i, X_2 = j) P(W = t | X_1 = i, X_2 = j) \equiv \theta_{ij} \lambda_{t(ij)} \\
&= P(W = t) P(X_1 = i, X_2 = j | W = t) \equiv \gamma_t \eta_{ij(t)}.
\end{aligned}
$$

As frequências observadas são uma síntese das frequências ampliadas $\{y_{r_1 r_2 ij}\}$ determinada pela tabela parcial correspondente a $(R_1, R_2) = (1, 1)$ e pelas marginais das restantes tabelas parciais, $\{y_{10i \cdot}\}$, $\{y_{01 \cdot j}\}$ e $\{y_{00 \cdot \cdot}\}$. Aglutinadas em número de 9 em $\mathbf{N}_1 = (n_{1ij})$, $\mathbf{N}_2 = (n_{2i})$, $\mathbf{N}_3 = (n_{3j})$ e N_4, apresentam a função de probabilidade (13.1) com núcleo

$$
L\left(\{\nu_{tij}\} | \mathbf{N}\right) = \prod_{i,j} \nu_{1ij}^{n_{1ij}} \prod_i \nu_{2i \cdot}^{n_{2i}} \prod_j \nu_{3 \cdot j}^{n_{3j}} \nu_{4 \cdot \cdot}^{N_4} \quad . \tag{13.9}
$$

Um processo de omissão MAR obedece às seguintes suposições para todo o $i, j = 1, 2$

$$
\begin{aligned}
\lambda_{1(ij)} &= \alpha_{1(ij)}, \ \lambda_{2(ij)} = \alpha_{2(i)}, \ \lambda_{3(ij)} = \alpha_{3(j)} \\
\lambda_{4(ij)} &= \alpha_4 \equiv 1 - \alpha_{1(ij)} - \alpha_{2(i)} - \alpha_{3(j)}
\end{aligned}
$$

(veja-se a Nota de Capítulo 13.1 para as restrições equivalentes em termos da modelação de mistura de padrões). As restrições naturais explícitas na expressão de α_4

13. ANÁLISE DE DADOS INCOMPLETOS

mostram como este tipo de processo pode ser bastante restritivo ou, dito de outro modo, ser inviável pela inconsistência daquelas restrições (*vide, e.g.*, Paulino (1988).

Sob a estrutura MAR, o modelo amostral depende identificadamente de 8 parâmetros linearmente independentes (3 elementos de $\boldsymbol{\theta}$ e 5 de $\boldsymbol{\alpha}$) através da expressão (13.6),

$$L\left(\boldsymbol{\theta}, \{\lambda_{t(ij)}\} \mid \mathbf{N}; M_1\right) \propto \prod_{i,j} \alpha_{1(ij)}^{n_{1ij}} \prod_i \alpha_{2(i)}^{n_{2i}} \prod_j \alpha_{3(j)}^{n_{3j}} \alpha_4^{N_4} \times \prod_{i,j} \theta_{ij}^{n_{1ij}} \prod_i \theta_{i\cdot}^{n_{2i}} \prod_j \theta_{\cdot j}^{n_{3j}}.$$

Observe-se que o segundo factor não depende previsivelmente da frequência N_4 porque $\mathbf{z}_4'\boldsymbol{\theta} = 1$. A simplificação MCAR deste processo, definida por $\lambda_{t(ij)} = \alpha_t$, $\sum_{t=1}^4 \alpha_t = 1$, acarreta apenas a transformação do factor L_1 de (13.6) para $L_1\left(\{\alpha_t\} \mid \mathbf{N}\right) \propto \prod_t \alpha_t^{N_t\cdot}$.

Para a construção com fins ilustrativos de processos MNAR vai-se recorrer à estratégia de Fay (1986) desdobrando as probabilidades $\lambda_{t(ij)}$ para cada (i,j) com base nas seguintes componentes: probabilidade de X_1 ser observada, $\psi_{1(ij)}$; probabilidade de X_2 ser observada dado que X_1 também o foi, $\psi_{21(ij)}$; probabilidade de X_2 ser observada dado que X_1 é omissa, $\psi_{20(ij)}$. Deste modo, para todo o (i,j),

$$\begin{aligned} \lambda_{1(ij)} &= \psi_{1(ij)}\, \psi_{21(ij)}; \quad \lambda_{2(ij)} = \psi_{1(ij)} \left[1 - \psi_{21(ij)}\right] \\ \lambda_{3(ij)} &= \left[1 - \psi_{1(ij)}\right] \psi_{20(ij)}; \quad \lambda_{4(ij)} = \left[1 - \psi_{1(ij)}\right] \left[1 - \psi_{20(ij)}\right]. \end{aligned}$$

Tendo como objectivo definir processos MNAR que saturem o modelo estatístico, sem redução da estrutura dos θ_{ij}, estas 12 probabilidades condicionais de omissão devem ser estruturadas em torno de 5 parâmetros. Usando a transformação logística, um modelo possível nessas condições é

$$\begin{aligned} \text{logito}\,(\psi_{1(ij)}) &= \alpha_{10} + \alpha_1(i-1) + \alpha_2(j-1) \\ \text{logito}\,(\psi_{21(ij)}) &= \alpha_{20} + \alpha_1(i-1) + \alpha_2(j-1) \\ \text{logito}\,(\psi_{20(ij)}) &= \alpha_{30} + \alpha_1(i-1) + \alpha_2(j-1), \end{aligned} \tag{13.10}$$

estipulando que as probabilidades condicionais de omissão em qualquer das variáveis dependem de ambas as variáveis da mesma forma, mas diferem ente si para a cela de referência $(1,1)$[4].

Qualquer simplificação do modelo (13.10) obtida por anulação de alguns destes parâmetros α dá origem a modelos reduzidos que podem ou não manter a estrutura MNAR. Por exemplo, o modelo correspondente a $\alpha_2 = 0$ continua a ser do tipo MNAR, mas fazendo $\alpha_1 = \alpha_2 = 0$ obtém-se a estrutura MCAR com os α_t parametrizados em termos de α_{10}, α_{20} e α_{30}. Desnecessário será dizer que a estrutura MAR saturada não é passível de estar encaixada em (13.10). O modelo

$$\begin{aligned} \text{logito}\,(\psi_{1(ij)}) &= \alpha_{10} \\ \text{logito}\,(\psi_{21(ij)}) &= \alpha_{20} + \alpha_1(i-1) \\ \text{logito}\,(\psi_{20(ij)}) &= \alpha_{30}, \end{aligned} \tag{13.11}$$

---

[4]Molenberghs, Goetghebeur, Lipsitz & Kenward (1999) explicitam uma série de modelos MNAR no mesmo cenário que se considera aqui. Uma alternativa usual à construção de modelos MNAR consiste numa modelação log-linear reduzida das probabilidades conjuntas $\{\nu_{tij} \equiv \nu_{r_1 r_2 ij}\}$ (veja-se, por exemplo, Baker, Rosenberger & DerSimonian (1992) e ainda os Exercícios 13.11 - 13.15).

456   13.3 MÁXIMA VEROSIMILHANÇA SOB OMISSÃO ALEATÓRIA

ilustra um processo MAR reduzido, não sendo pois equivalente a (13.5).   ■

Não se quer terminar esta secção de modelação sem frisar que a escolha de estruturas (saturadas ou reduzidas) para o processo de omissão que identifiquem o modelo amostral de dados incompletos, por pouco ou muito arbitrária que seja (e, em geral, não é pouco), apoia-se em suposições inverificáveis. Como tal, deve-se idealmente sujeitar as várias estruturas a equacionar a uma análise de sensibilidade visando indagar a maior ou menor estabilidade relativa de inferências de interesse e, assim, a maior ou menor confiança que nelas deve ser depositada. Por outro lado, e porque as questões de interesse no contexto de dados completos não deixam naturalmente de ser válidas neste contexto mais geral, importa considerar também estruturas reduzidas sobre o processo de categorização/medição. Nesse sentido, o modelo de selecção (13.2) passa a explicitar-se por

$$\nu_{ti}(\boldsymbol{\beta}, \boldsymbol{\alpha}) = \theta_i(\boldsymbol{\beta})\lambda_{t(i)}(\boldsymbol{\alpha}), \quad i = 1, \dots, m; \ t = 1, \dots, T, \tag{13.12}$$

em que $\boldsymbol{\beta}$ (respectivamente, $\boldsymbol{\alpha}$) representa os novos parâmetros que explicam estruturalmente o processo de categorização (resp. omissão). A Nota de Capítulo 13.2 oferece um breve resumo das opções de modelação assumidas em muita da literatura recente de dados categorizados com observações omissas.

13.3   Análise por máxima verosimilhança sob omissão aleatória

Em praticamente tudo o que segue admite-se a validade do mecanismo de omissão aleatória M_1, sob o qual $\mathbf{N}$ apresenta a distribuição amostral $M(n, \{(\mathbf{z}'_{tj}\boldsymbol{\theta})\alpha_{t(j)}\})$ em que $\{\alpha_{t(j)}\}$ denotam agora as probabilidades condicionais de registo em todas as classes C_{tj}. Para a estimação por máxima verosimilhança de $\boldsymbol{\theta}$ basta maximizar o factor L_2 da verosimilhança dos dados observados, ou equivalentemente,

$$\ln L_2(\boldsymbol{\theta} \mid \mathbf{N}) = \sum_{i=1}^{m} n_{1i} \ln \theta_i + \sum_{t=2}^{T} \sum_{j=1}^{m_t} n_{tj} \ln(\mathbf{z}'_{tj}\boldsymbol{\theta}),$$

o que conduz ao sistema de equações de verosimilhança

$$\widehat{\boldsymbol{\theta}} = \left(\mathbf{N}_1 + \sum_{t=2}^{T} \mathbf{D}_{\widehat{\boldsymbol{\theta}}} \mathbf{Z}_t \mathbf{D}_{\mathbf{z}'_t\widehat{\boldsymbol{\theta}}}^{-1} \mathbf{N}_t \right) / n, \tag{13.13}$$

onde, para evitar sobrecarga notacional, mantém-se o símbolo n para indicar o número total de unidades que sofreram algum tipo de categorização, o que exclui da dimensão amostral as unidades com categorização completamente omissa se as houver.

A forma das equações (13.13) sugere logo um algoritmo para a sua resolução iterativa consistindo em avaliar alternadamente o segundo e primeiro membros a partir de um valor inicial (*e.g.*, a proporção de unidades completamente categorizadas) até

13. ANÁLISE DE DADOS INCOMPLETOS

à satisfação de algum critério de convergência pré-estabelecido[5]. Deve-se, todavia, acrescentar que a resolução iterativa das equações de verosimilhança é dispensável para o padrão especial de omissão em partições encaixadas dado ser possível pôr (13.13) numa expressão em forma fechada para $\boldsymbol{\theta}$ (*vide* Nota de Capítulo 13.3).

Como meio de tornear a conhecida lentidão deste simples algoritmo, pode-se optar pelos algoritmos alternativos de Newton-Raphson e *scoring* de Fisher, para o que se necessita começar por determinar o vector gradiente do logaritmo da verosimilhança L_2 que se exprime em termos de $\overline{\boldsymbol{\theta}} = (\mathbf{I}_{m-1}, \mathbf{0}_{m-1})\boldsymbol{\theta}$, *i.e.*, de todas as componentes de $\boldsymbol{\theta}$ à excepção da última. Denotando por $\overline{\mathbf{Z}}_t$ a matriz $(m-1) \times (m_t - 1)$ obtida de $\mathbf{Z}_t$ por remoção da última linha e coluna e definindo $\overline{\boldsymbol{\theta}}_t = \overline{\mathbf{Z}}'_t \overline{\boldsymbol{\theta}}$ e $\overline{\mathbf{Z}} = [\overline{\mathbf{Z}}_t, t = 1, \dots, T]$, resulta que a função *score* (Exercício 13.5) é

$$\mathbf{U}_2(\overline{\boldsymbol{\theta}}) = \sum_{t=1}^{T} \overline{\mathbf{Z}}_t \left[\boldsymbol{\Sigma}_t(\overline{\boldsymbol{\theta}})\right]^{-1} \overline{\mathbf{p}}_t - \left(\overline{\mathbf{Z}} \left[\boldsymbol{\Sigma}(\overline{\boldsymbol{\theta}})\right]^{-1} \overline{\mathbf{Z}}'\right) \overline{\boldsymbol{\theta}}, \tag{13.14}$$

em que $\overline{\mathbf{p}}_t = (\mathbf{I}_{m_t-1}, \mathbf{0}_{m_t-1})\mathbf{N}_t/N_{t.}, \boldsymbol{\Sigma}_t(\overline{\boldsymbol{\theta}}) = \left(\mathbf{D}_{\overline{\boldsymbol{\theta}}_t} - \overline{\boldsymbol{\theta}}_t \overline{\boldsymbol{\theta}}'_t\right)\Big/N_{t.}, t = 1, \dots, T$ e $\boldsymbol{\Sigma}(\overline{\boldsymbol{\theta}})$ é a matriz diagonal em blocos com blocos diagonais $\boldsymbol{\Sigma}_t(\overline{\boldsymbol{\theta}})$. Segue-se então que a matriz hessiana de $\ln L_2(\overline{\boldsymbol{\theta}}|\mathbf{N})$ pode ser compactamente representada por

$$\mathbf{H}_2(\overline{\boldsymbol{\theta}}) = -\sum_{t=1}^{T} \overline{\mathbf{Z}}_t \left[\mathbf{D}_{\mathbf{v}_t} + \frac{n_{tm_t}}{(1 - \mathbf{J}'_t \overline{\boldsymbol{\theta}}_t)^2} \mathbf{J}_t \mathbf{J}'_t\right] \overline{\mathbf{Z}}'_t, \tag{13.15}$$

em que $\mathbf{v}_t = \left(n_{tj}/(\mathbf{z}'_{tj}\,\boldsymbol{\theta})^2, j = 1, \dots, m_t - 1\right)'$ e $\mathbf{J}_t$ é o vector $(m_t - 1) \times 1$ com todos os elementos iguais a 1.

O algoritmo *scoring* de Fisher exige a estimação adicional dos parâmetros $\boldsymbol{\lambda}(M_1) = \{\boldsymbol{\alpha}_t(M_1), t = 1, \dots, T\}$, com $\boldsymbol{\alpha}_t(M_1) = \left(\alpha_{t(j)}, j = 1, \dots, m_t\right)',$ [6] pois

$$E\left(n_{tj} \,\middle|\, \boldsymbol{\theta}, \{\alpha_{t(j)}\}, M_1\right) = n\,\alpha_{t(j)}\mathbf{z}'_{tj}\,\boldsymbol{\theta}, \forall t, j.$$

Por maximização restringida de $\ln L_1(\boldsymbol{\lambda}(M_1)|\mathbf{N})$, ou mais simplesmente, atendendo ao facto de o modelo estatístico sob M_1 ser saturado, as estimativas de máxima verosimilhança das probabilidades condicionais de omissão são $\widehat{\boldsymbol{\alpha}}_t(M_1) = \left(\widehat{\alpha}_{t(j)}\right) = n^{-1}\mathbf{D}^{-1}_{\mathbf{z}'_t \widehat{\boldsymbol{\theta}}}\mathbf{N}_t$. Deste modo, obtém-se como matriz de covariâncias assintótica estimada de $\widehat{\overline{\boldsymbol{\theta}}}$ a matriz $\left(-\mathbf{H}_2(\widehat{\overline{\boldsymbol{\theta}}})\right)^{-1}$ – veja-se o Exercício 13.5.

A forma do factor L_1 da verosimilhança sob o processo MCAR M_2,

$$L_1\left(\{\boldsymbol{\lambda}(M_2)\} \,|\mathbf{N}\,;\, M_2\right) = \prod_{t=1}^{T} \alpha_t^{N_{t.}},$$

---

[5] Este método do gradiente para maximização da referida verosimilhança logaritmizada visto em duas etapas é conhecido como método EM (*vide* Exercícios 13.3 e 13.4). Para mais detalhes consulte-se, por exemplo, Little & Rubin (2002).

[6] Isto não é mais do que uma manifestação concreta da não ignorabilidade do processo de omissão aleatória para efeitos de inferências clássicas sobre $\boldsymbol{\theta}$ (*vide* Exercício 13.2).

458   13.3 MÁXIMA VEROSIMILHANÇA SOB OMISSÃO ALEATÓRIA

em que $\boldsymbol{\lambda}(M_2) = (\alpha_t, t = 1, \ldots, T)$, conduz a que a estimativa de máxima verosimilhança dos parâmetros desse tipo de processo de omissão seja $\widehat{\alpha}_t = N_{t.}/n$, $t = 1, \ldots, T$.
Deste modo, o teste da razão de verosimilhanças de Wilks de ajustamento condicional
(a M_1) do modelo especial de omissão não-informativa M_2 é definido pela estatística

$$
\begin{aligned}
Q_V\left(M_2 \mid M_1\right) &= -2\ln \frac{L_1\left(\widehat{\alpha}_t \mid \mathbf{N}; M_2\right)}{L_1\left(\widehat{\alpha}_{t(j)} \mid \mathbf{N}; M_1\right)} \\
&= -2\sum_{t=1}^{T}\sum_{j=1}^{m_t} n_{tj}\left[\ln(\mathbf{z}'_{tj}\,\widehat{\boldsymbol{\theta}}) - \ln(n_{tj}/N_{t.})\right], \qquad (13.16)
\end{aligned}
$$

com distribuição nula aproximada $\chi^2_{(s)}$, $s = l - T + 1$. Observe-se que a expressão
desta estatística é a mesma que se obteria no diferente quadro do modelo Produto de
T Multinomiais

$$
M_0 : \mathbf{N}_t \mid N_{t.}, \boldsymbol{\theta}_t, \ t = 1, \ldots, T \overset{ind}{\sim} M_{m_t-1}(N_{t.}, \boldsymbol{\theta}_t),
$$

para efeitos de teste da estrutura linear no seu vector de parâmetros $\overline{\boldsymbol{\theta}}_* = (\overline{\boldsymbol{\theta}}'_t,\ t = 1, \ldots, T)'$, $H_0 : \overline{\boldsymbol{\theta}}_* = \overline{\mathbf{Z}}'\overline{\boldsymbol{\theta}}$. O mesmo sucede com o teste alternativo de Pearson para o
ajustamento condicional de M_2 apoiado na estatística, assintoticamente equivalente
a Q_V,

$$
Q_P\left(M_2 \mid M_1\right) = \sum_{t=1}^{T}\sum_{j=1}^{m_t} \frac{\left(n_{tj} - N_{t.}\,\mathbf{z}'_{tj}\,\widehat{\boldsymbol{\theta}}\right)^2}{N_{t.}\,\mathbf{z}'_{tj}\,\widehat{\boldsymbol{\theta}}}. \qquad (13.17)
$$

O estimador MV $\widehat{\overline{\boldsymbol{\theta}}}$ apresenta agora uma matriz de covariâncias assintótica dada por
$\left(\overline{\mathbf{Z}}\left[\boldsymbol{\Sigma}(\overline{\boldsymbol{\theta}})\right]^{-1}\overline{\mathbf{Z}}'\right)^{-1}$ (Exercício 13.5).

Querendo testar o ajustamento de qualquer outro modelo particularizando o processo de omissão MAR, basta aplicar *mutatis mutandi* o procedimento acabado de
descrever.

Seja agora $M \subset M_1$ um modelo arbitrário mais restritivo que M_1 para o vector
$\boldsymbol{\lambda}$ das probabilidades condicionais de omissão MAR e H um modelo reduzido para
o vector $\boldsymbol{\theta}$ das probabilidades das celas. A estatística de teste do modelo conjunto
$M \cap H$ sob M_1 pelo critério da razão das verosimilhanças de Wilks é desdobrável na
soma das correspondentes estatísticas de teste de M e de H, *i.e.*,

$$
\begin{aligned}
Q_V\left(M \cap H \mid M_1\right) &= -2\ln \frac{L_1\left(\widehat{\boldsymbol{\lambda}}(M) \mid \mathbf{N}\right) L_2\left(\widehat{\boldsymbol{\theta}}(H) \mid \mathbf{N}\right)}{L_1\left(\widehat{\boldsymbol{\lambda}}(M_1) \mid \mathbf{N}\right) L_2\left(\widehat{\boldsymbol{\theta}} \mid \mathbf{N}\right)} \\
&= Q_V\left(M \mid M_1\right) + Q_V\left(H \mid M_1\right), \qquad (13.18)
\end{aligned}
$$

em que $\widehat{\boldsymbol{\lambda}}(M)$ e $\widehat{\boldsymbol{\theta}}(H)$ denotam as estimativas de máxima verosimilhança de $\boldsymbol{\lambda}$ e $\boldsymbol{\theta}$ restringidas a M e H, respectivamente. Como notaram Williamson & Haber (1994), este
particionamento de Q_V mostra que a comparação por esse critério de qualquer par de
modelos para as probabilidades das categorias (respectivamente, probabilidades condicionais de omissão) não depende da estrutura tão ou mais reduzida que se imponha
ao processo de omissão (respectivamente, processo de amostragem Multinomial).

13. ANÁLISE DE DADOS INCOMPLETOS   459

Se o parâmetro de interesse for apenas $\boldsymbol{\theta}$ e se se pretende testar pelo critério Q_V o ajustamento de um modelo estrutural H para ele, a estrutura apropriada é

$$Q_V\left(H \mid M_1\right) = -2\ln\frac{L_2\left(\widehat{\boldsymbol{\theta}}\left(H\right)\mid \mathbf{N}\right)}{L_2\left(\widehat{\boldsymbol{\theta}}\mid \mathbf{N}\right)},\tag{13.19}$$

sendo independente do modelo M mais restrito que M_1 (*e.g.*, o modelo de omissão MCAR M_2) que se queira aceitar como válido. De novo, constate-se o facto interessante de $Q_V\left(H \mid M_1\right)$ corresponder à estatística Q_V de teste de H condicional a H_0 no cenário do modelo probabilístico M_0, o que implica, nomeadamente, que $Q_V\left(M_2 \cap H \mid M_1\right)$ seja a estatística Q_V de teste de $H_0 \cap H$ nesse cenário. Este último resultado aplica-se à correspondente estatística Q_P, também expressável por

$$Q_P\left(M_2 \cap H \mid M_1\right) = \sum_{t=1}^{T}\sum_{j=1}^{m_t}\frac{\left[n_{tj} - N_{t.}\,\mathbf{z}_{tj}'\,\widehat{\boldsymbol{\theta}}\left(H\right)\right]^2}{N_{t.}\,\mathbf{z}_{tj}'\,\widehat{\boldsymbol{\theta}}\left(H\right)}.$$

Contudo, o recurso à estatística de Pearson para o teste de H,

$$\begin{aligned}Q_P\left(H \mid M_1\right) &= \sum_{t=1}^{T}\sum_{j=1}^{m_t}\frac{\left[n_{tj} - n\,\widehat{\alpha}_{t(j)}\mathbf{z}_{tj}'\,\widehat{\boldsymbol{\theta}}\left(H\right)\right]^2}{n\,\widehat{\alpha}_{t(j)}\mathbf{z}_{tj}'\,\widehat{\boldsymbol{\theta}}\left(H\right)}\\[2mm]&\equiv \sum_{t=1}^{T}\sum_{j=1}^{m_t}\frac{n_{tj}}{\mathbf{z}_{tj}'\,\widehat{\boldsymbol{\theta}}}\frac{\left[\mathbf{z}_{tj}'\left(\widehat{\boldsymbol{\theta}} - \widehat{\boldsymbol{\theta}}\left(H\right)\right)\right]^2}{\mathbf{z}_{tj}'\,\widehat{\boldsymbol{\theta}}\left(H\right)},\end{aligned}\tag{13.20}$$

já não proporciona o mesmo vantajoso resultado de $Q_P\left(H \mid M\right) = Q_P\left(H \mid M_1\right)$, pois a sua expressão depende claramente de M através das respectivas estimativas de $\boldsymbol{\lambda}$, nem se identifica com a estatística Q_P condicional de H dado H_0 no cenário do modelo M_0[7].

13.4 Concretização a modelos lineares e log-lineares

Para uma concretização adicional de resultados anteriores considere-se para H algumas das estruturas habituais em dados categorizados, a saber, os modelos estritamente lineares e log-lineares no vector das probabilidades $\boldsymbol{\theta}$. A consideração de modelos funcionais lineares distintos destes requer apenas a aplicação do mesmo tipo de argumento.

O modelo estrutural estritamente linear que se foca aqui (recorde-se o Capítulo 3) é formulado em termos de equações livres por

$$H : \overline{\boldsymbol{\theta}} = \mathbf{X}\boldsymbol{\beta},$$

---

[7]Com efeito, a estatística de Pearson condicional de H dado H_0 no cenário do modelo M_0 é definida pela expressão (13.20) com a substituição dos factores $n_{tj}/(\mathbf{z}_{tj}'\widehat{\boldsymbol{\theta}})$ por $N_{t.}$.

onde $\mathbf{X}$ é uma matriz especificada $(m-1) \times p$ de característica completa $r(\mathbf{X}) = p < m$. A incorporação desta estrutura no logaritmo da verosimilhança $L_2(\overline{\boldsymbol{\theta}} \mid \mathbf{N})$ e a sua diferenciação em ordem a $\boldsymbol{\beta}$ conduzem à função *score* $\mathbf{U}_{2L}(\boldsymbol{\beta}) = \mathbf{X}'\mathbf{U}_2(\overline{\boldsymbol{\theta}}(\boldsymbol{\beta}))$ – Exercício 13.6 – e às seguintes equações de verosimilhança

$$\mathbf{X}' \sum_{t=1}^{T} \overline{\mathbf{Z}}_t \mathbf{D}_{\overline{\mathbf{Z}}'_t \overline{\boldsymbol{\theta}}(\boldsymbol{\beta})}^{-1} \overline{\mathbf{N}}_t = \mathbf{X}' \sum_{t=1}^{T} \overline{\mathbf{Z}}_t \{1 - \mathbf{J}_1' \overline{\boldsymbol{\theta}}(\widehat{\boldsymbol{\beta}})\}^{-1} n_{t m_t} \mathbf{J}_t, \tag{13.21}$$

onde $\overline{\mathbf{N}}_t = \overline{\mathbf{p}}_t N_{t\cdot}$ é o vector $\mathbf{N}_t$ desprovido da última componente $n_{t m_t}$.

A matriz hessiana associada está relacionada com a do correspondente modelo saturado pela expressão

$$\mathbf{H}_{2L}(\boldsymbol{\beta}) = \mathbf{X}'\mathbf{H}_2(\overline{\boldsymbol{\theta}}(\boldsymbol{\beta}))\mathbf{X} \tag{13.22}$$

e, por conseguinte, a correspondente matriz de informação de Fisher é

$$\mathbf{I}_{2L}(\boldsymbol{\beta}, \boldsymbol{\lambda}(M_1)) = \mathbf{X}' \sum_{t=1}^{T} \overline{\mathbf{Z}}_t \left\{ \mathbf{D}_{\mathbf{u}_t} + \left[1 - \mathbf{J}_t' \overline{\mathbf{Z}}'_t \overline{\boldsymbol{\theta}}(\boldsymbol{\beta})\right]^{-1} n\,\alpha_{t(m_t)} \mathbf{J}_t \mathbf{J}_t' \right\} \overline{\mathbf{Z}}'_t \mathbf{X}, \tag{13.23}$$

onde $\mathbf{u}_t = \mathbf{u}_t(\boldsymbol{\beta}, \boldsymbol{\lambda}) = \left(n\alpha_{t(j)} / \left[\mathbf{z}'_{tj}\,\boldsymbol{\theta}(\boldsymbol{\beta})\right], \ j = 1, \ldots, m_t\right).$

O uso de uma destas matrizes no correspondente algoritmo de Newton-Raphson ou *scoring* de Fisher conduz à determinação da estimativa de máxima verosimilhança $\widehat{\boldsymbol{\beta}}$ de $\boldsymbol{\beta}$, da qual se obtêm os valores observados das estatísticas de teste atrás citadas através das estimativas de máxima verosimilhança $\widehat{\overline{\boldsymbol{\theta}}}(H) = \mathbf{X}\widehat{\boldsymbol{\beta}}$. A distribuição nula assintótica de $Q_V(M_2 \cap H \mid M_1)$ e de $Q_P(M_2 \cap H \mid M_1)$ é $\chi^2_{(s+m-1-p)}$ enquanto a de $Q_V(H \mid M_1)$ e $Q_P(H \mid M_1)$ é $\chi^2_{(m-1-p)}$. Pelo método Delta, conclui-se que a matriz de covariâncias aproximada de $\widehat{\overline{\boldsymbol{\theta}}}(H)$ é

$$\widehat{\mathbf{V}}_{\widehat{\overline{\boldsymbol{\theta}}}(H)} = \mathbf{X} \left[\mathbf{I}_{2L}(\widehat{\boldsymbol{\beta}}, \widehat{\boldsymbol{\lambda}})\right]^{-1} \mathbf{X}'. \tag{13.24}$$

Saliente-se ainda que, não havendo interesse em $\boldsymbol{\beta}$ nem no estudo de eventuais reduções do modelo H, o ajustamento de H pode processar-se alternativamente através de equivalente formulação em restrições de H, *i.e.*,

$$H : \mathbf{C}\overline{\boldsymbol{\theta}} = \mathbf{0},$$

onde $\mathbf{C}$ é uma matriz $a \times (m-1)$ de característica completa $a = m-1-p$ cujas linhas são ortogonais às colunas de $\mathbf{X}$. Com efeito, a maximização restringida de $\ln L_2(\overline{\boldsymbol{\theta}} \mid \mathbf{N})$ pelo método dos multiplicadores lagrangianos conduz ao sistema de equações

$$\widehat{\overline{\boldsymbol{\theta}}}(H) = \left\{ \mathbf{I}_{m-1} - \widehat{\mathbf{V}}\mathbf{C}' \left[\mathbf{C}\widehat{\mathbf{V}}\mathbf{C}'\right]^{-1} \mathbf{C} \right\} \widehat{\mathbf{V}} \sum_{t=1}^{T} \overline{\mathbf{Z}}_t \widehat{\boldsymbol{\Sigma}}_t^{-1} \overline{\mathbf{p}}_t, \tag{13.25}$$

onde $\widehat{\mathbf{V}} = \left[\overline{\mathbf{Z}}\left[\boldsymbol{\Sigma}(\widehat{\overline{\boldsymbol{\theta}}}(H))\right]^{-1} \overline{\mathbf{Z}}'\right]^{-1}$ e $\widehat{\boldsymbol{\Sigma}}_t = \boldsymbol{\Sigma}_t(\widehat{\overline{\boldsymbol{\theta}}}(H))$, passível de resolução iterativa directa em ordem a $\widehat{\overline{\boldsymbol{\theta}}}(H)$.

13. ANÁLISE DE DADOS INCOMPLETOS

Como se viu no Capítulo 4, o modelo estrutural log-linear para as probabilidades das celas é compactamente definido por

$$H: \ln\boldsymbol{\theta} = \mathbf{1}_m u + \mathbf{X}\boldsymbol{\beta},$$

onde $\mathbf{X}$ é uma matriz $m \times p$ tal que a característica de $[\mathbf{1}_m, \mathbf{X}]$ é $1+p$. Com a inclusão da restrição natural $\mathbf{1}'_m\boldsymbol{\theta} = 1$, esta estrutura pode ser expressa por

$$\boldsymbol{\theta}(\boldsymbol{\beta}) = \exp(\mathbf{X}\boldsymbol{\beta}) / \mathbf{1}'_m\exp(\mathbf{X}\boldsymbol{\beta})$$

Diferenciando $\ln L_2(\boldsymbol{\theta}(\boldsymbol{\beta})|\mathbf{n})$ em ordem a $\boldsymbol{\beta}$ obtém-se a função *score*

$$\mathbf{U}_{2LL}(\boldsymbol{\beta}) = \mathbf{X}' \left\{ \mathbf{N}_1 + \sum_{t=2}^{T} \mathbf{D}_{\boldsymbol{\theta}(\boldsymbol{\beta})}\mathbf{Z}_t\mathbf{D}^{-1}_{\mathbf{Z}'_t\boldsymbol{\theta}(\boldsymbol{\beta})}\mathbf{N}_t \right\} - \mathbf{X}'\boldsymbol{\mu}(\boldsymbol{\beta}), \tag{13.26}$$

onde $\boldsymbol{\mu}(\boldsymbol{\beta}) = n\boldsymbol{\theta}(\boldsymbol{\beta})$, pelo que o sistema de equações de verosimilhança é

$$\mathbf{X}' \left\{ \mathbf{N}_1 + \sum_{t=2}^{T} \mathbf{D}_{\boldsymbol{\theta}(\boldsymbol{\beta})}\mathbf{Z}_t\mathbf{D}^{-1}_{\mathbf{Z}'_t\boldsymbol{\theta}(\boldsymbol{\beta})}\mathbf{N}_t \right\} = \mathbf{X}'\boldsymbol{\mu}(\boldsymbol{\beta}). \tag{13.27}$$

Esta expressão mostra que as equações de verosimilhança são idênticas às que se obteriam se não houvesse omissão (reveja-se o Capítulo 9) excepto no ponto em que o vector das frequências observadas nessa hipótese é substituído pelo seu valor esperado condicional aos dados efectivamente observados, de acordo com os Exercícios 13.3 e 13.4 (recorde-se (13.13)). A forma destas equações mostra que a sua resolução iterativa em ordem a $\boldsymbol{\beta}$ ou a $\boldsymbol{\theta}$ pode ser feita através do algoritmo referido para a resolução das equações $(13.13)^8$ – atenda ao Exercício 13.4.

Procedendo à diferenciação adicional em ordem a $\boldsymbol{\beta}'$ do vector gradiente de $\ln L_2$ obtém-se a matriz hessiana (Exercício 13.7)

$$\mathbf{H}_{2LL}(\boldsymbol{\beta}) = \mathbf{X}' \left\{ -n\mathbf{I}_m + \sum_{t=2}^{T} \left[\mathbf{D}_{\mathbf{a}_t(\boldsymbol{\beta})} - \mathbf{D}_{\mathbf{b}_t(\boldsymbol{\beta})}\mathbf{Z}_t\mathbf{Z}'_t \right] \right\} \left\{ \mathbf{D}_{\boldsymbol{\theta}(\boldsymbol{\beta})} - \boldsymbol{\theta}(\boldsymbol{\beta}) \left[\boldsymbol{\theta}(\boldsymbol{\beta}) \right]' \right\} \mathbf{X},$$

$$\tag{13.28}$$

onde $\mathbf{a}_t(\boldsymbol{\beta}) = \mathbf{Z}_t\mathbf{D}^{-1}_{\mathbf{Z}'_t\boldsymbol{\theta}(\boldsymbol{\beta})}\mathbf{N}_t$, e $\mathbf{b}_t(\boldsymbol{\beta}) = \mathbf{D}_{\boldsymbol{\theta}(\boldsymbol{\beta})}\mathbf{Z}_t\mathbf{D}^{-2}_{\mathbf{Z}'_t\boldsymbol{\theta}(\boldsymbol{\beta})}\mathbf{N}_t$ que, juntamente com a função *score*, permitem obter iterativamente a estimativa de máxima verosimilhança $\widehat{\boldsymbol{\beta}}$ pelo método de Newton-Raphson. Optando pelo algoritmo *scoring* de Fisher, necessita-se da matriz de informação de Fisher que é expressável por

$$\mathbf{I}_{2LL}(\boldsymbol{\beta}, \boldsymbol{\lambda}) = \mathbf{X}' \left\{ n\mathbf{I}_m - \sum_{t=2}^{T} \left[\mathbf{D}_{\mathbf{A}_t(\boldsymbol{\beta},\boldsymbol{\lambda})} - \mathbf{D}_{\mathbf{B}_t(\boldsymbol{\beta},\boldsymbol{\lambda})}\mathbf{Z}_t\mathbf{Z}'_t \right] \right\} \times$$

$$\times \left\{ \mathbf{D}_{\boldsymbol{\theta}(\boldsymbol{\beta})} - \boldsymbol{\theta}(\boldsymbol{\beta}) \left[\boldsymbol{\theta}(\boldsymbol{\beta}) \right]' \right\} \mathbf{X}, \tag{13.29}$$

onde

$$\mathbf{A}_t(\boldsymbol{\beta}, \boldsymbol{\lambda}) \equiv E\left(\mathbf{a}_t(\boldsymbol{\beta}) \big| \boldsymbol{\beta}, \{\alpha_{t(j)}\} ; M_1 \right) = n\mathbf{Z}_t\boldsymbol{\alpha}_t(M_1)$$

$$\mathbf{B}_t(\boldsymbol{\beta}, \boldsymbol{\lambda}) \equiv E\left(\mathbf{b}_t(\boldsymbol{\beta}) \big| \boldsymbol{\beta}, \{\alpha_{t(j)}\} ; M_1 \right) = \mathbf{D}_{\boldsymbol{\theta}(\boldsymbol{\beta})}\mathbf{Z}_t\mathbf{D}^{-1}_{\mathbf{Z}'_t\boldsymbol{\theta}(\boldsymbol{\beta})}n\boldsymbol{\alpha}_t(M_1).$$

---

[8]Aqui o passo M pode exigir, dependendo de $\mathbf{X}$, o recurso a outro algoritmo – por exemplo, o algoritmo IPF para modelos hierárquicos –, à semelhança do que se passa com dados completos (veja-se, *e.g.*, Paulino (1991)).

462 13.5 MÍNIMOS QUADRADOS GENERALIZADOS SOB OMISSÃO ALEATÓRIA

Uma vez obtido $\widehat{\boldsymbol{\beta}}$ e a sua matriz de covariâncias aproximada estimada,

$$\widehat{\mathbf{V}}_{\widehat{\boldsymbol{\beta}}} = \left[\mathbf{I}_{2LL} \left(\widehat{\boldsymbol{\beta}}, \widehat{\boldsymbol{\lambda}} \right) \right]^{-1} \equiv \left[-\mathbf{H}_{2LL}(\widehat{\boldsymbol{\beta}}) \right]^{-1},$$

com $\widehat{\boldsymbol{\alpha}}_t(M_1) = n^{-1} \mathbf{D}_{\mathbf{Z}_t'\widehat{\boldsymbol{\theta}}(\boldsymbol{\beta})}^{-1} \mathbf{N}_t$, rapidamente se determinam as correspondentes estimativas para as probabilidades $\boldsymbol{\theta}(\boldsymbol{\beta})$ e para a matriz de covariâncias aproximada associada

$$\mathbf{V}_{\widehat{\boldsymbol{\theta}}}(\boldsymbol{\beta}, \boldsymbol{\lambda}) = \left\{ \mathbf{D}_{\boldsymbol{\theta}(\boldsymbol{\beta})} - \boldsymbol{\theta}(\boldsymbol{\beta}) [\boldsymbol{\theta}(\boldsymbol{\beta})]' \right\} \mathbf{X} \left[\mathbf{I}_{2LL} \left(\boldsymbol{\beta}, \boldsymbol{\lambda} \right) \right]^{-1} \mathbf{X}' \left\{ \mathbf{D}_{\boldsymbol{\theta}(\boldsymbol{\beta})} - \boldsymbol{\theta}(\boldsymbol{\beta}) [\boldsymbol{\theta}(\boldsymbol{\beta})]' \right\},$$
(13.30)

bem como os valores observados das estatísticas de teste Q_V e Q_P para o ajustamento de H mencionadas anteriormente e cuja distribuição nula assintótica comum é

$$Q_V(M_2 \cap H | M_1) \stackrel{a}{\equiv} Q_P(M_2 \cap H | M_1) \xrightarrow[\text{sob } M_2 \cap H]{a} \chi^2_{(s+m-1-p)}$$
$$Q_V(H | M_1) \stackrel{a}{\equiv} Q_P(H | M_1) \xrightarrow[\text{sob } M_2 \cap H]{a} \chi^2_{(m-1-p)}.$$

Nota final de secção: Em consonância com a abordagem adoptada para processos de omissão aleatória nesta e na anterior secção, a estimação de máxima verosimilhança de todos os parâmetros no quadro de um processo MNAR identificando o modelo estatístico pode basear-se na verosimilhança dos dados observados (13.1), munida dos modelos estruturais para $\boldsymbol{\theta}$ e $\left\{ \lambda_{t(i)} \right\}$. O prosseguimento da metodologia inferencial de máxima verosimilhança pode então seguir linhas idênticas às indicadas[9], como se ilustra no Exemplo 13.4.

13.5 Análise por mínimos quadrados generalizados sob omissão completamente aleatória

A ignorabilidade do processo de omissão MCAR para efeitos de inferências frequencistas sobre $\boldsymbol{\theta}$ materializada na restrição ao modelo probabilístico condicional para $\mathbf{N}$ dado $\mathbf{N}_*$. pode ser aproveitada para se enquadrar tal modelo numa distribuição produto de T Multinomiais (o modelo M_0 já referido anteriormente),

$$\mathbf{N}_t | N_t, \boldsymbol{\theta}_t, \ t = 1, \ldots, T \stackrel{ind}{\sim} M_{m_t-1}(N_t, \boldsymbol{\theta}_t),$$

em que a suposição MCAR implica a adopção da estrutura linear no seu vector de parâmetros $\overline{\boldsymbol{\theta}}_* = \left(\overline{\boldsymbol{\theta}}_t', \ t = 1, \ldots, T \right)'$, $H_0 : \overline{\boldsymbol{\theta}}_* = \overline{\mathbf{Z}}'\overline{\boldsymbol{\theta}}$.

Consequentemente, inferências condicionais sobre $\boldsymbol{\theta}$ podem ser traçadas recorrendo alternativamente à metodologia dos Mínimos Quadrados Generalizados, MQG (veja-se o Capítulo 11). A grande diferença na aplicação desta metodologia relativamente à situação padrão jaz no facto de que as categorias de classificação, bem como o seu número, variam de uma Multinomial para outra.

---

[9]Molenberghs & Goetghebeur (1997) seguem esta abordagem desenvolvendo expressões genéricas para a função *score* e matriz de informação de Fisher, aplicáveis a uma larga classe de modelos estruturais para ambos os processos de categorização e omissão, fazendo uso da regra de diferenciação em cadeia.

13. ANÁLISE DE DADOS INCOMPLETOS

13.5.1 Metodologia dos mínimos quadrados generalizados em uma fase

Para efeitos de aplicação da metodologia indicada observe-se que a função qui-qua-drado de Neyman pode ser expressa (assumindo $\{n_{tj} > 0\}$[10]) por

$$Q_N(\boldsymbol{\theta}) = \sum_{t=1}^{T} \left(\overline{\mathbf{p}}_t - \overline{\boldsymbol{\theta}}_t\right)' \boldsymbol{\Sigma}_t^{-1}(\overline{\mathbf{p}}_t) \left(\overline{\mathbf{p}}_t - \overline{\boldsymbol{\theta}}_t\right) = \left(\overline{\mathbf{p}} - \overline{\boldsymbol{\theta}}_*\right)' \boldsymbol{\Sigma}^{-1}(\overline{\mathbf{p}}) \left(\overline{\mathbf{p}} - \overline{\boldsymbol{\theta}}_*\right), \quad (13.31)$$

onde $\overline{\mathbf{p}} = (\overline{\mathbf{p}}_t' \ t = 1, \ldots, T)'$, em que a única diferença com a função qui-quadrado de Pearson está no facto de $\boldsymbol{\Sigma}_t^{-1}(\overline{\boldsymbol{\theta}}_t)$ ser subsituída pelo seu estimador consistente $\boldsymbol{\Sigma}_t^{-1}(\overline{\mathbf{p}}_t)$ (i.e., de as frequências esperadas nos denominadores serem substituídas pelas respectivas frequências observadas $\{N_{t.}p_{tj}\}$. Sob H_0 o estimador do qui-quadrado modificado mínimo de $\overline{\boldsymbol{\theta}}$ (ou dos MQG - vide Capítulo 11) é dado explicitamente em forma fechada por

$$\widetilde{\boldsymbol{\theta}} = \left(\overline{\mathbf{Z}} \boldsymbol{\Sigma}^{-1}(\overline{\mathbf{p}}) \overline{\mathbf{Z}}'\right)^{-1} \overline{\mathbf{Z}} \boldsymbol{\Sigma}^{-1}(\overline{\mathbf{p}}) \overline{\mathbf{p}}, \quad (13.32)$$

pelo que o ajustamento de H_0 pode ser testado pela estatística do qui-quadrado modificado mínimo (ou estatística residual dos MQG)

$$Q_N(H_0) = Q_N(\widetilde{\boldsymbol{\theta}}) = \left(\overline{\mathbf{p}} - \overline{\mathbf{Z}}'\widetilde{\boldsymbol{\theta}}\right)' \boldsymbol{\Sigma}^{-1}(\overline{\mathbf{p}}) \left(\overline{\mathbf{p}} - \overline{\mathbf{Z}}'\widetilde{\boldsymbol{\theta}}\right). \quad (13.33)$$

A expressão de $Q_N(H_0)$ evidencia que ela é a contrapartida nesta abordagem à estatística de Pearson de ajuste condicional do modelo MCAR M_2 (basta exprimir (13.17) como uma forma quadrática).

Em termos de restrições o modelo estrutural H_0 equivale à formulação $\mathbf{S}\overline{\boldsymbol{\theta}}_* = \mathbf{0}$, em que $\mathbf{S}$ é uma matriz $s \times (m + l - T)$, com $s = l - T + 1$, de característica completa ortogonal a $\overline{\mathbf{Z}}'$. De acordo com Bhapkar (1966), a estatística $Q_N(H_0)$ é algebricamente equivalente à estatística de Wald

$$Q_W(H_0) = (\mathbf{S}\overline{\mathbf{p}})' \left[\mathbf{S}\boldsymbol{\Sigma}(\overline{\mathbf{p}})\mathbf{S}'\right]^{-1} \mathbf{S}\overline{\mathbf{p}}, \quad (13.34)$$

cuja distribuição nula aproximada (para grandes valores de $\{N_{t.}\}$) é $\chi^2_{(s)}$ (Exercício 13.9). A equivalência assintótica de $Q_N(H_0) \equiv Q_W(H_0)$ a $Q_P(M_2|M_1)$, em particular, era previsível atendendo a que $\widetilde{\boldsymbol{\theta}}$ partilha o comportamento BAN do estimador de MV $\widehat{\boldsymbol{\theta}}$ sob M_2, traduzido por $\widehat{\boldsymbol{\theta}} \stackrel{a}{\underset{M_2}{\sim}} N_{m-1}(\overline{\boldsymbol{\theta}}, \mathbf{V}(\overline{\boldsymbol{\theta}}))$, onde $\mathbf{V}(\overline{\boldsymbol{\theta}}) = \left[\overline{\mathbf{Z}} \boldsymbol{\Sigma}^{-1}(\overline{\boldsymbol{\theta}}) \overline{\mathbf{Z}}'\right]^{-1}$ (vide Exercício 13.9).

No pressuposto de que H_0 proporciona uma descrição satisfatória da variação de $\overline{\boldsymbol{\theta}}_*$ interessa analisar a razoabilidade estatística de estruturas mais reduzidas. No caso de hipóteses lineares $H : \mathbf{C}\overline{\boldsymbol{\theta}} = \mathbf{0}$, definidas tal como indicado na Secção 13.4, o facto de $\mathbf{C}\overline{\boldsymbol{\theta}} \stackrel{a}{\sim} N_a(\mathbf{C}\overline{\boldsymbol{\theta}}, \mathbf{C}\mathbf{V}(\overline{\boldsymbol{\theta}})\mathbf{C}')$ e de $\boldsymbol{\Sigma}(\overline{\mathbf{p}})$ ser um estimador consistente de $\mathbf{V}(\overline{\boldsymbol{\theta}})$ sob H_0 acarreta que H pode ser testada pela estatística de Wald

$$Q_W(H|H_0) = (\mathbf{C}\widetilde{\boldsymbol{\theta}})' \left[\mathbf{C}\mathbf{V}(\overline{\mathbf{p}})\mathbf{C}'\right]^{-1} \mathbf{C}\widetilde{\boldsymbol{\theta}}, \quad (13.35)$$

---

[10]Koch, Imrey & Reinfurt (1972) sugerem que o valor eventualmente nulo de p_{tj} seja substituído por $(m_t N_{t.}^2)^{-1}$.

onde $\mathbf{V}(\bar{\mathbf{p}})$ resulta de $\mathbf{V}(\bar{\boldsymbol{\theta}})$ por substituição de $\bar{\boldsymbol{\theta}}_t$ por $\bar{\mathbf{p}}_t$, munida da sua distribuição nula assintótica, $\chi^2_{(a)}$.

Note-se que a formulação de H em termos de equações livres conduz a que no modelo original Produto de Multinomiais se contemple a estrutura

$$H_0 \cap H : \quad \bar{\boldsymbol{\theta}}_* = \bar{\mathbf{Z}}'\mathbf{X}\boldsymbol{\beta},$$

onde o vector $\boldsymbol{\beta}$, de dimensionalidade $p = m - 1 - a$, é estimado por MQG pelo estimador

$$\tilde{\boldsymbol{\beta}} = \left[\mathbf{X}'\bar{\mathbf{Z}}\boldsymbol{\Sigma}^{-1}(\bar{\mathbf{p}})\bar{\mathbf{Z}}'\mathbf{X} \right]^{-1} \mathbf{X}'\bar{\mathbf{Z}}\boldsymbol{\Sigma}^{-1}(\bar{\mathbf{p}})\bar{\mathbf{p}}, \tag{13.36}$$

com matriz de covariâncias estimada por

$$\tilde{\mathbf{V}}_{\tilde{\boldsymbol{\beta}}} = \left[\mathbf{X}'\bar{\mathbf{Z}}\boldsymbol{\Sigma}^{-1}(\bar{\mathbf{p}})\bar{\mathbf{Z}}'\mathbf{X} \right]^{-1}.$$

Prova-se (Exercício 13.9) que $Q_W(H|H_0)$ é expressável pela diferença entre as estatísticas de Wald $Q_W(H_0 \cap H)$ e $Q_W(H_0)$, o que patenteia que a estatística do qui-quadrado modificado mínimo admite, na presença de uma sequência hierárquica de modelos, o mesmo particionamento que a estatística da RV de Wilks. A formulação em equações livres de H é particularmente conveniente para analisar eventuais simplificações da sua estrutura.

13.5.2 Metodologia dos mínimos quadrados generalizados em duas fases

Para efeitos de análise de modelos funcionais lineares para $\boldsymbol{\theta}$ sob a validade de H_0, Koch et al. (1972) propõem a aplicação da abordagem de Grizzle, Starmer and Koch numa segunda fase à estimativa dos MQG de $\boldsymbol{\theta}$ obtida anteriormente,

$$\tilde{\boldsymbol{\theta}} = \begin{pmatrix} \mathbf{0}_{m-1} \\ 1 \end{pmatrix} + \begin{pmatrix} \mathbf{I}_{m-1} \\ -\mathbf{J}_1 \end{pmatrix} \tilde{\tilde{\boldsymbol{\theta}}} \equiv \mathbf{b} + \mathbf{B}\tilde{\tilde{\boldsymbol{\theta}}},$$

onde $\tilde{\tilde{\boldsymbol{\theta}}}$ é dado em (13.32), dotada da matriz de covariâncias aproximada associada $\mathbf{V}_+(\boldsymbol{\theta}) = \mathbf{B}\mathbf{V}(\bar{\boldsymbol{\theta}})\mathbf{B}'$. Note-se que esta estimativa de $\boldsymbol{\theta}$ já reflecte por H_0 todos os dados disponíveis.

Nesse sentido, seja $\mathbf{F}(\boldsymbol{\theta})$ o vector $u \times 1$ ($u \leq m - 1$) de funções de interesse para o qual se considera o modelo linear

$$H_1 : \mathbf{F}(\boldsymbol{\theta}) = \mathbf{X}_{\mathbf{F}}\boldsymbol{\beta},$$

cuja matriz de especificação $\mathbf{X}_{\mathbf{F}}$ é $u \times p$ de característica completa $p \leq u$. Tal como no Capítulo 11, admite-se que a função vectorial $\mathbf{F}_*(\bar{\boldsymbol{\theta}})$, resultante de $\mathbf{F}(\boldsymbol{\theta})$ por substituição de θ_m por $1 - \mathbf{J}'_1\bar{\boldsymbol{\theta}}$, é bem comportada no sentido de os seus elementos admitirem derivadas parciais contínuas até ordem 2 num subconjunto aberto do espaço de valores de $\bar{\boldsymbol{\theta}}$. Sob condições que asseguram a aplicabilidade do método Delta, tem-se que

$$\tilde{\mathbf{F}}_* \equiv \mathbf{F}_*(\tilde{\boldsymbol{\theta}}) = \mathbf{F}(\tilde{\boldsymbol{\theta}}) \equiv \tilde{\mathbf{F}} \overset{a}{\sim} N_u(\mathbf{F}_*(\bar{\boldsymbol{\theta}}), \mathbf{V}_{\tilde{\mathbf{F}}}(\boldsymbol{\theta})),$$

13. ANÁLISE DE DADOS INCOMPLETOS

em que $\mathbf{V}_{\widetilde{\mathbf{F}}}(\boldsymbol{\theta}) = \mathbf{V}_{\widetilde{\mathbf{F}}_*}(\overline{\boldsymbol{\theta}}) = \mathbf{H}(\boldsymbol{\theta})\mathbf{V}_+(\boldsymbol{\theta})\mathbf{H}'(\boldsymbol{\theta})$, com $\mathbf{H}(\boldsymbol{\theta}) = \partial\widetilde{\mathbf{F}}(\widetilde{\boldsymbol{\theta}})/\partial\widetilde{\boldsymbol{\theta}}\mid_{\widetilde{\boldsymbol{\theta}}=\boldsymbol{\theta}}$, se supõe não singular. Seja $\widehat{\mathbf{V}}_{\widetilde{\mathbf{F}}}$ o estimador consistente de $\mathbf{V}_{\widetilde{\mathbf{F}}}(\boldsymbol{\theta})$ definido por

$$\widehat{\mathbf{V}}_{\widetilde{\mathbf{F}}} = \mathbf{H}(\widetilde{\boldsymbol{\theta}})\widehat{\mathbf{V}}_+(\mathbf{p})\mathbf{H}'(\widetilde{\boldsymbol{\theta}}),$$

onde $\widehat{\mathbf{V}}_+(\mathbf{p}) = \mathbf{B}\widehat{\mathbf{V}}(\overline{\mathbf{p}})\mathbf{B}'$.

O ajustamento do modelo funcional linear $\mathbf{F}(\boldsymbol{\theta}) = \mathbf{X_F}\boldsymbol{\beta}$ pode então ser testado pela estatística residual dos MQG

$$Q_N(H_1|H_0) = \left(\widetilde{\mathbf{F}} - \mathbf{X_F}\widetilde{\boldsymbol{\beta}}\right)' \widehat{\mathbf{V}}_{\widetilde{\mathbf{F}}}^{-1} \left(\widetilde{\mathbf{F}} - \mathbf{X_F}\widetilde{\boldsymbol{\beta}}\right) \tag{13.37}$$

cuja distribuição nula assintótica é $\chi^2_{(u-p)}$, onde $\widetilde{\boldsymbol{\beta}}$ é o estimador dos MQG de $\boldsymbol{\beta}$,

$$\widetilde{\boldsymbol{\beta}} = \left(\mathbf{X_F'}\widehat{\mathbf{V}}_{\widetilde{\mathbf{F}}}^{-1}\mathbf{X_F}\right)^{-1}\mathbf{X_F'}\widehat{\mathbf{V}}_{\widetilde{\mathbf{F}}}^{-1}\widetilde{\mathbf{F}}, \tag{13.38}$$

com matriz de covariâncias assintótica estimada $\widehat{\mathbf{V}}_{\widetilde{\boldsymbol{\beta}}} = \left(\mathbf{X_F'}\widehat{\mathbf{V}}_{\widetilde{\mathbf{F}}}^{-1}\mathbf{X_F}\right)^{-1}$.

Como consequência, hipóteses do tipo $H_2 : \mathbf{C}\boldsymbol{\beta} = \mathbf{0}$, onde $\mathbf{C}$ é uma matriz $c \times p$ de característica completa $c < p$, podem ser testadas por meio da estatística de Wald

$$Q_W(H_2|H_1) = (\mathbf{C}\widetilde{\boldsymbol{\beta}})' \left(\mathbf{C}\widehat{\mathbf{V}}_{\widetilde{\boldsymbol{\beta}}}\mathbf{C}'\right)^{-1}\mathbf{C}\widetilde{\boldsymbol{\beta}}, \tag{13.39}$$

assintoticamente distribuída como $\chi^2_{(c)}$ sob H_2.

Com propósitos ilustrativos, considere-se o modelo log-linear

$$H_1 : \mathbf{ln}\boldsymbol{\theta} = \mathbf{1}_m u + \mathbf{X}\boldsymbol{\beta}$$

definido como na Secção 13.4. Denotando $\mathbf{X_s}$ a matriz $m \times (m-1)$ de especificação do modelo log-linear saturado e tomando, à luz de Grizzle & Williams (1972), $\mathbf{F}(\boldsymbol{\theta}) = \mathbf{X_s'}\mathbf{ln}\boldsymbol{\theta}$, prova-se (Exercício 13.10) que H_1 é equivalentemente expressável na formulação log-linear generalizada por

$$H_1 : \mathbf{F}(\boldsymbol{\theta}) = \mathbf{X_F}\boldsymbol{\beta}, \quad \mathbf{X_F} = \mathbf{X_s'}\mathbf{X}.$$

Deste modo, a análise do ajustamento e de eventual redução de H_1 sob a validade de H_0 pela abordagem dos MQG em duas fases pode processar-se através de (13.37) – (13.39), com $u = m - 1$.

Considere-se agora o modelo estritamente linear $H_1 : \mathbf{A}\boldsymbol{\theta} = \mathbf{X}\boldsymbol{\beta}$, definido como no Capítulo 3. A aplicação dos resultados anteriores usa $\widetilde{\mathbf{F}} = \mathbf{A}\widetilde{\boldsymbol{\theta}}$ e $\mathbf{V}_{\widetilde{\mathbf{F}}} = \mathbf{A}\mathbf{V}_+(\mathbf{p})\mathbf{A}'$. No caso particular focado na subsecção anterior em que $\mathbf{A} = (\mathbf{I}_{(m-1)}, \mathbf{0}_{(m-1)})$, a estatística de ajustamento do qui-quadrado modificado mínimo toma a forma (note-se que $\mathbf{A}\mathbf{B} = \mathbf{I}_{(m-1)}$)

$$Q_N(H_1|H_0) = \left(\widetilde{\boldsymbol{\theta}} - \mathbf{X}\widetilde{\boldsymbol{\beta}}\right)' \mathbf{V}^{-1}(\overline{\mathbf{p}}) \left(\widetilde{\boldsymbol{\theta}} - \mathbf{X}\widetilde{\boldsymbol{\beta}}\right), \tag{13.40}$$

em que $\widetilde{\boldsymbol{\beta}} = \left[\mathbf{X}'\mathbf{V}^{-1}(\overline{\mathbf{p}})\mathbf{X}\right]^{-1}\mathbf{X}'\mathbf{V}^{-1}(\overline{\mathbf{p}})\widetilde{\boldsymbol{\theta}}$.

466 13.6 APLICAÇÕES

Atendendo à caracterização da metodologia bifásica dos MQG e ao modo como se derivou na metodologia em uma fase a estatística de Wald de ajustamento de H condicional a H_0 é de esperar que a estatística $Q_N(H_1|H_0)$ seja algebricamente idêntica a $Q_W(H|H_0)$. Este resultado é perfeitamente confirmado se se recorrer ao lema de identidade matricial de Koch (1969) - (Exercício 13.9).

Uma análise atenta da metodologia dos MQG em duas fases permite divisar uma abordagem híbrida alternativa consistindo na aplicação dos instrumentos da metodologia dos MQG na 2ª fase ao estimador, $\widehat{\boldsymbol{\theta}}$, de máxima verosimilhança de $\boldsymbol{\theta}$, que assim substitui o estimador dos MQG $\widetilde{\boldsymbol{\theta}}$,[11] dotado da correspondente matriz de covariâncias estimada no contexto do modelo Produto de Multinomiais sob H_0. Devido à identidade do comportamento assintótico destes dois tipos de estimadores sob o mecanismo MCAR percebe-se que as estatísticas de ajustamento nessa abordagem híbrida são assintoticamente equivalentes às estatísticas correspondentes da metodologia bifásica dos MQG.

No mesmo espírito pode-se delinear um método híbrido de aplicação da abordagem MQG que seja válido em mecanismos de omissão menos restritivos que o mecanismo MCAR. Por exemplo, sob o mecanismo MAR, a 1ª fase consistirá na obtenção da estimativa de máxima verosimilhança $\widehat{\boldsymbol{\theta}}$ dotada da sua matriz de covariâncias assintótica estimada obtida de $\left[-\mathbf{H}_2(\widehat{\widehat{\boldsymbol{\theta}}}) \right]^{-1}$. A 2ª fase será idêntica à descrita anteriormente com $\widehat{\boldsymbol{\theta}}$ e esta matriz de covariâncias no lugar de $\widetilde{\boldsymbol{\theta}}$ e $\mathbf{V}_+(\overline{\mathbf{p}})$.[12]

13.6 Aplicações

As metodologias descritas nas secções anteriores são aqui aplicadas a três exemplos. Os dois primeiros ilustram a teoria desenvolvida ao longo das Secções 13.3 - 13.5 enquanto o terceiro, com uma moldura igual à descrita no Exemplo 13.1, só o faz em parte na medida em que é aproveitado para comparar diferentes modelos (informativos ou não) para o processo de omissão. Os cálculos para os dois primeiros exemplos e parte do terceiro exemplo foram executados recorrendo a programas desenvolvidos numa linguagem matricial.[13] A generalidade dos cálculos para o terceiro exemplo foi processada através de um programa desenvolvido na linguagem R, aproveitando a sua sub-rotina de optimização não linear para maximização da verosimilhança logaritmizada.

Exemplo 13.2: Este problema retrata um estudo, do tipo daquele focado no Exemplo 1.2, de comparação de dois métodos de avaliação da susceptibilidade à cárie

---

[11]Imrey et al. (1981, 1982) denominam esta abordagem de método de regressão funcional assintótica. As expressões dos correspondentes estimadores são formalmente idênticas àquelas derivadas pela metodologia dos MQG em uma fase, residindo a única diferença no facto de os valores preditos de $\overline{\boldsymbol{\theta}}_* = \overline{\mathbf{Z}}'\boldsymbol{\theta}$ por máxima verosimilhança desempenharem o papel das proporções observadas $\overline{\mathbf{p}}$.

[12]Lipsitz, Laird & Harrington (1994) propõem esta abordagem híbrida na sua aplicação ao problema de dados longitudinais de Woolson & Clarke (1984) modelado através de um Produto de Multinomiais, com os estratos correspondentes aos níveis conjuntos das variáveis explicativas (sempre observadas).

[13]Parte destes programas, ligada a mecanismos de omissão completamente aleatória, foi elaborada *ad hoc* por Rodrigues (1996).

13. ANÁLISE DE DADOS INCOMPLETOS

dentária numa amostra de crianças em idade escolar e já com dentição permanente. O método convencional, de difícil aplicação em grande escala e de custos elevados, baseou-se na contagem de bactérias *Lactobacillus* em amostras salivares. De acordo com o maior ou menor número destas bactérias, assim se classificou cada unidade em alto, médio ou baixo risco (níveis 1, 2 e 3, respectivamente). O método de fácil aplicabilidade e de baixos custos operou esta classificação segundo a coloração obtida com a reacção de uma amostra de saliva com a resarzurina (azul, violeta e rosa, indicando baixo, médio e alto risco, respectivamente).

As frequências observadas, exibidas na Tabela 13.1, mostram que um número significativo de crianças não conseguiu ser classificado de acordo com esta escala gradativa devido à ocorrência de padrões de cor intermédios. Admitir-se-á que o processo de omissão a considerar não é diferencialmente informativo sobre as categorias omitidas.

Tabela 13.1: Frequências observadas dos graus de risco à cárie dentária

Método	Método padrão		
simplificado	alta	média	baixa
alta	7	11	2
média	3	9	5
baixa	0	10	4
alta/média	8	7	3
média/baixa	7	14	7

O conjunto de frequências observadas pode ser encaixado no figurino estabelecido de partições através do agrupamento das crianças em três padrões de classificação com os totais de $N_{1.} = 51$, $N_{2.} = 18$ e $N_{3.} = 28$, representados em seguida:

$\mathcal{P}_1 =$ partição da classificação completa, $\mathbf{Z}_1 = \mathbf{I}_9$;

$$\mathcal{P}_2 = \{\{(1,j),(2,j)\}, j=1,2,3\} \cup \{\{(3,1),(3,2),(3,3)\}\}, \mathbf{Z}_2' = \begin{bmatrix} \mathbf{1}_2' \otimes \mathbf{I}_3 & \mathbf{0}_{3,3} \\ \mathbf{0}_6' & \mathbf{1}_3' \end{bmatrix};$$

$$\mathcal{P}_3 = \{\{(2,j),(3,j)\}, j=1,2,3\} \cup \{\{(1,1),(1,2),(1,3)\}\}, \mathbf{Z}_3' = \begin{bmatrix} \mathbf{1}_3' & \mathbf{0}_6' \\ \mathbf{0}_{3,3} & \mathbf{1}_2' \otimes \mathbf{I}_3 \end{bmatrix}.$$

As grandes questões de interesse neste problema respeitam à comparação dos dois métodos em termos quer das probabilidades marginais dos graus de risco quer de alguma medida de concordância entre as classificações operadas.

Para a resposta a estas questões, já previamente abordadas segundo outros métodos ou análises preliminares por Soares & Paulino (1998, 2001) e Rodrigues & Paulino (1998), expõem-se na Tabela 13.2 estimativas MV das probabilidades de classificação conjunta e respectivos desvios padrões assintóticos estimados. As colunas 2 e 3 referem-se às proporções observadas na subamostra completa e exibem-se aqui apenas para mostrar que uma análise condicional à amostra completamente categorizada conduz a estimativas bem diferentes das que se obtêm com todas as unidades amostradas sob um processo de omissão supostamente MAR e que se apresentam

468   13.6 APLICAÇÕES

nas colunas 4 e 5. Sob este mecanismo de omissão as probabilidades condicionais de omissão satisfazem as seguintes restrições para todo o j:

$$\lambda_{2(ij)} = \begin{cases} \alpha_{2(1j)}, & i=1,2 \\ \alpha_{2(2j)}, & i=3 \end{cases} \quad \lambda_{3(ij)} = \begin{cases} \alpha_{3(1j)}, & i=1 \\ \alpha_{3(2j)}, & i=2,3 \end{cases} \quad \begin{aligned} \alpha_{1(1j)} &= 1 - \alpha_{2(1j)} - \alpha_{3(1j)} \\ \alpha_{1(2j)} &= 1 - \alpha_{2(1j)} - \alpha_{3(2j)} \\ \alpha_{1(3j)} &= 1 - \alpha_{2(2j)} - \alpha_{3(2j)} \end{aligned}$$

Tabela 13.2: Estimativas MV de $\{\theta_{ij}\}$ e respectivos erros padrões na subamostra completa e na amostra global (sob omissão MAR)

Celas ij	p_{ij}	$\widehat{\sigma}(p_{ij})$ $(\times 10)$	$\widehat{\theta}_{ij}$	$\widehat{\sigma}(\widehat{\theta}_{ij})$ $(\times 10)$	$\widehat{\theta}_{ij}(H)$	$\widehat{\sigma}(\widehat{\theta}_{ij}(H))$ $(\times 10)$
11	0.137	0.482	0.106	0.359	0.105	0.353
12	0.216	0.576	0.142	0.389	0.135	0.274
13	0.039	0.272	0.026	0.179	0.026	0.169
21	0.059	0.330	0.152	0.654	0.160	0.488
22	0.177	0.534	0.219	0.528	0.223	0.509
23	0.098	0.416	0.124	0.388	0.131	0.337
31	0.000	0.000	$< 10^{-6}$	0.795	$< 10^{-6}$	0.480
32	0.196	0.556	0.165	0.455	0.156	0.393
33	0.078	0.377	0.066	0.303	0.065	0.300

A hipótese do mecanismo de omissão MCAR M_2 é claramente desmentida pelos dados,

$$Q_V(M_2|M_1) = 35.93 \underset{\nu=6}{\Rightarrow} P \approx 0$$

$$Q_P(M_2|M_1) = 24.41 \underset{\nu=6}{\Rightarrow} P \approx 0,$$

como seria antecipável da análise das estimativas MV das probabilidades condicionais de omissão MAR registadas na Tabela 13.3. Restringir-se-á aqui a análise das questões de interesse à metodologia de máxima verosimilhança, deixando para o Exercício 13.18 a aplicação da metodologia MQG.

O modelo de homogeneidade marginal $H : \mathbf{C}\overline{\boldsymbol{\theta}} = \mathbf{0}$, com

$$\mathbf{C} = \begin{bmatrix} 0 & 1 & 1 & -1 & 0 & 0 & -1 & 0 \\ 0 & -1 & 0 & 1 & 0 & 1 & 0 & -1 \end{bmatrix},$$

apresenta um bom ajustamento,

$$Q_V(H|M_1) = 0.13 \approx Q_P(H|M_1) \underset{\nu=2}{\Rightarrow} P \approx 0.94.$$

As estimativas MV dos θ_{ij} e erros padrões associados sob este modelo estão registados nas colunas 6 e 7 da Tabela 13.2.

13. ANÁLISE DE DADOS INCOMPLETOS

Tabela 13.3: Estimativa MV das probabilidades condicionais de registo sob omissão MAR.

Método	Método convencional		
simplificado	alta (1)	média (2)	baixa (3)
alta (1)	0.680	0.800	0.794
média (2)	0.204	0.424	0.415
baixa (3)	0.000	0.624	0.621
alta/média	0.320	0.200	0.206
média/baixa	0.476	0.376	0.379

Utilizando como medida de concordância entre os dois métodos o coeficiente kapa de Cohen (veja-se o Capítulo 6 para a sua formulação matricial),

$$k = \left(\sum_{i=1}^{3} \theta_{ii} - \sum_{i=1}^{3} \theta_{i.} \theta_{.i} \right) \Big/ \left(1 - \sum_{i=1}^{3} \theta_{i.} \theta_{.i} \right) \quad ,$$

a sua estimativa MV e o erro padrão associado (calculado pelo método Delta) são dados por $\widehat{k} = 0.017$ e $\widehat{\sigma}(\widehat{k}) = 0.105$.

Em suma, a análise efectuada revela que existem fortes evidências de que os dois métodos conduzem a idênticas proporções dos graus de risco atribuídos mas com uma grande discordância, pelo que o método simplificado não parece constituir um substituto válido do método padrão mais caro. ∎

Exemplo 13.3: Este problema diz respeito a um estudo de caso-controlo, descrito em Williamson & Haber (1994), envolvendo mulheres com e sem cancro do colo do útero (variável A), classificadas adicionalmente pelo número de parceiros sexuais (variável B categorizada em *poucos* se inferior ou igual a 3 e *muitos* no caso contrário) e pelo rendimento anual do agregado familiar (variável C categorizada em *baixo* se inferior ou igual a 25000 USD e *alto* no caso contrário).

A Tabela 13.4 de frequências observadas mostra que é apreciável o número de casos e controlos com classificação omissa nas variáveis número de parceiros sexuais e rendimento. A totalidade das frequências é agrupável nas seguintes partições:

$\mathcal{P}_1 =$ partição da classificação completa, $N_{1.} = 652$, $\mathbf{Z}_1 = \mathbf{I}_8$;
$\mathcal{P}_2 =$ partição da classificação em (A, B), $N_{2.} = 34$, $\mathbf{Z}_2 = \mathbf{I}_4 \otimes \mathbf{1}_2$;
$\mathcal{P}_3 =$ partição da classificação em (A, C), $N_{3.} = 102$, $\mathbf{Z}_3 = \mathbf{I}_2 \otimes (\mathbf{1}_2 \otimes \mathbf{I}_2)$;
$\mathcal{P}_4 =$ partição da classificação em A, $N_{4.} = 26$, $\mathbf{Z}_4 = \mathbf{I}_2 \otimes \mathbf{1}_4$.

Dada a ausência de informação em contrário supor-se-á que as observações omitidas o foram aleatoriamente no sentido traduzido pelo processo MAR mais genérico.

Tabela 13.4: Frequências observadas em mulheres

Statu do cancro cervical	Número de parceiros sexuais	Rendimento		
		baixo	alto	omisso
controlo	poucos	77	87	14
controlo	muitos	94	70	8
controlo	omisso	25	18	14
caso	poucos	67	36	3
caso	muitos	143	78	9
caso	omisso	43	16	12

A questão central de interesse reside em averiguar o tipo de associação eventualmente existente com vista a determinar o possível efeito na doença das restantes variáveis. Para tal considere-se que tais objectivos são alcançáveis de um delineamento cruzado compatível com o modelo Multinomial em que se baseia a análise descrita no artigo supracitado.

O teste de ajustamento do modelo MCAR apresenta resultados não significativos,

$$Q_V(M_2|M_1) = 9.56 \underset{\nu=7}{\Rightarrow} P \cong 0.21$$

$$Q_P(M_2|M_1) = 9.90 \underset{\nu=7}{\Rightarrow} P \cong 0.19,$$

$$Q_N(H_0) = 9.55 \underset{\nu=7}{\Rightarrow} P \cong 0.22,$$

pelo que a análise subsequente de estruturas log-lineares para $\{\theta_{ijk}\}$ poderá fazer uso de tal resultado, admitindo a validade do mecanismo de omissão MCAR.

À semelhança do exemplo anterior, a Tabela 13.5 contém várias estimativas das probabilidades das oito categorias das variáveis (tidas como) respostas, e respectivos desvios padrões estimados, em que as duas primeiras colunas de resultados se reportam às proporções observadas na subamostra completa. As estimativas MV dizem respeito ao modelo de omissão MAR enquanto as estimativas MQG se referem ao modelo MCAR.

A Tabela 13.6 indica as estimativas MV e MQG e correspondentes erros padrões dos parâmetros log-lineares do modelo, H, sem interacção de segunda ordem (definido segundo a parametrização desvios de médias) sob os mecanismos MAR e MCAR, respectivamente. Os valores preditos para as probabilidades θ_{ijk} constam da Tabela 13.7.

13. ANÁLISE DE DADOS INCOMPLETOS

Tabela 13.5: Estimativas MV e MQG de $\{\theta_{ijk}\}$ e respectivos erros padrões

Celas ijk	p_{ijk}	$\widehat{\sigma}(p_{ijk})$ $(\times 10)$	$\widehat{\theta}_{ijk}$	$\widehat{\sigma}(\widehat{\theta}_{ijk})$ $(\times 10)$	$\widetilde{\theta}_{ijk}$	$\widehat{\sigma}(\widetilde{\theta}_{ijk})$ $(\times 10)$
111	0.118	0.126	0.121	0.124	0.121	0.122
112	0.133	0.133	0.133	0.127	0.132	0.126
121	0.144	0.138	0.143	0.130	0.144	0.131
122	0.107	0.121	0.103	0.114	0.103	0.116
211	0.103	0.119	0.105	0.117	0.103	0.114
212	0.055	0.089	0.053	0.084	0.053	0.086
221	0.219	0.162	0.226	0.155	0.226	0.153
222	0.120	0.127	0.117	0.118	0.118	0.120

O resultado não significativo dos testes de ajustamento desse modelo,

$$Q_V(H|M_1) = 1.66 \underset{\nu=1}{\Rightarrow} P \cong 0.20,$$

$$Q_P(H|M_1) = 1.64 \underset{\nu=1}{\Rightarrow} P \cong 0.20,$$

$$Q_N(H|H_0) = 1.64 \underset{\nu=1}{\Rightarrow} P \cong 0.20,$$

mostra que não há indícios significativos de interacção de segunda ordem entre as três variáveis, ou equivalentemente, de interacção entre B e C nos logitos de ocorrência da doença.

Tabela 13.6: Estimativas MV dos parâmetros log-lineares do modelo sem interacção de 2ª ordem e respectivos erros padrões

$\boldsymbol{\beta}$	u_1^A	u_1^B	u_1^C	u_{11}^{AB}	u_{11}^{AC}	u_{11}^{BC}
$\widehat{\boldsymbol{\beta}}$	0.060	- 0.176	0.185	0.196	- 0.128	- 0.056
$\widehat{\sigma}(\widehat{\boldsymbol{\beta}})(\times 10)$	0.377	0.403	0.381	0.400	0.382	0.413
$\widetilde{\boldsymbol{\beta}}$	0.060	- 0.181	0.184	0.193	- 0.123	- 0.057
$\widehat{\sigma}(\widetilde{\boldsymbol{\beta}})(\times 10)$	0.379	0.406	0.382	0.400	0.385	0.421

Os modelos log-lineares de interesse que sucedem a H na escala hierárquica apresentam todos resultados altamente significativos. Por exemplo, o teste Q_V condicional de anulamento da interacção entre a doença e o número de parceiros sexuais dado o modelo anterior, $H_1 : u_{11}^{AB} = 0$, isto é, de ajustamento do modelo, H_2, de independência condicional entre A e B dado C, condicional a H, apresenta o resultado $Q_V(H_1|H; M_1) = Q_V(H_2|M_1) - Q_V(H|M_1) = 26.05 - 1.66 = 24.39$ ($P \cong 0$ para uma distribuição $\chi^2_{(1)}$).

Tabela 13.7: Estimativas MV e MQG de $\{\theta_{ijk}\}$ e respectivos erros padrões sob o modelo de interacção de segunda ordem

Celas ijk	$\widehat{\theta}_{ijk}(H)$	$\widehat{\sigma}(\widehat{\theta}_{ijk}(H))$ ($\times 10$)	$\widetilde{\theta}_{ijk}(H)$	$\widehat{\sigma}(\widetilde{\theta}_{ijk}(H))$ ($\times 10$)
111	0.127	0.117	0.127	0.119
112	0.127	0.116	0.126	0.112
121	0.137	0.120	0.139	0.118
122	0.109	0.107	0.109	0.112
211	0.099	0.104	0.098	0.099
212	0.059	0.076	0.059	0.081
221	0.232	0.149	0.231	0.150
222	0.111	0.107	0.112	0.105

Assim, a associação presente entre as três variáveis parece ser razoavelmente descrita por um modelo linear aditivo nos logitos da ocorrência de cancro, reflectindo que os casos estão positivamente associados com baixo rendimento do agregado familiar e com muitos parceiros sexuais, conforme transparece das estimativas, reproduzidas na Tabela 13.8, das razões de produtos cruzados parciais logaritmizadas para tal modelo enquadrado no modelo probabilístico condicional sob o processo de omissão MCAR.

Tabela 13.8: Estimativas MV e MQG do logaritmo das RPC parciais (e respectivos erros padrões) sob o modelo sem interacção de segunda ordem com omissão MCAR

	$\ln \widehat{\Delta}^A$	$\widehat{\sigma}(\ln \widehat{\Delta}^A)$	$\ln \widehat{\Delta}^B$	$\widehat{\sigma}(\ln \widehat{\Delta}^B)$	$\ln \widehat{\Delta}^C$	$\widehat{\sigma}(\ln \widehat{\Delta}^C)$
MV	- 0.225	0.166	- 0.513	0.153	0.782	0.160
MQG	- 0.229	0.168	- 0.492	0.154	0.773	0.160

Exemplo 13.4: O estudo[14] a que se reporta este exemplo foi descrito em Paulino (1991) e diz respeito à avaliação da função pulmonar de 167 crianças e adolescentes asmáticos. A prova de função pulmonar consistiu em submeter cada indivíduo a um exercício cicloergométrico até atingir uma frequência cardíaca superior a 180 batimentos por minuto, momento a partir do qual se mede o tempo de duração do exercício previamente fixado. Findo este, verificou-se se o indivíduo apresentou constrição ou dilatação dos brônquios, responsável respectivamente pela entrada ou não em broncoespasmo (resultados designados por broncoespasmo positivo e negativo e rotulados pelos níveis 1 e 2).

Este estudo visava classificar cada indivíduo segundo a variável binária BIE (broncoespasmo induzido por exercício) determinada após exercícios de duração variável, designadamente, de 5 (X_1) e 7 minutos (X_2). Todavia, só 23 indivíduos apresentaram registos completos. Dos restantes, 81 e 39 apresentaram apenas registos a 5 e 7

---

[14]Realizado entre 1983 e 1985 no ambulatório de Pneumologia do Instituto da Criança da Faculdade de Medicina da Universidade de São Paulo.

13. ANÁLISE DE DADOS INCOMPLETOS
473

minutos, respectivamente. Sobre os restantes 24 não se apresentou qualquer registo. Os dados observados estão expostos na seguinte tabela:

Tabela 13.9: Frequências observadas do broncoespasmo induzido por exercícios (BIE) de diferente duração

BIE	BIE a 7 m		
a 5 m	positivo	negativo	omisso
positivo	12	4	50
negativo	5	2	31
omisso	27	12	24

Considerar-se-á como principal questão de interesse indagar se a distribuição da variável indicadora de broncoespasmo não varia com o tempo de duração do exercício. Para tal não se suporá à partida nenhum modelo para o processo de omissão, como se fez nos exemplos anteriores. Ao invés, contemplar-se-á uma gama de modelos de diferentes graus de complexidade, abarcando modelos de omissão não aleatória, aleatória e completamente aleatória, com a finalidade de comparação (e, se possível, de selecção) em termos de estimação, ajustamento e interpretação.

Os modelos informativos considerados partilham da estrutura descrita no Exemplo 13.1 (em cuja moldura se encaixa este problema), baseada em modelos lineares nos logitos das componentes $\{\psi_{1(ij)}, \psi_{21(ij)}, \psi_{20(ij)}\}$ das probabilidades condicionais de omissão $\{\lambda_{t(ij)}\}$. Respeitando a notação de (13.12), denotar-se-á por $\boldsymbol{\alpha}$ e $\boldsymbol{\beta}$ os vectores paramétricos explicativos, respectivamente, do vector $\boldsymbol{\psi}$ de todas estas probabilidades componentes e de $\boldsymbol{\theta}$.

De acordo com (13.9) a verosimilhança logaritmizada dos dados observados para qualquer modelo é

$$
\begin{aligned}
\ln L(\boldsymbol{\theta}(\boldsymbol{\beta}), \boldsymbol{\psi}(\boldsymbol{\alpha})) = & \sum_{i,j} n_{1ij} \ln \left\{ \theta_{ij}(\boldsymbol{\beta}) \psi_{1(ij)}(\boldsymbol{\alpha}) \psi_{21(ij)}(\boldsymbol{\alpha}) \right\} + \\
& + \sum_i n_{2i} \ln \left\{ \sum_j \theta_{ij}(\boldsymbol{\beta}) \psi_{1(ij)}(\boldsymbol{\alpha}) (1 - \psi_{21(ij)}(\boldsymbol{\alpha})) \right\} + \\
& + \sum_j n_{3j} \ln \left\{ \sum_i \theta_{ij}(\boldsymbol{\beta}) (1 - \psi_{1(ij)}(\boldsymbol{\alpha})) \psi_{20(ij)}(\boldsymbol{\alpha}) \right\} + \\
& + N_4 \ln \left\{ \sum_{i,j} \theta_{ij}(\boldsymbol{\beta}) (1 - \psi_{1(ij)}(\boldsymbol{\alpha})) (1 - \psi_{20(ij)}(\boldsymbol{\alpha})) \right\},
\end{aligned}
$$

onde $\sum_{i,j} \theta_{ij}(\boldsymbol{\beta}) = 1$.

O cálculo do correspondente vector gradiente e da matriz hessiana em ordem a $\boldsymbol{\alpha}$ e $\boldsymbol{\beta}$ deve vantajosamente apoiar-se na regra de diferenciação em cadeia, tendo em

474 13.6 APLICAÇÕES

conta o seguinte desdobramento[15]:

$$L = L(\{\nu_{tij}\}), \qquad \nu_{tij} = \nu_{tij}(\theta_{ij}, \lambda_{t(ij)})$$
$$\theta_{ij} = \theta_{ij}(\boldsymbol{\beta}), \qquad \lambda_{t(ij)} = \lambda_{t(ij)}(\psi_{*(ij)}), \qquad \psi_{*(ij)} = \psi_{*(ij)}(\boldsymbol{\alpha})$$

Tabela 13.10: Estimativas MV dos parâmetros (erros padrões ×10) e quantidades de ajustamento para alguns modelos para o processo de omissão

Quantidade	MNAR$_{\text{sat}}$	MNAR$_{\text{red}}$	MAR$_{\text{red}}$	MCAR	MCAR$_{\text{red}}$
θ_{11}	0.432 (0.775)	0.439 (0.738)	0.460 (0.666)	0.460 (0.666)	0.460 (0.666)
θ_{12}	0.170 (0.663)	0.163 (0.620)	0.174 (0.603)	0.174 (0.603)	0.174 (0.603)
θ_{21}	0.268 (0.741)	0.269 (0.727)	0.248 (0.638)	0.248 (0.638)	0.248 (0.638)
θ_{22}	0.130 (0.624)	0.129 (0.608)	0.118 (0.574)	0.118 (0.574)	0.118 (0.574)
α_{10}	0.686 (3.056)	0.646 (2.800)	0.497 (1.360)	0.501 (1.597)	0.501 (1.597)
α_{20}	-1.100 (3.071)	-1.138 (2.872)	-1.139 (2.872)	-1.259 (2.363)	-1.259 (2.363)
α_{30}	0.692 (4.086)	0.649 (3.871)	0.486 (2.594)	0.486 (2.594)	
α_1	-0.343 (5.091)	-0.354 (5.084)	-0.349 (5.075)		
α_2	-0.150 (4.274)				
$\theta_{1.} - \theta_{.1}$	-0.098 (0.933)	-0.106 (0.889)	-0.074 (0.742)	-0.074 (0.742)	-0.074 (0.742)
Log-veros.	-312.773	-312.835	-312.842	-313.084	-313.086
G.L.	0	1	1	2	3
Q_V	0.000	0.124	0.139	0.623	0.626
Valor-P	–	0.725	0.709	0.732	0.891

Entre os vários modelos de omissão contemplados estão os modelos que se explicitam na Tabela 13.10. Os dois primeiros são modelos de omissão não aleatória, denotando MNAR$_{\text{sat}}$ o modelo saturado (13.10), em que $\boldsymbol{\alpha} = (\alpha_{10}, \alpha_{20}, \alpha_{30}, \alpha_1, \alpha_2)$, e MNAR$_{\text{red}}$ o modelo reduzido nele encaixado impondo a restrição $\alpha_2 = 0$. Este modelo estipula que todas as probabilidades condicionais de omissão $\lambda_{t(ij)}$ são independentes do nível de broncoespasmo induzido a 7 m, mas dependentes do referente a 5 m. Encaixados em MNAR$_{\text{sat}}$ estão também os modelos de omissão completamente aleatória MCAR (resultante da imposição das restrições $\alpha_1 = \alpha_2 = 0$) e a sua redução MCAR$_{\text{red}}$ obtida impondo a condição adicional $\alpha_{10} = \alpha_{30} = 0$. O modelo MAR$_{\text{red}}$ é o modelo reduzido de omissão aleatória definido em (13.11) que difere do modelo MAR saturado (recorde-se (13.5)) no sentido em que as probabilidades condicionais de ausência total de omissão, $\{\lambda_{1(ij)}\}$, só dependem do nível de BIE a 5 m e as de omissão de BIE a 5 m, $\{\lambda_{3(ij)}\}$ são constantes.

Os valores observados da estatística de ajustamento Q_V (os de Q_P, aqui omitidos, são da mesma ordem de grandeza) destes modelos desacompanhados de qualquer estrutura reduzida para $\boldsymbol{\theta}$ (*i.e.*, com $\boldsymbol{\beta} = (\theta_{11}, \theta_{12}, \theta_{21})'$) evidenciam que todos os modelos reduzidos da tabela descrevem bem os dados observados. Na Tabela 13.10 indicam-se também as estimativas MV dos parâmetros juntamente com os seus erros padrões, calculados da matriz de informação observada estimada (*i.e.* do simétrico da matriz hessiana invertida com os parâmetros substituídos pelas suas estimativas).

---

[15]Veja-se Molenberghs & Goetghebeur (1997) para uma expressão compacta do vector *score* e das matrizes de informação observada e esperada derivadas segundo esta linha. Actualmente, porém, já se dispõe de *software* que permite a derivação destes instrumentos, quando necessários, para a execução do algoritmo de optimização não linear escolhido.

13. ANÁLISE DE DADOS INCOMPLETOS   475

É de assinalar que nos modelos MCAR os estimadores MV de θ e das componentes de ψ (ou de α) são assintoticamente não correlacionados devido à separabilidade da log-verosimilhança em θ e cada uma das componentes de α (Exercício 13.19).

O método iterativo de maximização, usando como critério de convergência uma variação da log-verosimilhança inferior a 10^{-6}, conduziu às estimativas para os modelos indicados ao fim de no máximo 50 iterações, tomando como valores iniciais para θ o vector das proporções para os indivíduos completamente categorizados $(\theta^{(0)} = \mathbf{N}_1/N_{1.})$ e para α os valores associados com o modelo MCAR determinados das proporções de respostas nos dois exercícios, i.e., de $\psi_1 = (N_{1.} + N_{2.})/n$, $\psi_{21} = N_{1.}/(N_{1.} + N_{2.})$ e $\psi_{20} = N_{3.}/(N_{3.} + N_{4.})$. A rapidez da convergência diminuiu previsivelmente no sentido MCAR, MCAR$_{\text{red}}$, MAR$_{\text{red}}$, MNAR$_{\text{red}}$ e MNAR$_{\text{sat}}$.

A inspecção das estimativas de α no modelo informativo saturado mostra que as probabilidades de resposta em cada conjunto $\{\psi_{1(ij)}\}$, $\{\psi_{21(ij)}\}$ e $\{\psi_{20(ij)}\}$ decrescem quando o indivíduo deixa de ter broncoespasmo induzido em cada exercício (com variação mais significativa a 5 m), i.e., decrescem com a mudança do nível de cada variável relativamente às do indivíduo da cela de referência (1,1). Isto acarreta que as probabilidades condicionais de ausência de omissão, $\{\lambda_{1(ij)}\}$, ou de omissão apenas a 7 m, $\{\lambda_{2(ij)}\}$, diminuem no sentido indicado para $\{\psi_{1(ij)}\}$ e $\{\psi_{21(ij)}\}$, i.e., com a ausência de broncoespasmo em cada exercício, especialmente a 5 m. As probabilidades condicionais de omissão a 5 m apenas, $\{\lambda_{3(ij)}\}$ e também a 7 m, $\{\lambda_{4(ij)}\}$, aumentam com o mesmo tipo de variação.

Estas linhas de variação das probabilidades condicionais de omissão com a verdadeira situação de indução de broncoespasmo mantêm-se válidas para os modelos reduzidos MNAR$_{\text{red}}$ e MAR$_{\text{red}}$, os quais desfrutam de um bom ajuste global. Qualquer destes modelos deixa antever a razoabilidade de uma sua simplificação adicional no sentido da omissão completamente aleatória pela inspecção dos valores estimados relacionados com α_1 (o teste de Wald da hipótese $\alpha_1 = 0$ no modelo MAR$_{\text{red}}$ conduz ao resultado $Q_W = 0.47 \Longrightarrow P \simeq 0.49$). Isto é plenamente comprovado pelo teste de ajustamento Q_V de MCAR.

A inspecção da magnitude relativa de α_{10} e α_{30} no modelo MCAR prenuncia também a sua simplificação para MCAR$_{\text{red}}$. Todavia, não se dará especial importância a esta redução pelo facto de não propiciar uma interpretação suficientemente mais simples e intuitiva do que a de MCAR.

Note-se desde já que há evidências a favor da homogeneidade marginal das probabilidades das celas sob qualquer dos modelos indicados na Tabela 13.10, devido ao baixo valor da magnitude relativa da estimativa MV de $\theta_{12} - \theta_{21}$ (os respectivos testes de Wald condicionais geram valores-P da ordem de 0.23 - 0.32).

Os propósitos comparativos entre os modelos aqui considerados abrangem também a predição (pontual) das frequências das celas condicionalmente a cada padrão de omissão. Daí que se exponha na Tabela 13.11 as estimativas MV das frequências ampliadas $\{E(y_{tij}|N_{t.}) = N_{t.}\eta_{ij(t)}\}$, com $\eta_{ij(t)} = \nu_{tij}/\sum_{ij} \nu_{tij}$ (vide Exercício 13.19) para os modelos anteriores, a que se acrescenta o modelo MAR saturado[16].

---

[16]Alguns dos modelos MNAR inicialmente ajustados foram excluídos de considerações posteriores devido a resultados anómalos decorrentes de "estimativas" na fronteira do espaço paramétrico (implicando "estimativas" nulas para alguns ν_{tij} e a valores absurdos para variâncias e covariâncias

Vários são os modelos que concordam entre si relativamente às contagens observadas mas que diferem mais ou menos substancialmente na repartição dessas frequências pelas celas omissas em alguns padrões de omissão. É o caso dos modelos saturados MNAR e MAR, por exemplo, ou dos modelos reduzidos $\mathrm{MNAR_{red}}$ e MCAR. Isto é consequência de estimativas iguais para somas apropriadas de probabilidades $\eta_{ij(t)}$ individualmente estimadas de modo diferente.

Tabela 13.11: Estimativas MV dos valores esperados das frequências ampliadas para cada padrão de omissão

Modelo	Padrão de omissão			
	(1,1)	(1,0)	(0,1)	(0,0)
$\mathrm{MNAR_{sat}}$	12.00 4.00	36.04 13.96	16.12 6.64	8.07 3.86
	5.00 2.00	21.47 9.83	10.88 5.36	7.68 4.39
$\mathrm{MNAR_{red}}$	11.68 4.33	36.43 13.51	16.57 6.14	8.66 3.21
	4.73 2.26	21.02 10.03	11.03 5.26	8.21 3.92
$\mathrm{MAR_{sat}}$	11.96 4.01	36.28 13.72	17.54 7.15	11.04 4.18
	5.00 2.04	21.00 10.00	9.46 4.85	5.95 2.83
$\mathrm{MAR_{red}}$	11.61 4.39	36.26 13.71	17.95 6.79	11.05 4.18
	4.76 2.25	21.07 9.95	9.69 4.58	5.96 2.82
$\mathrm{MCAR/MCAR_{red}}$	10.59 4.00	37.28 14.10	17.95 6.79	11.05 4.18
	5.71 2.70	20.12 9.50	9.69 4.58	5.96 2.82

As diferenças entre $\mathrm{MAR_{sat}}$ e $\mathrm{MAR_{red}}$[17] são maiores nos padrões (1,1) e (0,1) como seria previsível devido às diferenças entre os modelos relativamente às probabilidades $\{\lambda_{t(ij)}\}$ – no modelo $\mathrm{MAR_{red}}$ $\{\lambda_{3(ij)}\}$ são constantes e $\{\lambda_{1(ij)}\}$ só dependem de i. Também previsível se afiguram as semelhanças (diferenças) entre $\mathrm{MAR_{red}}$ e MCAR no que respeita às frequências esperadas estimadas para (0,1) e (0,0) ((1,1) e (1,0)).

A coincidência das frequências relativas ao modelo $\mathrm{MCAR_{red}}$ (pelo menos até à segunda casa decimal) não será completamente estranha atendendo à semelhança entre as estimativas de ψ_1 e ψ_{20} em MCAR ($\widehat{\psi_1} = 0.623$ e $\widehat{\psi_{20}} = 0.619$) e o seu valor comum em $\mathrm{MCAR_{red}}$ ($\widehat{\psi_1} = 0.622$), com as suas implicações na semelhança entre as correspondentes estimativas dos $\{\lambda_{t(ij)}\}$.

---

estimadas) e a valores de Q_V não nulos para 0 graus de liberdade. É o caso do modelo informativo obtido de $\mathrm{MNAR_{sat}}$ omitindo os termos relativos a α_2 de $\{\psi_{1(ij)}\}$ e a α_1 de $\{\psi_{21(ij)}\}$ e $\{\psi_{20(ij)}\}$. Este modelo está muito próximo de $\mathrm{MNAR_{red}}$ em matéria de ajustamento (Q_V muito semelhantes) mas difere dele radicalmente em termos de algumas estimativas das frequências esperadas dos dados hipoteticamente completos. Molenberghs et al. (1999) haviam já chamado a atenção para estas anomalias em modelos do mesmo tipo.

[17]Os resultados foram obtidos como se indica na Secção 13.3 para o modelo $\mathrm{MAR_{sat}}$ e pelo método de optimização não linear do pacote R (usando na forma analítica apenas o vector gradiente). Atualmente esses cálculos podem ser realizados por meio das sub-rotinas mencionadas no Apêndice C e que se encontram explanadas em Poleto (2006).

13. ANÁLISE DE DADOS INCOMPLETOS

Por toda a análise até agora desenvolvida, concernente à qualidade de ajustamento e de predição, insensibilidade de inferências de interesse e simplicidade interpretativa e computacional, não se vislumbram razões que justifiquem a preferência por um modelo MNAR em detrimento de alternativas MAR/MCAR. Na sequência de uma opção por modelos de omissão aleatória, os resultados essenciais da análise dos dados deste problema poderiam ser obtidos da teoria desenvolvida ao longo das Secções 13.3 - 13.5, como se expõe na Tabela 13.12 para o modelo eleito MCAR. Observe-se que os erros padrões da terceira coluna foram calculados da matriz de informação de Fisher, daí as diferenças com os da Tabela 13.10 derivados da matriz de informação observada.

Os resultados dos testes de ajustamento da hipótese H de homogeneidade marginal sob o modelo MCAR pela metodologia MV encontram-se na Tabela 13.13, a qual também reproduz os resultados para outros modelos de omissão.

Tabela 13.12: Estimativas MV e MQG (erros padrões $\times 10$) das probabilidades de categorização sob o modelo MCAR

Celas ij	$\widehat{\theta}_{ij}$	$\widehat{\sigma}(\widehat{\theta}_{ij})$ ($\times 10$)	$\widetilde{\theta}_{ij}$	$\widehat{\sigma}(\widetilde{\theta}_{ij})$ ($\times 10$)	$\widehat{\theta}_{ij}(H)$	$\widehat{\sigma}(\widehat{\theta}_{ij}(H))$ ($\times 10$)	$\widetilde{\theta}_{ij}(H)$	$\widehat{\sigma}(\widetilde{\theta}_{ij}(H))$ ($\times 10$)
11	0.460	0.670	0.459	0.674	0.450	0.671	0.450	0.669
12	0.174	0.597	0.177	0.592	0.212	0.483	0.216	0.453
21	0.248	0.607	0.251	0.577	0.212	0.483	0.216	0.453
22	0.118	0.532	0.113	0.484	0.126	0.539	0.118	0.480

No que diz respeito ao modelo MCAR esses resultados estão em boa consonância com os obtidos pela metodologia MQG pois

$$Q_W(MCAR) \equiv Q_W(H_0) = 0.650; \ Q_W(MCAR \cap H) \equiv Q_W(H_0 \cap H) = 1.656;$$
$$Q_W(H|MCAR) \equiv Q_W(H|H_0) = 1.005.$$

Tabela 13.13: Resultados dos testes de ajustamento por MV da homogeneidade marginal (H) para vários modelos (M) para o processo de omissão

Quantidade	MNAR$_{sat}$	MNAR$_{red}$	MAR$_{red}$	MCAR	MCAR$_{red}$
Log-verosimilhança	-313.324	-313.567	-313.334	-313.576	-313.577
G.L.	1	2	2	3	4
$Q_V(M \cap H)/P$	1.101/0.294	1.588/0.452	1.122/0.571	1.606/0.658	1.608/0.807
$Q_P(M \cap H)/P$	1.097/0.295	1.563/0.458	1.102/0.576	1.585/0.663	1.589/0.811
$Q_V(H|M)/P$	1.101/0.294	1.464/0.226	0.983/0.321	0.983/0.321	0.982/0.322

Em face dos resultados a que se chegou, a conclusão a tirar em relação à questão de interesse é que há razoáveis evidências de a ocorrência de broncoespasmo não variar com os tempos considerados de duração do exercício. ∎

13.7 Notas de Capítulo

13.1: Seja $\boldsymbol{\nu}$ o vector composto das mT probabilidades $\{\nu_{ti}\}$ organizadas em subvectores $\{\nu_{1i}\}, \ldots, \{\nu_{Ti}\}$ (por esta ordem) e $\mathbf{Q}'$ a matriz $(m+l) \times mT$ diagonal em blocos com blocos diagonais $\{\mathbf{Z}'_t\}$. Verifica-se então (Exercício 13.1) que a distribuição amostral dos dados observados (13.1) corresponde a afirmar que $\mathbf{N} \sim M_{m+l-1}(n, \mathbf{Q}'\boldsymbol{\nu})$. Este resultado, ao mostrar que a função paramétrica $\mathbf{Q}'\boldsymbol{\nu}$ caracteriza tudo o que é ou não identificável (por isso denominada identificante - *vide, e.g.*, Paulino & Pereira (1994), evidencia a falta de identificabilidade do modelo (13.1) quando considerado parametrizado em termos de $\boldsymbol{\nu}$. Observe-se que é necessariamente identificável toda a função de $\mathbf{Q}'\boldsymbol{\nu}$, o que não é manifestamente o caso de $\boldsymbol{\theta}$ (este é também uma função linear de $\boldsymbol{\nu}$ mas não de $\mathbf{Q}'\boldsymbol{\nu}$ - atente-se que $\theta_i = \sum_{t=1}^{T} \nu_{ti}$).

O uso da reparametrização segundo o modelo de mistura de padrões tem a vantagem de dissecar melhor o problema de inidentificabilidade. Com efeito, a própria análise do significado dos respectivos parâmetros mostra que a raiz do problema está em (parte de) $\{\eta_{i(t)}\}$ já que não há informação suficiente sobre todo esse conjunto de probabilidades condicionais aos padrões de omissão. A especialização destas nas probabilidades das classes de registo do respectivo padrão de omissão e nas probabilidades condicionais das categorias dadas essas classes de registo,

$$\eta_{i(t)} = \eta_{j(t)}^0 \eta_{i(jt)}^*, \quad i \in C_{tj}, \ j = 1, \ldots, m_t$$

(note-se que $\eta_{i(j1)}^* = I(i = j)$) sugere que os parâmetros inidentificáveis neste quadro são $\left\{\eta_{i(jt)}^*, t \geq 2\right\}$. De facto, a função de probabilidade (13.1) reescreve-se como

$$
\begin{aligned}
f\left(\mathbf{N} \mid \{\gamma_t, \eta_{i(t)}\}\right) \ &\propto \ \prod_{i=1}^{m}(\gamma_1 \eta_{i(1)})^{n_{1i}} \times \prod_{t=2}^{T}\prod_{j=1}^{m_t}(\gamma_t \sum_{i \in C_{tj}} \eta_{i(t)})^{n_{tj}} \\
&\propto \ \prod_{t=1}^{T} \gamma_t^{N_{t\cdot}} \times \prod_{t=1}^{T}\prod_{j=1}^{m_t}(\eta_{j(t)}^0)^{n_{tj}},
\end{aligned}
$$

uma vez que $\sum_{i \in C_{tj}} \eta_{i(jt)}^* = 1$, $j = 1, \ldots, m_t, t = 1, \ldots, T$. Isto é, a distribuição dos dados observados depende dos parâmetros da estrutura de mistura de padrões só através de $\{\gamma_t\}$ e $\left\{\eta_{j(t)}^0\right\}$, evidenciando a inidentificabilidade de $\left\{\eta_{i(jt)}^*\right\}$ no quadro de um processo geral de omissão.

Em termos ilustrativos, considerando o caso da tabela de contingência 2×2 detalhado no Exemplo 13.1, as probabilidades condicionais aos padrões de omissão desdobram-se em

$$
\eta_{ij(t)} = \begin{cases}
\eta_{ij(t)}^0, & t = 1 \\
P(X_1 = i | W = t)P(X_2 = j | X_1 = i, W = t) \equiv \eta_{i(t)}^0 \eta_{j(it)}^*, & t = 2 \\
P(X_2 = j | W = t)P(X_1 = i | X_2 = j, W = t) \equiv \eta_{j(t)}^0 \eta_{i(jt)}^*, & t = 3 \\
\eta_{ij(t)}^*, & t = 4
\end{cases},
$$

em que se manteve a notação discriminativa entre os factores inidentificáveis (com asterisco) e os outros.

13. ANÁLISE DE DADOS INCOMPLETOS

A suposição de um processo MAR acaba por identificar o modelo estatístico. As restrições identificantes (13.4) possuem a sua contrapartida no quadro do modelo de mistura de padrões. Efectivamente, sendo d um subconjunto não singular qualquer de $\{1, \ldots, m\}$, a probabilidade condicional de uma unidade com padrão de omissão t pertencer a i dado que foi categorizada em d (contendo i) é, sob um mecanismo MAR, igual a

$$\eta^*_{i(dt)} \equiv \nu_{ti} / \sum_{i \in d} \nu_{ti} = \theta_i / \sum_{i \in d} \theta_i,$$

implicando pois que

$$\eta^*_{i(dt)} = \eta^*_{i(d1)}, \ i \in d, \ t \geq 2.$$

Reciprocamente, estas restrições implicam que

$$\lambda_{t(i)} = \frac{\gamma_t \eta_{d(t)}}{\sum_t \gamma_t \eta_{d(t)}} \equiv \delta_{d(t)}, \ i \in d.$$

Atendendo a que as probabilidades para o padrão sem omissão de nenhuma variável, $\eta^*_{i(d1)} = \eta^0_{i(1)} / \eta^0_{d(1)}$, são identificáveis, fica claro como a adopção de um processo MAR injecta informação suficiente para tornar identificável todos os parâmetros.

Voltando ao caso retratado no Exemplo 13.1, as restrições definidoras de um processo MAR em termos da estrutura de mistura de padrões são para todo o (i, j)

$$\eta^*_{j(i2)} = \eta^0_{j(i1)} \equiv \eta^0_{ij(1)} / \eta^0_{i(1)}$$
$$\eta^*_{i(j3)} = \eta^0_{i(j1)} \equiv \eta^0_{ij(1)} / \eta^0_{j(1)}$$
$$\eta^*_{ij(4)} = \eta^0_{ij(1)}.$$

13.2: Grande parte das análises descritas na literatura assumem compreensivelmente um mecanismo de censura não-informativa ou ignorável do ponto de vista das inferências baseadas ou na verosimilhança (M_1) ou na teoria da amostragem (M_2). Isto é claramente patente no livro de Little & Rubin (2002) e no artigo de revisão sobre métodos frequencistas (máxima verosimilhança e mínimos quadrados generalizados) de Paulino (1991). Artigos mais recentes de aplicação da abordagem MQG a dados com medidas repetidas incluem Park & Davis (1993) e Lipsitz et al. (1994)), os quais propõem métodos diferentes dos de Koch et al. (1972)) e Woolson & Clarke (1984) e que ilustram com o problema de dados longitudinais apresentados por estes últimos (Exercícios 13.16 e 13.17).

As análises baseadas em mecanismos de censura informativa ou não ignorável do ponto de vista frequencista apoiam-se em outras estruturas sobre $\{\lambda_{t(i)}\}$, definidas directa ou indirectamente através de $\{\nu_{ti}\}$, de modo a manter a sua dependência de classificações não observadas, ou então na fixação de valores consentâneos para $\{\lambda_{t(i)}\}$ com o eventual propósito de estudar a sua influência nas inferências sobre $\boldsymbol{\theta}$, no espírito de uma análise de sensibilidade. Referências recentes deste tipo de análises abrangendo contextos variados (dados longitudinais ou com medidas repetidas, dados de inquéritos amostrais, etc.) incluem Baker & Laird (1988), Baker et al. (1992), Conaway (1992, 1993), Chambers & Welsh (1993), Park & Brown (1994), Baker

(1994b, 1995, 1996), Molenberghs, Kenward & Lesaffre (1997) e Molenberghs et al. (1999).

Do ponto de vista bayesiano, Dickey, Jyang & Kadane (1987), por um lado, e Forster & Smith (1998), por outro, são artigos recentes que ilustram bem a aplicação de métodos bayesianos nos dois cenários acima indicados para a modelação do mecanismo de censura. Little & Rubin (2002) descrevem soluções bayesianas para alguns problemas muito particulares. Fazendo uso da maior flexibilidade do paradigma bayesiano em acomodar modelos inidentificáveis, Paulino & Pereira (1992, 1995), Walker (1996) e Soares & Paulino (2001) descrevem métodos apropriados para as inferências de interesse sem imporem restrições identificantes nas probabilidades condicionais de censura. Soares (2004) generaliza esta abordagem e desenvolve ainda métodos de comparação bayesiana de modelos para o processo de omissão. O problema análogo de observação incompleta de processos poissonianos mediante um mecanismo MAR é tratado em Paulino (2001) e Paulino & Soares (2001, 2003).

13.3: Quando o conjunto de partições $\{\mathcal{P}_t,\ t = 1, \dots, T\}$ pode ser ordenado ascendentemente de modo que $\mathcal{P}_{t-1}$ é mais fina (*i.e.*, tem mais partes) do que $\mathcal{P}_t$, diz-se que o padrão de omissão é constituído por **partições encaixadas**. A matriz indicadora das partições, $\mathbf{Z} = (\mathbf{Z}_t,\ t \geq 2)$ é assim caracterizada pela propriedade de cada coluna de $\mathbf{Z}_t$ ser uma soma de colunas de $\mathbf{Z}_{t-1}$, isto é, $\mathbf{Z}_t = \mathbf{Z}_{t-1}\mathbf{E}_t$, onde $\mathbf{E}_t$ é a matriz $m_{t-1} \times m_t$ de zeros e uns indicadora da característica de cada parte de $\{\mathcal{P}_t\}$ ser uma união de partes de $\mathcal{P}_{t-1}$.

No contexto de tabelas de contingência com $\{\mathcal{P}_t,\ t = 2, \dots, T\}$ correspondendo às partições de subtabelas marginais, este padrão em partições encaixadas coincide com o conceito de **padrão monótono** de Rubin (1974) segundo o qual as variáveis definidoras da tabela podem ser arranjadas de modo que para cada unidade k a observação de X_{jk} implica a de $X_{j'k}$ para todo o $j' < j$.

O padrão de omissão monótono ocorre particularmente em dados longitudinais (ou com medidas repetidas) quando respostas sujeitas a omissão representam a mesma variável em distintas ocasiões (ou condições experimentais/observacionais) e o processo de omissão resulta de desistência ou abandono (*drop-out*) ou desgaste (*attrition*) das unidades. O **padrão de desistência** significa que a falha na resposta de cada unidade numa dada ocasião implica a manutenção de ausência de resposta nas ocasiões seguintes.

Em jeito de ilustração, sendo $X_j,\ j = 1, 2, 3$ as variáveis de uma tabela tridimensional, o padrão de omissão $\{\mathcal{P}_t,\ t = 1, 2, 3\}$ com $\mathcal{P}_2$ e $\mathcal{P}_3$ correspondendo às marginais (X_1, X_2) e X_1, respectivamente, constitui um padrão monótono. Fica claro que a ocorrência de duas ou mais marginais suplementares com a mesma dimensão é incompatível com este padrão em partições encaixadas.

Este tipo especial de padrão de omissão permite uma interpretação probabilística adequada para a função de verosimilhança relevante sob um mecanismo MAR e uma expressão em forma fechada para o estimador de máxima verosimilhança (Exercício 13.8).

13.8 Exercícios

13.1: Tendo em consideração que o vector das frequências ampliadas $\{y_{ti}\}$ possui uma distribuição amostral Multinomial $(mT-1)$-variada de parâmetros n e $\boldsymbol{\nu}$, mostre que:

a) O vector das frequências observáveis $\mathbf{N} = (\mathbf{N}'_t, t = 1, \ldots, T)'$ é tal que $\mathbf{N}_t = \mathbf{Z}'_t \mathbf{y}_t$, onde $\mathbf{y}_t = (y_{ti}, i = 1, \ldots, m)'$ e possui uma distribuição amostral Multinomial $(m-1)$-variada de parâmetros n e $\mathbf{Q}'\boldsymbol{\nu}$, onde $\mathbf{Q} = \mathbf{diag}(\mathbf{Z}_1, \mathbf{Z}_2, \ldots, \mathbf{Z}_T)$ é a matriz diagonal em blocos indicada na Nota de Capítulo 13.1;

b) A distribuição amostral condicional de $\{y_{ti}\}$ dado o valor observado de $\mathbf{N}$ é um produto de distribuições Multinomiais para os $l = \sum_{t=2}^{T} m_t$ subvectores $(y_{ti}, i \in C_{tj})$, $j = 1, \ldots m_t$; $t = 2, \ldots, T$ com parâmetros n_{tj} e $\left\{\nu_{ti}/\sum_{i \in C_{tj}} \nu_{ti}\right\}$.

13.2: (Paulino 1991) Considere a distribuição amostral das frequências observáveis $\mathbf{N}$ sob um processo de omissão MAR dada em (13.6).

a) Mostre que o vector $\mathbf{N}_{*\cdot} = (N_{t\cdot}, t = 1, \ldots, T)$ apresenta uma distribuição Multinomial de parâmetros n e $\sum_{j=1}^{m_t} \alpha_{t(j)}(\mathbf{z}'_{tj}\boldsymbol{\theta})$, $t = 1, \ldots, T$ e que a distribuição condicional de $\mathbf{N}$ dado $\mathbf{N}_{*\cdot}$ é um produto de Multinomiais de parâmetros $N_{t\cdot}$ e

$$\left\{\frac{\alpha_{t(j)}(\mathbf{z}'_{tj}\boldsymbol{\theta})}{\sum_{l=1}^{m_t} \alpha_{t(l)}(\mathbf{z}'_{tl}\boldsymbol{\theta})}, \; j = 1, \ldots, m_t\right\}.$$

b) Especialize os resultados de a) para o caso especial de um processo de omissão MCAR e conclua daí que $\mathbf{N}_{*\cdot}$ é uma estatística ancilar parcial para $\boldsymbol{\theta}$ (recorde Nota de Capítulo 2.2). Que implicações podem surgir daqui no que respeita ao suporte das inferências clássicas sobre $\boldsymbol{\theta}$ no quadro deste processo de omissão?

13.3: No contexto do Exercício 13.1:

a) Mostre que a estatística suficiente para $\boldsymbol{\theta}$ com respeito ao modelo Multinomial para as frequências ampliadas é o vector das frequências hipotéticas obteníveis se não houvesse omissão, $y_{\cdot*} = (y_{\cdot i}, i = 1, \ldots, m)$, e derive a sua distribuição amostral.

b) Prove que a esperança amostral condicional de $y_{\cdot i}, i = 1, \ldots, m)$ dado $\mathbf{N}$ é

$$E(y_{\cdot i}|\mathbf{N}, \boldsymbol{\nu}) = n_{1i} + \sum_{t=2}^{T}\sum_{j=1}^{m_t} n_{tj}\frac{\nu_{ti}}{\sum_{i \in C_{tj}} \nu_{ti}}I_{C_{tj}}(i),$$

e derive as equações que resultam de igualar as esperanças amostrais condicional (em $\mathbf{N}$) e não condicional das componentes de $y_{\cdot*}$.

c) Mostre que as equações anteriores são as equações de verosimilhança correspondentes à estimação de $\boldsymbol{\theta}$ condicionalmente a $\{\lambda_{t(i)}\}$ com base na verosimilhança dos dados observados $\mathbf{N}$, e que elas podem ser resolvidas iterativamente pelo

482   13.8 EXERCÍCIOS

chamado algoritmo EM que consiste em dois passos, executados alternadamente até à convergência, aplicados à verosimilhança dos dados não observados do seguinte modo:

- Passo E (de Estimação): Estimar para o valor corrente de $\boldsymbol{\theta}$, $\boldsymbol{\theta}^{(q)}$, as frequências fictícias $y_{.*}$ por $y_{.*}^{(q)} = E(y_{.*}|\mathbf{N}, \boldsymbol{\theta}^{(q)}, \{\lambda_{t(i)}\})$.

- Passo M (de Maximização): Maximizar a verosimilhança de $y_{.*}$ com vista a encontrar a próxima estimativa $\boldsymbol{\theta}^{(q+1)}, q = 0, 1, \dots$.

d) Comente a seguinte afirmação: A estimação de máxima verosimilhança de $\boldsymbol{\theta}$ condicional nas probabilidades condicionais de omissão prescinde do conhecimento exacto destas no sentido de exigir apenas o conhecimento das chances relativas $\lambda_{t(i)}/\lambda_{t(i')}$ para todos os pares de categorias (i, i') de cada classe de $\mathcal{P}_t, \forall t \geq 2$.

13.4: Considere o Exercício 13.3:

a) Especialize as equações referidas em b) para o caso de um processo de omissão MAR e mostre que (13.13) define uma sua formulação matricial.

b) Indique como as equações (13.13) podem ser resolvidas pelo algoritmo EM.

13.5: Seja $L_{2t}(\boldsymbol{\theta}|\mathbf{N}_t) = \prod_{j=1}^{m_t}(\mathbf{z}_{tj}'\boldsymbol{\theta})^{n_{tj}}$ o t-ésimo factor de $L_2(\boldsymbol{\theta}|\mathbf{N})$ no quadro do processo MAR M_1:

a) Mostre que o vector gradiente e a matriz hessiana de $\ln L_{2t}$ como função de $\overline{\boldsymbol{\theta}}_t$ são expressáveis compactamente por

$$\frac{\partial \ln L_{2t}}{\partial \overline{\boldsymbol{\theta}}_t} = [\boldsymbol{\Sigma}_t(\overline{\boldsymbol{\theta}})]^{-1}(\overline{\mathbf{p}}_t - \overline{\boldsymbol{\theta}}_t)$$

$$\mathbf{H}_{2t}(\overline{\boldsymbol{\theta}}_t) = -[\mathbf{D}_{\mathbf{v}_t} + \frac{n_{tm_t}}{(1 - \mathbf{J}'_t\overline{\boldsymbol{\theta}}_t)^2}\mathbf{J}_t\mathbf{J}'_t]$$

b) Usando as regras de diferenciação matricial concretizadas em

$$\frac{\partial \ln L_{2t}}{\partial \overline{\boldsymbol{\theta}}} = \left(\frac{\partial \overline{\boldsymbol{\theta}}_t}{\partial \overline{\boldsymbol{\theta}}'}\right)' \frac{\partial \ln L_{2t}}{\partial \overline{\boldsymbol{\theta}}_t},$$

$$\frac{\partial^2 \ln L_{2t}}{\partial \overline{\boldsymbol{\theta}}\partial \overline{\boldsymbol{\theta}}'} = \frac{\partial}{\partial \overline{\boldsymbol{\theta}}'_t}\left(\frac{\partial \ln L_{2t}}{\partial \overline{\boldsymbol{\theta}}}\right)\frac{\partial \overline{\boldsymbol{\theta}}_t}{\partial \overline{\boldsymbol{\theta}}'},$$

derive as expressões (13.14) e (13.15) da função *score* e da matriz hessiana de $\ln L_2(\boldsymbol{\theta}|\mathbf{N})$.

c) Derive a matriz de informação de Fisher relativa a $\boldsymbol{\theta}$ sob o processo MAR M_1 e prove que a sua estimativa de máxima verosimilhança é a matriz de informação observada avaliada na estimativa de máxima verosimilhança de $\boldsymbol{\theta}$, $-\mathbf{H}_2(\widehat{\boldsymbol{\theta}})$.

13. ANÁLISE DE DADOS INCOMPLETOS

d) Determine sob o processo MCAR M_2 a matriz de informação de Fisher não condicional sobre $\boldsymbol{\theta}$ e $\{\alpha_t\}$ e mostre que a submatriz relativa a $\boldsymbol{\theta}$ avaliada na estimativa de máxima verosimilhança de $\{\alpha_t\}$ é a matriz de informação de Fisher condicional em $\mathbf{N}_*$. dada por $\overline{\mathbf{Z}}\left[\boldsymbol{\Sigma}(\overline{\boldsymbol{\theta}})\right]^{-1}\overline{\mathbf{Z}}'$.

13.6: No contexto do exercício anterior considere o modelo estritamente linear H : $\overline{\boldsymbol{\theta}} = \mathbf{X}\boldsymbol{\beta}$, tal como foi definido na Secção 13.4.

a) Usando diferenciação matricial prove que a função *score*

$$\mathbf{U}_{2L}(\boldsymbol{\beta}) \equiv \frac{\partial \ln L_2}{\partial \boldsymbol{\beta}} = \sum_t \frac{\partial \overline{\boldsymbol{\theta}}_t'}{\partial \boldsymbol{\beta}} \frac{\partial \ln L_2}{\partial \overline{\boldsymbol{\theta}}_t}$$

se pode expressar como $\mathbf{U}_{2L}(\boldsymbol{\beta}) = \mathbf{X}'\mathbf{U}_2(\overline{\boldsymbol{\theta}}(\boldsymbol{\beta}))$.

b) Com base em a) prove que a matriz hessiana e matriz de informação de Fisher sobre $\boldsymbol{\beta}$ são dadas por (13.22) e (13.23), sendo a estimativa de máxima verosimilhança desta última dada pela matriz de informação observada estimada, *i.e.*, $\mathbf{I}_{2L}(\widehat{\boldsymbol{\beta}}, \widehat{\boldsymbol{\lambda}}) = -\mathbf{H}_{2L}(\widehat{\boldsymbol{\beta}})$.

13.7: Atenda de novo ao Exercício 13.5 e considere agora o modelo log-linear para $\boldsymbol{\theta}$ no contexto do processo MAR M_1:

a) Tendo em conta que, com $\boldsymbol{\theta}_t = \mathbf{Z}_t'\boldsymbol{\theta}$, $\partial \ln L_{2t}/\partial \boldsymbol{\theta}_t = \mathbf{D}_{\boldsymbol{\theta}_t}^{-1}\mathbf{N}_t$ e $\partial \boldsymbol{\theta}/\partial \boldsymbol{\beta}' = \{\mathbf{D}_{\boldsymbol{\theta}(\boldsymbol{\beta})} - \boldsymbol{\theta}(\boldsymbol{\beta})[\boldsymbol{\theta}(\boldsymbol{\beta})]'\}\mathbf{X}$, derive a expressão (13.26) para a função *score*.

b) Comente a afirmação: "As equações de verosimilhança (13.27) podem ser resolvidas pelo algoritmo EM cujo passo E deriva daquele relativo ao modelo saturado para $\boldsymbol{\theta}$ somando sobre os índices de modo a obter o valor ajustado para a estatística suficiente do modelo log-linear em causa".

c) Aplicando alguns cálculos de diferenciação matricial a partir da função *score*, verifique as expressões dadas na Secção 13.4 para as matrizes hessiana, (13.28), e de informação de Fisher, (13.29), relativas a $\boldsymbol{\beta}$, e para a matriz de covariâncias assintótica de $\widehat{\boldsymbol{\theta}}$.

d) Diga se as expressões das matrizes $\mathbf{H}_{2LL}(\boldsymbol{\beta})$ e $\mathbf{I}_{2LL}(\boldsymbol{\beta}, \boldsymbol{\lambda})$ se mantêm válidas para o processo MCAR e, no caso negativo, indique as expressões correctas.

13.8: Seja $\boldsymbol{\phi}_t(\boldsymbol{\theta}) = (\phi_{tj}(\boldsymbol{\theta}) \ j = 1, \ldots, m_t)$ a função de $\boldsymbol{\theta}$ definidora de $\boldsymbol{\theta}_t$, *i.e.*, $\boldsymbol{\phi}_t(\boldsymbol{\theta}) = \mathbf{Z}_t'\boldsymbol{\theta}$ e $\boldsymbol{\rho}_{C_{tj}}(\boldsymbol{\theta}) = (\rho_{tj}(\theta_i), \ i \in C_{tj})$, $\rho_{tj}(\theta_i) = \theta_i/\phi_{tj}(\boldsymbol{\theta})$.

a) Mostre que sob o modelo probabilístico condicional para $\mathbf{N}$ dado $\mathbf{N}_*$. enquadrado no processo MCAR se tem para todo o $t = 2, \ldots, T$

$$\boldsymbol{\phi}_t(\mathbf{N}_1)|N_{1\cdot}, \boldsymbol{\theta} \sim M_{m_{t-1}}(N_{1\cdot}, \boldsymbol{\phi}_t(\boldsymbol{\theta}))$$

$$\mathbf{N}_t + \boldsymbol{\phi}_t(\mathbf{N}_1)|N_{t\cdot}, N_{1\cdot}, \boldsymbol{\theta} \sim M_{m_{t-1}}(N_{t\cdot} + N_{1\cdot}, \boldsymbol{\phi}_t(\boldsymbol{\theta}))$$

$$(n_{1i}, \ i \in C_{tj})|\phi_{tj}(\mathbf{N}_1), \boldsymbol{\theta}, \ j = 1, \ldots, m_t \stackrel{ind}{\sim} M(\phi_{tj}(\mathbf{N}_1), \boldsymbol{\rho}_{C_{tj}}(\boldsymbol{\theta})).$$

484   13.8 EXERCÍCIOS

b) Considere-se $T = 2$ em que $\mathcal{P}_2$ define uma partição não singular do conjunto original de m categorias.

    i) Mostre que a verosimilhança relevante para $\boldsymbol{\theta}$ sob M_1 admite a factorização

$$L_1(\boldsymbol{\theta}|\mathbf{N}) = \prod_{j=1}^{m_2} [\phi_{2j}(\boldsymbol{\theta})]^{n_{2j}+\phi_{2j}(\mathbf{N_1})} \times \prod_{j=1}^{m_2} \prod_{i \in C_{2j}} [\rho_{2j}(\theta_i)]^{n_{1i}}.$$

    ii) Prove que o estimador de máxima verosimilhança apresenta a expressão explícita em forma fechada

$$\widehat{\theta}_i = n^{-1}\left(n_{1i} + n_{2j}\frac{n_{1i}}{\phi_{2j}(\mathbf{N_1})}\right), \ i \in C_{2j},$$

e interprete-o como um estimador do método dos momentos de $\boldsymbol{\theta}$ baseado num apropriado modelo probabilístico válido sob omissão completamente aleatória.

c) Considere-se agora $T = 3$ no quadro de uma tabela de contingência tridimensional (X_1, X_2, X_3), com $\mathcal{P}_2$ correspondente a (X_1, X_2) e $\mathcal{P}_3$ a X_1. Seguindo um raciocínio idêntico a b) mostre que o estimador de máxima verosimilhança se exprime explicitamente através de

$$\widehat{\theta}_{ijk} = n^{-1}\left(n_{1ijk} + n_{2ij}\frac{n_{1ijk}}{n_{1ij\cdot}} + n_{3i}\frac{n_{1ijk}}{n_{1ij\cdot}}\frac{n_{2ij}+n_{1ij\cdot}}{n_{2i\cdot}+n_{1i\cdot\cdot}}\right),$$

e interprete a expressão obtida.

[Sugestão: Para detalhes veja-se, $e.g.$, Paulino (1988)].

13.9: Considere a estrutura H_0 de relacionação paramétrica entre as T Multinomiais no modelo condicional sob o processo de omissão completamente aleatória M_2.

a) Prove que a estatística do qui quadrado de Neyman $Q_N(H_0)$ é algebricamente idêntica à estatística de Wald $Q_W(H_0)$.

    (Sugestão: Substitua (13.32) em (13.33) e aplique o lema de identidade matricial de Koch – Proposição A.25).

b) Demonstre que a estatística anterior é assintoticamente distribuída como $\chi^2_{(s)}$.

    (Sugestão: Determine a distribuição aproximada de $\overline{\mathbf{p}}$ e aplique o teorema de Slutsky).

*c) Demonstre o carácter BAN do estimador dos MQG $\widetilde{\overline{\boldsymbol{\theta}}}$, através dos seguintes passos:

    i) Diferencie ambos os membros das equações normais conducentes a $\widetilde{\overline{\boldsymbol{\theta}}}$ em ordem a cada elemento de $\overline{\mathbf{p}}$ e avalie os resultados em $\overline{\mathbf{p}} = \overline{\boldsymbol{\theta}}_*$ para concluir que sob H_0

$$\frac{\partial \widetilde{\overline{\boldsymbol{\theta}}}(\overline{\mathbf{p}})}{\partial \overline{\mathbf{p}}'}\bigg|_{\overline{\mathbf{p}}=\overline{\boldsymbol{\theta}}_*} = \left[\overline{\mathbf{Z}}\boldsymbol{\Sigma}^{-1}(\overline{\boldsymbol{\theta}})\overline{\mathbf{Z}}'\right]^{-1}\overline{\mathbf{Z}}\boldsymbol{\Sigma}^{-1}(\overline{\boldsymbol{\theta}}).$$

13. ANÁLISE DE DADOS INCOMPLETOS   485

ii) Use a expansão de Taylor de primeira ordem de $\widetilde{\overline{\boldsymbol{\theta}}}$ em torno de $\overline{\mathbf{p}} = \overline{\boldsymbol{\theta}}_*$ e, tendo em conta a distribuição de $\overline{\mathbf{p}}$, conclua que $\widetilde{\overline{\boldsymbol{\theta}}}$ é assintoticamente Normal de média $\overline{\boldsymbol{\theta}}$ e matriz de covariâncias $\mathbf{V}(\overline{\boldsymbol{\theta}})$.

d) Prove que, sendo $H : \overline{\boldsymbol{\theta}} = \mathbf{X}\boldsymbol{\beta}$, a estatística de Wald admite o particionamento $Q_W(H|H_0) = Q_W(H_0 \cap H) - Q_W(H_0)$ e que $Q_N(H_1|H_0)$ em (13.40) corresponde a uma outra forma da estatística de ajustamento condicional de H.

13.10: Considere a formulação ordinária do modelo log-linear $H_1 : \ln\boldsymbol{\theta} = \mathbf{1}_m u + \mathbf{X}\boldsymbol{\beta}$.

a) Exprima este modelo na forma de um modelo funcional linear $\mathbf{F}(\boldsymbol{\theta}) = \mathbf{X_F}\boldsymbol{\beta}$.

(Sugestão: Use a Proposição A.7).

b) Especialize as fórmulas das estatísticas que permitem testar o seu ajustamento bem como o de reduções suas no quadro da metodologia bifásica dos MQG.

13.11: A tabela abaixo representa os resultados de um inquérito de opinião na Eslovénia antes do referendo em 1990 que viria a conduzir à sua independência, retirados de Rubin, Stern & Vehovar (1995). As frequências obtidas dizem respeito às respostas dadas às perguntas: A) É a favor da secessão eslovena da Jugoslávia?; B) Tenciona votar no referendo?; C) É a favor da independência da Eslovénia? O objectivo principal do inquérito consistiu em estimar a proporção da população que tencionaria votar no referendo a favor da independência.

Tabela 13.14: Frequências observadas na sondagem de opinião na Eslovénia

Secessão	Referendo	Independência		
A	B	sim	não	omisso
sim	sim	1191	8	21
sim	não	8	0	4
sim	omisso	107	3	9
não	sim	158	68	29
não	não	7	14	3
não	omisso	18	43	31
omisso	sim	90	2	109
omisso	não	1	2	25
omisso	omisso	19	8	96

Admitindo que a resposta *não sei* traduz uma atitude de recusa de revelação da opinião do inquirido:

a) Defina as matrizes indicadoras do padrão de omissão, obtenha as estimativas de máxima verosimilhança das probabilidades $\{\theta_{ijk}\}$ e $\{\lambda_{t(ijk)}\}$ sob um processo de omissão MAR e teste o ajustamento do mecanismo MCAR.

486   13.8 EXERCÍCIOS

b) Calcule uma estimativa pontual e intervalar da probabilidade de interesse para um mecanismo MAR e verifique se contém o valor 0.885 que se viria a registar no referendo.

c) Obtenha um modelo log-linear reduzido para $\{\theta_{ijk}\}$ capaz de se ajustar aos dados sob um processo MAR e responda a b) nesse novo quadro.

d) Defina um modelo log-linear não saturado para as probabilidades conjuntas dos processos de classificação e omissão que seja MNAR e indique como poderia responder a b) nesse pressuposto.

13.12: Os dados reproduzidos na Tabela 13.15 de Molenberghs et al. (1997) reportam-se a um estudo sobre pacientes do foro psiquiátrico em tratamento com uma droga. Uma das respostas considerada em 3 ocasiões, (X_1, X_2, X_3), foi a indicação de efeitos colaterais (manifestada pelo surgimento de novos sintomas psiquiátricos) registada dicotomicamente nos níveis 1 (ausência ou presença sem interferir com a funcionalidade do paciente) e 2 (presença com implicações significativas na funcionalidade, podendo inclusive suplantar o efeito terapêutico).

Tabela 13.15: Frequências de pacientes com algum tipo de efeitos colaterais avaliados em três visitas

		Visita 3		
Visita 1	Visita 2	1	2	omisso
1	1	192	11	29
1	2	4	0	4
1	omisso	-	-	15
2	1	11	0	2
2	2	3	2	9
2	omisso	-	-	16

a) Determine iterativamente as estimativas MV das probabilidades conjuntas da resposta $\{\theta_{ijk}\}$ sob o mecanismo MAR e confronte-as com os valores explícitos resultantes de um padrão de desistência monótono (*vide* Nota de Capítulo 13.3 e Exercício 13.8). Teste o ajustamento do modelo MCAR.

b) Sob a mesma hipótese de a) teste as hipóteses de homogeneidade marginal univariada e bivariada pelas metodologias MV e MQG.

*c) Considere o seguinte modelo estrutural para as probabilidades condicionais de desistência

$$\lambda_{1(ijk)} = \left[1 - \phi_{1(ijk)}\right]\left[1 - \phi_{2(ijk)}\right]; \ \lambda_{2(ijk)} = \phi_{2(ijk)}$$
$$\lambda_{3(ijk)} = \left[1 - \phi_{2(ijk)}\right]\phi_{3(ijk)},$$

onde as probabilidades $\phi_{2(ijk)}$, de X_2 ser omissa dada a observação de X_1, e $\phi_{3(ijk)}$, de X_3 ser omissa dada a observação de X_1 e X_2, são expressas por

$$\phi_{2(ijk)} = \frac{e^{\alpha_0 + \alpha_1 x_2 + \alpha_2 x_1}}{(1 + e^{\alpha_0 + \alpha_1 x_2 + \alpha_2 x_1})}; \ \phi_{3(ijk)} = \frac{e^{\alpha_0 + \alpha_1 x_3 + \alpha_2 x_2}}{(1 + e^{\alpha_0 + \alpha_1 x_3 + \alpha_2 x_2})}.$$

13. ANÁLISE DE DADOS INCOMPLETOS 487

Descreva cuidadosamente como aplicaria a metodologia MV para a estimação de todos os parâmetros na presença do modelo de homogeneidade das margens univariadas, e como testaria nesse quadro o modelo MAR.

13.13: Os dados da Tabela 13.16 aplicam-se ao mesmo conjunto de pacientes referido no exercício anterior mas respeitam a uma outra resposta que indica os efeitos terapêuticos provocados pela droga (manifestados pelo desaparecimento de sintomas anteriormente presentes), registada dicotomicamente nas categorias 1 (ausência de melhoria ou mesmo pioria ou ainda melhoria mínima sem alterações sintomáticas) e 2 (melhoria ligeira ou pronunciada com desaparecimento parcial ou quase total dos sintomas).

a) Mesma questão de a) do exercício anterior.

b) Sob um mecanismo MAR averigue a estrutura de associação entre as três respostas pelas metodologias MV e MQG.

*c) Mesma questão de c) do exercício anterior com o mesmo modelo para as probabilidades condicionais de desistência e o modelo sem interacção de 2ª ordem para as probabilidades conjuntas de resposta.

Tabela 13.16: Frequências de pacientes com algum tipo de efeitos terapêuticos avaliados em três visitas

		Visita 3		
Visita 1	Visita 2	1	2	omisso
1	1	73	6	13
1	2	4	3	5
1	omisso	-	-	10
2	1	73	3	9
2	2	46	16	17
2	omisso	-	-	21

13.14: Os dados $\{n_{tijk}\}$ de um estudo sobre a síndrome de Turner (anomalia genética nos cromossomas sexuais das mulheres) discutidos em Nordheim (1984) são reproduzidos na tabela seguinte. As variáveis indicam a presença ou não (X) de um sintoma particular da síndrome (o peito liso), a maior (1) ou menor (2) fiabilidade (Y) dos procedimentos clínicos na avaliação de A e o método de apuramento dos pacientes (Z) indicado pelas razões por que estes procuraram assistência médica categorizado em: 1)aparência geral; 2) amenorreia primária; 3)baixa estatura; 4) combinação de 2) e 3); 5) motivos não relacionados com a síndrome.

Considere Y e Z como factores e o modelo Produto de Multinomiais associado de parâmetros $\{\theta_{i(jk)}\}$ e $\{\lambda_{t(ijk)}\}$ para a descrição probabilística dos dados. Admita que as chances para mulheres no estrato (j, k) de omissão na determinação do estado do sintoma quando este está ausente *versus* presente são conhecidas e independentes de k, e denote-as por ϕ_j.

Tabela 13.17: Frequências observadas em mulheres com síndrome de Turner

Estado do sintoma X	Grupo de fiabilidade Y	Método de apuramento				
		1	2	3	4	5
presente (1)	mais fiável (1)	30	22	23	12	14
presente (1)	menos fiável (2)	102	52	17	7	22
ausente (2)	mais fiável (1)	15	10	4	3	3
ausente (2)	menos fiável (2)	26	16	10	8	5
omisso	mais fiável (1)	41	8	6	6	3
omisso	menos fiável (2)	39	37	3	1	8

a) Mostre que a verosimilhança logaritmizada é

$$\ln L(\{\theta_{1(jk)}, \lambda_{2(1jk)}\}|\mathbf{N}, \{\phi_{\mathbf{j}}\}) = \sum_{j,k} n_{11jk} \ln\left[\theta_{1(jk)}\left(1 - \lambda_{2(1jk)}\right)\right]$$
$$+ n_{12jk} \ln\left[\left(1 - \theta_{1(jk)}\right)\left(1 - \phi_j \lambda_{2(1jk)}\right)\right]$$
$$+ n_{2jk} \ln\left(\left[\theta_{1(jk)} + \phi_j\left(1 - \theta_{1(jk)}\right)\right]\lambda_{2(1jk)}\right).$$

b) Determine as estimativas de máxima verosimilhança dos parâmetros para os seguintes contextos: I)$\phi_1 = \phi_2 = 1$; II) $\phi_1 = 2$, $\phi_2 = 3$ e discuta os resultados à luz do significado desses contextos. Há evidência sob I de que as probabilidades condicionais de omissão do estado do sintoma são constantes?

c) Teste por mais do que um método o ajustamento, condicionalmente a cada uma das estruturas anteriores, dos modelos traduzindo as seguintes relações: i)$\{\theta_{i(jk)} = \beta_{ij}\}$; ii)$\{\theta_{i(jk)} = \delta_{ik}\}$; iii)$\{\theta_{i(jk)} = \gamma_i\}$.

d) Especifique o modelo log-linear para as probabilidades conjuntas dos processos de categorização e omissão que traduz a homogeneidade das probabilidades condicionais de omissão em relação ao nível de Z.

13.15: Considere uma tabela de contingência tridimensional (A, B, C) onde só C é susceptível de omissão indicada pela variável R ($R = 1, 0$ se C é observada ou omissa, respectivamente) e a classe de modelos log-lineares tetradimensionais para as probabilidades conjuntas $\{\nu_{rijk}\}$ da tabela ampliada (R, A, B, C).

a) Identifique o tipo de mecanismo de omissão consubstanciado nos modelos $R \amalg C|(A, B)$, $R \amalg (A, B, C)$ e $R \amalg (A, B)|C$.

b) Considere a seguinte concretização do presente cenário relacionada com dados de uma sondagem eleitoral na Grã-Bretanha (apresentados em Forster & Smith (1998), onde para cada entrevistado A, B e C representam o sexo, grupo social e intenção de voto categorizados como indica a Tabela 13.18.

13. ANÁLISE DE DADOS INCOMPLETOS

Tabela 13.18: Frequências observadas numa sondagem eleitoral britânica

Sexo	Grupo social	Intenção de voto				
A	B	Cons.	Trab.	Lib.	Outro	Desc.
M	Prof. liberal (1)	26	8	7	0	11
M	Prof. técnico (2)	87	37	30	6	64
M	Trab. qualif. (3)	66	77	23	8	77
M	Trab. pouco qual. (4)	14	25	15	1	12
M	Sem trab. (5)	6	6	2	0	7
F	Prof. liberal (1)	1	1	0	1	2
F	Prof. técnico (2)	63	34	32	2	68
F	Trab. qualif. (3)	102	52	22	4	77
F	Trab. pouco qual. (4)	10	32	10	2	38
F	Sem trab. (5)	20	25	8	2	19

Determine para cada modelo as estimativas de máxima verosimilhança das probabilidades marginais de C e das probabilidades condicionais de C para não respondentes e compare os modelos em termos do logaritmo da verosimilhança máxima.

13.16: Os dados que se seguem foram extraídos de um estudo longitudinal de factores de risco de doença coronária em crianças em idade escolar em que estas foram avaliadas em termos de uma medida de obesidade determinada a partir do peso relativo. O subconjunto de dados considerado diz respeito à avaliação da resposta, classificada dicotomicamente em obeso (O) e não obeso (N), em 3 inquéritos bienais (1977, 1979, 1981), tendo sido ainda registado o sexo e a idade de referência (1977) de cada criança, com este último factor agrupado em 5 intervalos de 2 anos. A Tabela 13.19 reproduz as frequências observadas (em número de 26) para cada uma das 10 subpopulações definidas pelo sexo e escalão etário, onde M denota resposta omissa (a parte relativa às crianças com registos em cada um dos 3 inquéritos foi já objecto de atenção no Capítulo 7, em particular no Exercício 8.12).

Tabela 13.19: Frequências de crianças classificadas por sexo, faixa etária e obesidade em 3 anos (N, O e M)

Categoria de resposta	Subpopulação									
	Masculino					Feminino				
	5-7	7-9	9-11	11-13	13-15	5-7	7-9	9-11	11-13	13-15
NNN	90	150	152	119	101	75	154	148	129	91
NNO	9	15	11	7	4	8	14	6	8	9
NON	3	8	8	8	2	2	13	10	7	5
NOO	7	8	10	3	7	4	19	8	9	3
ONN	0	8	7	13	8	2	2	12	6	6
ONO	1	9	7	4	0	2	6	0	2	0
OON	1	7	9	11	6	1	6	8	7	6
OOO	8	20	25	16	15	8	21	27	14	15
NNM	16	38	48	42	82	20	25	36	36	83
NOM	5	3	6	4	9	0	3	0	9	15
ONM	0	1	2	4	8	0	1	7	4	6
OOM	0	11	14	13	12	4	11	17	13	23
NMN	9	16	13	14	6	7	16	8	31	5
NMO	3	6	5	2	1	2	3	1	4	0
OMN	0	1	0	1	0	0	0	1	2	0
OMO	0	3	3	4	1	1	4	4	6	1
MNN	129	42	36	18	13	109	47	39	19	11
MNO	18	2	5	3	1	22	4	6	1	1
MON	6	3	4	3	2	7	1	7	2	2
MOO	13	13	3	1	2	24	8	13	2	3
NMM	32	45	59	82	95	23	47	53	58	89
OMM	5	7	17	24	23	5	7	16	37	32
MNM	33	33	31	23	34	27	23	25	21	43
MOM	11	4	9	6	12	5	5	9	1	15
MMN	70	55	40	37	15	65	39	23	23	14
MMO	24	14	9	14	3	19	13	8	10	5

Considere como cenário probabilístico para o processo conjunto de categorização e omissão o modelo Produto de 10 Multinomiais parametrizado pelos vectores $\{\pi_{hi} = (\theta_{(hi)jkl}, j, k, l = 1, 2)\}$, organizados no vector composto π, e $\{\lambda_{t(hi)jkl}\}$. Os índices das respostas 1 e 2 denotam N e O e os índices subpopulacionais h e i reportam-se ao sexo e à idade agrupada, sendo $h = 1, 2$ para M e F e $i = 1, 2, 3, 4, 5$ para os escalões 5-7, 7-9, 9-11, 11-13 e 13-15.

a) Defina as matrizes indicadoras do padrão de omissão observado.

b) Admita doravante que o mecanismo responsável pela omissão (devido a não comparência, entrada posterior na escola, saída anterior da escola, etc.) é modelado pela estrutura MAR. Determine a estimativa MV de cada π_{hi} e analise a significância dos testes de ajustamento global e por estrato do modelo MCAR.

c) Considere para as probabilidades marginais (univariadas) de obesidade o modelo de regressão polinomial de segundo grau no sexo e na idade no correspondente

13. ANÁLISE DE DADOS INCOMPLETOS

ano de avaliação explicitado no Exercício 8.12. Mostre que este modelo é expressável compactamente por uma estrutura linear $A\pi = A\beta$, identificando A, X e β e teste o seu ajustamento.

d) No quadro do modelo estrutural anterior teste a ausência de efeito do sexo e o ajustamento do modelo reduzido que decorre dessa hipótese.

e) Defina e aplique um procedimento que permita averiguar se a medida usual de associação entre obesidade em cada dois inquéritos sucessivos varia com o sexo e a idade da criança.

13.17: Relativamente ao problema anterior responda às questões b), c), d) e e) pela abordagem MQG descrita na Secção 13.5 e pela abordagem híbrida mencionada no fim desta. Compare os resultados e tente encontrar explicações para as eventuais diferenças detectadas.

13.18: Reanalise as questões de interesse do Exemplo 13.2 da cárie dentária aplicando instrumentos da metodologia MQG.

13.19: Relativamente ao Exemplo 13.4:

a) Justifique detalhadamente a afirmação de que os estimadores MV de θ e cada elemento de α sob MCAR são assintoticamente não correlacionados.

b) Derive as expressões das estimativas MV das probabilidades de cada resposta $\psi_{*(ij)}$ para o modelo MCAR e obtenha delas as correspondentes estimativas para as probabilidades condicionais de omissão.

c) Teste pelo método de Wald o ajuste do: i) modelo $MCAR_{red}$ condicional a MCAR; ii) modelo de homogeneidade marginal em cada um dos 5 processos de omissão da Tabela 13.10.

d) Sabendo que a covariância assintótica estimada entre os estimadores MV de θ_{12} e θ_{21} sob o modelo $MNAR_{sat}$ é 0.06×10^{-2}, teste nesta base o modelo de homogeneidade marginal usando instrumentos da metodologia MQG.

e) Confirme a expressão do valor esperado condicional das frequências ampliadas por padrão de omissão.

f) Comprove as afirmações feitas sobre a concordância/discordância entre as estimativas das frequências esperadas ampliadas e observadas para os modelos em confronto.

Capítulo 14

Métodos de Inferência Condicional

A análise estatística dos capítulos precedentes apoia-se pesadamente em aproximações para distribuições amostrais de estimadores e estatísticas de teste, válidas para grandes amostras. No entanto, não há orientações simples e incisivas em relação às condições de adequabilidade dessas aproximações. Sabe-se mesmo que, em tabelas com repartição desequilibrada pelas celas de um número grande de observações, os resultados de distintos métodos assintóticos podem ser bastante diferenciados. *A fortiori*, o panorama não é melhor quando se lida com tabelas esparsas, como é comum em estudos longitudinais, ou muito simplesmente, com tabelas de dimensão amostral reduzida. Daí a necessidade de recurso a métodos alternativos não baseados em aproximações para grandes amostras que, hoje em dia, vêem a sua aplicação facilitada devido à existência de meios computacionais potentes e de algoritmos eficientes e à disponibilidade de *software* estatístico. Entre eles estão os denominados métodos condicionais exactos, de estrutura frequencista, cuja descrição ocupará grande parte deste capítulo.

Por outro lado, várias são as situações práticas com que muitos se defrontam em que a obtenção da amostra, porventura grande, não obedeceu a nenhum processo aleatório de amostragem e em que não se afigura razoável concebê-lo como tal, como se assinalou devidamente na Secção 2.3. Dependendo das questões de interesse, pode ser possível conceber modelos nelas condicionados que abram caminho a métodos, exactos ou assintóticos, capazes de dar resposta a tais questões. Exemplificações destes métodos encontrar-se-ão em algumas secções deste capítulo.

A estrutura deste capítulo obedece ao figurino que se segue. Após uma breve introdução aos fundamentos dos métodos clássicos de inferência condicional, na Secção 14.2 descreve-se a sua primeira concretização através de testes de simetria. A Secção 14.3 dedica-se a testes (de que se destaca o bem conhecido teste exacto de Fisher) e estimação pontual e intervalar sobre a RPC numa tabela 2×2. Testes exactos de independência são em seguida descritos para tabelas bidimensionais de maior tamanho. Na Secção 14.5 começa-se por considerar várias tabelas 2×2 para efeitos de destacar a

494 14.1 INTRODUÇÃO À INFERÊNCIA CONDICIONAL EXACTA E ASSINTÓTICA

derivação dos instrumentos probabilísticos inerentes ao traçado de inferências sobre a homogeneidade das RPC parciais, com especial incidência para o teste exacto de Zelen e para o teste exacto de Birch de ausência de associação parcial. Na sequência indica-se como se pode proceder a testes exactos de ajustamento de modelos log-lineares em tabelas tridimensionais maiores. A Secção 14.6 revisita o problema de comparação da associação em várias tabelas bidimensionais para descrever inferências condicionais baseadas na aproximação assintótica à distribuição condicional exacta, como o teste de Breslow-Day de homogeneidade das RPC parciais em tabelas 2×2, o estimador de Mantel-Haenszel do seu valor comum e o teste de Cochran-Mantel-Haenszel de inde-pendência condicional. Várias extensões dos testes de ausência de associação a tabelas tridimensionais maiores e com exploração da eventual ordinalidade são também con-templadas na Secção 14.7, para além do seu enquadramento no contexto de modelos de aleatorização.

14.1 Introdução à inferência condicional exacta e assintótica

Seja $\mathbf{n}$ o vector de frequências de uma tabela de contingência com distribuição numa família $\{f(\mathbf{n}|\gamma, \phi)\}$, onde γ é um parâmetro de interesse e ϕ um parâmetro pertur-bador, distinto de γ. Se $\mathbf{T}$ é uma estatística suficiente (mínima) específica para o parâmetro perturbador (relembre-se a Nota de Capítulo 2.2), então é independente deste a distribuição condicional de $\mathbf{n}$ dado um valor observado $\mathbf{t}$ de $\mathbf{T}$, $\{f(\mathbf{n}|\mathbf{t}, \gamma)\}$.

A ideia fundamental dos denominados métodos condicionais exactos é usar esta distribuição condicional (que é exacta) para propósitos inferenciais (estimação e testes de hipóteses) sobre γ. Deste modo, a eliminação do parâmetro perturbador implica restringir-se o espaço amostral ao subconjunto $C_t = \{\mathbf{n} : \mathbf{T}(\mathbf{n}) = \mathbf{t}\}$, por vezes denominado conjunto de referência.[1]

Como é bem conhecido da Inferência Estatística, para efeitos de testar alguma hipótese H_0 sobre o parâmetro de interesse há necessidade de especificar alguma estatística de teste e um critério do que se entende por maior ou menor afastamento dos valores dessa estatística relativamente a H_0, quando confrontados com o valor observado, em termos do qual se calcula o valor-P com base na distribuição condicional $\{f(\mathbf{n}|\mathbf{t}, \gamma)\}$ sob H_0.

Num quadro mais geral, seja H_1 um modelo estrutural considerado válido e H_2 uma sua redução. Sendo $\mathbf{T}_1$ e $\mathbf{T}_2$ estatísticas suficientes (mínimas) para os parâmetros de H_1 e H_2, respectivamente, o teste condicional exacto de ajustamento de H_2 con-dicional a H_1 baseia-se na distribuição condicional de $\mathbf{T}_1$ dado o valor observado de $\mathbf{T}_2$.

De um ponto de vista teórico, estes métodos poderão ser considerados pacíficos se a informação que é ignorada, relativa à distribuição de $\mathbf{T}$ (ou de $\mathbf{T}_2$), não envolver

---

[1] Observe-se desde já que esta abordagem é nomeadamente aplicável a qualquer modelo linear generalizado com função de ligação canónica, em virtude da existência de estatísticas suficientes reduzidas para o parâmetro perturbador.

14. MÉTODOS DE INFERÊNCIA CONDICIONAL 495

o parâmetro de interesse[2], o que nem sempre acontece como se constatou na Secção 2.3.

Quando é diminuta a cardinalidade de C_t, a natureza pronunciadamente discreta da distribuição condicionalmente exacta conduz a que variações mínimas no valor observado da estatística de teste impliquem frequentemente alterações substanciais na usual medida de evidência contra a hipótese nula, e consequentemente, na significância do resultado do teste.

A pronunciada discretude distribucional é também responsável pelo conservadorismo manifestado por esses testes no sentido em que a probabilidade efectiva de rejeição incorrecta de H_0 tende a ser bem inferior ao nível de significância quando fixado, devido às substanciais diferenças entre os valores-P possíveis. Deste modo, estes testes conservadores tendem a não rejeitar a hipótese nula mais frequentemente do que deveriam em face do nível de significância nominal, aspecto este que reforça as objecções de que são alvo os procedimentos condicionais exactos.

A opção de aleatorização para a obtenção de uma região crítica exactamente condizente com esse nível nominal, ainda que possa conduzir a testes com alguma propriedade óptima, não é alternativa eficaz pela sua artificialidade e por ser pouco propícia a utilização sistemática nas aplicações práticas, o que explica o facto de não colher aceitação generalizada. Também não o é optar por testes exactos não condicionais pelo facto de serem ainda mais computacionalmente intensivos e de não estarem isentos dos vícios conservadores, apesar de se apoiarem em distribuições menos intensamente discretas (e, por isso, susceptíveis de menor conservadorismo e, por vezes, de maior potência)[3].

Ainda que o mero registo do valor-P ladeie o problema de conservadorismo dos testes exactos, as implicações da intensa discretude da distribuição condicional exacta nos intervalos de confiança associados (resultantes da inversão daqueles testes, como se verá adiante) não deixam de ser perturbadoras pelo facto de a sua probabilidade efectiva de cobertura, naturalmente desconhecida, poder ser bem superior ao respectivo grau de confiança, ao ponto de não serem óbvias as suas vantagens comparativamente às alternativas baseadas em grandes amostras (Agresti 2001)[4]. Acredita-se que métodos bayesianos[5] apoiados em resultados obtidos analiticamente de forma exacta ou por simulação sejam preferíveis, até porque permitem eliminar radicalmente a própria discretude, mesmo quando não se dispõe de (ou não se quer usar) informação *a priori* palpável.

---

[2]Tal significa que $\mathbf{T}$ é adicionalmente ancilar específica com respeito a $\boldsymbol{\gamma}$ (reveja-se a Nota de Capítulo 2.2), ou seja, $\mathbf{T}$ é cumulativamente ancilar parcial com respeito a $\boldsymbol{\gamma}$. A restrição à distribuição condicional em $\mathbf{t} = \mathbf{T(n)}$ é advogada pelo Princípio da Condicionalidade Generalizada.

[3] *Vide* exemplos de testes exactos não condicionais nos exercícios 14.3 e 14.8. Estudos de potência podem ser vistos, por exemplo, em Mehta & Hilton (1993) - para outras referências veja-se o artigo de revisão Agresti (2001).

[4]Um compromisso entre o conservadorismo de métodos exactos e a incerta adequação de métodos assintóticos assenta no ajustamento daqueles através do uso do chamado meio valor-P (*mid-P-value*), definido como o valor-P reduzido de metade da probabilidade sob H_0 da tabela observada. A sua aplicação tem permitido aproximar a probabilidade real do erro de primeira espécie do nível nominal (ainda que não se garanta que não o exceda) e a probabilidade real de cobertura dos decorrentes intervalos do grau de confiança.

[5]Estes métodos estão fora do âmbito deste texto. O leitor interessado encontra material relevante em Paulino et al. (2003, Cap. 6, 7, 8).

496   14.1 INTRODUÇÃO À INFERÊNCIA CONDICIONAL EXACTA E ASSINTÓTICA

Os modelos probabilísticos que se consideram para enquadrar os métodos condicionais exactos descritos neste capítulo são os modelos Multinomial ou Produto de Multinomiais. Refira-se a propósito que as inferências exactas serão imutáveis com a variação dos modelos amostrais descritos no Capítulo 2, desde que os parâmetros de interesse não estejam relacionados com as margens da tabela que estão fixadas em alguns desses esquemas amostrais, e de que estes totais marginais sejam incluídos na estatística condicionante da distribuição exacta nos cenários comparativamente mais amplos. É o que acontece com os problemas a que as secções seguintes se dedicam e que ilustram capazmente os métodos em análise. Estes métodos condicionais exactos têm a sua contrapartida assintótica, fundamentada no comportamento assintótico da distribuição condicional exacta, a que se pode recorrer em contextos de grandes amostras.

Grande parte dos estatísticos aplicados já contactou certamente com estudos experimentais ou observacionais sobre amostras obtidas por conveniência, sem selecção aleatória de alguma população alvo, mas nos quais é relevante averiguar a razoabilidade de certas hipóteses para a população finita de unidades observadas.

Uma estratégia viabilizadora de uma análise estatística para alguns problemas deste tipo é a de imaginar o conjunto de resultados observados como resultante de uma aleatorização das respostas por subpopulações previamente estabelecidas. Isto permite, condicionalmente à hipótese de interesse, gerar um modelo probabilístico com base no qual se podem construir testes estatísticos para ela. Estes denominados métodos de modelos de aleatorização (recorde-se a Secção 2.3) possuem também uma natureza condicional, só que numa diferente acepção de condicionamento na hipótese nula. Estes métodos condicionais possuem naturalmente uma maior aplicabilidade potencial do que os anteriores por não estarem dependentes de processos de amostragem aleatória, ainda que, como reverso da moeda, sejam inferencialmente mais limitados no sentido em que a sua forma reveste necessariamente a estrutura de testes de hipóteses e as suas conclusões se restringem, pela sua própria génese, à população/amostra de unidades observadas.

Alguns destes métodos de modelos de aleatorização também serão focados ao longo deste capítulo, o que permitirá constatar que muitos deles coincidem formalmente com métodos condicionais do primeiro tipo mencionado, ainda que deles divirjam em matéria interpretativa.

Devido ao tamanho dos conjuntos de referência a abordagem condicional exacta permaneceu durante bastante tempo confinada a meios muito restritos. Deve-se ao trabalho de Mehta, Patel e seguidores[6] o desbloqueamento progressivo da aplicação prática desta abordagem através do desenvolvimento de meios de geração total ou parcial dos conjuntos de referência (algoritmo *network*, amostragem Monte Carlo) e sua implementação computacional (nomeadamente, os pacotes *StatXact* e *LogXact*)- veja-se, *e.g.*, Mehta (1998).

---

[6] *Vide* referências em Agresti (2001), por exemplo.

14. MÉTODOS DE INFERÊNCIA CONDICIONAL 497

14.2 Testes de simetria

Em consonância com o disposto no Capítulo 3, o facto de as questões tratadas nesta secção envolverem modelos de simetria, conduz fundamentalmente à consideração do modelo Multinomial $M(N, \overline{\boldsymbol{\theta}})$ para a tabela de contingência em causa $\overline{\mathbf{n}}$, onde a barra nos símbolos pretende significar a eliminação neles da componente redundante (que se toma como a última, a não ser que se explicite algo em contrário).

14.2.1 Tabelas 2×2

Considere-se então o caso de uma tabela 2×2 gerada pelo modelo $M_3(N, \overline{\boldsymbol{\theta}})$ para o vector de frequências $\overline{\mathbf{n}} = (n_{11}, n_{12}, n_{21})$, em que $\overline{\boldsymbol{\theta}} = (\theta_{11}, \theta_{12}, \theta_{21})$. Tendo em conta que a hipótese de simetria
$$H_0 : \theta_{12} = \theta_{21}$$
pode ser equivalentemente formulada por
$$H_0 : \gamma \equiv \theta_{12}/(\theta_{12} + \theta_{21}) = 1/2,$$
o vector paramétrico $\overline{\boldsymbol{\theta}}$ pode pôr-se em correspondência biunívoca com o vector $(\theta_{11}, \theta_{12} + \theta_{21}, \gamma) \equiv (\phi, \gamma)$, em que γ desempenha assim o papel de parâmetro de interesse. Denotando $\mathbf{T} = (n_{11}, n_{12} + n_{21}) \equiv (n_{11}, U)$, é fácil constatar (Exercício 14.1) que a distribuição amostral de $\mathbf{T}$ é uma Multinomial bivariada de índice N e parâmetro ϕ e que a distribuição condicional de $\overline{\mathbf{n}}$ dado $\mathbf{T} = \mathbf{t}$ (que não representa mais do que a distribuição de n_{12} condicional em $U = u$) é uma Binomial de índice u e parâmetro γ. Ou seja, $\mathbf{T}$ (ou mais simplesmente, U) pode servir para a construção de um teste condicional exacto de simetria (ou homogeneidade marginal) baseado na distribuição $f(\overline{\mathbf{n}}|t; \overline{\boldsymbol{\theta}}) = f(n_{12}|u; \gamma)$ que, sob H_0, corresponde à distribuição simétrica $Bi(u, 1/2)$.

Como estatística de teste condicional pode-se tomar a própria variável n_{12} (ou n_{21}), ou a versão não padronizada da estatística de McNemar, $V = n_{12} - n_{21}$, que é uma função linear de n_{12} ($V = 2n_{12} - u$), ou ainda a própria estatística de McNemar, V^2/u (recorde-se 8.3). O teste baseado em qualquer destas estatísticas equivalentes define a versão exacta do teste assintótico de McNemar (Exercício 14.1).

O correspondente nível crítico, calculado da distribuição nula $Bi(u, 1/2)$, depende naturalmente da forma da hipótese alternativa. Ele deve incluir os valores de n_{12} ou de V iguais ou superiores (respectivamente, iguais ou inferiores) ao respectivo valor observado se $H_1 : \theta_{12} > \theta_{21}$ (respectivamente, $H_1 : \theta_{12} < \theta_{21}$). O nível crítico do teste bilateral ($H_1 : \theta_{12} \neq \theta_{21}$) resulta da duplicação do mínimo dos níveis críticos dos dois testes unilaterais.

Exemplo 14.1 (*Problema da esquistossomíase*): Singer, Correia & Paschoalinoto (1989) descrevem um estudo sobre técnicas serológicas de diagnóstico da esquistossomíase, tendo como objectivo a comparação de uma dada técnica padrão (rotulada por A), conhecida pela sua rapidez e precisão nos resultados, com outras técnicas alternativas (rotuladas por B, C e D). A amostra envolveu dois grupos de 50 indivíduos, um constituído por pacientes com esquistossomíase comprovada (casos) e outro por

498 14.2 TESTES DE SIMETRIA

indivíduos sem a referida doença. A partir das amostras de sangue de cada um dos indivíduos registou-se a resposta (positiva ou negativa) produzida por cada técnica serológica.

Neste exemplo averiguar-se-á a igualdade das sensibilidades entre a técnica padrão e a técnica alternativa D, com base na Tabela 14.1, através do teste condicional exacto da hipótese nula de homogeneidade marginal, *i.e.*, de simetria (veja-se Sepúlveda & Paulino (2001) para uma análise mais completa de todos os dados observados).

Tabela 14.1: Respostas das técnicas A e D na subamostra dos casos

Técnica A	Técnica D	
(padrão)	positiva	negativa
positiva	44	0
negativa	4	2

Testando a hipótese referida contra a alternativa de a técnica D classificar correctamente um maior número de casos do que a técnica padrão, o valor-P exacto é $P_1 = P(n_{12} = 0|U = 4, H_0) = 1/16 = 0.0625$. Se se quiser testar H_0 sem especificar a direcção da diferença entre as duas sensibilidades, o valor-P exacto é $P = P(n_{12} \in \{0, 4\}|U = 4, H_0) = 2P_1 = 1/8 = 0.125$. Em suma, não há nos dados observados evidência contra a identidade do comportamento das duas técnicas em termos de detecção correcta dos casos, pelo menos ao nível de significância de 5%.

É instrutivo comparar-se estes resultados com os de testes assintóticos. O teste de McNemar, baseado na distribuição assintótica nula $\chi^2_{(1)}$ para a estatística V^2/U, conduz a um valor-P dado por $P^* = 0.0456$, sendo $P_1^* = P^*/2 = 0.0228$ o correspondente valor-P para o teste unilateral associado baseado na distribuição assintótica $N(0,1)$ para a estatística $V/\sqrt{U}$. A divergência entre os resultados dos testes assintóticos e exactos, quer unilaterais quer bilateral – de que não se pode isentar a natureza altamente discreta desta distribuição condicional exacta (derivada de um número diminuto de frequências fora da diagonal principal) –, é tal que conduz a conclusões distintas ao nível de significância de 5%, pelo menos. ∎

14.2.2 Extensões a tabelas maiores

O procedimento descrito na subsecção anterior é facilmente estendido a tabelas Multinomiais I^2, nas quais se pretende testar a hipótese de simetria

$$H_0 : \theta_{ij} = \theta_{ji}, i < j$$

que, aqui ($I > 2$), como se sabe, já não equivale à hipótese de homogeneidade marginal. Com efeito, a forma de H_0 sugere que, sendo $\gamma^* = \{\theta_{ij}, i \neq j\}$ o parâmetro de interesse, se circunscreva a análise à estatística de dimensão $a = I(I-1)$, $\mathbf{M} = \{n_{ij}, i \neq j\}$, possuindo distribuição $M_a(N, \gamma^*)$, devido à sua suficiência específica para γ^*[7].

---

[7]Realmente, $\mathbf{M}$ é uma estatística suficiente parcial para γ^*, por ser adicionalmente ancilar específica para os restantes parâmetros $\{\theta_{ii}, i = 1, \dots, I\}$. O incontroverso Princípio da Condicionali-

14. MÉTODOS DE INFERÊNCIA CONDICIONAL

Decomponha-se agora γ^* nos vectores, distintos na sua gama variacional, $\phi = \{\theta_{ij} + \theta_{ji}, i < j\}$ e $\gamma = \{\theta_{ij}/(\theta_{ij} + \theta_{ji}) \equiv \gamma_{ij}, i < j\}$, atendendo a que H_0 se pode formular como

$$H_0 : \gamma_{ij} = 1/2, \ i < j.$$

Definindo $\mathbf{U} = \{n_{ij} + n_{ji} \equiv U_{ij}, i < j\}$, pode facilmente mostrar-se (reveja-se Exercício 14.2) que $\mathbf{U}|\gamma^* \sim M_b(N, \phi)$, com $b = I(I-1)/2$ a dimensionalidade de $\mathbf{U}$, e consequentemente, que a distribuição conjunta de $\mathbf{M}$ condicional em cada valor $\mathbf{u} = \{u_{ij}\}$ de $\mathbf{U}$ é o produto das distribuições marginais de n_{ij} dado u_{ij}, caracterizadas pelas Binomiais $Bi(u_{ij}, \gamma_{ij})$. Deste modo, para traçar inferências sobre γ pode-se[8] focar a atenção na distribuição condicional exacta, $f(\mathbf{M}|\mathbf{U} = \mathbf{u}; \gamma)$ que, sob a hipótese de simetria H_0, é um produto de $Bi(u_{ij}, 1/2), i < j$.

Para efeitos de construção de um teste bilateral de simetria, pode-se tomar a estatística de Bowker,

$$Q_P = \sum_{i<j} (n_{ij} - n_{ji})^2/(n_{ij} + n_{ji}) = \sum_{i<j} (2n_{ij} - u_{ij})^2/u_{ij},$$

dotada da sua distribuição condicional exacta nula. O respectivo valor-P, calculado desta distribuição, é $P = P(Q_P \geq Q_{obs}|\mathbf{U} = \mathbf{u}, H_0)$, com Q_{obs} denotando o valor observado de Q_P. Testes condicionais exactos unilaterais podem ser construídos com base na estatística $V = \sum_{i<j}(n_{ij} - n_{ji})$. Valores elevados positivos (respectivamente, negativos) sugerem evidências contra H_0 em favor de $H_1 : \forall i < j, \theta_{ij} > \theta_{ji}$ (respectivamente, $H_1 : \forall i < j, \theta_{ij} < \theta_{ji}$), pelo que o correspondente nível crítico é $P = P(V \geq V_{obs}|\mathbf{U} = \mathbf{u}, H_0)$ (respectivamente, $P = P(V \leq V_{obs}|\mathbf{U} = \mathbf{u}, H_0)$.)

Exemplo 14.2 (*Problema da hemodiálise*): No Exercício 6.8 refere-se um estudo sobre um conjunto de doentes renais em tratamento num centro de hemodiálise de um hospital. Os dados categorizados sobre os valores do teor de Al no sangue dos pacientes em dois períodos são indicados na Tabela 14.2.

Tabela 14.2: Frequências do teor de Al em dois períodos

Teor de Al	Teor de Al (Janeiro 1993)		
(Maio 1992)	< 100	$(100, 150]$	> 150
< 100	20	12	2
$(100, 150]$	4	5	0
> 150	0	1	4

Pelo exposto no Exercício 6.8 o interesse essencial está em testar a hipótese de simetria contra a alternativa unilateral de o teor de Al no segundo período tender a ser maior do que no primeiro período. A Tabela 14.3 reproduz a função de probabilidade

---

dade Generalizada garante então que o vector de frequências complementar a $\mathbf{M}$ pode ser omitido da análise.

[8]O Princípio da Condicionalidade Generalizada recomenda tal atitude, assegurando que nada se perde ao desprezar-se a informação contida na distribuição marginal de $\mathbf{U}$, que é uma estatística ancilar específica para γ.

condicional exacta nula da estatística de teste unilateral V e também da estatística de Bowker para o teste bilateral[9], com os respectivos valores observados assinalados a cheio. Os valores – P são $P = P(V \geq 9|H_0) = 0.032$ e $P = P(Q_P \geq 7|H_0) = 0.049$, evidenciando que a hipótese de simetria é rejeitada ao nível de significância de 5% (pelo menos) em favor, particularmente, da hipótese de ser mais provável um acréscimo do teor de Al do que um decréscimo quando se passa do primeiro para o segundo período. Observe-se que o teste assintótico de simetria baseado na distribuição $\chi^2_{(3)}$ para Q_P ($P = 0.072$) contradiz tais conclusões a esse nível de significância.

Tabela 14.3: Distribuição condicional exacta nula das estatísticas de teste de simetria unilateral (V) e bilateral (Q_P)

v	$P(V = v\|H_0)$	q	$P(V = v\|H_0)$
±1	0.1762	1	0.0982
±3	0.1442	1.25	0.1746
±5	0.0961	2	0.1222
±7	0.0518	3	0.0982
±9	0.0222	3.25	0.2412
±11	0.0074	4	0.1222
±13	0.0018	5	0.0278
452 ±17	3.6×10^{-5}	**7**	0.0278
±19	1.9×10^{-6}	7.25	0.0085
		9.25	0.0085
		10	0.0018
		12	0.0018
		13.25	2.4×10^{-4}
		15.25	2.4×10^{-4}
		17	1.53×10^{-5}
		19	1.53×10^{-5}

■

Quando tem interesse averiguar a questão de simetria em cada um dos estratos de uma tabela multidimensional, o procedimento anterior é facilmente estendido. A distribuição condicional exacta das frequências $\{n_{kij}, k = 1, \ldots, K\}$, dados os totais $u_{kij} = n_{kij} + n_{kji}$ em cada estrato é um produto de $KI(I-1)$ Binomiais independentes, $Bi(u_{kij}, 1/2)$, com base na qual se pode obter a correspondente distribuição para as estatísticas de teste $V = \sum_{k=1}^{K} V_k$ e $Q_P = \sum_{k=1}^{K} Q_{P(k)}$, onde V_k e $Q_{P(k)}$ são as estatísticas de teste de simetria, unilateral e bilateral, na tabela bidimensional correspondente ao k-ésimo estrato (veja-se Exercício 14.2).

14.3 Inferências sobre associação em tabelas 2×2

Na Secção 2.3 derivou-se para uma tabela 2×2 com as margens das linhas fixas, descrita por um Produto de Binomiais, a distribuição dos dados condicional aos totais

---

[9]Estes valores, bem como o respectivo nível crítico do teste, foram obtidos através de uma folha de cálculo do *Microsoft Excel*.

14. MÉTODOS DE INFERÊNCIA CONDICIONAL
501

marginais das colunas, que é designada por distribuição **Hipergeométrica não central**[10]. Esta distribuição univariada (reporta-se à frequência de qualquer das celas) condicional só envolve a RPC Δ (que é um parâmetro de interesse possível quando se trata de inferir sobre a estrutura de associação entre as variáveis da tabela)[11], precisamente porque qualquer dos totais marginais das colunas é uma estatística suficiente específica para o concomitante parâmetro perturbador, o qual pode ser tomado como o parâmetro probabilístico comum das duas Binomiais quando homogéneas, e a sua função de probabilidade é definida por

$$f\left(n_{11} \mid \mathbf{n}_{*.}, t, \Delta\right) = \frac{\binom{n_{1.}}{n_{11}}\binom{n_{2.}}{t - n_{11}}\Delta^{n_{11}}}{\sum\limits_{u=u_1}^{u_2}\binom{n_{1.}}{u}\binom{n_{2.}}{t - u}\Delta^u} = \frac{f_1(n_{11})\Delta^{n_{11}}}{\sum\limits_{u=u_1}^{u_2} f_1(u)\Delta^u} \qquad (14.1)$$

onde $t = n_{.1}$, $u_1 = max\{0, n_{.1} - n_{2.}\}$ e $u_2 = min\{n_{1.}, n_{.1}\}$ designam os limites da gama de variação de n_{11} quando ambas as margens da tabela estão fixadas, e $f_1(n_{11})$ denota a função de probabilidade de n_{11} no caso especial de $\Delta = 1$.

Quando se pretende testar hipóteses precisas sobre Δ, $H_0 : \Delta = \Delta_0$, com $\Delta_0 \in (0, +\infty)$ fixado, a distribuição Hipergeométrica não central, $\mathrm{Hpg}(N, n_{1.}, t; \Delta)$, fica livre de qualquer parâmetro sob H_0, podendo por isso ser utilizada em testes condicionais exactos de H_0. Observe-se desde já que o condicionamento na estatística $T = n_{.1}$ para estes propósitos inferenciais não é pacífico[12], contrariamente ao que acontece no teste condicional de simetria.

No caso do teste de homogeneidade das duas Binomiais (ou equivalentemente, do teste de independência entre as variáveis definidoras da tabela), $H_0 : \Delta = 1$, a distribuição (14.1) converte-se na conhecida distribuição Hipergeométrica $\mathrm{Hpg}(N, n_{1.}, t)$,

$$f\left(n_{11} \mid \mathbf{n}_{*.}, t, \Delta = 1\right) \equiv f_1(n_{11}) = \frac{\binom{n_{1.}}{n_{11}}\binom{n_{2.}}{t - n_{11}}}{\binom{N}{t}},$$

sendo o teste nela baseado conhecido por **teste exacto de Fisher**. A frequência n_{11} é a própria estatística de teste apontando no sentido de uma associação positiva (respectivamente, negativa) quanto maior (menor) for o seu valor observado, já que quanto maior (menor) for n_{11} no contexto em causa de totais marginais fixados, tanto maior (menor) será a RPC amostral. Deste modo[13], o valor-P do teste exacto unilateral de Fisher é a soma das probabilidades hipergeométricas para todas as tabelas

---

[10]Atente-se à Secção 2.2 para a sua derivação a partir dos outros modelos amostrais básicos.

[11]Esta situação não ocorre com qualquer medida de associação. Por exemplo, reparametrizando o modelo usando, em vez da RPC, o risco relativo $\theta_{(1)1}/\theta_{(2)1}$ ou a diferença de probabilidades $\theta_{(1)1} - \theta_{(2)1}$, os totais marginais das colunas não constituem uma estatística suficiente específica com respeito ao correspondente parâmetro perturbador – Exercício 14.5.

[12]O Princípio da Condicionalidade Generalizada é violado em rigor uma vez que T não é ancilar específica para Δ (recorde-se (2.32)). Isto e o conservadorismo dos decorrentes testes exactos condicionais motivam alguns a sugerir testes alternativos como os testes exactos não condicionais – veja-se Exercício 14.11.

[13]O tipo de acontecimentos associados aos níveis críticos unilaterais é cabalmente justificado pela propriedade monótona da razão de verosimilhanças hipergeométricas não centrais (Exercício 14.6b).

do conjunto de referência $C_t = \{(n_{11}, n_{21}) \in \{0, \ldots, n_{1\cdot}\} \times \{0, \ldots, n_{2\cdot}\}\}$, com valores de n_{11} iguais ou superiores (iguais ou inferiores) ao observado quando a alternativa é $H_1 : \Delta > 1$ (respectivamente, $\Delta < 1$). Abreviadamente,

$$P = \sum_{x \in \mathcal{X}} f(x \mid \mathbf{n}_{*\cdot}, t, H_0), \qquad (14.2)$$

em que $\mathcal{X}$ é o subconjunto de C_t definido por

$$\mathcal{X} = \begin{cases} \{x : x \geq n_{11}\}, & H_1 : \Delta > 1 \\ \{x : x \leq n_{11}\}, & H_1 : \Delta < 1. \end{cases}$$

Para o teste bilateral não há uma forma indiscutível de definir as tabelas de C_t a incorporar no cálculo do valor-P. Os critérios mais usados são:

I. Tomar $P = 2\,min\{P_1, P_2\}$, onde P_1 e P_2 são os níveis críticos dos testes unilaterais.

II. Tomar P como a soma das probabilidades sob H_0 das tabelas que não são mais plausíveis do que a tabela observada, i.e., P é dado por (14.2) com $\mathcal{X} = \{x : f(x \mid \mathbf{n}_{*\cdot}, t, H_0) \leq f(n_{11} \mid \mathbf{n}_{*\cdot}, t, H_0)\}$.

III. Considerar a estatística n_{11} padronizada de acordo com a distribuição Hipergeométrica , definida por

$$Y(n_{11}) = \frac{n_{11} - E(n_{11} \mid \mathbf{n}_{*\cdot}, t, H_0)}{\sqrt{Var(n_{11} \mid \mathbf{n}_{*\cdot}, t, H_0)}} = \frac{n_{11} - n_{1\cdot}.n_{\cdot 1}/N}{\sqrt{n_{1\cdot}.n_{\cdot 1}n_{2\cdot}.n_{\cdot 2}/\left[N^2(N-1)\right]}},$$

e calcular P por (14.2) com

$$\mathcal{X} = \{x : |Y(x)| \geq |Y(n_{11})|)\} = \{x : |x - n_{1\cdot}.n_{\cdot 1}/N| \geq |n_{11} - n_{1\cdot}.n_{\cdot 1}/N|\}.$$

Como a estatística de Pearson para a hipótese de independência numa tabela 2×2 pode ser expressa (Exercício 14.6) por

$$\begin{aligned} Q_P &= \sum_{i=1,2} \left\{ \frac{\left(n_{i1} - n_{i\cdot}.n_{\cdot 1}/N\right)^2}{n_{i\cdot}.n_{\cdot 1}/N} + \frac{\left(n_{i2} - n_{i\cdot}.n_{\cdot 2}/N\right)^2}{n_{i\cdot}.n_{\cdot 2}/N} \right\} \\ &= \frac{\left(n_{11} - n_{1\cdot}.n_{\cdot 1}/N\right)^2}{\left(n_{\cdot 1}n_{\cdot 2}n_{1\cdot}.n_{2\cdot}\right)/N^3} \equiv Q_P(n_{11}), \end{aligned}$$

o conjunto de tabelas que deve ser considerado para o cálculo do nível crítico pelo critério III são todas aquelas com valores para a estatística de Pearson maiores ou iguais ao da tabela observada.

Deve sublinhar-se que estes critérios não são equivalentes, podendo até conduzir a distintos resultados do teste devido à discretude e eventual assimetria da distribuição Hipergeométrica . Por outro lado, a natureza por vezes excessivamente conservadora

14. MÉTODOS DE INFERÊNCIA CONDICIONAL

do teste exacto de Fisher, a que já se aludiu genericamente na Secção 14.1, não deixa necessariamente de se aplicar a muitos dos seus competidores[14].

Se se pretender testar qualquer outro valor para Δ, $H_0 : \Delta = \Delta_0$, o procedimento será idêntico ao do teste exacto de Fisher com a diferença de se recorrer à distribuição Hipergeométrica não central, $\mathrm{Hpg}(N, n_{1\cdot}, t; \Delta_0)$. Os cálculos serão facilitados se se notar que

$$\ln f(u \mid n_{1\cdot}, t, \Delta_0) = \ln f(u \mid n_{1\cdot}, t, \Delta = 1) + u \ln \Delta_0 + c,$$

em que c é uma constante em u, dependente dos valores fixados $N, n_{1\cdot}$ e t. Esta relação permite avaliar o primeiro membro à custa do segundo, sem necessidade de explicitar a constante c, como sugere Lloyd (1999) – *vide* Exercício 14.8.

Exemplo 14.3 (*Problema do HIV-1*): A Tabela 14.4 reproduz os resultados de um estudo de caso-controlo numa dada população[15], visando averiguar a associação entre a prevalência de um dado tipo de alelos e a seropositividade relativa ao vírus HIV-1.

Tabela 14.4: Prevalências observadas de um alelo

HIV-1	Alelo	
	presença	ausência
casos	10	46
controlos	3	53

Assumindo o modelo Produto de Binomiais para as frequências da presença do alelo em causa nos dois grupos clínicos, o teste condicional de homogeneidade das duas Binomiais contra a alternativa de a presença do alelo ser mais plausível nos casos do que nos controlos, baseado na distribuição $\mathrm{Hpg}(112, 56, 13)$, apresenta o valor-P $P = P(n_{11} \geq 10 \mid n_{1\cdot} = 56, t = 13, \Delta = 1) \simeq 0.037$. Deste modo, há evidências de heterogeneidade das duas Binomiais no sentido considerado, ao nível de significância de pelo menos 5%.

Para esta tabela, em que a distribuição Hipergeométrica é simétrica em torno de 6.5 (Exercício 14.10), os três critérios considerados para a região de rejeição bilateral conduzem ao mesmo nível crítico[16] $P = 0.074$, o qual já não permite questionar a hipótese de ausência de associação a qualquer nível de significância inferior a 7%. Contudo, se se optar pelos testes assintóticos de Pearson e da razão de verosimilhanças (RV) de Wilks, na base do valor moderadamente grande para a dimensão das duas amostras, obter-se-ia os valores observados $Q_P = 4.26\,(P = 0.039)$ e $Q_V = 4.47\,(P = 0.035)$, os quais forçariam a tirar a conclusão contrária, ao nível de significância de pelo menos 5%.

---

[14]Que incluem os usuais testes assintóticos em contextos de tabelas esparsas (*vide*, *e.g.*, Koehler & Larntz (1980) e Cressie & Read (1989), bem como o teste exacto não condicional de Barnard (1945) – *vide* Agresti (1992) e Exercício 14.11.

[15]A fonte é Sorrentino, Marinic, Motta, Sorrentino, Lopez & Illiovich (2000).

[16]Obviamente que nem sempre tal acontece. Basta por vezes operar uma variação mínima na tabela observada para que com a nova tabela já surjam diferenças entre os três critérios. Por exemplo, se se modificar a tabela em causa reduzindo de 1 a frequência na cela (2,1) com a decorrente redução em $n_{2\cdot}$, os níveis críticos do teste exacto bilateral de independência são $P = 0.0312$ para o primeiro critério e $P = 0.0289$ para os outros.

Com propósitos ilustrativos considere-se o teste para a hipótese de a chance da probabilidade de presença alélica em casos ser quíntupla da mesma chance em controlos, i.e., $H_0 : \Delta = 5$.

Na Tabela 14.5 apresenta-se a função de probabilidade da distribuição hipergeométrica $\text{Hpg}(112, 56, 13; 5)$, com base na qual se obtêm os valores-P para o teste unilateral contra $H_1 : \Delta > 5$ ($P = 0.788$) e para o teste bilateral ($P = 0.918$, adoptando o critério de duplicar o valor-P para o teste unilateral contra $H_1 : \Delta < 5$). Em qualquer dos casos há fortes evidências a favor da hipótese nula.

Tabela 14.5: Função de probabilidade da $\text{Hpg}(112, 56, 13; 5)$

x	$f(x)$	x	$f(x)$
$x \in \{0, 1, 2, 3, 4\}$	0.0000	9	0.1392
5	0.0004	10	0.2468
6	0.0030	11	0.2867
7	0.0151	12	0.1955
8	0.0543	13	0.0591

Querendo estimar pontual ou intervalarmente Δ ou $\delta = \ln \Delta$, a distribuição Hipergeométrica não central pode ser usada para tal efeito. O estimador MV condicional de δ obtém-se da maximização de

$$\ln f(n_{11} \mid n_{1\cdot}, t; e^\delta) = \ln \left[\binom{n_{1\cdot}}{n_{11}} \binom{n_{2\cdot}}{t - n_{11}} \right] + \delta n_{11} - \ln \sum_{u=u_1}^{u_2} \binom{n_{1\cdot}}{u} \binom{n_{2\cdot}}{t - u} e^{\delta u}.$$

Derivando sucessivamente em ordem a δ obtém-se (Exercício 14.8)

$$\frac{\partial \ln f(n_{11} \mid n_{1\cdot}, t; e^\delta)}{\partial \delta} = n_{11} - E(n_{11} \mid n_{1\cdot}, t; e^\delta)$$

$$\frac{\partial^2 \ln f(n_{11} \mid n_{1\cdot}, t; e^\delta)}{\partial \delta^2} = -Var(n_{11} \mid n_{1\cdot}, t; e^\delta).$$

A equação de verosimilhança condicional envolve o primeiro momento simples da distribuição (14.1), que é uma razão de dois polinómios em e^δ de grau u_2 e de avaliação morosa. Acresce a isto que a igualização dos valores esperado e observado de n_{11} não é geralmente resolúvel em forma fechada, reforçando a necessidade de recurso a meios computacionais. O uso do método de Newton conduz ao algoritmo

$$\delta^{(q+1)} = \delta^{(q)} + \frac{n_{11} - E(n_{11} \mid n_{1\cdot}, t; e^\delta)}{Var(n_{11} \mid n_{1\cdot}, t; e^\delta)}, \quad q = 0, 1, \ldots, \tag{14.3}$$

do qual, uma vez obtido $\hat{\delta}$, se calcula $\hat{\Delta} = e^{\hat{\delta}}$ (para $\delta^{(0)}$ pode-se usar o logaritmo da RPC amostral, quando finito).

Intervalos de confiança a $100\gamma\%$ são geralmente obtidos mediante inversão da região de aceitação de testes apropriados. Determinando para cada valor Δ_0 de Δ um

14. MÉTODOS DE INFERÊNCIA CONDICIONAL

conjunto, $A(\Delta_0)$, de valores de n_{11} satisfazendo $P(n_{11} \in A(\Delta_0) \mid n_{1.}, t; \Delta_0) > 1 - \alpha$, a inversão da região de aceitação de tamanho α, $A(\Delta_0)$, do teste de $H_0 : \Delta = \Delta_0$ corresponde a seleccionar, para cada valor possível de n_{11}, um conjunto $C(n_{11})$ formado pelos valores de Δ_0 cujos testes apresentam um valor-P superior a α (*i.e.*, verificam o limite inferior $\gamma = 1 - \alpha$ para a respectiva probabilidade de aceitação correcta).

Consoante a maneira de formar a região de aceitação $A(\Delta_0)$, têm-se várias regiões de confiança a $100\gamma\%$ para Δ. Aqui descrever-se-á apenas o por vezes denominado método das caudas, baseado em inversão de dois testes unilaterais do tipo anteriormente referido[17]. Quando n_{11} não assume os valores extremos, *i.e.*, $0 < n_{11} < min\{n_{1.}, t\}$, o intervalo de confiança determinado por este método será $(\underline{\Delta}_0, \overline{\Delta}_0)$, com os extremos determinados do seguinte modo.

O limite inferior é o valor $\underline{\Delta}_0 = \underline{\Delta}(n_{11})$ tal que o nível crítico do teste para $H_0 : \Delta = \underline{\Delta}_0$ contra $H_1 : \Delta > \underline{\Delta}_0$, $P_1 = \sum_{x \geq n_{11}} f(x \mid n_{1.}, t; \underline{\Delta}_0)$ iguale $(1 - \gamma)/2$. O limite superior é o valor $\overline{\Delta}_0 = \overline{\Delta}(n_{11})$ tal que o nível crítico do teste para $H_0 : \Delta = \overline{\Delta}_0$ contra $H_1 : \Delta < \overline{\Delta}_0$, satisfaça a equação $P_2 = \sum_{x \leq n_{11}} f(x \mid n_{1.}, t; \overline{\Delta}_0) = (1 - \gamma)/2$. O intervalo de confiança é assim o conjunto dos Δ para os quais ambos os valores-P unilaterais não são inferiores a $(1 - \gamma)/2$[18].

Se $n_{11} = 0$ (implicando $P_1 = 1, \forall\Delta$), obtém-se o intervalo de confiança unilateral à esquerda $(0, \overline{\Delta}_0)$, com $\overline{\Delta}_0 = \overline{\Delta}(n_{11})$ determinado como anteriormente substituindo $(1 - \gamma)/2$ por $1 - \gamma$. Na outra situação extrema (implicando $P_2 = 1, \forall\Delta$), obtém-se o intervalo de confiança unilateral à direita $(\underline{\Delta}_0, +\infty)$, com $\underline{\Delta}_0 = \underline{\Delta}(n_{11})$ determinado como se indicou atrás fazendo $P_1 = 1 - \gamma$.

Deve-se sublinhar que, em qualquer das situações, os intervalos de confiança derivados têm por construção uma probabilidade de cobertura nunca inferior a γ, ainda que podendo estar razoavelmente afastada deste limite devido ao conservadorismo dos testes geradores derivado da pronunciada discretude da distribuição (14.1). E que, nas situações extremas, os intervalos de confiança assintóticos não existem devido à inexistência da estimativa MV de Δ e da sua variância assintótica estimada, contrariamente aos intervalos de confiança condicionais exactos, determinados como se referiu anteriormente.

Na prática, o cálculo dos limites de confiança tem de ser feito por métodos numéricos apropriados para a determinação da raiz de uma equação $g(\Delta) = 0$, como, por exemplo, o método da bissecção. Veja-se o Exercício 14.9 para uma simples ilustração onde são possíveis cálculos exactos.

Exemplo 14.3 (continuação): A Tabela 14.6 regista as estimativas de máxima verosimilhança condicional da RPC e do seu logaritmo, bem como o respectivo intervalo de confiança bilateral a 95%.

---

[17]Outros métodos existem baseados em inversão de testes bilaterais, que podem suplantar em precisão o métodos das caudas – veja-se, *e.g.*, Agresti & Min (2001).

[18]Estas relações entroncam no facto de a família de distribuições Hipergeométricas não centrais para a estatística n_{11} ser estocasticamente crescente em Δ (veja-se o Exercício 14.7) e na ordenação estocástica entre uma distribuição discreta e a $U(0, 1)$ (veja-se o fim da Nota de Capítulo 4.4 e, para mais detalhes, consulte, por exemplo, Casella & Berger (2002, enunciado do teorema 9.2.14).

Tabela 14.6: Estimativas condicionais exactas da medida de associação

Parâmetro	Estimativa MV	$IC(95\%)$
$\ln \Delta$	1.334	(-0.100, 3.125)
Δ	3.798	(0.905, 22.759)

As estimativas pontuais condicionais são apenas ligeiramente inferiores às estimativas não condicionais mas os intervalos de confiança são claramente mais largos do que os calculados pela via assintótica. ∎

14.4 Testes de independência em tabelas $I \times J$

A construção de um teste condicional exacto de independência numa tabela $I \times J$ descrita por qualquer dos modelos básicos segue o raciocínio em que se baseou o teste exacto de Fisher. Para tal, há que derivar a distribuição condicional das frequências $\mathbf{n} = \{n_{ij}\}$ dada uma estatística suficiente específica para algum parâmetro perturbador.

Adoptando, sem quebra de generalidade (pelo que se provou no Capítulo 2), o modelo Produto de Multinomiais para os vectores de frequências nas linhas, $M(n_{i\cdot}, \{\theta_{(i)j}\}$, $i = 1, \ldots, I$ e como parâmetro de interesse as RPC de referência,

$$\{\Delta_{ij} = \theta_{(i)j}\theta_{(I)J}/(\theta_{(i)J}\theta_{(I)j}), \ i = 1, \ldots, I-1, \ j = 1, \ldots, J-1\},$$

a função de probabilidade deste modelo pode ser escrita (Exercício 14.9) como

$$f(\mathbf{n} \mid \{n_{i\cdot}\}, \mathbf{\Pi}) = \prod_{i=1}^{I} \frac{n_{i\cdot}!}{\prod_{j=1}^{J} n_{ij}!} \prod_{i=1}^{I-1}\prod_{j=1}^{J-1} \Delta_{ij}^{n_{ij}} \times \prod_{j=1}^{J-1} \phi_j^{n_{\cdot j}} \left(1 + \sum_{j=1}^{J-1} \phi_j\right)^{-n_I.} \times$$

$$\times \prod_{i=1}^{I-1} \left(1 + \sum_{j=1}^{J-1} \Delta_{ij}\phi_j\right)^{-n_{i\cdot}} \quad (14.4)$$

onde $\boldsymbol{\phi} = \{\phi_j \equiv \theta_{(I)j}/\theta_{(I)J}, \ j = 1, \ldots, J-1\}$ define, quando acoplado ao parâmetro de interesse, uma transformação biunívoca do parâmetro original $\mathbf{\Pi}$ que, como se sabe, é constituído por $I(J-1)$ parâmetros linearmente independentes.

A inspecção de (14.4) mostra (pelo critério de factorização) a suficiência específica de $\mathbf{T} = \mathbf{n}_{\ast} \equiv \{n_{\cdot j}\}$ para $\boldsymbol{\phi}$. A distribuição marginal de $\mathbf{T}$ é, pela sua definição, a de uma soma de Multinomiais independentes, não homogéneas em geral, que apresenta uma função de probabilidade expressável (aplique-se um procedimento de transformações de variáveis) por

$$f(\mathbf{t} \mid \mathbf{n}_{\ast}, \{\Delta_{ij}\}, \boldsymbol{\phi}) = \left[\sum_{\{u_{ij}\}} \left(\prod_{i=1}^{I-1} \frac{n_{i\cdot}!}{\prod_{j=1}^{J} u_{ij}!} \right) \frac{n_I!}{\prod_{j=1}^{J}(t_j - \sum_{i=1}^{I-1} u_{ij})!} \prod_{i=1}^{I-1}\prod_{j=1}^{J-1} \Delta_{ij}^{u_{ij}} \right]$$

$$\times \prod_{j=1}^{J-1} \phi_j^{n_{\cdot j}} \left(1 + \sum_{j=1}^{J-1} \phi_j\right)^{-n_I.} \prod_{i=1}^{I-1} \left(1 + \sum_{j=1}^{J-1} \Delta_{ij}\phi_j\right)^{-n_{i\cdot}}. \quad (14.5)$$

14. MÉTODOS DE INFERÊNCIA CONDICIONAL

onde o somatório é estendido a todas as frequências $\{u_{ij}, i = 1, \ldots, I-1, j = 1, \ldots, J\}$ do conjunto de referência compatíveis com $\mathbf{n}_{*.} \equiv \{n_{i.}\}$ e o valor fixado de $\mathbf{T}$. Consequentemente, a função de probabilidade condicional de $\mathbf{n}$ dado $\mathbf{T} = \mathbf{t}$ é

$$f(\mathbf{n} \mid \mathbf{n}_{*.}, \mathbf{t}; \{\Delta_{ij}\}) = \frac{\prod_{i=1}^{I} \frac{n_{i.}!}{\prod_{j=1}^{J} n_{ij}!} \prod_{i=1}^{I-1} \prod_{j=1}^{J-1} \Delta_{ij}^{n_{ij}}}{\sum_{\{u_{ij}\}} \prod_{i=1}^{I} \frac{n_{i.}!}{\prod_{j=1}^{J} u_{ij}!} \prod_{i=1}^{I-1} \prod_{j=1}^{J-1} \Delta_{ij}^{u_{ij}}}, \tag{14.6}$$

em que $u_{Ij} = t_j - \sum_{i=1}^{I-1} u_{ij}$, $j = 1, \ldots, J$.

A maximização do logaritmo de (14.6), quando reparametrizado em termos do vector $\boldsymbol{\delta}$ dos $(I-1)(J-1)$ parâmetros $\delta_{ij} = ln\Delta_{ij}$, conduz à generalização do algoritmo (14.3), em que a segunda parcela do segundo membro passa a ser o produto da inversa da matriz de covariâncias condicional de um vector de $(I-1)(J-1)$ n_{ij} pela diferença entre este vector e o seu valor esperado condicional.

Sob a hipótese de ausência de associação $H_0 : \{\Delta_{ij} = 1\}$, $\mathbf{T}$ apresenta uma distribuição marginal Multinomial, $M_{J-1}(N, \{\phi_j/(1+\sum_{j=1}^{J-1} \phi_j)\})$[19], em que $N = \sum_{i=1}^{I} n_{i.}$, e a distribuição condicional (14.6) converte-se na distribuição Hipergeométrica múltipla (recorde-se Exercício 2.7).

$$f(\mathbf{n} \mid \mathbf{n}_{*.}, \mathbf{t}; H_0) = \frac{\prod_{i=1}^{I} \frac{n_{i.}!}{\prod_{j=1}^{J} n_{ij}!}}{\frac{N!}{\prod_{j=1}^{J} t_j!}} \equiv \frac{\prod_{i=1}^{I} \binom{n_{i.}}{n_{i1} \ldots n_{iJ}}}{\binom{n}{t_1 \ldots t_J}} \tag{14.7}$$

O cálculo do valor-P depende naturalmente do critério de quantificação do afastamento dos dados de H_0 que se decida adoptar. Em tabelas com variáveis nominais, costuma-se usar[20] qualquer das estatísticas (assintoticamente equivalentes), $Q_P = \sum_{i,j} (n_{ij} - \widehat{\mu}_{ij})^2 / \widehat{\mu}_{ij}$, com $\widehat{\mu}_{ij} = n_{i.} n_{.j}/N$,

$$Q_V = -2\ln \frac{f(\mathbf{n} \mid \mathbf{n}_{*.}, \{\Delta_{ij} = 1\}, \{\phi_j = n_{.j}/n_{.J}\})}{f(\mathbf{n} \mid \mathbf{n}_{*.}, \{\Delta_{ij} = \widehat{\Delta}_{ij}\}, \{\phi_j = n_{Ij}/n_{IJ}\})},$$

em que $\widehat{\Delta}_{ij}$ é a RPC amostral, e

$$Q_{FH} = -2\ln f(\mathbf{n} \mid \mathbf{n}_{*.}, \mathbf{t}; H_0) - k(\{n_{i.}\}, \{t_j\}),$$

onde $k(\cdot)$ é uma constante, função das quantidades indicadas.

O emprego de qualquer destas estatísticas conduz a que o valor-P seja dado pela soma das probabilidades (14.7) para todas as tabelas $\mathbf{n}$ com o respectivo valor dessas estatísticas maior ou igual ao da tabela observada. No caso de Q_{FH}, dada a

---

[19]Note-se que $\mathbf{T}$ é, sob H_0, uma soma de vectores aleatórios Multinomiais independentes e homogéneos de índices $n_{i.}$ e parâmetro probabilístico $\mathbf{\Pi}_I = \{\theta_{(I)j}, j = 1, \ldots, J\}$.

[20]Naturalmente que são possíveis outras opções como as estatísticas de Cressie-Read distintas dessas (Exercícios 7.3 e 7.4).

508   14.4 TESTES DE INDEPENDÊNCIA EM TABELAS $I \times J$

constância de $k(\cdot)$ no conjunto de referência, isso equivale a tomar P como a soma das probabilidades (14.7) para todas as tabelas que não são mais plausíveis, sob H_0, do que a tabela observada, que foi o critério preconizado por Freeman & Halton (1951) na sua extensão do teste exacto de Fisher a tabelas bidimensionais nominais – daí a notação Q_{FH} para tal estatística. Dadas as nítidas diferenças entre estas estatísticas, é de esperar que possam ocorrer valores-P bastante diferenciados caso se opte por uma ou por outra[21].

Exemplo 14.4 (*Problema do scrapie*): Num estudo envolvendo carneiros de 9 raças portuguesas conducente a averiguar a sua susceptibilidade ao denominado tremor epizoótico (doença vulgarmente conhecida pela palavra inglesa *scrapie*)[22], obtiveram-se os dados da Tabela 14.7 na qual a variável resposta indica o tipo de susceptibilidade genotípica (determinada de polimorfismos no gene PRNP) categorizada nos níveis ordinais mais resistente (1), resistente (2), pouco resistente (3), susceptível (4) e altamente susceptível (5).

Tabela 14.7: Frequências do tipo de susceptibilidade a *scrapie* em raças de carneiros

Raça	Susceptibilidade a *scrapie*				
	1	2	3	4	5
Merino Branco	6	17	4	2	0
Merino Preto	9	13	9	2	3
Campaniça	0	2	15	1	9
Serra da Estrela	2	10	11	0	0
Bordaleira de Entre-Douro e Minho	0	5	7	0	0
Merino da Beira-Baixa	0	6	8	0	2
Churra Galega Mirandesa	0	3	7	1	0
Churra da Terra Quente	0	5	10	0	0
Churra Mondegueira	0	4	13	0	0

A inspecção das frequências desta tabela esparsa deixa antever que as 9 raças estão longe de corresponder a distribuições homogéneas para a variável resposta. Os testes exactos anteriormente indicados comprovam-no atendendo aos valores observados $Q_{FH} = 72.43$, $Q_P = 90.15$, $Q_V = 97.63$, que correspondem a valores-P praticamente nulos.

Este exemplo ilustra uma situação em que o conjunto de referência é demasiadamente extenso para que o *software* actualmente disponível (no caso, o pacote Stat-Xact) consiga contabilizar todas as tabelas que integram o cálculo do nível crítico. Nestas circunstâncias, o valor-P apresentado é uma estimativa centrada obtida por amostragem de Monte Carlo de tabelas do conjunto de referência, por sinal bastante precisa na situação corrente (*vide* Nota de Capítulo 14.3).

---

[21]Veja-se um exemplo ilustrativo em Agresti (1992, p. 137).

[22]Esta doença que ataca ovinos e caprinos é semelhante à encefalopatia espongiforme bovina (BSE), popularmente identificada como a doença das vacas loucas. O aludido estudo encontra-se descrito em Orge, Galo, Sepúlveda, Simas & Pires (2003).

14. MÉTODOS DE INFERÊNCIA CONDICIONAL

A comparação apenas entre as seis últimas raças mostra que não há evidência contra a hipótese de homogeneidade entre elas, já que $Q_{FH} = 18.58$ com nível crítico associado $P \simeq 0.47$. Sendo assim, as evidências de heterogeneidade na análise da tabela original 9×5 devem-se às diferenças registadas entre o conjunto formado pelas primeiras três raças e pela aglutinação das restantes. A reanálise da tabela 3×5 com as linhas correspondentes às raças Merino (Branco + Preto), Campaniça e Outras comprova tal conclusão ao conduzir aos resultados $Q_{FH} = 66.03$, $Q_P = 74.99$ e $Q_V = 70.82$ que estão associados a uma estimativa Monte Carlo de P praticamente nula. ∎

Quando alguma das variáveis é ordinal, o facto de haver modelos log-lineares intermédios entre o modelo saturado e o modelo de independência (*vide* Secção 4.2), possibilita que se recorra a outras estatísticas mais apropriadas para a detecção de afastamentos específicos da hipótese nula. Por exemplo, o teste de independência numa tabela Multinomial com ambas as variáveis ordinais sob o modelo H_1 de associação linear por linear pode fazer uso da distribuição condicional exacta da estatística $T = \sum_{i,j} a_i b_j n_{ij}$ no conjunto de referência definido pelas tabelas com os totais marginais das linhas e das colunas iguais aos observados[23]. O correspondente teste é particularmente adequado para detectar desvios à homogeneidade das distribuições condicionais por linhas (ou por colunas) no sentido da sua ordenação estocástica crescente ou decrescente.

Exemplo 14.5 (*Problema do ouvido interno*): No Exercício 9.9 expõem-se os resultados observados em 29 indivíduos num estudo sobre a fisiologia labiríntica do ouvido interno. Reproduz-se aqui a tabela referente às frequências observadas das intensidades, ordenadas crescentemente, da vertigem e do nistagmo no ouvido direito com base na qual se pretende ilustrar a aplicação de testes condicionais de ausência de associação dirigidos para o modelo de associação linear por linear.

Tabela 14.8: Frequências das intensidades de fenómenos no ouvido interno direito

Intensidade	Intensidade do nistagmo		
da vertigem	Ausente	Moderada	Forte
Ausente	1	1	0
Moderada	2	5	4
Forte	4	8	4

Sob o modelo Hipergeométrico ordinário para as frequências observáveis $\{n_{ij}\}$ estas apresentam valores médios e covariâncias dados por

$$E(n_{ij}|\{n_{i\cdot}\}, \{n_{\cdot j}\}; H_0) = n_{i\cdot} n_{\cdot j}/N$$
$$Cov(n_{ij}, n_{i'j'}|\{n_{i\cdot}\}, \{n_{\cdot j}\}; H_0) = n_{i\cdot}(N\delta_{ii'} - n_{i'\cdot})n_{\cdot j}(N\delta_{jj'} - n_{\cdot j'})/\left[N^2(N-1)\right],$$

---

[23]Esta é a distribuição da estatística suficiente para o modelo H_1, (T, $\mathbf{n}_{\cdot *}$, $\mathbf{n}_{*\cdot}$), dada a estatística suficiente para o modelo H_0, ($\mathbf{n}_{\cdot *}$, $\mathbf{n}_{*\cdot}$), ou seja, da estatística suficiente para o único parâmetro definidor das interacções de primeira ordem em H_1 – veja-se ainda o Exercício 14.15.

com $\delta_{kk'}$ denotando o usual símbolo de Kronecker, implicando para a estatística T os momentos

$$m_0 \equiv E(T|\mathbf{n}_{*\cdot}, \mathbf{n}_{\cdot *}; H_0) = \left(\sum_i a_i n_{i\cdot}\right)\left(\sum_j b_j n_{\cdot j}\right)/N$$

$$v_0 \equiv Var(T|\mathbf{n}_{*\cdot}, \mathbf{n}_{\cdot *}; H_0) = \frac{\left[\sum_i a_i^2 n_{i\cdot} - \frac{(\sum_i a_i n_{i\cdot})^2}{N}\right]\left[\sum_j b_j^2 n_{\cdot j} - \frac{(\sum_j b_j n_{\cdot j})^2}{N}\right]}{N-1}.$$

A padronização de T, $T^* = (T - m_0)/\sqrt{v_0}$, pode ser vista como $\sqrt{N-1}$ vezes o coeficiente de correlação entre as variáveis das linhas e das colunas, munidas dos seus *scores*, com respeito à distribuição conjunta observada $p_{ij} = n_{ij}/N$[24]. Esta estatística é o suporte do teste condicional exacto de H_0 contra alternativas unilaterais ou bilaterais de ordenação estocástica. Grandes valores positivos (negativos) de T^* sugerem rejeição de H_0 em favor de distribuições condicionais de uma variável dada a outra crescentemente (decrescentemente) ordenadas. O nível crítico do teste bilateral de H_0 (contra um ou outro tipo de ordenação estocástica) obtém-se calculando $P = P(|T^*| \geq |t_{obs}^*||H_0)$.

Usando os *scores* 1,2 e 3 para os níveis de ambas as variáveis obtém-se o valor $t_{obs}^* = 0.211$ que, pela distribuição condicional exacta de T^* (apoiada no conjunto de referência formado pelas tabelas com os mesmos totais marginais da tabela observada), corresponde ao valor-P bilateral $P \simeq 0.84$. Este resultado aponta fortemente no sentido da ausência de associação entre as intensidades de vertigem e de nistagmo quando em confronto com a alternativa indicada, em consonância com o teste assintótico baseado na Normalidade de T^* para N suficientemente grande (com $P = 2[1 - \Phi(0.211)] \simeq 0.83$). ∎

Já se deparou anteriormente (*e.g.*, na Subsecção 9.2.2) com algumas situações em que as estruturas de interesse são expressáveis como modelos de independência em contextos modificados, pelo que o seu ajustamento pode ser testado através dos procedimentos que justamente se acabou de descrever.

Uma destas situações reporta-se ao modelo de simetria condicional que, numa tabela Multinomial I^2, se define por

$$H_{SC} : \theta_{ij}/\theta_{ji} = e^v, \ i < j,$$

o que corresponde à representação log-linear

$$\ln \theta_{ij} = \lambda + w_i + w_j + w_{ij} + v I_{\{i<j\}}(i,j),$$

dotada das restrições $w_{ij} = w_{ji}$ e $\sum_i w_i = \sum_i w_{ij} = 0, \forall j$ (recorde-se Exercício 4.35).

Dado que H_{SC} só envolve razões de probabilidades das celas simétricas (que são restringidas a tomar o mesmo valor), é natural pensar-se num cenário probabilístico condicionado às celas fora da diagonal principal. Ora, considerando a estatística $\mathbf{T} = \{n_{ii}, i = 1, \dots, I\}$, é fácil mostrar (Exercício 14.16) que a distribuição condicional

---

[24]O quadrado de T^* corresponde à estatística de ausência de associação entre variáveis ordinais, proposta por Mantel (1963), para o caso especial de um único estrato.

14. MÉTODOS DE INFERÊNCIA CONDICIONAL

de $\mathbf{n}$ dado $\mathbf{T} = \mathbf{t}$ é Multinomial de índice $\sum_{i \neq j} n_{ij}$ e vector probabilístico denotado por $\gamma = \{\gamma_{ij} = \theta_{ij}/\sum_{i \neq j} \theta_{ij}, \ i \neq j\}$, que são claramente os parâmetros de interesse em termos de H_{SC}. A restrição a esta distribuição, que é a distribuição de $\{n_{ij}, i \neq j\}$ condicional em $\mathbf{T}$, para efeitos inferenciais em torno de H_{SC} é um procedimento pacífico dado que nenhuma informação especificamente relevante é descartada[25].

Como $H_{SC} \Leftrightarrow \gamma_{ij}\gamma_{lk}/(\gamma_{ji}\gamma_{kl}) = 1, \ i < j, \ k < l$, se as frequências $\{n_{ij}, i \neq j\}$ forem dispostas, com a distribuição condicional Multinomial referida, numa tabela $2 \times I(I-1)/2$ em que a primeira linha contém as frequências da tabela original acima da diagonal principal e a segunda linha as correspondentes frequências das celas simétricas, fica evidente que H_{SC} equivale à estrutura de independência nesta tabela descrita pelo modelo $M_{I(I-1)-1}(\sum_{i \neq j} n_{ij}, \gamma)$.

Exemplo 14.6 (*Problema da hemodiálise revisitado*): A motivação para a análise dos dados deste problema (reveja-se o Exercício 6.8) e as próprias conclusões dos testes exactos de simetria (Exemplo 14.2) sugerem abertamente que se contemple a hipótese de simetria condicional através de procedimentos inferenciais exactos. Para o efeito, tome-se da tabela original as frequências relevantes e agrupem-se na tabela Multinomial 2×3 com as contagens 12, 2, 0 na primeira linha e 4, 0, 1 na segunda linha. Os testes condicionais exactos de independência conduzem todos a resultados não significativos[26]:

$$Q_P = 3.53 \, (P = 0.31); Q_V = 3.91 \, (P = 0.22); Q_{FH} = 3.71 \, (P = 0.31).$$

■

14.5 Testes de modelos log-lineares em tabelas tridimensionais

Nesta secção pretende-se essencialmente traçar inferências condicionais sobre a natureza da associação entre variáveis de tabelas de contingência tridimensionais, começando por tratar o caso de K tabelas 2×2 antes de proceder à extensão para tabelas tridimensionais de maior tamanho. A maior parte dos procedimentos, tal como vem sendo feito, apoia-se num dado modelo probabilístico e baseia-se numa apropriada distribuição condicional exacta. Outros procedimentos assentam num dado comportamento assintótico desta distribuição que, para alguns deles, não encontra respaldo em qualquer cenário probabilístico assumido mas apenas em argumentos de aleatorização suscitados pela hipótese nula em questão.

---

[25]O Princípio da Condicionalidade Generalizado assegura isso pela ancilaridade parcial de $\mathbf{T}$ para γ.

[26]A natureza esparsa desta tabela deixa antever que os testes assintóticos de independência originem níveis críticos bastante distintos, ainda que não questionem a significância do resultado (P=0.17 e P=0.14 para os testes Q_P e Q_V, respectivamente).

512 14.5 TESTES DE MODELOS LOG-LINEARES EM TABELAS TRIDIMENSIONAIS

14.5.1 Inferências exactas sobre associação em tabelas $I \times 2 \times 2$

Num contexto Multinomial para a tabela $I \times 2 \times 2$, a ausência de interacção de segunda ordem, representada pelo modelo log-linear (AB, AC, BC), traduz a homogeneidade de qualquer RPC parcial para com o nível da variável definidora da respectiva tabela parcial.

Este significado mantém-se particularmente com o enquadramento num cenário Produto de Multinomiais, tomando como factor a variável das linhas (ou também a variável das colunas), frequentemente considerado quando se pretende averiguar a associação entre uma resposta binária e o tipo binário de tratamento em I condições (níveis de uma ou mais variáveis estratificantes). Neste contexto, denotando simplificadamente as RPC em cada condição $\Delta^{A(i)}$ por Δ_i, aquela hipótese de homogeneidade

$$H_1 : \Delta_i = \frac{\theta_{(i)11}\theta_{(i)22}}{\theta_{(i)12}\theta_{(i)21}} \equiv \frac{\theta_{(i1)1}\theta_{(i2)2}}{\theta_{(i1)2}\theta_{(i2)1}} = \Delta, \; i = 1, \ldots, I$$

indica designadamente que o factor estratificante X_1 não exerce qualquer efeito confundidor na associação entre X_2 e X_3.

A construção de um teste condicional exacto para H_1 exige a derivação da distribuição condicional dos dados $\{n_{ijk}\}$ (a estatística suficiente do modelo saturado) dado o valor observado dos três conjuntos de totais marginais (a estatística suficiente do modelo sem interacção de segunda ordem), ou equivalentemente, a distribuição do conjunto das frequências $\{(n_{ijk}, j, k = 1, 2)\}$ independente e multinomialmente distribuídas com índices $\{n_{i\cdot\cdot}\}$, condicionada nos totais marginais $\{\mathbf{n}_{i*\cdot}, \mathbf{n}_{i\cdot*}\}$ de cada tabela 2^2 e $\mathbf{n}_{\cdot**}$, ou ainda, a distribuição do conjunto $(\mathbf{n}_{*11}, \mathbf{n}_{*21})$ das duas frequências $\{(n_{ij1}, j = 1, 2)\}$ independente e binomialmente distribuídas com índices $\mathbf{n}_{**\cdot} = \{(n_{ij\cdot}, j = 1, 2)\}$, condicionada nos totais marginais $\mathbf{n}_{*\cdot 1} = \{n_{i\cdot1}\}$ e $n_{\cdot11}$.

Por conveniência, utilizar-se-á o cenário Produto de $2I$ Binomiais com função de probabilidade expressável em termos dos logitos $L_{ij} = \ln[\theta_{(ij)1}/\theta_{(ij)2}]$ por

$$f(\mathbf{n}_{*11}, \mathbf{n}_{*21} \mid \mathbf{n}_{**\cdot}; \{L_{ij}\}) = c(\mathbf{n}_{*11}, \mathbf{n}_{*21}) \times \frac{e^{\sum_i (L_{i1}n_{i11} + L_{i2}n_{i21})}}{\prod_i (1 + e^{L_{i1}})^{n_{i1\cdot}} (1 + e^{L_{i2}})^{n_{i2\cdot}}} \quad (14.8)$$

em que $c(\mathbf{n}_{*11}, \mathbf{n}_{*21}) = \prod_i c(n_{i11}, n_{i21}) \equiv \prod_i \binom{n_{i1\cdot}}{n_{i11}}\binom{n_{i2\cdot}}{n_{i21}}$.

Como se viu no Capítulo 5, os logitos podem ser reparametrizados através de uma estrutura linear, $L_{ij} = \gamma + \alpha_i + \beta_j + \eta_{ij}$, com apropriadas restrições identificantes (*e.g.*, as restrições de soma nula nos parâmetros indexados do segundo membro). Definindo por conveniência para cada i

$$\begin{aligned} L_{i1} &= \gamma^\star + \alpha_i^\star + \delta + \varepsilon_i, \; L_{i2} = \gamma^\star + \alpha_i^\star \\ \gamma^\star &= \gamma - \beta_1, \; \alpha_i^\star = \alpha_i - \eta_{i1}, \; \delta = 2\beta_1, \; \varepsilon_i = 2\eta_{i1}, \end{aligned}$$

o logaritmo da RPC para a i-ésima subpopulação é $\ln \Delta_i = L_{i1} - L_{i2} = \delta + \varepsilon_i$, explicitando que e^δ representa o valor comum das RPC sob o modelo aditivo nos logitos ($\{\varepsilon_i = 0\}$), equivalente ao modelo sem interacção de segunda ordem.

14. MÉTODOS DE INFERÊNCIA CONDICIONAL

Com esta parametrização no modelo anterior (14.8), o expoente do termo exponencial no numerador,

$$\sum_{i,j} L_{ij} n_{ij1} = \gamma^* n_{..1} + \sum_i \alpha_i^* n_{i\cdot 1} + \delta n_{.11} + \sum_i \varepsilon_i n_{i11},$$

mostra que a estatística suficiente mínima com respeito aos 2I parâmetros pode ser definida por $(\mathbf{n}_{*11}, \mathbf{n}_{*\cdot 1})$, cuja função de probabilidade é assim definida por

$$f(\mathbf{n}_{*11}, \mathbf{n}_{*\cdot 1} \mid \mathbf{n}_{**\cdot}; \gamma^*, \{\alpha_i^*\}, \delta, \{\varepsilon_i\}) = C(\mathbf{n}_{*11}, \mathbf{n}_{*\cdot 1}) \times$$

$$\times \frac{e^{\gamma^* n_{..1} + \sum_i \alpha_i^* n_{i\cdot 1} + \delta n_{.11} + \sum_i \varepsilon_i n_{i11}}}{\prod_i (1 + e^{\gamma^* + \alpha_i^* + \delta + \varepsilon_i})^{n_{i1\cdot}} (1 + e^{\gamma^* + \alpha_i^*})^{n_{i2\cdot}}}, \tag{14.9}$$

com $C(\mathbf{n}_{*11}, \mathbf{n}_{*\cdot 1}) = c(\mathbf{n}_{*11}, \mathbf{n}_{*\cdot 1} - \mathbf{n}_{*11}) \equiv \prod_i c(n_{i11}, n_{i21}) \equiv \prod_i C(n_{i11}, n_{i\cdot 1})$.

Querendo testar a hipótese $H_1 : \varepsilon_i = 0, \forall i \Leftrightarrow \Delta_i = e^\delta \equiv \Delta$, a distribuição condicional a considerar deve ser a distribuição dos dados condicionada na estatística suficiente para os parâmetros perturbadores, $(\mathbf{n}_{*\cdot 1}, n_{\cdot 11})$, que é definida por

$$f(\mathbf{n}_{*11} \mid \mathbf{n}_{**\cdot}, \mathbf{n}_{*\cdot 1}, n_{\cdot 11}; \{\varepsilon_i\}) = \frac{f(\mathbf{n}_{*11} \mid \mathbf{n}_{**\cdot}, \mathbf{n}_{*\cdot 1}; \delta, \{\varepsilon_i\})}{f(n_{\cdot 11} \mid \mathbf{n}_{**\cdot}, \mathbf{n}_{*\cdot 1}; \delta, \{\varepsilon_i\})}.$$

Ora, de (14.9) decorre que (recorde-se a Secção 14.3) o numerador é a função de probabilidade de um produto das I distribuições independentes

$$n_{i11} \mid n_{i1\cdot}, n_{i2\cdot}, \mathbf{n}_{i\cdot 1}; \delta, \{\varepsilon_i\} \sim Hpg(n_{i\cdot\cdot}, n_{i1\cdot}, n_{i\cdot 1}; e^{\delta + \varepsilon_i}),$$

e o denominador é a distribuição da sua soma, obtendo-se então por cancelamento das constantes,

$$f(\mathbf{n}_{*11} \mid \mathbf{n}_{**\cdot}, \mathbf{n}_{*\cdot 1}, n_{\cdot 11}; \{\varepsilon_i\}) = \frac{\left[\prod_i C(n_{i11}, n_{i\cdot 1}) \right] e^{\sum_i (\delta + \varepsilon_i) n_{i11}}}{\sum_{u_{*11} \in \mathcal{U}} \left[\prod_i C(u_{i11}, n_{i\cdot 1}) \right] e^{\sum_i (\delta + \varepsilon_i) u_{i11}}}$$

$$= \frac{C(\mathbf{n}_{*11}, \mathbf{n}_{*\cdot 1}) e^{\sum_i (\delta + \varepsilon_i) n_{i11}}}{\sum_{u_{*11} \in \mathcal{U}} C(\mathbf{u}_{*11}, \mathbf{n}_{*\cdot 1}) e^{\sum_i (\delta + \varepsilon_i) u_{i11}}} \tag{14.10}$$

onde $\mathcal{U} = \{u_{*11} = (u_{i11}) : max\{0, n_{i1\cdot} - n_{i\cdot 2}\} \leq u_{i11} \leq min\{n_{i\cdot 1}, n_{i1\cdot}\}, u_{\cdot 11} = n_{\cdot 11}\}$.

Sob H_1 esta distribuição converte-se em

$$f(\mathbf{n}_{*11} \mid \mathbf{n}_{**\cdot}, \mathbf{n}_{*\cdot 1}, n_{\cdot 11}; H_1) = \frac{C(\mathbf{n}_{*11}, \mathbf{n}_{*\cdot 1})}{\sum_{u_{*11} \in \mathcal{U}} C(\mathbf{u}_{*11}, \mathbf{n}_{*\cdot 1})} \tag{14.11}$$

$$\propto \prod_i C(n_{i11}, n_{i\cdot 1}) \propto \prod_{i,j,k} (n_{ijk}!)^{-1}.$$

514   14.5 TESTES DE MODELOS LOG-LINEARES EM TABELAS TRIDIMENSIONAIS

Zelen (1971) considerou o valor-P como a soma das probabilidades (14.11) de todas as tabelas que não são mais plausíveis que a tabela observada, isto é,

$$P = \sum_{\mathbf{u} \in \mathcal{U}^*} f(\mathbf{u} \mid \mathbf{n}_{**\cdot}, \mathbf{n}_{*\cdot 1}, n_{\cdot 11}; H_1),$$

com $\mathcal{U}^* = \{\mathbf{u} \in \mathcal{U} : f(\mathbf{u} \mid \mathbf{n}_{**\cdot}, \mathbf{n}_{*\cdot 1}, n_{\cdot 11}; H_1) \leq f(\mathbf{n}_{*11} \mid \mathbf{n}_{**\cdot}, \mathbf{n}_{*\cdot 1}, n_{\cdot 11}; H_1)\}$, e, por isso, o teste baseado na distribuição (14.11) com este modo de calcular o nível crítico é conhecido na literatura por **teste exacto de Zelen**.

Naturalmente que se podem construir outros testes exactos baseados nas usuais estatísticas de ajustamento, reunindo no nível crítico as (probabilidades sob H_1 das) tabelas com valores dessas estatísticas tão ou mais extremos do que o da tabela observada. Em situações com variáveis ordinais é possível construir testes de H_1 contra alternativas específicas de heterogeneidade das RPC (veja-se, *e.g.*, Exercício 14.18).

Quando o modelo de homogeneidade das RPC das tabelas parciais em X_1 se revela como uma boa explicação dos dados interessa certamente estimar condicionalmente o valor da RPC comum. Ora, como se referiu no Capítulo 2, para traçar inferências sobre essas RPC parciais é indiferente usar para a tabela $I \times 2 \times 2$ o modelo Multinomial ou os modelos condicionais dele derivados, Produto de Multinomiais ($\{n_{i\cdot\cdot}\}$ fixos) e Produto de Binomiais ($\{n_{ij\cdot}\}$ fixos).

Adoptando por conveniência este último, o seu condicionamento adicional em $\{n_{i\cdot k}\}$ conduz, tendo em conta o que foi referido anteriormente, a I distribuições independentes Hipergeométricas não centrais $\text{Hpg}(n_{i\cdot\cdot}, n_{i1\cdot}, n_{i\cdot 1}; \Delta_i)$. Assim, sob o modelo H_1 de não interacção de segunda ordem, a distribuição condicional dos dados é

$$f(\{n_{i11}\} \mid \{n_{i\cdot\cdot}, n_{i1\cdot}, n_{i\cdot 1}\}; H_1) = \prod_i \frac{c(n_{i11}, n_{i\cdot 1})\Delta^{n_{i11}}}{\sum_{u_{i11}=t_{i1}}^{t_{i2}} c(u_{i11}, n_{i\cdot 1})\Delta^{u_{i11}}}, \qquad (14.12)$$

em que $t_{i1} = max\{0, n_{i1\cdot} - n_{i\cdot 2}\}$ e $t_{i2} = min\{n_{i\cdot 1}, n_{i1\cdot}\}$.

Repetindo o procedimento referido na Secção 14.3 para a maximização desta verosimilhança condicional, obtém-se para a resolução da equação de verosimilhança $\sum_i \{n_{i11} - E(n_{i11} \mid n_{i\cdot\cdot}, n_{i1\cdot}, n_{i\cdot 1}; \widehat{\Delta})\} = 0$ o algoritmo de Newton-Raphson

$$\ln \Delta^{(q+1)} = \ln \Delta^{(q)} + \frac{n_{\cdot 11} - \sum_i E(n_{i11} \mid n_{i\cdot\cdot}, n_{i1\cdot}, n_{i\cdot 1}; \Delta^{(q)})}{\sum_i Var(n_{i11} \mid n_{i\cdot\cdot}, n_{i1\cdot}, n_{i\cdot 1}; \Delta^{(q)})}, \quad q = 0, 1, \ldots \quad (14.13)$$

onde os valores esperados e variâncias indicados, sem expressão em forma fechada, se reportam à distribuição Hipergeométrica não central. Sob H_1, a distribuição condicional da estatística suficiente para Δ, $n_{\cdot 11}$, é a distribuição da soma de I distribuições independentes $\text{Hpg}(n_{i\cdot\cdot}, n_{i1\cdot}, n_{i\cdot 1}; \Delta)$. Dada a forma da distribuição conjunta destas, e definindo $c_+(n_{\cdot 11}, \mathbf{n}_{*\cdot 1})$ a soma dos coeficientes $C(n_{\cdot 11}, \mathbf{n}_{*\cdot 1}) = \prod_i C(n_{i11}, n_{i\cdot 1})$ para todas as tabelas do conjunto de referência, indexado pelos totais marginais $\{n_{ij\cdot}\}$ e $\{n_{i\cdot k}\}$, consistentes com $\{n_{\cdot jk}\}$, resulta

$$f(n_{\cdot 11} \mid \mathbf{n}_{**\cdot}, \mathbf{n}_{*\cdot 1}, \Delta) = \frac{c_+(n_{\cdot 11}, \mathbf{n}_{*\cdot 1})\Delta^{n_{\cdot 11}}}{\sum_{u_{\cdot 11}} c_+(u_{\cdot 11}, \mathbf{n}_{*\cdot 1})\Delta^{u_{\cdot 11}}}, \qquad (14.14)$$

14. MÉTODOS DE INFERÊNCIA CONDICIONAL

onde o somatório no denominador se estende a todos os valores admissíveis de $\sum_i n_{i11}$, com $n_{i11} \in [t_{i1}, t_{i2}]$.

Com base nesta distribuição podem-se testar hipóteses sobre Δ. Testes unilaterais de $H_0 : \Delta = \Delta_0 \neq 1$ podem ainda ser invertidos para obter apropriados intervalos de confiança condicionais sobre Δ, seguindo um argumento análogo ao que se viu para uma tabela 2×2. Assim, $(\underline{\Delta}(z), \overline{\Delta}(z))$ é um intervalo de confiança condicional a $100\gamma\%$ para Δ desde que:

- $\underline{\Delta}(z) = 0$ quando $z = z_m \equiv \sum_i max\{0, n_{i1\cdot} - n_{i\cdot2}\}$, i.e., quando z é o valor mínimo possível de $n_{\cdot11}$, e satisfaça a condição

$$P\left(n_{\cdot11} \geq z \mid \mathbf{n}_{**1}, \mathbf{n}_{*\cdot1}; \underline{\Delta}(z)\right) = (1 - \gamma)/2,$$

  quando $z_m < z \leq z_M \equiv \sum_i min\{n_{i1\cdot}, n_{i\cdot1}\}$;

- $\overline{\Delta}(z) = +\infty$, se $z = z_M$, e satisfaça a condição[27]

$$P\left(n_{\cdot11} \leq z \mid \mathbf{n}_{**1}, \mathbf{n}_{*\cdot1}; \overline{\Delta}(z)\right) = (1 - \gamma)/2,$$

  se $z_m \leq z < z_M$.

O teste condicional exacto do modelo H_2 de independência condicional entre B e C dado A no quadro do modelo H_1 de não interacção de segunda ordem deve basear-se com $\mathbf{n}_{**}$ fixado no condicionamento em $\mathbf{n}_{*\cdot1}$ – a estatística suficiente para H_2 – da distribuição de $(\mathbf{n}_{*\cdot1}, n_{\cdot11})$ – a estatística suficiente para H_1 –, ou seja, da distribuição condicional de $n_{\cdot11}$ definida por (14.14). A sua especialização a H_2, traduzindo a soma das I distribuições independentes $Hpg(n_{i\cdot\cdot}, n_{i1\cdot}, n_{i\cdot1}; 1)$, obtém-se fazendo em (14.14) $\Delta = 1$, ou seja,

$$f(n_{\cdot11} \mid \mathbf{n}_{**}, \mathbf{n}_{*\cdot1}, \Delta = 1) = \frac{c_+(n_{\cdot11}, \mathbf{n}_{*\cdot1})}{\sum_{n_{\cdot11}} c_+(n_{\cdot11}, \mathbf{n}_{*\cdot1})}. \tag{14.15}$$

O teste baseado na distribuição condicional (14.15) é conhecido por **teste exacto de Birch**, pelo facto de ter sido derivado por Birch (1964), que tomou como valor-P a soma das probabilidades sob H_2 das tabelas com $n_{\cdot11}$ não inferior (respectivamente, não superior) ao valor observado se H_2 estiver a ser testado contra a alternativa de uma associação positiva (negativa). Um valor-P sugerido para o teste de Birch bilateral é o dobro do mínimo dos valores-P dos testes unilaterais, mas outras vias são também possíveis como a soma das probabilidades (14.15) de todas as tabelas que não são maiores do que a probabilidade da tabela observada, ou a soma dessas probabilidades para todas as tabelas satisfazendo a condição de $|n_{\cdot11} - E(n_{\cdot11})|$ não ser inferior ao respectivo valor para a tabela observada, onde $E(n_{\cdot11})$ se reporta ao valor esperado da distribuição (14.15)[28].

---

[27]Esta e a equação análoga acima são resolvidas no *StatXact* mediante determinados métodos numéricos.

[28]O mesmo tipo de raciocínio deve naturalmente ser utilizado se o objectivo é testar outras hipóteses de independência condicional (Exercício 14.17).

14.5 TESTES DE MODELOS LOG-LINEARES EM TABELAS TRIDIMENSIONAIS

O teste condicional exacto do modelo de independência condicional no quadro do modelo saturado baseia-se na distribuição nula de $\{n_{i11}\}$ dado $\{n_{i1\cdot}, n_{i\cdot1}\}$ que, como decorre de (14.12), é o produto de Hipergeométricas centrais

$$f(\{n_{i11}\} \mid \{n_{i\cdot\cdot}, n_{i1\cdot}, n_{i\cdot1}\}; H_2) = \prod_i \frac{\dbinom{n_{i1\cdot}}{n_{i11}}\dbinom{n_{i2\cdot}}{n_{i\cdot1} - n_{i11}}}{\dbinom{n_{i\cdot\cdot}}{n_{i\cdot1}}}. \qquad (14.16)$$

Usando uma dada estatística de ajustamento (*e.g.*, Q_P) para ordenar as tabelas do conjunto de referência, o valor-P é a soma das probabilidades (14.16) para todas as tabelas com o valor dessa estatística maior ou igual ao da tabela observada.

Exemplo 14.7 (*Problema da jararaca*): No estudo do comportamento predatório da jararaca (uma das serpentes mais venenosas do Brasil), descrito em Singer et al. (1995), pretende-se avaliar a influência do tipo de pigmentação (Y) e do peso relativo (X) da presa (camundongo) na ocorrência de ataque predatório (Z) por essa serpente. Dados os objectivos do estudo vai-se admitir que as frequências, registadas na Tabela 14.9, são modeláveis por um produto de Binomiais, tantas quantas o número de subpopulações definidas pelo cruzamento das categorias das variáveis explicativas X e Y.

Tabela 14.9: Frequências de ataque predatório das jararacas

Peso relativo	Pigmentação	Ataque predatório	
		Sim	Não
menor	escura	6	3
menor	albina	6	4
maior	escura	5	7
maior	albina	17	4

Em primeiro lugar analisa-se o ajustamento do modelo H_1 traduzindo um efeito aditivo dos dois factores nos logitos da variável resposta, ou seja, o modelo log-linear sem interacção de segunda ordem. Observe-se que o conjunto de referência relevante, determinado a partir dos vectores de frequências marginais observadas,

$$\mathbf{n}_{**\cdot} = (9, 10, 12, 21); \ \mathbf{n}_{*\cdot*} = (12, 7, 22, 11); \ \mathbf{n}_{\cdot**} = (11, 10, 23, 8),$$

pelas restrições $2 \le n_{111} \le 9$, $1 \le n_{211} \le 12$ e $n_{\cdot11} = 11$ é o conjunto de 8 tabelas definidas em termos de n_{111} por $\mathcal{U} = \{2, 3, 4, 5, 6, 7, 8, 9\}$.

A Tabela 14.10 regista a função de probabilidade da distribuição (14.11) para o teste exacto de Zelen da qual se conclui que o valor-P de Zelen, $P \simeq 0.20$, coincide com aquele obtenível do critério de somar as probabilidades das tabelas com os valores das estatísticas Q_P e Q_V não inferiores aos da tabela observada. A magnitude desse valor não permite questionar a razoabilidade do modelo em questão[29].

---

[29]Os valores-P assintóticos estão em consonância com essa conclusão aos níveis de significância usuais, ainda que difiram significativamente do valor-P do teste condicional exacto ($P \simeq 0.093$ e $P \simeq 0.095$ para os testes Q_P e Q_V, respectivamente).

14. MÉTODOS DE INFERÊNCIA CONDICIONAL

Tabela 14.10: Distribuição exacta condicional nula de n_{111} para o teste de Zelen

n_{111}	Q_P	Q_V	Prob. (14.11)
2	10.5475	12.6620	0.0024
3	4.1928	4.4922	0.0724
4	0.6482	0.6597	0.3650
5	0.1913	0.1902	0.4258
6	2.8221	2.7921	0.1252
7	5.8263	5.8632	0.0089
8	13.2404	13.7714	0.0001
9	23.6556	27.0898	$\simeq 0$

A estimativa MV condicional sob H_1 da RPC comum às duas tabelas parciais relativas a cada nível do peso relativo obtida pela aplicação do método iterativo (14.13) é $\widehat{\Delta} = 0.40$ e o respectivo intervalo de confiança a 95% é $(0.104, 1.471)^{30}$.

O facto de o valor $\Delta = 1$ estar relativamente bem situado dentro do intervalo de confiança condicional exacto sugere que no quadro de H_1 o modelo indicador de que a ocorrência de ataque predatório da jararaca não depende do tipo de pigmentação da presa, qualquer que seja o peso relativo desta, ou seja, do modelo log-linear H_2 : (XY, XZ), possa descrever razoavelmente os dados observados.

Isso é confirmado pelo teste bilateral exacto de Birch conducente a $P \simeq 0.197$. As evidências a favor deste modelo, na base da validade de H_1, são bem patentes quando se usa o teste unilateral exacto de Birch contra a hipótese alternativa de a pigmentação escura da presa propiciar mais o ataque predatório do que a pigmentação albina $(\Delta > 1)$. O teste unilateral de Birch contra a alternativa de sentido oposto $(\Delta < 1)$ também não permite pôr em causa aos níveis de significância usuais o ajustamento de H_2 (P $\simeq 0.099$).

O teste condicional exacto de H_2 sem condicionamento em H_1, baseado na ordenação das 96 tabelas admissíveis via Q_P ou Q_V (com valores na tabela observada de 5.39 e 5.35, respectivamente) e nas probabilidades (14.16) originou o nível crítico $P \simeq 0.095$, cuja ordem de grandeza não constitui evidência suficiente para pôr abertamente em cheque o referido modelo de independência condicional.

Admitindo agora a validade desse modelo, a hipótese adicional de a ocorrência de ataque predatório não depender do peso relativo da presa para cada tipo de pigmentação, ou seja, a hipótese H_3 do modelo tradutor de a distribuição condicional de Z não depender nem de X nem de Y pode ser testada na tabela 2×2 resultante da desmontagem da tabela em Y. A aplicação do teste exacto de Fisher baseado nas usuais estatísticas de ajustamento (valores de Q_P e Q_V na tabela observada iguais a 0.066 e 0.065, respectivamente) conduziu a um valor-P unitário, evidenciando um excelente ajustamento do modelo (XY,Z) no pressuposto da adopção de $H_2{}^{31}$. ∎

---

[30] A estimativa MV não condicional sob H_1 de Δ é algo inferior (0.385) e o correspondente intervalo de confiança assintótico a 95%, (0.118, 1.254), está contido no intervalo de confiança exacto.

[31] Os testes asintóticos de H_3 dado H_2 apontam no mesmo sentido com P $\simeq 0.798$ para os testes baseados em Q_P e Q_V.

14.5.2 Testes exactos de ajustamento em tabelas $I \times J \times K$

Testes exactos de ajustamento de certos modelos log-lineares tridimensionais podem ser construídos recorrendo a procedimentos já descritos para tabelas bidimensionais, alguns dos quais são possíveis de executar com o *software* existente.

A título exemplificativo, suponha-se que se pretende testar o ajustamento do modelo de independência parcial $H_2 : (A, BC)$ no quadro do modelo saturado $H_1 :$ (ABC). Atendendo ao significado de H_2, basta reformatar a tabela original numa tabela de I linhas e JK colunas e aplicar o teste condicional exacto de independência para uma tabela bidimensional.

Se o objectivo for o de testar o mesmo modelo H_2 no quadro do modelo de independência condicional $H_1 : (AC, BC)$, o facto de o termo de interacção de primeira ordem u^{AC} presente em H_1 ser idêntico àquele que figura no modelo log-linear bidimensional saturado para a tabela marginal $I \times K$ (A, C) – reveja-se as condições de desmontabilidade da Proposição 4.1 –, implica que o teste pretendido equivale ao teste condicional exacto de independência na tabela bidimensional indicada.

Este último argumento serve também de justificação para que o teste condicional exacto de independência completa, $H_2 : (A, B, C)$, condicionado ao modelo $H_1 :$ (A, BC), seja executado como um teste de independência na tabela marginal $J \times K$ (B, C).

Outros testes podem ser teoricamente construídos ainda que a sua execução obrigue frequentemente a trabalho pessoal de programação dada a inexistência de *software* devido à enorme dimensão dos conjuntos de referência da distribuição condicional exacta, ainda que por vezes esteja disponível a aproximação do respectivo valor-P exacto por amostragem de Monte Carlo desses conjuntos (veja-se a Nota de Capítulo 14.3).

Um primeiro exemplo é fornecido precisamente pelo teste do modelo de independência completa, $H_2 : (A, B, C)$, mas agora no quadro do modelo saturado, $H_1 : (ABC)$. A distribuição condicional a derivar reporta-se às frequências $\mathbf{n} = \{n_{ijk}\}$ condicionadas nas frequências marginais univariadas, $(\mathbf{n}_{*..}, \mathbf{n}_{.*.}, \mathbf{n}_{..*})$, sob H_2. É fácil demonstrar que esta distribuição é definida por

$$f(\mathbf{n} \mid \mathbf{n}_{*..}, \mathbf{n}_{.*.}, \mathbf{n}_{..*}; H_2) = \frac{\prod_i n_{i..}! \prod_j n_{.j.}! \prod_k n_{..k}!}{(N!)^2 \prod_{i,j,k} n_{ijk}!}, \qquad (14.17)$$

com base na qual se pode determinar a distribuição condicional exacta de alguma estatística de ajustamento (*e.g.*, Q_P) ordenadora das tabelas do conjunto de referência.

Um outro exemplo é a generalização do teste exacto de Birch a tabelas $I \times J \times K$ no confronto entre os modelos $H_2 : (AB, AC)$ e $H_1 : (AB, AC, BC)$. A correspondente distribuição condicional, referente a $\{n_{.jk}\} \mid \{n_{ij.}\}\{n_{i.k}\}$, é a da soma de I distribuições Hipergeométricas multivariadas, generalizando (14.15). Já o teste do mesmo modelo de independência condicional no quadro do modelo saturado baseia-se

14. MÉTODOS DE INFERÊNCIA CONDICIONAL 519

na distribuição condicional sob H_2 de $\{n_{ijk}\} \mid \{n_{ij\cdot}\}, \{n_{i\cdot k}\}$ definida por

$$f(\mathbf{n} \mid \mathbf{n}_{**\cdot}, \mathbf{n}_{*\cdot *}; H_2) = \prod_{i=1}^{I} \frac{f(\{n_{ijk}, j = 1, \ldots, J, k = 1, \ldots, K\}; H_2)}{f(\{n_{ij\cdot}, j = 1, \ldots, J\}; H_2) f(\{n_{i\cdot k}, k = 1, \ldots, K\}; H_2)}$$

$$= \prod_{i=1}^{I} \frac{\prod_{j} \binom{n_{ij\cdot}}{n_{ij1} \ldots n_{ijK}}}{\binom{n_{i\cdot\cdot}}{n_{i\cdot 1} \ldots n_{i\cdot K}}}, \tag{14.18}$$

particularizando-se assim num Produto de Hipergeométricas multivariadas quando $K = 2$. Como estatística de teste pode usar-se por exemplo Q_P, expressável como soma de I estatísticas de Pearson para independência entre B e C nas tabelas parciais indexadas pelas linhas e cuja distribuição nula é determinável de (14.18). Na Secção 14.7 retomar-se-á este caso para referir as versões exacta e assintótica de um teste deste tipo baseadas em outra estatística.

No caso de algumas das variáveis serem ordinais torna-se possível testar o ajustamento de algum tipo de independência condicional em cenários descritos por modelos ordinais. Por exemplo, se Y e Z forem ordinais e a tabela for bem descrita pelo modelo sem interacção de segunda ordem com estruturação dos termos de interacção de primeira ordem, $\{u_{jk}^{BC}\}$, como funções lineares dos *scores* de cada uma daquelas variáveis em cada nível da outra, i.e., por um modelo de associação linear por linear homogénea (recorde-se a Secção 4.6), o teste condicional exacto do modelo $H_2 : (AB, AC)$ corresponde a testar o anulamento do único coeficiente linear descritivo dos termos u^{BC} e pode recorrer para ordenação das tabelas do conjunto de referência ($\{n_{ij\cdot}\}$ e $\{n_{i\cdot k}\}$ fixos) à estatística de teste $\sum_i (\sum_{j,k} b_j c_k n_{ijk})$. Este exemplo será também abordado na Secção 14.7.

A generalização do teste exacto de Zelen no confronto entre os modelos $H_2 : (AB, AC, BC)$ e $H_1 : (ABC)$ para tabelas $I \times J \times K$ apoia-se na distribuição generalizadora de (14.11)

$$f\left(\{n_{ijk}\} \mid \mathbf{n}_{**\cdot}, \mathbf{n}_{*\cdot *}, \mathbf{n}_{\cdot **}; H_2\right) \propto \left(\prod_{i,j,k} n_{ijk}!\right)^{-1},$$

para cálculo do valor-P associado com o uso de alguma estatística (*e.g.*, Q_P).

No contexto em análise, ou mais geralmente em tabelas multidimensionais, o recurso a procedimentos condicionais exactos (e também assintóticos) é viabilizado na prática quando o interesse está em avaliar o efeito na resposta, binária ou politómica (seja ela nominal ou ordinal) das restantes variáveis tomadas então como explicativas, através de modelos lineares nos logitos, probitos e extremitos, e também nos logitos cumulativos (descritos nos Capítulos 5 e 6 e analisados segundo uma abordagem não condicional nos Capítulos 9 e 10). De facto, a sua implementação é possibilitada pelo uso do *software* LogXact 6.0, o qual permite ainda analisar dados binários agrupados (por emparelhamento ou por medidas repetidas) através dos chamados modelos de regressão logística estratificados.

520   14.6 COMPARAÇÃO DE TABELAS 2×2 POR MÉTODOS ASSINTÓTICOS

A utilidade destes procedimentos é reforçada quando a abordagem seguida nos capítulos supracitados (não condicional por máxima verosimilhança) falha por o conjunto de dados (eventualmente não diminuto) conter observações na fronteira do espaço amostral (por exemplo, não ocorrência de qualquer sucesso ou insucesso).

Dado que o conjunto destes procedimentos não é aqui abordado por opção decorrente de limitações de espaço, sugere-se aos leitores interessados a consulta de Mehta & Patel (1995), Lloyd (1999) e Manual do pacote LogXact 6.0 - *vide* ainda o Exercício 14.31 para a fundamentação da análise condicional dos modelos de regressão logística estratificados.[32]

14.6 Comparação de I tabelas 2×2 por métodos condicionais assintóticos

De acordo com a Nota de Capítulo 14.2, numa tabela 2×2 com grandes totais marginais a distribuição condicional exacta Hipergeométrica não central (14.1) pode ser aproximada pela distribuição $N(m, v)$, onde $m = m(\Delta)$ é a solução admissível da equação do segundo grau $m(N - n_{1.} - n_{.1} + m) = \Delta(n_{1.} - m)(n_{.1} - m)$ e $v = v(\Delta) = \left[m^{-1} + (n_{1.} - m)^{-1} + (n_{.1} - m)^{-1} + (N - n_{1.} - n_{.1} + m)^{-1} \right]^{-1}$.

Nas condições em que o seu uso se justifica, tal aproximação Normal constitui uma base para a realização de inferências sobre Δ em grandes amostras. A estimação de Δ pode processar-se aplicando essa distribuição à resolução da equação de verosimilhança associada ao algoritmo (14.3), mediante a substituição do valor médio exacto pelo valor médio assintótico. Tal substituição conduz imediata e previsivelmente à RPC amostral $\widehat{\Delta}$, já que por definição $m(\widehat{\Delta}) = n_{11}$.

A contrapartida condicional assintótica dos testes exactos de Fisher unilaterais usa como nível crítico, consoante a alternativa especificada se dirija a $\Delta > 1$ ou $\Delta < 1$, $P = 1 - \Phi((n_{11} - m(1) - 1/2)/\sqrt{v(1)})$ ou $P = \Phi((n_{11} - m(1) + 1/2)/\sqrt{v(1)})$, respectivamente, onde $m(1) = n_{1.}n_{.1}/N$ e $v(1) = n_{1.}n_{2.}n_{.1}n_{.2}/N^3$. Duplicando o mínimo destes dois valores obtém-se um nível crítico para o teste bilateral. Alternativamente, o teste bilateral pode fazer uso da distribuição assintótica sob $H_0 : \Delta = 1$ da estatística[33] $(n_{11} - m(1))^2/v(1)$, com correcção de continuidade introduzida, ou seja, de

$$ Q_Y = \frac{\left[|n_{11} - n_{1.}n_{.1}/N| - 1/2\right]^2 N^2(N - 1)}{n_{1.}n_{2.}n_{.1}n_{.2}} \underset{H_0}{\overset{a}{\sim}} \chi^2_{(1)}, \tag{14.19} $$

que é equivalente à estatística corrigida de Yates $NQ_Y/(N - 1)$ (vide, *e.g.*, o seu artigo de revisão, Yates (1984).

---

[32]Para hipóteses distintas de independência (condicional ou não) surgiram recentemente abordagens lternativas visando aproximar valores-P exactos (como os métodos de Monte Carlo baseados em Cadeias de Markov ou em amostragem de importância), com aplicabilidade mais geral a modelos log-lineares em cenários probabilísticos diversos. Para o efeito, veja-se *e.g.* Forster, McDonald & Smith (1996) e Booth & Butler (1999).

[33]Observe-se que esta estatística corresponde exactamente à estatística de Pearson do teste de H_0 sob qualquer dos modelos probabilísticos básicos (recorde-se a Secção 14.3).

14. MÉTODOS DE INFERÊNCIA CONDICIONAL

O uso da distribuição condicional assintótica para a geração de limites de confiança para Δ não se afigura inequivocamente vantajoso quando comparado com o procedimento condicional exacto já que também exige a aplicação de métodos numéricos iterativos.

A aproximação Normal da distribuição condicional exacta em que se baseiam estes procedimentos para uma tabela 2×2 possui especial relevância em inferências sobre as RPC parciais numa tabela $I \times 2 \times 2$, com um relativamente grande número total de observações, que é o objectivo desta secção.

14.6.1 Inferências sobre homogeneidade das RPC parciais

Como se demonstrou na subsecção 14.5.1, a distribuição condicional relevante para o teste condicional exacto da hipótese, H_1, de homogeneidade da associação parcial entre as duas variáveis binárias (B e C) através dos estratos é definida pela função de probabilidade (14.11), expressável por

$$
\begin{aligned}
f(\mathbf{n}_{*11} \mid \mathbf{n}_{**\cdot}, \mathbf{n}_{*\cdot 1}, n_{\cdot 11}; H_1) \;&=\; \frac{f(\mathbf{n}_{*11} \mid \mathbf{n}_{**\cdot}, \mathbf{n}_{*\cdot 1}; H_1)}{f(n_{\cdot 11} \mid \mathbf{n}_{**\cdot}, \mathbf{n}_{*\cdot 1}; H_1)} \\[2ex]
&=\; \frac{\left[\prod_i C(n_{i11}, n_{i\cdot 1}) \right] \Delta^{n_{\cdot 11}}}{\displaystyle\sum_{u_{*11} \in \mathcal{U}} \left[\prod_i C(u_{i11}, n_{i\cdot 1}) \right] \Delta^{u_{\cdot 11}}} \\[2ex]
&=\; \frac{\displaystyle\prod_i \binom{n_{i1\cdot}}{n_{i11}} \binom{n_{i2\cdot}}{n_{i\cdot 1} - n_{i11}} \Big/ \binom{n_{i\cdot\cdot}}{n_{i\cdot 1}}}{\displaystyle\sum_{u_{*11} \in \mathcal{U}} \prod_i \binom{n_{i1\cdot}}{u_{i11}} \binom{n_{i2\cdot}}{n_{i\cdot 1} - u_{i11}} \Big/ \binom{n_{i\cdot\cdot}}{n_{i\cdot 1}}}
\end{aligned}
\tag{14.20}
$$

Ainda que a expressão (14.20) reflicta que a distribuição condicional exacta sob H_1 não difira daquela sob a condição mais restritiva (H_2) de independência condicional entre B e C dado A, dada por (14.16), a distribuição associada não condicional em $n_{\cdot 11}$ difere nos dois contextos, sendo caracterizada por um produto de I distribuições $Hpg(n_{i\cdot\cdot}, n_{i1\cdot}, n_{i\cdot 1}; \Delta)$ para $\{n_{i11}\}$, onde Δ é o valor comum aos I estratos das RPC parciais, desconhecido sob H_1 e unitário sob H_2. Para a derivação da aproximação assintótica a (14.20) sob H_1 deve-se, portanto, partir das distribuições Hipergeométricas não centrais, uma em cada estrato.

De acordo com o comportamento assintótico referido na introdução da presente secção, tem-se que para grandes valores das frequências marginais de cada tabela 2×2,

$$
n_{i11} \mid n_{i\cdot\cdot}, n_{i1\cdot}, n_{i\cdot 1}; \Delta, \; i = 1, \ldots, I \overset{a}{\sim} N(m_{i11}, v_{i11}),
\tag{14.21}
$$

onde os valores esperados aproximados $m_{i11} = m_{i11}(\Delta)$ são as soluções admissíveis das equações quadráticas (uma por estrato)

$$
m_{i11}(n_{i\cdot\cdot} - n_{i1\cdot} - n_{i\cdot 1} + m_{i11}) = \Delta(n_{i1\cdot} - m_{i11})(n_{i\cdot 1} - m_{i11}),
\tag{14.22}
$$

522   **14.6 COMPARAÇÃO DE TABELAS 2 × 2 POR MÉTODOS ASSINTÓTICOS**

e as variâncias aproximadas são as funções dessas soluções, $\{v_{i11} = v_{i11}(\Delta)\}$, definidas por

$$v_{i11}^{-1} = m_{i11}^{-1} + (n_{i1\cdot} - m_{i11})^{-1} + (n_{i\cdot 1} - m_{i11})^{-1} + (n_{i\cdot\cdot} - n_{i1\cdot} - n_{i\cdot 1} + m_{i11})^{-1}. \quad (14.23)$$

Consequentemente, a distribuição conjunta condicional aproximada de $\mathbf{n}_{*11} = (n_{i11})$ é uma Normal I-variada de vector média $\mathbf{m}_{*11} = (m_{i11})$ e matriz de covariâncias $\mathbf{D}_{\mathbf{v}_{*11}}$ em que $\mathbf{v}_{*11} = (v_{i11})$.

Denotando $\bar{\mathbf{n}}_{*11}$, $\bar{\mathbf{m}}_{*11}$ e $\bar{\mathbf{v}}_{*11}$ os vectores $\mathbf{n}_{*11}$, $\mathbf{m}_{*11}$ e $\mathbf{v}_{*11}$, respectivamente, desprovidos da última componente (por exemplo), conclui-se (Exercício 14.21) da distribuição Normal I-variada para a transformação linear $(\bar{\mathbf{n}}'_{*11} n_{\cdot 11})$ de $\mathbf{n}_{*11}$ que, dado $\mathbf{n}_{*\cdot\cdot}$, $\mathbf{n}_{*1\cdot}$ e $\mathbf{n}_{*\cdot 1}$,

$$\bar{\mathbf{n}}_{*11} \mid n_{\cdot 11}; \Delta \overset{a}{\sim} N_{I-1}(\bar{\boldsymbol{\mu}}, \bar{\boldsymbol{\Sigma}}), \quad (14.24)$$

com os parâmetros desta distribuição aproximada dados por

$$\bar{\boldsymbol{\mu}} = \bar{\mathbf{m}}_{*11} + \frac{n_{\cdot 11} - m_{\cdot 11}}{v_{\cdot 11}} \bar{\mathbf{v}}_{*11}$$

$$\bar{\boldsymbol{\Sigma}} = \mathbf{D}_{\bar{\mathbf{v}}_{*11}} - \frac{\bar{\mathbf{v}}_{*11} \bar{\mathbf{v}}'_{*11}}{v_{\cdot 11}} = \left(\mathbf{D}_{\bar{\mathbf{v}}_{*11}}^{-1} + \mathbf{J}\mathbf{J}'/v_{I11}\right)^{-1},$$

onde $\mathbf{J}$ é o vector de uns de dimensão $I - 1$. A fórmula (14.24) implica o seguinte resultado distribucional para a forma quadrática associada

$$Q(\Delta) = (\bar{\mathbf{n}}_{*11} - \bar{\boldsymbol{\mu}})' \left(\mathbf{D}_{\bar{\mathbf{v}}_{*11}}^{-1} + \mathbf{J}\mathbf{J}'/v_{I11}\right) (\bar{\mathbf{n}}_{*11} - \bar{\boldsymbol{\mu}}) \overset{a}{\sim} \chi^2_{(I-1)}. \quad (14.25)$$

Pode mostrar-se (Exercício 14.21) que a forma quadrática $Q(\Delta)$ é expressável através da diferença entre $\mathbf{n}_{*11}$ e o seu valor esperado assintótico $\boldsymbol{\mu} = (\bar{\boldsymbol{\mu}}' \ \mu_I)'$, com $\mu_I = m_{I11} - \frac{n_{\cdot 11} - m_{\cdot 11}}{v_{\cdot 11}} v_{I11}$, pela relação

$$Q(\Delta) = (\mathbf{n}_{*11} - \boldsymbol{\mu})' \left(\mathbf{D}_{\mathbf{v}_{*11}}^{-1} + \mathbf{1}_I \mathbf{1}'_I / v_{\cdot 11}\right) (\mathbf{n}_{*11} - \boldsymbol{\mu}), \quad (14.26)$$

de onde se obtém a representação alternativa

$$Q(\Delta) = (\mathbf{n}_{*11} - m_{*11})' \mathbf{D}_{\mathbf{v}_{*11}}^{-1} (\mathbf{n}_{*11} - m_{*11}) - \frac{(n_{\cdot 11} - m_{\cdot 11})^2}{v_{\cdot 11}}$$

$$= \sum_i \frac{[n_{i11} - m_{i11}(\Delta)]^2}{v_{i11}(\Delta)} - \frac{[\sum_i (n_{i11} - m_{i11}(\Delta))]^2}{\sum_i v_{i11}(\Delta)}, \quad (14.27)$$

como uma diferença de duas formas quadráticas distribuídas aproximadamente segundo as leis $\chi^2_{(I)}$ e $\chi^2_{(1)}$, respectivamente.

A forma quadrática $Q(\Delta)$ pode ser aproveitada como fonte de várias estatísticas de teste por substituição do parâmetro perturbador Δ por um estimador apropriado[34]. Um estimador possível de Δ é o estimador de MV condicional, $\hat{\Delta}_C$, determinado iterativamente de (14.13). Para obviar aos esforços computacionais envolvidos

---

[34]Claro que $Q(\Delta_0)$ é ela própria uma estatística para teste da hipótese específica de homogeneidade $H_0 : \Delta = \Delta_0$ com Δ_0 especificado.

14. MÉTODOS DE INFERÊNCIA CONDICIONAL

na resolução iterativa da equação de verosimilhança, pode-se recorrer ao estimador MV de Δ "não condicional", baseado no modelo probabilístico de partida que, como se viu no Capítulo 9, não varia entre os três cenários básicos. As frequências esperadas $\{m_{ijk}\}$ devem satisfazer as restrições naturais e as respectivas equações de verosimilhança sob H_1, globalmente expressas pela igualdade entre as suas somas para cada índice e as correspondentes frequências observadas marginais bivariadas, para além das $I-1$ restrições do modelo relacionadas com as igualdades entre as funções de $\{m_{i11}\}$ definidoras de Δ decorrentes de (14.22), $\Delta(m_{i11})$, ou seja, de $\Delta(m_{i11}) = \Delta(m_{I11}), i = 1, \ldots, I - 1$.

A necessidade de recurso a métodos iterativos para a determinação desse estimador não é agora problema de maior dada a disponibilidade generalizada de *software* para o efeito. O uso deste estimador, diga-se $\widehat{\Delta}_{NC}$, no lugar de Δ em (14.27) conduz ao anulamento da segunda parcela, pelo facto de $m_{.11}(\widehat{\Delta}_{NC}) = n_{.11}$ (precisamente, uma das equações de verosimilhança), e assim à estatística de teste de H_1

$$Q_{NI} = Q(\widehat{\Delta}_{NC}) = \sum_i \frac{\left[n_{i11} - m_{i11}(\widehat{\Delta}_{NC})\right]^2}{v_{i11}(\widehat{\Delta}_{NC})}, \tag{14.28}$$

com distribuição nula aproximada de $\chi^2_{(I-1)}$, como consequência de se substituir Δ por um seu estimador em $Q(\Delta)$.

Com base num raciocínio de comparação das frequências observadas com as frequências esperadas segundo o modelo hipergeométrico não central, Breslow & Day (1980) sugerem para testar assintoticamente H_1 uma estatística com distribuição nula aproximada $\chi^2_{(I-1)}$, baseada na primeira parcela de $Q(\Delta)$ em (14.27) com substituição de Δ por um estimador genérico, $\widehat{\Delta}$, isto é

$$Q_{BD} = Q(\widehat{\Delta}) = \sum_i \frac{\left[n_{i11} - m_{i11}(\widehat{\Delta})\right]^2}{v_{i11}(\widehat{\Delta})}. \tag{14.29}$$

Deste modo, (14.28) é um exemplo de uma **estatística de Breslow-Day**.

Quando há evidências sobre a homogeneidade das RPC das tabelas parciais 2×2 interessa estimar o respectivo valor comum. Em alternativa aos estimadores MV condicional e não condicional, sem expressão explícita, pode optar-se pelo computacionalmente simples **estimador de Mantel-Haenszel**

$$\widehat{\Delta}_{MH} = \frac{\sum_i \dfrac{n_{i11}n_{i22}}{n_{i..}}}{\sum_i \dfrac{n_{i12}n_{i21}}{n_{i..}}} \equiv \frac{\sum_i w_i \widehat{\Delta}_i}{\sum_i w_i}, \tag{14.30}$$

expressável como uma média das RPC parciais amostrais, ponderada por $w_i = n_{i12}n_{i21}/n_{i..}, i = 1, \ldots, I$. Estes pesos podem ser encarados como os recíprocos de variâncias estimadas aproximadas (para grandes $\{n_{i..}\}$) dos $ln\widehat{\Delta}_i$, sob ausência de associação entre cada estrato (Exercício 14.21).

524 14.6 COMPARAÇÃO DE TABELAS 2 × 2 POR MÉTODOS ASSINTÓTICOS

O estimador $\widehat{\Delta}_{MH}$, que pode ser também usado na estatística de Breslow-Day, tem ainda a particularidade de não ser afectado por zeros amostrais nas celas individuais, sendo então apropriado para tabelas esparsas com um grande número de estratos[35].

Existem na literatura vários estimadores propostos para a variância assintótica de $\widehat{\Delta}_{MH}$. O estimador de Robins, Breslow & Greenland (1986), que apresenta um bom desempenho em grandes amostras com um número fixo e pequeno de estratos ou num grande número de tabelas parciais mas com totais marginais relativamente pequenos, é dado por

$$\widehat{Var}_a(\widehat{\Delta}_{MH}) = \widehat{\Delta}_{MH}^2 \sum_{i=1}^{I} \left[D_i \frac{R_i}{2R_.^2} + (1 - D_i)\frac{S_i}{2S_.^2} + \frac{D_i S_i + (1 - D_i)R_i}{2R_.S_.} \right], \quad (14.31)$$

onde R_i (respectivamente, S_i) são as parcelas do numerador (denominador) de $\widehat{\Delta}_{MH}$, $R_. = \sum_i R_i$, $S_. = \sum_i S_i$ e $D_i = (n_{i11} + n_{i22})/n_{i..}$. O comportamento assintoticamente Normal de $ln\widehat{\Delta}_{MH} - ln\Delta$, com valor esperado assintótico nulo e variância assintótica consistentemente estimada por $\widehat{Var}_a(\widehat{\Delta}_{MH})/\widehat{\Delta}_{MH}^2$, permite obter um intervalo de confiança aproximado para $ln\Delta$ ou Δ, do qual se obtém um teste bilateral condicional da hipótese de independência condicional, alternativo aos que se descrevem na próxima subsecção. Este teste de tipo Wald pode assentar na estatística

$$W = \frac{ln\widehat{\Delta}_{MH}}{\sqrt{\widehat{Var}_a(\widehat{\Delta}_{MH})}} \, \widehat{\Delta}_{MH},$$

e tem valor-P $P = 2\left[1 - \Phi(|w|)\right]$, onde w denota o valor observado de W.

Exemplo 14.8 (*Problema do fio dental modificado*): Aproveita-se aqui os dados do problema do uso do fio dental descrito no Exemplo 1.5 para avaliar a associação entre a faixa etária e a frequência do uso do fio dental para cada sexo. A Tabela 14.11 reproduz as 2^3 frequências relevantes para este objectivo.

Tabela 14.11: Contagens da frequência de uso do fio dental em crianças

Sexo	Faixa etária	Frequência de uso Insuficiente	Boa
M	5-8	24	6
M	9-12	13	17
F	5-8	17	13
F	9-12	7	23

O teste de homogeneidade das duas RPC por sexo pela estatística de Breslow-Day (apoiada no estimador de Mantel-Haenszel)[36] conduz a um resultado fortemente não

---

[35]Uma situação extrema respeita a estratos representados por cada par emparelhado de um grande número de unidades ($n_{i1.} = n_{i2.} = 1$). Naturalmente que ele não é definido na situação mais heterodoxa em que alguma das quatro frequências é nula em todos os estratos.

[36]Esta é a estatística usada no *software* StatXact 6.

14. MÉTODOS DE INFERÊNCIA CONDICIONAL

significativo, $P \simeq 0.81$, associado com o valor observado $Q_{BD} = 0.058$ relativamente a um $\chi^2_{(1)}$. Este resultado está em nítida concordância (previsível dada a magnitude das frequências observadas) com o teste exacto de Zelen para o qual $P = 1$ (correspondente a uma probabilidade sob H_0 da tabela observada igual a 0.31). A estimativa de Mantel-Haenszel do valor comum das RPC parciais é $\widehat{\Delta}_{MH} = 4.728$, com erro padrão aproximado $\widehat{\sigma}(\widehat{\Delta}_{MH}) = 1.927$, a que corresponde o intervalo de confiança aproximado a 95% (2.127, 10.509). Note-se que a respectiva estimativa MV condicional é $\widehat{\Delta} = 4.599$, com intervalo de confiança a 95% associado (1.873, 11.250). $\blacksquare$

14.6.2 Testes de independência condicional

Sob a validade do modelo, H_1, de ausência de interacção de segunda ordem, a forma quadrática na segunda parcela de (14.27) constitui um meio para a construção de um teste sobre uma hipótese mais simples que especifica um dado valor para a RPC comum a todos os estratos, assente numa distribuição nula aproximada $\chi^2_{(1)}$.

No caso especial de esta hipótese traduzir a independência condicional entre as variáveis binárias em cada estrato, $i.e.$, de $H_2 : \Delta = 1$, o facto de

$$m_{i11}(1) = \frac{n_{i1\cdot}n_{i\cdot 1}}{n_{i\cdot\cdot}}, \qquad v_{i11}(1) = \frac{n_{i1\cdot}n_{i2\cdot}n_{i\cdot 1}n_{i\cdot 2}}{n_{i\cdot\cdot}^3},$$

conduz à estatística

$$Q_C = \frac{\left[\sum_i \left(n_{i11} - \frac{n_{i1\cdot}n_{i\cdot 1}}{n_{i\cdot\cdot}} \right) \right]^2}{\sum_i \frac{n_{i1\cdot}n_{i2\cdot}n_{i\cdot 1}n_{i\cdot 2}}{n_{i\cdot\cdot}^3}} \overset{a}{\underset{H_2}{\sim}} \chi^2_{(1)} \tag{14.32}$$

que Cochran (1954) propôs em bases distintas[37].

Mantel & Haenszel (1959) propõem uma estatística análoga para o teste de independência condicional de H_2 dado H_1, com base no modelo condicional Produto de Hipergeométricas (centrais)

$$n_{i11} \mid n_{i\cdot\cdot}, n_{i1\cdot}, n_{i\cdot 1}; H_2, i = 1, \ldots, I \underset{ind}{\sim} Hpg(n_{i\cdot\cdot}, n_{i1\cdot}, n_{i\cdot 1}).$$

Considerando a habitual aproximação Normal para estas distribuições em situações de grandes totais marginais em cada estrato, cujos parâmetros reflectem os valores exactos das médias e das variâncias,

$$E(n_{i11} \mid n_{i\cdot\cdot}, n_{i1\cdot}, n_{i\cdot 1}; H_2) = \frac{n_{i1\cdot}n_{i\cdot 1}}{n_{i\cdot\cdot}} = m_{i11}(1) \equiv M_{i11}$$

$$Var(n_{i11} \mid n_{i\cdot\cdot}, n_{i1\cdot}, n_{i\cdot 1}; H_2) = n_{i1\cdot}\frac{n_{i\cdot 1}n_{i2\cdot}}{n_{i\cdot\cdot}^2}\frac{n_{i2\cdot}}{n_{i\cdot\cdot}-1} = v_{i11}(1)\frac{n_{i\cdot\cdot}}{n_{i\cdot\cdot}-1} \equiv V_{i11},$$

---

[37]No cenário Produto de Binomiais considerado por Cochran, esta estatística pode ser vista como uma estatística de *score* de Rao para o teste de homogeneidade das duas Binomiais em cada estrato, condicional ao modelo aditivo dos efeitos dos dois factores (A e B) nos logitos da variável resposta (Exercício 14.23).

526   14.6 COMPARAÇÃO DE TABELAS 2×2 POR MÉTODOS ASSINTÓTICOS

a **estatística de Mantel-Haenszel** [38] é

$$Q_{MH} = \frac{\left[\sum_i \left(n_{i11} - M_{i11} \right) \right]^2}{\sum_i V_{i11}}, \tag{14.33}$$

pouco diferindo assim de Q_C que lhe é assintoticamente equivalente. Por isso, a estatística (14.33), independentemente de o denominador envolver as variâncias condicionais exactas $\{V_{i11}\}$ ou assintóticas $\{v_{i11}(1)\}$ sob H_2, é rotulada por alguns de **estatística de Cochran-Mantel-Haenszel**, sendo doravante denotada por Q_{CMH}.

Pela sua expressão esta estatística não se afigura apropriada para testar a hipótese de independência condicional num contexto em que a associação parcial é heterogénea ao ponto de variar de sinal de estrato para estrato. Com efeito, se $\Delta_i > 1$ (respectivamente, $\Delta_i < 1$) espera-se que $n_{i11} - M_{i11} > 0$ ($n_{i11} - M_{i11} < 0$), implicando em caso de homogeneidade das RPC parciais que $|n_{.11} - M_{.11}|$ e consequentemente, Q_{CMH} tenda a ser relativamente grande. Ora, este comportamento não fica assegurado quando os desvios entre n_{i11} e M_{i11} apresentam sinais diferentes conduzindo a alguma, eventualmente significativa, compensação ao somarem-se para o cálculo do valor observado da estatística.

Para o propósito mencionado, a estatística Q_{CMH}, que traduz uma espécie de associação parcial média, deve ser substituída por uma estatística que reflicta de algum modo uma associação parcial total. Tendo em conta o argumento que conduziu à forma quadrática (14.27), a substituição de Δ pelo seu valor sob H_2, ou alternativamente, o uso de raíz das distribuições Hipergeométricas (centrais) na derivação da aproximação assintótica para a distribuição condicional de $\{n_{i11}\}$ dado $n_{.11}$ conduz à estatística[39]

$$Q(1) = \sum_i \frac{[n_{i11} - M_{i11}]^2}{V_{i11}} - \frac{(n_{.11} - M_{.11})^2}{V_{.11}} \underset{H_2}{\overset{a}{\sim}} \chi^2_{(I-1)}, \tag{14.34}$$

onde $\{V_{i11}\}$ representam, conforme o caso, as variâncias assintóticas ou exactas das distribuições condicionais de $\{n_{i11}\}$ dado $\{n_{i..}, n_{i1.}, n_{i.1}\}$ sob H_2.

Observe-se que as condições assintóticas inerentes à distribuição de $Q(1)$ são compreensivelmente mais exigentes do que as subjacentes à da estatística Q_{CMH}, para a qual basta exigir a gaussianidade aproximada para a soma das I frequências n_{i11}.

Em alternativa, pode usar-se a estatística[40] definida pela primeira forma quadrática

---

[38] Na verdade, Mantel & Haenszel (1959) incluiram em (14.33) uma correcção de continuidade visando melhorar a aproximação Normal para a distribuição Hipergeométrica, ao usarem no numerador $[|n_{.11} - m_{.11}| - 1/2]^2$. Ela é uma extensão ao caso tridimensional da estatística corrigida de Yates para o teste assintótico de independência numa tabela 2×2, referida em (14.19).

[39] Zelen (1971) considerou incorrectamente esta estatística para um teste de homogeneidade das RPC quando a sua derivação e distribuição assintótica se apoiam indiscutivelmente (reveja o argumento da subsecção anterior) na hipótese mais reduzida de o valor comum das RPC ser unitário (*vide* também Halperin, Ware, Byar, Mantel, Brown, Koziol, Gail & Green (1977).

[40] Observe-se que a expressão de Q_{IC} é independente da escolha da cela livre em cada estrato já que $|n_{ijk} - M_{ijk}| = |n_{i11} - M_{i11}|$ e $V_{ijk} = V_{i11}, \forall j, k$.

14. MÉTODOS DE INFERÊNCIA CONDICIONAL

do segundo membro de (14.34),

$$Q_{IC} = Q(1) + Q_{CMH} = \sum_i \frac{[n_{i11} - M_{i11}]^2}{V_{i11}} \underset{H_2}{\overset{a}{\sim}} \chi^2_{(I)}, \qquad (14.35)$$

cuja distribuição assintótica nula é consequência da aproximação Normal à distribuição condicional exacta de $\{n_{i11}\}$ sob H_2. O teste baseado na estatística Q_{IC} pode ser encarado como uma contrapartida condicional assintótica do teste exacto de Birch de independência condicional em cada estrato.

Exemplo 14.9 (*Problema do fio dental modificado - continuação*): O facto de os intervalos de confiança a 95% para o valor comum das RPC parciais indicados no Exemplo 14.8 se situarem bem à direita do valor 1 traduz uma inequívoca evidência a favor de uma associação positiva entre a frequência de uso do fio dental e a faixa etária (no sentido de a probabilidade condicional de uma maior frequência de uso aumentar com a idade em cada sexo).

Isto é indubitavelmente confirmado pelo resultado $n_{\cdot 11} = 41$, correspondente a um valor-P unilateral $P = P(n_{\cdot 11} \geq 41 | H_0) = 10^{-4}$. A estatística de Mantel-Haenszel (14.33) apresenta um valor bastante elevado, $Q_{CMH} = 15.17$ ($P = 2 \times 10^{-4}$, relativo a $\chi^2_{(1)}$), comprovando a informação contra a hipótese de independência condicional. A não significância de $Q(1) \simeq 0.05$ (relativamente à distribuição $\chi^2_{(1)}$) indicia que tal informação reside primariamente na diferença média, através dos dois estratos, entre as frequências observadas e esperadas, decorrente da igualmente forte significância de $Q_{IC} \simeq 15.22$ (em face de um $\chi^2_{(2)}$), previsível dada a evidência de homogeneidade com o sexo da associação parcial constatada anteriormente no Exemplo 14.8. ∎

14.7 Aplicação ao quadro de modelos de aleatorização e extensão a tabelas $I \times J \times K$

Quando as tabelas parciais 2×2 se reportam a delineamentos retrospectivos como em estudos de caso-controlo com dados modelados por Binomiais independentes, uma para os casos e outra para os controlos, a repetição do argumento de condicionamento agora nos totais das linhas conduz, sob a mesma hipótese H_2 de independência em cada estrato, ao produto de distribuições hipergeométricas

$$f(\{n_{i11}\} \mid \{n_{i\cdot\cdot}, n_{i\cdot 1}, n_{i1\cdot}\}; H_2) = \prod_i \frac{\binom{n_{i\cdot 1}}{n_{i11}}\binom{n_{i\cdot 2}}{n_{i1\cdot} - n_{i11}}}{\binom{n_{i\cdot\cdot}}{n_{i1\cdot}}}. \qquad (14.36)$$

Esta é exactamente a mesma distribuição, (14.16), em que se basearam os procedimentos descritos anteriormente nesta secção, pelo que estes mantêm a sua validade neste novo cenário probabilístico.

Em muitos estudos experimentais e observacionais envolvendo dados sobre unidades disponíveis, a obtenção destes não envolveu nenhum mecanismo de amostragem aleatória, ainda que o interesse persista na avaliação da associação entre duas

528　　　　　　　　　　　　　14.7 EXTENSÃO A TABELAS $I \times J \times K$

variáveis. Mantendo o figurino desta secção, interessa averiguar concretamente a ausência de associação entre uma resposta binária e uma variável definidora de dois grupos (dita de exposição ou de avaliação) num conjunto de estratos definidos pelos níveis de um ou mais factores potencialmente relacionados com a resposta.

Não havendo uma base probabilística subjacente, esta hipótese, denotada agora por H_0, é entendida no sentido de a resposta se distribuir aleatoriamente pelos dois grupos, de dimensões $\{n_{ij\cdot}, j = 1, 2\}$, a que são atribuídas as unidades de forma aleatória. Pelo que se explicou na Secção 2.3, a imutabilidade sob H_0 de $\{n_{i\cdot1}\}$ para com as possíveis atribuições aleatórias das unidades aos grupos conduz a que esta hipótese nula implique que os dados $\{n_{ijk}\}$ sejam visualizáveis como um conjunto de amostras aleatórias simples (uma para cada estrato) de tamanhos $\{n_{i\cdot1}\}$ de correspondentes populações finitas dicotómicas com composição $\{n_{i1\cdot}, n_{i2\cdot} = n_{i\cdot\cdot} - n_{i1\cdot}\}$. Ou seja, esta hipótese de ausência de associação induz um modelo probabilístico (dito **modelo de aleatorização**),

$$ n_{i11} \mid n_{i\cdot\cdot}, n_{i1\cdot}; H_0, \; i = 1, \ldots, I \underset{ind}{\sim} Hpg(n_{i\cdot\cdot}, n_{i1\cdot}, n_{i\cdot1}), $$

para os dados que poderão ser observados no conjunto das várias atribuições das $n_{i\cdot\cdot}$ unidades aos dois grupos em cada estrato.

Este modelo Hipergeométrico coincide exactamente com aquele que antes foi derivado probabilisticamente por apropriado condicionamento, mas a sua génese é completamente distinta ao ponto de a sua existência ficar circunscrita à hipótese nula, H_0, dita de aleatorização. Fora desta, continua a não haver estrutura probabilística que sustente qualquer análise estatística adicional e as conclusões dos testes sobre H_0 ficam confinadas ao conjunto de $n_{i\cdot\cdot}$ unidades em estudo (não sendo, pois, alargáveis a qualquer população mais ampla que o abranja).

Como este modelo de aleatorização é idêntico ao modelo probabilístico condicional para $\mathbf{n}_{*11}$ sob a hipótese de as RPC parciais serem unitárias, as estatísticas de teste associadas a este modelo referidas na subsecção anterior para uso em grandes amostras podem ser invocadas com as devidas precauções neste contexto bem distinto.

As distribuições Hipergeométricas ordinárias em torno das quais se definem tais estatísticas só fazem sentido sob a hipótese H_0 que não está aqui ligada a nenhuma medida teórica de associação parcial entre a variável de exposição e a variável resposta porque não há pura e simplesmente modelo probabilístico não nulo. Como consequência, estatísticas como Q_{CMH} e $Q(1)$ não devem ser vistas como estando direccionadas contra a alternativa de homogeneidade de alguma medida de associação através dos estratos. A significância formal de uma delas invalida a hipótese nula (H_0) que subjaz à avaliação da significância da outra[41]. Nesse sentido, entende-se a denominação distinta, adoptada nomeadamente por Koch et al. (1985), de estatísticas de associação parcial com os qualificativos média, total e residual para o que anteri-

---

[41]Por isso, devem ser de preferência vistas como estatísticas descritivas indicativas da natureza de afastamentos diferenciados de H_0.

14. MÉTODOS DE INFERÊNCIA CONDICIONAL 529

ormente se denotou por Q_{CMH}, Q_{IC} e $Q(1)$, ou seja, para

$$Q_{AM} = \frac{\left[\sum_i \left(n_{i11} - M_{i11}\right)\right]^2}{\sum_i V_{i11}} \equiv \frac{\left[\sum_i \frac{n_{i1.}n_{i2.}}{n_{i..}}\left(p_{i11} - p_{i21}\right)\right]^2}{\sum_i V_{i11}}$$

$$Q_{AT} = \sum_i^I \frac{[n_{i11} - M_{i11}]^2}{V_{i11}} \equiv \sum_i^I \frac{n_{i..} - 1}{n_{i..}} \sum_{j,k=1}^2 \frac{[n_{ijk} - M_{ijk}]^2}{M_{ijk}}$$

$$Q_{AR} = Q_{AT} - Q_{AM},$$

em que $p_{ij1} = n_{ij1}/n_{ij.}$ e $M_{ijk} = n_{ij.}n_{i.k}/n_{i..}$.

A estatística de Mantel-Haenszel, Q_{AM}, é sensível à detecção de uma alternativa a H_0 materializada num padrão consistente de diferenças entre as proporções de sucessos para os dois grupos através dos estratos (no sentido de a maioria dessas diferenças apresentar o mesmo sentido). Mesmo que tais diferenças sejam consistentemente pequenas, ela possui maior capacidade para detectá-las do que Q_{AT}. Embora Q_{AM} não requeira explicitamente, por construção, homogeneidade de associação nas tabelas parciais, o seu uso deve ser acautelado quando as referidas diferenças ao longo dos estratos são pronunciadas e de sinais variados já que Q_{AR} mostra possuir melhor estrutura para a detecção desse afastamento de H_0. Quando confrontado com os usuais testes baseados em modelos, descritos no Capítulo 9, o teste de Mantel-Haenszel é vantajoso por apresentar um bom desempenho em situações de dados esparsos resultantes da repartição de uma grande amostra de observações por um apreciável número de estratos.

A extensão destes procedimentos a tabelas $I \times J \times K$ requer apenas a caracterização precisa do modelo de aleatorização e a realização de cálculos algébricos um pouco mais morosos. O modelo sob a hipótese de aleatorização de não associação, H_0, dispõe o seguinte:

Para cada estrato $i = 1, \ldots, I$, a variável resposta com K categorias distribui-se aleatoriamente através das J subpopulações no sentido em que as frequências $\mathbf{n}_{i**} = (n_{ijk}, j = 1, \ldots, J; k = 1, \ldots, K)$ são resultado de amostras aleatórias simples de tamanhos $\{n_{ij.}, j = 1, \ldots, J\}$, extraídas de uma população finita de tamanho $n_{i..}$, com composição $\{n_{i.k}, k = 1, \ldots, K\}$.

Consequentemente, sob H_0 as frequências $\{n_{ijk}\}$ apresentam uma distribuição Produto de Hipergeométricas múltiplas

$$f(\{n_{ijk}\} \mid \{n_{ij.}\}, \{n_{i.k}\}; H_0) = \prod_{i=1}^I \frac{\prod_{k=1}^K \binom{n_{i.k}}{\mathbf{n}_{i*k}}}{\binom{n_{i..}}{\mathbf{n}_{i*.}}}, \tag{14.37}$$

(convertendo-se num produto de Hipergeométricas multivariadas se $J = 2$ e $K > 2$), onde de acordo com a notação corrente, $\mathbf{n}_{i*k} = (n_{ijk}, j = 1, \ldots, J)$ e $\mathbf{n}_{i*.} = (n_{ij.}, j = 1, \ldots, J)$.

530   14.7 EXTENSÃO A TABELAS $I \times J \times K$

Este modelo de aleatorização implica a seguinte estrutura de momentos para cada um dos vectores $\mathbf{n}_{i**}$ independentes:

$$E(n_{ijk} \mid \mathbf{n}_{i*.}, \mathbf{n}_{i.*}; H_0) \equiv M_{ijk} = n_{i..} p_{ij.} p_{i.k}$$

$$Cov(n_{ijk}, n_{ij'k'} \mid \mathbf{n}_{i*.}, \mathbf{n}_{i.*}; H_0) = \frac{n_{i..}^2}{n_{i..} - 1} \Big(p_{ij.} \delta_{jj'} - p_{ij.} p_{ij'.} \Big) \Big(p_{i.k} \delta_{kk'} - p_{i.k} p_{i.k'} \Big),$$

em que $p_{ijk} = n_{ijk}/n_{i..}$ e $\delta_{ll'}$ denota o símbolo de Kronecker, pelo que numa representação compacta, o vector média e a matriz de covariâncias, expressos em termos das proporções em cada tabela parcial $J \times K$, são dados por

$$\mathbf{M}_i = n_{i..} \Big(\mathbf{p}_{i*.} \otimes \mathbf{p}_{i.*} \Big)$$

$$\mathbf{V}_i = \frac{n_{i..}^2}{n_{i..} - 1} \Big(\mathbf{D}_{\mathbf{p}_{i*.}} - \mathbf{p}_{i*.} \mathbf{p}_{i*.}' \Big) \otimes \Big(\mathbf{D}_{\mathbf{p}_{i.*}} - \mathbf{p}_{i.*} \mathbf{p}_{i.*}' \Big). \tag{14.38}$$

A eliminação dos elementos redundantes em $\mathbf{n}_{i**}$ (e $\mathbf{M}_i$) com ordenação lexicográfica, pelas $J + K - 1$ restrições linearmente independentes associadas com $(\mathbf{I}_J \otimes \mathbf{1}_k') \mathbf{n}_{i**}$ e $(\mathbf{1}_J' \otimes \mathbf{I}_K) \mathbf{n}_{i**}$, consegue-se através da transformação linear operada por $\mathbf{A} = \Big(\mathbf{I}_{(J-1)}, \mathbf{0}_{(J-1)} \Big) \otimes \Big(\mathbf{I}_{(K-1)}, \mathbf{0}_{(K-1)} \Big)$. Pelo Teorema do Limite Central (TLC) de aleatorização (Puri & Sen 1971) tem-se para grandes amostras por estratos ($\{n_{i..}\}$)

$$\mathbf{A}(\mathbf{n}_{i**} - \mathbf{M}_i) \overset{a}{\sim} N_{(J-1)(K-1)}(\mathbf{0}, \mathbf{A}\mathbf{V}_i\mathbf{A}'), \ i = 1, \ldots, I,$$

acarretando para a estatística de associação parcial total

$$Q_{AT} = \sum_{i=1}^{I} (\mathbf{n}_{i**} - \mathbf{M}_i)' \mathbf{A}' (\mathbf{A}\mathbf{V}_i\mathbf{A}')^{-1} \mathbf{A} (\mathbf{n}_{i**} - \mathbf{M}_i)$$

$$= \sum_{i=1}^{I} \frac{n_{i..} - 1}{n_{i..}} \sum_{j=1}^{J} \sum_{k=1}^{K} \frac{[n_{ijk} - M_{ijk}]^2}{M_{ijk}} \overset{a}{\sim} \chi_{I(J-1)(K-1)}^2. \tag{14.39}$$

Quando há um padrão consistente de associação entre a variável resposta e a variável indicadora de subpopulações ao longo dos estratos, é muitas vezes mais eficaz recorrer-se à extensão da estatística de Mantel-Haenszel

$$Q_{AM} = \sum_{i=1}^{I} (\mathbf{n}_{i**} - \mathbf{M}_i)' \mathbf{A}' \Big(\sum_{i=1}^{I} \mathbf{A}\mathbf{V}_i\mathbf{A}' \Big)^{-1} \sum_{i=1}^{I} \mathbf{A} (\mathbf{n}_{i**} - \mathbf{M}_i) \overset{a}{\sim} \chi_{(J-1)(K-1)}^2 \tag{14.40}$$

Esta distribuição assintótica decorre das aproximações Normais para $\sum_i^I (\mathbf{n}_{i**} - \mathbf{M}_i)$, válidas quando os tamanhos amostrais das subpopulações combinados ao longo dos estratos, $n_{.j.}, j = 1, \ldots, J$, são suficientemente grandes. Observe-se que a distribuição condicional exacta destas e das estatísticas definidas nesta secção pode ser determinada computacionalmente a partir do conjunto de referência constituído por todas as tabelas $I \times J \times K$ compatíveis com os mesmos totais marginais $n_{ij.}$ e $n_{i.k}$ da tabela observada.

14. MÉTODOS DE INFERÊNCIA CONDICIONAL

No mesmo espírito com que foram usadas na Subsecção 14.6.2 podem considerar-se estatísticas alternativas de associação parcial residual $Q_{AR} = Q_{AT} - Q_{AM}$, capazes de captar desvios a H_0 a que Q_{AM} pode não ser suficientemente sensível.

Exemplo 14.10 (*Problema do tamanho da ninhada revisitado*): Retoma-se aqui os dados do Exemplo 1.9, já analisados no Capítulo 3, para se averiguar agora a associação entre o tamanho da ninhada (a resposta original, e não uma função da sua distribuição) e cada um dos factores identificativos dos rebanhos. Não usando a ordinalidade da variável resposta, o teste de Cochran-Mantel-Haenszel de ausência da sua associação com a raça em cada quinta deu origem ao resultado $Q_{AM} = 4.223$, correspondente a um valor-P assintótico $P \simeq 0.65$ (baseado em $\chi^2_{(6)}$). Este resultado está em franca concordância com o teste baseado na distribuição condicional exacta de Q_{AM} (associada com a fixação dos totais marginais observados $n_{ij\cdot}$ e $n_{i\cdot k}$), já que o correspondente valor-P estimado por Monte Carlo[42] foi de $\widehat{P} \simeq 0.65$, com intervalo de confiança a 99% associado (0.640,0.664).

O estudo nos mesmos moldes de ausência de associação da resposta com a quinta para cada raça já produziu um resultado fortemente significativo, $Q_{AM} = 99.56$, dado que corresponde a um valor-P quer assintótico ($\chi^2_{(6)}$) quer exacto praticamente nulo.

É interessante referir que estes resultados ajudam a perceber as constatações prévias sobre a existência (ausência) de um efeito da quinta (raça) no tamanho médio da ninhada extraídas dos procedimentos baseados em modelos (estrutura estritamente linear num cenário Produto de Multinomiais) aplicados no Exemplo 8.3 (reveja-se a Secção 8.3). ∎

Havendo ordinalidade em alguma das variáveis definidoras das I tabelas parciais pode ter interesse em direccionar as estatísticas de teste de H_0 contra alternativas específicas expressas por medidas de associação assentes em *scores* atribuídos às categorias ordinais[43].

Para o efeito, comece-se por considerar o caso de I tabelas parciais $2 \times K$ em que a variável resposta é ordinal, com as suas categorias munidas do vector de *scores* $\mathbf{c}_i = (c_{ik}, k = 1, \ldots, K)', i = 1, 2$. Frequentemente este vector é comum às duas subpopulações, i.e., $\mathbf{c}_1 = \mathbf{c}_2 \equiv \mathbf{c}$. Definindo a estatística *score* médio para cada

---

[42] Com amostragem de 10000 tabelas $3 \times 3 \times 4$.

[43] Vários são os tipos de *scores* considerados na literatura e que conduzem a estatísticas que são a versão para tabelas de contingência daquelas associadas a conhecidos métodos não paramétricos como o teste de Kruskal-Wallis (ou o seu caso particular, o teste de Wilcoxon-Mann-Whitney) e o teste de correlação ordinal de Spearman. Para discussão adicional e referências sobre estes testes baseados em *scores*, veja-se, por exemplo, Koch et al. (1985), Landis, Sharp, Kuritz & Koch (1998) e Stokes, Davis & Koch (2000). Os manuais dos programas StatXact e SAS/PROC FREQ também contêm informação relevante a este respeito.

subpopulação, $\overline{y}_{ij} = \sum_k c_{ik} n_{ijk}/n_{ij\cdot}$, os seus momentos sob H_0 são, por (14.38),

$$
\begin{aligned}
E(\overline{y}_{ij}) &= \sum_k c_{ik} n_{i\cdot k}/n_{i\cdot\cdot} \equiv \mu_i(c) \\
Var(\overline{y}_{ij}) &= \left(\frac{n_{i\cdot\cdot}}{n_{ij\cdot}} - 1\right)\frac{v_i(c)}{n_{i\cdot\cdot} - 1}, \quad v_i(c) = \sum_k [c_{ik} - \mu_i(c)]^2 \, n_{i\cdot k}/n_{i\cdot\cdot} \\
Cov(\overline{y}_{i1}, \overline{y}_{i2}) &= -\frac{v_i(c)}{n_{i\cdot\cdot} - 1}.
\end{aligned}
$$

Pelo TLC de aleatorização as estatísticas *scores* médios são distribuídas em termos aproximados, para $\{n_{ij\cdot}\}$ grandes, gaussianamente com os momentos indicados. Observe-se que, no contexto em que se actua (totais marginais das tabelas parciais fixados), os valores conhecidos de $\mu_i(c)$ implicam uma relação de dependência entre as duas estatísticas $\overline{y}_{i1}$ e $\overline{y}_{i2}$,

$$
n_{i1\cdot}\overline{y}_{i1} + n_{i2\cdot}\overline{y}_{i2} = n_{i\cdot\cdot}\mu_i(c) \Leftrightarrow \overline{y}_{i1} - \overline{y}_{i2} = \frac{n_{i\cdot\cdot}}{n_{i\cdot\cdot} - n_{i1\cdot}} [\overline{y}_{i1} - \mu_i(c)].
$$

A diferença entre os dois *scores* médios é assim uma estatística com valor esperado nulo e variância

$$
Var(\overline{y}_{i1} - \overline{y}_{i2}) = \frac{n_{i\cdot\cdot}^2}{n_{i1\cdot}n_{i2\cdot}} \frac{v_i(c)}{n_{i\cdot\cdot} - 1} \equiv v_i^*(c),
$$

sob H_0. Devido ao TLC de aleatorização conclui-se então para $\{n_{ij\cdot}\}$ grandes, dada a normalidade aproximada de $\overline{y}_{i1} - \overline{y}_{i2}$, que

$$
Q_{ATS} = \sum_{i=1}^{I}(n_{i\cdot\cdot} - 1)\left(\frac{n_{i1\cdot}n_{i2\cdot}}{n_{i\cdot\cdot}^2}\right)\frac{\left(\overline{y}_{i1} - \overline{y}_{i2}\right)^2}{v_i(c)} \overset{a}{\underset{H_0}{\sim}} \chi^2_{(I)}. \tag{14.41}
$$

A configuração desta estatística de teste de H_0 mostra que ela é apropriada para detectar afastamentos de H_0 devidos a desvios por estrato no valor esperado dos *scores* médios de uma para outra subpopulação.

Em caso de um padrão consistente de diferenças na localização das distribuições dos *scores* médios, no sentido em que $\{\overline{y}_{i1} - \overline{y}_{i2}\}$ apresentam predominantemente o mesmo sinal, a contrapartida de tipo Mantel-Haenszel à estatística de associação total nos *scores* (Q_{ATS}) para testar H_0 pode ser derivada a partir de

$$
\sum_i \frac{n_{i1\cdot}n_{i2\cdot}}{n_{i\cdot\cdot}}\left(\overline{y}_{i1} - \overline{y}_{i2}\right) = \sum_i n_{i1\cdot} [\overline{y}_{i1} - \mu_i(c)].
$$

Para $\{n_{\cdot j\cdot}, j = 1,2\}$ suficientemente grandes, esta estatística possui sob H_0 uma distribuição aproximada Normal com um valor esperado nulo e variância

$$
\sum_i n_{i1\cdot}n_{i2\cdot}\frac{v_i(c)}{n_{i\cdot\cdot} - 1} = \sum_i \left(\frac{n_{i1\cdot}n_{i2\cdot}}{n_{i\cdot\cdot}}\right)^2 v_i^*(c),
$$

14. MÉTODOS DE INFERÊNCIA CONDICIONAL

donde se conclui que

$$Q_{AMS} = \frac{\left[\sum_{i=1}^{I} \frac{n_{i1}.n_{i2}.}{n_{i..}}\left(\overline{y}_{i1} - \overline{y}_{i2}\right)\right]^2}{\sum_{i=1}^{I}\left(\frac{n_{i1}.n_{i2}.}{n_{i..}}\right)^2 v_i^*(c)} \overset{a}{\underset{H_0}{\sim}} \chi_{(1)}^2. \tag{14.42}$$

A extensão destes procedimentos ao caso de I tabelas parciais $J \times K$ requer a consideração dos J scores médios e dos seus momentos sob H_0 definidos compactamente por

$$\begin{aligned} \overline{\mathbf{y}}_i &= \left(\overline{y}_{ij}, j = 1, \ldots, J\right)' = \mathbf{D}_{\mathbf{n}_{i*.}}^{-1}\left(\mathbf{I}_J \otimes \mathbf{c}_i'\right)\mathbf{n}_{i**} \\ E(\overline{\mathbf{y}}_i) &= \mu_i(c)\mathbf{1}_J = (\mathbf{c}_i'\,\mathbf{p}_{i*.})\mathbf{1}_J \\ Var(\overline{\mathbf{y}}_i) &= \left(\mathbf{D}_{\mathbf{p}_{i*.}}^{-1} - \mathbf{1}_J\mathbf{1}_J'\right)\frac{v_i(c)}{n_{i..} - 1}. \end{aligned} \tag{14.43}$$

A estatística das diferenças entre os scores médios das $J-1$ primeiras subpopulações com a J-ésima em cada estrato é expressável pela transformação linear $\mathbf{B}\overline{\mathbf{y}}_i$, onde $\mathbf{B} = \left(\mathbf{I}_{J-1}, -\mathbf{1}_{J-1}\right)$. Para grandes amostras das subpopulações dentro de cada estrato, e tendo em conta que as linhas de $\mathbf{B}$ são contrastes, tem-se

$$\mathbf{B}\overline{\mathbf{y}}_i \overset{a}{\underset{H_0}{\sim}} N_{J-1}\left(\mathbf{0}, \mathbf{B}\mathbf{D}_{\mathbf{p}_{i*.}}^{-1}\,\mathbf{B}'\frac{v_i(c)}{n_{i..} - 1}\right),$$

pelo que a extensão de (14.41) a esta situação é

$$Q_{ATS} = \sum_{i=1}^{I} \frac{n_{i..} - 1}{v_i(c)}(\mathbf{B}\overline{\mathbf{y}}_i)'\left(\mathbf{B}\mathbf{D}_{\mathbf{p}_{i*.}}^{-1}\,\mathbf{B}'\right)^{-1}\mathbf{B}\overline{\mathbf{y}}_i \overset{a}{\underset{H_0}{\sim}} \chi_{(I(J-1))}^2. \tag{14.44}$$

A extensão de (14.42) obtém-se a partir do comportamento distribucional sob H_0 dos vectores em todos os estratos

$$\mathbf{z}_i = \left(n_{ij}.(\overline{y}_{ij} - \mu_i(c)), j = 1, \ldots, J-1\right) = \left(\mathbf{I}_{J-1}, -\mathbf{0}_{J-1}\right)\mathbf{D}_{\mathbf{n}_{i*.}}\left(\overline{\mathbf{y}}_i - \mu_i(c)\mathbf{1}_J\right),$$

os quais apresentam por (14.43) um valor esperado nulo e matriz de covariâncias de elementos diagonais $\{n_{ij}.(n_{i..} - n_{ij}.), j = 1, \ldots, J-1\}$ e elementos não diagonais $\{-n_{ij}.n_{ij'}., j, j' = 1, \ldots, J-1, j \neq j'\}$, todos eles multiplicados por $v_i(c)/(n_{i..} - 1)$, compactamente expressável por

$$Var(\mathbf{z}_i) = \frac{v_i(c)}{n_{i..} - 1}\,n_{i..}^2\left(\mathbf{D}_{\overline{\mathbf{p}}_{i*.}} - \overline{\mathbf{p}}_{i*.}\overline{\mathbf{p}}_{i*.}'\right),$$

onde $\overline{\mathbf{p}}_{i*.} = (p_{ij}., j = 1, \ldots, J-1)$. Observe-se que, devido à expressão de $\overline{\mathbf{y}}_i$ e do seu valor esperado, o vector anterior para cada estrato pode ser expresso por

$$\mathbf{A}_i(\mathbf{n}_{i*.} - \mathbf{M}_i), \quad \mathbf{A}_i = \mathbf{B}\left(\mathbf{I}_J \otimes \mathbf{c}_i'\right) = \left(\mathbf{I}_{J-1}, -\mathbf{0}_{J-1}\right)\otimes \mathbf{c}_i',$$

534   14.8 NOTAS DE CAPÍTULO

o que poderia ser aproveitado para mostrar alternativamente que, sob H_0, o seu valor esperado é nulo e a sua matriz de covariâncias é expressável por $\mathbf{A}_i \mathbf{V}_i \mathbf{A}_i'$, com $\mathbf{V}_i$ dado em (14.38).

Devido à gaussianidade aproximada de $\sum_i \mathbf{A}_i(\mathbf{n}_{i*} - \mathbf{M}_i)$ para grandes tamanhos das amostras combinadas através dos estratos, $\{n_{.j.}\}$, decorre que

$$Q_{AMS} = \sum_i \mathbf{z}_i' \left[\sum_i n_{i..}^2 \left(\mathbf{D}_{\overline{\mathbf{p}}_{i*}} - \overline{\mathbf{p}}_{i*}.\overline{\mathbf{p}}_{i*}.' \right) \frac{v_i(c)}{n_{i..} - 1} \right]^{-1} \sum_i \mathbf{z}_i \underset{H_0}{\overset{a}{\sim}} \chi^2_{(J-1)}. \quad (14.45)$$

Deve observar-se que o teste de aleatorização Q_{AMS} é uma contrapartida ao teste condicional, baseado em modelos, de independência dada a estrutura de efeitos de linha (*vide* Subsecção 9.2.3).

Exemplo 14.11 (*Problema do tamanho da ninhada - continuação*): Considerando agora os *scores* 0, 1, 2 e 3 para as categorias de resposta, o teste de ausência de associação com a raça baseado na estatística (14.45) de comparação dos *scores* médios para as raças conduziu a $Q_{AMS} = 0.115$, a que corresponde um nível crítico assintótico de $P \simeq 0.94$ $(\chi^2_{(2)})$ e a uma estimativa Monte Carlo do nível crítico exacto de $\widehat{P} \simeq 0.95$, com intervalo de confiança a 99% associado (0.940,0.953).

A repetição deste procedimento condicional para a avaliação de associação com a quinta originou um valor observado, $Q_{AMS} = 59.12$, fortemente significativo (valores-P praticamente nulos baseados na distribuição quer assintótica, $\chi^2_{(2)}$, quer exacta).

Por conseguinte, os resultados relativos a ambos os testes condicionais de Cochran-Mantel-Haenszel generalizados, baseados ou não na ordinalidade da variável resposta, fornecem cabais evidências de ausência de associação da resposta com a raça e de existência de associação da resposta com a quinta.   ■

Querendo tirar partido da eventual ordinalidade de ambas as variáveis definidoras das I tabelas parciais, pode avançar-se na construção de testes direccionados contra novas alternativas à ausência de associação, como a de associação linear (Exercício 14.25).

Por fim, chama-se a atenção de que a especialização destas estatísticas ao caso de $I = 1$ define testes assintóticos de ausência de associação em tabelas bidimensionais $J \times K$ enquadradas no modelo de aleatorização contra padrões gerais ou específicos de associação. A este respeito convém acrescentar que na Secção 14.4 o caso de alternativas específicas de associação não foi então objecto de análise, pelo que estes resultados complementam o que nela foi explicitamente considerado.

14.8   Notas de Capítulo

14.1: No contexto de uma tabela de contingência 2×2 com ambas as margens $\{N_1, N - N_1\}$ e $\{n, N - n\}$ fixas, interessa saber de que modo o modelo Hipergeométrico não central, $X \mid N, N_1, n; \Delta \sim Hpg(N, N_1, n; \Delta)$, que supostamente a

14. MÉTODOS DE INFERÊNCIA CONDICIONAL

descreve, pode ser aproximado em situações com grandes frequências nas celas, para efeitos de eventual simplificação de inferências sobre a RPC Δ.

O facto de a distribuição Hipergeométrica ordinária poder apresentar uma aproximação Binomial, Poisson ou Normal, consoante as condições assintóticas sobre N, N_1 e n que se considerem, deixa antever que algo de análogo se possa passar com a sua generalização. Para o efeito pode ser útil representar a função de probabilidade desta, $f_\Delta(x)$, à custa da função de probabilidade daquela, $f_1(x)$, como se expôs em (14.1), *i.e.*,

$$f_\Delta(x) = \frac{f_1(x)\Delta^x}{g(\Delta)}, \quad g(\Delta) = \sum_{u=u_1}^{u_2} f_1(u)\Delta^u,$$

em que $f_1(x)$ pode definir-se como

$$f_1(x) = \binom{n}{x}\frac{\binom{N-n}{N_1-x}}{\binom{N}{N_1}}.$$

Com propósitos exemplificativos, considere-se a situação em que N e N_1 aumentam indefinidamente de modo que $N_1/N = p$ seja constante, e n está fixo. Então, para cada inteiro $x \in [u_1, u_2]$ e tomando $q = 1 - p$, tem-se

$$
\begin{aligned}
f_1(x) &= \binom{n}{x} \times Np(Np-1)\cdots(Np-(x-1)) \\
&\quad \times Nq(Nq-1)\cdots(Nq-(n-x-1)) \times N(N-1)\cdots(N-(n-1)) \\
&\equiv \binom{n}{x} \times a_N(x) \times b_N(x) \times c_N.
\end{aligned}
$$

Ora é fácil constatar que, por um lado,

$$a_N(x) > (Np-x)^x, \quad b_N(x) > [Nq-(n-x)]^{n-x}, \quad c_N < N^n$$

e, por outro,

$$a_N(x) < N^x p^x, \quad b_N(x) < N^{n-x}q^{n-x}, \quad c_N > (N-n)^n.$$

Estas desigualdades sobre factores de $f_1(x)$ conduzem a que se possa escrever

$$\binom{n}{x}\left(p - \frac{x}{N}\right)^x\left(q - \frac{n-x}{N}\right)^{n-x} < f_1(x) < \binom{n}{x}p^x q^{n-x}\left(1 - \frac{n}{N}\right)^{-n},$$

donde decorre, tomando os limites apropriados, a aproximação Binomial

$$f_1(x) \longrightarrow \binom{n}{x}p^x q^{n-x}.$$

Consequentemente, o numerador de $f_\Delta(x)$ para cada x está enquadrado pelos limites de $f_1(x)$ multiplicados por Δ^x de modo que

$$f_1(x)\Delta^x \longrightarrow \binom{n}{x}(p\Delta)^x q^{n-x}.$$

A aplicação do mesmo argumento ao denominador de $f_\Delta(x)$, tendo em conta que os extremos do intervalo de variação de X convergem para 0 e n, leva a que ele convirja para $\sum_{u=0}^{n}(p\Delta)^u q^{n-u} = (p\Delta + q)^n$. Por conseguinte, fica demonstrado que à medida que $N, N_1 \longrightarrow \infty$ com $N_1/N = p$ fixo

$$ f_\Delta(x) \longrightarrow \binom{n}{x} \left(\frac{p\Delta}{p\Delta + q} \right)^x \left(\frac{q}{p\Delta + q} \right)^{n-x}, $$

traduzindo a aproximação $Bi(n, \frac{p\Delta}{p\Delta+q})$ à distribuição Hipergeométrica não central.

Se se considerasse agora que N e N_1 tendiam para ∞ de modo que $N_1/N \longrightarrow 0$, com a condição adicional de $n \longrightarrow \infty$ tal que $nN_1/N = \lambda$, com λ constante, a conhecida aproximação $Poi(\lambda)$ a $f_1(x)$ induziria a que $f_\Delta(x) \longrightarrow Poi(\lambda\Delta)$ - veja-se, *e.g.*, Harkness (1965).

14.2: Quando ambas as margens da tabela 2×2 são grandes, Hannan & Harkness (1963) provam que quer a função de probabilidade quer a função de distribuição da Hipergeométrica não central podem ser aproximadas pelas correspondentes funções de uma distribuição Normal, sugerindo o uso da correcção de continuidade no cálculo das probabilidades cumulativas.

Os parâmetros desta distribuição assintótica, que são os limites apropriados dos correspondentes momentos exactos $E(X \mid N, N_1, n; \Delta)$ e $Var(X \mid N, N_1, n; \Delta)$, à semelhança do que ocorre com as aproximações Binomial e Poisson referidas na nota anterior (Harkness 1965), são definidos como se segue.

O valor médio assintótico, *e.g.*, m, é o único real situado no intervalo de variação de valores de X que satisfaz a equação quadrática

$$ \frac{m(N - N_1 - n + m)}{(N_1 - m)(n - m)} = \Delta, $$

ou seja, $m = m(\Delta)$ é a solução positiva admissível da equação do segundo grau

$$ (\Delta - 1)m^2 - \{N + (N_1 + n)(\Delta - 1)\}m + N_1 n\Delta = 0. $$

A variância assintótica $v = v(\Delta)$ exprime-se como o recíproco da soma dos recíprocos dos valores médios assintóticos das quatro celas (todos determinados de $m = m(\Delta)$), isto é, por

$$ v = \left(\frac{1}{m} + \frac{1}{N_1 - m} + \frac{1}{n - m} + \frac{1}{N - N_1 - n + m} \right)^{-1}. $$

Observe-se que a especialização do valor médio assintótico para o caso da distribuição Hipergeométrica ordinária ($\Delta = 1$), $m(1) = nN_1/N$, coincide com o valor médio exacto mas o mesmo não ocorre rigorosamente com a variância. A variância assintótica é ligeiramente inferior (sendo a diferença desprezável nas situações de uso justificado da aproximação Normal) à variância exacta, *i.e.*,

$$ v(1) = \frac{N_1(N - N_1)n(N - n)}{N^3} = \frac{N - 1}{N} Var(X \mid N, N_1, n; \Delta = 1). $$

14. MÉTODOS DE INFERÊNCIA CONDICIONAL   537

Como consequência, a distribuição condicional assintótica de X obtida da especialização ao caso $\Delta = 1$ não corresponde exactamente à aproximação assintótica Normal da distribuição Hipergeométrica ordinária, $N(m(1), \frac{N}{N-1}v(1))$, que é frequentemente usada.

14.3: A aproximação Monte Carlo de um teste baseado numa distribuição condicional exacta (Hipergeométrica) consiste no seguinte procedimento:

- Amostragem de um número especificado de tabelas do conjunto de referência (proporcionalmente às suas probabilidades hipergeométricas)

- Avaliação do valor observado da estatística do teste escolhida e verificação se possui um valor mais extremo que aquela correspondente à tabela observada;

- A estimativa Monte Carlo do valor-P é a proporção das tabelas amostradas que satisfazem a condição anterior, da qual se pode obter um intervalo de confiança para o valor-P exacto.

Se N_t é o número gerado de tabelas (*e.g.*, $N_t = 10000$) do conjunto de referência e M_t é o número daquelas que são tão ou mais extremas que a tabela observada, $\widehat{P} = M_t/N_t$ é a estimativa Monte Carlo do valor-P. Dela decorre, pela aproximação Normal da distribuição Binomial para a estatística M_t, que

$$\left(\widehat{P} \pm \Phi^{-1}\left(\frac{1-\gamma}{2}\right) \sqrt{\widehat{P}(1-\widehat{P})/N_t} \right)$$

é um intervalo de confiança a $100\gamma\%$ para P. A sua amplitude pode ser suficientemente reduzida, para um dado grau de confiança, aumentando correspondentemente o número de amostras Monte Carlo e, caso se pretenda, de modo a que $\widehat{P}$ se torne praticamente indistinguível do valor-P exacto (no Exemplo 14.4 isto sucede mesmo com $N_t = 10000$ já que o intervalo de confiança a 99% para qualquer das três estatísticas de teste de homogeneidade na tabela original é (0.0000, 0,0005)). Daí que esta estimativa seja claramente mais fiável do que o valor-P assintótico.

14.9   Exercícios

14.1: No quadro de um modelo Multinomial $M(N, \boldsymbol{\theta})$ para uma tabela de contingência 2×2:

- a) Demonstre, derivando as distribuições necessárias, que $\mathbf{T} = (n_{11}, n_{12} + n_{21})$ é uma estatística ancilar parcial para o parâmetro $\gamma = \theta_{12}/(\theta_{12} + \theta_{21})$ definidor da hipótese de simetria H_S.

- b) Considere a transformação de $\overline{\boldsymbol{\theta}} = (\theta_{11}, \theta_{12}, \theta_{21})$ definida por $(\phi^*, \boldsymbol{\gamma}^*)$, em que $\phi^* = \theta_{11}/(\theta_{12} + \theta_{21})$ e $\boldsymbol{\gamma}^* = (\theta_{12}, \theta_{21})$. Indagando apropriadas características da estatística $\mathbf{M} = (n_{12}, n_{21})$, mostre que é suficiente restringir-se ao modelo amostral para $\mathbf{M}$ para testar H_S. (Sugestão: Veja-se Nota de Capítulo 2.2).

538   14.9 EXERCÍCIOS

c) Partindo do resultado b) e definindo $U = 1'_2\mathbf{M}$, mostre que um teste condicional exacto para H_S pode ser construído da distribuição de qualquer das componentes de $\mathbf{M}$ condicional em U e compare-o com o teste derivado na Secção 14.1.

d) Justifique a afirmação de que o uso das estatísticas de teste n_{12}, $n_{12} - n_{21}$ e $(n_{12} - n_{21})^2/(n_{12} + n_{21})$ conduz ao mesmo teste condicional exacto de simetria.

e) Mostre que a estatística de McNemar é o quadrado da padronização, sob a hipótese nula de simetria, da estatística $V = n_{12} - n_{21}$.

14.2: Numa tabela Multinomial I^2:

a) Determine a distribuição de $\mathbf{M} = \{n_{ij}, i \neq j\}$ e a sua distribuição condicional dado $\mathbf{U} = \{U_{ij}, i < j\}$, $U_{ij} = n_{ij} + n_{ji}$.

b) Explique a relevância das anteriores distribuições para efeitos de testar a hipótese de simetria.

c) Responda às questões do género das anteriores no cenário mais amplo de uma tabela Multinomial $K \times I^2$, com base na qual se pretende testar a hipótese de simetria em cada um dos K níveis, indicando estatísticas de teste que considere adequadas para o efeito.

14.3: A tabela abaixo reproduz os resultados do diagnóstico da esquistossomíase pelas técnicas A e C, referidas no Exemplo 14.1, nas amostras de casos e controlos. Pretende-se averiguar conjuntamente se as duas técnicas possuem iguais sensibilidades e especificidades.

Tabela 14.12: Diagnóstico da esquistossomíase

		Técnica C	
	Técnica A	+	-
Casos	+	35	9
Casos	-	4	2
Controlos	+'	1	4
Controlos	-	1	44

a) Mostre que a distribuição condicional exacta nula pode ser definida pelo produto das distribuições $Bi(13, 1/2)$ e $Bi(5, 1/2)$.

b) Aplique o decorrente teste condicional exacto da hipótese referida.

14.4: Considere uma tabela de contingência Multinomial 2×2 no quadro da qual se pretende testar a hipótese de homogeneidade marginal.

14. MÉTODOS DE INFERÊNCIA CONDICIONAL 539

a) Mostre que um teste não condicional exacto pode ser baseado na distribuição nula de $\mathbf{M} = (n_{12}, n_{21})$ e que o nível crítico do teste baseado na estatística Q_V (com valor observado Q_{obs}) para cada valor do parâmetro perturbador α (valor comum das probabilidades fora da diagonal principal) pode ser alternativamente calculado através de

$$P(\alpha) = P(Q_P \geq Q_{obs} | H_0; \alpha) = \sum_k P(Q_P \geq Q_{obs} | U = k; H_0) P(U = k | H_0; \alpha),$$

identificando as distribuições nela usadas.

b) Obtenha a expressão do valor-P para um teste não condicional exacto unilateral da hipótese considerada.

c) Sabendo que a tabela observada foi $n_{11} = 1, n_{12} = 3, n_{21} = n_{22} = 0$, calcule o valor-P do teste considerado em a) e compare este teste com o teste condicional em termos de três aspectos: informação perdida por condicionamento, esforço computacional e efeitos conservadores da discretude distribucional.

14.5: Considere para uma tabela 2×2 com as margens das linhas fixas o modelo Produto de Binomiais parametrizado por (γ, ϕ), em que $\phi = \theta_{(2)1}$ e γ representa o risco relativo de sucesso para a primeira linha ($\gamma = \theta_{(1)1} / \theta_{(2)1}$). Neste quadro pretende-se testar a hipótese de homogeneidade das duas Binomiais expressa por $H_0 : \gamma = 1$. Mostre que o condicionamento em $T = n._1$ é ineficaz para a construção de um teste condicional exacto de H_0.

14.6: Considere a estatística de Pearson para o teste de independência entre duas variáveis binárias definidoras de uma tabela de contingência 2×2 descrita pelo modelo $M_3(N, \{\theta_{ij}\})$. Mostre que:

a) Q_P pode ser definida pela expressão

$$Q_P = \frac{(n_{11} - n_1.n._1/N)^2}{n._1 n._2 n_1. n_2. / N^3}.$$

b) Q_P pode ser visualizada como a estatística de Wald para testar a hipótese de homogeneidade $H_0 : \pi_1 = \pi_2$, com $\pi_i = \theta_{(i)1}, i = 1, 2$,

$$Q_W = \frac{(\widehat{\pi}_1 - \widehat{\pi}_2)^2}{(n_1.^{-1} + n_2.^{-1}) \widehat{\pi} (1 - \widehat{\pi})},$$

onde $\widehat{\pi}$ é o estimador MV do valor comum das probabilidades em confronto sob homogeneidade.

14.7: Considere a família de distribuições hipergeométricas não centrais definida em (14.1), $\{f(n_{11} \mid \mathbf{n}_*., t; \delta) : \delta = ln\Delta \in I\!\!R\}$.

a) Mostre que valores crescentes de δ tendem a implicar maiores valores de n_{11}, estudando a monotonicidade do valor esperado daquelas distribuições.

540   14.9 EXERCÍCIOS

b) Prove que a estimativa MV de δ é nula quando na tabela observada $n_{11} = n_{1.}n_{.1}/N$. Que concluiria sobre a estimação de δ quando $n_{11} = 0$ e $n_{11} = min\{n_{1.}n_{.1}\}$?

c) Mostre que a família possui razão de verosimilhanças monótona (não decrescente) em n_{11} e é estocasticamente crescente em δ. (Sugestão: Veja as Notas de Capítulo 4.3 e 4.4 e considere para cada u a função $\psi_u(n_{11}) = P(n_{11} > u \mid \mathbf{n}_*, t; \delta)$).

d) Diga se os testes exactos de Fisher unilaterais são uniformemente mais potentes. [Sugestão: Reveja-se o teorema de Karlin-Rubin].

14.8: Seja $f_\Delta(n_{11})$ a função de probabilidade da distribuição hipergeométrica não central Hpg$(N, n_{1.}, n_{.1}; \Delta)$ para n_{11}.

a) Mostre que, para todo o valor possível u de n_{11},

    i) $\ln f_\Delta(u) = c + \ln f_1(u) + u \ln \Delta$, onde c é uma constante em u (dependente dos parâmetros distribucionais).

    ii) Subtraindo o segundo membro da equação em a) da média dos valores do segundo membro (calculada para todos os valores $u \in [u_1, u_2]$) e exponenciando o resultado se obtém $g_\Delta(u) = f_\Delta(u) \times d$, com d uma outra constante independente de u, pelo que

$$f_\Delta(u) = \frac{g_\Delta(u)}{\sum_u g_\Delta(u)}.$$

b) Mostre que, com a parametrização $\delta = \ln \Delta$, o gradiente e o hessiano da função $\ln f_\Delta(n_{11})$, encarada como função de δ para n_{11} fixado, são dados respectivamente por $n_{11} - E(n_{11}|n_{1.}, n_{.1}; e^\delta)$ e $-Var(n_{11}|n_{1.}, n_{.1}; e^\delta)$.

14.9: Considere uma tabela 2×2 de margens fixas munida da distribuição Hipergeométrica não central com base na qual se pretende determinar um intervalo de confiança a $100\gamma\%$ para a RPC Δ.

a) Denotando por $P(A \mid \Delta) \equiv p(\Delta)$ qualquer das probabilidades cumulativas apropriadas para o propósito mencionado, mostre que

$$p'(\Delta) = \frac{p(\Delta)}{\Delta} \left[E(n_{11} \mid A; \Delta) - E(n_{11} \mid \Delta) \right].$$

b) Com base em a) especifique o algoritmo de Newton dirigido para a determinação dos limites inferior e superior do intervalo de confiança bilateral.

c) Suponha que $n_{11} = n_{21} = 1$, $n_{12} = 2n_{22}$ e $N = 8$.

    i) Mostre por resolução não iterativa da equação de verosimilhança (equação do 2º grau em Δ) que a estimativa condicional de Δ difere da correspondente estimativa não condicional, sendo dada por $\tilde{\Delta} = 0.5477$.

14. MÉTODOS DE INFERÊNCIA CONDICIONAL   541

ii) Seguindo um argumento idêntico, mostre por cálculos exactos que o intervalo de confiança a 90% para Δ é (0.0104, 28.6986).

14.10: Demonstre que a distribuição hipergeométrica $Hpg(N, n_{1.}, n_{.1})$ é simétrica em torno de $n_{.1}/2$ se $n_{1.} = N/2$ e em torno de $n_{1.}/2$ se $n_{.1} = N/2$.

14.11: Considere a tabela observada $n_{11} = n_{22} = 5$ e $n_{12} = n_{21} = 0$, supostamente gerada pelas distribuições Binomiais independentes $n_{i1}|n_{i.} = 5; \pi_i \sim Bi(n_{i.}, \pi_i), i = 1, 2$, com base na qual se pretende testar a hipótese de homogeneidade destas distribuições através de um teste exacto não condicional, usando como estatística de teste Q_P (o teste exacto de Barnard). Mostre que:

a) O valor máximo de Q_P para todas as tabelas possíveis compatíveis com o modelo adoptado é 10, estando associado com as (duas) tabelas mais extremas de frequências simetricamente distribuídas.

b) O valor-P para cada valor comum, π, das probabilidades $\{\pi_i\}$ sob homogeneidade é $P(\pi) = 2[\pi(1-\pi)]^5$, pelo que o valor-P do teste é $P \equiv max_\pi P(\pi) = 1/2^9$.

c) P é uma média ponderada de valores-P para o teste exacto de Fisher, dados por $1/126$ para as tabelas admissíveis com $n_{.1} = 5$ e 0 para todas as outras.

d) O cálculo do valor-P não condicional se a tabela observada fosse, *e.g.*, $n_{11} = 1, n_{12} = 4, n_{21} = 5, n_{22} = 0$, exigiria o recurso a métodos iterativos.

14.12: Num ensaio clínico aleatorizado envolvendo 30 indivíduos, 15 foram inoculados com uma vacina contra a gripe e os restantes com um placebo. Os resultados observados quanto à contracção de infecção foram:

Tabela 14.13: Comparação de tratamentos

	Infecção contraída	
Tratamento	Sim	Não
Vacina	7	8
Placebo	12	3

Pretende-se testar a hipótese de a probabilidade de infecção não variar com o tratamento contra a alternativa de a vacina ser eficaz.

a) Determine o valor-P do teste exacto de Fisher baseado em Q_P.

b) Calculando o nível crítico do teste de Barnard para uma grelha apropriada de valores da probabilidade π de infecção em caso de homogeneidade, $P(\pi)$, represente graficamente tal função. (Sugestão: Considere uma grelha mais fina nas zonas [0.25, 0.40] e [0.60, 0.75]).

c) Mostre que o máximo de $P(\pi)$ é cerca de metade do valor achado em a). Que pode concluir deste resultado quanto à conclusão de ambos os testes e ao seu conservadorismo?

542 14.9 EXERCÍCIOS

14.13: Derive a distribuição condicional (14.6) para o teste condicional exacto de independência numa tabela $I \times J$.

14.14: Teste a homogeneidade das 9 raças de carneiros do Exemplo 14.4 relativamente às proporções de susceptibilidade à doença ovina em questão, indicada pela fusão das categorias 4 e 5.

14.15: Considere uma tabela Multinomial $I \times J$ supostamente descrita pelo modelo de associação linear por linear $\ln \theta_{ij} = \lambda + u_i^A + u_j^B + v a_i^* b_j^*$, com $\sum_i u_i^A = \sum_j u_j^B = 0$ e os *scores* centrados $\{a_i^*\}$ e $\{b_j^*\}$.

a) Mostre que a equação (14.6) onde $\mathbf{t} = \mathbf{n}_{.*}$ se pode exprimir neste contexto por

$$f(\mathbf{n} \mid \mathbf{n}_{*.}, \mathbf{n}_{.*}; v) = \frac{\prod_{i,j}(n_{ij}!)^{-1} e^{v \sum_{i,j} a_i^* b_j^* n_{ij}}}{\sum_{\{u_{ij}\}} \prod_{i,j}(u_{ij}!)^{-1} e^{v \sum_{i,j} a_i^* b_j^* u_{ij}}}.$$

b) Mostre que a distribuição condicional exacta para o teste de $H_0 : v = v_0$ é a distribuição condicional da estatística suficiente para v, $T = \sum_{i,j} a_i^* b_j^* n_{ij}$, definida por

$$f(t \mid \mathbf{n}_{*.}, \mathbf{n}_{.*}; v) = \frac{C(t)e^{v_0 t}}{\sum_u C(u)e^{v_0 u}},$$

onde $C(t)$ é a soma de $\prod_{i,j}(n_{ij}!)^{-1}$ para todas as tabelas $\mathbf{n}$ do conjunto de referência (compatíveis com os totais marginais observados) tais que $T(\mathbf{n}) = t$, e o denominador é estendido a todos os valores possíveis de T no conjunto de referência.

c) Confirme que o valor-P para o teste condicional de H_0 contra $H_1 : v > v_0$, em que t_0 é o valor observado de T, é

$$P = P(T \geq t_0 \mid \mathbf{n}_{*.}, \mathbf{n}_{.*}; v_0) = \frac{\sum_{t \geq t_0} C(t)e^{v_0 t}}{\sum_t C(t)e^{v_0 t}}.$$

d) Derive a equação que permite obter o estimador MV condicional de v e indique como obter um intervalo de confiança para v por inversão dos testes unilaterais esboçados. [Sugestão: ver Agresti, Mehta & Patel (1990)].

14.16: Justifique detalhadamente como o teste de simetria condicional numa tabela Multinomial I^2 pode ser encarado como um teste de independência numa tabela modificada.

14.17: Considere uma tabela $I \times 2 \times 2$ descrita pelo modelo Produto de $2I$ Binomiais $\{Bi(n_{ij.}, \theta_{(ij)1})\}$. Mostre que o teste condicional ao modelo aditivo nos logitos L_{ij}

14. MÉTODOS DE INFERÊNCIA CONDICIONAL

(H_1) da hipótese das probabilidades $\{\theta_{(ij)1}\}$ serem imutáveis com i para todo o j
(H_2) se apoia na distribuição

$$f(\mathbf{n}_{*\cdot 1} \mid \mathbf{n}_{**\cdot}, n_{\cdot 11}; \{\alpha_i\}, H_1) = \frac{C_+(n_{\cdot 11}, \mathbf{n}_{*\cdot 1})e^{\sum_{i=1}^{I} \alpha_i n_{i\cdot 1}}}{\sum_{\mathbf{x}_{*\cdot 1}} C_+(n_{\cdot 11}, \mathbf{x}_{*\cdot 1})e^{\sum_{i=1}^{I} \alpha_i x_{i\cdot 1}}}$$

onde $C_+(n_{\cdot 11}, \mathbf{n}_{*\cdot 1})$ é a soma de $\prod_i C(x_{i11}, x_{i\cdot 1})$ para todas as tabelas $\{x_{ijk}\}$ do conjunto de referência $(\mathbf{x}_{**\cdot} = \mathbf{n}_{**\cdot}, x_{\cdot 11} = n_{\cdot 11})$ tais que $\mathbf{x}_{*\cdot 1} = \mathbf{n}_{*\cdot 1}$, e indique como calcularia o valor-P.

14.18:(Zelen 1971) Considere uma tabela Multinomial $I \times 2 \times 2$ em que a variável das linhas é ordinal com *scores* centrados $\{a_i^*\}$. Admitindo a validade do modelo log-linear H_1 que estrutura as RPC Δ_i logaritmizadas como uma função linear dos $\{a_i^*\}$, *i.e.*, $\ln \Delta_i = \delta + \varepsilon a_i^*, i = 1, \ldots, I$:

a) Mostre que a distribuição relevante para o teste condicional exacto do modelo, H_2, sem interacção de segunda ordem é a distribuição condicional de $Z = \sum_i a_i^* n_{i11}$,

$$f(z \mid \mathbf{n}_{**\cdot}, \mathbf{n}_{*\cdot 1}, n_{\cdot 11}; \varepsilon) = \frac{C_+(z, \mathbf{n}_{*\cdot 1})e^{\varepsilon z}}{\sum_z C_+(z, \mathbf{n}_{*\cdot 1})e^{\varepsilon z}},$$

em que $C_+(z, \mathbf{n}_{*\cdot 1})$ é a soma das quantidades $C(\mathbf{n}_{*11}, \mathbf{n}_{*\cdot 1})$ para todas as tabelas com $\mathbf{n}_{*11}$ tal que $\sum_i a_i^* n_{i11} = z$.

b) Atendendo a que a distribuição de Z condicionada em $(\mathbf{n}_{**\cdot}, \mathbf{n}_{*\cdot 1})$ sob H_2 é calculável do produto de distribuições Hipergeométricas $\mathrm{Hpg}(n_{i\cdot\cdot}, n_{i1\cdot}, n_{i\cdot 1})$ para n_{i11}, com médias e variâncias dadas, respectivamente, por

$$m_i = n_{i\cdot 1}n_{i1\cdot}/n_{i\cdot\cdot}; \quad v_i = n_{i\cdot 1}n_{i1\cdot}n_{i2\cdot}(n_{i\cdot\cdot} - n_{i\cdot 1})/[n_{i\cdot\cdot}^2(n_{i\cdot\cdot} - 1)],$$

mostre que:

i)

$$\left(\begin{array}{c} Z \\ n_{\cdot 11} \end{array} \right) \Big| \mathbf{n}_{**\cdot}, \mathbf{n}_{*\cdot 1}; H_2 \overset{a}{\sim} N_2 \left(\left(\begin{array}{c} \sum_i a_i^* m_i \\ m_\cdot \end{array} \right), \left(\begin{array}{cc} \sum_i a_i^{*2} v_i & \sum_i a_i^* v_i \\ \sum_i a_i^* v_i & v_\cdot \end{array} \right) \right).$$

ii)

$$Z \mid \mathbf{n}_{**\cdot}, \mathbf{n}_{*\cdot 1}, n_{\cdot 11}; H_2 \overset{a}{\sim} N(\mu(n_{\cdot 11}), \sigma^2)$$

com

$$\mu(n_{\cdot 11}) = \sum_i a_i^* m_i + \sum_i a_i^* v_i (n_{\cdot 11} - m_\cdot)/v_\cdot$$

$$\sigma^2 = \sum_i v_i (a_i^* - \sum_i a_i^* v_i/v_\cdot)^2.$$

14.19: Considere uma tabela $I \times J^2$ descrita por um Produto de I Multinomiais na qual se pretende analisar o modelo estratificado de simetria condicional $H_1 : \frac{\theta_{(i)jk}}{\theta_{(i)kj}} = e^{v_i}, j < k, \forall i$. Recorrendo a hipóteses de independência condicional descreva um procedimento condicional exacto para testar:

a) O ajustamento de H_1.

b) A condição H_2 de homogeneidade ao longo dos estratos da razão entre cada probabilidade da parte triangular superior e a respectiva probabilidade simétrica em cada linha, condicionalmente a H_1.

14.20: Mostre que o valor médio da distribuição assintótica Normal que aproxima a distribuição condicional exacta de n_{11} dado N, $n_1.$ e $n._1$ sob a hipótese nula $H_0 : \Delta = \Delta_0$ corresponde à estimativa MV do valor médio exacto de n_{11} no quadro do modelo Produto de Binomiais, $Bi(n_{i.}, \theta_{(i)1}), i = 1, 2$.

14.21: Justifique as seguintes afirmações na Subsecção 14.6.1 relativas a inferências assintóticas sobre homogeneidade das RPC parciais em I tabelas 2×2:

a) O resultado distribucional (14.24).

b) A forma quadrática $Q(\Delta)$ em (14.25) admite as representações (14.26) e (14.27).

c) A interpretação dos pesos na expressão (14.30) do estimador de Mantel-Haenszel da RPC comum.

14.22: Em relação a inferências assintóticas sobre independência em tabelas 2×2:

a) Demonstre que a estatística de associação parcial total, Q_{IC}, em (14.35) é equivalentemente expressável por

$$Q_{IC} = \sum_{i=1}^{I} \frac{n_{i..} - 1}{n_{i..}} Q_{P(i)},$$

onde $Q_{P(i)}$ é a estatística de Pearson para o teste de $B \amalg C \mid A = i$, numa tabela Multinomial. Deduza daí que a estatística de Mantel-Haenszel para $I = 1$ (conhecida por estatística de Yates sem correcção de continuidade) é equivalente à estatística de Pearson para o teste de independência numa tabela 2×2.

b) Mostre que a estatística corrigida de Yates para o teste de independência numa tabela 2×2 se pode exprimir por

$$Q = \frac{[|n_{11}n_{22} - n_{12}n_{21}| - N/2]^2 \, N}{n_1. n_2. n._1 n._2}.$$

14.23: (Day & Byar 1979) Mostre que a estatística Q_{CMH} com o denominador proposto por Cochran, (14.32), pode ser interpretada como uma estatística de *score* de

14. MÉTODOS DE INFERÊNCIA CONDICIONAL   545

Rao no cenário Produto de $2I$ Binomiais para o teste de homogeneidade das distribuições $n_{ij1} \mid n_{ij\cdot}, \theta_{(ij)1}, j = 1, 2 \underset{ind}{\sim} Bi(n_{ij\cdot}, \theta_{(ij)1})$ para cada i, sob o modelo linear nos logitos $\ln[\theta_{(ij)1}/(1 - \theta_{(ij)1})] = \gamma_i + \delta x_j$, com $x_1 = 1$ e $x_2 = 0$.

14.24: No mesmo cenário do exercício anterior mostre que a estatística de Pearson para o teste de não interacção de segunda ordem é expressável na forma de uma estatística de Breslow-Day, (14.29), com $\hat{\Delta}$ indicando o estimador MV não condicional em $\{n_{i\cdot1}\}$ da RPC comum a todos os estratos (cuja concretização se obtém iterativamente pelos métodos do Capítulo 9).

14.25: Considere uma tabela $I \times J \times K$ enquadrada sob a hipótese H_0 de aleatorização pelo modelo Produto de Hipergeométricas $(K - 1)$-variadas para os vectores de frequências $\{n_{ijk}\}$, em que as variáveis B e C são ordinais com os *scores* atribuídos às suas categorias $\mathbf{b}'_i = (b_{ij}, j = 1, \ldots, J)$ e $\mathbf{c}'_i = (c_{ik}, k = 1, \ldots, K)$. Considere o momento amostral misto de primeira ordem dos *scores* $\mathbf{b}_i$ e $\mathbf{c}_i$ em cada estrato i

$$m_i(b, c) = \sum_j \sum_k b_{ij} c_{ik} n_{ijk}/n_{i\cdot\cdot} \equiv m_i.$$

a) Mostre que estes momentos amostrais apresentam sob a hipótese de aleatorização H_0 os seguintes momentos

$$
\begin{aligned}
E(m_i \mid H_0) &= \mathbf{b}'_i \, \mathbf{p}_{i*\cdot} \times \mathbf{c}'_i \, \mathbf{p}_{i\cdot *} \equiv \nu_i(b) \times \mu_i(c) \\
Var(m_i \mid H_0) &= (n_{i\cdot\cdot} - 1)^{-1} \sum_j [b_{ij} - \nu_i(b)]^2 \, p_{ij\cdot} \times \sum_k [c_{ik} - \mu_i(c)]^2 \, p_{i\cdot k} \\
&\equiv \frac{u_i(b) \times v_i(c)}{n_{i\cdot\cdot} - 1}.
\end{aligned}
$$

b) Identifique a distribuição aproximada (para $\{n_{i\cdot\cdot}\}$ grandes) sob H_0 da estatística

$$Q_{ATC} = \sum_{i=1}^{I} (n_{i\cdot\cdot} - 1) \frac{\left[m_i - \nu_i(b)\mu_i(c)\right]^2}{u_i(b)v_i(c)},$$

e mostrando que $Q_{ATC} = \sum_i (n_{i\cdot\cdot} - 1)R_i^2$, onde R_i é o coeficiente de correlação entre os dois conjuntos de *scores*,

$$R_i = \sum_j \sum_k \frac{[b_{ij} - \nu_i(b)] \, [c_{ik} - \mu_i(c)]}{u_i(b)v_i(c)} \, p_{ijk},$$

indique qual a utilidade inferencial desta estatística.

c) Mostre ainda que a estatística anterior se pode expressar como

$$Q_{ATC} = \sum_i \frac{\left[(\mathbf{b}'_i \otimes \mathbf{c}'_i)(\mathbf{n}_{i**} - \mathbf{M}_i)\right]^2}{(\mathbf{b}'_i \otimes \mathbf{c}'_i)\mathbf{V}_i(\mathbf{b}_i \otimes \mathbf{c}_i)},$$

onde $\mathbf{M}_i$ e $\mathbf{V}_i$ são o vector média e a matriz de covariâncias sob H_0 de $\mathbf{n}_{i**}$.

546

14.9 EXERCÍCIOS

d) Querendo testar H_0 contra a alternativa de relação linear entre os *scores* das duas variáveis ordinais, pode-se considerar a estatística de correlação

$$Q_{AMC} = \frac{\left\{ \sum_i \left[m_i - \nu_i(b)\,\mu_i(c) \right] \right\}^2}{\sum_i (n_{i..} - 1)^{-1} u_i(b)\,v_i(c)}.$$

Represente esta estatística de Mantel-Haenszel estendida como uma forma quadrática em $\sum_i \mathbf{A}_i (\mathbf{n}_{i**} - \mathbf{M}_i)$ para $\mathbf{A}_i$ apropriados, e identifique a sua distribuição nula aproximada para $\{n_{.j.}\}$ suficientemente grandes.

e) No contexto de não haver estratificação ($I = 1$), qual o teste assintótico baseado em modelos log-lineares a que o teste baseado em Q_{ATC} e Q_{AMC} constitui alternativa?

14.26: Mostre que as estatísticas de Mantel-Haenszel de ausência de associação em tabelas $I \times J \times K$ contra padrões gerais ou específicos de associação, Q_{AM}, Q_{AMS} e Q_{AMC}, podem ser unificadas na fórmula

$$Q_{MHE} = \left[\sum_i \left(\mathbf{n}_{i**} - \mathbf{M}_i \right)' \mathbf{A}_i' \right] \left[\sum_i \mathbf{A}_i \mathbf{V}_i \mathbf{A}_i' \right]^{-1} \left[\sum_i \mathbf{A}_i \left(\mathbf{n}_{i**} - \mathbf{M}_i \right) \right],$$

para matrizes $\mathbf{A}_i$ definidas apropriadamente.

14.27: Repita a análise efectuada no Exemplo 14.5 considerando agora os dados sobre as intensidades de vertigem e de nistagmo no ouvido esquerdo do conjunto dos 29 indivíduos, expostos no Exercício 9.9.

14.28: Os dados abaixo reportam-se a uma avaliação do desempenho de um conjunto de 203 estudantes universitários[44] a uma disciplina introdutória de Álgebra e Cálculo. Os estudantes, agrupados segundo os quatro cursos em que estavam matriculados, foram ainda aleatoriamente divididos em dois grupos por curso, a cada um dos quais foi atribuído um de dois professores que leccionaram a mesma matéria, e submetidos às mesmas provas de avaliação classificadas por um núcleo comum de examinadores.

Tabela 14.14: Frequências de aprovação/reprovação de estudantes

| Curso | Professor | Desempenho | |
		Aprovado	Reprovado
Ciências Químicas	A	8	11
	B	11	13
Química farmacêutica	A	10	14
	B	13	9
Ciências Biológicas	A	19	25
	B	20	18
Bioquímica	A	14	2
	B	12	4

[44] A fonte dos dados é Quintana (1998).

14. MÉTODOS DE INFERÊNCIA CONDICIONAL

a) Verifique se há indícios significativos de heterogeneidade dos oito grupos de estudantes em termos do seu desempenho e, em caso afirmativo, aponte os que destoam dos restantes.

b) Averigue se o desempenho foi influenciado pelo professor em cada um dos quatro cursos.

14.29: Retome os dados do problema do fio dental expostos no Exemplo 1.5, tendo em vista averiguar por métodos condicionais a associação entre a frequência e a habilidade no uso do fio dental nos estratos definidos pela combinação dos níveis do sexo e da faixa etária das crianças.

Usando procedimentos exactos e assintóticos teste a homogeneidade, por um lado, e a ausência, por outro, da referida associação.

14.30: Considere os dados do problema dos defeitos de fibras têxteis descrito no Exemplo 1.6 com o objectivo de indagar a significância da associação entre os defeitos dos dois tipos nas fibras produzidas por cada fabricante.

Aplique testes condicionais convenientes nas suas versões assintótica e exacta e compare os resultados obtidos sem e com incorporação da ordinalidade das duas variáveis respostas.

14.31: Sejam Y_{ij} variáveis aleatórias $Ber(\pi_{ij})$ independentes traduzindo a resposta (sim ou não) do j-ésimo indivíduo do i-ésimo estrato, $j = 1, \ldots, n_i$, $i = 1, \ldots, s$, ao qual está associado um vector de p covariáveis $\mathbf{x}_{ij} = (x_{ijk}, k = 1, \ldots, p)$.

Considere o modelo de regressão logística estratificado

$$\ln \frac{\pi_{ij}}{1 - \pi_{ij}} = \gamma_i + \mathbf{x}'_{ij}\boldsymbol{\beta},$$

em que o parâmetro de interesse é o vector associado com as covariáveis, $\boldsymbol{\beta} = (\beta_1, \ldots, \beta_p)$, comum a todos os estratos.

a) Prove que as estatísticas suficientes para $\{\gamma_i\}$ e $\boldsymbol{\beta}$ são, respectivamente,

$$\mathbf{T}_2 = (T_{2i}, i = 1, \ldots, s), \quad \text{com} \quad T_{2i} = \sum_{j=1}^{n_i} Y_{ij}$$

e

$$\mathbf{T}_1 = (T_{1k}, k = 1, \ldots, p) = \sum_{i=1}^{s} \sum_{j=1}^{n_i} Y_{ij} \mathbf{x}_{ij}.$$

b) Mostre que a distribuição condicional exacta dos dados é definida pela função de probabilidade

$$f(\{y_{ij}\}|\mathbf{t}_2; \boldsymbol{\beta}) = \frac{\exp\left(\sum_{i=1}^{s} \sum_{j=1}^{n_i} Y_{ij} \mathbf{x}'_{ij}\boldsymbol{\beta}\right)}{\sum_{i} \sum_{R_i} \exp\left(\sum_{i=1}^{s} \sum_{j=1}^{n_i} Y_{ij} \mathbf{x}'_{ij}\boldsymbol{\beta}\right)},$$

onde $R_i = \{(Y_{i1}, \ldots, Y_{in_i}) : \sum_j Y_{ij} = t_{2i}\}, i = 1, \ldots, s$, e que a decorrente função de probabilidade condicional de $\mathbf{T}_1$ é

$$f(\mathbf{t}_1|\mathbf{t}_2; \boldsymbol{\beta}) = \frac{c(\mathbf{t}_1)e^{\mathbf{t}_1'\boldsymbol{\beta}}}{\displaystyle\sum_{\mathbf{u}:c(\mathbf{u})\geq 1} e^{\mathbf{u}'\boldsymbol{\beta}}},$$

onde $c(\tilde{\mathbf{t}}_1)$ é o cardinal do conjunto $R(\mathbf{t}_1, \mathbf{t}_2) = \{(Y_{ij}, j = 1, \ldots, n_i; i = 1, \ldots, s) : \mathbf{T}_2 = \mathbf{t}_2, \mathbf{T}_1 = \mathbf{t}_1\}$.

c) Seja $\boldsymbol{\beta}_1$ e $\boldsymbol{\beta}_2$ uma partição do vector $\boldsymbol{\beta}$ em dois vectores de dimensões $p_1 \times 1$ e $p_2 \times 1$ determinada pela hipótese de interesse $H_0 : \boldsymbol{\beta}_2 = \mathbf{0}$, e $\mathbf{T}_{11}$ e $\mathbf{T}_{12}$ a correspondente partição de $\mathbf{T}_1$.

Mostre que a distribuição condicional exacta para o teste de H_0 é definida por

$$f(\mathbf{t}_{12}|\mathbf{t}_2, \mathbf{t}_{11}; \boldsymbol{\beta}_2) = \frac{c(\mathbf{t}_{11}, \mathbf{t}_{12})e^{\mathbf{t}_{12}'\boldsymbol{\beta}_2}}{\displaystyle\sum_{\mathbf{u}_{12}} c(\mathbf{t}_{11}, \mathbf{u}_{12})e^{\mathbf{u}_{12}'\boldsymbol{\beta}_2}},$$

onde o somatório no denominador se reporta a todos os valores de $\mathbf{u}_{12}$ tais que $c(\mathbf{t}_{11}, \mathbf{u}_{12}) \geq 1$.

d) Considere as probabilidades $P_k = \sum_{\mathbf{v}\in V_k} f(\mathbf{v}|\mathbf{t}_2, \mathbf{t}_{11}; H_0), k = 1, 2$, onde

$$V_1 = \left\{\mathbf{v} : f(\mathbf{v}|\mathbf{t}_2, \mathbf{t}_{11}; H_0) \leq f(\mathbf{t}_{12}|\mathbf{t}_2, \mathbf{t}_{11}; H_0)\right\}$$

$$V_2 = \left\{\mathbf{v} : (\mathbf{v} - \boldsymbol{\mu}_{12})'\boldsymbol{\Sigma}_{12}^{-1}(\mathbf{v} - \boldsymbol{\mu}_{12}) \geq (\mathbf{t}_{12} - \boldsymbol{\mu}_{12})'\boldsymbol{\Sigma}_{12}^{-1}(\mathbf{t}_{12} - \boldsymbol{\mu}_{12})\right\},$$

com $\boldsymbol{\mu}_{12}$ e $\boldsymbol{\Sigma}_{12}$ denotando o vector média e a matriz de covariâncias da distribuição condicional nula de $\mathbf{T}_{12}$. Que representam as quantidades P_k para efeitos de testar H_0?

e) Especialize c) e d) para o caso em que $p_2 = 1$ e indique como pode obter um intervalo de confiança para o parâmetro escalar β_2.

Parte V

Apêndices

Apêndice A

Conceitos e resultados de Álgebra Linear

A.1 Alguns resultados sobre espaços vectoriais

Seja $\mathcal{V}$ um conjunto não vazio e considere-se nele definidas operações de adição entre os seus elementos $(+)$ e de multiplicação dos seus elementos por escalares reais.

Definição A.1: $\mathcal{V}$ é um **espaço vectorial** (ou **linear**) sobre $\mathbb{R}$ se as operações mencionadas satisfizerem as seguintes propriedades, para todo o $a, b \in \mathbb{R}$ e $\mathbf{x}, \mathbf{y}, \mathbf{z} \in \mathcal{V}$:

i) $\mathbf{x} + \mathbf{y} \in \mathcal{V}$;

ii) $a\mathbf{x} \in \mathcal{V}$;

iii) $\mathbf{x} + \mathbf{y} = \mathbf{y} + \mathbf{x}$;

iv) $\mathbf{x} + (\mathbf{y} + \mathbf{z}) = (\mathbf{x} + \mathbf{y}) + \mathbf{z}$;

v) $\exists\, \mathbf{0} \in \mathcal{V} : \mathbf{x} + \mathbf{0} = \mathbf{x}$;

vi) $\exists (-\mathbf{x}) \in \mathcal{V} : \mathbf{x} + (-\mathbf{x}) = \mathbf{0}$;

vii) $a(\mathbf{x} + \mathbf{y}) = a\mathbf{x} + a\mathbf{y}$;

viii) $(a + b)\mathbf{x} = a\mathbf{x} + b\mathbf{x}$;

ix) $(ab)\mathbf{x} = a(b\mathbf{x})$;

x) $1\mathbf{x} = \mathbf{x}$.

Os elementos de um espaço vectorial são usualmente designados por vectores. O exemplo mais conhecido de um espaço vectorial real (*i.e.*, sobre $\mathbb{R}$) é o espaço euclidiano $\mathbb{R}^c$, $c \in \mathbb{N}$, munido das operações usuais de adição de vectores e de multiplicação de vectores por escalares reais.

Doravante, considerar-se-á $\mathcal{V}$ como um subconjunto de $\mathbb{R}^c$. Neste caso, não é difícil constatar que a Definição A.1 pode ser reduzida às propriedades de fecho i) e ii).

Definição A.2: Sendo $\mathcal{U}$ um subconjunto não vazio do espaço vectorial $\mathcal{V}$, $\mathcal{U}$ diz-se um **subespaço** de $\mathcal{V}$ se $\mathcal{U}$ é um espaço vectorial com as mesmas operações consideradas em $\mathcal{V}$.

Proposição A.1: Sendo $\mathcal{U}$ um subconjunto não vazio do espaço vectorial $\mathcal{V}$, fechado sob as operações de adição e multiplicação escalar, então $\mathcal{U}$ é um subespaço de $\mathcal{V}$.

O menor (respectivamente, maior) subespaço de um espaço vectorial $\mathcal{V}$ é obviamente o conjunto $\{\mathbf{0}\}$ (respectivamente, $\mathcal{V}$).

Sendo $\mathbf{x}_1, \ldots, \mathbf{x}_k$ vectores de $\mathcal{V}$, o conjunto de todas as combinações lineares desses vectores constitui obviamente um subespaço $\mathcal{U}$ de $\mathcal{V}$. Diz-se então que $\mathcal{U}$ é gerado pelo conjunto $\{\mathbf{x}_1, \ldots, \mathbf{x}_k\}$, ou equivalentemente, que este conjunto é um gerador de $\mathcal{U}$.

Definição A.3: Sejam $\mathbf{x}_i$, $i = 1, \ldots, k$ vectores de $\mathcal{V}$. Se existirem escalares a_i, $i = 1, \ldots, k$, não todos nulos, tais que $\sum_{i=1}^{k} a_i \mathbf{x}_i = \mathbf{0}$, então $\mathbf{x}_1, \ldots, \mathbf{x}_k$ dizem-se **linearmente dependentes**. Se, pelo contrário, $\sum_{i=1}^{k} a_i \mathbf{x}_i = \mathbf{0}$ implicar $a_i = 0$, $i = 1, \ldots, k$, então $\mathbf{x}_1, \ldots, \mathbf{x}_k$ dizem-se **linearmente independentes** (abreviadamente, LIN).

Definição A.4: Uma **base** de um subespaço $\mathcal{U}$ é um conjunto gerador de $\mathcal{U}$ formado por vectores linearmente independentes.

Proposição A.2: Se $\{\mathbf{x}_1, \ldots, \mathbf{x}_k\}$ é uma base de $\mathcal{U}$, então para qualquer $\mathbf{x} \in \mathcal{U}$ a representação $\mathbf{x} = \sum_{i=1}^{k} a_i \mathbf{x}_i$ é única.

Prova: Seja $\mathbf{x} = \sum_{i=1}^{k} a_i \mathbf{x}_i = \sum_{i=1}^{k} b_i \mathbf{x}_i$. Então

$$\mathbf{0} = \sum_{i=1} (a_i - b_i) \mathbf{x}_i \Rightarrow a_i = b_i \ , \quad i = 1, \ldots, k$$

pois, por definição, os $\mathbf{x}_i$'s são vectores LIN. ∎

Este resultado ajuda a provar que todas as bases de qualquer subespaço distinto de $\{\mathbf{0}\}$ são formadas pelo mesmo número de vectores (Exercício A.1 c)).

Definição A.5: A **dimensão** de um subespaço $\mathcal{U} \neq \{\mathbf{0}\}$ é o número de vectores de qualquer uma de suas bases. A **dimensão** de $\{\mathbf{0}\}$ diz-se **nula**.

Seja $\mathcal{U}$ um subespaço de $I\!\!R^c$ de dimensão $\dim \mathcal{U} = p \leq c, p > 0$ e seja $\{\mathbf{x}_1, \ldots, \mathbf{x}_p\}$ uma base sua. Então

$$\mathcal{U} = \{\mathbf{y} \in I\!\!R^c : \mathbf{y} = \sum_{i=1}^{p} \beta_i \mathbf{x}_i = \mathbf{X}\boldsymbol{\beta} \quad \text{para algum } \boldsymbol{\beta} = (\beta_1, \ldots, \beta_p)' \in I\!\!R^p\}$$

onde $\mathbf{X}$ é a matriz $c \times p$ de vectores coluna $\mathbf{x}_1, \ldots, \mathbf{x}_p$. O subespaço $\mathcal{U}$ é então gerado pelas colunas da matriz $\mathbf{X}$ definidora de uma transformação linear de $I\!\!R^p$ em $I\!\!R^c$. Esta característica justifica a designação de $\mathcal{U}$ como o **espaço imagem** de $\mathbf{X}$, que se denotará por $\mathcal{M}(\mathbf{X})$. A sua dimensão é dada pelo número de colunas (ou de linhas) LIN de $\mathbf{X}$, *i.e.*, pela característica de $\mathbf{X}$, que se denota por $r(\mathbf{X})$.

Definição A.6: Dois vectores, $\mathbf{x} = (x_1, \ldots, x_c)'$ e $\mathbf{y} = (y_1, \ldots, y_c)'$ de $\mathcal{V}$ dizem-se **ortogonais** se $\mathbf{x}'\mathbf{y} \equiv \sum_{i=1}^{c} x_i y_i = 0$.

A. CONCEITOS E RESULTADOS DE ÁLGEBRA LINEAR

É fácil constatar que se os vectores não nulos $\mathbf{x}_1, \ldots, \mathbf{x}_k$ são mutuamente ortogonais, eles são necessariamente LIN (Exercício A.2 a)). Como consequência, eles definem uma base dita **ortogonal** do subespaço por eles gerado. Se adicionalmente os vectores tiverem norma unitária (*i.e.*, $\|\mathbf{x}_i\| \equiv (\mathbf{x}_i'\mathbf{x}_i)^{1/2} = 1$, $i = 1, \ldots, k$), a base diz-se **ortonormada** (ou **ortonormal**).

É sempre possível construir uma base ortonormada para qualquer subespaço não nulo de dimensão finita, como indica o seguinte resultado (Teorema de Gram-Schmidt) – *vide* Exercício A.2 b):

Proposição A.3: Sendo $\mathcal{U}$ um subespaço com base $\{\mathbf{x}_1, \ldots, \mathbf{x}_p\}$, existe um conjunto $\{\mathbf{y}_1, \ldots, \mathbf{y}_p\}$, onde $\mathbf{y}_k \in \mathcal{M}([\mathbf{x}_1, \ldots, \mathbf{x}_k])$, $k = 1, \ldots, p$, que constitui uma base ortonormada de $\mathcal{U}$.

Seja $\mathcal{U}$ um subespaço de $\mathcal{V}$. Um elemento de $\mathcal{V}$ que é ortogonal a todos os elementos de $\mathcal{U}$ diz-se **ortogonal** a $\mathcal{U}$. O conjunto de todos os elementos de $\mathcal{V}$ ortogonais a $\mathcal{U}$, definido por

$$\mathcal{U}^\perp = \{\mathbf{y} \in \mathcal{V} : \mathbf{y}'\mathbf{x} = 0 \ , \ \forall \mathbf{x} \in \mathcal{U}\}$$

chama-se **complemento ortogonal** de $\mathcal{U}$ (relativamente a $\mathcal{V}$).

Proposição A.4: Seja $\mathcal{V}$ um espaço vectorial de dimensão c e $\mathcal{U}$ um seu subespaço de dimensão $p \leq c$. Então $\mathcal{U}^\perp$ é um subespaço de $\mathcal{V}$, tal que qualquer vector $\mathbf{x}$ de $\mathcal{V}$ pode ser expresso de forma única por $\mathbf{x} = \mathbf{u} + \mathbf{y}$ com $\mathbf{u} \in \mathcal{U}$ e $\mathbf{y} \in \mathcal{U}^\perp$, e a sua dimensão é dada por $\dim(\mathcal{V}) - \dim(\mathcal{U}) = c - p$.

Prova: Sejam $\mathbf{y}_1, \mathbf{y}_2 \in \mathcal{U}^\perp$. Como toda a combinação linear de $\mathbf{y}_1$ e $\mathbf{y}_2$ também é ortogonal a qualquer vector de $\mathcal{U}$, então $\mathcal{U}^\perp$ é um subespaço de $\mathcal{V}$ (Proposição A.1). Seja $\{\mathbf{y}_1, \ldots, \mathbf{y}_p\}$ uma base para $\mathcal{U}$ e complete-se-a com os vectores $\mathbf{w}_1, \ldots, \mathbf{w}_{c-p}$ de modo que o conjunto resultante constitua uma base de $\mathcal{V}$. Aplicando o processo de ortogonalização de Gram-Schmidt, obtém-se a base ortonormada de $\mathcal{V}$, $\{\mathbf{y}_1^*, \ldots, \mathbf{y}_p^*, \mathbf{w}_1^*, \ldots, \mathbf{w}_{c-p}^*\}$ com a particularidade de $\{\mathbf{y}_1^*, \ldots, \mathbf{y}_p^*\}$ formar uma base ortonormada de $\mathcal{U}$. Então,

$$\forall \mathbf{x} \in \mathcal{V} \ , \quad \mathbf{x} = \sum_{i=1}^{p} a_i \mathbf{y}_i^* + \sum_{j=1}^{c-p} b_j \mathbf{w}_j^* \equiv \mathbf{u} + \mathbf{y}$$

onde $\mathbf{u} = \sum_{i=1}^{p} a_i \mathbf{y}_i^* \in \mathcal{U}$ e $\mathbf{y} \in \mathcal{U}^\perp$.

Note-se que, por construção, os $\mathbf{w}_j^*$'s pertencem a $\mathcal{U}^\perp$ e são LIN. A representação acima de $\mathbf{x} \in \mathcal{V}$ também é válida para qualquer vector de $\mathcal{U}^\perp$. Contudo, se $\mathbf{x} \in \mathcal{U}^\perp$, tem-se $\mathbf{x}'\mathbf{y}_i^* = a_i = 0$, $i = 1, \ldots, p$, donde

$$\forall \mathbf{x} \in \mathcal{U}^\perp \ , \quad \mathbf{x} = \sum_{j=1}^{c-p} b_j \mathbf{w}_j^* \ .$$

Este resultado evidencia que $\{\mathbf{w}_1^*, \ldots, \mathbf{w}_{c-p}^*\}$ é um conjunto gerador, e portanto, uma base de $\mathcal{U}^\perp$. Logo, $\dim \mathcal{U}^\perp = c - p = \dim \mathcal{V} - \dim \mathcal{U}$.

554   A.1 ALGUNS RESULTADOS SOBRE ESPAÇOS VECTORIAIS

A unicidade da representação $\mathbf{x} = \mathbf{u} + \mathbf{y}$ com $\mathbf{u} \in \mathcal{U}$ e $\mathbf{y} \in \mathcal{U}^\perp$ segue-se de $\mathcal{U}$ e $\mathcal{U}^\perp$ serem subespaços e de o único vector ortogonal a si próprio ser o vector $\mathbf{0}$.   ■

Esta representação de qualquer vector de $\mathcal{V}$ como uma soma de um vector de $\mathcal{U}$ com um vector de $\mathcal{U}^\perp$ é uma exemplificação de um conceito especial de soma de subespaços. Para o definir, tenha-se em conta que, sendo $\mathcal{V}_1$ e $\mathcal{V}_2$ subespaços de um espaço vectorial de dimensão finita, a **soma**, $\mathcal{V}_1 + \mathcal{V}_2$, desses subespaços é o conjunto de todos os vectores da forma $\mathbf{v}_1 + \mathbf{v}_2$, onde $\mathbf{v}_i \in \mathcal{V}_i$, $i = 1, 2$. Além disso, prova-se [Exercício A.3 b)] que:

Proposição A.5: Sendo $\mathcal{V}_1$ e $\mathcal{V}_2$ subespaços de $\mathcal{V} \subset I\!\!R^c$, então $\mathcal{V}_1 + \mathcal{V}_2$ é também um subespaço de $\mathcal{V}$ com dimensão

$$\dim(\mathcal{V}_1 + \mathcal{V}_2) = \dim(\mathcal{V}_1) + \dim(\mathcal{V}_2) - \dim(\mathcal{V}_1 \cap \mathcal{V}_2)$$

onde $\mathcal{V}_1 \cap \mathcal{V}_2$ denota o subespaço de todos os vectores comuns a $\mathcal{V}_1$ e $\mathcal{V}_2$.

No caso particular em que $\mathcal{V}_1 \cap \mathcal{V}_2 = \{\mathbf{0}\}$ (condição vulgarmente chamada de **disjunção** dos subespaços), a soma $\mathcal{V}_1 + \mathcal{V}_2$ denomina-se soma directa, e será denotada por $\mathcal{V}_1 \oplus \mathcal{V}_2$. Por extensão diz-se que:

Definição A.7: Um espaço vectorial $\mathcal{V}$ é a **soma directa** dos subespaços $\mathcal{V}_i$, $i = 1, \ldots, k$, e escreve-se $\mathcal{V} = \mathcal{V}_1 \oplus \mathcal{V}_2 \oplus \cdots \oplus \mathcal{V}_k$, se todo o vector $\mathbf{v} \in \mathcal{V}$ é expressável por $\mathbf{v} = \sum_{i=1}^{k} \mathbf{v}_i$, com $\mathbf{v}_i \in \mathcal{V}_i$, onde $\mathcal{V}_i \cap \mathcal{V}_j = \{\mathbf{0}\}$, $i \neq j$.

Voltando ao caso $k = 2$, observe-se que se $\mathcal{V}_1 \cap \mathcal{V}_2 = \{\mathbf{0}\}$, a representação $\mathbf{v} = \mathbf{v}_1 + \mathbf{v}_2$ é única. Com efeito, sejam $\mathbf{v}_1 + \mathbf{v}_2$ e $\mathbf{v}_1^* + \mathbf{v}_2^*$, com $\mathbf{v}_i, \mathbf{v}_i^* \in \mathcal{V}_i$, $i = 1, 2$, duas representações de $\mathbf{v} \in \mathcal{V}$. Assim $\mathbf{v}_1 - \mathbf{v}_1^* \in \mathcal{V}_1$ coincide com $\mathbf{v}_2^* - \mathbf{v}_2 \in \mathcal{V}_2$, pelo que o vector comum pertence a $\mathcal{V}_1 \cap \mathcal{V}_2$. A disjunção de $\mathcal{V}_1$ e $\mathcal{V}_2$ implica então que $\mathbf{v}_i = \mathbf{v}_i^*$, $i = 1, 2$. Reciprocamente, se $\mathcal{V}_1 \cap \mathcal{V}_2 \neq \{\mathbf{0}\}$, a escolha de um vector deste subespaço leva a uma representação não única para ele. Assim, por indução tem-se que

Proposição A.6: $\mathcal{V} = \mathcal{V}_1 \oplus \cdots \oplus \mathcal{V}_k$ se e somente se todo o vector $\mathbf{v} \in \mathcal{V}$ é expressável unicamente por $\mathbf{v} = \sum_{i=1}^{k} \mathbf{v}_i$, com $\mathbf{v}_i \in \mathcal{V}_i$, donde

$$\dim \mathcal{V} = \sum_{i=1}^{k} \dim(\mathcal{V}_i) \ .$$

Face ao exposto, o espaço euclidiano $I\!\!R^c$ é decomponível, pela Proposição A.4, na soma directa do subespaço $\mathcal{M}(\mathbf{X})$, onde $\mathbf{X}$ é uma matriz $c \times p$ de característica $p \leq c$, com o seu complemento ortogonal definido por

$$\begin{aligned} \mathcal{M}(\mathbf{X})^\perp &= \{\mathbf{y} \in I\!\!R^c : \mathbf{y}'\mathbf{u} = 0 \ , \ \forall \mathbf{u} = \mathbf{X}\boldsymbol{\beta} \text{ para algum } \boldsymbol{\beta} \in I\!\!R^p\} \\ &= \{\mathbf{y} \in I\!\!R^c : \mathbf{X}'\mathbf{y} = \mathbf{0}\} \end{aligned}$$

Esta última expressão, ao evidenciar que $\mathcal{M}(\mathbf{X})^\perp$ é o conjunto de todos os vectores ortogonais às linhas de $\mathbf{X}'$, é a base da designação usual de **espaço nulo** (ou

A. CONCEITOS E RESULTADOS DE ÁLGEBRA LINEAR

núcleo) de $\mathbf{X}'$, denotado por $\mathcal{N}(\mathbf{X}')$, para o complemento ortogonal de $\mathcal{M}(\mathbf{X})$. A sua dimensão, igual a $c - r(\mathbf{X})$, é então denominada de **nulidade** de $\mathbf{X}'$.

Enquanto que o subespaço gerado por uma matriz $\mathbf{X}$ é definido através de equações lineares, o seu complemento ortogonal (ou seja, o espaço nulo da sua transposta) é traduzido por restrições. É possível, contudo, definir equivalentemente $\mathcal{M}(\mathbf{X})$ [respectivamente, $\mathcal{N}(\mathbf{X}')$] através de restrições (respectivamente, equações lineares), como estabelece o seguinte resultado:

Proposição A.7: Seja $\mathbf{X}$ uma matriz $c \times p$ de característica $r \leq p \leq c$. Então, $\mathcal{M}(\mathbf{X}) = \mathcal{N}(\mathbf{W}')$, onde $\mathbf{W}$ é uma matriz $c \times (c - r)$ base do complemento ortogonal de $\mathcal{M}(\mathbf{X})$, i.e., $\mathbf{X}'\mathbf{W} = \mathbf{0}_{(p,c-r)}$.

Prova: Tomem-se r vectores colunas LIN de $\mathbf{X}$ e e sejam eles denotados por $\mathbf{x}_i$, $i = 1, \ldots, r$. Determinem-se $c - r$ vectores LIN de $I\!\!R^c$, $\{\mathbf{w}_j, j = 1, \ldots, c - r\}$ que sejam ortogonais a cada $\mathbf{x}_i$. Por construcção, o conjunto dos $\mathbf{w}_j$'s é uma base do subespaço $\mathcal{N}(\mathbf{X}')$ e, como tal, tem-se para todo o $\mathbf{v} \in \mathcal{N}(\mathbf{X}')$ que

$$\mathbf{v} = \sum_{j=1}^{c-r} \beta_j \mathbf{w}_j = \mathbf{W}\boldsymbol{\beta} \quad \text{para algum } \boldsymbol{\beta} = (\beta_1, \ldots, \beta_{c-r})' \in I\!\!R^{c-r}$$

onde $\mathbf{W} = (\mathbf{w}_1, \cdots, \mathbf{w}_{c-r})$ é tal que $\mathbf{X}'\mathbf{W} = \mathbf{0}_{(p,c-r)}$. Assim, tem-se $\mathcal{N}(\mathbf{X}') \subset \mathcal{M}(\mathbf{W})$.

Reciprocamente, se $\mathbf{W}$ é tal que as suas colunas são ortogonais às colunas de $\mathbf{X}$,

$$\forall \mathbf{v} = \mathbf{W}\boldsymbol{\beta} \text{ para algum } \boldsymbol{\beta} \in I\!\!R^{c-r} \Rightarrow \mathbf{X}'\mathbf{v} = \mathbf{X}'\mathbf{W}\boldsymbol{\beta} = \mathbf{0} \Leftrightarrow \mathbf{v} \in \mathcal{N}(\mathbf{X}') .$$

Por conseguinte, $\mathcal{N}(\mathbf{X}') = \mathcal{M}(\mathbf{W})$, o que equivale à identidade entre os seus complementos ortogonais, i.e., $\mathcal{M}(\mathbf{X}) = \mathcal{N}(\mathbf{W}')$. ∎

A.2 Algumas breves noções sobre matrizes

Sejam $\mathbf{A}$ e $\mathbf{B}$ matrizes com dimensões $u \times c$ e $c \times p$, respectivamente. O produto $\mathbf{C} = \mathbf{A}\mathbf{B}$ é a matriz $u \times p$ de elementos $c_{ij} = \sum_{k=1}^{c} a_{ik}b_{kj}$, $i = 1, \ldots, u$; $j = 1, \ldots, p$. As linhas (respectivamente, colunas) de $\mathbf{C}$ são assim combinações lineares das linhas de $\mathbf{B}$ (respectivamente, colunas de $\mathbf{A}$). Como consequência, a característica de $\mathbf{C}$ não pode ser superior à de $\mathbf{A}$ nem à de $\mathbf{B}$, i.e.,

Proposição A.8: Nas condições acima, $r(\mathbf{A}\mathbf{B}) \leq \min(r(\mathbf{A}), r(\mathbf{B}))$.

Seja agora $\mathbf{E}$ uma outra matriz $u \times k$ e amplie-se com ela a matriz $\mathbf{A}$ de modo a obter a matriz particionada $[\mathbf{A}\ \mathbf{E}]$ de dimensão $u \times (c + k)$. Como o número de colunas LIN desta nova matriz não pode ser superior à soma do número de colunas LIN de $\mathbf{A}$ e $\mathbf{E}$, tem-se:

Proposição A.9: Nas condições acima, $r([\mathbf{A}\ \mathbf{E}]) \leq r(\mathbf{A}) + r(\mathbf{E})$, verificando-se a igualdade no caso em que as colunas de $\mathbf{E}$ são ortogonais às de $\mathbf{A}$.

Por outro lado, como

$$\mathbf{A} + \mathbf{E} = [\mathbf{A}\ \mathbf{E}] \begin{bmatrix} \mathbf{I}_c \\ \mathbf{I}_k \end{bmatrix}$$

no caso de $k = c$, segue-se pela propriedade anterior que

$$r(\mathbf{A} + \mathbf{E}) \leq r([\mathbf{A}\ \mathbf{E}]) \ .$$

Seja agora $p = c$ de modo que $\mathbf{B}$ é uma matriz quadrada. Se $\mathbf{B}$ é de característica máxima (também dita completa) (*i.e.*, $r(\mathbf{B}) = c$), existe uma e uma só matriz denominada **inversa** de $\mathbf{B}$ e denotada por $\mathbf{B}^{-1}$, tal que

$$\mathbf{B}\mathbf{B}^{-1} = \mathbf{B}^{-1}\mathbf{B} = \mathbf{I}_c \ .$$

Esta propriedade de invertibilidade de $\mathbf{B}$ já não se verifica quando $r(\mathbf{B}) < c$, dizendo-se então que $\mathbf{B}$ é **singular**.

Um caso particular de uma matriz $c \times c$, $\mathbf{B}$, é aquele em que as colunas de $\mathbf{B}$ são vectores ortonormados, *i.e.*, $\mathbf{B}'\mathbf{B} = \mathbf{I}_c$. Neste caso, $r(\mathbf{B}) = c$ o que garante a sua invertibilidade, *i.e.*, a existência de $\mathbf{B}^{-1}$. Multiplicando a relação $\mathbf{B}'\mathbf{B} = \mathbf{I}_c$ à direita por $\mathbf{B}^{-1}$ obtém-se $\mathbf{B}^{-1} = \mathbf{B}'$ da qual se conclui que $\mathbf{B}\mathbf{B}' = \mathbf{I}_c$, ou seja, que as linhas de $\mathbf{B}$ também são vectores ortonormados. Uma matriz nestas condições é chamada de matriz **ortogonal**.

Quando $\mathbf{B}$ é uma matriz invertível (ou não singular), o facto de $\mathbf{A} = (\mathbf{A}\mathbf{B})\mathbf{B}^{-1}$ conduz a que $r(\mathbf{A}) \leq r(\mathbf{A}\mathbf{B})$, pelo que:

Proposição A.10: Sendo $\mathbf{A}$ uma matriz com característica $r(\mathbf{A})$ e $\mathbf{B}$ uma matriz não singular, então

$$r(\mathbf{A}\mathbf{B}) = r(\mathbf{A}).$$

Quando $c \leq p$ pode existir uma matriz $p \times c$ $\mathbf{R}$ tal que $\mathbf{B}\mathbf{R} = \mathbf{I}_c$ e, nesse caso, $\mathbf{R}$ é chamada de **inversa à direita** de $\mathbf{B}$. Se uma matriz destas existe, então $r(\mathbf{I}_c) = c \leq r(\mathbf{B})$. Como, por hipótese, $r(\mathbf{B}) \leq c$, segue-se que a existência de uma inversa à direita para $\mathbf{B}$ implica que $r(\mathbf{B}) = c$, ou seja, que todas as suas linhas são LIN. Neste caso, é fácil ver que a matriz

$$\mathbf{R} = \mathbf{B}'(\mathbf{B}\mathbf{B}')^{-1}$$

é um exemplo de uma inversa à direita. Considerações idênticas podem ser feitas quando $c \geq p$ em relação à existência de **inversas à esquerda** (Exercício A.7).

A característica do produto de uma matriz $\mathbf{A}$ por uma matriz $\mathbf{B}$ cuja característica é igual ao seu número de linhas é igual a característica de $\mathbf{A}$. De facto, como $\mathbf{A} = \mathbf{A}\mathbf{I}_c = \mathbf{A}\mathbf{B}\mathbf{B}'(\mathbf{B}\mathbf{B}')^{-1}$, conclui-se que $r(\mathbf{A}) \leq r(\mathbf{A}\mathbf{B}) \leq r(\mathbf{A})$, como se pretendia mostrar. Em suma:

Proposição A.11: Se a matriz $\mathbf{B}$ de dimensão $c \times p$ é tal que $r(\mathbf{B}) = c$ então $r(\mathbf{A}) = r(\mathbf{A}\mathbf{B})$.

Dentro da classe das matrizes quadradas, existe um outro tipo especial de matrizes, as chamadas matrizes idempotentes, que se passa a definir:

A. CONCEITOS E RESULTADOS DE ÁLGEBRA LINEAR

Definição A.8: Uma matriz quadrada $\mathbf{A}$ diz-se **idempotente** se

$$\mathbf{A}^2 \equiv \mathbf{AA} = \mathbf{A} \ .$$

No caso de $\mathbf{A}$ ser não singular, o facto de $\mathbf{A}^2\mathbf{A}^{-1} = \mathbf{A}$ conduz a que $\mathbf{A} = \mathbf{I}$, donde se pode concluir que toda a matriz idempotente distinta da matriz identidade é singular. Para enunciar uma outra característica das matrizes idempotentes, deve-se previamente referir um outro conceito da Álgebra Matricial:

Definição A.9: Sendo $\mathbf{A} = (a_{ij})$ uma matriz quadrada de ordem $c \times c$, o seu **traço** é a soma dos elementos da diagonal principal, *i.e.*,

$$\text{tr}\,(\mathbf{A}) = \sum_{i=1}^{c} a_{ii} \ .$$

É fácil constatar que sendo $\mathbf{A}$, $\mathbf{B}$ e $\mathbf{C}$ matrizes de ordens $u \times c$, $c \times p$ e $p \times u$, respectivamente, tem-se

$$\text{tr}\,(\mathbf{ABC}) = \text{tr}\,(\mathbf{BCA}) = \text{tr}\,(\mathbf{CAB})$$

traduzindo a invariância do traço face a permutações cíclicas dos elementos do produto matricial. Quando $p = u$, tem-se também que $\text{tr}\,(\mathbf{AB}) = \text{tr}\,(\mathbf{BA})$ e, em particular,

$$\text{tr}\,(\mathbf{AA}') = \text{tr}\,(\mathbf{A}'\mathbf{A}) = \sum_{i=1}^{u}\sum_{j=1}^{c} a_{ij}^2 \ .$$

Voltando às matrizes idempotentes, a característica que se pretendia enunciar é a seguinte:

Proposição A.12: Sendo $\mathbf{A}$ uma matriz idempotente, então $r(\mathbf{A}) = \text{tr}\,(\mathbf{A})$.

Prova: Exercício A.8 a).

Esta propriedade é bastante útil na determinação da característica de matrizes idempotentes (veja-se, *e.g.*, Exercício A.8 b) e c)).

A definição de uma inversa foi até agora restringida a matrizes quadradas de característica máxima e a matrizes rectangulares com característica igual ao número de linhas ou ao número de colunas. A sua extensão a matrizes arbitrárias é definida do seguinte modo:

Definição A.10: Sendo $\mathbf{A}$ uma matriz $u \times c$, diz-se que a matriz $\mathbf{A}^-$ com dimenssão $c \times u$ é uma **inversa generalizada** de $\mathbf{A}$ se satisfaz a relação

$$\mathbf{AA}^-\mathbf{A} = \mathbf{A} \ .$$

É fácil constatar que, nos casos em que existem, as matrizes inversa, inversa à direita e inversa à esquerda, são exemplos de inversas generalizadas. Em geral, há inúmeras inversas generalizadas para cada matriz $\mathbf{A}$. A excepção ocorre quando $\mathbf{A}$ é quadrada e de característica completa, caso onde a inversa ordinária, $\mathbf{A}^{-1}$, é a única matriz que satisfaz a Definição A.10 (Exercício A.9 a)).

Com base na definição e em propriedades da característica de produtos de matrizes, prova-se facilmente (Exercício A.9 b)) que:

Proposição A.13: A matriz $\mathbf{A}^-\mathbf{A}$ é idempotente e a sua característica é igual à de $\mathbf{A}$.

Existem vários métodos de derivação de inversas generalizadas – veja-se, *e.g.*, Searle (1982, Cap. 8). A título de ilustração, descrever-se-á apenas um método bem simples, para o que se necessita de uma certa familiaridade com operações sobre matrizes particionadas, que se esboça em seguida.

Seja $\mathbf{A}$ uma matriz $u \times c$ particionada da seguinte forma

$$\mathbf{A} = \begin{bmatrix} \overset{s}{\mathbf{A}_{11}} & \overset{c-s}{\mathbf{A}_{12}} \\ \mathbf{A}_{21} & \mathbf{A}_{22} \end{bmatrix} \begin{matrix} r \\ u-r \end{matrix}$$

As operações de adição e multiplicação de matrizes na forma particionada processam-se de forma semelhante à usual. Assim, se a matriz $\mathbf{B}$ $u \times c$ estiver particionada como $\mathbf{A}$, tem-se

$$\mathbf{A} + \mathbf{B} = \begin{bmatrix} \mathbf{A}_{11} + \mathbf{B}_{11} & \mathbf{A}_{12} + \mathbf{B}_{12} \\ \mathbf{A}_{21} + \mathbf{B}_{21} & \mathbf{A}_{22} + \mathbf{B}_{22} \end{bmatrix}$$

Se, em contrapartida, a matriz $\mathbf{B}$ $c \times p$ estiver particionada como

$$\mathbf{B} = \begin{bmatrix} \overset{k}{\mathbf{B}_{11}} & \overset{p-k}{\mathbf{B}_{12}} \\ \mathbf{B}_{21} & \mathbf{B}_{22} \end{bmatrix} \begin{matrix} s \\ c-s \end{matrix}$$

ter-se-á

$$\mathbf{AB} = \begin{bmatrix} \overset{k}{\mathbf{A}_{11}\mathbf{B}_{11} + \mathbf{A}_{12}\mathbf{B}_{21}} & \overset{p-k}{\mathbf{A}_{11}\mathbf{B}_{12} + \mathbf{A}_{12}\mathbf{B}_{22}} \\ \mathbf{A}_{21}\mathbf{B}_{11} + \mathbf{A}_{22}\mathbf{B}_{21} & \mathbf{A}_{21}\mathbf{B}_{12} + \mathbf{A}_{22}\mathbf{B}_{22} \end{bmatrix} \begin{matrix} r \\ u-r \end{matrix}$$

Por outro lado, a matriz transposta de $\mathbf{A}$ é obviamente

$$\mathbf{A}' = \begin{bmatrix} \mathbf{A}'_{11} & \mathbf{A}'_{21} \\ \mathbf{A}'_{12} & \mathbf{A}'_{22} \end{bmatrix} .$$

Quando $r(\mathbf{A}) = r$ prova-se que existe pelo menos uma submatriz quadrada de ordem r que é não singular. Para simplificar, suponha-se que as primeiras r linhas são LIN assim como as primeiras r colunas, e seja $\mathbf{A}_{11}$ a submatriz de $\mathbf{A}$ formada pela intersecção dessas r linhas e r colunas. Obtém-se então um particionamento de $\mathbf{A}$ idêntico ao definido acima, com a substituição de s por r e no qual a submatriz de ordem r, $\mathbf{A}_{11}$, é não singular.

A. CONCEITOS E RESULTADOS DE ÁLGEBRA LINEAR

Como as linhas (respectivamente, colunas) LIN são as de $[\mathbf{A}_{11}\ \mathbf{A}_{12}]$ (respectivamente $\begin{bmatrix} \mathbf{A}_{11} \\ \mathbf{A}_{21} \end{bmatrix}$), segue-se que

$$[\mathbf{A}_{21}\ \mathbf{A}_{22}] \;=\; \mathbf{B}[\mathbf{A}_{11}\ \mathbf{A}_{12}] \equiv [\mathbf{BA}_{11}\ \mathbf{BA}_{12}]$$

$$\begin{bmatrix} \mathbf{A}_{12} \\ \mathbf{A}_{22} \end{bmatrix} \;=\; \begin{bmatrix} \mathbf{A}_{11} \\ \mathbf{A}_{21} \end{bmatrix} \mathbf{C} \equiv \begin{bmatrix} \mathbf{A}_{11}\mathbf{C} \\ \mathbf{A}_{21}\mathbf{C} \end{bmatrix}$$

para alguma matriz $\mathbf{B}$ $(u-r) \times r$ e alguma matriz $\mathbf{C}$ $r \times (c-r)$. Como $\mathbf{A}_{11}^{-1}$ existe, tem-se que

$$\begin{aligned} \mathbf{A}_{21} &= \mathbf{BA}_{11} \Leftrightarrow \mathbf{B} = \mathbf{A}_{21}\mathbf{A}_{11}^{-1} \\ \mathbf{A}_{12} &= \mathbf{A}_{11}\mathbf{C} \Leftrightarrow \mathbf{C} = \mathbf{A}_{11}^{-1}\mathbf{A}_{12} \\ \mathbf{A}_{22} &= \mathbf{A}_{21}\mathbf{C} = \mathbf{BA}_{11}\mathbf{C} = \mathbf{A}_{21}\mathbf{A}_{11}^{-1}\mathbf{A}_{12}\ . \end{aligned}$$

Assim, o particionamento de $\mathbf{A}$ pode exprimir-se por

$$\mathbf{A} \equiv \begin{bmatrix} \mathbf{A}_{11} & \mathbf{A}_{11}\mathbf{C} \\ \mathbf{BA}_{11} & \mathbf{BA}_{11}\mathbf{C} \end{bmatrix} = \begin{bmatrix} \mathbf{A}_{11} \\ \mathbf{BA}_{11} \end{bmatrix} [\mathbf{I}_r\ \mathbf{C}] = \begin{bmatrix} \mathbf{I}_r \\ \mathbf{B} \end{bmatrix} [\mathbf{A}_{11}\ \mathbf{A}_{11}\mathbf{C}]\ .$$

Cada um dos produtos indicados está na forma $\mathbf{KM}$ onde $\mathbf{K}$ tem dimensão $u \times r$ e característica r e $\mathbf{M}$ tem dimensão $r \times c$ e característica r. Uma factorização deste tipo é, por vezes, denominada **factorização de característica máxima** (ou de **característica completa**). Quando as linhas (e colunas) LIN não forem as r primeiras, também se pode obter uma factorização deste tipo [*vide* Searle (1982, p. 177)].

Após estas considerações, volte-se ao problema que as motivou. Suponha-se que no particionamento original de $\mathbf{A}$, com $r(\mathbf{A}) = r$, a submatriz $\mathbf{A}_{11}$ é não singular. É fácil constatar então que uma inversa generalizada de $\mathbf{A}$ é

$$\mathbf{A}^- = \begin{bmatrix} \mathbf{A}_{11}^{-1} & \mathbf{0} \\ \mathbf{0} & \mathbf{0} \end{bmatrix}$$

em que as submatrizes nulas têm a ordem compatível com a ordem $c \times u$ de $\mathbf{A}^-$. Por escolha de outras submatrizes não singulares é possível obterem-se novas inversas generalizadas [*vide* Searle (1982, p. 218)].

Oportunamente necessitar-se-á lidar com matrizes do tipo $\mathbf{A}'\mathbf{A}$ pelo que se afigura útil analisar as propriedades das suas inversas generalizadas. Estas estão resumidas na seguinte proposição:

Proposição A.14: Seja $\mathbf{A}$ uma matriz $u \times c$ de característica r, e seja $\mathbf{G}$ uma inversa generalizada de $\mathbf{A}'\mathbf{A}$. Então:

i) $\mathbf{G}'$ e $\mathbf{GA}'\mathbf{AG}'$ são também inversas generalizadas de $\mathbf{A}'\mathbf{A}$;

ii) $\mathbf{GA}'$ é uma inversa generalizada de $\mathbf{A}$;

iii) $\mathbf{AGA}'$ é idempotente e invariante face a $\mathbf{G}$ e é simétrica, independentemente de $\mathbf{G}$ o ser ou não.

Prova: i) Por hipótese, $\mathbf{A'AGA'A} = \mathbf{A'A}$. Por transposição,

$$\mathbf{A'AG'A'A} = \mathbf{A'A}$$

donde $\mathbf{G'}$ é também uma inversa generalizada de $\mathbf{A'A}$. Por outro lado, sendo $\mathbf{G^*} = \mathbf{GA'AG'}$, $\mathbf{G^{*'}} = \mathbf{G^*}$ e $\mathbf{A'AG^*A'A} = \mathbf{A'A}$, pelo que $\mathbf{G^*}$ é uma inversa generalizada simétrica de $\mathbf{A'A}$.

ii) Seja $\mathbf{Q} = \mathbf{AGA'A} - \mathbf{A}$ de colunas $\mathbf{q}_j$, $j = 1, \ldots, c$

$$\mathbf{Q'Q} = (\mathbf{A'AG'A'A} - \mathbf{A'A})(\mathbf{GA'A} - \mathbf{I}_c).$$

Por i), $\mathbf{Q'Q} = \mathbf{0}$, o que implica que os elementos diagonais $\{\mathbf{q}'_j\mathbf{q}_j\}$ são nulos. Logo, $\mathbf{q}_j = \mathbf{0}$, ou seja,

$$\mathbf{Q} = \mathbf{0} \Leftrightarrow \mathbf{AGA'A} = \mathbf{A} \ .$$

iii) Por ii), $\mathbf{AGA'AGA'} = \mathbf{AGA'}$, pelo que $\mathbf{AGA'}$ é idempotente. Seja agora $\mathbf{H} \neq \mathbf{G}$ uma outra inversa generalizada de $\mathbf{A'A}$. Por i) e ii), $\mathbf{AH'A'A} = \mathbf{A}$ e, repetindo o argumento usado em ii), com $\mathbf{Q} = \mathbf{AHA'} - \mathbf{AGA'}$, tem-se

$$\mathbf{Q'Q} \equiv (\mathbf{AH'A'A} - \mathbf{AG'A'A})(\mathbf{HA'} - \mathbf{GA'}) = \mathbf{0}$$

donde $\mathbf{Q} = \mathbf{0}$, *i.e.*, $\mathbf{AHA'} = \mathbf{AGA'}$.

Por fim, seja $\mathbf{H}$ uma inversa generalizada simétrica de $\mathbf{A'A}$ (*e.g.*, $\mathbf{H} = \mathbf{G^*}$). Então, $\mathbf{AHA'}$ é simétrica, o que significa que $\mathbf{AGA'}$ é simétrica, já que $\mathbf{AG'}' = \mathbf{AHA'}$. ∎

Ainda relativamente às operações sobre matrizes particionadas tem interesse exprimir a inversa de uma matriz não singular em termos das suas submatrizes componentes. Para o efeito, é fácil verificar que, para $\mathbf{A}_{11}$ e $\mathbf{A}_{22}$ não singulares, se tem

$$\begin{pmatrix} \mathbf{A}_{11} & \mathbf{0} \\ \mathbf{A}_{21} & \mathbf{A}_{22} \end{pmatrix}^{-1} = \begin{pmatrix} \mathbf{A}_{11}^{-1} & \mathbf{0} \\ -\mathbf{A}_{22}^{-1}\mathbf{A}_{21}\mathbf{A}_{11}^{-1} & \mathbf{A}_{22}^{-1} \end{pmatrix} .$$

Para uma matriz $\mathbf{A}$ não singular $(u = c)$ particionada sem submatrizes nulas com $s = r$, as relações

$$\mathbf{A} \equiv \begin{pmatrix} \mathbf{A}_{11} & \mathbf{A}_{12} \\ \mathbf{A}_{21} & \mathbf{A}_{22} \end{pmatrix} = \begin{pmatrix} \mathbf{A}_{11} & \mathbf{0} \\ \mathbf{A}_{21} & \mathbf{A}_{22} - \mathbf{A}_{21}\mathbf{A}_{11}^{-1}\mathbf{A}_{12} \end{pmatrix}\begin{pmatrix} \mathbf{I} & \mathbf{A}_{11}^{-1}\mathbf{A}_{12} \\ \mathbf{0} & \mathbf{I} \end{pmatrix}$$

$$= \begin{pmatrix} \mathbf{A}_{11} - \mathbf{A}_{12}\mathbf{A}_{22}^{-1}\mathbf{A}_{21} & \mathbf{A}_{12} \\ \mathbf{0} & \mathbf{A}_{22} \end{pmatrix}\begin{pmatrix} \mathbf{I} & \mathbf{0} \\ \mathbf{A}_{22}^{-1}\mathbf{A}_{21} & \mathbf{I} \end{pmatrix}$$

válidas sob a invertibilidade de $\mathbf{A}_{11}$ e $\mathbf{A}_{22}$, respectivamente, permitem definir a inversa de $\mathbf{A}$ em cada um desses casos por

$$\mathbf{A}^{-1} = \begin{pmatrix} \mathbf{A}_{11}^{-1} + \mathbf{A}_{11}^{-1}\mathbf{A}_{12}\mathbf{B}_{22}\mathbf{A}_{21}\mathbf{A}_{11}^{-1} & -\mathbf{A}_{11}^{-1}\mathbf{A}_{12}\mathbf{B}_{22} \\ -\mathbf{B}_{22}\mathbf{A}_{21}\mathbf{A}_{11}^{-1} & \mathbf{B}_{22} \end{pmatrix}$$

$$= \begin{pmatrix} \mathbf{C}_{11} & -\mathbf{C}_{11}\mathbf{A}_{12}\mathbf{A}_{22}^{-1} \\ -\mathbf{A}_{22}^{-1}\mathbf{A}_{21}\mathbf{C}_{11} & \mathbf{A}_{22}^{-1}\mathbf{A}_{21}\mathbf{C}_{11}\mathbf{A}_{12}\mathbf{A}_{22}^{-1} + \mathbf{A}_{22}^{-1} \end{pmatrix}$$

A. CONCEITOS E RESULTADOS DE ÁLGEBRA LINEAR 561

onde

$$\begin{aligned}
\mathbf{B}_{22} &= (\mathbf{A}_{22} - \mathbf{A}_{21}\mathbf{A}_{11}^{-1}\mathbf{A}_{12})^{-1} \\
\mathbf{C}_{11} &= (\mathbf{A}_{11} - \mathbf{A}_{12}\mathbf{A}_{22}^{-1}\mathbf{A}_{21})^{-1} .
\end{aligned}$$

Quando quer $\mathbf{A}_{11}$ quer $\mathbf{A}_{22}$ são não singulares, a comparação das duas expressões permite obter importantes identidades matriciais. Em particular, igualando $\mathbf{C}_{11}$ com a correspondente submatriz da primeira expressão de $\mathbf{A}^{-1}$, obtém-se após uma modificação da notação ($\mathbf{A} = \mathbf{A}_{11}$, $\mathbf{B} = -\mathbf{A}_{12}$, $\mathbf{D} = \mathbf{A}_{22}^{-1}$, $\mathbf{C} = \mathbf{A}_{21}$)

$$(\mathbf{A} + \mathbf{BDC})^{-1} = \mathbf{A}^{-1} - \mathbf{A}^{-1}\mathbf{B}\left(\mathbf{D}^{-1} + \mathbf{CA}^{-1}\mathbf{B}\right)^{-1}\mathbf{CA}^{-1} .$$

Esta identidade revela-se muitas vezes útil para o cálculo da inversa de uma matriz não singular de forma $\mathbf{A} + \mathbf{BDC}$, onde $\mathbf{A}$ e $\mathbf{D}$ são invertíveis. Fazendo sucessivamente $\mathbf{D} = \mathbf{I}$ e $\mathbf{A} = \mathbf{I}$ obtém-se

$$\begin{aligned}
(\mathbf{A} + \mathbf{BC})^{-1} &= \mathbf{A}^{-1} - \mathbf{A}^{-1}\mathbf{B}(\mathbf{I} + \mathbf{CA}^{-1}\mathbf{B})^{-1}\mathbf{CA}^{-1} \\
(\mathbf{I} + \mathbf{BC})^{-1} &= \mathbf{I} - \mathbf{B}(\mathbf{I} + \mathbf{CB})^{-1}\mathbf{C} .
\end{aligned}$$

Termina-se esta subsecção com referência a um produto especial de matrizes, frequentemente usado ao longo do texto.

Definição A.11: Sejam $\mathbf{A} = (a_{ij})$ e $\mathbf{B} = (b_{kl})$ matrizes $a \times c$ e $b \times d$, respectivamente. O **produto de Kronecker** (à direita) de $\mathbf{A}$ por $\mathbf{B}$, denotado por $\mathbf{A} \otimes \mathbf{B}$, é a matriz $ab \times cd$ $(a_{ij}\mathbf{B})$ obtida multiplicando cada a_{ij} por $\mathbf{B}$, sendo pois formada por tantas submatrizes quantos os elementos de $\mathbf{A}$.

Em alguns textos este produto (também chamado de produto directo) é definido por $(\mathbf{A}b_{kl})$, sendo assim encarado como o produto de Kronecker à esquerda. De acordo com a definição anterior, este novo produto corresponde a $\mathbf{B} \otimes \mathbf{A}$, diferindo de $\mathbf{A} \otimes \mathbf{B}$ pela permutação das linhas e colunas. Como consequência da definição, tem-se que:

Proposição A.15: O produto de Kronecker (à direita) goza das seguintes propriedades:

a) $\mathbf{A} \otimes \mathbf{B} \neq \mathbf{B} \otimes \mathbf{A}$, em geral;

b) $(\mathbf{A} \otimes \mathbf{B})' = \mathbf{A}' \otimes \mathbf{B}'$;

c) $[\mathbf{A}_1\ \mathbf{A}_2] \otimes \mathbf{B} = [\mathbf{A}_1 \otimes \mathbf{B}\ \ \mathbf{A}_2 \otimes \mathbf{B}]$, mas $\mathbf{A} \otimes [\mathbf{B}_1\ \mathbf{B}_2] \neq [\mathbf{A} \otimes \mathbf{B}_1\ \ \mathbf{A} \otimes \mathbf{B}_2]$;

d) $r(\mathbf{A} \otimes \mathbf{B}) = r(\mathbf{A})r(\mathbf{B})$ e se $\mathbf{A}$ e $\mathbf{B}$ são quadradas $\operatorname{tr}(\mathbf{A} \otimes \mathbf{B}) = \operatorname{tr}(\mathbf{A})\operatorname{tr}(\mathbf{B})$;

e) $\forall a, b \in \mathbb{R}$, $\qquad \begin{aligned} a \otimes \mathbf{B} &= \mathbf{B} \otimes a = a\mathbf{B} \\ a\mathbf{A} \otimes b\mathbf{B} &= ab\mathbf{A} \otimes \mathbf{B} \ ; \end{aligned}$

f) $(\mathbf{A}_1 + \mathbf{A}_2) \otimes \mathbf{B} = \mathbf{A}_1 \otimes \mathbf{B} + \mathbf{A}_2 \otimes \mathbf{B}$; $\mathbf{A} \otimes (\mathbf{B}_1 + \mathbf{B}_2) = \mathbf{A} \otimes \mathbf{B}_1 + \mathbf{A} \otimes \mathbf{B}_2$;

562 A.3 SISTEMAS DE EQUAÇÕES LINEARES

g) $(\mathbf{A}_1 \otimes \mathbf{B}_1)(\mathbf{A}_2 \otimes \mathbf{B}_2) = \mathbf{A}_1\mathbf{A}_2 \otimes \mathbf{B}_1\mathbf{B}_2$, desde que os produtos matriciais ordinários sejam possíveis;

h) $(\mathbf{A} \otimes \mathbf{B})^- = (\mathbf{A}^- \otimes \mathbf{B}^-)$, para quaisquer inversas generalizadas,

$(\mathbf{A} \otimes \mathbf{B})^{-1} = \mathbf{A}^{-1} \otimes \mathbf{B}^{-1}$, para $\mathbf{A}$ e $\mathbf{B}$ quadradas e não singulares.

A.3   Sistemas de equações lineares

Muitas das noções dadas nas subsecções anteriores vão ser aqui aplicadas para o estudo das soluções de sistemas de equações lineares. Considere-se então o sistema

$$\mathbf{A}\mathbf{x} = \mathbf{y}$$

onde $\mathbf{A}$ e $\mathbf{y}$ são, respectivamente, uma matriz $u \times c$ de característica $r(\mathbf{A}) = r$ e um vector $u \times 1$, ambos conhecidos e $\mathbf{x}$ é um vector $c \times 1$ desconhecido. O sistema diz-se **homogéneo** ou **não homogéneo** consoante $\mathbf{y} = \mathbf{0}_u$ ou $\mathbf{y} \neq \mathbf{0}_u$.

A pesquisa de soluções para o sistema referido exige naturalmente que o sistema possa ser resolvido, *i.e.*, que ele admita alguma solução. Isto acontece sempre se o sistema for homogéneo, já que $\mathbf{x} = \mathbf{0}_c$ é uma solução possível. Contudo, se $\mathbf{y} \neq \mathbf{0}_u$ o sistema pode não ser solúvel. A condição de solubilidade, vulgarmente denominada de consistência, é obviamente expressa no seguinte resultado:

Proposição A.16: O sistema $\mathbf{A}\mathbf{x} = \mathbf{y}$ é consistente se e somente se $\mathbf{y} \in \mathcal{M}(\mathbf{A})$.

Note-se que pelo facto de o complemento ortogonal de $\mathcal{M}(\mathbf{A})$ ser o espaço nulo de $\mathbf{A}'$, o sistema $\mathbf{A}\mathbf{x} = \mathbf{y}$ é consistente se e somente se $\mathbf{y}$ for ortogonal a toda a solução do sistema homogéneo $\mathbf{A}'\mathbf{z} = \mathbf{0}_c$.

Uma maneira prática de verificar a consistência consiste em analisar a característica da matriz ampliada $[\mathbf{A}\ \mathbf{y}]$ no sentido expresso pelo seguinte resultado:

Proposição A.17: O sistema $\mathbf{A}\mathbf{x} = \mathbf{y}$ é consistente se e somente se $r([\mathbf{A}\ \mathbf{y}]) = r(\mathbf{A})$.

Prova: Se o sistema é consistente, então $\mathbf{y} \in \mathcal{M}(\mathbf{A})$, o que implica que $\mathcal{M}([\mathbf{A}\ \mathbf{y}]) = \mathcal{M}(\mathbf{A})$. A identidade das dimensões destes subespaços prova a relação pretendida.

Para a demonstração do recíproco deve-se notar que $\mathcal{M}(\mathbf{A}) \subset \mathcal{M}([\mathbf{A}\ \mathbf{y}])$, o que implica que toda a base de $\mathcal{M}(\mathbf{A})$ possa ser completada para a criação de uma base do espaço imagem de $[\mathbf{A}\ \mathbf{y}]$. Como, por hipótese, estes dois subespaços têm a mesma dimensão, qualquer base de $\mathcal{M}([\mathbf{A}\ \mathbf{y}])$ não pode conter mais elementos do que qualquer base de $\mathcal{M}(\mathbf{A})$. Por outras palavras, qualquer base de $\mathcal{M}(\mathbf{A})$ é base de $\mathcal{M}([\mathbf{A}\ \mathbf{y}])$, isto é, os dois subespaços são idênticos. Consequentemente, $\mathbf{y} \in \mathcal{M}(\mathbf{A})$. ∎

Observe-se que este resultado permite ver imediatamente que, para todo o $\mathbf{y}$, o sistema $\mathbf{A}\mathbf{x} = \mathbf{y}$ com $r = u$ (independentemente de $\mathbf{A}$ ser ou não quadrada) é consistente, já que necessariamente $u \leq c$ e $u \leq r([\mathbf{A}\ \mathbf{y}])$. Quando $r = c$, a consistência já depende do vector $\mathbf{y}$.

A. CONCEITOS E RESULTADOS DE ÁLGEBRA LINEAR

Uma vez averiguada a consistência do sistema, importa derivar as suas soluções. É imediato que a solução é única, e dada por $\mathbf{x} = \mathbf{A}^{-1}\mathbf{y}$, quando $r = u = c$, e que há mais do que uma solução quando $r = u < c$. Quando $r = c < u$, é intuitivo que o sistema, quando consistente, tem apenas uma solução. Esta pode ser obtida de qualquer inversa à esquerda de $\mathbf{A}$.

No caso geral, a derivação das soluções de um sistema consistente faz uso das inversas generalizadas da matriz dos coeficientes. O próximo resultado é um passo nesse sentido.

Proposição A.18: O sistema não homogéneo e consistente $\mathbf{A}\mathbf{x} = \mathbf{y}$ tem uma solução $\mathbf{x} = \mathbf{A}^-\mathbf{y}$ se e somente se $\mathbf{A}^-$ é uma inversa generalizada de $\mathbf{A}$.

Prova: Se $\mathbf{A}^-$ é uma inversa generalizada de $\mathbf{A}$, tem-se $\mathbf{A}\mathbf{A}^-\mathbf{A}\mathbf{x} = \mathbf{A}\mathbf{x}$, o que significa, dado $\mathbf{A}\mathbf{x} = \mathbf{y}$, que $\mathbf{A}(\mathbf{A}^-\mathbf{y}) = \mathbf{y}$, ou seja, $\mathbf{x} = \mathbf{A}^-\mathbf{y}$ é uma solução do sistema.

Reciprocamente, seja $\mathbf{x} = \mathbf{A}^-\mathbf{y}$ uma solução do sistema, para todo o $\mathbf{y} \in \mathcal{M}(\mathbf{A})$, *i.e.*, para todo o $\mathbf{y} = \mathbf{A}\boldsymbol{\omega}$ para algum vector $\boldsymbol{\omega}$. Assim, para todo o $\boldsymbol{\omega}$

$$\mathbf{y} = \mathbf{A}\boldsymbol{\omega} = \mathbf{A}\mathbf{x} = \mathbf{A}\mathbf{A}^-\mathbf{y} = \mathbf{A}\mathbf{A}^-\mathbf{A}\boldsymbol{\omega}$$

o que implica que $\mathbf{A}\mathbf{A}^-\mathbf{A} = \mathbf{A}$. ∎

Uma vez determinada uma inversa generalizada, $\mathbf{A}^-$, de $\mathbf{A}$, este resultado indica que $\mathbf{x} = \mathbf{A}^-\mathbf{y}$ é uma solução particular do sistema não homogéneo e consistente. O facto de qualquer destas soluções particulares adicionada a uma solução $\mathbf{x}_0$ do sistema homogéneo também constituir uma solução do sistema não homogéneo, justifica a procura da solução geral do sistema homogéneo para a caracterização da solução geral do sistema $\mathbf{A}\mathbf{x} = \mathbf{y} \neq \mathbf{0}$.

Como o conjunto das soluções do sistema homogéneo é o espaço nulo de $\mathbf{A}$ cuja nulidade é dada por $c - r$, a forma geral daquelas soluções fica determinada através da construção de uma matriz geradora desse subespaço. Pela Proposição A.7, as colunas dessa matriz são necessariamente ortogonais às linhas de $\mathbf{A}$. Um exemplo dessa matriz é dado no seguinte resultado:

Proposição A.19: $\mathcal{N}(\mathbf{A}) = \mathcal{M}(\mathbf{I}_c - \mathbf{A}^-\mathbf{A})$, pelo que a solução geral do sistema homogéneo é $\mathbf{x}_0 = (\mathbf{I}_c - \mathbf{A}^-\mathbf{A})\mathbf{z}$, para todo o $\mathbf{z} \in I\!\!R^c$.

Prova: A matriz $\mathbf{I}_c - \mathbf{A}^-\mathbf{A}$ é idempotente (recorde-se o Exercício A.8) de característica igual a $c - r$, que é a nulidade de $\mathbf{A}$. Qualquer vector do subespaço $\mathcal{M}(\mathbf{I}_c - \mathbf{A}^-\mathbf{A})$ é ortogonal às linhas de $\mathbf{A}$. Logo, os subespaços $\mathcal{M}(\mathbf{I}_c - \mathbf{A}^-\mathbf{A})$ e $\mathcal{N}(\mathbf{A})$ são idênticos, como se pretendia. ∎

Observe-se que a matriz $\mathbf{I}_c - \mathbf{A}^-\mathbf{A}$, embora gere $\mathcal{N}(\mathbf{A})$ não é uma matriz base. Para a construção desta, basta escolher $c - r$ soluções LIN do sistema homogéneo. A derivação de um conjunto base de $\mathcal{N}(\mathbf{A})$ pode ser feita sequencialmente como se indica em seguida:

i) Tome-se uma solução $\mathbf{x}_1$ do sistema $\mathbf{A}\mathbf{x} = \mathbf{0}$ que, por ser ortogonal às linhas de $\mathbf{A}$, é LIN destas.

A.4 PROJECÇÕES DE SUBESPAÇOS

ii) Forme-se o sistema $(\mathbf{A}'\mathbf{x}_1)'\mathbf{x} = \mathbf{0}$, que tem assim $c - r - 1$ soluções LIN e determine-se uma delas, *e.g.*, $\mathbf{x}_2$. Note-se que $\mathbf{x}_2$ também é solução de $\mathbf{A}\mathbf{x} = \mathbf{0}$ e é ortogonal a $\mathbf{x}_1$.

iii) Se $c - r > 2$, determine-se uma solução de um novo sistema definido por $(\mathbf{A}'\ \mathbf{x}_1\ \mathbf{x}_2)'\mathbf{x} = \mathbf{0}$, que é também solução de $\mathbf{A}\mathbf{x} = \mathbf{0}$ e é ortogonal a $\mathbf{x}_1$ e $\mathbf{x}_2$.

iv) Repete-se o procedimento até à obtenção de $c - r$ soluções. O conjunto formado por estas soluções constitui assim uma base ortogonal de $\mathcal{N}(\mathbf{A})$.

Face aos resultados contidos nas Proposições A.18 e A.19, fica claro que:

Proposição A.20: Qualquer vector da forma

$$\mathbf{x} = \mathbf{A}^{-}\mathbf{y} + (\mathbf{I} - \mathbf{A}^{-}\mathbf{A})\mathbf{z} \ , \quad \forall \mathbf{z} \in I\!\!R^c$$

é solução do sistema não homogéneo e consistente $\mathbf{A}\mathbf{x} = \mathbf{y}$.

Resta saber se qualquer solução do sistema em causa se pode exprimir na forma indicada na Proposição A.20. A resposta afirmativa é dada em seguida.

Proposição A.21: A solução geral do sistema não homogéneo e consistente $\mathbf{A}\mathbf{x} = \mathbf{y}$ é definida através de qualquer inversa generalizada específica, $\mathbf{A}^{-}$, de $\mathbf{A}$, por

$$\mathbf{x} = \mathbf{A}^{-}\mathbf{y} + (\mathbf{I} - \mathbf{A}^{-}\mathbf{A})\mathbf{z}$$

para todos os valores do vector arbitrário $\mathbf{z} \in I\!\!R^c$.

Prova: Seja $\mathbf{x}^*$ uma solução qualquer do sistema. Fazendo $\mathbf{z} = \mathbf{x}^*$ na expressão acima reproduz-se o próprio $\mathbf{x}^*$. Deste modo, por escolha apropriada de $\mathbf{z}$, geram-se todas as soluções possíveis do sistema. ∎

Este resultado permite gerar todas as soluções do sistema por meio de uma inversa generalizada particular de $\mathbf{A}$ através da arbitrariedade de $\mathbf{z}$. Outro meio consiste em usar a arbitrariedade de $\mathbf{A}^{-}$, sendo todas as soluções geradas da expressão $\mathbf{x} = \mathbf{A}^{-}\mathbf{y}$ através de todas as inversas generalizadas de $\mathbf{A}$. O número de soluções LIN é de $c - r + 1$. Vejam-se os Exercícios A.14 e A.15.

Sobre as condições impostas em equações adicionais para tornar o novo sistema determinado, veja-se o Exercício A.16.

A.4 Projecções de subespaços

A noção de soma directa de subespaços indica que qualquer vector do espaço soma tem uma decomposição única em termos de soma de vectores dos subespaços componentes. Para a caracterização destes subespaços como espaços gerados por alguma matriz é importante a noção de projecção. Com base nela é possível, em particular, concretizar

A. CONCEITOS E RESULTADOS DE ÁLGEBRA LINEAR   565

a equivalência entre as formulações de subespaços em termos de equações livres e de restrições, retratada na Proposição A.7.

Definição A.12: Seja $\mathcal{V} = \mathcal{V}_1 \oplus \mathcal{V}_2$ de modo que qualquer vector $\mathbf{v} \in \mathcal{V}$ tem a representação única $\mathbf{v} = \mathbf{v}_1 + \mathbf{v}_2$, com $\mathbf{v}_i \in \mathcal{V}_i$, $i = 1, 2$. A transformação

$$\mathbf{P} : \mathbf{v} \in \mathcal{V} \longrightarrow \mathbf{P}\mathbf{v} = \mathbf{v}_1 \in \mathcal{V}_1$$

é chamada de **projecção de $\mathcal{V}$ sobre $\mathcal{V}_1$** ao longo de $\mathcal{V}_2$ ($\mathbf{P}\mathbf{v}$ é a projecção de $\mathbf{v}$ sobre $\mathcal{V}_1$). O operador $\mathbf{P}$ que define esta transformação é chamado de **projector**.

Nota 1: Esta definição pode ser enunciada do seguinte modo:

$\mathbf{P}$ é projecção de $\mathcal{V} = \mathcal{V}_1 \oplus \mathcal{V}_2$ sobre o subespaço $\mathcal{V}_1$ ao longo do subespaço $\mathcal{V}_2$ se para todo o $\mathbf{v} \in \mathcal{V}$, $\mathbf{P}\mathbf{v} \in \mathcal{V}_1$ e $\mathbf{v} - \mathbf{P}\mathbf{v} \in \mathcal{V}_2$.

Nota 2: Como para $a, b \in \mathbb{R}$, $\mathbf{v} = \mathbf{v}_1 + \mathbf{v}_2 \in \mathcal{V}$, $\mathbf{u} = \mathbf{u}_1 + \mathbf{u}_2 \in \mathcal{V}$

$$\mathbf{P}(a\mathbf{v} + b\mathbf{u}) = a\mathbf{v}_1 + b\mathbf{u}_1 = a\mathbf{P}\mathbf{v} + b\mathbf{P}\mathbf{u}$$

segue-se que $\mathbf{P}$ é uma transformação linear de $\mathcal{V}$ em $\mathcal{V}_1$ e, como tal, é representável por uma matriz, que será denotada pelo mesmo símbolo $\mathbf{P}$. Por outro lado, é evidente da definição que o projector $\mathbf{P}$ é necessariamente único.

Nota 3: Da definição decorre, igualmente, que $\mathcal{M}(\mathbf{P}) \subset \mathcal{V}_1$. Por outro lado, se $\mathbf{v} \in \mathcal{V}_1 \subset \mathcal{V}$, então pelo facto de $\mathbf{v} = \mathbf{v} + \mathbf{0}$, tem-se que $\mathbf{v} = \mathbf{P}\mathbf{v}$. Em síntese, $\mathcal{M}(\mathbf{P}) = \mathcal{V}_1$, traduzindo que o projector sobre $\mathcal{V}_1$ define uma matriz geradora de $\mathcal{V}_1$.

Nota 4: Sendo $\mathbf{P}$ o projector sobre $\mathcal{V}_1$ ao longo de $\mathcal{V}_2$, o facto de $\mathbf{P}\mathbf{v} = \mathbf{P}(\mathbf{v}_1 + \mathbf{v}_2) = \mathbf{v}_1 \in \mathcal{V}_1$ implica que

$$(\mathbf{I} - \mathbf{P})\mathbf{v} = \mathbf{v} - \mathbf{P}\mathbf{v} = \mathbf{v} - \mathbf{v}_1 = \mathbf{v}_2 \in \mathcal{V}_2$$

ou seja, que $\mathbf{I} - \mathbf{P}$ é o projector sobre $\mathcal{V}_2$ ao longo de $\mathcal{V}_1$.

A caracterização dos projectores é estabelecida no seguinte resultado:

Proposição A.22: $\mathbf{P}$ é um projector de $\mathcal{V}$ se e somente se a matriz $\mathbf{P}$ é idempotente.

Prova: Se $\mathbf{P}$ é um projector sobre algum subespaço $\mathcal{V}_1$ de $\mathcal{V}$, então para qualquer $\mathbf{v} \in \mathcal{V}$

$$\mathbf{P}^2\mathbf{v} = \mathbf{P}(\mathbf{P}\mathbf{v}) = \mathbf{P}\mathbf{v}$$

pois $\mathbf{P}\mathbf{v} \in \mathcal{V}_1$ e a projecção sobre $\mathcal{V}_1$ de um vector de $\mathcal{V}_1$ é o próprio vector (Nota 3 acima). Consequentemente, $\mathbf{P}^2 = \mathbf{P}$ pela arbitrariedade de $\mathbf{v} \in \mathcal{V}$.

Reciprocamente, seja $\mathbf{P}$ idempotente e definam-se $\mathcal{V}_1 = \mathcal{M}(\mathbf{P})$ e $\mathcal{V}_2 = \mathcal{M}(\mathbf{I} - \mathbf{P})$. Então

$$\forall \mathbf{v} \in \mathcal{V}, \quad \mathbf{v} = \mathbf{P}\mathbf{v} + (\mathbf{I} - \mathbf{P})\mathbf{v} \equiv \mathbf{v}_1 + \mathbf{v}_2$$

com $\mathbf{v}_i \in \mathcal{V}_i$, $i = 1, 2$. Como $\dim(\mathcal{V}_1) + \dim(\mathcal{V}_2) = \dim(\mathcal{V})$ pela idempotência de $\mathbf{P}$, conclui-se que $\mathcal{V} = \mathcal{V}_1 \oplus \mathcal{V}_2$. Além disso, para todo o $\mathbf{v} \in \mathcal{V}$,

$$\mathbf{P}\mathbf{v} = \mathbf{P}[\mathbf{P}\mathbf{v} + (\mathbf{I} - \mathbf{P})\mathbf{v}] = \mathbf{P}^2\mathbf{v} + (\mathbf{P} - \mathbf{P}^2)\mathbf{v} = \mathbf{P}\mathbf{v} \equiv \mathbf{v}_1 \in \mathcal{V}_1$$

o que prova que $\mathbf{P}$ é um projector de $\mathcal{V}$ (sobre $\mathcal{M}(\mathbf{P})$). ∎

Entre os projectores de $\mathcal{V}$ têm interesse especial aqueles que definem projecções sobre um dado subespaço ao longo do seu complemento ortogonal. Estes projectores são denominados como se indica em seguida.

Definição A.13: Seja $\mathcal{V}$ um espaço vectorial formado por um subespaço $\mathcal{U}$ e pelo seu complemento ortogonal $\mathcal{U}^\perp$. Diz-se que $\mathbf{P}$ é o **projector ortogonal** sobre $\mathcal{U}$ se $\mathbf{P}$ é o projector sobre $\mathcal{U}$ ao longo de $\mathcal{U}^\perp$, *i.e.*, para todo o $\mathbf{v} \in \mathcal{V}$, $\mathbf{Pv} \in \mathcal{U}$ e $\mathbf{v} - \mathbf{Pv} \in \mathcal{U}^\perp$.

Segue-se então que:

Proposição A.23: $\mathbf{P}$ é um projector ortogonal de $\mathcal{V}$ se e somente se $\mathbf{P}$ for simétrica e idempotente.

Prova: Se $\mathbf{P}$ é o projector ortogonal sobre $\mathcal{U} \subset \mathcal{V}$ (e portanto $\mathbf{I} - \mathbf{P}$ é o projector ortogonal sobre $\mathcal{U}^\perp$, pela Nota 4), tem-se para qualquer $\mathbf{v}, \mathbf{u} \in \mathcal{V}$, $\mathbf{Pv} \in \mathcal{U}$ e $(\mathbf{I}-\mathbf{P})\mathbf{u} \in \mathcal{U}^\perp$. Por conseguinte, para todo o $\mathbf{v}, \mathbf{u} \in \mathcal{V}$,

$$\mathbf{v}'\mathbf{P}'(\mathbf{I} - \mathbf{P})\mathbf{u} = \mathbf{v}'(\mathbf{P}' - \mathbf{P}'\mathbf{P})\mathbf{u} = 0$$

o que implica que $\mathbf{P}' = \mathbf{P}'\mathbf{P}$ e $\mathbf{P} = \mathbf{P}'\mathbf{P}$, ou seja, que $\mathbf{P}' = \mathbf{P}$ e $\mathbf{P} = \mathbf{P}^2$.

Reciprocamente, sendo $\mathbf{P}$ simétrica e idempotente, $\mathbf{P}'(\mathbf{I} - \mathbf{P}) = \mathbf{0}$, donde para todo o $\mathbf{v}, \mathbf{u} \in \mathcal{V}$,

$$\mathbf{v}'\mathbf{P}'(\mathbf{I} - \mathbf{P})\mathbf{u} = 0$$

o que significa que qualquer vector $\mathbf{Pv}$ de $\mathcal{M}(\mathbf{P})$ é ortogonal a qualquer vector $(\mathbf{I}-\mathbf{P})\mathbf{u}$ de $\mathcal{M}(\mathbf{I} - \mathbf{P})$, *i.e.*, $\mathcal{M}(\mathbf{I} - \mathbf{P})$ é o complemento ortogonal de $\mathcal{M}(\mathbf{P})$. Como $\mathbf{P}$ é um projector sobre $\mathcal{M}(\mathbf{P})$, o resultado pretendido fica provado. ∎

Os projectores ortogonais sobre subespaços gerados por uma matriz têm expressões explícitas, conforme se indica na proposição seguinte, cuja demonstração se apoia fortemente na Proposição A.14.

Proposição A.24: Os projectores ortogonais sobre os subespaços $\mathcal{M}(\mathbf{X})$ e $\mathcal{N}(\mathbf{X}')$ são definidos unicamente por $\mathbf{P} = \mathbf{X}(\mathbf{X}'\mathbf{X})^-\mathbf{X}'$ e $\mathbf{I} - \mathbf{P}$, respectivamente, onde $(\mathbf{X}'\mathbf{X})^-$ é qualquer inversa generalizada de $\mathbf{X}'\mathbf{X}$.

Prova: Pela expressão de $\mathbf{P}$ segue-se que todo o vector de $\mathcal{M}(\mathbf{P})$ se pode exprimir por $\mathbf{X}\boldsymbol{\beta}$ para algum $\boldsymbol{\beta}$, ou seja, $\mathcal{M}(\mathbf{P}) \subset \mathcal{M}(\mathbf{X})$. Pela Proposição A.14, $\mathbf{P}$ é simétrica, idempotente e invariante face a $(\mathbf{X}'\mathbf{X})^-$. Além disso, $\mathbf{PX} = \mathbf{X}$, o que evidencia que todo o vector de $\mathcal{M}(\mathbf{X})$ é vector de $\mathcal{M}(\mathbf{P})$. Conclui-se então pela Proposição A.23 que $\mathbf{P}$ é o projector ortogonal sobre $\mathcal{M}(\mathbf{X})$, dado que $\mathcal{M}(\mathbf{X}) = \mathcal{M}(\mathbf{P})$. Consequentemente, $\mathbf{I} - \mathbf{P}$ é o projector ortogonal sobre $\mathcal{N}(\mathbf{X}') = \mathcal{M}(\mathbf{X})^\perp$. ∎

Sendo $\mathbf{X}$ uma matriz $c \times p$ de característica r, este resultado indica que o traço do projector ortogonal sobre $\mathcal{M}(\mathbf{X})$ é igual a r.

Por outro lado, a matriz geradora de $\mathcal{N}(\mathbf{X}')$ definida pelo projector ortogonal $\mathbf{Q} = \mathbf{I}_c - \mathbf{X}(\mathbf{X}'\mathbf{X})^-\mathbf{X}'$, tem característica $c - r$ (veja também o Exercício A.9).

A. CONCEITOS E RESULTADOS DE ÁLGEBRA LINEAR 567

Escolhendo $c - r$ colunas LIN de $\mathbf{Q}$ e organizando-as numa matriz $\mathbf{W}$, cria-se uma matriz base de $\mathcal{N}(\mathbf{X}')$. Deste modo, fica definida a formulação em termos de restrições, $\mathcal{N}(\mathbf{W}')$, de $\mathcal{M}(\mathbf{X})$ – recorde a Proposição A.7.

No caso particular em que $r = p$, $\mathbf{X}'\mathbf{X}$ é não singular, pelo que o projector ortogonal sobre $\mathcal{M}(\mathbf{X})$ é definido por $\mathbf{X}(\mathbf{X}'\mathbf{X})^{-1}\mathbf{X}'$.

A.5 Formas quadráticas

As funções reais de c variáveis reais, $f(x_1, \ldots, x_c)$, serão doravante denotadas por $f(\mathbf{x})$, onde $\mathbf{x}$ é o vector de $I\!\!R^c$ cujas componentes são $x_1, \ldots, x_c$. Entre elas destacam-se as funções quadráticas

$$Q(\mathbf{x}) = \sum_{i=1}^{c} \sum_{j=1}^{c} a_{ij} x_i x_j \equiv \mathbf{x}'\mathbf{A}\mathbf{x}$$

onde $\mathbf{A}$ é a matriz quadrada cujos elementos são os coeficientes reais a_{ij} dos termos $x_i x_j$, $i, j = 1, \ldots, c$. A função real $Q(\mathbf{x})$ é chamada **forma quadrática** associada a $\mathbf{A}$.

Como $Q(\mathbf{x})$ se pode pôr na forma

$$Q(\mathbf{x}) = \sum_{i=1}^{c} a_{ii} x_i^2 + \sum_{i<j} (a_{ij} + a_{ji}) x_i x_j,$$

fica claro que uma mesma forma quadrática pode ser associada a várias matrizes quadradas com os mesmos elementos da diagonal principal e o mesmo valor para a soma de qualquer par de elementos simétricos. Entre estas existe uma e uma só matriz simétrica $\mathbf{B}$, de elementos $b_{ij} = (a_{ij} + a_{ji})/2$, chamada **parte simétrica** de $\mathbf{A}$, *i.e.*, tal que $\mathbf{B} = (\mathbf{A} + \mathbf{A}')/2$. Note-se, com efeito, que $Q(\mathbf{x}) \equiv \mathbf{x}'\mathbf{B}\mathbf{x}$. Deste modo, toda a forma quadrática pode ser expressa em termos de uma matriz simétrica. Por isso, sempre que doravante se referir a formas quadráticas, supor-se-á a matriz associada simétrica a menos que haja uma explicitação em contrário.

Na parte III deste livro há diversas variáveis aleatórias definidas em termos de um vector aleatório (em $I\!\!R^c$, por exemplo) por formas quadráticas. Por vezes depara-se com expressões alternativas para essas formas quadráticas, definidas por matrizes simétricas aparentemente diferentes mas que na realidade são idênticas. Cada uma dessas expressões pode ser mais ou menos conveniente do que as outras consoante os propósitos teóricos ou computacionais. Como em muitos casos não é fácil constatar directamente a identidade dessas matrizes, afigura-se de extrema utilidade recorrer a um lema devido a Koch (1969) – cuja demonstração pode ser aí encontrada – que estabelece condições suficientes para a igualdade de duas matrizes. Este lema de identidade matricial é enunciado na seguinte proposição:

Proposição A.25: Sendo $\mathbf{A}_1$ e $\mathbf{A}_2$ duas matrizes $u \times c$, tem-se $\mathbf{A}_1 = \mathbf{A}_2$ se se verificarem as seguintes condições:

i) $r(\mathbf{A}_1) = r(\mathbf{A}_2) = r \leq c \leq u;$

568   A.5 FORMAS QUADRÁTICAS

ii) Existem duas matrizes de característica completa, $\mathbf{R}$ e $\mathbf{L}$, de dimensões $c \times (c-r)$ e $(u-r) \times u$, respectivamente, tal que $\mathbf{A}_1\mathbf{R} = \mathbf{A}_2\mathbf{R} = \mathbf{0}$ e $\mathbf{L}\mathbf{A}_1 = \mathbf{L}\mathbf{A}_2 = \mathbf{0}$;

iii) Existe uma matriz $\mathbf{M}$ $c \times u$ tal que $\mathbf{A}_1\mathbf{M}\mathbf{A}_1 = \mathbf{A}_1$ e $\mathbf{A}_2\mathbf{M}\mathbf{A}_2 = \mathbf{A}_2$.

Como ilustração da aplicação deste lema, considere-se um problema bem conhecido da Inferência Estatística, onde se pretende testar a hipótese $\sigma^2 = \sigma_0^2$ com base numa amostra aleatória $\mathbf{x} = (x_1, \ldots, x_n)'$ de uma distribuição normal, $N(\mu, \sigma^2)$, onde μ é também desconhecido. A estatística de teste usual é

$$Q(\mathbf{x}) = \sum_{i=1}^{n} (x_i - \overline{x})^2 / \sigma_0^2 = \left[n \sum_{i=1}^{n} x_i^2 - \left(\sum_{i=1}^{n} x_i \right)^2 \right] / (n\sigma_0^2)$$

que, em termos matriciais, se pode exprimir pela forma quadrática $Q(\mathbf{x}) = \mathbf{x}'\mathbf{A}_1\mathbf{x}/\sigma_0^2$, onde $\mathbf{A}_1 = \mathbf{I}_n - n^{-1}\mathbf{1}_n\mathbf{1}_n'$. Observe-se que $\mathbf{A}_1$ é uma matriz $n \times n$ de característica $n-1$ ($\mathbf{A}_1$ é idempotente).

Considere-se a forma quadrática $\mathbf{x}'\mathbf{A}_2\mathbf{x}/\sigma_0^2$ com $\mathbf{A}_2 = \mathbf{C}'(\mathbf{C}\mathbf{C}')^{-1}\mathbf{C}$, onde $\mathbf{C} = (\mathbf{I}_{n-1}, -\mathbf{1}_{n-1})$. Note-se que $\mathbf{A}_2$ também é uma matriz $n \times n$ com característica $n-1$, pois $r(\mathbf{C}) = n - 1$.

Tomando $\mathbf{R} = \mathbf{L}' = \mathbf{1}_n$, a condição ii) do lema é satisfeita. Como $\mathbf{A}_1$ e $\mathbf{A}_2$ são idempotentes, a condição iii) também é verificada ($\mathbf{M} = \mathbf{I}_n$), pelo que a forma quadrática associada a $\mathbf{A}_2$ é uma expressão alternativa para a estatística de teste $Q(\mathbf{x})$. Neste caso, a demonstração da igualdade entre $\mathbf{A}_1$ e $\mathbf{A}_2$ poderia claramente dispensar o uso do referido lema, mas em muitos outros casos, a utilidade deste é inquestionável (Exercício A.19).

Observe-se que toda a forma quadrática $Q(\mathbf{x})$ satisfaz $Q(\mathbf{0}) = \mathbf{0}$, mas o seu sinal para $\mathbf{x} \neq \mathbf{0}$ já depende da matriz que lhe está associada.

Definição A.14: Diz-se que uma forma quadrática $Q(\mathbf{x})$ (ou a matriz simétrica que lhe está associada) é:

i) **Definida positiva** se $Q(\mathbf{x}) > 0$ para $\mathbf{x} \neq \mathbf{0}$;

ii) **Semidefinida positiva** se $Q(\mathbf{x}) \geq 0$ para $\mathbf{x} \neq \mathbf{0}$;

iii) **Definida negativa** se $Q(\mathbf{x}) < 0$ para $\mathbf{x} \neq \mathbf{0}$;

iv) **Semidefinida negativa** se $Q(\mathbf{x}) \leq 0$ para $\mathbf{x} \neq \mathbf{0}$;

v) **Indefinida** se $Q(\mathbf{x}) > 0$ em alguns pontos e $Q(\mathbf{x}) < 0$ noutros.

Naturalmente, $Q(\mathbf{x})$ (ou $\mathbf{A}$) é (semi)definida negativa se $-Q(\mathbf{x})$ (ou $-A$) é (semi)definida positiva. Por vezes, utiliza-se a expressão **Definida não negativa** (respectivamente, **Definida não positiva**) para designar uma forma definida ou semidefinida positiva (negativa).

A. CONCEITOS E RESULTADOS DE ÁLGEBRA LINEAR

Um exemplo de uma matriz definida não negativa é a matriz de covariâncias de um vector aleatório. Com efeito, se $\mathbf{x}$ é um vector aleatório em $\mathbb{R}^c$ com matriz de covariâncias $\mathbf{\Sigma} = (\sigma_{ij})$, a variância de qualquer combinação linear das componentes de $\mathbf{x}$, $\mathbf{b'x} = \sum_{i=1}^{c} b_i x_i$, que é sempre não negativa, é

$$\text{Var}(b'\mathbf{x}) = \sum_{i=1}^{c} b_i^2 \sigma_{ii} + \sum_{i \neq j} b_i b_j \sigma_{ij} = \mathbf{b'\Sigma b} \ .$$

Consequentemente, $\mathbf{\Sigma}$ é sempre definida ou semidefinida positiva. Como para todo o $\mathbf{b} \in \mathbb{R}^c$, $\text{Var}(\mathbf{b'x}) = 0$ se e só se $P(\mathbf{b'x} = c) = 1$ para algum $c \in \mathbb{R}$, segue-se que $\mathbf{\Sigma}$ será definida positiva se $\mathbf{x}$ for um vector aleatório contínuo não degenerado, pois neste caso $P(\mathbf{b'x} = \mathbf{c}) = 0$ para todo o $\mathbf{b} \neq \mathbf{0}$ e $c \in \mathbb{R}$.

As formas quadráticas sem os termos cruzados nas componentes de $\mathbf{x}$, $Q(\mathbf{x}) = \sum_{i=1}^{c} a_i x_i^2$, dizem-se **diagonais**. Toda a forma quadrática pode ser diagonalizada como resultado da chamada **decomposição espectral** de uma matriz simétrica, que se apoia na definição dos seus **valores próprios** e **vectores próprios**.

Definição A.15: Dada uma matriz $c \times c$, $\mathbf{A}$, os seus valores próprios são os escalares λ que tornam a matriz $\mathbf{A} - \lambda \mathbf{I}_c$ singular, *i.e.*, são as c raízes do polinómio em λ de grau c definido pelo determinante de $\mathbf{A} - \lambda \mathbf{I}_c$, denotado por $|\mathbf{A} - \lambda \mathbf{I}_c|$. Todo o vector $\mathbf{v} \neq \mathbf{0}$ do espaço nulo de $\mathbf{A} - \lambda \mathbf{I}_c$ é chamado vector próprio de $\mathbf{A}$ associado ao valor próprio λ.

Os valores próprios de $\mathbf{A}$ são sempre unicamente definidos (podendo não ser todos distintos) e são reais quando $\mathbf{A}$ é simétrica. Contudo, os elementos de cada vector próprio são definidos a menos de factores de escala. Daí que seja possível escolher estes factores de modo a obter vectores próprios normalizados e mutuamente ortogonais. A aludida decomposição espectral de uma matriz é definida como se segue:

Proposição A.26: Sendo $\mathbf{A}$ uma matriz real simétrica de ordem c, existe uma matriz ortogonal $\mathbf{V}$ tal que

$$\mathbf{A} = \mathbf{V\Lambda V'} \equiv \sum_{i=1}^{c} \lambda_i \mathbf{v}_i \mathbf{v}_i'$$

onde $\mathbf{\Lambda}$ é a matriz diagonal dos valores próprios de $\mathbf{A}$, $\lambda_1, \lambda_2, \ldots, \lambda_c$, ordenados de forma decrescente, e $\mathbf{V}$ é a matriz cujas colunas são os vectores próprios ortonormados, $\mathbf{v}_1, \mathbf{v}_2, \ldots, \mathbf{v}_c$, associados, respectivamente, com os valores próprios $\lambda_1, \lambda_2, \ldots, \lambda_c$.

Esta proposição, que se demonstra ao longo do Exercício A.25 através da aplicação de um método de maximização referido adiante, justifica uma série de resultados (*vide* Exercício A.23).

Usando a decomposição espectral de $\mathbf{A}$ facilmente se obtém a diagonalização da forma quadrática associada,

$$Q(\mathbf{x}) \equiv \mathbf{x'Ax} = \sum_{i=1}^{c} \lambda_i y_i^2$$

onde $\mathbf{y} = (y_1, \ldots, y_c)' = \mathbf{V}'\mathbf{x}$ e $\lambda_1, \ldots, \lambda_c$ são os valores próprios de $\mathbf{A}$ repetidos de acordo com a sua multiplicidade algébrica.

A diagonalização das formas quadráticas permite estabelecer uma caracterização das formas descritas na Definição A.14:

Proposição A.27: A matriz $c \times c$ real simétrica $\mathbf{A}$ é:

i) definida positiva (negativa) se e só se todos os seus valores próprios são positivos (negativos);

ii) semidefinida positiva (negativa) se e só se os seus valores próprios são não negativos (não positivos), com pelo menos um deles nulo.

Prova: Exercício A.23.

A Definição A.14 tem a particularidade de mostrar directamente que uma forma quadrática em $I\!R^c$ definida positiva (negativa) apresenta um ponto de mínimo (máximo) global – que também é local – em $\mathbf{x} = \mathbf{0}$. A utilidade dos conceitos dessa definição na identificação de extremos de funções quadráticas é extensiva a qualquer função real bem comportada em $I\!R^c$, como se descreverá na próxima subsecção.

A.6 Alguns resultados envolvendo diferenciação matricial

Na obtenção de aproximações (lineares, quadráticas, etc.) por fórmula de Taylor de funções reais definidas em $I\!R^c$ bem comportadas ou na determinação dos seus extremos locais, restringidos ou não a um subconjunto de $I\!R^c$, é conveniente trabalhar com a representação matricial das derivadas parciais. Para a descrição desta representação, admitir-se-á que as funções em causa possuem derivadas parciais de primeira ordem contínuas numa dada região aberta D de $I\!R^c$.

Sendo $f = f(\mathbf{x}) : I\!R^c \to I\!R$ uma função nessas condições, as suas derivadas parciais $\partial f / \partial x_i$, $i = 1, \ldots, c$, em D costumam representar-se num vector coluna denominado **gradiente** de f e denotado por $\partial f / \partial \mathbf{x}$. O símbolo $\partial f / \partial \mathbf{x}'$ representará o vector gradiente depois de transposto.

Para exemplificação, seja $f(\mathbf{x}) = \mathbf{x}'\mathbf{A}\mathbf{x}$, onde $\mathbf{A} = (a_{ij})$ é uma matriz real $c \times c$ arbitrária e determine-se a expressão do seu gradiente. Como

$$f(\mathbf{x}) = \sum_i^c \left(a_{ii}x_i^2 + \sum_{j \neq i} a_{ij}x_i x_j \right)$$

tem-se

$$\frac{\partial f}{\partial x_i} = 2a_{ii}x_i + \sum_{j \neq i}(a_{ij} + a_{ji})x_j$$

$$= \sum_{j=1}^c a_{ij}x_j + \sum_{j=1}^c a_{ji}x_j \equiv \mathbf{r}_i'\mathbf{x} + \mathbf{c}_i'\mathbf{x}$$

A. CONCEITOS E RESULTADOS DE ÁLGEBRA LINEAR

onde $\mathbf{r}_i$ (respectivamente $\mathbf{c}_i$) é o vector $c \times 1$ que representa a i-ésima linha (coluna) de $\mathbf{A}$. Consequentemente,

$$\frac{\partial f}{\partial \mathbf{x}} \equiv \left(\frac{\partial f}{\partial x_i}, i = 1, \ldots, c \right)' = \mathbf{A}\mathbf{x} + \mathbf{A}'\mathbf{x} = (\mathbf{A} + \mathbf{A}')\mathbf{x}$$

pelo que, quando $\mathbf{A}$ é simétrica

$$\frac{\partial f}{\partial \mathbf{x}} = 2\mathbf{A}\mathbf{x}$$

Seja agora $\mathbf{g} = \mathbf{g}(\mathbf{x}) : \mathbb{R}^c \to \mathbb{R}^u$ um vector $u \times 1$ de funções reais $g_i(\mathbf{x})$ satisfazendo as condições mencionadas. As derivadas parciais de primeira ordem em D de todas as u componentes de $\mathbf{g}$ em relação a todas as c variáveis podem representar-se numa matriz $u \times c$, denominada **matriz jacobiana** e denotada por $\partial \mathbf{g}/\partial \mathbf{x}'$, cuja linha i é o vector $\partial g_i/\partial \mathbf{x}'$ (o transposto do gradiente de g_i), $i = 1, \ldots, c$. A transposta da matriz jacobiana, que está particionada nos vectores coluna $\partial g_i/\partial \mathbf{x}$, $i = 1, \ldots, c$, será usualmente denotada por $\partial \mathbf{g}'/\partial \mathbf{x}$.

No caso particular em que $\mathbf{g}$ é o vector gradiente de uma função $f : \mathbb{R}^c \to \mathbb{R}$ nas condições referidas, para cada $i = 1, \ldots, c$ o vector linha $\partial g_i/\partial \mathbf{x}'$ é o vector das derivadas parciais de segunda ordem $\partial^2 f/\partial x_i \partial x_j$, $j = 1, \ldots, c$. A matriz $\partial \mathbf{g}/\partial \mathbf{x}'$ em qualquer ponto de D, passa a ser denominada **matriz hessiana** de f e denotada por $\partial^2 f/\partial \mathbf{x}\partial \mathbf{x}' \equiv \mathbf{H}(\mathbf{x})$. Se as derivadas parciais mistas $\partial^2 f/\partial x_i \partial x_j$, $i \neq j$, são contínuas em $\mathbf{x} \in D$, ficam garantidas as igualdades $\partial^2 f/\partial x_i \partial x_j = \partial^2 f/\partial x_j \partial x_i$, $i \neq j$, e portanto a simetria de $\mathbf{H}(\mathbf{x})$.

Voltando para fins ilustrativos à função $f(\mathbf{x}) = \mathbf{x}'\mathbf{A}\mathbf{x}$, tem-se

$$\frac{\partial^2 f}{\partial x_i^2} = 2a_{ii}, \quad i = 1, \ldots, c,$$

$$\frac{\partial^2 f}{\partial x_i \partial x_j} = a_{ij} + a_{ji}, \quad i \neq j$$

implicando que $\mathbf{H}(\mathbf{x})$ seja constante e igual a $\mathbf{A} + \mathbf{A}'$ ($2\mathbf{A}$, em caso de simetria de $\mathbf{A}$). Deste modo, pode concluir-se que

$$\frac{\partial(\mathbf{A}\mathbf{x})}{\partial \mathbf{x}'} = \mathbf{A}$$

Muitas vezes depara-se com funções escalares ou vectoriais de um vector $\mathbf{x}$ que, por sua vez, é função de outro vector, *e.g.*, $\mathbf{y}$. Nestes casos, as derivadas da função composta podem ser calculadas através das correspondentes derivadas das duas funções componentes pela chamada **regra em cadeia** que se enuncia em seguida:

Proposição A.28: Sejam $\mathbf{h} : \mathbb{R}^p \to \mathbb{R}^c$ e $\mathbf{f} : \mathbb{R}^c \to \mathbb{R}^u$ duas funções cujas matrizes jacobianas satisfazem a condição referida de continuidade nos pontos $\mathbf{y} \in \mathbb{R}^p$ e $\mathbf{x} = \mathbf{h}(\mathbf{y}) \in \mathbb{R}^c$, respectivamente. A função composta $\mathbf{g} = \mathbf{f} \circ \mathbf{h} : \mathbb{R}^p \to \mathbb{R}^u$ tem uma matriz jacobiana que também satisfaz essa condição em $\mathbf{y}$ e que é calculável das matrizes jacobianas de $\mathbf{h}$ e $\mathbf{f}$ por

$$\frac{\partial \mathbf{g}}{\partial \mathbf{y}'} = \frac{\partial \mathbf{f}}{\partial \mathbf{x}'} \cdot \frac{\partial \mathbf{h}}{\partial \mathbf{y}'}, \quad \text{onde } \mathbf{x} = \mathbf{h}(\mathbf{y}).$$

Observe-se que esta expressão matricial da regra em cadeia desdobra-se em pu equações

$$\frac{\partial \mathbf{g}_i}{\partial \mathbf{y}_j} = \sum_{k=1}^{c} \frac{\partial \mathbf{f}_i}{\partial \mathbf{x}_k} \cdot \frac{\partial \mathbf{x}_k}{\partial \mathbf{y}_j},$$

para $i = 1, \ldots, u$ e $j = 1, \ldots, p$, onde $x_k = h_k(\mathbf{y})$. A forma matricial da regra em cadeia é alternativamente expressa em termos das matrizes jacobianas transpostas por

$$\frac{\partial \mathbf{g}'}{\partial \mathbf{y}} = \frac{\partial \mathbf{h}'}{\partial \mathbf{y}} \cdot \frac{\partial \mathbf{f}'}{\partial \mathbf{x}}, \quad \text{onde } \mathbf{h}'(\mathbf{y}) = \mathbf{x}'.$$

Quando $u = 1$, esta expressão mostra que o gradiente de g é o produto da transposta da matriz jacobiana de $\mathbf{h}$ pelo gradiente de f.

Volte-se a considerar uma função real f definida numa região $D \subset \mathbb{R}^c$ com derivadas parciais de primeira ordem contínuas. Sendo $\mathbf{a}$ um ponto interior de D e $B_r(\mathbf{a}) = \{\mathbf{x} \in \mathbb{R}^c : \|\mathbf{x} - \mathbf{a}\| < r\}$ a vizinhança de centro $\mathbf{a}$ e raio r, contida em D, a função $f(\mathbf{x})$ para $\mathbf{x} \in B_r(\mathbf{a})$ pode ser descrita por

$$f(\mathbf{x}) = f(\mathbf{a}) + (\mathbf{x} - \mathbf{a})'\mathbf{h}(\mathbf{a}) + o(\|\mathbf{x} - \mathbf{a}\|)$$

onde $\mathbf{h}(\mathbf{a})$ denota o gradiente de f avaliado em $\mathbf{a}$ e o símbolo $o(\|\mathbf{x} - \mathbf{a}\|)$ denota um termo de ordem inferior a $\|x - a\|$ (*i.e.*, um termo que dividido por $\|\mathbf{x} - \mathbf{a}\|$ tende para 0 quando $\|\mathbf{x} - \mathbf{a}\| \to 0$). O segundo membro sem o terceiro termo define a chamada **aproximação em fórmula de Taylor de primeira ordem** de $f(\mathbf{x})$ para $\mathbf{x}$ pertencente a uma vizinhança de $\mathbf{a}$. O erro cometido será tanto menor quanto menor for o raio da vizinhança tomada.

Se adicionalmente a função f admite derivadas parciais de segunda ordem contínuas em $\mathbf{a}$, a aproximação anterior pode ser melhorada, através de uma expansão do terceiro termo, para

$$f(\mathbf{x}) = f(\mathbf{a}) + (\mathbf{x} - \mathbf{a})'\mathbf{h}(\mathbf{a}) + (1/2)(\mathbf{x} - \mathbf{a})'\mathbf{H}(\mathbf{a})(\mathbf{x} - \mathbf{a}) + o(\|\mathbf{x} - \mathbf{a}\|^2)$$

onde $o(\|\mathbf{x} - \mathbf{a}\|^2)/\|\mathbf{x} - \mathbf{a}\|^2 \to 0$ à medida que $\|\mathbf{x} - \mathbf{a}\| \to 0$.

Omitindo o novo termo de erro o, o segundo membro resultante define a **aproximação em fórmula de Taylor de segunda ordem** de $f(\mathbf{x})$ para $\mathbf{x}$ numa vizinhança de $\mathbf{a}$. Escolhendo o raio desta vizinhança suficientemente pequeno, o sinal algébrico de $f(\mathbf{x}) - f(\mathbf{a})$ pode ser determinado pelo sinal da forma quadrática associada à matriz hessiana $\mathbf{H}(\mathbf{a})$, quando $\mathbf{a}$ é um ponto de estacionaridade de f (*i.e.*, $\mathbf{h}(\mathbf{a}) = \mathbf{0}$). Deste modo, os conceitos da Definição A.14 aplicados à matriz hessiana de f são relevantes para a inspecção da natureza dos pontos de estacionaridade de f nos termos estabelecidos pelo seguinte resultado do Cálculo Diferencial:

Proposição A.29: Seja $f : \mathbb{R}^c \to \mathbb{R}$ uma função com derivadas parciais de segunda ordem contínuas em $D \subset \mathbb{R}^c$, de matriz hessiana $\mathbf{H}(\mathbf{x})$ e seja $\mathbf{a} \in D$ um ponto de estacionaridade de f.

i) Se $\mathbf{H}(\mathbf{a})$ é definida positiva (negativa), f tem um mínimo (máximo) local em $\mathbf{a}$;

A. CONCEITOS E RESULTADOS DE ÁLGEBRA LINEAR

ii) Se $\mathbf{H}(\mathbf{a})$ é indefinida, f tem um ponto de sela em $\mathbf{a}$ (*i.e.*, toda a vizinhança aberta de centro em $\mathbf{a}$ contém pontos $\mathbf{x}$ tal que $f(\mathbf{x}) < f(\mathbf{a})$ e outros em que $f(\mathbf{x}) > f(\mathbf{a})$.

Observe-se que a condição de $\mathbf{H}(\mathbf{a})$ ser semidefinida positiva ou negativa não é suficiente para determinar a natureza de $\mathbf{a}$, que pode ou não ser um ponto de extremo local. Por exemplo, se $f(\mathbf{x}) = \mathbf{x}'\mathbf{A}\mathbf{x}$ é semidefinida positiva, todos os pontos de estacionaridade (que são os vectores do espaço nulo de $\mathbf{A}$) são pontos de mínimo local (e global). Nesses casos, é em geral necessário recorrer a outros processos (*e.g.*, inspecção da função ou do comportamento das suas derivadas parciais de ordem superior).

As condições da Proposição A.29 justificam que os pontos de extremo local em D só podem ser pontos de estacionaridade. Contudo, fora de D pode haver extremos em pontos onde o gradiente não existe ou não se anula. O método baseado nessa proposição também não é aplicável quando se pretende determinar os extremos restringidos a algum subconjunto de D. Quando este subconjunto é definido por $u < c$ restrições independentes definidas por funções igualmente bem comportadas, os extremos locais restringidos (também ditos condicionados) podem ser determinados entre os pontos de estacionaridade de uma função auxiliar de acordo com o denominado **método dos multiplicadores de Lagrange** que se enuncia em seguida:

Proposição A.30: Sejam $f : I\!R^c \to I\!R$ e $g : I\!R^c \to I\!R^u$ duas funções com derivadas parciais de primeira ordem contínuas, em que a matriz jacobiana $\partial \mathbf{g}/\partial \mathbf{x}'$ tem característica u, e seja $\mathbf{a}$ um ponto de extremo local de f restringido pela condição $\mathbf{g}(\mathbf{a}) = \mathbf{0}$.

Existe então um vector $\boldsymbol{\lambda} = (\lambda_1, \ldots, \lambda_u)' \in I\!R^u$ (chamado vector de multiplicadores lagrangianos) tal que $\mathbf{a}$ é ponto de estacionaridade da função (dita lagrangiana)

$$F(\mathbf{x}) = f(\mathbf{x}) - \boldsymbol{\lambda}'\mathbf{g}(\mathbf{x}),$$

satisfazendo, pois, as equações, consideradas avaliadas em $\mathbf{a}$,

$$\frac{\partial f}{\partial \mathbf{x}} = \frac{\partial \mathbf{g}'}{\partial \mathbf{x}}\boldsymbol{\lambda} \equiv \sum_{i=1}^{u} \lambda_i \frac{\partial g_i}{\partial \mathbf{x}} \ .$$

Este método é utilizado no Exercício A.25 em ordem a derivar a decomposição espectral de uma matriz simétrica.

A.7 Exercícios

A.1: Prove as seguintes afirmações:

a) Um subconjunto de vectores do espaço vectorial $\mathcal{V}$ que contém o vector nulo $\mathbf{0}$ é sempre linearmente dependente.

b) Se os vectores $\mathbf{x}_1, \ldots, \mathbf{x}_k \in \mathcal{V}$ são linearmente dependentes, então pelo menos um deles pode ser expresso como uma combinação linear dos restantes.

574   A.7 EXERCÍCIOS

c) Se $\{\mathbf{x}_1, \ldots, \mathbf{x}_k\}$ e $\{\mathbf{y}_1, \ldots, \mathbf{y}_m\}$ são duas bases de $\mathcal{V}$ então $k = m$.

A.2: Seja $\mathcal{U}$ um subespaço gerado pelos vectores não nulos $\mathbf{x}_1, \ldots, \mathbf{x}_p$.

a) Mostre que se os vectores forem mutuamente ortogonais, eles constituirão uma base de $\mathcal{U}$.

b) Se $\{\mathbf{x}_1, \ldots, \mathbf{x}_p\}$ for uma base, mostre que $(\mathbf{y}_1, \ldots, \mathbf{y}_p)$, onde

$$
\begin{aligned}
\mathbf{y}_1 &= \mathbf{x}_1 / \|\mathbf{x}_1\| \,, \\
\mathbf{y}_i &= \mathbf{z}_i / \|\mathbf{z}_i\| \,, \\
\mathbf{z}_i &= \mathbf{x}_i - \sum_{k=1}^{i-1} (\mathbf{x}_i' \mathbf{y}_k) \mathbf{y}_k \,, \quad i = 2, \ldots, p \,,
\end{aligned}
$$

constituirá uma base ortonormada de $\mathcal{U}$.

A.3: Sejam $\mathcal{V}_1$ e $\mathcal{V}_2$ dois subespaços de um espaço vectorial de dimensão finita. Prove que:

a) $\mathcal{V}_1 \cap \mathcal{V}_2$ é também um subespaço do mesmo espaço vectorial e que $(\mathcal{V}_1^\perp)^\perp = \mathcal{V}_1$.

b) $\mathcal{V}_1 + \mathcal{V}_2$ é igualmente um outro subespaço tal que $\dim(\mathcal{V}_1 + \mathcal{V}_2) = \dim(\mathcal{V}_1) + \dim(\mathcal{V}_2) - \dim(\mathcal{V}_1 \cap \mathcal{V}_2)$.

c) $\dim(\mathcal{V}_1 + \mathcal{V}_2) = \dim(\mathcal{V}_1) + \dim(\mathcal{V}_2)$ se e somente se a soma considerada é uma soma directa.

A.4: Sejam $\mathbf{A}$ e $\mathbf{H}$ matrizes de dimensão $u \times c$ e $p \times c$, respectivamente, e considere o conjunto $\mathcal{S}$ de todos os vectores $\mathbf{A}\boldsymbol{\alpha}$ tal que $\boldsymbol{\alpha} \in \mathcal{N}(\mathbf{H})$.

a) Mostre que $\mathcal{S}$ é um subespaço do espaço imagem, $\mathcal{M}$, de $(\mathbf{A}', \mathbf{H}')'$.

b) Mostre que o complemento ortogonal de $\mathcal{S}$ relativamente a $\mathcal{M}$ é o conjunto de vectores de $\mathbb{R}^{u+p}$ da forma $\mathbf{v} = \begin{pmatrix} \mathbf{0} \\ \mathbf{H} \end{pmatrix} \boldsymbol{\alpha}$, $\boldsymbol{\alpha} \in \mathbb{R}^c$, com dimensão igual a $r(\mathbf{H})$.

c) Conclua que a dimensão de $\mathcal{S}$ é dada por $r\left(\begin{bmatrix} \mathbf{A} \\ \mathbf{H} \end{bmatrix} \right) - r(\mathbf{H})$.

A.5: Seja $\mathbf{X}$ uma matriz $c \times p$ de característica r. Usando a relação $\mathcal{M}(\mathbf{X})^\perp = \mathcal{N}(\mathbf{X}')$, prove que:

a) $\mathcal{M}(\mathbf{X}'\mathbf{X}) = \mathcal{M}(\mathbf{X}')$.

b) $r(\mathbf{X}'\mathbf{X}) = r(\mathbf{X}) = r(\mathbf{X}\mathbf{X}') = r$.

c) Sendo $\mathbf{A}$ uma matriz $p \times u$, $\mathcal{M}(\mathbf{X}) = \mathcal{M}(\mathbf{X}\mathbf{A}) = \mathcal{M}(\mathbf{X}\mathbf{A}\mathbf{A}')$ se e somente se $\mathcal{M}(\mathbf{A}) \supset \mathcal{M}(\mathbf{X}')$.

A. CONCEITOS E RESULTADOS DE ÁLGEBRA LINEAR
575

A.6: Considere as matrizes

$$\mathbf{A} = \begin{pmatrix} 1 & 1 & 0 & 1 & 0 \\ 1 & 1 & 0 & 0 & 1 \\ 1 & 0 & 1 & 1 & 0 \\ 1 & 0 & 1 & 0 & 1 \end{pmatrix}, \quad \mathbf{B} = \begin{pmatrix} 1 & 1 & 1 \\ 1 & 1 & -1 \\ 1 & -1 & 1 \\ 1 & -1 & -1 \end{pmatrix}$$

e

$$\mathbf{C} = \begin{pmatrix} 1 & 1 & 1 \\ 1 & 1 & 0 \\ 1 & 0 & 1 \\ 1 & 0 & 0 \end{pmatrix}.$$

a) Diga se os subespaços gerados por $\mathbf{A}$, $\mathbf{B}$ e $\mathbf{C}$ são diferentes.

b) Construa uma base ortogonal para $\mathcal{M}(\mathbf{C})$.

c) Defina uma matriz base para o completamento ortogonal de $\mathcal{M}(\mathbf{A})$, e através dela defina $\mathcal{M}(\mathbf{A})$ em termos de restrições.

A.7: Dada uma matriz $\mathbf{B}$ $c \times p$, com $c \geq p$, diz-se que a matriz $p \times c$ $\mathbf{L}$ é uma inversa à esquerda para $\mathbf{B}$ se $\mathbf{LB} = \mathbf{I}_p$. Mostre que

a) A existência de uma matriz $\mathbf{L}$ deste tipo implica que $r(\mathbf{B}) = p$ e que, neste caso, $\mathbf{L} = (\mathbf{B}'\mathbf{B})^{-1}\mathbf{B}'$ é um exemplo de uma inversa à esquerda.

b) A característica de $\mathbf{B}$ não é alterada quando $\mathbf{B}$ é multiplicada à esquerda por uma matriz $\mathbf{A}$ de característica igual ao número de colunas.

A.8: Seja $\mathbf{A}$ uma matriz $c \times c$ idempotente de característica r.

a) Usando a factorização de característica completa para a matriz $\mathbf{A}$ prove que $\operatorname{tr}(\mathbf{A}) = r$. (Sugestão: analise a existência de inversas à esquerda e à direita para as matrizes definidoras daquela factorização.).

b) Prove que $\mathbf{I}_c - \mathbf{A}$ é também idempotente com característica igual a $c - r$.

c) Mostre que as matrizes $\mathbf{J}_c = c^{-1}\mathbf{1}_c\mathbf{1}_c'$ e $\mathbf{c} = \mathbf{I}_c - \mathbf{J}_c$ são simétricas e idempotentes e determine a respectiva característica.

A.9: Seja $\mathbf{A}$ uma matriz $u \times c$, $\mathbf{P} = \mathbf{A}(\mathbf{A}'\mathbf{A})^-\mathbf{A}'$ e $\mathbf{Q} = \mathbf{I}_u - \mathbf{P}$.

a) Se $r(\mathbf{A}) = u = c$, mostre que $\mathbf{A}^{-1}$ é a única inversa generalizada de $\mathbf{A}$.

b) Mostre que $\mathbf{A}^-\mathbf{A}$ é uma matriz idempotente de ordem c com traço igual à característica de $\mathbf{A}$.

c) Mostre que $\mathbf{Q}$ é simétrica, idempotente, invariante face a $(\mathbf{A}'\mathbf{A})^-$ e que as suas colunas são ortogonais e LIN das colunas de $\mathbf{A}$.

576   A.7 EXERCÍCIOS

d) Prove que $\mathcal{M}(\mathbf{P}) = \mathcal{M}(\mathbf{A})$ e que a dimensão de $\mathcal{M}(\mathbf{Q})$ é igual a $u - r(\mathbf{A})$.

e) Poder-se-á dizer que $\mathbb{R}^u$ é a soma directa de $\mathcal{M}(\mathbf{A})$ com $\mathcal{M}(\mathbf{Q})$? Justifique.

A.10: Justifique as seguintes identidades:

a) $(\mathbf{I} + \mathbf{BC})^{-1}\mathbf{B} = \mathbf{B}(\mathbf{I} + \mathbf{CB})^{-1}$ quando as inversas indicadas existem.

b) $(\mathbf{I} - 2\mathbf{aa}')^{-1} = (\mathbf{I} - 2\mathbf{aa}')$ se $\mathbf{a}'\mathbf{a} = 1$.

c) $(a\mathbf{I}_c + b\mathbf{1}_c\mathbf{1}'_c)^{-1} = a^{-1}[\mathbf{I}_c - (b/(a+cb))\mathbf{1}_c\mathbf{1}'_c]$ se $a \neq 0$ e $a \neq -cb$.

A.11: Considere a matriz $\mathbf{A} = \mathbf{I}_4 \otimes \mathbf{a}'$, $\mathbf{a}' = (1, \ -1, \ -1, \ 1)$.

a) Mostre que $\mathbf{A}^- = \frac{1}{4}\mathbf{I}_4 \otimes \mathbf{a}$ é quer uma inversa à direita quer uma inversa generalizada de $\mathbf{A}$.

b) Mostre que $\mathbf{A}^-\mathbf{A} - \mathbf{I}_{16} = \mathbf{I}_4 \otimes \mathbf{B}$, onde $\mathbf{B} = \frac{1}{4}\mathbf{aa}' - \mathbf{I}_4$ e que a sua característica é 12.

c) Mostre que $\mathcal{M}(\mathbf{A}^-\mathbf{A} - \mathbf{I}_{16}) = \mathcal{M}(\mathbf{W}) = \mathcal{M}(\mathbf{Z})$, onde

$$\mathbf{W} = [\mathbf{I}_4 \otimes \mathbf{1}_4, \ \ \mathbf{I}_4 \otimes (\mathbf{b}_1 \ , \mathbf{b}_2)],$$

com $\mathbf{b}'_1 = (0, \ -1, \ 1, \ 0)$, $\mathbf{b}'_2 = (-1, \ 0, 0, \ 1)$ e

$$\mathbf{Z} = [\mathbf{I}_4 \otimes \mathbf{1}_4, \ \ \mathbf{I}_4 \otimes (\mathbf{c}_1 \ , \mathbf{c}_2)],$$

com $\mathbf{c}'_1 = (1, \ 1, \ -1, \ -1)$ e $\mathbf{c}'_2 = (1, \ -1, \ 1, \ -1)$.

d) Uma solução do sistema $\mathbf{Bx} = \mathbf{y}$ é dada por $\mathbf{x} = \mathbf{B}^-\mathbf{y}$, onde $\mathbf{B}^-$ é uma inversa generalizada de $\mathbf{B}$ definida no item b). Tomando a submatriz $\frac{1}{4}\mathbf{bb}' - \mathbf{I}_3$, onde $\mathbf{b}' = (1, \ -1, \ -1)$ e determinando a sua inversa, mostre que $\mathbf{x} = (0, \ -2, \ -2, \ 0)'$ é uma solução de $\mathbf{Bx} = \mathbf{1}_4$.

A.12: Mostre que $\forall a, b \in \mathbb{R}$, $\forall \mathbf{x}, \mathbf{y} \in \mathbb{R}^c$, e $\forall \mathbf{A}, \mathbf{B}$ com o número de colunas de $\mathbf{A}$, idêntico ao número de linhas de $\mathbf{B}$, igual a c:

a) $(a \otimes \mathbf{x})(\mathbf{y}' \otimes b) = ab\mathbf{xy}'$

b) $(\mathbf{y}' \otimes \mathbf{A})(\mathbf{B} \otimes \mathbf{x}) = \mathbf{Axy}'\mathbf{B}$

c) $(\mathbf{A} \otimes \mathbf{A})(\mathbf{x} \otimes \mathbf{x}) = (\mathbf{A} \otimes \mathbf{Ax})\mathbf{x} \neq \mathbf{A}(\mathbf{x} \otimes \mathbf{Ax})$

A.13:

1) Mostre que o sistema $\mathbf{Ax} = \mathbf{y}$ é consistente se e somente se

a) toda a solução $\mathbf{z}$ do sistema homogéneo $\mathbf{A}'\mathbf{z} = \mathbf{0}$ é ortogonal a $\mathbf{y}$,

A. CONCEITOS E RESULTADOS DE ÁLGEBRA LINEAR

b) toda a relação linear eventualmente existente entre as linhas de $\mathbf{A}$ também existe entre os elementos de $\mathbf{y}$.

(Sugestão: use a factorização de característica completa para $\mathbf{A}$.)

2) Suponha que $\mathbf{Ax} = \mathbf{y}$ é consistente, onde $\mathbf{A}$ é $u \times c$ com característica c. Sabendo que, em geral, a família de inversas generalizadas de $\mathbf{A}$ se pode obter de uma inversa generalizada particular, $\mathbf{A}^-$, através da relação

$$\mathbf{A}^* = \mathbf{A}^-\mathbf{A}\mathbf{A}^- + (\mathbf{I} - \mathbf{A}^-\mathbf{A})\mathbf{B}_1 + \mathbf{B}_2(\mathbf{I} - \mathbf{A}\mathbf{A}^-)$$

para todas as matrizes $\mathbf{B}_1$ e $\mathbf{B}_2$ possíveis:

a) Mostre que $\mathbf{A}\mathbf{A}^*\mathbf{y} = \mathbf{A}\mathbf{A}^-\mathbf{y}$;

b) Conclua que a solução única do sistema é dada por

$$\mathbf{x} = (\mathbf{A}'\mathbf{A})^{-1}\mathbf{A}'\mathbf{y} = (\mathbf{A}_{11}^{-1}\ \mathbf{0})\mathbf{y}$$

onde $\mathbf{A}_{11}$ é a submatriz de ordem r não singular de $\mathbf{A} = \begin{pmatrix} \mathbf{A}_{11} \\ \mathbf{B}\mathbf{A}_{11} \end{pmatrix}$.

A.14: Sejam $\mathbf{z}_i$, $1 \le i \le c - r$ vectores de $\mathbb{R}^c$ tais que $(\mathbf{I} - \mathbf{A}^-\mathbf{A})\mathbf{z}_i$ sejam $c - r$ soluções LIN do sistema homogéneo $\mathbf{Ax} = \mathbf{0}$. Mostre que:

a) $\mathbf{x}_i = \mathbf{A}^-\mathbf{y} + (\mathbf{I} - \mathbf{A}^-\mathbf{A})\mathbf{z}_i$ são $c - r$ soluções LIN do sistema $\mathbf{Ax} = \mathbf{y}$;

b) $\mathbf{A}^-\mathbf{y}$ é LIN dos $\{\mathbf{x}_i\}$;

c) Qualquer outra solução de $\mathbf{Ax} = \mathbf{y}$ é uma combinação linear de $\mathbf{A}^-\mathbf{y}$ e dos $\{\mathbf{x}_i\}$.

Que conclui sobre o número de soluções LIN do sistema não homogéneo?

A.15: Considere o sistema consistente $\mathbf{Ax} = \mathbf{y}$, onde $\mathbf{A}$ é de ordem $u \times c$ com característica r.

a) Mostre que qualquer combinação linear de soluções do sistema é ainda uma solução i) quando $\mathbf{y} = \mathbf{0}$; ii) quando $\mathbf{y} \ne \mathbf{0}$ se e somente se a soma dos coeficientes das combinações lineares é unitária.

b) O conjunto das soluções de $\mathbf{Ax} = \mathbf{y}$ é um subespaço de $\mathbb{R}^c$? Justifique.

c) Mostre que a solução geral do sistema não homogéneo pode exprimir-se por $\mathbf{x} = \mathbf{A}^*\mathbf{y}$, onde

$$\mathbf{A}^* = \mathbf{A}^-\mathbf{A}\mathbf{A}^- + (\mathbf{I} - \mathbf{A}^-\mathbf{A})\mathbf{T} + \mathbf{A}^-(\mathbf{I} - \mathbf{A}\mathbf{A}^-)$$

para $\mathbf{T}$ arbitrária, define a família de todas as inversas generalizadas de $\mathbf{A}$.

A.16: Considere o sistema não homogéneo e consistente $\mathbf{Ax} = \mathbf{y}$, onde $\mathbf{A}$ é $u \times c$ de característica $r \le u < c$. Para tornar única a solução desse sistema pretende-se impor t restrições $\mathbf{Hx} = \mathbf{0}$.

578 A.7 EXERCÍCIOS

a) Mostre que o novo sistema de $u + t$ equações é consistente e de solução única para todo o $\mathbf{y} \in \mathcal{M}(\mathbf{A})$ se e somente $\mathcal{M}(\mathbf{H})' \cap \mathcal{M}(\mathbf{A}') = \{\mathbf{0}\}$ e a característica de $(\mathbf{A}' \ \mathbf{H}')'$ é igual a c.

b) Mostre que uma condição suficiente para a consistência e unicidade da solução do novo sistema é as linhas de $\mathbf{H}$ serem ortogonais às linhas de $\mathbf{A}$ e $c - r$ delas serem linearmente independentes.

A.17: Seja $\mathbf{X} = (\mathbf{x}_1, \ldots, \mathbf{x}_c)$ uma matriz $u \times c$ de característica r e $\mathbf{Y}$ uma matriz cujas colunas formam uma base ortonormada de $\mathcal{M}(\mathbf{X})$. Prove que:

a) $\mathbf{P} = \mathbf{Y}\mathbf{Y}'$ é o projector ortogonal sobre $\mathcal{M}(\mathbf{X})$ e $||\mathbf{P}\mathbf{v}|| = ||\mathbf{Y}'\mathbf{v}||$, para todo o $\mathbf{v} \in \mathbb{R}^u$;

b) $\mathbf{P}\mathbf{v} = \mathbf{P}\mathbf{u}$ se e somente se $\mathbf{v}'\mathbf{x}_j = \mathbf{u}'\mathbf{x}_j$, $j = 1, \ldots c$.

A.18: Sejam $\mathcal{V}_1$ e $\mathcal{V}_2$ dois subespaços de $\mathcal{V}$ tais que $\mathcal{V}_1 \subset \mathcal{V}_2$. Defina $\mathcal{V}_3 = \mathcal{V}_2 \cap \mathcal{V}_1^\perp$ e seja $\mathbf{P}_i$ o projector ortogonal sobre $\mathcal{V}_i$, $i = 1, 2, 3$.

a) Para qualquer $\mathbf{v} \in \mathcal{V}$, mostre que

$$||\mathbf{v} - \mathbf{P}_1\mathbf{v}||^2 \leq ||\mathbf{v} - \mathbf{v}_1||^2 \ , \quad \forall \mathbf{v}_1 \in \mathcal{V}_1$$

com igualdade se e somente se $\mathbf{v}_1 = \mathbf{P}_1\mathbf{v}$, e interprete o significado deste resultado.

b) $||(\mathbf{I} - \mathbf{P}_1)\mathbf{v}||^2 = ||\mathbf{v}||^2 - ||\mathbf{P}_1\mathbf{v}||^2, \forall \mathbf{v} \in \mathcal{V}$.

c) $\forall \mathbf{v} \in \mathcal{V}$, $\mathbf{P}_1\mathbf{v} = \mathbf{P}_2(\mathbf{P}_1\mathbf{v}) = \mathbf{P}_1(\mathbf{P}_2\mathbf{v})$, $\mathbf{P}_3\mathbf{v} = \mathbf{P}_2\mathbf{v} - \mathbf{P}_1\mathbf{v}$ e $||\mathbf{P}_3\mathbf{v}||^2 = ||\mathbf{P}_2\mathbf{v}||^2 - ||\mathbf{P}_1\mathbf{v}||^2$.

A.19: Seja $\mathcal{M}(\mathbf{X})$ o subespaço de $\mathbb{R}^u$ gerado pelas colunas da matriz $\mathbf{X}$, $u \times c$, de característica $c < u$, e $\mathbf{W}'$ uma matriz $u \times (u - c)$ base do complemento ortogonal de $\mathcal{M}(\mathbf{X})$. Seja ainda $\mathbf{V}$ uma matriz $u \times u$ simétrica, não singular, e considere as matrizes

$$\begin{aligned} \mathbf{A}_1 &= \mathbf{W}'(\mathbf{W}\mathbf{V}\mathbf{W}')^{-1}\mathbf{W} \\ \mathbf{A}_2 &= \mathbf{V}^{-1} - \mathbf{V}^{-1}\mathbf{X}(\mathbf{X}'\mathbf{V}^{-1}\mathbf{X})^{-1}\mathbf{X}'\mathbf{V}^{-1}. \end{aligned}$$

Mostre que:

a) $\mathbf{A}_1$ e $\mathbf{A}_2$ são matrizes simétricas com a mesma dimensão e característica. (Sugestão: Use as Proposições A.10, A.11 e A.12.)

b) O produto à direita por $\mathbf{X}$ quer de $\mathbf{A}_1$ quer de $\mathbf{A}_2$ é uma matriz nula. (Sugestão: Use a Proposição A.7.)

c) $\mathbf{A}_1\mathbf{V}\mathbf{A}_1 = \mathbf{A}_1$ e que as formas quadráticas em $\mathbb{R}^u$, $\mathbf{x}'\mathbf{A}_1\mathbf{x}$ e $\mathbf{x}'\mathbf{A}_2\mathbf{x}$, são algebricamente idênticas.

A. CONCEITOS E RESULTADOS DE ÁLGEBRA LINEAR

A.20:

a) Sendo $\mathbf{X}$ uma matriz real $u \times c$, mostre que

  i) $\mathbf{A} = \mathbf{I}_u + \mathbf{X}\mathbf{X}'$ é definida positiva.

  ii) $\mathbf{A} = \mathbf{X}'\mathbf{X}$ é definida não negativa, sendo definida positiva se e só se $r(\mathbf{X}) = c$.

b) Conclua de a) que toda a matriz simétrica e idempotente de ordem c é definida não negativa, sendo $\mathbf{I}_c$ a única que é definida positiva.

c) Mostre que uma matriz simétrica de característica p é idempotente se e só se possui p valores próprios iguais a 1 sendo os restantes nulos.

A.21: Seja $\mathbf{A}$ uma matriz particionada nas submatrizes $\mathbf{A}_{11}$, $\mathbf{A}_{12}$, $\mathbf{A}_{21}$ e $\mathbf{A}_{22}$, como indicado na Secção A.2, onde $\mathbf{A}_{ij}$ tem dimensão $c_i \times c_j$ $(c_1 + c_2 = c)$.

a) Supondo que $\mathbf{A}$ é definida positiva, prove que também são definidas positivas as matrizes

  i) $\mathbf{A}_{11}$ e $\mathbf{A}_{22} - \mathbf{A}_{21}\mathbf{A}_{11}^{-1}\mathbf{A}_{12}$;

  ii) $\mathbf{A}_{22}$ e $\mathbf{A}_{11} - \mathbf{A}_{12}\mathbf{A}_{22}^{-1}\mathbf{A}_{21}$.

b) Sabendo que:

  – uma matriz quadrada é não singular se e somente se o seu determinante é não nulo;

  – o deteminante de uma matriz particionada como foi acima referido, mas onde $\mathbf{A}_{12}$ ou $\mathbf{A}_{21}$ é nula, é igual a $|\mathbf{A}_{11}||\mathbf{A}_{22}|$;

  – o deteminante de um produto de matrizes é o produto dos determinantes destas;

  mostre que:

  i) $|\mathbf{A}| = |\mathbf{A}_{11}||\mathbf{A}_{22} - \mathbf{A}_{21}\mathbf{A}_{11}^{-1}\mathbf{A}_{12}| = |\mathbf{A}_{22}||\mathbf{A}_{11} - \mathbf{A}_{12}\mathbf{A}_{22}^{-1}\mathbf{A}_{21}|$,
  onde a primeira (segunda) igualdade é válida se $\mathbf{A}_{11}$ $(\mathbf{A}_{22})$ é não singular e conclua que $\mathbf{A}$ é não singular se e só se $\mathbf{A}_{ii} - \mathbf{A}_{ij}\mathbf{A}_{jj}^{-1}\mathbf{A}_{ji}$ é não singular quando $\mathbf{A}_{jj}^{-1}$ existe, para um dado $j = 1, 2$, $i = 1, 2$, $i \neq j$.

  ii) Sendo $\mathbf{C}$, $\mathbf{D}$ e $\mathbf{E}$ matrizes de dimensões $c \times u$, $u \times c$, $u \times u$ respectivamente, e $\mathbf{B}$ uma matriz de dimensão $c \times c$ não singular,

  $$|\mathbf{I}_c + \mathbf{C}\mathbf{D}| = |\mathbf{I}_u + \mathbf{D}\mathbf{C}|$$
  $$|\mathbf{B} + \mathbf{C}\mathbf{E}\mathbf{D}| = |\mathbf{B}||\mathbf{I}_u + \mathbf{E}\mathbf{D}\mathbf{B}^{-1}\mathbf{C}|$$

  (Sugestão: Use b-i) para uma matriz particionada adequada.)

A.22: Seja $\mathbf{A} = \mathbf{D} + a\mathbf{u}\mathbf{v}'$ uma matriz de ordem c onde $\mathbf{D} = (d_{ij})$ é uma matriz diagonal não singular, $\mathbf{u}$ e $\mathbf{v}$ são vectores $c \times 1$ e $a \in \mathbb{R}$.

580   A.7 EXERCÍCIOS

a) Mostre que se $\mathbf{A}^{-1}$ existe, então

$$\mathbf{A}^{-1} = \mathbf{D}^{-1} + b\mathbf{D}^{-1}\mathbf{u}\mathbf{v}'\mathbf{D}^{-1}$$

com $b = -a(1+a\mathbf{u}'\mathbf{D}^{-1}\mathbf{v})^{-1}$; conclua que $\mathbf{A}$ é não singular se $a \neq -(\mathbf{u}'\mathbf{D}^{-1}\mathbf{v})^{-1}$.

b) Prove que $|\mathbf{A}| = (1+a\mathbf{u}'\mathbf{D}^{-1}\mathbf{v})|\mathbf{D}|$ e que a equação característica (*i.e.*, a equação cujas raízes são os valores próprios) de $\mathbf{A}$ é

$$[1 + a\mathbf{u}'(\mathbf{D} - \lambda\mathbf{I})^{-1}\mathbf{v}]|\mathbf{D} - \lambda\mathbf{I}| = 0$$

c) Verifique que, no caso em que $\mathbf{D} = d\mathbf{I}_c$, $d \neq 0$, os valores próprios de $\mathbf{A}$ são d, com multiplicidade $c - 1$ e $d + a\mathbf{u}'\mathbf{v}$.

A.23: Sendo $\mathbf{A}$ uma matriz real simétrica $c \times c$ com valores próprios λ_i, $i = 1, \ldots, c$, mostre que:

a) $\mathbf{A}$ é não singular se e só se $\lambda_i \neq 0$, para todo o i, caso em que os valores próprios de $\mathbf{A}^{-1}$ são $1/\lambda_i$, $i = 1, \ldots, c$.

b) $|\mathbf{A}| = \prod_{i=1}^{c} \lambda_i$ e $tr(\mathbf{A}) = \sum_{i=1}^{c} \lambda_i$.

c) $\mathbf{A}$ é definida positiva (negativa) se e só se $\lambda_i > 0$ ($\lambda_i < 0$), $i = 1, \ldots, c$.

d) Se $\mathbf{A}$ é definida não negativa (não positiva), então A é não singular se e só se $\mathbf{A}$ é definida positiva (negativa), e nesse caso, $\mathbf{A}^{-1}$ é também definida positiva (negativa).

e) Se $\mathbf{A}$ é definida não negativa, existe uma matriz $\mathbf{B}$ tal que $\mathbf{B}^2 = \mathbf{A}$, que é definida positiva com $|\mathbf{B}| = |\mathbf{A}|^{1/2}$ sempre que $\mathbf{A}$ o for. (Nota: A matriz $\mathbf{B}$, que é única, é denominada **raiz quadrada** de $\mathbf{A}$ e denotada por $\mathbf{A}^{1/2}$.)

A.24: Seja $\mathbf{g} : D \to I\!\!R^u$ uma função vectorial de componentes $g_i : D \to I\!\!R$, $i = 1, \ldots, u$, definida em $D \subset I\!\!R^c$ com derivadas parciais de primeira ordem contínuas e seja $\mathbf{H}(\mathbf{x}) = \partial\mathbf{g}/\partial\mathbf{x}'$ a sua matriz jacobiana.

a) Mostre que

     i) Se $\mathbf{g}(\mathbf{x}) = \mathbf{exp}(\mathbf{x}) \equiv (e^{x_1}, \ldots, e^{x_c})'$, então $\mathbf{H}(\mathbf{x}) = \mathbf{D}_{\mathbf{exp}(\mathbf{x})}$

     ii) Se $\mathbf{g}(\mathbf{x}) = \mathbf{ln}\mathbf{x} \equiv (\ln x_1, \ldots, \ln x_c)'$, $D \subset I\!\!R_+^c$, então $\mathbf{H}(\mathbf{x}) = \mathbf{D}_{\mathbf{x}}^{-1}$

     iii) Se $\mathbf{g}(\mathbf{x}) = \mathbf{A}_2\mathbf{ln}(\mathbf{A}_1\mathbf{x})$, com $\mathbf{A}_2$ uma matriz $u \times p$ e $\mathbf{A}_1$ uma matriz $p \times c$ tal que $\mathbf{a}_1(\mathbf{x}) = \mathbf{A}_1\mathbf{x} \in I\!\!R_+^p$ então $\mathbf{H}(\mathbf{x}) = \mathbf{A}_2\mathbf{D}_{\mathbf{a}_1(\mathbf{x})}^{-1}\mathbf{A}_1$

b) Mostre, aplicando sucessivas vezes a regra em cadeia, que a matriz jacobiana de $\mathbf{g}(\mathbf{x}) = \mathbf{A}_4[\mathbf{ln}\{\mathbf{A}_3\mathbf{exp}[\mathbf{A}_2\mathbf{ln}(\mathbf{A}_1\mathbf{x})]\}]$, onde as matrizes $\mathbf{A}_i$, $i = 1, \ldots, 4$, definem transformações lineares apropriadas, é

$$\mathbf{H}(\mathbf{x}) = \mathbf{A}_4\mathbf{D}_{\mathbf{a}_3}^{-1}\mathbf{A}_3\mathbf{D}_{\mathbf{a}_2}\mathbf{A}_2\mathbf{D}_{\mathbf{a}_1}^{-1}\mathbf{A}_1$$

com $\mathbf{a}_1 = \mathbf{A}_1\mathbf{x}$, $\mathbf{a}_2 = \mathbf{exp}(\mathbf{A}_2\mathbf{ln}\mathbf{a}_1)$, $\mathbf{a}_3 = \mathbf{A}_3\mathbf{a}_2$.

A. CONCEITOS E RESULTADOS DE ÁLGEBRA LINEAR

A.25: Seja $\mathbf{A}$ uma matriz $c \times c$ real simétrica com valores próprios $\lambda_1 \geq \lambda_2 \geq \cdots \geq \lambda_c$ e $Q(\mathbf{x})$ a função contínua em $\mathbb{R}^c$ definida pela forma quadrática associada, que se pretende maximizar no subconjunto D dos vectores de norma unitária.

a) Tendo em conta que toda a função contínua num conjunto fechado e limitado admite máximo e aplicando o método dos multiplicadores de Lagrange, mostre que:

   i) O máximo de $Q(\mathbf{x})$ em D é igual a λ_1 e é atingido no vector próprio normalizado, *e.g.*, $\mathbf{v}_1$, com ele associado.

   ii) O máximo de $Q(\mathbf{x})$ em $D \cap \{\mathbf{x} : \mathbf{x}'\mathbf{v}_1 = \mathbf{0}\}$ é igual a λ_2 e ocorre no vector próprio que lhe está associado, $\mathbf{v}_2$.

b) Continuando sucessivamente esse processo, pode-se constatar que o máximo de $Q(\mathbf{x})$ restrito à intersecção de D com o conjunto dos vectores ortogonais aos pontos de máximo já determinados anteriormente, $\mathbf{v}_1, \mathbf{v}_2, \ldots, \mathbf{v}_j$, $1 \leq j \leq c - 1$, coincide com o $(j + 1)$-ésimo maior valor próprio, λ_{j+1}, e é atingido no correspondente vector próprio $\mathbf{v}_{j+1}$.

   Sendo $\mathbf{V}$ a matriz cujas colunas são os sucessivos pontos de máximo restringidos, $\mathbf{v}_1, \ldots, \mathbf{v}_c$, mostre que $\mathbf{V}'\mathbf{A}\mathbf{V}$ é a matriz diagonal formada pelos máximos $\lambda_1, \ldots, \lambda_c$ e derive a decomposição espectral de $\mathbf{A}$.

A.26: Considere a seguinte função quadrática definida em $\mathbb{R}^c$

$$Q(\mathbf{x}) = (\mathbf{a} - \mathbf{x})'\mathbf{A}(\mathbf{a} - \mathbf{x})$$

onde $\mathbf{a}$ é um vector $c \times 1$ fixado e A uma matriz simétrica $c \times c$ definida positiva.

a) Mostre que o mínimo de $Q(\mathbf{x})$ restringido ao subconjunto $\mathcal{M}(\mathbf{X})$, onde $\mathbf{X}$ é uma matriz $c \times p$ de característica $p \leq c$, é atingido em $\mathbf{x} = \mathbf{X}(\mathbf{X}'\mathbf{A}\mathbf{X})^{-1}\mathbf{X}'\mathbf{A}\mathbf{a}$.

b) Pretende-se agora minimizar $Q(\mathbf{x})$ no subconjunto $D = \{x \in \mathbb{R}^c : \mathbf{F}(\mathbf{x}) \in \mathcal{M}(\mathbf{Y})\}$, onde $\mathbf{F}$ é um vector de $u \leq c$ funções com derivadas parciais de segunda ordem contínuas e matriz jacobiana de característica u, e $\mathbf{Y}$ é uma matriz $u \times p$ de característica $p \leq u$.

   Verifique que o ponto de mínimo satisfaz as equações

$$\mathbf{x} = \mathbf{a} + \frac{1}{2}\mathbf{A}^{-1}[\mathbf{H}(\mathbf{x})]'\mathbf{W}'\boldsymbol{\lambda}$$

$$\mathbf{W}\mathbf{F}(\mathbf{x}) = \mathbf{0}$$

   para algum vector $\boldsymbol{\lambda} \in \mathbb{R}^{u-p}$, onde $\mathbf{H}(\mathbf{x})$ é a matriz jacobiana de $\mathbf{F}$ e $\mathbf{W}'$ é uma matriz base do complemento ortogonal de $\mathcal{M}(\mathbf{Y})$.

c) Admita agora que o problema referido em b) é modificado no sentido de a minimização de $Q(\mathbf{x})$ se processar na intersecção de D com uma vizinhança de centro $\mathbf{a}$ na qual $F(\mathbf{x})$ é substituída pela sua aproximação em fórmula de

582   A.7 EXERCÍCIOS

Taylor de primeira ordem (definida pela aplicação dessa aproximação a cada componente de $\mathbf{F}$). Mostre que o respectivo mínimo restringido de $Q(\mathbf{x})$ é

$$Q = [\mathbf{F}(\mathbf{a})]'\mathbf{W}'[\mathbf{W}\mathbf{V}(\mathbf{a})\mathbf{W}']^{-1}\mathbf{W}\mathbf{F}(\mathbf{a})$$

ocorrendo em

$$\mathbf{x} = \mathbf{a} - \mathbf{A}^{-1}[\mathbf{H}(\mathbf{a})]'\mathbf{W}[\mathbf{W}\mathbf{V}(\mathbf{a})\mathbf{W}']^{-1}\mathbf{W}\mathbf{F}(\mathbf{a}),$$

onde $\mathbf{V}(\mathbf{a}) = \mathbf{H}(\mathbf{a})\mathbf{A}^{-1}[\mathbf{H}(\mathbf{a})]'$.

d) Mostre que as restrições do problema em c) podem ser definidas pelas equações

$$\mathbf{x} = \mathbf{Z}\boldsymbol{\gamma} + \mathbf{U}'(\mathbf{U}\mathbf{U}')^{-1}[\mathbf{W}[\mathbf{H}(\mathbf{a})\mathbf{a} - \mathbf{F}(\mathbf{a})]\}$$

onde $\boldsymbol{\gamma} \in I\!\!R^{c-u+p}$, $\mathbf{U} = \mathbf{W}\mathbf{H}(\mathbf{a})$ e $\mathbf{Z}$ é uma matriz base do espaço nulo de $\mathbf{U}$.

(Sugestão: Use a Proposição A.21, com a inversa à direita de $\mathbf{U}$, e a Proposição A.7.)

e) Com base em d) mostre que o problema em c) consiste na minimização irrestrita de

$$g(\boldsymbol{\gamma}) = (\mathbf{d} - \mathbf{Z}\boldsymbol{\gamma})'\mathbf{A}(\mathbf{d} - \mathbf{Z}\boldsymbol{\gamma})$$

onde $\mathbf{d} = \mathbf{a} - \mathbf{U}'(\mathbf{U}\mathbf{U}')^{-1}\mathbf{b}$ e $\mathbf{b} = \mathbf{U}\mathbf{a} - \mathbf{W}\mathbf{F}(\mathbf{a})$, sendo o ponto de mínimo expressável por

$$\mathbf{x} = \mathbf{Z}(\mathbf{Z}'\mathbf{A}\mathbf{Z})^{-1}\mathbf{Z}'\mathbf{A}\mathbf{d} + \mathbf{U}(\mathbf{U}\mathbf{U}')^{-1}\mathbf{b}.$$

f) Verifique que as expressões do ponto de mínimo em c) e e) são algebricamente idênticas, mostrando a identidade entre as matrizes $\mathbf{Z}(\mathbf{Z}'\mathbf{A}\mathbf{Z})^{-1}\mathbf{Z}'$ e $\mathbf{A}^{-1} - \mathbf{A}^{-1}\mathbf{U}'(\mathbf{U}\mathbf{A}^{-1}\mathbf{U}')^{-1}\mathbf{U}\mathbf{A}^{-1}$.

Apêndice B

Conceitos e resultados de Teoria Assintótica

Na maioria dos casos tratados neste texto, a complexidade dos modelos estatísticos envolvidos torna inviáveis inferências exactas. Para desbloquear o impasse, é necessário basear os procedimentos inferenciais nas características assintóticas de estimadores e estatísticas de teste. Nesta secção apresentam-se alguns conceitos e resultados úteis para o estudo das propriedades assintóticas pertinentes. Maiores detalhes podem ser encontrados em Sen & Singer (1993), por exemplo.

B.1 Ordens de magnitude de sequências estocásticas

Como se verá oportunamente, um problema comum no estudo dos métodos assintóticos consiste na comparação de sequências de variáveis aleatórias. A base para o estudo desse problema é a análise comparativa do comportamento de duas sequências de números reais $\{a_n\}_{n \geq 1}$ e $\{b_n\}_{n \geq 1}$, quando n tende ao infinito. Esse problema foi brevemente considerado na Secção A.6, mas acredita-se que um maior detalhamento poderá ajudar a compreensão dos casos mais complexos e sua extensão para variáveis aleatórias. O caso típico é aquele onde os termos gerais das sequências de interesse não são dados explicitamente, mas uma (algumas) de suas propriedades é (são) conhecida(s). Por exemplo, seja $a_n = b_n^2, n \geq 1$ e vai-se supor que $\{b_n\}_{n \geq 1}$ seja limitada para todo o n suficientemente grande, ou mais especificamente, que existam um número real $K > 0$ e um número inteiro positivo $n_0 = n_0(K)$ tal que $|b_n| \leq K, \ \forall n \geq n_0$. O problema é deduzir propriedades da sequência $\{a_n\}_{n \geq 1}$. Neste caso, é claro que, $|a_n| \leq K^2, \ \forall n \geq n_0$ e, consequentemente, pode-se deduzir que $\{a_n\}_{n \geq 1}$ também é limitada para todo o n suficientemente grande. Para estudar situações mais complexas convém apresentar a seguinte definição:

Definição B.16: Sejam $\{a_n\}_{n \geq 1}$ e $\{b_n\}_{n \geq 1}$ sequências de números reais; então diz-se que

584   B.1 ORDENS DE MAGNITUDE DE SEQUÊNCIAS ESTOCÁSTICAS

i) $a_n = O(b_n)$ se existirem um número real $K > 0$ e um número inteiro positivo $n_0 = n_0(K)$ tal que $|a_n/b_n| \leq K$, $\forall n \geq n_0$;

ii) $a_n = o(b_n)$ se para todo o $\epsilon > 0$ existir um número inteiro positivo $n_0 = n_0(\epsilon)$ tal que $|a_n/b_n| < \epsilon$, $\forall n \geq n_0$.

Em outras palavras, diz-se que $a_n = O(b_n)$ se a razão $|a_n/b_n|$ for limitada para todo o n suficientemente grande e que $a_n = o(b_n)$ se $a_n/b_n \to 0$ quando $n \to \infty$. Em particular, $a_n = O(1)$ se existir um número real $K > 0$ tal que $|a_n| \leq K$ para todo o n suficientemente grande e $a_n = o(1)$ se $a_n \to 0$ quando $n \to \infty$. Grosso modo, afirmar que $a_n = O(b_n)$ corresponde a dizer que a ordem de magnitude de $\{a_n\}_{n \geq 1}$ é, no máximo, igual à de $\{b_n\}_{n \geq 1}$ para todo o n suficientemente grande; analogamente, afirmar que $a_n = o(b_n)$ corresponde a dizer que a ordem de magnitude de $\{a_n\}_{n \geq 1}$ é menor que a de $\{b_n\}_{n \geq 1}$, para todo o n suficientemente grande.

Para comparar sequências de variáveis aleatórias precisa-se incorporar seu carácter aleatório nos conceitos de ordem de magnitude determinística. Nesse sentido, apresenta-se inicialmente a seguinte definição:

Definição B.17: Sejam $\{X_n\}_{n \geq 1}$ uma sequência de variáveis aleatórias e $\{b_n\}_{n \geq 1}$ uma sequência de números reais (ou variáveis aleatórias). Diz-se que

i) $X_n = O_p(b_n)$ se para todo o número real $\eta > 0$ existirem um número real positivo $K = K(\eta)$ e um número inteiro positivo $n_0 = n_0(\eta)$, tais que

$$P\left(|X_n/b_n| \geq K\right) \leq \eta, \ \forall n \geq n_0;$$

ii) $X_n = o_p(b_n)$ se para todo o número real $\epsilon > 0$ e para todo o número real $\eta > 0$ existir um número inteiro positivo $n_0 = n_0(\epsilon, \eta)$, tal que

$$P\left(|X_n/b_n| \geq \epsilon\right) < \eta, \ \forall n \geq n_0.$$

Em outras palavras, diz-se que $X_n = O_p(b_n)$ se a sequência $\{X_n/b_n\}_{n \geq 1}$ for limitada em probabilidade para todo o n suficientemente grande e que $X_n = o_p(b_n)$ se, para todo o número real $\epsilon > 0$, $P\left(|X_n/b_n| \geq \epsilon\right) \to 0$ quando $n \to \infty$. Em particular, $X_n = O_p(1)$ se para todo o número real $\eta > 0$ existir um número real $K > 0$ tal que $P\left(|X_n| \geq K\right) \leq \eta$ para todo o n suficientemente grande e $X_n = o_p(1)$ se, para todo o número real $\epsilon > 0$, $P\left(|X_n| \geq \epsilon\right) \to 0$ quando $n \to \infty$. Uma aplicação directa desses conceitos é apresentada no Exercício B.27.

Na proposição seguinte, cuja demonstração é deixada como exercício, apresentam-se alguns resultados envolvendo a notação $O_p(\cdot)$ e $o_p(\cdot)$.

Proposição B.31: Sejam $\{X_n\}_{n \geq 1}$ e $\{Y_n\}_{n \geq 1}$ sequências de variáveis aleatórias e $\{a_n\}_{n \geq 1}$ e $\{b_n\}_{n \geq 1}$ sequências de números reais (ou variáveis aleatórias);

i) se $X_n = o_p(a_n)$, então $X_n = O_p(a_n)$;

B. CONCEITOS E RESULTADOS DE TEORIA ASSINTÓTICA 585

ii) se $X_n = O_p(a_n)$ e $Y_n = O_p(b_n)$, então:

    a) $X_n Y_n = O_p(a_n b_n)$;

    b) $|X_n|^s = O_p(|a_n|^s)$, $\forall s > 0$;

    c) $X_n + Y_n = O_p\big(\max\{|a_n|, |b_n|\}\big)$;

iii) se $X_n = o_p(a_n)$ e $Y_n = o_p(b_n)$ então:

    a) $X_n Y_n = o_p(a_n b_n)$;

    b) $|X_n|^s = o_p(|a_n|^s)$, $\forall s > 0$;

    c) $X_n + Y_n = o_p\big(\max\{|a_n|, |b_n|\}\big)$;

iv) se $X_n = O_p(a_n)$ e $Y_n = o_p(b_n)$, então $X_n Y_n = o_p(a_n b_n)$.

Como na maioria das situações focadas neste texto, as variáveis aleatórias de interesse são multidimensionais, convém estender os conceitos apresentados acima para o caso vectorial.

Definição B.18: Sejam $\{\mathbf{X}_n\}_{n \geq 1} = \{(X_{n1}, X_{n2}, \ldots, X_{np})\}_{n \geq 1}$ uma sequência de vectores aleatórios p−dimensionais $(p \geq 2)$ e $\{b_n\}_{n \geq 1}$ uma sequência de números reais. Diz-se que

i) $\mathbf{X}_n = \mathbf{O}_p(b_n)$ se $||\mathbf{X}_n|| = O_p(b_n)$;

ii) $\mathbf{X}_n = \mathbf{o}_p(b_n)$ se $||\mathbf{X}_n|| = o_p(b_n)$;

Um resultado útil para avaliar a ordem de magnitude de sequências de vectores aleatórios, reduzindo o problema ao caso unidimensional, é apresentado a seguir.

Proposição B.32: Sejam $\{\mathbf{X}_n\}_{n \geq 1}$ uma sequência de vectores aleatórios p−dimensionais e $\{b_n\}_{n \geq 1}$ uma sequência de números reais; então:

i) $\mathbf{X}_n = \mathbf{O}_p(b_n)$ se, e somente se, $X_{nj} = O_p(b_n)$ para $j = 1, 2, \ldots, p$;

ii) $\mathbf{X}_n = \mathbf{o}_p(b_n)$ se, e somente se, $X_{nj} = o_p(b_n)$ para $j = 1, 2, \ldots, p$.

O Exercício B.27 envolve a demonstração de que se $\{X_n\}_{n \geq 1}$ for uma sequência de variáveis aleatórias independentes e identicamente distribuídas com $\mu = E(X_1)$ e $\sigma^2 = Var(X_1)$, então $\overline{X}_n - \mu = O_p(n^{-1/2})$ quando $n \to \infty$. Neste ponto pode-se pensar na seguinte questão: se f for uma função real de variável real, o que se pode dizer sobre a ordem de magnitude em probabilidade da sequência $\{f(\overline{X}_n)\}_{n \geq 1}$? A resposta pode ser obtida através da seguinte proposição:

Proposição B.33: Sejam $\{X_n\}_{n \geq 1}$ uma sequência de variáveis aleatórias, $\{a_n\}_{n \geq 1}$ uma sequência de números reais positivos com $a_n \to 0$ quando $n \to \infty$, e f uma função real de variável real derivável até à ordem k em um intervalo que contém um ponto a. Se $X_n - a = O_p(a_n)$, então

$$f(X_n) = \sum_{j=0}^{k} \frac{f^{(j)}(a)}{j!}(X_n - a)^j + o_p(a_n^k).$$

Prova: Pela fórmula de Taylor,

$$f(x) = \sum_{j=0}^{k} \frac{f^{(j)}(a)}{j!}(x - a)^j + R_k(x),$$

onde $R_k(x) = o\big((x-a)^k\big)$ quando $x \to a$. Além disso, pela Definição B.16, para todo o número real $\eta > 0$ existem um número real $K > 0$ e um número inteiro positivo n_0, tais que $P\big(|X_n - a| < Ka_n\big) \geq 1 - \eta$, $\forall n \geq n_0$. Por outro lado, para todo o número real $\epsilon > 0$ existe um número real $\delta > 0$ tal que $|R_k(x)|/|x-a|^k < \epsilon/K^k$, para todo o x satisfazendo a condição $0 < |x - a| < \delta$ e, como $a_n \to 0$ quando $n \to \infty$, existe um número inteiro positivo n_1 tal que $Ka_n < \delta$, $\forall n \geq n_1$. Logo,

$$A_n = \{x : \frac{|R_k(x)|}{a_n^k} < \epsilon\} \supseteq \{x : \frac{|x - a|}{a_n} < K\} = B_n, \quad \forall\, n \geq n_1$$

o que implica

$$P\big(\frac{|R_k(X_n)|}{a_n^k} < \epsilon\big) = P\big(X_n \in A_n\big) \geq P\big(X_n \in B_n\big) \geq 1 - \eta, \ \forall\, n \geq \max\{n_0, n_1\};$$

ou seja, $R_k(X_n) = o_p(a_n^k)$, o que prova o teorema. ∎

B.2 Modos de convergência estocástica e Leis dos Grandes Números

Diz-se que uma sequência de números reais $\{a_n\}_{n \geq 1}$ converge para um limite a quando $n \to \infty$ se para cada número real $\epsilon > 0$, existe um número inteiro $n_0 = n_0(\epsilon)$ tal que

$$|a_n - a| < \epsilon, \forall n \geq n_0,$$

ou equivalentemente,

$$\sup_{N \geq n} |a_N - a| < \epsilon, \forall n \geq n_0.$$

Em contraposição ao caso de sequências de números reais, o conceito de convergência de sequências de variáveis aleatórias admite diferentes formas. Em particular, as duas formas de expressão do conceito de convergência indicadas acima podem ser utilizadas para motivar as seguintes definições

Definição B.19: Uma sequência de variáveis aleatórias $\{X_n\}_{n \geq 1}$ **converge em probabilidade** para uma variável aleatória X (possivelmente degenerada) se para

B. CONCEITOS E RESULTADOS DE TEORIA ASSINTÓTICA

todo o número real $\epsilon > 0$, e para todo o número real $\eta > 0$, existir um número inteiro positivo $n_0 = n_0(\eta, \epsilon)$ tal que

$$P(|X_n - X| > \epsilon) < \eta \quad \text{quando } n \geq n_0.$$

Para indicar que $\{X_n\}_{n \geq 1}$ converge em probabilidade para X usa-se a notação $X_n \xrightarrow{P} X$. Essencialmente, essa afirmação significa que, para todo o n suficientemente grande, a diferença entre X_n e X é pequena com probabilidade arbitrariamente alta; pela Definição B.17, também pode-se notar que $X_n \xrightarrow{P} X$ é equivalente a $X_n - X = o_p(1)$.

Definição B.20: Uma sequência de variáveis aleatórias $\{X_n\}_{n \geq 1}$ **converge quase certamente** ou **quase em toda a parte** para uma variável aleatória X se para quaisquer números reais positivos η e ϵ, existir um número inteiro positivo $n_0 = n_0(\eta, \epsilon)$ tal que

$$P(|X_N - X| > \epsilon \text{ para algum } N \geq n) < \eta \quad \text{quando } n \geq n_0.$$

Para indicar que $\{X_n\}_{n \geq 1}$ converge quase certamente para X usa-se a notação $X_n \xrightarrow{q.c.} X$. Essencialmente, essa afirmação quer dizer que, para n suficientemente grande, o conjunto de pontos em que X_n e X diferem tem probabilidade zero.

Nos dois casos, a generalização para o caso vectorial é imediata e pode ser resumida através da seguinte definição:

Definição B.21: Uma sequência de vectores aleatórios $\{\mathbf{X}_n\}_{n \geq 1}$ converge em probabilidade (quase certamente) para um vector aleatório $\mathbf{X}_0$ (possivelmente degenerado), se a sequência de variáveis aleatórias $\{||\mathbf{X}_n - \mathbf{X}_0||\}_{n \geq 1}$ convergir em probabilidade (quase certamente) para zero.

Do ponto de vista prático, o seguinte resultado é útil para a constatação da convergência (em probabilidade ou quase certa) de uma sequência de vectores aleatórios.

Proposição B.34: Sejam $\{\mathbf{X}_n\}_{n \geq 1}$ uma sequência de vectores aleatórios e $\mathbf{X}_0$ um vector aleatório (possivelmente degenerado). Então

$$\mathbf{X}_n \xrightarrow{P, q.c.} \mathbf{X}_0 \quad \text{se e somente se } X_{nj} \xrightarrow{P, q.c.} X_{0j}, \quad \text{para } j = 1, 2, \ldots, p.$$

Embora os conceitos de convergência estocástica discutidos acima sejam definidos para sequências quaisquer de variáveis aleatórias, a sua aplicação a problemas concretos, em geral, requer a consideração de casos mais específicos. Dentre eles, destacam-se aqueles para os quais são válidas as **Leis dos Grandes Números**, que essencialmente são resultados sobre a convergência em probabilidade ou quase certa de sequências de estatísticas que podem ser expressas como médias de variáveis aleatórias (ou vectores aleatórios). Uma justificativa para tal particularização está no facto de que esse tipo de estatística ocorre com grande frequência em muitos modelos usualmente empregados na prática. Mais especificamente, sejam $X_1, X_2, \ldots$ variáveis aleatórias tais que $E(|X_n|) < \infty$, $n = 1, 2, \ldots$ e considerem-se somas do tipo

$$T_n = \sum_{j=1}^{n} X_j, \ n = 1, 2, \ldots.$$

Diz-se que a sequência de variáveis aleatórias $\{X_n\}_{n \geq 1}$ satisfaz a **Lei Fraca dos Grandes Números** se

$$\frac{T_n - E(T_n)}{n} \xrightarrow{P} 0,$$

e que satisfaz a **Lei Forte dos Grandes Números** se

$$\frac{T_n - E(T_n)}{n} \xrightarrow{q.c.} 0.$$

As diferentes versões das Leis dos Grandes Números dependem das suposições sobre a distribuição das variáveis aleatórias envolvidas; basicamente essas suposições envolvem restrições sobre os momentos e sobre a independência dessas variáveis. Dois casos importantes, são apresentados a seguir.

Proposição B.35 (Lei Fraca dos Grandes Números de Khintchine): Se $\{X_n\}_{n \geq 1}$ for uma sequência de variáveis aleatórias independentes e identicamente distribuídas com $E(X_1) = \mu < \infty$, então $\bar{X}_n = T_n/n \xrightarrow{P} \mu$.

Prova: Sejam $\varphi_{T_n/n}$ e φ_{X_1} as funções características de T_n/n e X_1, respectivamente. Logo, para todo o $t \in I\!\!R$:

$$
\begin{aligned}
\varphi_{T_n/n}(t) &= E\big[\exp(itT_n/n)\big] = \varphi_{T_n}(t/n) = \varphi_{\sum_{j=1}^{n} X_j}(t/n) \\
&= \prod_{j=1}^{n} \varphi_{X_j}(t/n) = \big[\varphi_{X_1}(t/n)\big]^n.
\end{aligned}
$$

Considerando uma expansão de Taylor até à primeira ordem de φ_{X_1} em torno de zero e observando que $\varphi_{X_1}(0) = 1$ e $\varphi'_{X_1}(0) = i\mu$ tem-se:

$$\varphi_{X_1}(t/n) = \varphi_{X_1}(0) + \varphi'_{X_1}(0)t/n + o(t/n) = 1 + i\mu t/n + o(t/n), \forall t \in I\!\!R.$$

Então, para todo o $t \in I\!\!R$, quando $n \longrightarrow \infty$ obtém-se

$$\varphi_{T_n/n}(t) = [\varphi_{X_1}(t/n)]^n = \big(1 + i\mu t/n + o(t/n)\big)^n.$$

Então, com $n \longrightarrow \infty$ segue-se que

$$\varphi_{T_n/n}(t) \longrightarrow \exp(it\mu)$$

que é a função característica de uma variável aleatória degenerada no ponto μ. Logo, $\bar{X}_n = T_n/n \xrightarrow{P} \mu$. ∎

Proposição B.36 (Lei Forte dos Grandes Números de Khintchine): Seja $\{X_n\}_{n \geq 1}$ uma sequência de variáveis aleatórias independentes e identicamente distribuídas; então, $\bar{X}_n = T_n/n \xrightarrow{q.c.} c$ onde c é uma constante se e somente se $E(|X_1|) < \infty$ e $c = E(X_1)$.

B. CONCEITOS E RESULTADOS DE TEORIA ASSINTÓTICA

Em muitas situações, depara-se com sequências de variáveis aleatórias independentes, mas não identicamente distribuídas. Uma lei fraca dos grandes números apropriada para esses casos é aquela apresentada no seguinte resultado:

Proposição B.37 (Lei Fraca dos Grandes Números de Chebyshev): Seja $\{X_n\}_{n \geq 1}$ uma sequência de variáveis aleatórias independentes com médias $\mu_1, \mu_2, \dots$ e variâncias $\sigma_1^2, \sigma_2^2, \dots$, respectivamente. Se

$$n^{-2} Var(T_n) = n^{-2} \sum_{j=1}^{n} \sigma_j^2 \longrightarrow 0 \qquad \text{com} \qquad n \longrightarrow \infty$$

então $n^{-1} \{T_n - \sum_{j=1}^{n} \mu_j\} \xrightarrow{P} 0$.

Prova: Pela desigualdade de Chebyshev segue-se que, para todo o $\epsilon > 0$,

$$P\Big(\Big|\frac{T_n - E(T_n)}{n}\Big| \geq \epsilon\Big) = P\big(|T_n - E(T_n)| \geq n\epsilon\big) \leq \frac{Var(T_n)}{n^2 \epsilon^2} \longrightarrow 0$$

quando $n \longrightarrow \infty$. Logo,

$$\big(T_n - E(T_n)\big)/n = \big(T_n - \sum_{j=1}^{n} \mu_j\big)/n \xrightarrow{P} 0. \qquad \blacksquare$$

A extensão desses resultados para sequências de vectores aleatórios pode ser facilmente obtida por meio da aplicação da Proposição B.34.

Esses conceitos de convergência estocástica (além de outros, como convergência em média, que não se discutirão aqui) constituem ferramentas úteis para avaliar se estimadores de algum parâmetro de interesse se "aproximam" de seu verdadeiro valor com o aumento do tamanho da amostra na qual eles estão baseados. Para esse efeito, a demonstração de que um estimador T_n (aqui entendido como uma sequência de estatísticas para amostras de tamanhos crescentes) converge em probabilidade para o verdadeiro valor do parâmetro θ sob investigação é, em geral, suficiente, embora a convergência quase certa desse estimador para esse valor do parâmetro seja um resultado mais forte, *i.e.*,

$$T_n \xrightarrow{q.c.} \theta \implies T_n \xrightarrow{P} \theta.$$

Sob o ponto de vista prático, no entanto, a constatação da convergência (quase certa ou em probabilidade) de um estimador para o verdadeiro valor do parâmetro pode não ser suficiente; em muitas situações, a construção de intervalos de confiança (aproximados) faz-se necessária e para isso é preciso estudar o comportamento da distribuição assintótica do estimador correspondente. Esse novo aspecto do comportamento estatístico de estimadores para grandes amostras está relacionado com o conceito de **convergência em distribuição** (ou em lei ou convergência fraca), definido a seguir, que essencialmente envolve a convergência de uma sequência de funções de distribuição para valores crescentes do tamanho da amostra.

Definição B.22: Sejam $X, X_1, X_2, \dots$ variáveis aleatórias cujas funções distribuição são $F, F_1, F_2, \dots$, respectivamente. Diz-se que a sequência $\{X_n\}_{n \geq 1}$ converge em distribuição (ou em lei ou fracamente) para X se, para todo o número real positivo ϵ, existe um inteiro positivo $n_0 = n_0(\epsilon)$ tal que, para todo o ponto x de continuidade de F,

$$|F_n(x) - F(x)| < \epsilon, \quad \forall n \geq n_0.$$

Para indicar que $\{X_n\}_{n \geq 1}$ converge em distribuição para X usar-se-á a notação $X_n \overset{D}{\longrightarrow} X$.

Uma relação bastante útil em aplicações é estabelecida pelo seguinte resultado:

Proposição B.38: Se uma sequência de variáveis aleatórias $\{X_n\}_{n \geq 1}$ converge em distribuição para uma variável aleatória (não degenerada) X, então $X_n = O_p(1)$.

Prova: Sejam $F_n, n = 1, 2, \ldots$ e F as funções distribuição de X_n e X, respectivamente. Para todo o número real $\epsilon > 0$ existem números inteiros n_1 e n_2 tais que para todo o $x \geq n_1$ tem-se $F(x) > 1 - \epsilon$ e para todo o $x \leq n_2$ tem-se $F(x) < \epsilon$. Seja $m = max(|n_1|, |n_2|) \equiv m(\epsilon)$. Então para todo o $x \geq m$ tem-se $F(x) > 1 - \epsilon$ e $x \leq -m$ tem-se $F(x) < \epsilon$. Como $X_n \overset{D}{\longrightarrow} X$, para todo o $\delta > 0$ e para todo o ponto de continuidade x de F, existe um número inteiro $n_0 = n_0(\delta, x)$ tal que para todo o $n \geq n_0$, $F(x) - \delta < F_n(x) < F(x) + \delta$. Assim, para todo o $n \geq n_0(\delta, -m)$ tem-se

$$F_n(-m) < F(-m) + \delta < \epsilon + \delta$$

e para todo o $n \geq n_0(\delta, m)$ tem-se

$$F_n(m) > F(m) - \delta > 1 - (\epsilon + \delta) \Rightarrow 1 - F_n(m) < \epsilon + \delta.$$

Tomando $n_0 = max\{n_o(\delta, -m), n_o(\delta, m)\}$, segue-se que para todo o $n \geq n_0$,

$$P(|X_n| \leq m) = F_n(m) - F_n(-m) > 1 - 2(\epsilon + \delta).$$

Tome-se agora $\epsilon = \delta = \eta/4$. Então para todo o $\eta > 0$, existe uma constante $m = m(\eta)$ e um inteiro positivo $n_0(\eta)$ tal que $P\{|X_n| \leq m(\eta)\} \geq 1 - \eta$, ou seja $X_n = O_p(1)$. ∎

A definição de convergência em distribuição pode ser facilmente estendida para sequências de vectores aleatórios. Nesse caso, um resultado bastante útil está explicitado na seguinte proposição conhecida como **Teorema de Cramér-Wold**.

Proposição B.39: Sejam $\mathbf{X}_0 = (X_{01}, \ldots, X_{0p})'$ e $\mathbf{X}_n = (X_{n1}, \ldots, X_{np})'$, $n = 1, 2, \ldots$ vectores aleatórios p–dimensionais. Então $\mathbf{X}_n \overset{D}{\longrightarrow} \mathbf{X}_0$ se e somente se

$$\mathbf{X}_n' \mathbf{t} = \sum_{j=1}^{p} t_j X_{nj} \overset{D}{\longrightarrow} \sum_{j=1}^{p} t_j X_{0j} = \mathbf{X}_0' \mathbf{t}, \quad \forall \mathbf{t} = (t_1, t_2, \ldots, t_p)' \in I\!\!R^p.$$

Essencialmente, este resultado mostra que a convergência em distribuição de uma sequência de vectores aleatórios $\{\mathbf{X}_n\}_{n \geq 1}$ para um vector aleatório $\mathbf{X}_0$ é equivalente à convergência em distribuição das sequências das combinações lineares $\{\mathbf{X}_n' \mathbf{t}\}_{n \geq 1}$, para $\mathbf{X}_0' \mathbf{t}$ para todo o $\mathbf{t} \in I\!\!R^p$.

B. CONCEITOS E RESULTADOS DE TEORIA ASSINTÓTICA

Finaliza-se esta subsecção com dois resultados amplamente utilizados no estudo das propriedades estatísticas dos estimadores discutidos neste texto.

Proposição B.40: Sejam X_0 e X_n, $n = 1, 2, \ldots$ variáveis aleatórias definidas em um mesmo espaço de probabilidade e $f : I\!\!R^p \to I\!\!R^m$ ($m \geq 1$) uma função contínua. Então

i) $X_n \xrightarrow{q.c.} X_0 \implies f(X_n) \xrightarrow{q.c.} f(X_0)$;

ii) $X_n \xrightarrow{P} X_0 \implies f(X_n) \xrightarrow{P} f(X_0)$;

iii) $X_n \xrightarrow{D} X_0 \implies f(X_n) \xrightarrow{D} f(X_0)$.

Os resultados da proposição são válidos mesmo em situações em que a função f não é definida e contínua em todo o $I\!\!R^p$. O item iii) é conhecido na literatura estatística como **Teorema de Sverdrup** (ver Sen & Singer (1993), por exemplo) e ele é válido mesmo quando as variáveis aleatórias X_n, $n = 1, 2, \ldots$ não são definidas no mesmo espaço de probabilidade que a variável aleatória X_0.

Proposição B.41 (Teorema de Slutsky): Considerem-se sequências de variáveis aleatórias $X, X_1, X_2, \ldots$ e $Y_1, Y_2, \ldots$ tais que $X_n \xrightarrow{D} X$ e $Y_n \xrightarrow{P} c$, onde c é uma constante. Então,

i) $X_n + Y_n \xrightarrow{D} X + c$;

ii) $X_n Y_n \xrightarrow{D} cX$;

iii) se $c \neq 0$, $X_n / Y_n \xrightarrow{D} X/c$.

Prova: Demonstrar-se-ão os itens i) e ii); a prova do item iii) fica como exercício para o leitor. Suponha-se que $X_n \xrightarrow{D} X$ e $Y_n \xrightarrow{P} c$.

i) Seja t um ponto de continuidade da função distribuição de $X + c$, que se denotarão por F_{X+c}. Como $F_{X+c}(t) = F_X(t - c)$ então $t - c$ é um ponto de continuidade de F_X, a função distribuição de X. Para todo o $\epsilon > 0$ tal que $t - c + \epsilon$ e $t - c - \epsilon$ também são pontos de continuidade de F_X, tem-se

$$
\begin{aligned}
F_{X_n + Y_n}(t) &= P(X_n + Y_n \leq t) \\
&= P(X_n + Y_n \leq t, |Y_n - c| < \epsilon) \\
&\quad + P(X_n + Y_n \leq t, |Y_n - c| \geq \epsilon) \\
&\leq P(X_n + Y_n \leq t, |Y_n - c| < \epsilon) + P(|Y_n - c| \geq \epsilon) \\
&\leq P(X_n \leq t - c + \epsilon) + P(|Y_n - c| \geq \epsilon) \\
&= F_{X_n}(t - c + \epsilon) + P(|Y_n - c| \geq \epsilon), \ \forall n \geq 1,
\end{aligned}
$$

592   B.2 CONVERGÊNCIA ESTOCÁSTICA

o que implica

$$\limsup_{n\to\infty} F_{X_n+Y_n}(t) \leq \limsup_{n\to\infty} F_{X_n}(t-c+\epsilon) + \limsup_{n\to\infty} P(|Y_n - c| \geq \epsilon)$$
$$= F_X(t-c+\epsilon).$$

Analogamente,

$$\begin{aligned}
F_{X_n}(t-c-\epsilon) &= P(X_n \leq t-c-\epsilon)\\
&= P(X_n \leq t-c-\epsilon, |Y_n - c| < \epsilon)\\
&\quad + P(X_n \leq t-c-\epsilon, |Y_n - c| \geq \epsilon)\\
&\leq P(X_n + Y_n \leq t) + P(|Y_n - c| \geq \epsilon)\\
&= F_{X_n+Y_n}(t) + P(|Y_n - c| \geq \epsilon), \ \forall n \geq 1,
\end{aligned}$$

o que implica

$$\begin{aligned}
F_X(t-c-\epsilon) &\leq \liminf_{n\to\infty} F_{X_n+Y_n}(t) + liminf_{n\to\infty} P(|Y_n - c| \geq \epsilon)\\
&= \liminf_{n\to\infty} F_{X_n+Y_n}(t).
\end{aligned}$$

Segue-se então que

$$\begin{aligned}
F_X(t-c-\epsilon) &\leq \liminf_{n\to\infty} F_{X_n+Y_n}(t)\\
&\leq \limsup_{n\to\infty} F_{X_n+Y_n}(t) \leq F_X(t-c+\epsilon).
\end{aligned}$$

Como $t - c$ é um ponto de continuidade de F_X,

$$\lim_{\epsilon\to 0} F_X(t-c-\epsilon) = \lim_{\epsilon\to 0} F_X(t-c+\epsilon) = F_X(t-c),$$

e portanto, segue-se que

$$\lim_{n\to\infty} F_{X_n+Y_n}(t) = F_{X+c}(t)$$

o que prova i).

ii) Sejam $\mathbf{V}_n = (X_n, Y_n)$, $n = 1, 2, \ldots$. Para todo o $\mathbf{t} = (t_1, t_2)' \in I\!\!R^2$, tem-se $t_1 X_n \xrightarrow{D} t_1 X$ e $t_2 Y_n \xrightarrow{P} t_2 c$. Então, pelo item i), pode-se concluir que $t_1 X_n + t_2 Y_n \xrightarrow{D} t_1 X + t_2 c$; logo, pelo Teorema de Crámer-Wold (Proposição B.39), segue-se que $\mathbf{V}_n \xrightarrow{D} (X, c)$. Considere-se agora a função $f : I\!\!R^2 \longrightarrow I\!\!R$ definida por $f(x, y) = xy$, para todo o $(x, y) \in I\!\!R^2$. Como f é contínua, segue-se, pela Proposição B.40, que $f(\mathbf{V}_n) = X_n Y_n \xrightarrow{D} f(X, c) = cX$ o que prova ii).   ∎

Uma versão multivariada desse resultado é apresentada na seguinte proposição:

Proposição B.42: Sejam $\mathbf{X}$, $\mathbf{X}_n$ e $\mathbf{Y}_n$, $n = 1, 2, \ldots$ vectores aleatórios $p-$dimensionais tais que $\mathbf{X}_n \xrightarrow{D} \mathbf{X}$ e $\mathbf{Y}_n \xrightarrow{P} \mathbf{0}$. Sejam também $\mathbf{W}_n$, $n = 1, 2, \ldots$ matrizes aleatórias e $\mathbf{W}$ uma matriz não estocástica tais que

$$tr[\{\mathbf{W}_n - \mathbf{W}\}'\{\mathbf{W}_n - \mathbf{W}\}] \xrightarrow{P} 0.$$

Então

B. CONCEITOS E RESULTADOS DE TEORIA ASSINTÓTICA   593

i) $(\mathbf{X}_n \pm \mathbf{Y}_n) \xrightarrow{\mathcal{D}} \mathbf{X}$;

ii) $\mathbf{W}_n \mathbf{X}_n \xrightarrow{\mathcal{D}} \mathbf{W} \mathbf{X}$.

B.3   Teorema Limite Central e aplicações

O conceito de convergência em distribuição é de fundamental importância em aplicações estatísticas, pois permite (pelo menos do ponto de vista teórico) a construção de intervalos de confiança aproximados para os parâmetros de interesse e de testes aproximados para hipóteses sobre esses parâmetros. Quando as estatísticas em questão correspondem a somas de variáveis aleatórias independentes, esses procedimentos aproximados baseados em métodos assintóticos são especialmente atraentes do ponto de vista prático, pois, sob condições bastante gerais, essas somas, devidamente padronizadas, convergem em distribuição para variáveis aleatórias com distribuição Normal de média zero e variância unitária. Esse resultado é conhecido na literatura estatística como **Teorema Limite Central**. Existem várias versões desse teorema, caracterizadas por diferentes suposições sobre as distribuições das variáveis aleatórias que geram as estatísticas em consideração; como no caso das Leis dos Grandes Números, essas suposições estão basicamente relacionadas com os momentos das variáveis aleatórias mencionadas e sua estrutura de dependência estocástica. Embora existam várias formas do Teorema Limite Central, as necessidades deste texto requerem apenas as versões que se apresentam a seguir.

Proposição B.43: Seja $\{X_n\}_{n \geq 1}$ uma sequência de variáveis aleatórias independentes e identicamente distribuídas com $\mu = E(X_1)$ e $0 < \sigma^2 = Var(X_1) < \infty$. Então fazendo $T_n = \sum_{i=1}^{n} X_i$, tem-se

$$\frac{T_n - E(T_n)}{\sqrt{var T_n}} = \frac{T_n - n\mu}{\sigma \sqrt{n}} = \sqrt{n} \frac{\overline{X}_n - \mu}{\sigma} \xrightarrow{\mathcal{D}} \mathcal{N}(0, 1).$$

Do ponto de vista prático, este resultado significa que para n suficientemente grande a distribuição da média amostral $\overline{X}_n$ pode ser aproximada por uma distribuição Normal com média μ e variância σ^2/n.

A versão multivariada desse resultado, cuja demonstração é uma consequência imediata da aplicação do Teorema de Cramér-Wold, pode ser explicitada como:

Proposição B.44: Seja $\{\mathbf{X}_n\}_{n \geq 1}$ uma sequência de vectores aleatórios $p-$dimensionais independentes e identicamente distribuídos. Sejam $\boldsymbol{\mu}$ o vector de médias e $\boldsymbol{\Sigma}$ a matriz de covariâncias de $\mathbf{X}_1$, onde $\boldsymbol{\Sigma} = (\sigma_{ij})_{1 \leq i,j \leq p}$ é finita. Então

$$\mathbf{Z}_n = \frac{1}{\sqrt{n}} \sum_{i=1}^{n} (\mathbf{X}_i - \boldsymbol{\mu}) \xrightarrow{\mathcal{D}} \mathcal{N}(\mathbf{0}, \boldsymbol{\Sigma}).$$

Analogamente ao caso univariado, na óptica de aplicações práticas este resultado significa que, para n suficientemente grande, a distribuição do vector de médias amos-

594   B.3 TEOREMA LIMITE CENTRAL E APLICAÇÕES

trais $\overline{\mathbf{X}}_n$ pode ser aproximada por uma distribuição Normal p-variada com vector de médias $\boldsymbol{\mu}$ e matriz de covariâncias $n^{-1}\boldsymbol{\Sigma}$.

Um resultado bastante útil para as demonstrações de resultados assintóticos envolvendo variáveis aleatórias com suporte limitado, porém não necessariamente identicamente distribuídas, é o seguinte:

Proposição B.45: Seja $\{X_n\}_{n\geq 1}$ uma sequência de variáveis aleatórias independentes tais que $\mu_n = E(X_n)$, $\sigma_n^2 = \text{Var}(X_n)$ e $P(a \leq X_n \leq b) = 1$, com $-\infty < a < b < \infty$, $n = 1, 2, \ldots$. Se a variância de $T_n = \sum_{i=1}^n X_i$, $\gamma_n^2 = \sum_{i=1}^n \sigma_i^2$, convergir para ∞ quando $n \longrightarrow \infty$, então $(T_n - E(T_n))/\gamma_n \xrightarrow{\mathcal{D}} \mathcal{N}(0,1)$.

Em muitas situações práticas, as estatísticas de interesse não podem ser expressas como somas de variáveis aleatórias independentes e, consequentemente, o Teorema Limite Central não pode ser directamente aplicado para demonstrar sua normalidade assintótica. Um exemplo típico é a estatística $T = \sqrt{n}(\overline{X}_n - \mu)/S_n$ onde $\overline{X}_n$ e S_n^2 são, respectivamente, a média e a variância amostrais correspondentes a uma amostra aleatória $X_1, \ldots, X_n$ de uma variável aleatória X tal que $\mu = E(X)$ e $\sigma^2 = Var(X) < \infty$. Note que se $X \sim \mathcal{N}(\mu, \sigma^2)$ então T terá distribuição t-Student com $n-1$ graus de liberdade, para todo o $n \geq 2$. O interesse aqui relaciona-se com situações onde a forma da distribuição de X não é especificada. Consideram-se, então, duas classes de estatísticas para as quais a normalidade assintótica pode ser demonstrada através de estratégias simples. A primeira é o objecto da seguinte proposição:

Proposição B.46: Seja $\{X_1, X_2, \ldots, X_n\}$ uma amostra aleatória simples de uma variável aleatória X, $T_n = T(X_1, X_2, \ldots, X_n)$ uma estatística e g uma função real de variável real tal que $E\big(g(X_1)\big) = \xi$ e $Var\big(g(X_1)\big) = \nu^2$, $0 < \nu^2 < \infty$. Suponha-se que $T_n = G_n + R_n$, onde $G_n = \sum_{j=1}^n g(X_j)$ e $n^{-\frac{1}{2}} R_n \xrightarrow{P} 0$. Então,

$$\frac{T_n - n\xi}{\nu\sqrt{n}} \xrightarrow{\mathcal{D}} \mathcal{N}(0,1).$$

Seja $\{T_n\}_{n\geq 1}$ uma sequência de estatísticas tal que $\sqrt{n}(T_n - \mu) \xrightarrow{\mathcal{D}} \mathcal{N}(0, \sigma^2)$, onde μ é uma constante conveniente e seja g uma função real de variável real. Em muitas situações práticas há interesse em se fazerem afirmações sobre a convergência em distribuição de $\sqrt{n}\{g(T_n) - g(\mu)\}$. No contexto descrito no Exercício B.34, por exemplo, é perfeitamente plausível indagar de que forma a convergência em distribuição de $\sqrt{n}(S_n^2 - \sigma^2)$ pode ser utilizada para estudar a convergência em distribuição de $\sqrt{n}(S_n - \sigma)$. A resposta a esse tipo de questões pode ser conseguida através do chamado **Método Delta** considerado nas proposições B.47 e B.48.

Proposição B.47: Sejam $\{T_n\}_{n\geq 1}$ uma sequência de variáveis aleatórias, μ um número real e g uma função real de variável real derivável em um intervalo que contém o ponto μ, com $g'(\mu) \neq 0$. Se $\sqrt{n}(T_n - \mu) \xrightarrow{\mathcal{D}} \mathcal{N}(0, \sigma^2)$ então,

$$\sqrt{n}\{g(T_n) - g(\mu)\} \xrightarrow{\mathcal{D}} \mathcal{N}\big(0, [g'(\mu)]^2 \, \sigma^2 \big).$$

B. CONCEITOS E RESULTADOS DE TEORIA ASSINTÓTICA 595

Uma versão vectorial desse resultado pode ser expressa por meio da seguinte proposição:

Proposição B.48: Sejam $\{\mathbf{T}_n\}_{n\geq 1}$ uma sequência de vectores aleatórios p–dimensionais, $\boldsymbol{\theta}$ um vector de constantes reais e $\mathbf{g} : I\!\!R^p \to I\!\!R^q$ uma função tal que $\dot{\mathbf{G}}(\boldsymbol{\theta}) = (\partial/\partial\mathbf{x}')\mathbf{g}(\mathbf{x})|_{\mathbf{x}=\boldsymbol{\theta}}$ existe. Suponha agora que $\sqrt{n}(\mathbf{T}_n - \boldsymbol{\theta}) \xrightarrow{\mathcal{D}} \mathcal{N}(\mathbf{0}, \boldsymbol{\Sigma})$. Então

$$\sqrt{n}\{(\mathbf{g}(\mathbf{T}_n) - \mathbf{g}(\boldsymbol{\theta}))\} \xrightarrow{\mathcal{D}} \mathcal{N}\{\mathbf{0}, \dot{\mathbf{G}}(\boldsymbol{\theta})\boldsymbol{\Sigma}\dot{\mathbf{G}}(\boldsymbol{\theta})'\}.$$

Muitas vezes há interesse em se estudar a distribuição assintótica de formas quadráticas do tipo $Q_n = n(\mathbf{T}_n - \boldsymbol{\theta})'\mathbf{A}_n(\mathbf{T}_n - \boldsymbol{\theta})$ em que $\{\mathbf{A}_n\}_{n\geq 1}$ é uma sequência de matrizes semidefinidas positivas e $\mathbf{T}_n$, devidamente padronizada, é uma estatística com distribuição assintótica normal. Nesses casos, a Proposição B.48 não pode ser aplicada, pois $(\partial/\partial\mathbf{x})Q_n(\mathbf{x})$ calculada no ponto $\mathbf{x} = \boldsymbol{\theta}$ se anula. A solução está no seguinte resultado devido a **Cochran**:

Proposição B.49: Seja $\{\mathbf{T}_n\}_{n\geq 1}$ uma sequência de vectores aleatórios p–dimensionais, tais que $\sqrt{n}(\mathbf{T}_n - \boldsymbol{\theta}) \xrightarrow{\mathcal{D}} \mathcal{N}(\mathbf{0}, \boldsymbol{\Sigma})$ com $\boldsymbol{\Sigma}$ denotando uma matriz de covariâncias de característica $q \leq p$ e seja $\{\mathbf{A}_n\}_{n\geq 1}$ uma sequência de matrizes tais que $\mathbf{A}_n \xrightarrow{P} \mathbf{A}$ com $\mathbf{A}\boldsymbol{\Sigma}\mathbf{A} = \mathbf{A}$. Então

$$Q_n = n(\mathbf{T}_n - \boldsymbol{\theta})'\mathbf{A}_n(\mathbf{T}_n - \boldsymbol{\theta}) \xrightarrow{\mathcal{D}} \chi_q^2.$$

B.4 Exercícios

B.27: Sejam $\{X_n\}_{n\geq 1}$ uma sequência de variáveis aleatórias independentes e identicamente distribuídas com $\mu = E(X_1)$, $\sigma^2 = Var(X_1) < \infty$ e $T_n = \sum_{j=1}^{n} X_j = n\overline{X}$, $\forall\, n \geq 1$. Utilize a desigualdade de Chebyshev para demonstrar que $\overline{X} - \mu = O_p(n^{-1/2})$.

B.28: Demonstrar os resultados enunciados na Proposição B.31.

B.29: Sejam $\{X_n\}_{n\geq 1}$ uma sequência de variáveis aleatórias independentes e identicamente distribuídas com $\mu = E(X_1), \sigma^2 = Var(X_1) < \infty$ e f uma função real de variável real derivável em um intervalo que contém μ. Usando o resultado do Exercício B.27 e a Proposição B.33, mostre que

$$f(\overline{X}_n) = f(\mu) + O_p(n^{-\frac{1}{2}}).$$

B.30: Seja $\{X_n\}_{n\geq 1}$ uma sequência de variáveis aleatórias e sejam $\{a_n\}_{n\geq 1}$, e $\{b_n\}_{n\geq 1}$ sequências de números reais. Prove que:

i) se $a_n = O(b_n)$ e $X_n = O_p(a_n)$, então $X_n = O_p(b_n)$;

ii) se $a_n = o(b_n)$ e $X_n = O_p(a_n)$, então $X_n = o_p(b_n)$;

iii) se $a_n = O(b_n)$ e $X_n = o_p(a_n)$, então $X_n = o_p(b_n)$;

iv) se $a_n = o(b_n)$ e $X_n = o_p(a_n)$, então $X_n = o_p(b_n)$;

B.31: Seja $\{X_n\}_{n\geq 1}$ uma sequência de variáveis aleatórias independentes e identicamente distribuídas com $\mu = E(X_1)$ e $\sigma^2 = Var(X_1) < \infty$ Mostre que $\overline{X}_n \overset{P}{\to} \mu$.

B.32: Seja $\{X_n\}_{n\geq 1}$ uma sequência de variáveis aleatórias tal que $X_n \overset{\mathcal{D}}{\longrightarrow} Z \sim \mathcal{N}(0,1)$. Mostre que $X_n^2 \overset{\mathcal{D}}{\longrightarrow} Q \sim \chi^2_{(1)}$.

B.33: Seja T_n o número de sucessos em n ensaios de Bernoulli independentes com probabilidade de sucesso $p, 0 < p < 1$, em cada ensaio. Então

$$\frac{T_n - np}{\sqrt{np(1-p)}} \overset{\mathcal{D}}{\longrightarrow} \mathcal{N}(0,1).$$

Este resultado é conhecido como Teorema Limite Central de De Moivre – Laplace.

B.34: Seja $\{X_1, X_2, \ldots, X_n\}$ uma amostra aleatória simples de uma variável aleatória X com $\mu = E(X)$, $\sigma^2 = Var(X) > 0$, $\mu_4 = E(X-\mu)^4 < \infty$ e $\gamma^2 = Var\big((X-\mu)^2\big) = \mu_4 - \sigma^4$. Seja também

$$S_n^2 = (n-1)^{-1} \sum_{j=1}^{n} (X_j - \overline{X}_n)^2$$

a variância amostral correspondente. Mostre que

$$\sqrt{n}(S_n^2 - \sigma^2) = \frac{(n-1)\,S_n^2 - n\sigma^2}{\sqrt{n}} + \frac{S_n^2}{\sqrt{n}} \overset{\mathcal{D}}{\longrightarrow} \mathcal{N}(0,\gamma^2).$$

Apêndice C

Meios Computacionais

É objectivo desta secção informar os leitores dos meios computacionais usados para a execução das análises descritas neste texto. Embora muitos "pacotes" comerciais com sub-rotinas para análises de dados categorizados estejam disponíveis no mercado (*SAS, SPSS, Minitab, GLIM, S-Plus, StatXact*, entre outros), nem sempre eles dispõem de meios para abordar todos os tipos de modelos considerados e nem sempre utilizam a mesma estrutura analítica que norteia o livro. Para uma descrição da aplicação dessas sub-rotinas, o leitor poderá consultar várias publicações, dentre as quais se destacam Stokes et al. (2000), dirigida ao *SAS*, Lindsey (1989) e, numa óptica mais alargada, Aitken, Anderson, Francis & Hinde (1989) e Healy (1988), cujo foco é o *GLIM* ou Venables & Ripley (1999), cuja atenção se centra no *S-Plus*. Uma secção do livro dedicada à utilização desses "pacotes" certamente teria vida efémera, dada a frequência e a magnitude das alterações a que essas sub-rotinas estão sujeitas. Como alternativa, optou-se por utilizar a linguagem R para desenvolver um conjunto de funções dirigidas às análises detalhadas no texto. Vale lembrar que a linguagem R é de domínio público e que está disponível gratuitamente no sítio

http://cran.r-project.org

Essas funções utilizam a mesma notação e a mesma estrutura de modelação que permeia o livro e dão ao leitor a possibilidade de modificá-las *ad hoc*. Pelas mesmas razões que justificam a exclusão dos detalhes sobre os "pacotes" comerciais mencionados acima, não se incluiram pormenores sobre as funções no texto; optou-se por deixá-las disponíveis no sítio da editora

http://www.blucher.com.br/livros.a sp?Codlivro=03926

o que permite sua actualização sem prejuízo do texto. Nesse mesmo sítio, o leitor encontrará um manual com explicações sobre a obtenção e instalação tanto do "pacote" com a base da linguagem R quanto das funções construídas para a análise de dados categorizados. Além disso, vários exemplos de análises efectivamente realizadas também podem ser obtidos do mesmo local.

Bibliografia

Abrão, M. S., Podgaec, S., Martorelli Filho, B., Ramos, L. O., Pinotti, J. & Oliveira, R. M. (1997). The use of biochemical markers in the diagnosis of pelvic endometriosis, *Human Reproduction* **11**: 2523–2527.

Agresti, A. (1984). *Analysis of Ordinal Categorical Data*, New York: John Wiley & Sons.

Agresti, A. (1992). A survey of exact inference for contingency tables, *Statistical Science* **7**: 131–177.

Agresti, A. (2001). Exact inference for categorical data: recent advances and continuing controversies, *Statistics in Medicine* **20**: 2709–2722.

Agresti, A. (2002). *Categorical Data Analysis*, 2 edn, New York: John Wiley & Sons.

Agresti, A. & Kezouh, A. (1983). Association models for multidimensional cross-classifications of ordinal variables, *Communications in Statistics, A* **12**: 1261–1276.

Agresti, A., Mehta, C. R. & Patel, N. R. (1990). Exact inference for contingency tables with ordered categories, *Journal of the American Statistical Association* **85**: 453–458.

Agresti, A. & Min, Y. (2001). On small-sample confidence intervals for parameters in discrete distributions, *Biometrics* **57**: 963–971.

Aitken, M., Anderson, D., Francis, B. & Hinde, J. (1989). *Statistical Modelling in GLIM*, Oxford: Clarendon Press.

Altham, P. M. E. (1976). Discrete data analysis for individuals grouped into families, *Biometrika* **63**: 263–270.

Altham, P. M. E. (1984). Improving the precision of estimation by fitting a model, *Journal of the Royal Statistical Society, B* **46**: 118–119.

Anderson, J. A. (1972). Separate sample logistic discrimination, *Biometrika* **59**: 19–35.

Anderson, J. A. & Philips, J. R. (1981). Regression, discrimination and measurement models for ordered categorical variables, *Applied Statistics* **30**: 22–31.

600 BIBLIOGRAFIA

André, C. D. S., Neves, M. M. C. & Tseng, T. H. (1990). Estudo comparativo entre os diferentes métodos de detecção de indivíduos com alto risco de cárie, *Relatório de análise estatística SEA-RAE-9008*, Centro de Estatística Aplicada, IME, Universidade de São Paulo.

Andrich, D. (1979). A model for contingency tables having an ordered response classification, *Biometrics* **35**: 403–415.

Aranda-Ordaz, F. J. (1981). On two families of transformations to additivity for binary response data, *Biometrika* **68**: 357–363.

Armitage, P. & Berry, G. (1987). *Statistical Methods in Medical Research*, London: Blackwell Scientific Publications.

Bahadur, R. R. (1961). A representation of the joint distribution of responses to n dichotomous items, *in* H. Solomon (ed.), *Studies in Item Analysis and Prediction*, Stanford Mathematical Studies in the Social Sciences VI, Stanford, CA: Stanford University Press.

Baker, S. G. (1994a). The Multinomial-Poisson transformation, *The Statistician* **43**: 495–504.

Baker, S. G. (1994b). Regression analysis of grouped survival data with incomplete covariates: nonignorable missing data and censoring mechanisms, *Biometrics* **50**: 821–826.

Baker, S. G. & Laird, N. M. (1988). Regression analysis for categorical variables with outcome subject to nonignorable nonresponse, *Journal of the American Statistical Association* **83**: 62–69.

Baker, S. G., Rosenberger, W. F. & DerSimonian, R. (1992). Closed-form estimates for missing counts in two-way contingency tables, *Statistics in Medicine* **11**: 643–657.

Barnard, G. A. (1945). A new test for 2×2 tables, *Nature* **156**: 177.

Barnard, G. A. (1979). In contradiction to J. Berkson's dispraise: conditonal tests can be more efficient, *Journal of Statistical Planning and Inference* **3**: 181–187.

Barndorff-Nielsen, O. (1973). On M-ancillarity, *Biometrika* **60**: 447–455.

Barros, J. A. (1994). *Avaliação pulmonar pré-operatória em candidatos a cirurgia geral eletiva*, Dissertação de mestrado, Escola Paulista de Medicina, Universidade Federal de São Paulo.

Basu, D. (1977). On the elimination of nuisance parameters, *Journal of the American Statistical Association* **72**: 355–366.

Basu, D. (1979). Discussion of J. Berkson's paper *In dispraise of the exact test*, *Journal of Statistical Planning and Inference* **3**: 189–192.

BIBLIOGRAFIA

Basu, D. (1980). Randomization analysis of the experimental data: the Fisher randomization test (with discussion), *Journal of the American Statistical Association* **75**: 575–594.

Becker, M. E. (1989). Models for the analysis of association in multivariate contingency tables, *Journal of the American Statistical Association* **84**: 1014–1019.

Bedrick, E. J. (1983). Adjusted chi-square tests for cross-classified tables of survey data, *Biometrika* **70**: 591–595.

Bemis, K. G. & Bhapkar, V. P. (1982). On the equivalence of some test criteria based on BAN estimators for the multivariate exponential family, *Journal of Statistical Planning and Inference* **6**: 277–286.

Benedetti, J. K. & Brown, M. B. (1978). Strategies for the selection of loglinear models, *Biometrics* **34**: 680–686.

Berkson, J. (1944). Application of the logistic function to bio-assay, *Journal of the American Statistical Association* **39**: 357–365.

Berkson, J. (1978a). Do the marginal totals of the 2×2 table contain relevant information respecting the table proportions?, *Journal of Statistical Planning and Inference* **2**: 43–44.

Berkson, J. (1978b). In dispraise of the exact test, *Journal of Statistical Planning and Inference* **2**: 27–42.

Bhapkar, V. P. (1966). A note on the equivalence of two test criteria for hypotheses in categorical data, *Journal of the American Statistical Association* **61**: 228–235.

Bhapkar, V. P. (1979). On tests of marginal symmetry and quasi-symmetry in two and three-dimensional contingency tables, *Biometrics* **35**: 417–426.

Bhapkar, V. P. & Koch, G. G. (1968a). Hypotheses of *no interaction* in multidimensional contingency tables, *Technometrics* **10**: 107–123.

Bhapkar, V. P. & Koch, G. G. (1968b). On the hypotheses of *no interaction* in contingency tables, *Biometrics* **24**: 567–594.

Birch, M. W. (1963). Maximum likelihood in three-way contingency tables, *Journal of the Royal Statistical Society, B* **25**: 220–233.

Birch, M. W. (1964). The detection of partial association. I: the 2×2 case, *Journal of the Royal Statistical Society, B* **26**: 313–324.

Bishop, Y. M. M., Fienberg, S. E. & Holland, P. W. (1975). *Discrete Multivariate Analysis: Theory and Practice*, Cambridge, MA: MIT Press.

Bliss, C. I. (1934). The method of probits, *Science* **79**: 38–39, correction: 409–410.

Bloch, D. A. & Kraemer, H. C. (1989). 2×2 kappa coefficients: measures of agreement or association, *Biometrics* **45**: 269–287.

Boos, D. D. (1992). On generalized score tests, *The American Statistician* **46**: 327–333.

Booth, J. & Butler, R. (1999). Monte Carlo approximation of exact conditional tests for log-linear models, *Biometrika* **86**: 321–332.

Botter, D. A., Sandoval, M. C. & Shalom, O. (1993). Influência do petróleo no consumo de oxigênio em *Calinectes danae* (Smith, 1869) (CRUSTACEA-DECAPODA-PORTUNIDAE) em diferentes salinidades, *Relatório de análise estatística CEA-RAE-9318*, Centro de Estatística Aplicada, IME, Universidade de São Paulo.

Bowker, A. H. (1948). A test of symmetry in contingency tables, *Journal of the American Statistical Association* **43**: 572–574.

Bowker, A. H. & Lieberman, G. J. (1972). *Engineering Statistics*, 2 edn, Englewoods Cliff, N.J.: Prentice-Hall.

Breslow, N. E. & Day, N. E. (1980). *Statistical Methods in Cancer Research, Vol.I.*, Lyon: IARC/WHO.

Breslow, N. E. & Powers, W. (1978). Are there two logistic regressions for retrospective studies?, *Biometrics* **34**: 100–105.

Brier, S. S. (1980). Analysis of contingency tables under cluster sampling, *Biometrika* **67**: 591–596.

Brown, M. B. (1976). Screening effects in multidimensional contingency tables, *Applied Statistics* **25**: 37–46.

Casella, G. & Berger, R. (2002). *Statistical Inference*, 2 edn, Pacific Grove, CA: Duxbury.

Caussinus, H. (1966). Contribution a l'analyse statistique des tableaux de correlation, *Annals of the Faculty of Science, University of Toulouse* **29**: 77–182.

Chambers, R. L. & Welsh, A. H. (1993). Log-linear models for survey data with non-ignorable non-response, *Journal of the Royal Statistical Society, B* **55**: 157–170.

Christensen, R. (1990). *Log-linear Models*, New York: Springer-Verlag.

Cinlar, E. (1975). *Introduction to Stochastic Processes*, Englewoods Cliff, N.J.: Prentice-Hall.

Clogg, C. C. (1982). Some models for the analysis of association in multiway cross-classifications having ordered categories, *Journal of the American Statistical Association* **77**: 803–815.

Cochran, W. G. (1950). The comparison of percentages in matched samples, *Biometrika* **37**: 256–266.

Cochran, W. G. (1954). Some methods of strengthninig the common χ^2 test, *Biometrics* **10**: 417–451.

BIBLIOGRAFIA

Cohen, J. E. (1960). A coefficient of agreement for nominal scales, *Educational and Psychological Measurement* **20**: 37–46.

Cohen, J. E. (1976). The distribution of the chi-squared statistic under clustered sampling from contingency tables, *Journal of the American Statistical Association* **71**: 665–670.

Coleman, J. S. (1964). *Introduction to Mathematical Sociology*, New York: Collier-MacMillan.

Conaway, M. R. (1992). The analysis of repeated categorical measurements subject to non-ignorable non-response, *Journal of the American Statistical Association* **87**: 817–824.

Corsten, L. C. A. & de Kroon, J. P. M. (1979). Comment on J. Berkson's paper *In dispraise of the exact test*, *Journal of Statistical Planning and Inference* **3**: 193–197.

Cox, D. R. (1972). Regression models and life-tables, *Journal of the Royal Statistical Society, B* **34**: 187–220.

Cox, D. R. (1992). Causality: some statistical aspects, *Journal of the Royal Statistical Society, A* **155**: 291–301.

Cox, D. R. & Snell, E. J. (1989). *The Analysis of Binary Data*, 2 edn, London: Chapman and Hall.

Cressie, N. A. C. & Read, T. R. C. (1989). Pearson χ^2 and the loglikelihood ratio statistic G^2: a comparative review, *International Statistical Review* **49**: 285–307.

Darroch, J. N. (1962). Interactions in multi-factor contingency tables, *Journal of the Royal Statistical Society, B* **24**: 251–263.

Darroch, J. N. (1981). The Mantel-Haenszel test and tests of marginal symmetry; fixed-effects and mixed models for a categorical response, *International Statistiscal Review* **49**: 285–307.

Darroch, J. N., Lauritzen, S. L. & Speed, T. P. (1980). Markov fields and log-linear interaction models for contingency tables, *The Annals of Statistics* **8**: 522–539.

Darroch, J. N. & McCloud, P. I. (1986). Category distinguishability and observer agreement, *Australian Journal of Statistics* **28**: 371–388.

Darroch, J. N. & Ratcliff, D. (1972). Generalized iterative scaling for log-linear models, *The Annals of Mathematical Statistics* **43**: 1470–1480.

Das Gupta, S. & Perlman, M. D. (1974). Power of the noncentral F-test: effect of additional variates on Hotelling's T^2-test, *Journal of the American Statistical Association* **69**: 174–180.

Davis, L. J. (1990). Collapsibility of likelihood ratio tests in multidimensional contingency tables, *Communications in Statistics, A* **19**: 465–476.

Day, N. E. & Byar, D. P. (1979). Testing hypotheses in case-control studies: equivalence of Mantel-Haenszel statistics and logit score tests, *Biometrics* **35**: 623–630.

Deming, W. E. & Stephan, F. F. (1940). On a least squares adjustment of a sampled frequency table when the expected marginal totals are known, *The Annals of Mathematical Statistics* **11**: 427–444.

Dickey, J. M., Jyang, T. J. & Kadane, J. B. (1987). Bayesian methods for censored categorical data, *Journal of the American Statistical Association* **87**: 773–781.

Diggle, P. J., Heagerty, P., Liang, K. Y. & Zeger, S. L. (2002). *Analysis of Longitudinal Data*, 2 edn, Oxford: Oxford University Press.

Donald, A. & Donner, A. (1987). Adjustments to the Mantel-Haenszel chi-square statistic and odds ratio variance estimator when the data are clustered, *Statistics in Medicine* **6**: 491–499.

Drost, F. C., Kallenberg, W. C. M., Moore, D. S. & Oosterhoff, J. (1989). Power approximations to multinomial tests of fit, *Journal of the American Statistical Association* **84**: 130–141.

Ducharme, G. R. & Lepage, Y. (1986). Testing collapsibility in contingency tables, *Journal of the Royal Statistical Society, B* **48**: 197–205.

Edwards, D. (1995). *Introduction to Graphical Modelling*, New York: Springer-Verlag.

Elandt-Johnson, R. C. (1971). *Probability Models and Statistical Methods in Genetics*, New York: John Wiley & Sons.

Fahrmeir, L. & Tutz, G. (2001). *Multivariate Statistical Modelling based on Generalized Linear Models*, 2 edn, New York: Springer-Verlag.

Farewell, V. T. (1979). Some results on the estimation of logistic models based on retrospective data, *Biometrika* **66**: 27–32.

Fay, R. E. (1979). On adjusting the Pearson chi-squared statistic for cluster sampling, *Proceedings of the American Statististical Association, Social Statistics Section*, pp. 402–406.

Fay, R. E. (1985). A jackknifed chi-squared test for complex samples, *Journal of the American Statistical Association* **80**: 148–157.

Fay, R. E. (1986). Causal models for patterns of nonresponse, *Journal of the American Statistical Association* **81**: 354–365.

Fellegi, I. P. (1980). Approximate tests of independence and goodness-of-fit based on stratified multistage samples, *Journal of the American Statistical Association* **75**: 261–268.

Fienberg, S. E. (1970). An iterative procedure for estimation in contingency tables, *The Annals of Mathematical Statistics* **41**: 907–917.

BIBLIOGRAFIA
605

Fienberg, S. E. & Mason, W. M. (1979). Identification and estimation of age-period-cohort effects in the analysis of discrete archival data, *Sociological Methodology* **10**: 1–67.

Finch, P. D. (1979). Description and analogy in the practice of Statistics, *Biometrika* **68**: 195–208.

Finney, D. J. (1971). *Probit Analysis*, 3 edn, Cambridge: Cambridge University Press.

Fitzmaurice, G. M. & Laird, N. M. (1993). A likelihood-based method for analysing longitudinal binary responses, *Biometrika* **80**: 141–151.

Fleiss, J. L. (1981). *Statistical Methods for Rates and Proportions*, 2 edn, New York: John Wiley & Sons.

Fleiss, J. L., Levin, B. & Myunghee, C. P. (2004). *Statistical Methods for Rates and Proportions*, 3 edn, New York: John Wiley & Sons.

Forster, J. J., McDonald, J. W. & Smith, W. F. (1996). Monte Carlo exact conditional tests for log-linear and logistic models, *Journal of the Royal Statistical Society, B* **580**: 445–453.

Forster, J. J. & Smith, W. F. (1998). Model-based inference for categorical survey data subject to non-ignorable non-response, *Journal of the Royal Statistical Society, B* **60**: 57–70.

Forthofer, R. N. & Koch, G. G. (1973). An analysis for compounded functions of categorical data, *Biometrics* **29**: 143–157.

Freedman, D. & Lane, D. (1983a). A nonstochastic interpretation of reported significance levels, *Journal of Business and Economic Statistics* **1**: 292–298.

Freedman, D. & Lane, D. (1983b). Significance testing in a nonstochastic setting, *in* P. Bickel, K. Doksum & J. J.L. Hodges (eds), *Lehmann Festschrift*, Belmont, CA: Wadsworth.

Freeman, G. H. & Halton, J. H. (1951). Note on an exact treatment of contingency, goodness-of-fit and other problems of significance, *Biometrika* **38**: 141–149.

Freeman Jr., D. H., Freeman, J. L., Brock, D. B. & Koch, G. G. (1976). Strategies in the multivariate analysis of data from complex surveys II: an application to the U.S. National Health Interview Survey, *International Statistical Review* **44**: 317–330.

Freeman, M. F. & Tukey, J. W. (1950). Transformations related to the angular and square root, *The Annals of Mathematical Statistics* **21**: 607–611.

Fuchs, C. (1979). Possible biased inferences in tests for average partial association, *The American Statistician* **33**: 120–126.

Gail, M. G. (1978). The analysis of heterogeneity for indirect standardized mortality ratios, *Journal of the Royal Statistical Society, A* **141**: 224–234.

Gart, J. J., Pettigrew, H. & Thomas, D. R. (1985). The effect of bias, variance estimation, skewness and kurtosis of the empirical logit on weighted least squares analyses, *Biometrika* **72**: 179–190.

Gart, J. J. & Zweifel, J. R. (1967). On the bias of various estimators of the logit and its variance with application to quantal bioassay, *Biometrika* **54**: 181–187.

Gokhale, D. V. & Kullback, S. (1978). *The Information in Contingency Tables*, New York: Marcel Dekker.

Goodman, L. A. (1962). Statistical methods for analysing processes of change, *American Journal of Sociology* **68**: 57–78.

Goodman, L. A. (1971). The analysis of multidimensional contingency tables: stepwise procedures and direct estimation methods for building models for multiple classifications, *Technometrics* **13**: 33–61.

Goodman, L. A. (1979a). Multiplicative models for square contingency tables with ordered categories, *Biometrika* **66**: 413–418.

Goodman, L. A. (1979b). Simple models for the analysis of association in cross-classifications having ordered categories, *Journal of the American Statistical Association* **74**: 537–552.

Goodman, L. A. (1981). Association models and canonical correlation in the analysis of cross-classifications having ordered categories, *Journal of the American Statistical Association* **76**: 320–334.

Goodman, L. A. (1983). The analysis of dependence in cross-classifications having ordered categories using log-linear models for frequencies and log-linear models for odds, *Biometrics* **39**: 149–160.

Grizzle, J. E., Starmer, C. F. & Koch, G. G. (1969). Analysis of categorical data by linear models, *Biometrics* **25**: 489–504.

Grizzle, J. E. & Williams, O. D. (1972). Log-linear models and tests of independence for contingency tables, *Biometrics* **28**: 137–156.

Guerrero, V. M. & Johnson, R. A. (1982). Use of the Box-Cox transformation with binary response models, *Biometrika* **69**: 309–314.

Haber, M. (1985). Maximum likelihood methods for linear and log-linear models in categorical data, *Computational Statististics and Data Analysis* **3**: 1–10.

Haber, M. (1989). Do the marginal totals of a 2×2 contingency table contain information regarding the table proportions?, *Communications in Statististics, A* **18**: 147–156.

Haberman, S. J. (1973a). The analysis of residuals in cross-classified tables, *Biometrics* **29**: 205–220.

Haberman, S. J. (1973b). Log-linear models for frequency data: sufficient statistics and likelihood equations, *The Annals of Statistics* **1**: 617–632.

BIBLIOGRAFIA 607

Haberman, S. J. (1974). *The Analysis of Frequency Data*, Chicago: University of Chicago Press.

Halperin, M., Ware, J. H., Byar, D. P., Mantel, N., Brown, C. C., Koziol, J., Gail, M. G. & Green, S. B. (1977). Testing for interaction in an $I \times J \times K$ contingency table, *Biometrika* **64**: 271–275.

Hannan, J. & Harkness, W. L. (1963). Normal approximation to the distribution of two independent binomials, conditional on fixed sum, *Annals of Mathematical Statististics* **34**: 1593–1595.

Harkness, W. L. (1965). Properties of the extended hypergeometric distribution, *Annals of Mathematical Statististics* **36**: 938–945.

Healy, M. J. R. (1988). *GLIM: An Introduction*, Oxford: Clarendon Press.

Heilbron, D. C. (1981). The analysis of ratios of odds ratios in stratified contingency tables, *Biometrics* **37**: 55–66.

Heitjan, D. F. (1993). Ignorability and coarse data: some biomedical examples, *Biometrics* **49**: 1099–1109.

Heitjan, D. F. & Rubin, D. B. (1991). Ignorability and coarse data, *The Annals of Statistics* **19**: 2244–2253.

Heyting, A., Tolboom, J. T. B. M. & Essers, J. G. A. (1992). Statistical handling of drop-outs in longitudinal clinical trials, *Statistics in Medicine* **11**: 2043–2061.

Ho, L. L. & Singer, J. M. (1997). Regression models for bivariate counts, *Brazilian Journal of Probability and Statistics - REBRAPE* **11**: 175–197.

Ho, L. L. & Singer, J. M. (2001). Generalized least squares methods for bivariate Poisson regression, *Communications in Statistics, A* **30**: 263–277.

Hochberg, Y. & Tamhane, A. (1987). *Multiple Comparison Procedures*, New York: John Wiley & Sons.

Holt, D., Scott, A. J. & Ewings, P. O. (1980). Chi-squared tests with survey data, *Journal of the Royal Statistical Society, A* **143**: 302–320.

Hosmer, D. W. & Lemeshow, S. (1989). *Applied Logistic Regression*, New York: John Wiley & Sons.

Imrey, P. B., Koch, G. G. & Stokes, M. E. (1981). Categorical data analysis: some reflections on the log linear model and logistic regression; Part I: historical and methodological overview, *International Statistical Review* **49**: 265–283.

Imrey, P. B., Koch, G. G. & Stokes, M. E. (1982). Categorical data analysis: Some reflections on the log linear model and logistic regression; Part II: data analysis, *International Statistical Review* **50**: 35–64.

Johnson, N. L. & Kotz, S. (1970). *Continuous Univariate Distributions, Vol. 2*, Boston: Houghton Mifflin.

Kempthorne, O. (1977). Why randomize?, *Journal of Statistical Planning and Inference* **1**: 1–25.

Kempthorne, O. (1979). In dispraise of the exact test: reactions, *Journal of Statistical Planning and Inference* **3**: 199–213.

Kenward, M. G. & Molenberghs, G. (1998). Likelihood based frequentist inference when data are missing at random, *Statistical Science* **13**: 236–247.

Kish, L. & Frankel, M. R. (1974). Inference from complex samples, *Journal of the Royal Statistical Society, B* **36**: 1–37.

Kleinbaum, D. G., Kupper, L. L. & Chambless, L. E. (1982). Logistic regression analysis of epidemiologic data: theory and practice, *Communications in Statistics, A* **11**: 485–547.

Koch, G. G. (1969). A useful lemma for proving the equality of two matrices with applications to least squares type quadratic forms, *Journal of the American Statistical Association* **64**: 969–970.

Koch, G. G., Amara, I. A., Davis, G. W. & Gillings, D. B. (1982). A review of some statistical methods for covariance analysis of categorical data, *Biometrics* **38**: 563–595.

Koch, G. G. & Bhapkar, V. P. (1982). Chi-square tests, *in* N. Johnson & S. Kotz (eds), *Encyclopedia of Statistical Sciences*, Vol. 1, New York: John Wiley & Sons, pp. 442–457.

Koch, G. G. & Edwards, S. (1985). Logistic regression, *in* N. Johnson & S. Kotz (eds), *Encyclopedia of Statistical Sciences*, Vol. 5, New York: John Wiley & Sons, pp. 128–132.

Koch, G. G., Freeman Jr., D. H. & Freeman, J. L. (1975). Strategies in the multivariate analysis of data from complex surveys II: an application to the U.S. National Health Interview Survey, *International Statistiscal Review* **43**: 59–78.

Koch, G. G. & Gillings, D. B. (1983). Inference, design based versus model based, *in* N. Johnson & S. Kotz (eds), *Encyclopedia of Statistical Sciences*, Vol. 4, New York: John Wiley & Sons, pp. 84–88.

Koch, G. G., Imrey, P. B. & Reinfurt, D. W. (1972). Linear model analysis of categorical data with incomplete response vectors, *Biometrics* **28**: 663–692.

Koch, G. G., Imrey, P. B., Singer, J. M., Atkinson, S. S. & Stokes, M. E. (1985). *Analysis of Categorical Data*, Montréal: University of Montréal Press.

Koch, G. G., Landis, J. R., Freeman, J. L., Freeman, D. H. J. & Lehnen, R. G. (1977). A general methodology for the analysis of experiments with repeated measurement of categorical data, *Biometrics* **33**: 133–158.

Koch, G. G., Singer, J. M. & Stokes, M. E. (1992). Some aspects of weighted least squares analysis for longitudinal categorical data, *in* J. Dwyer, P. M. Feinleib, Lippert & H. Hoffmeister (eds), *Statistical Models for Longitudinal Studies of Health*, Vol. 16 of *Monographs in Epidemiology and Biostatistics*, New York: Oxford University Press, pp. 215–258.

Koehler, K. & Larntz, K. (1980). An empirical investigation of goodness-of-fit statistics for sparse multinomials, *Journal of the American Statistical Association* **75**: 336–344.

Kraemer, H. C. (1983). Kappa coefficient, *in* N. Johnson & S. Kotz (eds), *Encyclopedia of Statistical Sciences*, Vol. 4, New York: John Wiley & Sons, pp. 352–354.

Landis, J. R. & Koch, G. G. (1975a). A review of statistical methods in the analysis of data arising from observer reliability studies, Part I, *Statistica Neerlandica* **29**: 101–123.

Landis, J. R. & Koch, G. G. (1975b). A review of statistical methods in the analysis of data arising from observer reliability studies, Part II, *Statistica Neerlandica* **29**: 151–161.

Landis, J. R. & Koch, G. G. (1977). The measurement of observer agreement for categorical data, *Biometrics* **33**: 159–174.

Landis, J. R., Sharp, T. J., Kuritz, S. J. & Koch, G. G. (1998). Mantel-Haenszel methods, *Encyclopedia of Biostatistics*, Chichester: John Wiley & Sons, pp. 2378–2691.

Lang, J. B. (1996). Maximum likelihood methods for a generalized class of log-linear models, *The Annals of Statistics* **24**: 726–752.

Lang, J. B. (2004). Multinomial-Poisson homogeneous models for contingency tables, *The Annals of Statistics* **32**: 340–383.

Lang, J. B. (2005). Homogeneous linear predictor models for contingency tables, *Journal of the American Statistical Association* **100**: 121–134.

Lang, J. B. & Agresti, A. (1994). Simultaneously modeling joint and marginal distributions of multivariate categorical responses, *Journal of the American Statistical Association* **89**: 625–632.

Lauritzen, S. L. (1996). *Graphical Models*, Oxford: Clarendon Press.

Lee, E. T. (1992). *Statistical Methods for Survival Data Analysis*, 2 edn, New York: John Wiley & Sons.

Lehmann, E. (1966). Some concepts of dependence, *The Annals of Mathematical Statistics* **37**: 1137–1153.

Liang, K. Y. & Zeger, S. L. (1986). Longitudinal data analysis using generalized linear models, *Biometrika* **73**: 13–22.

Liang, K. Y., Zeger, S. L. & Qaqish, B. (1992). Multivariate regression analyses for categorical data, *Journal of the Royal Statistical Society, B* **54**: 3–40.

Lindsey, J. K. (1989). *The Analysis of Categorical Data Using GLIM*, New York: Springer-Verlag.

Lipsitz, S. R., Laird, N. M. & Harrington, D. P. (1990a). Finding the design matrix for the marginal homogeneity model, *Biometrika* **77**: 353–358.

Lipsitz, S. R., Laird, N. M. & Harrington, D. P. (1990b). Maximum likelihood regression methods for paired binary data, *Statistics in Medicine* **9**: 1517–1525.

Lipsitz, S. R., Laird, N. M. & Harrington, D. P. (1991). Generalized estimating equations for correlated binary data: using the odds ratio as a measure of association, *Biometrika* **78**: 153–160.

Lipsitz, S. R., Laird, N. M. & Harrington, D. P. (1994). Weighted least squares analysis of repeated categorical measurements with outcomes subject to nonresponse, *Biometrics* **50**: 11–24.

Little, R. J. A. & Rubin, D. B. (2002). *Statistical Analysis with Missing Data*, 2 edn, New York: John Wiley & Sons.

Lloyd, C. J. (1988). Some issues arising from the analysis of 2×2 contingency tables, *Australian Journal of Statistics* **30**: 35–46.

Lloyd, C. J. (1990). Confidence intervals from the difference between two correlated proportions, *Journal of the American Statistical Association* **85**: 1154–1158.

Lloyd, C. J. (1999). *Statistical Analysis of Categorical Data*, New York: John Wiley & Sons.

Madruga, M. R., Pereira, C. A. B. & Rabello-Gay, M. N. (1994). Bayesian dosimetry: radiation dose versus frequencies of cells with aberrations, *Environmetrics* **5**: 47–56.

Mantel, N. (1963). Chi-square tests with one degree of freedom: extensions of the Mantel-Haenszel procedure, *Journal of the American Statistical Association* **58**: 690–700.

Mantel, N. & Haenszel, W. (1959). Statistical aspects of the analysis of data from retrospective disease, *Journal of the National Cancer Institute* **22**: 719–748.

McCullagh, P. (1978). A class of parametric models for the analysis of square contingency tables with ordered categories, *Biometrika* **65**: 413–418.

McCullagh, P. (1980). Regression models for ordinal data (with discussion), *Journal of the Royal Statistical Society, B* **42**: 109–142.

McCullagh, P. & Nelder, J. A. (1989). *Generalized Linear Models*, 2 edn, London: Chapman and Hall.

Mead, R., Curnow, R. N. & Hasted, A. M. (2002). *Statistical Methods in Agricultural and Experimental Biology*, 3 edn, London: Chapman and Hall/CRC.

Mehta, C. R. (1998). Exact inference for categorical data, *Encyclopedia of Biostatistics*, Vol. 2, Chichester: John Wiley & Sons, pp. 1411–1422.

Mehta, C. R. & Hilton, J. R. (1993). Exact power of conditional and unconditional tests: going beyond the 2×2 contingency table, *The American Statistician* **47**: 91–98.

Mehta, C. R. & Patel, N. R. (1995). Exact logistic regression: theory and examples, *Statistics in Medicine* **14**: 2143–2160.

Meyer, M. M. (1982). Transforming contingency tables, *The Annals of Statistics* **10**: 1172–1181.

Miller, M. E., Davis, C. S. & Landis, J. R. (1993). The analysis of longitudinal polytomous data: generalized estimating equations and connections with weighted least squares, *Biometrics* **49**: 1033–1044.

Molenberghs, G. & Goetghebeur, E. J. T. (1997). Simple fitting algorithms for incomplete categorical data, *Journal of the Royal Statistical Society, B* **59**: 401–414.

Molenberghs, G., Goetghebeur, E. J. T., Lipsitz, S. R. & Kenward, M. G. (1999). Nonrandom missingness in categorical data: strengths and limitations, *The American Statistician* **53**: 110–118.

Molenberghs, G., Kenward, M. G. & Lesaffre, E. (1997). The analysis of longitudinal ordinal data with nonrandom dropout, *Biometrika* **84**: 33–44.

Molenberghs, G. & Lesaffre, E. (1999). Marginal modelling of multivariate categorical data, *Statistics in Medicine* **18**: 2237–2255.

Molenberghs, G. & Verbeke, G. (2005). *Models for Discrete Longitudinal Data*, New York: Springer-Verlag.

Nathan, G. (1975). Tests of independence in contingency tables from stratified proportional samples, *Sankhya, C* **37**: 77–87.

Nelder, J. A. & Wedderburn, W. M. (1972). Generalized linear models, *Journal of the Royal Statistical Society, A* **135**: 370–384.

Neyman, J. (1949). Contributions to the theory of the χ^2-test, *in* J. Neyman (ed.), *Proceedings of the Berkeley Symposium on Mathematical Statistics and Probability*, Berkeley: University of California Press.

Nordheim, E. V. (1984). Inference from nonrandomly missing categorical data: an example from a genetic study on Turner's syndrome, *Journal of the American Statistical Association* **79**: 772–780.

Orge, L., Galo, A., Sepúlveda, N., Simas, J. P. & Pires, M. (2003). Scrapie genetic susceptibility in portuguese sheep breeds, *The Veterinary Record* **153**: 508.

Otta, E., Santana, P. R., Lafraia, L. M., Lennenberg, H., Teixeira, R. P. & Vallochi, S. L. (1996). *Musa Latrinalis*: gender differences in restroom graffiti., *Psychological Reports* **78**: 871–880.

Palmgren, J. (1981). The Fisher information matrix for log-linear models arguing conditionally in the observed explanatory variables, *Biometrika* **68**: 563–566.

Park, T. & Brown, M. B. (1994). Models for categorical data with nonignorable nonresponse, *Journal of the American Statistical Association* **89**: 44–52.

Park, T. & Davis, C. S. (1993). A test of the missing data mechanism for repeated categorical data, *Biometrics* **49**: 631–638.

Paula, G. A., Ballas, D., Barreto, G. M. & Huai, H. M. (1989). Estudo da associação entre dependência do álcool e fobia, *Relatório de análise estatística SEA-RAE-8927*, Centro de Estatística Aplicada, IME, Universidade de São Paulo.

Paulino, C. D. (1988). *Análise de dados categorizados incompletos: fundamentos, métodos e aplicações*, Tese de doutorado, Departamento de Estatística, IME, Universidade de São Paulo.

Paulino, C. D. (1991). Analysis of incomplete categorical data: a survey of the conditional maximum likelihood and weighted least squares approaches, *The Brazilian Journal of Probability and Statistics - REBRAPE* **5**: 1–42.

Paulino, C. D. (2001). Modelação e análise de dados Poisson sob censura não informativa: Parte I – Modelação e ajustamento de modelos de censura, *Um Olhar sobre a Estatística: Actas do 7° Congresso Anual da Sociedade Portuguesa de Estatística*, pp. 349–356.

Paulino, C. D., Amaral Turkman, M. A. & Murteira, B. (2003). *Estatística Bayesiana*, Lisboa: Fundação Calouste Gulbenkian.

Paulino, C. D. & Pereira, C. A. B. (1992). Bayesian analysis of categorical data informatively censored, *Communications in Statistics, A* **21**: 2689–2705.

Paulino, C. D. & Pereira, C. A. B. (1994). On identifiability of parametric statistical models, *Journal of the Italian Statistical Society* **3**: 125–151.

Paulino, C. D. & Silva, G. L. (1999). On the maximum likelihood analysis of the general linear model in categorical data, *Computational Statistics and Data Analysis* **30**: 197–204.

Paulino, C. D. & Soares, P. (2001). Modelação e análise de dados Poisson sob censura não informativa: Parte II – Ajustamento de modelos estruturais para as taxas e aplicações, *Um Olhar sobre a Estatística: Actas do 7° Congresso Anual da Sociedade Portuguesa de Estatística*, pp. 357–367.

Poleto, F. Z. (2006). *Análise de dados categorizados com omissão*, Dissertação de mestrado, Departamento de Estatística, IME, Universidade de São Paulo.

Pregibon, D. (1980). Goodness of link tests for generalized linear models, *Applied Statistics* **29**: 15–24.

BIBLIOGRAFIA

Prentice, R. (1976). Use of the logistic model in retrospective studies, *Biometrics* **32**: 599–606.

Prentice, R. (1988). Correlated binary regression with covariates specific to each binary observation, *Biometrics* **44**: 1033–1048.

Prentice, R. & Pyke, R. (1979). Logistic disease incidence models and case-control studies, *Biometrika* **66**: 403–412.

Puri, M. L. & Sen, P. K. (1971). *Nonparametric Methods in Multivariate Analysis*, New York: John Wiley & Sons.

Quintana, F. A. (1998). Nonparametric bayesian analysis for assessing homogeneity in $k \times l$ contingency tables with fixed right margin totals, *Journal of the American Statistical Association* **93**: 1140–1149.

Rao, C. R. (1947). Large sample tests of statistical hypotheses concerning several parameters with applications to problems of estimation, *Proceedings of the Cambridge Philosophical Society* **44**: 50–57.

Rao, C. R. (1961). A study of large sample test criteria through properties of efficient estimates, *Sankhyã, A* **23**: 25–40.

Rao, J. N. K. & Scott, A. J. (1981). The analysis of categorical data from complex sample surveys: chi-squared tests for goodness-of-fit and independence in two-way tables, *Journal of the American Statistical Association* **76**: 221–230.

Rao, J. N. K. & Scott, A. J. (1984). On chi-squared tests for multi-way contingency tables with cell proportions estimated from survey data, *The Annals of Statistics* **12**: 46–60.

Rasch, G. (1973). Two applications of the multiplicative Poisson model in road accident statistics, *Proceedings of the 39th International Statistical Institute* **4**: 31–43.

Read, T. R. C. & Cressie, N. A. C. (1988). *Goodness-of-Fit Statistics for Discrete Multivariate Data*, New York: Springer-Verlag.

Reiersol, O. (1963). Identifiability, estimability, pheno-restricting specifications and zero Lagrange multipliers in the analysis of variance, *Skandinavisk Aktuarietidskrift* **6**: 131–142.

Robins, J., Breslow, N. E. & Greenland, S. (1986). Estimators of the Mantel-Haenszel variance consistent in both sparse data and large data limiting models, *Biometrics* **42**: 311–323.

Rochon, J. (1989). The application of the GSK method to the determination of minimum sample sizes, *Biometrics* **45**: 193–205.

Rodrigues, I. M. A. (1996). *Implementação computacional de análises clássicas de dados categorizados incompletos*, Dissertação de mestrado, Instituto Superior Técnico, Lisboa.

614   BIBLIOGRAFIA

Rodrigues, I. M. A. & Paulino, C. D. (1998). Avaliação comparada da susceptibilidade
à cárie dentária: uma análise de dados categorizados incompletos, *Estatística: a diversidade na unidade*, Coleção Novas Tecnologias / Estatística, Lisboa: Salamandra, pp. 109–116.

Rosner, B. (1989). Multivariate methods for clustered binary data with more than
one level of nesting, *Journal of the American Statistical Association* **84**: 373–380.

Rotnitzky, A. & Jewell, N. P. (1990). Hypothesis testing of regression parameters in
semiparametric generalized linear models for cluster correlated data, *Biometrika* **77**: 485–497.

Rubin, D. B. (1974). Characterizing the estimation of parameters in incomplete data
problems, *Journal of American Statistical Association* **69**: 467–474.

Rubin, D. B. (1976). Inference and missing data, *Biometrika* **63**: 581–592.

Rubin, D. B., Stern, H. S. & Vehovar, V. (1995). Handling "Don´t know" survey
responses, *Journal of American Statistical Association* **90**: 822–828.

Searle, S. R. (1971). *Linear Models*, New York: John Wiley & Sons.

Searle, S. R. (1982). *Matrix Algebra useful for Statistics*, New York: John Wiley &
Sons.

Sen, P. K. & Singer, J. M. (1993). *Large Sample Methods in Statistics: An Introduction
with Applications*, New york: Chapman and Hall.

Sepúlveda, N. (2004). *Modelos estatísticos para a acção conjunta de dois loci em
fenótipos binários complexos*, Dissertação de mestrado, Departamento de Matemática, IST, Universidade Técnica de Lisboa.

Sepúlveda, N. & Paulino, C. D. (2001). Comparação por métodos exactos de técnicas
serológicas de diagnóstico da esquistossomíase, *A Estatística em Movimento: Actas do 8º Congresso Anual da Sociedade Portuguesa de Estatística*, pp. 395–400.

Sepúlveda, N., Paulino, C. D. & Penha-Gonçalves, C. (2004). Statistical models for
the joint action of two loci in complex binary traits, *Technical Report 4/2004*, Departamento de Matemática, IST, Universidade Técnica de Lisboa.

Shao, J. & Zhong, B. (2003). Last observation carry-forward and last observation
analysis, *Statistics in Medicine* **22**: 2429–2441.

Shapiro, S. H. (1982). Collapsing contingency tables: a geometric approach, *The
American Statistician* **36**: 43–46.

Shuster, J. . & Doening, D. J. (1976). Two-way contingency tables for complex
sampling schemes, *Biometrika* **63**: 271–276.

Silva, G. L. (1992). *Modelos logísticos para dados binários*, Dissertação de mestrado,
Departamento de Estatística, IME, Universidade de São Paulo.

BIBLIOGRAFIA 615

Simon, G. (1973). Additivity of information in exponential family probability laws, *Journal of the American Statistical Association* **68**: 478–482.

Simpson, E. H. (1951). The interpretation of interaction in contingency tables, *Journal of the Royal Statistical Society, B* **13**: 238–241.

Singer, J. M. & Andrade, D. F. (2000). Analysis of longitudinal data, *in* P. Sen & C. Rao (eds), *Handbook of Statistics: Bio-Environmental and Public Health Statistics*, Vol. 18, Amsterdam: North Holland, pp. 115–160.

Singer, J. M., Correia, L. A. & Paschoalinoto, R. (1989). Estudo do perfil de anticorpos séricos de pacientes esquistossomóticos pós-quimioterapia através de técnicas de enzimo-imunoprecipitação, *Relatório de análise estatística SEA-RAE-8903*, Centro de Estatística Aplicada, IME, Universidade de São Paulo.

Singer, J. M. & Herdeiro, R. F. C. (1990). Verificação da habilidade de uso do fio dental em crianças de 5 a 12 anos, *Relatório de análise estatística SEA-RAE-9006*, Centro de Estatística Aplicada, IME, Universidade de São Paulo.

Singer, J. M. & Ikeda, K. (1996). Fatores de risco na doença aterosclerótica coronariana, *Relatório de análise estatística CEA-RAE-9608*, Centro de Estatística Aplicada, IME, Universidade de São Paulo.

Singer, J. M., Montini, A. A. & Savalli, C. (1995). Possíveis sinais de medo no comportamento da *Bothrops jararaca*, *Relatório de análise estatística CEA-RAE-9509*, Centro de Estatística Aplicada, IME, Universidade de São Paulo.

Singer, J. M., Peres, C. A. & Harle, C. E. (1991). A note on the Hardy-Weinberg model in generalized ABO systems, *Statistics and Probability Letters* **11**: 173–175.

Singer, J. M., Poleto, F. Z. & Rosa, P. (2004). Parametric and nonparametric analyses of repeated ordinal categorical data, *Biometrical Journal* **46**: 460–473.

Singer, J. M. & Polli, D. A. (2004). Avaliação clínica de dois adesivos dentinários18 meses após aplicação em dentina seca ou úmida, *Relatório de análise estatística CEA-RAE-04P12*, Centro de Estatística Aplicada, IME, Universidade de São Paulo.

Singer, J. M. & Santos, P. A. B. (1991). Estudo dos parâmetros do nistagmo e da vertigem pela electronistagmografia em sujeitos normais, *Relatório de análise estatística SEA-RAE-9120*, Centro de Estatística Aplicada, IME, Universidade de São Paulo.

Soares, P. (2004). *Análise bayesiana de dados deficientemente categorizados*, PhD thesis, Departamento de Matemática, IST, Universidade Técnica de Lisboa.

Soares, P. & Paulino, C. D. (1998). Análise bayesiana de dados categorizados informativamente omissos: uma abordagem por simulação, *Estatística: a diversidade na unidade*, Coleção Novas Tecnologias / Estatística, Lisboa: Salamandra, pp. 405–410.

Soares, P. & Paulino, C. D. (2001). Incomplete categorical data analysis: a Bayesian perspective, *Journal of Statistical Computation and Simulation* **69**: 157–170.

Somes, G. W. (1982). Cochran's Q statistic, *in* N. Johnson & S. Kotz (eds), *Encyclopedia of the Statistical Sciences*, Vol. 2, New York: John Wiley & Sons, pp. 24–26.

Sorrentino, A. H., Marinic, K., Motta, P., Sorrentino, A., Lopez, R. & Illiovich, E. (2000). HLA class I alleles associated with susceptibility or resisitance to human immunodeficiency virus type I infection among a population in Chaco province, Argentina, *The Journal of Infectious Diseases* **182**: 1523–1526.

Spallicci, M. D. B., Chiea, M. A., Singer, J. M., Albuquerque, P. B. & Bittar, R. E. (2006). Use of hialuronidase for cervical ripening: a randomized trial, *European Journal of Obstetrics & Gynecology and Reproductive Biology* **To appear**.

Stokes, M. E., Davis, C. S. & Koch, G. G. (2000). *Categorical Data Analysis Using the SAS System*, Cary, N.C.: SAS Institute.

Stuart, A. (1953). The estimation and comparison of strengths of association in contingency tables, *Biometrika* **40**: 105–110.

Stuart, A. (1955). A test for homogeneity of the marginal distributions in a two-way classification, *Biometrika* **42**: 412–416.

Stukel, T. A. (1988). Generalized logistic models, *Journal of the American Statistical Association* **83**: 426–431.

Sundberg, R. (1975). Some results about decomposable (or Markov-type) models for multidimensional contingency tables: distribution of marginals and partitioning of tests, *Scandinavian Journal of Statistics* **2**: 71–79.

Theil, H. (1970). On estimation of relationships involving qualitative variables, *American Journal of Sociology* **76**: 103–154.

Thomas, D. R. & Rao, J. N. K. (1987). Small-sample comparisons of level and power for simple goodness-of-fit statistics under cluster sampling, *Journal of the American Statistical Association* **82**: 630–636.

Thompson, R. & Baker, R. J. (1981). Composite link functions in generalized linear models, *Applied Statistics* **30**: 125–131.

Thompson, W. A. (1977). On the treatment of grouped observations in life studies, *Biometrics* **33**: 463–470.

Upton, G. J. G. (1982). A comparison of alternative tests for 2×2 comparative trial, *Journal of the Royal Statistical Society, A* **14**: 86–105.

Upton, G. J. G. & Fingleton, B. (1985). *Spatial Data Analysis by Example*, Vol. 1, New York: John Wiley & Sons.

Venables, W. N. & Ripley, B. D. (1999). *Modern Applied Statistics with S-PLUS*, 3 edn, New York: Springer-Verlag.

BIBLIOGRAFIA

Wagner, C. H. (1982). Simpson's paradox in real life, *The American Statistician* **36**: 46–48.

Wald, A. (1943). Tests of statistical hypotheses concerning several parameters when the number of observations is large, *Transactions of the American Mathematical Society* **54**: 426–482.

Walker, S. (1996). A bayesian maximum *a posteriori* algorithm for categorical data under informative general censoring, *The Statistician* **45**: 293–298.

Wermuth, N. (1987). Parametric collapsibility and the lack of moderating effects in contingency tables with a dichotomous response variable, *Journal of the Royal Statistical Society, B* **49**: 353–364.

Whittaker, J. (1990). *Graphical Models in Applied Multivariate Statistics*, New York: John Wiley & Sons.

Whittemore, A. S. (1978). Collapsibility of multidimensional contingency tables, *Journal of the Royal Statistical Society, B* **40**: 328–340.

Williamson, G. D. & Haber, M. (1994). Models for three-dimensional contingency tables with completely and partially cross-classified data, *Biometrics* **49**: 194–203.

Witzel, M. F., Grande, R. H. M. & Singer, J. M. (2000). Bonding systems used for sealing: evaluation of microleakage, *Journal of Clinical Dentistry* **11**: 47–52.

Woolson, R. F. & Clarke, W. R. (1984). Analysis of categorical incomplete longitudinal data, *Journal of the Royal Statistical Society, A* **147**: 87–99.

Yates, F. (1984). Tests of significance for 2×2 contingency tables (with discussion), *Journal of the Royal Statistical Society, A* **147**: 426–463.

Yule, G. U. & Kendall, M. G. (1950). *An Introduction to the Theory of Statistics*, 14 edn, New York: Hafner.

Zelen, M. (1971). The analysis of several 2×2 contingency tables, *Biometrika* **58**: 129–137.

Índice de autores

Abrão, M. S. 16

Agresti, A. 36, 91, 94, 101, 148, 162, 170, 238, 438, 495, 496, 503, 505, 508, 542

Aitken, M. 597

Albuquerque, P. B. 412, 422

Altham, P. M. E. 35, 224

Amara, I. A. 55

Amaral Turkman, M. A. x, 495

Anderson, D. 597

Anderson, J. A. 179, 181

André, C. D. S. 4

Andrade, D. F. 419

Andrich, D. 188

Aranda-Ordaz, F. J. 179

Armitage, P. 237

Atkinson, S. S. 35, 55, 181, 188, 371, 402, 410, 528, 531

Bahadur, R. R. 436

Baker, R. J. 173

Baker, S. G. 256, 455, 479

Ballas, D. 14

Barnard, G. A. 36, 503

Barndorff-Nielsen, O. 36

Barreto, G. M. 14

Barros, J. A. 160

Basu, D. 35, 36

Becker, M. E. 94

Bedrick, E. J. 35

Bemis, K. G. 201

Benedetti, J. K. 316

Berger, R. 505

Berkson, J. 35, 182, 183

Berry, G. 237

Bhapkar, V. P. 66, 74, 131, 201, 232, 233, 371, 380, 410, 463

Birch, M. W. 256, 515

Bishop, Y. M. M. 48, 74, 84, 265, 328, 329

Bittar, R. E. 412, 422

Bliss, C. I. 149, 183

Bloch, D. A. 168

Boos, D. D. 441

Booth, J. 520

Botter, D. A. 399

Bowker, A. H. 228, 330

Breslow, N. E. 8, 179, 189, 523, 524

Brier, S. S. 35

Brock, D. B. 35, 371

Brown, C. C. 526

Brown, M. B. 316, 479

Butler, R. 520

Byar, D. P. 526, 544

Casella, G. 505

620 ÍNDICE DE AUTORES

Caussinus, H. 100

Chambers, R. L. 479

Chambless, L. E. 179

Chiea, M. A. 412, 422

Christensen, R. 319, 326, 328, 340

Cinlar, E. 20

Clarke, W. R. 244, 466, 479

Clogg, C. C. 94

Cochran, W. G. 238, 525

Cohen, J. E. 35, 168

Coleman, J. S. 342

Conaway, M. R. 479

Correia, L. A. 497

Corsten, L. C. A. 36

Cox, D. R. 87, 179, 180

Cressie, N. A. C. 224, 324, 503

Curnow, R. N. 13

Darroch, J. N. 103, 182, 241, 294, 328

Das Gupta, S. 222

Davis, C. S. 442, 479, 531, 597

Davis, G. W. 55

Davis, L. J. 96, 274

Day, N. E. 8, 189, 523, 544

de Kroon, J. P. M. 36

Deming, W. E. 291

DerSimonian, R. 455, 479

Dickey, J. M. 479

Diggle, P. J. 418, 446

Doening, D. J. 35

Donald, A. 35

Donner, A. 35

Drost, F. C. 223

Ducharme, G. R. 96, 336

Edwards, D. 328

Edwards, S. 148

Elandt-Johnson, R. C. 12, 226

Essers, J. G. A. 420

Ewings, P. O. 35

Fahrmeir, L. 173

Farewell, V. T. 179

Fay, R. E. 35, 455

Fellegi, I. P. 35

Fienberg, S. E. 48, 74, 84, 181, 265, 293, 328, 329

Finch, P. D. 26

Fingleton, B. 13, 35, 346

Finney, D. J. 183

Fitzmaurice, G. M. 437

Fleiss, J. L. 182, 237, 329, 360

Forster, J. J. 479, 488, 520

Forthofer, R. N. 371

Francis, B. 597

Frankel, M. R. 35

Freedman, D. 26

Freeman, D. H. Jr 55

Freeman, G. H. 508

Freeman, J. L. 35, 55, 371

Freeman Jr., D. H. 35, 371

Freeman, M. F. 325

Fuchs, C. 338

Gail, M. G. 14, 526

Galo, A. 508

Gart, J. J. 262

Gillings, D. B. 35, 55

Goetghebeur, E. J. T. 455, 462, 474, 476, 479

Gokhale, D. V. 225

Goodman, L. A. 47, 90, 91, 110–112, 122, 156, 188, 316

Grande, R. H. M. 16

ÍNDICE DE AUTORES

Green, S. B. 526

Greenland, S. 524

Grizzle, J. E. 188, 243, 371, 465

Guerrero, V. M. 179

Haber, M. 36, 237, 242, 458, 469

Haberman, S. J. 256, 257, 293, 294, 326, 328, 330

Haenszel, W. 525

Halperin, M. 526

Halton, J. H. 508

Hannan, J. 535

Harkness, W. L. 535

Harle, C. E. 225

Harrington, D. P. 49, 434, 439, 466, 479

Hasted, A. M. 13

Heagerty, P. 418, 446

Healy, M. J. R. 597

Heilbron, D. C. 344

Heitjan, D. F. 453

Herdeiro, R. F. C. 6

Heyting, A. 420

Hilton, J. R. 495

Hinde, J. 597

Ho, L. L. 11, 410

Hochberg, Y. 262

Holland, P. W. 48, 74, 84, 265, 328, 329

Holt, D. 35

Hosmer, D. W. 179, 319, 326

Huai, H. M. 14

Ikeda, K. 316, 413

Illiovich, E. 503

Imrey, P. B. 35, 55, 181, 185, 188, 189, 329, 371, 402, 410, 463, 464, 466, 479, 528, 531

Jewell, N. P. 441

Johnson, N. L. 222

Johnson, R. A. 179

Jyang, T. J. 479

Kadane, J. B. 479

Kallenberg, W. C. M. 223

Kempthorne, O. 35, 36

Kendall, M. G. 110

Kenward, M. G. 453, 455, 476, 479, 486

Kezouh, A. 94

Kish, L. 35

Kleinbaum, D. G. 179

Koch, G. G. 35, 55, 66, 131, 148, 170, 181, 182, 185, 188, 189, 243, 329, 371, 387, 402, 410, 417, 463, 464, 466, 479, 528, 531, 567, 597

Koehler, K. 503

Kotz, S. 222

Koziol, J. 526

Kraemer, H. C. 168, 182

Kullback, S. 225

Kupper, L. L. 179

Kuritz, S. J. 531

Lafraia, L. M. 5

Laird, N. M. 49, 434, 437, 439, 466, 479

Landis, J. R. 55, 170, 182, 442, 531

Lane, D. 26

Lang, J. B. 162, 438, 444

Larntz, K. 503

Lauritzen, S. L. 328

Lee, E. T. 180

Lehmann, E. 97, 98

Lehnen, R. G. 55

Lemeshow, S. 179, 319, 326

Lennenberg, H. 5

Lepage, Y. 96, 336

Lesaffre, E. 437, 479, 486

ÍNDICE DE AUTORES

Levin, B. 360

Liang, K. Y. 418, 437–440, 446

Lieberman, G. J. 330

Lindsey, J. K. 597

Lipsitz, S. R. 49, 434, 439, 455, 466, 476, 479

Little, R. J. A. 457, 479, 480

Lloyd, C. J. 36, 237, 503, 520

Lopez, R. 503

Madruga, M. R. 367

Mantel, N. 510, 525, 526

Marinic, K. 503

Martorelli Filho, B. 16

Mason, W. M. 181

McCloud, P. I. 182

McCullagh, P. 111, 170, 173, 177, 360

McDonald, J. W. 520

Mead, R. 13

Mehta, C. R. 495, 496, 520, 542

Meyer, M. M. 294

Miller, M. E. 442

Min, Y. 505

Molenberghs, G. 418, 437, 446, 453, 455, 462, 474, 476, 479, 486

Montini, A. A. 243, 516

Moore, D. S. 223

Motta, P. 503

Murteira, B. x, 495

Myunghee, C. P. 360

Nathan, G. 35

Nelder, J. A. 170, 360

Neves, M. M. C. 4

Neyman, J. 378–380

Nordheim, E. V. 487

Oliveira, R. M. 16

Oosterhoff, J. 223

Orge, L. 508

Otta, E. 5

Palmgren, J. 256, 310

Park, T. 479

Paschoalinoto, R. 497

Patel, N. R. 520, 542

Paula, G. A. 14

Paulino, C. D. x, 95, 230, 367, 450, 455, 461, 467, 472, 478–481, 484, 495, 498

Penha-Gonçalves, C. 367

Pereira, C. A. B. 95, 367, 478, 480

Peres, C. A. 225

Perlman, M. D. 222

Pettigrew, H. 262

Philips, J. R. 181

Pinotti, J. 16

Pires, M. 508

Podgaec, S. 16

Poleto, F. Z. 16, 476

Polli, D. A. 422

Powers, W. 179

Pregibon, D. 179

Prentice, R. 179, 439

Puri, M. L. 530

Pyke, R. 179

Qaqish, B. 437, 439

Quintana, F. A. 545

Rabello-Gay, M. N. 367

Ramos, L. O. 16

Rao, C. R. 201, 205

Rao, J. N. K. 35

Rasch, G. 4

Ratcliff, D. 294

ÍNDICE DE AUTORES

Read, T. R. C. 224, 324, 503

Reiersol, O. 95

Reinfurt, D. W. 463, 464, 479

Ripley, B. D. 597

Robins, J. 524

Rochon, J. 410, 413

Rodrigues, I. M. A. 466, 467

Rosa, P. 16

Rosenberger, W. F. 455, 479

Rosner, B. 35

Rotnitzky, A. 441

Rubin, D. B. 452, 453, 457, 479, 480, 485

Sandoval, M. C. 399

Santana, P. R. 5

Santos, P. A. B. 333

Savalli, C. 243, 516

Scott, A. J. 35

Searle, S. R. 221, 558, 559

Sen, P. K. 209, 216, 362, 365, 403, 530, 583, 591

Sepúlveda, N. 360, 367, 498, 508

Shalom, O. 399

Shao, J. 420

Shapiro, S. H. 88, 96

Sharp, T. J. 531

Shuster, J.J . 35

Silva, G. L. 179, 230, 348

Simas, J. P. 508

Simon, G. 255

Simpson, E. H. 96

Singer, J. M. 6, 11, 16, 35, 55, 181, 188, 209, 216, 225, 243, 316, 333, 362, 365, 371, 402, 403, 410, 412, 413, 417, 419, 422, 497, 516, 528, 531, 583, 591

Smith, W. F. 479, 488, 520

Snell, E. J. 179

Soares, P. 467, 480

Somes, G. W. 238

Sorrentino, A. 503

Sorrentino, A. H. 503

Spallicci, M. D. B. 412, 422

Speed, T. P. 328

Starmer, C. F. 188, 243, 371

Stephan, F. F. 291

Stern, H. S. 485

Stokes, M. E. 35, 55, 181, 185, 188, 189, 329, 371, 402, 410, 417, 466, 528, 531, 597

Stuart, A. 240, 267

Stukel, T. A. 179

Sundberg, R. 274, 328

Tamhane, A. 262

Teixeira, R. P. 5

Theil, H. 343, 344

Thomas, D. R. 35, 262

Thompson, R. 173

Thompson, W. A. 180, 181

Tolboom, J. T. B. M. 420

Tseng, T. H. 4

Tukey, J. W. 325

Tutz, G. 173

Upton, G. J. G. 13, 35, 36, 346

Vallochi, S. L. 5

Vehovar, V. 485

Venables, W. N. 597

Verbeke, G. 418, 446

Wagner, C. H. 86

Wald, A. 201

Walker, S. 480

Ware, J. H. 526

Wedderburn, W. M. 170

Welsh, A. H. 479
Wermuth, N. 96, 104
Whittaker, J. 328
Whittemore, A. S. 88, 96, 103
Williams, O. D. 465
Williamson, G. D. 458, 469
Witzel, M. F. 16
Woolson, R. F. 244, 466, 479

Yates, F. 36, 520
Yule, G. U. 110

Zeger, S. L. 418, 437–440, 446
Zelen, M. 513, 526, 542
Zhong, B. 420
Zweifel, J. R. 262

Índice

abandono, 419, 480
amostra aleatória, 34
amostragem
    estratificada, 23
aproximação de Taylor, 252
associação, 29, 66, 77
    linear por linear, 281
    linear por linear homogénea, 281
    marginal, 87, 274
    parcial, 75, 83, 86, 87, 274
    positiva, 101

causalidade estatística, 86
chance, 29, 152
componente aleatória, 171
componente sistemática, 171, 172
concordância, 168
conglomerados, 41
contraste, 64, 71, 73, 76
convergência
    em distribuição, 589
    em probabilidade, 586
    fraca, 589
    quase certa, 587
cross-product ratio, 29

dados
    agrupados, 360, 421
    categorizados, 3
    com medidas repetidas, 52, 417
    discretos, 3
    esparsos, 426
    individuais, 7, 418
    longitudinais, 52, 417
    omissos, 419
dependência positiva em termos de qua-
    drante, 98
desigualdade

de Bonferroni, 262
desistência, 419, 480
desvio, 366
distribuição
    Binomial, 33
    de Bernoulli, 21
    de Gumbel, 175
    de tolerância, 149
    Dirichlet, 40, 108
    Dirichlet-Multinomial, 40, 41
    estocasticamente crescente, 97
    Gumbel de máximos, 175
    Hipergeométrica, 33, 34, 501
    Hipergeométrica múltipla, 507
    Hipergeométrica multivariada, 33
    Hipergeométrica não central, 33, 501
    Logística, 149
    Multinomial, 21, 24, 28
    Produto de Binomiais, 29, 33
    Produto de distribuições de Poisson,
        20, 24, 28, 29, 32
    Produto de Multinomiais, 23, 24, 30–
        32, 113, 157, 159
    qui-quadrado, 221
    qui-quadrado não central, 221
dose efectiva p%, 368
dose letal mediana, 182
dose letal p%, 368

efeitos principais, 65
equações de estimação, 362
equações de estimação generalizadas, 417
equações de verosimilhança, 196
equilíbrio de Hardy-Weinberg, 11, 202, 206,
    225
erro padrão
    baseado no modelo, 441
    empiricamente corrigido, 441

626 ÍNDICE

robustos, 441
espaço
    linear, 551
espaço vectorial, 551
    base, 552
    base ortogonal, 553
    base ortonormada, 553
    complemento ortogonal, 553
    dimensão, 552
    dimensão nula, 552
    disjunção de subespaços, 554
    espaço imagem, 552
    espaço nulo, 554
    nulidade, 555
    projector, 565
    projector ortogonal, 566
    soma de subespaços, 554
    soma directa de subespaços, 554
    subespaço, 551
especificidade, 191
estatística
    Q de Cochran, 238
    ancilar, 35
    ancilar específica, 35
    da razão de verosimilhanças, 198
    de Breslow-Day, 523
    de Cochran-Mantel-Haenszel, 526
    de Freeman-Tukey, 225
    de Freeman-Tukey modificada, 325
    de mínima informação de discriminação, 225
    de Mantel-Haenszel, 525
    de Neyman, 199
    de Pearson, 199
    de Wald, 202
    do mínimo qui-quadrado modificado, 202
    do qui-quadrado modificado, 199
    do *score* eficiente de Rao, 201
    suficiente específica, 35
    suficiente mínima, 248, 296
    suficiente parcial, 35
estimador
    BAN, 200
    de Mantel-Haenszel, 523
    do mínimo qui-quadrado , 199
    do mínimo qui-quadrado modificado,

    199
estrato, 7
estudo
    caso/controlo, 8, 26
    prospectivo, 8, 26, 150, 178
    retrospectivo, 8, 150, 178
extremito, 175

factor, 7
família de localização-escala, 175
família exponencial multiparamétrica, 60
função
    score, 196
    de ligação log-log, 176
    aproximação em série de Taylor, 196
    aproximação em série de Taylor de primeira ordem, 572
    aproximação em série de Taylor de segunda ordem, 572
    de ligação, 171
    de ligação canónica, 173
    de ligação log-log complementar, 175
    de verosimilhança, 196
    geradora de momentos, 28, 37
    gradiente, 570
    identificável, 95
    identificante, 95
    inidentificável, 95
    não identificável, 95
função variância, 172

hipótese
    de homogeneidade, 23, 33
    de independência, 22
    de multiplicatividade, 21
    de simetria completa, 229

independência
    completa, 30, 79
    condicional, 31, 78, 84, 85, 87, 136
    mútua, 30, 100
    marginal, 87
    parcial, 30
inferência
    baseada em modelos, 35
    baseada no delineamento, 34
    condicional exacta, 494
inidentificabilidade, 60

ÍNDICE

interacção, 65, 66, 75, 76, 141
  de ordem zero, 99
  de segunda ordem, 76, 125
  de terceira ordem, 84, 136, 158

Lei dos Grandes Números, 587
  fraca, 588
  forte, 588
logitos, 115
  adjacentes, 115, 121
  cumulativos, 164
  de razões continuadas, 163
  de referência, 115, 143, 146
  empíricos, 174
  múltiplos, 115

método
  scoring de Fisher, 197, 203
  de aleatorização, 26
  de mínimos quadrados iterativamente reponderados, 442
  de mínimos quadrados ponderados, 372
  de multiplicadores de Lagrange, 201, 228, 349, 573
  de Newton-Raphson, 196, 203
  Delta, 197, 594
  do ajustamento proporcional iterativo, 291
  dos mínimos quadrados generalizados, 291
  dos mínimos quadrados iterativamente reponderados, 291
  GSK, 371
método Delta, 252, 266
mínimos quadrados iterativamente reponderados, 365
mínimos quadrados ponderados, 365
matriz
  de correlações de trabalho, 440
  de informação de Fisher, 197, 201
  decomposição espectral, 569
  definida não negativa, 568
  definida não positiva, 568
  definida negativa, 568
  definida positiva, 568
  factorização de característica completa, 559

factorizaçãode característica máxima, 559
hessiana, 196, 197, 571
idempotente, 557
indefinida, 568
inversa, 556
inversa à direita, 556
inversa à esquerda, 556
inversa generalizada, 557
jacobiana, 571
ortogonal, 556
raiz quadrada de, 580
semidefinida negativa, 568
semidefinida positiva, 568
singular, 556
traço de, 557
valores próprios, 569
vectores próprios, 569
medida kapa ponderada, 182
modelo
  de simetria completa, 48
  de aleatorização, 34, 528
  de análise de covariância, 59, 69, 132
  de análise de regressão, 59, 69
  de análise de variância, 59, 69, 128
  de associação linear por linear, 91, 143, 149, 157, 189
  de associação linear por linear heterogénea, 93
  de associação parcial, 92
  de associação simétrica, 110, 156
  de associação uniforme, 91, 93, 156, 280
  de associação uniforme heterogénea, 93
  de associação uniforme homogénea, 93
  de Bahadur, 436
  de chances paralelas, 122
  de chances proporcionais, 166
  de distância, 110
  de dose-resposta, 149
  de efeitos aleatórios, 446
  de efeitos de coluna, 91
  de efeitos de linha, 90
  de homogeneidade marginal, 48, 53
  de homogeneidade marginal bivariada,

50
de homogeneidade marginal univariada, 49
de interacção uniforme, 93, 280
de mistura de padrões, 451
de quási-simetria, 73, 111, 264, 278
de razões de chances adjacentes iguais, 188
de regressão logística, 148, 347
de Risch, 361
de selecção, 451
de simetria, 46, 73
de simetria completa, 53, 278
de simetria condicional, 48, 111, 265
de simetria marginal, 48, 53
de taxas de mortalidade proporcionais, 180
de transição, 419, 446
decomponível, 328
encaixado, 70, 92
específico para unidades amostrais, 446
estritamente linear, 51
estrutural, 10, 45
formulação em termos de equações livres, 79
formulação em termos de restrições, 51, 79
formulação identificável, 62
formulação inidentificável, 248
formulação multiplicativa, 81
formulação ordinária, 147
funcional linear, 147, 161
gráfico, 328
hierárquico, 69, 84
identificável, 95
inidentificável, 95
linear generalizado, 147, 170
linear no extremito, 175
linear no probito, 174
linear nos extremitos cumulativos, 176
linear nos logitos, 115, 148
linear nos probitos cumulativos, 176
log-linear encaixado, 70
log-linear generalizado, 147, 159, 162
log-linear hierárquico, 69, 114
log-linear não hierárquico, 69

log-linear não saturado, 68
log-linear reduzido, 68, 70, 125, 136
log-linear saturado, 60, 113
logístico linear, 148
multiplicativo, 328
não identificável, 95
não-abrangente, 72
nos logitos adjacentes, 146
permutável, 440
probabilístico, 10
representação por componentes, 65

odds, 29
odds ratio, 29
omissão
aleatória, 452
completamente aleatória, 453
ignorável, 453
não aleatória, 453
não-informativa, 452

padrão monótono, 480
padronização, 329
parâmetro
de dispersão, 171
natural, 171
perturbador, 27, 494
paradoxo de Simpson, 86, 101
parametrização
da cela de referência, 51, 61, 66, 126, 139, 152
de desvios de médias, 62, 153, 304
partições encaixadas, 480
penetrância, 361
ponto de corte, 165
população
estendida, 26
finita, 34, 35
princípio da condicionalidade generalizada, 35, 498
probito, 174
processo de Poisson, 27
produto de Kronecker, 561
propriedade de invariância de estimadores MV, 359

quantidade fulcral, 253

ÍNDICE

razão
de chances, 29, 67, 152
de chances continuadas, 163
de produtos cruzados, 29, 31, 71, 125
de produtos cruzados local, 81, 90
de produtos cruzados parcial, 77, 79
de verosimilhanças monótona, 96, 108
regra da cadeia, 376, 571
regressão funcional asssintótica, 410
resíduos, 325, 374
ajustados, 326
de Freeman-Tukey, 325
de Pearson, 325
restrição
de identificabilidade, 74, 78, 90, 117, 259, 277
de soma nula, 66
natural, 23, 45, 114
risco relativo, 14, 29, 160

sensibilidade, 191
sistema homogéneo, 562
sobreparametrização, 127

tabela
bidimensional, 7, 35
de contingência, 6
de dupla entrada, 9, 53
de tripla entrada, 53, 76
desmontável, 87, 274
desmontabilidade, 87, 95
dimensão, 7
isotrópica, 110
parcial, 75
pentadimensional, 107
perfeita, 103
quadrada, 7
tetradimensional, 7
tridimensional, 7
taxa de mortalidade, 180
taxa de mortalidade cumulativa, 180
Teorema
de Cramér-Wold, 590
de Gram-Schmidt, 553
de Slutsky, 253
de Sverdrup, 591
Limite Central, 593
teste

de McNemar, 228
exacto de Birch, 515
exacto de Fisher, 501
exacto de Zelen, 514⁻
tolerância, 149

variável
binária, 66
categorizada, 3
confundidora, 86
contínua, 148
dicotómica, 3
discreta, 148
explicativa, 7, 23, 28, 113, 147
fulcral, 229
latente, 149
muda, 165
nominal, 6, 89
ordinal, 6, 89, 132
politómica, 3
positivamente dependente, 97
qualitativa, 6
quantitativa, 6
resposta, 7, 23, 28, 114, 131, 148
vectores
linearmente dependentes, 552
linearmente independentes, 552
ortogonais, 552

zero amostral, 257, 392, 409

Impressão e Acabamento
Prol Editora Gráfica Ltda - Unidade Tamboré
Al. Araguaia, 1.901 - Barueri - SP
Tel.: 4195 - 1805 Fax : 4195 - 1384